김앤북 소방설비기사 필기 기출 마스터 2026

전기분야 7개년

김윤석, 이홍주 편저

1권 | 4개년 기출 (2025~2022)

김앤북
KIM&BOOK

김앤북 소방설비기사 교재, 선택의 이유!

최단거리로 가는 합격로드

1. **정확한 기출 복원, 간결한 해설!**
   단기합격에 최적화된 콘텐츠 제공

2. **재직자를 위한 자투리 시간 활용 콘텐츠!**
   휴대용 '핵심이론 요약집 & MP3' 제공

3. **핵심은 탄탄한 기출학습!**
   7개년 기출 및 CBT 3회 모의고사 추가 제공

1. 단기합격에 최적화된 콘텐츠 제공

문제를 푸는 데에 딱 필요한 간결하게 정리된 해설을 제공합니다. 이를 통해서 좀 더 빠르고 효율적으로 기출문제를 마스터 할 수 있습니다. 좀 더 상세한 학습을 원하는 경우에도 뒤에 있는 관련개념을 통해 선택적으로 추가 학습을 할 수 있도록 구성하였습니다.

최신 2025년 기출에 대한 해설 강의를 제공합니다. 무료로 제공되는 서비스강의를 통해서 최신 기출에 대한 감을 익힐 수 있습니다.

휴대용 '핵심이론 요약집 & MP3' 제공

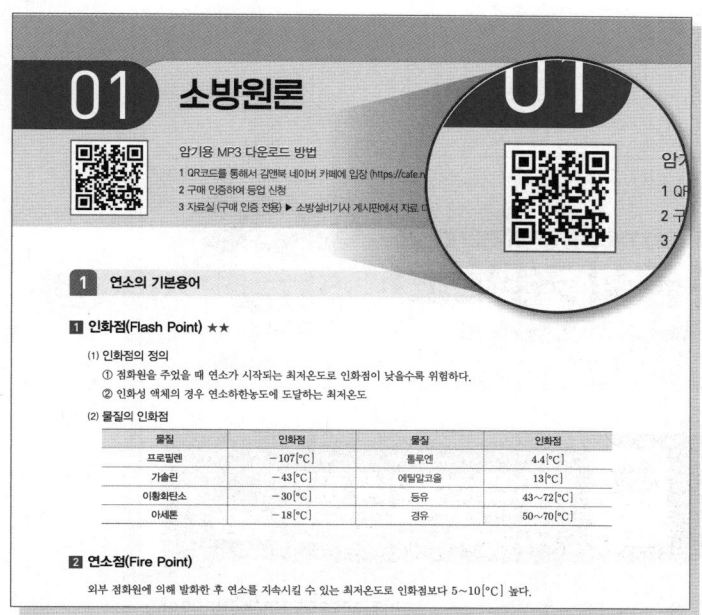

자투리 시간을 활용하여 암기에 집중할 수 있도록 부록으로 휴대용 암기북을 제공합니다. 페이지 내 QR 코드를 통해서 김앤북 카페 입장 및 구매 인증을 하고, 관련 암기용 MP3를 다운로드 받을 수 있습니다.

7개년 기출 및 CBT 3회 모의고사 추가 제공

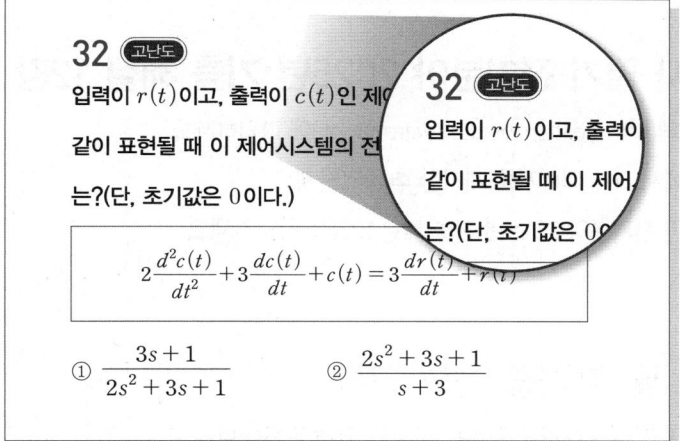

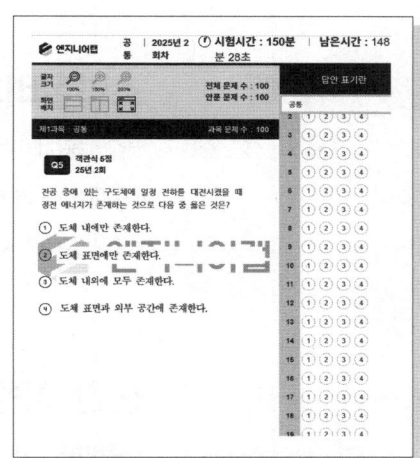

빈출문제 표시로 좀 더 확실하게 학습해야 할 문제를 알 수 있습니다. 또한 고난도 문제는 자신의 학습 상황을 고려하여 집중하거나 포기하는 문제로 전략적 선택 학습을 할 수 있도록 하였습니다. 좀 더 자신에게 맞는 효율적인 학습이 가능하도록 구성하였습니다.

CBT 모의고사를 통해서 최종 마무리 학습을 할 수 있습니다. 실제 시험 상황을 고려하여 직접 CBT를 체험하면서 최종 학습을 정리해 보고, 성취도를 점검해 볼 수 있습니다.

김앤북 네이버 카페
100% 활용 가이드!

01 소방설비기사 필기 전기분야 2025년 기출 해설 12강 제공
- 김앤북 네이버 카페(http://cafe.naver.com/kimnbook)에 가입하세요.
- 구매인증 게시판에서 교재 이미지를 게시한 후 등업하세요.
- 소방설비기사 필기 전기분야 2025년 기출 해설 12강을 학습하세요.

02 신간 이벤트 및 자격증 정보 교류
- 준비하고 계시는 자격증에 대한 궁금증을 올리고, 답변을 들어보세요.
- 시험 후기 정보를 공유하면서 기출에 대한 정보를 얻어보세요.
- 자격증 취득 및 같은 관심사를 가진 사람들과 교류해 보세요.

카페 가입하는 방법

1. 네이버에 로그인 함
2. 김앤북 네이버 카페(http://cafe.naver.com/kimnbook)에 입장
3. '카페 가입하기'를 누른 후 정보를 입력하여 카페에 가입

구매 인증하는 방법

1. 카페 게시판 중 '구매 인증 게시판'을 누른 후 입장
2. 구매한 교재 사진을 '글쓰기'를 통해서 업로드하여 게시
3. 카페 매니저의 승인을 통해서 구매자로 등업

구매자 혜택 보는 방법

1. 등업을 통해서 '구매 인증' 등급이 된 것을 확인
2. '자료실(구매인증전용)' 게시판을 볼 수 있는 권한 획득
3. 구매자 전용 강의 및 학습 콘텐츠 이용 가능

시험분석

2026년 시험 일정

구분	필기접수	필기시험	필기발표	실기접수	실기시험	최종합격
1회	1월	2월	3월	3월	4~5월	6월
2회	4월	5월	6월	6월	7~8월	9월
3회	7월	8월	9월	9월	11월	12월

*위 일정은 전년도 일정을 참고하여 예상한 일정으로 정확한 시험일정은 큐넷(https://www.q-net.or.kr)을 통해서 확인해 보시기 바랍니다.

출제과목

객관식 4지 택일형으로 1과목당 30분씩 20개 문제가 출제됩니다.(총 80문제/120분)

	과목	내용
1과목	소방원론	연소 및 연소현상, 화재 및 화재현상, 건축물의 화재현상, 위험물 안전관리, 소방안전관리, 소화론, 소화약제
2과목	소방전기일반	직류회로, 정전용량과 자기회로, 교류회로, 전기기기, 전기계측, 자동제어의 기초, 시퀀스 제어회로, 제어기기 및 응용, 전자회로
3과목	소방관계법규	소방기본법, 화재의 예방 및 안전관리에 관한 법, 소방시설 설치 및 관리에 관한 법, 소방시설 공사업법, 위험물안전관리법
4과목	소방전기시설의 구조 및 원리	소방전기시설 및 화재안전성능기준·화재 안전기술기준, 소방전기시설·화재안전성능기준·화재, 안전기술기준

*합격기준은 필기 100점을 만점으로 하여 과목당 40점 이상, 전과목 평균 60점 이상

응시자 분석

1 직업 ▶ 주로 직장인 중심으로 준비하는 시험

2 연령 ▶ 비교적 고른 연령층에서 준비하는 시험

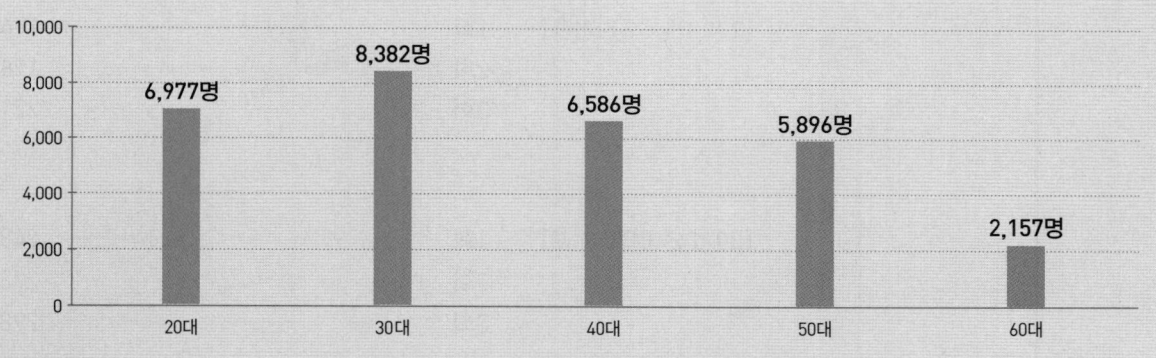

3 성별 ▶ 남성 위주의 시험

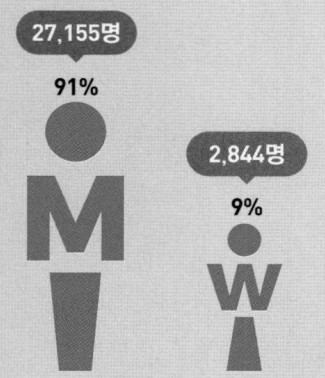

4 준비기간 ▶ 3개월 미만으로 준비하는 경향이 강함

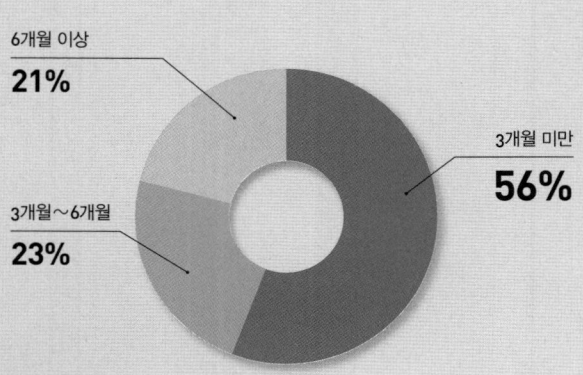

CONTENTS

1권 4개년 기출 (2025~2022)

[2025년 CBT 기출]　1회 ——— 14
　　　　　　　　　2회 ——— 41
　　　　　　　　　3회 ——— 69

[2024년 CBT 기출]　1회 ——— 96
　　　　　　　　　2회 ——— 122
　　　　　　　　　3회 ——— 150

[2023년 CBT 기출]　1회 ——— 176
　　　　　　　　　2회 ——— 198
　　　　　　　　　3회 ——— 221

[2022년 CBT 기출]　1회 ——— 248
　　　　　　　　　2회 ——— 273
　　　　　　　　　3회 ——— 298

2권 3개년 기출 (2021~2019)

[2021년 기출]
- 1회 ———— 04
- 2회 ———— 30
- 3회 ———— 54

[2020년 기출]
- 1회 ———— 76
- 2회 ———— 100
- 3회 ———— 123

[2019년 기출]
- 1회 ———— 148
- 2회 ———— 172
- 3회 ———— 195

핵심이론 요약집 [부록]
- 01 소방원론 ———— 2
- 02 소방전기일반 ———— 21
- 03 소방관계법규 ———— 45
- 04 소방전기시설의 구조 및 원리 ———— 72

개인 맞춤 멀티 플래너
8주/12주 플랜

8주 플랜

연도	회차	플랜	날짜	
2025	1	1주	월:	화:
	2		수:	목:
	3		금:	주말:
2024	1	2주	월:	화:
	2		수:	목:
	3		금:	주말:
2023	1	3주	월:	화:
	2		수:	목:
	3		금:	주말:
2022	1	4주	월:	화:
	2		수:	목:
	3		금:	주말:
2021	1	5주	월:	화:
	2		수:	목:
	3		금:	주말:
2020	1	6주	월:	화:
	2		수:	목:
	3		금:	주말:
2019	1	7주	월:	화:
	2		수:	목:
	3		금:	주말:
전체	복습	8주	월:	화:
			수:	목:
			금:	주말:

2개의 학습플랜 중 자신의 학습능력과 상황에 따라 선택하여
학습을 계획하고 진행해 보세요.

12주 플랜

연도	회차	플랜	날짜		
2025	1	1주	월:	화:	수:
	2		목:	금:	주말:
	3	2주	월:	화:	수:
2024	1		목:	금:	주말:
	2	3주	월:	화:	수:
	3		목:	금:	주말:
2023	1	4주	월:	화:	수:
	2		목:	금:	주말:
	3	5주	월:	화:	수:
2022	1		목:	금:	주말:
	2	6주	월:	화:	수:
	3		목:	금:	주말:
2021	1	7주	월:	화:	수:
	2		목:	금:	주말:
	3	8주	월:	화:	수:
2020	1		목:	금:	주말:
	2	9주	월:	화:	수:
	3		목:	금:	주말:
2019	1	10주	월:	화:	수:
	2		목:	금:	주말:
	3	11주	월:	화:	수:
전체	복습		목:	금:	주말:
		12주	월:	화:	수:
			목:	금:	주말:

1권

4개년 기출
(2025~2022)

2025년 10월 15일 OPEN!

2025년 CBT 기출 해설은 위에 QR 코드를 통해 네이버 카페 입장하여 구매인증 후 무료강의로 학습할 수 있습니다.

2025년	**CBT 기출**
1회	14
2회	41
3회	69

2024년	**CBT 기출**
1회	96
2회	122
3회	150

2023년	**CBT 기출**
1회	176
2회	198
3회	221

2022년	**CBT 기출**
1회	248
2회	273
3회	298

2025년 1회 CBT 기출

1과목 소방원론

01
가연물이 연소가 잘되기 위한 구비조건으로 틀린 것은?

① 열전도율이 클 것
② 산소와 화학적으로 친화력이 클 것
③ 표면적이 클 것
④ 활성화 에너지가 작을 것

해설
열전도율이 작아야 한다.

| 관련개념 | 가연물이 연소하기 쉬운 조건
- 산소와 친화력이 클 것
- 발열량이 클 것
- 표면적이 넓을 것
- 열전도율이 작을 것
- 활성화에너지가 작을 것
- 연쇄반응을 일으킬 수 있을 것
- 산소가 포함된 유기물일 것
※ 활성화에너지: 가연물이 처음 연소하는 데 필요한 열

02
다음 원소 중 할로겐족 원소인 것은?

① Ne   ② Ar
③ Cl   ④ Xe

해설
염소는 할로겐족 원소이다.

| 관련개념 | 할로겐족 원소(할로겐원소)
- 불소: F
- 염소: Cl
- 브롬(취소): Br
- 요오드(옥소): I

03
건축물 화재 시 피난자들의 집중으로 패닉(panic) 현상이 일어날 수 있는 피난 방향은?

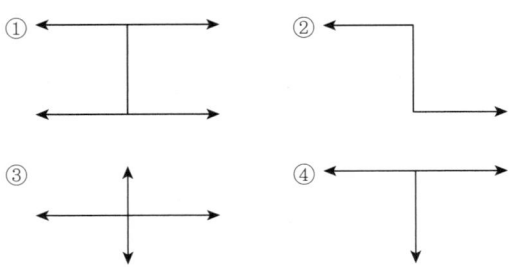

해설
H형과 CO형은 피난자들의 집중으로 패닉(panic) 현상이 일어날 수 있다.

| 관련개념 | 피난 형태

피난 방향	상황
↔	
↙↘	신속한 피난이 가능하다.
→▭←	피난자들의 집중으로 패닉(panic)현상이 일어날 수 있다.
↔	

정답 01 ①   02 ③   03 ①

04

할론 가스 $45[\text{kg}]$과 함께 기동가스로 질소 $2[\text{kg}]$을 충전하였다. 이때 질소가스의 몰분율은?(단, 할론가스의 분자량은 149이다.)

① 0.19 ② 0.24
③ 0.31 ④ 0.39

해설

• 분자량

원소	원자량
H	1
C	12
N	14
O	16

질소(N_2)의 분자량 $= 14 \times 2 = 28 [\text{kg/kmol}]$

• 몰수

$$\text{몰수} = \frac{\text{질량}[\text{kg}]}{\text{분자량}[\text{kg/kmol}]}$$

$$\text{할론가스의 몰수} = \frac{\text{질량}[\text{kg}]}{\text{분자량}[\text{kg/kmol}]}$$
$$= \frac{45[\text{kg}]}{149[\text{kg/kmol}]} \fallingdotseq 0.3[\text{kmol}]$$

$$\text{질소가스의 몰수} = \frac{\text{질량}[\text{kg}]}{\text{분자량}[\text{kg/kmol}]}$$
$$= \frac{2[\text{kg}]}{28[\text{kg/kmol}]} \fallingdotseq 0.07[\text{kmol}]$$

• 몰분율: 어떤 성분의 몰수와 전체 성분의 몰수와의 비

$$\text{몰분율} = \frac{\text{어떤 성분의 몰수}}{\text{전체 몰수}}$$

$$\text{질소가스의 몰분율} = \frac{\text{질소의 몰수}}{\text{전체 몰수}}$$
$$= \frac{0.07[\text{kmol}]}{(0.3 + 0.07)[\text{kmol}]} \fallingdotseq 0.19$$

05

화재 시 CO_2를 방사하여 산소농도를 $11[\text{vol}\%]$로 낮추어 소화하려면 공기 중 CO_2의 농도는 약 몇 $[\text{vol}\%]$가 증가되어야 하는가?

① 47.6 ② 42.9
③ 37.9 ④ 34.5

해설

CO_2의 농도(이론소화농도)

$$CO_2 = \frac{21 - O_2}{21} \times 100$$

여기서, CO_2: CO_2의 농도[%] 또는 [vol%]
O_2: O_2의 농도[%] 또는 [vol%]

$$CO_2 = \frac{21 - O_2}{21} \times 100 = \frac{21 - 11}{21} \times 100 \fallingdotseq 47.6[\text{vol}\%]$$

06

화재 표면온도(절대온도)가 2배가 되면 복사에너지는 몇 배로 증가되는가?

① 2 ② 4
③ 8 ④ 16

해설

스테판-볼츠만의 법칙(Stefan-Boltzman's law)
$$Q = aAF(T_1^4 - T_2^4)$$

여기서, Q: 복사열[W]
a: 스테판-볼츠만 상수$[\text{W/m}^2 \cdot \text{K}^4]$
A: 단면적$[\text{m}^2]$
F: 기하학적 Factor
T_1: 고온[K]
T_2: 저온[K]

$$\frac{Q_2}{Q_1} = \frac{(273 + T_2)^4}{(273 + T_1)^4} = (2\text{배})^4 = 16\text{배}$$

(열복사량은 복사체의 절대온도의 4제곱에 비례하고, 단면적에 비례한다.)

정답 04 ① 05 ① 06 ④

07
다음 중 열전도율이 가장 작은 것은?

① 알루미늄 ② 철재
③ 은 ④ 암면(광물섬유)

해설
열전도율이 가장 작은 것은 암면(광물섬유)이다.

| 관련개념 | 27[℃]에서 물질의 열전도율

물질	열전도율
암면(광물섬유)	0.046[W/m·℃]
철재	80.3[W/m·℃]
알루미늄	237[W/m·℃]
은	427[W/m·℃]

08
TLV(Threshold Limit Value)가 가장 높은 가스는?

① 시안화수소 ② 포스겐
③ 일산화탄소 ④ 이산화탄소

해설
TLV가 가장 높은 가스는 이산화탄소이다.

| 관련개념 | 독성가스의 허용농도(TLV; Threshold Limit Value)
- 시안화수소(HCN): 10[ppm]
- 포스겐($COCl_2$): 0.1[ppm]
- 일산화탄소(CO): 50[ppm]
- 이산화탄소(CO_2): 5,000[ppm]

09
정전기에 의한 발화과정으로 옳은 것은?

① 방전 → 전하의 축적 → 전하의 발생 → 발화
② 전하의 발생 → 전하의 축적 → 방전 → 발화
③ 전하의 발생 → 방전 → 전하의 축적 → 발화
④ 전하의 축적 → 반전 → 전하의 발생 → 발화

해설
정전기의 발화과정은 아래와 같다.

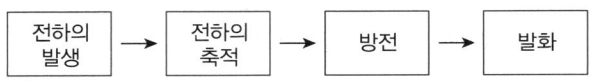

10
폭굉(Detonation)에 관한 설명으로 틀린 것은?

① 연소속도가 음속보다 느릴 때 나타난다.
② 온도의 상승은 충격파의 압력에 기인한다.
③ 압력 상승은 폭연의 경우보다 크다.
④ 폭굉의 유도거리는 배관의 지름과 관계가 있다.

해설
폭굉은 연소속도가 음속보다 빠를 때 발생한다.

| 관련개념 | 연소반응(전파형태에 따른 분류)

폭연(deflagration)	폭굉(detonation)
연소속도가 음속보다 느릴 때 발생	연소속도가 음속보다 빠를 때 발생

11 (빈출)
연소의 4요소 중 자유활성기(free radical)의 생성을 저하시켜 연쇄반응을 중지시키는 소화 방법은?

① 제거소화 ② 냉각소화
③ 질식소화 ④ 억제소화

해설
억제소화
- 연쇄반응을 차단하여 소화하는 방법으로 '화학소화'라고도 한다.
- 자유활성기(free radical; 자유라디칼)의 생성을 저하시켜 연쇄반응을 중지시키는 소화 방법이다.

정답 07 ④ 08 ④ 09 ② 10 ① 11 ④

12
분진폭발의 위험성이 가장 낮은 것은?

① 알루미늄분 ② 유황
③ 팽창질석 ④ 소맥분

해설
팽창질석은 분진폭발의 위험성이 낮아 소화약제로 사용된다.

| 관련개념 | **분진폭발의 위험성이 있는 것**
- 알루미늄분
- 유황
- 소맥분

13 고난도
피난 시 하나의 수단이 고장 등으로 사용이 불가능하더라도 다른 수단 및 방법을 통해서 피난 할 수 있도록 하는 것으로 2방향 이상의 피난통로를 확보하는 피난 대책의 일반 원칙은?

① Risk-down 원칙 ② Feed-back 원칙
③ Fool-proof 원칙 ④ Fail-safe 원칙

해설
Fail-safe 원칙에 대한 설명이다.

| 관련개념 | **페일 세이프(Fail safe)**
- 한 가지 피난기구가 고장이 나도 다른 수단을 이용할 수 있도록 고려하는 것 (한 가지가 고장이 나도 다른 수단을 이용하는 원칙)
- 두 방향의 피난동선을 항상 확보하는 원칙

| 상세해설 | **풀 프루프(fool proof)**
- 피난경로는 간단명료하게 한다.
- 피난구조설비는 고정식 설비를 위주로 설치한다.
- 피난수단은 원시적 방법에 의한 것을 원칙으로 한다.
- 피난통로를 완전불연화한다.
- 막다른 복도가 없도록 계획한다.
- 간단한 그림이나 색채를 이용하여 표시한다.

14
다음 중 인명구조기구에 속하지 않는 것은?

① 방열복 ② 공기안전매트
③ 공기호흡기 ④ 인공소생기

해설
공기안전매트는 피난기구이다.

15 빈출
화재의 지속시간 및 온도에 따라 목재건물과 내화건물을 비교했을 때, 목재건물의 화재성상으로 가장 적합한 것은?

① 저온장기형이다. ② 저온단기형이다.
③ 고온장기형이다. ④ 고온단기형이다.

해설
목재건물은 고온단기형의 특징을 갖는다.

| 관련개념 | **목조건물(목재건물)**
- 화재성상: 고온단기형
- 최고온도(최성기온도): 1,300[℃]

16
방호공간 안에서 화재의 세기를 나타내고 화재가 진행되는 과정에서 온도에 따라 변하는 것으로 온도-시간 곡선으로 표시할 수 있는 것은?

① 화재저항 ② 화재가혹도
③ 화재하중 ④ 화재플럼

해설
화재가혹도는 온도와 시간 곡선으로 나타낼 수 있다.
화재가혹도 = 지속시간 × 최고온도
화재 시 지속시간이 긴 것은 가연물량이 많은 양적 개념이며, 연소 시 최고온도는 최성기 때의 온도로서 화재의 질적 개념이다.

정답 12 ③ 13 ④ 14 ② 15 ④ 16 ②

17
블레비(BLEVE) 현상과 관계가 없는 것은?

① 핵분열
② 가연성액체
③ 화구(Fire ball)의 형성
④ 복사열의 대량 방출

해설

블레비(BLEVE) 현상
- 가연성 액체
- 화구(Fire ball)의 형성
- 복사열의 대량 방출

18
화재실의 연기를 옥외로 배출시키는 제연방식으로 효과가 가장 적은 것은?

① 자연 제연방식
② 스모크 타워 제연방식
③ 기계식 제연방식
④ 냉난방 설비를 이용한 제연방식

해설

화재실의 연기를 옥외로 배출시키는 제연방식으로 효과가 가장 적은 것은 냉난방 설비를 이용한 제연방식이다.

| 관련개념 | 제연방식의 종류
- 밀폐 제연방식
- 자연 제연방식
- 스모크타워 제연방식
- 기계 제연방식(기계식 제연방식)

19
전기불꽃, 아크 등이 발생하는 부분을 기름 속에 넣어 폭발을 방지하는 방폭구조는?

① 내압방폭구조
② 유입방폭구조
③ 안전증방폭구조
④ 특수방폭구조

해설

유입방폭구조에 대한 설명이다.

| 관련개념 | 방폭구조의 종류
① 내압방폭구조: 용기 내부에 질소 등의 보호용 가스를 충전하여 외부에서 폭발성 가스가 침입하지 못하도록 한 구조
② 유입방폭구조: 전기불꽃, 아크 또는 고온이 발생하는 부분을 기름 속에 넣어 폭발성 가스에 의해 인화가 되지 않도록 한 구조
③ 안전증방폭구조: 기기의 정상운전 중에 폭발성 가스에 의해 점화원이 될 수 있는 전기불꽃 또는 고온이 되어서는 안 될 부분에 기계적, 전기적으로 특히 안전도를 증가시킨 구조

20
할로겐화합물 청정소화약제는 일반적으로 열을 받으면 할로겐족이 분해되어 가연물질의 연소 과정에서 발생하는 활성종과 화합하여 연소의 연쇄반응을 차단한다. 연쇄반응의 차단과 가장 거리가 먼 소화약제는?

① FC-3-1-10
② HFC-125
③ IG-541
④ FIC-1311

해설

IG-541은 불활성기체 소화약제로 질식효과를 이용한다.

정답 17 ① 18 ④ 19 ② 20 ③

2과목 소방전기일반

21
어느 도선의 길이를 2배로 하고 전기저항을 5배로 하려면 도선의 단면적은 몇 배로 되는가?

① 10배 ② 0.4배
③ 2배   ④ 2.5배

해설

길이 2배($2l$), 전기저항 5배($5R$)로 했을 때의 단면적 A는

$$A = \rho \frac{l}{R} \propto \frac{l}{R} = \frac{2l}{5R} = 0.4 \frac{l}{R} (\therefore 0.4\text{배})$$

| 관련개념 |

저항 $R = \rho \dfrac{l}{A}$

여기서, R: 저항[Ω]
ρ: 고유저항[Ω·mm²/m]
A: 전선의 단면적[mm²]
l: 전선의 길이[m]

22
어떤 옥내배선에 380[V]의 전압을 가하였더니 0.2[mA]의 누설전류가 흘렀다. 이 배선의 절연저항은 몇 [MΩ]인가?

① 0.2 ② 1.9
③ 3.8 ④ 7.6

해설

절연저항 R은

$$R = \frac{V}{I} = \frac{380}{0.2 \times 10^{-3}} = 1{,}900{,}000[\Omega] = 1.9 \times 10^6 [\Omega] = 1.9[\text{M}\Omega]$$

V: 380[V], I: 0.2[mA] = 0.2×10^{-3}[A] (1[mA] = 10^{-3}[A])

| 관련개념 | 누설전류

$I = \dfrac{V}{R}$

여기서, I: 누설전류[A], V: 전압[V], R: 절연저항[Ω]

23 빈출
줄의 법칙에 관한 수식으로 틀린 것은?

① $H = I^2 Rt [\text{J}]$ ② $H = 0.24 I^2 Rt [\text{cal}]$
③ $H = 0.12 VIt [\text{J}]$ ④ $H = \dfrac{1}{4.2} I^2 Rt [\text{cal}]$

해설

줄의 법칙(Joule's law)
P: 전력[W], t: 시간[s], V: 전압[V], I: 전류[A], R: 저항[Ω],
1[J] = 0.24[cal]이므로
①, ② $H = I^2 Rt [\text{J}] = 0.24 I^2 Rt [\text{cal}]$
③ $H = 0.12 VIt [\text{J}] \rightarrow H = VIt [\text{J}]$

24
회로에서 a, b 사이의 합성저항은 몇 [Ω]인가?

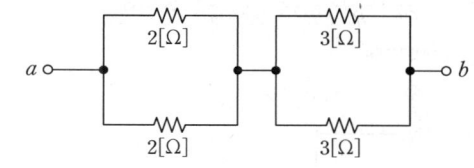

① 2.5 ② 5
③ 7.5 ④ 10

해설

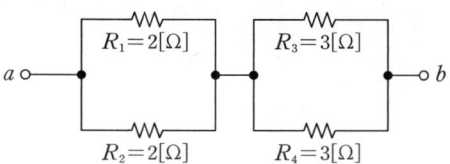

합성 저항 $R_{a-b} = \dfrac{R_1 \times R_2}{R_1 + R_2} + \dfrac{R_3 \times R_4}{R_3 + R_4}$

$= \dfrac{2 \times 2}{2+2} + \dfrac{3 \times 3}{3+3} = 2.5[\Omega]$

정답 21 ② 22 ② 23 ③ 24 ①

25

$100[\text{V}]$, $500[\text{W}]$의 전열선 2개를 같은 전압에서 직렬로 접속한 경우와 병렬로 접속한 경우의 전력은 각각 몇 $[\text{W}]$인가?

① 직렬: 250, 병렬: 500
② 직렬: 250, 병렬: 1,000
③ 직렬: 500, 병렬: 500
④ 직렬: 500, 병렬: 1,000

해설

• 전력
$$P = \frac{V^2}{R}$$
여기서, P: 전력$[\text{W}]$, V: 전압$[\text{V}]$, R: 저항$[\Omega]$
저항 $R = \frac{V^2}{P} = \frac{100^2}{500} = 20[\Omega]$

• 전열선 2개 직렬접속

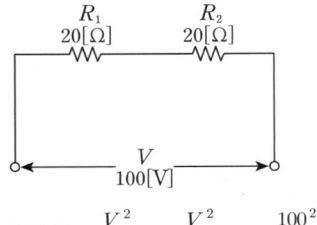

전력 $P = \frac{V^2}{R} = \frac{V^2}{R_1 + R_2} = \frac{100^2}{20 + 20} = 250[\text{W}]$

• 전열선 2개 병렬접속

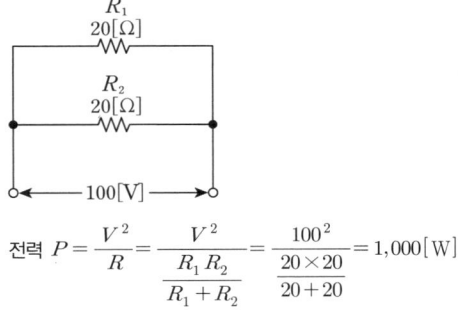

전력 $P = \frac{V^2}{R} = \frac{V^2}{\frac{R_1 R_2}{R_1 + R_2}} = \frac{100^2}{\frac{20 \times 20}{20 + 20}} = 1,000[\text{W}]$

26

열팽창식 온도계가 아닌 것은?

① 열전대 온도계   ② 유리 온도계
③ 바이메탈 온도계 ④ 압력식 온도계

해설

열팽창식 온도계가 아닌 것은 열전대 온도계이다.

| 관련개념 | 온도계의 종류

열팽창식 온도계	열전 온도계
• 유리 온도계 • 압력식 온도계 • 바이메탈 온도계 • 알코올 온도계 • 수은 온도계	열전대 온도계

27 빈출

두 콘덴서 C_1, C_2를 병렬로 접속하고 전압을 인가하였더니 전체 전하량이 $Q[\text{C}]$이었다. C_2에 충전된 전하량은?

① $\frac{C_1}{C_1 + C_2} Q$
② $\frac{C_1 + C_2}{C_1} Q$
③ $\frac{C_1 + C_2}{C_2} Q$
④ $\frac{C_2}{C_1 + C_2} Q$

해설

각각의 전기량(전하량)

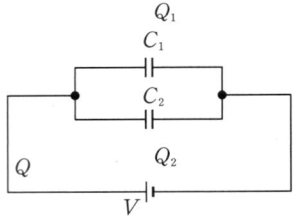

$Q_1 = \frac{C_1}{C_1 + C_2} Q$, $Q_2 = \frac{C_2}{C_1 + C_2} Q$

여기서, Q_1: C_1의 전기량(전하량)$[\text{C}]$
Q_2: C_2의 전기량(전하량)$[\text{C}]$
C_1, C_2: 각각의 정전용량$[\text{F}]$
Q: 전체 전기량(전하량)$[\text{C}]$

정답 25 ② 26 ① 27 ④

28

비투자율 $\mu_s = 500$, 평균 자로의 길이 $1[\text{m}]$의 환상 철심 자기회로에 $2[\text{mm}]$의 공극을 내면 전체의 자기저항은 공극이 없을 때의 약 몇 배가 되는가?

① 5
② 2.5
③ 2
④ 0.5

해설

자기저항 배수

$$m = 1 + \frac{l_0}{l} \times \frac{\mu_0 \mu_s}{\mu_0}$$

여기서, m : 자기저항 배수
  l_0 : 공극[m]
  l : 길이[m]
  μ_0 : 진공의 투자율($4\pi \times 10^{-7}$)[H/m]
  μ_s : 비투자율

$l_0 = 2[\text{mm}] = 2 \times 10^{-3}[\text{m}]$

$$m = 1 + \frac{l_0}{l} \times \frac{\mu_0 \mu_s}{\mu_0}$$
$$= 1 + \frac{(2 \times 10^{-3})}{1} \times \frac{\mu_0 \times 500}{\mu_0} = 2$$

29

반지름 $20[\text{cm}]$, 권수 50회인 원형코일에 $2[\text{A}]$의 전류를 흘려주었을 때 코일 중심에서 자계(자기장)의 세기 $[\text{AT/m}]$는?

① 70
② 100
③ 125
④ 250

해설

$a = 20[\text{cm}] = 0.2[\text{m}]$ $(100[\text{cm}] = 1[\text{m}])$과 $N = 50$, $I = 2[\text{A}]$를 대입

자계의 세기 $H = \dfrac{NI}{2a} = \dfrac{50 \times 2}{2 \times 0.2} = 250[\text{AT/m}]$

| 관련개념 |

자계의 세기 $H = \dfrac{NI}{2a}[\text{AT/m}]$

여기서, H: 자계의 세기[AT/m], N: 코일권수, I: 전류[A], a: 반지름[m]

30

대칭 n상의 환상결선에서 선전류와 상전류(환상전류) 사이의 위상차는?

① $\dfrac{n}{2}\left(1 - \dfrac{2}{\pi}\right)$
② $\dfrac{n}{2}\left(1 - \dfrac{\pi}{2}\right)$
③ $\dfrac{\pi}{2}\left(1 - \dfrac{2}{n}\right)$
④ $\dfrac{\pi}{2}\left(1 - \dfrac{n}{2}\right)$

해설

- 환상결선 n상의 위상차

$$\theta = \dfrac{\pi}{2} - \dfrac{\pi}{n}$$

여기서, θ: 위상차, n: 상

- 환상결선 = △결선

n상의 위상차 θ는 $\theta = \dfrac{\pi}{2} - \dfrac{\pi}{n} = \dfrac{\pi}{2}\left(1 - \dfrac{2}{n}\right)$

31

인덕턴스가 $1[\text{H}]$인 코일과 정전용량이 $0.2[\mu\text{F}]$인 콘덴서를 직렬로 접속할 때 이 회로의 공진주파수는 약 몇 $[\text{Hz}]$인가?

① 89
② 178
③ 267
④ 356

해설

$L = 1[\text{H}]$
$C = 0.2[\mu\text{F}] = 0.2 \times 10^{-6}[\text{F}]$ $(1[\mu\text{F}] = 10^{-6}[\text{F}])$

- 공진주파수

$$f_0 = \dfrac{1}{2\pi\sqrt{LC}}$$

여기서, f_0: 공진주파수[Hz], L: 인덕턴식[H], C: 정전용량[F]

공진주파수 $f_0 = \dfrac{1}{2\pi\sqrt{LC}} = \dfrac{1}{2\pi\sqrt{1 \times (0.2 \times 10^{-6})}} ≒ 356[\text{Hz}]$

정답 28 ③ 29 ④ 30 ③ 31 ④

32

저항이 $4[\Omega]$, 인덕턴스가 $8[\mathrm{mH}]$인 코일을 직렬로 연결하고 $100[\mathrm{V}]$, $60[\mathrm{Hz}]$인 전압을 공급할 때 유효전력은 약 몇 $[\mathrm{kW}]$인가?

① 0.8 ② 1.2
③ 1.6 ④ 2.0

해설

$R = 4[\Omega]$
$L = 8[\mathrm{mH}] = 8 \times 10^{-3}[\mathrm{H}]\,(1[\mathrm{mH}] = 10^{-3}[\mathrm{H}])$
$V = 100[\mathrm{V}]$
$f = 60[\mathrm{Hz}]$
유도리액턴스 $X_L = 2\pi f L$
여기서, X_L: 유도리액턴스$[\Omega]$, f: 주파수$[\mathrm{Hz}]$, L: 인덕턴스$[\mathrm{H}]$
유도리액턴스 X_L
$X_L = 2\pi f L = 2\pi \times 60 \times (8 \times 10^{-3}) \fallingdotseq 3[\Omega]$
전류 $I = \dfrac{V}{Z} = \dfrac{V}{\sqrt{R^2 + X_L^2}}$
여기서, I: 전류$[\mathrm{A}]$, V: 전압$[\mathrm{V}]$, Z: 임피던스$[\Omega]$, R: 저항$[\Omega]$, X_L: 유도리액턴스$[\Omega]$
전류 $I = \dfrac{V}{\sqrt{R^2 + X_L^2}} = \dfrac{100}{\sqrt{4^2 + 3^2}} = 20[\mathrm{A}]$
유효전력 $P = I^2 R$
여기서, P: 유효전력$[\mathrm{W}]$, I: 전류$[\mathrm{A}]$, R: 저항$[\Omega]$
유효전력 $P = I^2 R = 20^2 \times 4 = 1,600[\mathrm{W}] = 1.6[\mathrm{kW}]$

33

저항 $6[\Omega]$과 유도리액턴스 $8[\Omega]$이 직렬로 접속된 회로에 $100[\mathrm{V}]$의 교류전압을 가할 때 흐르는 전류의 크기는 몇 $[\mathrm{A}]$인가?

① 10 ② 20
③ 50 ④ 80

해설

$R-L$ 직렬회로

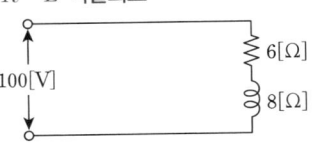

$I = \dfrac{V}{Z} = \dfrac{V}{\sqrt{R^2 + X_L^2}}$

여기서, I: 전류$[\mathrm{A}]$, V: 전압$[\mathrm{V}]$, Z: 임피던스$[\Omega]$, R: 저항$[\Omega]$, X_L: 유도리액턴스$[\Omega]$

전류 $I = \dfrac{V}{\sqrt{R^2 + X_L^2}} = \dfrac{100}{\sqrt{6^2 + 8^2}} = 10[\mathrm{A}]$

34 고난도

평형 3상 회로에서 측정된 선간전압과 전류의 실효값이 각각 $28.87[\mathrm{V}]$, $10[\mathrm{A}]$이고, 역률이 0.8일 때 3상 무효전력의 크기는 약 몇 $[\mathrm{Var}]$인가?

① 400 ② 300
③ 231 ④ 173

해설

$V_l = 28.87[\mathrm{V}]$, $I_l = 10[\mathrm{A}]$, $\cos\theta = 0.8$
무효율 $\sin\theta = \sqrt{1 - \cos\theta^2}$
여기서, $\sin\theta$: 무효율, $\cos\theta$: 역률
무효율 $\sin\theta = \sqrt{1 - \cos\theta^2} = \sqrt{1 - 0.8^2} = 0.6$
3상 무효전력 $P_r = 3V_p I_p \sin\theta = \sqrt{3}\,V_l I_l \sin\theta = 3 I_p^2 X [\mathrm{Var}]$
여기서, P: 3상 무효전력$[\mathrm{Var}]$
V_p: 상전압$[\mathrm{V}]$
I_p: 상전류$[\mathrm{A}]$
$\sin\theta$: 무효율
V_l: 선간전압$[\mathrm{V}]$
I_l: 선전류$[\mathrm{A}]$
X: 리액턴스$[\Omega]$
3상 무효전력 $P_r = \sqrt{3}\,V_l I_l \sin\theta$
$= \sqrt{3} \times 28.87 \times 10 \times 0.6 \fallingdotseq 300[\mathrm{Var}]$

정답 32 ③ 33 ① 34 ②

35

두 개의 입력신호 중 한 개의 입력만이 1일 때 출력신호가 1이 되는 논리게이트는?

① EXCLUSIVE NOR ② NAND
③ EXCLUSIVE OR ④ AND

해설

두 개의 입력신호 중 한 개의 입력만이 1일 때 출력신호가 1이 되는 논리게이트는 EXCLUSIVE OR이다.

| 관련개념 | 시퀀스회로와 논리회로

- EXCLUSIVE NOR 회로: 입력신호 A, B가 동시에 0이거나 1일 때만 출력신호 X가 1이 된다.
- NAND 회로: 입력신호 A, B가 동시에 1일 때만 출력신호 X가 0이 된다.
- EXCLUSIVE OR 회로: 입력신호 A, B 중 어느 한쪽만이 1이면 출력신호 X가 1이 된다.
- AND 회로: 입력신호 A, B가 동시에 1일 때만 출력신호 X가 1이 된다.

36

내부저항이 $200[\Omega]$이며 직류 $120[mA]$인 전류계를 $6[A]$까지 측정할 수 있는 전류계로 사용하고자 한다. 어떻게 하면 되겠는가?

① $24[\Omega]$의 저항을 전류계와 직렬로 연결한다.
② $12[\Omega]$의 저항을 전류계와 병렬로 연결한다.
③ 약 $6.24[\Omega]$의 저항을 전류계와 직렬로 연결한다.
④ 약 $4.08[\Omega]$의 저항을 전류계와 병렬로 연결한다.

해설

분류기

$$I_0 = I\left(1 + \frac{R_A}{R_S}\right)$$

여기서, I_0: 측정하고자 하는 전류[A]
 I: 전류계의 최대눈금[A]
 R_A: 전류계 내부저항[Ω]
 R_S: 분류기저항[Ω]

$I_0 = I\left(1 + \frac{R_A}{R_S}\right)$, $\frac{I_0}{I} = 1 + \frac{R_A}{R_S}$, $\frac{I_0}{I} - 1 = \frac{R_A}{R_S}$

$R_S = \dfrac{R_A}{\dfrac{I_0}{I} - 1} = \dfrac{200}{\dfrac{6}{(120 \times 10^{-3})} - 1} = 4.08[\Omega]$

분류기는 전류계와 병렬접속한다.

37

정현파 전압의 평균값이 $150[V]$이면 최댓값은 약 몇 $[V]$인가?

① 235.6 ② 212.1
③ 106.1 ④ 95.5

해설

전압의 평균값
$V_{av} = 0.637 V_m$
여기서, V_{av}: 전압의 평균값[V]
 V_m: 전압의 최대값[V]
전압의 최대값 V_m
$V_m = \dfrac{V_{av}}{0.637} = \dfrac{150}{0.637} ≒ 235.47[V] (\therefore 235.6[V])$

38

다음과 같은 블록선도의 전체 전달함수는?

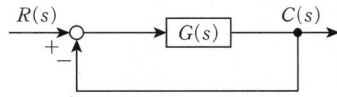

① $\dfrac{C(s)}{R(s)} = \dfrac{G(s)}{1+G(s)}$ ② $\dfrac{C(s)}{R(s)} = \dfrac{G(s)}{1-G(s)}$

③ $\dfrac{C(s)}{R(s)} = 1+G(s)$ ④ $\dfrac{C(s)}{R(s)} = 1-G(s)$

해설

계산해 보면 아래와 같다.
$C = RG - CG$, $C + CG = RG$
$R(s)G(s) - C(s)G(s) = C(s)$
$R(s)G(s) = C(s)G(s) + C(s)$
$R(s)G(s) = C(s)(G(s)+1)$
$\dfrac{G(s)}{G(s)+1} = \dfrac{C(s)}{R(s)}$
$\dfrac{C(s)}{R(s)} = \dfrac{G(s)}{G(s)+1}$

정답 35 ③ 36 ④ 37 ① 38 ①

39

동기발전기의 병렬운전 조건으로 틀린 것은?

① 기전력의 크기가 같을 것
② 기전력의 위상이 같을 것
③ 기전력의 주파수가 같을 것
④ 극수가 같을 것

해설

'극수가 같을 것'은 동기발전기의 병렬운전 조건이 아니다.

| 관련개념 | 동기발전기의 병렬운전조건
- 기전력의 크기가 같을 것
- 기전력의 위상이 같을 것
- 기전력의 주파수가 같을 것
- 기전력의 파형이 같을 것
- 상회전 방향이 같을 것

40

전기화재의 원인이 되는 누전전류를 검출하기 위해 사용되는 것은?

① 접지계전기
② 영상변류기
③ 계기용변압기
④ 과전류계전기

해설

영상변류기(ZCT)는 누설전류를 검출한다.

3과목 소방관계법규

41

소방시설 설치 및 관리에 관한 법령상 특정소방대상물의 소방시설 설치의 면제기준에 따라 연결살수설비의 설치를 면제받을 수 있는 경우는?

① 송수구를 부설한 간이스프링클러를 설치했을 때
② 송수구를 부설한 옥내소화전설비를 설치했을 때
③ 송수구를 부설한 옥외소화전설비를 설치했을 때
④ 송수구를 부설한 연결송수관설비를 설치했을 때

해설

| 관련개념 | 유사한 소방시설의 설치 면제의 기준

설치 면제 기준	설치가 면제되는 소방시설
물분무등소화설비	스프링클러설비
차고·주차장 스프링클러설비	물분무등소화설비
스프링클러설비, 물분무소화설비 또는 미분무 소화설비	간이스프링클러설비
자동화재탐지설비	비상경보설비 또는 단독경보형 감지기
단독경보형 감지기를 2개 이상의 단독경보형 감지기와 연동	비상경보설비
자동화재탐지설비 또는 비상경보설비와 같은 수준 이상의 음향을 발하는 장치를 부설한 방송설비	비상방송설비
위치·구조 또는 설비의 상황에 따라 피난상 지장이 없다고 인정되는 경우	피난구조설비
송수구를 부설한 스프링클러설비, 간이스프링클러설비, 물분무소화설비 또는 미분무소화설비	연결살수설비
가스 관계 법령에 따라 설치되는 물분무 장치 등에 소방대가 사용할 수 있는 연결송수구가 설치	
가스 관계 법령에 따라 설치되는 물분무 장치 등에 6시간 이상 공급할 수 있는 수원(水源)이 확보된 경우	
공기조화설비가 화재 시 제연설비기능으로 자동전환되는 구조로 설치되어 있는 경우	제연설비
직접 외부 공기와 통하는 배출구 면적의 합계가 해당 제연구역 바닥면적의 100분의 1 이상이고, 배출구부터 각 부분까지의 수평거리가 30[m] 이내이며, 공기유입구가 화재안전기준에 적합하게 설치되어 있는 경우	
노대(露臺)와 연결된 특별피난계단, 노대가 설치된 비상용 승강기의 승강장, 배연설비가 설치된 피난용 승강기의 승강장	

정답 39 ④ 40 ② 41 ①

42

소방시설공사업에 관한 법령상 소방시설공사 완공검사를 위한 현장 확인 대상 특정소방대상물의 범위가 아닌 것은?

① 종교시설 ② 판매시설
③ 운동시설가 ④ 위락시설

해설

위락시설은 소방시설공사 완공검사를 위한 현장 확인 대상 특정소방대상물의 범위가 아니다.

| 관련개념 | 완공검사를 위한 현장확인대상 특정소방대상물의 범위

- 문화 및 집회시설, 종교시설, 판매시설, 노유자 시설, 수련시설, 운동시설, 숙박시설, 창고시설, 지하상가 및 다중이용업소
- 다음 각 목의 어느 하나에 해당하는 설비가 설치되는 특정소방대상물
  - 스프링클러설비 등
  - 물분무등소화설비(호스릴 방식의 소화설비는 제외한다.)
  - 연면적 1만[m^2] 이상이거나 11층 이상인 특정소방대상물(아파트는 제외)
  - 가연성가스를 제조·저장 또는 취급하는 시설 중 지상에 노출된 가연성 가스탱크의 저장용량 합계가 1천톤 이상인 시설

43

소방시설 설치 및 관리에 관한 법령상 소방시설기준 적용의 특례 중 특정소방대상물의 관계인이 소방시설을 갖추어야 함에도 불구하고 관련 소방시설을 설치하지 아니할 수 있는 소방시설의 범위로 옳은 것은?(단, 화재 위험도가 낮은 특정소방대상물로서 석재, 불연성금속, 불연성 건축재료 등의 가공공장·기계조립공장·주물공장 도는 불연성 물품을 저장하는 창고이다.)

① 옥외소화전 및 연결살수설비
② 연결송수관설비 및 상수도소화용수설비
③ 자동화재탐지설비, 상수도소화용수설비 및 연결살수설비
④ 스프링클러설비, 상수도소화용수설비 및 연결살수설비

해설

화재 위험도가 낮은 특정소방대상물로서 석재, 불연성 금속, 불연성 건축재료 등의 가공공장·기계조립공장·주물공장 또는 불연성 물품을 저장하는 창고는 옥외소화전 및 연결살수설비를 갖추어야 함에도 불구하고 관련 소방시설을 설치하지 아니할 수 있다.

| 관련개념 | 소방시설을 설치하지 아니할 수 있는 특정소방대상물 및 소방시설 범위

구분	특정소방대상물	소방시설
화재 위험도가 낮은 특정소방대상물	석재, 불연성 금속, 불연성 건축재료 등의 가공공장·기계조립공장·주물공장 또는 불연성 물품을 저장하는 창고	옥외소화전 및 연결살수설비
	소방대가 조직되어 24시간 근무하고 있는 청사 및 차고	옥내소화전설비, 스프링클러설비, 물분무등소화설비, 비상방송설비, 피난기구, 소화용수설비, 연결송수관설비, 연결살수설비
화재안전기준을 적용하기 어려운 특정소방대상물	펄프 공장의 작업장, 음료수 공장의 세정 또는 충전을 하는 작업장, 그 밖에 이와 비슷한 용도로 사용하는 것	스프링클러설비, 상수도소화용수설비 및 연결살수설비
	정수장, 수영장, 목욕장, 농예·축산·어류양식용 시설, 그 밖에 이와 비슷한 용도로 사용되는 것	자동화재탐지설비, 상수도소화용수설비 및 연결살수설비
화재안전기준을 달리 적용하여야 하는 특수한 용도 또는 구조를 가진 특정소방대상물	원자력발전소, 핵폐기물처리시설	연결송수관설비 및 연결살수설비
「위험물 안전관리법」 제19조에 따른 자체소방대가 설치된 특정소방대상물	자체소방대가 설치된 위험물 제조소 등에 부속된 사무실	옥내소화전설비, 소화용수설비, 연결살수설비 및 연결송수관설비

정답 42 ④ 43 ①

44

소방기본법령상 소방본부 종합상황실 실장이 소방청의 종합상황실에 서면·모사전송 또는 컴퓨터통신 등으로 보고하여야 하는 화재의 기준에 해당하지 않는 것은?

① 항구에 매어둔 총 톤수가 1,000톤 이상인 선박에서 발생한 화재
② 연면적 15,000$[m^2]$ 이상인 공장 또는 화재예방강화지구(화재경계지구)에서 발생한 화재
③ 지정수량의 1,000배 이상의 위험물의 제조소·저장소·취급소에서 발생한 화재
④ 층수가 5층 이상이거나 병상이 30개 이상인 종합병원·정신병원·한방병원·요양소에서 발생한 화재

해설

지정수량의 1,000배 이상의 위험물의 제조소·저장소·취급소에서 발생한 화재는 소방기본법령상 소방본부 종합상황실 실장이 소방청의 종합상황실에 서면·모사전송 또는 컴퓨터통신 등으로 보고하여야 하는 화재의 기준에 해당하지 않는다.

| 관련개념 | 종합상황실 실장의 서면·모사전송 또는 컴퓨터통신 등의 보고대상 재해규모

- 사망자가 5인 이상 발생하거나 사상자가 10인 이상 발생한 화재
- 이재민이 100인 이상 발생한 화재
- 재산피해액 50억 원 이상 발생한 화재
- 관공서·학교·정부미 도정공장·문화재·지하철 또는 지하구의 화재
- 관광호텔, 층수가 11층 이상인 건축물, 지하상가, 시장, 백화점, 지정수량의 3천배 이상의 위험물의 제조소·저장소·취급소, 층수가 5층 이상이거나 객실이 30실 이상인 숙박시설, 층수가 5층 이상이거나 병상이 30개 이상인 종합병원·정신병원·한방병원·요양소, 연면적 1만 5천제곱미터 이상인 공장 또는 화재예방강화지구 (화재경계지구)에서 발생한 화재
- 철도차량, 항구에 매어둔 총 톤수가 1천톤 이상인 선박, 항공기, 발전소 또는 변전소에서 발생한 화재
- 가스 및 화약류의 폭발에 의한 화재
- 다중이용업소의 화재
- 통제단장의 현장 지휘가 필요한 재난상황
- 언론에 보도된 재난상황
- 그 밖에 소방청장이 정하는 재난상황

45 빈출

「화재의 예방 및 안전관리에 관한 법령」상 특수가연물의 저장 및 취급기준 중 (   ) 안에 들어갈 내용으로 옳은 것은?(단, 석탄·목탄류를 발전용으로 저장하는 경우는 제외한다.)

> 살수설비를 설치하거나, 방사능력 범위에 해당 특수가연물이 포함되도록 대형수동식소화기를 설치하는 경우에는 쌓는 높이를 (㉠)[m] 이하, 쌓는 부분의 바닥면적을 (㉡)$[m^2]$ 이하로 할 수 있다.

① ㉠ 10, ㉡ 50
② ㉠ 10, ㉡ 200
③ ㉠ 15, ㉡ 200
④ ㉠ 15, ㉡ 300

해설

살수설비를 설치하거나, 방사능력 범위에 해당 특수가연물이 포함되도록 대형수동식소화기를 설치하는 경우에는 쌓는 높이를 15[m] 이하, 쌓는 부분의 바닥면적을 200$[m^2]$ 이하로 할 수 있다.

| 관련개념 | 강화된 기준을 적용해야 하는 소방시설

- 특수가연물을 저장 또는 취급하는 장소에는 품명, 최대저장수량, 단위부피당 질량 또는 단위체적당 질량, 관리책임자 성명·직책, 연락처 및 화기취급의 금지표시가 포함된 특수가연물 표지를 설치할 것
- 다음의 기준에 따라 쌓아 저장할 것(다만, 석탄·목탄류를 발전용으로 저장하는 경우에는 그러하지 아니하다.)
  - 품명별로 구분하여 쌓을 것
  - 다음의 기준에 맞게 쌓을 것
    1) 품명별로 구분하여 쌓을 것
    2) 쌓는 높이 10[m] 이하, 쌓는 부분의 바닥면적은 50$[m^2]$(석탄·목탄류의 경우에는 200$[m^2]$) 이하. 다만, 살수설비를 설치하거나, 방사능력 범위에 해당 특수가연물이 포함되도록 대형수동식소화기를 설치하는 경우에는 쌓는 높이를 15[m] 이하, 쌓는 부분의 바닥면적을 200$[m^2]$(석탄·목탄류의 경우에는 300$[m^2]$) 이하로 한다.
    3) 쌓는 부분의 바닥면적 사이는 1[m] 이상이 되도록 할 것

구분		살수설비를 설치하거나, 대형수동식소화기를 설치하는 경우	그 밖의 경우
높이		15[m] 이하	10[m] 이하
쌓는 부분의 바닥면적	석탄, 목탄류	300$[m^2]$ 이하	200$[m^2]$ 이하
	그 외 특수가연물	200$[m^2]$ 이하	50$[m^2]$ 이하

정답 44 ③ 45 ③

46 빈출

화재의 예방 및 안전관리에 관한 법률에 따른 특수가연물 중 가연성 고체의 기준으로 옳지 않은 것은?

① 인화점이 섭씨 40도 이상 100도 미만인 것
② 인화점이 섭씨 100도 이상 200도 미만이고, 연소열량이 8[kcal/g] 이상인 것
③ 인화점이 섭씨 200도 이상이고 연소열량이 8[kcal/g] 이상인 것으로서 녹는점(융점)이 200도 미만인 것
④ 1기압과 섭씨 20도 초과 40도 이하에서 액상인 것으로서 인화점이 섭씨 70도 이상 섭씨 200도 미만인 것

해설

특수가연물 중 가연성고체

- 인화점이 40[°C] 이상 100[°C] 미만인 것
- 인화점이 100[°C] 이상 200[°C] 미만이고, 연소열량이 1그램당 8[kcal] 이상인 것
- 인화점이 200[°C] 이상이고 연소열량이 1그램당 8[kcal] 이상인 것으로서 녹는점(융점)이 100[°C] 미만인 것
- 1기압과 20[°C] 초과 40[°C] 이하에서 액상인 것으로서 인화점이 70[°C] 이상 200[°C] 미만인 것

47

소방기본법상 소방본부장, 소방서장, 소방대장 모두의 권한이 아닌 것은?

① 화재, 재난·재해, 그 밖의 위급한 상황이 발생한 현장에서 소방활동을 위하여 필요할 때에는 그 관할구역에 사는 사람 또는 그 현장에 있는 사람으로 하여금 사람을 구출하는 일 또는 불을 끄거나 불이 번지지 아니하도록 하는 일을 하게 할 수 있다.
② 소방활동을 할 때에 긴급한 경우에는 이웃한 소방본부장 또는 소방서장에게 소방업무의 응원을 요청할 수 있다.
③ 사람을 구출하거나 불이 번지는 것을 막기 위하여 필요할 때에는 화재가 발생하거나 불이 번질 우려가 있는 소방대상물 및 토지를 일시적으로 사용하거나 그 사용의 제한 또는 소방활동에 필요한 처분을 할 수 있다.
④ 소방활동을 위하여 긴급하게 출동할 때에는 소방자동차의 통행과 소방활동에 방해가 되는 주차 또는 정차된 차량 및 물건 등을 제거하거나 이동시킬 수 있다.

해설

요청 · 명령 · 처분권자

구분	소방청장	소방본부장	소방서장	소방대장
소방업무의 응원 요청		○	○	
소방력의 동원	○			
소방활동		○	○	○
소방활동 구역의 설정				○
소방활동 종사명령		○	○	
강제처분		○	○	
피난명령		○	○	
위험시설 긴급조치		○	○	○

정답 46 ③   47 ②

48 빈출

화재의 예방 및 안전관리에 관한 법률상 화재예방강화지구(화재경계지구)로 지정할 수 있는 대상이 아닌 것은?

① 시장지역
② 소방출동로가 있는 지역
③ 공장·창고가 밀집한 지역
④ 목조건물이 밀집한 지역

해설

화재예방강화지구(화재경계지구)로 지정할 수 있는 대상은 소방출동로가 없는 지역이다.

| 관련개념 | 화재예방강화지구 및 관리대장

화재예방강화지구	화재예방강화지구 관리대장
지정자: 소방본부장, 소방서장	작성자: 시·도지사
• 시장지역 • 공장·창고가 밀집한 지역 • 목조건물이 밀집한 지역 • 노후·불량건축물이 밀집한 지역 (24.5 신설) • 위험물의 저장 및 처리 시설이 밀집한 지역 • 석유화학제품을 생산하는 공장이 있는 지역 • 산업입지 및 개발에 관한 법률에 따른 산업단지 • 소방시설·소방용수시설 또는 소방출동로가 없는 지역 • 물류단지(24.5 신설) • 그 밖에 앞 항에 준하는 지역으로서 소방청장·소방본부장 또는 소방서장이 화재 경계지구로 지정할 필요가 있다고 인정하는 지역	[관리사항] • 화재예방강화지구(화재경계지구)의 지정현황 • 화재예방조사 결과 • 소방설비 설치 명령 현황 • 소방교육 실시 현황 • 소방훈련 실시 현황 • 그 밖의 화재예방 및 경계에 필요한 사항

49

소방공사업법령상 공사감리자 지정대상 소방시설의 범위가 아닌 것은?

① 캐비닛형 간이스프링클러설비를 신설·개설하거나 방호·방수 구역을 증설할 때
② 물분무등소화설비(호스릴 방식의 소화설비는 제외)를 신설·개설하거나 방호·방수구역을 증설할 때
③ 제연설비를 신설·개설하거나 제연구역을 증설할 때
④ 연소방지설비를 신설·개설하거나 살수구역을 증설할 때

해설

소방공사업법령상 공사감리자 지정대상 소방시설의 범위가 아닌 것은 캐비닛형 간이스프링클러설비를 신설·개설하거나 방호·방수 구역을 증설할 때이다.

| 관련개념 | 공사감리자 지정대상 소방시설의 시공

• 옥내소화전설비 신설·개설 또는 증설
• 스프링클러설비 등(캐비닛형 간이스프링클러설비는 제외)을 신설·개설하거나 방호·방수 구역을 증설
• 물분무등소화설비(호스릴 방식의 소화설비는 제외)를 신설·개설하거나 방호·방수 구역을 증설
• 옥외소화전설비 신설·개설 또는 증설
• 자동화재탐지설비를 신설 또는 개설
• 비상방송설비를 신설 또는 개설
• 통합감시시설을 신설 또는 개설
• 비상조명등을 신설 또는 개설
• 소화용수설비를 신설 또는 개설
• 다음 각 목에 따른 소화활동설비의 시공
 - 제연설비를 신설·개설, 제연구역 증설
 - 연결송수관설비를 신설 또는 개설
 - 연결살수설비를 신설·개설, 송수구역 증설
 - 비상콘센트설비를 신설·개설, 전용회로 증설
 - 무선통신보조설비를 신설 또는 개설
 - 연소방지설비를 신설·개설, 살수구역을 증설

정답 48 ② 49 ①

50

위험물안전관리법상 소화난이도등급 Ⅲ 인 지하탱크저장소에 설치하여야 하는 소화설비의 설치기준으로 옳은 것은?

① 능력단위 수치가 3 이상의 소형 수동식소화기 등 1개 이상
② 능력단위 수치가 3 이상의 소형 수동식소화기 등 2개 이상
③ 능력단위 수치가 2 이상의 소형 수동식소화기 등 1개 이상
④ 능력단위 수치가 2 이상의 소형 수동식소화기 등 2개 이상

해설

능력단위 수치가 3 이상의 소형 수동식소화기 등 2개 이상이다.

| 관련개념 | 소화난이도 등급 Ⅲ의 소화설비 설치기준

제조소 등의 구분	소화설비	설치기준	
지하탱크 저장소	소형수동식 소화기 등	능력단위의 수치가 3 이상	2개 이상
이동탱크 저장소	자동차용 소화기	무상의 강화액 8[l] 이상	2개 이상
		이산화탄소 3.2[kg] 이상	
		일브롬화일염화이플루오르화메탄 (CF_2ClBr) 2[l] 이상	
		일브롬화삼플루오르화메탄(CF_3Br) 2[l] 이상	
		이브롬화사플루오르화에탄 ($C_2F_4Br_2$) 1[l] 이상	
		소화분말 3.3[kg] 이상	
	마른 모래 및 팽창질석 또는 팽창진주암	마른 모래 150[l] 이상	
		팽창질석 또는 팽창진주암 640[l] 이상	
그 밖의 제조소 등	소형수동식 소화기 등	능력단위의 수치가 건축물 그 밖의 공작물 및 위험물의 소요단위의 수치에 이르도록 설치할 것. 다만, 옥내소화전설비, 옥외소화전설비, 스프링클러설비, 물분무등소화설비 또는 대형수동식소화기를 설치한 경우에는 당해 소화설비의 방사능력범위내의 부분에 대하여는 수동식소화기 등을 그 능력단위의 수치가 당해 소요단위의 수치의 1/5 이상이 되도록 하는 것으로 족하다.	

51 빈출

화재안전조사 결과 소방대상물의 위치·구조·설비 또는 관리의 상황이 화재나 재난·재해 예방을 위하여 보완될 필요가 있거나 화재가 발생하면 인명 또는 재산의 피해가 클 것으로 예상되는 때에 관계인에게 그 소방대상물의 개수·이전·제거, 사용의 금지 또는 제한, 사용폐쇄, 공사의 정지 또는 중지, 그 밖의 필요한 조치를 명할 수 있는 자로 틀린 것은?

① 시·도지사
② 소방서장
③ 소방청장
④ 소방본부장

해설

시·도지사는 관계 없다.

| 관련개념 | 화재안전조사

권한	소방청장, 소방본부장 또는 소방서장			
	조사대상	조사항목	연기신청사유	조사결과 조치명령
대상·항목·명령·구성	• 자체점검 불량 • 화재예방강화지구에 대한 화재안전조사 • 국가적 주요 행사 • 화재가 빈발하거나 또는 발생 우려가 큰 곳 • 재난예측정보, 기상 예보시, 고위험대상 이외 인명 및 재산 피해 우려가 현저한 곳	• 소방안전관리 업무 수행 • 소방계획서의 이행 • 자체점검 및 정기적 점검 • 화재의 예방 조치 • 불 사용하는 설비 등의 관리 • 특수가연물의 저장·취급 • 다중이용업소의 안전관리 • 위험물안전관리법 안전관리	• 천재지변(풍수해) • 자연재난, 사회 재난 • 관계인 질병, 장기출장 • 화재안전조사 필요장부 서류의 압수·영치 • 소방대상물의 증축, 용도변경, 대수선 등의 공사	• 개수 • 이전 • 제거 • 사용금지·제한 • 사용폐쇄 • 공사의 정지·중지
비고	조사통보: 조사 7일 전 서면통보		조사 3일 전 연기신청서 제출	

정답 50 ② 51 ①

52

소방시설 설치 및 관리에 관한 법상 특정소방대상물에 소방시설이 화재안전기준에 따라 설치 또는 유지·관리되어 있지 아니할 때 해당 특정소방대상물의 관계인에게 필요한 조치를 명할 수 있는 자는?

① 소방본부장 ② 소방청장
③ 시·도지사 ④ 행정안전부장관

해설

| 관련개념 | 특정소방대상물에 설치하는 소방시설의 유지관리 등
- 특정소방대상물의 관계인은 화재안전기준에 정한 소방시설을 설치·유지·관리해야 한다.
- 소방본부장이나 소방서장은 소방시설에 필요한 조치를 명할 수 있다.
- 특정소방대상물의 관계인은 소방시설의 폐쇄·잠금·차단 행위를 해서는 안된다.

53

소방시설 설치 및 관리에 관한 법상 특정소방대상물상 건축허가 등의 동의를 요구한 기관이 그 건축허가 등을 취소했을 때에는 취소한 날부터 최대 며칠 이내에 건축물 등의 시공지 또는 소재지를 관할하는 소방본부장 또는 소방서장에게 그 사실을 통보해야 하는가?

① 3일 ② 5일
③ 7일 ④ 10일

해설

취소한 날부터 7일 이내에 건축물 등의 시공지 또는 소재지를 관할하는 소방본부장 또는 소방서장에게 그 사실을 통보해야 한다.

| 관련개념 | 건축허가 등의 동의 요구
- 동의여부 회신: 행정안전부령
  - 동의요구서 접수일로부터 5일 이내
  - 특급소방대상물의 경우 10일 이내
- 동의요구 및 첨부서류 보완요구: 4일 이내
- 동의요구한 기관이 건축허가 등 취소 시 취소 사실 통보: 7일 이내

54

소방시설공사업법상 도급을 받은 자가 제3자에게 소방시설공사의 시공을 하도급한 경우에 대한 벌칙 기준으로 옳은 것은?(단, 대통령령으로 정하는 경우는 제외한다.)

① 100만 원 이하의 벌금
② 300만 원 이하의 벌금
③ 1년 이하의 징역 또는 1,000만 원 이하의 벌금
④ 3년 이하의 징역 또는 1,500만 원 이하의 벌금

해설

| 관련개념 | 벌칙 1년 이하의 징역 또는 1천만 원 이하의 벌금
- 영업정지처분을 받고 그 영업정지 기간에 영업을 한 자
- 소방공사업법이나 화재안전기준을 위반하여 설계나 시공을 한 자
- 감리자의 업무범위를 위반하여 감리를 하거나 거짓으로 감리한 자
- 특정소방대상물의 관계인이 감리업자 지정의무를 위반하여 공사감리자를 지정하지 아니한 자
- 감리결과에 따른 보고를 소방본부장이나 소방서장에게 거짓으로 한 자
- 공사감리 결과의 통보 또는 공사감리 결과보고서의 제출을 거짓으로 한 자
- 소방시설업자가 아닌 자에게 소방시설공사 등을 도급한 자
- 도급받은 소방시설의 설계, 시공, 감리를 하도급한 자
- 하도급규정을 위반하여 하도급받은 소방시설공사를 다시 하도급한 자
- 소방기술자가 소방시설공사업법 또는 이 법의 명령을 따르지 아니하고 업무를 수행한 자

정답 52 ① 53 ③ 54 ③

55

소방시설공사업법령상 하자를 보수하여야 하는 소방시설과 소방시설별 하자보수 보증기간으로 옳은 것은?

① 유도등: 1년
② 자동소화장치: 3년
③ 자동화재탐지설비: 2년
④ 상수도소화용수설비: 2년

해설

자동소화장치는 하자보수 보증기간이 3년이다.

| 관련개념 | 하자보수 대상시설과 하자보수 보증기간

보증기간	하자보증대상 소방시설
2년	피난기구, 유도등, 유도표지, 비상경보설비, 비상조명등, 비상방송설비 및 무선통신보조설비
3년	자동소화장치, 옥내소화전설비, 스프링클러설비, 간이스프링클러설비, 물분무등소화설비, 옥외소화전설비, 자동화재탐지설비, 상수도소화용수설비 및 소화활동설비(무선통신보조설비 제외)

56

화재의 예방 및 안전관리에 관한 법률상 천재지변 및 그 밖의 대통령령이 정하는 사유로 화재안전조사를 받기 곤란하여 화재안전조사의 연기를 신청하려는 자는 화재안전조사 시작 최대 며칠 전까지 연기신청서 및 증명서류를 제출하여야 하는가?

① 3
② 5
③ 7
④ 10

해설

천재지변 및 그 밖의 대통령령이 정하는 사유로 화재안전조사를 받기 곤란하여 화재안전조사의 연기를 신청하려는 자는 화재안전조사 시작 3일 전까지 연기신청서 및 증명서류를 제출해야 한다.

| 관련개념 | 화재안전조사의 방법 · 절차 등

권한	소방청장, 소방본부장 또는 소방서장			
구분	조사대상	조사항목	연기신청사유	조사결과 조치명령
대상/항목/명령/구성	• 자체점검 불량 • 화재예방강화지구에 대한 화재안전조사 • 국가적 주요 행사 • 화재가 빈발하거나 또는 발생 우려가 큰 곳 • 재난예측정보, 기상예보시, 고위험대상 이외 · 인명 및 재산 피해 우려가 현저한 곳	• 소방안전관리 업무 수행 • 소방계획서의 이행 • 자체점검 및 정기적 점검 • 화재의 예방조치 • 불 사용하는 설비 등의 관리 • 특수가연물의 저장 · 취급 • 다중이용업소의 안전관리 • 위험물안전관리법 안전관리	• 천재지변(풍수해) • 자연재난, 사회재난 • 관계인 질병, 장기출장 • 화재안전조사 필요장부 서류의 압수 · 영치 • 소방대상물의 증축, 용도 변경, 대수선 등의 공사	• 개수 • 이전 • 제거 • 사용금지 · 제한 • 사용폐쇄 • 공사의 정지 · 중지
비고	조사통보: 조사 7일 전 서면통보		조사 3일 전 연기신청서 제출	

정답 55 ② 56 ①

57

소방시설 설치 및 관리에 관한 법상 건축허가 등을 함에 있어서 미리 소방본부장 또는 소방서장의 동의를 받아야 하는 건축물 등의 범위 기준이 아닌 것은?

① 노유자시설 및 수련시설로서 연면적 $100[\text{m}^2]$ 이상인 건축물
② 지하층 또는 무창층이 있는 건축물로서 바닥면적이 $150[\text{m}^2]$ 이상인 층이 있는 것
③ 차고·주차장으로 사용되는 바닥면적이 $200[\text{m}^2]$ 이상인 층이 있는 건축물이나 주차시설
④ 장애인 의료재활시설로서 연면적 $300[\text{m}^2]$ 이상인 건축물

해설

노유자 시설 및 수련시설은 연면적 $200[\text{m}^2]$ 이상이 건축동의 대상이다.

| 관련개념 | 건축허가 동의대상 건축물 |

면적기준	동의대상	면적기준 외 동의대상
$400[\text{m}^2]$ 이상	건축물 연면적	6층 이상 건축물
$300[\text{m}^2]$ 이상	• 정신의료기관 연면적 • 장애인 의료재활시설 연면적	• 차고주차장으로 기계식주차시설: 자동차 20대 이상 • 요양병원(정신병원 및 의료재활시설 제외)
$200[\text{m}^2]$ 이상	• 노유자시설 및 수련시설 연면적 • 차고·주차장으로 사용하는 바닥면적의 층이 있는 건축물·주차시설	항공기격납고, 관망탑, 항공관제탑, 방송용 송수신탑
$150[\text{m}^2]$ 이상	지하층, 무창층의 바닥면적	특정소방대상물 중 조산원, 산후조리원, 숙박시설, 위험물 저장 및 처리 시설, 지하구, 발전시설 중 전기저장시설, 풍력발전소, 지하구
$100[\text{m}^2]$ 이상	• 공연장 바닥면적 • 학교시설 연면적	노유자시설 ⓐ 노인 관련 ⓑ 아동복지 ⓒ 장애인 거주 ⓓ 정신질환자 관련 ⓔ 노숙인자활, 노숙인재활 및 노숙인요양 ⓕ 결핵, 한센인 생활 ⓖ 학대피해노인전용쉼터
		• 지정수량 750배 이상의 특수가연물을 저장 및 취급하는 곳 • 가스시설로 지상탱크 저장용량의 합계가 100톤 이상인 것

58

소방시설 설치 및 관리에 관한 법상 특정소방대상물상 건축허가 등의 동의를 요구한 때 동의요구서에 첨부하여야 하는 설계도서가 아닌 것은?(단 소방시설공사 착공신고대상에 해당하는 경우이다.)

① 창호도
② 실내 전개도
③ 건축물의 주단면도
④ 건축개요 및 배치도

해설

실내 전개도는 동의요구서에 첨부해야 하는 설계도서가 아니다.

| 관련개념 | 건축허가서의 동의요구서

• 건축물 설계도서
 – 건축물 개요 및 배치도
 – 주단면도 및 입면도
 – 층별 평면도(용도별 기준층 평면도를 포함한다. 이하 같다.)
 – 방화구획도(창호도를 포함한다.)
 – 실내·실외 마감재료표
 – 소방자동차 진입 동선도 및 부서 공간 위치도(조경계획을 포함한다.)
• 소방시설 설계도서
 – 소방시설(기계·전기 분야의 시설을 말한다.)의 계통도(시설별 계산서를 포함한다.)
 – 소방시설별 층별 평면도
 – 실내장식물 방염대상물품 설치 계획(「건축법」제52조에 따른 건축물의 마감재료는 제외한다.)
 – 소방시설의 내진설계 계통도 및 기준층 평면도(내진 시방서 및 계산서 등 세부 내용이 포함된 상세 설계도면을 포함한다.)
(소방시설공사업법제13조에 의한 착공신고 대상 시 착공신고 전까지 제출)

정답 57 ① 58 ②

59 빈출

소방시설 설치 및 관리에 관한 법률 상 특정소방대상물의 수용인원 산정방법으로 옳은 것은?

① 백화점은 해당 용도로 사용하는 바닥면적의 합계를 $4.6[m^2]$로 나누어 얻은 수
② 침대가 없는 숙박시설의 경우는 해당 특정소방대상물의 종사자 수에 숙박시설 바닥면적의 합계를 $4.6[m^2]$로 나누어 얻은 수를 합한 수
③ 강의실 용도로 쓰이는 특정소방대상물의 경우는 해당 용도로 사용하는 바닥면적의 합계를 $4.6[m^2]$로 나누어 얻은 수
④ 관람석이 없을 경우 문화 및 집회시설의 경우는 해당 용도로 사용하는 바닥면적의 합계를 $4.6[m^2]$로 나누어 얻은 수

해설

| 관련개념 | 수용인원의 산정

특정소방대상물	용도	수용인원의 산정
숙박시설	침대가 있는 숙박시설	종사자수+침대수(2인용은 2개)
	침대가 없는 숙박시설	종사자수+(바닥면적 합계/$3[m^2]$)
그 외 특정소방 대상물	강의실·교무실·상담실·실습실·휴게실	바닥면적 합계/$1.9[m^2]$
	강당, 문화 및 집회시설, 운동시설, 종교시설	바닥면적 합계/$4.6[m^2]$ 관람석의 경우 고정식 의자 수 긴의자의 경우 의자 너비/$0.45[m]$
	그 밖의 특정소방대상물	바닥면적 합계/$3[m^2]$

백화점은 '그 밖의 특정소방대상물'에 해당한다.

60

위험물안전관리법령상 정밀정기검사를 받아야 하는 특정·준특정 옥외탱크저장소의 관계인은 특정·준특정 옥외탱크저장소의 설치허가에 따른 완공검사필증을 발급받은 날부터 몇 년 이내에 정기검사를 받아야 하는가?

① 9
② 10
③ 11
④ 12

해설

특정·준특정 옥외탱크저장소의 설치허가에 따른 완공검사합격확인증을 발급받은 날부터 12년

| 관련개념 | 특정·준특정 옥외탱크저장소의 정기점검

액체위험물을 저장 또는 취급하는 50만[l] 이상의 옥외탱크저장소
- 정밀정기검사: 기간 내 1회
  - 특정·준특정 옥외탱크저장소의 설치허가에 따른 완공검사합격확인증을 발급받은 날부터 12년
  - 최근의 정밀정기검사를 받은 날부터 11년
- 중간정기검사: 기간 내 1회
  - 특정·준특정 옥외탱크저장소의 설치허가에 따른 완공검사합격확인증을 발급받은 날부터 4년
  - 최근의 정밀정기검사 또는 중간정기검사를 받은 날부터 4년
- 정밀정기검사를 받아야 하는 특정·준특정 옥외탱크저장소의 관계인은 정밀정기검사를 구조안전점검을 실시하는 때에 함께 받을 수 있다.

정답 59 ④ 60 ④

4과목 소방전기시설의 구조 및 원리

61 [빈출]

청각장애인용 시각경보장치의 설치기준으로 올바르지 않은 것은?

① 복도 · 통로 · 청각장애인용 객실 등 유효하게 경보를 발할 수 있는 위치에 설치한다.
② 공연장 등의 장소에 설치하는 경우에는 시선이 집중되지 않는 곳에 설치한다.
③ 설치높이는 바닥으로부터 2[m] 이상 2.5[m] 이하의 장소에 설치한다.
④ 하나의 특정소방대상물에 2 이상의 수신기가 설치된 경우 어느 수신기에서도 시각경보장치를 작동할 수 있도록 해야 한다.

해설

공연장 등의 장소에 설치하는 경우에는 잘 보이는 곳에 설치한다.

| 관련개념 | 시각경보장치 설치기준

- 복도 · 통로 · 청각장애인용 객실 및 공용으로 사용하는 거실에 설치한다.
- 공연장 · 집회장 · 관람장 또는 이와 유사한 장소에 설치하는 경우에는 시선이 집중되는 무대부 부분 등에 설치한다.
- 설치높이는 바닥으로부터 2[m] 이상 2.5[m] 이하의 장소에 설치한다.(다만, 천장의 높이가 2[m] 이하인 경우에는 천장으로부터 0.15[m] 이내의 장소에 설치하여야 한다.)
- 시각경보장치의 광원은 전용의 축전지설비 또는 전기저장장치에 의하여 점등되도록 한다. 다만, 시각경보기에 작동전원을 공급할 수 있도록 형식승인을 얻은 수신기를 설치한 경우에는 그러하지 아니하다.
- 시각경보기 점멸주기: 매 초당 1회 이상 3회 이내
- 하나의 특정소방대상물에 2 이상의 수신기가 설치된 경우 어느 수신기에서도 지구음향장치 및 시각경보장치를 작동할 수 있도록 해야 한다.

62 [빈출]

유도등 및 유도표지의 화재안전기술기준(NFTC 303)에 따른 통로유도등의 설치기준에 대한 설명으로 틀린 것은?

① 복도 · 거실통로유도등은 구부러진 모퉁이 및 보행거리 20[m]마다 설치
② 복도 · 계단통로유도등은 바닥으로부터 높이 1[m] 이하의 위치에 설치
③ 통로유도등은 녹색바탕에 백색으로 피난 방향을 표시한 등으로 할 것
④ 거실통로유도등은 바닥으로부터 높이 1.5[m] 이상의 위치에 설치

해설

백색바탕에 녹색으로 피난 방향을 표시한다.

| 관련개념 |
유도등 및 유도표지(계단통로유도등의 설치기준)

구분	설치기준	설치높이
복도통로유도등	• 복도에 설치 피난구유도등이 설치된 출입구의 맞은편 복도에는 입체형 또는 바닥에 설치 • 구부러진 모퉁이 및 복도 설치 기준에 따라 설치된 통로유도등을 기점으로 보행거리 20[m]마다	• 바닥으로부터 높이 1[m] 이하의 위치에 설치 다만, 지하층 또는 무창층의 용도가 도매시장 · 소매시장 · 여객자동차터미널 · 지하역사 또는 지하상가인 경우에는 복도 · 통로 중앙부분의 바닥에 설치 • 바닥에 설치하는 통로유도등은 하중에 따라 파괴되지 아니하는 강도의 것
거실통로유도등	• 거실의 통로에 설치 다만, 거실의 통로가 벽체 등으로 구획된 경우에는 복도통로유도등을 설치 • 구부러진 모퉁이 및 보행거리 20[m]마다 설치	바닥으로부터 높이 1.5[m] 이상의 위치에 설치. 다만, 거실통로에 기둥이 설치된 경우에는 기둥부분의 바닥으로부터 높이 1.5[m] 이하의 위치에 설치
계단통로유도등	각층의 경사로 참 또는 계단참마다(1 개층에 경사로 참 또는 계단참이 2 이상 있는 경우에는 2개의 계단참마다) 설치	바닥으로부터 높이 1.0[m] 이하의 위치에 설치

유도등 및 유도표지(유도등의 색상)

구분	유도등의 색상
피난구유도등	녹색바탕에 백색문자
통로유도등	백색바탕에 녹색문자

정답 61 ② 62 ③

63

객석유도등을 설치하지 아니하는 경우의 기준 중 다음 (   ) 안에 알맞은 것은?

> 거실 등의 각 부분으로부터 하나의 거실 출입구에 이르는 보행거리가 (   )[m] 이하인 객석의 통로로서 그 통로에 통로유도등이 설치된 객석

① 15
② 20
③ 30
④ 50

해설

거실 등의 각 부분으로부터 하나의 거실출입구에 이르는 보행거리가 20[m] 이하인 객석의 통로로서 그 통로에 통로유도등이 설치된 객석에는 설치를 제외한다.

| 관련개념 | 유도등 및 유도표지(설치 제외)

- 주간에만 사용하는 장소로서 채광이 충분한 객석
- 거실 등의 각 부분으로부터 하나의 거실출입구에 이르는 보행거리가 20[m] 이하인 객석의 통로로서 그 통로에 통로유도등이 설치된 객석

64

비상콘센트의 플러그접속기는 단상교류 220[V]일 경우 접지형 몇 극 플러그 접속기를 사용해야 하는가?

① 1극
② 2극
③ 3극
④ 4극

해설

비상콘센트의 플러그접속기는 단상교류 220[V]일 경우 접지형 2극 플러그 접속기를 사용해야 한다.

| 관련개념 | 비상콘센트 설비

- 비상콘센트설비의 전원회로 설치기준
  - 전원회로는 단상교류 220[V]인 것으로서, 그 공급용량은 1.5[kVA] 이상인 것으로 한다.
  - 전원회로는 각층에 2 이상이 되도록 설치한다. 다만, 설치하여야 할 층의 비상콘센트가 1개인 때에는 하나의 회로로 할 수 있다.
  - 전원회로는 주배전반에서 전용회로로 한다.
  - 전원으로부터 각 층의 비상콘센트에 분기되는 경우에는 분기배선용 차단기를 보호함 안에 설치한다.
  - 콘센트마다 배선용 차단기를 설치하여야 하며, 충전부가 노출되지 아니하도록 한다.

- 개폐기에는 "비상콘센트"라고 표시한 표지를 한다.
- 비상콘센트용의 풀박스 등은 방청도장을 한 것으로서, 두께 1.6[mm] 이상의 철판으로 한다.
- 하나의 전용회로에 설치하는 비상콘센트는 10개 이하로 한다. 이 경우 전선의 용량은 각 비상콘센트(비상콘센트가 3개 이상인 경우에는 3개) 의 공급용량을 합한 용량 이상의 것으로 한다.
- 비상콘센트의 플러그접속기
  - 접지형 2극 플러그접속기를 사용한다.
  - 플러그접속기의 칼받이의 접지극에는 접지공사를 한다.

65

비상콘센트설비의 정격전압이 220[V]인 경우 가하는 절연내력 실효전압은?

① 200[V]
② 500[V]
③ 1,000[V]
④ 1,440[V]

해설

실효전압 = 220×2 + 1,000 = 1,440[V]

| 관련개념 | 비상콘센트 설비의 성능시험

- 절연저항시험
  비상콘센트설비의 절연된 충전부와 외함간의 절연저항은 500[V]의 절연저항계로 측정한 값이 20[MΩ] 이상이어야 한다.
- 절연내력시험
  절연저항 시험 부위의 절연내력은 정격전압 150[V] 이하의 경우 60[Hz]의 정현파에 가까운 실효전압 1,000[V] 교류전압을 가하는 시험에서 1분간 견디는 것이어야 한다. 정격전압이 150[V]를 초과하는 경우 그 정격전압에 2를 곱하여 1천을 더한 값의 교류전압을 가하는 시험에서 1분간 견디는 것이어야 한다.

종류	기준	기준값
절연저항	500[V] 절연저항계	20[MΩ]
절연내력	150[V] 이하	1,000[V]
	150[V] 초과	해당 정격전압×2 + 1,000

정답 63 ② 64 ② 65 ④

66

비상경보설비 및 단독경보형 감지기의 화재안전기술기준(NFTC 201)에 따라 바닥면적이 $450[m^2]$일 경우 단독경보형감지기의 최소 설치개수는?

① 1개 ② 2개
③ 3개 ④ 4개

> **해설**

$N = \dfrac{450\,[m^2]}{150\,[m^2]} = 3개$

| 관련개념 | 단독경보형 감지기의 설치기준

- 각 실마다 설치하되, 바닥면적이 $150[m^2]$를 초과하는 경우에는 $150[m^2]$마다 1개 이상(이웃하는 실내의 바닥면적이 각각 $30[m^2]$ 미만이고 벽체의 상부의 전부 또는 일부가 개방되어 이웃하는 실내와 공기가 상호유통되는 경우에는 이를 1개의 실로 본다.)
- 최상층의 계단실의 천장(외기가 상통하는 계단실의 경우를 제외함)에 설치한다.
- 건전지를 주전원으로 사용하는 단독경보형감지기는 정상적인 작동상태를 유지할 수 있도록 건전지를 교환한다.
- 상용전원을 주전원으로 사용하는 단독경보형감지기의 2차 전지는 소방시설 설치 및 관리에 관한 법률에 따라 제품검사에 합격한 것을 사용한다.

67

수신기를 나타내는 소방시설 도식 기호로 옳은 것은?

① 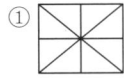 ②

③  ④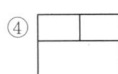

> **해설**

①은 수신기를 나타내는 소방시설 도식 기호이다.

| 관련개념 | 소방시설 도시기호

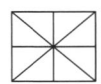 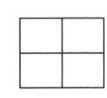
▲ 수신기 ▲ 배전반 ▲ 부수신기 ▲ 중계기

68

자동화재탐지설비의 경계구역에 대한 설정기준 중 틀린 것은?

① 지하구의 경우 하나의 경계구역의 길이는 $800[m]$ 이하로 할 것
② 하나의 경계구역이 2개 이상의 층에 미치지 아니하도록 할 것
③ 하나의 경계구역의 면적은 $600[m^2]$ 이하로 하고 한 변의 길이는 $50[m]$ 이하로 할 것
④ 하나의 경계구역이 2개 이상의 건축물에 미치지 아니하도록 할 것

> **해설**

자동화재탐지설비(층별, 면적별 경계구역)

- 하나의 경계구역이 2개 이상의 건축물에 미치지 아니하도록 한다.
- 하나의 경계구역이 2개 이상의 층에 미치지 아니하도록 한다.(다만, $500[m^2]$ 이하의 범위 안에서는 인접한 2개의 층을 하나의 경계구역으로 할 수 있다.)
- 하나의 경계구역의 면적은 $600[m^2]$ 이하로 하고 한 변의 길이는 $50[m]$ 이하로 한다. 다만, 해당 특정소방대상물의 주된 출입구에서 그 내부 전체가 보이는 것에 있어서는 한 변의 길이가 $50[m]$의 범위 내에서 $1,000[m^2]$ 이하로 할 수 있다.

정답 66 ③ 67 ① 68 ①

69

감시제어반 등에 설치된 무선중계기의 입력과 출력포트에 연결되어 송수신 신호를 원활하게 방사·수신하기 위해 옥외에 설치하는 장치는 무엇인가?

① 분파기 ② 혼합기
③ 옥외안테나 ④ 누설동축케이블

해설

옥외안테나는 감시제어반 등에 설치된 무선중계기의 입력과 출력포트에 연결되어 송수신 신호를 원활하게 방사·수신하기 위해 옥외에 설치하는 장치이다.

| 관련개념 | 무선통신보조설비 구성요소

- 누설동축케이블: 동축케이블의 외부도체에 가느다란 홈을 만들어서 전파가 외부로 새어나갈 수 있도록 한 케이블
- 분배기: 신호의 전송로가 분기되는 장소에 설치하는 것으로 임피던스 매칭(Matching)과 신호 균등분배를 위해 사용하는 장치
- 분파기: 서로 다른 주파수의 합성된 신호를 분리하기 위해서 사용하는 장치
- 혼합기: 두 개 이상의 입력신호를 원하는 비율로 조합한 출력이 발생하도록 하는 장치
- 증폭기: 신호 전송 시 신호가 약해져 수신이 불가능해지는 것을 방지하기 위해서 증폭하는 장치
- 무선중계기: 안테나를 통하여 수신된 무전기 신호를 증폭한 후 음영지역에 재방사하여 무전기 상호 간 송수신이 가능하도록 하는 장치
- 옥외안테나: 감시제어반 등에 설치된 무선중계기의 입력과 출력포트에 연결되어 송수신 신호를 원활하게 방사·수신하기 위해 옥외에 설치하는 장치

70

소방시설용 비상전원수전설비의 화재안전기술기준(NFTC 602)에 따라 일반전기사업자로부터 특고압 또는 고압으로 수전하는 비상전원 수전설비의 경우에 있어 소방회로배선과 일반회로배선을 몇 [cm] 이상 떨어져 설치하는 경우 불연성 벽으로 구획하지 않을 수 있는가?

① 5 ② 10
③ 15 ④ 20

해설

소방회로배선은 일반회로배선과 불연성 벽으로 구획한다. 다만, 소방회로배선과 일반회로배선을 15[cm] 이상 떨어져 설치한 경우는 그러하지 아니하다.

| 관련개념 | 비상전원수전설비(수전설비의 형식 방화구획형)

- 전용의 방화구획 내에 설치한다.
- 소방회로배선은 일반회로배선과 불연성 벽으로 구획한다. 다만, 소방회로배선과 일반회로배선을 15[cm] 이상 떨어져 설치한 경우는 그러하지 아니하다.
- 일반회로에서 과부하, 지락사고 또는 단락사고가 발생한 경우에도 이에 영향을 받지 아니하고 계속하여 소방회로에 전원을 공급시켜 줄 수 있어야 한다.
- 소방회로용 개폐기 및 과전류차단기에는 "소방시설용"이라 표시한다.
- 전기회로의 결선은 특별고압 또는 고압수전의 경우에 따를 것

71

자동화재속보설비 속보기의 기능에 대한 기준 중 틀린 것은?

① 작동신호를 수신하거나 수동으로 동작시키는 경우 30초 이내에 소방관서에 자동적으로 신호를 발하여 통보하되, 3회 이상 속보할 수 있어야 한다.
② 예비전원을 병렬로 접속하는 경우에는 역충전 방지 등의 조치를 하여야 한다.
③ 연동 또는 수동으로 소방관서에 화재발생 음성정보를 속보중인 경우에도 송수화장치를 이용한 통화가 우선적으로 가능하여야 한다.
④ 속보기의 송수화장치가 정상위치가 아닌 경우에도 연동 또는 수동으로 속보가 가능하여야 한다.

해설

작동신호를 수신하거나 수동으로 동작시키는 경우 20초 이내에 소방관서에 자동적으로 신호를 발하여 통보하되, 3회 이상 속보할 수 있어야 한다.

| 관련개념 | 자동화재속보설비의 속보기의 성능인증 및 제품검사기준

- 작동신호를 수신하거나 수동으로 동작시키는 경우 20초 이내에 소방관서에 자동적으로 신호를 발하여 통보하되, 3회 이상 속보할 수 있어야 한다.
- 주전원이 정지한 경우에는 자동적으로 예비전원으로 전환되고, 주전원이 정상상태로 복귀한 경우에는 자동적으로 예비전원에서 주전원으로 전환되어야 한다.
- 예비전원은 자동적으로 충전되어야 하며 자동과충전방지장치가 있어야 한다.
- 화재신호를 수신하거나 속보기를 수동으로 동작시키는 경우 자동적으로 적색화재표시등이 점등되고 음향장치로 화재를 경보하여야 하며 화재표시 및 경보는 수동으로 복구 및 정지시키지 않는 한 지속되어야 한다.
- 연동 또는 수동으로 소방관서에 화재발생 음성정보를 속보중인 경우에도 송수화장치를 이용한 통화가 우선적으로 가능하여야 한다.
- 예비전원을 병렬로 접속하는 경우에는 역충전 방지 등의 조치를 하여야 한다.
- 예비전원은 감시상태를 60분간 지속한 후 10분 이상 동작(화재속보 후 화재표시 및 경보를 10분간 유지하는 것을 말함)이 지속될 수 있는 용량이어야 한다.
- 속보기는 연동 또는 수동 작동에 의한 다이얼링 후 소방관서와 전화접속이 이루어지지 않는 경우에는 최초 다이얼링을 포함하여 10회 이상 반복적으로 접속을 위한 다이얼링이 이루어져야 한다. 이 경우 매회 다이얼링 완료 후 호출은 30초 이상 지속되어야 한다.
- 속보기의 송수화장치가 정상위치가 아닌 경우에도 연동 또는 수동으로 속보가 가능하여야 한다.
- 음성으로 통보되는 속보내용을 통하여 당해 소방대상물의 위치, 화재발생 및 속보기에 의한 신고임을 확인할 수 있어야 한다.
- 속보기는 음성속보방식 외에 데이터 또는 코드전송방식 등을 이용한 속보 기능을 부가로 설치할 수 있다.
- 소방관서 등에 구축된 접수시스템 또는 별도의 시험용 시스템을 이용하여 시험한다.

정답 69 ③ 70 ③ 71 ①

72

유도등의 형식승인 및 제품검사의 기술기준에 따라 영상표시소자(LED, LCD 및 PDP 등)를 이용하여 피난유도표시 형상을 영상으로 구현하는 방식은?

① 투광식
② 패널식
③ 방폭형
④ 방수형

해설

영상표시소자(LED, LCD 및 PDP 등)를 이용하여 피난유도표시 형상을 영상으로 구현하는 방식은 패널식이다.

| 관련개념 | 유도등의 형식승인 및 제품검사 기술기준

- 투광식: 광원이 빛을 통과하는 투과면에 피난유도표시 형상을 인쇄하는 방식
- 패널식: 영상표시소자(LED, PDP 및 LCD) 등을 이용해서 피난유도표시 형상을 영상으로 구현하는 방식

73

자동화재탐지설비에서 비화재보가 빈번할 때의 조치로서 적당하지 않은 것은?

① 감지기 설치장소에서 급격한 온도 상승을 가져오는 발열체가 있는지 조사
② 전원회로의 전압계 지시치가 0인지 확인
③ 수신기 내부의 계전기 기능조사
④ 감지기 회로배선의 절연상태 조사

해설

전원회로의 전압계 지시치가 0인지 확인하는 것은 전원의 이상 여부를 확인하는 것으로 비화재보 조치와는 관련이 없다.

| 관련개념 |

- 비화재보가 발생할 수 있는 원인
  - 표시회로의 절연불량
  - 감지기의 기능불량
  - 수신기의 기능불량
  - 감지기가 설치되어 있는 장소의 온도변화가 급격한 것에 의한 것
- 비화재보 빈번할 때의 조치사항
  - 감지기 설치장소에서 급격한 온도상승을 가져오는 발열체가 있는지 조사
  - 수신기 내부의 계전기 기능조사
  - 감지기 회로 배선의 절연상태 확인
  - 화재표시 등 표시회로의 절연상태 확인

74

자동화재탐지설비 및 시각경보장치의 화재안전기술기준(NFTC 203)에 따른 자동화재탐지설비의 중계기의 시설기준으로 틀린 것은?

① 조작 및 점검에 편리하고 화재 및 침수 등의 재해로 인한 피해를 받을 우려가 없는 장소에 설치할 것
② 수신기에서 직접 감지기회로의 도통시험을 행하지 아니하는 것에 있어서는 수신기와 감지기 사이에 설치할 것
③ 감지기에 따라 감시되지 아니하는 배선을 통하여 전력을 공급받는 것에 있어서는 전원입력측의 배선에 누전경보기를 설치할 것
④ 수신기에 따라 감시되지 아니하는 배선을 통하여 전력을 공급받는 것에 있어서는 해당 전원의 정전이 즉시 수신기에 표시되는 것으로 할 것

해설

수신기에 따라 감시되지 아니하는 배선을 통하여 전력을 공급받는 것에 있어서는 전원입력측의 배선에 과전류차단기를 설치하고 해당 전원의 정전이 즉시 수신기에 표시되는 것으로 하며, 상용전원 및 예비전원의 시험을 할 수 있도록 한다.

| 관련개념 | 자동화재탐지설비(중계기의 설치기준)

- 수신기에서 직접 감지기회로의 도통시험을 행하지 아니하는 것에 있어서는 수신기와 감지기 사이에 설치한다.
- 조작 및 점검에 편리하고 화재 및 침수등의 재해로 인한 피해를 받을 우려가 없는 장소에 설치한다.
- 수신기에 따라 감시되지 아니하는 배선을 통하여 전력을 공급받는 것에 있어서는 전원입력측의 배선에 과전류차단기를 설치하고 해당 전원의 정전이 즉시 수신기에 표시되는 것으로 하며, 상용전원 및 예비전원의 시험을 할 수 있도록 한다.

정답 72 ② 73 ② 74 ③

75

누전경보기의 형식 승인 및 제품검사의 기술기준에 따른 과누전시험에 대한 내용이다. 다음 (   )에 들어갈 내용으로 옳은 것은?

> 변류기는 1개의 전선을 변류기에 부착시킨 회로를 설치하고 출력단자에 부하저항을 접속한 상태로 당해 1개의 전선에 변류기의 정격전압의 (㉠)[%]에 해당하는 수치의 전류를 (㉡)분간 흘리는 경우 그 구조 또는 기능에 이상이 생기지 아니하여야 한다.

① ㉠: 20, ㉡: 5　　② ㉠: 30, ㉡: 10
③ ㉠: 50, ㉡: 15　　④ ㉠: 80, ㉡: 20

해설

과누전시험
변류기는 1개의 전선을 변류기에 부착시킨 회로를 설치하고 출력단자에 부하저항을 접속한 상태로 당해 1개의 전선에 변류기의 정격전압의 20[%]에 해당하는 수치의 전류를 5분간 흘리는 경우 그 구조 또는 기능에 이상이 생기지 아니하여야 한다.

76 [고난도]

누전경보기의 공칭작동전류치는 몇 [mA] 이하이어야 하며, 감도조정장치를 가지고 있는 누전경보기의 조정범위는 최대치가 몇 [A] 이하이어야 하는가?

① 200[mA], 1[A]　　② 200[mA], 1.5[A]
③ 300[mA], 1[A]　　④ 300[mA], 1.5[A]

해설

누전경보기의 공칭작동전류치는 200[mA] 이하이어야 하며, 감도조정장치를 가지고 있는 누전경보기의 조정범위는 최대치가 1[A] 이하이어야 한다.

| 관련개념 | **누전경보기의 형식승인 및 제품검사 기술기준**
- 외함은 불연성 또는 난연성 재질로 만들 것
- 극성 있는 경우 오접속방지 조치한다.
- 정격전압 60[V]를 넘는 기구 금속제 외함에는 접지단자 설치한다.
- 누전경보기 단자 외 부분은 견고한 상자에 넣어야 한다.
- 사용전압 80[%]인 전압에서 소리를 내어야 한다.
- 음향장치 중심으로부터 1[m] 떨어진 지점에서 70[dB] 이상일 것(단, 고장표시장치용 음압은 60[dB] 이상)
- 사용전압에서 8시간 연속 울림시험, 정격전압에서 3분 20초 울림 후 6분 40초 정지를 반복하여 통산 울림시간이 20시간일 때 구조 기능에 이상이 없을 것
- 정격 1차 전압은 300[V] 이하로 할 것
- 누전경보기 공칭작동전류치(누전경보기를 작동시키기 위하여 필요한 누설전류값)는 200[mA] 이하일 것
- 감도조정장치를 가지고 있는 누전경보기의 조정범위 최소치 200[mA], 최대 1[A]

77

축전지의 전해액으로 사용되는 물질의 도전율은 어느 것에 의하여 증가될 수 있는가?

① 전해액의 농도　　② 전해액의 고유저항
③ 전해액의 색깔　　④ 전해액의 수명

해설

축전지의 전해액의 농도가 높을수록 전류가 많이 흐른다. 전류가 많이 흐른다는 것은 도전율이 높다는 것을 의미한다.

78

경종의 형식승인 및 제품검사의 기술기준에 따라 경종은 전원전압이 정격전압의 ± 몇 [%] 범위에서 변동하는 경우 기능에 이상이 생기지 아니하여야 하는가?

① 5　　② 10
③ 20　　④ 30

해설

경종은 전원전압이 ±20[%] 범위 내에서 변동하는 경우 기능에 이상이 생기지 아니하여야 한다.

| 관련개념 | **경종의 형식승인 및 제품검사의 기술기준**
- 경종의 기능
  - 정격전압을 인가하는 경우 음압은 무향실 내에서 정위치에 부착된 경종의 중심으로부터 1[m] 떨어진 위치에서 90[dB] 이상이어야 한다.
  - 정격전압을 인가하는 경우 경종의 소비전류는 50[mA] 이하이어야 한다.
- 전원전압변동시의 시험
  경종은 전원전압이 ±20[%] 범위 내에서 변동하는 경우 기능에 이상이 생기지 아니하여야 한다.

정답 75 ①　76 ①　77 ①　78 ③

79

비상방송설비의 배선공사 종류 중 합성수지관공사에 대한 설명으로 틀린 것은?

① 전선은 절연전선일 것
② 단면적 $10[\mathrm{mm}^2]$ (알루미늄선은 단면적 $16[\mathrm{mm}^2]$) 이하의 것은 적용하지 않는다.
③ 중량물의 압력 또는 현저한 기계적 충격을 받을 우려가 없도록 시설할 것
④ 이중 천장 내에는 불연시공을 하여야 하며, 전선관 시스템에서 불연시공은 금속제공사, 특종 금속제가요 전선관공사가 해당될 것

해설

이중천장(반자 속 포함) 내에는 시설할 수 없다.

| 관련개념 | 합성수지관 공사

- 합성수지관의 종류
  - 경질 비닐전선관
  - 파상형 경질 폴리에틸렌전선관
  - 합성수지제 가요전선관(CD관)
- 시설조건
  - 전선은 절연전선(옥외용 비닐절연전선을 제외한다.)일 것
  - 전선은 연선일 것 다만, 단면적 $10[\mathrm{mm}^2]$ (알루미늄선은 단면적 $16[\mathrm{mm}^2]$) 이하의 것은 적용하지 않는다.
  - 전선은 합성수지관 안에서 접속점이 없도록 할 것. 전선 또는 케이블의 접속은 아웃렛 박스 등에서 접속하도록 규정하고 있으며, 전선의 접속방법에 대하여는 별도의 조항에서 규정하고 있다.
  - 중량물의 압력 또는 현저한 기계적 충격을 받을 우려가 없도록 시설할 것
  - 이중천장(반자 속 포함) 내에는 시설할 수 없다.
  - 전선의 절연체 및 피복을 포함한 단면적이 관 내부 단면적의 1/3 이하가 되도록 한다.(내선규정은 전선 단면적의 32[%])

80

비상방송설비의 화재안전기술기준(NFTC 202)에 따른 비상방송설비 음향장치에 대한 설치기준으로 옳지 않은 것은?

① 엘리베이터 내부에는 별도의 음향장치를 설치할 수 없다.
② 음량조정기를 설치하는 경우 음량조정기의 배선은 3선식으로 한다.
③ 조작부는 기동장치의 작동과 연동하여 해당 기동장치가 작동한 층 또는 구역을 표시할 수 있는 것으로 한다.
④ 기동장치에 따른 화재신고를 수신한 후 필요한 음량으로 화재 발생 상황 및 피난에 유효한 방송이 작동으로 개시될 때까지의 소요시간은 10초 이내로 한다.

해설

승강기 내부에 비상방송용으로 음향장치 설치는 의무사항은 아니다. 다만, 화재 시 승강기 탑승자에 대한 대피 안내방송은 필요하다.

| 관련개념 | 비상방송설비 설치기준

- 확성기의 음성입력은 $3[\mathrm{W}]$ (실내에 설치하는 것에 있어서는 $1[\mathrm{W}]$) 이상
- 확성기는 각층마다 설치하되, 그 층의 각 부분으로부터 하나의 확성기까지의 수평거리가 $25[\mathrm{m}]$ 이하, 해당층의 각 부분에 유효하게 경보를 발할 수 있도록 설치한다.
- 음량조정기의 배선은 3선식으로 한다.
- 조작부의 조작스위치는 바닥으로부터 $0.8[\mathrm{m}]$ 이상 $1.5[\mathrm{m}]$ 이하의 높이에 설치한다.
- 조작부는 기동장치의 작동과 연동하여 해당 기동장치가 작동한 층 또는 구역을 표시할 수 있는 것으로 한다.
- 증폭기 및 조작부는 수위실 등 상시 사람이 근무하는 장소로서 점검이 편리하고 방화상 유효한 곳에 설치한다.
- 다른 방송설비와 공용하는 것에 있어서는 화재 시 비상경보외의 방송을 차단할 수 있는 구조로 한다.
- 기동장치에 따른 화재신고를 수신한 후 필요한 음량으로 화재발생 상황 및 피난에 유효한 방송이 자동으로 개시될 때까지의 소요시간은 10초 이하로 한다.
- 음향장치는 다음 각 목의 기준에 따른 구조 및 성능의 것으로 하여야 한다.
  - 정격전압의 $80[\%]$ 전압에서 음향을 발할 수 있는 것을 한다.
  - 자동화재탐지설비의 작동과 연동하여 작동할 수 있는 것으로 한다.
- 우선경보대상 5층 이상 연면적 $3,000[\mathrm{m}^2]$ 건물

정답 79 ④ 80 ①

2025년 2회 CBT 기출

1과목 소방원론

01
일반적인 플라스틱 분류상 열경화성 플라스틱에 해당하는 것은?

① 폴리에틸렌
② 폴리염화비닐
③ 페놀수지
④ 폴리스티렌

해설
페놀수지는 열경화성 플라스틱이다.

| 관련개념 | 열가소성 수지
- PVC수지
- 폴리에틸렌수지
- 폴리스티렌수지

열경화성 수지
- 페놀수지
- 요소수지
- 멜라민수지

02
내화구조에 해당하지 않는 것은?

① 철근콘크리트조로 두께가 10[cm] 이상인 벽
② 철근콘크리트조로 두께가 5[cm] 이상인 외벽 중 비내력벽
③ 벽돌조로서 두께가 19[cm] 이상인 벽
④ 철골철근콘크리트조로서 두께가 10[cm] 이상인 벽

해설
철근콘크리트조로 두께가 7[cm] 이상인 외벽 중 비내력벽이어야 한다.

| 관련개념 | 내화구조의 기준

모든 벽	비내력벽
• 철골·철근콘크리트조로서 두께가 10[cm] 이상인 것 • 골구를 철골조로 하고 그 양면을 두께 4[cm] 이상의 철망모르타르로 덮은 것 • 두께 5[cm] 이상의 콘크리트 블록·벽돌 또는 석재로 덮은 것 • 석조로서 철재에 덮은 콘크리트 블록의 두께가 5[cm] 이상인 것 • 벽돌조로서 두께가 19[cm] 이상인 것	• 철골·철근콘크리트조로서 두께가 7[cm] 이상인 것 • 골구를 철골조로 하고 그 양면을 두께 3[cm] 이상의 철망모르타르로 덮은 것 • 두께 4[cm] 이상의 콘크리트 블록·벽돌 또는 석재로 덮은 것 • 석조로서 두께가 7[cm] 이상인 것

03
액화석유가스(LPG)에 대한 성질로 틀린 것은?

① 주성분은 프로판, 부탄이다.
② 천연고무를 잘 녹인다.
③ 물에 녹지 않으나 유기용매에 용해된다.
④ 공기보다 1.5배 가볍다.

해설
공기보다 1.5배 또는 2배 무겁다.

| 관련개념 |

종류	주성분	증기비중
액화석유가스(LPG)	프로판(C_3H_8)	1.51
	부탄(C_4H_{10})	2

정답 01 ③　02 ②　03 ④

04 고난도

어떤 유기화합물을 원소 분석한 결과 중량백분율이 C : 39.9[%], H : 6.7[%], O : 53.4[%]인 경우 이 화합물의 분자식은?(단, 원자량은 C = 12, O = 16, H = 1이다.)

① $C_3H_8O_2$
② $C_2H_4O_2$
③ C_2H_4O
④ $C_2H_6O_2$

해설

화합물의 분자식 = $\dfrac{중량백분율}{원자량} : \dfrac{중량백분율}{원자량} : \dfrac{중량백분율}{원자량}$

$$ = \underset{C}{\dfrac{39.9[\%]}{12}} : \underset{H}{\dfrac{6.7[\%]}{1}} : \underset{O}{\dfrac{53.4[\%]}{16}}$$

$= 3.325 : 6.7 : 3.3375$
$(≒ 1 : 2 : 1)$
$= C_2 : H_4 : O_2 \; (\therefore C_2H_4O_2)$

05

대두유가 침적된 기름걸레를 쓰레기통에 장시간 방치한 결과 자연발화에 의하여 화재가 발생한 경우 그 이유로 옳은 것은?

① 분해열 축적
② 산화열 축적
③ 흡착열 축적
④ 발효열 축적

해설

기름걸레를 쓰레기통에 장기간 방치하면 산화열이 축적되어 자연발화가 일어난다.

06

실내에서 화재가 발생하여 실내의 온도가 21[℃]에서 650[℃]로 되었다면, 공기의 팽창은 처음의 약 몇 배가 되는가?(단, 대기압은 공기가 유동하여 화재 전후가 같다고 가정한다.)

① 3.14
② 4.27
③ 5.69
④ 6.01

해설

샤를의 법칙

$$\dfrac{V_1}{T_1} = \dfrac{V_2}{T_2}$$

여기서, V_1, V_2 : 부피[m^3]
T_1, T_2 : 절대온도(273 + ℃)[K]

팽창된 공기의 부피 V_2는

$$V_2 = \dfrac{V_1}{T_1} \times T_2 = \dfrac{T_2}{T_1} \times V_1$$

$$= \dfrac{(273+650)}{(273+21)} \times V_1 ≒ 3.14 V_1$$

07

건축물 내 방화벽에 설치하는 출입문의 너비 및 높이의 기준은 각각 몇 [m] 이하인가?

① 2.5
② 3.0
③ 3.5
④ 4.0

해설

건축물 내 방화벽에 설치하는 출입문의 너비 및 높이의 기준은 각각 2.5[m] 이하이다.

| 관련개념 | 방화벽의 구조

대상 건축물	• 주요구조부가 내화구조 또는 불연재료가 아닌 연면적 1,000[m^2] 이상인 건축물
구획단지	• 연면적 1,000[m^2] 미만마다 구획
방화벽의 구조	• 내화구조로서 홀로 설 수 있는 구조일 것 • 방화벽의 양쪽 끝과 위쪽 끝을 건축물의 외벽면 및 지붕면으로부터 0.5[m] 이상 튀어나오게 할 것 • 방화벽에 설치하는 출입문의 너비 및 높이는 각각 2.5[m] 이하로 하고 이에 갑종방화문을 설치할 것

정답 04 ② 05 ② 06 ① 07 ①

08

석유, 고무, 동물의 털, 가죽 등과 같이 황성분을 함유하고 있는 물질이 불완전연소될 때 발생하는 연소가스로 계란 썩는 듯한 냄새가 나는 기체는?

① 이황산가스 ② 시안화수소
③ 황화수소   ④ 암모니아

해설
황화수소는 달걀 썩는 냄새가 나는 특성이 있다.

09 (빈출)

전기에너지에 의하여 발생되는 열원이 아닌 것은?

① 저항가열   ② 마찰 스파크
③ 유도가열   ④ 유전가열

해설
마찰 스파크는 기계적 에너지에 의해 발생한 열원이다.

10

화재 및 폭발에 관한 설명으로 틀린 것은?

① 메탄가스는 공기보다 무거우므로 가스탐지부는 가스기구의 직하부에 설치한다.
② 옥외저장탱크의 방유제는 화재 시 화재의 확대를 방지하기 위한 것이다.
③ 가연성 분진이 공기 중에 부유하면 폭발할 수도 있다.
④ 마그네슘의 화재 시 주수 소화는 화재를 확대할 수 있다.

해설
메탄가스는 공기보다 가벼우므로 가스탐지부는 가스기구의 직상부에 설치한다.

11

물의 기화열이 $539.6[cal/g]$인 것은 어떤 의미인가?

① $0[°C]$의 물 $1[g]$이 얼음으로 변화하는데 $539.6[cal]$의 열량이 필요하다.
② $0[°C]$의 물 $1[g]$이 물로 변화하는데 $539.6[cal]$의 열량이 필요하다.
③ $0[°C]$의 물 $1[g]$이 $100[°C]$의 물로 변화하는데 $539.6[cal]$의 열량이 필요하다.
④ $100[°C]$의 물 $1[g]$이 수증기로 변화하는데 $539.6[cal]$의 열량이 필요하다.

해설
물의 기화열 $539.6[cal]$: $100[℃]$의 물 $1[g]$이 수증기로 변화하는데 $539.6[cal]$의 열량이 필요하다.

| 관련개념 |

기화잠열(증발잠열)	융해잠열(융해열)
$539[cal/g]$	$80[cal/g]$

12

분진폭발을 일으키는 물질이 아닌 것은?

① 시멘트 분말   ② 마그네슘 분말
③ 석탄 분말   ④ 알루미늄 분말

해설
시멘트 분말은 분진폭발을 거의 일으키지 않는다.

| 관련개념 | 분진폭발을 일으키지 않는 물질
물과 반응하여 가연성 기체를 발생하지 않는 것
• 시멘트
• 석회석
• 탄산칼슘($CaCO_3$)
• 생석회(CaO)(산화칼슘)

정답 08 ③ 09 ② 10 ① 11 ④ 12 ①

13
무창층 여부를 판단하는 개구부로서 갖추어야 할 조건으로 옳은 것은?

① 개구부 크기가 지름 30[cm]의 원이 내접할 수 있는 것
② 해당 층의 바닥면으로부터 개구부 밑 부분까지의 높이가 1.5[m]인 것
③ 내부 또는 외부에서 쉽게 파괴 또는 개방할 수 있을 것
④ 창에 방범을 위하여 40[cm] 간격으로 창살을 설치할 것

해설
내부 또는 외부에서 쉽게 파괴 또는 개방할 수 있어야 한다.

| 관련개념 | 소방시설법 시행령 2조
개구부는 화재 시 쉽게 피난할 수 있는 출입문, 창문 등을 말한다.
- 개구부의 크기는 지름 50[cm]의 원이 내접할 수 있는 크기일 것
- 해당층의 바닥면으로부터 개구부 밑부분까지의 높이가 1.2[m] 이내일 것
- 내부 또는 외부에서 쉽게 부수거나 열 수 있을 것
- 화재 시 건축물로부터 쉽게 피난할 수 있도록 창살, 그 밖의 장애물이 설치되지 아니할 것
- 도로 또는 차량이 진입할 수 있는 빈터를 향할 것

14
화재발생 시 인명피해 방지를 위한 건물로 적합한 것은?

① 피난설비가 없는 건물
② 특별피난계단의 구조로 된 건물
③ 피난기구가 관리되고 있지 않은 건물
④ 피난구 폐쇄 및 피난구유도등이 미비되어 있는 건물

해설
화재발생 시 인명피해 방지를 위한 건물로 적합한 것은 특별피난계단의 구조로 된 건물이다.

| 관련개념 | 인명피해 방지건물
- 피난설비가 있는 건물
- 특별피난계단의 구조로 된 건물
- 피난기구가 관리되고 있는 건물
- 피난구 개방 및 피난구유도등이 잘 설치되어 있는 건물

15
방화벽의 구조 기준 중 다음 ( ) 안에 알맞은 것은?

- 방화벽에 양쪽 끝과 위쪽 끝을 건축물의 외벽면 및 지붕면으로부터 (㉠)[m] 이상 튀어나오게 할 것
- 방화벽에 설치하는 출입문의 너비 및 높이는 각각 (㉡)[m] 이하로 하고, 해당 출입문에는 갑종 방화문을 설치할 것

① ㉠ 0.3, ㉡ 2.5
② ㉠ 0.3, ㉡ 3.0
③ ㉠ 0.5, ㉡ 2.5
④ ㉠ 0.5, ㉡ 3.0

해설
- 방화벽에 양쪽 끝과 위쪽 끝을 건축물의 외벽면 및 지붕면으로부터 0.5[m] 이상 튀어나오게 할 것
- 방화벽에 설치하는 출입문의 너비 및 높이는 각각 2.5[m] 이하로 하고, 해당 출입문에는 갑종 방화문을 설치할 것

| 관련개념 | 방화벽의 구조

대상 건축물	주요구조부가 내화구조 또는 불연재료가 아닌 연면적 1,000[m²] 이상인 건축물
구획단지	연면적 1,000[m²] 미만마다 구획
방화벽의 구조	• 내화구조로서 홀로 설 수 있는 구조일 것 • 방화벽의 양쪽 끝과 위쪽 끝을 건축물의 외벽면 및 지붕면으로부터 0.5[m] 이상 튀어나오게 할 것 • 방화벽에 설치하는 출입문의 너비 및 높이는 각각 2.5[m] 이하로 하고 이에 갑종방화문을 설치할 것

16 고난도
삼림화재 시 소화효과를 증대시키기 위해 물에 첨가하는 증점제로서 적합한 것은?

① Ethylene Glycol
② Potassium Carbonate
③ Ammonium Phosphate
④ Sodium Carboxy Methyl Cellulose

해설
증점제는 물의 점도를 높여 주는 물질이다. 증점제로 CMC(Sodium Carboxy Methyl Cellulose)는 산림화재에 적합하다.

정답 13 ③ 14 ② 15 ③ 16 ④

17 빈출

다음 중 연소 범위를 근거로 계산한 위험도 값이 가장 큰 물질은?

① 이황화탄소
② 메탄
③ 수소
④ 일산화탄소

해설

① 이황화탄소 $= \dfrac{44-1.2}{1.2} = 35.66$

② 메탄 $= \dfrac{15-5}{5} = 2$

③ 수소 $= \dfrac{75-4}{4} = 17.75$

④ 일산화탄소 $= \dfrac{74-12.5}{12.5} = 4.92$

| 관련개념 |

위험도 $H = \dfrac{U-L}{L}$

여기서, H: 위험도, U: 연소상한계[vol%], L: 연소하한계[vol%]

18

위험물안전관리법령상 제2석유류에 해당하는 것으로만 나열된 것은?

① 아세톤, 벤젠
② 중유, 아닐린
③ 에테르, 이황화탄소
④ 아세트산, 아크릴산

해설

아세트산, 아크릴산는 모두 제2석유류이다.

| 관련개념 | 제4류 위험물

품명	대표물질
특수인화물	이황화탄소 · 디에틸에테르 · 아세트알데히드 · 산화프로필렌 · 이소프렌 · 펜탄 · 디비닐에테르 · 트리클로로실란
제1석유류	• 아세톤 · 휘발유 · 벤젠 • 톨루엔 · 크실렌 · 시클로헥산 • 아크롤레인 · 초산에스테르류 • 의산에스테르류 • 메틸에틸케톤 · 에틸벤젠 · 피리딘
제2석유류	• 등유 · 경유 · 의산 • 초산 · 테레빈유 · 장뇌유 • 아세트산 · 아크릴산 • 송근유 · 스티렌 · 메틸셀로솔브 • 에틸셀로솔브 · 클로로벤젠 · 알릴알코올
제3석유류	• 중유 · 클레오소트유 · 에틸렌글리콜 • 글리세린 · 니트로벤젠 · 아닐린 • 담금질유
제4석유류	• 기어유 · 실린더유

19

다음 물질을 저장하고 있는 장소에서 화재가 발생하였을 때 주수소화가 적합하지 않은 것은?

① 적린
② 마그네슘 분말
③ 과염소산칼륨
④ 유황

해설

마그네슘 분말은 주수소화(물소화) 시 수소 발생으로 인한 화재폭발위험이 있다.

정답 17 ① 18 ④ 19 ②

20 빈출

탄산수소나트륨이 주성분인 분말 소화약제는?

① 제1종 분말　② 제2종 분말
③ 제3종 분말　④ 제4종 분말

해설

탄산수소나트륨이 주성분인 분말 소화약제는 제1종 분말이다.

| 관련개념 |

종별	주성분	착색	적응화재
제1종	탄산수소나트륨 ($NaHCO_3$)	백색	B, C급
제2종	탄산수소칼륨 ($KHCO_3$)	담회색	B, C급
제3종	제1인산암모늄 ($NH_4H_2PO_4$)	담홍색	A, B, C급
제4종	탄산수소칼륨+요소 ($KHCO_3 + (NH_2)_2CO$)	회(백)색	B, C급

2과목 소방전기일반

21

$1[W \cdot s]$와 같은 것은?

① $1[J]$　② $1[kg \cdot m]$
③ $1[kWh]$　④ $860[kcal]$

해설

단위환산 $1[W] = 1[J/s] (1[W \cdot S] = 1[J])$

22

그림과 같은 회로 A, B 양단에 전압을 인가하여 서서히 상승시킬 때 제일 먼저 파괴되는 콘덴서는?(단, 유전체의 재질 및 두께는 동일한 것으로 한다.)

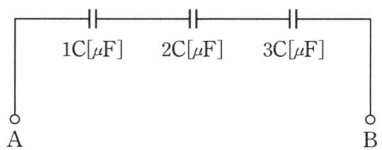

① 1C　② 2C
③ 3C　④ 모두

해설

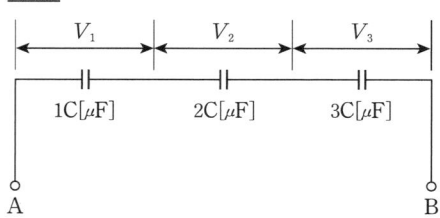

전압(V)과 정전용량(C)은 반비례($V \propto \dfrac{1}{C}$)하므로 각 콘덴서에 걸리는 전압을 $V_1, V_2, V_3[V]$라 하면

$$V_1 : V_2 : V_3 = \dfrac{1}{1} : \dfrac{1}{2} : \dfrac{1}{3} = 6 : 3 : 2$$

양단에 가한 전압을 $1,000[V]$라 하면

$$V_1 = \dfrac{6}{6+3+2}V = \dfrac{6}{11} \times 1,000 ≒ 545.4[V]$$

$$V_2 = \dfrac{3}{6+3+2}V = \dfrac{3}{11} \times 1,000 ≒ 272.7[V]$$

$$V_3 = \dfrac{2}{6+3+2}V = \dfrac{2}{11} \times 1,000 ≒ 181.8[V]$$

용량이 제일 작은 $1C[\mu F]$이 제일 먼저 파괴된다.

정답 20 ①　21 ①　22 ①

23

지름 8[mm]의 경동선 1[km]의 저항을 측정하였더니 0.63536[Ω]이었다. 같은 재료로 지름 2[mm], 길이 500[m]의 경동선의 저항은 약 몇 [Ω]인가?

① 2.8
② 5.1
③ 10.2
④ 20.4

해설

저항 $R = \rho \dfrac{l}{A} = \rho \dfrac{l}{\pi r^2}$

여기서, R: 저항[Ω], ρ: 고유저항[Ω·m], A: 전선의 단면적[m²]
l: 전선의 길이[m], r: 반지름[m]

고유저항 $\rho = \dfrac{RA}{l} = \dfrac{R(\pi r^2)}{l}$

$= \dfrac{0.63536 \times (\pi \times 0.004^2)}{1,000} ≒ 3.19 \times 10^{-8}$ [Ω·m]

$A = \pi r^2 = \pi \times (0.004\,\text{m})^2$

여기서, r: 반지름[m]
1[m] = 1,000[mm]이고, 1[mm] = 0.001[m]이므로
반지름 4[mm] = 0.004[m]
l = 1[km] = 1,000[m]

경동선의 저항
$R = \rho \dfrac{l}{A} = \rho \dfrac{l}{\pi r^2} = 3.19 \times 10^{-8} \times \dfrac{500}{\pi \times 0.001^2} ≒ 5.1$ [Ω]

$A = \pi r^2 = \pi \times (0.001)^2$

여기서, r: 반지름[m]
1[m] = 1,000[mm]이고, 1[mm] = 0.001[m]이므로
반지름 1[mm] = 0.001[m]

24 빈출

열감지기의 온도감지용으로 사용하는 소자는?

① 서미스터
② 바리스터
③ 제너다이오드
④ 발광다이오드

해설

- 서미스트(thermistor): 부온도특성을 가진 저항기의 일종으로서 주로 온도 보정용(온도보상용)으로 쓰인다.
- 바리스터(varistor)
  - 서지전압에 대한 회로보호용(과도전압에 대한 회로보호)
  - 계전기접점의 불꽃제거
- 제너다이오드(zener diode): 주로 정전압 전원회로에 사용된다.

25

20[°C]의 물 2[L]를 64°C가 되도록 가열하기 위해 400[W]의 온수기를 20분 사용하였을 때 이 온수기의 효율은 약 몇 [%]인가?

① 27
② 59
③ 77
④ 89

해설

전열기의 용량
$860 P \eta t = M(T_2 - T_1)$

여기서, P: 용량[kW], η: 효율, t: 소요시간[h], M: 질량[L]
T_2: 상승 후 온도[°C], T_1: 상승 전 온도[°C]

$P(400[W]) : 400[W] = 0.4[kW]$

$t(20분) : 20분 = \dfrac{20}{60}$ [h]

효율 $\eta = \dfrac{M(T_2 - T_1)}{860 Pt} = \dfrac{2(64 - 20)}{860 \times 0.4 \times \dfrac{20}{60}}$

$= 0.767 = 76.7[\%] ≒ 77[\%]$

26

50[F]의 콘덴서 2개를 직렬로 연결하면 합성 정전용량은 몇 [F]인가?

① 25
② 50
③ 100
④ 1,000

해설

콘덴서의 직렬접속

C_1 C_2
50[F] 50[F]

$C = \dfrac{1}{\dfrac{1}{C_1} + \dfrac{1}{C_2}} = \dfrac{C_1 C_2}{C_1 + C_2}$

여기서, C: 합성정전용량[F], C_1, C_2: 각각의 정전용량[F]
콘덴서의 직렬접속 시 합성정전용량 C

$C = \dfrac{C_1 C_2}{C_1 + C_2} = \dfrac{50 \times 50}{50 + 50} = 25$ [F]

정답 23 ② 24 ① 25 ③ 26 ①

27

$1[\text{cm}]$의 간격을 둔 평행 왕복전선에 $25[\text{A}]$의 전류가 흐른다면 전선 사이에 작용하는 전자력은 몇 $[\text{N/m}]$이며, 이것은 어떤 힘인가?

① 2.5×10^{-2}, 반발력   ② 1.25×10^{-2}, 반발력
③ 2.5×10^{-2}, 흡인력   ④ 1.25×10^{-2}, 흡인력

해설

평행도체 사이에 작용하는 힘

$$F = \frac{\mu_0 I_1 I_2}{2\pi r} [\text{N/m}]$$

여기서, F: 평행전류의 힘$[\text{N/m}]$
μ_0: 진공의 투자율$(4\pi \times 10^{-7})[\text{H/m}]$
I_1, I_2: 전류$[\text{A}]$
r: 거리$[\text{m}]$

평행도체 사이에 작용하는 힘 F

$$F = \frac{\mu_0 I_1 I_2}{2\pi r}$$
$$= \frac{(4\pi \times 10^{-7}) \times 25 \times 25}{2\pi \times 0.01} = 0.0125 = 1.25 \times 10^{-2} [\text{N/m}]$$

$r: 1[\text{cm}] = 0.01[\text{m}]$
$I: 25[\text{A}]$

힘의 방향은 전류가 같은 방향이면 흡인력, 다른 방향이면 반발력이 작용한다. 평행 왕복전선은 두 전선의 전류 방향이 다른 방향이므로 반발력이 작용한다.

28

무한장 솔레노이드 자계의 세기에 대한 설명으로 틀린 것은?

① 전류의 세기에 비례한다.
② 코일의 권수에 비례한다.
③ 솔레노이드 내부에서의 자계의 세기는 위치에 관계없이 일정한 평등자계이다.
④ 자계의 방향과 암페어 경로 간에 서로 수직인 경우 자계의 세기가 최고이다.

해설

무한장 솔레노이드 자계의 세기는 자계의 방향과 무관하다.

| 관련개념 | 무한장 솔레노이드

• 내부자계
$H_i = nI$
여기서, H_i: 내부자계의 세기$[\text{AT/m}]$
n: 단위길이당 권수$(1[\text{m}]$당 권수$)$
I: 전류(전류의 세기)$[\text{A}]$
일반적으로 자계의 세기는 내부자계를 의미하므로 위 식에서
 – 전류의 세기에 비례
 – 코일의 권수에 비례
 – 내부 자계는 평등자계
• 외부자계
$H_e = 0$
여기서, H_e: 외부자계의 세기$[\text{AT/m}]$
• 자계의 방향과 무관

29 고난도

그림의 시퀀스(계전기 접점) 회로를 논리식으로 표현하면?

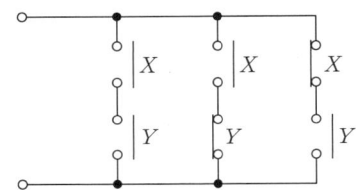

① $X + Y$
② $(XY) + (X\overline{Y})(\overline{X}Y)$
③ $(X+Y)(X+\overline{Y})(\overline{X}+Y)$
④ $(X+Y) + (X+\overline{Y}) + (\overline{X}+Y)$

해설

논리식 $= X \cdot Y + X \cdot \overline{Y} + \overline{X} \cdot Y = XY + X\overline{Y} + \overline{X}Y$
$= X(Y + \overline{Y}) + \overline{X}Y$
$(Y + \overline{Y} = 1)$
$= X \cdot 1 + \overline{X}Y$
$= X + \overline{X}Y$
$= X + Y$

정답 27 ② 28 ④ 29 ①

30 고난도

어떤 회로에 $v(t)=150\sin\omega t[V]$의 전압을 가하니 $i(t)=6\sin(\omega t-30°)[A]$의 전류가 흘렀다. 이 회로의 소비전력(유효전력)은 약 몇 [W]인가?

① 390
② 450
③ 780
④ 900

해설

$v(t)=V_m\sin\omega t=150\sin\omega t=150\cos(\omega t+90°)[V]$
$i(t)=I_m\sin\omega t=6\sin(\omega t-30°)$
　　　$=6\cos(\omega t+90°-30°)=6\cos(\omega t+60°)[A]$

• 전압의 최대값
　$V_m=\sqrt{2}\,V$
　여기서, V_m: 전압의 최대값[V], V: 전압의 실효값[V]
　전압의 실효값 V
　$V=\dfrac{V_m}{\sqrt{2}}=\dfrac{150}{\sqrt{2}}[V]$

• 전류의 최대값
　$I_m=\sqrt{2}\,I$
　여기서, I_m: 전류의 최대값[A], I: 전류의 실효값[A]

• 전류의 실효값 I
　$I=\dfrac{I_m}{\sqrt{2}}=\dfrac{6}{\sqrt{2}}[A]$

• 소비전력
　$P=VI\cos\theta$
　여기서, P: 소비전력[W], V: 전압의 실효값[V], I: 전류의 실효값[A], θ: 위상차[rad]
　소비전력 P
　$P=VI\cos\theta$
　　$=\dfrac{150}{\sqrt{2}}\times\dfrac{6}{\sqrt{2}}\times\cos(90-60)°≒390[W]$

31

그림과 같은 RL 직렬회로에서 소비되는 전력은 몇 [W]인가?

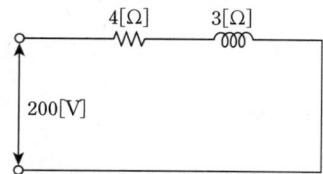

① 6,400
② 8,800
③ 10,000
④ 12,000

해설

RL 직렬회로
$P=I^2R$

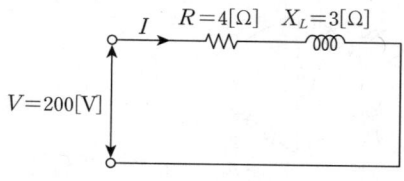

전류 $I=\dfrac{V}{\sqrt{R^2+X_L^2}}$

여기서, I: 전류[A], V: 전압[V], R: 저항[Ω], X_L: 유도리액턴스[Ω]

전류 $I=\dfrac{V}{\sqrt{R^2+X_L^2}}=\dfrac{200}{\sqrt{4^2+3^2}}=40[A]$

전력 $P=I^2R$

여기서, P: 전력[W], I: 전류[A], R: 저항[Ω]

소비되는 전력 P
$P=I^2R=40^2\times4=6,400[W]$

32

R-C 직렬 회로에서 저항 R을 고정시키고 X_C를 0에서 ∞까지 변화시킬 때 어드미턴스 궤적은?

① 1사분면의 내의 반원이다.
② 1사분면의 내의 직선이다.
③ 4사분면의 내의 반원이다.
④ 4사분면의 내의 직선이다.

해설

R을 고정시키고 리액턴스 X_C를 0에서 ∞까지 변화시키면 지름이 $\dfrac{1}{R}$로 하는 제1사분면 내의 반원이 된다.

정답 30 ① 31 ① 32 ①

33

그림과 같은 교류브리지의 평형조건으로 옳은 것은?

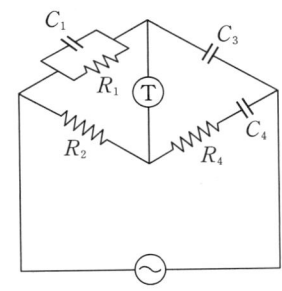

① $R_2C_4 = R_1C_3$, $R_2C_1 = R_4C_3$
② $R_1C_1 = R_4C_4$, $R_2C_3 = R_1C_1$
③ $R_2C_4 = R_4C_3$, $R_1C_3 = R_2C_1$
④ $R_1C_1 = R_4C_4$, $R_2C_3 = R_1C_4$

해설

교류브리지 평형조건

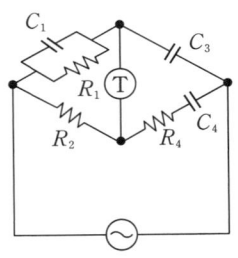

마주 보는 변의 곱은 서로 같다.
$R_2C_4 = R_1C_3$, $R_2C_1 = R_4C_3$

34

3상 유도전동기를 Y결선으로 기동할 때 전류의 크기($|I_Y|$)와 △결선으로 기동할 때 전류의 크기($|I_\triangle|$)의 관계로 옳은 것은?

① $|I_Y| = \frac{1}{3}|I_\triangle|$
② $|I_Y| = \sqrt{3}|I_\triangle|$
③ $|I_Y| = \frac{1}{\sqrt{3}}|I_\triangle|$
④ $|I_Y| = \frac{\sqrt{3}}{2}|I_\triangle|$

해설

Y - △ 기동방식의 기동전류
$I_Y = \frac{1}{3}I_\triangle$
여기서, I_Y : Y결선 시 전류[A]
$I_\triangle$: △결선 시 전류[A]

35 빈출

교류 회로에 연결되어 있는 부하의 역률을 측정하는 경우 필요한 계측기의 구성은?

① 전압계, 전력계, 회전계
② 상순계, 전력계, 전류계
③ 전압계, 전류계, 전력계
④ 전류계, 전압계, 주파수계

해설

전력계, 전압계, 전류계
$P = V \ I \ \cos\theta$
↑ ↑ ↘ ↘
전력 전압 전류 역률

정답 33 ① 34 ① 35 ③

36

그림과 같은 회로에 전압 $v = \sqrt{2}\,V\sin\omega t\,[\mathrm{V}]$를 인가하였을 때 옳은 것은?

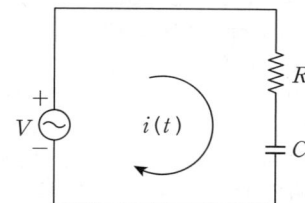

① 역률: $\cos\theta = \dfrac{R}{\sqrt{R^2 + \omega C^2}}$

② i의 실효값: $I = \dfrac{V}{\sqrt{R^2 + \omega C^2}}$

③ 전압과 전류의 위상차: $\theta = \tan^{-1}\dfrac{R}{\omega C}$

④ 전압평형방정식: $Ri + \dfrac{1}{C}\displaystyle\int i\,dt = \sqrt{2}\,V\sin\omega t$

해설

- 역률: $\cos\theta = \dfrac{R}{\sqrt{R^2 + \left(\dfrac{1}{\omega C}\right)^2}}$
- i의 실효값: $I = \dfrac{V}{\sqrt{R^2 + \left(\dfrac{1}{\omega C}\right)^2}}\,[\mathrm{A}]$
- 전압과 전류의 위상차: $\theta = \tan^{-1}\dfrac{1}{\omega CR}\,[\mathrm{rad}]$
- 전압평형방정식: $Ri + \dfrac{1}{C}\displaystyle\int i\,dt = \sqrt{2}\,V\sin\omega t$

37

절연저항을 측정할 때 사용하는 계기는?

① 전류계 ② 전위차계
③ 메거   ④ 휘트스톤브리지

해설

절연저항을 측정할 때 사용하는 계측기는 메거이다.

38

3상 농형 유도전동기의 기동법이 아닌 것은?

① $Y-\triangle$ 기동법 ② 기동 보상기법
③ 2차 저항 기동법   ④ 리액터 기동법

해설

3상 농형 유도전동기의 기동법이 아닌 것은 2차 저항 기동법이다.

| 관련개념 | 3상 유도전동기의 기동법

농형	권선형
• 전전압 기동법(직입기동법) • $Y-\triangle$ 기동법 • 리액터 기동법 • 기동 보상기법 • 콘도르퍼 기동법	• 2차 저항 기동법 • 게르게스법

39

부궤환 증폭기의 장점에 해당되는 것은?

① 전력이 절약된다.   ② 안정도가 증진된다.
③ 증폭도가 증가된다. ④ 능률이 증대된다.

해설

부궤환 증폭기는 안정도를 증가시키는 장점이 있다.

| 관련개념 | 부궤환증폭기

장점	단점
• 안정도 증진된다. • 대역폭 확장된다. • 잡음 감소한다. • 왜곡 감소한다.	이득 감소한다.

정답 36 ④ 37 ③ 38 ③ 39 ②

40 빈출

그림의 블록선도와 같이 표현되는 제어 시스템의 전달함수 G(s)는?

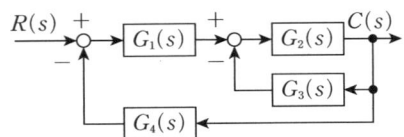

① $\dfrac{G_1(s)G_2(s)}{1+G_2(s)G_3(s)+G_1(s)G_2(s)G_4(s)}$

② $\dfrac{G_3(s)G_4(s)}{1+G_2(s)G_3(s)+G_1(s)G_2(s)G_4(s)}$

③ $\dfrac{G_1(s)G_2(s)}{1+G_1(s)G_2(s)+G_1(s)G_2(s)G_3(s)}$

④ $\dfrac{G_3(s)G_4(s)}{1+G_1(s)G_2(s)+G_1(s)G_2(s)G_3(s)}$

해설

$C = R(s)G_1(s)G_2(s) - CG_1(s)G_2(s)G_4(s) - CG_2(s)G_3(s)$

계산 편의를 위해 (s)를 생략하고 계산하면

$C = RG_1G_2 - CG_1G_2G_4 - CG_2G_3$
$C + CG_1G_2G_4 + CG_2G_3 = RG_1G_2$
$C(1+G_1G_2G_4+G_2G_3) = RG_1G_2$
$\dfrac{C}{R} = \dfrac{G_1G_2}{1+G_1G_2G_4+G_2G_3}$
$G = \dfrac{C}{R} = \dfrac{G_1G_2}{1+G_2G_3+G_1G_2G_4}$
$G(s) = \dfrac{C(s)}{R(s)} = \dfrac{G_1(s)G_2(s)}{1+G_2(s)G_3(s)+G_1(s)G_2(s)G_4(s)}$

3과목 소방관계법규

41 고난도

위험물안전관리법령에 따른 위험물제조소의 옥외에 있는 위험물취급탱크 용량이 $100[m^3]$ 및 $180[m^3]$인 2개의 취급탱크 주위에 하나의 방유제를 설치하는 경우 방유제의 최소 용량은 몇 $[m^3]$이어야 하는가?

① 100　　② 140
③ 180　　④ 280

해설

최대탱크용량 $180[m^3] \times 50[\%]$ + 나머지 탱크 용량 $100[m^3] \times 10[\%]$
$= 180 \times 0.5 + 100 \times 0.1 = 100[m^3]$

| 관련개념 | 제조소의 위험물취급탱크 방유제

- 재질: 철큰콘크리트, 철골철근콘크리트, 흙담
- 높이: $0.5[m]$ 이상 $3[m]$ 이하
- 두께: $0.2[m]$ 이상
- 깊이: $1[m]$ 이상
- 계단: 높이 $1[m]$ 이상 방유제에는 $50[m]$ 간격으로 설치
- 면적: $80,000[m^2]$ 이하
- 탱크의 기수: 10기 이하
- 방유제와 탱크 측면과의 상호거리
  - 탱크지름 $15[m]$ 미만: 탱크 높이의 $\dfrac{1}{3}$ 이상
  - 탱크지름 $15[m]$ 이상: 탱크 높이의 $\dfrac{1}{2}$ 이상
  - 인화점 $200[°C]$ 이상 탱크: 해당 없음
- 용량

구분	제조소(지정수량 $\dfrac{1}{5}$ 이하의 것은 제외)		저장소
	옥내탱크제조소의 방유턱	옥외탱크제조소의 방유제 인화성액체 위험물(CS_2 제외)	옥외탱크저장소의 방유제
탱크 1기	탱크 용량의 $100[\%]$	탱크 용량의 $50[\%]$ 이상	탱크 용량의 $110[\%]$ 이상
탱크 2기 이상	최대 탱크 용량의 $100[\%]$	최대 탱크 용량의 $50[\%]$ 이상 + 나머지 탱크 용량의 $10[\%]$	최대 탱크 용량의 $110[\%]$ 이상

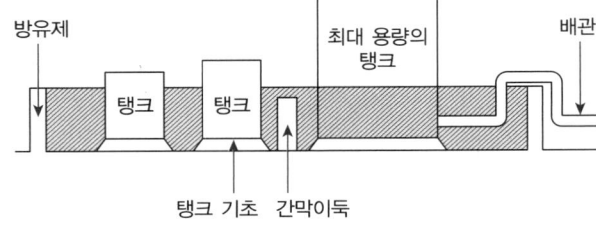

정답 40 ①　41 ①

42

위험물안전관리법상 관계인이 예방규정을 정하여야 하는 옥외저장소는 지정수량의 몇 배 이상의 위험물을 저장하는 것을 말하는가?

① 10
② 100
③ 150
④ 200

해설

| 관련개념 | 관계인이 예방규정을 작성해야 하는 제조소
- 지정수량의 10배 이상의 위험물을 취급하는 제조소
- 지정수량의 100배 이상의 위험물을 저장하는 옥외저장소
- 지정수량의 150배 이상의 위험물을 저장하는 옥내저장소
- 지정수량의 200배 이상의 위험물을 저장하는 옥외탱크저장소
- 암반탱크저장소
- 이송취급소
- 지정수량의 10배 이상의 위험물을 취급하는 일반취급소
  단, 4류위험물(특수인화물 제외)만을 지정수량의 50배 이하로 취급하는 일반취급소로 다음을 제외한다.
  - 보일러, 버너 또는 이와 비슷한 장치로 위험물을 소비하는 일반취급소
  - 위험물을 용기에 담거나 차량에 고정된 탱크에 주입하는 일반취급소

43

위험물안전관리법상 정기점검의 대상인 제조소 등에 해당하지 않는 것은?

① 암반탱크저장소
② 지하탱크저장소
③ 이동탱크저장소
④ 지정수량의 150배 이상의 위험물을 저장하는 옥외탱크저장소

해설

정기점검의 대상인 제조소는 지정수량의 200배 이상의 위험물을 저장하는 옥외탱크저장소이다.

| 관련개념 |
정기점검의 대상인 제조소 등
- 예방규정을 작성하여야 하는 제조소 등
- 지하탱크저장소
- 이동탱크저장소
- 위험물을 취급하는 탱크로서 지하에 매설된 탱크가 있는 제조소·주유취급소 또는 일반취급소

관계인이 예방규정을 정해야 하는 제조소 등
- 지정수량의 10배 이상의 위험물을 취급하는 제조소
- 지정수량의 100배 이상의 위험물을 저장하는 옥외저장소
- 지정수량의 150배 이상의 위험물을 저장하는 옥내저장소
- 지정수량의 200배 이상의 위험물을 저장하는 옥외탱크저장소
- 암반탱크저장소
- 이송취급소
- 지정수량의 10배 이상의 위험물을 취급하는 일반취급소
  단, 4류위험물(특수인화물 제외)만을 지정수량의 50배 이하로 취급하는 일반취급소로 다음을 제외한다.
  - 보일러, 버너 또는 이와 비슷한 장치로 위험물을 소비하는 일반취급소
  - 위험물을 용기에 담거나 차량에 고정된 탱크에 주입하는 일반취급소

44

위험물안전관리법상 유별을 달리하는 위험물을 혼재하여 저장할 수 있는 것으로 짝지워진 것은?

① 제1류 – 제2류
② 제2류 – 제3류
③ 제3류 – 제4류
④ 제5류 – 제6류

해설

유별이 다른 위험물의 적재기준

```
1 ─── 6
2 ─╲─ 5
3 ─╲─ 4
```

45

위험물안전관리법상 행정처분을 하고자 하는 경우 청문을 실시하여 처분하여야 하는 것은?

① 제조소 등 설치허가의 취소
② 제조소 등 영업정지 처분
③ 탱크시험자의 영업정지
④ 과징금 부과처분

해설

청문
- 청문권자: 시·도지사, 소방본부장 또는 소방서장
- 다음 각 호의 어느 하나에 해당하는 처분을 하고자 하는 경우에는 청문을 실시
  - 제조소 등 설치허가의 취소
  - 탱크시험자의 등록취소

정답 42 ② 43 ④ 44 ③ 45 ①

46 고난도

화재의 예방 및 안전관리에 관한 법률에 따른 특수가연물 중 가연성 액체의 기준으로 옳지 않은 것은?

① 1기압과 20[°C] 이하에서 액상인 것으로서 가연성 액체량이 40중량퍼센트 이하이면서 인화점이 40[°C] 이상 70[°C] 미만이고 연소점이 섭씨 60[°C] 이상인 것

② 1기압과 20[°C] 이하에서 액상인 것으로서 가연성 액체량이 40중량퍼센트 이상이면서 인화점이 70[°C] 이상 250[°C] 미만인 것

③ 1기압과 20[°C] 이하에서 액상인 것으로서 인화점이 70[°C] 이상 250[°C] 미만인 것

④ 1기압과 20[°C]에서 액상이고 인화점이 250[°C] 이상인 것

해설

1기압과 섭씨 20[°C] 이하에서 액상인 것으로서 인화점이 70[°C] 이상 250[°C] 미만인 것은 제4류 인화성액체의 제3석유류와 제4석유류 및 인화점이 70[°C]이 이상인 일부 동식물류이다.

| 관련개념 | **특수가연물중 가연성액체**

- 1기압과 20[°C] 이하에서 액상인 것으로서 가연성 액체량이 40중량퍼센트 이하이면서 인화점이 40[°C] 이상 70[°C] 미만이고 연소점이 60[°C] 이상인 것
- 1기압과 20[°C]에서 액상인 것으로서 가연성 액체량이 40중량퍼센트 이하이고 인화점이 70[°C] 이상 250[°C] 미만인 것
- 동물의 기름과 살코기 또는 식물의 씨나 과일의 살에서 추출한 것으로서 다음의 어느 하나에 해당하는 것
  – 1기압과 20[°C]에서 액상이고 인화점이 250[°C] 미만인 것으로서 「위험물안전관리법」 제20조 제1항에 따른 용기기준과 수납·저장기준에 적합하고 용기외부에 물품명·수량 및 "화기엄금" 등의 표시를 한 것
  – 1기압과 20[°C]에서 액상이고 인화점이 250[°C] 이상인 것

47

화재의 예방 및 안전관리에 관한 법률에 따른 소방안전 특별관리시설물의 안전관리 대상 전통시장의 기준 중 다음 (   ) 안에 알맞은 것은?

> 전통시장으로서 대통령령으로 정하는 전통시장: 점포가 (   ) 개 이상인 전통시장

① 100 ② 300
③ 500 ④ 600

해설

전통시장으로서 대통령령으로 정하는 전통시장의 기준은 점포가 500개 이상인 전통시장이다.

| 관련개념 | **특별관리시설물의 안전관리**

- 관리주체: 소방청장
- 관리대상: 화재 등 재난이 발생할 경우 사회·경제적으로 피해가 큰 시설
  – 공항시설
  – 철도시설
  – 도시철도시설
  – 항만시설
  – 지정문화재인 시설
  – 산업기술단지
  – 산업단지
  – 초고층 건축물 및 지하연계 복합건축물
  – 영화상영관 중 수용인원 1,000명 이상인 영화상영관
  – 전력용 및 통신용 지하구
  – 석유비축시설
  – 천연가스 인수기지 및 공급망
  – 점포가 500개 이상인 전통시장
  – 그 밖에 대통령령으로 정하는 시설물: 발전소

정답 46 ③ 47 ③

48 빈출

화재의 예방 및 안전관리에 관한 법률에서 화재예방강화지구 및 이와 준하는 장소에서 화재 발생 위험이 크거나 소화 활동에 지장을 줄 수 있다고 인정되는 행위나 물건에 대하여 화재의 예방조치 명령이 아닌 것은?

① 모닥불·흡연 및 화기 취급의 금지 또는 제한
② 풍등 등 소형 열기구 날리기의 금지
③ 용접·용단 등 불꽃을 발생시키는 행위의 금지
④ 불이 번지는 것을 막기 위하여 불이 번질 우려가 있는 소방대상물의 사용 제한

해설

| 관련개념 | 화재의 예방 및 안전관리에 관한 법률
- 예방조치 명령권: 소방관서장(소방본부장, 소방서장)
- 명령대상
  - 화재예방상 위험하다 인정되는 행위자
  - 소화활동에 지장을 주는 물건의 소유·관리·점유자
- 예방조치명령
  - 모닥불, 흡연, 화기(火氣) 취급, 풍등 등 소형 열기구 날리기, 용접·용단 등 불꽃을 발생시키는 행위, 그 밖에 화재 예방상 위험하다고 인정되는 행위의 금지 또는 제한
  - 그 밖에 불에 탈 수 있는 물건을 옮기거나 치우게 하는 등의 조치
    1) 게시판 공고기간: 14일
    2) 공고 후 보관기간: 7일
    3) 보관기간 종료 후: 매각 또는 폐기

49

소방시설공사가 완공되고 나면 누구에게 완공검사를 받아야 하는가?

① 소방시설 설계업자
② 소방시설 사용자
③ 소방본부장 또는 소방서장
④ 시·도지사

해설

공사업자는 소방시설공사를 완공하면 소방본부장 또는 소방서장의 완공검사를 받아야 한다.

정답 48 ④ 49 ③

50

화재의 예방 및 안전관리에 관한 법률에서 화재안전조사 위원회의 위원에 해당하지 아니하는 사람은?

① 소방기술사
② 소방시설관리사
③ 소방 관련 분야의 석사학위 이상을 취득한 사람
④ 소방 관련 법인 또는 단체에서 소방 관련 업무에 3년 이상 종사한 사람

해설

소방관련기관 5년 이상 종사자 또는 소방교육기관 5년 이상 교육 및 연구한 경우 해당된다.

| 관련개념 | 화재안전조사위원회의 구성

구분	화재안전조사 위원회	전문가의 참여	합동조사반	중앙화재 안전조사단
권한	소방청장, 소방본부장, 소방서장		소방청장	
구성	• 과장급 이상의 소방공무원 • 소방기술사 • 소방시설관리사 • 소방 분야의 석사학위 이상 • 소방관련기관 5년 이상 종사자 • 소방교육기관 5년 이상 교육, 연구	• 소방기술사 • 소방시설관리사 • 소방방재 분야 전문지식 갖춘 사람	• 중앙기관 및 시군구 • 한국소방안전원 • 한국소방산업기술원 • 한국가스공사 • 한국전기안전공사 • 그 밖의 소방 관련단체	• 소방공무원 • 소방단체·연구기관 임직원 • 소방분야 5년 이상 연구·실무 • 필요 시 관계기관에 직원파견 요청
비고	위원장 포함 7인 이내 위원			단장 포함 21명 이내

51

화재의 예방 및 안전관리에 관한 법률에서 화재안전조사의 실시권자가 아닌 것은?

① 소방청장
② 소방서장
③ 소방대장
④ 소방본부장

해설

소방대장은 화재의 예방 및 안전관리에 관한 법률에서 화재안전조사의 실시권자가 아니다.

| 관련개념 | 화재안전조사의 권한

구분	화재안전조사 위원회	전문가의 참여	합동조사반	중앙화재 안전조사단
권한	소방청장, 소방본부장, 소방서장		소방청장	
구성	• 과장급 이상의 소방공무원 • 소방기술사 • 소방시설관리사 • 소방 분야의 석사학위 이상 • 소방 관련기관 5년 이상 종사자 • 소방교육기관 5년 이상 교육, 연구	• 소방기술사 • 소방시설관리사 • 소방방재 분야 전문지식 갖춘 사람	• 중앙기관 및 시군구 • 한국소방안전원 • 한국소방산업기술원 • 한국가스공사 • 한국전기안전공사 • 그 밖의 소방관련단체	• 소방공무원 • 소방단체·연구기관 임직원 • 소방분야 5년 이상 연구·실무 • 필요 시 관계기관에 직원파견 요청
비고	위원장 포함 7인 이내 위원			단장 포함 21명 이내

52

소방시설 설치 및 유지관리에 관한 법령상 주택의 소유자가 소방시설을 설치하여야 하는 대상이 아닌 것은?

① 아파트
② 연립주택
③ 다세대주택
④ 다가구주택

해설

아파트는 소방시설 설치 및 유지관리에 관한 법령상 주택의 소유자가 소방시설을 설치하여야 하는 대상이 아니다.

| 관련개념 | 주택에 설치하는 소방시설

• 공동주택
  관리주체가 소방시설을 설치
  – 아파트 등: 주택으로 쓰이는 층수가 5층 이상인 주택
  – 기숙사: 학교 또는 공장 등에서 학생이나 종업원 등을 위하여 쓰는 것으로서 공동취사시설 이용 세대 수가 전체의 50퍼센트 이상인 것, 독립된 주거의 형태를 갖추지 않은 것(학생복지주택 포함)
  – 다세대주택
  – 연립주택
• 단독주택(단독주택 및 공동주택으로 아파트, 기숙사 제외): 단독주택, 다중주택, 다가구주택, 공관 소유자가 소방시설을 설치

정답 50 ④ 51 ③ 52 ①

53 빈출

소방시설 설치 및 유지관리에 관한 법령상 아파트로서 층수가 20층인 특정소방대상물에는 몇 층 이상의 층의 스프링클러설비를 설치해야 하는가?

① 6층
② 11층
③ 16층
④ 모든 층

해설

특정소방대상물의 규모 등에 따라 갖추어야 하는 소방시설 층수가 6층 이상 특정소방대상물은 전층에 스프링클러를 설치한다.

| 관련개념 | 스프링클러 설치대상

스프링클러 설치대상		
	문화집회시설 종교시설 운동시설 (모든 층)	수용인원 100인 이상
		영화상영관 바닥면적: 지하층·무창층 500[m²] 이상
		그 밖의 층 1,000[m²] 이상
		무대부면적: 지하층·무창층, 4층 이상층 300[m²] 이상
		그 밖의 층 500[m²] 이상
	판매시설 운수시설 창고 중 물류터미널 (모든 층)	바닥면적 5,000[m²] 이상 또는 수용인원 500인 이상(불연재료 내화구조가 아닌 공장·창고시설은 $\frac{1}{2}$)
	창고시설(모든 층) (물류터미널 제외)	바닥면적 5,000[m²] 이상(불연재료 내화구조가 아닌 공장·창고시설은 $\frac{1}{2}$)
	모든 층	층수가 6층 이상 대상물(APT: 주택으로 쓰이는 층수가 5층 이상인 주택)
	정신의료기관 종합병원, 병원, 치과·한방·요양병원, 노유자시설, 숙박 가능 수련시설 (모든 층)	시설 바닥면적의 합계가 600[m²] 이상
	천장·반자높이 10[m] 넘는 랙크식 창고	바닥면적 합계가 1천 5백[m²] 이상(불연재료 내화구조가 아닌 공장·창고시설은 $\frac{1}{2}$)
	지하층·무창층·층수가 4층 이상인 층	바닥면적 1,000[m²] 이상(불연재료 내화구조가 아닌 공장·창고시설은 $\frac{1}{2}$)
	공장 및 창고시설	규정수량 1,000배 이상의 특수가연물을 저장·취급(불연재료 내화구조가 아닌 공장·창고시설은 $\frac{1}{2}$)
		소화수 수집 처리기능이 있는 중·저준위방사성폐기물 저장시설
	지붕 or 외벽이 불연재료·내화구조가 아닌 공장·창고시설	창고시설, 랙크식창고, 특수가연물 저장창고, 지하층, 무창층, 층수가 4층 이상인 창고는 면적이나 규정 수량의 $\frac{1}{2}$로 설치 조건 강화
	지하가(터널제외)	연면적 1천[m²] 이상
	기숙사 or 복합건축물 (모든 층)	연면적 5천[m²] 이상
	교정 및 군사시설	보호감호소, 교도소, 구치소, 보호관찰소, 갱생보호시설, 출입국관리 보호시설(생활공간 한정, 임차 제외), 유치장

정답 53 ④

54

소방시설 설치 및 관리에 관한 법상 건축허가 등의 동의 대상물의 범위 기준 중 틀린 것은?

① 건축 등을 하려는 학교시설: 연면적 $200[m^2]$ 이상
② 노유자시설: 연면적 $200[m^2]$ 이상
③ 정신의료기관(입원실이 없는 정신건강의학과 의원은 제외): 연면적 $300[m^2]$ 이상
④ 장애인 의료재활시설: 연면적 $300[m^2]$ 이상

해설

학교시설은 연면적 $100[m^2]$ 이상이다.

| 관련개념 | 건축허가 동의대상 특정소방대상물

면적기준	동의대상	면적기준 외 동의대상
$400[m^2]$ 이상	건축물 연면적	6층 이상 건축물
$300[m^2]$ 이상	• 정신의료기관 연면적 • 장애인 의료재활시설 연면적	• 차고주차장으로 기계식 주차시설: 자동차 20대 이상 • 요양병원(정신병원 및 의료재활시설 제외)
$200[m^2]$ 이상	• 노유자시설 및 수련시설 연면적 • 차고·주차장으로 사용하는 바닥면적의 층이 있는 건축물·주차시설	항공기격납고, 관망탑, 항공관제탑, 방송용 송수신탑
$150[m^2]$ 이상	지하층, 무창층의 바닥면적	특정소방대상물 중 조산원, 산후조리원, 숙박시설, 위험물 저장 및 처리 시설 지하구, 발전시설 중 전기저장시설, 풍력발전소 지하구
$100[m^2]$ 이상	• 공연장 바닥면적 • 학교시설 연면적	노유자시설 ⓐ 노인 관련 ⓑ 아동복지 ⓒ 장애인 거주 ⓓ 정신질환자 관련 ⓔ 노숙인자활, 노숙인재활 및 노숙인요양 ⓕ 결핵,한센인 생활 ⓖ 학대피해노인전용쉼터
-	-	지정수량 750배 이상의 특수가연물을 저장취급하는 곳 가스시설로 지상탱크 저장용량의 합계가 100톤 이상인 것

55

소방기본법령상 시장지역에서 화재로 오인할 만한 우려가 있는 불을 피우거나 연막소독을 하려는 자가 신고를 하지 아니하여 소방자동차를 출동하게 한 자에 대한 과태료 부과·징수권자는?

① 국무총리
② 국민안전처장관
③ 시·도지사
④ 소방본부장 또는 소방서장

해설

이 경우 과태료 부과·징수권자는 시·도지사, 소방본부장 또는 소방서장이다.

| 관련개념 | 20만 원 이하의 과태료(법 제57조)

- 법 제19조 화재 등의 통지
  다음 각 호의 지역 또는 장소에서 화재로 오인할 만한 우려가 있는 불을 피우거나 연막소독 등에 있어 신고를 하지 아니하여 소방자동차를 출동하게 한 자
  - 시장지역
  - 공장·창고가 밀집한 지역
  - 목조건물이 밀집한 지역
  - 위험물의 저장 및 처리시설이 밀집한 지역
  - 석유화학제품을 생산하는 공장이 있는 지역
  - 그 밖에 시·도의 조례로 정하는 지역 또는 장소

과태료	500만 원 이하	200만 원 이하	100만 원 이하	20만 원 이하
근거	대통령령			조례
부과·징수권	시·도지사, 소방본부장 또는 소방서장			소방본부장 또는 소방서장
부과대상	화재·구조·구급 허위신고	설치명령 위반 특수가연물 취급기준 위반 119청소년단, 소방안전원 명칭사칭 및 유사명칭 사용 소방활동구역 출입제한위반	전용구역 주차, 방해	화재오인 소방자동차 출동

정답 54 ① 55 ④

56

소방기본법령에서 소방대장의 권한이 아닌 것은?

① 소방활동을 할 때에 긴급한 경우에는 이웃한 소방본부장 또는 소방서장에게 소방업무의 응원을 요청할 수 있다.
② 화재, 재난·재해, 그 밖의 위급한 상황이 발생한 현장에서 소방활동을 위하여 필요할 때에는 그 관할구역에 사는 사람 또는 그 현장에 있는 사람으로 하여금 사람을 구출하는 일 또는 불을 끄거나 불이 번지지 아니하도록 하는 일을 하게 할 수 있다.
③ 사람을 구출하거나 불이 번지는 것을 막기 위하여 필요할 때에는 화재가 발생하거나 불이 번질 우려가 있는 소방대상물 및 토지를 일시적으로 사용하거나 그 사용의 제한 또는 소방활동에 필요한 처분을 할 수 있다.
④ 소방활동을 위하여 긴급하게 출동할 때에는 소방자동차의 통행과 소방활동에 방해가 되는 주차 또는 정차된 차량 및 물건 등을 제거하거나 이동시킬 수 있다.

해설

요청·명령·처분권자

구분	소방청장	소방본부장	소방서장	소방대장
소방업무의 응원 요청		○	○	
소방력의 동원	○			
소방활동		○	○	○
소방활동 구역의 설정				○
소방활동 종사 명령		○	○	○
강제처분		○	○	○
피난명령		○	○	○
위험시설 긴급조치		○	○	○

57

소방기본법령에서 정의하는 소방대의 조직구성원이 아닌 것은?

① 의무소방원　　② 소방공무원
③ 의용소방대원　④ 공항소방대원

해설

소방기본법령에서 정의하는 소방대의 조직구성원이 아닌 사람은 공항소방대원이다.

| 관련개념 | 「소방대상물, 관계인, 소방대」

소방대상물	관계인	소방대
• 건축물 • 차량 • 산림 • 선박(매어 둔것) • 선박건조구조물 • 인공구조물 • 물건	• 소유자 • 관리자 • 점유자	• 소방공무원 • 의무소방원 • 의용소방대원

58

소방시설공사업법에서 소방시설업의 감독을 위하여 필요할 때에 소방시설업자나 관계인에게 필요한 보고나 자료제출을 명할 수 있는 사람이 아닌 것은?

① 시도지사　　② 소방본부장
③ 소방서장　　④ 119안전센터장

해설

소방시설업자나 관계인에게 필요한 보고나 자료제출을 명할 수 있는 사람은 시도지사, 소방본부장, 소방서장이다.

| 관련개념 |

소방시설공사업법 제31조 감독 감독권자: 시도지사, 소방본부장, 소방서장
소방시설업의 감독을 위하여 필요할 때에는 소방시설업자나 관계인에게 필요한 보고나 자료 제출을 명할 수 있고, 관계 공무원으로 하여금 소방시설업체나 특정소방대상물에 출입하여 관계 서류와 시설 등을 검사하거나 소방시설업자 및 관계인에게 질문하게 할 수 있다.

정답 56 ①　57 ④　58 ④

59

소방시설공사업법령상 소방시설업자가 특정소방대상물의 관계인에 대한 통보 의무사항이 아닌 것은?

① 지위를 승계한 때
② 등록취소 또는 영업정지 처분을 받은 때
③ 휴업 또는 폐업한 때
④ 주소지가 변경된 때

> **해설**

| 관련개념 | 소방시설업자가 관계인에게 지체 없이 통보하여야 하는 경우
- 소방시설업자의 지위를 승계한 경우
- 소방시설업의 등록취소처분 또는 영업정지처분을 받은 경우
- 휴업하거나 폐업한 경우

60

소방시설공사업의 상호·영업소 소재지가 변경된 경우 제출하여야 하는 서류는?

① 소방기술인력의 자격증 및 자격수첩
② 소방시설업 등록증 및 등록수첩
③ 법인등기부등본 및 소방기술인력 연명부
④ 사업자등록증 및 소방기술인력의 자격증

> **해설**

소방시설공사업의 상호·영업소 소재지가 변경된 경우 제출하여야 하는 서류는 소방시설업 등록증 및 등록수첩이다.

| 관련개념 | 소방시설업의 등록 등

행정절차	필요요건	절차 및 서류

등록	자본금, 기술인력	• 성명, 주민번호, 주소지 등 인적사항
		• 기술인력 증명(국가기술, 인정자격, 경력)
		• 금융, 공제조합 출자·예치·담보금액증서
		• 소방시설공사업만 해당
		  90일 이내 자산평가액, 기업진단보고서
		  → 접수일로부터 15일 이내에 협회 경유 발급
		  → 등록신청 서류의 보완: 10일 이내, 협회

변경신고	행안부령으로 정하는 중요 사항 변경
	• 상호(명칭) 또는 영업소 소재지
	• 대표자
	• 기술인력
		변경일로부터 30일 이내
		• 상호·소재지변경:
		  소방시설업 등록증, 등록수첩
		• 대표자 변경:
		  소방시설업 등록증, 등록수첩
		  변경된 대표자의 인적사항
		• 기술인력 변경:
		  소방시설업 등록수첩,
		  기술인력 증빙서류
		  → 변경신고일 5일 이내에 재발급

지위승계	• 상속, 양수, 합병일 30일 이내(단, 상속인이 결격사유에 해당하는 경우 지위승계 신고를 3개월 유예)
	• 경매, 환가, 압류매각일 30일 이내
	• 폐업신고로 등록말소 후 6개월 이내
		• 지위승계 30일 이내 협회를 통해 제출
		• 협회는 7일 이내 시도지사에게 보고
		• 시도지사는 협회로부터 지위승계 보고 3일 이내에 등록증 및 등록수첩 발급
		• 첨부서류
		  – 소방시설업 지위승계 신고서
		  – 소방시설업 등록증 및 등록수첩
		  – 계약서사본 양도양수, 합병, 상속인증명
		  – 기술인력 증빙서류
		  → 지위승계 접수일로부터 3일 이내 재발급

휴업·폐업	등록취소, 6개월 이내 영업정지 처분	휴업, 폐업, 재개업일로부터 30일 이내(단, 폐업신고 후 6개월 이내 재등록 시 지위) 승계로 처분하고 행정처분 효과 승계

정답 59 ④ 60 ②

4과목 소방전기시설의 구조 및 원리

61 빈출

비상방송설비를 설치하여야 하는 특정소방 대상물의 기준 중 틀린 것은?(단, 위험물 저장 및 처리시설 중 가스시설, 사람이 거주하지 않는 동물 및 식물 관련 시설, 지하가 중 터널, 축사 및 지하구는 제외한다.)

① 연면적 $3,500[m^2]$ 이상인 것
② 지하층을 제외한 층수가 11층 이상인 것
③ 지하층의 층수가 3층 이상인 것
④ 50명 이상의 근로자가 작업하는 옥내 작업장

해설
50명 이상의 근로자가 작업하는 옥내 작업장과는 관련이 없다.

| 관련개념 | 비상방송설비 설치대상 특정소방대상물

특정소방대상물		적용기준
공통	연면적 $3,500[m^2]$ 이상	모든 층
	층수 11층 이상	
	지하층 층수 3층 이상	

62

부착높이가 $15[m]$ 이상 $20[m]$ 미만에 적응성이 있는 감지기가 아닌 것은?

① 이온화식 1종 감지기
② 연기복합형감지기
③ 불꽃감지기
④ 차동식분포형감지기

해설
부착높이가 $15[m]$ 이상 $20[m]$ 미만에 적응성이 있는 감지기가 아닌 것은 차동식 분포형감지기이다.

| 관련개념 | 부착높이별 감지기의 종류

부착 높이	감지기의 종류
$4[m]$ 미만	• 차동식(스포트형, 분포형) • 보상식 스포트형 • 정온식(스포트형, 감지선형) • 이온화식 또는 광전식(스포트형, 분리형, 공기흡입형) • 복합형(열, 연기, 열연기) • 불꽃감지기
$4[m]$ 이상 $8[m]$ 미만	• 차동식(스포트형, 분포형) • 보상식 스포트형 • 정온식(스포트형, 감지선형) 특종 또는 1종 • 이온화식 1종 또는 2종 • 광전식(스포트형, 분리형, 공기흡입형) 1종 또는 2종 • 복합형(열, 연기, 열연기) • 불꽃감지기
$8[m]$ 이상 $15[m]$ 미만	• 차동식 분포형 • 이온화식 1종 또는 2종 • 광전식(스포트형, 분리형, 공기흡입형) 1종 또는 2종 • 연기복합형 • 불꽃감지기
$15[m]$ 이상 $20[m]$ 미만	• 이온화식 1종 • 광전식(스포트형, 분리형, 공기흡입형) 1종 • 연기복합형 • 불꽃감지기
$20[m]$ 이상	• 불꽃감지기 • 광전식(분리형, 공기흡입형)중 아날로그식

[비고]
• 감지기별 부착 높이 등에 대하여 별도로 형식 승인 받은 경우에는 그 성능 인정 범위 내에서 사용할 수 있다.
• 부착 높이 $20[m]$ 이상에 설치되는 광전식 중 아날로그 방식의 감지기는 공칭감지 농도 하한값이 감광율 $5[\%/m]$ 미만인 것을 사용한다.

정답 61 ④ 62 ④

63

공기관식 차동식 분포형감지기의 설치기준으로 틀린 것은?

① 공기관의 노출부분은 감지구역마다 20[m] 이상이 되도록 함
② 하나의 검출부분에 접속하는 공기관의 길이는 100[m] 이하로 함
③ 검출부는 15° 이상 경사되지 아니하도록 부착함
④ 검출부는 바닥으로부터 0.8[m] 이상 1.5[m] 이하의 위치에 설치함

해설

검출부의 경사는 5° 미만으로 한다.

| 관련개념 | 자동화재탐지설비 차동식 분포형감지기

구분	기준
부착 높이	15[m] 미만
공기관 노출부 / 회로	20[m] 이상 100[m] 이하
공기관 각변 수평길이	1.5[m] 이하
공기관 상호거리	6[m](내화구조 9[m]) 이하
검출부의 높이	0.8[m] 이상 1.5[m] 이하
검출부의 경사	5도 미만
공기관 규격	두께 0.3[mm] 이상, 외경 1.9[mm] 이상

64

비상콘센트 설비의 전원공급회로의 설치기준으로 옳지 않은 것은?

① 전원회로는 단상 교류 220[V]인 것으로, 그 공급용량은 1.5[VA] 이하의 것으로 하여야 한다.
② 전원회로는 각층에 2 이상이 되도록 설치할 것. 다만, 설치하여야 할 층의 비상콘센트가 1개인 때에는 하나의 회로로 할 수 있다.
③ 전원회로는 주배전반에서 전용회로로 해야 한다.
④ 전원으로부터 각 층의 비상콘센트에 분기되는 경우에는 분기배선용 차단기를 보호함 안에 설치하여야 한다.

해설

전원회로는 단상교류 220[V]인 것으로서, 그 공급용량은 1.5[kVA] 이상인 것으로 한다.

| 관련개념 | 비상콘센트설비의 전원회로 설치기준

- 전원회로는 단상교류 220[V]인 것으로서, 그 공급용량은 1.5[kVA] 이상인 것으로 한다.
- 전원회로는 각층에 2 이상이 되도록 설치한다. 다만, 설치하여야 할 층의 비상콘센트가 1개일 때에는 하나의 회로로 할 수 있다.
- 전원회로는 주배전반에서 전용회로로 한다.
- 전원으로부터 각 층의 비상콘센트에 분기되는 경우에는 분기배선용 차단기를 보호함 안에 설치한다.
- 콘센트마다 배선용 차단기를 설치하여야 하며, 충전부가 노출되지 아니하도록 한다.
- 개폐기에는 "비상콘센트"라고 표시한 표지를 한다.
- 비상콘센트용의 풀박스 등은 방청도장을 한 것으로서, 두께 1.6[mm] 이상의 철판으로 한다.
- 하나의 전용회로에 설치하는 비상콘센트는 10개 이하로 한다. 이 경우 전선의 용량은 각 비상콘센트(비상콘센트가 3개 이상인 경우에는 3개)의 공급용량을 합한 용량 이상의 것으로 한다.

65 빈출

비상방송설비의 화재안전기술기준(NFTC 202)에 따른 비상방송설비의 구성요소 중 전압전류의 진폭을 늘려 감도를 좋게 하고 미약한 음성전류를 커다란 음성전류로 변화시켜 소리를 크게 하는 장치는?

① 확성기
② 증폭기
③ 사이렌
④ 음량조절기

해설

전압전류의 진폭을 늘려 감도를 좋게 하고 미약한 음성전류를 커다란 음성전류로 변화시켜 소리를 크게 하는 장치는 증폭기이다.

| 관련개념 | 비상방송설비 용어의 정의

- 확성기: 소리를 크게 하여 멀리까지 전달될 수 있도록 하는 장치(스피커)
- 음량조절기: 가변저항을 이용하여 전류를 변화시켜 음량을 조절할 수 있는 장치
- 증폭기: 전압전류의 진폭을 늘려 감도를 좋게 하고 미약한 음성전류를 커다란 음성전류로 변화시켜 소리를 크게 하는 장치

정답 63 ③ 64 ① 65 ②

66

정온식 스포트형 감지기의 구조 및 작동원리에 대한 형식이 아닌 것은?

① 가용절연물을 이용한 방식
② 줄열을 이용한 방식
③ 바이메탈의 반전을 이용한 방식
④ 금속의 팽창계수차를 이용한 방식

해설

정온식 스포트형 감지기의 구조 및 작동원리에 대한 형식이 아닌 것은 줄열을 이용한 방식이다.

| 관련개념 | 정온식 스포트형 감지기의 작동방식

- 바이메탈식(금속의 선팽창계수 이용방식)
  급격한 온도 상승율에 의해 온도 상승 시 바이메탈의 활곡, 반전에 의한 접점 동작을 화재로 검출
- 반도체식
  급격한 온도 상승율에 의해 Thermistor의 정온점 도달 시 저항 변화를 화재신호로 검출(차동식과 구분을 위해 적색으로 도색)
- 가용절연물 또는 액체금속
  정온점에서 용융되는 특수 절연물이나 팽창되는 액체로 폐회로 접점을 형성, 화재신호 검출

67

연기감지기를 설치하지 않아도 되는 장소는?

① 계단 및 경사로
② 엘리베이터 승강로
③ 파이프 피트 및 덕트
④ 20[m]인 복도

해설

연기감지기를 설치하지 않아도 되는 장소는 20[m]인 복도이다.

| 관련개념 | 자동화재탐지설비 연기감지기 설치장소

- 단, 교차회로 설치장소 또는 다음의 비화재보 우려장소에서는 설치 제외
  - 지하층·무창층 등으로서 환기가 잘되지 않는 장소
  - 실내면적이 40[m²] 미만인 장소
  - 감지기의 부착면과 실내바닥과의 거리가 2.3[m] 이하인 장소
- 계단·경사로 및 에스컬레이터 경사로
- 복도(30[m] 미만의 것을 제외함)
- 엘리베이터 승강로(권상기실이 있는 경우에는 권상기실)·린넨슈트·파이프 피트 및 덕트 기타 이와 유사한 장소
- 천장 또는 반자의 높이가 15[m] 이상 20[m] 미만의 장소
- 다음 각 목의 어느 하나에 해당하는 특정소방대상물의 취침·숙박·입원 등 이와 유사한 용도로 사용되는 거실
  - 공동주택·오피스텔·숙박시설·노유자시설·수련시설
  - 교육연구시설 중 합숙소
  - 의료시설, 근린생활시설 중 입원실이 있는 의원·조산원
  - 교정 및 군사시설
  - 근린생활시설 중 고시원

68 고난도

다음 중 부착 높이가 4[m] 이상 8[m] 미만에 설치할 수 있는 감지기가 아닌 것은?

① 불꽃감지기
② 정온식스포트형 2종
③ 연기복합형
④ 열연기복합형

해설

부착 높이가 4[m] 이상 8[m] 미만에 설치할 수 있는 감지기가 아닌 것은 정온식스포트형 2종이다.

| 관련개념 | 부착 높이별 감지기의 종류

부착 높이	감지기의 종류
4[m] 미만	• 차동식(스포트형, 분포형) • 보상식 스포트형 • 정온식(스포트형, 감지선형) • 이온화식 또는 광전식(스포트형, 분리형, 공기흡입형) • 복합형(열, 연기, 열연기) • 불꽃감지기
4[m] 이상 8[m] 미만	• 차동식(스포트형, 분포형) • 보상식 스포트형 • 정온식(스포트형, 감지선형) 특종 또는 1종 • 이온화식 1종 또는 2종 • 광전식(스포트형, 분리형, 공기흡입형) 1종 또는 2종 • 복합형(열, 연기, 열연기) • 불꽃감지기
8[m] 이상 15[m] 미만	• 차동식 분포형 • 이온화식 1종 또는 2종 • 광전식(스포트형, 분리형, 공기흡입형) 1종 또는 2종 • 연기복합형 • 불꽃감지기
15[m] 이상 20[m] 미만	• 이온화식 1종 • 광전식(스포트형, 분리형, 공기흡입형) 1종 • 연기복합형 • 불꽃감지기
20[m] 이상	• 불꽃감지기 • 광전식(분리형, 공기흡입형)중 아날로그식

[비고]
- 감지기별 부착 높이 등에 대하여 별도로 형식 승인 받은 경우에는 그 성능 인정 범위 내에서 사용할 수 있다.
- 부착 높이 20[m] 이상에 설치되는 광전식 중 아날로그 방식의 감지기는 공칭감지 농도 하한값이 감광율 5[%/m] 미만인 것을 사용한다.

정답 66 ② 67 ④ 68 ②

69

주요구조부가 내화구조가 아닌 소방대상물에 있어서 열전대식 차동식 분포형 감지기의 열전대부는 감지구역의 바닥면적 몇 $[m^2]$마다 1개 이상으로 하여야 하는가?

① 18
② 22
③ 50
④ 72

해설

열전대부는 감지구역의 바닥면적 $18[m^2]$(주요구조부가 내화구조로 된 특정소방대상물에 있어서는 $22[m^2]$)마다 1개 이상으로 한다.

| 관련개념 | 열전대식 차동식분포형감지기의 설치기준

- 열전대부는 감지구역의 바닥면적 $18[m^2]$(주요구조부가 내화구조로 된 특정소방대상물에 있어서는 $22[m^2]$)마다 1개 이상으로 한다.
- 다만, 바닥면적이 $72[m^2]$(주요구조부가 내화구조로 된 특정소방대상물에 있어서는 $88[m^2]$) 이하인 특정소방대상물에 있어서는 4개 이상으로 하여야 한다.
- 하나의 검출부에 접속하는 열전대부는 20개 이하로 한다. 다만, 각각의 열전대부에 대한 작동여부를 검출부에서 표시할 수 있는 것(주소형)은 형식 승인 받은 성능인정범위 내의 수량으로 설치할 수 있다.

70

누전경보기의 화재안전기준에서 변류기의 설치 위치 기준으로 옳은 것은?

① 제1종 접지선측의 점검이 쉬운 위치에 설치
② 옥외 인입선의 제1지점의 부하측에 설치
③ 인입구에 근접한 옥외에 설치
④ 제3종 접지선측의 점검이 쉬운 위치에 설치

해설

변류기는 옥외 인입선의 제1지점의 부하측에 설치한다.

| 관련개념 | 누전경보기 설치 방법(변류기)

- 경계전로연결방식: 옥외 인입선의 제1지점의 부하측에 설치한다.
- 제2종접지방식: 제2종 접지선측의 점검이 쉬운 위치에 설치한다.
- 변류기를 옥외의 전로에 설치하는 경우에는 옥외형으로 설치한다.

71

경계 전류의 정격전류는 최대 몇 $[A]$를 초과할 때 1급 누전경보기를 설치해야 하는가?

① 30
② 60
③ 90
④ 120

해설

경계 전류의 정격전류는 최대 $60[A]$를 초과할 때 1급 누전경보기를 설치해야 한다.

| 관련개념 | 누전경보기 설치 방법

경계전로의 정격전류	$60[A]$ 초과	$60[A]$ 이하
누전경보기	1급 누전경보기	1급, 2급 누전경보기

72

무선통신보조설비의 화재안전기술기준(NFTC 505)에 따른 옥외안테나의 설치기준으로 적절하지 않은 것은?

① 가까운 곳의 보기 쉬운 곳에 "무선통신보조설비 안테나"라는 표시와 함께 통신 가능거리를 표시한 표지를 설치할 것
② 다른 용도로 사용되는 안테나로 인한 통신장애가 발생하지 않도록 설치할 것
③ 수신기가 설치된 장소 등 사람이 상시 근무하는 장소에는 옥외안테나의 위치가 모두 표시된 옥외 안테나 위치 표시도를 비치할 것
④ 다른 전파에 의해 장애를 일으키지 않도록 전자파 차폐된 곳에 설치할 것

해설

건축물, 지하가, 터널 또는 공동구의 출입구(「건축법 시행령」에 따른 출구 또는 이와 유사한 출입구를 말한다.) 및 출입구 인근에서 통신이 가능한 장소에 설치해야 한다.

| 관련개념 | 무선통신보조설비의 옥외안테나 설치기준

- 건축물, 지하가, 터널 또는 공동구의 출입구(「건축법 시행령」에 따른 출구 또는 이와 유사한 출입구를 말한다.) 및 출입구 인근에서 통신이 가능한 장소에 설치할 것
- 다른 용도로 사용되는 안테나로 인한 통신장애가 발생하지 않도록 설치할 것
- 옥외안테나는 견고하게 파손의 우려가 없는 곳에 설치하고 그 가까운 곳의 보기 쉬운 곳에 "무선통신보조설비 안테나"라는 표시와 함께 통신 가능 거리를 표시한 표지를 설치할 것
- 수신기가 설치된 장소 등 사람이 상시 근무하는 장소에는 옥외안테나의 위치가 모두 표시된 옥외안테나 위치 표시도를 비치할 것

정답 69 ① 70 ② 71 ② 72 ④

73

무선통신보조설비의 누설동축케이블의 설치기준으로 틀린 것은?

① 누설동축케이블 또는 동축케이블의 임피던스는 $50[\Omega]$으로 한다.
② 누설동축케이블 및 안테나는 고압의 전로로부터 $0.5[m]$ 이상 떨어진 위치에 설치한다.
③ 누설동축케이블 및 안테나는 금속판 등에 따라 전파의 복사 또는 특성이 현저하게 저하되지 아니하는 위치에 설치한다.
④ 누설동축케이블의 끝부분에는 무반사 종단저항을 견고하게 설치한다.

해설

누설동축케이블 및 안테나는 고압의 전로로부터 $1.5[m]$ 이상 떨어진 위치에 설치한다.

| 관련개념 | 누설동축케이블 설치기준

- 소방전용주파수대에서 전파의 전송 또는 복사에 적합한 것으로서 소방전용의 것으로 한다.
- 케이블의 구성
  - 누설동축케이블과 이에 접속하는 안테나
  - 동축케이블과 이에 접속하는 안테나
- 누설동축케이블 및 동축케이블은 불연 또는 난연성의 것으로서 습기에 따라 전기의 특성이 변질되지 아니하는 것으로 하고, 노출하여 설치한 경우에는 피난 및 통행에 장애가 없도록 한다.
- 누설동축케이블 및 동축케이블은 화재에 따라 해당 케이블의 피복이 소실된 경우에 케이블 본체가 떨어지지 아니하도록 $4[m]$ 이내마다 금속제 또는 자기제 등의 지지금구로 벽·천장·기둥 등에 견고하게 고정시킬 것. 다만, 불연재료로 구획된 반자 안에 설치하는 경우에는 그러하지 아니한다.
- 누설동축케이블 및 안테나는 금속판 등에 따라 전파의 복사 또는 특성이 현저하게 저하되지 아니하는 위치에 설치한다.
- 누설동축케이블 및 안테나는 고압의 전로로부터 $1.5[m]$ 이상 떨어진 위치에 설치한다. 다만, 해당 전로에 정전기 차폐장치를 유효하게 설치한 경우에는 그러하지 아니한다.
- 누설동축케이블의 끝부분에는 무반사 종단저항을 견고하게 설치한다.
- 누설동축케이블 또는 동축케이블의 임피던스는 $50[\Omega]$으로 하고, 이에 접속하는 안테나·분배기 기타의 장치는 해당 임피던스에 적합한 것으로 하여야 한다.

74

비상방송설비의 설치기준으로 옳지 않은 것은?

① 음량조정기의 배선은 3선식으로 함
② 확성기 음성입력은 $5[W]$ 이상일 것
③ 다른 전기회로에 따라 유도장애가 생기지 아니하도록 함
④ 조작스위치는 바닥으로부터 $0.8[m]$ 이상, $1.5[m]$ 이하의 높이에 설치함

해설

확성기의 음성입력은 $3[W]$(실내에 설치하는 것에 있어서는 $1[W]$) 이상로 한다.

| 관련개념 | 비상방송설비 설치기준

- 확성기의 음성입력은 $3[W]$(실내에 설치하는 것에 있어서는 $1[W]$) 이상)
- 확성기는 각층마다 설치하되, 그 층의 각 부분으로부터 하나의 확성기까지의 수평거리가 $25[m]$ 이하, 해당층의 각 부분에 유효하게 경보를 발할 수 있도록 설치한다.
- 음량조정기의 배선은 3선식으로 한다.
- 조작부의 조작스위치는 바닥으로부터 $0.8[m]$ 이상 $1.5[m]$ 이하의 높이에 설치한다.
- 조작부는 기동장치의 작동과 연동하여 해당 기동장치가 작동한 층 또는 구역을 표시할 수 있는 것으로 한다.
- 증폭기 및 조작부는 수위실 등 상시 사람이 근무하는 장소로서 점검이 편리하고 방화상 유효한 곳에 설치한다.
- 다른 방송설비와 공용하는 것에 있어서는 화재 시 비상경보외의 방송을 차단할 수 있는 구조로 한다.
- 기동장치에 따른 화재신고를 수신한 후 필요한 음량으로 화재발생 상황 및 피난에 유효한 방송이 자동으로 개시될 때까지의 소요시간은 10초 이하로 한다.
- 음향장치는 다음 각 목의 기준에 따른 구조 및 성능의 것으로 하여야 한다.
  - 정격전압의 $80[\%]$ 전압에서 음향을 발할 수 있는 것을 한다.
  - 자동화재탐지설비의 작동과 연동하여 작동할 수 있는 것으로 한다.
- 우선경보대상 5층 이상 연면적 $3,000[m^2]$ 건물

정답 73 ② 74 ②

75

자동화재탐지설비 및 시각경보장치의 화재안전기술기준(NFTC 203)에 따른 배선의 설치기준 중 다음 ( ) 안에 알맞은 것은?

> 자동화재탐지설비 감지기회로의 전로저항은 (㉠)이(가) 되도록 하여야 하며, 수신기 각 회로별 종단에 설치되는 감지기에 접속되는 배선의 전압은 감지기 정격전압의 (㉡)[%] 이상이어야 한다.

① ㉠ 50[Ω] 이상, ㉡ 70
② ㉠ 50[Ω] 이상, ㉡ 80
③ ㉠ 40[Ω] 이상, ㉡ 70
④ ㉠ 40[Ω] 이상, ㉡ 80

해설

자동화재탐지설비 감지기회로의 전로저항은 50[Ω] 이상이 되도록 하여야 하며, 수신기 각 회로별 종단에 설치되는 감지기에 접속되는 배선의 전압은 감지기 정격전압의 80[%] 이상이어야 한다.

| 관련개념 | 자동화재탐지설비(수신기 배선)

전원회로배선	내화배선
그 밖의 배선	내화배선, 내열배선
회로배선	• 아날로그식, 다신호식 감지기나 R형 수신기용으로 사용되는 것은 전자파 방해를 받지 아니하는 쉴드선 등을 사용 • 광케이블의 경우에는 전자파 방해를 받지 아니하고 내열성능이 있는 경우 사용
일반배선	내화배선, 내열배선
도통시험용 종단저항	• 점검 및 관리가 쉬운 장소에 설치함 • 전용함을 설치하는 경우 그 설치 높이는 바닥으로부터 1.5[m] 이내로 함 • 감지기 회로의 끝부분에 설치하며, 종단감지기에 설치할 경우에는 구별이 쉽도록 해당감지기의 기판 및 감지기 외부 등에 별도의 표시를 함
감지기간 회로배선	송배전식
절연저항	부속회로의 전로와 대지 사이 및 배선 상호 간의 절연저항은 1 경계구역마다 직류 250[V]의 절연저항측정기를 사용하여 측정한 절연저항이 0.1[MΩ] 이상이 되도록 함
배선	다른 전선과 별도의 관·덕트(절연효력이 있는 것으로 구획한 때에는 그 구획된 부분은 별개의 덕트로 본다)·몰드 또는 풀박스 등에 설치함(단, 60[V] 미만의 약전류 회로에 사용하는 전선으로서 각각의 전압이 같을 때에는 제외)
P형, GP형수신기 감지기회로	하나의 공통선에 접속할 수 있는 경계구역은 7개 이하
감지기회로의 전로저항	50[Ω] 이하
수신기의 각 회로별 종단에 설치되는 감지기에 접속되는 배선의 전압	감지기 정격전압의 80[%] 이상이어야 함

76

자동화재 속보설비의 설치기준으로 틀린 곳은?

① 화재 시 자동으로 소방관서에 연락되는 설비이어야 한다.
② 자동화재탐지설비와 연동되어야 한다.
③ 조작스위치는 바닥으로부터 0.8[m] 이상 1.5[m] 이하의 높이에 설치한다.
④ 수신기가 설치된 장소에 상시 통화 가능한 전화가 있고 감시인이 상주하는 장소이다.

해설

단순히 24시간 사람이 상주하고 있는 경우가 아닌 수신기가 설치된 장소에 상시 통화 가능한 전화가 있고 24시간 화재를 감시할 수 있는 사람이 근무하는 경우 설치 제외가 가능하다.

| 관련개념 |
① 화재 시 자동으로 소방관서에 연락되는 설비이어야 한다.
② 자동화재탐지설비와 연동되어야 한다.
③ 조작스위치는 바닥으로부터 0.8[m] 이상 1.5[m] 이하의 높이에 설치한다.
④ 방재실 등 화재 수신기가 설치된 장소에 24시간 화재를 감시할 수 있는 사람이 근무하고 있는 경우이다.

정답 75 ② 76 ④

77

자동화재탐지설비 수신기의 구조기준 중 정격전압이 몇 [V]를 넘는 기구의 금속제 외함에는 접지단자를 설치하여야 하는가?

① 30
② 60
③ 100
④ 300

해설

자동화재탐지설비의 수신기, 비상경보설비, 자동화재속보설비의 속보기, 누전경보기, 축전지의 충전부는 정격전압이 60[V]를 넘는 기구의 금속제 외함에는 접지단자를 설치하여야 한다.

| 관련개념 | 수신기의 형식승인 및 제품검사의 기술기준 중 일부

- 기기 내의 배선은 충분한 전류용량을 갖는 것으로 하여야 하며, 배선의 접속이 정확하고 확실하여야 한다.
- 극성이 있는 경우에는 오접속을 방지하기 위하여 필요한 조치를 하여야 한다.
- 부품의 부착은 기능에 이상을 일으키지 아니하고 쉽게 풀리지 아니하도록 하여야 한다.
- 전선 이외의 전류가 흐르는 부분과 가동축 부분의 접촉력이 충분하지 아니한 곳에는 접촉부의 접촉불량을 방지하기 위한 적당한 조치를 하여야 한다.
- 외부에서 쉽게 사람이 접촉할 우려가 있는 충전부는 충분히 보호되어야 한다.
- 정격전압이 60[V]를 넘는 기구의 금속제 외함에는 접지단자를 설치하여야 한다.
- 예비전원회로에는 단락사고 등으로부터 보호하기 위한 퓨즈 등 과전류 보호장치를 설치하여야 한다.

78

휴대용비상조명등을 설치하여야 하는 특정소방대상물에 해당하는 것은?

① 종합병원
② 숙박시설
③ 노유자시설
④ 집회장

해설

휴대용비상조명등을 설치하여야 하는 특정소방대상물에 해당하는 것은 숙박시설이다.

| 관련개념 | 휴대용비상조명등 설치대상 특정소방대상물

특정소방대상물	설치 대상	비고
숙박시설	객실, 영업장 안의 구획실마다 잘보이는 곳	1개 이상
수용인원 100명 이상의 영화상영관, 판매시설 중 대규모점포, 철도 및 도시철도 시설 중 지하역사, 지하가 중 지하상가	보행거리 50[m]마다 단 지하상가 및 지하역사는 25[m]마다	3개 이상

- 휴대용비상조명등의 설치장소 및 수량
  - 숙박시설 또는 다중이용업소에는 객실 또는 영업장안의 구획된 실마다 잘 보이는 곳(외부설치 시 출입문 손잡이로부터 1[m] 이내 부분)에 1개 이상 설치
  - 대규모점포(지하상가 및 지하역사는 제외함)과 영화상영관에는 보행거리 50[m] 이내마다 3개 이상 설치
- 휴대용비상조명등의 설치기준
  - 지하상가 및 지하역사에는 보행거리 25[m] 이내마다 3개 이상 설치
  - 설치 높이는 바닥으로부터 0.8[m] 이상 1.5[m] 이하의 높이에 설치
  - 어둠 속에서 위치를 확인할 수 있도록 한다.
  - 사용 시 자동으로 점등되는 구조일 것
  - 외함은 난연성능이 있을 것
  - 건전지를 사용하는 경우에는 방전방지조치를 하여야 하고, 충전식 배터리의 경우에는 상시 충전되도록 한다.
  - 건전지 및 충전식 배터리의 용량은 20분 이상 유효하게 사용할 수 있을 것
- 휴대용 비상조명등의 설치 제외 장소
  - 지상 1층 또는 피난층으로서 복도 · 통로 또는 창문 등의 개구부를 통하여 피난이 용이한 경우
  - 숙박시설로서 복도에 비상조명등을 설치한 경우

정답 77 ② 78 ②

79
창고시설의 피난구유도등과 공동주택의 지하주차장의 피난구유도등은 어떤 것으로 설치하여야 하는가?

① 대형, 대형
② 대형, 중형
③ 중형, 중형
④ 소형, 중형

해설

창고시설의 피난구유도등과 공동주택의 지하주차장의 피난구유도등은 대형과 중형으로 설치한다.

| 관련개념 | 유도등 및 유도표지

- 대규모 창고시설등의 피난구유도등과 거실통로유도등은 대형으로 설치해야 한다.
- 아파트와 기숙사는 피난구유도등을 소형으로 적용한다. 다만, 주차장으로 사용되는 부분은 중형 피난구유도등을 적용한다.

80 빈출

감지기의 형식승인 및 제품검사의 기술기준에 의해 일국소의 주위온도가 일정한 온도 이상이 되는 경우에 작동하는 것으로서 외관이 전선으로 되어 있지 않은 감지기는 어떤 것인가?

① 공기흡입형
② 광전식 분리형
③ 차동식 스포트형
④ 정온식 스포트형

해설

정온식 스포트형은 일국소의 주위 온도가 일정한 온도 이상이 되는 경우에 작동하는 것으로서 외관이 전선으로 되어 있지 아니한 것이다.

| 관련개념 | 열감지기

- 차동식스포트형: 주위온도가 일정 상승율 이상이 되는 경우에 작동하는 것으로서 일국소에서의 열 효과에 의하여 작동되는 것
- 차동식분포형: 주위 온도가 일정 상승율 이상이 되는 경우에 작동하는 것으로서 넓은 범위 내에서의 열 효과의 누적에 의하여 작동되는 것
- 정온식감지선형: 일국소의 주위온도가 일정한 온도 이상이 되는 경우에 작동하는 것으로서 외관이 전선으로 되어 있는 것
- 정온식스포트형: 일국소의 주위 온도가 일정한 온도 이상이 되는 경우에 작동하는 것으로서 외관이 전선으로 되어 있지 아니한 것
- 보상식스포트형: 차동식스포트형과 정온식스포트형의 성능을 겸한 것으로서 가의 성능 또는 라의 성능 중 어느 한 기능이 작동되면 작동신호를 발하는 것

정답 79 ② 80 ④

2025년 3회 CBT 기출

1과목 소방원론

01
건물의 주요 구조부에 해당되지 않는 것은?

① 바닥
② 천장
③ 기둥
④ 주계단

해설

건물의 주요 구조부에 해당되지 않는 것은 천장이다.

| 관련개념 | 주요구조부
- 내력벽
- 보(작은 보 제외)
- 지붕틀(차양 제외)
- 바닥(최하층 바닥 제외)
- 주계단(옥외계단 제외)
- 기둥(사잇기둥 제외)

02
위험물안전관리법령상 제4류 위험물의 화재에 적응성이 있는 것은?

① 옥내소화전설비
② 옥외소화전설비
③ 봉상수소화기
④ 물분무소화설비

해설

위험물안전관리법령상 제4류 위험물의 화재에 적응성이 있는 것은 물분무소화설비이다.

| 관련개념 | 제4류 위험물의 일반사항
- 인화성 액체: 포·분말·이산화탄소(CO_2)·할론·물분무 소화약제에 의한 질식소화)

03 빈출
조연성 가스에 해당하는 것은?

① 일산화탄소
② 산소
③ 수소
④ 부탄

해설

지연성 가스(조연성 가스)는 자기 자신은 연소하지 않지만 연소를 도와주는 가스로 산소, 공기, 염소, 오존, 불소 등이다.

04
어떤 기체가 $0[°C]$, 1기압에서 부피가 $11.2[L]$, 기체 질량이 $22[g]$이었다면 이 기체의 분자량은?(단, 이상기체로 가정한다.)

① 22
② 35
③ 44
④ 56

해설

이상기체상태 방정식
$PV = nRT$
여기서, P: 기압[atm]
V: 부피[m^3]
n: 몰수 $\left(n = \dfrac{m(질량)[kg]}{M(분자량)[kg/kmol]}\right)$
R: 기체상수($0.082\,[atm \cdot m^3/kmol \cdot K]$)
T: 절대온도($273 + °C$)[K]

$PV = \dfrac{m}{M}RT$ 에서

$M = \dfrac{mRT}{PV}$

$= \dfrac{22 \times 10^{-3}[kg] \times 0.082\,[atm \cdot m^3/kmol \cdot K] \times (273+0)[K]}{1[atm] \times 11.2 \times 10^{-3}[m^3]}$

$≒ 44\,[kg/kmol]$

정답 01 ② 02 ④ 03 ② 04 ③

05

열분해에 의해 가연물 표면에 유리상의 메타인산 피막을 형성하여 연소에 필요한 산소의 유입을 차단하는 분말약제는?

① 요소
② 탄산수소칼륨
③ 제1인산암모늄
④ 탄산수소나트륨

해설

제3종 분말(제1인산암모늄)의 열분해 생성물로 H_2O(물), NH_3(암모니아), P_2O_5(오산화인), HPO_3(메타인산: 산소 차단)이 나온다.

06

건물 내에서 화재가 발생하여 실내온도가 $20[°C]$에서 $600[°C]$까지 상승했다면 온도 상승만으로 건물 내의 공기 부피는 처음의 약 몇 배 정도 팽창하는가?(단, 화재로 인한 압력의 변화는 없다고 가정한다.)

① 3
② 9
③ 15
④ 30

해설

- 샤를의 법칙(Charl's law)

$$\frac{V_1}{T_1} = \frac{V_2}{T_2}$$

여기서, V_1, V_2 : 부피$[m^3]$
T_1, T_2 : 절대온도$(273+℃)[K]$

- $T_1 : (273+30)[K]$
- $T_2 : (273+600)[K]$

기체의 부피 V_2

$$V_2 = \frac{V_1}{T_1} \times T_2$$
$$= \frac{V_1}{(273+20)} \times (273+600) ≒ 3V_1 = 3배$$

07 고난도

표면온도가 $300[°C]$에서 안전하게 작동하도록 설계된 히터의 표면온도가 $360[°C]$로 상승하면 $300[°C]$에 비하여 약 몇 배의 열을 방출할 수 있는가?

① 1.1배
② 1.5배
③ 2.0배
④ 2.5배

해설

스테판-볼츠만의 법칙(Stefan-Boltzman's law)

$$\frac{Q_2}{Q_1} = \frac{(273+t_2)^4}{(273+t_1)^4}$$

$$\frac{Q_2}{Q_1} = \frac{(273+360)^4}{(273+300)^4} ≒ 1.5배$$

열복사량은 복사체의 절대온도의 4제곱에 비례하고, 단면적에 비례한다.

08

물의 물리·화학적 성질로 틀린 것은?

① 증발잠열은 $539.6[cal/g]$으로 다른 물질에 비해 매우 큰 편이다.
② 대기압하에서 $100[°C]$의 물이 액체에서 수증기로 바뀌면 채적은 약 1,603배 정도 증가한다.
③ 수소 1분자와 산소 1/2분자로 이루어져 있으며 이들 사이의 화학결합은 극성 공유결합이다.
④ 분자간의 결합은 쌍극자-쌍극자 상호작용의 일종인 산소결합에 의해 이루어진다.

해설

분자 간의 결합은 수소결합에 의해 이루어진다.

정답 05 ③ 06 ① 07 ② 08 ④

09 고난도
버너의 불꽃을 제거한 때부터 불꽃을 올리며 연소하는 상태가 끝날 때까지의 시간은?

① 10초 이내
② 20초 이내
③ 30초 이내
④ 40초 이내

해설
잔염시간으로 20초 이내이다.

| 관련개념 | 방염성능 기준

잔신시간 (30초 이내)	잔염시간 (20초 이내)
버너의 불꽃을 제거한 때부터 불꽃을 올리지 아니하고 연소하는 상태가 그칠 때까지의 경과시간	버너의 불꽃을 제거한 때부터 불꽃을 올리며 연소하는 상태가 그칠 때까지의 경과 시간

10
자연발화 방지대책에 대한 설명 중 틀린 것은?

① 저장실의 온도를 낮게 유지한다.
② 저장실의 환기를 원활히 시킨다.
③ 촉매물질과의 접촉을 피한다.
④ 저장실의 습도를 높게 유지한다.

해설
자연발화를 막기 위해서는 습도가 높은 곳을 피하고 건조하게 유지해야 한다.

| 관련개념 | 자연발화의 방지법
- 습도가 높은 곳을 피할 것(건조하게 유지할 것)
- 저장실의 온도를 낮출 것
- 통풍이 잘 되게 할 것(환기를 원활히 시킨다.)
- 퇴적 및 수납시 열이 쌓이지 않게 할 것(열축적 방지)
- 산소와의 접촉을 차단할 것(촉매물질과의 접촉을 피한다.)
- 열전도성을 좋게 할 것

11
폭발의 형태 중 화학적 폭발이 아닌 것은?

① 분해폭발
② 가스폭발
③ 수증기폭발
④ 분진폭발

해설
수증기폭발은 물리적 폭발이다.

12
소화방법 중 제거소화에 해당되지 않는 것은?

① 산불이 발생하면 화재의 진행 방향을 앞질러 벌목
② 방안에서 화재가 발생하면 이불이나 담요로 덮음
③ 가스 화재 시 밸브를 잠궈 가스 흐름을 차단
④ 불타고 있는 장작더미 속에서 아직 타지 않은 것을 안전한 곳으로 운반

해설
방 안에서 화재가 발생하면 이불이나 담요로 덮는 것은 질식소화이다.

13
다음 원소 중 수소와의 결합력이 가장 큰 것은?

① F
② Cl
③ Br
④ I

해설
전기음성도(친화력, 결합력) 크기: F > Cl > Br > I
전기음성도 크기클수록 수소와의 결합력이 크다.

정답 09 ② 10 ④ 11 ③ 12 ② 13 ①

14
밀폐된 내화건물의 실내에 화재가 발생했을 때 그 실내의 환경변화에 대한 설명 중 틀린 것은?

① 기압이 급강하한다.
② 산소가 감소한다.
③ 일산화탄소가 증가한다.
④ 이산화탄소가 증가한다.

해설
실내에 화재가 발생하면 기압이 상승한다.

15 빈출
소방시설 중 피난설비에 해당하지 않는 것은?

① 무선통신보조설비
② 완강기
③ 구조대
④ 공기안전매트

해설
무선통신보조설비는 소화활동설비이다.

16
도장작업 공정에서의 위험도를 설명한 것으로 틀린 것은?

① 도장작업 그 자체 못지않게 건조공정도 위험하다.
② 도장작업에서는 인화성 용제가 쓰이지 않으므로 폭발의 위험이 없다.
③ 도장작업장은 폭발 시를 대비하여 지붕을 시공한다.
④ 도장실은 환기덕트를 주기적으로 청소하여 도료가 덕트 내에 부착되지 않게 한다.

해설
도장작업에서는 인화성 또는 가연성 용제가 쓰이므로 폭발의 위험이 있다.

| 관련개념 | 도장작업 공정에서의 위험도
- 도장작업 그 자체 못지않게 건조공정도 위험하다.
- 도장작업에서는 인화성 또는 가연성 용제가 쓰이므로 폭발의 위험이 있다.
- 도장작업장은 폭발 시를 대비하여 지붕을 시공한다.
- 도장실의 환기덕트를 주기적으로 청소하여 도료가 덕트 내에 부착되지 않게 한다.

17 빈출
고비점 유류의 탱크화재 시 열유층에 의해 탱크 아래의 물이 비등·팽창하여 유류를 탱크 외부로 분출시켜 화재를 확대시키는 현상은?

① 보일 오버(Boil over)
② 롤 오버(Roll over)
③ 백 드래프트(Back draft)
④ 플래시 오버(Flash over)

해설
보일오버(Boil over)는 고비점 유류의 탱크화재 시 열유층에 의해 탱크 아래의 물이 비등·팽창하여 유류를 탱크 외부로 분출시켜 화재를 확대시키는 현상이다.

18
실내 화재 시 발생한 연기로 인한 감광계수 $[m^{-1}]$와 가시거리에 대한 설명 중 틀린 것은?

① 감광계수가 0.1일 때 가시거리는 20~30[m]이다.
② 감광계수가 0.3일 때 가시거리는 15~20[m]이다.
③ 감광계수가 1.0일 때 가시거리는 1~2[m]이다.
④ 감광계수가 10일 때 가시거리는 0.2~0.5[m]이다.

해설
감광계수가 0.3일 때 가시거리는 5[m]이다.

| 관련개념 | 감광계수와 가시거리

감광계수 $[m^{-1}]$	가시거리 [m]	상황
0.1	20~30	연기감지기가 작동할 때의 농도(연기 감지기가 작동하기 직전의 농도)
0.3	5	건물 내부에 익숙한 사람이 피난에 지장을 느낄 정도의 농도
0.5	3	어두운 것을 느낄 정도의 농도
1	1~2	앞이 거의 보이지 않을 정도의 농도
10	0.2~0.5	화재 최성기 때의 농도
30	—	출화실에서 연기가 분출할 때의 농도

정답 14 ① 15 ① 16 ② 17 ① 18 ②

19 고난도

프로판가스의 연소범위[vol%]에 가장 가까운 것은?

① 9.8~28.4
② 2.5~81
③ 4.0~75
④ 2.1~9.5

해설

프로판가스의 연소범위는 2.1~9.5[vol%]이다.

| 관련개념 | 공기 중의 폭발한계

가스	하한계[vol%]	상한계[vol%]
아세틸렌(C_2H_2)	2.5	81
수소(H_2)	4	75
일산화탄소(CO)	12.5	74
암모니아(NH_3)	15	28
메탄(CH_4)	5	15
에탄(C_2H_6)	3	12.4
프로판(C_3H_8)	2.1	9.5
부탄(C_4H_{10})	1.8	8.4

20

과산화수소와 과염소산의 공통성질이 아닌 것은?

① 산화성 액체이다.
② 유기화합물이다.
③ 불연성 물질이다.
④ 비중이 1보다 크다.

해설

과산화수소와 과염소산은 무기화합물이다.

2과목 소방전기일반

21 고난도

그림과 같은 회로에서 전압계 ⓥ가 $10[V]$일 때 단자 A − B 간의 전압은 몇 $[V]$인가?

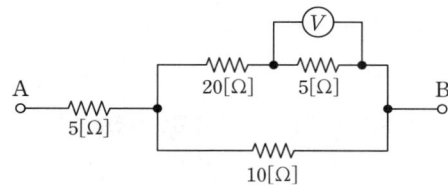

① 50
② 85
③ 100
④ 135

해설

문제 조건에 의해 회로를 일부 수정하면 다음과 같다.

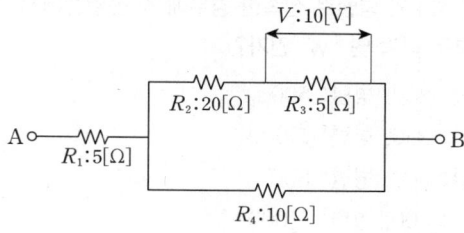

전류 $I = \dfrac{V}{R}$

여기서, I: 전류[A], V: 전압[V], R: 저항[Ω]

전류 $I_3 = \dfrac{V}{R_3} = \dfrac{10}{5} = 2[A]$

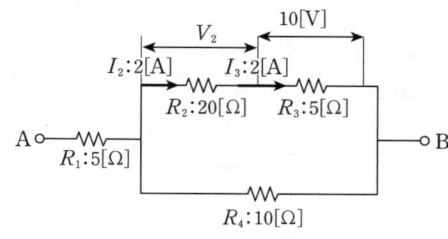

같은 선에 전류가 흐르므로 $I_2 = I_3$

전압 $V_2 = I_2 R_2 = 2 \times 20 = 40[V]$

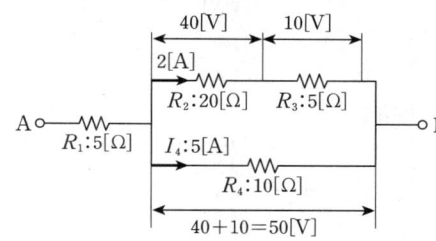

전류 $I_4 = \dfrac{V}{R_4} = \dfrac{50}{10} = 5[A]$

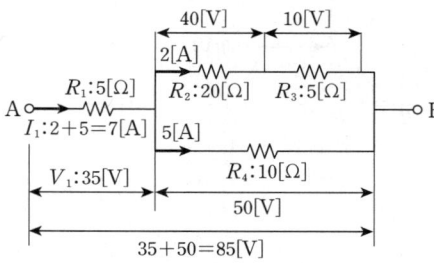

전압 V_1은
$V_1 = I_1 R_1 = 7 \times 5 = 35[V]$

단자 A − B간 전압 $V = 35 + 50 = 85[V]$

정답 19 ④ 20 ② 21 ②

22

$100[\text{V}]$, $500[\text{W}]$의 전열선 2개를 같은 전압에서 직렬로 접속한 경우와 병렬로 접속한 경우에 각 전열선에서 소비되는 전력은 각각 몇 $[\text{W}]$인가?

① 직렬: 250, 병렬: 500
② 직렬: 250, 병렬: 1,000
③ 직렬: 500, 병렬: 500
④ 직렬: 500, 병렬: 1,000

해설

전력 $P = \dfrac{V^2}{R}$

여기서, P: 전력[W], V: 전압[V], R: 저항[Ω]

저항 $R = \dfrac{V^2}{P} = \dfrac{100^2}{500} = 20[\Omega]$

전열선 2개 직렬접속

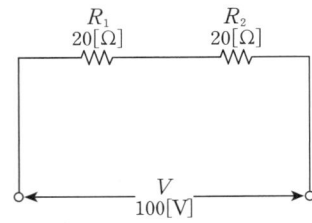

전력 $P = \dfrac{V^2}{R} = \dfrac{V^2}{R_1 + R_2} = \dfrac{100^2}{20+20} = 250[\text{W}]$

전열선 2개 병렬접속

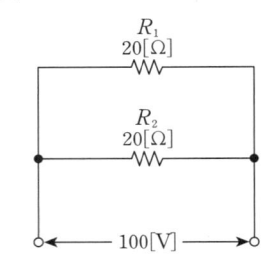

전력 $P = \dfrac{V^2}{R} = \dfrac{V^2}{\dfrac{R_1 R_2}{R_1 + R_2}} = \dfrac{100^2}{\dfrac{20 \times 20}{20+20}} = 1,000[\text{W}]$

23

배전선에 $6,000[\text{V}]$의 전압을 가하였더니 $2[\text{mA}]$의 누설전류가 흘렀다. 이 배전선의 절연저항은 몇 $[\text{M}\Omega]$인가?

① 3
② 6
③ 8
④ 12

해설

누설전류 $I = \dfrac{V}{R}$

여기서, I: 누설전류[A], V: 전압[V], R: 절연저항[Ω]

절연저항 $R = \dfrac{V}{I} = \dfrac{6,000}{2 \times 10^{-3}} = 3,000,000[\Omega] = 3[\text{M}\Omega]$

($2[\text{mA}] = 2 \times 10^{-3}[\text{A}]$, $3,000,000[\Omega] = 3[\text{M}\Omega]$)

24 빈출

$Y - \triangle$ 기동방식으로 운전하는 3상 농형유도전동기의 Y결선의 기동전류(I_Y)와 $\triangle$결선의 기동전류($I_\triangle$)의 관계로 옳은 것은?

① $I_Y = \dfrac{1}{3} I_\triangle$
② $I_Y = \sqrt{3} I_\triangle$
③ $I_Y = \dfrac{1}{\sqrt{3}} I_\triangle$
④ $I_Y = \dfrac{\sqrt{3}}{2} I_\triangle$

해설

$Y - \triangle$ 기동방식의 기동전류

$I_Y = \dfrac{1}{3} I_\triangle$

여기서, I_Y: Y 결선 시 전류[A], $I_\triangle$: △결선 시 전류[A]

정답 22 ② 23 ① 24 ①

25

다음 중 강자성체에 속하지 않는 것은?

① 니켈 ② 알루미늄
③ 코발트 ④ 철

해설

자성체의 종류
- 강자성체: 니켈(Ni), 코발트(Co), 망간(Mn), 철(Fe)
- 상자성체: 알루미늄(Al), 백금(Pt)

26

공기 중에 2[m]의 거리에 10[μC], 20[μC]의 두 점 전하가 존재할 때 이 두 전하 사이에 작용하는 정전력은 약 몇 [N]인가?

① 0.45 ② 0.9
③ 1.8 ④ 3.6

해설

- $r = 2$[m]
- Q_1: 10 [μC] $= 10 \times 10^{-6}$ [C] ($\mu = 10^{-6}$)
- Q_2: 20 [μC] $= 20 \times 10^{-6}$ [C] ($\mu = 10^{-6}$)
- 정전력: 두 전하 사이에 작용하는 힘

$$F = \frac{Q_1 Q_2}{4\pi\varepsilon r^2} = QE$$

여기서, F: 정전력[N]
Q_1, Q_2: 전하[C]
ε: 유전율[F/m] ($\varepsilon = \varepsilon_0 \cdot \varepsilon_s$)
ε_0: 진공의 유전율(8.854×10^{-12})[F/m]
r: 거리[m]
E: 전계의 세기[V/m]

정전력 F

$$F = \frac{Q_1 Q_2}{4\pi\varepsilon_0 \varepsilon_s r^2} = \frac{(10 \times 10^{-6}) \times (20 \times 10^{-6})}{4\pi \times 8.854 \times 10^{-12} \times 1 \times 2^2} \fallingdotseq 0.45 \text{[N]}$$

(공기 중 $\varepsilon_s \fallingdotseq 1$)

27

R = 10[Ω], ωL = 20[Ω]인 직렬회로에 220[V]의 전압을 가하는 경우 전류와 전압과 전류의 위상각은 각각 어떻게 되는가?

① 24.5[A], 26.5° ② 9.8[A], 63.4°
③ 12.2[A], 13.2° ④ 73.6[A], 79.6°

해설

$R-L$ 직렬회로

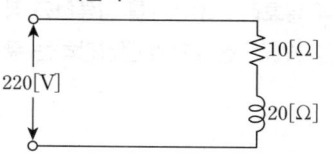

$$I = \frac{V}{Z} = \frac{V}{\sqrt{R^2 + X_L^2}}$$

여기서, I: 전류[A], V: 전압[V], Z: 임피던스[Ω], R: 저항[Ω], X_L: 유도리액턴스[Ω]

전류 I

$$I = \frac{V}{\sqrt{R^2 + X_L^2}} = \frac{220}{\sqrt{10^2 + 20^2}} \fallingdotseq 9.8 \text{[A]}$$

$$\theta = \tan^{-1} \frac{X_L}{R}$$

여기서, θ: 위상차(위상각)[rad], X_L: 유도리액턴스[Ω], R: 저항[Ω]

위상차 θ

$$\theta = \tan^{-1} \frac{X_L}{R} = \tan^{-1} \frac{20}{10} = 63.4°$$

28

인덕턴스가 0.5[H]인 코일의 리액턴스가 753.6[Ω]일 때 주파수는 약 몇 [Hz]인가?

① 120 ② 240
③ 360 ④ 480

해설

- L: 0.5[H]
- X_L: 753.6[Ω]
- 유도리액턴스 $X_L = 2\pi f L$

여기서, X_L: 유도리액턴스[Ω], f: 주파수[Hz], L: 인덕턴스[H]

주파수 $f = \dfrac{X_L}{2\pi L} = \dfrac{753.6}{2\pi \times 0.5} \fallingdotseq 240 \text{[Hz]}$

정답 25 ② 26 ① 27 ② 28 ②

29

단상 반파정류회로에서 교류 실효값 $220[\text{V}]$를 정류하면 직류 평균전압은 약 몇 $[\text{V}]$인가?(단, 정류기의 전압강하는 무시한다.)

① 58
② 73
③ 88
④ 99

해설

$E_{av} = 0.45E = 0.45 \times 220 = 99[\text{V}]$

여기서, E_{av}: 직류 평균전압[V], E: 교류 실효값[V]

30

$R = 10[\Omega]$, $C = 33[\mu\text{F}]$, $L = 20[\text{mH}]$인 RLC 직렬회로의 공진주파수는 약 몇 $[\text{HZ}]$인가?

① 169
② 176
③ 196
④ 206

해설

- R: $10[\Omega]$
- C: $33[\mu\text{F}] = 33 \times 10^{-6}[\text{F}](1[\mu\text{F}] = 1 \times 10^{-6})$
- L: $20[\text{mH}] = 20 \times 10^{-3}[\text{H}](1[\text{mH}] = 1 \times 10^{-3})$
- 공진주파수 $f_0 = \dfrac{1}{2\pi\sqrt{LC}}$

여기서, f_0: 공진주파수]HZ], L: 인덕턴스[H], C: 정전용량[F]

공진주파수 f_0

$f_0 = \dfrac{1}{2\pi\sqrt{LC}} = \dfrac{1}{2\pi\sqrt{(20 \times 10^{-3}) \times (33 \times 10^{-6})}} \fallingdotseq 196[\text{Hz}]$

($20[\text{mH}] = 0.02[\text{H}]$)

31

전자유도현상에서 코일에 생기는 유도기전력의 방향을 정의한 법칙은?

① 플레밍의 오른손 법칙
② 플레밍의 왼손 법칙
③ 렌쯔의 법칙
④ 패러데이의 법칙

해설

렌쯔의 법칙(렌츠의 법칙)은 전자유도현상에서 코일에 생기는 유도기전력의 방향을 정의한 법칙이다.

| 관련개념 |

- 렌쯔의 법칙(Lenz's Law): 유도기전력의 방향을 정의하는 법칙으로, 자기장의 변화에 의해 생긴 유도 전류는 그 변화를 방해하는 방향으로 흐른다는 원리
- 패러데이의 법칙(Faraday's Law): 유도기전력의 크기를 계산하는 법칙 → 유도기전력=자속의 시간적 변화율에 비례
- 플레밍의 오른손법칙: 발전기 작동 원리에서 유도전류의 방향을 알아낼 때 사용
- 플레밍의 왼손법칙: 전동기 작동 원리에서 힘의 방향을 결정할 때 사용

32

저항이 R, 유도리액턴스가 X_L, 용량리액턴스가 X_C인 R-L-C 직렬회로에서의 $\dot{Z}$와 Z값으로 옳은 것은?

① $\dot{Z} = R + j(X_L - X_C)$,
$Z = \sqrt{R^2 + (X_L - X_C)^2}$

② $\dot{Z} = R + j(X_L + X_C)$,
$Z = \sqrt{R^2 + (X_L + X_C)^2}$

③ $\dot{Z} = R + j(X_C - X_L)$,
$Z = \sqrt{R^2 + (X_C - X_L)^2}$

④ $\dot{Z} = R + j(X_C + X_L)$,
$Z = \sqrt{R^2 + (X_C + X_L)^2}$

해설

- RLC 직렬회로
$\dot{Z} = R + j(X_L - X_C)$, $Z = \sqrt{R^2 + (X_L - X_C)^2}$

- RLC 병렬회로
$\dot{Z} = \dfrac{1}{R} + j\left(\dfrac{1}{X} - \dfrac{1}{X_L}\right)$, $Z = \sqrt{\left(\dfrac{1}{R}\right)^2 + \left(\dfrac{1}{X_C} - \dfrac{1}{X_L}\right)^2}$

여기서, $\dot{Z}$: 임피던스(벡터)[Ω]
Z: 임피던스[Ω]
R: 저항[Ω]
j: 허수($\sqrt{-1}$)
X_L: 유도리액턴스[Ω]
X_C: 용량리액턴스[Ω]

정답 29 ④ 30 ③ 31 ③ 32 ①

33

역률 $80[\%]$, 유효전력 $80[kW]$일 때, 무효전력$[kVar]$은?

① 10
② 16
③ 60
④ 64

해설

- $\cos\theta$: $80[\%] = 0.8$
- P : $80[kW]$
- 무효율 $\sin\theta = \sqrt{1-\cos\theta^2}$
  여기서, $\sin\theta$: 무효율, $\cos\theta$: 역률
  무효율 $\sin\theta$
  $\sin\theta = \sqrt{1-\cos\theta^2} = \sqrt{1-0.8^2} = 0.6$
- 역률
  $\cos\theta = \dfrac{P}{P_a}$
  여기서, $\cos\theta$: 역률
  P : 유효전력$[kW]$, P_a : 피상전력$[kW]$
  피상전력 P_a
  $P_a = \dfrac{P}{\cos\theta} = \dfrac{80}{0.8} = 100[kVA]$
- 무효전력
  $P_r = VI\sin\theta = P_a\sin\theta$
  여기서, P_r : 무효전력$[kWA]$, V : 전압$[V]$, I : 전류$[A]$, $\sin\theta$: 무효율
  P_a : 피상전력$[kVA]$
  무효전력 P_r
  $P_r = P_a\sin\theta = 100 \times 0.6 = 60[kVA]$

34 빈출

그림과 같은 회로에서 분류기의 배율은?(단, 전류계 A의 내부저항은 R_A이며 R_S는 분류기 저항이다.)

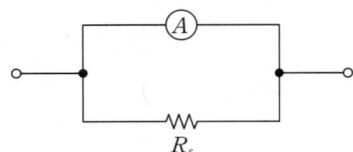

① $\dfrac{R_A}{R_A + R_S}$
② $\dfrac{R_S}{R_A + R_S}$
③ $\dfrac{R_A + R_S}{R_S}$
④ $\dfrac{R_A + R_S}{R_A}$

해설

분류기의 배율
$M = \dfrac{I_0}{I} = 1 + \dfrac{R_A}{R_S} = \dfrac{R_A + R_S}{R_S}$

여기서, M : 분류기의 배율
I_0 : 측정하고자 하는 전류$[A]$
I : 전류계 최대 눈금$[A]$
R_A : 전류계 내부저항$[\Omega]$
R_S : 분류기저항$[\Omega]$

분류기의 배율 M
$M = 1 + \dfrac{R_A}{R_S} = \dfrac{R_S}{R_S} + \dfrac{R_A}{R_S} = \dfrac{R_S + R_A}{R_S} = \dfrac{R_A + R_S}{R_S}$

35

삼각파의 파형률 및 파고율은?

① 1.0, 1.0
② 1.04, 1.226
③ 1.11, 1.414
④ 1.155, 1.732

해설

삼각파의 파형률은 1.155이고, 파고율은 1.732이다.

| 관련개념 | 파형률과 파고율

파형	최대값	실효값	평균값	파형률	파고율
• 정현파 • 전파정류파	V_m	$\dfrac{V_m}{\sqrt{2}}$	$\dfrac{2V_m}{\pi}$	1.11	1.414 ($\sqrt{2}$)
• 반구형파	V_m	$\dfrac{V_m}{\sqrt{2}}$	$\dfrac{V_m}{2}$	1.414	1.414 ($\sqrt{2}$)
• 삼각파(3각파) • 톱니파	V_m	$\dfrac{V_m}{\sqrt{3}}$	$\dfrac{V_m}{2}$	1.155	1.732 ($\sqrt{3}$)
• 구형파	V_m	V_m	V_m	1	1
• 반파정류파	V_m	$\dfrac{V_m}{2}$	$\dfrac{V_m}{\pi}$	1.571	2

정답 33 ③ 34 ③ 35 ④

36

단상변압기의 권수비가 $a=8$이고, 1차 교류전압의 실효치는 $110[\text{V}]$이다. 변압기 2차 전압을 단상 반파 정류회로를 이용하여 정류했을 때 발생하는 직류 전압의 평균치는 약 몇 $[\text{V}]$인가?

① 6.19
② 6.29
③ 6.39
④ 6.88

해설

a는 8, V_1는 $110[\text{V}]$이다.

권수비 $a = \dfrac{N_1}{N_2} = \dfrac{V_1}{V_2} = \dfrac{I_2}{I_1}$

여기서, a: 권수비
N_1: 1차 코일권수, N_2: 2차 코일권수, V_1: 정격 1차 전압[V]
V_2: 정격 2차 전압[V], I_1 정격 1차 전류[A]
I_2: 정격 2차 전류[A]

2차 전압 V_2

$V_2 = \dfrac{V_1}{a} = \dfrac{110}{8} = 13.75[\text{V}]$

단상 반파정류회로

$E_{av} = 0.45E$

여기서, E_{av}: 직류 평균전압[V]
E: 교류 실효값[V]

$E_{av} = 0.45E = 0.45 \times 13.75 ≒ 6.19[\text{V}]$

37

3상 유도전동기가 중부하로 운전되던 중 1선이 절단되면 어떻게 되는가?

① 전류가 감소한 상태에서 회전이 계속된다.
② 전류가 증가한 상태에서 회전이 계속된다.
③ 속도가 증가하고 부하전류가 급상승한다.
④ 속도가 감소하고 부하전류가 급상승한다.

해설

3상 유도전동기가 중부하로 운전되던 중 1선이 절단되면 속도가 감소하고 부하전류가 급상승한다.

| 관련개념 | 1선 절단 시의 현상
• 경부하 운전 시: 전류가 증가한 상태에서 회전이 계속된다.
• 중부하 운전 시: 속도가 감소하고 부하전류가 급상승한다.

38 빈출

전류 측정 범위를 확대시키기 위하여 전류계와 병렬로 연결해야만 되는 것은?

① 배율기
② 분류기
③ 중계기
④ CT

해설

전류 측정 범위를 확대시키기 위하여 전류계와 병렬로 연결하는 것은 분류기이다.

| 관련개념 |
• 배율기: 전압계의 측정 범위를 확대하기 위해 전압계와 직렬로 접속하는 저항
• 분류기: 전류계의 측정 범위를 확대하기 위해 전류계와 병렬로 접속하는 저항
• 변류기(CT): 교류전류계의 측정 범위를 확대하기 위해 사용되는 일종의 변압기

39

그림의 시퀀스 회로와 등가인 논리 게이트는?

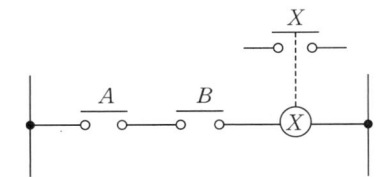

① OR 게이트
② AND 게이트
③ NOT 게이트
④ NOR 게이트

해설

AND 게이트

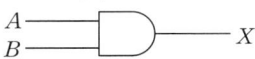

$X = A \cdot B$

입력신호 A, B가 동시에 1일 때만 출력신호 X가 1이 된다.

정답 36 ① 37 ④ 38 ② 39 ②

40
다음 그림과 같은 계통의 전달함수는?

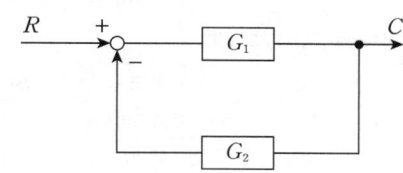

① $\dfrac{G_1}{1+G_2}$ ② $\dfrac{G_2}{1+G_1}$

③ $\dfrac{G_2}{1+G_1G_2}$ ④ $\dfrac{G_1}{1+G_1G_2}$

해설

전달함수
$RG_1 - CG_1G_2 = C$
$RG_1 = C + CG_1G_2$
$RG_1 = C(1+G_1G_2)$
$\therefore \dfrac{C}{R} = \dfrac{G_1}{1+G_1G_2}$

3과목 소방관계법규

41 빈출

소방기본법령상 소방용수시설별 설치기준 중 틀린 것은?

① 주거·상업·공업지역 외 지역 수평거리 140[m] 이하인 경우, 급수탑 개폐밸브는 지상에서 1.5[m] 이상 1.7[m] 이하의 위치에 설치하도록 할 것
② 주거·상업·공업지역 수평거리 100[m] 이하인 경우, 소화전은 상수도와 연결하여 지하식 또는 지상식의 구조로 하고, 소방용호스와 연결하는 소화전의 연결금속구의 구경은 100[mm]로 할 것
③ 주거·상업·공업지역 수평거리 100[m] 이하인 경우, 저수조 흡수관의 투입구가 사각형의 경우에는 한 변의 길이가 60[cm] 이상, 원형의 경우에는 지름이 60[cm] 이상일 것
④ 주거·상업·공업지역 외 지역 수평거리 140[m] 이하인 경우, 저수조는 지면으로부터의 낙차가 4.5[m] 이하일 것

해설

주거·상업·공업지역 외 지역 수평거리 140[m] 이하인 경우, 소화전은 상수도와 연결하여 지하식 또는 지상식의 구조로 하고, 소방용호스와 연결하는 소화전의 연결금속구의 구경은 100[mm]로 해야 한다.

| 관련개념 | 소방용수시설의 설치기준

	소방용수시설의 설치기준		
공통기준		주거·상업·공업지역 수평거리 100[m] 이하	그 외 지역 수평거리 140[m] 이하
개별 기준	소화전	소화전의 연결금속구의 구경은 65[mm]	상수도와 연결한 지상식, 지하식 구조
	급수탑	급수배관의 구경은 100[mm] 이상	개폐밸브의 위치는 지상에서 1.5[m] 이상 1.7[m] 이하
	저수조	• 흡수관의 투입구 • 사각형의 경우 한 변의 길이가 60[cm] 이상, 원형의 경우 지름이 60[cm] 이상일 것 • 흡수에 지장이 없도록 토사 및 쓰레기 등을 제거할 수 있는 설비를 갖출 것	• 지면으로부터의 낙차가 4.5[m] 이하일 것 • 흡수부분의 수심이 0.5[m] 이상일 것 • 소방펌프자동차가 쉽게 접근할 수 있도록 할 것 • 저수조에 물 공급 방법: 수도에 연결하여 자동으로 급수

42

소방대장은 화재, 재난·재해, 그 밖의 위험한 상황이 발생한 현장에 소방활동구역을 정하여 지정한 사람 외에는 그 구역에 출입하는 것을 제한할 수 있다. 소방활동구역을 출입할 수 없는 사람은?

① 소방활동구역 안에 있는 소방대상물의 소유자·관리자 또는 점유자
② 전기·가스·수도·통신·교통의 업무에 종사하는 사람으로서 원활한 소방활동을 위하여 필요한 사람
③ 시·도지사가 소방활동을 위하여 출입을 허가한 사람
④ 의사·간호사 그 밖의 구조·구급업무에 종사하는 사람

해설

| 관련개념 | 소방활동구역의 출입자

- 소방활동구역 안에 있는 소방대상물의 소유자·관리자 또는 점유자
- 전기·가스·수도·통신·교통의 업무에 종사하는 사람으로서 원활한 소방활동을 위하여 필요한 사람
- 의사·간호사 그 밖의 구조·구급업무에 종사하는 사람
- 취재인력 등 보도업무에 종사하는 사람
- 수사업무에 종사하는 사람
- 그 밖에 소방대장이 소방활동을 위하여 출입을 허가한 사람

정답 40 ④ 41 ② 42 ③

43

위험물안전관리법령상 위험물취급소의 구분에 해당하지 않는 것은?

① 이송취급소 ② 관리취급소
③ 판매취급소 ④ 일반취급소

해설

위험물안전관리법령상 위험물취급소의 구분에 해당하지 않는 것은 관리취급소이다.

| 관련개념 | 위험물을 취급하기 위한 장소 등

취급소의 구분	위험물을 제조 외의 목적으로 취급하기 위한 장소
주유취급소	고정된 주유설비에 의하여 자동차·항공기 또는 선박 등의 연료탱크에 직접 주유하기 위하여 위험물을 취급하는 장소
판매취급소	점포에서 위험물을 용기에 담아 판매하기 위하여 지정수량의 40배 이하의 위험물을 취급하는 장소
이송취급소	배관 및 이에 부속된 설비에 의하여 위험물을 이송하는 장소 다만, 다음 각목의 1에 해당하는 경우의 장소를 제외한다. • 송유관에 의하여 위험물을 이송하는 경우 • 제조소 등에 관계된 시설(배관을 제외한다.) 및 그 부지가 같은 사업소 안에 있고 당해 사업소 안에서만 위험물을 이송하는 경우 • 사업소와 사업소의 사이에 도로(폭 2[m] 이상의 일반교통에 이용되는 도로로서 자동차의 통행이 가능한 것을 말한다.)만 있고 사업소와 사업소 사이의 이송 배관이 그 도로를 횡단하는 경우 • 사업소와 사업소 사이의 이송 배관이 제3자(당해 사업소와 관련이 있거나 유사한 사업을 하는 자에 한한다.)의 토지만을 통과하는 경우로서 당해 배관의 길이가 100[m] 이하인 경우 • 해상구조물에 설치된 배관(이송되는 위험물이 제4류 위험물 중 제1석유류인 경우에는 배관의 안지름이 30[cm] 미만인 것에 한한다.)으로서 해당 해상구조물에 설치된 배관이 길이가 30[m] 이하인 경우 • 「농어촌 전기공급사업 촉진법」에 따라 설치된 자가발전시설에 사용되는 위험물을 이송하는 경우
일반취급소	'주유취급소' 또는 '이송취급소' 외의 장소

44

소방본부장 또는 소방서장은 화재예방강화지구(화재경계지구) 안의 관계인에 대하여 소방상 필요한 훈련 및 교육은 연 몇 회 이상 실시할 수 있는가?

① 1 ② 2
③ 3 ④ 4

해설

화재예방강화지구 안의 관계인에 대하여 소방상 필요한 훈련 및 교육은 연 1회 이상 실시할 수 있다.

| 관련개념 | 화재예방강화지구의 관리

구분	화재예방조사	훈련 및 교육	관리대장
실시자	소방본부장, 소방서장	소방본부장, 소방서장	시·도지사
실시횟수	연 1회 이상	연 1회 이상	매년
통보	7일 전	10일 전	-
연기신청	조사시작 3일 전		

45

소방기본법상 소방업무의 응원에 대한 설명 중 틀린 것은?

① 소방본부장이나 소방서장은 소방활동을 할 때에 긴급한 경우에는 이웃한 소방본부장 또는 소방서장에게 소방업무의 응원을 요청할 수 있다.
② 소방업무의 응원 요청을 받은 소방본부장 또는 소방서장은 정당한 사유 없이 그 요청을 거절하여서는 아니 된다.
③ 소방업무의 응원을 위하여 파견된 소방대원은 응원을 요청한 소방본부장 또는 소방서장의 지휘에 따라야 한다.
④ 시·도지사는 소방업무의 응원을 요청하는 경우를 대비하여 출동 대상지역 및 규모와 필요한 경비의 부담 등에 관하여 필요한 사항을 대통령령으로 정하는 바에 따라 이웃하는 시·도지사와 협의하여 미리 규약으로 정하여야 한다.

해설

| 관련개념 | 소방업무의 응원
시·도지사는 소방업무의 응원을 요청하는 경우를 대비하여 출동 대상지역 및 규모와 필요한 경비의 부담 등에 관하여 필요한 사항을 행정안전부령으로 정하는 바에 따라 이웃하는 시·도지사와 협의하여 미리 규약으로 정하여야 한다.

정답 43 ② 44 ① 45 ④

46 빈출

화재의 예방 및 안전관리에 관한 법률상 화재예방강화지구(화재경계지구)의 지정권자는?

① 소방서장
② 시·도지사
③ 소방본부장
④ 행정자치부장관

해설

화재의 예방 및 안전관리에 관한 법률상 화재예방강화지구의 지정권자는 시·도지사이다.

| 관련개념 | 화재의 예방 및 안전관리에 관한 법률

화재예방강화지구(화재경계지구)	화재예방강화지구(화재경계지구) 관리대장
지정자: 시·도지사	작성자: 시·도지사
• 시장지역 • 공장·창고가 밀집한 지역 • 목조건물이 밀집한 지역 • 노후·불량건축물이 밀집한 지역 (24.5 신설) • 위험물의 저장 및 처리 시설이 밀집한 지역 • 석유화학제품을 생산하는 공장이 있는 지역 • 산업입지 및 개발에 관한 법률에 따른 산업단지 • 소방시설·소방용수시설 또는 소방출동로가 없는 지역 • 물류단지(24.5 신설) • 그 밖에 앞 항에 준하는 지역으로서 소방청장·소방본부장 또는 소방서장 이 화재경계지구로 지정할 필요가 있다고 인정하는 지역	[관리사항] • 화재예방강화지구 (화재경계지구)의 지정현황 • 화재예방조사 결과 • 소방설비 설치 명령 현황 • 소방교육 실시 현황 • 소방훈련 실시 현황 • 그 밖의 화재예방 및 경계에 필요한 사항

47 빈출

화재의 예방 및 안전관리에 관한 법률상 보일러 등의 위치·구조 및 관리와 화재예방을 위하여 불의 사용에 있어서 지켜야 하는 사항 중 보일러에 경유·등유 등 액체연료를 사용하는 경우에 연료탱크는 보일러 본체로부터 수평거리 최소 몇 [m] 이상의 간격을 두어 설치해야 하는가?

① 0.5
② 0.6
③ 1
④ 2

해설

보일러에 경유·등유 등 액체연료를 사용하는 경우에 연료탱크는 보일러 본체로부터 수평거리 최소 1[m] 이상의 간격을 두어 설치한다.

| 관련개념 | 불을 사용하는 설비 등의 관리(보일러)

- 가연성 벽·바닥 또는 천장과 접촉하는 증기기관 또는 연통의 부분은 규조토·석면 등 난연성 단열재로 덮어씌워야 한다.
- 경유·등유 등 액체연료를 사용하는 경우
  - 연료탱크는 보일러 본체로부터 수평거리: 1[m] 이상 이격 설치
  - 연료 차단 개폐밸브: 연료탱크 0.5[m] 이내 설치
  - 연료탱크 또는 연료를 공급하는 배관: 여과장치 설치
  - 사용이 허용된 연료 외의 것을 사용하지 아니할 것
  - 연료탱크에는 불연재료 받침대를 설치하여 연료탱크가 넘어지지 않도록 할 것
- 기체연료를 사용하는 경우
  - 보일러를 설치하는 장소에는 환기구를 설치하는 등 가연성가스가 머무르지 아니하도록 할 것
  - 연료 공급배관 재질: 금속관
  - 연료차단 개폐밸브: 연료용기 0.5[m] 이내 설치
  - 보일러가 설치된 장소: 가스누설경보기 설치
- 보일러와 벽·천장 사이의 거리: 0.6[m] 이상
- 보일러 실내 설치 시 콘크리트바닥 또는 금속 외의 불연재료로 된 바닥 위에 설치

정답 46 ② 47 ③

48

위험물안전관리법령상 제조소 또는 일반 취급소에서 취급하는 제4류 위험물의 최대 수량의 합이 지정수량의 48만 배 이상인 사업소의 자체소방대에 두어야 하는 화학소방자동차와 자체소방대원의 수의 기준으로 옳은 것은?

① 화학소방자동차: 1대, 자체소방대원의 수: 5인
② 화학소방자동차: 2대, 자체소방대원의 수: 10인
③ 화학소방자동차: 3대, 자체소방대원의 수: 15인
④ 화학소방자동차: 4대, 자체소방대원의 수: 20인

해설

이 경우 화학소방자동차 4대, 자체소방대원의 수 20인을 두어야 한다.

| 관련개념 | 자체소방대에 두는 화학소방자동차 및 인원

구분	사업소의 구분	화학 소방자동차	자체 소방대원의 수
제조소 또는 일반취급소	제4류 위험물의 최대수량의 합이 지정수량의 3천배 이상 12만배 미만	1대	5인
	제4류 위험물의 최대수량의 합이 지정수량의 12만배 이상 24만배 미만	2대	10인
	제4류 위험물의 최대수량의 합이 지정수량의 24만배 이상 48만배 미만	3대	15인
	제4류 위험물의 최대수량의 합이 지정수량의 48만배 이상	4대	20인
옥외탱크 저장소	제4류 위험물의 최대수량의 합이 지정수량의 50만배 이상	2대	10인

49 빈출

화재예방, 소방시설 설치·유지 및 안전관리에 관한 법상 소방시설 등에 대한 자체 점검을 하지 아니하거나 관리업자 등으로 하여금 정기적으로 점검하게 하지 아니한 자에 대한 벌칙 기준으로 옳은 것은?

① 6개월 이하의 징역 또는 1,000만 원 이하의 벌금
② 1년 이하의 징역 또는 1,000만 원 이하의 벌금
③ 3년 이하의 징역 또는 1,500만 원 이하의 벌금
④ 3년 이하의 징역 또는 3,000만 원 이하의 벌금

해설

1년 이하의 징역 또는 1,000만 원 이하의 벌금에 처할 수 있다.

| 관련개념 | 1년 이하의 징역 또는 1천만 원 이하의 벌금

- 화재안전조사(화재안전조사(화재예방조사)) 또는 소방청장, 시·도지사, 소방본부장, 소방서장의 소방대상물의 감독업무 등 관계인의 정당한 업무를 방해한 자, 조사·검사 업무를 수행하면서 알게 된 비밀을 제공 또는 누설하거나 목적 외의 용도로 사용한 자
- 관리업의 등록증이나 등록수첩을 다른 자에게 빌려준 자
- 영업정지처분을 받고 그 영업정지기간 중에 관리업의 업무를 한 자
- 소방시설 등에 대한 자체 점검을 하지 아니하거나 관리업자 등으로 하여금 정기적으로 점검하게 하지 아니한 자
- 소방시설관리사증을 다른 자에게 빌려주거나 동시에 둘 이상의 업체에 취업한 사람
- 제품검사에 합격하지 아니한 제품에 합격표시를 하거나 합격표시를 위조 또는 변조하여 사용한 자
- 형식승인의 변경승인을 받지 아니한 자
- 제품검사에 합격하지 아니한 소방용품에 성능인증을 받았다는 표시 또는 제품검사에 합격하였다는 표시를 하거나 성능인증을 받았다는 표시 또는 제품검사에 합격하였다는 표시를 위조 또는 변조하여 사용한 자
- 성능인증의 변경인증을 받지 아니한 자
- 우수품질인증을 받지 아니한 제품에 우수품질인증 표시를 하거나 우수품질인증 표시를 위조하거나 변조하여 사용한 자

50

위험물안전관리법령상 제조소의 위치·구조 및 설비의 기준 중 위험물을 취급하는 건축물 그 밖의 시설의 주위에는 그 취급하는 위험물을 최대수량이 지정수량의 10배 이하인 경우 보유하여야 할 공지의 너비는 몇 [m] 이상이어야 하는가?

① 3
② 5
③ 8
④ 10

해설

제조소의 위치·구조 및 설비의 기준 중 위험물을 취급하는 건축물 그 밖의 시설의 주위에는 그 취급하는 위험물을 최대수량이 지정수량의 10배 이하인 경우 보유하여야 할 공지의 너비는 3[m] 이상이어야 한다.

정답 48 ④ 49 ② 50 ①

| 관련개념 | 제조소 등의 위치 구조 설비 기준(보유공지)

위험물을 취급하는 건축물 그 밖의 시설(위험물을 이송하기 위한 배관 그 밖에 이와 유사한 시설을 제외한다.)의 주위에는 그 취급하는 위험물의 최대수량에 따라 다음 표에 의한 너비의 공지를 보유하여야 한다.

- 보유공지

취급하는 위험물의 최대수량	공지의 너비
지정수량의 10배 이하	3[m] 이상
지정수량의 10배 초과	5[m] 이상

- 보유공지 면제규정

제조소의 작업공정이 연속되어 있어, 주위에 공지를 두게 되면 작업에 현저한 지장이 생길 우려가 있는 경우 당해 제조소와 다른 작업장 사이에 다음 각목의 기준에 따라 방화상 유효한 격벽(隔壁)을 설치한 때 보유공지를 두지 않을 수 있음
 - 방화벽은 내화구조로 할 것. 다만 취급하는 위험물이 제6류 위험물인 경우에는 불연재료로 할 수 있다.
 - 방화벽에 설치하는 출입구 및 창 등의 개구부는 가능한 한 최소로 하고, 출입구 및 창에는 자동폐쇄식의 60분+방화문을 설치할 것
 - 방화벽의 양단 및 상단이 외벽 또는 지붕으로부터 50[cm] 이상 돌출하도록 할 것

51

위험물안전관리법령상 제조소 등의 완공검사 신청 시기 기준으로 틀린 것은?

① 지하탱크가 있는 제조소 등의 경우에는 당해 지하탱크를 매설하기 전
② 이동탱크저장소의 경우에는 이동저장탱크를 완공하고 상치 장소를 확보한 후
③ 이송취급소의 경우에는 이송배관 공사의 전체 또는 일부 완료한 후
④ 배관을 지하에 설치하는 경우에는 소방서장이 지정하는 부분을 매몰하고 난 직후

해설

배관을 지하에 설치하는 경우에는 시·도지사, 소방서장 또는 기술원이 지정하는 부분을 매몰하기 직전에 해야 한다.

| 관련개념 | 위험물안전관리법 완공검사 신청 시기

- 지하탱크가 있는 제조소 등의 경우: 당해 지하탱크를 매설하기 전
- 이동탱크 저장소의 경우: 이동저장탱크를 완공하고 상시 설치장소를 확보한 후
- 이송취급소의 경우: 이송배관 공사의 전체 또는 일부를 완료한 후. 다만, 지하·하천 등에 매설하는 이송배관의 공사의 경우에는 매설 전

- 전체 공사가 완료된 후에는 완공검사를 실시하기 곤란한 경우
  - 위험물설비 또는 배관의 설치가 완료되어 기밀시험 또는 내압시험을 실시하는 시기
  - 배관을 지하에 설치하는 경우에는 시·도지사, 소방서장 또는 기술원이 지정하는 부분을 매몰하기 직전
- 기술원이 지정하는 부분의 비파괴시험을 실시하는 시기
- 그 밖의 제조소 등의 경우: 제조소 등의 공사를 완료한 후

52 고난도

위험물안전관리법령에 따른 정기점검의 대상인 제조소 등의 기준 중 틀린 것은?

① 지하탱크저장소
② 이동탱크저장소
③ 지정수량의 10배 이상의 위험물을 취급하는 제조소
④ 지정수량의 20배 이상의 위험물을 저장하는 옥외탱크저장소

해설

지정수량의 200배 이상의 위험물을 저장하는 옥외탱크저장소이다.

| 관련개념 |

- 정기점검의 대상인 제조소 등
  - 예방규정을 작성하여야 하는 제조소 등
  - 지하탱크저장소
  - 이동탱크저장소
  - 위험물을 취급하는 탱크로서 지하에 매설된 탱크가 있는 제조소·주유취급소 또는 일반취급소
- 관계인이 예방규정을 정해야 하는 제조소 등
  - 지정수량의 10배 이상의 위험물을 취급하는 제조소
  - 지정수량의 100배 이상의 위험물을 저장하는 옥외저장소
  - 지정수량의 150배 이상의 위험물을 저장하는 옥내저장소
  - 지정수량의 200배 이상의 위험물을 저장하는 옥외탱크저장소
  - 암반탱크저장소
  - 이송취급소
  - 지정수량의 10배 이상의 위험물을 취급하는 일반취급소. 단 4류위험물(특수인화물 제외)만을 지정수량의 50배 이하로 취급하는 일반취급소로 다음을 제외한다.
    1) 보일러, 버너 또는 이와 비슷한 장치로 위험물을 소비하는 일반취급소
    2) 위험물을 용기에 담거나 차량에 고정된 탱크에 주입하는 일반취급소

정답 51 ④ 52 ④

53
피난시설, 방화구획 및 방화시설을 폐쇄·훼손·변경 등의 행위를 3차 이상 위반한 자에 대한 과태료는?

① 2백만 원   ② 3백만 원
③ 5백만 원   ④ 1천만 원

해설

피난시설, 방화구획 및 방화시설을 폐쇄·훼손·변경 등의 행위를 3차 이상 위반한 자에 대한 과태료는 300만 원이다.

| 관련개념 | 소방시설설치 및 관리(300만 원 이하의 과태료)
- 화재안전기준을 위반하여 소방시설을 설치 또는 유지·관리한 자
- 피난시설, 방화구획 또는 방화시설의 폐쇄·훼손·변경 등의 행위를 한 자
- 임시소방시설을 설치·유지·관리하지 아니한 자

위반행위	과태료 금액 (단위: 만 원)		
	1차 위반	2차 위반	3차 이상 위반
법 제16조제1항을 위반하여 피난시설, 방화구획 또는 방화시설을 폐쇄·훼손·변경하는 등의 행위를 한 경우	100	200	300

54
소방기본법령상 소방대장의 권한이 아닌 것은?

① 화재 현장에 대통령령으로 정하는 사람 외에는 그 구역에 출입하는 것을 제한할 수 있다.
② 화재 진압 등 소방활동을 위하여 필요할 때에는 소방용수 외에 댐·저수지 등의 물을 사용할 수 있다.
③ 국민의 안전의식을 높이기 위하여 소방박물관 및 소방체험관을 설립하여 운영할 수 있다.
④ 불이 번지는 것을 막기 위하여 필요할 때에는 불이 번질 우려가 있는 소방대상물 및 토지를 일시적으로 사용할 수 있다.

해설

소방박물관 및 소방체험관을 설립하여 운영하는 것은 소방대장의 권한이 아니다.

| 관련개념 | 소방대장의 권한
- 소방활동구역의 설정과 출입제한
- 소방활동 종사 명령
- 소방활동에 필요한 강제처분
- 피난명령
- 위험시설에 대한 긴급조치

55 빈출
화재의 예방 및 안전관리에 관한 법률에 따른 용접 또는 용단 작업장에서 불꽃을 사용하는 용접·용단기구 사용에 있어서 작업장 주변 반경 몇 [m] 이내에 소화기를 갖추어야 하는가?(단, 산업안전보건법에 따른 안전조치의 적용을 받는 사업장의 경우는 제외한다.)

① 1   ② 3
③ 5   ④ 7

해설

용접·용단기구를 사용하는 작업장 주변 반경 5[m] 이내에 소화기를 갖추어야 한다.

| 관련개념 | 불을 사용하는 설비의 관리기준 등
- 용접·용단 작업자로부터 반경 5[m] 이내 소화기를 둘 것
- 작업장 주변 반경 10[m] 이내 가연물 적치 금지(곤란 시 방지포 등 방호조치)
- 상기 사항 위반 시 200만 원 이하 과태료

56
소방시설공사업법령에 따른 성능위주설계를 할 수 있는 자의 설계범위 기준 중 틀린 것은?

① 연면적 $30,000[m^2]$ 이상인 특정소방대상물로서 공항시설
② 연면적 $100,000[m^2]$ 이상인 특정소방대상물(단, 아파트 등은 제외)
③ 지하층을 포함한 층수가 30층 이상인 특정소방대상물 (단, 아파트 등은 제외)
④ 하나의 건축물에 영화상영관이 10개 이상인 특정소방대상물

정답 53 ② 54 ③ 55 ③ 56 ②

> **해설**

연면적 200,000[m²] 이상인 특정소방대상물(단, 아파트 제외)이다.

| 관련개념 | 성능위주설계대상 특정소방대상물의 범위

- 연면적 20만제곱미터 이상인 특정소방대상물(단, 5층 이상인 주택 및 아파트 등 제외)
- 다음 각 목의 어느 하나에 해당하는 특정소방대상물(다만, 아파트 등은 제외)
  - 건축물의 높이가 100[m] 이상
  - 지하층을 포함한 층수가 30층 이상
- 연면적 3만[m²] 이상인 특정소방대상물로서 다음 각 목의 어느 하나에 해당하는 특정소방대상물
  - 철도 및 도시철도 시설
  - 공항시설
- 하나의 건축물에 영화상영관이 10개 이상인 특정소방대상물

57 빈출

소방기본법상 소방용수시설의 저수조는 지면으로부터 낙차가 몇 [m] 이하가 되어야 하는가?

① 3.5 ② 4
③ 4.5 ④ 6

> **해설**

소방기본법상 소방용수시설의 저수조는 지면으로부터 낙차가 4.5[m] 이하가 되어야 한다.

| 관련개념 | 소방용수시설 및 비상소화장치의 설치기준

소방용수시설의 설치기준			
공통기준		주거·상업·공업지역 수평거리 100[m] 이하	그 외 지역 수평거리 140[m] 이하
개별기준	소화전	소방전의 연결금속구의 구경은 65[mm]	상수도와 연결한 지상식, 지하식 구조
	급수탑	급수배관의 구경은 100[mm] 이상	개폐밸브의 위치는 지상에서 1.5[m] 이상 1.7[m] 이하
	저수조	• 흡수관의 투입구 • 사각형의 경우 한 변의 길이가 60[cm] 이상, 원형의 경우 지름이 60[cm] 이상일 것 • 흡수에 지장이 없도록 토사 및 쓰레기 등을 제거할 수 있는 설비를 갖출 것	• 지면으로부터의 낙차가 4.5[m] 이하일 것 • 흡수부분의 수심이 0.5[m] 이상일 것 • 소방펌프자동차가 쉽게 접근할 수 있도록 할 것 • 저수조에 물 공급 방법: 상수도에 연결하여 자동으로 급수

58

소방시설 설치 및 관리에 관한 법률 상 분말형태의 소화약제를 사용하는 소화기의 내용연수로 옳은 것은?(단 소방용품의 성능을 확인받아 그 사용기한을 연장하는 경우는 제외한다.)

① 3년 ② 5년
③ 7년 ④ 10년

> **해설**

| 관련개념 | 소방용품의 내용년수

- 소방용품의 종류 및 내용연수 년한에 필요한 사항: 대통령령
- 소방용품 내용연수: 분말소화기의 경우 10년

59

위험물안전관리법령상 제조소 등이 아닌 장소에서 지정수량 이상의 위험물을 취급할 수 있는 기준 중 다음 (   ) 안에 알맞은 것은?

> 시·도의 조례가 정하는 바에 따라 관할 소방서장의 승인을 받아 지정수량 이상의 위험물을 (   )일 이내의 기간 동안 임시로 저장 또는 취급하는 경우

① 15 ② 30
③ 60 ④ 90

> **해설**

시·도의 조례가 정하는 바에 따라 관할 소방서장의 승인을 받아 지정수량 이상의 위험물을 90일 이내의 기간 동안 임시로 저장 또는 취급하는 경우이다.

| 관련개념 | 위험물안전관리법 제5조 위험물의 저장 및 취급의 제한

- 지정수량 이상의 위험물을 저장소·제조소 등 외의 장소에서 저장·취급 금지
- 저장 및 취급 제한의 예외(임시 저장 및 취급 장소의 위치·구조·설비 기준)
  - 시·도조례에 따라 관할소방서장의 승인을 받아 지정수량 이상의 위험물을 90일 이내 저장 또는 취급
  - 군부대가 지정수량 이상의 위험물을 군사목적으로 임시로 저장 또는 취급

정답 57 ③ 58 ④ 59 ④

60 고난도

행정안전부령으로 정하는 고급감리원 이상의 소방공사 감리원의 소방시설공사 배치 현장기준으로 옳은 것은?

① 연면적 $5,000[m^2]$ 이상 $30,000[m^2]$ 미만인 특정소방대상물의 공사 현장
② 연면적 $30,000[m^2]$ 이상 $200,000[m^2]$ 미만인 아파트의 공사 현장
③ 연면적 $30,000[m^2]$ 이상 $200,000[m^2]$ 미만인 특정소방대상물(아파트는 제외)의 공사 현장
④ 연면적 $200,000[m^2]$ 이상인 특정소방대상물의 공사 현장

해설

행정안전부령으로 정하는 고급감리원 이상의 소방공사 감리원의 소방시설공사 배치 현장기준은 연면적 $30,000[m^2]$ 이상 $200,000[m^2]$ 미만인 아파트의 공사 현장이다.

| 관련개념 | 소방기술자의 배치기준: 행정안전부령

감리원의 배치기준		소방시설공사 현장의 기준
책임감리원	보조감리원	
소방기술사	초급감리원 이상 (기계분야 및 전기분야)	• 연면적 $200,000[m^2]$ 이상 • 지하층을 포함한 층수가 40층 이상
특급감리원 이상 (기계분야 및 전기분야)	초급감리원 이상 (기계분야 및 전기분야)	• 연면적 $30,000[m^2]$ 이상 $200,000[m^2]$ 미만(아파트는 제외) • 지하층을 포함한 층수가 16층 이상 40층 미만인 특정소방대상물의 공사 현장
고급감리원 이상 (기계분야 및 전기분야)	초급감리원 이상 (기계분야 및 전기분야)	• 물분무등소화설비(호스릴 방식의 소화설비 제외) 또는 제연설비 설치 • 연면적 $30,000[m^2]$ 이상 $200,000[m^2]$ 미만 아파트
중급감리원 (기계분야 및 전기분야)		연면적 $5,000[m^2]$ 이상 $30,000[m^2]$ 미만
초급감리원 이상 (기계분야 및 전기분야)		• 연면적 $5,000[m^2]$ 미만 • 지하구

4과목 소방전기시설의 구조 및 원리

61

가스누설경보기 중 분리형경보기의 탐지부는 가스 연소기의 중심으로부터 직선거리 몇 [m] 이내에 1개 이상 설치하여야 하는가?(단 공기보다 무거운 가스를 사용하는 경우는 제외)

① 1　　② 2
③ 4　　④ 8

해설

분리형경보기의 탐지부는 가스 연소기의 중심으로부터 직선거리 $8[m]$ 이내에 1개 이상 설치한다.

| 관련개념 | 분리형 경보기의 탐지부
• 탐지부는 가스연소기의 중심으로부터 직선거리 $8[m]$(공기보다 무거운 가스를 사용하는 경우에는 $4[m]$) 이내에 1개 이상 설치하여야 한다.
• 탐지부는 천정으로부터 탐지부 하단까지의 거리가 $0.3[m]$ 이하가 되도록 설치한다. 다만, 공기보다 무거운 가스를 사용하는 경우에는 바닥면으로부터 탐지부 상단까지의 거리는 $0.3[m]$ 이하로 한다.

62

누전경보기의 화재안전기술기준(NFTC 205)에 따른 누전경보기의 설치기준으로 옳지 않은 것은?

① 경계전로의 정격전류가 $60[A]$를 초과하는 전로에 있어서는 1급 누전경보기를, $60[A]$ 이하의 전로에 있어서는 1급 또는 2급 누전경보기를 설치할 것
② 변류기는 특정소방대상물의 형태, 인입선의 시설 방법 등에 따라 옥외 인입선의 제1지점의 부하측 또는 제2종 접지선측의 점검이 쉬운 위치에 설치할 것
③ 전원은 분전반으로부터 전용회로로 하고, 각 극에 개폐기 및 $30[A]$ 이하의 과전류차단기(배선용 차단기에 있어서는 $20[A]$ 이하의 것으로 각 극을 개폐할 수 있는 것)를 설치할 것
④ 변류기를 옥외의 전로에 설치하는 경우에는 옥외형으로 설치할 것

정답　60 ②　61 ④　62 ③

해설

전원은 분전반으로부터 전용회로로 하고, 각 극에 개폐기 및 15[A] 이하의 과전류차단기(배선용 차단기에 있어서는 20[A] 이하의 것으로 각 극을 개폐할 수 있는 것)를 설치한다.

| 관련개념 | 누전경보기 설치 방법

- 누전경보기

  경계전로의 정격전류가 60[A]를 초과하는 전로에 있어서는 1급 누전경보기를, 60[A] 이하의 전로에 있어서는 1급 또는 2급 누전경보기를 설치한다. 다만, 정격전류가 60[A]를 초과하는 경계전로가 분기되어 각 분기회로의 정격전류가 60[A] 이하로 되는 경우 당해 분기회로마다 2급 누전경보기를 설치한 때에는 각 분기회로마다 누전여부를 경보할 수 있으므로 당해 경계전로에 1급 누전경보기를 설치한 것으로 본다.(60[A] 초과 경계전로회로에 1급 누전경보기 면제)

- 변류기
  - 경계전로연결방식: 옥외 인입선의 제1지점의 부하측에 설치한다.
  - 제2종접지방식: 제2종 접지선측의 점검이 쉬운 위치에 설치한다.
  - 변류기를 옥외의 전로에 설치하는 경우에는 옥외형으로 설치한다.

- 수신부
  - 옥내의 점검에 편리한 장소에 설치한다.
  - 가연성의 증기·먼지 등이 체류할 우려가 있는 장소의 전기회로에는 해당 부분의 전기회로를 차단할 수 있는 차단기구를 가진 수신부를 설치한다. 이 경우 차단기구의 부분은 해당 장소 외의 안전한 장소에 설치한다.
  - 음향장치는 수위실 등 사람이 상주하는 곳에 설치하고 다른 소음과 명확히 구별할 수 있을 것

- 전원
  - 전원은 분전반으로부터 전용회로로 하고, 각 극에 개폐기 및 15[A] 이하의 과전류차단기(배선용 차단기에 있어서는 20[A] 이하의 것으로 각 극을 개폐할 수 있는 것)를 설치한다.
  - 전원을 분기할 때에는 다른 차단기에 따라 전원이 차단되지 아니하도록 한다.
  - 전원의 개폐기에는 누전경보기용임을 표시한 표지를 한다.

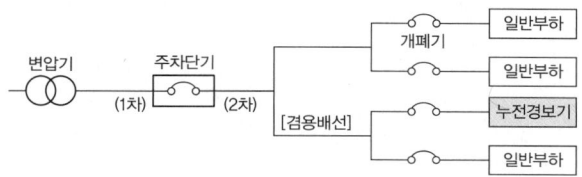

63

소방시설용 비상전원수전설비의 화재안전기술기준(NFTC 602)에 따른 저압으로 수전하는 제1종 배전반 및 제1종 분전반의 외함두께와 전면판(또는 문)두께에 대한 설치기준으로 옳지 않은 것은?

① 외함의 내부는 외부의 열에 의해 영향을 받지 않도록 내열성 및 단열성이 있는 재료를 사용하여 단열할 것
② 전선의 인입구 및 입출구는 외함에 노출하여 설치할 수 있다.
③ 외함은 두께 1.2[mm](전면판 및 문은 1.3[mm]) 이상의 강판과 이와 동등 이상의 강도와 내화성능이 있는 것으로 제작할 것
④ 외함은 금속관 또는 금속제 가요전선관을 쉽게 접속할 수 있도록 하고, 당해 접속부분에는 단열조치를 할 것

해설

외함은 두께 1.6[mm](전면판 및 문은 2.3[mm]) 이상의 강판과 이와 동등 이상의 강도와 내화성능이 있는 것으로 제작한다.

| 관련개념 | 저압으로 수전하는 경우

전기사업자로부터 저압으로 수전하는 비상전원설비는 전용배전반(1·2종)·전용분전반(1·2종) 또는 공용분전반(1·2종)으로 하여야 한다.

- 제1종 배전반 및 제1종 분전반
  - 외함은 두께 1.6[mm](전면판 및 문은 2.3[mm]) 이상의 강판과 이와 동등 이상의 강도와 내화성능이 있는 것으로 제작한다.
  - 외함의 내부는 외부의 열에 의해 영향을 받지 않도록 내열성 및 단열성이 있는 재료를 사용하여 단열한다. 이 경우 단열부분은 열 또는 진동에 따라 쉽게 변형되지 아니한다.
  - 다음 각 목에 해당하는 것은 외함에 노출하여 설치할 수 있다.
    1) 표시등(불연성 또는 난연성재료로 덮개를 설치한 것에 한함)
    2) 전선의 인입구 및 입출구
  - 외함은 금속관 또는 금속제 가요전선관을 쉽게 접속할 수 있도록 하고, 당해 접속부분에는 단열조치를 한다.
  - 공용배전판 및 공용분전판의 경우 소방회로와 일반회로에 사용하는 배선 및 배선용 기기는 불연재료로 구획되어야 한다.

정답 63 ③

64

자동화재속보설비의 속보기의 성능인증 및 제품검사의 기술기준에 따른 속보기의 기능에 대한 내용이다. 다음 ( ) 안에 옳은 것은?

> 속보기는 연동 또는 수동 작동에 의한 다이얼링 후 소방관서와 전화접속이 이루어지지 않는 경우에는 최초 다이얼링을 포함하여 (㉠) 이상 반복적으로 접속을 위한 다이얼링이 이루어져야 한다. 이 경우 매회 다이얼링 완료 후 호출은 (㉡) 이상 지속되어야 한다.

① ㉠ 10회, ㉡ 30초
② ㉠ 15회, ㉡ 40초
③ ㉠ 20회, ㉡ 50초
④ ㉠ 25회, ㉡ 60초

해설

속보기는 연동 또는 수동 작동에 의한 다이얼링 후 소방관서와 전화접속이 이루어지지 않는 경우에는 최초 다이얼링을 포함하여 10회 이상 반복적으로 접속을 위한 다이얼링이 이루어져야 한다. 이 경우 매회 다이얼링 완료 후 호출은 30초 이상 지속되어야 한다.

| 관련개념 | **자동화재속보설비의 기능**

- 작동신호를 수신하거나 수동으로 동작시키는 경우 20초 이내에 소방관서에 자동적으로 신호를 발하여 통보하되, 3회 이상 속보할 수 있어야 한다.
- 주전원이 정지한 경우에는 자동적으로 예비전원으로 전환되고, 주전원이 정상상태로 복귀한 경우에는 자동적으로 예비전원에서 주전원으로 전환되어야 한다.
- 예비전원은 자동적으로 충전되어야 하며 자동과충전방지장치가 있어야 한다.
- 화재신호를 수신하거나 속보기를 수동으로 동작시키는 경우 자동적으로 적색 화재표시등이 점등되고 음향장치로 화재를 경보하여야 하며 화재표시 및 경보는 수동으로 복구 및 정지시키지 않는 한 지속되어야 한다.
- 연동 또는 수동으로 소방관서에 화재발생 음성정보를 속보 중인 경우에도 송수화장치를 이용한 통화가 우선적으로 가능하여야 한다.
- 예비전원을 병렬로 접속하는 경우에는 역충전 방지 등의 조치를 하여야 한다.
- 예비전원은 감시상태를 60분간 지속한 후 10분 이상 동작(화재속보 후 화재표시 및 경보를 10분간 유지하는 것을 말함)이 지속될 수 있는 용량이어야 한다.
- 속보기는 연동 또는 수동 작동에 의한 다이얼링 후 소방관서와 전화접속이 이루어지지 않는 경우에는 최초 다이얼링을 포함하여 10회 이상 반복적으로 접속을 위한 다이얼링이 이루어져야 한다. 이 경우 매회 다이얼링 완료 후 호출은 30초 이상 지속되어야 한다.
- 속보기의 송수화장치가 정상위치가 아닌 경우에도 연동 또는 수동으로 속보가 가능하여야 한다.
- 음성으로 통보되는 속보내용을 통하여 당해 소방대상물의 위치, 화재발생 및 속보기에 의한 신고임을 확인할 수 있어야 한다.
- 속보기는 음성속보방식 외에 데이터 또는 코드전송방식 등을 이용한 속보기능을 부가로 설치할 수 있다.
- 소방관서 등에 구축된 접수시스템 또는 별도의 시험용 시스템을 이용하여 시험한다.

65 빈출

무선통신보조설비의 화재안전기술기준(NFTC 505)에 따른 증폭기 및 무선중계기의 설치기준으로 적절하지 않은 것은?

① 디지털 방식의 무전기를 사용하는데 지장이 없도록 설치할 것
② 증폭기의 후면에는 주회로 전원의 정상 여부를 표시할 수 있는 표시등 및 전압계를 설치할 것
③ 증폭기 및 무선중계기를 설치하는 경우에는 적합성평가를 받은 제품으로 설치하고 임의로 변경하지 않도록 할 것
④ 비상전원 용량은 무선통신보조설비를 유효하게 30분 이상 작동시킬 수 있는 것으로 할 것

해설

증폭기의 전면에는 주회로 전원의 정상 여부를 표시할 수 있는 표시등 및 전압계를 설치한다.

| 관련개념 | **무선통신보조설비 중 증폭기·무선중계기 설치기준**

- 상용전원은 전기가 정상적으로 공급되는 축전지설비, 전기저장장치(외부 전기에너지를 저장해 두었다가 필요한 때 전기를 공급하는 장치) 또는 교류전압의 옥내 간선으로 하고, 전원까지의 배선은 전용으로 할 것
- 증폭기의 전면에는 주회로 전원의 정상 여부를 표시할 수 있는 표시등 및 전압계를 설치할 것
- 증폭기에는 비상전원이 부착된 것으로 하고 해당 비상전원 용량은 무선통신보조설비를 유효하게 30분 이상 작동시킬 수 있는 것으로 할 것
- 증폭기 및 무선중계기를 설치하는 경우에는 「전파법」에 따른 적합성평가를 받은 제품으로 설치하고 임의로 변경하지 않도록 할 것
- 디지털 방식의 무전기를 사용하는 데 지장이 없도록 설치할 것

정답 64 ① 65 ②

66

비상조명등의 화재안전기술기준(NFTC 304)에 따른 예비전원을 내장하지 아니하는 비상조명등의 비상전원 설치기준으로 옳지 않은 것은?

① 점검에 편리하고 화재 및 침수 등의 재해로 인한 피해를 받을 우려가 없는 곳에 설치할 것
② 상용전원으로부터 전력의 공급이 중단된 때에는 자동으로 비상전원으로부터 전력을 공급받을 수 있도록 할 것
③ 비상전원의 설치장소는 다른 장소와 통합 구획할 것
④ 비상전원을 실내에 설치하는 때에는 그 실내에 비상조명등을 설치할 것

해설

비상전원의 설치장소는 다른 장소와 방화 구획한다.

| 관련개념 | 비상조명등의 설치기준 중 비상전원

- 점검에 편리하고 화재 및 침수 등의 재해로 인한 피해를 받을 우려가 없는 곳에 설치한다.
- 상용전원으로부터 전력의 공급이 중단된 때에는 자동으로 비상전원으로부터 전력을 공급받을 수 있도록 한다.
- 비상전원의 설치장소는 다른 장소와 방화구획한다.
- 비상전원을 실내에 설치하는 때에는 그 실내에 비상조명등을 설치한다.
- 비상전원은 비상조명등을 20분 이상 유효하게 작동시킬 수 있는 용량으로 한다.
- 비상전원을 60분 이상으로 하여야 하는 특정소방대상물
  - 지하층을 제외한 층수가 11층 이상의 층
  - 지하층 또는 무창층으로서 용도가 도매시장·소매시장·여객자동차터미널·지하역사 또는 지하상가

67 빈출

감지기의 형식승인 및 제품검사의 기술기준에 따라 일국소의 주위 온도가 일정한 온도 이상이 되는 경우에 작동하는 것으로서 외관이 전선으로 되어 있지 않은 감지기는 어느 것인가?

① 공기흡입형
② 차동식 스포트형
③ 보상식 스포트형
④ 정온식 스포트형

해설

정온식 스포트형은 일국소의 주위온도가 일정한 온도 이상이 되는 경우에 작동하는 것으로서 외관이 전선으로 되어 있지 아니한 것이다.

| 관련개념 | 감지기의 구분

- 열감지기
  - 차동식 스포트형: 주위온도가 일정 상승율 이상이 되는 경우에 작동하는 것으로서 일국소에서의 열 효과에 의하여 작동되는 것
  - 차동식 분포형: 주위온도가 일정 상승율 이상이 되는 경우에 작동하는 것으로서 넓은 범위 내에서의 열 효과의 누적에 의하여 작동되는 것
  - 정온식 감지선형: 일국소의 주위온도가 일정한 온도 이상이 되는 경우에 작동하는 것으로서 외관이 전선으로 되어 있는 것
  - 정온식 스포트형: 일국소의 주위온도가 일정한 온도 이상이 되는 경우에 작동하는 것으로서 외관이 전선으로 되어 있지 아니한 것
  - 보상식 스포트형: 차동식 스포트형과 정온식 스포트형의 성능을 겸한 것으로서 그 성능 중 어느 한 기능이 작동되면 작동신호를 발하는 것
- 연기감지기
  - 이온화식 스포트형: 주위의 공기가 일정한 농도의 연기를 포함하게 되는 경우에 작동하는 것으로서 일국소의 연기에 의하여 이온전류가 변화하여 작동하는 것
  - 광전식 스포트형: 주위의 공기가 일정한 농도의 연기를 포함하게 되는 경우에 작동하는 것으로서 일국소의 연기에 의하여 광전소자에 접하는 광량의 변화로 작동하는 것
  - 광전식 분리형: 발광부와 수광부로 구성된 구조로 발광부와 수광부 사이의 공간에 일정한 농도의 연기를 포함하게 되는 경우에 작동하는 것
  - 공기흡입형: 감지기 내부에 장착된 공기흡입장치로 감지하고자 하는 위치의 공기를 흡입하고 흡입된 공기에 일정한 농도의 연기가 포함된 경우 작동하는 것

정답 66 ③ 67 ④

68 (고난도)

자동화재탐지설비 및 시각경보장치의 화재안전기술기준(NFTC 203)에 따른 연기감지기를 설치 장소로 틀린 것은?

① 계단 · 경사로 및 에스컬레이터 경사로
② 천장 또는 반자의 높이가 15[m] 이상 20[m] 미만의 장소
③ 길이가 25[m]인 복도
④ 수련시설의 취침 · 숙박 등 이와 유사한 용도로 사용되는 거실

해설

길이가 30[m] 미만의 복도는 제외한다.

| 관련개념 | 자동화재탐지설비 연기감지기 설치 장소

- 단, 교차회로 설치 장소 또는 다음의 비화재보 우려장소에서는 설치 제외
  - 지하층 · 무창층 등으로서 환기가 잘되지 않는 장소
  - 실내면적이 40[m²] 미만인 장소
  - 감지기의 부착면과 실내바닥과의 거리가 2.3[m] 이하인 장소
- 계단 · 경사로 및 에스컬레이터 경사로
- 복도(30[m] 미만의 것을 제외함)
- 엘리베이터 승강로(권상기실이 있는 경우에는 권상기실) · 린넨슈트 · 파이프 피트 및 덕트 기타 이와 유사한 장소
- 천장 또는 반자의 높이가 15[m] 이상 20[m] 미만의 장소
- 다음 각 목의 어느 하나에 해당하는 특정소방대상물의 취침 · 숙박 · 입원 등 이와 유사한 용도로 사용되는 거실
  - 공동주택 · 오피스텔 · 숙박시설 · 노유자시설 · 수련시설
  - 교육연구시설 중 합숙소
  - 의료시설, 근린생활시설 중 입원실이 있는 의원 · 조산원
  - 교정 및 군사시설
  - 근린생활시설 중 고시원

69

아파트 등의 실내에 설치하는 확성기 음성입력은 몇 [W] 이상이어야 하는가?

① 1
② 2
③ 3
④ 5

해설

아파트 등의 실내에 설치하는 확성기 음성입력은 1[W] 이상이어야 한다.

| 관련개념 | 비상방송설비의 설치기준

- 확성기의 음성입력은 3[W](실내에 설치하는 것에 있어서는 1[W]) 이상)
- 확성기는 각층마다 설치하되, 그 층의 각 부분으로부터 하나의 확성기까지의 수평거리가 25[m] 이하, 해당층의 각 부분에 유효하게 경보를 발할 수 있도록 설치한다.
- 음량조정기의 배선은 3선식으로 한다.
- 조작부의 조작스위치는 바닥으로부터 0.8[m] 이상 1.5[m] 이하의 높이에 설치한다.
- 조작부는 기동장치의 작동과 연동하여 해당 기동장치가 작동한 층 또는 구역을 표시할 수 있는 것으로 한다.
- 증폭기 및 조작부는 수위실 등 상시 사람이 근무하는 장소로서 점검이 편리하고 방화상 유효한 곳에 설치한다.
- 다른 방송설비와 공용하는 것에 있어서는 화재 시 비상경보 외의 방송을 차단할 수 있는 구조로 한다.
- 기동장치에 따른 화재신고를 수신한 후 필요한 음량으로 화재발생 상황 및 피난에 유효한 방송이 자동으로 개시될 때까지의 소요시간은 10초 이하로 한다.
- 음향장치는 다음 각 목의 기준에 따른 구조 및 성능의 것으로 하여야 한다.
  - 정격전압의 80[%] 전압에서 음향을 발할 수 있는 것을 한다.
  - 자동화재탐지설비의 작동과 연동하여 작동할 수 있는 것으로 한다.
- 우선경보대상 5층 이상 연면적 3,000[m²] 건물

정답 68 ③ 69 ①

70 고난도

피난구유도등을 설치하지 않을 수 있는 경우의 기준으로 틀린 것은?

① 대각선 길이가 15[m] 이내인 구획된 실의 출입구
② 거실 각 부분으로부터 하나의 출입구에 이르는 보행거리가 20[m] 이하이고, 비상조명등과 유도표지가 설치된 거실의 출입구
③ 바닥면적이 1,000[m²] 미만인 층으로서 옥내로부터 직접 지상으로 통하는 출입구(외부의 식별이 용이한 경우에 한한다.)
④ 노유자시설 · 의료시설 · 장례식장의 경우 출입구가 출입구가 3개소 이상 있는 거실로서 그 거실 각 부분으로부터 하나의 출입구에 이르는 보행거리가 30[m] 이하인 경우에는 주된 출입구 2개소 외의 출입구(유도표지가 부착된 출입구)

해설

공연장 · 집회장 · 관람장 · 전시장 · 판매시설 · 운수시설 · 숙박시설 · 노유자시설 · 의료시설 · 장례식장의 경우에는 그렇지 않다.

| 관련개념 | 유도등 유도표지의 설치 예외

- 바닥면적이 1,000[m²] 미만인 층으로서 옥내로부터 직접 지상으로 통하는 출입구(외부의 식별이 용이한 경우에 한한다.)
- 대각선 길이가 15[m] 이내인 구획된 실의 출입구
- 거실 각 부분으로부터 하나의 출입구에 이르는 보행거리가 20[m] 이하이고 비상조명등과 유도표지가 설치된 거실의 출입구
- 출입구가 3개소 이상 있는 거실로서 그 거실 각 부분으로부터 하나의 출입구에 이르는 보행거리가 30[m] 이하인 경우에는 주된 출입구 2개소 외의 출입구(유도표지가 부착된 출입구를 말한다.)

다만, 공연장 · 집회장 · 관람장 · 전시장 · 판매시설 · 운수시설 · 숙박시설 · 노유자시설 · 의료시설 · 장례식장의 경우에는 그렇지 않다.

71

비상벨설비 또는 자동식사이렌설비 음향장치의 설치기준 중 다음 (   ) 안에 알맞은 것은?

> 음향장치는 정격전압의 (㉠)[%] 전압에서 음향을 발할 수 있도록 해야 하며, 음량은 부착된 음향장치의 중심으로부터 (㉡)[m] 떨어진 위치에서 (㉢)[dB] 이상일 것

① ㉠ 150, ㉡ 3, ㉢ 90
② ㉠ 140, ㉡ 1, ㉢ 120
③ ㉠ 110, ㉡ 3, ㉢ 120
④ ㉠ 80, ㉡ 1, ㉢ 90

해설

음향장치는 정격전압의 80[%] 전압에서 음향을 발할 수 있도록 해야 하며, 음량은 부착된 음향장치의 중심으로부터 1[m] 떨어진 위치에서 90[dB] 이상일 것

| 관련개념 | 비상경보설비 및 단독경보형감지기의 음향장치 설치기준(지구음향장치)

- 특정소방대상물의 층마다 설치
- 각 부분으로부터 하나의 음향장치까지의 수평거리: 25[m] 이하
- 음향장치의 성능
  - 해당층의 각 부분에 유효하게 경보를 발할 수 있도록 설치
  - 음향장치는 정격전압의 80[%] 전압에서 음향을 발할 수 있도록 함
  - 음량은 부착된 음향장치의 중심으로부터 1[m] 떨어진 위치에서 90[dB] 이상

다만, 「비상방송설비의 화재안전기술기준(NFTC 202)」에 적합한 방송설비를 비상벨설비 또는 자동식사이렌설비와 연동하여 작동하도록 설치한 경우 지구음향장치를 설치하지 아니할 수 있다.

정답 70 ④ 71 ④

72

비상방송설비의 화재안전기술기준(NFTC 202)에 따라 층수가 11층(공동주택의 경우에는 16층) 이상의 특정소방대상물에 화재 시 경보를 발하여야 할 기준으로 틀린 것은?

① 1층에서 발화한 때에는 발화층·그 직상 4개 층 및 지하층에 경보를 발할 것
② 2층 이상의 층에서 발화한 때에는 발화층 및 그 직상 4개 층에 경보를 발할 것
③ 지하층에서 발화한 때에는 발화층·그 직상층 및 기타의 지하층에 경보를 발할 것
④ 3층에서 발화한 때에는 발화층·그 직상 4개 층 및 지하층에 경보를 발할 것

해설

1층에서 발화한 때에는 발화층·그 직상 4개 층 및 지하층에 경보한다.

| 관련개념 | 비상방송설비의 화재 시 경보기준 중 우선경보방식

- 층수가 11층(공동주택의 경우에는 16층) 이상의 특정소방대상물은 다음의 기준에 따라 경보를 발할 수 있도록 할 것
  - 2층 이상의 층에서 발화한 때에는 발화층 및 그 직상 4개 층에 경보
  - 1층에서 발화한 때에는 발화층·그 직상 4개 층 및 지하층에 경보
  - 지하층에서 발화한 때에는 발화층·그 직상층 및 기타의 지하층에 경보
- 경보방식

발화층	11층 이상(공동주택의 경우 16층) 특정소방대상물
2층 이상의 층	발화층(2F) 및 그 직상 4개층(3F~6F) 경보발화층+직상 4개층
1층	• 발화층(1F) 및 그 직상 4개층(2F~5F) 경보 • 지하층(지하 전층)에 경보 1층+직상 4개층+지하층
지하층	발화층+직상층+기타 지하층

- 전층 경보 대상물
  층수가 10층(공동주택은 15층) 이하의 특정소방대상물은 어느 1개 층에 화재가 감지되더라도 전층에 화재경보가 울리도록 해 재실자가 화재정보를 신속히 인지, 대피할 수 있도록 한다.
- 우선경보 대상물
  층수가 11층(공동주택의 경우에는 16층) 이상의 특정 소방대상물은 화재 발생 장소의 발화층 인근에 있는 재실자의 피난 등을 위한 방식으로 경보를 발하도록 하고 있다. 11층(공동주택 16층) 이상인 층부터 특별피난계단 및 제연설비가 설치되므로 상대적으로 재실자 피난경로 안전성 확보가 이뤄졌다고 판단해 우선경보방식 적용의 기준층으로 설정한다.

73

비상방송설비의 화재안전기술기준(NFTC 202)에 따라 비상방송설비 개폐기의 표지로 옳은 것은?

① 개폐기에는 "비상방송전원용"이라고 표시한 표지를 함
② 개폐기에는 "비상방송비상용전원용"이라고 표시한 표지를 함
③ 개폐기에는 "비상방송상용전원용"이라고 표시한 표지를 함
④ 개폐기에는 "비상방송설비용"이라고 표시한 표지를 함

해설

개폐기에는 "비상방송설비용"이라고 표시한 표지한다.

| 관련개념 |
- 비상경보설비

전원	전기가 정상적으로 공급되는 축전지, 전기저장장치 또는 교류전압의 옥내 간선으로 하고, 전원까지의 배선은 전용으로 한다. • 전원용량: 60분 감시, 10분 경보
개폐기	"비상벨설비 또는 자동식사이렌설비용"이라고 표시한 표지를 한다.

- 비상방송설비

전원	전기가 정상적으로 공급되는 축전지, 전기저장장치 또는 교류전압의 옥내 간선으로 하고, 전원까지의 배선은 전용으로 한다.
개폐기	"비상방송설비용"이라고 표시한 표지를 한다.

정답 72 ④ 73 ④

74

자동화재탐지설비 및 시각경보장치의 화재안전기술기준(NFTC 203)에 따른 발신기의 설치기준으로 옳지 않은 것은?

① 지하구의 경우 발신기를 설치하지 아니할 수 있다.
② 조작이 쉬운 장소에 설치하고, 스위치는 바닥으로부터 $0.8[m]$ 이상 $1.5[m]$ 이하의 높이에 설치할 것
③ 특정소방대상물의 층마다 설치하되, 특정소방대상물의 각 부분으로부터 하나의 발신기까지의 수평거리가 $25[m]$ 이하가 되도록 할 것. 다만, 복도 또는 별도로 구획된 실로서 보행거리가 $40[m]$ 이상일 경우에는 추가로 설치하여야 한다.
④ 발신기의 위치를 표시하는 표시등은 함의 상부에 설치하되, 그 불빛은 부착면으로부터 10° 이상의 범위 안에서 부착지점으로부터 $10[m]$ 이내의 어느 곳에서도 쉽게 식별할 수 있는 적색등으로 하여야 한다.

해설

발신기의 위치를 표시하는 표시등은 함의 상부에 설치하되, 그 불빛은 부착면으로부터 15° 이상의 범위 안에서 부착지점으로부터 $10[m]$ 이내의 어느 곳에서도 쉽게 식별할 수 있는 적색등으로 하여야 한다.

| 관련개념 | 자동화재탐지설비 및 시각경보장치(발신기 설치기준)

- 조작이 쉬운 장소에 설치하고, 스위치는 바닥으로부터 $0.8[m]$ 이상 $1.5[m]$ 이하의 높이에 설치할 것
- 특정소방대상물의 층마다 설치하되, 해당 층의 각 부분으로부터 하나의 발신기까지의 수평거리가 $25[m]$ 이하가 되도록 할 것. 다만, 복도 또는 별도로 구획된 실로서 보행거리가 $40[m]$ 이상일 경우에는 추가로 설치해야 한다.
- 위 규정에도 불구하고 기준을 초과하는 경우로서 기둥 또는 벽이 설치되지 아니한 대형공간의 경우 발신기는 설치대상 장소의 가장 가까운 장소의 벽 또는 기둥 등에 설치할 것
- 발신기의 위치를 표시하는 표시등은 함의 상부에 설치하되, 그 불빛은 부착면으로부터 15° 이상의 범위 안에서 부착지점으로부터 $10[m]$ 이내의 어느 곳에서도 쉽게 식별할 수 있는 적색등으로 하여야 한다.

75

자동화재탐지설비 및 시각경보장치의 화재안전기술기준(NFTC 203)에 따른 공기관식 차동식분포형감지기의 설치기준으로 틀린 것은?

① 검출부는 바닥으로부터 $0.8[m]$ 이상 $1.5[m]$ 이하의 위치에 설치할 것
② 공기관은 도중에서 분기되지 않도록 할 것
③ 하나의 검출부분에 접속하는 공기관의 길이는 $50[m]$ 이하로 함
④ 공기관상호 간의 거리는 $6[m]$ 이하가 되도록 할 것

해설

하나의 검출부분에 접속하는 공기관의 길이는 $20[m]$ 이상 $100[m]$ 이하로 한다.

| 관련개념 | 자동화재탐지설비 차동식분포형감지기

구분	기준
부착높이	$15[m]$ 미만
공기관 노출부/회로	$20[m]$ 이상 $100[m]$ 이하
공기관 각 변 수평길이	$1.5[m]$ 이하
공기관 상호거리	$6[m]$(내화구조 $9[m]$) 이하
검출부의 높이	$0.8[m]$ 이상 $1.5[m]$ 이하
검출부의 경사	5도 미만
공기관 규격	두께 $0.3[mm]$ 이상 외경 $1.9[mm]$ 이상

정답 74 ④ 75 ③

76 빈출

비상방송설비의 화재안전기술기준(NFTC 202)에 따른 용어의 정의에서 화재감지기, 발신기 등의 상태변화를 전송하는 장치를 말하는 것은?

① 확성기
② 기동장치
③ 증폭기
④ 음량조절기

해설

기동장치는 화재감지기, 발신기 등의 상태변화를 전송하는 장치이다.

| 관련개념 | 비상방송설비 용어

- 확성기: 소리를 크게 하여 멀리까지 전달될 수 있도록 하는 장치(스피커)
- 음량조절기: 가변저항을 이용하여 전류를 변화시켜 음량을 조절할 수 있는 장치
- 증폭기: 전압전류의 진폭을 늘려 감도를 좋게 하고 미약한 음성전류를 커다란 음성전류로 변화시켜 소리를 크게 하는 장치
- 기동장치: 화재감지기, 발신기 등의 상태변화를 전송하는 장치
- 조작부: 기기를 제어할 수 있도록 조작스위치, 지시계, 표시등 등을 집결시킨 부분

77

비상용조명등의 화재안전기술기준(NFTC 304)에 따른 휴대용비상조명등의 설치기준으로 옳지 않은 것은?

① 외함은 난연성능이 있을 것
② 어둠 속에서 위치를 확인할 수 있도록 할 것
③ 건전지 및 충전식 배터리의 용량은 20분 이상 유효하게 사용할 수 있는 것으로 할 것
④ 지하상가 및 지하역사에는 보행거리 $10[m]$ 이내마다 5개 이상 설치

해설

지하상가 및 지하역사에는 보행거리 $25[m]$ 이내마다 3개 이상 설치한다.

| 관련개념 | 휴대용비상조명등의 설치기준

- 숙박시설 또는 다중이용업소에는 객실 또는 영업장 안의 구획된 실마다 잘 보이는 곳(외부에 설치 시 출입문 손잡이로부터 $1[m]$ 이내 부분)에 1개 이상 설치
- 대규모점포(지하상가 및 지하역사는 제외)와 영화상영관에는 보행거리 $50[m]$ 이내마다 3개 이상 설치
- 지하상가 및 지하역사에는 보행거리 $25[m]$ 이내마다 3개 이상 설치
- 설치높이는 바닥으로부터 $0.8[m]$ 이상 $1.5[m]$ 이하의 높이에 설치
- 어둠 속에서 위치를 확인할 수 있도록 한다.
- 사용 시 자동으로 점등되는 구조일 것
- 외함은 난연성능이 있을 것
- 건전지를 사용하는 경우에는 방전방지조치를 해야 하고, 충전식 배터리의 경우에는 상시 충전되도록 한다.
- 건전지 및 충전식 배터리의 용량은 20분 이상 유효하게 사용할 수 있을 것

78

유도등 및 유도표지의 화재안전기술기준(NFTC 303)에 따른 유도표지를 설치하지 않을 수 있는 곳으로 틀린 곳은?

① 유도등이 적합하게 설치된 거실
② 유도등이 적합하게 설치된 통로
③ 유도등이 적합하게 설치된 계단
④ 유도등이 적합하게 설치된 복도

해설

유도등이 적합하게 설치된 출입구·복도·계단 및 통로에는 유도표지를 설치하지 않을 수 있다.

| 관련개념 | 유도등 및 유도표지(유도표지의 설치 예외)

1) 유도등이 적합하게 설치된 출입구·복도·계단 및 통로
2) 유도등 설치 예외
   ① 바닥면적이 $1,000[m^2]$ 미만인 층으로서 옥내로부터 직접 지상으로 통하는 출입구(외부의 식별이 용이한 경우에 한한다.)
   ② 대각선 길이가 $15[m]$ 이내인 구획된 실의 출입구
3) 통로유도등 설치 예외
   ① 구부러지지 아니한 복도 또는 통로로서 길이가 $30[m]$ 미만인 복도 또는 통로
   ② 2)의 ①에 해당하지 않는 복도 또는 통로로서 보행거리가 $20[m]$ 미만이고 그 복도 또는 통로와 연결된 출입구 또는 그 부속실의 출입구에 피난구유도등이 설치된 복도 또는 통로

정답 76 ② 77 ④ 78 ①

79 빈출

무선통신보조설비의 증폭기에는 비상전원이 부착된 것으로 한다. 이때 비상전원의 용량은 무선통신보조설비를 유효하게 몇 분 이상 작동시킬 수 있는 것이어야 하는가?

① 10분 ② 20분
③ 30분 ④ 40분

해설

증폭기에는 비상전원이 부착된 것으로 하고 해당 비상전원 용량은 무선통신보조설비를 유효하게 30분 이상 작동시킬 수 있는 것으로 한다.

| 관련개념 | 증폭기 및 무선중계기의 설치기준
- 전원
  - 축전지, 전기저장장치, 교류전압 옥내간선
  - 전원까지의 배선은 전용
- 증폭기의 전면에는 주 회로의 전원이 정상인지의 여부를 표시할 수 있는 표시등 및 전압계를 설치한다.
- 증폭기에는 비상전원이 부착된 것으로 하고 해당 비상전원 용량은 무선통신보조설비를 유효하게 30분 이상 작동시킬 수 있는 것으로 한다.
- 증폭기 및 무선중계기를 설치하는 경우에는 적합성평가를 받은 제품으로 설치하고 임의로 변경하지 않도록 한다.
- 디지털 방식의 무전기를 사용하는 데 지장이 없도록 설치한다.

80

예비전원을 내장하는 비상조명등에는 평상시 점등여부를 확인할 수 있도록 반드시 설치하여야 하는 것은?

① 충전기 ② 리액터
③ 점검스위치 ④ 정전콘덴서

해설

평상시 점등여부를 확인할 수 있는 점검스위치를 설치한다.

| 관련개념 | 비상조명등의 설치기준
- 각 거실과 그로부터 지상에 이르는 복도·계단 및 그 밖의 통로에 설치
- 조도는 비상조명등이 설치된 장소의 각 부분의 바닥에서 1[lx] 이상
- 예비전원을 내장하는 비상조명등
  - 평상시 점등여부를 확인할 수 있는 점검스위치를 설치
  - 축전지와 예비전원 충전장치를 내장한다.
- 예비전원을 내장하지 아니하는 비상조명등 비상전원 자가발전설비, 축전지설비 또는 전기저장장치
- 비상전원 설치기준
  - 점검에 편리하고 화재 및 침수 등의 재해로 인한 피해를 받을 우려가 없는 곳에 설치한다.
  - 상용전원으로부터 전력의 공급이 중단된 때에는 자동으로 비상전원으로부터 전력을 공급받을 수 있도록 한다.
  - 비상전원의 설치장소는 다른 장소와 방화구획 한다.
  - 비상전원을 실내에 설치하는 때에는 그 실내에 비상조명등을 설치한다.
  - 비상전원은 비상조명등을 20분 이상 유효하게 작동시킬 수 있는 용량으로 한다.
- 비상전원을 60분 이상으로 하여야 하는 특정소방대상물
  - 지하층을 제외한 층수가 11층 이상의 층
  - 지하층 또는 무창층으로서 용도가 도매시장·소매시장·여객자동차터미널·지하역사 또는 지하상가
- 비상조명등의 설치면제 요건에서 "그 유도등의 유효범위 안의 부분"이란 유도등의 조도가 바닥에서 1[lx] 이상이 되는 부분

정답 79 ③ 80 ③

2024년 1회 CBT 기출

1과목 소방원론

01

폭발에 관한 설명으로 옳지 않은 것은?

① 반응이 일어나는 화염면이 정지매질에 대하여 음속보다 빠른 속도로 이동하는 것을 폭굉이라고 한다.
② 반응이 일어나는 화염면이 정지매질에 대해서 음속보다 느린 경우를 폭연이라고 한다.
③ 물질의 상태 중 공기, 증기 등과 같이 기체 상태의 폭발을 응상폭발이라고 한다.
④ 화염면의 이동을 파로 생각하여 폭굉파라고 하며, 그 파면에는 충격파가 수반한다.

[해설]
물질의 상태 중 공기, 증기 등과 같이 기체 상태의 폭발을 기상폭발이라고 하며, 고체 및 액체상태의 폭발을 응상폭발이라고 한다.

02

화재 시 연기를 이동시키는 추진력으로 옳지 않은 것은?

① 굴뚝효과　　② 팽창
③ 중력　　　　④ 부력

[해설]
화재 시 연기를 이동시키는 추진력은 굴뚝효과, 팽창, 부력이다.

| 관련개념 |
- 굴뚝효과: 고층건물의 내부와 외부의 온도 차와 압력 차로 인해 저층부에서 고층부로 연기(공기)가 이동하는 효과를 말한다.
- 팽창: 부피가 팽창할 경우 밀도의 감소로 연기(공기)가 상승하게 된다.
- 부력: 온도 상승 시 부피 팽창으로 인해 주위보다 밀도가 작아져 연기(공기)가 상승하게 된다.

03

화재의 위험에 관한 사항 중 맞지 않는 것은?

① 인화점 및 착화점이 낮을수록 위험하다.
② 착화 에너지가 작을수록 위험하다.
③ 증기압이 클수록, 비점 및 융점이 높을수록 위험하다.
④ 연소범위는 넓을수록 위험하다.

[해설]
증기압이 클수록 일반적으로 대기압하에서 비점이 감소한다. 증기압이 클수록, 비점이 작을수록 위험하다.

04

물속에 넣어 저장하는 것이 안전한 물질은?

① Na　　　　　② CS_2
③ 알킬알루미늄　④ 아세톤

[해설]
Na과 알킬알루미늄은 금수성물질로 물과 만나면 가연성기체가 형성된다. 아세톤은 4류위험물의 인화성액체로 밀폐용기에 보관한다. CS_2는 물속에 넣어 보관한다.

[정답] 01 ③　02 ③　03 ③　04 ②

05
분진폭발의 위험이 없는 것은?

① 알루미늄분 ② 황
③ 생석회 ④ 적인

해설
생석회나 소석회의 경우 이미 연소된 화합물로 더 이상 반응성이 없으므로 분진폭발하지 않는다.

06 빈출
이산화탄소 소화약제의 소화효과와 관계가 없는 것은?

① 질식효과 ② 냉각효과
③ 가압소화 ④ 화염에 대한 피복작용

해설
CO_2 소화약제 소화효과는 질식효과, 냉각효과, 피복효과이다.

07
증기압에 대한 설명으로 옳은 것은?

① 표면장력에 의해 물체를 들어 올리는 힘을 말한다.
② 원자의 중량에 비례하는 압력을 말한다.
③ 증기가 액체와 평형상태에 있을 때 증기가 새어 나가려는 압력을 말한다.
④ 같은 온도와 압력에서 기체와 같은 부피의 순수공기 무게를 말한다.

해설
일정온도의 평형상태에서 액체표면에서 증발이 일어나서 형성된 증기가 나타내는 압력을 증기압이라고 한다.

08
후래쉬 오버(Flash Over)에 대한 설명으로 가장 타당한 것은?

① 에너지가 느리게 집적되는 현상
② 가연성 가스가 방출되는 현상
③ 가연성 가스가 분해되는 현상
④ 급격히 화염이 확대되는 현상

해설
주변의 모든 표면과 물체들이 그들의 발화온도까지 가열되어 어느 한순간 화염이 급격히 확대되는 현상이다.

09
다음 중 내화구조에 해당하는 것은?

① 두께 1.2[cm] 이상의 석고판 위에 석면 시멘트판을 붙인 것
② 철근콘크리트조의 벽으로서 두께가 10[cm] 이상인 것
③ 철망 모르타르로서 그 바름 두께가 2[cm] 이상인 것
④ 심벽에 흙으로 맞벽치기 한 것

해설
내화구조에 속하는 것은 철근콘크리트조의 벽으로서 두께가 10[cm] 이상인 것이다.

| 관련개념 | 내화구조
- 바닥기준
  - 철근콘크리트/철골철근콘크리트: 10[cm] 이상
  - 철재보강/덮은/양면: 5[cm] 이상
- 벽기준
  - 철근콘크리트/철골철근콘크리트: 10[cm] 이상(내력벽)
  - 벽돌조: 19[cm] 이상(내력벽)

정답 05 ③ 06 ③ 07 ③ 08 ④ 09 ②

10

교차배관에서 공급되는 소화수를 스프링클러헤드까지 공급하는 역할을 하는 것으로서 스프링클러헤드가 설치되어 있는 배관을 무엇이라 하는가?

① 주배관 ② 가지배관
③ 신축배관 ④ 수평주형배관

해설
스프링클러헤드는 가지배관에 설치된 관 이음쇠에 직접 설치하거나 스프링클러헤드와 가지배관 사이에 짧은 단관을 설치하고 단관의 끝에 스프링클러헤드를 설치한다.

11

일반적으로 공기 중 산소농도를 몇 [vol%] 이하로 감소시키면 연소상태의 중지 및 질식소화가 가능하겠는가?

① 15 ② 21
③ 25 ④ 31

해설
공기 중 일반적인 산소의 농도가 21[%]이고, 질식소화를 위해서는 이보다 낮은 15[%] 이하로 감소시켜야 한다.

12

이산화탄소소화설비의 적용대상으로 적당하지 않은 것은?

① 가솔린
② 전기설비
③ 인화성 고체 위험물
④ 니트로셀룰로오스

해설
니트로셀룰로오스는 다량의 물로 주수소화한다.

13 고난도

다음 중 증기비중이 가장 큰 것은?

① 이산화탄소 ② 할론 1301
③ 할론 2402 ④ 할론 1211

해설
증기비중이 가장 큰 것은 할론 2402이다.

| 관련개념 |
분자량(mw)이 클수록 증기 비중이 크다.
- 이산화탄소(CO_2) mw : 44
- 할론 1301(CF_3Br) mw : 149
- 할론 2402($C_2F_4Br_2$) mw : 260
- 할론 1211(CF_2ClBr) mw : 165.5

14

내화구조의 철근콘크리트조 기둥은 그 작은 지름을 최소 몇 [cm] 이상으로 하는가?

① 10 ② 15
③ 20 ④ 25

해설
내화구조의 철근콘크리트조 기둥은 그 작은 지름을 최소 25[cm] 이상으로 해야 한다.

| 관련개념 |
기둥의 경우에는 그 작은 지름이 25[cm] 이상인 것으로서 다음 어느 하나에 해당하는 것
- 철근콘크리트조 또는 철골콘크리트조
- 철골을 두께 6[cm] 이상의 철망모르타르 또는 두께 7[cm] 이상의 콘크리트블록 · 벽돌 또는 석재로 덮은 것
- 철골을 두께 5[cm] 이상의 콘크리트로 덮은 것

정답 10 ② 11 ① 12 ④ 13 ③ 14 ④

15

열전도율을 표시하는 단위에 해당하는 것은?

① $[kcal/m^2 \cdot h \cdot ℃]$
② $[kcal \cdot m^2/h \cdot ℃]$
③ $[W/m \cdot K]$
④ $[J/m^3 \cdot K]$

해설

열전도율은 $[W/m \cdot K]$로 표시한다.

| 관련개념 | 푸리에의 법칙

- 전도(물체가 직접 접촉해서 열이 이동하는 현상)에 대한 법칙이다.

$$Q = \frac{kA(T_2 - T_1)}{l}$$

여기서, Q: 전도열[W]
k: 열전도율[W/m·K]
A: 단면적[m²]
$(T_2 - T_1)$: 온도차[K]
l: 벽체 두께[m]

- 공식에 의해 전도에 의한 이동열량은 두께에 반비례한다.

16

정전기로 인한 피해발생의 방지대책이 아닌 것은?

① 접지실시
② 공기의 이온화
③ 부도체 사용
④ 70[%] 이상의 상대습도 유지

해설

정전기 제거를 위해서는 정전기의 이동전로를 만들어줘야 하는데 부도체를 사용할 경우 정전기 이동전로가 형성이 되지 않아서 정전기 제거가 되지 않는다.

17

황린에 대한 설명으로 틀린 것은?

① 발화점이 매우 낮아 자연발화의 위험이 높다.
② 자연발화 방지를 위해 강알칼리 수용액에 저장한다.
③ 독성이 강하고 지정수량이 20[kg]이다.
④ 연소 시 오산화인의 흰 연기를 낸다.

해설

황린은 포스핀(PH_3) 생성을 방지하기 위하여 pH9 정도의 약알칼리 수용액에 보관한다.

18 빈출

물리적 방법에 의한 소화라고 볼 수 없는 것은?

① 부촉매의 연쇄반응 억제 작용에 의한 방법
② 냉각에 의한 방법
③ 공기와의 접촉 차단에 의한 방법
④ 가연물 제거에 의한 방법

해설

부촉매의 연쇄반응 억제작용에 의한 방법은 화학적 방법에 의한 소화이다.

정답 15 ③ 16 ③ 17 ② 18 ①

19

표준상태에서 11.2[L]의 기체질량이 22[g]이었다면 이 기체의 분자량은 얼마인가?(단, 이상기체를 가정한다.)

① 22 ② 35
③ 44 ④ 56

해설

11.2[L]의 기체질량이 22[g]이라면 22.4[L]일 경우 기체질량은 2배 비례해서 44[g]이 된다. 표준상태에서 22.4[L]의 부피의 질량이 분자량이므로 이 기체의 분자량은 44가 된다.

20

프로판 가스의 연소범위[vol%]에 가장 가까운 것은?

① 9.8~28.4 ② 2.5~81
③ 4.0~75 ④ 2.1~9.5

해설

프로판 가스의 연소범위[vol%]에 가장 가까운 것은 2.1~9.5[vol%]이다.

| 관련개념 | 가연성 가스의 연소한계(상온, 1[atm])

가스	하한계[vol%]	상한계[vol%]
아세틸렌	2.5	81
수소	4	75
일산화탄소	12.5	74
에테르	1.9	48
이황화탄소	1.2	44
에틸렌	2.7	36
암모니아	15	28
메탄	5	15
에탄	3	12.4
프로판	2.1	9.5
부탄	1.8	8.4

※ 연소한계는 연소범위, 가연한계, 가연범위, 폭발한계, 폭발범위 등의 용어로도 사용된다.

2과목 소방전기일반

21

동일한 조건에서 전동기 중 기동토크가 가장 큰 것은?

① 보통 농형 유도전동기
② 권선형 유도전동기
③ 분상기동형 유도전동기
④ 반발기동형 유도전동기

해설

단상유도전동기 중 반발기동형 유도전동기가 기동토크가 가장 크다.
- 단상유도전동기 기동토크 순서
  반발기동형 > 반발유도형 > 콘덴서기동형 > 분상기동형 > 셰이딩코일형

22

시퀀스제어에 관한 설명 중 옳지 않은 것은?

① 논리회로가 조합사용된다.
② 기계적 계전기 접점이 사용된다.
③ 전체시스템에 연결된 접점들이 일시에 동작할 수 있다.
④ 시간 지연요소가 사용된다.

해설

시퀀스 제어
- 기계적 계전기 접점이 사용된다.
- 논리회로가 조합 사용된다.
- 시간 지연 요소가 사용된다.
- 미리 정해진 순서에 따라 각 단계가 순차적으로 진행한다.

정답 19 ③ 20 ④ 21 ④ 22 ③

23

공기 중에서 $5 \times 10^{-4}[\text{Wb}]$와 $8 \times 10^{-3}[\text{Wb}]$의 두 자극 사이에 작용하는 힘이 $6.33[\text{N}]$이었다면 두 자극 간의 거리는 얼마인가?

① 0.1[m] ② 0.2[m]
③ 0.3[m] ④ 0.4[m]

해설

두 자극 간의 거리는 0.2[m]이다.

$$F = 6.33 \times 10^4 \times \frac{m_1 m_2}{r^2}[\text{N}]$$

$$6.33[\text{N}] = 6.33 \times 10^4 \times \frac{5 \times 10^{-4} \times 8 \times 10^{-3}}{r^2}$$

$$\therefore r = 0.2[\text{m}]$$

24 빈출

다이오드 AND GATE에서 출력전압은 몇 [V]인가? (단, A = 5[V], B = 0[V]인 경우)

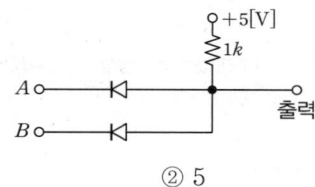

① 0   ② 5
③ 10 ④ 15

해설

AND 게이트
두 개 입력 모두 입력값(5[V])일 경우 출력이 5[V]가 된다. 하나라도 0[V]일 경우 0[V] 출력된다.

25 빈출

목표값이 미리 정해진 시간적 변화를 하는 경우 제어량을 그것에 추종시키기 위한 제어는?

① 추종제어   ② 정치제어
③ 비율제어   ④ 프로그램 제어

해설

목표값이 미리 정해진 시간적 변화를 하는 경우 제어량을 그것에 추종시키기 위한 제어는 프로그램 제어이다.

| 관련개념 | 프로그램 제어

미리 정해진 규칙에 따라 변화시키는 제어

- 추종제어: 미지의 임의 시간적 변화를 하는 목표 값에 제어량을 추종시키는 것을 목적으로 하는 제어이다.
- 정치 제어: 목표 값이 시간적으로 일정한 제어를 말하며 프로세스 제어와 자동조정 제어가 이에 속한다.
- 비율 제어: 목표 값이 서로 다른 어떤 양과 일정한 비율 관계를 가지는 제어이다.
- 프로그램 제어: 미리 정해진 규칙에 따라 변화시키는 제어이다.

26

요소와 단위의 연결 중 틀린 것은?

① 자속밀도 − $[\text{Wb}/\text{m}^2]$
② 유전속밀도 − $[\text{C}/\text{m}^2]$
③ 투자율 − $[\text{AT}/\text{m}]$
④ 유전율 − $[\text{F}/\text{m}]$

해설

투자율−$[\text{H}/\text{m}]$이 올바르다.

정답 23 ②   24 ①   25 ④   26 ③

27
계측방법이 잘못된 것은?

① 후크온 미터에 의한 전류 측정
② 회로시험기에 의한 저항 측정
③ 메거에 의한 접지저항 측정
④ 전류계, 전압계, 전력계에 의한 역률 측정

해설
메거에 의한 절연저항 측정이 올바르다.

28
어떤 정현파 전압의 평균값이 $191[V]$이면 최댓값은 약 몇 $[V]$인가?

① 100 ② 200
③ 300 ④ 600

해설
어떤 정현파 전압의 평균값이 $191[V]$이면 최댓값은 $300[V]$이다.

- 정현파 교류전압의 실효값: $V_{rms} = \dfrac{V_m}{\sqrt{2}}[V]$
- 최대값: $V_m = \sqrt{2}\, V_{rms}[V]$
- 정현파 교류전압의 평균값: $V_{av} = \dfrac{2}{\pi} V_m[V]$
- 최대값: $V_m = \dfrac{\pi}{2} V_{av}[V]$

$V_m = \dfrac{\pi}{2} \times 191 = 300[V]$

29
정전용량 $C[F]$의 콘덴서에 $W[J]$의 에너지를 축적하려면 인가전압은 몇 $[V]$인가?

① $\sqrt{\dfrac{W}{C}}$ ② $\sqrt{\dfrac{W}{2C}}$
③ $\sqrt{\dfrac{2W}{C}}$ ④ $\sqrt{\dfrac{2C}{W}}$

해설
$W = \dfrac{1}{2}CV^2$ 이다. 따라서 $V = \sqrt{\dfrac{2W}{C}}$ 이다.

30
한 상의 임피던스가 $6+j8[\Omega]$인 평형 △ 부하에 대칭인 선간전압 $200[V]$를 가하면 3상 전력은 몇 $[kW]$인가?

① 2   ② 2.4
③ 4.2 ④ 7.2

해설
△결선에서 상전압의 크기는 선간전압의 크기와 같으므로
$V_p = V_l = 200[V]$
각 상의 임피던스의 크기 $|Z| = \sqrt{6^2 + 8^2} = 10[\Omega]$
상전류 $I_p = \dfrac{V_p}{|Z|} = \dfrac{200}{10} = 20[A]$
3상전력 $Z = R + jX = 6 + j8[\Omega]$
$P = 3I_p^2 R = 3 \times 20^2 \times 6 = 7{,}200[W] = 7.2[kW]$

31 빈출
계단변화에 대하여 잔류편차가 없는 것이 장점이며, 간헐현상이 있는 제어계는?

① 비례제어계   ② 비례미분제어계
③ 비례적분제어계   ④ 비례적분미분제어계

해설
계단변화에 대하여 잔류편차가 없는 것이 장점이며, 간헐현상이 있는 제어계는 비례적분제어계이다.

| 관련개념 |
- 비례제어: 잔류편차존재
- 비례적분제어: 잔류편차제거, 간헐현상존재
- 비례미분제어: 잔류편차존재, 응답속응성 개선
- 비례미분적분제어: 잔류편차 제거, 응답속응성 개선

정답 27 ③ 28 ③ 29 ③ 30 ④ 31 ③

32

정속도 운전의 직류발전기로 작은 전력의 변화를 큰 전력의 변화로 증폭하는 발전기는?

① 앰플리다인
② 로젠베르그 발전기
③ 솔레노이드
④ 서보전동기

해설

정속도 운전의 직류발전기로 작은 전력의 변화를 큰 전력의 변화로 증폭하는 발전기는 앰플리다인이다.

| 관련개념 | 앰플리다인
- 입·출력신호가 모두 직류이다.
- 견고하고 토크가 에너지원이 된다.
- 전기식 증폭기이다.
- 작은 입력전력의 변화를 큰 출력전력의 변화로 증폭한다.

33 고난도

$i = 20\sqrt{2}\sin(\omega t + 10) + 5\sqrt{2}\sin(3\omega t - 30) + 3\sqrt{2}\sin(5\omega t + 90)\,[\text{mA}]$인 비정현파 전류의 실효값은 약 몇 [mA]인가?

① 20.8[mA]
② 28.1[mA]
③ 29.5[mA]
④ 39.6[mA]

해설

계산하면 아래와 같다.

실효값 $i = \sqrt{I_0^2 + \left(\dfrac{I_{m1}}{\sqrt{2}}\right)^2 + \left(\dfrac{I_{m2}}{\sqrt{2}}\right)^2 + \cdots}$

$= \sqrt{\left(\dfrac{20\sqrt{2}}{\sqrt{2}}\right)^2 + \left(\dfrac{5\sqrt{2}}{\sqrt{2}}\right)^2 + \left(\dfrac{3\sqrt{2}}{\sqrt{2}}\right)^2}$

$= 20.8\,[\text{mA}]$

34 빈출

그림과 같은 DIODE 게이트 회로에서 출력전압은?(단, 다이오드 내의 전압강하는 무시한다.)

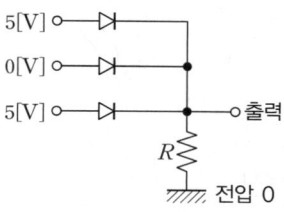

① 0[V]
② 1[V]
③ 5[V]
④ 10[V]

해설

OR 게이트

세 개의 입력 중 하나라도 입력값(5[V])이 있다면 출력에는 입력값(5[V])이 나타난다. 따라서 출력전압은 5[V]이다.

35

한 개의 철심코어에 두 코일이 감겨있다. 코일1의 자기인덕턴스 L_1이 160[mH], 코일2의 자기인덕턴스 L_2가 250[mH]이고, 두 코일의 상호인덕턴스는 M이 150[mH]일 때 두 코일의 결합계수 k는?

① 0.33
② 0.62
③ 0.75
④ 0.86

해설

계산해 보면 아래와 같다.

$M = k\sqrt{L_1 L_2}$, $k = \dfrac{M}{\sqrt{L_1 L_2}} = \dfrac{150}{\sqrt{160 \times 250}} = 0.75$

정답 32 ① 33 ① 34 ③ 35 ③

36

저항 3[Ω]과 유도리액턴스 4[Ω]이 직렬로 접속된 회로의 역률은?

① 0.6
② 0.8
③ 0.9
④ 1

해설

계산해 보면 아래와 같다.
임피던스 $Z = \sqrt{3^2 + 4^2} = 5[\Omega]$
역률 $\cos\theta = \dfrac{R}{Z} = \dfrac{3}{5} = 0.6$

37

그림과 같은 유접점회로의 논리식은?

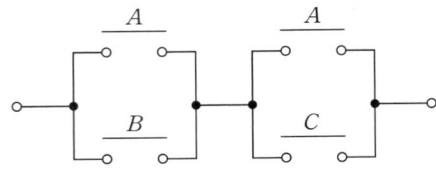

① AB + BC
② A + BC
③ AB + C
④ B + AC

해설

계산해 보면 아래와 같다.
$(A+B)(A+C) = A + BC$

38

소화설비의 기동장치에 사용하는 전자(電磁)솔레노이드에서 발생되는 자계의 세기는?

① 코일의 권수에 비례한다.
② 코일의 권수에 반비례한다.
③ 전류의 세기에 반비례한다.
④ 전압에 반비례한다.

해설

코일의 권수에 비례한다.

39

이상적인 전압원 및 전류원에 대한 설명이 옳은 것은?

① 전압원의 내부저항은 ∞이고, 전류원은 0이다.
② 전압원의 내부저항은 0이고, 전류원은 ∞이다.
③ 전압원이나 전류원의 내부저항은 흐르는 전류에 따라 변한다.
④ 전압원의 내부 저항은 일정하고, 전류원의 내부저항은 일정하지 않다.

해설

전압원의 내부저항은 0이고, 전류원은 ∞이다.

40

다음 중 완전 통전상태에 있는 SCR을 차단상태로 하기 위한 방법으로 알맞은 것은?

① 게이트 전류를 차단시킨다.
② 게이트에 역방향 바이어스를 인가한다.
③ 양극전압을 (−)로 한다.
④ 양극전압을 더 높게 한다.

해설

완전 통전상태에 있는 SCR을 차단상태로 하기 위한 방법은 양극전압을 (−)로 하는 것이다.

| 관련개념 | **완전 통전상태에 있는 SCR을 차단상태로 하기 위한 방법**
- 양극전압을 (−)로 한다.
- 음극전압을 (+)로 한다.
- 양극전압 또는 음극전압을 차단한다.

정답 36 ① 37 ② 38 ① 39 ② 40 ③

3과목 소방관계법규

41 빈출

「소방시설 설치 및 관리에 관한 법령」상 소방대상물의 방염 등과 관련하여 방염성능기준은 무엇으로 정하는가?

① 대통령령
② 행정안전부령
③ 소방청훈령
④ 소방청예규

해설

방염대상물품의 방염성능기준은 대통령령으로 정한다.

| 관련개념 | 방염성능기준

구분	내용	기준
잔염시간	버너의 불꽃을 제거한 때부터 불꽃을 올리며 연소하는 상태가 그칠 때까지 시간	20초 이내
잔신시간	버너의 불꽃을 제거한 때부터 불꽃을 올리지 아니하고 연소하는 상태가 그칠 때까지 시간	30초 이내
탄화 면적	잔염, 잔신시간내에 탄화한 면적	$50[cm^2]$ 이내
탄화 길이	잔염, 잔신시간내에 탄화한 길이	$20[cm]$ 이내
접염횟수	불꽃에 의하여 완전히 녹을 때까지 불꽃의 접촉 횟수	3회 이상
연기밀도	소방청장이 정하여 고시한 방법으로 발연량을 측정	400 이하

42

「소방기본법」상 대통령령으로 정하는 특정소방대상물 소방시설 공사의 완공검사를 위하여 소방본부장이나 소방서장의 현장 확인 대상 범위가 아닌 것은?

① 문화 및 집회시설
② 수계 소화설비가 설치되는 것
③ 연면적 $10,000[m^2]$ 이상이거나 11층 이상인 특정소방대상물(아파트는 제외)
④ 가연성 가스를 제조·저장 또는 취급하는 시설 중 지상에 노출된 가연성 가스탱크의 저장용량 합계가 $1,000[t]$ 이상인 시설

해설

'수계 소화설비가 설치되는 것'은 소방본부장이나 소방서장의 현장 확인 대상 범위가 아니다.

| 관련개념 | 완공검사를 위한 현장확인대상 특정소방대상물의 범위

- 문화 및 집회시설, 종교시설, 판매시설, 노유자(老幼者)시설, 수련시설, 운동시설, 숙박시설, 창고시설, 지하상가 및 다중이용업소
- 다음 각 목의 어느 하나에 해당하는 설비가 설치되는 특정소방대상물
  - 스프링클러설비 등
  - 물분무등소화설비(호스릴 방식의 소화설비는 제외한다.)
  - 연면적 1만$[m^2]$ 이상이거나 11층 이상인 특정소방대상물(아파트는 제외)
  - 가연성 가스를 제조·저장 또는 취급하는 시설 중 지상에 노출된 가연성 가스탱크의 저장용량 합계가 1천톤 이상인 시설

정답 41 ① 42 ②

43

「위험물안전관리법령」상 위험물시설의 변경기준 중 다음 (　) 안에 알맞은 것은?

> 제조소 등의 위치 · 구조 또는 설비의 변경 없이 당해 제조소 등에서 저장하거나 취급하는 위험물의 품명 · 수량 또는 지정수량의 배수를 변경하고자 하는 자는 변경하고자 하는 날의 (㉠)일 전까지 (㉡)이 정하는 바에 따라 (㉢)에게 신고하여야 한다.

① ㉠ 1, ㉡ 대통령령, ㉢ 소방본부장 또는 소방서장
② ㉠ 1, ㉡ 행정안전부령, ㉢ 시 · 도지사
③ ㉠ 7, ㉡ 대통령령, ㉢ 소방본부장 또는 소방서장
④ ㉠ 7, ㉡ 행정안전부령, ㉢ 시 · 도지사

해설

품명 등의 변경 신고에 관한 내용은 아래와 같다.
- 품명 등의 변경 신고권자: 시 · 도지사, 소방서장
- 신고기한: 변경하고자 하는 날의 1일 전까지 행정안전부령에 따라 신고
- 첨부서류: 제조소 등의 완공검사합격확인증

| 관련개념 | 소방시설 설치 및 관리에 관한 법률 시행령

소방시설	종류
소화설비	• 소화기구 • 자동소화장치 • 옥내소화전설비(호스릴 옥내소화전 포함) • 스프링클러설비 등 • 물분무소화설비 등 • 옥외소화전설비
경보설비	• 단독경보형감지기 • 비상경보설비(비상벨설비, 자동식 사이렌설비) • 시각경보기 • 자동화재탐지설비 • 비상방송설비 • 자동화재속보설비 • 통합감시시설 • 누전경보기 • 가스누설경보기
피난구조설비	• 피난기구 • 인명구조기구 • 유도등 • 비상조명등 및 휴대용 비상조명등
소화용수설비	• 상수도소화용수설비 • 소화수조 · 저수조 · 그 밖의 소화용수설비
소화활동설비	• 제연설비 • 연결송수관설비 • 연결살수설비 • 비상콘센트설비 • 무선통신보조설비 • 연소방지설비

44 빈출

「소방시설 설치 및 관리에 관한 법령」상 소방시설 중 경보설비에 해당하지 않는 것은?

① 누전경보기
② 자동화재속보설비
③ 유도등 또는 유도표지
④ 비상방송설비

해설

「소방시설 설치 및 관리에 관한 법령」상 소방시설 중 경보설비에 해당하지 않는 것은 '유도등 또는 유도표지'이다.

정답 43 ②　44 ③

45 고난도

「위험물안전관리법」상 제4류 위험물로서 제1석유류에 속하는 것은?

① 이황화탄소
② 휘발유
③ 디에틸에테르
④ 파라크실렌

해설

「위험물안전관리법」상 제4류 위험물로서 제1석유류에 속하는 것은 휘발유이다.
- 특수인화물: 이황화탄소, 디메틸에테르
- 제1석유류: 휘발유, 아세톤, 톨루엔
- 제2석유류: 파라크실렌

| 관련개념 | 제4류 인화성 액체

위험물		지정 수량	위험 등급
품명			
특수 인화물	• 아세트알데히드, 이황화탄소, 디메틸에테르 • 1기압에서 발화점 100[℃] 이하인 것 또는 인화점 $-20[℃]$ 이하이고 끓는점이 40[℃] 이하인 것	50[l]	I
제1석유류	• 비수용성액체 • 인화점 21[℃] 미만, 아세톤, 휘발유	200[l]	II
	수용성액체	400[l]	
알코올류	• 1분자를 구성하는 탄소수가 1~3개까지의 포화 1가알콜, 변성알콜을 포함 제외 • 탄소수 3개 이하의 포화 1가알콜 함유량이 60[wt%] 미만 또는 가연성 액체량이 60[wt%] 미만이고, 인화점 및 연소점이 에틸알콜 60[wt%] 수용액의 인화점, 연소점을 초과하는 것	400[l]	
제2석유류	비수용성액체 인화점 21[℃] 이상 70[℃] 미만, 등유, 경유	1,000[l]	III
	수용성액체	2,000[l]	
제3석유류	비수용성액체 인화점 70[℃] 이상 200[℃] 미만, 중유, 클레오소트유	2,000[l]	
	수용성액체	4,000[l]	
제4석유류	인화점 200[℃] 이상 250[℃] 미만, 기어유, 실린더유	6,000[l]	
동식물유류	동물의 지육, 또는 식물의 종자나 과육으로부터 추출한 것으로 1기압에서 인화점이 250[℃] 미만인 것	10,000[l]	

46

「소방시설 설치 및 관리에 관한 법령」상 소방시설을 화재안전기준에 따라 설치·관리하지 아니한 자에 대한 벌칙 기준으로 옳은 것은?

① 1년 이하의 징역 또는 1천만 원 이하의 벌금
② 3년 이하의 징역 또는 3천만 원 이하의 벌금
③ 5년 이하의 징역 또는 5천만 원 이하의 벌금
④ 7년 이하의 징역 또는 7천만 원 이하의 벌금

해설

「소방시설 설치 및 관리에 관한 법령」상 소방시설을 화재안전기준에 따라 설치·관리하지 아니한 자는 3년 이하의 징역 또는 3천만 원 이하의 벌금을 받을 수 있다.

| 관련개념 | 소방시설 설치 및 관리에 관한 법령(3년 이하의 징역 또는 3천만 원 이하의 벌금)

- 소방대상물의 개수·이전·제거, 사용의 금지 또는 제한, 사용 폐쇄, 공사의 정지 또는 중지, 그 밖의 필요한 조치 명령 등을 정당한 사유 없이 위반한 자
  - 특정소방대상물에 설치하는 소방시설의 유지관리업무
  - 공사현장에 설치하는 임시소방시설의 유지관리
  - 특정소방대상물의 방염성능기준 미만
  - 소방용품에 대한 제조자, 수입자, 판매자, 시공자의 수거·폐기·교체의 위반
  - 소방용품의 회수·교환·폐기 또는 판매 중지
  - 명령을 정당한 사유 없이 위반한 자
- 관리업의 등록을 하지 아니하고 영업을 한 자
- 소방용품의 형식 승인을 받지 아니하고 소방용품을 제조하거나 수입한 자
- 소방용품 형식 승인 제품검사를 받지 아니한 자
- 소방용품의 형식 승인, 임의변경, 제품검사, 합격표시 미이행 소방용품을 판매·진열하거나 소방시설공사에 사용한 자
- 제품검사를 받지 아니하거나 합격표시를 하지 아니한 소방용품을 판매·진열하거나 소방시설공사에 사용한 자
- 거짓이나 그 밖의 부정한 방법으로 전문기관으로 지정을 받은 자

정답 45 ② 46 ②

47

「소방시설 설치 및 관리에 관한 법령」상 소방설비산업기사 자격을 취득한 후 최소 몇 년 이상 소방실무경력이 있어야 소방시설관리사 응시자격이 주어지는가?

① 7년　　② 5년
③ 4년　　④ 3년

해설

「소방시설 설치 및 관리에 관한 법령」상 소방설비산업기사 자격을 취득한 후 최소 3년 이상 소방실무경력이 있어야 소방시설관리사 응시자격이 주어진다.

| 관련개념 | 소방시설관리사의 응시자격
- 소방기술사 · 건축사 · 건축기계설비기술사 · 건축전기설비기술사 또는 공조냉동기계기술사
- 위험물기능장
- 소방설비기사
- 「국가과학기술 경쟁력 강화를 위한 이공계지원 특별법」 제2조 제1호에 따른 이공계 분야의 박사학위를 취득한 사람
- 소방청장이 정하여 고시하는 소방안전 관련 분야의 석사 이상의 학위를 취득한 사람
- 소방설비산업기사 또는 소방공무원 등 소방청장이 정하여 고시하는 사람 중 소방에 관한 실무경력(자격 취득 후의 실무경력으로 한정한다.)이 3년 이상인 사람

48

「소방시설 설치 및 관리에 관한 법령」상 지방소방기술심의위원회의 심의사항은?

① 화재안전기준에 관한 사항
② 소방시설의 구조와 원리 등에 있어서 공법이 특수한 설계 및 시공에 관한 사항
③ 소방시설 공사 하자의 판단기준에 관한 사항
④ 소방시설에 대한 하자 여부의 판단에 관한 사항

해설

「소방시설 설치 및 관리에 관한 법령」상 지방소방기술심의위원회의 심의사항은 '소방시설에 대한 하자 여부의 판단에 관한 사항'이 속한다.

| 관련개념 | 소방기술심의위원회의 심의사항
- 중앙소방기술심의위원회 심의사항
  - 화재안전기준에 관한 사항
  - 소방시설의 구조 및 원리 등에서 공법이 특수한 설계 및 시공에 관한 사항
  - 소방시설의 설계 및 공사감리의 방법에 관한 사항
  - 소방시설공사의 하자를 판단하는 기준에 관한 사항
  - 그 밖에 소방기술 등에 관하여 대통령령으로 정하는 사항
- 지방소방기술심의위원회 심의사항
  - 소방시설에 하자가 있는지의 판단에 관한 사항
  - 그 밖에 소방기술 등에 관하여 대통령령으로 정하는 사항

49

「화재의 예방 및 안전관리에 관한 법률」에서 정하고 있는 화재의 예방조치를 위한 금지 행위와 관계가 없는 것은?

① 모닥불 · 흡연 등 화기의 취급
② 풍등 등 소형열기구 날리기
③ 용접 · 용단 등 불꽃을 발생시키는 행위
④ 불이 번지는 것을 막기 위하여 불이 번질 우려가 있는 소방대상물의 사용 제한

해설

| 관련개념 | 화재의 예방조치 등
- 예방조치 명령권: 소방본부장, 소방서장
- 명령대상
  - 화재예방상 위험하다 인정되는 행위자
  - 소화활동에 지장을 주는 물건의 소유 · 관리 · 점유자
- 예방조치명령
  모닥불, 흡연, 화기(火氣) 취급, 풍등 등 소형 열기구 날리기, 용접 용단 등 불꽃을 발생시키는 행위, 그 밖에 화재 예방상 위험하다고 인정되는 행위의 금지 또는 제한
- 옮긴 물건의 조치
  - 게시판 공고기간: 14일
  - 공고 후 보관기간: 7일
  - 보관기간 종료 후: 매각 또는 폐기

정답 47 ④　48 ④　49 ④

50 빈출

다음 중 "피난층"에 대한 설명으로 옳은 것은?

① 건축물의 1층을 말한다.
② 하나의 건축물은 반드시 피난층이 하나이다.
③ 곧바로 지상으로 갈 수 있는 출입구가 있는 층을 말한다.
④ 직통계단을 통해 직접 피난이 가능한 층을 말한다.

해설

피난층은 곧바로 지상으로 갈 수 있는 출입구가 있는 층을 말한다.

| 관련개념 |
- 건축법상 피난층
  - 직접 지상으로 통하는 출입구가 있는 층
  - 외부(도로 또는 지표면)로 연결된 출입구 및 피난안전구역이 설치된 층 (고층건축물의 중간층)에 따른 피난안전구역이 있는 층
- 소방법상 피난층
  곧바로 지상으로 나갈 수 있는 출입구가 있는 층

해설

아래 내용에 따라 ③이 답이다.

| 관련개념 | 화재안전조사 실시대상
- 자체점검이 불성실하거나 불완전하다고 인정되는 경우
- 화재예방강화지구 등 법령에서 화재안전조사를 하도록 규정되어 있는 경우
- 화재예방안전진단이 불성실하거나 불완전하다고 인정되는 경우
- 국가적 행사 등 주요 행사가 개최되는 장소 및 그 주변의 관계 지역에 대하여 소방안전관리 실태를 조사할 필요가 있는 경우
- 화재가 자주 발생하였거나 발생할 우려가 뚜렷한 곳에 대한 조사가 필요한 경우
- 재난예측정보, 기상예보 등을 분석한 결과 소방대상물에 화재의 발생 위험이 크다고 판단되는 경우
- 그 외에 화재, 그 밖의 긴급한 상황이 발생할 경우 인명 또는 재산 피해의 우려가 현저하다고 판단되는 경우

51

「화재의 예방 및 안전관리에 관한 법률」상 소방청장, 소방본부장 또는 소방서장은 관할구역에 있는 소방대상물에 대하여 화재안전조사를 실시할 수 있다. 화재안전조사 대상과 거리가 먼 것은?(단, 개인 주거에 대하여는 관계인의 승낙을 득한 경우이다.)

① 화재예방강화지구에 대한 화재안전조사 등 다른 법률에서 화재안전조사를 실시하도록 한 경우
② 관계인이 법령에 따라 실시하는 소방시설, 방화시설, 피난시설 등에 대한 자체점검 등이 불성실하거나 불완전하다고 인정되는 경우
③ 화재가 발생할 우려는 없으나 소방대상물의 정기점검이 필요한 경우
④ 국가적 행사 등 주요 행사가 개최되는 장소에 대하여 소방안전관리 실태를 점검할 필요가 있는 경우

52

저장소 또는 제조소 등이 아닌 장소에서 지정수량 이상의 위험물을 저장 또는 취급한 자에 대한 벌칙은?

① 1년 이하 징역 또는 1천만 원 이하의 벌금
② 3년 이하 징역 또는 3천만 원 이하의 벌금
③ 5년 이하 징역 또는 5천만 원 이하의 벌금
④ 7년 이하 징역 또는 7천만 원 이하의 벌금

해설

저장소 또는 제조소 등이 아닌 장소에서 지정수량 이상의 위험물을 저장 또는 취급한 자에 대해서 3년 이하 징역 또는 3천만 원 이하의 벌금을 줄 수 있다.

| 관련개념 | 3년 이하의 징역 또는 3천만 원 이하의 벌금법
저장소 또는 제조소등이 아닌 장소에서 지정수량 이상의 위험물을 저장 또는 취급한 자

정답 50 ③   51 ③   52 ②

53

다음 중 방염대상물품에 대한 방염성능기준으로 적합한 것은?

① 불꽃에 의하여 완전히 녹을 때까지 불꽃의 접촉횟수는 3회 이상
② 버너의 불꽃을 제거한 때부터 불꽃을 올리며 연소하는 상태가 그칠 때까지 시간은 30초 이내
③ 버너의 불꽃을 제거한 때부터 불꽃을 올리지 아니하고 연소하는 상태가 그칠 때까지 시간은 20초 이내
④ 탄화한 면적은 20제곱센티미터 이내, 탄화한 길이는 50센티미터 이내

해설

방염대상물품에 대한 방염성능기준은 불꽃에 의하여 완전히 녹을 때까지 불꽃의 접촉횟수는 3회 이상이어야 한다.

| 관련개념 | 방염대상물품의 방염성능기준

구분	내용	기준
잔염시간	버너의 불꽃을 제거한 때부터 불꽃을 올리며 연소하는 상태가 그칠 때까지 시간	20초 이내
잔신시간	버너의 불꽃을 제거한 때부터 불꽃을 올리지 아니하고 연소하는 상태가 그칠 때까지 시간	30초 이내
탄화 면적	잔염, 잔신시간내에 탄화한 면적	50[cm^2] 이내
탄화 길이	잔염, 잔신시간내에 탄화한 길이	20[cm] 이내
접염횟수	불꽃에 의하여 완전히 녹을 때까지 불꽃의 접촉 횟수	3회 이상
연기밀도	소방청장이 정하여 고시한 방법으로 발연량을 측정	400 이하

54

다음 중 소방안전관리자를 30일 이내에 선임하여야 하는 기준일로 옳지 않은 것은?

① 신축 등으로 신규로 소방안전관리자를 선임하여야 하는 경우에는 완공일
② 증축으로 1급 또는 2급 소방안전관리대상물이 된 경우에는 증축공사의 완공일
③ 용도변경을 소방안전관리등급이 변경된 경우에는 건축 허가일
④ 소방안전관리자를 해임한 경우 소방안전관리자를 해임한 날

해설

소방안전관리자를 30일 이내에 선임하여야 하는 기준일은 용도변경을 소방안전관리등급이 변경된 경우에는 건축 허가일이다.

| 관련개념 |

특정소방대상물의 관계인은 소방안전관리자를 다음 각 호의 구분에 따라 해당 호에서 정하는 날부터 30일 이내에 선임해야 한다.

- 신축·증축·개축·재축·대수선 또는 용도변경으로 해당 특정소방대상물의 사용승인일
- 증축 또는 용도변경으로 인하여 특정소방대상물의 소방안전관리 등급이 변경된 경우: 증축공사의 사용승인일 또는 용도변경 사실을 건축물관리대장에 기재한 날
- 특정소방대상물을 양수하거나 이에 준하는 절차에 따라 관계인의 권리를 취득한 경우: 해당 권리를 취득한 날 또는 관할 소방서장으로부터 소방안전관리자 선임 안내를 받은 날
- 관리의 권원이 분리된 특정소방대상물
  - 복합건축물(지하층을 제외한 층수가 11층 이상 또는 연면적 3만[m^2] 이상인 건축물)
  - 지하가(지하의 인공구조물 안에 설치된 상점 및 사무실, 그 밖에 이와 비슷한 시설이 연속하여 지하도에 접하여 설치된 것과 그 지하도를 합한 것을 말한다.)
- 소방안전관리자의 해임, 퇴직, 계약해지, 자격정지, 취소 등으로 해당 소방안전관리자의 업무가 종료된 경우

정답 53 ① 54 ③

55

「화재의 예방 및 안전관리에 관한 법령」상 화재안전조사 결과 소방대상물의 위치 또는 관리의 상황이 화재 예방을 위하여 보완될 필요가 있을 것으로 예상되는 때에 소방대상물의 개수·이전·제거, 그 밖에 필요한 조치를 관계인에게 명령할 수 있는 사람은?

① 소방서장 ② 경찰청장
③ 시·도지사 ④ 해당 구청장

해설

「화재의 예방 및 안전관리에 관한 법령」상 화재안전조사 결과 소방대상물의 위치 또는 관리의 상황이 화재 예방을 위하여 보완될 필요가 있을 것으로 예상되는 때에 소방대상물의 개수·이전·제거, 그 밖에 필요한 조치를 관계인에게 명령할 수 있는 사람은 소방서장이다.

| 관련개념 | 화재의 예방조치 등

권한	소방청장, 소방본부장 또는 소방서장			
구분	조사대상	조사항목	연기신청사유	조사결과 조치명령
대상/항목/명령/구성	• 자체점검 불량 • 화재예방강화지구에 대한 화재안전조사 • 국가적 주요행사 • 화재가 빈발 또는 발생 우려가 큰 곳 • 재난예측정보, 기상예보시, 고위험대상 이외 인명 및 재산피해 우려가 현저한 곳	• 소방안전관리 업무 수행 • 소방계획서의 이행 • 자체점검 및 정기적 점검 • 화재의 예방조치 • 불 사용하는 설비 등의 관리 • 특수가연물의 저장·취급 • 다중이용업소의 안전관리 • 위험물안전관리법 안전관리	• 풍수해 • 관계인 질병, 장기출장 • 화재안전조사(화재안전조사(화재예방사)) • 필요 장부·서류의 압수·영치	• 개수 • 이전 • 제거 • 사용금지·제한 • 사용폐쇄 • 공사의 정지·중지
비고 1	조사통보: 조사 7일 전 서면통보		조사 3일 전 연기신청서 제출	

56

「소방시설공사업법」상 특정소방대상물의 관계인 또는 발주자가 해당 도급계약의 수급인을 도급계약 해지할 수 있는 경우의 기준 중 틀린 것은?

① 하도급 계약의 적정성 심사 결과 하수급인 또는 하도급 계약 내용의 변경요구에 정당한 사유 없이 따르지 아니하는 경우
② 정당한 사유 없이 15일 이상 소방시설공사를 계속하지 아니하는 경우
③ 소방시설업이 등록취소되거나 영업정지된 경우
④ 소방시설업을 휴업하거나 폐업한 경우

해설

'정당한 사유 없이 15일 이상 소방시설공사를 계속하지 아니하는 경우'는 「소방시설공사업법」상 특정소방대상물의 관계인 또는 발주자가 해당 도급계약의 수급인을 도급계약 해지할 수 있는 경우가 아니다.

| 관련개념 | 도급계약의 해지
• 소방시설업이 등록취소되거나 영업정지된 경우
• 소방시설업을 휴업하거나 폐업한 경우
• 정당한 사유 없이 30일 이상 소방시설공사를 계속하지 아니하는 경우
• 적정성 심사에 따른 수급인에 대하여 하수급인 또는 하도급 계약 내용의 변경 요구에 정당한 사유 없이 따르지 아니하는 경우

정답 55 ① 56 ②

57

「화재의 예방 및 안전관리에 관한 법률」상 특수가연물의 저장 및 취급 기준 중 ( ) 안에 들어갈 내용으로 옳은 것은? (단, 목탄, 석탄류의 경우는 제외한다.)

> 쌓는 높이는 (㉠)[m] 이하가 되도록 하고, 쌓는 부분의 바닥면적은 (㉡)[m²] 이하가 되도록 할 것

① ㉠ 15, ㉡ 200
② ㉠ 10, ㉡ 50
③ ㉠ 15, ㉡ 300
④ ㉠ 10, ㉡ 30

해설

쌓는 높이는 10[m] 이하가 되도록 하고, 쌓는 부분의 바닥면적은 50[m²] 이하가 되도록 할 것

| 관련개념 | 특수가연물의 저장 및 취급 기준
- 품명별로 구분하여 쌓을 것
- 쌓는 높이 10[m] 이하, 쌓는 부분의 바닥면적은 50[m²](석탄·목탄류의 경우에는 200[m²]) 이하. 다만, 살수설비를 설치하거나, 방사능력 범위에 해당 특수가연물이 포함되도록 대형수동식소화기를 설치하는 경우에는 쌓는 높이를 15[m] 이하, 쌓는 부분의 바닥면적을 200[m²](석탄·목탄류의 경우에는 300[m²]) 이하로 한다.
- 쌓는 부분의 바닥면적 사이는 1[m] 이상이 되도록 할 것

58

방염업의 등록 결격 사유에 해당하지 않는 것은?

① 피성년후견인
② 방염업의 등록이 취소된 날부터 3년이 지난 자
③ 위험물안전관리법에 따른 금고 이상의 형의 집행유예 선고를 받고 그 유예기간 중에 있는 자
④ 위험물안전관리법에 따른 금고 이상의 실형의 선고를 받고 그 집행이 종료되거나 집행이 면제된 날로부터 2년이 지나지 아니한 자

해설

'방염업의 등록이 취소된 날부터 3년이 지난 자'는 방염업의 등록 결격 사유에 해당하지 않는다.

| 관련개념 | 소방시설업 등록의 결격 사유
① 피성년후견인
② 「소방관련법령에 따른 금고 이상의 실형을 선고받고 그 집행이 끝나거나 집행이 면제된 날부터 2년이 지나지 아니한 사람
③ 소방관련법령에 따른 금고 이상의 형의 집행유예를 선고받고 그 유예기간 중에 있는 사람
④ 자격이 취소(피성년후견인 결격으로 취소된 경우는 제외)된 날부터 2년이 지나지 아니한 사람
⑤ 법인의 대표자가 ①~④에 해당하는 경우 그 법인
⑥ 법인의 임원이 ②~④에 해당하는 경우 그 법인

59

다음 중 화재가 발생할 경우 피난하기 위하여 사용하는 기구 또는 설비인 피난설비에 속하지 않는 것은?

① 완강기
② 인공소생기
③ 피난유도선
④ 연소방지설비

해설

피난설비에 속하지 않는 것은 연소방지설비이다.

| 관련개념 | 피난설비
- 인명구조기구: 방열복, 방화복(안전모, 보호장갑 및 안전화 포함), 인공소생기 및 공기호흡기
- 유도등: 피난구 유도등, 통로 유도등, 유도표지, 객석 유도등
- 비상용 조명등
- 완강기

정답 57 ② 58 ② 59 ④

60

2급 소방안전관리대상물의 소방안전관리자 선임 기준으로 틀린 것은?

① 소방청장이 실시하는 2급 소방안전관리대상물의 소방안전관리에 관한 시험에 합격한 사람
② 소방공무원으로 3년 이상 근무한 경력이 있는 사람
③ 의용소방대원으로 2년 이상 근무한 경력이 있는 사람
④ 위험물산업기사 자격을 가진 사람

해설

2급 소방안전관리대상물의 소방안전관리자 선임 기준으로 틀린 것은 의용소방대원으로 2년 이상 근무한 경력이 있는 사람이다.

| 관련개념 | 2급 소방안전관리대상물의 소방안전관리자 선임 기준
- 위험물기능장·위험물산업기사 또는 위험물기능사 자격이 있는 사람
- 소방공무원으로 3년 이상 근무한 경력이 있는 사람
- 소방청장이 실시하는 2급 소방안전관리대상물의 소방안전관리에 관한 시험에 합격한 사람
- 「기업활동 규제완화에 관한 특별조치법」 제29조, 제30조 및 제32조에 따라 소방안전관리자로 선임된 사람(소방안전관리자로 선임된 기간으로 한정한다.)

4과목 소방전기시설의 구조 및 원리

61

자동화재탐지설비의 감지기 설치 높이가 10[m]인 장소에 설치할 수 있는 감지기의 종류는?

① 차동식 스포트형
② 보상식 스포트형
③ 차동식 분포형
④ 정온식 스포트형

해설

자동화재탐지설비의 감지기 설치 높이가 10[m]인 장소에 설치할 수 있는 감지기의 종류는 차동식 분포형이다.

| 관련개념 |

구분	차동식 분포형 (열전대식)	차동식 분포형 (열반도체식)	차동식 분포형 (공기관식)	차동식 스포트형	보상식/정온식 스포트형	연기 감지기
부착 높이	15[m] 미만	15[m] 미만	15[m] 미만	8[m] 미만	8[m] 미만	4[m] 미만 또는 4[m] 이상 20[m] 미만
개당 바닥 면적	내화구조 22[m²] 기타구조 18[m²]	–	–	–	–	–
검출부 수량	최소 4개 이상, 최대 20개 이하	최소 2개 이상, 최대 15개 이하	–	–	–	–

연기감지기 부착높이

부착높이	1종, 2종	3종
4[m] 미만	150[m²]	50[m²]
4[m] 이상 20[m] 미만	75[m²]	–

62 빈출

이산화탄소 소화설비의 제어반의 설치장소로 적합하지 않은 곳은?

① 화재에 의한 영향이 없는 곳
② 진동 및 충격에 의한 영향이 없는 곳
③ 부식성 가스가 발생하는 곳
④ 점검에 편리한 장소

해설

전기설비의 제어반을 부식성 가스가 발생하는 곳에 두는 것은 부적합하다.

정답 60 ③   61 ③   62 ③

63 빈출

피난구 유도등의 조명도는 피난구로부터 몇 [m]의 거리에서 문자 및 색채를 용이하게 식별할 수 있어야 하는가?

① 20[m]
② 30[m]
③ 50[m]
④ 100[m]

해설

피난구 유도등의 조명도는 피난구로부터 30[m]의 거리에서 문자 및 색채를 용이하게 식별할 수 있어야 한다.

| 관련개념 | 피난구 유도등의 식별도 시험

- 피난구 유도등 및 거실통로유도등
  - 상용전원 점등 시: 주위조도 10~30[lx], 직선거리 30[m] 위치에서 표시면 식별
  - 비상전원 점등 시: 주위조도 0~1[lx], 직선거리 20[m] 위치에서 표시면 식별
- 복도통로유도등
  - 상용전원 점등 시: 주위조도 10~30[lx], 직선거리 20[m] 위치에서 표시면 식별
  - 비상전원 점등시: 주위조도 0~1[lx], 직선거리 15[m] 위치에서 표시면 식별

64

누전경보기는 크게 2가지로 구성되어 있다. 이 구성요소로 맞는 것은?

① 수신부와 검출부
② 수신부와 차단부
③ 변류기와 수신부
④ 변류기와 충전부

해설

누전경보기는 건축물의 전기설비로부터 사용전류 600[V] 이하인 경계선로의 누설전류 또는 지락전류를 검출하며 소방대상물의 관계인에게 경보를 발하는 설비로서 변류기와 수신부로 구성된다.

| 관련개념 | 누전경보기

- 수신부
  변류기로부터 검출된 신호를 수신하여 누전의 발생을 해당 특정소방대상물의 관계인에게 경보하여 주는 것(차단기구를 갖는 것을 포함)
- 변류기
  경계전로의 누설전류를 자동적으로 검출하여 이를 누전경보기의 수신부에 송신하는 것

65

비상방송설비의 화재안전기술기준(NFTC 202)에 따라 다음 ( ) 안에 들어갈 내용으로 옳은 것은?

> 비상방송설비에는 그 설비에 대한 감시상태를 (㉠)분간 지속한 후 유효하게 (㉡)분 이상 경보할 수 있는 축전지설비(수신기에 내장하는 경우를 포함)를 설치하여야 한다.

① ㉠ 30, ㉡ 5
② ㉠ 30, ㉡ 10
③ ㉠ 60, ㉡ 5
④ ㉠ 60, ㉡ 10

해설

비상방송설비에는 그 설비에 대한 감시상태를 60분간 지속한 후 유효하게 10분 이상 경보할 수 있는 축전지설비(수신기에 내장하는 경우를 포함)를 설치하여야 한다.

| 관련개념 | 비상방송설비의 비상전원(예비전원) 유효 요구시간

소방시설		비상전원 용량(최소)
소화설비	전체 (간이SP 제외)	20분
	간이스프링클러	10분(단, 근린생활시설 용도는 20분)
경보설비	전체	감시 60분 후 10분 경보
피난설비	유도등설비	• 11층 이상의 층 • 지하층 또는 무창층 (도매시장, 소매시장, 여객자동차 터미널, 지하역사, 지하상가 용도) 60분
	비상조명등설비	기타 장소인 경우 20분
소화 활동설비	제연설비 연결송수관설비 비상콘센트설비	20분
	무선통신 보조설비	30분

정답 63 ② 64 ③ 65 ④

66

비상방송설비를 기동장치에 의한 화재신호를 수신한 후 필요한 음량으로 화재발생 상황 및 피난에 유효한 방송이 자동으로 개시될 때까지의 소요시간은 몇 초 이하로 하여야 하는가?

① 5초 ② 10초
③ 20초 ④ 30초

해설

비상방송설비를 기동장치에 의한 화재신호를 수신한 후 필요한 음량으로 화재발생 상황 및 피난에 유효한 방송이 자동으로 개시될 때까지의 소요시간은 10초 이하여야 한다.

| 관련개념 | 비상방송설비 설치기준

- 확성기의 음성입력은 3[W](실내에 설치하는 것에 있어서는 1[W] 이상)
- 확성기는 각층마다 설치하되, 그 층의 각 부분으로부터 하나의 확성기까지의 수평거리가 25[m] 이하, 해당층의 각 부분에 유효하게 경보를 발할 수 있도록 설치한다.
- 음량조정기의 배선은 3선식으로 한다.
- 조작부의 조작 스위치는 바닥으로부터 0.8[m] 이상 1.5[m] 이하의 높이에 설치한다.
- 조작부는 기동장치의 작동과 연동하여 해당 기동장치가 작동한 층 또는 구역을 표시할 수 있는 것으로 한다.
- 증폭기 및 조작부는 수위실 등 상시 사람이 근무하는 장소로서 점검이 편리하고 방화상 유효한 곳에 설치한다.
- 다른 방송설비와 공용하는 것에 있어서는 화재 시 비상경보 외의 방송을 차단할 수 있는 구조로 한다.
- 기동장치에 따른 화재신고를 수신한 후 필요한 음량으로 화재발생 상황 및 피난에 유효한 방송이 자동으로 개시될 때까지의 소요시간은 10초 이하로 한다.
- 음향장치는 다음 각 목의 기준에 따른 구조 및 성능의 것으로 하여야 한다.
  - 정격전압의 80[%] 전압에서 음향을 발할 수 있는 것을 한다.
  - 자동화재탐지설비의 작동과 연동하여 작동할 수 있는 것으로 한다.
- 우선 경보대상 5층 이상 연면적 3,000[m²] 건물

67

자동화재탐지설비 및 시각경보장치의 화재안전성능기준(NFPC 203)에 따라 특정소방대상물 중 화재신호를 발신하고 그 신호를 수신 및 유효하게 제어할 수 있는 구역을 무엇이라 하는가?

① 방호구역 ② 방수구역
③ 경계구역 ④ 화재구역

해설

자동화재탐지설비 및 시각경보장치의 화재안전성능기준(NFPC 203)에 따라 특정소방대상물 중 화재신호를 발신하고 그 신호를 수신 및 유효하게 제어할 수 있는 구역을 경계구역이라 한다.

| 관련개념 | 자동화재탐지설비
자동화재탐지설비 및 시각경보장치의 구성 및 용어의 정의

- 경계구역: 화재신호를 발신하고 그 신호를 수신 및 유효하게 제어할 수 있는 구역
- 수신기: 감지기나 발신기에서 발하는 화재신호를 직접 수신하거나 중계기를 통하여 수신하여 화재의 발생을 표시 및 경보하여 주는 장치
- 중계기: 감지기·발신기 또는 전기적 접점 등의 작동에 따른 신호를 받아 이를 수신기의 제어반에 전송하는 장치
- 감지기: 화재 시 발생하는 열, 연기, 불꽃 또는 연소생성물을 자동적으로 감지하여 수신기에 발신하는 장치
- 발신기: 화재 발생 신호를 수신기에 수동으로 발신하는 장치
- 시각경보장치: 자동화재탐지설비에서 발하는 화재 신호를 시각 경보기에 전달하여 청각장애인에게 점멸형태의 시각 경보를 하는 것
- 거실: 거주·집무·작업·집회·오락 그 밖에 이와 유사한 목적을 위하여 사용하는 방

정답 66 ② 67 ③

68 [빈출]

누전경보기 수신부의 설치 장소로서 옳은 것은?

① 화학류를 제조하거나 저장 또는 취급하는 장소
② 습도가 높은 장소
③ 온도의 변화가 완만한 장소
④ 가연성의 먼지가 다량으로 체류하는 장소

해설

누전경보기 수신부의 설치 장소로서 옳은 곳은 온도의 변화가 완만한 장소이다.

| 관련개념 | **누전경보기 수신부 설치기준**

- 수신부 설치장소
  - 옥내의 점검에 편리한 장소에 설치
  - 가연성의 증기·먼지 등이 체류할 우려가 있는 장소의 전기회로에는 해당 부분의 전기회로를 차단할 수 있는 차단기구를 가진 수신부를 설치
  - 이 경우 차단기구의 부분은 해당 장소 외의 안전한 장소에 설치
  - 음향장치는 수위실 등 사람이 상주하는 곳에 설치하고 다른 소음과 명확히 구별할 수 있을 것
- 수신부 설치 제외장소
  해당 누전경보기에 대하여 방폭·방식·방습·방온·방진 및 정전기 차폐 등의 방호조치를 한 것은 그러하지 아니하다.
  - 가연성의 증기·먼지·가스 등이나 부식성의 증기·가스 등이 다량으로 체류하는 장소
  - 화약류를 제조하거나 저장 또는 취급하는 장소
  - 습도가 높은 장소
  - 온도의 변화가 급격한 장소
  - 대전류회로·고주파 발생회로 등에 따른 영향을 받을 우려가 있는 장소

69

누전경보기 전원의 설치기준 중 다음의 (   ) 안에 알맞은 것은?

> 전원은 분전반으로부터 전용회로로 하고, 각 극에 개폐기 및 (㉠)[A] 이하의 과전류차단기(배선용 차단기에 있어서는 (㉡)[A] 이하의 것으로 각 극을 개폐할 수 있는 것)를 설치함

① ㉠ 15, ㉡ 30
② ㉠ 15, ㉡ 20
③ ㉠ 10, ㉡ 30
④ ㉠ 10, ㉡ 20

해설

전원은 분전반으로부터 전용회로로 하고, 각 극에 개폐기 및 15[A] 이하의 과전류차단기(배선용 차단기에 있어서는 20[A] 이하의 것으로 각 극을 개폐할 수 있는 것)를 설치한다.

| 관련개념 | **누전경보기 설치기준 - 전원**

- 전원은 분전반으로부터 전용회로로 한다.
- 각 극에 개폐기 및 15[A] 이하의 과전류차단기(배선용 차단기에 있어서는 20[A] 이하의 것으로 각 극을 개폐할 수 있는 것)를 설치한다.
- 전원을 분기할 때에는 다른 차단기에 따라 전원이 차단되지 아니하도록 한다.
- 전원의 개폐기에는 누전경보기용임을 표시한 표지를 한다.

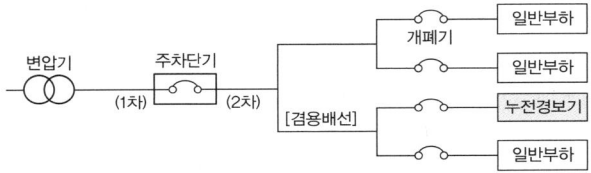

정답 68 ③ 69 ②

70 빈출

경계전로의 누설전류를 자동적으로 검출하여 이를 누전경보기의 수신부에 송신하는 것은?

① 변류기 ② 차단기
③ 탐지기 ④ 발신기

해설

경계전로의 누설전류를 자동적으로 검출하여 이를 누전경보기의 수신부에 송신하는 것을 변류기라 한다.

| 관련개념 | 누전경보기의 구성요소 및 동작원리

- 수신부: 변류기로부터 검출된 신호를 수신하여 누전 발생을 관계인에게 통보
- 음향장치: 수신기 내부에 경보를 위한 엠프를 포함한 음향경보장치로 사용 전압의 80[%]에서 정상 경보가 가능하다.
- 변류기: 영상변류기(ZCT; Zero Current Transformer), 누설 및 지락전류 검출
- 차단장치: 누설전류 차단 릴레이

71 고난도

무선통신보조설비 누설동축케이블 설치 기준으로 올바르지 않은 것은?

① 소방전용 주파수대에서 전파의 전송 또는 복사에 적합한 것으로서 소방전용의 것으로 할 것
② 누설동축케이블 및 공중선은 고압의 전로부터 1.0[m] 이상 떨어진 위치에 설치할 것
③ 불연 또는 난연성의 것으로서 습기에 따라 전기의 특성이 변질되지 아니하는 것으로 설치할 것
④ 누설동축케이블의 끝부분에는 무반사 종단저항을 견고하게 설치할 것

해설

누설동축케이블은 고압의 전로부터 1.5[m] 이상 떨어진 위치에 설치해야 한다.

| 관련개념 | 무선통신보조설비중 누설동축케이블의 설치기준

- 소방전용주파수대에서 전파의 전송 또는 복사에 적합한 것으로서 소방전용의 것으로 한다.
- 케이블의 구성: 누설동축케이블과 이에 접속하는 안테나, 동축케이블과 이에 접속하는 안테나
- 누설동축케이블 및 동축케이블은 불연 또는 난연성의 것으로서 습기에 따라 전기의 특성이 변질되지 아니하는 것으로 하고, 노출하여 설치한 경우에는 피난 및 통행에 장애가 없도록 한다.
- 누설동축케이블 및 동축케이블은 화재에 따라 해당 케이블의 피복이 소실된 경우에 케이블 본체가 떨어지지 아니하도록 4[m] 이내마다 금속제 또는 자기제 등의 지지금구로 벽·천장·기둥 등에 견고하게 고정시킬 것. 다만, 불연재료로 구획된 반자 안에 설치하는 경우에는 그러하지 아니한다.
- 누설동축케이블 및 안테나는 금속판 등에 따라 전파의 복사 또는 특성이 현저하게 저하되지 아니하는 위치에 설치한다.
- 누설동축케이블 및 안테나는 고압의 전로부터 1.5[m] 이상 떨어진 위치에 설치한다. 다만, 해당 전로에 정전기 차폐장치를 유효하게 설치한 경우에는 그러하지 아니한다.
- 누설동축케이블의 끝부분에는 무반사 종단저항을 견고하게 설치한다.
- 누설동축케이블 또는 동축케이블의 임피던스는 50[Ω]으로 하고, 이에 접속하는 안테나·분배기 기타의 장치는 해당 임피던스에 적합한 것으로 하여야 한다.

72

무선통신보조설비의 누설동축케이블의 임피던스는 몇 [Ω]으로 하여야 하는가?

① 0.5 ② 5
③ 50 ④ 500

해설

무선통신보조설비 중 누설동축케이블의 설치기준에서 누설동축케이블 또는 동축케이블의 임피던스는 50[Ω]으로 하고, 이에 접속하는 안테나·분배기 기타의 장치는 해당 임피던스에 적합한 것으로 하여야 한다고 되어 있다.

정답 70 ① 71 ② 72 ③

73 고난도

자동화재속보설비의 속보기 기능에 대한 설명으로 틀린 것은?

① 연동 또는 수동으로 소방관서에 화재발생 음성정보를 속보 중인 경우에도 송수화장치를 이용한 통화가 우선적으로 가능하여야 한다.
② 주전원이 정지한 경우에는 자동적으로 예비전원으로 전환되고, 주전원이 정상상태로 복귀한 경우에는 관리자의 점검 후 수동적으로 예비전원에서 주전원으로 전환되어야 한다.
③ 화재신호를 수신하거나 수동으로 동작시키는 경우 자동적으로 화재표시등이 점등되고 음향장치로 화재를 경보하여야 한다.
④ 작동신호를 수신하거나 수동으로 동작시키는 경우 20초 이내에 소방관서에 자동적으로 신호를 발하여 알리되, 3회 이상 속보할 수 있어야 한다.

해설

주전원이 정지한 경우에는 자동적으로 예비전원으로 전환되고, 주전원이 정상상태로 복귀한 경우에는 자동적으로 예비전원에서 주전원으로 전환되어야 한다.

| 관련개념 | 자동화재속보설비의 속보기의 기능

- 작동신호를 수신하거나 수동으로 동작시키는 경우 20초 이내에 소방관서에 자동적으로 신호를 발하여 통보하되, 3회 이상 속보할 수 있어야 한다.
- 주전원이 정지한 경우에는 자동적으로 예비전원으로 전환되고, 주전원이 정상상태로 복귀한 경우에는 자동적으로 예비전원에서 주전원으로 전환되어야 한다.
- 예비전원은 자동적으로 충전되어야 하며 자동과충전방지장치가 있어야 한다.
- 화재신호를 수신하거나 속보기를 수동으로 동작시키는 경우 자동적으로 적색 화재표시등이 점등되고 음향장치로 화재를 경보하여야 하며 화재표시 및 경보는 수동으로 복구 및 정지시키지 않는 한 지속되어야 한다.
- 연동 또는 수동으로 소방관서에 화재발생 음성정보를 속보 중인 경우에도 송수화장치를 이용한 통화가 우선적으로 가능하여야 한다.
- 예비전원을 병렬로 접속하는 경우에는 역충전 방지 등의 조치를 하여야 한다.
- 예비전원은 감시상태를 60분간 지속한 후 10분 이상 동작(화재속보 후 화재표시 및 경보를 10분간 유지하는 것을 말함)이 지속될 수 있는 용량이어야 한다.
- 속보기는 연동 또는 수동 작동에 의한 다이얼링 후 소방관서와 전화접속이 이루어지지 않는 경우에는 최초 다이얼링을 포함하여 10회 이상 반복적으로 접속을 위한 다이얼링이 이루어져야 한다. 이 경우 매회 다이얼링 완료 후 호출은 30초 이상 지속되어야 한다.
- 속보기의 송수화장치가 정상위치가 아닌 경우에도 연동 또는 수동으로 속보가 가능하여야 한다.
- 음성으로 통보되는 속보내용을 통하여 당해 소방대상물의 위치, 화재발생 및 속보기에 의한 신고임을 확인할 수 있어야 한다.
- 속보기는 음성속보방식 외에 데이터 또는 코드전송방식 등을 이용한 속보 기능을 부가로 설치할 수 있다.
- 소방관서 등에 구축된 접수시스템 또는 별도의 시험용 시스템을 이용하여 시험한다.

74

일반전기사업자로부터 특별고압 또는 고압으로 수전하는 비상전원 수전설비의 경우에 있어 소방회로배선과 일반회로 배선을 몇 [cm] 이상 떨어져 설치하는 경우 불연성 벽으로 구획하지 않을 수 있는가?

① 5[cm]
② 10[cm]
③ 15[cm]
④ 20[cm]

해설

일반전기사업자로부터 특별고압 또는 고압으로 수전하는 비상전원 수전설비의 경우에 있어 소방회로배선과 일반회로 배선을 15[cm] 이상 떨어져 설치하는 경우 불연성 벽으로 구획하지 않을 수 있다.

| 관련개념 | 비상전원수전설비 수전설비의 형식(방화구획형)

- 전용의 방화구획 내에 설치한다.
- 소방회로배선은 일반회로배선과 불연성 벽으로 구획함. 다만, 소방회로배선과 일반회로배선을 15[cm] 이상 떨어져 설치한 경우는 그러하지 아니한다.
- 일반회로에서 과부하, 지락사고 또는 단락사고가 발생한 경우에도 이에 영향을 받지 아니하고 계속하여 소방회로에 전원을 공급시켜 줄 수 있어야 한다.
- 소방회로용 개폐기 및 과전류차단기에는 '소방시설용'이라 표시한다.
- 전기회로의 결선은 특별고압 또는 고압수전의 경우에 따를 것

정답 73 ② 74 ③

75

비상콘센트보호함의 설치 기준으로 옳지 않은 것은?

① 보호함에는 관계인 외에는 쉽게 문을 개폐할 수 없도록 잠금장치를 할 것
② 보호함 표면에 '비상콘센트'라고 표시한 표지를 할 것
③ 보호함 상부에 적색의 표시등을 설치할 것
④ 비상콘센트의 보호함을 옥내소화전함 등과 접속하여 설치하는 경우에는 옥내소화전함 등의 표시등과 겸용할 수 있다.

해설

보호함에는 쉽게 개폐할 수 있는 문을 설치한다.

| 관련개념 | 비상콘센트설비의 보호함 설치 기준
- 보호함에는 쉽게 개폐할 수 있는 문을 설치한다.
- 보호함 표면에 "비상콘센트"라고 표시한 표지를 한다.
- 보호함 상부에 적색의 표시등을 설치한다. 다만, 비상콘센트의 보호함을 옥내소화전함 등과 접속하여 설치하는 경우에는 옥내소화전함 등의 표시등과 겸용한다.

76

금속제 지지금구를 사용하여 무선통신 보조설비의 누설동축케이블을 벽에 고정시키고자 하는 경우 몇 [m] 이내마다 고정시켜야 하는가?

① 2[m]   ② 3[m]
③ 4[m]   ④ 5[m]

해설

금속제 지지금구를 사용하여 무선통신 보조설비의 누설동축케이블을 벽에 고정시키고자 하는 경우 4[m]이내마다 고정시켜야 한다.

| 관련개념 | 누설동축케이블 설치기준
- 소방전용주파수대에서 전파의 전송 또는 복사에 적합한 것으로서 소방전용의 것으로 한다.
- 케이블의 구성
  - 누설동축케이블과 이에 접속하는 안테나
  - 동축케이블과 이에 접속하는 안테나
- 누설동축케이블 및 동축케이블은 불연 또는 난연성의 것으로서 습기에 따라 전기의 특성이 변질되지 아니하는 것으로 하고, 노출하여 설치한 경우에는 피난 및 통행에 장애가 없도록 한다.
- 누설동축케이블 및 동축케이블은 화재에 따라 해당 케이블의 피복이 소실된 경우에 케이블 본체가 떨어지지 아니하도록 4[m] 이내마다 금속제 또는 자기제 등의 지지금구로 벽·천장·기둥 등에 견고하게 고정시킬 것. 다만, 불연재료로 구획된 반자 안에 설치하는 경우에는 그러하지 아니한다.
- 누설동축케이블 및 안테나는 금속판 등에 따라 전파의 복사 또는 특성이 현저하게 저하되지 아니하는 위치에 설치한다.
- 누설동축케이블 및 안테나는 고압의 전로로부터 1.5[m] 이상 떨어진 위치에 설치한다. 다만, 해당 전로에 정전기 차폐장치를 유효하게 설치한 경우에는 그러하지 아니한다.
- 누설동축케이블의 끝부분에는 무반사 종단저항을 견고하게 설치한다.
- 누설동축케이블 또는 동축케이블의 임피던스는 50[Ω]으로 하고, 이에 접속하는 안테나·분배기 기타의 장치는 해당 임피던스에 적합한 것으로 하여야 한다.

77

원칙적으로 집회장에 설치하지 않아도 되는 유도등은?

① 대형피난구 유도등   ② 중형피난구 유도등
③ 통로 유도등   ④ 객석 유도등

해설

집회장에 설치하지 않아도 되는 유도등은 중형피난구 유도등이다.

| 관련개념 | 용도별 설치하여야 할 유도등·유도표지

설치장소	유도등 및 유도표지의 종류	비고
공연장·집회장(종교집회장 포함)·관람장·운동시설	• 대형피난구유도등 • 통로유도등 • 객석유도등	
유흥주점영업시설(카바레, 나이트클럽 등 영업시설)		
위락시설·판매시설·운수시설·관광숙박업·의료시설·장례시설·전시장·지하상가·지하철역사	• 대형피난구유도등 • 통로유도등	
숙박시설(3의 관광숙박업 외의 것)·오피스텔	• 중형피난구유도등 • 통로유도등	
위의 것 외의 건축물로서 지하층·무창층의 층수가 11층 이상인 특정소방대상물		
1~3 외의 건축물로서 근린생활시설·노유자시설·발전시설·종교시설(집회장 용도로 사용하는 부분 제외)·교육연구시설·수련시설·공장·창고시설·교정 및 군사시설(국방·군사시설·제외)·기숙사·자동차정비공장·운전학원 및 정비학원·다중이용업소·복합건축물·아파트	• 소형피난구유도등 • 통로유도등	
그 밖의 것	• 피난구유도표지 • 통로유도표지	

※ 비고
1. 소방서장은 특정소방대상물의 위치·구조 및 설비의 상황을 판단하여 대형피난구유도등을 설치할 장소에 중형피난구유도등 또는 소형피난구유도등을, 중형피난구유도등을 설치하여야 할 장소에 소형피난구유도등을 설치하게 할 수 있다.
2. 복합건축물과 아파트의 경우, 주택의 세대 내에는 유도등을 설치하지 아니할 수 있다.

정답 75 ① 76 ③ 77 ②

78

다음 중 비상콘센트설비의 전원공급회로의 설치기준으로 옳은 것은?

① 전원회로는 3상 교류 380[V]와 단상 교류 220[V]로 나누어진다.
② 전원회로의 공급용량은 3상 교류의 경우 1.5[kVA] 이상의 것으로 한다.
③ 전원회로는 주배전반에서 전용회로로 한다.
④ 전원으로부터 각 층의 비상콘센트에 분기되는 경우 분기배선용 차단기를 보호함 밖에 설치한다.

해설

③ 전원회로는 주배전반에서 전용회로로 한다.
① 전원회로는 3상 교류 200[V] 또는 380[V]인 것과 단상교류 100[V] 또는 220[V]인 것으로 한다.
② 공급용량은 3상 교류의 경우 3[kVA] 이상인 것과 단상교류의 경우 1.5[kVA] 이상인 것으로 한다.
④ 전원으로부터 각 층의 비상콘센트에 분기되는 경우에는 분기배선용 차단기를 보호함 안에 설치한다.

| 관련개념 | 비상콘센트설비 전원회로 설치기준

- 전원회로는 단상교류 220[V]인 것으로서, 그 공급용량은 1.5[kVA] 이상인 것으로 한다.
- 전원회로는 각층에 2 이상이 되도록 설치한다. 다만, 설치하여야 할 층의 비상콘센트가 1개인 때에는 하나의 회로로 할 수 있다.
- 전원회로는 주배전반에서 전용회로로 한다.
- 전원으로부터 각 층의 비상콘센트에 분기되는 경우에는 분기배선용 차단기를 보호함 안에 설치한다.
- 콘센트마다 배선용 차단기를 설치하여야 하며, 충전부가 노출되지 아니하도록 한다.
- 개폐기에는 '비상콘센트'라고 표시한 표지를 한다.
- 비상콘센트용의 풀박스 등은 방청도장을 한 것으로서, 두께 1.6[mm] 이상의 철판으로 한다.
- 하나의 전용회로에 설치하는 비상콘센트는 10개 이하로 한다. 이 경우 전선의 용량은 각 비상콘센트(비상콘센트가 3개 이상인 경우에는 3개)의 공급용량을 합한 용량 이상의 것으로 한다.

79

소방시설용 비상전원수전설비에서 전력수급용 계기용 변성기·주차단장치 및 그 부속시설로 정의되는 것은?

① 큐비클설비　　② 배전반설비
③ 수전설비　　　④ 변전설비

해설

소방시설용 비상전원수전설비에서 전력수급용 계기용 변성기·주차단장치 및 그 부속시설로 정의되는 것은 수전설비이다.

| 관련개념 | 비상전원수전설비

- 소방회로: 소방부하에 전원을 공급하는 전기회로
- 일반회로: 소방회로 이외의 전기회로
- 수전설비: 전력수급용 계기용변성기·주차단장치 및 그 부속기기
- 변전설비: 전력용변압기 및 그 부속장치
- 전용큐비클식: 소방회로용의 것으로 수전설비, 변전설비 그 밖의 기기 및 배선을 금속제 외함에 수납한 것
- 공용큐비클식: 소방회로 및 일반회로 겸용의 것으로서 수전설비, 변전설비 그 밖의 기기 및 배선을 금속제 외함에 수납한 것
- 전용배전반: 소방회로 전용의 것으로서 개폐기, 과전류차단기, 계기 그 밖의 배선용기기 및 배선을 금속제 외함에 수납한 것
- 공용배전반: 소방회로 및 일반회로 겸용의 것으로서 개폐기, 과전류차단기, 계기 그 밖의 배선용기기 및 배선을 금속제 외함에 수납한 것
- 전용분전반: 소방회로 전용의 것으로서 분기 개폐기, 분기과전류차단기 그 밖의 배선용기기 및 배선을 금속제 외함에 수납한 것
- 공용분전반: 소방회로 및 일반회로 겸용의 것으로서 분기개폐기, 분기과전류차단기 그 밖의 배선용기기 및 배선을 금속제 외함에 수납한 것
- 인입구배선: 인입선 연결점으로부터 특정소방대상물 내에 시설하는 인입개폐기에 이르는 배선

정답 78 ③　79 ③

80
무선통신보조설비의 주요 구성요소가 아닌 것은?

① 옥외안테나　② 증폭기
③ 음향장치　　④ 분배기

해설

무선통신보조설비의 주요 구성요소가 아닌 것은 음향장치이다.

| 관련개념 | **무선통신보조설비 구성요소**

- 누설동축케이블: 동축케이블의 외부도체에 가느다란 홈을 만들어서 전파가 외부로 새어나갈 수 있도록 한 케이블
- 분배기: 신호의 전송로가 분기되는 장소에 설치하는 것으로 임피던스 매칭(Matching)과 신호 균등분배를 위해 사용하는 장치
- 분파기: 서로 다른 주파수의 합성된 신호를 분리하기 위해서 사용하는 장치
- 혼합기: 두 개 이상의 입력신호를 원하는 비율로 조합한 출력이 발생하도록 하는 장치
- 증폭기: 신호 전송 시 신호가 약해져 수신이 불가능해지는 것을 방지하기 위해서 증폭하는 장치
- 무선중계기: 안테나를 통하여 수신된 무전기 신호를 증폭한 후 음영지역에 재방사하여 무전기 상호 간 송수신이 가능하도록 하는 장치
- 옥외안테나: 감시제어반 등에 설치된 무선중계기의 입력과 출력포트에 연결되어 송수신 신호를 원활하게 방사·수신하기 위해 옥외에 설치하는 장치

정답 80 ③

2024년 2회 CBT 기출

1과목 소방원론

01
불연재료가 아닌 것은?
① 기와
② 석고보드
③ 유리
④ 콘크리트

해설

불연재료는 콘크리트·석재·벽돌·기와·철강·알루미늄·유리·시멘트 모르타르 및 회이다. 이 경우 시멘트모르타르 또는 회 등 미장재료를 사용하는 경우에는 「건설기술 진흥법」에 따라 제정된 건축공사표준시방서에서 정한 두께 이상인 것에 한한다.

02
위험물 제4류, 제2석유류(경유, 등유)에 대한 특성을 옳게 설명한 것은?
① 성질은 인화성 액체이다.
② 상온에서 안정하나 약간의 자극으로 폭발하기 쉽다.
③ 물에 용해하지 않고 물보다 무거우므로 수조에 저장하여야 한다.
④ 소화방법은 포소화약제에 의한 것보다 주수소화가 효과적이다.

해설

제4류 제2석유류(경유, 등유)는 인화성액체로 물에 용해되지 않으며 물보다 가볍고, 화재진압 시 포소화약제가 효과적이다.

03 빈출
화재하중(FIRE LOAD)을 나타내는 단위는?
① [kcal/kg]
② [°C/m²]
③ [kg/m²]
④ [kg/kcal]

해설

화재하중의 단위는 [kg/m²]이다.

| 관련개념 | 화재하중

가연물 등의 연소 시 건축물의 붕괴 등을 고려하여 설계하는 하중으로 화재실 또는 화재구획의 단위면적당 가연물의 양이다.

$$q = \frac{\sum G_t H_t}{HA} = \frac{\sum Q}{4,500A}$$

여기서, q: 화재하중[kg/m²]
G_t: 가연물의 양[kg]
H_t: 가연물의 단위발열량[kcal/kg]
H: 목재의 단위발열량[kcal/kg]
A: 바닥면적[m²]
$\sum Q$: 가연물의 전체 발열량[kcal]

※ 화재하중 계산 시 목재의 단위발열량(H)은 4,500[kcal/kg]으로 가정한다.

정답 01 ② 02 ① 03 ③

04

열전도율을 표시하는 단위는?

① $[Kcal/m^2 \cdot h \cdot °C]$
② $[Kcal \cdot m^2/h \cdot °C]$
③ $[W/m \cdot K]$
④ $[J/m^3 \cdot K]$

해설

열전도율은 $[W/m \cdot K]$로 표시한다.

| 관련개념 | 푸리에의 법칙

- 전도(물체가 직접 접촉해서 열이 이동하는 현상)에 대한 법칙이다.

$$Q = \frac{kA(T_2 - T_1)}{l}$$

여기서, Q: 전도열[W]
k: 열전도율$[W/m \cdot K]$
A: 단면적$[m^2]$
$(T_2 - T_1)$: 온도차[K]
l: 벽체 두께[m]

- 공식에 의해 전도에 의한 이동열량은 두께에 반비례한다.

05 빈출

중질유 저장탱크 화재 시 나타나는 보일오버 현상을 설명한 것으로 가장 적당한 것은?

① 연소유면의 온도가 100[°C]를 넘을 때 연소유면에 주수되는 물이 비등하면서 연소유를 비산시켜 탱크 밖까지 확대시키는 현상
② 탱크 내에 저장된 유류가 열축적으로 인한 비등현상을 일으켜 탱크 밖까지 연소를 확대시키는 현상
③ 연소유면으로부터 100[°C] 이상의 열파가 탱크 저부로 전달되어 탱크 저부에 고여 있는 물을 비등하게 하면서 연소유를 탱크 밖으로 비산시키며 연소하는 현상
④ 탱크 밖으로 유출된 고온의 중질유가 수분과 접촉되어 수분을 비등하게 하고 이 수분의 폭발적인 팽창력에 의해 연소유 자신이 비등하는 것처럼 보이는 현상

해설

보일오버는 연소유면으로부터 100[°C] 이상의 열파가 탱크 저부로 전달되어 탱크 저부에 고여 있는 물을 비등하게 하면서 연소유를 탱크 밖으로 비산시키며 연소하는 현상이다.

| 관련개념 |

현상	정의
보일오버 (Boil Over)	연소면의 열파가 탱크 저부에 고여 있는 물에 전달되어 물이 수증기로 기화하면서 연소유를 탱크 밖으로 비산시키며 연소하는 현상
프로스오버 (Froth Over)	점성이 높은 기름 표면 아래에 있던 물이 끓으면서 화재를 수반하지 않고 용기가 넘치는 현상
슬롭오버 (Slop Over)	소화를 위해 화재면에 물을 분사할 때 수분이 급격히 기화하여 액면이 거품을 일으키면서 기름의 일부가 불이 붙은 채 탱크벽을 넘어서는 현상

06

내화구조 건물의 표준화재 온도곡선에서 화재 발생 후 30분 경과 시의 내부 온도는 약 몇 [°C]인가?

① 500
② 840
③ 950
④ 1,010

해설

내화건축물 내화시간

시간	30분	1시간	2시간	3시간
온도[°C]	840	925	1,010	1,050

정답 04 ③　05 ③　06 ②

07

연소의 3요소 중 점화원(발화원)의 분류로서 기계적 점화원으로만 되어 있는 것은?

① 충격, 마찰, 기화열
② 고온표면, 열방사선
③ 단열압축, 충격, 마찰
④ 나화, 자연발열, 단열압축

해설

기계적 점화원은 단열압축열, 충격열, 마찰열이다.

| 관련개념 |
- 기계적 점화원: 단열압축열, 충격열, 마찰열
- 전기적 점화원: 유도열, 유전열, 저항열, 아크열, 정전기열, 낙뢰에 의한 열
- 화학적 점화원: 연소열, 분해열, 생성열

08 고난도

다음의 할로겐 화합물 중 오존 파괴지수가 가장 큰 것은?

① Halon 104
② Halon 1211
③ Halon 2402
④ Halon 1301

해설

할론 소화약제 중 할론 1301은 소화효과가 가장 좋고 독성이 가장 약하지만 할론 소화약제 중 오존파괴지수가 가장 높다.

| 관련개념 | 오존파괴지수(ODP; Ozone Depletion Potential)
CFC-11의 오존 파괴능력을 1로 하였을 때 물질의 오존 파괴능력을 상대적으로 나타내는 지표이다.

09

기체나 액체, 고체에서 나오는 분해가스의 농도를 엷게 하여 소화하는 방법은?

① 냉각소화
② 제거소화
③ 부촉매소화
④ 희석소화

해설

기체나 액체, 고체에서 나오는 분해가스의 농도를 엷게 하여 소화하는 방법은 희석소화이다.

| 관련개념 |

구분	설명
냉각소화	점화원을 냉각하여 연소가 지속되지 못하도록 하는 소화법이다. 주로 증발잠열이 큰 물을 사용하여 소화한다.
억제소화 (부촉매소화)	연소반응 시 발생하는 활성라디칼의 생성을 억제하여 소화하는 방법이다.
제거효과	가연물을 제거하여 소화하는 방법이다.
질식소화	공기 중의 산소농도를 낮춰서 연소에 필요한 산소를 차단하여 소화하는 방법이다.
희석소화	공기 중에 불연성 가스의 농도를 높여서 소화하는 방법으로 기체, 고체, 액체 가연물로부터 분해되어 나오는 가스나 증기의 농도를 낮춰서 소화하는 방법이다.

10

가연물질이 연소가 잘되기 위한 조건 중 옳지 않은 것은?

① 표면적이 넓어야 한다.
② 산소와 친화력이 좋아야 한다.
③ 열전도율이 커야 한다.
④ 열 축적이 잘되어야 한다.

해설

가연물질이 연소가 잘되기 위해서는 열전도율이 작아야 한다.

| 관련개념 | 가연물이 연소하기 쉬운 조건
- 산소와 친화력이 클 것
- 발열량이 클 것
- 표면적이 넓을 것
- 열전도율이 작을 것
- 활성화에너지가 작을 것
- 연쇄반응을 일으킬 수 있을 것
- 열 축적이 잘될 것

정답 07 ③ 08 ④ 09 ④ 10 ③

11

건축물에 화재가 발생하여 일정 시간이 경과하게 되면 일정 공간 안에 열과 가연성 가스가 축적되고 한 순간에 폭발적으로 화재가 확산되는 현상을 무엇이라 하는가?

① 보일오버 현상 ② 플래쉬오버 현상
③ 패닉 현상 ④ 리프팅 현상

해설

플래시오버(Flash Over)
실내에 화재가 발생하면 다량의 복사열이 발생한다. 복사열은 미연소된 가연물을 분해하여 가연성 가스를 발생시킨다. 이렇게 발생된 가스는 바로 연소되지 않고 주로 천장에 축적되면서 한꺼번에 폭발하는데, 이러한 현상을 플래시오버라고 한다.

| 관련개념 |
- 패닉현상: 위험한 상황에서 나타나는 우발적이고 비이상적인 집단행동
- 보일오버: 연소면의 열파가 탱크 저부에 고여 있는 물에 전달되어 물이 수증기로 기화하면서 연소유를 탱크 밖으로 비산시키며 연소하는 현상

12

에틸렌의 연소 생성물에 속하지 않는 것은?(단, 에틸렌의 일부는 불완전 연소된다고 가정한다.)

① 이산화탄소 ② 일산화탄소
③ 수증기 ④ 염화수소

해설

에틸렌의 연소 생성물에 속하지 않는 것은 염화수소이다.

| 관련개념 |
- 에틸렌(C_2H_4)의 완전연소 시 생성물: 수증기(H_2O)와 이산화탄소(CO_2)
- 불완전연소 시 생성물: 일산화탄소(CO)

13

다음 중 제2류 위험물이 아닌 것은?

① 철분 ② 유황
③ 적린 ④ 황린

해설

제2류 위험물이 아닌 것은 황린이다. 황린은 제3류 위험물이다.

| 관련개념 | '위험물안전관리법령'상 위험물의 구분

유별	성질	대표적인 품명
제1류	산화성 고체	• 아염소산염류 • 염소산염류 • 과염소산염류 • 무기과산화물 • 질산염류
제2류	가연성 고체	• 황화린 • 적린 • 유황 • 철분
제3류	자연발화성 물질 및 금수성 물질	• 칼륨 • 나트륨 • 알킬알루미늄 • 알킬리튬 • 황린
제4류	인화성 액체	• 특수인화물 • 제1석유류~제4석유류 • 알코올류 • 동식물유류
제5류	자기반응성 물질	• 유기과산화물 • 질산에스테르류 • 니트로합물 • 니트로소화합물
제6류	산화성 액체	• 과염소산 • 과산화수소 • 질산

정답 11 ② 12 ④ 13 ④

14 빈출

방화구조의 기준을 옳게 나타낸 것은?

① 철망모르타르로서 그 바름두께가 2[cm] 이상인 것
② 시멘트모르타르 위에 타일을 붙인 것으로서 그 두께의 합계가 1.5[cm] 이하인 것
③ 두께 1.5[cm] 이상의 암면보온판 위에 석면시멘트판을 붙인 것
④ 두께 1.2[cm] 미만의 석고판 위에 석면시멘트판을 붙인 것

해설

철망모르타르는 바름두께가 2[cm] 이상인 것이 건축물방화구조규칙상 방화구조의 기준이다.

| 관련개념 | 건축물방화구조규칙상 방화구조의 기준

구분	기준
철망모르타르	바름두께가 2[cm] 이상인 것
• 석고판 위에 시멘트모르타르 또는 회반죽을 바른 것 • 시멘트모르타르 위에 타일을 붙인 것	두께의 합계가 2.5[cm] 이상인 것
심벽에 흙으로 맞벽치기한 것	모두 해당

15

Halon 1301의 분자식에 해당하는 것은?

① CCl_3H
② CH_3Cl
③ CF_3Br
④ C_2F_2Br

해설

Halon 1301의 분자식은 CF_3Br이다.

| 관련개념 | 할론소화약제의 약칭 및 분자식

종류	약칭	분자식
할론 1011	CB	CH_2ClBr
할론 104	CTC	CCl_4
할론 1211	BCF	CF_2ClBr
할론 1301	BTM	CF_3Br
할론 2402	FB	$C_2F_4Br_2$

16

다음의 물질 중 공기에서의 위험도(H) 값이 가장 큰 것은?

① 에테르
② 수소
③ 에틸렌
④ 프로판

해설

각각의 공기에서의 위험도(H) 값을 구하면 아래와 같다.

$$H = \frac{U-L}{L}$$

여기서, H: 위험도
U: 연소상한계[vol%]
L: 연소하한계[vol%]

수소 $= \frac{75-4}{4} = 17.75$

에틸렌 $= \frac{36-2.7}{2.7} = 12.33$

에테르 $= \frac{48-1.9}{1.9} = 24.26$

프로판 $= \frac{9.5-2.1}{2.1} = 3.52$

| 관련개념 | 가연성 가스의 연소범위(상온, 1[atm])

가스	연소하한계[vol%]	연소상한계[vol%]
에테르	1.9	48
수소	4	75
에틸렌	2.7	36
부탄	1.8	8.4
아세틸렌	2.5	81
일산화탄소	12.5	74
이황화탄소	1.2	44
암모니아	15	28
메탄	5	15
에탄	3	12.4
프로판	2.1	9.5

※ 연소범위는 연소한계, 가연한계, 가연범위, 폭발한계, 폭발범위 등의 용어로도 사용된다.

정답 14 ① 15 ③ 16 ①

17

제1종 분말소화약제의 열분해 반응식으로 옳은 것은?

① $2NaHCO_3 \rightarrow Na_2CO_3 + CO_2 + H_2O$

② $2KHCO_3 \rightarrow K_2CO_3 + CO_2 + H_2O$

③ $2NaHCO_3 \rightarrow Na_2CO_3 + 2CO_2 + H_2O$

④ $2KHCO_3 \rightarrow K_2CO_3 + 2CO_2 + H_2O$

해설

제1종 분말소화약제의 열분해 반응식
$2NaHCO_3 \rightarrow Na_2CO_3 + CO_2 + H_2O$

| 관련개념 |

종류	열분해반응식
제1종	$2NaHCO_3 \rightarrow Na_2CO_3 + CO_2 + H_2O$
제2종	$2KHCO_3 \rightarrow K_2CO_3 + CO_2 + H_2O$
제3종	$NH_4H_2PO_4 \rightarrow HPO_3 + NH_3 + H_2O$
제4종	$2KHCO_3 + (NH_2)_2CO \rightarrow K_2CO_3 + 2NH_3 + 2CO_2$

18 빈출

목재건물의 화재성상은 내화건물에 비하여 어떠한가?

① 저온장기형이다. ② 저온단기형이다.
③ 고온장기형이다. ④ 고온단기형이다.

해설

목조건물(목재건물)의 화재
- 화재성상: 고온단기형
- 최고온도(최성기온도): 1,300[°C]

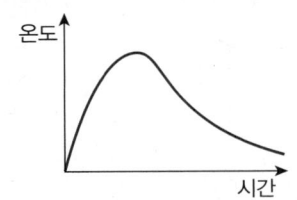

▲ 목조건물의 표준 화재온도-시간곡선

| 관련개념 | 내화건물의 화재
- 화재성상: 저온장기형
- 최고온도(최성기온도): 900~1,100[°C]

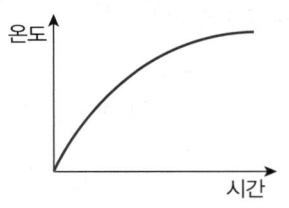

▲ 내화건물의 표준 화재온도-시간곡선

19

분말소화약제 중 A급, B급, C급에 모두 사용할 수 있는 것은?

① 제1종 분말   ② 제2종 분말
③ 제3종 분말   ④ 제4종 분말

해설

분말소화약제 중 A급, B급, C급에 모두 사용할 수 있는 것은 제3종 분말이다.

| 관련개념 | 분말소화약제의 종류

종별	주성분	착색	적응화재	비고
제1종	탄산수소나트륨 ($NaHCO_3$)	백색	B, C	식용유 및 지방질유의 화재에 적합
제2종	탄산수소칼륨 ($KHCO_3$)	담회색	B, C	–
제3종	제1인산암모늄 ($NH_4H_2PO_4$)	담홍색 (또는 황색)	A, B, C	차고·주차장에 적합
제4종	탄산수소칼륨+요소 ($KHCO_3+(NH_2)_2CO$)	회색	B, C	–

정답 17 ① 18 ④ 19 ③

20
분자 자체 내에 포함하고 있는 산소를 이용하여 연소하는 형태를 무슨 연소라고 하는가?

① 증발연소 ② 자기연소
③ 분해연소 ④ 표면연소

해설

분자 자체 내에 포함하고 있는 산소를 이용하여 연소하는 형태를 자기연소라고 한다.

| 관련개념 | 연소의 형태

연소 형태	설명
증발연소	가열하면 고체에서 액체로, 액체에서 기체로 증발하여 그 기체가 연소하는 현상
자기연소	분자 자체 내에 포함하고 있는 산소를 이용하여 연소하는 형태
분해연소	열분해에 의하여 발생된 가스와 산소가 혼합하여 연소하는 현상
표면연소	열분해에 의한 가연성 가스를 발생하지 않고 그 물질 자체가 연소하는 현상

2과목 소방전기일반

21
피드백 제어에서 반드시 필요한 장치는?

① 구동장치
② 출력장치
③ 입력과 출력을 비교하는 장치
④ 안정도를 좋게 하는 장치

해설

피드백 제어(feedback control = 폐루프제어)
출력신호를 입력신호로 되돌려서 입력과 출력을 비교함으로써 정확한 제어가 가능하도록 한 제어이다.

22 고난도
그림과 같은 정류회로에서 R에 걸리는 최대 역전압은 몇 [V]인가?(단, V_i는 정현파 전압이다.)

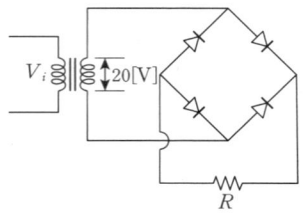

① 20 ② $20\sqrt{2}$
③ 40 ④ $40\sqrt{2}$

해설

첨두역전압(PIV: Peak Inverse Voltage)
정류회로에서 다이오드가 동작하지 않을 때, 역방향 전압을 견딜 수 있는 최대전압이다.
$PIV = \sqrt{2}\,v_i = 20\sqrt{2}\,[V]$

23
자기 히스테리시스곡선의 횡축과 종축이 나타내는 것은?

① 자장의 세기와 자속밀도
② 투자율과 자장의 세기
③ 잔류자기와 자장의 세기
④ 자장의 세기와 보자력

해설

자기 히스테리시스곡선의 횡축은 자장의 세기, 종축은 자속밀도를 나타낸다.

| 관련개념 |
- 횡축: 자기장의 세기[H]
- 종축: 자속밀도[B]

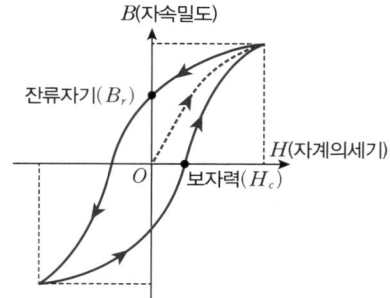

정답 20 ② 21 ③ 22 ② 23 ①

24 빈출

피드백제어계 중 물체의 위치, 방위, 자세 등의 기계적 변위를 제어량으로 하는 것은?

① 서보기구
② 프로세스제어
③ 자동조정
④ 프로그램제어

해설

피드백제어계 중 물체의 위치, 방위, 자세 등의 기계적 변위를 제어량으로 하는 것은 서보기구이다.

| 관련개념 | 제어량에 의한 분류
- 프로세스제어(공정제어): 온도, 압력, 유량, 액면
- 서보기구: 위치, 방위, 자세
- 자동조정: 전압, 전류, 주파수, 회전속도, 장력

25

정속도 운전의 직류발전기로 작은 전력의 변화를 큰 전력의 변화로 증폭하는 발전기는?

① 앰플리다인
② 로젠베르그발전기
③ 솔레노이드
④ 서보전동기

해설

정속도 운전의 직류발전기로 작은 전력의 변화를 큰 전력의 변화로 증폭하는 발전기는 앰플리다인이다.

| 관련개념 | 앰플리다인
- 입·출력신호가 모두 직류이다.
- 견고하고 토크가 에너지원이 된다.
- 전기식 증폭기기이다.
- 작은 입력전력의 변화를 큰 출력전력의 변화로 증폭한다.

26

소화전 펌프에서 압력기동방식의 최초 신호원으로 타당한 것은?

① 소화전 박스 상부의 기동 ON, OFF 스위치
② 소화전 펌프모터 기동기의 써머릴레이
③ 소화전 배관과 연결된 압력챔버의 압력스위치
④ 소화전 펌프모터 기동기의 타이머

해설

압력챔버의 압력이 설정압력 이하로 강하되면 압력스위치가 이를 검지하여 펌프를 자동으로 기동하게 되고 이후 압력이 설정압력까지 상승하면 펌프를 자동으로 정지시킨다.

27 고난도

그림은 비상시에 대비한 예비전원의 공급회로이다. 직류전압을 일정하게 유지하기 위하여 콘덴서를 설치한다면 그 위치로 적당한 곳은?

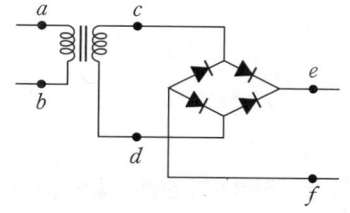

① a와 b 사이
② c와 d 사이
③ e와 f 사이
④ a와 c 사이

해설

콘덴서는 전기적으로 안정된 곳에 설치해야 하며, 이 회로에서는 전원 공급부와 비상 전원 공급부 사이에 설치되어야 한다. 따라서 "e와 f 사이"가 적당한 위치이다.

28

축전지의 내부저항을 측정하는 데 가장 적합한 것은?

① 휘스톤 브리지
② 미끄럼줄 브리지
③ 콜라우시 브리지
④ 캘빈 더블 브리지

해설

③ 콜라우시 브리지: 축전지 내부저항측정
① 휘스톤 브리지: 검류계의 내부저항측정
② 미끄럼줄 브리지: 휘트스톤 브리지의 저항을 슬라이드형 저항기로 대체한 것
④ 켈빈 더블 브리지: 휘스톤 브리지에 보조 저항을 첨가한 것으로 1[Ω] 이하의 저항의 정밀 측정에 사용

정답 24 ① 25 ① 26 ③ 27 ③ 28 ③

29

스피커의 입력임피던스를 $10[k\Omega]$, 스피커의 선로전압을 $100[V]$로 하면 스피커의 입력전력은 몇 $[W]$인가?

① 1 ② 2
③ 5 ④ 10

해설

계산해 보면 아래와 같다.
$Z = 10[k\Omega] = 10,000[\Omega]$
$P = \dfrac{V^2}{Z} = \dfrac{100^2}{10,000} = 1[W]$

30

$100[V]$, $1[kW]$ 전열기의 전열선을 반감시키면 소비전력은 몇 $[kW]$가 되는가?

① 0.5 ② 1.0
③ 2.0 ④ 4.0

해설

$R = \dfrac{V}{I} = \dfrac{100[V]}{10[A]} = 10[\Omega]$

전열선을 반감시키면 저항도 반으로 감소하므로
$R = 5[\Omega]$
$P = \dfrac{V^2}{R} = \dfrac{100^2}{5} = 2,000[W] = 2[kW]$

31

동선의 저항이 $20[°C]$일 때 $0.8[\Omega]$이라 하면 $60[°C]$일 때의 저항은 약 몇 $[\Omega]$인가?(단, 동선의 $20[°C]$의 온도계수는 0.0039이다.)

① 0.034 ② 0.925
③ 0.644 ④ 2.4

해설

계산해 보면 아래와 같다.
$R_2 = R_1[1 + \alpha_{t_1}(t_2 - t_1)] = 0.8[1 + 0.0039(60 - 20)] = 0.925$

32

그림과 같은 $1[k\Omega]$의 저항과 실리콘다이오드의 직렬회로에서 양단 간의 전압 V_D는 약 몇 $[V]$인가?

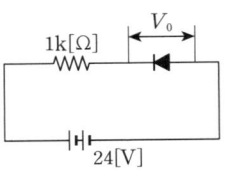

① 0 ② 0.1
③ 0.024 ④ 24

해설

역방향 바이어스이므로 개방회로로 동작하여 다이오드 양단 전압은 $24[V]$이다.

33

어떤 코일에 직류전압 $30[V]$를 가하면 $450[W]$를 소비하고 교류전압 $250[V]$를 가하면 $7,500[W]$를 소비한다고 한다. 이 코일의 리액턴스는 약 몇 $[\Omega]$인가?

① $1.2[\Omega]$ ② $2.4[\Omega]$
③ $3.6[\Omega]$ ④ $4.8[\Omega]$

해설

직류전원에서 R을 계산한다.
$R = \dfrac{V^2}{P} = \dfrac{30^2}{450} = 2[\Omega]$

교류전압이 들어가면 임피던스 Z성분으로 계산한다.
$P = I^2 R$, $7,500[W] = I^2 R = 2I^2$
$I = 61.2[A]$
$Z = \dfrac{V}{I} = \dfrac{250}{61.2} = 4.08[\Omega]$
$X_L = \sqrt{Z^2 - R^2} = \sqrt{4.08^2 - 2^2} = 3.6[\Omega]$

정답 29 ① 30 ③ 31 ② 32 ④ 33 ③

34

$100[\text{V}]$로 $500[\text{W}]$의 전력을 소비하는 전열기가 있다. 이 전열기를 $80[\text{V}]$로 사용하면 소비전력은?

① $320[\text{W}]$
② $360[\text{W}]$
③ $400[\text{W}]$
④ $440[\text{W}]$

해설

계산해 보면 아래와 같다.
$I = \dfrac{P}{V} = \dfrac{500[\text{W}]}{100[\text{V}]} = 5[\text{A}]$
$R = \dfrac{V}{I} = \dfrac{100[\text{V}]}{5[\text{A}]} = 20[\Omega]$
$P = \dfrac{V^2}{R} = \dfrac{80^2}{20} = 320[\text{W}]$

35 [빈출]

전력용 반도체 소자를 스위칭의 방향성에 따라 분류할 경우 양방향 전류소자가 아닌 것은?

① DIAC
② TRIAC
③ RCT
④ IGBT

해설

양방향 전류소자는 DIAC, TRIAC, RCT이다.

| 관련개념 |

구분		심벌
DIAC	네온관과 같은 성질을 가진 것으로서 주로 SCR, TRIAC 등의 트리거소자로 이용된다.	T_2
TRIAC	양방향성 스위칭소자로서 SCR 2개를 역병렬로 접속한 것과 같다.(AC 전력의 제어용, 쌍방향성 사이리스터)	T_1 T_2 G
RCT (역도통 사이리스터)	비대칭 사이리스터와 고속회복 다이오드를 직접화한 단일 실리콘칩으로 만들어져서 직렬공진형 인버터에 대해 이상적이다.	G A K
IGBT	고전력 스위치용 반도체로서 전기 흐름을 막거나 통하게 하는 스위칭 기능을 빠르게 수행한다.	G C E

36

이미터 전류를 $1[\text{mA}]$ 변화시켰더니 컬렉터 전류는 $0.98[\text{mA}]$이었다. 이 트랜지스터의 증폭율 β는?

① 0.49
② 0.98
③ 1.02
④ 49.0

해설

이미터전류 I_e, 베이스전류 I_b, 컬렉터전류 I_c
$I_e = I_b + I_c$, $I_b = I_e - I_c = 1 - 0.98 = 0.02[\text{mA}]$
증폭율 $\beta = \dfrac{I_c}{I_b} = \dfrac{0.98}{0.02} = 49$

37

조작기기는 직접 제어대상에 작용하는 장치이고 응답이 빠른 것이 요구된다. 다음 중 전기식 조작기기가 아닌 것은?

① 전동 밸브
② 서보 전동기
③ 전자 밸브
④ 다이어프램 밸브

해설

다이어프램 밸브는 전기식 조작기기가 아니다.

| 관련개념 | 조작기기
- 전기식 조작기기
  - 전동 밸브
  - 전자 밸브(솔레노이드밸브)
  - 서보 전동기
- 기계식 조작기기
  - 다이어프램 밸브

정답 34 ① 35 ④ 36 ④ 37 ④

38

시퀀스제어에 관한 설명 중 옳지 않은 것은?

① 논리회로가 조합 사용된다.
② 기계적 계전기접점이 사용된다.
③ 전체시스템에 연결된 접점들이 일시에 동작할 수 있다.
④ 시간 지연요소가 사용된다.

해설
전체 시스템에 연결된 접점들이 순차적으로 동작한다.

39

다음 변환요소의 종류 중 변위를 임피던스로 변환하여 주는 것은?

① 벨로스
② 노즐 플래퍼
③ 가변 저항기
④ 전자 코일

해설
변위를 임피던스로 변환하여 주는 것은 가변 저항기이다.

| 관련개념 | 변환요소

- 온도 → 임피던스: 측온저항(측온저항체), 정온식 감지선형 감지기
- 온도 → 전압: 광전다이오드, 열전대식 감지기, 열반도체식 감지기
- 빛 → 전압: 광전지
- 전압(전류) → 변위: 전자
- 변위 → 압력: 유압분사관, 노즐 플래퍼
- 변위 → 전압: 포텐셔미터, 차동 변압기, 전위차계
- 변위 → 임피던스: 가변 저항기

40

단상 200[V]의 교류전압을 회로에 인가할 때 $\frac{\pi}{6}$[rad]만큼 위상이 뒤진 10[A]의 전류가 흐른다고 한다. 이 회로의 역률은 몇 [%]인가?

① 86.6
② 89.6
③ 92.6
④ 95.6

해설
계산해 보면 아래와 같다.
역률 $\cos\left(\frac{\pi}{6}\right) = 0.866$, 86.6[%]

3과목　소방관계법규

41

전문소방시설 공사업을 하고자 하는 등록기준 내용으로서 틀린 것은?

① 자본금은 법인일 경우 1억 원 이상
② 자본금은 개인일 경우 자산평가액 1억 원 이상
③ 주된 기술인력은 소방기술사 또는 기계분야와 전기분야의 소방설비기사 1인 이상
④ 보조기술인력은 1인 이상

정답　38 ③　39 ③　40 ①　41 ④

해설

전문소방시설 공사업을 하고자 하는 등록기준상 보조기술인력은 2인 이상이다.

| 관련개념 | 소방시설의 업종별 등록기준 및 영업범위

업종별 \ 항목		기술인력	자본금 (자산평가액)	영업범위
전문 소방시설 공사업		가. 주된 기술인력: 소방기술사 또는 기계분야와 전기분야의 소방설비기사 각 1명(기계분야 및 전기분야의 자격을 함께 취득한 사람 1명) 이상 나. 보조기술인력: 2명 이상	가. 법인: 1억 원 이상 나. 개인: 자산평가액 1억 원 이상	특정소방대상물에 설치되는 기계분야 및 전기분야 소방시설의 공사·개설·이전 및 정비
일반 소방 시설 공사업	기계 분야	가. 주된 기술인력: 소방기술사 또는 기계분야 소방설비기사 1명 이상 나. 보조기술인력: 1명 이상	가. 법인: 1억 원 이상 나. 개인: 자산평가액 1억 원 이상	가. 연면적 1만[m²] 미만의 특정소방대상물에 설치되는 기계분야 소방시설의 공사·개설·이전 및 정비 나. 위험물제조소 등에 설치되는 기계분야 소방시설의 공사·개설·이전 및 정비
	전기 분야	가. 주된 기술인력: 소방기술사 또는 전기분야 소방설비기사 1명 이상 나. 보조기술인력: 1명 이상	가. 법인: 1억 원 이상 나. 개인: 자산평가액 1억 원 이상	가. 연면적 1만[m²] 미만의 특정소방대상물에 설치되는 전기분야 소방시설의 공사·개설·이전·정비 나. 위험물제조소 등에 설치되는 전기분야 소방시설의 공사·개설·이전·정비

42 빈출

소방신호의 종류가 아닌 것은?

① 경계신호
② 해제신호
③ 훈련신호
④ 구급신호

해설

소방신호의 종류는 경계신호, 해제신호, 훈련신호, 발화신호이다.

| 관련개념 | 소방신호의 종류 및 방법

- 경계신호: 화재예방상 필요하다고 인정되거나 화재위험경보 시 발령
- 발화신호: 화재가 발생한 때 발령
- 해제신호: 소화활동이 필요없다고 인정되는 때 발령
- 훈련신호: 훈련상 필요하다고 인정되는 때 발령

43 고난도

「소방시설 설치 및 관리에 관한 법령」상 건축허가 등의 동의 대상물의 범위로 틀린 것은?

① 항공기격납고
② 방송용 송·수신탑
③ 연면적이 $400[m^2]$ 이상인 건축물
④ 지하층 또는 무창층이 있는 건축물로서 바닥면적이 $50[m^2]$ 이상인 층이 있는 것

해설

지하층 또는 무창층이 있는 건축물로서 바닥면적이 $50[m^2]$ 이상인 층이 있는 것은 「소방시설 설치 및 관리에 관한 법령」상 건축허가 등의 동의대상물의 범위가 아니다.

| 관련개념 | 건축허가 등의 동의대상물의 범위

면적기준	동의대상	면적기준 외 동의대상
$400[m^2]$ 이상	건축물 연면적	6층 이상 건축물
$300[m^2]$ 이상	• 정신의료기관 연면적 • 장애인 의료재활시설 연면적	• 차고주차장으로 기계식주차시설: 자동차 20대 이상 • 요양병원(정신병원 및 의료재활시설 제외)
$200[m^2]$ 이상	• 노유자시설 및 수련시설 연면적 • 차고·주차장으로 사용하는 바닥면적의 층이 있는 건축물·주차시설	항공기격납고, 관망탑, 항공관제탑, 방송용 송수신탑
$150[m^2]$ 이상	지하층, 무창층의 바닥면적	특정소방대상물 중 조산원, 산후조리원, 숙박시설, 위험물 저장 및 처리시설, 지하구, 발전시설 중 전기저장시설, 풍력발전소, 지하구
$100[m^2]$ 이상	• 공연장 바닥면적 • 학교시설 연면적	노유자시설 ⓐ 노인 관련 ⓑ 아동복지 ⓒ 장애인 거주 ⓓ 정신질환자 관련 ⓔ 노숙인 자활, 노숙인재활 및 노숙인요양 ⓕ 결핵,한센인 생활 ⓖ 학대피해노인 전용쉼터
		• 지정수량 750배 이상의 특수가연물을 저장취급하는 곳 • 가스시설로 지상탱크 저장용량의 합계가 100톤 이상인 것

정답 42 ④ 43 ④

44

「소방기본법령」상 소방업무 상호응원협정 체결 시 포함되어야 하는 사항이 아닌 것은?

① 응원출동의 요청방법
② 응원출동훈련 및 평가
③ 응원출동대상지역 및 규모
④ 응원출동 시 현장지휘에 관한 사항

해설

응원출동 시 현장지휘에 관한 사항은 협정대상이 아니다.

| 관련개념 | **소방기본법 시행규칙 제8조 소방업무의 상호응원협정**

시·도지사는 이웃하는 다른 시·도지사와 소방업무에 관하여 상호응원협정을 체결하고자 하는 때에는 다음 각 호의 사항이 포함되도록 해야 한다.
- 소방활동에 관한 사항
  - 화재의 경계·진압활동
  - 구조·구급업무의 지원
  - 화재조사활동
- 응원출동대상지역 및 규모
- 소요경비의 부담에 관한 사항
  - 출동대원의 수당·식사 및 피복의 수선
  - 소방장비 및 기구의 정비와 연료의 보급
  - 그 밖의 경비
- 응원출동의 요청방법
- 응원출동훈련 및 평가

45

화재를 진압하고 화재·재난·재해 그 밖의 위급한 상황에서의 구조·구급활동을 위하여 소방공무원, 의무소방원, 의용소방대원으로 구성된 조직체를 무엇이라 하는가?

① 구조구급대
② 의무소방대
③ 소방대
④ 의용소방대

해설

화재를 진압하고 화재·재난·재해 그 밖의 위급한 상황에서의 구조·구급활동을 위하여 소방공무원, 의무소방원, 의용소방대원으로 구성된 조직체를 소방대라 한다.

| 관련개념 | **용어의 정의**

소방대상물	관계인	소방대
• 건축물 • 차량 • 산림 • 선박(매어 둔 것) • 선박건조구조물 • 인공구조물 • 물건	• 소유자 • 관리자 • 점유자	• 소방공무원 • 의무소방원 • 의용소방대원

46

다음 중 소방시설관리업자에게 연 1회 이상 종합정밀점검을 받아야 하는 대상으로 맞는 것은?

① 연면적 $5,000[m^2]$ 이상 특정소방대상물
② 연면적 $10,000[m^2]$ 이상 특정소방대상물
③ 연면적 $5,000[m^2]$ 이상이고 층수가 15층 이상인 아파트
④ 스프링클러설비가 설치된 연면적 $5,000[m^2]$ 이상 특정소방대상물

해설

스프링클러가 설치된 모든 특정소방대상물은 면적에 상관없이 종합정밀점검을 받아야 한다.

| 관련개념 | **소방시설의 자체점검 중 종합정밀점검의 대상**

구분	종합정밀점검
정의	소방시설 등의 작동기능점검을 포함하여 설비별 주요 구성 부품의 구조 기준이 화재안전기술기준 및 건축법 등 기준에 적합한지 여부를 점검하는 것
점검 대상	• 스프링클러설비가 설치된 특정소방대상물 • 물분무등소화설비가 설치된 연면적 $5,000[m^2]$ 이상인 특정소방대상물(위험물 제조소 등, 호스릴 방식 물분무등소화설비만을 설치한 경우 제외) • 다중이용업의 영업장이 설치된 특정소방대상물로서 연면적이 $2,000[m^2]$ 이상인 것 • 공공기관 중 연면적이 $1,000[m^2]$ 이상인 것(옥내소화전설비 또는 자동화재탐지설비 설치) 단, 소방대 근무하는 공공기관 제외 • 제연설비가 설치된 터널
점검 자격	• 소방시설관리업자 • 소방안전관리자로 선임된 소방기술사, 소방시설관리사
점검 횟수	연 1회 이상 • 특정소방대상물: 반기 1회 이상 • 소방본부장, 소방서장 지정 우수대상물 3년 이내 범위에서 면제(면제 기간 중 화재 시 제외)
점검 시기	[신축건축물] ① 사용승인일이 속한 달의 말일까지 실시 ② 신규 사용승인을 받은 건축물은 그 다음부터 실시하되 건축물 사용승인일이 속한 달의 말일까지 실시 ③ 소방시설완공검사증명서 수령 1년 경과 후 사용 승인을 받은 경우 사용 승인을 받은 그 해부터 실시 ④ 단, 그 해의 종합정밀점검은 ①에도 불구하고 사용승인일로부터 3개월 이내 실시 ⑤ 학교의 경우 해당 건축물 사용승인일이 1월에서 6월 사이에 있는 경우 6월 30일까지 실시할 수 있다. ⑥ 공공기관은 외관 점검을 월 1회 실시하고 점검 결과를 2년 동안 자체 보관하여야 한다. ⑦ 하나의 대지경계선 안에 2개 이상의 점검 대상이 있는 경우 사용승인일이 가장 빠른 건축물 기준

정답 44 ④　45 ③　46 ④

47

제조소 중 위험물을 취급하는 건축물의 구조는 특별한 경우를 제외하고 어떻게 하여야 하는가?

① 지하층이 없는 구조이어야 한다.
② 지하층이 있는 구조이어야 한다.
③ 지하층이 있는 1층 이내의 건축물이어야 한다.
④ 지하층이 있는 2층 이내의 건축물이어야 한다.

해설

제조소 중 위험물을 취급하는 건축물의 구조는 특별한 경우를 제외하고 지하층이 없는 구조이어야 한다.

| 관련개념 | **위험물을 취급하는 건축물의 구조**

- 지하층이 없도록 하여야 한다.
  다만, 위험물을 취급하지 아니하는 지하층으로서 위험물의 취급장소에서 새어나온 위험물 또는 가연성의 증기가 흘러 들어갈 우려가 없는 구조로 된 경우에는 그러하지 아니하다.
- 벽·기둥·바닥·보·서까래 및 계단을 불연재료로 하고, 연소(延燒)의 우려가 있는 외벽은 출입구 외의 개구부가 없는 내화구조의 벽으로 하여야 한다. 이 경우 제6류 위험물을 취급하는 건축물에 있어서 위험물이 스며들 우려가 있는 부분에 대하여는 아스팔트 그 밖에 부식되지 아니하는 재료로 피복하여야 한다.
- 지붕(작업공정상 제조기계시설 등이 2층 이상에 연결되어 설치된 경우에는 최상층의 지붕을 말한다.)은 폭발력이 위로 방출될 정도의 가벼운 불연재료로 덮어야 한다. 다만, 위험물을 취급하는 건축물이 다음 각목의 1에 해당하는 경우에는 그 지붕을 내화구조로 할 수 있다.
  - 제2류 위험물(분말상태의 것과 인화성고체를 제외한다.), 제4류 위험물 중 제4석유류·동식물유류 또는 제6류 위험물을 취급하는 건축물인 경우
  - 다음의 기준에 적합한 밀폐형 구조의 건축물인 경우
    1) 발생할 수 있는 내부의 과압(過壓) 또는 부압(負壓)에 견딜 수 있는 철근콘크리트조일 것
    2) 외부화재에 90분 이상 견딜 수 있는 구조일 것
- 출입구와 「산업안전보건기준에 관한 규칙」 제17조에 따라 설치하여야 하는 비상구에는 60분+ 방화문, -60분 방화문 또는 30분 방화문을 설치하되, 연소의 우려가 있는 외벽에 설치하는 출입구에는 수시로 열 수 있는 자동폐쇄식의 60분+ 방화문을 설치하여야 한다.
- 위험물을 취급하는 건축물의 창 및 출입구에 유리를 이용하는 경우에는 망입유리(두꺼운 판유리에 철망을 넣은 것)로 하여야 한다.
- 액체의 위험물을 취급하는 건축물의 바닥은 위험물이 스며들지 못하는 재료를 사용하고, 적당한 경사를 두어 그 최저부에 집유설비를 하여야 한다.

48

다음 중 위험물 임시저장 기간으로 맞는 것은?

① 90일 이내 ② 80일 이내
③ 70일 이내 ④ 60일 이내

해설

위험물 임시저장 기간은 90일 이내이다.

| 관련개념 | **위험물의 저장 및 취급의 제한**

- 지정수량 이상의 위험물을 저장소·제조소 등 외의 장소에서 저장·취급 금지
- 저장 및 취급 제한의 예외(임시 저장 및 취급 장소의 위치·구조·설비 기준)
  - 시·도조례에 따라 관할소방서장의 승인을 받아 지정수량 이상의 위험물을 90일 이내 저장 또는 취급
  - 군부대가 지정수량 이상의 위험물을 군사 목적으로 임시로 저장 또는 취급

49

1급 소방안전관리대상물의 소방안전관리자로 선임될 수 있는 대상자로 옳지 않은 것은?

① 소방시설관리사 자격을 가진 자
② 소방공무원으로 3년 이상 근무한 경력이 있는 자
③ 소방청장이 실시하는 특급 소방안전관리대상물의 소방안전관리에 관한 시험에 합격한 사람
④ 소방설비기사 또는 소방설비산업기사 자격을 가진 자

해설

소방공무원으로 7년 이상 근무한 경력이 있는 사람은 1급 소방안전관리대상물의 소방안전관리자로 선임될 수 있는 대상자가 된다.

| 관련개념 | **소방안전관리자**

다음의 어느 하나에 해당하는 사람으로서 1급 소방안전관리자 자격증을 발급받은 사람 또는 제1호에 따른 특급 소방안전관리대상물의 소방안전관리자 자격증을 발급 받은 사람

- 소방설비기사 또는 소방설비산업기사의 자격이 있는 사람
- 소방공무원으로 7년 이상 근무한 경력이 있는 사람
- 소방청장이 실시하는 1급 소방안전관리대상물의 소방안전관리에 관한 시험에 합격한 사람

정답 47 ①   48 ①   49 ②

50

다음 중 관리의 권원이 분리되어 있는 것으로서 공동 관리를 하여야 할 특정소방대상물에 속하지 않는 것은?

① 판매시설 및 영업시설 중 도매시장
② 판매시설 및 영업시설 중 소매시장
③ 공연장
④ 지하가

해설

관리의 권원이 분리되어 있는 것으로서 공동 관리를 하여야 할 특정소방대상물에 속하지 않는 것은 공연장이다.

| 관련개념 | 관리의 권원이 분리된 특정소방대상물

- 복합건축물(지하층을 제외한 층수가 11층 이상 또는 연면적 3만$[m^2]$ 이상인 건축물)
- 지하가(지하의 인공구조물 안에 설치된 상점 및 사무실, 그 밖에 이와 비슷한 시설이 연속하여 지하도에 접하여 설치된 것과 그 지하도를 합한 것을 말한다.)
- 그 밖의 대통령령으로 정하는 특정소방대상물(24.5.7 타법개정)
  특정소방대상물 중의 판매시설 중 도매시장, 소매시장 및 전통시장
  특정소방대상물: 대통령령으로 정한 소방시설을 설치해야 하는 소방대상물

1. 공동주택(APT, 기숙사)	16. 창고시설
2. 근린생활시설	17. 위험물 저장 및 처리시설
3. 문화집회시설	18. 항공기 및 자동차 관련시설
4. 종교시설	19. 동물원 관련시설
5. 판매시설	20. 자원순환관련시설
6. 운수시설	21. 교정 및 군사시설
7. 의료시설	22. 방송통신시설
8. 교육연구시설	23. 발전시설
9. 노유자시설	24. 묘지관련시설
10. 수련시설	25. 관광휴게시설
11. 운동시설	26. 장례시설
12. 업무시설	27. 지하가
13. 숙박시설	28. 지하구
14. 위락시설	29. 문화재
15. 공장	30. 복합건축물(28 및 29 제외)
	31. 비고

51 고난도

다음 중 건축허가 등의 동의대상물의 범위에 속하지 않는 것은?

① 관망탑
② 방송용 송·수신탑
③ 항공기격납고
④ 철탑

해설

건축허가 등의 동의대상물의 범위에 속하지 않는 것은 철탑이다.

| 관련개념 | 건축허가 등의 동의대상물의 범위

면적기준	동의대상	면적기준 외 동의대상
400$[m^2]$ 이상	건축물 연면적	6층 이상 건축물
300$[m^2]$ 이상	• 정신의료기관 연면적 • 장애인 의료재활시설 연면적	• 차고주차장으로 기계식 주차 시설: 자동차 20대 이상 • 요양병원(정신병원 및 의료재활시설 제외)
200$[m^2]$ 이상	• 노유자시설 및 수련시설 연면적 • 차고·주차장으로 사용하는 바닥면적의 층이 있는 건축물·주차시설	항공기격납고, 관망탑, 항공관제탑, 방송용 송수신탑
150$[m^2]$ 이상	지하층, 무창층의 바닥면적	특정소방대상물 중 조산원, 산후조리원, 숙박시설, 위험물 저장 및 처리 시설, 지하구, 발전시설중 전기저장시설, 풍력발전소, 지하구
100$[m^2]$ 이상	• 공연장 바닥면적 • 학교시설 연면적	노유자시설 ⓐ 노인 관련 ⓑ 아동복지 ⓒ 장애인 거주 ⓓ 정신질환자 관련 ⓔ 노숙인자활, 노숙인재활 및 노숙인요양 ⓕ 결핵, 한센인 생활 ⓖ 학대피해노인전용쉼터
		• 지정수량 750배 이상의 특수가연물을 저장취급하는 곳 • 가스시설로 지상탱크 저장용량의 합계가 100톤 이상인 것

정답 50 ③ 51 ④

52

「화재의 예방 및 안전관리에 관한 법령」상 1급 소방안전관리대상물의 소방안전관리자 자격시험 응시자격자의 기준 중 ( ) 안에 알맞은 내용은?

> 산업안전기사 또는 산업안전산업기사의 자격을 취득한 후 ( ) 2급 소방안전관리대상물 또는 3급 소방안전관리대상물의 소방안전관리자로 근무한 실무경력이 있는 사람

① 1년 이상
② 2년 이상
③ 3년 이상
④ 5년 이상

해설

산업안전기사 또는 산업안전산업기사의 자격을 취득한 후 2년 이상 2급 소방안전관리대상물 또는 3급 소방안전관리대상물의 소방안전관리자로 근무경력이 있는 사람은 1급 소방안전관리대상물의 소방안전관리자 자격시험 응시자격자의 기준이 된다.

| 관련개념 | 소방안전관리자 응시자격

요건	특급	1급	2급	3급
강습수료 경력불필요	특급 강습수료	특급, 1급, 공공기관 강습수료	특급, 1급, 2급, 공공기관 강습수료	특급, 1급, 2급, 3급 공공기관 강습수료
학력 기술자격	–	산업안전산업기사 취득 후 2, 3급 대상물 소방안전관리자 2년	기능사 제외 산업기사 자격보유자 이상	–
시험 응시자격	강습 후 시험합격	강습 후 시험합격	특급, 1급 응시자격 인정	특급, 1, 2급 응시자격 인정
소방공무원	10년 이상 근무경력	–	–	–
소방안전관리자 실무경력	1급 대상물에서 소방기사 2년 소방산업기사 3년 소방안전관리자 5년	2급 대상물에서 소방안전관리자 5년	3급 대상물에서 소방안전관리자 2년	–
소방안전관리보조자 실무경력	특급, 1급 대상물에서 1급 관리자 자격으로 7년 보조경력	특급, 1급 대상물에서 2급 관리자 자격으로 5년 보조경력	–	–
	특급대상물에서 소방안전관리보조자로 10년 근무	2급 대상물에서 2급 관리자 자격으로 7년 보조경력	특급, 1급, 2급, 3급 대상물에서 보조자 자격으로 3년 보조경력	특급, 1급, 2급, 3급 대상물에서 보조자 자격으로 2년 보조경력
소방관련 학위	석사 이상 취득 후 1급 대상물에서 소방안전관리자 2년	석사 이상 취득자	–	–
소방안전관리학과 졸업	1급 대상물에서 소방안전관리자 2년	2급, 3급 대상물에서 소방안전관리자 2년	졸업	–
소방안전관련학과 졸업	1급 대상물에서 소방안전관리자 3년	2급, 3급 대상물에서 소방안전관리자 3년	졸업	–
소방안전관련교과목 이수	12학점 취득 후 1급 대상물에서 소방안전관리자 3년	12학점 취득 후 2, 3급 대상물에서 소방안전관리자 3년	6학점 이수 후 졸업	–
초고층총괄재난관리자	1년 이상 근무경력	–	–	–
소방본부 소방서	–	–	화재진압 또는 보조업무 종사경력 1년 이상	–
군부대 의무소방대	–	–	의무소방대원 근무경력 1년 이상	–
의용소방대	–	–	의용소방대원 근무경력 3년 이상	의용소방대원 근무경력 2년 이상
위험물법 자체소방대	–	–	자체소방대원 근무경력 3년 이상	자체소방대원 근무경력 1년 이상
경호공무원 별정공무원	–	–	안전검측 업무종사 2년 이상	안전검측 업무종사 1년 이상
경찰공무원	–	–	근무경력 3년 이상	근무경력 2년 이상

정답 52 ②

53

다음은 소방대상물 중 지하구에 대한 설명이다. (㉮), (㉯), (㉰)에 들어갈 내용으로 알맞은 것은?

"전력·통신용의 전선이나 가스·냉난방용의 배관을 집합 수용하기 위하여 설치한 지하공작물로서 사람이 점검 또는 보수하기 위하여 출입이 가능한 것 중 폭 (㉮) 이상이고 높이가 (㉯) 이상이며 길이가 (㉰) 이상인 것"

① ㉮ 1.8[m], ㉯ 2.0[m], ㉰ 50[m]
② ㉮ 2.0[m], ㉯ 2.0[m], ㉰ 500[m]
③ ㉮ 2.5[m], ㉯ 3.0[m], ㉰ 600[m]
④ ㉮ 3.0[m], ㉯ 5.0[m], ㉰ 700[m]

해설

지하구는 전력·통신용의 전선이나 가스·냉난방용의 배관을 집합 수용하기 위하여 설치한 지하공작물로서 사람이 점검 또는 보수하기 위하여 출입이 가능한 것 중 폭 1.8[m] 이상이고 높이가 2.0[m] 이상이며 길이가 50[m] 이상인 것이다.

관련개념 | 지하구

전력·통신용의 전선이나 가스·냉난방용의 배관 또는 이와 비슷한 것을 집합 수용하기 위하여 설치한 지하 인공구조물로서 사람이 점검 또는 보수를 하기 위하여 출입이 가능한 것 중 다음의 어느 하나에 해당하는 것

① 전력 또는 통신사업용 지하 인공구조물로서 전력구(케이블 접속부가 없는 경우에는 제외한다.) 또는 통신구 방식으로 설치된 것
② ① 외의 지하 인공구조물로서 폭이 1.8[m] 이상이고 높이가 2[m] 이상이며 길이가 50[m] 이상인 것

54

다음 중 그 성질이 자연발화성물질 및 금수성 물질인 제3류 위험물에 속하지 않는 것은?

① 황린 ② 칼륨
③ 나트륨 ④ 황화린

해설

황화린은 제2류 위험물이다.

관련개념 | 위험물 품명 및 지정수량

유별	성질	품명	지정수량	위험등급
제2류	가연성 고체	황화린	100[kg]	II
		적린	100[kg]	
		황(순도 60[wt%] 이상, 불순물은 활석 등 불활성물질과 수분에 한함)	100[kg]	
		철분 53[μm] 표준체(270[Mesh])를 통과하는 것이 50[wt%] 미만인 것 제외	500[kg]	III
		금속분 알칼리금속·알칼리토류금속·철 및 마그네슘 외의 금속분말을 칭함 구리분, 니켈분 및 150[μm] 표준체(100 [Mesh])를 통과하는 것이 50[wt%] 미만 제외	500[kg]	III
		마그네슘, 2[mm]의 체를 통과하지 않는 덩어리 상태의 것, 직경 2[mm] 이상의 막대 모양의 것	500[kg]	
		그 밖에 행정안전부령으로 정하는 것 제1호 내지 제7호의 1에 해당하는 어느 하나 이상을 함유한 것	100[kg] 또는 500[kg]	II, III
		인화성고체 (고형알콜 그 밖에 1기압에서 인화점이 40[°C] 미만인 고체)	1,000[kg]	III

유별	성질	품명	지정수량	위험등급
제3류	자연발화성 물질 및 금수성 물질	칼륨	10[kg]	I
		나트륨	10[kg]	
		알킬알루미늄	10[kg]	
		알킬리튬	10[kg]	
		황린	20[kg]	
		알칼리금속(칼륨 및 나트륨을 제외한다.) 및 알칼리토금속	50[kg]	II
		유기금속화합물(알킬알루미늄 및 알킬리튬을 제외한다.)	50[kg]	
		금속의 수소화물	300[kg]	III
		금속의 인화물	300[kg]	
		칼슘 또는 알루미늄의 탄화물	300[kg]	
		그 밖에 행정안전부령으로 정하는 것 제1호 내지 제11호의 1에 해당하는 어느 하나 이상을 함유한 것	10[kg], 20[kg], 50[kg] 또는 300[kg]	I, II, III

정답 53 ① 54 ④

55

소방안전관리자를 선임하지 아니한 소방안전관리대상물의 관계인에 대한 벌칙은?

① 100만 원 이하의 벌금
② 300만 원 이하의 벌금
③ 1,000만 원 이하의 벌금
④ 3,000만 원 이하의 벌금

해설

소방안전관리자를 선임하지 아니한 소방안전관리대상물의 관계인에 대해서는 300만 원 이하의 벌금을 줄 수 있다.

| 관련개념 | 300만 원 이하의 벌금

- 화재안전조사(화재안전조사(화재예방조사))를 정당한 사유 없이 거부·방해 또는 기피한 자
- 방염성능검사에 합격하지 아니한 물품에 합격표시를 하거나 합격표시를 위조하거나 변조하여 사용한 자
- 거짓 시료를 제출한 자
- 소방안전관리자 또는 소방안전관리보조자를 선임하지 아니한 자
- 공동 소방안전관리자를 선임하지 아니한 자
- 소방시설·피난시설·방화시설 및 방화구획 등이 법령에 위반된 것을 발견하였음에도 필요한 조치를 할 것을 요구하지 아니한 소방안전관리자
- 소방안전관리자에게 불이익한 처우를 한 관계인
- 점검기록표를 거짓으로 작성하거나 해당 특정소방대상물에 부착하지 아니한 자
- 소방업무를 위임받은 단체에서 업무를 수행하면서 알게 된 비밀을 목적 외의 용도로 사용하거나 다른 사람 또는 기관에 제공하거나 누설한 사람

56 빈출

중앙소방기술심의위원회의 심의사항이 아닌 것은?

① 화재안전기준에 관한 사항
② 소방시설의 구조와 원리 등에 있어서 공법이 특수한 설계 및 시공에 관한 사항
③ 소방시설의 설계 및 공사감리의 방법에 관한 사항
④ 소방시설에 대한 하자 여부의 판단에 관한 사항

해설

중앙소방기술심의위원회의 심의사항이 아닌 것은 소방시설에 대한 하자 여부의 판단에 관한 사항이다.

| 관련개념 | 중앙소방기술심의위원회 심의사항

- 화재안전기준에 관한 사항
- 소방시설의 구조 및 원리 등에서 공법이 특수한 설계 및 시공에 관한 사항
- 소방시설의 설계 및 공사감리의 방법에 관한 사항
- 소방시설공사의 하자를 판단하는 기준에 관한 사항
- 그 밖에 소방기술 등에 관하여 대통령령으로 정하는 사항

57

특정소방대상물 중 근린생활시설과 가장 거리가 먼 것은?

① 안마시술소   ② 찜질방
③ 한의원   ④ 무도학원

해설

특정소방대상물 중 근린생활시설과 가장 거리가 먼 것은 무도학원이다.

| 관련개념 | 특정소방대상물에서 근린생활시설의 정의

- 슈퍼마켓과 일용품(식품, 잡화, 의류, 완구, 서적, 건축자재, 의약품, 의료기기 등) 등의 소매점으로 바닥면적의 합계가 1천$[m^2]$ 미만
- 의약품 판매소, 의료기기 판매소 및 자동차영업소로서 같은 건축물로 바닥면적의 합계가 1천$[m^2]$ 미만
- 휴게음식점, 제과점, 일반음식점, 기원(棋院), 노래연습장
- 이용원, 미용원, 목욕장 및 세탁소
- 의원, 치과의원, 한의원, 침술원, 접골원(接骨院), 조산원, 안마원, 안마시술소
- 단란주점 바닥면적의 합계가 150$[m^2]$ 미만
- 공연장, 종교집회장 등으로서 같은 건축물에 해당 용도로 쓰는 바닥면적의 합계가 300$[m^2]$ 미만
- 탁구장, 테니스장, 체육도장, 체력단련장, 에어로빅장, 볼링장, 당구장, 실내낚시터, 골프연습장, 물놀이형 시설 등 바닥면적의 합계가 500$[m^2]$ 미만
- 금융업소, 사무소, 부동산중개사무소, 결혼상담소 등 소개업소, 출판사, 서점 등으로 바닥면적의 합계가 500$[m^2]$ 미만
- 제조업소, 수리점, 그 밖에 이와 비슷한 것으로서 바닥면적의 합계가 500$[m^2]$ 미만이고, 환경관련법에 따른 배출시설의 설치허가 또는 신고의 대상이 아닌 것
- 청소년게임제공업 및 일반게임제공업의 시설, 인터넷컴퓨터게임시설제공업의 시설, 복합유통게임제공업의 시설로서 바닥면적의 합계가 500$[m^2]$ 미만
- 사진관, 표구점, 학원(자동차학원 및 무도학원은 제외), 독서실, 고시원으로 바닥면적의 합계가 500$[m^2]$ 미만
- 장의사, 동물병원, 총포판매사 그 밖에 이와 비슷한 것

정답 55 ② 56 ④ 57 ④

58

제4류 위험물로서 제1석유류인 수용성 액체의 지정수량은 몇 리터인가?

① 100 ② 200
③ 300 ④ 400

해설

제4류 위험물로서 제1석유류인 수용성 액체의 지정수량은 $400[l]$이다.

| 관련개념 | 위험물 품명 및 지정수량(제4류 인화성 액체)

위험물		지정수량	위험등급
품명			
특수인화물	아세트알데히드, 이황화탄소, 디메틸에테르, 1기압에서 발화점 $100[°C]$ 이하인 것 또는 인화점이 $-20[°C]$ 이하이고 끓는점이 $40[°C]$ 이하인 것	$50[l]$	I
제1석유류	• 비수용성액체 • 인화점 $21[°C]$ 미만, 아세톤, 휘발유	$200[l]$	
	수용성액체	$400[l]$	
알코올류	• 1분자를 구성하는 탄소수가 1~3개까지의 포화1가알콜, 변성알콜을 포함 제외 • 탄소수 3개 이하의 포화 1가알콜 함유량이 $60[wt\%]$ 미만 또는 가연성 액체량이 $60[wt\%]$ 미만이고, 인화점 및 연소점이 에틸알콜 $60[wt\%]$ 수용액의 인화점, 연소점을 초과하는 것	$400[l]$	II
제2석유류	• 비수용성액체 • 인화점 $21[°C]$ 이상 $70[°C]$ 미만, 등유, 경유	$1,000[l]$	
	수용성액체	$2,000[l]$	
제3석유류	• 비수용성액체 • 인화점 $70[°C]$ 이상 $200[°C]$ 미만, 중유, 클레오소트유	$2,000[l]$	III
	수용성액체	$4,000[l]$	
제4석유류	인화점 $200[°C]$ 이상 $250[°C]$ 미만, 기어유, 실린더유	$6,000[l]$	
동식물유류	동물의 지육, 또는 식물의 종자나 과육으로부터 추출한 것으로 1기압에서 인화점이 $250[°C]$ 미만인 것	$10,000[l]$	

59

「소방시설공사업법령」상 소방시설공사업자가 소속 소방기술자를 소방시설공사 현장에 배치하지 않았을 경우의 과태료 기준은?

① 100만 원 이하 ② 200만 원 이하
③ 300만 원 이하 ④ 400만 원 이하

해설

「소방시설공사업법령」상 소방시설공사업자가 소속 소방기술자를 소방시설공사 현장에 배치하지 않았을 경우의 과태료는 200만 원 이하이다.

| 관련개념 | 「소방공사업법」 200만 원 이하의 과태료

- 등록사항의 변경신고, 휴업 및 폐업 신고, 지위승계, 착공신고 및 제2항 전단, 감리자 지정신고를 위반하여 신고를 하지 아니하거나 거짓으로 신고한 자
- 관계인에게 지위승계, 행정처분 또는 휴업·폐업의 사실을 거짓으로 알린 자
- 하자보수보증기간 동안 보관의무를 위반하여 관계 서류를 보관하지 아니한 자
- 소방기술자를 공사 현장에 배치하지 아니한 자
- 완공검사를 받지 아니한 자
- 3일 이내에 하자를 보수하지 아니하거나 하자보수계획을 관계인에게 거짓으로 알린 자
- 감리 관계 서류를 인수·인계하지 아니한 자
- 배치통보 및 변경통보를 하지 아니하거나 거짓으로 통보한 자
- 방염성능기준 미만으로 방염을 한 자
- 방염처리능력 평가에 관한 서류를 거짓으로 제출한 자
- 도급계약 체결 시 의무를 이행하지 아니한 자(하도급 계약의 경우에는 하도급 받은 소방시설업자는 제외한다.)
- 하도급 등의 통지를 하지 아니한 자
- 공사대금의 지급보증, 담보의 제공 또는 보험료 등의 지급을 정당한 사유 없이 이행하지 아니한 자
- 시공능력 평가에 관한 서류를 거짓으로 제출한 자
- 사업수행능력 평가에 관한 서류를 위조하거나 변조하는 등 거짓이나 그 밖의 부정한 방법으로 입찰에 참여한 자
- 명령을 위반하여 보고 또는 자료 제출을 하지 아니하거나 거짓으로 보고 또는 자료 제출을 한 자

정답 58 ④ 59 ②

60 빈출

방염처리업의 종류에 속하지 않는 것은?

① 섬유류 방염업
② 위험물류 방염업
③ 합판 · 목재류 방염업
④ 합성수지류 방염업

해설

위험물류 방염업은 방염처리업의 종류에 속하지 않는다.

| 관련개념 | 소방시설업의 업종별 등록기준 및 영업 범위

항목 업종별	영업 범위
섬유류 방염업	커튼 · 카펫 등 섬유류를 주된 원료로 하는 방염대상물품을 제조 또는 가공 공정에서 방염처리
합성수지류 방염업	합성수지류를 주된 원료로 하는 방염대상물품을 제조 또는 가공 공정에서 방염처리
합판 · 목재류 방염업	합판 또는 목재류를 제조 · 가공 공정 또는 설치 현장에서 방염처리

4과목 소방전기시설의 구조 및 원리

61 빈출

제연설비의 비상전원으로 자가발전설비를 사용했을 경우 그것의 용량은 제연설비를 몇 분 이상 가동시킬 수 있어야 하는가?

① 10
② 20
③ 30
④ 60

해설

제연설비의 비상전원으로 자가발전설비를 사용했을 경우 그것의 용량은 제연설비를 20분 이상 가동시킬 수 있어야 한다.

| 관련개념 | 제연설비의 비상전원(예비전원) 유효요구시간

소방시설		비상전원 용량(최소)
소화설비	전체 (간이SP 제외)	20분
	간이스프링클러	10분(단, 근린생활시설 용도는 20분)
경보설비	전체	감시 60분 후 10분 경보
피난설비	유도등설비 비상조명등설비	• 11층 이상의 층 • 지하층 또는 무창층 (도매시장, 소매시장, 여객자동차 터미널, 지하역사, 지하상가 용도) — 60분
		기타 장소인 경우 — 20분
소화활동 설비	제연설비 연결송수관설비 비상콘센트설비	20분
	무선통신 보조설비	30분

정답 60 ② 61 ②

62

이산화탄소소화설비의 음향경보장치로 방송에 의한 경보장치를 설치할 경우 방호구역 또는 방호대상물이 있는 구획의 각 부분으로부터 하나의 확성기까지의 수평거리는 몇 [m] 이하가 되도록 하여야 하는가?

① 25
② 30
③ 35
④ 50

해설

이산화탄소소화설비의 음향경보장치로 방송에 의한 경보장치를 설치할 경우 방호구역 또는 방호대상물이 있는 구획의 각 부분으로부터 하나의 확성기까지의 수평거리는 25[m] 이하가 되도록 하여야 한다.

| 관련개념 | 비상방송설비 설치기준

- 확성기의 음성입력은 3[W](실내에 설치하는 것에 있어서는 1[W] 이상)
- 확성기는 각층마다 설치하되, 그 층의 각 부분으로부터 하나의 확성기까지의 수평거리가 25[m] 이하, 해당층의 각 부분에 유효하게 경보를 발할 수 있도록 설치한다.
- 음량조정기의 배선은 3선식으로 한다.
- 조작부의 조작 스위치는 바닥으로부터 0.8[m] 이상 1.5[m] 이하의 높이에 설치한다.
- 조작부는 기동장치의 작동과 연동하여 해당 기동장치가 작동한 층 또는 구역을 표시할 수 있는 것으로 한다.
- 증폭기 및 조작부는 수위실 등 상시 사람이 근무하는 장소로서 점검이 편리하고 방화상 유효한 곳에 설치한다.
- 다른 방송설비와 공용하는 것에 있어서는 화재 시 비상경보 외의 방송을 차단할 수 있는 구조로 한다.
- 기동장치에 따른 화재신고를 수신한 후 필요한 음량으로 화재발생 상황 및 피난에 유효한 방송이 자동으로 개시될 때까지의 소요시간은 10초 이하로 한다.
- 음향장치는 다음 각 목의 기준에 따른 구조 및 성능의 것으로 하여야 한다.
  - 정격전압의 80[%] 전압에서 음향을 발할 수 있는 것을 한다.
  - 자동화재탐지설비의 작동과 연동하여 작동할 수 있는 것으로 한다.
- 우선 경보대상 5층 이상 연면적 3,000[m²] 건물

63 빈출

복도통로유도등의 식별도 기준 중 다음 ( ) 안에 알맞은 것은?

> 복도통로유도등에 있어서 상용전원으로 등을 켜는 경우에는 직선거리 (㉠)[m]의 위치에서, 비상전원으로 등을 켜는 경우에는 직선거리 (㉡)[m]의 위치에서 보통시력에 의하여 표시면의 화살표가 쉽게 식별되어야 한다.

① ㉠ 15, ㉡ 20
② ㉠ 20, ㉡ 15
③ ㉠ 30, ㉡ 20
④ ㉠ 20, ㉡ 30

해설

복도통로유도등에 있어서 상용전원으로 등을 켜는 경우에는 직선거리 30[m]의 위치에서, 비상전원으로 등을 켜는 경우에는 직선거리 20[m]의 위치에서 보통시력에 의하여 표시면의 화살표가 쉽게 식별되어야 한다.

| 관련개념 | 피난구유도등 및 복도통로유도등

- 상용전원 점등 시: 주위조도 10~30[lx], 직선거리 30[m] 위치에서 표시면식별
- 비상전원 점등 시: 주위조도 0~1[lx], 직선거리 20[m] 위치에서 표시면식별

정답 62 ① 63 ③

64

누전경보기의 설치 방법으로 옳지 않은 것은?

① 경계전로의 정격전류가 60[A]를 초과하는 전로에 있어서는 1급을 설치한다.
② 경계전로의 정격전류가 60[A] 이하의 전로에 있어서는 1급 또는 2급을 설치한다.
③ 정격전류가 60[A]를 초과하는 경계전로에서 분기되어 각 분기회로의 정격전류가 60[A] 이하로 되는 경우에는 각 분기회로마다 2급을 설치해도 당해 경계전로에 1급을 설치한 것으로 본다.
④ 변류기는 소방대상물의 형태, 인입선의 시설방법 등에 따라 옥외인입선의 제1지점의 부하측 또는 제1종 접지선측에 설치한다.

해설

변류기는 소방대상물의 형태, 인입선의 시설방법 등에 따라 옥외 인입선의 제1지점의 부하측 또는 제2종 접지선측에 설치한다.

| 관련개념 | 누전경보기 설치방법

- 누전경보기
  - 경계전로의 정격전류가 60[A]를 초과하는 전로에 있어서는 1급 누전경보기
  - 60[A] 이하의 전로에 있어서는 1급 또는 2급 누전경보기를 설치한다. 다만, 정격전류가 60[A]를 초과하는 경계전로가 분기되어 각 분기회로의 정격전류가 60[A] 이하로 되는 경우 당해 분기회로마다 2급 누전경보기를 설치한 때에는 각 분기회로마다 누전여부를 경보할 수 있으므로 당해 경계전로에 1급 누전경보기를 설치한 것으로 본다.(60[A] 초과 경계전로회로에 1급 누전경보기 면제)
- 변류기
  - 경계전로연결방식: 옥외 인입선의 제1지점의 부하측에 설치
  - 제2종접지방식: 제2종 접지선측의 점검이 쉬운 위치에 설치
  - 변류기를 옥외의 전로에 설치하는 경우에는 옥외형으로 설치
- 전원
  - 전원은 분전반으로부터 전용회로로 함
  - 각 극에 개폐기 및 15[A] 이하의 과전류차단기(배선용 차단기에 있어서는 20[A] 이하의 것으로 각 극을 개폐할 수 있는 것)를 설치
  - 전원을 분기할 때에는 다른 차단기에 따라 전원이 차단되지 아니하도록 한다.
  - 전원의 개폐기에는 누전경보기용임을 표시한 표지를 한다.

65

11층(공동주택의 경우 16층) 이상의 특정소방대상물로서, 지하 4층, 지상 5층의 소방대상물에 비상방송설비를 설치하였다. 지하 3층에서 발화한 경우 우선적으로 경보를 하여야 할 층은?

① 지하 2·3층
② 지하 1·2·3층
③ 지하 1·2·3·4층
④ 지하 1·2·3·4층, 지상 1층

해설

지하층에서 발화한 경우 발화층, 직상층, 기타 지하층에 우선 경보를 해야 한다.

| 관련개념 | 비상방송설비

- 전층경보대상 층수가 10층(공동주택은 15층) 이하의 특정소방대상물은 어느 1개 층에서 화재가 감지되더라도 전층에 화재경보를 발령한다.
- 우선경보대상 층수가 11층(공동주택은 16층) 이상의 특정소방대상물은 화재발생장소의 발화층 인근에 있는 재실자의 피난을 위해 아래의 방식으로 화재경보를 발령한다.

발화층	경보가 되는 층
2층 이상의 층	발화층+직상 4개층
1층	1층+직상 4개층+지하층
지하층	발화층+직상층+기타 지하층

▲ 우선 경보방식 예(화염 표시 층이 발화층이다.)

- 11층(공동주택 16층) 이상의 층부터는 특별피난계단과 제연설비가 설치되므로 상대적으로 재실자 피난경로 안전성 확보가 이뤄졌다고 판단하여 우선 경보방식의 적용방식으로 설정한다.

정답 64 ④ 65 ③

66 빈출

누전경보기에서 누전되는 것을 검출하는 것은?

① 차단기 ② 수신기
③ 변류기 ④ 경보장치

해설

누전경보기에서 누전되는 것을 검출하는 것은 변류기이다.

| 관련개념 | 누전경보기의 구성요소

- 수신부
  변류기로부터 검출된 신호를 수신하여 누전의 발생을 해당 특정소방대상물의 관계인에게 경보하여 주는 것(차단기구를 갖는 것을 포함)
- 변류기
  경계전로의 누설전류를 자동적으로 검출하여 이를 누전경보기의 수신부에 송신하는 것
- 차단장치
  누설전류를 검출하면 자동으로 누전된 회로를 차단하는 장치
- 음향장치
  누설전류가 검출되면 벨 또는 부저로 경보를 발령하는 장치

67 고난도

자동화재탐지설비의 경계구역 설정 기준으로 맞는 것은?

① 하나의 경계구역이 3개 이상의 건축물에 미치지 아니할 것
② 하나의 경계구역의 면적은 $400[m^2]$ 이하로 하고 한 변의 길이는 $60[m]$ 이하로 할 것
③ 계단 · 경사로 · 엘리베이터 승강로 · 린넨슈트 · 파이프 피트 및 덕트 기타 이와 유사한 부분에 대하여는 별도로 경계구역을 설정한다.
④ 하나의 경계구역이 4개 이상의 층에 미치지 아니할 것

해설

자동화재탐지설비의 경계구역 설정 기준상 계단 · 경사로 · 엘리베이터 승강로 · 린넨슈트 · 파이프 피트 및 덕트 기타 이와 유사한 부분에 대하여는 별도로 경계구역을 설정한다.

| 관련개념 | 자동화재탐지설비 경계구역

- 층별, 면적별 경계구역
  - 하나의 경계구역이 2개 이상의 건축물에 미치지 아니하도록 한다.
  - 하나의 경계구역이 2개 이상의 층에 미치지 아니하도록 한다. 다만, $500[m^2]$ 이하의 범위 안에서는 인접한 2개의 층을 하나의 경계구역으로 할 수 있다.
  - 하나의 경계구역의 면적은 $600[m^2]$ 이하로 하고 한 변의 길이는 $50[m]$ 이하로 한다. 다만, 해당 특정소방대상물의 주된 출입구에서 그 내부 전체가 보이는 것에 있어서는 한 변의 길이가 $50[m]$의 범위 내에서 $1,000[m^2]$ 이하로 할 수 있다.
- 수직 경계구역
  - 별도의 경계구역 설정: 계단 · 경사로 · 엘리베이터 승강로(권상기실이 있는 경우에는 권상기실) · 린넨슈트 · 파이프 피트 및 덕트 기타 이와 유사한 부분
  - 하나의 경계구역은 높이 $45[m]$ 이하(계단 및 경사로에 한함)
  - 지하층의 계단 및 경사로(지하층의 층수가 1일 경우는 제외)는 별도의 하나의 경계구역으로 한다.
- 기타 경계구역
  - 외기에 면하여 상시 개방된 부분이 있는 차고 · 주차장 · 창고 등에 있어서는 외기에 면하는 각 부분으로부터 $5[m]$ 미만의 범위 안에 있는 부분은 경계구역의 면적에 산입하지 아니한다.
  - 스프링클러설비 · 물분무등소화설비 또는 제연설비의 화재감지장치로서 화재감지기를 설치한 경우의 경계구역은 해당 소화설비의 방사구역 또는 제연구역과 동일하게 설정할 수 있다.

68

객석 내의 통로의 직선 부분의 길이가 $85[m]$이다. 객석유도등을 몇 개 설치하여야 하는가?

① 17개 ② 19개
③ 21개 ④ 22개

해설

아래와 같이 계산할 수 있다.

$N = \dfrac{85}{4} - 1 = 20.25 \approx 21$

| 관련개념 | 객석 유도등

피난통로를 안내하기 위한 유도등을 복도통로유도등, 거실통로유도등, 계단통로유도등이 있다.

- 설치기준
  - 객석의 통로, 바닥 또는 벽에 설치
  - 객석 내의 통로가 경사로 또는 수평로로 되어 있는 부분은 다음의 식에 따라 산출한 수(소수점 이하의 수는 1)의 유도등을 설치

    설치개수 $= \dfrac{\text{객석 통로의 직선부분의 길이}(m)}{4} - 1$

  - 객석 내의 통로가 옥외 또는 이와 유사한 부분에 있는 경우에는 해당 통로 전체에 미칠 수 있는 수의 유도등을 설치

정답 66 ③ 67 ③ 68 ③

69
다음 소방시설 중 경보설비가 아닌 것은?

① 단독경보형감지기
② 자동화재탐지설비 및 시각경보기
③ 통합감시시설
④ 비상콘센트설비

> 해설

비상콘센트설비는 소화활동설비이다.

| 관련개념 | 소방시설

구분	종류
소화설비	• 소화기구 • 자동소화장치 • 옥내소화전설비(호스릴옥내소화전포함) • 스프링클러설비 등 • 물분무소화설비 등 • 옥외소화전설비
경보설비	• 단독경보형감지기 • 비상경보설비(비상벨설비, 자동식 사이렌설비) • 시각경보기 • 자동화재탐지설비 • 비상방송설비 • 자동화재속보설비 • 통합감시시설 • 누전경보기 • 가스누설경보기
피난 구조설비	• 피난기구 • 인명구조기구 • 유도등 • 비상조명등 및 휴대용 비상조명등
소화 용수설비	• 상수도소화용수설비 • 소화수조 · 저수조 · 그 밖의 소화용수설비
소화 활동설비	• 제연설비 • 연결송수관설비 • 연결살수설비 • 비상콘센트설비 • 무선통신보조설비 • 연소방지설비

70
다음 중 비상콘센트설비의 화재안전기술기준(NFTC 504)에서 사용하는 용어의 정의로서 바르게 설명된 것은?

① 저압은 직류는 1,500[V] 이하, 교류는 1,000[V] 이하인 것
② 저압은 직류는 1,000[V] 이하, 교류는 1,500[V] 이하인 것
③ 고압은 직류는 1,000[V]를, 교류는 1,500[V]를 넘는 것
④ 특별고압은 8,000[V]를 넘는 것

> 해설

- '저압'이란 직류는 1.5[kV] 이하, 교류는 1[kV] 이하인 것을 말한다.
- '고압'이란 직류는 1.5[kV]를, 교류는 1[kV]를 초과하고, 7[kV] 이하인 것을 말한다.
- '특고압'이란 7[kV]를 초과하는 것을 말한다.

71
다음 중 자동화재탐지설비의 감지기 회로의 도통시험을 위한 종단저항의 설치기준으로 올바르지 않은 것은?

① 벽 또는 코로부터 1.5[m] 떨어진 곳에 설치할 것
② 감지기 회로의 끝부분에 설치할 것
③ 종단감지기에 설치할 경우에는 구별이 쉽도록 해당 감지기의 기판 등에 별도의 표시를 할 것
④ 전용함을 설치하는 경우 그 설치 높이는 바닥으로부터 1.5[m] 이내로 할 것

> 해설

'벽 또는 보로부터 1.5[m] 떨어진 곳에 설치할 것'은 자동화재탐지설비의 감지기 회로의 도통시험을 위한 종단저항의 설치기준에 포함되지 않는다.

| 관련개념 | 자동화재탐지설비 도통시험
- 종단저항설치목적: 회로도통시험 시 회로의 단선, 단락, 정상상태 파악
- 종단저항 설치기준
  - 점검 및 관리가 쉬운 장소에 설치
  - 전용함에 내장하는 경우 바닥에서 1.5[m] 이내
  - 감지기 회로의 끝에 설치
  - 구별이 쉽도록 감지기기판 및 감지기 외부에 별도 표시

정답 69 ④ 70 ① 71 ①

72 빈출

지하상가에 비상조명등이 설치되어 있다. 비상전원은 정전 시 비상조명등을 몇 분 이상 유효하게 작동할 수 있는 용량으로 하여야 하는가?

① 20분 ② 30분
③ 60분 ④ 120분

해설

비상전원은 정전 시 비상조명등을 60분 이상 유효하게 작동할 수 있는 용량으로 하여야 한다.

| 관련개념 | 유도등 및 유도표지 유도등의 전원

- 상용전원
  - 축전지
  - 전기저장장치
  - 교류전압의 옥내간선(전원까지의 배선은 전용인입개폐기 직후에서 분기)
- 비상전원(축전지로 함)

소방시설		비상전원 용량(최소)
소화설비	전체(간이SP 제외)	20분
	간이스프링클러	10분(단, 근린생활시설 용도는 20분)
경보설비	전체	감시 60분 후 10분 경보
피난설비	유도등설비	• 11층 이상의 층 • 지하층 또는 무창층 (도매시장, 소매시장, 여객자동차 터미널, 지하역사, 지하상가 용도) → 60분
	비상조명등설비	기타 장소인 경우 20분
소화활동설비	제연설비 연결송수관설비 비상콘센트설비	20분
	무선통신보조설비	30분

73

자동화재탐지설비의 화재안전성능기준(NFPC 203)에서 사용하는 용어의 정의로 틀린 것은?

① 발신기라 함은 화재발생 신호를 수신기에 자동으로 발신하는 것을 말한다.
② 경계구역이라 함은 소방대상물 중 화재신호를 발신하고 그 신호를 수신 및 유효하게 제어할 수 있는 구역을 말한다.
③ 거실이라 함은 거주·집무·작업·집회·오락 그 밖에 이와 유사한 목적을 위하여 사용하는 방을 말한다.
④ 중계기라 함은 감지기·발신기 또는 전기적 접점 등의 작동에 따른 신호를 받아 이를 수신기의 제어반에 전송하는 장치를 말한다.

해설

발신기는 화재발생 신호를 수신기에 수동으로 발신하는 장치이다.

| 관련개념 | 자동화재탐지설비의 구성 및 용어의 정의

- 경계구역: 화재신호를 발신하고 그 신호를 수신 및 유효하게 제어할 수 있는 구역
- 수신기: 감지기나 발신기에서 발하는 화재신호를 직접 수신하거나 중계기를 통하여 수신하여 화재의 발생을 표시 및 경보하여 주는 장치
- 중계기: 감지기·발신기 또는 전기적 접점 등의 작동에 따른 신호를 받아 이를 수신기의 제어반에 전송하는 장치
- 감지기: 화재 시 발생하는 열, 연기, 불꽃 또는 연소생성물을 자동적으로 감지하여 수신기에 발신하는 장치
- 발신기: 화재발생 신호를 수신기에 수동으로 발신하는 장치
- 시각경보장치: 자동화재탐지설비에서 발하는 화재신호를 시각경보기에 전달하여 청각장애인에게 점멸형태의 시각 경보를 하는 것
- 거실: 거주·집무·작업·집회·오락 그 밖에 이와 유사한 목적을 위하여 사용하는 방

정답 72 ③ 73 ①

74

자동화재 탐지설비의 감지기의 구조 및 기능에 대한 설명으로 틀린 것은?

① 차동식 분포형 감지기는 그 기판면을 부착한 정위치로부터 45도를 각각 경사시킨 경우 그 기능에 이상이 생기지 않아야 한다.
② 연기를 감지하는 감지기는 감시챔버로 $1.3 \pm 0.05 \, [\text{mm}]$ 크기의 물체가 침입할 수 없는 구조이어야 한다.
③ 방사선 물질을 사용하는 감지기는 그 방사성물질을 밀봉선원으로 하여 외부에서 직접 접촉할 수 없도록 하여야 한다.
④ 감지기가 작동한 경우 수신기에 그 감지기가 작동한 내용이 표시되는 감지기는 작동표시장치를 설치하지 아니할 수 있다.

해설

차동식 분포형 감지기의 검출부는 5° 미만으로 해야 한다.

| 관련개념 | 자동화재탐지설비 차동식분포형감지기(경사제한 각도)
- 차동식 스포트형 감지기: 45° 미만
- 차동식 분포형 감지기의 검출부: 5° 미만

75

자동화재탐지설비의 발신기 조작부에 대한 설명으로 옳은 것은?

① 작동 스위치의 동작 방향으로 가하는 힘이 $1\,[\text{kg}]$을 초과하고 $10\,[\text{kg}]$ 이하인 범위에서 확실하게 동작되어야 한다.
② 작동 스위치의 동작 방향으로 가하는 힘이 $2\,[\text{kg}]$을 초과하고 $8\,[\text{kg}]$ 이하인 범위에서 확실하게 동작되어야 한다.
③ 작동 스위치가 작동되는 경우 P형 3급 발신기는 발신기의 확인 장치에 화재 신호가 전송되었음을 표기하여야 한다.
④ 작동 스위치가 작동되는 경우 GR형 3급 발신기는 발신기의 확인 장치에 화재 신호가 전송되었음을 표기하여야 한다.

해설

작동 스위치의 동작 방향으로 가하는 힘이 $2\,[\text{kg}]$을 초과하고 $8\,[\text{kg}]$ 이하인 범위에서 확실하게 동작되어야 한다.

| 관련개념 | 발신기의 형식승인 및 제품검사 기술기준(발신기의 작동 기능)
- 발신기의 조작부는 작동스위치의 동작 방향으로 가하는 힘이 $2\,[\text{kg}]$을 초과하고 $8\,[\text{kg}]$ 이하인 범위에서 확실하게 동작되어야 하며, $2\,[\text{kg}]$의 힘을 가하는 경우 동작되지 아니하여야 한다. 이 경우 누름판이 있는 구조로서 손끝으로 눌러 작동하는 방식의 작동 스위치는 누름판을 포함한다.
- 발신기는 조작부의 작동스위치가 작동되는 경우 화재 신호를 전송하여야 하며, 발신기는 발신기의 확인 장치에 화재 신호가 전송되었음을 표기하여야 한다.
- 발신기는 수신기와 통화가 가능한 장치를 설치할 수 있다. 이 경우 화재 신호의 전송에 지장을 주지 아니하여야 한다.

76

지하역사의 경우 휴대용 비상조명등의 설치기준으로 알맞은 것은?

① 수평거리 $25\,[\text{m}]$ 이내마다 3개 이상 설치
② 수평거리 $50\,[\text{m}]$ 이내마다 5개 이상 설치
③ 보행거리 $25\,[\text{m}]$ 이내마다 3개 이상 설치
④ 보행거리 $50\,[\text{m}]$ 이내마다 5개 이상 설치

해설

지하역사의 경우 휴대용 비상조명등의 설치기준은 보행거리 $25\,[\text{m}]$ 이내마다 3개 이상 설치한다.

| 관련개념 | 휴대용 비상조명등 설치대상 특정소방대상물

특정소방대상물	설치 대상	비고
숙박시설	객실, 영업장 안의 구획실마다 잘 보이는 곳	1개 이상
수용인원 100명 이상의 영화상영관, 판매시설 중 대규모 점포, 철도 및 도시철도 시설 중 지하역사, 지하가 중 지하상가	보행거리 $50\,[\text{m}]$ 마다(단, 지하상가 및 지하역사는 $25\,[\text{m}]$ 마다)	3개 이상

정답 74 ① 75 ② 76 ③

77

누전경보기의 음향장치의 설치 위치는?

① 옥외인입선의 제1지점의 부하측의 점검이 쉬운 위치
② 수위실 등 상시 사람이 근무하는 장소
③ 옥외인입선의 제2종 접지선측의 점검이 쉬운 위치
④ 옥내의 점검에 편리한 장소

해설

누전경보기의 음향장치의 설치 위치는 수위실 등 상시 사람이 근무하는 장소이어야 한다.

| 관련개념 | 누전경보기 수신부 설치장소

- 수신부 설치장소
  - 옥내의 점검에 편리한 장소에 설치
  - 가연성의 증기·먼지 등이 체류할 우려가 있는 장소의 전기회로에는 해당 부분의 전기회로를 차단할 수 있는 차단기구를 가진 수신부를 설치
  - 이 경우 차단기구의 부분은 해당 장소 외의 안전한 장소에 설치
  - 음향장치는 수위실 등 사람이 상주하는 곳에 설치하고 다른 소음과 명확히 구별할 수 있을 것
- 수신부 설치 제외장소
  해당 누전경보기에 대하여 방폭·방식·방습·방온·방진 및 정전기 차폐 등의 방호조치를 한 것은 그러하지 아니하다.
  - 가연성의 증기·먼지·가스 등이나 부식성의 증기·가스 등이 다량으로 체류하는 장소
  - 화약류를 제조하거나 저장 또는 취급하는 장소
  - 습도가 높은 장소
  - 온도의 변화가 급격한 장소
  - 대전류회로·고주파 발생회로 등에 따른 영향을 받을 우려가 있는 장소

78

축광식 위치표지는 주위 조도 $0[lx]$에서 60분간 발광 후 직선거리 몇 $[m]$ 떨어진 위치에서 보통시력으로 표시면의 문자 또는 화살표 등을 쉽게 식별할 수 있는 것으로 하여야 하는가?

① 1
② 3
③ 5
④ 10

해설

축광식 위치표지는 주위 조도 $0[lx]$에서 60분간 발광 후 직선거리 $3[m]$ 떨어진 위치에서 보통시력으로 표시면의 문자 또는 화살표 등을 쉽게 식별할 수 있는 것으로 하여야 한다.

| 관련개념 | 축광유도표지의 성능인증 및 제품검사의 기술기준

- 식별도 시험
  - 축광 유도표지 및 축광위치표지는 $200[lx]$ 밝기의 광원으로 20분간 조사 시킨 상태에서 다시 주위조도를 $0[lx]$로 하여 60분간 발광시킨 후
  - 직선거리 $20[m]$(축광 위치표지의 경우 $10[m]$) 떨어진 위치에서 유도표지 또는 위치표지의 존재가 식별되어야 한다.
  - 유도표지는 직선거리 $3[m]$의 거리에서 표시면의 표시 중 주체가 되는 문자 또는 주체가 되는 화살표 등이 쉽게 식별되어야 한다.
  - 이 경우 측정자는 보통 시력(시력 1.0에서 1.2의 범위를 말함)을 가진 자로서 시험실시 20분전까지 암실에 들어가 있어야 한다.
  - 보조축광표지도 동일한 충방전 후 직선거리 $10[m]$ 떨어진 위치에서 보조축광표지가 있다는 것이 식별되어야 한다.

79

비상콘센트용의 풀박스 등은 방청도장을 한 것으로서 두께는 몇 $[mm]$ 이상의 철판으로 하는가?

① 1.0
② 1.2
③ 1.5
④ 1.6

해설

비상콘센트용의 풀박스 등은 방청도장을 한 것으로서 두께는 $1.6[mm]$ 이상의 철판으로 해야 한다.

| 관련개념 | 비상콘센트설비 전원회로 설치기준

- 전원회로는 단상교류 $220[V]$인 것으로서, 그 공급용량은 $1.5[kVA]$ 이상인 것으로 한다.
- 전원회로는 각층에 2개 이상이 되도록 설치한다. 다만, 설치하여야 할 층의 비상콘센트가 1개인 때에는 하나의 회로로 할 수 있다.
- 전원회로는 주배전반에서 전용회로로 한다.
- 전원으로부터 각 층의 비상콘센트에 분기되는 경우에는 분기배선용 차단기를 보호함 안에 설치한다.
- 콘센트마다 배선용 차단기를 설치하여야 하며, 충전부가 노출되지 아니하도록 한다.
- 개폐기에는 '비상콘센트'라고 표시한 표지를 한다.
- 비상콘센트용의 풀박스 등은 방청도장을 한 것으로서, 두께 $1.6[mm]$ 이상의 철판으로 한다.
- 하나의 전용회로에 설치하는 비상콘센트는 10개 이하로 한다. 이 경우 전선의 용량은 각 비상콘센트(비상콘센트가 3개 이상인 경우에는 3개)의 공급용량을 합한 용량 이상의 것으로 한다.

정답 77 ② 78 ② 79 ④

80 고난도

자동화재탐지설비의 연기복합형 감지기를 설치할 수 없는 부착 높이는?

① 4[m] 이상 8[m] 미만
② 8[m] 이상 15[m] 미만
③ 15[m] 이상 20[m] 미만
④ 20[m] 이상

해설

자동화재탐지설비의 연기복합형 감지기를 설치할 수 없는 부착 높이는 20[m] 이상이다.

| 관련개념 | 자동화재탐지설비(감지기 부착높이별 감지기의 종류)

부착 높이	감지기의 종류
4[m] 미만	• 차동식(스포트형, 분포형) • 보상식 스포트형 • 정온식(스포트형, 감지선형) • 이온화식 또는 광전식(스포트형, 분리형, 공기흡입형) • 복합형(열, 연기, 열연기) • 불꽃감지기
4[m] 이상 8[m] 미만	• 차동식(스포트형, 분포형) • 보상식 스포트형 • 정온식(스포트형, 감지선형) 특종 또는 1종 • 이온화식 1종 또는 2종 • 광전식(스포트형, 분리형, 공기흡입형) 1종 또는 2종 • 복합형(열, 연기, 열연기) • 불꽃감지기
8[m] 이상 15[m] 미만	• 차동식 분포형 • 이온화식 1종 또는 2종 • 광전식(스포트형, 분리형, 공기흡입형) 1종 또는 2종 • 연기복합형 • 불꽃감지기
15[m] 이상 20[m] 미만	• 이온화식 1종 • 광전식(스포트형, 분리형, 공기흡입형) 1종 • 연기복합형 • 불꽃감지기
20[m] 이상	• 불꽃감지기 • 광전식(분리형, 공기흡입형) 중 아날로그식

[비고]
1) 감지기별 부탁높이 등에 대하여 별도로 형식 승인 받은 경우에는 그 성능 인정 범위 내에서 사용할 수 있다.
2) 부착 높이 20[m] 이상에 설치되는 광전식 중 아날로그 방식의 감지기는 공칭감지 농도 하한값이 감광율 5[%/m] 미만인 것을 사용한다.

정답 80 ④

2024년 3회 CBT 기출

1과목 소방원론

01
열복사에 관한 스테판-볼츠만의 법칙을 바르게 설명한 것은?
① 열복사량은 복사체의 절대온도에 정비례한다.
② 열복사량은 복사체의 절대온도의 제곱에 비례한다.
③ 열복사량은 복사체의 절대온도의 3승에 비례한다.
④ 열복사량은 복사체의 절대온도의 4승에 비례한다.

해설
스테판-볼츠만의 법칙에 의해 단위면적당 복사에너지는 절대온도의 4제곱에 비례한다.

| 관련개념 |
$Q = \sigma T^4$
여기서, Q: 단위면적당 복사에너지 $[W/m^2]$
σ: 스테판-볼츠만 상수 $[W \cdot m^{-2} \cdot K^{-4}]$
T: 절대온도 $[K]$

02
고체가 액체로 되었다가 기체로 되어 불꽃을 내면서 연소하는 현상은?
① 표면연소   ② 분해연소
③ 자기연소   ④ 증발연소

해설
고체가 액체로 되었다가 기체로 되어 불꽃을 내면서 연소하는 현상을 증발연소라 한다.

| 관련개념 |

연소 형태	설명
증발연소	가열하면 고체에서 액체로, 액체에서 기체로 증발하여 그 기체가 연소하는 현상
자기연소	분자 자체 내에 포함하고 있는 산소를 이용하여 연소하는 형태
분해연소	열분해에 의하여 발생된 가스와 산소가 혼합하여 연소하는 현상
표면연소	열분해에 의한 가연성 가스를 발행하지 않고 그 물질 자체가 연소하는 현상

03 빈출
자연발화성 물질 및 금수성 물질에 물을 가할 때 생기는 반응 생성물로서 관계없는 것은?
① 아세틸렌   ② 황화수소
③ 소석회   ④ 포스핀

해설
아래와 같이 반응한다.
$CaC_2 + 2H_2O \rightarrow Ca(OH)_2 + C_2H_2$
탄화칼슘   물   소석회   아세틸렌

$Ca_3P_2 + 6H_2O \rightarrow 3Ca(OH)_2 + 2PH_3$
인화칼슘   물   소석회   포스핀

정답 01 ④   02 ④   03 ②

04

제4류 위험물의 소화에 가장 많이 사용되는 방법은?

① 물을 뿌린다.
② 연소물을 제거한다.
③ 공기를 차단한다.
④ 인화점 이하로 냉각한다.

해설

제4류 위험물 화재 시 포, 분말, 불활성기체 등을 이용하여 소화할 수 있지만 포를 사용하여 질식소화(공기 차단)하는 것이 가장 효과적이다.

05

연기의 이동과 관계가 없는 것은?

① 굴뚝효과
② 비중 차
③ 공조설비
④ 적설량

해설

연기의 이동에는 비중 차이에 의해 가벼운 기체는 위로 이동하고, 공조설비에 의해 기계적으로 이동시키며, 굴뚝효과에 의해 저층부의 공기가 유입, 상층부로 이동한다.

06

지하층이라 함은 건축물의 바닥이 지표면 아래에 있는 층으로서 그 바닥으로부터 지표면까지의 평균 높이가 당해층 높이의 얼마인 것을 말하는가?

① $\frac{1}{2}$ 이상
② $\frac{1}{2}$ 이하
③ $\frac{1}{3}$ 이상
④ $\frac{1}{3}$ 이하

해설

'지하층'이란 건축물의 바닥이 지표면 아래에 있는 층으로서 바닥에서 지표면까지 평균 높이가 해당 층 높이의 2분의 1 이상인 것을 말한다.

07

다음 화학물질 중 금수성이 가장 큰 물질은?

① 철분
② 구리분
③ 황린
④ 나트륨

해설

금수성이 큰 물질은 제3류 위험물 중 칼륨, 나트륨, 알킬알루미늄, 알킬리튬 등이다. 철분, 구리분은 제2류 가연성 고체, 황린은 제3류 자연발화성물질로 분류한다.

08 빈출

화재의 원인이 되는 정전기 예방대책 중 잘못된 것은?

① 접지시설을 한다.
② 비전도체물질을 사용한다.
③ 공기중의 상대습도를 높인다.
④ 공기를 이온화한다.

해설

전도성물질을 사용해야 한다.

| 관련개념 | 정전기 예방대책
- 접지할 것
- 공기 중 상대습도를 70[%] 이상으로 유지
- 공기를 이온화시킬 것
- 전도성물질 사용

정답 04 ③ 05 ④ 06 ① 07 ④ 08 ②

09

플래시 오버(Flash Over)를 옳게 설명한 것은?

① 도시가스의 폭발적 연소를 말한다.
② 휘발유 등 가연성 액체가 넓게 흘러서 발화한 상태를 말한다.
③ 옥내 화재가 서서히 진행하여 열 및 가연성 기체가 축적되었다가 일시에 연소하여 화염이 크게 발성하는 상태를 말한다.
④ 화재층의 불이 상부층으로 올라가는 현상을 말한다.

해설

플래시오버(Flash Over)
실내에 화재가 발생하면 다량의 복사열이 발생한다. 복사열은 미연소된 가연물을 분해하여 가연성 가스를 발생시킨다. 이렇게 발생된 가스는 바로 연소되지 않고 주로 천장에 축적되면서 한꺼번에 폭발하는데, 이러한 현상을 플래시오버라고 한다.

10

목탄, 코크스, 금속분 등의 연소는 주로 어떤 형태의 연소에 해당되는가?

① 증발연소   ② 분해연소
③ 표면연소   ④ 자기연소

해설

목탄, 코크스, 금속분은 불꽃(화염)없이 연소하는 표면연소를 한다.

| 관련개념 | 연소의 형태

연소 형태	설명
증발연소	가열하면 고체에서 액체로, 액체에서 기체로 증발하여 그 기체가 연소하는 현상
자기연소	분자 자체 내에 포함하고 있는 산소를 이용하여 연소하는 형태
분해연소	열분해에 의하여 발생된 가스와 산소가 혼합하여 연소하는 현상
표면연소	열분해에 의한 가연성 가스를 발행하지 않고 그 물질 자체가 연소하는 현상

11

화재발생 시 소화작업에 주로 물을 이용한다. 물을 이용하는 주된 목적은 무엇 때문인가?

① 가연물질을 제거하기 위해서
② 물의 증발잠열을 이용하기 위해서
③ 상대적으로 물의 비중이 작기 때문에
④ 물의 현열을 이용하기 위해서

해설

물의 증발잠열은 $539.6[cal/g]$로 다른 물질에 비해 매우 큰 편으로 냉각소화에 유리하다.

12

이산화탄소나 질소의 농도가 높아지면 연소속도에 어떠한 영향을 미치는가?

① 연소속도가 빨라진다.
② 연소속도가 느려진다.
③ 연소속도에 변화가 없다.
④ 처음에는 느려지나 나중에는 빨라진다.

해설

이산화탄소나 질소의 농도가 높아지면 상대적으로 가연물과 산소의 농도가 낮아지게 되어 연소속도가 느려진다.

13

다음 중 표면연소와 관계되는 것은?

① 코크스의 연소   ② 휘발유의 연소
③ 화약의 연소   ④ 나프탈렌의 연소

해설

- 표면연소: 코크스의 연소
- 증발연소: 휘발유의 연소, 나프탈렌의 연소
- 자기연소: 화약의 연소

정답 09 ③ 10 ③ 11 ② 12 ② 13 ①

14

수소의 공기 중 연소범위는 약 몇 [vol%]인가?

① 0.4~4
② 1~12.5
③ 4~75
④ 67~92

해설

연소범위는 연소하한계와 상한계의 범위를 의미한다.

| 관련개념 | 가연성 가스의 연소한계(상온, 1[atm])

가스	하한계[vol%]	상한계[vol%]
아세틸렌	2.5	81
수소	4	75
일산화탄소	12.5	74
에테르	1.9	48
이황화탄소	1.2	44
에틸렌	2.7	36
암모니아	15	28
메탄	5	15
에탄	3	12.4
프로판	2.1	9.5
부탄	1.8	8.4

※ 연소한계는 연소범위, 가연한계, 가연범위, 폭발한계, 폭발범위 등의 용어로도 사용된다.

15 빈출

건축물 내부에 설치하는 피난계단의 구조로서 옳지 않은 것은?

① 계단실은 창문·출입구 기타 개구부를 제외한 당해 건축물의 다른 부분과 내화구조의 벽으로 구획할 것
② 계단실의 실내에 접하는 부분의 마감은 불연재료로 할 것
③ 계단실에는 예비전원에 의한 조명설비를 할 것
④ 계단은 피난층 또는 지상까지 직접 연결되지 않도록 할 것

해설

계단은 내화구조로 하고 지상까지 직접 연결되도록 해야 한다.

16

Halon 2402의 분자식에 해당하는 것은?

① CCl_3H
② CH_3Cl
③ CF_3Br
④ $C_2F_4Br_2$

해설

Halon 2402의 분자식은 $C_2F_4Br_2$이다.

| 관련개념 | 할론소화약제의 약칭 및 분자식

종류	약칭	분자식
할론 1011	CB	CH_2ClBr
할론 104	CTC	CCl_4
할론 1211	BCF	CF_2ClBr
할론 1301	BTM	CF_3Br
할론 2402	FB	$C_2F_4Br_2$

17

고층건축에서 연기의 제거 및 차단은 중요한 문제이다. 연기 제어의 기본 방법이 아닌 것은?

① 희석
② 차단
③ 배기
④ 복사

해설

복사는 열전달의 한 방법이다. 연기를 희석을 시키거나 이동을 못하게 차단하거나 외부로 배기시키는 방법으로 제어를 한다.

정답 14 ③ 15 ④ 16 ④ 17 ④

18 [고난도]

BLEVE 현상을 가장 옳게 설명한 것은?

① 물이 뜨거운 기름 표면 아래서 끓을 때 화재를 수반하지 않고 over flow 되는 현상
② 물이 연소유의 뜨거운 표면에 들어갈 때 발생되는 over flow 현상
③ 탱크 바닥에 물과 기름의 에멀전이 섞여 있을 때 물의 비등으로 인하여 급격하게 over flow 되는 현상
④ 탱크 주위 화재로 탱크 내 인화성 액체가 비등하고 가스 부분의 압력이 상승하여 탱크가 파괴되고 폭발을 일으키는 현상

해설

BLEVE 현상은 탱크 주위 화재로 탱크 내 인화성 액체가 비등하고 가스 부분의 압력이 상승하여 탱크가 파괴되고 폭발을 일으키는 현상이다.

| 관련개념 |
- 프로스오버(Froth over): 물이 뜨거운 기름 표면 아래서 끓을 때 화재를 수반하지 않고 over flow 되는 현상
- 슬롭오버(Slop over): 물이 연소유의 뜨거운 표면에 들어갈 때 발생되는 over flow 현상
- 보일오버(Boil over): 탱크 바닥에 물과 기름의 에멀전이 섞여 있을 때 물의 비등으로 인하여 급격하게 over flow 되는 현상
- 비등액체증기폭발(BLEVE): 탱크 주위 화재로 탱크 내 인화성 액체가 비등하고 가스 부분의 압력이 상승하여 탱크가 파괴되고 폭발을 일으키는 현상

19

다음 원소 중 수소와의 결합력이 가장 큰 것은?

① F
② Cl
③ Br
④ I

해설

수소와의 결합력 크기

F > Cl > Br > I

F의 경우 원자반지름이 가장 작아 수소와의 결합길이 짧고, 결합력(결합에너지)가 가장 크다.

20

연기농도에서 감광계수 $0.1[m^{-1}]$은 어떤 현상을 의미하는가?

① 출화실에서 연기가 분출될 때의 연기농도
② 화재 최성기의 연기 농도
③ 연기감지기가 작동하는 정도의 농도
④ 거의 앞이 보이지 않을 정도의 농도

해설

연기농도에서 감광계수 $0.1[m^{-1}]$은 연기감지기가 작동하는 정도의 농도를 의미한다.

| 관련개념 | 감광계수와 가시거리의 관계

감광계수 $[m^{-1}]$	가시거리 $[m]$	상황
0.1	20~30	연기감지기가 작동할 때의 농도(연기감지기가 작동하기 직전의 농도)
0.3	5	건물 구조에 익숙한 사람이 피난에 지장을 받을 수 있는 정도의 농도
0.5	3	어두운 것을 느낄 정도의 농도
1	1~2	전방이 거의 보이지 않을 정도의 농도
10	0.2~0.5	화재 최성기 때의 농도
30	-	출화실에서 연기가 분출될 때의 농도

정답 18 ④ 19 ① 20 ③

2과목　소방전기일반

21
전기기기에 생기는 손실 중 권선의 저항에 의하여 생기는 손실은?

① 철손　　　　　② 동손
③ 저항손　　　　④ 유전체손

해설
권선손실은 전기기기에서 전류가 권선을 통과할 때, 권선의 저항에 의해 일부 전기 에너지가 열로 변환되어 발생하는 손실을 의미하며 권선의 재료가 저항이 낮은 동으로 구성되어 이를 동손이라 한다.

22
논리식 $\overline{X}+XY$ 를 간단히 나타낸 것은?

① $\overline{X}+Y$　　　　② $X+\overline{Y}$
③ $\overline{X}Y$　　　　　④ $X\overline{Y}$

해설
논리식을 간단히 나타내면 아래와 같다.
$\overline{X}+X\cdot Y = (\overline{X}+X)\cdot(\overline{X}+Y) = \overline{X}+Y$

23
지멘스(Siemens)는 무엇의 단위인가?

① 비저항　　　　② 도전율
③ 컨덕턴스　　　④ 자속

해설
교류회로에서 임피던스의 단위는 옴[Ω]이며 임피던스의 역수를 컨덕턴스라고 하며 단위는 지멘스이다.

24
$1[W\cdot s]$와 같은 것은?

① $1[J]$　　　　　② $1[kg\cdot m]$
③ $1[kWh]$　　　④ $860[kcal]$

해설
$1[W] = 1[J\cdot s^{-1}]$를 의미한다. 따라서 $1[W\cdot s] = 1[J\cdot s^{-1}\cdot s] = 1[J]$ 이 된다.

25
저항 R과 인덕턴스 L의 직렬회로에서 시정수는?

① RL　　　　　　② R/L
③ L/R　　　　　　④ L/Z

해설
R-L직렬회로에서 시정수 $\tau = \frac{L}{R}[s]$이다.

26
전류력계형 계기의 장점에 해당하는 것은?

① 직류와 교류를 같은 눈금으로 측정할 수 있다.
② 코일의 인덕턴스에 의한 주파수의 영향이 크다.
③ 가동코일형에 비하여 외부자계의 영향을 받기 쉽다.
④ 고정코일에 흐르는 전류로 자장을 만들기 때문에 가동코일형에 비해서 자장이 약하다.

해설
전류력계형 계기(Electricnamo type meter)는 측정한 전류를 고정 코일에 흘려 자기장을 만들고 그 자기장 중에 가동 코일을 설치하여 여기에도 피측정 전류를 흘려 이 전류와 자기장 사이에 작용하는 전자력을 구동 토크로 이용하는 계기로 교류에도 사용할 수 있으므로 전압, 전류에서의 직류와 교류 측정값이 같다.

정답　21 ②　22 ①　23 ③　24 ①　25 ③　26 ①

27

$C_1 = 1[\mu F]$, $C_2 = 1[\mu F]$, $R = 2[m\Omega]$일 때 C_1의 초기 충전전압은 $10[V]$이다. SW를 닫으면 방전을 하게 되는데 이 SW를 닫은 후 시간이 충분히 경과 하면 C_2 양단에 걸리는 전압은 몇 [V]가 되는가?

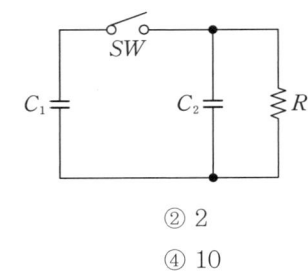

① 0
② 2
③ 5
④ 10

해설

시간이 충분히 지나면 결국 방전되어 전압은 0[V]이 된다.

28 고난도

SCR의 동작상태 중 래칭전류(Latching Current)에 대한 설명으로 옳은 것은?

① 사이리스터의 게이트를 개방한 상태에서 전압을 상승하면 급히 증가하게 되는 전류
② 트리거 신호가 제거된 직후에 사이리스터를 ON 상태로 전환하는 데 필요로 하는 최소한의 주전류
③ 사이리스터가 ON 상태를 유지하다가 OFF 상태로 전환하는 데 필요로 하는 최소한의 전류
④ 게이트를 개방한 상태에서 사이리스터가 도통상태를 유지하기 위한 최소의 순전류

해설

래칭전류(latching current)
- 트리거 신호가 제거된 직후에 사이리스터를 ON 상태로 유지하는 데 필요로 하는 최소한의 주전류
- SCR를 턴온 시킨 후 게이트 전류를 0으로 하여도 온(ON) 상태를 유지하기 위한 최소의 애노드전류

29

그림에서 $20[\Omega]$의 저항에 흐르는 전류는 몇 [A]인가?

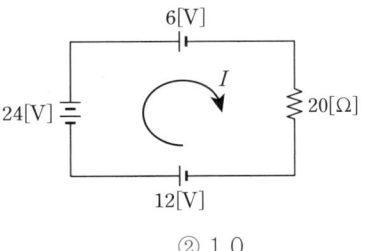

① 0.3
② 1.0
③ 1.5
④ 2.1

해설

키르히호프의 전압 법칙을 이용하면 폐회로에서
$+24 - 6 - 20 \times i + 12 = 0$, $i = 1.5[A]$

30 빈출

제어량을 조절하기 위하여 제어대상에 주어지는 양으로 제어부의 출력이 되는 것은?

① 제어량
② 주 피드백신호
③ 기준입력
④ 조작량

해설

제어량을 조절하기 위하여 제어대상에 주어지는 양으로 제어부의 출력이 되는 것은 조작량이다.

| 관련개념 |

- 제어량(controlled value): 제어대상에 속하는 양으로, 제어대상을 제어하는 것을 목적으로 하는 물리적인 양이다.
- 조작량(manipulated value)
  - 제어장치의 출력인 동시에 제어대상의 입력으로 제어장치가 제어대상에 가해지는 제어신호이다.
  - 제어요소에서 제어대상에 인가되는 양이다.
- 제어장치(control device): 제어하기 위해 제어대상에 부착되는 장치이고, 조절부, 설정부, 검출부 등이 이에 해당된다.

정답 27 ① 28 ② 29 ③ 30 ④

31 빈출
그림과 같은 계통의 전달함수는?

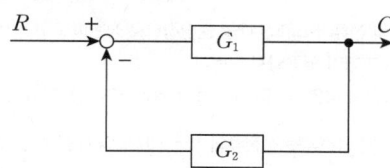

① $\dfrac{G_1}{1+G_2}$
② $\dfrac{G_2}{1+G_1}$
③ $\dfrac{G_1}{1+G_1G_2}$
④ $\dfrac{G_2}{1+G_1G_2}$

해설
계산해 보면 아래와 같다.

$\dfrac{C}{R}=\dfrac{G_1}{1-(-G_1G_2)}=\dfrac{G_1}{1+G_1G_2}$

32
0.2[H]인 코일의 리액턴스가 628[Ω]일 때 주파수는 약 몇 [Hz]인가?

① 200 ② 300
③ 400 ④ 500

해설
유도리액턴스 $X_L=\omega L=2\pi fL=628[\Omega]$
(여기서, X_L: 유도리액턴스[Ω], ω: 각주파수[rad/s], f: 주파수[Hz], L: 인덕턴스[H])
$L=0.2[H]$
$f=\dfrac{628}{2\pi\times 0.2}=500[Hz]$

33
같은 철심 위에 동일한 권수로 자기인덕턴스 L[H]의 코일 2개를 접근해서 같은 방향으로 감고, 이것을 직렬로 접속했을 때 합성인덕턴스는?(단, 결합계수는 0.5라고 한다.)

① 2L[H] ② 3L[H]
③ 4L[H] ④ 5L[H]

해설
합성인덕턴스
• 자속이 같은 방향
  $L=L_1+L_2+2M[H]$
상호인덕턴스 $M=K\sqrt{L_1L_2}=0.5\sqrt{L^2}=0.5L$
(여기서, M: 상호인덕턴스[H], K: 결합계수 L_1, L_2: 자기인덕턴스[H])
$L+L+2\times 0.5L=3L[H]$

34
"전자유도에 의하여 발생하는 기전력은 자속 변화를 방해하는 방향으로 전류가 발생한다."라는 법칙은?

① 렌츠의 법칙 ② 노이만의 법칙
③ 패러데이의 법칙 ④ 헨리의 법칙

해설
렌츠의 법칙은 전자유도에 의하여 발생하는 기전력은 자속 변화를 방해하는 방향으로 전류가 발생한다는 법칙이다.
• 패러데이(Faraday)의 전자기 유도 법칙: 임의의 폐회로에서 발생하는 유도 기전력의 크기는 폐회로를 통과하는 자기선속의 변화율과 같다.
• 헨리의 법칙: 특정 온도에서 기체의 용해도는 기체의 분압에 비례한다.
• 노이만의 법칙: 패러데이 법칙(유도기전력의 크기)와 렌츠의 법칙(유도기전력의 방향)을 종합한 법칙

정답 31 ③ 32 ④ 33 ② 34 ①

35
전원전압을 일정하게 유지하기 위하여 사용되는 다이오드는?

① 보드형 다이오드
② 터널 다이오드
③ 제너 다이오드
④ 바랙터 다이오드

해설

제너 다이오드(zener diode)는 전원전압을 일정하게 유지하기 위한 정전압회로용으로 사용되는 소자로서 '정전압 다이오드'라고도 한다.

36
SCR의 양극 전류가 $10[A]$일 때 게이트, 전류를 반으로 줄이면 양극 전류는?

① $0.1[A]$
② $5[A]$
③ $10[A]$
④ $20[A]$

해설

SCR(Silicon Controlled Rectifier)
처음에는 게이트 전류에 의해 양극 전류가 변화되다가 일단 완전 도통상태가 되면 게이트 전류에 관계없이 양극 전류는 더 이상 변화하지 않는다. 그러므로 게이트 전류를 반으로 줄이거나 또는 2배로 늘려도 양극 전류는 그대로 $10[A]$가 되는 것이다.

37
단상변압기의 3상 결선 중 △ - △ 결선의 장점이 아닌 것은?

① 변압기 외부에 제3고조파가 발생하지 않아 통신장애가 없다.
② 제3고조파 여자전류 통로를 가지므로 정현파 전압을 유기한다.
③ 변압기 1대가 고장 나면 $V-V$ 결선으로 운전하여 3상 전력을 공급한다.
④ 중성점을 접지할 수 있으므로 고압의 경우 이상전압을 감소시킬 수 있다.

해설

△ - △ 결선의 장단점
• 장점
  - 제3고조파 전류가 △결선 내를 순환하므로 정현파 교류전압을 유기하여 기전력의 파형이 왜곡되지 않는다.
  - 1상이 고장이 나면 나머지 2대로 V결선하여 사용할 수 있다.
  - 각 변압기의 상전류는 선전류의 $\frac{1}{\sqrt{3}}$이 되어 대전류에 적합하다.
• 단점
  - 각 상의 임피던스가 다를 경우 3상 부하가 평형이 되어도 변압기의 부하전류는 불평형이 된다.
  - 중성점을 접지할 수 없으므로 지락사고의 검출이 곤란하다.
  - 권수비가 다른 변압기를 결선하면 순환전류가 흐른다.

38 고난도
그림과 같은 브리지 회로가 평형이 되기 위한 Z의 값은 몇 $[\Omega]$인가?(단, 그림의 임피던스 단위는 모두 $[\Omega]$이다.)

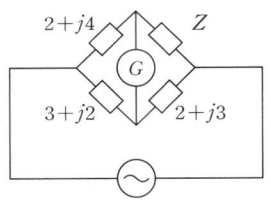

① $2-j4$
② $-2+j4$
③ $4+j2$
④ $4-j2$

해설

대각선으로 상호 곱한 값은 같다.
$Z(3+j2) = (2+j4)(2-j3) = 4-j6+j8+12 = 16+j2$
$Z = \frac{(16+j2)}{(3+j2)} = \frac{(16+j2)(3-j2)}{(3+j2)(3-j2)} = \frac{48-32j+6j+4}{9+4}$
$= \frac{52-26j}{13} = 4-j2[\Omega]$

39

그림과 같은 회로의 역률은 얼마인가?

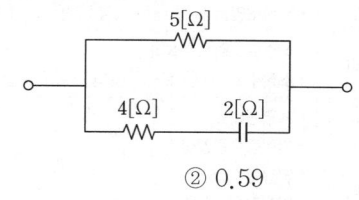

① 0.24
② 0.59
③ 0.8
④ 0.97

해설

계산해 보면 아래와 같다.
$Z_1 = 5[\Omega]$, $Z_2 = (4-j2)[\Omega]$

전체 임피던스
$$Z_T = \frac{Z_1 Z_2}{Z_1 + Z_2} = \frac{5(4-j2)}{5+4-j2} = \frac{5(4-j2)(9+j2)}{(9-j2)(9+j2)}$$
$$= \frac{5(36+j8-j18+4)}{81+4} = \frac{(40-j10)}{17} = \frac{40}{17} - j\frac{10}{17}[\Omega]$$

역률 $\cos\theta = \frac{R}{|Z_T|} = \frac{\frac{40}{17}}{\sqrt{\left(\frac{40}{17}\right)^2 + \left(\frac{10}{17}\right)^2}} = 0.97$

40

저항을 설명한 다음 문항 중 틀린 것은?

① 기호는 R, 단위는 [Ω]이다.
② 옴의 법칙은 $R = \frac{V}{I}$ 이다.
③ R의 역수는 서셉턴스이며 단위는 [℧]이다.
④ 전류의 흐름을 방해하는 작용을 저항이라 한다.

해설

R의 역수는 컨덕턴스이며 단위는 [℧]이다.

3과목 소방관계법규

41

「소방시설 설치 및 관리에 관한 법령」상 소방용품의 형식 승인을 받지 아니하고 소방용품을 제조하거나 수입한 자에 대한 벌칙 기준은?

① 100만 원 이하의 벌금
② 300만 원 이하의 벌금
③ 1년 이하의 징역 또는 1천만 원 이하의 벌금
④ 3년 이하의 징역 또는 3천만 원 이하의 벌금

해설

| 관련개념 | 3년 이하의 징역 또는 3천만 원 이하의 벌금

- 다음 각호의 명령을 정당한 사유 없이 위반한 자
  - 특정소방대상물에 설치하는 소방시설의 관리
  - 건설현장의 임시 소방시설의 설치 및 관리
  - 피난시설, 방화구획 및 방화시설의 관리
  - 특정소방대상물의 방염
  - 소방시설 등의 자체점검 결과의 조치
  - 소방용품의 형식 승인
  - 소방용품의 제품검사 후 수집검사
- 소방시설관리업을 등록하지 아니하고 영업한 자
- 소방용품의 형식 승인을 받지 않고 제조, 수입하거나 거짓·부정한 방법으로 형식 승인을 받은 자
- 소방용품의 형식 승인에 따른 제품검사를 받지 아니하거나 거짓·부정한 방법으로 제품 검사를 받은 자
- 소방용품의 형식 승인을 받지 않거나, 형상을 임의로 변경하거나, 제품검사를 받지 않거나 합격표시를 하지 아니한 위반의 경우, 소방용품을 판매·진열하거나 소방시설공사에 사용한 자
- 소방용품의 회수·교환·폐기 또는 판매 중지 명령을 받은 제조자 및 수입자가 이를 위반하여 구매자에게 알리지 아니하고 필요한 조치를 취하지 아니한 자
- 거짓이나 그 밖의 부정한 방법으로 전문기관(제품검사 전문기관)으로 지정을 받은 자

정답 39 ④ 40 ③ 41 ④

42 빈출

다음 중 방염대상물품의 성능기준은 어떤 법 기준으로 정하는가?

① 대통령령 ② 국무총리령
③ 행정자치부령 ④ 시·도 조례

해설

특정소방대상물의 방염성능기준은 대통령령으로 정한다.

| 관련개념 |

방염성능기준은 대통령령으로 정한다.
- 불을 사용하는 설비의 관리사항을 정하는 기준
- 소방장비 등에 대한 국고보조기준
- 특수가연물의 저장·취급
- 방염성능기준

피난 구조설비	• 피난기구 • 인명구조기구 • 유도등 • 비상조명등 및 휴대용 비상조명등
소화 용수설비	• 상수도소화용수설비 • 소화수조·저수조·그 밖의 소화용수설비
소화 활동설비	• 제연설비 • 연결송수관설비 • 연결살수설비 • **비상콘센트설비** • 무선통신보조설비 • 연소방지설비

43 빈출

소방시설 중 경보설비에 해당하지 않는 것은?

① 누전경보기 ② 자동화재속보설비
③ 유도등 또는 유도표지 ④ 비상방송설비

해설

유도등 및 유도표지는 피난구조설비이다.

| 관련개념 | 소방시설 설치 및 관리에 관한 법률

소방시설	종류
소화설비	• 소화기구 • 자동소화장치 • 옥내소화전설비(호스릴옥내소화전 포함) • 스프링클러설비 등 • 물분무소화설비 등 • 옥외소화전설비
경보설비	• 단독경보형감지기 • 비상경보설비(비상벨설비, 자동식 사이렌설비) • 시각경보기 • 자동화재탐지설비 • 비상방송설비 • 자동화재속보설비 • 통합감시시설 • 누전경보기 • 가스누설경보기

44

「위험물안전관리법령」상 제조소 등의 경보설비 설치기준에 대한 설명으로 틀린 것은?

① 제조소 및 일반취급소의 연면적이 $500[m^2]$ 이상인 것에는 자동화재탐지설비를 설치한다.
② 자동신호장치를 갖춘 스프링클러설비 또는 물분무등소화설비를 설치한 제조소 등에 있어서는 자동화재탐지설비를 설치한 것으로 본다.
③ 경보설비는 자동화재탐지설비·자동화재속보설비·비상경보설비(비상벨장치 또는 경종 포함)·확성장치(휴대용 확성기 포함) 및 비상방송설비로 구분한다.
④ 지정수량의 10배 이상의 위험물을 저장 또는 취급하는 제조소 등(이동탱크저장소 포함)에는 화재발생 시 이를 알릴 수 있는 경보설비를 설치하여야 한다.

정답 42 ① 43 ③ 44 ④

> [해설]

지정수량의 10배 이상의 위험물을 저장 또는 취급하는 제조소 등에 자동화재탐지설비를 설치하나 이동탱크저장소, 즉 이송탱크취급소는 제외한다.

| 관련개념 | 위험물 제조소 등에 경보설비 설치대상

제조소 등의 구분	제조소등의 규모, 저장 또는 취급하는 위험물의 종류 및 최대수량 등	경보설비
제조소 및 일반취급소	• 연면적이 500[m²] 이상인 것 • 옥내에서 지정수량의 100배 이상을 취급하는 것(고인화점위험물만을 100[℃] 미만의 온도에서 취급하는 것은 제외한다.) • 일반취급소로 사용되는 부분 외의 부분이 있는 건축물에 설치된 일반취급소(일반취급소와 일반취급소 외의 부분이 내화구조의 바닥 또는 벽으로 개구부 없이 구획된 것은 제외한다.)	자동화재탐지설비
옥내저장소	• 지정수량의 100배 이상을 저장 또는 취급하는 것(고인화점위험물만을 저장 또는 취급하는 것은 제외한다.) • 저장창고의 연면적이 150[m²]를 초과하는 것[연면적 150[m²] 이내마다 불연재료의 격벽으로 개구부 없이 완전히 구획된 저장창고와 제2류 위험물(인화성고체는 제외한다.) 또는 제4류 위험물(인화점이 70[℃] 미만인 것은 제외한다.)만을 저장 또는 취급하는 저장창고는 그 연면적이 150[m²] 이상인 것을 말한다. • 처마 높이가 6[m] 이상인 단층 건물의 것 • 옥내저장소로 사용되는 부분 외의 부분이 있는 건축물에 설치된 옥내저장소[옥내저장소와 옥내저장소 외의 부분이 내화구조의 바닥 또는 벽으로 개구부 없이 구획된 것과 제2류(인화성고체는 제외한다.) 또는 제4류의 위험물(인화점이 70[℃] 미만인 것은 제외한다.)만을 저장 또는 취급하는 것은 제외한다.]	자동화재탐지설비
옥내탱크저장소	단층 건물 외의 건축물에 설치된 옥내탱크저장소로서 제41조 제2항에 따른 소화난이도등급 I 에 해당하는 것	자동화재탐지설비
주유취급소	옥내주유취급소	자동화재탐지설비
옥외탱크저장소	특수인화물, 제1석유류 및 알코올류를 저장 또는 취급하는 탱크의 용량이 1,000만 리터 이상인 것	• 자동화재탐지설비 • 자동화재속보설비
규정에 따른 자동화재탐지설비 설치 대상 제조소 등에 해당하지 않는 제조소 등 (이송취급소는 제외한다.)	지정수량의 10배 이상을 저장 또는 취급하는 것	자동화재탐지설비, 비상경보설비, 확성장치 또는 비상방송설비 중 1종 이상

45

「화재의 예방 및 안전관리에 관한 법령」상 화재예방강화지구 내 화재안전조사 결과에 따른 소방설비등의 설치 명령을 정당한 사유 없이 따르지 아니한 자에 대한 과태료는?

① 100만 원 이하
② 200만 원 이하
③ 300만 원 이하
④ 500만 원 이하

> [해설]

「화재의 예방 및 안전관리에 관한 법령」상 화재예방강화지구 내 화재안전조사 결과에 따른 소방설비등의 설치 명령을 정당한 사유 없이 따르지 아니한 자에 대한 과태료는 200만 원 이하에 처한다.

| 관련개념 | 200원 이하의 과태료

- 보일러, 난로, 건조설비, 가스·전기설비, 불꽃을 사용하는 용접·용단기구, 노·화덕설비 음식 조리를 위하여 설치하는 설비에서의 관리와 화재예방을 위하여 지켜야 할 사항과 특수가연물의 저장 및 취급기준을 위반한 자
- 소방안전관리자의 선임기간, 관리업자의 등록사항 변경신고, 소방시설관리업자의 지위 승계에 따른 신고를 하지 아니한 자 또는 거짓으로 신고한 자
- 화재예방강화지구 내 소방설비 설치 명령을 정당한 사유 없이 따르지 아니한 자
- 기간 내 소방안전관리자의 선임신고를 하지 아니하거나 성명을 게시하지 아니한 자
- 기간 내 건설현장소방안전관리자의 선임신고를 하지 아니한 자
- 특정소방안전대상물 근무자 및 거주자에 대한 소방훈련 및 교육 결과를 제출하지 아니한 자

[정답] 45 ②

46
위험물로서 제4류 위험물 제1석유류에 속하는 것은?

① 이황화탄소
② 휘발유
③ 디에틸에테르
④ 파라크실렌

해설

휘발유는 제4류 위험물 제1석유류에 속한다.

| 관련개념 | 위험물의 류별 분류 및 지정수량(제4류 인화성 액체)

위험물		지정수량	위험등급
품명			
특수인화물	• 아세트알데히드, 이황화탄소, 디메틸에테르 • 1기압에서 발화점 100[°C] 이하인 것 또는 인화점이 -20[°C] 이하이고 끓는점이 40[°C] 이하인 것	50[l]	I
제1석유류	• 비수용성액체 • 인화점 21[°C] 미만, 아세톤, 휘발유	200[l]	II
	수용성액체	400[l]	
알코올류	• 1분자를 구성하는 탄소수가 1~3개까지의 포화1가알콜, 변성알콜을 포함 제외 • 탄소수 3개 이하의 포화 1가알콜 함유량이 60[wt%] 미만 또는 가연성 액체량이 60[wt%] 미만이고, 인화점 및 연소점이 에틸알콜 60[wt%] 수용액의 인화점, 연소점을 초과하는 것	400[l]	
제2석유류	• 비수용성액체 • 인화점 21[°C] 이상 70[°C] 미만, 등유, 경유	1,000[l]	III
	수용성액체	2,000[l]	
제3석유류	• 비수용성액체 • 인화점 70[°C] 이상 200[°C] 미만, 중유, 클레오소트유	2,000[l]	
	수용성액체	4,000[l]	
제4석유류	인화점 200[°C] 이상 250[°C] 미만, 기어유, 실린더유	6,000[l]	
동식물유류	동물의 지육, 또는 식물의 종자나 과육으로부터 추출한 것으로 1기압에서 인화점이 250[°C] 미만인 것	10,000[l]	

47
지방소방기술심의위원회의 심의사항은?

① 화재안전기준에 관한 사항
② 소방시설의 구조와 원리 등에 있어서 공법이 특수한 설계 및 시공에 관한 사항
③ 소방시설 공사 하자의 판단기준에 관한 사항
④ 소방시설에 대한 하자 여부의 판단에 관한 사항

해설

지방소방기술심의위원회의 심의사항은 소방시설에 대한 하자 여부의 판단에 관한 사항이다.

| 관련개념 | 소방기술심의위원회의 심의사항

• 중앙소방기술심의위원회 심의사항
 – 화재안전기준에 관한 사항
 – 소방시설의 구조 및 원리 등에서 공법이 특수한 설계 및 시공에 관한 사항
 – 소방시설의 설계 및 공사감리의 방법에 관한 사항
 – 소방시설공사의 하자를 판단하는 기준에 관한 사항
 – 그 밖에 소방기술 등에 관하여 대통령령으로 정하는 사항
• 지방소방기술심의위원회 심의사항
 – 소방시설에 하자가 있는지의 판단에 관한 사항
 – 그 밖에 소방기술 등에 관하여 대통령령으로 정하는 사항

48
소방설비산업기사 자격을 취득한 후 최소 몇 년 이상 소방실무 경력이 있어야 소방시설관리사 응시자격이 주는가?

① 7년
② 5년
③ 4년
④ 3년

해설

소방설비산업기사 자격 취득 후 3년 이상 소방실무 경력을 갖추면 소방시설관리사 응시자격이 주어진다.

| 관련개념 | 소방시설관리사의 응시자격

• 소방기술사 · 건축사 · 건축기계설비기술사 · 건축전기설비기술사 또는 공조냉동기계기술사
• 위험물기능장
• 소방설비기사
• 「국가과학기술 경쟁력 강화를 위한 이공계지원 특별법」 제2조 제1호에 따른 이공계 분야의 박사학위를 취득한 사람
• 소방청장이 정하여 고시하는 소방안전 관련 분야의 석사 이상의 학위를 취득한 사람
• 소방설비산업기사 또는 소방공무원 등 소방청장이 정하여 고시하는 사람 중 소방에 관한 실무경력(자격 취득 후의 실무경력으로 한정한다.)이 3년 이상인 사람

정답 46 ② 47 ④ 48 ④

49 빈출

다음 중 '피난층'에 대한 설명으로 옳은 것은?

① 건축물의 1층을 말한다.
② 하나의 건축물은 반드시 피난층이 하나이다.
③ 곧바로 지상으로 갈 수 있는 출입구가 있는 층을 말한다.
④ 직통계단을 통해 직접 피난이 가능한 층을 말한다.

해설

건축법상 피난층은 곧바로 지상으로 나갈 수 있는 출입구가 있는 층을 말한다.

| 관련개념 | 건축법상 피난층
- 직접 지상으로 통하는 출입구가 있는 층
- 외부(도로 또는 지표면)로 연결된 출입구 및 피난안전구역이 설치된 층(고층건축물의 중간층)에 따른 피난안전구역이 있는 층
- 소방법 곧바로 지상으로 나갈 수 있는 출입구가 있는 층

해설

보일러, 버너 그 밖에 이와 유사한 장치로 위험물을 소비하는 일반취급소는 자체소방대 설치 제외 대상이다.

| 관련개념 |
- 자체소방대 설치 제외 대상인 일반취급소 규칙 제73조
  - 보일러, 버너 그 밖에 이와 유사한 장치로 위험물을 소비하는 일반취급소
  - 이동저장탱크 그 밖에 이와 유사한 것에 위험물을 주입하는 일반취급소
  - 용기에 위험물을 옮겨 담는 일반취급소
  - 유압장치, 윤활유순환장치 그 밖에 이와 유사한 장치로 위험물을 취급하는 일반취급소
  - 「광산안전법」의 적용을 받는 일반취급
- 자체소방대를 설치하여야 하는 사업소 법 제19조 자체소방대
  - 제4류 위험물을 취급하는 제조소 또는 일반취급소로서 취급하는 제4류 위험물의 최대수량의 합이 지정수량의 3천배 이상. 다만, 보일러로 위험물을 소비하는 일반취급소 등은 제외한다.
  - 제4류 위험물을 저장하는 옥외탱크저장소로서 저장하는 제4류 위험물의 최대수량이 지정수량의 50만배 이상

50

다음 「위험물안전관리법령」의 자체소방대 기준에 대한 설명으로 틀린 것은?

> 다량의 위험물을 저장·취급하는 제조소 등으로서 대통령령이 정하는 제조소 등이 있는 동일한 사업소에서 대통령령이 정하는 수량 이상의 위험물을 저장 또는 취급하는 경우 당해 사업소의 관계인은 대통령령이 정하는 바에 따라 당해 사업소에 자체소방대를 설치하여야 한다.

① '대통령령이 정하는 제조소 등'은 제4류 위험물을 취급하는 제조소를 포함한다.
② '대통령령이 정하는 제조소 등'은 제4류 위험물을 취급하는 일반취급소를 포함한다.
③ '대통령령이 정하는 수량 이상의 위험물'은 제4류 위험물의 최대수량의 합이 지정수량의 3천 배 이상인 것을 포함한다.
④ '대통령령이 정하는 제조소 등'은 보일러로 위험물을 소비하는 일반취급소를 포함한다.

51 빈출

저장소 또는 제조소 등이 아닌 장소에서 지정수량 이상의 위험물을 저장 또는 취급한 자에 대한 벌칙은?

① 1년 이하 징역 또는 1천만 원 이하의 벌금
② 2년 이하 징역 또는 2천만 원 이하의 벌금
③ 3년 이하 징역 또는 3천만 원 이하의 벌금
④ 5년 이하 징역 또는 5천 만원 이하의 벌금

해설

저장소 또는 제조소 등이 아닌 장소에서 지정수량 이상의 위험물을 저장 또는 취급한 자는 3년 이하의 징역 또는 3천만 원 이하의 벌금에 처한다.

정답 49 ③   50 ④   51 ③

52 빈출

「소방기본법」에서 정의하는 소방대상물에 해당되지 않는 것은?

① 산림
② 차량
③ 건축물
④ 항해 중인 선박

해설

「소방기본법」에서 정의하는 소방대상물에 해당되지 않는 것은 항해 중인 선박이다.

| 관련개념 |

소방대상물	관계인	소방대
• 건축물 • 차량 • 산림 • 선박(매어 둔것) • 선박건조구조물 • 인공구조물 • 물건	• 소유자 • 관리자 • 점유자	• 소방공무원 • 의무소방원 • 의용소방대원

53

다음 중 소방안전관리자를 30일 이내에 선임하여야 하는 기준일로 옳지 않은 것은?

① 신축 등으로 신규로 소방안전관리자를 선임하여야 하는 경우에는 완공일
② 증축으로 1급 또는 2급 소방안전대상물이 된 경우에는 증축공사의 완공일
③ 용도변경을 소방안전관리등급이 변경된 경우에는 건축허가일
④ 소방안전관리자를 해임한 경우 소방안전관리자를 해임한 날

해설

- 소방관리자의 선임
  - 선임해당사유 발생일로부터 30일 이내
  - 선임신고: 선임한 날로부터 14일 이내 소방본부장, 소방서장에 신고
- 소방안전관리자의 선임해당 사유
  - 신축·증축·개축·재축·대수선 또는 용도변경으로 해당 특정소방대상물의 소방안전관리자를 신규로 선임하여야 하는 경우: 해당 특정소방대상물의 완공일
  - 증축 또는 용도변경으로 인하여 특정소방대상물이 소방안전관리대상물로 된 경우: 증축공사의 완공일 또는 용도변경 사실을 건축물관리대장에 기재한 날
  - 특정소방대상물을 양수하거나 관계인의 권리를 취득한 경우: 해당 권리를 취득한 날
  - 소방본부장 또는 소방서장이 총괄 소방안전관리 대상으로 지정한 날
  - 소방안전관리자를 해임한 경우: 소방안전관리자를 해임한 날
  - 소방안전관리업무를 대행하는 자를 감독하는 자를 소방안전관리자로 선임한 경우로서 그 업무대행 계약이 해지 또는 종료된 경우: 소방안전관리업무 대행이 끝난 날

54

다음 중 방염대상물품에 대한 방염성능기준으로 적합한 것은?

① 불꽃에 의하여 완전히 녹을 때까지 불꽃의 접촉 횟수는 3회 이상
② 버너의 불꽃을 제거한 때부터 불꽃을 올리며 연소하는 상태가 그칠 때까지 시간은 30초 이내
③ 버너의 불꽃을 제거한 때부터 불꽃을 올리지 아니하고 연소하는 상태가 그칠 때까지 시간은 20초 이내
④ 탄화한 면적은 20제곱센티미터 이내, 탄화한 길이는 50센티미터 이내

해설

방염대상물품에 대한 방염성능기준으로 적합한 것은 '불꽃에 의하여 완전히 녹을 때까지 불꽃의 접촉 횟수는 3회 이상'이다.

| 관련개념 | 방염대상물품의 방염성능기준

구분	내용	기준
잔염시간	버너의 불꽃을 제거한 때부터 **불꽃을 올리며 연소**하는 상태가 그칠 때까지 시간	20초 이내
잔신시간	버너의 불꽃을 제거한 때부터 **불꽃을 올리지 아니하고 연소**하는 상태가 그칠 때까지 시간	30초 이내
탄화 면적	잔염, 잔신 시간 내에 탄화한 면적	50[cm^2] 이내
탄화 길이	잔염, 잔신 시간 내에 탄화한 길이	20[cm] 이내
접염횟수	불꽃에 의하여 완전히 녹을 때까지 불꽃의 접촉 횟수	3회 이상
연기밀도	소방청장이 정하여 고시한 방법으로 발연량을 측정	400 이하

정답 52 ④ 53 ③ 54 ①

55

「소방기본법령」상 소방신호의 방법으로 틀린 것은?

① 타종에 의한 훈련 신호는 연3타 반복
② 사이렌에 의한 발화신호는 5초 간격을 두고 10초씩 3회
③ 타종에 의한 해제신호는 상당한 간격을 두고 1타씩 반복
④ 사이렌에 의한 경계신호는 5초 간격을 두고 30초씩 3회

해설

사이렌에 의한 발화신호는 5초 간격을 두고 5초씩 3회이다.

| 관련개념 | 소방신호의 방법

신호 방법 종별	타종신호	사이렌신호
경계신호	1타와 연2타를 반복	5초 간격을 두고 30초씩 3회
발화신호	난타	5초 간격을 두고 5초씩 3회
해제신호	상당한 간격을 두고 1타씩 반복	1분간 1회
훈련신호	연3타반복	10초 간격을 두고 1분씩 3회

56

「소방시설 설치 및 관리에 관한 법령」상 종합정밀점검 실시 대상이 되는 특정소방대상물의 기준 중 다음 (   ) 안에 알맞은 것은?

물분무등소화설비[호스릴(Hose Reel) 방식의 물분무등소화설비만을 설치한 경우는 제외]가 설치된 연면적 (   )[m²] 이상인 특정소방대상물(제조소 등은 제외)

① 2,000
② 3,000
③ 4,000
④ 5,000

해설

물분무등소화설비[호스릴(Hose Reel) 방식의 물분무등소화설비만을 설치한 경우는 제외]가 설치된 연면적 5,000[m²] 이상인 특정소방대상물(제조소 등은 제외)은 「소방시설 설치 및 관리에 관한 법령」상 종합정밀점검 실시 대상이 되는 특정소방대상물이다.

| 관련개념 | 소방시설의 자체점검 중 종합정밀점검의 대상

구분	종합정밀점검
정의	소방시설 등의 작동기능점검을 포함하여 소방시설 등의 설비별 주요 구성 부품의 구조기준이 화재안전기술기준 및 건축법 등 기준에 적합한지 여부를 점검하는 것
점검 대상	• 스프링클러설비가 설치된 특정소방대상물 • 물분무 등 소화설비가 설치된 연면적 5,000[m²] 이상인 특정소방대상물(위험물 제조소 등, 호스릴 방식 물분무등소화설비만을 설치한 경우 제외) • 다중이용업의 영업장이 설치된 특정소방대상물로서 연면적이 2,000[m²] 이상인 것 • 공공기관 중 연면적이 1,000[m²] 이상인 것(옥내소화전설비 또는 자동화재탐지설비 설치). 단, 소방대 근무하는 공공기관 제외 • 제연설비가 설치된 터널
점검 자격	• 소방시설관리업자 • 소방안전관리자로 선임된 소방기술사, 소방시설관리사
점검 횟수	연 1회 이상 • 특정소방대상물: 반기 1회이상 • 소방본부장,소방서장 지정 우수대상물 3년 이내 범위에서 면제 (면제기간 중 화재 시 제외)
점검 시기	[신축건축물] ① 사용승인일이 속한 달의 말일까지 실시 ② 신규 사용승인을 받은 건축물은 그 다음해부터 실시하되 건축물 사용승인일이 속한 달의 말일까지 실시 ③ 소방시설완공검사증명서 수령 1년 경과후 사용 승인을 받은 경우 사용 승인을 받은 그 해부터 실시 ④ 단, 그 해의 종합정밀점검은 ①에도 불구하고 사용승인일로부터 3개월 이내 실시 ⑤ 학교의 경우 해당 건축물 사용승인일이 1월에서 6월 사이에 있는 경우 6월 30일까지 실시할 수 있다. ⓒ 공공기관은 외관점검을 월1회 실시하고 점검결과를 2년 자체 보관하여야 한다. ⓓ 하나의 대지경계선 안에 2개 이상의 점검대상이 있는 경우사용승인일이 가장 빠른 건축물 기준

스프링클러가 설치된 모든 특정소방대상물은 면적에 상관없이 종합정밀점검을 받아야 한다.

정답 55 ② 56 ④

57
방염업의 등록 결격사유에 해당하지 않는 것은?

① 피성년후견인
② 방염업의 등록이 취소된 날부터 3년이 지난 자
③ 위험물안전관리법에 따른 금고 이상의 형의 집행유예 선고를 받고 그 유예기간 중에 있는 자
④ 위험물안전관리법에 따른 금고 이상의 실형의 선고를 받고 그 집행이 종료되거나 집행이 면제된 날로부터 2년이 지나지 아니한 자

해설

방염업의 등록이 취소된 날부터 3년이 지난 자는 결격사유가 되지 않는다.

| 관련개념 | 소방시설업 등록의 결격사유
① 피성년후견인
② 「소방관련법령에 따른 금고 이상의 실형을 선고받고 그 집행이 끝나거나 집행이 면제된 날부터 2년이 지나지 아니한 사람
③ 소방관련법령에 따른 금고 이상의 형의 집행유예를 선고받고 그 유예기간 중에 있는 사람
④ 자격이 취소(피성년후견인 결격으로 취소된 경우는 제외)된 날부터 2년이 지나지 아니한 사람
⑤ 법인의 대표자가 ①~④에 해당하는 경우 그 법인
⑥ 법인의 임원이 ②~④에 해당하는 경우 그 법인

58
특정소방대상물의 관계인은 소방안전관리자가 해임한 날부터 며칠 이내에 선임하여야 하는가?

① 10일 ② 14일
③ 30일 ④ 90일

해설

특정소방대상물의 관계인은 소방안전관리자가 해임한 날부터 30일 이내에 선임되어야 한다.

| 관련개념 | 소방안전관리자의 선임
- 선임해당사유 발생일로부터 30일 이내
- 선임신고: 선임한 날부터 14일 이내 소방본부장, 소방서장에 신고

59
「소방시설 설치 및 관리에 관한 법령」상 건축허가 등을 할 때 미리 소방본부장 또는 소방서장의 동의를 받아야 하는 건축물 등의 범위가 아닌 것은?

① 연면적 $400[m^2]$ 이상인 건축물
② 항공기격납고, 관망탑
③ 차고·주차장으로 사용되는 바닥면적이 $100[m^2]$ 이상인 층이 있는 건축물
④ 지하층 또는 무창층이 있는 건축물로서 바닥면적이 $150[m^2]$ 이상인 층이 있는 것

해설

차고·주차장으로 사용되는 바닥면적이 $200[m^2]$ 이상인 층이 있는 건축물은 「소방시설 설치 및 관리에 관한 법령」상 건축허가 등을 할 때 미리 소방본부장 또는 소방서장의 동의를 받아야 한다.

| 관련개념 | 건축허가 동의대상 건축물
- 연면적이 $400[m^2]$ 이상인 건축물
- 학교시설: $100[m^2]$
- 노유자시설 및 수련시설: $200[m^2]$
- 정신의료기관 $300[m^2]$
- 장애인 의료재활시설: $300[m^2]$
- 6층 이상인 건축물
- 차고·주차장: 바닥면적이 $200[m^2]$ 이상인 층이 있는 건축물이나 주차시설
- 승강기 기계장치에 의한 주차시설: 자동차 20대 이상을 주차
- 항공기격납고, 관망탑, 항공관제탑, 송수신탑
- 지하층 또는 무창층의 바닥면적이 $150[m^2]$ (공연장의 경우에는 $100[m^2]$) 이상인 층
- 특정소방대상물 중 위험물 저장 및 처리시설, 지하구

정답 57 ② 58 ③ 59 ③

60
다음 중 화재가 발생할 경우 피난하기 위하여 사용하는 기구 또는 설비인 피난설비에 속하지 않는 것은?

① 완강기 ② 인공소생기
③ 피난유도선 ④ 연소방지설비

해설

연소방지설비는 소화활동설비이다.

| 관련개념 | 소방시설 설치 및 관리에 관한 법률 시행령

소방시설	종류
소화설비	• 소화기구 • 자동소화장치 • 옥내소화전설비(호스릴옥내소화전 포함) • 스프링클러설비 등 • 물분무소화설비 등 • 옥외소화전설비
경보설비	• 단독경보형감지기 • 비상경보설비(비상벨설비, 자동식 사이렌설비) • 시각경보기 • 자동화재탐지설비 • 비상방송설비 • 자동화재속보설비 • 통합감시시설 • 누전경보기 • 가스누설경보기
피난 구조설비	• 피난기구 • 인명구조기구 • 유도등 • 비상조명등 및 휴대용 비상조명등
소화 용수설비	• 상수도소화용수설비 • 소화수조 · 저수조 · 그 밖의 소화용수설비
소화 활동설비	• 제연설비 • 연결송수관설비 • 연결살수설비 • 비상콘센트설비 • 무선통신보조설비 • 연소방지설비

4과목 소방전기시설의 구조 및 원리

61
R형 수신기의 기능과 가스누설경보기의 수신부 기능을 겸한 수신기는?

① M형수신기 ② R형수신기
③ GP형수신기 ④ GR형수신기

해설

R형 수신기와 가스누설경보기 수신부 기능을 겸한 수신기는 GR형 수신기이다.

62 빈출
신호의 전송로가 분기되는 장소에 설치하는 것으로 임피던스 매칭과 신호 균등 분배를 위해 사용되는 장치는?

① 혼합기 ② 분배기
③ 증폭기 ④ 분파기

해설

신호의 전송로가 분기되는 장소에 설치하는 것으로 임피던스 매칭과 신호 균등 분배를 위해 사용되는 장치는 분배기이다.

| 관련개념 | 무선통신보조설비 구성 요소

화재 시 소방대가 소방대상물에 침투하여 소화 및 구조활동을 하면서 소방대 간에 또는 방재센터나 관계자와 무선교신을 하기 위해 필요한 소화활동설비이다.

• 누설동축케이블: 동축케이블의 외부도체에 가느다란 홈을 만들어서 전파가 외부로 새어나갈 수 있도록 한 케이블
• 분배기: 신호의 전송로가 분기되는 장소에 설치하는 것으로 임피던스 매칭(Matching)과 신호 균등분배를 위해 사용하는 장치
• 분파기: 서로 다른 주파수의 합성된 신호를 분리하기 위해서 사용하는 장치
• 혼합기: 두 개 이상의 입력신호를 원하는 비율로 조합한 출력이 발생하도록 하는 장치
• 증폭기: 신호 전송 시 신호가 약해져 수신이 불가능해지는 것을 방지하기 위해서 증폭하는 장치
• 무선중계기: 안테나를 통하여 수신된 무전기 신호를 증폭한 후 음영지역에 재방사하여 무전기 상호 간 송수신이 가능하도록 하는 장치
• 옥외안테나: 감시제어반 등에 설치된 무선중계기의 입력과 출력포트에 연결되어 송수신 신호를 원활하게 방사 · 수신하기 위해 옥외에 설치하는 장치

정답 60 ④ 61 ④ 62 ②

63

음향장치에서 음량은 부착된 음향장치의 중심으로부터 1[m] 떨어진 위치에서 몇 [dB] 이상이 되는 것으로 하여야 하는가?

① 60
② 70
③ 80
④ 90

해설

음향장치에서 음량은 부착된 음향장치의 중심으로부터 1[m] 떨어진 위치에서 90[dB] 이상이 되는 것으로 해야 한다.

| 관련개념 | 비상경보설비 음향장치 설치기준(지구음향장치)

특정소방대상물의 층마다 설치
각 부분으로부터 하나의 음향장치까지의 수평거리: 25[m] 이하

음향장치의 성능	해당층의 각 부분에 유효하게 경보를 발할 수 있도록 설치
	음향장치는 정격전압의 80[%] 전압에서 음향을 발할 수 있도록 한다.
	음량은 부착된 음향장치의 중심으로부터 1[m] 떨어진 위치에서 90[dB] 이상

다만, 「비상방송설비의 화재안전기술기준(NFTC 202)」에 적합한 방송설비를 비상벨설비 또는 자동식사이렌설비와 연동하여 작동하도록 설치한 경우 지구음향장치를 설치하지 아니할 수 있다.

64

3상 교류인 경우 비상콘센트설비의 전원회로 공급량으로 옳은 것은?

① 200[V]로서 3[kVA]
② 200[V]로서 1.5[kVA]
③ 220[V]로서 3[kVA]
④ 220[V]로서 1.5[kVA]

해설

3상 교류인 경우 비상콘센트설비의 전원회로 공급량은 200[V]로서 3[kVA]이다.

| 관련개념 | 비상콘센트설비의 기능

- 전원회로는 단상 220[V]인 것으로서 공급용량은 1.5[kVA] 이상인 것으로 할 것. 다만, 단상교류 100[V] 또는 3상 교류 200[V] 또는 380[V]인 것으로 공급용량은 3상 교류인 경우 3[kVA] 이상인 것과 단상교류인 경우 1.5[kVA] 이상인 것을 추가할 수 있다.
- 비상콘센트설비의 플러그접속기는 3상 교류 200[V] 또는 3상 교류 380[V]의 것에 있어서는 접지형 3극 플러그접속기(KS C 8305)를 단상교류 100[V] 또는 단상교류 220[V]의 것에 있어서는 접지형 2극 플러그접속기(KS C 8305)를 사용할 것
- 비상콘센트설비의 배선용차단기 용량은 제2호의 접속기 용량과 같아야 한다.

65 빈출

자동화재 속보설비를 설치하지 않아도 되는 곳은?

① 수련시설(숙박시설이 있는 건축물)로서 바닥면적 500[m²] 이상인 층이 있는 곳
② 노유자 시설로서 바닥면적 500[m²]이 있는 장소
③ 국보로 지정된 목조건축물
④ 수신기가 설치된 장소에 상시 통화 가능한 전화가 있고 감시가 가능한 상주자가 있는 장소

해설

자동화재 속보설비를 설치하지 않아도 되는 곳은 수신기가 설치된 장소에 상시 통화 가능한 전화가 있고 감시인이 상주자가 있는 장소이다.

| 관련개념 | 자동화재속보설비 설치 및 제외 대상

- 설치 대상

구분	특정소방대상물	적용기준
용도별	노유자 생활시설	-
	노유자 시설	바닥면적 500[m²] 이상인 층이 있는 것
	수련시설(숙박시설이 있는 것)	
	보물 또는 국보로 지정된 목조건축물	-
	근린생활시설 중 의원, 치과의원, 한의원(입원실이 있는 시설), 조산원, 산후조리원	-
	의료시설 중 종합병원, 병원, 치과병원, 한방병원, 요양병원(의료재활시설 제외)	-
	의료시설 중 정신병원, 의료재활시설	해당 용도로 사용되는 바닥면적 합계 500[m²] 이상인 층이 있는 것
	판매시설(전통시장)	-

- 자동화재속보설비의 설치 제외 대상

설치 제외 대상 등	
설치 제외	방재실 등 화재 수신기가 설치된 장소에 24시간 화재를 감시할 수 있는 사람이 근무하고 있는 경우
설치 면제	자동화재속보설비를 설치해야 하는 특정소방대상물에 화재알림설비를 화재안전기준에 적합하게 설치한 경우 그 설비의 유효범위에서 설치 면제

정답 63 ④ 64 ① 65 ④

66
연기감지기의 설치기준으로 옳지 않은 것은?

① 부착 높이 4[m] 이상 20[m] 미만에는 3종 감지기를 설치할 수 없다.
② 복도 및 통로에 있어서 3종 감지기는 보행거리 30[m]마다 설치한다.
③ 계단 및 경사로에 있어서 3종 감지기는 수직거리 10[m]마다 설치한다.
④ 감지기는 벽이나 보로부터 1.5[m] 이상 떨어진 곳에 설치하여야 한다.

해설

감지기는 벽 또는 보로부터 0.6[m] 이상 떨어진 곳에 설치한다.

| 관련개념 | 자동화재탐지설비 연기감지기 설치기준

- 감지기의 부착 높이에 따라 다음 표에 따른 바닥면적마다 1개 이상으로 함
(단위: m²)

부착 높이	감지기의 종류	
	1종 및 2종	3종
4[m] 미만	150	50
4[m] 이상 20[m] 미만	75	설치 불가

- 감지기는 복도 및 통로에 있어서는 보행거리 30[m](3종에 있어서는 20[m])마다, 1개 이상으로 한다.
- 계단 및 경사로에 있어서는 수직거리 15[m](3종에 있어서는 10[m])마다 1개 이상으로 한다.
- 천장 또는 반자가 낮은 실내 또는 좁은 실내에 있어서는 출입구의 가까운 부분에 설치한다.
- 천장 또는 반자부근에 배기구가 있는 경우에는 그 부근에 설치한다.
- 감지기는 벽 또는 보로부터 0.6[m] 이상 떨어진 곳에 설치한다.

67 빈출

무선통신보조설비의 증폭기에 부착된 비상전원이 유효하게 작동해야 하는 기준 시간으로 알맞은 것은?

① 20분 이상
② 25분 이상
③ 30분 이상
④ 60분 이상

해설

증폭기에는 비상전원이 부착된 것으로 하고 해당 비상전원 용량은 무선통신보조설비를 유효하게 30분 이상 작동시킬 수 있는 것으로 한다.

| 관련개념 | 무선통신보조설비 증폭기 및 무선중계기의 설치기준

소방시설		비상전원 용량(최소)
소화설비	전체(간이SP 제외)	20분
	간이스프링클러	10분(단, 근린생활시설 용도는 20분)
경보설비	전체	감시 60분 후 10분 경보
피난설비	유도등설비	• 11층 이상의 층 • 지하층 또는 무창층(도매시장, 소매시장, 여객자동차 터미널, 지하역사, 지하가 용도) → 60분
	비상조명등설비	기타 장소인 경우 20분
소화활동설비	제연설비 연결송수관설비 비상콘센트설비	20분
	무선통신보조설비	30분

정답 66 ④ 67 ③

68

비상방송설비의 음향장치의 설치기준으로 옳은 것은?

① 음량조정기의 배선은 3선식으로 설치
② 조작부의 스위치는 바닥으로부터 $0.8[m]$ 이상 $2.5[m]$ 이하의 높이에 설치
③ 확성기의 유효반지름은 $50[m]$ 이하가 되도록 설치
④ 다른 방송설비와 공용 불가능

해설

음량조정기의 배선은 3선식으로 설치한다.

| 관련개념 | 비상방송설비의 설치기준(음향장치)

- 확성기의 음성입력은 $3[W]$(실내에 설치하는 것에 있어서는 $1[W]$ 이상)
- 확성기는 각층마다 설치하되, 그 층의 각 부분으로부터 하나의 확성기까지의 수평거리가 $25[m]$ 이하, 해당층의 각 부분에 유효하게 경보를 발할 수 있도록 설치할 것
- 음량조정기의 배선은 3선식으로 할 것
- 조작부의 조작스위치는 바닥으로부터 $0.8[m]$ 이상 $1.5[m]$ 이하의 높이에 설치할 것
- 조작부는 기동장치의 작동과 연동하여 해당 기동장치가 작동한 층 또는 구역을 표시할 수 있는 것으로 할 것
- 증폭기 및 조작부는 수위실 등 상시 사람이 근무하는 장소로서 점검이 편리하고 방화상 유효한 곳에 설치할 것
- 다른 방송설비와 공용하는 것에 있어서는 화재 시 비상경보 외의 방송을 차단할 수 있는 구조로 할 것
- 기동장치에 따른 화재 신고를 수신한 후 필요한 음량으로 화재 발생 상황 및 피난에 유효한 방송이 자동으로 개시될 때까지의 소요시간은 10초 이하로 할 것
- 음향장치는 다음 각 목의 기준에 따른 구조 및 성능의 것으로 하여야 한다.
  - 정격전압의 $80[\%]$ 전압에서 음향을 발할 수 있는 것을 할 것
  - 자동화재탐지설비의 작동과 연동하여 작동할 수 있는 것으로 할 것
- 우선경보대상 5층 이상 연면적 $3,000[m^2]$ 건물

주: 엘리베이터 내부에는 별도의 음향장치를 설치할 수 있다.

69

지하가중 터널로서 길이가 몇 $[m]$ 이상인 경우 비상경보설비를 설치하여야 하는가?

① 350
② 400
③ 500
④ 600

해설

지하가중 터널로서 길이가 $500[m]$ 이상인 경우 비상경보설비를 설치하여야 한다.

| 관련개념 | 비상경보설비 설치대상 특정소방대상물

특정소방대상물		적용기준	
공통	연면적	연면적 $400[m^2]$ 이상	지하가중 터널, 사람이 거주하지 않거나 벽이 없는 축사 등, 동식물관련시설 제외 모든 층
	지하층·무창층 (축사제외) 또는 4층 이상	바닥면적이 $150[m^2]$ 이상	
용도별	지하층·무창층 (축사 제외) 또는 4층 이상 공연장	바닥면적이 $100[m^2]$ 이상	
	터널	길이가 $500[m]$ 이상	
	옥내작업장	근로자수 50명 이상	

정답 68 ① 69 ③

70 고난도

통로유도등은 소방대상물의 각 거실과 그로부터 지상에 이르는 복도 또는 계단의 통로에 설치하여야 한다. 다음 중 설치기준으로 옳지 않은 것은?

① 복도통로유도등은 구부러진 모퉁이 및 보행거리 20[m]마다 설치할 것
② 거실통로유도등은 구부러진 모퉁이 및 보행거리 20[m]마다 설치할 것
③ 계단통로유도등은 바닥으로부터 높이 1[m] 이하의 위치에 설치할 것
④ 거실통로유도등은 바닥으로부터 높이 1[m] 이하의 위치에 설치할 것

해설

거실통로유도등은 바닥으로부터 높이 1.5[m] 이상의 위치에 설치한다.

| 관련개념 | 유도등 및 유도표지(계단통로유도등의 설치기준)

구분	설치 기준	설치 높이
복도통로 유도등	• 복도에 설치 피난구유도등이 설치된 출입구의 맞은편 복도에는 입체형 또는 바닥에 설치 • 구부러진 모퉁이 및 위에 따라 설치된 통로유도등을 기점으로 보행거리 20[m]마다	• 바닥으로부터 높이 1[m] 이하의 위치에 설치. 다만, 지하층 또는 무창층의 용도가 도매시장·소매시장·여객자동차터미널·지하역사 또는 지하상가인 경우에는 복도·통로 중앙부분의 바닥에 설치 • 바닥에 설치하는 통로유도등은 하중에 따라 파괴되지 아니하는 강도의 것
거실통로 유도등	• 거실의 통로에 설치 다만, 거실의 통로가 벽체 등으로 구획된 경우에는 복도통로유도등을 설치 • 구부러진 모퉁이 및 보행거리 20[m]마다 설치	바닥으로부터 높이 1.5[m] 이상의 위치에 설치. 다만, 거실통로에 기둥이 설치된 경우에는 기둥 부분의 바닥으로부터 높이 1.5[m] 이하의 위치에 설치
계단통로 유도등	각 층의 경사로 참 또는 계단참마다(1개층에 경사로 참 또는 계단참이 2 이상 있는 경우에는 2개의 계단참마다) 설치	바닥으로부터 높이 1.0[m] 이하의 위치에 설치

71 빈출

다음 (㉠), (㉡)에 들어갈 내용으로 알맞은 것은?

> 비상경보설비의 비상벨설비는 그 설비에 대한 감시상태를 (㉠) 간 지속한 후 유효하게 (㉡) 이상 경보할 수 있는 축전지설비를 설치하여야 한다.

① ㉠ 30분, ㉡ 30분
② ㉠ 30분, ㉡ 10분
③ ㉠ 60분, ㉡ 60분
④ ㉠ 60분, ㉡ 10분

해설

비상경보설비의 비상벨설비는 그 설비에 대한 감시상태를 60분 간 지속한 후 유효하게 10분 이상 경보할 수 있는 축전지설비를 설치하여야 한다.

| 관련개념 | 비상경보설비(예비전원)

예비전원	축전지설비 또는 전기저장장치
성능	감시상태를 60분간 지속한 후 유효하게 10분 이상 경보(수신기에 내장하는 경우를 포함)

다만, 상용전원이 축전지설비인 경우 또는 건전지를 주전원으로 사용하는 무선식 설비인 경우에는 제외

정답 70 ④ 71 ④

72

다음 중 단독경보형감지기 설치기준으로서 올바르지 않은 것은?

① 각 실마다 설치할 것
② 최상층 계단실의 천장에 설치할 것
③ 바닥면적이 $50[m^2]$를 초과하는 경우에는 $50[m^2]$마다 1개 이상 설치할 것
④ 건전지를 주전원으로 사용하는 경우에는 정상적인 작동상태를 유지할 수 있도록 건전지를 교환할 것

|해설|

바닥면적이 $150[m^2]$를 초과하는 경우에는 $150[m^2]$마다 1개 이상 설치한다.

| 관련개념 | 단독경보형감지기의 설치기준

- 각 실마다 설치하되, 바닥면적이 $150[m^2]$를 초과하는 경우에는 $150[m^2]$마다 1개 이상(이웃하는 실내의 바닥면적이 각각 $30[m^2]$ 미만이고 벽체의 상부의 전부 또는 일부가 개방되어 이웃하는 실내와 공기가 상호유통되는 경우에는 이를 1개의 실로 본다.)
- 최상층의 계단실의 천장(외기가 상통하는 계단실의 경우를 제외함)에 설치
- 건전지를 주전원으로 사용하는 단독경보형감지기는 정상적인 작동상태를 유지할 수 있도록 건전지를 교환
- 상용전원을 주전원으로 사용하는 단독경보형감지기의 2차전지는 소방시설 설치 및 관리에 관한 법률 시행령 제39조에 따라 제품검사에 합격한 것을 사용

73

소방시설용 비상전원수전설비의 화재안전기술기준(NFTC 602)에 따른 용어의 정의에서 소방부하에 전원을 공급하는 전기회로를 말하는 것은?

① 수전설비
② 일반회로
③ 소방회로
④ 변전설비

|해설|

소방회로란 소방부하에 전원을 공급하는 전기회로를 말한다.

|오답해설|

① 수전설비란 전력수급용 계기용변성기·주차단장치 및 그 부속기기를 말한다.
② 일반회로란 소방회로 이외의 전기회로를 말한다.
④ 변전설비란 전력용변압기 및 그 부속장치를 말한다.

74

정온식 감지선형감지기의 설치기준으로 틀린 것은?

① 단자부와 마감 고정금구와의 설치 간격은 $10[cm]$ 이상으로 설치할 것
② 감지선형 감지기의 굴곡반경은 $5[cm]$ 이상으로 할 것
③ 지하구나 창고의 천장 등에 지지물이 적당하지 않는 장소에서는 보조선을 설치하고 그 보조선에 설치할 것
④ 케이블 트레이에 감지기를 설치하는 경우 케이블트레이 받침대에 마감 금구를 사용하여 설치할 것

|해설|

단자부와 마감 고정금구와의 설치 간격은 $10[cm]$ 이내로 설치한다.

| 관련개념 | 자동화재탐지설비 중 정온식 감지기의 설치기준

- 보조선이나 고정금구를 사용하여 감지선이 늘어지지 않도록 설치할 것
- 단자부와 마감 고정금구와의 설치 간격은 $10[cm]$ 이내로 설치할 것
- 감지선형 감지기의 굴곡반경은 $5[cm]$ 이상으로 할 것
- 감지기와 감지구역의 각 부분과의 수평거리가 내화구조의 경우 1종 $4.5[m]$ 이하, 2종 $3[m]$ 이하로 할 것. 기타 구조의 경우 1종 $3[m]$ 이하, 2종 $1[m]$ 이하로 할 것
- 케이블트레이에 감지기를 설치하는 경우에는 케이블트레이 받침대에 마감 금구를 사용하여 설치할 것
- 지하구나 창고의 천장 등에 지지물이 적당하지 않은 장소에서는 보조선을 설치하고 그 보조선에 설치할 것
- 분전반 내부에 설치하는 경우 접착제를 이용하여 돌기를 바닥에 고정시키고 그곳에 감지기를 설치할 것
- 그 밖의 설치방법은 형식승인 내용에 따르며 형식승인 사항이 아닌 것은 제조사의 시방서에 따라 설치할 것

구분	기준
부착높이	$8[m]$ 미만
감지선고정	보조선, 고정금구 사용
설치간격	단자와 고정금구간 $10[cm]$ 이내
굴곡반경	$5[cm]$ 이상
케이블트레이설치	트레이 받침대 마감금구 사용
지지 불량한 곳에 설치	보조선을 설치하고 보조선에 설치
분전반 내부 설치	접착제를 이용, 돌기를 바닥에 고정시키고 설치

정답 72 ③ 73 ③ 74 ①

75

축광표지의 식별도시험에 관련한 기준에서 (   )에 알맞은 것은?

> 축광유도표지는 200[lx] 밝기의 광원으로 20분간 조사시킨 상태에서 다시 주위조도를 0[lx]로 하여 60분간 발광시킨 후 직선거리 (   )[m] 떨어진 위치에서 유도표지가 있다는 것이 식별되어야 한다.

① 20 ② 10
③ 5   ④ 3

해설

축광유도표지는 200[lx] 밝기의 광원으로 20분간 조사시킨 상태에서 다시 주위조도를 0[lx]로 하여 60분간 발광시킨 후 직선거리 20[m] 떨어진 위치에서 유도표지가 있다는 것이 식별되어야 한다.

| 관련개념 | 축광방식 피난유도선의 성능인정 및 제품검사기술기준

- 식별도 시험
  - 축광방식 피난유도선의는 200[lx] 밝기의 광원으로 20분간 조사시킨 상태에서 다시 주위조도를 0[lx]로 하여 60분간 발광시킨 후 직선거리 20[m](축광위치표지의 경우 10[m]) 떨어진 위치에서 유도표지 또는 위치표지의 존재가 식별되어야 한다.
  - 직선거리 3[m]의 거리에서 표시면의 표시 중 주체가 되는 문자 또는 주체가 되는 화살표 등이 쉽게 식별되어야 한다.
  - 이 경우 측정자는 보통 시력(시력 1.0에서 1.2의 범위를 말함)을 가진 자로서 시험실시 20분 전까지 암실에 들어가 있어야 한다.

76

비상벨설비의 음향장치는 정격전압의 몇 [%]의 전압에서 음향을 발할 수 있도록 하여야 하는가?

① 20[%]   ② 25[%]
③ 70[%]   ④ 80[%]

해설

비상벨설비의 음향장치는 정격전압의 80[%]의 전압에서 음향을 발할 수 있도록 하여야 한다.

| 관련개념 | 비상경보설비(지구음향장치 설치기준)

특정소방대상물의 층마다 설치

각 부분으로부터 하나의 음향장치까지의 수평거리: 25[m] 이하

음향장치의 성능	해당층의 각 부분에 유효하게 경보를 발할 수 있도록 설치
	음향장치는 정격전압의 80[%] 전압에서 음향을 발할 수 있도록 할 것
	음량은 부착된 음향장치의 중심으로부터 1[m] 떨어진 위치에서 90[dB] 이상

다만, 「비상방송설비의 화재안전기술기준(NFTC 202)」에 적합한 방송설비를 비상벨 설비 또는 자동식 사이렌 설비와 연동하여 작동하도록 설치한 경우 지구음향 장치를 설치하지 아니할 수 있다.

77

비상방송설비의 배선과 관련해서 부속회로의 전로와 대지 사이 및 배선 상호 간의 절연저항은?(단, 1경계구역마다 직류 250[V]의 절연저항측정기를 사용하여 측정한다.)

① 0.1[MΩ]   ② 0.2[MΩ]
③ 0.3[MΩ]   ④ 0.5[MΩ]

해설

경계구역마다 직류 250[V]의 절연저항측정기를 사용하여 측정한 절연저항이 0.1[MΩ] 이상이 되도록 한다.

| 관련개념 | 비상방송설비 전원의 설치기준 중 배선기준

전원회로배선	내화배선
그 밖의 배선	내화배선, 내열배선
절연저항	부속회로의 전로와 대지 사이 및 배선 상호간의 절연저항은 1경계구역마다 직류 250[V]의 절연저항측정기를 사용하여 측정한 절연저항이 0.1[MΩ] 이상이 되도록 함
배선	다른 전선과 별도의 관·덕트(절연효력이 있는 것으로 구획한 때에는 그 구획된 부분은 별개의 덕트로 본다)·몰드 또는 풀박스 등에 설치함(단, 60[V] 미만의 약전류 회로에 사용하는 전선으로서 각각의 전압이 같을 때에는 제외)
통보	화재로 인하여 하나의 층의 확성기 또는 배선이 단락 또는 단선되어도 다른 층의 통보에 지장이 없도록 할 것

정답 75 ① 76 ④ 77 ①

78

천장의 높이가 2[m] 이하인 경우에 청각장애인용 시각경보장치는 다음 중 어떤 위치에 설치해야 하는가?

① 천장으로부터 0.15[m] 이내
② 천장으로부터 0.2[m] 이내
③ 천장으로부터 0.25[m] 이내
④ 천장으로부터 0.3[m] 이내

해설

천장의 높이가 2[m] 이하인 경우에 청각장애인용 시각경보장치는 천장으로부터 0.15[m] 이내에 설치한다.

| 관련개념 | **자동화재탐지설비(시각경보장치 설치기준)**
- 복도·통로·청각장애인용 객실 및 공용으로 사용하는 거실에 설치한다.
- 공연장·집회장·관람장 또는 이와 유사한 장소에 설치하는 경우에는 시선이 집중되는 무대부 부분 등에 설치한다.
- 설치 높이는 바닥으로부터 2[m] 이상 2.5[m] 이하의 장소에 설치한다. 다만, 천장의 높이가 2[m] 이하인 경우에는 천장으로부터 0.15[m] 이내의 장소에 설치하여야 한다.
- 시각경보장치의 광원은 전용의 축전지 설비 또는 전기저장장치에 의하여 점등되도록 한다. 다만, 시각경보기에 작동전원을 공급할 수 있도록 형식 승인을 얻은 수신기를 설치한 경우에는 그러하지 아니하다.
- 시각경보기 점멸주기: 매초당 1회 이상 3회 이내

79

예비전원을 내장하지 아니하는 비상조명등의 비상전원은 자가발전설비 및 축전지설비를 설치하여야 한다. 설치기준으로 옳지 않은 것은?

① 비상전원을 실내에 설치하는 때에는 그 실내에는 비상조명등을 설치하지 않아도 된다.
② 점검이 편리하고 화재 및 침수 등의 재해로 인한 피해를 받을 우려가 없는 곳에 설치한다.
③ 비상전원의 설치장소는 다른 장소와의 방화구획을 하여야 한다.
④ 상용전원으로부터 전력의 공급이 중단된 때에는 자동으로 비상전원으로부터 전력을 공급받는 장치를 설치하여야 한다.

해설

비상전원을 실내에 설치하는 때에는 그 실내에는 비상조명등을 설치해야 한다.

| 관련개념 | **비상조명등의 설치기준 중 비상전원**
- 점검에 편리하고 화재 및 침수 등의 재해로 인한 피해를 받을 우려가 없는 곳에 설치한다.
- 상용전원으로부터 전력의 공급이 중단된 때에는 자동으로 비상전원으로부터 전력을 공급받을 수 있도록 한다.
- 비상전원의 설치장소는 다른 장소와 방화구획한다.
- 비상전원을 실내에 설치하는 때에는 그 실내에 비상조명등을 설치한다.
- 비상전원은 비상조명등을 20분 이상 유효하게 작동시킬 수 있는 용량으로 한다.
- 비상전원을 60분 이상으로 하여야 하는 특정소방대상물
  - 지하층을 제외한 층수가 11층 이상의 층
  - 지하층 또는 무창층으로서 용도가 도매시장·소매시장·여객자동차터미널·지하역사 또는 지하상가

정답 78 ① 79 ①

80
다음 중 유도등의 예비전원은 어떠한 축전지로 설치하여야 하는가?

① 알칼리계 2차 축전지
② 리튬계 1차 축전지
③ 리튬-이온계 2차 축전지
④ 수은계 1차 축전지

해설

유도등의 예비전원은 알칼리계 2차 축전지로 설치해야 한다.

| 관련개념 | 유도등의 형식승인 기준

- 유도등의 표시면 색상
  - 피난구 유도등: 녹색바탕에 백색문자
  - 통로 유도등: 백색바탕에 녹색문자
- 전선의 굵기: 인출선의 단면적 $0.75[\text{mm}^2]$, 인출선 외의 경우에는 단면적 $0.5[\text{mm}^2]$
- 인출선의 길이: 전선인출부에서 $150[\text{mm}]$ 이상
- 사용전압: $300[\text{V}]$ 이하, 충전부가 노출되지 않은 경우 $300[\text{V}]$ 초과 가능
- 예비전원
  - 유도등의 주전원으로 사용하지 아니한다.
  - 인출선 사용 시 적절한 색깔에 의하여 쉽게 구분할 수 있을 것
  - 먼지, 수분 등으로 지장이 있을 경우 보호 커버 설치
  - 예비전원: 알칼리계 2차 축전지, 리튬계 2차 축전지, 콘덴서 축전기
  - 자동충전장치와 자동과충전방지장치를 설치한다.
- 식별도 시험
  - 피난구 유도등 및 거실통로유도등
    1) 상용전원 점등 시: 주위조도 $10\sim30[\text{lx}]$, 직선거리 $30[\text{m}]$ 위치에서 표시면식별
    2) 비상전원 점등 시: 주위조도 $0\sim1[\text{lx}]$, 직선거리 $20[\text{m}]$ 위치에서 표시면식별
  - 복도통로유도등
    1) 상용전원 점등 시: 주위조도 $10\sim30[\text{lx}]$, 직선거리 $20[\text{m}]$ 위치에서 표시면식별
    2) 비상전원 점등 시: 주위조도 $0\sim1[\text{lx}]$, 직선거리 $15[\text{m}]$ 위치에서 표시면식별
- 절연저항시험
  - 절연저항계 전압: DC $500[\text{V}]$
  - 절연저항: $5[\text{M}\Omega]$ 이상
  - 측정 위치
    1) 유도등의 교류입력측과 외함 사이
    2) 교류입력측과 충전부 사이
    3) 절연된 충전부와 외함 사이

2023년 1회 CBT 기출

1과목 소방원론

01
22[℃] 물 1톤을 소화약제로 사용하여 모두 증발시켰을 때 얻을 수 있는 냉각효과는 몇 [kcal]인가?

① 539
② 617
③ 539,000
④ 617,000

해설

계산하면 아래와 같다.
- 기화잠열: 539[kcal/kg]
- 물 비열: 1[kcal/kg·℃]
- 물의 끓는 점: 100[℃]
- 냉각효과
  물이 증발하면서 뺏어가는 열량의 크기
  = 현열+기화잠열
  = 비열×질량×온도변화+기화잠열×질량
  = 1[kcal/kg·℃]×1,000[kg]×(100−22)[℃]+539[kcal/kg]×1,000[kg]=617,000[kcal]

02
일반적인 플라스틱 분류상 열경화성 플라스틱에 해당하는 것은?

① 폴리에틸렌
② 폴리염화비닐
③ 페놀수지
④ 폴리스티렌

해설

열경화성 플라스틱에 해당하는 것은 페놀수지이다.

| 관련개념 |
- 열가소성수지: 열에 의해 변형되는 수지이다.
  종류: 폴리염화비닐, 폴리에틸렌, 폴리스티렌
- 열경화성수지: 한 번 열을 가하면 다시 성형할 수 없는 수지이다.
  종류: 페놀수지, 요소수지, 멜라민수지

03 고난도
다음 중 착화온도가 가장 낮은 것은?

① 에틸알코올
② 톨루엔
③ 등유
④ 가솔린

해설

각각의 착화온도는 아래와 같다.
① 에틸알코올: 423[℃]
② 톨루엔: 480[℃]
③ 등유: 210[℃]
④ 가솔린: 300[℃]

04
열의 3대 전달 방법이라고 볼 수 없는 것은?

① 전도
② 분해
③ 대류
④ 복사

해설

열의 전달 방법으로 전도, 대류, 복사가 있다.
- 전도: 고체 간의 열전달 현상
- 대류: 유체의 흐름에 의하여 열이 이동
- 복사: 열전달 매질이 없이 전자파 형태로 열이 이동

정답 01 ④   02 ③   03 ③   04 ②

05

중력가속도를 $9.8[m/s^2]$로 가정할 경우 질량 $100[kg]$인 대형 소화기의 중량은 얼마인가?

① 98[N]
② 100[N]
③ 980[N]
④ 2,000[N]

해설

계산해 보면 아래와 같다.
$F = mg = 100[kg] \times 9.8[m/s^2] = 980[N]$
(m: 질량, g: 중력가속도)

06 빈출

건물 화재 시 패닉(Panic)의 발생 원인과 직접적인 관계가 없는 것은?

① 연기에 의한 시계 제한
② 유독가스에 의한 호흡장해
③ 외부와 단절되어 고립
④ 불연내장재의 사용

해설

건물 화재 시 패닉(Panic)의 발생 원인과 직접적인 관계가 없는 것은 불연내장재의 사용이다.

| 관련개념 | 패닉(Panic)의 발생원인
- 연기에 의한 시계(시야) 제한
- 유독가스에 의한 호흡장애
- 외부와 단절되어 고립

07

화학적 소화방법에 해당하는 것은?

① 모닥불에 물을 뿌려 소화한다.
② 모닥불을 모래로 덮어 소화한다.
③ 유류화재를 할론 1301로 소화한다.
④ 지하실 화재를 이산화탄소로 소화한다.

해설

① 냉각소화 방법이다.
② 질식소화 방법이다.
③ 부촉매(화학)소화 방법이다.
④ 질식소화 방법이다.

| 관련개념 |
- 물리적 소화: 냉각소화, 질식소화, 제거소화
- 화학적 소화: 부촉매소화

08

화재 발생 시 주수소화가 적합하지 않은 물질은?

① 적린
② 마그네슘 분말
③ 과염소산칼륨
④ 유황

해설

마그네슘 분말의 경우 물과 반응성이 있어 주수소화가 적합하지 않다.

09

공기 중의 산소를 필요로 하지 않고 물질 자체에 포함되어 있는 산소에 의하여 연소하는 것은?

① 확산연소
② 자기연소
③ 분해연소
④ 표면연소

해설

물질 자체에 포함되어 있는 산소에 의하여 연소하는 것을 자기연소라 한다.

| 관련개념 |
- 확산연소: 가연성기체가 공기 중으로 확산되며 공기와 혼합기체를 형성하여 연소
- 자기연소: 물질 내부에 산소를 함유하고 있어 외부의 산소 공급 없이 연소
- 분해연소: 고체 가연물이 온도 상승 시 열분해를 통해 발생하는 가연성가스가 연소
- 표면연소: 고체의 표면에서 불꽃을 내지 않고 연소

정답 05 ③ 06 ④ 07 ③ 08 ② 09 ②

10

소화에 필요한 CO_2의 이론소화농도가 공기 중에서 37 [vol%]일 때 한계산소농도는 약 몇 [vol%]인가?

① 13.2
② 14.5
③ 15.5
④ 16.5

해설

$$CO_2 = \frac{21-O_2}{21} \times 100$$

여기서, CO_2 : CO_2의 이론소화농도[vol%]
　　　　O_2 : O_2의 한계산소농도[vol%]

CO_2의 이론소화농도가 공기 중에서 37[vol%]일 때 한계산소농도는

$37 = \frac{21-O_2}{21} \times 100$, $\frac{37 \times 21}{100} = 21-O_2$, $\frac{777}{100} = 21-O_2$

$7.77 = 21 - O_2$

$O_2 = 21 - 7.77 = 13.23 [vol\%]$

11

분말소화약제 분말입도의 소화성능에 관한 설명으로 옳은 것은?

① 미세할수록 소화성능이 우수하다.
② 입도가 클수록 소화성능이 우수하다.
③ 입도와 소화성능과는 관련이 없다.
④ 입도가 너무 미세하거나 너무 커도 소화성능은 저하된다.

해설

분말소화약제는 20~25[μm]의 입자가 골고루 섞여 있어야 하며, 입자가 너무 미세하거나 너무 커도 소화성능이 저하된다.

| 관련개념 |
'μm'는 '미크론' 또는 '마이크로미터'라고 읽는다.

12

섭씨 30도는 랭킨(Rankine) 온도로 나타내면 몇 도인가?

① 546도
② 515도
③ 498도
④ 463도

해설

- 화씨온도와 섭씨온도의 관계식

$$°F = \frac{9}{5}°C + 32$$

여기서, °C : 섭씨온도, °F : 화씨온도
섭씨온도에 30을 대입한 후 화씨온도에 대해 식을 정리한다.

$$°F = \frac{9}{5} + 30 + 32 = 86[°F]$$

- 랭킨온도와 화씨온도의 관계식

$°R = 460 + °F$

여기서, °R : 랭킨온도, °F : 화씨온도

∴ $°R = 460 + 86 = 546[°R]$

13 빈출

B급 화재 시 사용할 수 없는 소화방법은?

① CO_2 소화약제로 소화한다.
② 봉상주수로 소화한다.
③ 3종 분말약제로 소화한다.
④ 단백포로 소화한다.

해설

B급 화재는 유류화재로 봉상주수 시 화재면이 확대되어 더 위험하다. 봉상주수는 기둥 형태로 물을 방사하는 것으로, 대상물이 멀리 있거나 대규모 화재 시 사용하는 주수법이다.

| 관련개념 | 화재의 종류

구분	표시색	물질
일반화재(A급)	백색	• 일반 가연물 • 종이류 • 목재 · 섬유
유류화재(B급)	황색	• 가연성 액체 • 가연성 가스 • 액화가스
전기화재(C급)	청색	전기설비
금속화재(D급)	무색	가연성 금속
주방화재(K급)	–	식용유

※ 현재는 표시색의 의무규정은 없다.

정답 10 ① 11 ④ 12 ① 13 ②

14 고난도

목조건축물에서 발생하는 옥외출화시기를 나타낸 것으로 옳은 것은?

① 창, 출입구 등에 발염착화할 때
② 천장 속, 벽 속 등에서 발염착화할 때
③ 가옥구조에서는 천장면에 발염착화할 때
④ 불연천장인 경우 실내의 그 뒷면에 발염착화할 때

해설

옥외출화시기는 창, 출입구 등에 발염착화한 때를 말한다.

| 관련개념 | 옥내출화와 옥외출화

옥내출화	• 천장 속·벽 속 등에서 발염착화한 경우 • 가옥구조의 천장판에 발염착화한 경우 • 불연벽체나 칸막이의 불연천장인 경우 실내에서는 그 뒷판에 발염착화한 경우
옥외출화	• 창·출입구 등에 발염착화한 경우 • 목조건축물의 벽·추녀 밑의 판자나 목재에 발염착화한 경우

15

위험물에 관한 설명으로 틀린 것은?

① 유기금속화합물인 사에틸납은 물로 소화할 수 없다.
② 황린은 자연발화를 막기 위해 물속에 저장한다.
③ 칼륨, 나트륨은 등유 속에 보관한다.
④ 유황은 자연발화를 일으킬 가능성이 없다.

해설

사에틸납은 고온에서 폭발 가능성이 있는 물질로, 물을 이용한 직접적인 봉상주수 방법은 금지하지만, 물을 통한 분무주수(무상주수)를 통해 유증기 감소와 냉각 효과 등을 얻을 수 있다.

16

표준상태에서 메탄가스의 밀도는 몇 $[g/L]$인가?

① 0.21
② 0.41
③ 0.71
④ 0.91

해설

표준상태에서 압력은 $1[atm]$, 온도는 $273[K]$이고, 메탄가스의 분자량은 $16[g/mol]$이므로

$$\rho = \frac{PM}{RT} = \frac{1[atm] \times 16[g/mol]}{0.082[atm \cdot l/mol \cdot K] \times 273[K]} = 0.7147[g/L]$$

17 빈출

플래시 오버(Flash Over) 현상을 바르게 나타낸 것은?

① 에너지가 느리게 집적되는 현상
② 가연성 가스가 방출되는 현상
③ 가연성 가스가 분해되는 현상
④ 폭발적인 착화 현상

해설

플래시 오버(Flash Over)는 폭발적인 착화 현상이다.

| 관련개념 | 플래시오버(Flash Over)

실내에 화재가 발생하면 다량의 복사열이 발생한다. 복사열은 미연소된 가연물을 분해하여 가연성 가스를 발생시킨다. 이렇게 발생된 가스는 바로 연소되지 않고 주로 천장에 축적되면서 한꺼번에 폭발하게 되는데, 이러한 현상을 플래시 오버(Flash Over)라고 한다.

정답 14 ① 15 ① 16 ③ 17 ④

18

연기에 의한 감광계수가 $0.1[\text{m}^{-1}]$, 가시거리가 20~30[m]일 때의 상황을 옳게 설명한 것은?

① 건물 내부에 익숙한 사람이 피난에 지장을 느낄 정도
② 연기감지기가 작동할 정도
③ 어두운 것을 느낄 정도
④ 앞이 거의 보이지 않을 정도

해설

감광계수가 $0.1[\text{m}^{-1}]$일 때는 연기감지기가 작동할 정도이다.

| 관련개념 | 감광계수와 가시거리의 관계

감광계수[m^{-1}]	가시거리	상황
0.1	20~30	연기감지기가 작동할 때의 농도
0.3	5	건물 구조에 익숙한 사람이 피난에 지장을 받을 수 있는 정도의 농도
0.5	3	어두운 것을 느낄 정도의 농도
1	1~2	전방이 거의 보이지 않을 정도의 농도
10	0.2~0.5	화재 최성기 때의 농도
30	–	출화실에서 연기가 분출될 때의 농도

19

청정소화약제 중 HCFC-22를 82[%] 포함하고 있는 것은?

① IG-541
② HFC-227ea
③ IG-55
④ HCFC BLEND A

해설

청정소화약제 중 HCFC-22를 82[%] 포함하고 있는 것은 HCFC BLEND A이다.

| 관련개념 |

- IG-541: 조성
  N_2: 52[%], Ar: 40[%], CO_2: 8[%]
- IG-55: 조성
  N_2: 50[%], Ar: 50[%]
- HCFC BLEND A: 조성
  HCFC-22($CHClF_2$): 82[%]
  HCFC-123($CHCl_2CF_3$): 4.75[%]
  HCFC-124($CHClFCF_3$): 9.5[%]
  $C_{10}H_{16}$: 3.75[%]

20

니트로셀룰로오스에 대한 설명으로 틀린 것은?

① 질화도가 낮을수록 위험성이 크다.
② 물을 첨가하여 습윤시켜 운반한다.
③ 화약의 원료로 쓰인다.
④ 고체이다.

해설

니트로셀룰로오스는 질화도가 클수록 위험성이 크다.

| 관련개념 | 질화도
어떤 물질의 질소 함유율을 의미한다.

2과목 소방전기일반

21

그림과 같은 회로에서 전원의 주파수를 2배로 할 때, 소비전력은 몇 [W]인가?

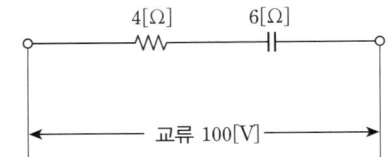

① 250[W]
② 769[W]
③ 816[W]
④ 1,600[W]

해설

계산해 보면 아래와 같다.

$$P = I^2 R = \left(\frac{V}{\sqrt{R^2 + X_C^2}}\right)^2 R$$

$$X_C = \frac{1}{\omega C} = \frac{1}{2\pi f C} = 6[\Omega]$$

주파수를 2배로 늘리면 $X_C \propto \frac{1}{f}$ 이므로 $X_C = 3[\Omega]$

$$P = I^2 R = \left(\frac{V}{\sqrt{R^2 + X_C^2}}\right)^2 R = \left(\frac{100}{\sqrt{4^2 + 3^2}}\right)^2 \times 4 = 1,600[\text{W}]$$

정답 18 ② 19 ④ 20 ① 21 ④

22

다음 중 발전기나 변압기의 내부회로 보호용으로 가장 적합한 것은?

① 과전류 계전기 ② 접지 계전기
③ 비율 차동 계전기 ④ 온도 계전기

해설

비율 차동 계전기는 내부 고장(예: 권선의 상간단락, 층간단락 등)을 빠르고 정확하게 검출하여 발전기 또는 변압기의 손상 확대를 방지하는 데 최적화되어 있다. 과전류 계전기는 주로 외부 단락이나 과부하에 대응하고, 접지 계전기와 온도 계전기는 각각 접지 사고나 온도 상승에 대응하는 데에 사용되기 때문에, 내부회로(내부 고장) 보호에는 비율 차동 계전기가 가장 적합하다.

23 빈출

목표값이 미리 정해진 시간적 변화를 하는 경우 제어량을 그것에 추종시키기 위한 제어는?

① 추종 제어 ② 정치 제어
③ 비율 제어 ④ 프로그래밍 제어

해설

① 추종 제어는 목표값이 임의로 시간에 따라 변할 때 제어량이 그 값을 따라가도록 하는 제어 방법으로, 대공포 포신의 위치제어나 자동 선반 제어 등에서 사용
② 정치 제어는 목표값이 일정할 때 사용하는 제어 방식
③ 비율 제어는 일정 비율로 목표값이 변할 때의 제어 방식
④ 프로그램 제어는 미리 정해진 일정한 순서에 따라 제어 방식

24

그림과 같은 회로 A, B 양단에 전압을 인가하여 서서히 상승시킬 때 제일 먼저 파괴되는 콘덴서는?(단, 유전체의 재질 및 두께는 동일한 것으로 한다.)

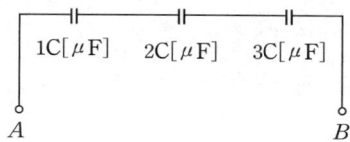

① 1C ② 2C
③ 3C ④ 모두

해설

전압 $V = IX_C = I \times \dfrac{1}{2\pi fC}$이므로 $V \propto \dfrac{1}{C}$이다. 따라서 각 콘덴서에 걸리는 전압의 비는 다음과 같다.

$V_1 : V_2 : V_3 = 1 : \dfrac{1}{2} : \dfrac{1}{3} = 6 : 3 : 2$

정전용량이 제일 적은 $1C[\mu F]$에서 가장 높은 전압이 인가되므로 제일 먼저 파괴된다.

25

정현파 교류전압의 최대값이 $V_m [\text{V}]$이고, 평균값이 $V_{av}[\text{V}]$일 때 이 전압의 실효값 $V_s[\text{V}]$는?

① $V_{rms} = \dfrac{\pi}{\sqrt{2}} V_m$ ② $V_{rms} = \dfrac{\pi}{2\sqrt{2}} V_{av}$

③ $V_{rms} = \dfrac{\pi}{2\sqrt{2}} V_m$ ④ $V_{rms} = \dfrac{1}{\pi} V_m$

해설

계산해 보면 아래와 같다.

$V_{rms} = \dfrac{V_m}{\sqrt{2}}$, $V_{av} = \dfrac{2}{\pi} \times V_m \left(V_m = \dfrac{\pi}{2} V_{av} \right)$

$V_{rms} = \dfrac{\pi}{2\sqrt{2}} V_{av}$

26

논리식 $X \cdot (X + Y)$를 간략화하면?

① X ② Y
③ $X + Y$ ④ $X \cdot Y$

해설

식을 간단히 나타내면 아래와 같다.
$X \cdot (X + Y) = X \cdot X + X \cdot Y = X + X \cdot Y$
$= X \cdot (1 + Y) = X$

정답 22 ③ 23 ④ 24 ① 25 ② 26 ①

27

4단자 정수 $A = \dfrac{5}{3}$, $B = 800$, $C = \dfrac{1}{450}$, $D = \dfrac{5}{3}$ 일 때 영상 임피던스 Z_{01}과 Z_{02}는 각각 몇 [Ω]인가?

① $Z_{01} = 300$, $Z_{02} = 300$
② $Z_{01} = 600$, $Z_{02} = 600$
③ $Z_{01} = 800$, $Z_{02} = 800$
④ $Z_{01} = 1000$, $Z_{02} = 1000$

해설

입력측에서 본 영상 임피던스

$$Z_{01} = \sqrt{\dfrac{AB}{CD}} = \sqrt{\dfrac{\dfrac{5}{3} \times 800}{\dfrac{1}{450} \times \dfrac{5}{3}}} = 600\,[\Omega]$$

출력측에서 본 영상 임피던스 $Z_{02} = \sqrt{\dfrac{BD}{AC}} = \sqrt{\dfrac{800 \times \dfrac{5}{3}}{\dfrac{5}{3} \times \dfrac{1}{450}}} = 600\,[\Omega]$

28

자기 인덕턴스 L_1, L_2가 각각 4[mH], 9[mH]인 두 코일이 이상적인 결합이 되었다면 상호 인덕턴스는 몇 [mH]인가?(단, 결합계수는 1이다.)

① 6 ② 12
③ 24 ④ 36

해설

계산해 보면 아래와 같다.
$M = k\sqrt{L_1 L_2} = 1 \times \sqrt{4 \times 9} = 6\,[\text{mH}]$

29 빈출

어떤 전압계의 측정범위를 20배로 하려면 배율기의 저항 R_m과 전압계의 저항 r_v의 관계는?

① $R_m = \dfrac{1}{19}r_v$ ② $R_m = \dfrac{1}{21}r_v$
③ $R_m = 19r_v$ ④ $R_m = 21r_v$

해설

어떤 전압계의 측정범위를 20배로 하려면 배율기의 저항 R_m과 전압계의 저항 r_v의 관계는 $R_m = 19r_v$이다.

30

평행한 왕복 전선에 10[A]의 전류가 흐를 때 전선 사이에 작용하는 전자력 [N/m]은?(단, 전선의 간격은 40[cm]이다.)

① 5×10^{-5} [N/m], 서로 반발하는 힘
② 5×10^{-5} [N/m], 서로 흡인하는 힘
③ 7×10^{-5} [N/m], 서로 반발하는 힘
④ 7×10^{-5} [N/m], 서로 흡인하는 힘

해설

계산해 보면 아래와 같다.
$F = \dfrac{2I_1 I_2}{r} \times 10^{-7}\,[\text{N/m}] = \dfrac{2 \times 10 \times 10}{0.4} \times 10^{-7}\,[\text{N/m}]$
$= 5 \times 10^{-5}\,[\text{N/m}]$
평행한 전선에는 반발력이 작용한다.

31

$R = 10\,[\Omega]$, $\omega L = 20\,[\Omega]$인 직렬회로에 $220\angle 0°\,[\text{V}]$의 교류 전압을 가하는 경우 이 회로에 흐르는 전류는 약 몇 [A]인가?

① $24.5 \angle -26.5°$ ② $9.8 \angle -63.4°$
③ $12.2 \angle -13.2°$ ④ $73.6 \angle -79.6°$

해설

계산하면 아래와 같다.
$Z = 10 + 20i = 22.36 \angle 63.4°$
$I = \dfrac{V}{Z} = \dfrac{220 \angle 0°}{22.36 \angle 63.4°} = 9.8 \angle -63.4°\,[\text{A}]$

정답 27 ② 28 ① 29 ③ 30 ① 31 ②

32 빈출

그림과 같은 다이오드게이트 회로에서 출력전압은?(단, 다이오드 내의 전압강하는 무시한다.)

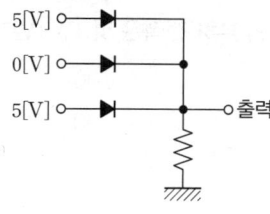

① 10[V] ② 5[V]
③ 1[V]   ④ 0[V]

해설

세 개의 입력 중 하나라도 입력값(5[V])이 있다면 출력에는 입력값(5[V])이 나타난다. 따라서 출력전압은 5[V]이다.

▲ OR 게이트

33

각 전류의 대칭분 I_0, I_1, I_2가 모두 같게 되는 고장의 종류는?

① 1선 지락   ② 2선 지락
③ 2선 단락   ④ 3선 단락

해설

대칭분 I_0(영상분), I_1(정상분), I_2(역상분)가 모두 같게 되는 고장은 1선 지락 고장이다.

34

정속도 운전의 직류 발전기로 작은 전력의 변화를 큰 전력의 변화로 증폭하는 발전기는?

① 앰플리다인   ② 로젠베르그 발전기
③ 솔레노이드   ④ 서보 전동기

해설

정속도 운전의 직류 발전기로 작은 전력의 변화를 큰 전력의 변화로 증폭하는 발전기는 앰플리다인이다.

| 관련개념 | 앰플리다인

- 입·출력 신호가 모두 직류이다.
- 견고하고 토크가 에너지원이 된다.
- 전기식 증폭기기이다.
- 작은 입력 전력의 변화를 큰 출력 전력의 변화로 증폭한다.

35

그림과 같이 반지름 r[m]인 원의 원주상 임의의 2점 a, b 사이에 전류 I[A]가 흐른다. 원의 중심에서의 자계의 세기는 몇 [AT/m]인가?

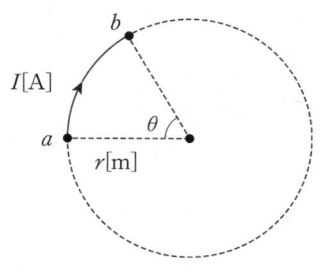

① $\dfrac{I\theta}{4\pi r}$ ② $\dfrac{I\theta}{4\pi r^2}$

③ $\dfrac{I\theta}{2\pi r}$ ④ $\dfrac{I\theta}{2\pi r^2}$

해설

비오-샤바르의 법칙 $B = \dfrac{\mu_0 I\theta}{4\pi r}$

$H = \dfrac{B}{\mu_0} = \dfrac{1}{\mu_0} \dfrac{\mu_0 I\theta}{4\pi r} = \dfrac{I\theta}{4\pi r}$

정답 32 ② 33 ① 34 ① 35 ①

36

단상변압기의 3상 결선 중 △-△결선의 장점이 아닌 것은?

① 변압기 외부에 제3고조파가 발생하지 않아 통신장애가 없다.
② 제3고조파 여자전류 통로를 가지므로 정현파 전압을 유기한다.
③ 변압기 1대가 고장 나면 $V-V$ 결선으로 운전하여 3상 전력을 공급한다.
④ 중성점을 접지할 수 있으므로 고압의 경우 이상전압을 감소시킬 수 있다.

해설

△-△결선의 장점
- 변압기 외부에 제3고조파가 발생하지 않아 통신장애가 없다.
- 제3고조파 여자전류 통로를 가지므로 정현파 전압을 유기한다.
- 변압기 1대가 고장 나면 $V-V$ 결선으로 운전하여 3상 전력을 공급한다.

37

콘덴서와 정전 유도에 관한 설명으로 틀린 것은?

① 정전용량이란 콘덴서가 전하를 축적하는 능력을 말한다.
② 콘덴서에서 전압을 가하는 순간 콘덴서는 단락 상태가 된다.
③ 정전 유도에 의하여 작용하는 힘은 반발력이다.
④ 같은 부호의 전하끼리는 반발력이 생긴다.

해설

정전 유도
대전체에 가까운 쪽에는 대전체의 극성과 반대 극성인 전하가, 먼 쪽에는 같은 극성인 전하가 발생하므로 정전 유도에 의해 작용하는 힘은 흡인력이다.

38 고난도

그림과 같이 전압계, V_1, V_2, V_3와 $5[\Omega]$의 저항 R을 접속하였다. 전압계의 지시가 $V_1 = 20[V]$, $V_2 = 40[V]$, $V_3 = 50[V]$라면 부하 전력은 몇 $[W]$인가?

① 50　　② 100
③ 150　　④ 200

해설

계산해 보면 아래와 같다.

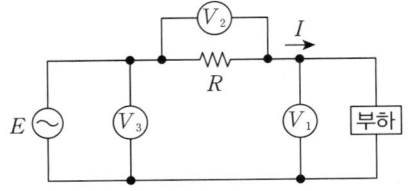

3전압계법
$$P = \frac{1}{2R}(V_3^2 - V_1^2 - V_2^2) = \frac{1}{2 \times 5} \times (50^2 - 20^2 - 40^2) = 50[W]$$

39

$0.2[H]$인 코일의 리액턴스가 $628[\Omega]$일 때 주파수는 약 몇 $[Hz]$인가?

① 200　　② 300
③ 400　　④ 500

해설

계산해 보면 아래와 같다.
$X_L = \omega L = 2\pi f L [\Omega]$

$f = \dfrac{X_L}{2\pi L} = \dfrac{628}{2\pi \times 0.2} = 500[Hz]$

X_L: 리액턴스, ω: 각속도, L: 인덕턴스, f: 주파수

정답 36 ④　37 ③　38 ①　39 ④

40

비직선적인 전압-전류 특성을 갖는 2단자 반도체 소자로, 주로 서지전압에 대한 보호용으로 사용되는 것은?

① 서미스터 ② SCR
③ 바리스터 ④ 바랙터

해설

바리스터(Varistor)는 전압이 일정 값 이상으로 높아질 때 급격히 저항이 낮아지며 과도전압(서지전압)을 흡수하는 특성을 가진 소자이다. 주로 낙뢰, 스위칭 서지 등으로부터 회로를 보호하는 데 사용된다.

3과목 소방관계법규

41

소방시설관리사 시험을 시행하고자 하는 때에는 응시자격 등 필요한 사항을 시험 시행일 며칠 전까지 인터넷 홈페이지에 공고하여야 하는가?

① 15 ② 30
③ 60 ④ 90

해설

소방청장은 관리사 시험을 시행하려면 응시자격, 시험 과목, 일시·장소 및 응시절차 등을 모든 응시 희망자가 알 수 있도록 관리사 시험 시행일 90일 전까지 인터넷 홈페이지에 공고해야 한다.

42 고난도

소방시설 설치 및 관리에 관한 법령상 300만 원 이하의 과태료에 해당하는 기준이 아닌 것은?

① 소방시설을 화재안전기준에 따라 설치·관리하지 아니한 자
② 방염성능검사에 합격하지 아니한 물품에 합격표시를 하거나 합격표시를 위조하거나 변조하여 사용한 자
③ 자체점검 시 점검능력 평가를 받지 아니하고 점검을 한 관리업자
④ 점검 결과를 보고하지 아니하거나 거짓으로 보고한 자

해설

방염성능검사에 합격하지 아니한 물품에 합격표시를 하거나 합격표시를 위조하거나 변조하여 사용한 자는 300만 원 이하의 벌금 부과 대상이다.

| 관련개념 | 300만 원 이하의 과태료
- 소방시설을 화재안전기준에 따라 설치·관리하지 아니한 자
- 공사 현장에 임시소방시설을 설치·관리하지 아니한 자
- 피난시설, 방화구획 또는 방화시설의 폐쇄·훼손·변경 등의 행위를 한 자
- 방염대상물품을 방염성능기준 이상으로 설치하지 아니한 자
- 자체 점검 시 점검능력 평가를 받지 아니하고 점검을 한 관리업자
- 자체 점검 관계인에게 점검 결과를 제출하지 아니한 관리업자 등
- 점검인력의 배치기준 등 자체 점검 시 준수사항을 위반한 자

43 고난도

위험물시설의 설치 및 변경, 안전관리에 대한 설명으로 옳지 않은 것은?

① 제조소 등의 설치자의 지위를 승계한 자는 승계한 날로부터 30일 이내에 시·도지사에게 신고하여야 한다.
② 제조소 등의 용도를 폐지한 때에는 폐지한 날부터 30일 이내에 시·도지사에게 신고하여야 한다.
③ 위험물안전관리자가 퇴직한 때에는 퇴직한 날로부터 30일 이내에 다시 위험물안전관리자를 선임하여야 한다.
④ 위험물안전관리자를 선임한 때에는 선임한 날부터 14일 이내에 소방본부장 또는 소방서장에게 신고하여야 한다.

해설

제조소 등의 관계인은 당해 제조소 등의 용도를 폐지한 때에는 폐지한 날부터 14일 이내에 시·도지사에게 신고하여야 한다.

| 관련개념 |
- 제조소 등의 설치자의 지위를 승계한 자는 행정안전부령이 정하는 바에 따라 승계한 날부터 30일 이내에 시·도지사에게 그 사실을 신고하여야 한다.
- 제조소 등의 관계인은 당해 제조소 등의 용도를 폐지한 때에는 폐지한 날부터 14일 이내에 시·도지사에게 신고하여야 한다.
- 위험물안전관리자를 선임한 제조소 등의 관계인은 그 안전관리자를 해임하거나 안전관리자가 퇴직한 때에는 해임하거나 퇴직한 날부터 30일 이내에 다시 안전관리자를 선임하여야 한다.
- 위험물안전관리자를 선임한 경우에는 선임한 날부터 14일 이내에 행정안전부령으로 정하는 바에 따라 소방본부장 또는 소방서장에게 신고하여야 한다.

정답 40 ③ 41 ④ 42 ② 43 ②

44

제3류 위험물 중 금수성 물품에 적응성이 있는 소화약제는?

① 물
② 강화액
③ 팽창질석
④ 인산염류분말

해설

금수성 물품의 소화는 건조사, 팽창질석, 팽창진주암 등으로 질식 소화하여야 한다.

| 관련개념 | 제3류 위험물

- 성질
  - 공기 중 수분과 반응하여 가연성 가스를 발생하거나 공기 중에서 발열 연소
  - 황린은 자연발화성이고 알칼리금속은 금수성이지만, 자연발화성과 금수성의 위험성을 모두 갖는 물질이 많다.
  - 칼륨, 나트륨, 알킬리튬, 알킬알루미늄은 비중이 물보다 작고, 그 외는 크다.
- 저장 및 취급방법
  - 물과 접촉을 피하고, 용기의 파손, 부식, 창고 누수 등에 주의해야 한다.
  - 황린은 공기 중 자연발화하므로 물속에 보관
  - 칼륨, 나트륨, 알칼리금속은 석유류에 보관
  - 제조소 등과 운반용기 표시
    1) 자연발화성 물질: 화기엄금, 공기접촉엄금
    2) 금수성 물질: 물기엄금
- 소화방법
  - 황린 외에는 물 소화 금지
  - 건조사, 팽창질석, 팽창진주암 등으로 질식소화
  - 이산화탄소, 사염화탄소 사용 가능(칼륨, 나트륨 적용 제외)

45

( ) 안의 내용으로 알맞은 것은?

> 다량의 위험물을 저장·취급하는 제조소 등으로서 (　) 위험물을 취급하는 제조소 또는 일반취급소가 있는 동일한 사업소에서 지정수량의 3,000배 이상의 위험물을 저장 또는 취급하는 경우 당해 사업소의 관계인은 대통령령이 정하는 바에 따라 당해 사업소에 자체소방대를 설치하여야 한다.

① 제1류
② 제2류
③ 제3류
④ 제4류

해설

자체소방대를 설치하여야 하는 사업소
- 제4류 위험물을 취급하는 제조소 또는 일반취급소로서 취급하는 제4류 위험물의 최대수량의 합이 지정수량의 3,000배 이상(다만, 보일러로 위험물을 소비하는 일반취급소 등은 제외한다.)
- 제4류 위험물을 저장하는 옥외탱크 저장소로서 저장하는 제4류 위험물의 최대수량이 지정수량의 50만 배 이상

46

시·도지사가 설치하고 유지·관리하여야 하는 소방용수시설이 아닌 것은?

① 저수조
② 상수도
③ 소화전
④ 급수탑

해설

소방용수시설에는 소화전, 급수탑, 저수조가 있다.

| 관련개념 | 소방용수시설의 설치 및 관리 등

- 소방용수시설: 소화전, 급수탑, 저수조
- 소방용수시설 및 비상소화장치의 설치·유지·관리: 시·도지사
- 소방용수시설 및 지리조사
  - 조사자: 소방본부장, 소방서장
  - 조사횟수: 월 1회 이상
  - 조사결과: 2년간 보관

47 빈출

소방시설업 등록사항의 변경 신고 사항이 아닌 것은?

① 상호
② 대표자
③ 보유설비
④ 기술인력

해설

소방시설업 등록사항의 변경 신고 사항이 아닌 것은 보유설비이다.

| 관련개념 | 소방시설관리업 등록사항의 변경

- 등록사항 변경 신고 기한: 변경일로부터 30일 이내에 시·도지사에게 제출
- 등록사항 변경 신고 대상
  - 명칭·상호 또는 영업소 소재지
  - 대표자
  - 기술인력
- 등록변경 시 첨부서류
  - 명칭·상호 또는 영업소 소재지를 변경하는 경우: 소방시설관리업 등록증 및 등록수첩
  - 대표자를 변경하는 경우: 소방시설관리업 등록증 및 등록수첩
  - 기술인력을 변경하는 경우
    1) 소방시설관리업 등록수첩
    2) 변경된 기술인력의 기술자격증(경력수첩 포함)
    3) 소방기술인력대장

정답 44 ③　45 ④　46 ②　47 ③

48

소방의 역사와 안전문화를 발전시키고 국민의 안전의식을 높이기 위하여 ㉠ 소방박물관과 ㉡ 소방체험관을 설립 및 운영할 수 있는 사람은?

① ㉠ 소방청장, ㉡ 소방청장
② ㉠ 소방청장, ㉡ 시·도지사
③ ㉠ 시·도지사, ㉡ 시·도지사
④ ㉠ 소방본부장, ㉡ 시·도지사

| 해설 |

소방박물관의 설립·운영권자는 소방청장, 소방체험관의 설립·운영권자는 시·도지사이다.

| 관련개념 | 소방박물관 및 소방체험관

- 구분 소방박물관 소방체험관
- 설립·운영권자 소방청장 시·도지사
- 설립·운영에 필요한 사항 행정안전부령 행정안전부령에 따른 시·도조례

49

소방용수시설 중 소화전과 급수탑의 설치기준으로 틀린 것은?

① 소화전은 상수도와 연결하여 지하식 또는 지상식의 구조로 할 것
② 소방용 호스와 연결하는 소화전의 연결금속구의 구경은 $65[mm]$로 할 것
③ 급수탑 급수배관의 구경은 $100[mm]$ 이상으로 할 것
④ 급수탑의 개폐밸브는 지상에서 $1.5[m]$ 이상 $1.8[m]$ 이하의 위치에 설치할 것

| 해설 |

급수탑의 개폐밸브는 지상에서 $1.5[m]$ 이상 $1.7[m]$ 이하의 위치에 설치하여야 한다.

| 관련개념 | 소방용수시설의 설치기준

공통기준		• 주거·상업·공업지역 수평거리 $100[m]$ 이하 • 그 외 지역 수평거리 $140[m]$ 이하
개별 기준	소화전	• 소화전의 연결금속구의 구경은 $65[mm]$ • 상수도와 연결한 지상식, 지하식 구조
	급수탑	• 급수배관의 구경은 $100[mm]$ 이상 • 개폐밸브의 위치는 지상에서 $1.5[m]$ 이상 $1.7[m]$ 이하
	저수조	• 지면으로부터의 낙차가 $4.5[m]$ 이하일 것 • 흡수관의 투입구 - 사각형의 경우: 한 변의 길이가 $60[cm]$ 이상 - 원형의 경우: 지름이 $60[cm]$ 이상 • 흡수에 지장이 없도록 토사 및 쓰레기 등을 제거할 수 있는 설비를 갖출 것 • 흡수부분의 수심이 $0.5[m]$ 이상일 것 • 소방펌프자동차가 쉽게 접근할 수 있도록 할 것 • 저수조에 물 공급 방법: 상수도에 연결하여 자동으로 급수되는 구조

50

특정소방대상물 중 의료시설에 해당되지 않는 것은?

① 노숙인 재활시설   ② 장애인 의료재활시설
③ 정신의료기관   ④ 마약진료소

| 해설 |

노숙인 재활시설은 노숙인 관련 노유자시설이다.

정답 48 ②   49 ④   50 ①

51

「화재의 예방 및 안전관리에 관한 법령」상 특수가연물의 저장 및 취급기준이 아닌 것은?(단, 석탄·목탄류를 발전용으로 저장하는 경우는 제외한다.)

① 품명별로 구분하여 쌓는다.
② 쌓는 높이는 20[m] 이하가 되도록 한다.
③ 쌓는 부분의 바닥면적 사이는 1[m] 이상이 되도록 한다.
④ 특수가연물을 저장 또는 취급하는 장소에는 품명·최대수량 및 화기취급의 금지표지를 설치해야 한다.

해설

살수설비를 설치하거나, 대형수동식소화기를 설치하는 경우 15[m] 이하, 그 밖의 경우는 10[m] 이하로 설치한다.

| 관련개념 | 강화된 기준을 적용해야 하는 소방시설

- 특수가연물을 저장 또는 취급하는 장소에는 품명, 최대저장수량, 단위부피당 질량 또는 단위체적당 질량, 관리책임자 성명·직책, 연락처 및 화기취급의 금지표시가 포함된 특수가연물 표지를 설치할 것
- 다음의 기준에 따라 쌓아 저장할 것(다만, 석탄·목탄류를 발전용으로 저장하는 경우에는 그러하지 아니하다.)
  - 품명별로 구분하여 쌓을 것
  - 다음의 기준에 맞게 쌓을 것

구분		살수설비를 설치하거나, 대형수동식소화기를 설치하는 경우	그 밖의 경우
높이		15[m] 이하	10[m] 이하
쌓는 부분의 바닥면적	석탄, 목탄류	300[m²] 이하	200[m²] 이하
	그 외 특수가연물	200[m²] 이하	50[m²] 이하

52

「화재예방, 소방시설 설치·유지 및 안전관리에 관한 법령」상 주택의 소유자가 소방시설을 설치하여야 하는 대상이 아닌 것은?

① 아파트
② 연립주택
③ 다세대주택
④ 다가구주택

해설

주택의 소유자가 소방시설을 설치하여야 하는 대상은 다세대주택, 다가구주택, 연립주택으로 아파트, 기숙사는 관리주체가 소방시설을 설치하여야 한다.

| 관련개념 | 주택에 설치하는 소방시설

- 공동주택: 관리주체가 소방시설 설치
  - 아파트 등: 주택으로 쓰이는 층수가 5층 이상인 주택
  - 기숙사: 학교 또는 공장 등에서 학생이나 종업원 등을 위하여 쓰는 것으로서 공동취사 등을 할 수 있는 구조를 갖추되, 독립된 주거의 형태를 갖추지 않은 것(학생복지주택 포함)
- 주택(단독주택 및 공동주택으로 아파트, 기숙사 제외): 다세대주택, 연립주택, 다가구주택 소유자가 소방시설 설치

53

「소방시설공사업법령」상 상주 공사감리의 대상은 무엇인가?

① 연면적 30,000[m²] 이상(아파트 제외)의 특정소방대상물
② 공공업무시설
③ 10층 이하의 아파트
④ 냉동창고·동식물 관련시설

해설

「소방시설공사업법령」상 상주 공사감리의 대상은 연면적 30,000[m²] 이상(아파트 제외)의 특정소방대상물이다.

| 관련개념 | 상주 공사감리의 대상

- 연면적 30,000[m²] 이상(아파트 제외)의 특정소방대상물
- 지하층을 포함한 층수가 16층 이상으로서 500세대 이상인 아파트

54

특수가연물을 저장 또는 취급하는 장소에 설치하는 표지의 기재사항이 아닌 것은?

① 품명
② 위험 등급
③ 최대저장수량
④ 화기취급의 금지

해설

특수가연물을 저장 또는 취급하는 장소에는 품명, 최대저장수량, 단위부피당 질량 또는 단위체적당 질량, 관리책임자 성명·직책, 연락처 및 화기취급의 금지표시가 포함된 특수가연물 표지를 설치해야 한다.

정답 51 ② 52 ① 53 ① 54 ②

55 빈출

화재예방강화지구로 지정할 수 있는 대상이 아닌 것은?

① 시장지역
② 소방출동로가 있는 지역
③ 공장·창고가 밀집한 지역
④ 목조건물이 밀집한 지역

해설

화재예방강화지구의 지정
- 시장지역
- 공장·창고가 밀집한 지역
- 목조건물이 밀집한 지역
- 노후·불량건축물이 밀집한 지역
- 위험물의 저장 및 처리 시설이 밀집한 지역
- 석유화학제품을 생산하는 공장이 있는 지역
- 「산업입지 및 개발에 관한 법률」 제2조 제8호에 따른 산업단지
- 소방시설·소방용수시설 또는 소방출동로가 없는 지역
- 「물류시설의 개발 및 운영에 관한 법률」에 따른 물류단지
- 그 밖에 소방관서장이 화재예방강화지구로 지정할 필요가 있다고 인정하는 지역

56

「소방시설 설치 및 관리에 관한 법령」상 대통령령 또는 화재안전기준이 변경되어 그 기준이 강화되는 경우 기존 특정소방대상물 소방시설 중 강화된 기준을 적용하여야 하는 소방시설은?

① 비상경보설비
② 비상방송설비
③ 비상콘센트설비
④ 옥내소화전설비

해설

비상경보설비는 강화된 기준을 적용해야 하는 소방시설이다.

| 관련개념 | 강화된 기준을 적용해야 하는 소방시설
- 소화기구
- 비상경보설비
- 자동화재탐지설비
- 자동화재속보설비
- 피난구조설비
- 공동구, 전력 및 통신사업용 지하구에 설치하는 소방시설
- 노유자시설에 설치하는 소방시설
- 의료시설에 설치하는 소방시설

57

피난시설, 방화구획 또는 방화시설의 폐쇄·훼손·변경 등의 행위를 위반한 경우에 대한 과태료 부과 기준으로 옳은 것은?

① 100만 원 이상
② 300만 원 이하
③ 200만 원 이하
④ 500만 원 이하

해설

피난시설, 방화구획 또는 방화시설의 폐쇄·훼손·변경 등의 행위를 위반한 경우 300만 원 이하의 과태료가 부과된다.

| 관련개념 | 300만 원 이하의 과태료
- 소방시설을 화재안전기준에 따라 설치·관리하지 아니한 자
- 공사 현장에 임시소방시설을 설치·관리하지 아니한 자
- 피난시설, 방화구획 또는 방화시설의 폐쇄·훼손·변경 등의 행위를 한 자
- 방염대상물품을 방염성능기준 이상으로 설치하지 아니한 자
- 자체점검 시 점검능력 평가를 받지 아니하고 점검을 한 관리업자
- 자체점검 관계인에게 점검 결과를 제출하지 아니한 관리업자 등
- 점검인력의 배치기준 등 자체점검 시 준수상황을 위반한 자
- 점검 결과를 보고하지 아니하거나 거짓으로 보고한 자
- 이행계획을 기간 내에 완료하지 아니한 자 또는 이행계획 완료 결과를 보고하지 아니하거나 거짓으로 보고한 자
- 점검기록표를 기록하지 아니하거나 특정소방대상물의 출입자가 쉽게 볼 수 있는 장소에 게시하지 아니한 관계인
- 등록사항의 변경신고, 관리업자의 지위승계에 따른 신고를 하지 아니하거나 거짓으로 신고한 자
- 지위승계, 행정처분 또는 휴업·폐업의 사실을 특정소방대상물의 관계인에게 알리지 아니하거나 거짓으로 알린 관리업자
- 자체점검 시 소속 기술인력의 참여 없이 자체점검을 한 자
- 점검실적을 증명하는 서류 등을 거짓으로 제출한 자
- 소방청장, 시·도지사, 소방본부장, 소방서장의 감독명령을 위반하여 보고 또는 자료제출을 하지 아니하거나 거짓으로 보고 또는 자료제출을 한 자 또는 정당한 사유 없이 관계 공무원의 출입 또는 검사를 거부·방해 또는 기피한 자

정답 55 ② 56 ① 57 ②

58 빈출

시·도지사가 화재예방강화지구로 지정할 필요가 있는 지역을 화재예방강화지구로 지정하지 아니하는 경우 해당 시·도지사에게 해당 지역의 화재예방강화지구 지정을 요청할 수 있는 자는?

① 행정안전부장관
② 소방청장
③ 소방본부장
④ 소방서장

해설

시·도지사가 화재예방강화지구로 지정할 필요가 있는 지역을 화재예방강화지구로 지정하지 아니하는 경우 소방청장은 해당 시·도지사에게 해당 지역의 화재예방강화지구 지정을 요청할 수 있다.

59

옥내저장소의 위치·구조 및 설비의 기준 중 지정수량의 몇 배 이상의 저장창고(제6류 위험물의 저장창고 제외)에 피뢰침을 설치해야 하는가?(단, 저장창고 주위의 상황이 안전상 지장이 없는 경우는 제외한다.)

① 10배
② 20배
③ 30배
④ 40배

해설

지정수량의 10배 이상의 저장창고(제6류 위험물의 저장창고 제외)에는 피뢰침을 설치하여야 한다. 다만, 저장창고의 주위의 상황에 따라 안전상 지장이 없는 경우에는 피뢰침을 설치하지 아니할 수 있다.

60

대통령령으로 정하는 특정소방대상물의 소방시설 중 내진설계 대상이 아닌 것은?

① 옥내소화전설비
② 스프링클러설비
③ 물분무소화설비
④ 연결살수설비

해설

대통령령으로 정하는 특정소방대상물의 소방시설이란 옥내소화전설비, 스프링클러설비, 물분무등소화설비를 말한다.

4과목 소방전기시설의 구조 및 원리

61

광전식 분리형 감지기의 설치기준 중 광축은 나란한 벽으로부터 몇 [m] 이상 이격하여 설치하여야 하는가?

① 0.6
② 0.8
③ 1
④ 1.5

해설

광축은 나란한 벽으로부터 0.6[m] 이상 이격하여 설치하여야 한다.

| 관련개념 |

구분	기준
수광부	햇빛을 직접 받지 않도록 할 것
광축과 벽 간 거리	0.6[m] 이상 이격 설치
송광부·수광부	뒷벽 간 거리 1.0[m] 이내 설치
광축 높이	천장 높이의 80[%] 이상
광축 길이	공칭감시거리(5~100[m]) 이하 5[m] 간격

정답 58 ② 59 ① 60 ④ 61 ①

62 [빈출]

청각장애인용 시각경보장치의 설치 높이는 어떻게 규정되어 있는가?(단, 천장의 높이가 2[m]를 넘는 경우이다.)

① 바닥으로부터 0.3[m] 이상 0.5[m] 이하
② 바닥으로부터 0.5[m] 이상 1.0[m] 이하
③ 바닥으로부터 1.2[m] 이상 2.0[m] 이하
④ 바닥으로부터 2.0[m] 이상 2.5[m] 이하

해설

천장의 높이가 2[m]를 넘는 경우 청각장애인용 시각경보장치의 설치 높이는 바닥으로부터 2.0[m] 이상 2.5[m] 이하이다.

| 관련개념 | 시각경보장치 설치기준

- 복도·통로·청각장애인용 객실 및 공용으로 사용하는 거실에 설치한다.
- 공연장·집회장·관람장 또는 이와 유사한 장소에 설치하는 경우에는 시선이 집중되는 무대부분 등에 설치한다.
- 설치 높이는 바닥으로부터 2[m] 이상 2.5[m] 이하의 장소에 설치한다.(다만, 천장의 높이가 2[m] 이하인 경우에는 천장으로부터 0.15[m] 이내의 장소에 설치하여야 한다.)
- 시각경보장치의 광원은 전용의 축전지설비 또는 전기저장장치에 의하여 점등되도록 한다.(다만, 시각경보기에 작동전원을 공급할 수 있도록 형식 승인을 얻은 수신기를 설치한 경우에는 그러하지 아니하다.)
- 시각경보기 점멸주기: 매 초당 1회 이상 3회 이내

63

비상방송설비의 화재안전기술기준(NFTC 202)에 따라 부속회로의 전로와 대지 사이 및 배선 상호 간의 절연저항은 1경계구역마다 직류 250[V]의 절연저항측정기를 사용하여 측정한 절연저항이 몇 [MΩ] 이상이 되도록 하여야 하는가?

① 0.1   ② 0.2
③ 10   ④ 20

해설

부속회로의 전로와 대지 사이 및 배선 상호 간의 절연저항은 1경계구역마다 직류 250[V]의 절연저항측정기를 사용하여 측정한 절연저항이 0.1[MΩ] 이상이 되도록 한다.

| 관련개념 | 비상방송설비의 배선

전원회로배선	내화배선
그 밖의 배선	내화배선, 내열배선
절연저항	부속회로의 전로와 대지 사이 및 배선 상호 간의 절연저항은 1경계구역마다 직류 250[V]의 절연저항측정기를 사용하여 측정한 절연저항이 0.1[MΩ] 이상이 되도록 할 것
배선	다른 전선과 별도의 관·덕트(절연효력이 있는 것으로 구획한 때에는 그 구획된 부분은 별개의 덕트로 봄)·몰드 또는 풀박스 등에 설치할 것(단, 60[V] 미만의 약전류회로에 사용하는 전선으로서 각각의 전압이 같을 때에는 제외)
통보	화재로 인하여 하나의 층의 확성기 또는 배선이 단락 또는 단선되어도 다른 층의 통보에 지장이 없도록 할 것

64

다음은 비상방송설비의 음향장치에 관한 설치기준이다. ( ) 알맞은 내용으로 옳은 것은?

> 확성기의 음성입력은 (㉠)(실내에 설치하는 것에 있어서는 (㉡) 이상으로 한다.

① ㉠ 3[W], ㉡ 1[W]
② ㉠ 4[W], ㉡ 2[W]
③ ㉠ 1[W], ㉡ 3[W]
④ ㉠ 2[W], ㉡ 4[W]

해설

확성기의 음성입력은 3[W](실내에 설치하는 것에 있어서는 1[W]) 이상이어야 한다.

정답 62 ④ 63 ① 64 ①

65
자동화재속보설비 속보기의 예비전원을 병렬로 접속하는 경우 필요한 조치는?

① 역충전 방지 조치
② 자동 직류전환 조치
③ 계속충전 유지조치
④ 접지 조치

해설

예비전원을 병렬로 접속하는 경우에는 역충전 방지 등의 조치를 하여야 한다.

| 관련개념 | 속보기의 기능

- 작동신호를 수신하거나 수동으로 동작시키는 경우 20초 이내에 소방관서에 자동적으로 신호를 발하여 통보하되, 3회 이상 속보할 수 있어야 한다.
- 주전원이 정지한 경우에는 자동적으로 예비전원으로 전환되고, 주전원이 정상상태로 복귀한 경우에는 자동적으로 예비전원에서 주전원으로 전환되어야 한다.
- 예비전원은 자동적으로 충전되어야 하며 자동과충전방지장치가 있어야 한다.
- 화재신호를 수신하거나 속보기를 수동으로 동작시키는 경우 자동적으로 적색 화재표시등이 점등되고 음향장치로 화재를 경보하여야 하며 화재표시 및 경보는 수동으로 복구 및 정지시키지 않는 한 지속되어야 한다.
- 연동 또는 수동으로 소방관서에 화재발생 음성정보를 속보 중인 경우에도 송수화장치를 이용한 통화가 우선적으로 가능하여야 한다.
- 예비전원을 병렬로 접속하는 경우에는 역충전 방지 등의 조치를 하여야 한다.
- 예비전원은 감시상태를 60분간 지속한 후 10분 이상 동작(화재속보 후 화재표시 및 경보를 10분간 유지하는 것을 말함)이 지속될 수 있는 용량이어야 한다.
- 속보기는 연동 또는 수동작동에 의한 다이얼링 후 소방관서와 전화접속이 이루어지지 않는 경우에는 최초 다이얼링을 포함하여 10회 이상 반복적으로 접속을 위한 다이얼링이 이루어져야 한다. 이 경우 매회 다이얼링 완료 후 호출은 30초 이상 지속되어야 한다.
- 속보기의 송수화장치가 정상위치가 아닌 경우에도 연동 또는 수동으로 속보가 가능하여야 한다.
- 음성으로 통보되는 속보내용을 통하여 당해 소방대상물의 위치, 화재 발생 및 속보기에 의한 신고임을 확인할 수 있어야 한다.
- 속보기는 음성속보방식 외에 데이터 또는 코드전송방식 등을 이용한 속보 기능을 부가로 설치할 수 있다.
- 소방관서 등에 구축된 접수시스템 또는 별도의 시험용 시스템을 이용하여 시험한다.

66
비상조명등 비상점등회로의 보호를 위한 기준 중 다음 ( ) 안에 알맞은 것은?

> 비상조명등은 비상점등을 위하여 비상전원으로 전환되는 경우 비상점등회로로 정격전류의 (㉠)배 이상의 전류가 흐르거나 램프가 없는 경우에는 (㉡)초 이내에 예비전원으로부터 비상전원공급을 차단해야 한다.

① ㉠ 2, ㉡ 1
② ㉠ 1.2, ㉡ 3
③ ㉠ 3, ㉡ 1
④ ㉠ 2.1, ㉡ 5

해설

점등을 위한 비상전원으로 전환하는 경우 정격전류의 1.2배가 흐르거나 램프가 없을 경우 3초 이내에 예비전원으로부터의 비상전원 공급을 차단해야 한다.

67 빈출
누전경보기 음향장치의 설치 위치로 옳은 것은?

① 옥내의 점검에 편리한 장소
② 옥외인입선의 제1지점의 부하측의 점검이 쉬운 위치
③ 수위실 등 상시 사람이 근무하는 장소
④ 옥외인입선의 제2종 접지선측의 점검이 쉬운 위치

해설

누전경보기 음향장치는 수위실 등 상시 사람이 근무하는 장소에 설치한다.

| 관련개념 | 누전경보기 수신부 설치장소

- 누전경보기의 수신부는 옥내의 점검에 편리한 장소에 설치하되, 가연성의 증기·먼지 등이 체류할 우려가 있는 장소의 전기회로에는 해당 부분의 전기회로를 차단할 수 있는 차단기구를 가진 수신부를 설치하여야 한다. 이 경우 차단기구의 부분은 해당 장소 외의 안전한 장소에 설치하여야 한다.
- 음향장치는 수위실 등 상시 사람이 근무하는 장소에 설치하여야 하며, 그 음량 및 음색은 다른 기기의 소음 등과 명확히 구별할 수 있는 것으로 하여야 한다.

정답 65 ① 66 ② 67 ③

68

비상콘센트설비의 성능인증 및 제품검사의 기술기준에 따른 비상콘센트설비 표시등의 구조 및 기능에 대한 설명으로 틀린 것은?

① 발광다이오드에는 적당한 보호커버를 설치하여야 한다.
② 소켓은 접속이 확실하여야 하며 쉽게 전구를 교체할 수 있도록 부착하여야 한다.
③ 적색으로 표시되어야 하며 주위의 밝기가 $300[lx]$ 이상인 장소에서 측정하여 앞면으로부터 $3[m]$ 떨어진 곳에서 켜진 등이 확실히 식별되어야 한다.
④ 전구는 사용전압의 $130[\%]$인 교류전압을 20시간 연속하여 가하는 경우 단선, 현저한 광속변화, 흑화, 전류의 저하 등이 발생하지 아니하여야 한다.

해설
발광다이오드가 아닌, 전구에 적당한 보호커버를 설치하여야 한다.

69

자동화재탐지설비 및 시각경보장치의 화재안전기술기준(NFTC 203)에 따른 경계구역에 관한 기준이다. 다음 (   )에 들어갈 내용으로 옳은 것은?

> 하나의 경계구역의 면적은 (㉠) 이하로 하고 한 변의 길이는 (㉡) 이하로 하여야 한다.

① ㉠ $600[m^2]$, ㉡ $50[m]$
② ㉠ $600[m^2]$, ㉡ $100[m]$
③ ㉠ $1,200[m^2]$, ㉡ $50[m]$
④ ㉠ $1,200[m^2]$, ㉡ $100[m]$

해설
하나의 경계구역의 면적은 $600[m^2]$ 이하로 하고 한 변의 길이는 $50[m]$ 이하로 하여야 한다.

| 관련개념 | 충별, 면적별 경계구역

- 하나의 경계구역이 2개 이상의 건축물에 미치지 아니하도록 한다.
- 하나의 경계구역이 2개 이상의 층에 미치지 아니하도록 한다.(단, $500[m^2]$ 이하의 범위 안에서는 인접한 2개의 층을 하나의 경계구역으로 할 수 있다.)
- 하나의 경계구역의 면적은 $600[m^2]$ 이하로 하고 한 변의 길이는 $50[m]$ 이하로 한다.(단, 해당 특정소방대상물의 주된 출입구에서 그 내부 전체가 보이는 것에 있어서는 한 변의 길이가 $50[m]$의 범위 내에서 $1,000[m^2]$ 이하로 할 수 있다.)

70

비상경보설비 및 단독경보형감지기의 화재안전기술기준(NFTC 201)에 따라 비상벨설비 또는 자동식 사이렌설비의 전원회로 배선 중 내열배선에 사용하는 전선의 종류가 아닌 것은?

① 버스덕트(Bus Duct)
② $600[V]$ 2종 비닐절연전선
③ $0.6/1[kV]$ EP 고무절연 클로로프렌 시스 케이블
④ $450/750[V]$ 저독성 난연 가교 폴리올레핀 절연전선

해설
비상경보설비 및 단독경보형감지기의 화재안전기술기준(NFTC 201)에 따라 비상벨설비 또는 자동식 사이렌설비의 전원회로 배선 중 내열배선에 사용하는 전선의 종류가 아닌 것은 '$600[V]$ 1종 비닐절연전선'이다.

| 관련개념 | 내열배선

사용전선의 종류 공사방법
• $450/750[V]$ 저독성 난연 가교 폴리올레핀 절연전선
• $0.6/1[kV]$ 가교 폴리에틸렌 절연저독성 난연 폴리올레핀 시스 전력 케이블
• $6/10[kV]$ 가교 폴리에틸렌 절연저독성 난연 폴리올레핀 시스 전력용 케이블
• 가교 폴리에틸렌 절연 비닐시스트레이용 난연 전력 케이블
• $0.6/1[kV]$ EP 고무절연 클로로프렌 시스 케이블
• $300/500[V]$ 내열성 실리콘 고무절연전선($180[°C]$)
• 내열성 에틸렌 · 비닐 아세테이트고무 절연 케이블
• 버스덕트(Bus Duct)
• 기타「전기용품 및 생활용품 안전관리법」및「전기설비기술기준」에 따라 동등 이상의 내열 성능이 있다고 산업통상자원부장관이 인정하는 것

정답 68 ① 69 ① 70 ②

71

비상콘센트설비의 화재안전기술기준(NFTC 504)에 따른 비상콘센트설비의 전원회로에 관한 기준이다. 다음 (㉠), (㉡)에 들어갈 내용으로 알맞은 것은?

> 비상콘센트설비의 전원회로는 단상 교류 (㉠)인 것으로서, 그 공급용량은 (㉡) 이상인 것으로 할 것

① ㉠ 220[V], ㉡ 1.5[kVA]
② ㉠ 380[V], ㉡ 1.5[kVA]
③ ㉠ 220[V], ㉡ 4.5[kVA]
④ ㉠ 380[V], ㉡ 4.5[kVA]

해설

비상콘센트설비의 전원회로는 단상 교류 220[V]인 것으로서, 그 공급용량은 1.5[kVA] 이상인 것이어야 한다.

| 관련개념 |
- 전원회로는 단상교류 220[V]인 것으로서, 그 공급용량은 1.5[kVA] 이상인 것으로 할 것
- 전원회로는 각 층에 2 이상이 되도록 설치할 것(다만, 설치해야 할 층의 비상콘센트가 1개인 때에는 하나의 회로로 할 수 있음)
- 전원회로는 주배전반에서 전용회로로 할 것. 다만 다른 설비회로의 사고에 영향을 받지 않도록 되어 있는 것은 그렇지 않다.
- 전원으로부터 각 층의 비상콘센트에 분기되는 경우에는 분기배선용차단기를 보호함 안에 설치할 것
- 콘센트마다 배선용차단기를 설치해야 하며, 충전부가 노출되지 않도록 할 것
- 개폐기에는 '비상콘센트'라고 표시한 표지를 할 것
- 비상콘센트용의 풀박스 등은 방청도장을 한 것으로서, 두께 1.6[mm] 이상의 철판으로 할 것
- 하나의 전용회로에 설치하는 비상콘센트는 10개 이하로 한다. 이 경우 전선의 용량은 각 비상콘센트(비상콘센트가 3개 이상인 경우에는 3개)의 공급용량을 합한 용량 이상의 것으로 할 것

72

비상방송설비의 화재안전성능기준(NFPC 202)에 따라 비상방송설비 음향장치의 설치기준 중 다음 ( )에 들어갈 내용으로 옳은 것은?

> 층수가 (㉠)층(공동주택의 경우 (㉡)층) 이상인 특정소방대상물의 1층에서 발화한 때에는 발화층 · 직상 4개층 및 지하층에 경보를 발할 수 있도록 하여야 한다.

① ㉠ 11, ㉡ 16
② ㉠ 16, ㉡ 11
③ ㉠ 5, ㉡ 11
④ ㉠ 11, ㉡ 5

해설

층수가 11층(공동주택의 경우 16층) 이상인 특정소방대상물의 1층에서 발화한 때에는 발화층 · 직상 4개층 및 지하층에 경보를 발할 수 있도록 하여야 한다.

| 관련개념 | 음향장치 설치기준
- 주음향장치: 수신기의 내부 또는 그 직근에 설치한다.
- 일제경보 방식: 화재 시 전층에 경보하는 방식
- 우선경보 방식
  - 경보 대상: 층수가 11층(공동주택의 경우에는 16층) 이상의 특정소방대상물은 다음에 따라 경보를 발한다.
  - 경보 방식

발화층	경보층
2층 이상의 층	발화층 및 그 직상 4개층에 경보
1층	발화층(1F) · 그 직상 4개층(2F~5F) 및 지하층에 경보
지하층	발화층 · 그 직상층 및 기타의 지하층에 경보

정답 71 ① 72 ①

73 빈출

비상방송설비의 화재안전기술기준(NFTC 202)에 따라 다음 ( ) 안에 들어갈 내용으로 옳은 것은?

> 비상방송설비에는 그 설비에 대한 감시상태를 (㉠) 분간 지속한 후 유효하게 (㉡)분 이상 경보할 수 있는 축전지설비(수신기에 내장하는 경우를 포함)를 설치하여야 한다.

① ㉠ 30, ㉡ 5
② ㉠ 30, ㉡ 10
③ ㉠ 60, ㉡ 5
④ ㉠ 60, ㉡ 10

해설

비상방송설비에는 그 설비에 대한 감시상태를 60분간 지속한 후 유효하게 10분 이상 경보할 수 있는 축전지설비(수신기에 내장하는 경우를 포함)를 설치하여야 한다.

| 관련개념 | 비상방송설비의 전원

- 비상방송설비의 상용전원 설치기준
  - 전원은 전기가 정상적으로 공급되는 축전지, 전기저장장치(외부 전기에너지를 저장해 두었다가 필요한 때 전기를 공급하는 장치) 또는 교류전압의 옥내 간선으로 하고, 전원까지의 배선은 전용으로 할 것
  - 개폐기에는 '비상방송설비용'이라고 표시한 표지를 할 것
- 비상방송설비에는 그 설비에 대한 감시상태를 60분간 지속한 후 유효하게 10분 이상 경보할 수 있는 축전지설비(수신기에 내장하는 경우를 포함) 또는 전기저장장치(외부 전기에너지를 저장해 두었다가 필요한 때 전기를 공급하는 장치)를 설치하여야 한다.

74

무선통신보조설비의 누설동축케이블 또는 동축케이블의 임피던스는 몇 $[\Omega]$으로 하여야 하는가?

① $5[\Omega]$
② $10[\Omega]$
③ $50[\Omega]$
④ $100[\Omega]$

해설

누설동축케이블 또는 동축케이블의 임피던스는 $50[\Omega]$으로 하여야 한다.

| 관련개념 | 누설동축케이블 설치기준

- 소방전용주파수대에서 전파의 전송 또는 복사에 적합한 것으로서 소방전용의 것으로 할 것(다만, 소방대 상호 간의 무선연락에 지장이 없는 경우에는 다른 용도와 겸용 가능)
- 케이블의 구성
  - 누설동축케이블과 이에 접속하는 안테나
  - 동축케이블과 이에 접속하는 안테나
- 누설동축케이블 및 동축케이블은 불연 또는 난연성의 것으로서 습기 등의 환경조건에 따라 전기의 특성이 변질되지 않는 것으로 하고, 노출하여 설치한 경우에는 피난 및 통행에 장애가 없도록 할 것
- 누설동축케이블 및 동축케이블은 화재에 따라 해당 케이블의 피복이 소실된 경우에 케이블 본체가 떨어지지 아니하도록 $4[m]$ 이내마다 금속제 또는 자기제 등의 지지금구로 벽·천장·기둥 등에 견고하게 고정할 것(다만, 불연재료로 구획된 반자 안에 설치하는 경우에는 그렇지 않다.)
- 누설동축케이블 및 안테나는 금속판 등에 따라 전파의 복사 또는 특성이 현저하게 저하되지 않는 위치에 설치할 것
- 누설동축케이블 및 안테나는 고압의 전로로부터 $1.5[m]$ 이상 떨어진 위치에 설치할 것(다만, 해당 전로에 정전기 차폐장치를 유효하게 설치한 경우에는 그렇지 않다.)
- 누설동축케이블의 끝부분에는 무반사 종단저항을 견고하게 설치할 것
- 누설동축케이블 또는 동축케이블의 임피던스는 $50[\Omega]$으로 하고, 이에 접속하는 안테나·분배기 등의 장치는 해당 임피던스에 적합한 것으로 해야 할 것

75 빈출

복도통로유도등은 보행거리 몇 $[m]$마다 설치하는가?

① $20[m]$ 마다
② $25[m]$ 마다
③ $30[m]$ 마다
④ $40[m]$ 마다

해설

복도통로유도등은 보행거리 $20[m]$마다 설치한다.

| 관련개념 | 복도통로유도등의 설치기준

- 복도에 설치(피난구유도등이 설치된 출입구의 맞은편 복도에는 입체형 또는 바닥에 설치)
- 구부러진 모퉁이 및 위 기준에 따라 설치된 통로유도등을 기점으로 보행거리 $20[m]$마다 설치

정답 73 ④ 74 ③ 75 ①

76
아파트형 공장의 지하 주차장에 설치된 비상방송용 스피커의 음량조정기 배선방식은?

① 단선식 ② 2선식
③ 3선식 ④ 복합식

해설

음량조정기의 배선은 3선식으로 하여야 한다.

| 관련개념 | **음향장치 설치기준**

- 확성기의 음성입력은 3[W](실내에 설치하는 것에 있어서는 1[W]) 이상일 것
- 확성기는 각 층마다 설치하되, 그 층의 각 부분으로부터 하나의 확성기까지의 수평거리가 25[m] 이하가 되도록 하고, 해당층의 각 부분에 유효하게 경보를 발할 수 있도록 설치할 것
- 음량조정기를 설치하는 경우 음량조정기의 배선은 3선식으로 할 것
- 조작부의 조작스위치는 바닥으로부터 0.8[m] 이상 1.5[m] 이하의 높이에 설치할 것
- 조작부는 기동장치의 작동과 연동하여 해당 기동장치가 작동한 층 또는 구역을 표시할 수 있는 것으로 할 것
- 증폭기 및 조작부는 수위실 등 상시 사람이 근무하는 장소로서 점검이 편리하고 방화상 유효한 곳에 설치할 것
- 층수가 11층(공동주택의 경우에는 16층) 이상의 특정소방대상물은 다음에 따라 경보를 발할 수 있도록 해야 한다.
  - 2층 이상의 층에서 발화한 때에는 발화층 및 그 직상 4개층에 경보를 발할 것
  - 1층에서 발화한 때에는 발화층·그 직상 4개층 및 지하층에 경보를 발할 것
  - 지하층에서 발화한 때에는 발화층·그 직상층 및 기타의 지하층에 경보를 발할 것
- 다른 방송설비와 공용하는 것에 있어서는 화재 시 비상경보 외의 방송을 차단할 수 있는 구조로 할 것
- 다른 전기회로에 따라 유도장애가 생기지 않도록 할 것
- 하나의 특정소방대상물에 2 이상의 조작부가 설치되어 있는 때에는 각각의 조작부가 있는 장소 상호 간에 동시 통화가 가능한 설비를 설치하고, 어느 조작부에서도 해당 특정소방대상물의 전 구역에 방송을 할 수 있도록 할 것
- 기동장치에 따른 화재신호를 수신한 후 필요한 음량으로 화재발생 상황 및 피난에 유효한 방송이 자동으로 개시될 때까지의 소요시간은 10초 이내로 할 것
- 음향장치는 다음 기준에 따른 구조 및 성능의 것으로 해야 한다.
  - 정격전압의 80[%] 전압에서 음향을 발할 수 있는 것을 할 것
  - 자동화재탐지설비의 작동과 연동하여 작동할 수 있는 것으로 할 것

77
누전경보기에서 감도조정장치의 조정범위는 최대 몇 [mA]인가?

① 1 ② 20
③ 1,000 ④ 1,500

해설

누전경보기에서 감도조정장치의 조정범위는 최대 1,000[mA], 즉 1[A]이어야 한다.

| 관련개념 | **누전경보기**

- 외함은 불연성 또는 난연성 재질로 만들 것
- 극성 있는 경우 오접속방지 조치할 것
- 정격전압 60[V]를 넘는 기구 금속제 외함에는 접지단자를 설치할 것
- 누전경보기의 단자 외의 부분은 견고한 상자에 넣어야 할 것
- 사용전압 80[%]인 전압에서 소리를 내어야 할 것
- 음압은 무향실내에서 정위치에 부착된 음향장치 중심으로부터 1[m] 떨어진 지점에서 70[dB] 이상일 것(단, 고장표시장치용 등의 음압은 60[dB] 이상)
- 사용전압으로 8시간 연속 울리게 하는 시험 또는 정격전압에서 3분 20초 울리고 6분 40초 동안 정지하는 작동을 반복하여 통산 울림시간이 20시간이 되도록 시행하는 경우 구조 기능에 이상이 없을 것
- 정격 1차 전압은 300[V] 이하로 할 것
- 누전경보기 공칭작동전류치(누전경보기를 작동시키기 위하여 필요한 누설전류값)는 200[mA] 이하일 것
- 감도조정장치를 가지고 있는 누전경보기의 조정 범위는 최소 200[mA]이고, 최대 1[A]일 것

정답 76 ③   77 ③

78

다음 중 정온식 감지선형 감지기의 설치 기준에 포함되지 않는 것은?

① 단자부와 마감 고정금구와 설치 간격은 $10[cm]$ 이내로 설치할 것
② 감지선형 감지기의 굴곡반경은 $5[cm]$ 이상으로 할 것
③ 감지기의 감지구역의 각 부분과 수평거리가 내화구조의 경우 1종 $4.5[m]$ 이하, 2종 $3[m]$ 이하로 할 것
④ 감지기를 천장에 설치하는 경우에는 감지기는 바닥을 향하여 설치할 것

해설

감지기를 천장에 설치하는 경우에는 감지기는 바닥을 향하여 설치하는 감지기는 불꽃감지기이다.

| 관련개념 | 정온식 감지선형 감지기의 설치기준

- 보조선이나 고정금구를 사용하여 감지선이 늘어지지 않도록 설치할 것
- 단자부와 마감 고정금구와의 설치 간격은 $10[cm]$ 이내로 설치할 것
- 감지선형 감지기의 굴곡반경은 $5[cm]$ 이상으로 할 것
- 감지기와 감지구역의 각 부분과의 수평거리가 내화구조의 경우 1종 $4.5[m]$ 이하, 2종 $3[m]$ 이하로 할 것. 기타 구조의 경우 1종 $3[m]$ 이하, 2종 $1[m]$ 이하로 할 것
- 케이블트레이에 감지기를 설치하는 경우에는 케이블트레이 받침대에 마감금구를 사용하여 설치할 것
- 지하구나 창고의 천장 등에 지지물이 적당하지 않은 장소에서는 보조선을 설치하고 그 보조선에 설치할 것
- 분전반 내부에 설치하는 경우 접착제를 이용하여 돌기를 바닥에 고정시키고 그곳에 감지기를 설치할 것
- 그 밖의 설치 방법은 형식 승인 내용에 따르며 형식 승인 사항이 아닌 것은 제조사의 시방서에 따라 설치할 것

79 고난도

비상조명등의 화재안전기술기준(NFTC 304)에 따라 비상조명등의 조도에 대한 설치기준으로 옳은 것은?

① 비상조명등이 설치된 장소의 각 부분의 바닥에서 $1[lx]$ 이상이 되어야 한다.
② 비상조명등이 설치된 장소로부터 $10[m]$ 떨어진 곳의 바닥에서 $1[lx]$ 이상이 되어야 한다.
③ 비상조명등이 설치된 장소로부터 $20[m]$ 떨어진 곳의 바닥에서 $1[lx]$ 이상이 되어야 한다.
④ 비상조명등이 설치된 장소로부터 $30[m]$ 떨어진 곳의 바닥에서 $1[lx]$ 이상이 되어야 한다.

해설

조도는 비상조명등이 설치된 장소의 각 부분의 바닥에서 $1[lx]$ 이상이 되도록 하여야 한다.

| 관련개념 | 비상조명등의 설치기준

- 특정소방대상물의 각 거실과 그로부터 지상에 이르는 복도 · 계단 및 그 밖의 통로에 설치
- 조도는 비상조명등이 설치된 장소의 각 부분의 바닥에서 $1[lx]$ 이상
- 예비전원을 내장하는 비상조명등
  - 평상시 점등 여부를 확인할 수 있는 점검스위치를 설치
  - 축전지와 예비전원 충전장치를 내장할 것
- 예비전원을 내장하지 않은 비상조명등의 비상전원은 자가발전설비, 축전지설비 또는 전기저장장치를 설치해야 한다.
- 비상전원 설치기준
  - 점검에 편리하고 화재 및 침수 등의 재해로 인한 피해를 받을 우려가 없는 곳에 설치할 것
  - 상용전원으로부터 전력의 공급이 중단된 때에는 자동으로 비상전원으로부터 전력을 공급받을 수 있도록 할 것
  - 비상전원의 설치장소는 다른 장소와 방화구획할 것
  - 비상전원을 실내에 설치하는 때에는 그 실내에 비상조명등을 설치할 것
  - 비상전원은 비상조명등을 20분 이상 유효하게 작동시킬 수 있는 용량으로 할 것
  - 다음의 특정소방대상물의 경우에는 그 부분에서 피난층에 이르는 부분의 비상조명등을 60분 이상 유효하게 작동시킬 수 있는 용량으로 할 것
    1) 지하층을 제외한 층수가 11층 이상의 층
    2) 지하층 또는 무창층으로서 용도가 도매시장, 소매시장, 여객자동차터미널, 지하역사 또는 지하상가
- 비상조명등의 설치면제 요건에서 "그 유도등의 유효범위"란 유도등의 조도가 바닥에서 $1[lx]$ 이상이 되는 부분

80

무선통신보조설비의 누설동축케이블 및 공중선은 고압의 전로로부터 $1.5[m]$ 이상 떨어진 위치에 설치해야 하나 그렇게 하지 않아도 되는 경우는?

① 해당 전로에 정전기 차폐장치를 유효하게 설치한 경우
② 금속제 등의 지지금구로 일정한 간격으로 고정한 경우
③ 끝부분에 무반사 종단저항을 설치한 경우
④ 불연재료로 구획된 반자 안에 설치한 경우

해설

누설동축케이블 및 안테나는 고압의 전로로부터 $1.5[m]$ 이상 떨어진 위치에 설치한다. 다만, 해당 전로에 정전기 차폐장치를 유효하게 설치한 경우에는 그러하지 아니하다.

정답 78 ④ 79 ① 80 ①

2023년 2회 CBT 기출

1과목 소방원론

01
화재의 일반적 특성으로 틀린 것은?
① 확대성
② 정형성
③ 우발성
④ 불안정성

해설
화재의 일반적 특성이 아닌 것은 정형성이다.

| 관련개념 | 화재의 특성
- 우발성(화재가 돌발적으로 발생)
- 확대성
- 불안정성

02
가연물이 되기 쉬운 조건이 아닌 것은?
① 발열량이 커야 한다.
② 열전도율이 커야 한다.
③ 산소와 친화력이 좋아야 한다.
④ 활성화에너지가 작아야 한다.

해설
가연물이 되기 쉬운 조건은 열전도율이 작아야 한다.

| 관련개념 | 가연물이 연소하기 쉬운 조건
- 산소와 친화력이 클 것(좋을 것)
- 발열량이 클 것
- 표면적이 넓을 것
- 열전도율이 작을 것
- 활성화에너지가 작을 것
- 연쇄반응을 일으킬 수 있을 것
- 산소가 포함된 유기물일 것
- 연소 시 발열반응을 할 것

03
다음 중 연소와 가장 관련 있는 화학반응은?
① 중화반응
② 치환반응
③ 환원반응
④ 산화반응

해설
연소(combustion)는 가연물이 공기 중에 있는 산소와 반응하여 열과 빛을 동반하여 급격히 산화반응하는 현상이다.

04 빈출
포소화약제가 갖추어야 할 조건이 아닌 것은?
① 부착성이 있을 것
② 유동성과 내열성이 있을 것
③ 응집성과 안정성이 있을 것
④ 소포성이 있고 기화가 용이할 것

해설
소포성이 없고 기화가 용이하지 않아야 한다.

| 관련개념 | 포소화약제의 구비조건
- 부착성이 있을 것
- 유동성을 가지고 내열성이 있을 것
- 응집성과 안정성이 있을 것
- 소포성이 없고 기화가 용이하지 않을 것

정답 01 ② 02 ② 03 ④ 04 ④

05

증기비중의 정의로 옳은 것은?(단, 분자, 분모의 단위는 모두 [g/mol]이다.)

① $\dfrac{분자량}{22.4}$ ② $\dfrac{분자량}{29}$

③ $\dfrac{분자량}{44.8}$ ④ $\dfrac{분자량}{100}$

해설

증기비중

증기비중 = $\dfrac{분자량}{29}$

29는 공기의 평균 분자량[g/mol]이다.

06

벤젠의 소화에 필요한 CO_2의 이론소화농도가 공기 중에서 37[vol%]일 때 한계산소농도는 몇 [vol%]인가?

① 13.2   ② 14.5
③ 15.5   ④ 16.5

해설

계산해 보면 아래와 같다.

CO_2의 농도(이론소화농도)

$CO_2 = \dfrac{21 - O_2}{21} \times 100$

여기서, CO_2: CO_2의 이론소화농도[vol%]
O_2: O_2의 한계산소농도[vol%]

$CO_2 = \dfrac{21 - O_2}{21} \times 100$

$O_2 = 21 - (0.37 \times 21) ≒ 13.2[vol\%]$

07

공기와 할론 1301의 혼합기체에서 할론 1301에 비해 공기의 확산속도는 약 몇 배인가?(단, 공기의 평균분자량은 29, 할론 1301의 분자량은 149이다.)

① 2.27배   ② 3.85배
③ 5.17배   ④ 6.46배

해설

계산해 보면 아래와 같다.

$\dfrac{V_A}{V_B} = \sqrt{\dfrac{M_B}{M_A}} = \sqrt{\dfrac{149}{29}} = 2.27$배

| 관련개념 | 그레이엄의 확산속도법칙

$\dfrac{V_B}{V_A} = \sqrt{\dfrac{M_A}{M_B}}$

여기서, V_A, V_B: 확산속도[m/s]
(V_A: 공기의 확산속도[m/s], V_B: 할론 1301의 확산속도[m/s],
M_A: 공기의 분자량, M_B: 할론 1301의 분자량)

08

상온, 상압에서 액체인 물질은?

① CO_2 ② Halon 1301
③ Halon 1211   ④ Halon 2402

해설

- 상온·상압에서 기체 상태
  - Halon 1301
  - Halon 1211
  - 이산화탄소(CO_2)
- 상온·상압에서 액체 상태
  - Halon 1011
  - Halon 104
  - Halon 2402

정답 05 ②   06 ①   07 ①   08 ④

09

연면적이 $1,000[m^2]$ 이상인 건축물에 설치하는 방화벽이 갖추어야 할 기준으로 틀린 것은?

① 내화구조로서 설 수 있는 구조일 것
② 방화벽의 양쪽 끝과 위쪽 끝을 건축물의 외벽면 및 지붕면으로부터 $0.1[m]$ 이상 튀어나오게 할 것
③ 방화벽에 설치하는 출입문의 너비는 $2.5[m]$ 이하로 할 것
④ 방화벽에 설치하는 출입문의 높이는 $2.5[m]$ 이하로 할 것

해설

방화벽의 양쪽 끝과 위쪽 끝을 건축물의 외벽면 및 지붕면으로부터 $0.5[m]$ 이상 튀어나오게 해야 한다.

| 관련개념 | 방화벽의 구조

대상 건축물	주요구조부가 내화구조 또는 불연재료가 아닌 연면적 $1,000[m^2]$ 이상인 건축물
구획단지	연면적 $1,000[m^2]$ 미만마다 구획
방화벽의 구조	• 내화구조로서 홀로 설 수 있는 구조일 것 • 방화벽의 양쪽 끝과 위쪽 끝을 건축물의 외벽면 및 지붕면으로부터 $0.5[m]$ 이상 튀어나오게 할 것 • 방화벽에 설치하는 출입문의 너비 및 높이는 각각 $2.5[m]$ 이하로 하고 이에 갑종방화문을 설치할 것

10

물질의 취급 또는 위험성에 대한 설명 중 틀린 것은?

① 융해열은 점화원이다.
② 질산은 물과 반응 시 발열 반응하므로 주의를 해야 한다.
③ 네온, 이산화탄소, 질소는 불연성 물질로 취급한다.
④ 암모니아를 충전하는 공업용 용기의 색상은 백색이다.

해설

융해열은 점화원이 될 수 없다.

| 관련개념 | 점화원이 될 수 없는 것
• 기화열(증발열)
• 융해열
• 흡착열

11 고난도

폭연에서 폭굉으로 전이되기 위한 조건에 대한 설명으로 틀린 것은?

① 정상연소속도가 작은 가스일수록 폭굉으로 전이가 용이하다.
② 배관 내에 장애물이 존재할 경우 폭굉으로 전이가 용이하다.
③ 배관의 관경이 가늘수록 폭굉으로 전이가 용이하다.
④ 배관 내 압력이 높을수록 폭굉으로 전이가 용이하다.

해설

정상연소속도가 큰 가스일수록 폭굉으로 전이가 용이하다.

| 관련개념 | 폭연에서 폭굉으로 전이되기 위한 조건
• 정상연소속도가 큰 가스일수록
• 배관 내에 장애물이 존재할 경우
• 배관의 관경이 가늘수록
• 배관 내 압력이 높을수록(고압)
• 점화원의 에너지가 강할수록

12

증발잠열을 이용하여 가연물의 온도를 떨어뜨려 화재를 진압하는 소화 방법은?

① 제거소화
② 억제소화
③ 질식소화
④ 냉각소화

해설

냉각소화는 증발잠열을 이용한다.

정답 09 ② 10 ① 11 ① 12 ④

13

다음 중 고체 가연물이 덩어리보다 가루일 때 연소되기 쉬운 이유로 가장 적합한 것은?

① 발열량이 작아지기 때문이다.
② 공기와 접촉면이 커지기 때문이다.
③ 열전도율이 커지기 때문이다.
④ 활성에너지가 커지기 때문이다.

해설

고체가연물이 가루가 되면 공기와 접촉면이 커져서(넓어져서) 연소가 더 잘 된다.

14

화재 발생 시 인간의 피난 특성으로 틀린 것은?

① 본능적으로 평상시 사용하는 출입구를 사용한다.
② 최초로 행동을 개시한 사람을 따라서 움직인다.
③ 공포감으로 인해서 빛을 피하여 어두운 곳으로 몸을 숨긴다.
④ 무의식 중에 발화 장소의 반대쪽으로 이동한다.

해설

화재의 공포감으로 인하여 빛을 따라 외부로 달아나려고 행동한다.

| 관련개념 | 화재발생 시 인간의 피난 특성
- 밝은 쪽을 지향하는 행동
- 화재의 공포감으로 인하여 빛을 따라 외부로 달아나려고 하는 행동
- 화염, 연기에 대한 공포감으로 발화의 반대 방향으로 이동하려는 행동
- 친숙한 피난경로를 선택하려는 행동
- 무의식 중에 평상시 사용하는 출입구나 통로를 사용하려는 행동
- 많은 사람이 달아나는 방향으로 쫓아가려는 행동
- 화재 시 최초로 행동을 개시한 사람을 따라 전체가 움직이려는 행동

15 빈출

목재건축물의 화재 진행과정을 순서대로 나열한 것은?

① 무염착화 – 발염착화 – 발화 – 최성기
② 무염착화 – 최성기 – 발염착화 – 발화
③ 발염착화 – 발화 – 최성기 – 무염착화
④ 발염착화 – 최성기 – 무염착화 – 발화

해설

무염착화, 발염착화, 발화, 최성기 순이다.

| 관련개념 | 목조건축물의 화재진행상황

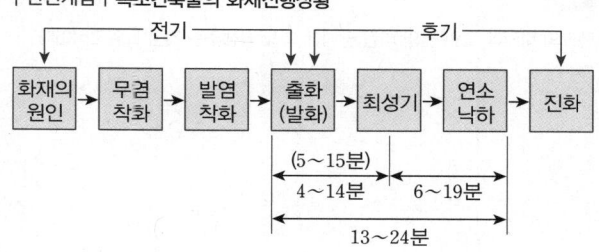

16

실내화재에서 화재의 최성기에 돌입하기 전에 다량의 가연성 가스가 동시에 연소되면서 급격한 온도 상승을 유발하는 현상은?

① 패닉(Panic) 현상
② 스택(Stack) 현상
③ 화이어 볼(Fire Ball) 현상
④ 플래시 오버(Flash Over) 현상

해설

플래시 오버(Flash Over)

실내의 가연물이 연소됨에 따라 생성되는 가연성 가스가 실내에 누적되어 폭발적으로 연소하여 실내 전체가 순간적으로 불길에 싸이는 현상이다.

정답 13 ② 14 ③ 15 ① 16 ④

17

유류탱크에 화재 시 발생하는 슬롭오버(Slop over) 현상에 관한 설명으로 틀린 것은?

① 소화 시 외부에서 방사하는 포에 의해 발생한다.
② 연소유가 비산되어 탱크 외부까지 화재가 확산된다.
③ 탱크의 바닥에 고인 물의 비등 팽창에 의해 발생한다.
④ 연소면의 온도가 $100[°C]$ 이상일 때 물을 주구하면 발생된다.

해설

탱크의 바닥에 고인 물의 비등 팽창에 의해 발생하는 것은 보일오버이다.

18 빈출

연기에 의한 감광계수가 $0.1[m^{-1}]$, 가시거리가 $20\sim30[m]$일 때의 상황을 옳게 설명한 것은?

① 건물 내부에 익숙한 사람이 피난에 지장을 느낄 정도
② 연기감지기가 작동할 정도
③ 어두운 것을 느낄 정도
④ 앞이 거의 보이지 않을 정도

해설

연기감지기가 작동할 정도의 상황이다.

| 관련개념 |

감광계수 $[m^{-1}]$	가시거리 $[m]$	상황
0.1	20~30	연기감지기가 작동할 때의 농도
0.3	5	건물 내부에 익숙한 사람이 피난에 지장을 느낄 정도의 농도
0.5	3	어두운 것을 느낄 정도의 농도
1	1~2	앞이 거의 보이지 않을 정도의 농도
10	0.2~0.5	화재 최성기 때의 농도
30	—	출화실에서 연기가 분출할 때의 농도

19

위험물안전관리법령상 지정된 동식물유류의 성질에 대한 설명으로 틀린 것은?

① 요오드가가 작을수록 자연발화의 위험성이 크다.
② 상온에서 모두 액체이다.
③ 물에 불용성이지만 에테르 및 벤젠 등의 유기용매에는 잘 녹는다.
④ 인화점은 1기압 하에서 $250[°C]$ 미만이다.

해설

요오드가가 클수록 자연발화의 위험성이 크다.

20

제4류 위험물의 화재 시 사용되는 주된 소화 방법은?

① 물을 뿌려 냉각한다.
② 연소물을 제거한다.
③ 포를 사용하여 질식 소화한다.
④ 인화점 이하로 냉각한다.

해설

제4류 위험물의 화재 시 주로 포를 사용하여 질식 소화한다.

| 관련개념 | 위험물의 소화방법

제4류위험물(인화성액체): 포 · 분말 · 이산화탄소(CO_2) · 할론 · 물분무 소화약제에 의한 질식소화

정답 17 ③ 18 ② 19 ① 20 ③

2과목 소방전기일반

21
그림과 같은 논리회로의 출력 Y 는?

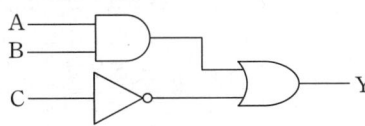

① $AB+\overline{C}$
② $A+B+\overline{C}$
③ $(A+B)\overline{C}$
④ $AB\overline{C}$

해설
출력은 아래와 같다.

22
지름 $1.2[m]$, 저항 $7.6[\Omega]$의 동선에서 이 동선의 저항률을 $0.0172[\Omega \cdot m]$라고 하면 동선의 길이는 약 몇 $[m]$인가?

① 200
② 300
③ 400
④ 500

해설
계산하면 아래와 같다.
$l = \dfrac{\pi r^2 R}{\rho} = \dfrac{\pi \times 0.6^2 \times 7.6}{0.0172} \fallingdotseq 500[m]$

r : 지름이 $1.2[m]$이므로 반지름은 $0.6[m]$
R : $7.6[\Omega]$
ρ : $0.0172[\Omega \cdot m]$

| 관련개념 |
저항 $R = \rho \dfrac{l}{A} = \rho \dfrac{l}{\pi r^2}$
여기서, R : 저항(회로저항)$[\Omega]$
ρ : 고유저항(저항률)$[\Omega \cdot m]$
A : 도체의 단면적$[m^2]$
l : 도체의 길이$[m]$
r : 도체의 반지름$[m]$
$l = \dfrac{\pi r^2 R}{\rho}$

23
단상변압기 3대를 △결선하여 부하에 전력을 공급하고 있는 중 변압기 1대가 고장 나서 V 결선으로 바꾼 경우에 고장 전과 비교하여 몇 $[\%]$ 출력을 낼 수 있는가?

① 50
② 57.7
③ 70.7
④ 86.6

해설
계산해 보면 아래와 같다.
• 변압기 1대의 이용률
$U = \dfrac{\sqrt{3}\,VI\cos\theta}{2\,VI\cos\theta} = \dfrac{\sqrt{3}}{2} = 0.866\,(86.6\%)$

• △→V 결선 시의 출력비
$\dfrac{P_V}{P_\triangle} = \dfrac{\sqrt{3}\,VI\cos\theta}{3\,VI\cos\theta} = \dfrac{\sqrt{3}}{3} = 0.577\,(57.7\%)$

24
동선의 저항이 $20[°C]$일 때 $0.8[\Omega]$이라 하면 $60[°C]$일 때의 저항은 약 몇 $[\Omega]$인가?(단, 동선의 $20[°C]$의 온도계수는 0.0039이다.)

① 0.034
② 0.925
③ 0.644
④ 2.4

해설
t_2의 저항 R_2는
$R_2 = R_1\left[1+\alpha_{t_1}(t_2-t_1)\right]$
$= 0.8\left[1+0.0039(60-20)\right]$
$\fallingdotseq 0.925[\Omega]$

| 관련개념 | 저항의 온도계수
$R_2 = R_1\left[1+\alpha_{t_1}(t_2-t_1)\right][\Omega]$
여기서, R_2 : t_2의 저항$[\Omega]$
R_1 : t_1의 저항$[\Omega]$
α_{t_1} : t_1의 온도계수
t_2 : 상승 후의 온도$[°C]$
t_1 : 상승 전의 온도$[°C]$

정답 21 ① 22 ④ 23 ② 24 ②

25

수정, 전기석 등의 결정에 압력을 가하여 변형을 주면 변형에 비례하여 전압이 발생하는 현상을 무엇이라 하는가?

① 국부작용   ② 전기분해
③ 압전현상   ④ 성극작용

해설

압전현상(효과)은 수정, 전기석 등의 결정에 압력을 가하여 변형을 주면 변형에 비례하여 전압이 발생하는 현상이다.

26

용량 $0.02[\mu F]$ 콘덴서 2개와 $0.01[\mu F]$ 콘덴서 1개를 병렬로 접속하여 $24[V]$의 전압을 가하였다. 합성용량은 몇 $[\mu F]$이며, $0.01[\mu F]$ 콘덴서에 축적되는 전하량은 몇 $[C]$인가?

① 0.05, 0.12×10^{-6} ② 0.05, 0.24×10^{-6}
③ 0.03, 0.12×10^{-6} ④ 0.03, 0.24×10^{-6}

해설

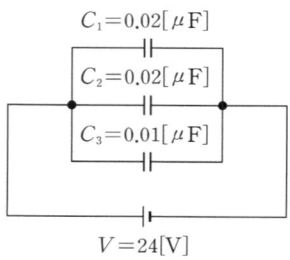

- 콘덴서의 병렬접속
  $C = C_1 + C_2 + C_3 = 0.02 + 0.02 + 0.01 = 0.05 [\mu F]$
- 전하량
  $Q = CV$
  여기서, Q: 전하량[C], C: 정전용량[F], V: 전압[V]
  C_3의 전하량 Q_3는
  $Q_3 = C_3 V = (0.01 \times 10^{-6}) \times 24$
  $\quad\quad = 2.4 \times 10^{-7} = 0.24 \times 10^{-6} [C]$
  $1[\mu F] = 10^{-6}[F]$이므로 $C_3 = 0.01 [\mu F] = (0.01 \times 10^{-6})[F]$

27

원형 단면적이 $S[m^2]$, 평균자로의 길이가 $l[m]$, $1[m]$당 권선수의 N 회인 공심 환상솔레노이드에 $I[A]$의 전류를 흘릴 때 철심 내의 자속은?

① $\dfrac{NI}{l}$ ② $\dfrac{\mu_0 SNI}{l}$

③ $\mu_0 SNI$ ④ $\dfrac{\mu_0 SN^2 I}{l}$

해설

자속

$\phi = BS = \mu HS = \dfrac{\mu SNI}{l} = \dfrac{NI}{\dfrac{l}{\mu S}} = \dfrac{NI}{R_m} = \dfrac{F}{R_m}$ [Wb]

여기서, ϕ: 자속[Wb]
$\quad\quad B$: 자속밀도[Wb/m²]
$\quad\quad H$: 자계의 세기[AT/m]
$\quad\quad F$: 기자력[AT]
$\quad\quad l$: 자로의 길이[m]
$\quad\quad N$: 권선수
$\quad\quad I$: 전류[A]
$\quad\quad R_m$: 자기저항[AT/Wb]
$\quad\quad S$: 단면적[m²]

$\phi = \dfrac{\mu SNI}{l} = \dfrac{\mu_0 \mu_s SNI}{l}$ 에서 공심이므로 $\mu_s ≒ 1$

$\phi = \dfrac{\mu_0 SNI}{l}$ 에서 1[m]당 권선수가 N회라고 했으므로 자로의 길이 삭제

$\phi = \mu_0 SNI$ [Wb]

정답 25 ③   26 ②   27 ③

28

두 개의 코일 L_1과 L_2를 동일 방향으로 직렬 접속하였을 때 합성인덕턴스가 $140[\text{mH}]$이고, 반대 방향으로 접속하였더니 합성 인덕턴스가 $20[\text{mH}]$이었다. 이때, $L_1 = 40[\text{mH}]$이면 결합계수 K는?

① 0.38 ② 0.5
③ 0.75 ④ 1.3

해설

- 가극성(코일이 동일 방향)
  $L = L_1 + L_2 + 2M$
  여기서, L: 합성인덕턴스[H]
  L_1, L_2: 자기인덕턴스[H]
  M: 상호인덕턴스[H]

- 감극성(코일이 반대 방향)
  $L = L_1 + L_2 - 2M$
  여기서, L: 합성인덕턴스[H]
  L_1, L_2: 자기인덕턴스[H]
  M: 상호인덕턴스[H]

동일 방향 합성인덕턴스 $140[\text{mH}]$, 반대 방향 합성인덕턴스 $20[\text{mH}]$이므로
$140 = L_1 + L_2 + 2M$
$20 = L_1 + L_2 - 2M$
$\dfrac{120}{4} = M$
$30[\text{mH}] = M$
$\therefore M = 30[\text{mH}]$

가극성(코일이 동일 방향) 식에서
$L = L_1 + L_2 + 2M$
$140 = 40 + L_2 + (2 \times 30)$
$140 - 40 - (2 \times 30) = L_2$
$40 = L_2$
$\therefore L_2 = 40[\text{mH}]$

- 상호인덕턴스(mutual inductance)
  $M = K\sqrt{L_1 L_2}\ [\text{H}]$
  여기서, M: 상호인덕턴스[H]
  K: 결합계수
  L_1, L_2: 자기인덕턴스[H]

결합계수 K
$K = \dfrac{M}{\sqrt{L_1 L_2}} = \dfrac{30}{\sqrt{40 \times 40}} = 0.75$

29

복소수로 표시된 전압 $10 - j[\text{V}]$를 어떤 회로에 가하는 경우 $5 + j[\text{A}]$의 전류가 흘렀다면 이 회로의 저항은 약 몇 $[\Omega]$인가?

① 1.88 ② 3.6
③ 4.5   ④ 5.46

해설

계산해 보면 아래와 같다.
저항 R(여기서, R: 저항[Ω], V: 전압[V], I: 전류[A])
$R = \dfrac{V}{I} = \dfrac{10-j}{5+j} = \dfrac{(10-j)(5-j)}{(5+j)(5-j)} = \dfrac{49-15j}{26}$
$= \dfrac{\sqrt{49^2 + (-15)^2}}{26}$
$\fallingdotseq 1.97$

$\therefore$ 근사값인 $1.88[\Omega]$을 고른다.

30 고난도

대칭 3상 Y부하에서 각 상의 임피던스는 $20[\Omega]$이고, 부하전류가 $8[\text{A}]$일 때 부하의 선간전압은 약 몇 $[\text{V}]$인가?

① 160 ② 226
③ 277 ④ 480

해설

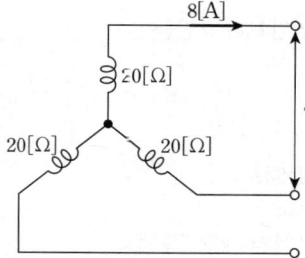

Y 결선 선전류
$I_Y = \dfrac{V_l}{\sqrt{3}\, Z}$

여기서, I_Y: 선전류[A], V_l: 선간전압[V], Z: 임피던스[Ω]
선전류=부하전류
선간전압 V_l은 $V_l = \sqrt{3}\, I_Y Z = \sqrt{3} \times 8 \times 20 \fallingdotseq 277[\text{V}]$

31

$10[\mu F]$인 콘덴서를 $60[Hz]$ 전원에 사용할 때 용량 리액턴스는 약 몇 $[\Omega]$인가?

① 250.5 ② 265.3
③ 350.5 ④ 465.3

해설

용량 리액턴스 X_C

$$X_C = \frac{1}{2\pi f C} = \frac{1}{2\pi \times 60 \times (10 \times 10^{-6})} \fallingdotseq 265.3[\Omega]$$

| 관련개념 | 용량 리액턴스

$$X_C = \frac{1}{\omega C} = \frac{1}{2\pi f C} \; [\Omega]$$

여기서, X_C: 용량 리액턴스$[\Omega]$
ω: 각주파수$[rad/s]$
C: 정전용량$[F]$
f: 주파수$[Hz]$

32

R-L-C 회로의 전압과 전류 파형의 위상차에 대한 설명으로 틀린 것은?

① R-L 병렬 회로: 전압과 전류는 동상이다.
② R-L 직렬 회로: 전압이 전류보다 θ만큼 앞선다.
③ R-C 병렬 회로: 전류가 전압보다 θ만큼 앞선다.
④ R-C 직렬회로: 전류가 전압보다 θ만큼 앞선다.

해설

위상차
• L회로: 전압이 전류보다 위상이 앞선다.
• C회로: 전압이 전류보다 위상이 뒤진다.
전압과 전류가 동상이다. → 전압이 전류보다 θ만큼 앞선다.

33

역률 0.8인 전동기에 $200[V]$의 교류전압을 가하였더니 $10[A]$의 전류가 흘렀다. 피상전력은 몇 $[VA]$인가?

① 1,000 ② 1,200
③ 1,600 ④ 2,000

해설

피상전력 P_a는 $P_a = VI = 200 \times 10 = 2,000[VA]$
($\cos\theta$: 0.8, V: 200[V], I: 10[A])

| 관련개념 |

$P_a = VI$

여기서, P_a: 피상전력$[VA]$, V: 전압$[V]$, I: 전류$[A]$

34

그림과 같은 회로에서 전압계 3개로 단상전력을 측정하고자 할 때의 유효전력은?

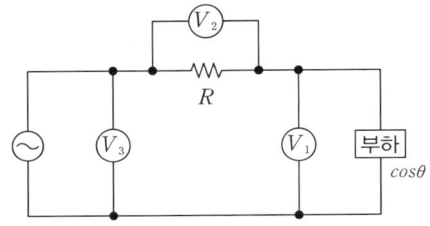

① $P = \dfrac{R}{2}\left(V_3^{\,2} - V_1^{\,2} - V_2^{\,2}\right)$

② $P = \dfrac{1}{2R}\left(V_3^{\,2} - V_1^{\,2} - V_2^{\,2}\right)$

③ $P = \dfrac{R}{2}\left(V_3^{\,2} + V_1^{\,2} + V_2^{\,2}\right)$

④ $P = \dfrac{1}{2R}\left(V_3^{\,2} + V_1^{\,2} + V_2^{\,2}\right)$

해설

3전압계법

$$P = \frac{1}{2R}\left(V_3^{\,2} - V_1^{\,2} - V_2^{\,2}\right)$$

여기서, P: 유효전력(소비전력)$[kW]$
R: 저항$[\Omega]$
V_1, V_2, V_3: 전압계의 지시값$[V]$

정답 31 ② 32 ① 33 ④ 34 ②

35

측정기의 측정범위 확대를 위한 방법의 설명으로 틀린 것은?

① 전류의 측정범위 확대를 위하여 분류기를 사용하고, 전압의 측정범위 확대를 위하여 배율기를 사용한다.
② 분류기는 계기에 직렬로 배율기는 병렬로 접속한다.
③ 측정기 내부 저항을 R_a, 분류기 저항을 R_s라 할 때, 분류기의 배율은 $1 + \dfrac{R_a}{R_s}$로 표시된다.
④ 측정기 내부의 저항을 R_v, 배율기 저항을 R_m라 할 때, 배율기의 배율은 $1 + \dfrac{R_m}{R_v}$로 표시된다.

해설

분류기는 계기에 병렬로 배율기는 직렬로 접속한다.

| 관련개념 |

- 배율기

$$M = 1 + \dfrac{R_m}{R_v}$$

 - 전압계와 직렬접속
 - 전압의 측정범위 확대

- 분류기

$$M = 1 + \dfrac{R_a}{R_s}$$

 - 전류계와 병렬접속
 - 전류의 측정범위 확대

36

$L - C$ 직렬 회로에서 직류전압 E를 $t = 0$에서 인가할 때 흐르는 전류는?

① $\dfrac{E}{\sqrt{\dfrac{L}{C}}} \cos \dfrac{1}{\sqrt{LC}} t$

② $\dfrac{E}{\sqrt{\dfrac{L}{C}}} \sin \dfrac{1}{\sqrt{LC}} t$

③ $\dfrac{E}{\sqrt{\dfrac{C}{L}}} \cos \dfrac{1}{\sqrt{LC}} t$

④ $\dfrac{E}{\sqrt{\dfrac{C}{L}}} \sin \dfrac{1}{\sqrt{LC}} t$

해설

$L - C$ 직렬회로 과도현상

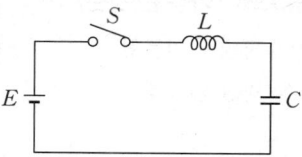

S를 on하고 t초 후에 전류는
$i(t) = \dfrac{E}{\sqrt{\dfrac{L}{C}}} \sin \dfrac{1}{\sqrt{LC}} t$ [A] : 불변진동 전류

여기서, $i(t)$: 과도전류[A]
E : 직류전압[V]
L : 인덕턴스[H]
C : 커패시턴스[F]

37

전지의 내부저항이나 전해액의 도전율 측정에 사용되는 것은?

① 접지저항계
② 캘빈 더블 브리지법
③ 콜라우시 브리지법
④ 메거

해설

전지의 내부저항이나 전해액의 도전율 측정에 사용되는 것은 콜라우시 브리지법이다.

| 관련개념 | 계측기

- 메거: 절연저항 측정
- 어스테스터: 접지저항 측정
- 콜리우시 브리지
 - 전지(축전기)의 내부저항 측정
 - 전해액의 도전율 측정

정답 35 ② 36 ② 37 ③

38 [빈출]
다음 단상 유도전동기 중 기동토크가 가장 큰 것은?
① 셰이딩 코일형
② 콘덴서 기동형
③ 분상 기동형
④ 반발 기동형

해설

기동토크가 큰 순서
반발 기동형 > 반발 유도형 > 콘덴서 기동형 > 분상 기동형 > 셰이딩 코일형

39
다음 중 쌍방향성 전력용 반도체 소자인 것은?
① SCR
② IGBT
③ TRIAC
④ DIODE

해설

TRIAC는 쌍방향성 전력용 반도체 소자이다.

| 관련개념 |
- TRIAC(Triode for Alternating Current): 쌍방향성 전력용 반도체 소자로, 교류(AC) 전압을 양방향으로 제어, TRIAC은 두 방향 모두에서 전류를 흐르게 할 수 있어 쌍방향 제어가 가능
- SCR(실리콘 제어 정류기): 한 방향(정방향)으로만 전류를 흐르게 할 수 있는 단방향성 소자
- IGBT(절연 게이트 양극성 트랜지스터): 고전압 고전류 스위칭에 적합한 단방향성 소자
- DIODE(다이오드): 전류를 한 방향으로만 흐르게 하는 대표적인 단방향성 소자

40
정속도 운전의 직류발전기로 작은 전력의 변화를 큰 전력의 변화로 증폭하는 발전기는?
① 앰플리다인
② 로젠베르그발전기
③ 솔레노이드
④ 서보전동기

해설

앰플리다인(amplidyne)은 정속도운전의 직류발전기로 작은 전력의 변화를 큰 전력의 변화로 증폭하는 발전기이다.

3과목 소방관계법규

41 [빈출]
다음 소방시설 중 경보설비가 아닌 것은?
① 통합감시시설
② 가스누설경보기
③ 비상콘센트설비
④ 자동화재속보설비

해설

비상콘센트설비는 소화활동설비이다.

| 관련개념 | 소방시설의 종류

소방시설	종류	소방시설	종류
소화설비	• 소화기구 • 자동소화장치 • 옥내소화전설비(호스릴옥내소화전 포함) • 스프링클러설비 등 • 물분무소화설비 등 • 옥외소화전설비	피난구조설비	• 피난기구 • 인명구조기구 • 유도등 • 비상조명등 및 휴대용 비상조명등
		소화용수설비	• 상수도소화용수설비 • 소화수조 · 저수조 · 그 밖의 소화용수설비
경보설비	• 단독경보형 감지기 • 비상경보설비(비상벨설비, 자동식사이렌설비) • 시각경보기 • 자동화재탐지설비 • 비상방송설비 • 자동화재속보설비 • 통합감시시설 • 누전경보기 • 가스누설경보기	소화활동설비	• 제연설비 • 연결송수관설비 • 연결살수설비 • 비상콘센트설비 • 무선통신보조설비 • 연소방지설비

정답 38 ④　39 ③　40 ①　41 ③

42 [빈출]

「소방기본법」상 화재 현장에서의 피난 등을 체험할 수 있는 소방체험관의 설립·운영권자는?

① 시·도지사
② 행정안전부장관
③ 소방본부장 또는 소방서장
④ 소방청장

해설

소방박물관의 설립·운영권자는 소방청장, 소방체험관의 설립·운영권자는 시·도지사이다.

| 관련개념 | 소방박물관 및 소방체험관

구분	소방박물관	소방체험관
설립·운영권자	소방청장	시·도지사
설립·운영에 필요한 사항	행정안전부령	행정안전부령에 따른 시·도조례

43

소방시설공사의 착공신고 시 첨부서류가 아닌 것은?

① 공사업자의 소방시설공사업 등록증 사본
② 공사업자의 소방시설공사업 등록수첩 사본
③ 해당 소방시설공사의 책임시공 및 기술관리를 하는 기술인력의 기술등급을 증명하는 서류 사본
④ 해당 소방시설을 설계한 기술인력자의 기술자격증 사본

해설

소방시설공사의 착공신고 시 첨부서류가 아닌 것은 해당 소방시설을 설계한 기술인력자의 기술자격증 사본이다.

| 관련개념 | 착공신고 시 필요서류
- 소방시설공사 착공신고서
- 공사업자의 소방시설공사업 등록증 사본 및 등록수첩 사본
- 해당 소방시설공사의 책임시공 및 기술관리를 하는 기술인력의 기술등급을 증명하는 서류
- 소방시설공사 계약서
- 설계도서
- 소방시설공사 하도급 통지서 사본
- 하도급대금 지급에 관한 서류

44

「위험물안전관리법령」상 점포에서 위험물을 용기에 담아 판매하기 위하여 지정수량의 40배 이하의 위험물을 취급하는 장소의 취급소 구분으로 옳은 것은?(단, 위험물을 제조 외의 목적으로 취급하기 위한 장소이다.)

① 주유취급소
② 판매취급소
③ 이송취급소
④ 일반취급소

해설

판매취급소는 점포에서 위험물을 용기에 담아 판매하기 위하여 지정수량의 40배 이하의 위험물을 취급하는 장소이다.

45

「화재의 예방 및 안전관리에 관한 법령」상 소방본부장 또는 소방서장은 소방안전교육을 실시하려는 경우에는 특정소방대상물 관계인에게 교육일 며칠 전까지 통보하여야 하는가?

① 5
② 7
③ 10
④ 14

해설

소방본부장 또는 소방서장은 소방안전교육을 실시하려는 경우에는 교육일 10일 전까지 특정소방대상물 관계인 소방안전교육 계획서를 작성하여 통보해야 한다.

정답 42 ① 43 ④ 44 ② 45 ③

46

다음 중 위험물별 성질로서 틀린 것은?

① 제1류 위험물: 산화성 고체
② 제2류 위험물: 가연성 고체
③ 제4류 위험물: 인화성 액체
④ 제6류 위험물: 인화성 고체

해설

제6류 위험물은 산화성 액체이다.

| 관련개념 | 위험물의 유별 특성
- 제1류 위험물: 산화성 고체
- 제2류 위험물: 가연성 고체
- 제3류 위험물: 자연발화성 및 금수성 물질
- 제4류 위험물: 인화성 액체
- 제5류 위험물: 자기반응성 물질
- 제6류 위험물: 산화성 액체

47

소방장비 등에 대한 국고보조 대상사업의 범위와 기준보조율은 무엇으로 정하는가?

① 총리령
② 대통령령
③ 시·도의 조례
④ 국토교통부령

해설

소방장비 등에 대한 국고보조 대상사업의 범위와 기준보조율은 대통령령으로 정한다.

| 관련개념 | 대통령령으로 정하는 것
- 불을 사용하는 설비의 관리사항을 정하는 기준
- 소방장비 등에 대한 국고보조기준
- 특수가연물의 저장·취급
- 방염성능기준

48

화재의 예방 및 안전관리에 관한 법령상 보일러 등의 설비 또는 기구 등의 위치·구조 및 관리와 화재예방을 위하여 불을 사용할 때 지켜야 하는 사항 중 다음 (   ) 안에 알맞은 것은?

- 용접 또는 용단 작업자로부터 반경 (㉠)[m] 이내에 소화기를 갖추어 둘 것
- 용접 또는 용단 작업장 주변 반경 (㉡)[m] 이내에는 가연물을 쌓아두거나 놓아두지 말 것. 다만, 가연물의 제거가 곤란하여 방화포 등으로 방호조치를 한 경우는 제외한다.

① ㉠ 3, ㉡ 5
② ㉠ 5, ㉡ 3
③ ㉠ 5, ㉡ 10
④ ㉠ 10, ㉡ 5

해설

- 용접 또는 용단 작업자로부터 반경 5[m] 이내에 소화기를 갖추어 둘 것
- 용접 또는 용단 작업장 주변 반경 10[m] 이내에는 가연물을 쌓아두거나 놓아두지 말 것. 다만, 가연물의 제거가 곤란하여 방화포 등으로 방호조치를 한 경우는 제외한다.

| 관련개념 | 불꽃을 사용하는 용접·용단 기구

용접 또는 용단 작업장에서는 다음 각 목의 사항을 지켜야 한다. 다만, 「산업안전보건법」 따른 안전조치의 적용을 받는 사업장에는 적용하지 않는다.
- 용접 또는 용단 작업장 주변 반경 5[m] 이내에 소화기를 갖추어 둘 것
- 용접 또는 용단 작업장 주변 반경 10[m] 이내에는 가연물을 쌓아두거나 놓아두지 말 것. 다만, 가연물의 제거가 곤란하여 방화포 등으로 방호조치를 한 경우는 제외한다.

정답 46 ④ 47 ② 48 ③

49

위력을 사용하여 출동한 소방대의 화재진압·인명구조 또는 구급활동을 방해하는 행위를 한 자에 대한 벌칙 기준은?

① 200만 원 이하의 벌금
② 300만 원 이하의 벌금
③ 3년 이하의 징역 또는 1,500만 원 이하의 벌금
④ 5년 이하의 징역 또는 5,000만 원 이하의 벌금

해설

위력을 사용하여 출동한 소방대의 화재진압·인명구조 또는 구급활동을 방해하는 행위를 한 자는 5년 이하의 징역 또는 5,000만 원 이하의 벌금에 처한다.

| 관련개념 | 5년 이하의 징역 또는 5천만 원 이하의 벌금

- "정당한 사유 없이 출동한 소방대의 화재진압 및 인명구조·구급 등 소방활동을 방해"에 해당하는 아래의 행위를 한 사람
  – 위력을 사용
  – 현장에 출동하거나 현장에 출입하는 것을 고의로 방해
  – 출동한 소방대원에게 폭행 또는 협박을 행사
  – 출동한 소방대의 소방장비를 파손하거나 그 효용을 해침
- 소방자동차의 출동을 방해한 사람
- 사람을 구출하는 일 또는 불을 끄거나 불이 번지지 아니하도록 하는 일을 방해한 사람
- 정당한 사유 없이 소방용수시설 또는 비상소화장치를 사용하거나 소방용수시설 또는 비상소화장치의 효용을 해치거나 그 정당한 사용을 방해한 사람

50

1급 소방안전관리대상물의 관계인이 소방안전관리자를 선임하고자 한다. 다음 중 1급 소방안전관리대상물의 소방안전관리자로 선임될 수 없는 사람은?

① 소방설비기사 또는 소방설비산업기사의 자격이 있는 사람
② 소방공무원으로 7년 이상 근무한 경력이 있는 사람
③ 소방청장이 실시하는 1급 소방안전관리대상물의 소방안전관리에 관한 시험에 합격한 사람
④ 대학교에서 소방안전관리학과를 전공하고 졸업한 사람으로서 2년 이상 2급 소방안전관리대상물의 소방안전관리에 관한 근무한 경력이 있는 사람

해설

1급 소방안전관리대상물에 선임해야 하는 소방안전관리자의 자격은 아래와 같다.

- 소방설비기사 또는 소방설비산업기사의 자격이 있는 사람
- 소방공무원으로 7년 이상 근무한 경력이 있는 사람
- 소방청장이 실시하는 1급 소방안전관리대상물의 소방안전관리에 관한 시험에 합격한 사람

정답 49 ④ 50 ④

51 고난도

일반 소방시설 설계업(기계분야)의 영업범위는 공장의 경우 연면적 몇 $[m^2]$ 미만의 특정소방대상물에 설치되는 기계분야 소방시설의 설계에 한하는가?(단, 제연설비가 설치되는 특정소방대상물은 제외한다.)

① $10,000[m^2]$
② $20,000[m^2]$
③ $30,000[m^2]$
④ $40,000[m^2]$

해설

연면적 $30,000[m^2]$(공장의 경우에는 $10,000[m^2]$) 미만의 특정소방대상물(제연설비가 설치되는 특정소방대상물은 제외)에 설치되는 기계분야 소방시설의 설계이다.

| 관련개념 | 소방시설업의 업종별 등록기준 및 영업범위(소방시설 설계업)

- 전문 소방시설 설계업

기술인력	영업 범위
• 주된 기술인력: 소방기술사 1명 이상 • 보조기술인력: 1명 이상	모든 특정소방대상물에 설치되는 소방시설의 설계

- 일반 소방시설 설계업
  - 기계분야

기술인력	영업 범위
• 주된 기술인력: 소방기술사 또는 기계분야 소방설비기사 1명 이상 • 보조기술인력: 1명 이상	• 아파트에 설치되는 기계분야 소방시설(제연설비는 제외한다.)의 설계 • 연면적 $30,000[m^2]$(공장의 경우에는 $10,000[m^2]$) 미만의 특정소방대상물(제연설비가 설치되는 특정소방대상물은 제외)에 설치되는 기계분야 소방시설의 설계 • 위험물 제조소 등에 설치되는 기계분야 소방시설의 설계

  - 전기분야

기술인력	영업 범위
• 주된 기술인력: 소방기술사 또는 전기분야 소방설비기사 1명 이상 • 보조기술인력: 1명 이상	• 아파트에 설치되는 전기분야 소방시설의 설계 • 연면적 $30,000[m^2]$(공장의 경우에는 $10,000[m^2]$) 미만의 특정소방대상물에 설치되는 전기분야 소방시설의 설계 • 위험물 제조소 등에 설치되는 전기분야 소방시설의 설계

52

소방시설공사에 관한 발주자의 권한을 대행하여 소방시설 공사가 설계도서 및 관계법령에 따라 적법하게 시공되는지 여부의 확인과 품질·시공관리에 대한 기술지도를 수행하는 영업은?

① 소방시설공사업
② 소방시설관리업
③ 소방공사감리업
④ 소방시설설계업

해설

소방공사감리업에 대한 설명이다.

| 관련개념 | 소방시설업

- 소방시설설계업: 소방시설공사에 기본이 되는 공사계획, 설계도면, 설계설명서, 기술계산서 및 이와 관련된 서류를 작성하는 영업
- 소방시설공사업: 설계도서에 따라 소방시설을 신설, 증설, 개설, 이전 및 정비하는 영업
- 소방공사감리업: 소방시설공사에 관한 발주자의 권한을 대행하여 소방시설공사가 설계도서와 관계 법령에 따라 적법하게 시공되는지를 확인하고, 품질·시공 관리에 대한 기술지도를 하는 영업

53 빈출

「소방기본법령」에 따른 소방신호의 종류에 속하지 않는 것은?

① 훈련신호
② 발화신호
③ 해제신호
④ 경보신호

해설

「소방기본법령」에 따른 소방신호의 종류에 속하지 않는 것은 경보신호이다.

| 관련개념 | 소방신호의 종류

- 경계신호: 화재예방상 필요하다고 인정되거나 화재위험경보시 발령
- 발화신호: 화재가 발생한 때 발령
- 해제신호: 소화활동이 필요없다고 인정되는 때 발령
- 훈련신호: 훈련상 필요하다고 인정되는 때 발령

정답 51 ① 52 ③ 53 ④

54

화재의 예방 및 안전관리에 관한 법령상 특수 가연물로서 가연성고체류에 대한 설명으로 틀린 것은?

① 고체로서 인화점이 40[°C] 이상 100[°C] 미만인 것
② 고체로서 인화점이 100[°C] 이상 200[°C] 미만이고, 연소열량이 1[g]당 8[kcal] 이상인 것
③ 고체로서 인화점이 200[°C] 이상이고, 연소열량이 1[g]당 8[kcal] 이상인 것으로서 융점이 200[°C] 미만인 것
④ 1기압과 20[°C] 초과 40[°C] 이하에서 액상인 것으로서 인화점이 70[°C] 이상 200[°C] 미만인 것

해설

고체로서 인화점이 200[°C] 이상이고, 연소열량이 1[g]당 8[kcal] 이상인 것으로서 융점이 100[°C] 미만인 것이다.

| 관련개념 | 가연성 고체류
① 인화점이 40[°C] 이상 100[°C] 미만인 것
② 인화점이 100[°C] 이상 200[°C] 미만이고, 연소열량이 1[g]당 8[kcal] 이상인 것
③ 200[°C] 이상이고, 연소열량이 1[g]당 8[kcal] 이상인 것으로서 융점이 100[°C] 미만인 것
④ 1기압과 20[°C] 초과 40[°C] 이하에서 액상인 것으로서 인화점이 70[°C] 이상 200[°C] 미만인 것

55

「소방기본법」에 따라 화재 등 그 밖의 위급한 상황이 발생한 현장에서 소방활동을 위하여 필요한 때에는 그 관할구역에 사는 사람 또는 그 현장에 있는 사람으로 하여금 사람을 구출하는 일 또는 불을 끄는 등의 일을 하도록 명령할 수 있는 권한이 없는 사람은?

① 소방서장
② 소방대장
③ 시·도지사
④ 소방본부장

해설

명령할 수 있는 권한이 있는 사람은 소방본부장, 소방서장, 소방대장으로 시·도지사는 해당되지 않는다.

| 관련개념 | 요청·명령·처분권자
- 소방업무의 응원 요청: 소방본부장, 소방서장이 이웃한 소방본부장, 소방서장에게
- 소방력의 동원: 소방청장이 각 시·도지사에게
- 소방활동: 소방청장, 소방본부장, 소방서장
- 소방활동 구역의 설정: 소방대장, 협조요청에 따른 경찰공무원
- 소방활동 종사 명령: 소방본부장, 소방서장, 소방대장
- 강제처분 등: 소방본부장, 소방서장, 소방대장
- 피난명령: 소방본부장, 소방서장, 소방대장, 협조요청에 따른 관할경찰서장, 자치경찰단장
- 위험시설에 대한 긴급조치: 소방본부장, 소방서장, 소방대장

56 고난도

「소방시설 설치 및 관리에 관한 법령」상 수용인원 산정 방법 중 침대가 없는 숙박시설로서 해당 특정소방대상물의 종사자의 수는 5명, 복도, 계단 및 화장실의 바닥면적을 제외한 바닥면적이 158[m²]인 경우의 수용인원은 약 몇 명인가?

① 37
② 45
③ 58
④ 84

해설

수용인원의 산정

침대가 없는 숙박시설의 수용인원

$= 종사자수 + \left(\dfrac{바닥면적의 합계}{3}[m^2]\right) = 5 + \dfrac{158}{3} = 57.66 ≒ 58[명]$

| 관련개념 | 특정소방대상물의 규모 등에 따라 고려해야 하는 수용인원

특정소방대상물	용도	수용인원의 산정
숙박 시설	침대가 있는 숙박시설	종사자수+침대수(2인용은 2개)
	침대가 없는 숙박시설	종사자수+(바닥면적 합계/3[m²])
그 외 특정소방대상물	강의실·교무실·상담실·실습실·휴게실	바닥면적 합계/1.9[m²]
	강당, 문화 및 집회시설, 운동시설, 종교시설	바닥면적 합계/4.6[m²] • 관람석의 경우: 고정식 의자수 • 긴의자의 경우: 의자 너비/0.45[m]
	그 밖의 특정소방대상물	바닥면적 합계/3[m²]

※ 계산결과 소수점 이하는 반올림

정답 54 ③ 55 ③ 56 ③

57

「위험물안전관리법령」상 위험물 중 제1석유류에 속하는 것은?

① 경유 ② 등유
③ 중유 ④ 아세톤

해설

경유, 등유는 제2석유류이고 중유는 제3석유류이다.

| 관련개념 | 제4류 위험물의 유별 분류 및 지정수량

품명		지정수량
특수인화물 (아세트알데히드, 이황화탄소, 디메틸에테르 등)		50[L]
제1석유류(휘발유, 아세톤 등)	비수용성	200[L]
	수용성	400[L]
알코올류		400[L]
제2석유류(경유, 등유 등)	비수용성	1,000[L]
	수용성	2,000[L]
제3석유류(중유, 클레오소트유 등)	비수용성	2,000[L]
	수용성	4,000[L]
제4석유류(기어유, 실린더유 등)		6,000[L]
동식물유류(아마인유 등)		10,000[L]

58

「소방시설 설치 및 관리에 관한 법령」상 특정소방대상물의 소방시설 설치의 면제기준 중 다음 (   ) 안에 알맞은 것은?

> 물분무등소화설비를 설치하여야 하는 차고·주차장에 (   )를 화재안전기준에 적합하게 설치한 경우에는 그 설비의 유효범위에서 설치가 면제된다.

① 옥내소화전설비 ② 스프링클러설비
③ 간이스프링클러설비 ④ 청정소화약제소화설비

해설

물분무등소화설비를 설치하여야 하는 차고·주차장에 스프링클러 설비를 화재안전기준에 적합하게 설치한 경우에는 그 설비의 유효범위에서 설치가 면제된다.

| 관련개념 | 유사한 소방시설의 설치면제기준

설치가 면제되는 소방시설	설치면제기준
스프링클러설비	물분무등소화설비, 자동소화장치
물분무등소화설비, 자동소화장치	차고·주차장 스프링클러설비
간이스프링클러설비	스프링클러설비, 물분무소화설비 또는 미분무소화설비
비상경보설비 또는 단독경보형 감지기	자동화재탐지설비, 화재알림설비
비상경보설비	단독경보형 감지기를 2개 이상의 단독경보형 감지기와 연동
비상방송설비	자동화재탐지설비 또는 비상경보설비와 같은 수준 이상의 음향을 발하는 장치를 부설한 방송설비

59

「소방시설 설치 및 관리에 관한 법령」상 대통령령 또는 화재안전기준이 변경되어 그 기준이 강화되는 경우 기존 특정소방대상물의 소방시설 중 강화된 기준을 설치장소와 관계없이 항상 적용하여야 하는 것은?(단, 건축물의 신축·개축·재축·이전 및 대수선 중인 특정소방대상물을 포함한다.)

① 제연설비
② 비상경보설비
③ 옥내소화전설비
④ 화재조기진압용 스프링클러설비

해설

비상경보설비는 강화된 기준을 적용해야 하는 소방시설이다.

| 관련개념 | 강화된 기준을 적용해야 하는 소방시설

- 소화기구
- 비상경보설비
- 자동화재탐지설비
- 자동화재속보설비
- 피난구조설비
- 공동구, 전력 및 통신사업용 지하구에 설치하는 소방시설
- 노유자시설에 설치하는 소방시설
- 의료시설에 설치하는 소방시설

정답 57 ④ 58 ② 59 ②

60

「소방시설 설치 및 관리에 관한 법령」상 특정소방대상물의 관계인이 특정소방대상물의 규모·용도 및 수용인원 등을 고려하여 갖추어야 하는 소방시설의 종류에 대한 기준 중 다음 ( ) 안에 알맞은 것은?

> 화재안전기준에 따라 소화기구를 설치하여야 하는 특정소방대상물은 연면적 (㉠)[m²] 이상인 것. 다만, 노유자시설의 경우에는 투척용 소화용구 등을 화재안전기준에 따라 산정된 소화기 수량의 (㉡) 이상으로 설치할 수 있다.

① ㉠ 33, ㉡ $\frac{1}{2}$
② ㉠ 33, ㉡ $\frac{1}{5}$
③ ㉠ 50, ㉡ $\frac{1}{2}$
④ ㉠ 50, ㉡ $\frac{1}{5}$

해설

화재안전기준에 따라 소화기구를 설치하여야 하는 특정소방대상물은 연면적 33[m²] 이상인 것. 다만, 노유자시설의 경우에는 투척용 소화용구 등을 화재안전기준에 따라 산정된 소화기 수량의 $\frac{1}{2}$ 이상으로 설치할 수 있다.

| 관련개념 | 소화기구를 설치하여야 하는 특정소방대상물
- 연면적 33[m²] 이상인 것. 다만, 노유자시설의 경우에는 투척용 소화용구 등을 화재안전기준에 따라 산정된 소화기 수량의 2분의 1 이상으로 설치할 수 있다.
- 위에 해당하지 않는 시설로서 가스시설, 발전시설 중 전기저장시설 및 문화재
- 터널
- 지하구

4과목 소방전기시설의 구조 및 원리

61

다음 중 공기팽창을 이용하는 방식의 차동식스포트형 감지기의 구성요소에 포함되지 않는 것은?

① 리크
② 써미스터
③ 다이어프램
④ 챔버

해설

공기팽창을 이용하는 방식의 차동식스포트형 감지기의 구성요소에 포함되지 않는 것은 써미스터이다.

| 관련개념 | 차동식스포트형 감지기의 구성요소
- 감열실(챔버): 열을 유효하게 받는 부분
- 다이어프램: 신축성이 있는 금속판으로 인청동판이나 황동판으로 제작
- 접점: 전기적 접점으로 PSG합금으로 구성
- 리크(리크공): 완만한 온도 상승 시 열의 조절을 위한 구멍(감지기의 오동작 방지)

62

누전경보기의 형식승인 및 제품검사의 기술기준에 따라 외함은 불연성 또는 난연성 재질로 만들어져야 하며, 누전경보기의 외함의 두께는 몇 [mm] 이상이어야 하는가?(단, 직접 벽면에 접하여 벽 속에 매립되는 외함의 부분은 제외한다.)

① 1
② 1.2
③ 2.5
④ 3

해설

누전경보기의 외함은 1.0[mm] 이상이어야 한다.

| 관련개념 | 외함
외함은 불연성 또는 난연성 재질로 만들어져야 하며 다음과 같아야 한다.
- 외함은 다음에 기재된 두께 이상이어야 한다.
  - 누전경보기의 외함은 1.0[mm] 이상
  - 직접 벽면에 접하여 벽 속에 매립되는 외함의 부분은 1.6[mm] 이상
- 외함(누전화재표시창, 지구창, 조작부수납용 뚜껑, 스위치의 손잡이, 발광다이오드, 지시전기계기, 각종 표시명판 등은 제외함)에 합성수지를 사용하는 경우에는 (80 ± 2)[°C]의 온도에서 열로 인한 변형이 생기지 아니하여야 하며 자기소화성이 있는 재료이어야 한다.

정답 60 ① 61 ② 62 ①

63 빈출

유도등의 형식승인 및 제품검사의 기술기준에 따른 통로유도등의 관한 설명으로 다음 (㉠), (㉡)안에 알맞은 것은?

> 통로유도등은 (㉠)바탕에 (㉡)으로 피난 방향을 표시한 등으로 해야 한다.

① ㉠ 녹색, ㉡ 백색
② ㉠ 적색, ㉡ 백색
③ ㉠ 백색, ㉡ 흑색
④ ㉠ 백색, ㉡ 녹색

해설

통로유도등은 백색 바탕에 녹색으로 피난 방향을 표시한 등으로 해야 한다.

| 관련개념 | 유도등의 표시면 색상
- 피난구유도등: 녹색바탕에 백색문자
- 통로유도등: 백색바탕에 녹색문자

64

감지기 또는 발신기로부터 발하여지는 신호를 중계기를 통하여 각 회선마다 고유의 신호로서 수신하고 화재를 수신했을 때 기록하는 부호를 보면 알 수 있도록 되어 있으며, 고유의 신호는 주로 시분할 방식의 다중통신방식을 이용하고 있기 때문에 한쌍의 전송로 경계구역마다 고유의 신호로 된 여러 경계구역의 신호를 제공할 수 있어 회선수를 줄일 수 있을 뿐 아니라 경계구역이 증가되는 경우에도 회로를 추가시킬 수 있는 장점이 있는 수신기의 종류로 알맞은 것은?

① P형 2급 수신기
② P형 1급 수신기
③ R형 수신기
④ M형 수신기

해설

R형 수신기에 대한 설명이다.

| 관련개념 | 수신기의 종류
- P형 수신기: 감지기 또는 발신기(M형 발신기 제외)로부터 발하여지는 신호를 직접 또는 중계기를 통하여 공통신호로서 수신하여 화재의 발생을 당해 소방대상물의 관계자에게 경보하여 주는 것을 말한다.
- R형 수신기: 감지기 또는 발신기(M형 발신기 제외)로부터 발하여지는 신호를 직접 또는 중계기를 통하여 고유신호로서 수신하여 화재의 발생을 당해 소방대상물의 관계자에게 경보하여 주는 것을 말한다.
- M형 수신기: M형 발신기로부터 발하여지는 신호를 수신하여 화재의 발생을 소방관서에 통보하는 것을 말한다.

65

비상조명등에 사용하는 광원용 램프는 어떤 전구이어야 하는가?(단, 광원용 램프는 백열전구를 사용하며 2개 이상의 백열전구를 병렬로 설치하여 점등하는 방식이 아닌 경우이다.)

① 단일 코일 전구
② 2중 코일 전구
③ 3중 코일 전구
④ 4중 코일 전구

해설

비상조명등에 사용하는 광원용 램프는 2중 코일 전구이다.

| 관련개념 | 비상조명등에 사용하는 광원
- 광원용 램프를 형광램프로 하는 경우에는 산업표준화법에 의한 KS규격표시품, 전기용품안전관리법에 의한 안전인증품 등 공인규격품이어야 한다.
- 광원용 램프를 백열전구로 하는 경우에는 2중 코일 전구이어야 한다. 다만, 2개 이상의 백열전구를 병렬로 설치하여 점등하는 방식의 경우에는 단일코일 전구로 할 수 있다.

66

가스누설경보기의 경보농도 시험의 범위로 이소부탄가스에 대한 부작동시험농도 (㉠)와 작동시험농도 (㉡)를 바르게 표시한 것은?

① ㉠ 0.05[%], ㉡ 0.45[%]
② ㉠ 0.15[%], ㉡ 0.55[%]
③ ㉠ 0.30[%], ㉡ 0.75[%]
④ ㉠ 0.45[%], ㉡ 0.85[%]

정답 63 ④ 64 ③ 65 ② 66 ①

해설
가스누설경보기의 경보농도 시험
가스누설경보기는 다음 표에 주어진 작동시험농도에서는 20초 이내 경보를 발하여야 하고 부작동 시험농도에서는 5분 이내에 경보를 발하지 아니하여야 한다.

탐지대상가스	시험가스	작동시험농도 [%]	부작동시험농도 [%]
액화석유가스 (LPG)	이소부탄 (또는 부탄)	0.45120	0.05
액화천연가스 (LNG)	수소	1.00	0.04
	메탄	1.25	0.05
기타가스	이소부탄	0.45	0.05
	메탄	1.25	0.05
	수소	1.00	0.04

67 빈출
집합형 누전경보기의 수신부란 무엇을 의미하는가?

① 1개 이상의 변류기를 사용하는 수신부
② 2개 이상의 변류기를 사용하는 수신부
③ 3개 이상의 변류기를 사용하는 수신부
④ 4개 이상의 변류기를 사용하는 수신부

해설
집합형 누전경보기의 수신부란 2개 이상의 변류기를 연결하여 사용하는 수신부로서 하나의 전원장치 및 음향장치 등으로 구성된 것을 말한다.

68
연기감지기 설치 시 천장 또는 반자 부근에 배기구가 있는 경우에 감지기의 설치 위치로 옳은 것은?

① 배기구가 있는 그 부근
② 배기구로부터 가장 먼 곳
③ 배기구로부터 0.6[m] 이상 떨어진 곳
④ 배기구로부터 1.5[m] 이상 떨어진 곳

해설
연기감지기 설치 시 천장 또는 반자 부근에 배기구가 있는 경우에는 그 부근에 설치한다.

| 관련개념 | 연기감지기의 설치기준
• 감지기의 부착 높이에 따라 다음 표에 따른 바닥면적마다 1개 이상으로 한다.

부착 높이	감지기의 종류	
	1종 및 2종	3종
4[m] 미만	150	50
4[m] 이상 20[m] 미만	75	설치 불가

• 감지기는 복도 및 통로에 있어서는 보행거리 30[m](3종에 있어서는 20[m])마다 1개 이상으로 한다.
• 계단 및 경사로에 있어서는 수직거리 15[m](3종에 있어서는 10[m])마다 1개 이상으로 한다.
• 천장 또는 반자가 낮은 실내 또는 좁은 실내에 있어서는 출입구의 가까운 부분에 설치한다.
• 천장 또는 반자 부근에 배기구가 있는 경우에는 그 부근에 설치한다.
• 감지기는 벽 또는 보로부터 0.6[m] 이상 떨어진 곳에 설치한다.

69
누전경보기의 변류기는 경계전로에 정격전류를 흘리는 경우 그 경계전로의 전압강하는 몇 [V] 이하이어야 하는가?(단, 경계전로의 전선을 그 변류기에 관통시키는 것은 제외한다.)

① 0.3
② 0.5
③ 1.0
④ 3.0

해설
변류기(경계전로의 전선을 그 변류기에 관통시키는 것은 제외)는 경계전로에 정격전류를 흘리는 경우 그 경계전로의 전압강하는 0.5[V] 이하이어야 한다.

정답 67 ② 68 ① 69 ②

70

비상콘센트의 배치는 아파트 또는 바닥면적이 $1,000[m^2]$ 미만인 층은 계단의 출입구로부터 몇 $[m]$ 이내에 설치해야 하는가?(단, 계단의 부속실을 포함하여 계단이 2 이상 있는 경우에는 그중 1개의 계단을 말한다.)

① 10
② 8
③ 5
④ 3

해설

비상콘센트의 배치는 아파트 또는 바닥면적이 $1,000[m^2]$ 미만인 층은 계단의 출입구로부터 $5[m]$ 이내에 설치해야 한다.

| 관련개념 | 비상콘센트 설치기준

- 바닥으로부터 높이 $0.8[m]$ 이상 $1.5[m]$ 이하의 위치에 설치할 것
- 비상콘센트의 배치
  - 아파트 또는 바닥면적이 $1,000[m^2]$ 미만인 층은 계단의 출입구(계단의 부속실을 포함하며 계단이 2 이상 있는 경우에는 그중 1개의 계단)로부터 $5[m]$ 이내에 설치
  - 바닥면적 $1,000[m^2]$ 이상인 층(아파트를 제외한다.)은 각 계단의 출입구 또는 계단부속실의 출입구(계단의 부속실을 포함하며 계단이 3개 이상 있는 층의 경우에는 그중 2개의 계단)로부터 $5[m]$ 이내에 설치
  - 비상콘센트로부터 그 층의 각 부분까지의 거리가 다음 기준을 초과하는 경우에는 그 기준 이하가 되도록 비상콘센트를 추가하여 설치할 것
    1) 지하상가 또는 지하층의 바닥면적의 합계가 $3,000[m^2]$ 이상인 것은 수평거리 $25[m]$
    2) 그 외 수평거리 $50[m]$

71

자동화재탐지설비 감지기의 구조 및 기능에 대한 설명으로 틀린 것은?

① 차동식 분포형 감지기는 그 기판면을 부착한 정위치로부터 45°를 경사시킨 경우 그 기능에 이상이 생기지 않아야 한다.
② 연기를 감지하는 감지기는 감시챔버로 1.3 ± 0.05 $[mm]$ 크기의 물체가 침입할 수 없는 구조이어야 한다.
③ 방사성 물질을 사용하는 감지기는 그 방사성 물질을 밀봉선원으로 하여 외부에서 직접 접촉할 수 없도록 하여야 한다.
④ 차동식 분포형 감지기로서 공기관식 공기관의 두께는 $0.3[mm]$ 이상, 바깥지름은 $1.9[mm]$ 이상이어야 한다.

해설

차동식 분포형 감지기의 검출부는 5° 이상 경사되지 아니하도록 부착한다.

| 관련개념 | 경사제한 각도

- 차동식 스포트형 감지기: 45° 이상
- 차동식 분포형 감지기의 검출부: 5° 이상

72

부착높이가 $6[m]$ 이고 주요구조부를 내화구조로 한 특정소방 대상물 또는 그 부분에 정온식 스포트형 감지기 특종을 설치하고자 하는 경우 바닥면적 몇 $[m^2]$ 마다 1개 이상 설치해야 하는가?

① 15
② 25
③ 35
④ 45

해설

부착높이가 $6[m]$ 이므로, $4[m]$ 이상 $8[m]$ 미만에 해당된다. 또한 내화구조이고 정온식 스포트형 감지기 특종이므로, 바닥면적 $35[m^2]$ 마다 1개 이상을 설치하여야 한다.

| 관련개념 | 정온식 스포트형 감지기의 바닥면적

부착높이 및 소방대상물의 구분		감지기의 종류		
		정온식 스포트형		
		특종	1종	2종
$4[m]$ 미만	주요구조부가 내화구조로 된 소방대상물 또는 그 부분	70	60	20
	기타 구조의 소방대상물 또는 그 부분	40	30	15
$4[m]$ 이상 $8[m]$ 미만	주요구조부가 내화구조로 된 소방대상물 또는 그 부분	35	30	–
	기타 구조의 소방대상물 또는 그 부분	25	15	–

정답 70 ③　71 ①　72 ③

73

1개층에 계단참이 4개 있을 경우 계단통로유도등은 최소 몇 개 이상 설치해야 하는가?

① 1
② 2
③ 3
④ 4

해설

1개층에 계단참이 4개 있을 경우 계단통로유도등은 최소 2개 이상 설치해야 한다.

| 관련개념 | 계단통로유도등의 설치기준

- 설치 기준: 각 층의 경사로 참 또는 계단참마다(1개 층에 경사로 참 또는 계단참이 2개 이상 있는 경우에는 2개의 계단참마다) 설치
- 설치 높이: 바닥으로부터 높이 1.0[m] 이하의 위치에 설치

74

상용전원이 서로 다른 소방시설은?

① 옥내소화전설비
② 비상방송설비
③ 비상콘센트설비
④ 스프링클러설비

해설

상용전원이 서로 다른 소방시설은 비상방송설비이다.

| 관련개념 | 소방설비의 상용전원

소방설비	상용전원	예비전원
옥내소화전설비 스프링클러설비 비상콘센트설비	저압수전인 경우에는 인입개폐기의 직후, 고압수전 또는 특고압수전인 경우에는 전력용변압기 2차측의 주차단기 1차측 또는 2차측에서 분기하여 전용배선으로 할 것	–
비상방송설비	전기가 정상적으로 공급되는 축전지, 전기저장장치 또는 교류전압의 옥내간선으로 하고, 전원까지의 배선은 전용으로 할 것	축전지설비 또는 전기저장장치: 감시상태를 60분간 지속한 후 유효하게 10분 이상 경보(수신기에 내장하는 경우를 포함)

※ 비상전원 설치대상
- 지하층을 제외한 층수가 7층 이상으로서 연면적이 2,000[m²] 이상
- 지하층의 바닥면적의 합계가 3,000[m²] 이상인 특정소방대상물

75

경계구역에 관한 다음 내용 중 ( ) 안에 맞는 것은?

> 외기에 면하여 상시 개방된 부분이 있는 차고, 주차장, 창고 등에 있어서는 외기에 면하는 각 부분으로부터 최대 ( )[m] 미만의 범위 안에 있는 부분은 자동화재탐지설비 경계구역의 면적에 산입하지 아니한다.

① 3
② 5
③ 7
④ 10

해설

외기에 면하여 상시 개방된 부분이 있는 차고, 주차장, 창고 등에 있어서는 외기에 면하는 각 부분으로부터 최대 5[m] 미만의 범위 안에 있는 부분은 자동화재탐지설비 경계구역의 면적에 산입하지 아니한다.

| 관련개념 | 기타 경계구역

- 외기에 면하여 상시 개방된 부분이 있는 차고 · 주차장 · 창고 등에 있어서는 외기에 면하는 각 부분으로부터 5[m] 미만의 범위 안에 있는 부분은 경계구역의 면적에 산입하지 아니한다.
- 스프링클러설비 · 물분무등소화설비 또는 제연설비의 화재감지장치로서 화재감지기를 설치한 경우의 경계구역은 해당 소화설비의 방사구역 또는 제연구역과 동일하게 설정할 수 있다.

76 고난도

자동화재탐지설비의 GP형 수신기에 감지기회로의 배선을 접속하려고 할 때 경계구역이 15개인 경우 필요한 공통선의 최소 개수는?

① 1
② 2
③ 3
④ 4

해설

수신기 배선

P형 수신기 및 GP형 수신기는 감지기회로의 배선에 있어서 하나의 공통선에 접속할 수 있는 경계구역은 7개 이하로 하여야 한다.

따라서 공통선의 수 $N = \dfrac{경계구역수}{7} = \dfrac{15}{7} = 2.14$이므로 최소 3개가 필요하다.

정답 73 ② 74 ② 75 ② 76 ③

77 빈출

무선통신보조설비의 화재안전성능기준(NFPC 505)에 따라 무선통신보조설비의 주회로 전원이 정상인지 여부를 확인하기 위해 증폭기의 전면에 설치하는 것은?

① 상순계
② 전류계
③ 전압계 및 전류계
④ 표시등 및 전압계

해설

무선통신보조설비의 화재안전성능기준(NFPC 505)에 따라 무선통신보조설비의 주회로 전원이 정상인지 여부를 확인하기 위해 증폭기의 전면에 설치하는 것은 표시등 및 전압계이다.

| 관련개념 | 증폭기 및 무선중계기의 설치기준

- 상용전원은 전기가 정상적으로 공급되는 축전지설비, 전기저장장치(외부전기에너지를 저장해 두었다가 필요한 때 전기를 공급하는 장치) 또는 교류전압 옥내간선으로 하고, 전원까지의 배선은 전용으로 할 것
- 증폭기의 전면에는 주회로의 전원이 정상인지의 여부를 표시할 수 있는 표시등 및 전압계를 설치할 것
- 증폭기에는 비상전원이 부착된 것으로 하고 해당 비상전원 용량은 무선통신보조설비를 유효하게 30분 이상 작동시킬 수 있는 것으로 할 것
- 증폭기 및 무선중계기를 설치하는 경우에는 적합성평가를 받은 제품으로 설치하고 임의로 변경하지 않도록 할 것
- 디지털방식의 무전기를 사용하는 데에 지장이 없도록 설치할 것

78 빈출

비상방송설비의 화재안전성능기준(NFPC 202)에 따른 용어의 정의에서 소리를 크게 하여 멀리까지 전달될 수 있도록 하는 장치로서 일명 '스피커'를 말하는 것은?

① 확성기
② 증폭기
③ 사이렌
④ 음량조절기

해설

소리를 크게 하여 멀리까지 전달될 수 있도록 하는 장치는 확성기이다.

| 관련개념 | 비상방송설비 용어의 정의

- 확성기: 소리를 크게 하여 멀리까지 전달될 수 있도록 하는 장치(스피커)
- 음량조절기: 가변저항을 이용하여 전류를 변화시켜 음량을 크게 하거나 작게 조절할 수 있는 장치
- 증폭기: 전압전류의 진폭을 늘려 감도를 좋게 하고 미약한 음성전류를 커다란 음성전류로 변화시켜 소리를 크게 하는 장치

79

비상콘센트의 배치와 설치에 대한 현장사항이 비상콘센트설비의 화재안전성능기준(NFPC 504)에 적합하지 않은 것은?

① 전원회로의 배선은 내화배선으로 되어 있다.
② 보호함에는 쉽게 개폐할 수 있는 문을 설치하였다.
③ 보호함 표면에 "비상콘센트"라고 표시한 표지를 붙였다.
④ 3상 교류 $200[V]$ 전원회로에 대해 비접지형 3극 플러그접속기를 사용하였다.

해설

비상콘센트의 플러그접속기는 접지형 2극 플러그접속기를 사용한다.

80

비상조명등의 형식 승인 및 제품검사의 기술기준에 따라 비상조명등의 일반구조로 광원과 전원부를 별도로 수납하는 구조에 대한 설명으로 틀린 것은?

① 전원함은 방폭구조로 할 것
② 배선은 충분히 견고한 것을 사용할 것
③ 광원과 전원부 사이의 배선길이는 $1[m]$ 이하로 할 것
④ 전원함은 불연재료 또는 난연재료의 재질을 사용할 것

해설

전원함은 불연재료 또는 난연재료의 재질을 사용한다.

| 관련개념 | 비상조명등의 형식승인 및 제품검사의 기술기준

광원과 전원부를 별도로 수납하는 구조인 것은 다음에 적합하여야 한다.
- 전원함은 불연재료 또는 난연재료의 재질을 사용할 것
- 광원과 전원부 사이의 배선길이는 $1[m]$ 이하로 할 것
- 배선은 충분히 견고한 것을 사용할 것

정답 77 ④ 78 ① 79 ④ 80 ①

2023년 3회 CBT 기출

1과목 소방원론

01 빈출
화재의 분류방법 중 유류화재를 나타낸 것은?

① A급 화재　　② B급 화재
③ C급 화재　　④ D급 화재

해설
유류화재는 B급 화재이다.

| 관련개념 | 화재의 종류
- 일반화재(A급)
- 유류화재(B급)
- 전기화재(C급)
- 금속화재(D급)
- 주방화재(K급)

02
다음 중 가연성 가스가 아닌 것은?

① 일산화탄소　　② 프로판
③ 아르곤　　　　④ 메탄

해설
아르곤은 불연성 가스이다.

03
알킬알루미늄 화재에 적합한 소화약제는?

① 물　　　　　② 이산화탄소
③ 팽창질석　　④ 할로겐화합물

해설
알킬알루미늄 화재에 적합한 소화약제는 팽창질석이다.

| 관련개념 | 알킬알루미늄 소화약제
- 마른 모래
- 팽창질석
- 팽창진주암

04
$0[℃]$, $1[atm]$ 상태에서 부탄(C_4H_{10}) $1[mol]$을 완전연소시키기 위해 필요한 산소의 $[mol]$ 수는?

① 2　　② 4
③ 5.5　④ 6.5

해설
부탄과 산소의 화학반응식

부탄　　산소　　이산화탄소　　물
$2C_4H_{10} + 13O_2 \rightarrow 8CO_2 + 10H_2O$
　↓　　　↓
$1[mol]$　　x

$2[mol] : 13[mol] = 1[mol] : x$
$2x = 13$
$x = \dfrac{13}{2} = 6.5[mol]$

정답 01 ②　02 ③　03 ③　04 ④

05

포소화약제의 적응성이 있는 것은?

① 칼륨 화재
② 알킬리튬 화재
③ 가솔린 화재
④ 인화알루미늄 화재

해설

포소화약제는 제4류위험물 적응소화약제이다.
① 칼륨: 제3류위험물
② 알칼리튬: 제3류위험물
③ 가솔린: 제4류위험물
④ 인화알루미늄: 제3류위험물

06

화재 시 이산화탄소를 방출하여 산소농도를 $13[vol\%]$로 낮추어 소화하기 위한 공기 중 이산화탄소의 농도는 약 몇 $[vol\%]$인가?

① 9.5
② 25.8
③ 38.1
④ 61.5

해설

계산해 보면 아래와 같다.

$$CO_2 = \frac{21-O_2}{21} \times 100 = \frac{21-13}{21} \times 100 ≒ 38.1 [vol\%]$$

| 관련개념 | 이산화탄소의 농도

$$CO_2 = \frac{21-O_2}{21} \times 100$$

여기서, CO_2: CO_2의 농도[vol%]
O_2: O_2의 농도[vol%]

07 빈출

공기와 할론 1301의 혼합기체에서 할론 1301에 비해 공기의 확산속도는 약 몇 배인가?(단, 공기의 평균분자량은 29, 할론 1301의 분자량은 149이다.)

① 2.27배
② 3.85배
③ 5.17배
④ 6.46배

해설

계산해 보면 아래와 같다.

$$\frac{V_A}{V_B} = \sqrt{\frac{M_B}{M_A}} = \sqrt{\frac{149}{29}} = 2.27배$$

| 관련개념 | 그레이엄의 확산속도 법칙

$$\frac{V_B}{V_A} = \sqrt{\frac{M_A}{M_B}}$$

여기서, V_A, V_B: 확산속도[m/s]
(V_A: 공기의 확산속도[m/s], V_B: 할론 1301의 확산속도[m/s], M_A: 공기의 분자량, M_B: 할론 1301의 분자량)

08

CF_3Br 소화약제의 명칭을 옳게 나타낸 것은?

① 할론 1011
② 할론 1211
③ 할론 1301
④ 할론 2402

해설

CF_3Br의 명칭은 할론 1301이다.

| 관련개념 | 할론소화약제의 약칭 및 분자식

종류	분자식
할론 1011	CH_2ClBr
할론 104	CCl_4
할론 1211	$CF_2ClBr(CClF_2Br)$
할론 1301	CF_3Br
할론 2402	$C_2F_4Br_2$

정답 05 ③ 06 ③ 07 ① 08 ③

09

독성이 매우 높은 가스로서 석유제품, 유지(油脂) 등이 연소할 때 생성되는 알데히 계통의 가스는?

① 시안화수소 ② 암모니아
③ 포스겐 ④ 아크롤레인

해설
아크롤레인은 독성이 매우 높은 가스로서 석유제품, 유지 등이 연소할 때 생성되는 가스이다.

10

인화성 액체의 연소점, 인화점, 발화점을 온도가 높은 것부터 옳게 나열한 것은?

① 발화점 > 연소점 > 인화점
② 연소점 > 인화점 > 발화점
③ 인화점 > 발화점 > 연소점
④ 인화점 > 연소점 > 발화점

해설
인화성 액체의 온도가 높은 순서
발화점 > 연소점 > 인화점

11 고난도

건축물의 피난·방화구조 등의 기준에 관한 규칙에 따른 철망모르타르로서 그 바름두께가 최소 몇 [cm] 이상인 것을 방화구조로 규정하는가?

① 2 ② 2.5
③ 3 ④ 3.5

해설
두께 2[cm] 이상으로 철망모르타르를 발라야 한다.

| 관련개념 | 방화구조의 기준

구조내용	기준
철망모르타르 바르기	두께 2[cm] 이상
• 석고판 위에 시멘트모르타르를 바른 것 • 회반죽을 바른 것 • 시멘트모르타르 위에 타일을 붙인 것	두께 2.5[cm] 이상
심벽에 흙으로 맞벽치기한 것	모두 해당

12

화재를 소화하는 방법 중 물리적 방법에 의한 소화가 아닌 것은?

① 억제소화 ② 제거소화
③ 질식소화 ④ 냉각소화

해설
억제소화는 화학적 방법에 의한 소화이다.

13

다음 중 분진 폭발의 위험성이 가장 낮은 것은?

① 소석회 ② 알루미늄분
③ 석탄분말 ④ 밀가루

해설
소석회는 분진 폭발 위험성이 가장 낮다.

| 관련개념 | 분진 폭발을 일으키지 않는 물질
• 시멘트
• 석회석
• 탄산칼슘($CaCO_3$)
• 생석회(CaO) = 산화칼슘

정답 09 ④ 10 ① 11 ① 12 ① 13 ①

14
건물 내 피난동선의 조건으로 옳지 않은 것은?

① 2개 이상의 방향으로 피난할 수 있어야 한다.
② 가급적 단순한 형태로 한다.
③ 통로의 말단은 안전한 장소이어야 한다.
④ 수직동선은 금하고 수평동선만 고려한다.

해설

수직동선과 수평동선을 모두 고려해야 한다.

| 관련개념 | 피난동선의 특성
- 가급적 단순형태가 좋다.
- 수평동선과 수직동선으로 구분한다.
- 가급적 상호 반대 방향으로 다수의 출구와 연결되는 것이 좋다.
- 어느 곳에서도 2개 이상의 방향으로 피난할 수 있으며, 그 말단은 화재로부터 안전한 장소이어야 한다.

15
건축물의 내화구조에서 바닥의 경우에는 철근콘크리트의 두께가 몇 [cm] 이상이어야 하는가?

① 7 ② 10
③ 12 ④ 15

해설

철골·철근콘크리트조로서 두께가 10[cm] 이상이어야 한다.

| 관련개념 | 내화구조의 기준

구분	기준
벽·바닥	철골·철근콘크리트조로서 두께가 10[cm] 이상인 것
기둥	철골을 두께 5[cm] 이상의 콘크리트로 덮은 것
보	두께 5[cm] 이상의 콘크리트로 덮은 것

16
화재하중의 단위로 옳은 것은?

① kg/m^2 ② $℃/m^2$
③ $kg·L/m^3$ ④ $℃·L/m^3$

해설

화재하중의 단위는 $[kg/m^2]$이다.

| 관련개념 | 화재하중

$$q = \frac{\sum G_t H_t}{HA} = \frac{\sum Q}{4,500A}$$

여기서, q: 화재하중$[kg/m^2]$ 또는 $[N/m^2]$
G_t: 가연물의 양$[kg]$
H_t: 가연물의 단위발열량$[kcal/kg]$
H: 목재의 단위발열량$[kcal/kg]$($4,500[kcal/kg]$)
A: 바닥면적$[m^2]$
$\sum Q$: 가연물의 전체 발열량$[kcal]$

17 빈출
유류 저장탱크의 화재에서 일어날 수 있는 현상이 아닌 것은?

① 플래시 오버(Flash Over)
② 보일 오버(Boil Over)
③ 슬롭 오버(Slop Over)
④ 후로스 오버(Froth Over)

해설

플래시 오버(Flash Over)는 건축물 내에서 발생하는 현상이다. 실내의 가연물이 연소하면서 생성되는 가연성 가스가 실내에 누적된다. 이때 폭발적으로 연소하면서 실내 전체가 순간적으로 불길에 싸이는 현상이다.

정답 14 ④ 15 ② 16 ① 17 ①

18

화재발생 시 발생하는 연기에 대한 설명으로 틀린 것은?

① 연기의 유동속도는 수평 방향이 수직 방향보다 빠르다.
② 동일한 가연물에 있어 환기지배형 화재가 연료지배형 화재에 비하여 연기발생량이 많다.
③ 고온상태의 연기는 유동확산이 빨라 화재전파의 원인이 되기도 한다.
④ 연기는 일반적으로 불완전 연소 시에 발생한 고체, 액체, 기체 생성물의 집합체이다.

해설
연기의 유동속도는 수평 방향이 수직 방향보다 느리다.

| 관련개념 | 연기의 특성
- 연기의 유동속도는 수평 방향이 수직 방향보다 느리다.
- 동일한 가연물에 있어 환기지배형 화재가 연료지배형 화재에 비하여 연기발생량이 많다.
- 고온상태의 연기는 유동확산이 빨라 화재전파의 원인이 되기도 한다.
- 연기는 일반적으로 불완전 연소 시에 발생한 고체, 액체, 기체 생성물의 집합체이다.

19 (빈출)

인화점이 $40[°C]$ 이하인 위험물을 저장, 취급하는 장소에 설치하는 전기설비는 방폭구조로 설치하는데, 용기의 내부에 기체를 압입하여 압력을 유지하도록 함으로써 폭발성가스가 침입하는 것을 방지하는 구조는?

① 압력 방폭구조 ② 유입 방폭구조
③ 안전증 방폭구조 ④ 본질안전 방폭구조

해설
압력 방폭구조에 대한 설명이다.

| 관련개념 | 방폭구조의 종류
① 압력 방폭구조: 용기 내부에 질소 등의 보호용 가스를 충전하여 외부에서 폭발성 가스가 침입하지 못하도록 한 구조
② 유입 방폭구조: 전기불꽃, 아크 또는 고온이 발생하는 부분을 기름 속에 넣어 폭발성 가스에 의해 인화가 되지 않도록 한 구조
③ 안전증 방폭구조: 기기의 정상운전 중에 폭발성 가스에 의해 점화원이 될 수 있는 전기불꽃 또는 고온이 되어서는 안 될 부분에 기계적, 전기적으로 특히 안전도를 증가시킨 구조
④ 본질안전 방폭구조: 폭발성 가스가 단선, 단락, 지락 등에 의해 발생하는 전기불꽃, 아크 또는 고온에 의하여 점화되지 않는 것이 확인된 구조

20

제2류 위험물에 해당하는 것은?

① 유황   ② 질산칼륨
③ 칼륨   ④ 톨루엔

해설
제2류 위험물에 해당하는 것은 유황이다.

| 관련개념 |
① 유황: 제2류위험물
② 질산칼륨: 제1류위험물
③ 칼륨: 제3류위험물
④ 톨루엔: 제4류위험물(제1석유류)

2과목 소방전기일반

21

어떤 전지의 부하로 $6[\Omega]$을 사용하니 $3[A]$의 전류가 흐르고, 이 부하에 직렬로 $4[\Omega]$을 연결했더니 $2[A]$가 흘렀다. 이 전지의 기전력은 몇 $[V]$인가?

① 8   ② 16
③ 24   ④ 32

해설
$E = V + Ir = IR + Ir = I(R+r)$을 이용한다.
여기서, E: 기전력[V]
　　　　V: 단자전압[V]
　　　　I: 전류[A]
　　　　r: 내부저항[Ω]
　　　　R: 외부저항[Ω]
$E = I(R+r)$
$E = 3(6+r) = 18 + 3r$ ·················· ㉠
$E = 2(6+4+r) = 2(10+r) = 20 + 2r$ ········· ㉡
∴ $r = 2[\Omega]$
㉠식에서 $r = 2$를 대입하면
$E = 18 + 3 \cdot 2 = 24[V]$

정답 18 ①　19 ①　20 ①　21 ③

22

$20[\Omega]$과 $40[\Omega]$의 병렬회로에서 $20[\Omega]$에 흐르는 전류가 $10[A]$라면, 이 회로에 흐르는 총 전류는 몇 $[A]$인가?

① 5
② 10
③ 15
④ 20

해설

$I_1 = \dfrac{R_2}{R_1 + R_2} I$ 에서 (R_1: $20[\Omega]$, R_2: $40[\Omega]$, I_1: $10[A]$)

$I_1 \dfrac{R_1 + R_2}{R_2} = I$

$I = I_1 \dfrac{R_1 + R_2}{R_2} = 10 \times \dfrac{20 + 40}{40} = 15[A]$

| 관련개념 |

• 병렬회로

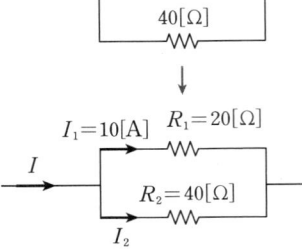

• 병렬회로에서 I_1의 전류

$I_1 = \dfrac{R_2}{R_1 + R_2} I$

여기서, I_1: R_1에 흐르는 전류[A]
I_2: R_2에 흐르는 전류[A]
R_1, R_2: 저항[Ω]
I: 전체 전류(전전류)[A]

23

$100[V]$, $1[kW]$의 니크롬선을 $\dfrac{3}{4}$의 길이로 잘라서 사용할 때 소비전력은 약 몇 $[W]$인가?

① 1,000
② 1,333
③ 1,430
④ 2,000

해설

$R = \rho \dfrac{l}{A} \propto l$ 이므로 니크롬선을 $\dfrac{3}{4}$ 길이로 자르면 저항(R')도 $\dfrac{3}{4}$으로 줄어든다. 이것을 식으로 나타내면 다음과 같다.

$R' = \dfrac{3}{4} R$

$P' = \dfrac{V^2}{R'} = \dfrac{V^2}{\dfrac{3}{4}R} = \dfrac{100^2}{\dfrac{3}{4} \times 100} \fallingdotseq 1,333[W]$

| 관련개념 |

전력 $P = VI = I^2 R = \dfrac{V^2}{R}$

여기서 P: 전력[W], V: 전압[V], I: 전류[A], R: 저항[Ω]

저항 $R = \dfrac{V^2}{P} = \dfrac{100^2}{1,000} = 10[\Omega]$

고유저항 $R = \rho \dfrac{l}{A} = \rho \dfrac{l}{\pi r^2}$

여기서, R: 저항[Ω]
ρ: 고유저항[$\Omega \cdot m$]
A: 도체의 단면적[m^2]
l: 도체의 길이[m]
r: 도체의 반지름[m]

24

그림과 같이 전류계 A_1, A_2를 접속할 경우 A_1은 $25[A]$, A_2는 $5[A]$를 지시하였다. 전류계 A_2의 내부저항은 몇 $[\Omega]$인가?

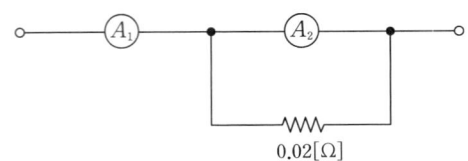

① 0.05
② 0.08
③ 0.12
④ 0.15

정답 22 ③ 23 ② 24 ②

해설

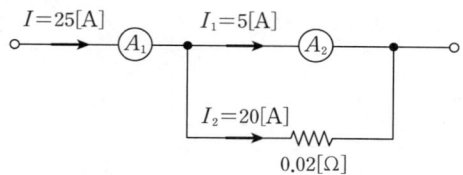

$I: 25[A]$, $I_1: 5[A]$, $R: 0.02[\Omega]$

- 전류

A_2와 $0.02[\Omega]$이 병렬회로이므로

$I = I_1 + I_2$ 에서

$I_2 = I - I_2 = 25 - 5 = 20[A]$

- 전압

$V = IR$

여기서, V: 전압[V], I: 전류[A], R: 저항[Ω]

$0.02[\Omega]$에 가해지는 전압 V는

$V = I_2 R$
$= 20 \times 0.02 = 0.4[V]$

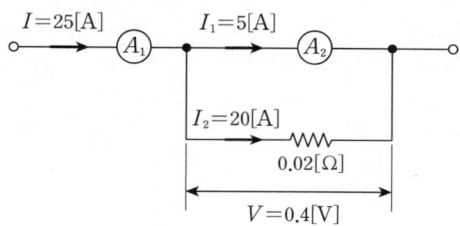

A_2의 내부저항 R은

$R = \dfrac{V}{I_1} = \dfrac{0.4}{5} = 0.08[\Omega]$

25

수신기에 내장된 축전지의 용량이 $6[Ah]$인 경우 $0.4[A]$의 부하전류로는 몇 시간 동안 사용할 수 있는가?

① 2.4시간　② 15시간
③ 24시간　④ 30시간

해설

축전기의 용량

$C = \dfrac{1}{L}KI = It$

여기서, C: 축전지용량[Ah]
　　　　L: 용량저하율(보수율)
　　　　K: 용량환산시간[h]
　　　　I: 방전전류[A]
　　　　t: 시간[h]

시간 t는 $t = \dfrac{C}{I} = \dfrac{6}{0.4} = 15[h]$

26

평행한 왕복 전선에 $10[A]$의 전류가 흐를 때 전선 사이에 작용하는 전자력$[N/m]$은?(단, 전선의 간격은 $40[cm]$이다.)

① $5 \times 10^{-5}[Nm]$, 서로 반발하는 힘
② $5 \times 10^{-5}[Nm]$, 서로 흡인하는 힘
③ $7 \times 10^{-5}[Nm]$, 서로 반발하는 힘
④ $7 \times 10^{-5}[Nm]$, 서로 흡인하는 힘

해설

$I_1 = I_2: 10[A]$, $r: 40[cm] = 0.4[m](100[cm] = 1[m])$

평행도체 사이에 작용하는 힘

$F = \dfrac{\mu_0 I_1 I_2}{2\pi r}[N/m]$

여기서, F: 평형전류의 힘[N/m]
　　　　μ_0: 진공의 투자율$(4\pi \times 10^{-7})[H/m]$
　　　　I_1, I_2: 전류[A]
　　　　r: 거리[m]

평행도체 사이에 작용하는 힘 F는 ($\mu_0: 4\pi \times 10^{-7}[H/m]$)

$F = \dfrac{\mu_0 I_1 I_2}{2\pi r}$
$= \dfrac{(4\pi \times 10^{-7}) \times 10 \times 10}{2\pi \times 0.4}$
$= 5 \times 10^{-5}[N/m]$

힘의 방향은 전류가 같은 방향이면 흡인력, 다른 방향이면 반발력이 작용한다. 평행 왕복전선은 두 전선의 전류 방향이 다른 방향이므로 반발력이 작용한다.

정답 25 ②　26 ①

27 빈출

다음과 같은 결합회로의 합성인덕턴스로 옳은 것은?

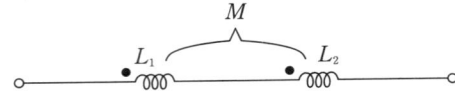

① $L_1 + L_2 + 2M$
② $L_1 + L_2 - 2M$
③ $L_1 + L_2 - M$
④ $L_1 + L_2 + M$

해설

합성인덕턴스

- 자속이 같은 방향
  $L = L_1 + L_2 + 2M\,[H]$

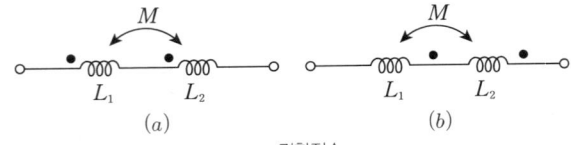

▲ 결합접속

- 자속이 반대 방향
  $L = L_1 + L_2 - 2M\,[H]$

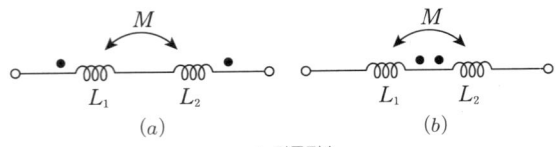

▲ 차동접속

28

$5\,[\Omega]$의 저항과 $2\,[\Omega]$의 유도성 리액턴스를 직렬로 접속한 회로에 $5\,[A]$의 전류를 흘렸을 때 이 회로의 복소전력(VA)은?

① $25 + j10$
② $10 + j25$
③ $125 + j50$
④ $50 + j125$

해설

$R: 5\,[\Omega]$, $X_L: 2\,[\Omega]$, $I: 5\,[A]$
회로로 바꾸면

```
    I      R      X_L
   5[A]   5[Ω]   2[Ω]
   →────/\/\/\──⁀⁀⁀⁀──
```

- 전압
  $V = IZ - I(R + X_L)$
  여기서, V: 전압[VA]
  I: 전류[A]
  Z: 임피던스[Ω]
  R: 저항[Ω]
  X_L: 유도리액턴스[Ω]

전압 V는
$V = I(R + X_L) = 5(5 + j2) = 25 + j10\,[V]$

- 복소전력
  $P = V\overline{I}$
  여기서, P: 복소전력[VA]
  V: 전압[V]
  $\overline{I}$: 허수에 반대 부호를 취한 전류[A]

복소전력 $P = V\overline{I}$
$= (25 + j10) \times 5$
$= 125 + j50 = 125 + j50\,[VA]$

29 고난도

그림과 같은 회로에서 각 계기의 지시값이 ⓥ는 $180\,[V]$, ⓐ는 $5\,[A]$, W는 $720\,[W]$라면 이 회로의 무효전력[Var]은?

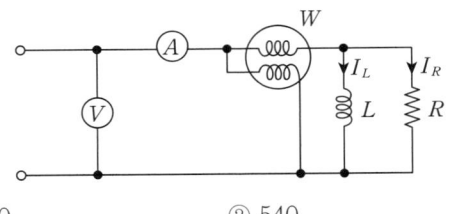

① 480
② 540
③ 960
④ 1,200

정답 27 ①   28 ③   29 ②

> 해설

피상전력

$P_a = VI = \sqrt{P^2 + P_r^2} = I^2 Z$

여기서, P_a: 피상전력[VA]
  V: 전압[V]
  I: 전류[A]
  P: 유효전력[W]
  P_r: 무효전력[Var]
  Z: 임피던스[Ω]

피상전력 P_a는

$P_a = VI = 180 \times 5 = 900$[VA]

$P_a = \sqrt{P^2 + P_r^2}$ 에서

$P_a^2 = (\sqrt{P^2 + P_r^2})^2$

$P_a^2 = P^2 + P_r^2$

$P_a^2 - P^2 = P_r^2$

$P_r^2 = P_a^2 - P^2$

$\sqrt{P_r^2} = \sqrt{P_a^2 - P^2}$

$P_r = \sqrt{P_a^2 - P^2}$

무효전력 P_r

$P_r = \sqrt{P_a^2 - P^2}$
  $= \sqrt{900^2 - 720^2} = 540$[Var]

30

다음의 논리식 중 틀린 것은?

① $(\overline{A}+B) \cdot (A+B) = B$
② $(A+B) \cdot \overline{B} = A\overline{B}$
③ $\overline{AB+AC} + \overline{A} = \overline{A} + \overline{BC}$
④ $\overline{(\overline{A}+B)+CD} = A\overline{B}(C+D)$

> 해설

④를 계산하면 아래와 같다.

$\overline{(\overline{A}+B)+CD} = \overline{\overline{A}+B} \cdot (\overline{C+D})$
  $= A \cdot \overline{B} \cdot (\overline{C+D})$
  $= A\overline{B}(\overline{C}+\overline{D})$

31 빈출

그림과 같은 블록선도에서 출력 C(s)는?

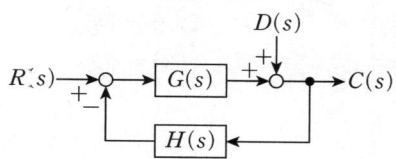

① $\dfrac{G(s)}{1+G(s)H(s)} R(s) + \dfrac{G(s)}{1+G(s)H(s)} D(s)$

② $\dfrac{-}{1+G(s)H(s)} R(s) + \dfrac{1}{1+G(s)H(s)} D(s)$

③ $\dfrac{G(s)}{1+G(s)H(s)} R(s) + \dfrac{1}{1+G(s)H(s)} D(s)$

④ $\dfrac{1}{1+G(s)H(s)} R(s) + \dfrac{G(s)}{1+G(s)H(s)} D(s)$

> 해설

계산해 보면 아래와 같다.

$RG + D - CHG = C$
$RG + D = C + CHG$
$C + CHG = RG + D$
$C(1+HG) = RG + D$
$C = \dfrac{RG+D}{1+HG}$
  $= \dfrac{RG}{1+HG} - \dfrac{D}{1+HG}$
  $= \dfrac{G}{1+HG} R + \dfrac{1}{1+HG} D$
  $= \dfrac{G}{1+GH} R + \dfrac{1}{1+GH} D$
  $= \dfrac{G(s)}{1+G(s)H(s)} R(s) + \dfrac{1}{1+G(s)H(s)} D(s)$

정답 30 ④ 31 ③

32 빈출

다음 중 직류전동기의 제동법이 아닌 것은?

① 회생제동 ② 정상제동
③ 발전제동 ④ 역전제동

해설

정상제동은 직류전동기의 제동법이 아니다.

| 관련개념 | **직류전동기의 제동법**
- 발전제동: 직류전동기를 발전기로 하고 운동에너지를 저항기 속에서 열로 바꾸어 제동하는 방법
- 역전제동: 운전 중에 전동기의 전기자를 반대로 전환하여 역방향의 토크를 발생시켜 급속히 제동하는 방법
- 회생제동: 전동기를 발전기로 하고 그 발생전력을 전원으로 회수하여 효율을 좋게 제어하는 방법

33

인덕턴스가 $0.5[\mathrm{H}]$인 코일의 리액턴스가 $753.6[\Omega]$일 때 주파수는 약 몇 $[\mathrm{Hz}]$인가?

① 120 ② 240
③ 360 ④ 480

해설

유도리액턴스 $X_L = \omega L = 2\pi f L \,[\Omega]$

여기서, X_L: 유도리액턴스$[\Omega]$
ω: 각주파수$[\mathrm{rad/s}]$
L: 인덕턴스$[\mathrm{H}]$
f: 주파수$[\mathrm{Hz}]$

주파수 f는

$$f = \frac{X_L}{2\pi L} = \frac{753.6}{2\pi \times 0.5} \fallingdotseq 240\,[\mathrm{Hz}]$$

34

평형 3상 부하의 선간전압이 $200[\mathrm{V}]$, 전류가 $10[\mathrm{A}]$, 역률이 $70.7[\%]$일 때 무효전력은 약 몇 $[\mathrm{var}]$인가?

① 2,880 ② 2,450
③ 2,000 ④ 1,410

해설

$V_l: 200[\mathrm{V}]$, $I_l: 10[\mathrm{A}]$, $\cos\theta: 70.7[\%] = 0.707$

- 무효율
$\cos\theta^2 + \sin\theta^2 = 1$
여기서, $\cos\theta$: 역률, $\sin\theta$: 무효율
$\sin\theta^2 = 1 - \cos\theta^2$
$\sqrt{\sin\theta^2} = \sqrt{1-\cos\theta^2}$
$\sin\theta = \sqrt{1-\cos\theta^2} = \sqrt{1-0.707^2} \fallingdotseq 0.707$

- 3상 무효전력
$\cos\theta^2 + \sin\theta^2 = 1$
여기서, P_{Var}: 3상 무효전력$[\mathrm{W}]$
V_P, I_P: 상전압$[\mathrm{V}]$, 상전류$[\mathrm{A}]$
V_l, V_l: 선간전압$[\mathrm{V}]$, 선전류$[\mathrm{A}]$
R: 저항$[\Omega]$

- 3상 무효전력 P_{Var}는
$P_{\mathrm{Var}} = \sqrt{3}\,V_l I_l \sin\theta$
$\sqrt{3} \times 200 \times 10 \times 0.707 \fallingdotseq 2{,}450\,[\mathrm{Var}]$

35

최고 눈금 $50[\mathrm{mV}]$, 내부저항이 $100[\Omega]$인 직류 전압계에 $1.2[\mathrm{m}\Omega]$의 배율기를 접속하면 측정할 수 있는 최대 전압은 약 몇 $[\mathrm{V}]$인가?

① 3 ② 60
③ 600 ④ 1,200

해설

- $V: 50[\mathrm{mV}] = 50 \times 10^{-3}[\mathrm{V}]\,(1[\mathrm{mV}] = 10^{-3}[\mathrm{V}])$
- $R_v: 100[\Omega]$
- $R_m: 1.2[\mathrm{m}\Omega] = 1.2 \times 10^6[\Omega]\,(1[\mathrm{m}\Omega] = 10^6[\Omega])$

배율기

$V_0 = V\left(1 + \dfrac{R_m}{R_v}\right)[\mathrm{V}]$

여기서, V_0: 측정하고자 하는 전압$[\mathrm{V}]$
V: 전압계의 최대눈금$[\mathrm{V}]$
R_v: 전압계의 내부저항$[\Omega]$
R_m: 배율기저항$[\Omega]$

$V_0 = V\left(1 + \dfrac{R_m}{R_v}\right)$
$= (50 \times 10^{-3}) \times \left(1 + \dfrac{1.2 \times 10^6}{100}\right) \fallingdotseq 600\,[\mathrm{V}]$

정답 32 ②　33 ②　34 ②　35 ③

36

RLC 직렬공진회로에서 제n 고조파의 공진주파수(fn)는?

① $\dfrac{1}{2\pi n \sqrt{LC}}$　　② $\dfrac{1}{\pi n \sqrt{LC}}$

③ $\dfrac{1}{2\pi \sqrt{nLC}}$　　④ $\dfrac{n}{2\pi \sqrt{LC}}$

해설

제n고조파의 공진주파수

$f_n = \dfrac{1}{2\pi n \sqrt{LC}}$ [Hz]

여기서, f_n: 제n고조파의 공진주파수[Hz]
　　　　n: 제n고조파
　　　　K: 인덕턴스[H]
　　　　C: 정전용량[F]

정전용량=커패시턴스

37 빈출

메거(megger)는 어떤 저항을 측정하기 위한 장치인가?

① 절연저항　　② 접지저항
③ 전지의 내부저항　　④ 궤조저항

해설

메거는 절연저항을 측정하는 계측기이다.

| 관련개념 | 계측기

- 메거: 절연저항 측정
- 어스테스터: 접지저항 측정
- 콜라우시브리지: 전지(축전지)의 내부저항 측정
- 휘트스톤브리지: 0.5~10^5 [Ω]의 중저항 측정

38

다이오드를 사용한 정류회로에서 과전압 방지를 위한 대책으로 가장 알맞은 것은?

① 다이오드를 직렬로 추가한다.
② 다이오드를 병렬로 추가한다.
③ 다이오드의 양단에 적당한 값의 저항을 추가한다.
④ 다이오드의 양단에 적당한 값의 콘덴서를 추가한다.

해설

과전압을 방지하기 위하여 다이오드를 직렬로 추가한다.

| 관련개념 | 다이오드 접속

- 직렬접속: 과전압으로부터 보호

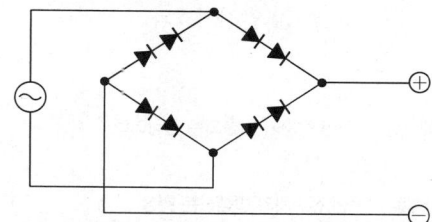

- 병렬접속: 과전류로부터 보호

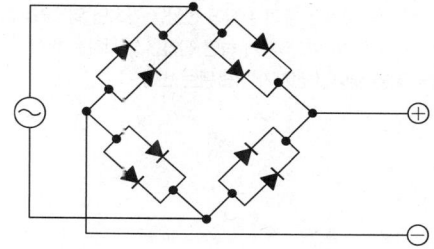

39

다음과 같은 회로에서 a − b 간의 합성저항은 몇 [Ω]인가?

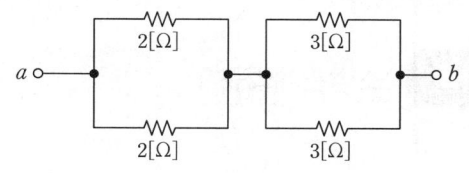

① 2.5　　② 5
③ 7.5　　④ 10

해설

계산해 보면 아래와 같다.

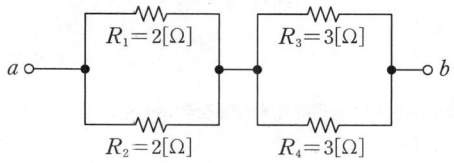

합성저항 $R_{a-b} = \dfrac{R_1 \times R_2}{R_1 + R_2} + \dfrac{R_3 \times R_4}{R_3 + R_4}$

$= \dfrac{2\times 2}{2+2} + \dfrac{3\times 3}{3+3} = 2.5$ [Ω]

정답 36 ①　37 ①　38 ①　39 ①

40
반도체에 빛을 쬐이면 전자가 방출되는 현상은?

① 홀효과
② 광전효과
③ 펠티어효과
④ 압전기효과

해설

광전효과는 반도체에 빛을 쬐이면 전자가 방출되는 현상이다.

| 관련개념 |
- 홀효과: 도체에 자계를 가하면 전위차가 발생하는 현상
- 펠티어효과: 두 종류의 금속으로 폐회로를 만들어 전류를 흘리면 양 접속점에서 한쪽은 온도가 올라가고, 다른 쪽은 온도가 내려가는 현상
- 압전기효과: 수정, 전기석, 로셀염 등의 결정에 전압을 가하면 일그러짐이 생기고, 반대로 압력을 가하여 일그러지게 하면 전압을 발생하는 현상
- 광전효과: 반도체에 빛을 쬐이면 전자가 방출되는 현상

3과목 소방관계법규

41
다음 중 위험물 탱크 안전성능시험자로 등록하기 위하여 갖추어야 할 사항에 포함되지 않는 것은?

① 자본금
② 기술능력
③ 시설
④ 장비

해설

위험물 탱크 안전성능시험자로 등록하기 위하여 갖추어야 할 사항에 포함되지 않는 것은 자본금이다.

| 관련개념 | **탱크시험자의 등록신청 등**
- 기술능력자 연명부 및 기술자격증
- 안전성능시험장비의 명세서
- 보유장비 및 시험방법에 대한 기술검토를 기술원으로부터 받은 경우에는 그에 대한 자료
- 「원자력안전법」에 따른 방사성동위원소이동사용허가증 또는 방사선발생장치이동사용허가증의 사본 1부
- 사무실의 확보를 증명할 수 있는 서류

42
화재, 재난·재해, 그 밖의 위급한 상황이 발생한 현장에서 소방활동을 위하여 필요할 때에는 그 관할구역에 사는 사람 또는 그 현장에 있는 사람으로 하여금 사람을 구출하는 일 또는 불을 끄거나 불이 번지지 아니하도록 하는 일을 하게 명령할 수 있는 권한이 없는 사람은?

① 소방본부장
② 소방서장
③ 소방대장
④ 시도지사

해설

사람을 구출하는 일 또는 불을 끄거나 불이 번지지 아니하도록 하는 일을 하게 명령할 수 있는 권한이 있는 사람은 소방본부장, 소방서장, 소방대장이다.

| 관련개념 | **소방활동 종사 명령**
- 소방활동 종사 명령권자: 소방본부장, 소방서장, 소방대장
- 소방활동 종사 명령권자의 조치: 소방활동에 필요한 보호장구를 지급하는 등 안전을 위한 조치
- 시도지사: 소방활동 종사자의 활동비용지급
  - 비용의 지급: 시·도지사
  - 지급 예외
    1) 해당 소방대상물의 관계인
    2) 고의나 과실로 화재 또는 구조·구급 활동이 필요한 상황의 원인 제공자
    3) 화재 또는 구조·구급 현장에서 물건을 가져간 절도 행위자

43
위험물운송자 자격을 취득하지 아니한 자가 위험물 이동탱크저장소 운전 시의 벌칙으로 옳은 것은?

① 100만 원 이하의 벌금
② 300만 원 이하의 벌금
③ 500만 원 이하의 벌금
④ 1,000만 원 이하의 벌금

해설

위험물운송자 자격을 취득하지 아니한 자가 위험물 이동탱크저장소 운전 시 1,000만 원 이하의 벌금에 처할 수 있다.

정답 40 ② 41 ① 42 ④ 43 ④

| 관련개념 | 위험물안전관리법(1천만 원 이하의 벌금)
- 위험물의 취급에 관한 안전관리와 감독을 하지 아니한 자
- 안전관리자 또는 그 대리자가 참여하지 아니한 상태에서 위험물을 취급한 자
- 변경한 예방규정을 제출하지 아니한 관계인으로서 제조소 등의 설치 규정에 따른 허가를 받은 자
- 위험물의 운반에 관한 중요기준에 따르지 아니한 자
- 자격요건을 갖추지 아니한 위험물운반자
- 감독지원과 주의의무 위반한 위험물운송자
- 관계인의 정당한 업무를 방해하거나 출입·검사 등을 수행하면서 알게 된 비밀을 누설한 자

44 빈출

소방대상물의 방염 등과 관련하여 방염성능기준은 무엇으로 정하는가?

① 대통령령
② 행정안전부령
③ 소방청훈령
④ 소방청예규

해설

소방대상물의 방염 등과 관련하여 방염성능기준은 대통령령으로 정한다.

| 관련개념 | 소방시설설치 및 관리에 관한 법률
- 특정소방대상물의 실내장식을 목적으로 부착하는 물품 방염: 대통령령
- 방염성능검사의 방법과 검사 결과에 따른 합격 표시: 행정안전부령

45 고난도

다음 중 중급기술자의 학력·경력자에 대한 기준으로 옳은 것은?(단, "학력·경력자"란 고등학교·대학 또는 이와 같은 수준 이상의 교육기관의 소방 관련학과의 정해진 교육과정을 이수하고 졸업하거나 그 밖의 관계법령에 따라 국내 또는 외국에서 이와 같은 수준 이상의 학력이 있다고 인정되는 사람을 말한다.)

① 고등학교를 졸업 후 12년 이상 소방 관련 업무를 수행한 자
② 학사학위를 취득한 후 5년 이상 소방 관련 업무를 수행한 자
③ 석사학위를 취득한 후 3년 이상 소방 관련 업무를 수행한 자
④ 박사학위를 취득한 후 1년 이상 소방 관련 업무를 수행한 자

해설

중급기술자의 학력·경력자에 대한 기준은 학사학위를 취득한 후 5년 이상 소방 관련 업무를 수행한 자이다.

| 관련개념 | 학력 경력등에 따른 기술등급(2025.1.23. 개정변경)

등급	학력·경력자	경력자
특급 기술자	• 박사학위를 취득한 후 3년 이상 소방 관련 업무를 수행한 사람 • 석사학위를 취득한 후 7년 이상 소방 관련 업무를 수행한 사람 • 학사학위를 취득한 후 11년 이상 소방 관련 업무를 수행한 사람 • 전문학사학위를 취득한 후 15년 이상 소방 관련 업무를 수행한 사람	–
고급 기술자	• 박사학위를 취득한 후 1년 이상 소방 관련 업무를 수행한 사람 • 석사학위를 취득한 후 4년 이상 소방 관련 업무를 수행한 사람 • 학사학위를 취득한 후 7년 이상 소방 관련 업무를 수행한 사람 • 전문학사학위를 취득한 후 10년 이상 소방 관련 업무를 수행한 사람 • 고등학교 소방학과를 졸업한 후 13년 이상 소방 관련 업무를 수행한 사람 • 고등학교를 졸업한 후 15년 이상 소방 관련 업무를 수행한 사람	• 학사 이상의 학위를 취득한 후 12년 이상 소방 관련 업무를 수행한 사람 • 전문학사학위를 취득한 후 15년 이상 소방 관련 업무를 수행한 사람 • 고등학교를 졸업한 후 18년 이상 소방 관련 업무를 수행한 사람 • 22년 이상 소방 관련 업무를 수행한 사람
중급 기술자	• 박사학위를 취득한 사람 • 석사학위를 취득한 후 2년 이상 소방 관련 업무를 수행한 사람 • 학사학위를 취득한 후 5년 이상 소방 관련 업무를 수행한 사람 • 전문학사학위를 취득한 후 8년 이상 소방 관련 업무를 수행한 사람 • 고등학교 소방학과를 졸업한 후 10년 이상 소방 관련 업무를 수행한 사람 • 고등학교를 졸업한 후 12년 이상 소방 관련 업무를 수행한 사람	• 학사 이상의 학위를 취득한 후 9년 이상 소방 관련 업무를 수행한 사람 • 전문학사학위를 취득한 후 12년 이상 소방 관련 업무를 수행한 사람 • 고등학교를 졸업한 후 15년 이상 소방 관련 업무를 수행한 사람 • 18년 이상 소방 관련 업무를 수행한 사람
초급 기술자	• 석사 또는 학사학위를 취득한 사람 • 「고등교육법 시행령」에 따라 소방안전관리학과에 해당하는 학과를 졸업한 사람 • 전문학사학위를 취득한 후 2년 이상 소방 관련 업무를 수행한 사람 • 고등학교 소방학과를 졸업한 후 3년 이상 소방 관련 업무를 수행한 사람 • 고등학교를 졸업한 후 5년 이상 소방 관련 업무를 수행한 사람	• 학사 이상의 학위를 취득한 후 3년 이상 소방 관련 업무를 수행한 사람 • 전문학사학위를 취득한 후 5년 이상 소방 관련 업무를 수행한 사람 • 고등학교를 졸업한 후 7년 이상 소방 관련 업무를 수행한 사람 • 9년 이상 소방 관련 업무를 수행한 사람

정답 44 ① 45 ②

46

소방시설 설치 및 관리에 관한 법률상 특정소방대상물 중 오피스텔은 어느 시설에 해당하는가?

① 숙박시설 ② 일반업무시설
③ 공동주택 ④ 근린생활시설

해설

오피스텔은 특정소방대상물 중 일반업무시설로 구분한다.

| 관련개념 | 소방시설 설치 및 관리에 관한 법률 시행령(특정소방대상물)
- 공공업무시설: 국가 또는 지방자치단체의 청사와 외국공관의 건축물(근린생활시설에 해당하는 것은 제외)
- 일반업무시설: 금융업소, 사무소, 신문사, 오피스텔(근린생활시설에 해당하는 것은 제외)
- 주민자치센터(동사무소), 경찰서, 지구대, 파출소, 소방서, 119안전센터, 우체국, 보건소, 공공도서관, 국민건강보험공단
- 마을회관, 마을공동작업소, 마을공동구판장
- 변전소, 양수장, 정수장, 대피소, 공중화장실

47

위험물안전관리법상 제6류 위험물에 속하지 않는 것은?

① 과염소산 ② 과염소산 염류
③ 질산 ④ 과산화수소

해설

과염소산염류는 제1류 산화성고체이다.

| 관련개념 | 위험물 및 지정수량

위험물			지정수량	위험등급
유별	성질	품명		
제6류	산화성 액체	1. 과염소산	300[kg]	I
		2. 과산화수소(36[wt%] 이상인 것)	300[kg]	
		3. 질산(비중이 1.49 이상인 것)	300[kg]	
		4. 그 밖에 행정안전부령으로 정하는 것	300[kg]	
		5. 제1호 내지 제4호의 1에 해당하는 어느 하나 이상을 함유한 것	300[kg]	

48 빈출

화재의 예방 및 안전관리에 관한 법률에서 특정소방대상물의 관계인이 수행해야 하는 소방안전관리 업무가 아닌 것은?

① 소방훈련의 지도·감독
② 화기취급의 감독
③ 피난시설, 방화구획 및 방화시설의 관리
④ 소방시설이나 그 밖의 소방 관련 시설의 관리

해설

소방·훈련의 지도감독은 특정소방대상물의 관계인이 수행해야 하는 소방안전관리업무에 해당하지 않는다.

| 관련개념 | 특정소방대상물의 소방안전관리
- 피난계획에 관한 사항과 소방계획서의 작성 및 시행
- 자위소방대 및 초기대응체계의 구성, 운영 및 교육
- 피난시설, 방화구획 및 방화시설의 관리
- 소방시설이나 그 밖의 소방 관련 시설의 관리
- 소방훈련 및 교육
- 화기 취급의 감독
- 소방안전관리에 관한 업무수행에 관한 기록·유지
- 화재발생 시 초기대응
- 그 밖에 소방안전관리에 필요한 업무

※ 소방청장은 자위소방대 및 초기대응체계의 구성, 운영 및 교육, 초기대응체계의 편성운영 등에 지침을 배포하고 소방본부장 또는 소방서장은 소방관리자가 해당지침을 준수하도록 지도할 수 있다.
  소방훈련 및 교육 실시결과의 제출: 30일 이내 소방본부장, 소방서장

정답 46 ② 47 ② 48 ①

49

소방시설공사업법상 특정소방대상물의 관계인 또는 발주자가 해당 도급계약의 수급인을 도급계약 해지할 수 있는 경우의 기준 중 틀린 것은?

① 하도급계약의 적정성 심사 결과 하수급인 또는 하도급계약 내용의 변경 요구에 정당한 사유 없이 따르지 아니하는 경우
② 정당한 사유 없이 15일 이상 소방시설공사를 계속하지 아니하는 경우
③ 소방시설업이 등록 취소되거나 영업 정지된 경우
④ 소방시설업을 휴업하거나 폐업한 경우

해설

정당한 사유 없이 30일 이상 소방시설공사를 계속하지 아니하는 경우에 도급계약을 해지할 수 있다.

| 관련개념 | 도급계약의 해지

- 소방시설업이 등록취소되거나 영업정지된 경우
- 소방시설업을 휴업하거나 폐업한 경우
- 정당한 사유 없이 30일 이상 소방시설공사를 계속하지 아니하는 경우
- 적정성 심사에 따른 수급인에 대하여 하수급인 또는 하도급 계약 내용의 변경 요구에 정당한 사유 없이 따르지 아니하는 경우

50

위험물안전관리법상 인화성액체 위험물(이황화탄소 제외)의 옥외탱크저장소의 탱크 주위에 설치하여야 하는 방유제의 기준으로 틀린 것은?

① 방유제 내의 면적은 $60,000[m^2]$ 이하로 하여야 한다.
② 방유제는 높이 $0.5[m]$ 이상 $3[m]$ 이하, 두께 $0.2[m]$ 이상, 지하매설깊이 $1[m]$ 이상으로 할 것. 다만, 방유제와 옥외저장탱크 사이의 지반면 아래에 불침윤성 구조물을 설치하는 경우에는 지하매설깊이를 해당 불침윤성 구조물까지로 할 수 있다.
③ 방유제의 용량은 방유제 안에 설치된 탱크가 하나인 때에는 그 탱크 용량의 $110[\%]$ 이상, 2기 이상인 때에는 그 탱크 중 용량이 최대인 것의 용량의 $110[\%]$ 이상으로 하여야 한다.
④ 방유제는 철근콘크리트로 하고, 방유제와 옥외저장탱크 사이의 지표면은 불연성과 불침윤성이 있는 구조(철근콘크리트 등)로 할 것. 다만, 누출된 위험물을 수용할 수 있는 전용유조 및 펌프 등의 설비를 갖춘 경우에는 방유제와 옥외저장탱크 사이의 지표면을 흙으로 할 수 있다.

해설

방유제 내의 면적은 $80,000[m^2]$ 이하로 하여야 한다.

| 관련개념 | 위험물안전관리법 시행규칙

- 재질: 철근콘크리트, 철골철근콘크리트, 흙담
- 높이: $0.5[m]$ 이상, $3[m]$ 이하
- 두께: $0.2[m]$ 이상
- 깊이: $1[m]$ 이상
- 계단: 높이 $1[m]$ 이상 방유제에는 $50[m]$ 간격으로 설치
- 면적: $80,000[m^2]$ 이하
- 탱크의 기수: 10기 이하
- 방유제와 탱크 측면과의 상호거리
  - 탱크지름 $15[m]$ 미만: 탱크 높이의 1/3 이상
  - 탱크지름 $15[m]$ 이상: 탱크 높이의 1/2 이상
  - 인화점 200 ℃ 이상 탱크: 해당 없음
- 용량

구분	제조소(지정수량 1/5 이하의 것은 제외)		저장소
	옥내탱크제조소의 방유턱	옥외탱크제조소의 방유제 인화성액체 위험물(CS_2 제외)	옥외탱크저장소의 방유제
탱크 1기	탱크 용량의 $100[\%]$	탱크 용량의 $50[\%]$ 이상	탱크 용량의 $110[\%]$ 이상
탱크 2기 이상	최대 탱크 용량의 $100[\%]$	최대 탱크 용량의 $50[\%]$ 이상 + 나머지 탱크 용량의 $10[\%]$	최대 탱크 용량의 $110[\%]$ 이상

정답 49 ② 50 ①

51

소방기본법령상 시장지역에서 화재로 오인할 만한 우려가 있는 불을 피우거나 연막소독을 하려는 자가 신고를 하지 아니하여 소방자동차를 출동하게 한 자에 대한 과태료 부과·징수권자는?

① 국무총리
② 시·도지사
③ 행정안전부 장관
④ 소방본부장 또는 소방서장

해설

화재로 오인할 만한 우려가 있는 불을 피우거나 연막소독을 하려는 자가 신고를 하지 아니하여 소방자동차를 출동하게 한 자에 대한 과태료 부과·징수권자는 소방본부장 또는 소방서장이다.

| 관련개념 | 신고를 하지 아니하여 소방자동차를 출동하게 한 자(20만 원 이하의 과태료)

다음 각 호의 지역 또는 장소에서 화재로 오인할 만한 우려가 있는 불을 피우거나 연막소독 등에 있어 신고를 하지 아니하여 소방자동차를 출동하게 한 자
- 시장지역
- 공장·창고가 밀집한 지역
- 목조건물이 밀집한 지역
- 위험물의 저장 및 처리시설이 밀집한 지역
- 석유화학제품을 생산하는 공장이 있는 지역
- 그 밖에 시·도의 조례로 정하는 지역 또는 장소

과태료	500만 원 이하	200만 원 이하	100만 원 이하	20만 원 이하
근거	대통령령			조례
부과·징수권	시·도지사, 소방본부장 또는 소방서장			소방본부장 또는 소방서장
부과대상	화재·구조·구급 허위신고	설치명령 위반	전용구역 주차, 방해	화재오인 소방자동차 출동
		특수가연물 취급기준 위반		
		119청소년단, 소방안전원 명칭사칭 및 유사명칭 사용		
		소방활동구역 출입제한위반		

52

화재의 예방 및 안전관리에 관한 법률상 옮긴 물건의 보관 기간은 소방본부 또는 소방관서의 인터넷 홈페이지에 공고하는 기간의 종료일 다음 날로부터 며칠로 하는가?

① 3
② 4
③ 5
④ 7

해설

옮긴 물건의 보관 기간은 소방본부 또는 소방관서의 인터넷 홈페이지에 공고하는 기간의 종료일 다음 날로부터 7일까지로 한다.

| 관련개념 | 화재의 예방조치
- 예방조치 명령권: 소방본부장, 소방서장
- 명령대상
  - 화재예방상 위험하다 인정되는 행위자
  - 소화활동에 지장을 주는 물건의 소유·관리·점유자
- 예방조치명령
  모닥불, 흡연, 화기(火氣) 취급, 풍등 등 소형 열기구 날리기, 용접 용단 등 불꽃을 발생시키는 행위, 그 밖에 화재 예방상 위험하다고 인정되는 행위의 금지 또는 제한
- 옮긴 물건의 조치
  - 게시판공고기간: 14일
  - 공고후 보관기간: 7일
  - 보관기간 종료후: 매각 또는 폐기

53 빈출

화재의 예방 및 안전관리에 관한 법률 상 시·도지사가 화재예방강화지구로 지정할 필요가 있는 지역을 화재예방강화지구로 지정하지 아니하는 경우 해당 시·도지사에게 해당 지역의 화재예방강화지구 지정을 요청할 수 있는 자는?

① 시·도지사
② 행정안전부 장관
③ 국무총리
④ 소방청장

해설

시·도지사가 화재예방강화지구(화재경계지구)로 지정할 필요가 있는 지역을 화재예방강화지구로 지정하지 아니하는 경우 소방청장은 해당 시·도지사에게 해당 지역의 화재예방강화지구 지정을 요청할 수 있다.

정답 51 ④ 52 ④ 53 ④

| 관련개념 |
- 화재예방강화지구(화재경계지구) 지정권: 시 · 도지사
- 화재예방강화지구(화재경계지구) 지정대상
  화재가 발생할 우려가 높거나 화재가 발생하는 경우 그로 인하여 피해가 클 것으로 예상되는 지역으로 다음의 지역
  ① 시장지역
  ② 공장 · 창고가 밀집한 지역
  ③ 목조건물이 밀집한 지역
  ④ 위험물의 저장 및 처리 시설이 밀집한 지역
  ⑤ 석유화학제품을 생산하는 공장이 있는 지역
  ⑥ 산업입지 및 개발에 관한 법률에 따른 산업단지
  ⑦ 소방시설 · 소방용수시설 또는 소방출동로가 없는 지역
  ⑧ 물류단지
  ⑨ 그 밖에 ①~⑦에 준하는 지역으로서 소방청장 · 소방본부장 또는 소방서장이 화재 경계지구로 지정할 필요가 있다고 인정하는 지역
- 화재예방강화지구(화재경계지구)의 지정요청
  시 · 도지사가 화재예방강화지구(화재경계지구)로 지정할 필요가 있는 지역을 화재예방강화지구로 지정하지 아니하는 경우 소방청장은 해당 시 · 도지사에게 해당 지역의 화재예방강화지구 지정을 요청할 수 있다.

54
소방기본법상 출동한 소방대원에게 폭행 또는 협박을 행사하여 화재진압 및 인명구조 · 구급 등 소방활동을 방해한 행위를 한 사람에 대한 벌칙 기준은?

① 200만 원 이하의 벌금
② 300만 원 이하의 벌금
③ 3년 이하의 징역 또는 1,500만 원 이하의 벌금
④ 5년 이하의 징역 또는 5,000만 원 이하의 벌금

[해설]
출동한 소방대원에게 폭행 또는 협박을 행사하여 화재진압 및 인명구조 · 구급 등 소방활동을 방해한 경우 5년 이하의 징역 또는 5천만 원 이하의 벌금에 처한다.

| 관련개념 | 5년 이하의 징역 또는 5천만 원 이하의 벌금
- "정당한 사유 없이 출동한 소방대의 화재진압 및 인명구조 · 구급 등 소방활동을 방해"에 해당하는 아래의 행위를 한 사람
  – 위력(威力)을 사용
  – 현장에 출동하거나 현장에 출입하는 것을 고의로 방해
  – 출동한 소방대원에게 폭행 또는 협박을 행사
  – 출동한 소방대의 소방장비를 파손하거나 그 효용을 해침
- 소방자동차의 출동을 방해한 사람
- 사람을 구출하는 일 또는 불을 끄거나 불이 번지지 아니하도록 하는 일을 방해한 사람
- 정당한 사유 없이 소방용수시설 또는 비상소화장치를 사용하거나 소방용수시설 또는 비상소화장치의 효용을 해치거나 그 정당한 사용을 방해한 사람

55
소방시설 설치 및 관리에 관한 법령상 둘 이상의 특정소방대상물이 내화구조로 된 연결통로가 벽이 없는 구조로서 그 길이가 몇 [m] 이하인 경우 하나의 소방대상물로 보는가?

① 6   ② 9
③ 10   ④ 12

[해설]
둘 이상의 특정 소방대상물이 내화구조로 된 연결통로가 벽이 없는 구조로서 그 길이가 6[m] 이하인 경우 하나의 소방대상물로 본다.

| 관련개념 | 특정소방대상물
둘 이상의 특정 소방대상물이 다음 중 하나에 해당되는 구조의 복도, 통로로 연결된 경우 하나의 소방대상물로 본다.
- 내화구조로 된 연결통로가 다음의 어느 하나에 해당되는 경우
  – 벽이 없는 구조로서 그 길이가 6[m] 이하인 경우
  – 벽이 있는 구조로 그 길이가 10[m] 이하인 경우, 다만 벽 높이가 바닥에서 천장까지의 높이의 1/2 미만인 경우에는 벽이 없는 구조로 본다.
- 내화구조가 아닌 연결통로로 연결된 경우
- 컨베이어로 연결되거나 플랜트 설비의 배관 등으로 연결되어 있는 경우
- 지하보도, 지하상가, 지하가, 지하구로 연결된 경우
- 방화셔터, 갑종방화문이 설치되지 않은 피트로 연결된 경우

56
소방공사업법령상 소방시설공사를 하고자 할 때, 다음 중 옳은 것은?

① 건축허가와 건축동의만 받으면 된다.
② 시공후 완공검사만 받으면 된다.
③ 분리도급신고만 하면 된다.
④ 소방시설 착공신고를 하여야 한다.

[해설]
공사업자는 소방시설 공사를 하려면 착공신고를 하여야 한다.

정답 54 ④ 55 ① 56 ④

57

1급 소방안전관리대상물이 아닌 것은?

① 15층인 특정소방대상물(아파트는 제외)
② 가연성가스를 2,000톤 저장·취급하는 시설
③ 21층인 아파트로서 300세대인 것
④ 연면적 20,000$[m^2]$인 문화집회 및 운동시설

해설

층수가 30층 이상(지하층 제외)이거나 높이가 120$[m]$ 이상인 아파트는 소방안전관리1급 대상이다.

| 관련개념 | 특정소방대상물의 안전관리

특급	1급	2급	3급
APT 50층(지하층 제외), 높이 200$[m]$ 이상	APT 30층 이상(지하층 제외) 높이가 120$[m]$ 이상	옥내소화전, 스프링클러, 간이스프링클러, 물분무 등 소화설비 (호스릴방식 제외)	자동화재탐지설비
APT 제외 30층(지하층 포함), 높이 120$[m]$ 이상	APT 제외 층수 11층 이상	지하구, 공동주택	–
APT 제외 연면적 20만$[m^2]$ 이상	APT 제외 연면적 1만 5천$[m^2]$ 이상	보물 또는 국보로 지정된 목조건축물	–
	가연성 가스를 1천톤 이상 저장·취급	가연성 가스를 100톤 이상 1천톤 미만 저장·취급하는 시설	–
제외대상 동·식물원, 철강 등 불연성 물품을 저장·취급하는 창고, 위험물 저장 및 처리 시설 중 위험물 제조소 등, 지하구		제외대상 호스릴 방식의 물분무등소화설비	–

58

소방기본법에 따른 소방력의 기준에 따라 관할구역의 소방력을 확충하기 위하여 필요한 계획을 수립하여 시행하여야 하는 자는?

① 소방서장
② 소방본부장
③ 시·도지사
④ 행정안전부장관

해설

시·도지사는 관할구역의 소방력을 확충하기 위하여 필요한 계획을 수립 시행하여야 한다.

| 관련개념 | 소방력의 기준
- 소방기관이 소방업무 수행에 필요한 인력과 장비기준: 행정안전부령
- 관할구역의 소방력을 확충 계획의 수립·시행: 시·도지사
- 소방자동차 등 소방장비의 분류·표준화 및 관리 등에 필요한 사항: 별도 법률

59 (고난도)

소방시설 설치 및 관리에 관한 법령상 화재예방, 소방시설 설치·유지 및 안전관리에 관한 법령상 지하가 중 터널로서 길이가 1천미터일 때 설치하지 않아도 되는 소방시설은?

① 인명구조기구
② 옥내소화전설비
③ 연결송수관설비
④ 무선통신보조설비

해설

인명구조기구는 지하가중 터널에 길이와 무관하게 설치대상이 아니다.

| 관련개념 | 특정소방대상물의 규모 등에 따라 갖추어야 하는 소방시설, 지하가 중 터널

구분	3,000$[m]$ ≥	1,000$[m]$ ≥	500$[m]$ ≥	500$[m]$ <
소화설비	소화기구 옥내소화전 물분무설비	소화기구 옥내소화전	소화기구	소화기구
경보설비	비상경보설비 자동화재탐지설비	비상경보설비 자동화재탐지설비	비상경보설비	–
피난구조설비	비상용조명등	비상용조명등	비상용조명등	–
소화용수설비	–	–	–	–
소화활동설비	제연설비 무선통신보조설비 비상콘센트설비 연결송수관설비	제연설비 무선통신보조설비 비상콘센트설비 연결송수관설비	제연설비 무선통신보조설비 비상콘센트설비	–

주1. 행정안전부령이 정하는 터널
국토교통부장관이 정하는 도로의 구조 및 시설에 관한 세부기준에 의하여 옥내소화전, 물분무설비, 제연설비를 설치하여야 하는 터널을 말한다.
주2. 도로터널 방재시설의 설치 및 관리지침 국토부예규 제308호 (2020.08.31)
- 500$[m]$ 이상 터널: 제연설비
- 1,000$[m]$ 이상 터널: 옥내소화전설비, 자동화재탐지설비
- 3,000$[m]$ 이상 터널: 물분무소화설비

정답 57 ③ 58 ③ 59 ①

60

화재예방, 소방시설 설치·유지 및 안전관리에 관한 법령상 화재안전조사(화재안전조사(화재예방조사))위원회의 위원에 해당하지 아니하는 사람은?

① 소방기술사
② 소방시설관리사
③ 소방 관련 분야의 석사학위 이상을 취득한 사람
④ 소방 관련 법인 또는 단체에서 소방 관련 업무에 3년 이상 종사한 사람

해설

소방 관련 법인 또는 단체에서 소방 관련 업무에 3년 이상 종사한 사람은 위원회의 위원에 해당하지 않는다.

| 관련개념 | 화재의 예방 및 안전관리에 관한 법률 제10조

구분	화재안전조사 화재안전조사 위원회	전문가의 참여	합동조사반	중앙화재안전조사단
권한	소방청장, 소방본부장, 소방서장			소방청장
구성	• 과장급 이상의 소방공무원 • 소방기술사 • 소방시설관리사 • 소방 분야의 석사학위 이상 • 소방관련기관 5년 이상 종사자	• 소방기술사 • 소방시설관리사 • 소방방재 분야 전문지식 갖춘 사람	• 중앙기관 및 시군구 • 한국소방안전원 • 한국소방산업기술원 • 한국가스공사 • 한국전기안전공사 • 그밖의 소방관련 단체	• 소방공무원 • 소방단체·연구기관 임직원 • 소방분야 5년 이상 연구·실무 • 필요시 관계기관에 직원파견요청
비고	위원장 포함 7인 이내 위원			단장 포함 21명 이내

4과목 소방전기시설의 구조 및 원리

61

햇빛이나 전등불에 따라 축광하거나 전류에 따라 빛을 발하는 유도체로서 어두운 상태에서 피난을 유도할 수 있도록 띠 형태로 설치되는 피난유도시설은?

① 피난유도선
② 피난구조대
③ 피난띠
④ 피난로프

해설

햇빛이나 전등불에 따라 축광(축광방식)하거나 전류에 따라 빛을 발하는(광원점등방식) 유도체로서 어두운 상태에서 피난을 유도할 수 있도록 띠 형태로 설치되는 것은 디난유도시설이다.

62

신호의 전송로가 분기되는 장소에 설치하는 것으로 임피던스 매칭과 신호균등분배를 위해 사용하는 장치는?

① 분배기
② 혼합기
③ 증폭기
④ 분파기

해설

신호의 전송로가·분기되는 장소에 설치하는 것으로 임피던스 매칭과 신호균등분배를 위해 사용하는 장치는 분배기이다.

| 관련개념 | 무선통신보조설비 구성요소

• 누설동축케이블: 동축케이블의 외부도체에 가느다란 홈을 만들어서 전파가 외부로 새어나갈 수 있도록 한 케이블
• 분배기: 신호의 전송로가 분기되는 장소에 설치하는 것으로 임피던스 매칭(Matching)과 신호 균등 분배를 위해 사용하는 장치
• 분파기: 서로 다른 주파수의 합성된 신호를 분리하기 위해서 사용하는 장치
• 혼합기: 두 개 이상의 입력신호를 원하는 비율로 조합한 출력이 발생하도록 하는 장치
• 증폭기: 신호 전송 시 신호가 약해져 수신이 불가능해지는 것을 방지하기 위해서 증폭하는 장치
• 무선중계기: 안테나를 통하여 수신된 무전기 신호를 증폭한 후 음영지역에 재방사하여 무전기 상호 간 송수신이 가능하도록 하는 장치
• 옥외안테나: 감시제어반 등에 설치된 무선중계기의 입력과 출력포트에 연결되어 송수신 신호를 원활하게 방사·수신하기 위해 옥외에 설치하는 장치

정답 60 ④ 61 ① 62 ①

63

부착 높이가 11[m]인 장소에 적응성 있는 감지기는?

① 차동식 분포형 ② 정온식 스포트형
③ 차동식 스포트형 ④ 정온식 감지선형

해설

차동식 분포형은 8[m] 이상 15[m] 미만의 부착 높이에 활용하는 감지기이다.

| 관련개념 | 자동화재탐지설비(감지기 부착 높이별 감지기의 종류)

부착 높이	감지기의 종류
4[m] 미만	• 차동식(스포트형, 분포형) • 보상식 스포트형 • 정온식(스포트형, 감지선형) • 이온화식 또는 광전식(스포트형, 분리형, 공기흡입형) • 복합형(열, 연기, 열연기) • 불꽃감지기
4[m] 이상 8[m] 미만	• 차동식(스포트형, 분포형) • 보상식 스포트형 • 정온식(스포트형, 감지선형) 특종 또는 1종 • 이온화식 1종 또는 2종 • 광전식(스포트형, 분리형, 공기흡입형) 1종 또는 2종 • 복합형(열, 연기, 열연기) • 불꽃감지기
8[m] 이상 15[m] 미만	• 차동식 분포형 • 이온화식 1종 또는 2종 • 광전식(스포트형, 분리형, 공기흡입형) 1종 또는 2종 • 연기복합형 • 불꽃감지기
15[m] 이상 20[m] 미만	• 이온화식 1종 • 광전식(스포트형, 분리형, 공기흡입형) 1종 • 연기복합형 • 불꽃감지기
20[m] 이상	• 불꽃감지기 • 광전식(분리형, 공기흡입형)중 아날로그식

[비고]
1) 감지기별 부착 높이 등에 대하여 별도로 형식 승인 받은 경우에는 그 성능 인정 범위 내에서 사용할 수 있다.
2) 부착 높이 20[m] 이상에 설치되는 광전식 중 아날로그 방식의 감지기는 공칭감지 농도 하한값이 감광율 5[%/m] 미만인 것을 사용한다.

64

자동화재속보설비를 설치하여야 하는 특정소방대상물의 기준 중 다음 (   ) 안에 알맞은 것은?

> 의료시설 중 정신병원, 의료재활시설의 해당 용도로 사용되는 바닥면적 합계 (   )[m²] 이상인 층이 있는 것

① 300 ② 500
③ 1,000 ④ 1,500

해설

자동화재속보설비를 설치하여야 하는 특정소방대상물의 기준은 의료시설 중 정신병원, 의료재활시설의 해당 용도로 사용되는 바닥면적 합계 500[m²] 이상인 층이다.

| 관련개념 | 자동화재속보설비를 설치하여야 하는 특정소방대상물

구분	특정소방대상물	적용기준
용도별	노유자 생활시설	-
	노유자 시설	바닥면적 500[m²] 이상인 층이 있는 것
	수련시설(숙박시설이 있는 것)	
	보물 또는 국보로 지정된 목조건축물	-
	근린생활시설 중 의원, 치과의원, 한의원(입원실이 있는 시설), 조산원, 산후조리원	-
	의료시설 중 종합병원, 병원, 치과병원, 한방병원, 요양병원(의료재활시설 제외)	-
	의료시설 중 정신병원, 의료재활시설	해당 용도로 사용되는 바닥면적 합계 500[m²] 이상인 층이 있는 것
	판매시설(전통시장)	-

정답 63 ① 64 ②

65

비상조명등의 화재안전기술기준(NFTC 304) 휴대용비상조명등의 설치기준이다. ( )에 들어갈 내용으로 옳은 것은?

> 수용인원 100명 이상의 지하가 중 지하상가에서는 보행거리 (㉠)[m]마다 휴대용비상조명등을 (㉡)개 이상 설치해야 한다.

① ㉠ 25, ㉡ 1
② ㉠ 25, ㉡ 3
③ ㉠ 50, ㉡ 1
④ ㉠ 50, ㉡ 3

해설

수용인원 100명 이상의 지하가 중 지하상가에서는 보행거리 25[m]마다 휴대용비상조명등을 3개 이상 설치해야 한다.

| 관련개념 | 휴대용비상조명등 설치대상 특정소방대상물

특정소방대상물	설치대상	비고
숙박시설	객실, 영업장 안의 구획실마다 잘 보이는 곳	1개 이상
수용인원 100명 이상의 영화상영관, 판매시설 중 대규모점포, 철도 및 도시철도 시설 중 지하역사, 지하가 중 지하상가	보행거리 50[m]마다 (단, 지하상가 및 지하역사는 25[m]마다)	3개 이상

- 휴대용비상조명등의 설치장소 및 수량
  숙박시설 또는 다중이용업소에는 객실 또는 영업장 안의 구획된 실마다 잘 보이는 곳(외부설치 시 출입문 손잡이로부터 1[m] 이내 부분)에 1개 이상 설치
- 휴대용비상조명등의 설치기준
  - 대규모점포(지하상가 및 지하역사는 제외함)과 영화상영관에는 보행거리 50[m] 이내마다 3개 이상 설치
  - 지하상가 및 지하역사에는 보행거리 25[m] 이내마다 3개 이상 설치
  - 설치 높이는 바닥으로부터 0.8[m] 이상 1.5[m] 이하의 높이에 설치
  - 어둠 속에서 위치를 확인할 수 있도록 한다.
  - 사용 시 자동으로 점등되는 구조일 것
  - 외함은 난연성능이 있을 것
  - 건전지를 사용하는 경우에는 방전방지조치를 하여야 하고, 충전식 배터리의 경우에는 상시 충전되도록 한다.
  - 건전지 및 충전식 배터리의 용량은 20분 이상 유효하게 사용할 수 있을 것
- 휴대용비상조명등의 설치 제외 장소
  - 지상 1층 또는 피난층으로서 복도·통로 또는 창문 등의 개구부를 통하여 피난이 용이한 경우
  - 숙박시설로서 복도에 비상조명등을 설치한 경우

66

비상방송설비의 배선과 전원에 관한 설치기준 중 옳은 것은?

① 부속회로의 전로와 대지 사이 및 배선상호 간의 절연저항은 1경계구역마다 직류 110[V]의 절연저항측정기를 사용하여 측정한 절연저항이 1[MΩ] 이상이 되도록 한다.
② 전원은 전기가 정상적으로 공급되는 축전지 또는 교류전압의 옥내간선으로 하고, 전원까지의 배선은 전용이 아니어도 무방하다.
③ 비상방송설비에는 그 설비에 대한 감시 상태를 30분간 지속한 후 유효하게 10분 이상 경보할 수 있는 축전지설비를 설치하여야 한다.
④ 비상방송설비의 배선은 다른 전선과 별도의 관·덕트 몰드 또는 플박스 등에 설치하되 60[V] 미만의 약전류회로에 사용하는 전선으로서 각각의 전압이 같을 때에는 그러하지 아니하다.

해설

비상방송설비의 배선은 다른 전선과 별도의 관·덕트 몰드 또는 풀박스 등에 설치하되 60[V] 미만의 약전류회로에 사용하는 전선으로서 각각의 전압이 같을 때에는 그러하지 아니한다.

| 관련개념 | 비상방송설비

- 상용전원

전원	전기가 정상적으로 공급되는 축전지, 전기저장장치 또는 교류전압의 옥내 간선으로 하고, 전원까지의 배선은 전용으로 한다.
개폐기	'비상방송용설비용'이라고 표시한 표지를 한다.

- 예비전원

예비전원	축전지설비 또는 전기저장장치
성능	감시상태를 60분간 지속한 후 유효하게 10분 이상 경보 (수신기에 내장하는 경우를 포함)

- 배선

전원회로배선	내화배선
그 밖의 배선	내화배선, 내열배선
절연저항	부속회로의 전로와 대지 사이 및 배선 상호 간의 절연저항은 1경계구역마다 직류 250[V]의 절연저항측정기를 사용하여 측정한 절연저항이 0.1[MΩ] 이상이 되도록 한다.
배선	다른 전선과 별도의 관·덕트(절연효력이 있는 것으로 구획한 때에는 그 구획된 부분은 별개의 덕트로 본다)·몰드 또는 풀박스 등에 설치한다.(단, 60[V] 미만의 약전류회로에 사용하는 전선으로서 각각의 전압이 같을 때에는 제외)
통보	화재로 인하여 하나의 층의 확성기 또는 배선이 단락 또는 단선되어도 다른 층의 통보에 지장이 없도록 할 것

정답 65 ② 66 ④

67
누전경보기 변류기의 절연저항시험 부위가 아닌 것은?

① 절연된 1차 권선과 단자판 사이
② 절연된 1차 권선과 외부 금속부 사이
③ 절연된 1차 권선과 2차 권선 사이
④ 절연된 2차 권선과 외부 금속부 사이

해설

누전경보기 변류기의 절연저항시험 부위가 아닌 것은 절연된 1차 권선과 단자판 사이이다.

| 관련개념 | 누전경보기의 형식승인 및 제품검사의 기술기준-절연저항시험

변류기는 DC 500[V]의 절연저항계로 다음 각 호에 의한 시험을 하는 경우 5[MΩ] 이상이어야 한다.
- 절연된 1차 권선과 2차 권선 간의 절연저항
- 절연된 1차 권선과 외부 금속부 간의 절연저항
- 절연된 2차 권선과 외부 금속부 간의 절연저항

68
경종의 형식 승인 및 제품검사의 기술기준에 따라 경종은 전원전압이 정격전압의 ± 몇 [%] 범위에서 변동하는 경우 기능에 이상이 생기지 아니하여야 하는가?

① 5   ② 10
③ 20   ④ 30

해설

경종은 전원전압이 ±20[%] 범위 내에서 변동하는 경우 기능에 이상이 생기지 아니하여야 한다.

| 관련개념 | 지구음향장치
- 특정소방대상물의 층마다 설치
- 수평거리가 25[m] 이하
  특정소방대상물의 각 부분으로부터 하나의 음향장치까지의 수평거리
- 해당층의 각 부분에 유효하게 경보를 발할 수 있도록 설치

- 음향장치의 구조 및 성능
  - 정격전압의 80[%] 전압에서 음향을 발할 수 있는 것으로 한다.
  - 음량은 부착된 음향장치의 중심으로부터 1[m] 떨어진 위치에서 90[dB] 이상이 되는 것으로 한다.
  - 감지기 및 발신기의 작동과 연동하여 작동할 수 있는 것으로 한다.
- 기둥 또는 벽이 설치되지 아니한 대형공간의 경우 지구음향장치는 설치 대상 장소의 가장 가까운 장소의 벽 또는 기둥 등에 설치한다.

경종의 형식승인 및 제품검사의 기술기준
- 경종의 기능
  - 정격전압을 인가하는 경우 음압은 무향실 내에서 정위치에 부착된 경종의 중심으로부터 1[m] 떨어진 위치에서 90[dB] 이상이어야 한다.
  - 정격전압을 인가하는 경우 경종의 소비전류는 50[mA] 이하이여야 한다.
- 전원전압변동시의 시험
  경종은 전원전압이 ±20[%] 범위 내에서 변동하는 경우 기능에 이상이 생기지 아니하여야 한다.

69
정온식감지기의 설치 시 공칭작동온도가 최고주위온도보다 최소 몇 [°C] 이상 높은 것으로 설치하여야 하는가?

① 10   ② 20
③ 30   ④ 40

해설

정온식감지기의 설치 시 공칭작동온도가 최고주위온도보다 최소 20[°C] 이상 높은 것으로 한다.

| 관련개념 | 자동화재탐지설비 감지기 공통설치기준
- 축적기능이 없는 감지기를 사용하는 경우
  - 교차회로방식에 사용되는 감지기
  - 급속한 연소 확대가 우려되는 장소에 사용되는 감지기
  - 축적기능이 있는 수신기에 연결하여 사용하는 감지기
- 감지기(차동식분포형의 것을 제외)는 실내로의 공기유입구로부터 1.5[m] 이상 떨어진 위치에 설치한다.
- 감지기는 천장 또는 반자의 옥내에 면하는 부분에 설치한다.
- 보상식 스포트형 감지기는 정온점이 감지기 주위의 평상시 최고온도보다 20[°C] 이상 높은 것으로 설치한다.
- 정온식감지기는 주방·보일러실 등으로서 다량의 화기를 취급하는 장소에 설치하되, 공칭작동온도가 최고주위온도보다 20[°C] 이상 높은 것으로 설치한다.
- 차동식 스포트형·보상식 스포트형 및 정온식 스포트형 감지기는 그 부착높이 및 특정소방대상물에 따라 1개 이상을 설치한다.

정답 67 ① 68 ③ 69 ②

구분	차동식	보상식/정온식 스포트형	차동식분포형 공기관식
부착 높이	8[m] 미만	8[m] 미만	15[m] 미만
공기관 노출부/ 회로	–	–	20[m] 이상 100[m] 이하
공기관 각 변 수평길이	–	–	1.5[m] 이하
공기관 상호거리	–	–	6[m] (내화구조 9[m]) 이하
검출부의 높이	–	–	0.8[m] 이상 1.5[m] 이하
검출부의 경사	45도 미만	45도 미만	5도 미만
공기관 규격	–	–	두께 0.3[mm] 이상 외경 1.9[mm] 이상
공기유입구	1.5[m] 이상 이격	1.5[m] 이상 이격	–
공칭작동온도	없음	주위 온도보다 20[°C] 이상 높은 온도	–

70

다음 중 유도등의 전기회로에 점멸기를 설치할 수 있는 장소에 해당되지 않는 것은?(단, 유도등은 3선식 배선에 따라 상시 충전되는 구조이다.)

① 공연장으로서 어두워야 할 필요가 있는 장소
② 특정소방대상물의 관계인이 주로 사용하는 장소
③ 외부광에 따라 피난구 또는 피난 방향을 쉽게 식별할 수 있는 장소
④ 지하층을 제외한 층수가 11층 이상의 장소

해설

지하층을 제외한 층수가 11층 이상의 장소는 유도등의 전기회로에 점멸기를 설치할 수 있는 장소에 해당되지 않는다.

| 관련개념 | 유도등 및 유도표지 유도등의 배선
유도등은 전기회로에 점멸기를 설치하지 않고 항상 점등상태를 유지하도록 하는 것이 원칙이다. 사람이 없거나 평상시 상주하지 않는 장소이거나 외부광에 의해 피난 방향을 쉽게 식별할 수 있거나, 공연장, 암실 등 어두워야 작업가능한 일부 장소는 제한적 소등 조건, 특정소방대상물의 관계인 및 종사원이 해당 피난경로를 숙지하고 있을 경우에 한하여 평상시 소등해도 화재 시 원활한 대피가 가능하기 때문에 제한적으로 3선식 배선을 인정하는 것이다. 즉, 지하층을 제외한 층수가 11층 이상의 장소는 사람이 평상시 거주하는 상태로 항상 점등상태를 유지해야 하므로 점멸기를 설치하여야 하는 3선식 배선 적용장소가 아니다.

• 유도등의 인입선과 옥내배선은 직접 연결한다.
• 2선식 배선 유도등은 전기회로에 점멸기를 설치하지 아니하고 항상 점등상태를 유지한다.
• 3선식 배선 적용장소(상시 충전되는 구조인 경우는 상시점등 예외)
  – 특정소방대상물 또는 그 부분에 사람이 없는 장소
  – 외부광(光)에 따라 피난구 또는 피난 방향을 쉽게 식별할 수 있는 장소
  – 공연장, 암실(暗室) 등으로서 어두워야 할 필요가 있는 장소
  – 특정소방대상물의 관계인 또는 종사원이 주로 사용하는 장소
• 3선식 배선으로 전기회로에 점멸기를 설치하고 점등되도록 하는 경우
  – 자동화재탐지설비의 감지기 또는 발신기가 작동되는 때
  – 비상경보설비의 발신기가 작동되는 때
  – 상용전원이 정전되거나 전원선이 단선되는 때
  – 방재업무를 통제하는 곳 또는 전기실의 배전반에서 수동으로 점등하는 때
  – 자동소화설비가 작동되는 때
• 3선식 배선은 내화배선 또는 내열배선

71

정전류 부하인 경우 알칼리축전지의 용량[Ah] 산출식은? (단, I: 방전전류 [A], L: 보수율(=경년용량저하율), K: 방전시간(용량환산시간), C: 25[°C]에 있어서의 정격 방전율 용량이다.)

① $C[Ah] = \dfrac{1}{K}LI$ ② $C[Ah] = \dfrac{1}{L}K^2I$

③ $C[Ah] = \dfrac{1}{L}KI$ ④ $C[Ah] = \dfrac{1}{K}L^2I$

해설

정전류 부하인 경우의 축전지 용량계산법

$C[Ah] = \dfrac{1}{L}KI$

K값이 여러 개일 경우

$C[Ah] = \dfrac{K_1 I_1 + K_2(I_2 - I_1) + K_3(I_3 - I_2) + K_4(I_4 - I_3)}{L}$

[계산 예시]
축전지 보수율(L) 0.8, K_1 1.17, k_2 0.93일 때 축전지 용량

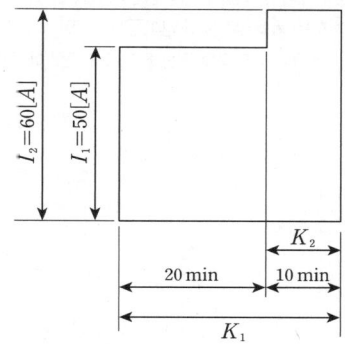

$C[Ah] = \dfrac{(1.17 \times 50) + 0.93(60 - 50)}{0.8} = 84.75[Ah]$

정답 70 ④ 71 ③

72

무선통신보조설비의 누설동축케이블의 설치 기준으로 틀린 것은?

① 끝부분에는 반사 종단저항을 견고하게 설치할 것
② 고압의 전로로부터 1.5[m] 이상 떨어진 위치에 설치할 것
③ 금속판 등에 따라 전파의 복사 또는 특성이 현저하게 저하되지 아니하는 위치에 설치할 것
④ 불연 또는 난연성의 것으로서 습기에 따라 전기의 특성이 변질되지 아니하는 것으로 설치할 것

해설

누설동축케이블의 끝부분에는 무반사 종단저항을 견고하게 설치한다.

| 관련개념 | **누설동축케이블 설치기준**

- 소방전용주파수대에서 전파의 전송 또는 복사에 적합한 것으로서 소방전용의 것으로 한다.
- 케이블은 누설동축케이블과 이에 접속하는 안테나 동축케이블과 이에 접속하는 안테나로 구성된다.
- 누설동축케이블 및 동축케이블은 불연 또는 난연성의 것으로서 습기에 따라 전기의 특성이 변질되지 아니하는 것으로 하고, 노출하여 설치한 경우에는 피난 및 통행에 장애가 없도록 한다.
- 누설동축케이블 및 동축케이블은 화재에 따라 해당 케이블의 피복이 소실된 경우에 케이블 본체가 떨어지지 아니하도록 4[m] 이내마다 금속제 또는 자기 제등의 지지금구로 벽·천장·기둥 등에 견고하게 고정시킬 것. 다만, 불연재료로 구획된 반자 안에 설치하는 경우에는 그러하지 아니한다.
- 누설동축케이블 및 안테나는 금속판 등에 따라 전파의 복사 또는 특성이 현저하게 저하되지 아니하는 위치에 설치한다.
- 누설동축케이블 및 안테나는 고압의 전로로부터 1.5[m] 이상 떨어진 위치에 설치함. 다만, 해당 전로에 정전기 차폐장치를 유효하게 설치한 경우에는 그러하지 아니한다.
- 누설동축케이블의 끝부분에는 무반사 종단저항을 견고하게 설치한다.
- 누설동축케이블 또는 동축케이블의 임피던스는 50[Ω]으로 하고, 이에 접속하는 안테나·분배기 기타의 장치는 해당 임피던스에 적합한 것으로 하여야 한다.

73 빈출

비상방송설비의 화재안전기술기준(NFTC 202)에 따른 비상방송설비의 음향장치에 대한 설치기준으로 틀린 것은?

① 다른 전기회로에 따라 유도장애가 생기지 아니하도록 할 것
② 음향장치는 자동화재속보설비의 작동과 연동하여 작동할 수 있는 것으로 할 것
③ 다른 방송설비와 공용하는 것에 있어서는 화재 시 비상경보 외의 방송을 차단할 수 있는 구조로 할 것
④ 증폭기 및 조작부는 수위실 등 상시 사람이 근무하는 장소로서 점검이 편리하고 방화상 유효한 곳에 설치할 것

해설

음향장치는 자동화재탐지설비의 작동과 연동하여 작동할 수 있는 것으로 하여야 한다.

74

무선통신보조설비의 화재안전기술기준(NFTC 505)에 따른 용어의 정의 중 감시제어반 등에 설치된 무선중계기의 입력과 출력포트에 연결되어 송수신 신호를 원활하게 방사·수신하기 위해 옥외에 설치하는 장치를 말하는 것은?

① 혼합기 ② 분파기
③ 증폭기 ④ 옥외안테나

해설

감시제어반 등에 설치된 무선중계기의 입력과 출력포트에 연결되어 송수신 신호를 원활하게 방사·수신하기 위해 옥외에 설치하는 장치는 옥외안테나이다.

오답해설

① 혼합기: 두 개 이상의 입력신호를 원하는 비율로 조합한 출력이 발생하도록 하는 장치
② 분파기: 서로 다른 주파수의 합성된 신호를 분리하기 위해서 사용하는 장치
③ 증폭기: 신호 전송 시 신호가 약해져 수신이 불가능해지는 것을 방지하기 위해서 증폭하는 장치

정답 72 ① 73 ② 74 ④

75

누전경보기의 형식 승인 및 제품검사의 기술기준에 따라 외함은 불연성 또는 난연성 재질로 만들어져야 하며, 누전경보기의 외함의 두께는 몇 [mm] 이상이어야 하는가?(단, 직접 벽면에 접하여 벽 속에 매립되는 외함의 부분은 제외한다.)

① 1
② 1.2
③ 2.5
④ 3

해설

누전경보기의 외함 두께는 1.0[mm] 이상으로 한다.

| 관련개념 | 외함

외함은 불연성 또는 난연성 재질로 만들어져야 하며 다음과 같아야 한다.
- 외함은 다음에 기재된 두께 이상이어야 한다.
  - 누전경보기의 외함은 1.0[mm] 이상
  - 직접 벽면에 접하여 벽속에 매립되는 외함의 부분은 1.6[mm] 이상
- 외함(누전화재표시창, 지구창, 조작부수납용뚜껑, 스위치의 손잡이, 발광다이오드, 지시전기계기, 각종 표시명판 등은 제외함)에 합성수지를 사용하는 경우에는 (80±2)[℃]의 온도에서 열로 인한 변형이 생기지 아니하여야 하며 자기소화성이 있는 재료이어야 한다.

| 관련개념 |

구분	전원	용량	비고
유도등	비상전원(축전지)	20분(60분)	
비상방송설비	비상전원 최대확성기용량 (전층, 우선 경보방식) + 전광방송설비 구성품 모두	감시 60분, 10분 경보	
경보설비	전체	감시 60분, 10분 경보	
비상조명등	비상전원	20분(60분)	
휴대용비상조명등	건전지	최소 20분 준초고층 (30~49층)40분 초고층 (50층 이상) 60분	
소화활동설비 • 제연설비 • 연결송수관설비 • 비상콘센트설비	비상전원	최소 20분 준초고층 (30~49층) 40분 초고층 (50층 이상) 60분	
소화활동설비 무선통신보조설비	비상전원(증폭기)	30분	
소화설비	비상전원	최소 20분	비상전원 용량(공급시간) 참조

76

화재안전기술기준(NTFC) 비상전원 및 건전지의 유효 사용시간에 대한 최소 기준이 가장 긴 것은?

① 휴대용 비상조명등의 건전지 용량
② 무선통신보조설비 증폭기의 비상전원
③ 지하층을 제외한 층수가 11층 미만의 층인 특정소방대상물에 설치되는 유도등의 비상전원
④ 지하층을 제외한 층수가 11층 미만의 층인 특정소방대상물에 설치되는 비상조명의 비상전원

해설

① 휴대용 비상조명등의 건전지 용량: 최소 20분
② 무선통신보조설비 증폭기의 비상전원: 30분
③ 지하층을 제외한 층수가 11층 미만의 층인 특정소방대상물에 설치되는 유도등의 비상전원: 20분
④ 지하층을 제외한 층수가 11층 미만의 층인 특정소방대상물에 설치되는 비상조명의 비상전원: 20분

정답 75 ① 76 ②

77

비상방송설비 음향장치의 설치기준 중 옳은 것은?

① 확성기는 각 층마다 설치하되, 그 층의 각 부분으로부터 하나의 확성기까지의 수평거리가 15[m] 이하가 되도록 하고, 해당 층의 각 부분에 유효하게 경보를 발할 수 있도록 설치할 것
② 층수가 5층 이상으로서 연면적이 3,000[m²]를 초과하는 특정소방대상물의 지하층에서 발화한 때에는 직상층에만 경보를 발할 것
③ 음향장치는 자동화재탐지설비의 작동과 연동하여 작동할 수 있는 것으로 할 것
④ 음향장치는 정격전압의 60[%] 전압에서 음향을 발할 수 있는 것으로 할 것

해설

음향장치는 자동화재탐지설비의 작동과 연동하여 작동할 수 있는 것으로 해야 한다.

| 관련개념 | 비상방송설비 설치기준
- 확성기의 음성입력은 3[W](실내에 설치하는 것에 있어서는 1[W]) 이상
- 확성기는 각층마다 설치하되, 그 층의 각 부분으로부터 하나의 확성기까지의 수평거리가 25[m] 이하, 해당 층의 각 부분에 유효하게 경보를 발할 수 있도록 설치한다.
- 음량조정기의 배선은 3선식으로 한다.
- 조작부의 조작스위치는 바닥으로부터 0.8[m] 이상 1.5[m] 이하의 높이에 설치한다.
- 조작부는 기동장치의 작동과 연동하여 해당 기동장치가 작동한 층 또는 구역을 표시할 수 있는 것으로 한다.
- 증폭기 및 조작부는 수위실 등 상시 사람이 근무하는 장소로서 점검이 편리하고 방화상 유효한 곳에 설치한다.
- 다른 방송설비와 공용하는 것에 있어서는 화재 시 비상경보 외의 방송을 차단할 수 있는 구조로 한다.
- 기동장치에 따른 화재신고를 수신한 후 필요한 음량으로 화재발생 상황 및 피난에 유효한 방송이 자동으로 개시될 때까지의 소요시간은 10초 이하로 한다.
- 음향장치는 다음 각 목의 기준에 따른 구조 및 성능의 것으로 하여야 한다.
  - 정격전압의 80[%] 전압에서 음향을 발할 수 있는 것을 한다.
  - 자동화재탐지설비의 작동과 연동하여 작동할 수 있는 것으로 한다.
- 우선 경보대상 5층 이상 연면적 3,000[m²] 건물

78

누전경보기의 옥내형과 옥외형의 차이점은?

① 증폭기 설치 장소
② 정전압회로
③ 방수구조
④ 변류기의 절연저항

해설

옥내형 누전경보기는 건물 내부에 설치되어야 하므로 방수구조가 필요하지 않지만, 옥외형 누전경보기는 외부에 설치되므로 비가 오거나 눈이 내리는 등의 자연적인 요인으로 인해 물이 들어가는 것을 방지하기 위해 방수구조가 필요하다.

79

유도등 및 유도표지의 화재안전기술기준(NFTC 303)에 따른 객석 유도등의 설치기준이다. 다음 (   )에 들어갈 내용으로 옳은 것은?

> 객석유도등은 객석의 (㉠), (㉡) 또는 (㉢)에 설치하여야 한다.

① ㉠ 통로, ㉡ 바닥, ㉢ 벽
② ㉠ 바닥, ㉡ 천장, ㉢ 벽
③ ㉠ 통로, ㉡ 바닥, ㉢ 천장
④ ㉠ 바닥, ㉡ 통로, ㉢ 출입구

해설

객석 유도등은 객석의 통로, 바닥 또는 벽에 설치하여야 한다.

| 관련개념 | 객석 유도등

피난통로를 안내하기 위한 유도등을 복도통로유도등, 거실통로유도등, 계단통로유도등이 있다.
- 객석의 통로, 바닥 또는 벽에 설치
- 객석 내의 통로가 경사로 또는 수평로로 되어 있는 부분은 다음의 식에 따라 산출한 수(소수점 이하의 수는 1)의 유도등을 설치

$$설치개수 = \frac{객석통로의\ 직선부분의\ 길이(m)}{4} - 1$$

- 객석 내의 통로가 옥외 또는 이와 유사한 부분에 있는 경우에는 해당 통로 전체에 미칠 수 있는 수의 유도등을 설치

정답 77 ③ 78 ③ 79 ①

80

열반도체식 차동식 분포형 감지기의 설치개수를 결정하는 기준 바닥면적으로 적합한 것은?

① 부착 높이가 8[m] 미만인 장소로 주요 구조부가 내화구조로 된 소방대상물의 경우 감지기 1종은 40[m²], 2종은 23[m²]이다.

② 부착 높이가 8[m] 미만인 장소로 주요 구조부가 내화구조로 된 소방대상물의 경우 감지기 1종은 30[m²], 2종은 23[m²]이다.

③ 부착 높이가 8[m] 이상 15[m] 미만인 장소로 주요 구조부가 내화구조로 된 소방대상물의 경우 감지기 1종은 50[m²], 2종은 36[m²]이다.

④ 부착 높이가 8[m] 이상 15[m] 미만인 장소로 주요 구조부가 내화구조가 아닌 소방대상물의 경우 감지기 1종은 40[m²], 2종은 18[m²]이다.

해설

부착 높이가 8[m] 이상 15[m] 미만인 장소로 주요 구조부가 내화구조로 된 소방대상물의 경우 감지기 1종은 50[m²], 2종은 36[m²]이다.

| 관련개념 | 열반도체식 차동식 분포형 감지기의 설치 기준

(단위: [m²])

부착 높이 및 소방대상물의 구분		감지기의 종류	
		1종	2종
8[m] 미만	주요 구조부가 내화구조로 된 소방대상물 또는 그 부분	65	36
	기타구조의 소방대상물 또는 그 부분	40	23
8[m] 이상 15[m] 미만	주요 구조부가 내화구조로 된 소방대상물 또는 그 부분	50	36
	기타 구조의 소방대상물 또는 그 부분	30	23

정답 80 ③

2022년 1회 기출

1과목 소방원론

01 빈출

소화원리에 대한 설명으로 틀린 것은?

① 억제소화: 불활성기체를 방출하여 온도를 연소범위 이하로 낮추어 소화하는 방법
② 냉각소화: 물의 증발잠열을 이용하여 가연물의 온도를 낮추는 소화방법
③ 제거소화: 가연성 가스의 분출화재 시 연료공급을 차단시키는 소화방법
④ 질식소화: 포소화약제 또는 불연성기체를 이용해서 공기 중의 산소공급을 차단하여 소화하는 방법

해설

①은 희석소화에 대한 설명이다.

| 관련개념 | 소화원리의 종류

구분	설명
냉각소화	점화원을 냉각하여 연소가 지속되지 못하도록 하는 소화법이다. 주로 증발잠열이 큰 물을 사용하여 소화한다.
억제소화 (부촉매소화)	연소반응 시 발생하는 활성라디칼의 생성을 억제하여 소화하는 방법이다.
제거효과	가연물을 제거하여 소화하는 방법이다.
질식소화	공기 중의 산소농도를 낮춰서 연소에 필요한 산소를 차단하여 소화하는 방법이다.

02 빈출

위험물의 유별에 따른 분류가 잘못된 것은?

① 제1류 위험물: 산화성 고체
② 제3류 위험물: 자연발화성 물질 및 금수성 물질
③ 제4류 위험물: 인화성 액체
④ 제6류 위험물: 가연성 액체

해설

제6류 위험물은 산화성 액체이다.

| 관련개념 | 위험물의 유별 및 성질

유별	성질	대표적인 품명
제1류	산화성 고체	• 아염소산염류 • 염소산염류 • 과염소산염류 • 무기과산화물 • 질산염류
제2류	가연성 고체	• 황화린 • 적린 • 유황 • 철분
제3류	자연발화성 물질 및 금수성 물질	• 칼륨 • 나트륨 • 알킬알루미늄 • 알킬리튬 • 황린
제4류	인화성 액체	• 특수인화물 • 제1석유류~제4석유류 • 알코올류 • 동식물유류
제5류	자기반응성 물질	• 유기과산화물 • 질산에스테르류 • 니트로화합물 • 니트로소화합물
제6류	산화성 액체	• 과염소산 • 과산화수소 • 질산

정답 01 ① 02 ④

03

고층건축물 내 연기거동 중 굴뚝효과에 영향을 미치는 요소가 아닌 것은?

① 건물 내·외의 온도차
② 화재실의 온도
③ 건물의 높이
④ 층의 면적

해설

연기거동 중 굴뚝효과(연돌효과)에 영향을 미치는 요소
- 건물 내외의 온도차
- 화재실의 온도
- 건물의 높이

| 관련개념 | 굴뚝효과(Stack Effect)

건물 내외부의 온도차가 큰 가능성에는 건물 외부의 찬 공기가 하부로 유입되면서 내부의 따뜻한 공기는 위로 상승하는데, 이를 굴뚝효과라고 한다.
- 굴뚝효과는 고층건물에서 주로 나타난다.
- 평상시 건물 내의 기류분포를 지배하는 중요요소이며 화재 시 연기의 이동에 큰 영향을 미친다.
- 건물 외부의 온도가 내부의 온도보다 높은 경우 저층부에서는 공기의 밀도 차이로 인해 내부에서 외부로 공기의 흐름이 생긴다.

04

화재에 관련된 국제적인 규정을 제정하는 단체는?

① IMO(International Maritime Organization)
② SFPE(Society of Fire Protection Engineers)
③ NFPA(National Fire Protection Association)
④ ISO(International Organization for Standardization) TC 92

해설

화재에 관련된 국제적인 규정을 제정하는 단체는 ISO TC 92이다.

| 관련개념 |

단체명	설명
IMO	• 국제해사기구이다. • 선박의 항로, 교통규칙, 항만시설 등을 국제적으로 통일하기 위하여 설치된 UN 산하의 기구이다.
SFPE	디국소방기술사회이다.
NFPA	• 미국방화협회이다. • 방치·안전설비 및 산업안전장지 등에 대한 약 270개의 규격을 제공한다.
ISO	• 국제표준화기구이다. • 과학, 기술, 경제 등의 다양한 활동분야에서의 상호 협력을 위해 설립된 국제기구이다.
TC 92	• ISO의 전문기술위원회(TC) 중 하나이다. • 화재로부터 인명과 환경을 보전하기 위하여 건축자재 및 구조물의 화재시험 및 시뮬레이션 개발에 필요한 세부지침을 국제규격으로 제정·개정하는 곳이다.

05

제연설비의 화재안전기준상 예상제연구역에 공기가 유입되는 순간의 풍속은 몇 [m/s] 이하가 되도록 하여야 하는가?

① 2   ② 3
③ 4   ④ 5

해설

예상제연구역에 공기가 유입되는 순간의 풍속은 5[m/s] 이하가 되도록 하여야 한다.

정답 03 ④ 04 ④ 05 ④

06

화재의 정의로 옳은 것은?

① 가연성물질과 산소와의 격렬한 산화반응이다.
② 사람의 과실로 인한 실화나 고의에 의한 방화로 발생하는 연소현상으로서 소화할 필요성이 있는 연소현상이다.
③ 가연물과 공기와의 혼합물이 어떤 점화원에 의하여 활성화되어 열과 빛을 발하면서 일으키는 격렬한 발열반응이다.
④ 인류의 문화와 문명의 발달을 가져오게 한 근본 존재로서 인간의 제어수단에 의하여 컨트롤 할 수 있는 연소현상이다.

해설

화재의 정의
- 사람의 의도에 반하거나 고의로 발생되는 연소 현상으로 소화설비 등으로 소화할 필요가 있는 현상
- 자연 또는 인위적인 원인으로 인하여 물체가 연소되어서 인명과 재산에 손해를 주는 현상

07

물에 황산을 넣어 묽은 황산을 만들 때 발생되는 열은?

① 연소열 ② 분해열
③ 용해열 ④ 자연발열

해설

어떤 물질이 액체에 용해될 때 발생하는 열을 용해열이라 한다. 물에 황산을 넣어 황산을 만들 때 발생하는 열은 용해열이다.

08 빈출

이산화탄소 소화약제의 임계온도는 약 몇 [°C]인가?

① 24.4 ② 31.4
③ 56.4 ④ 78.4

해설

이산화탄소의 물성
- 임계온도는 31[°C]이다.
- 불연성이며 공기보다 무겁다.
- 상온, 상압에서 기체 상태로 존재한다.

| 관련개념 | 임계온도
기체가 액화할 수 있는 최대의 온도이다. 임계온도를 넘어가면 기체에 큰 압력을 가해도 완전하게 액화되지 않는다.

09

상온·상압의 공기 중에서 탄화수소류의 가연물을 소화하기 위한 이산화탄소 소화약제의 농도는 약 몇 [%]인가?(단, 탄화수소류는 산소농도가 10[%]일 때 소화된다고 가정한다.)

① 28.57 ② 35.48
③ 49.56 ④ 52.38

해설

가연물을 소화하기 위한 이산화탄소의 소화농도

$$CO_2 = \frac{21 - O_2}{21} \times 100$$

여기서, CO_2 : CO_2의 농도[%]
O_2 : O_2의 농도[%]

따라서 산소농도를 10[%]로 하기 위한 이산화탄소 소화약제의 농도는
$\frac{21-10}{21} \times 100 ≒ 52.38[\%]$이다.

정답 06 ② 07 ③ 08 ② 09 ④

10

과산화수소 위험물의 특성이 아닌 것은?

① 비수용성이다.
② 무기화합물이다.
③ 불연성 물질이다.
④ 비중은 물보다 무겁다.

해설

과산화수소는 '위험물안전관리법령'상 제6류 위험물이다.

| 관련개념 | 제6류 위험물의 공통적인 성질
- 산화성 액체이다.
- 불연성 물질이다.
- 비중이 1보다 크다.
- 산소를 함유하고 있다.
- 유기화합물과 혼합되면 발화할 수 있다.

11

「건축물의 피난·방화구조 등의 기준에 관한 규칙」상 방화구획의 설치기준 중 스프링클러를 설치한 10층 이하의 층은 바닥면적 몇 $[m^2]$ 이내마다 방화구획을 구획하여야 하는가?

① 1,000
② 1,500
③ 2,000
④ 3,000

해설

10층 이하의 층은 바닥면적 $1,000[m^2]$(스프링클러 기타 이와 유사한 자동식 소화설비를 설치한 경우에는 바닥면적 $3,000[m^2]$) 이내마다 구획할 것

| 관련개념 | 방화구획의 설치기준

주요구조부 내화구조 또는 불연재료로 건축물로서 연면적이 $1,000[m^2]$를 넘는 것은 국토교통부령으로 정하는 다음 기준에 따라 방화구획을 해야 한다.
- 10층 이하의 층은 바닥면적 $1,000[m^2]$(스프링클러 기타 이와 유사한 자동식 소화설비를 설치한 경우에는 바닥면적 $3,000[m^2]$) 이내마다 구획할 것)
- 매층마다 구획할 것. 다만, 지하 1층에서 지상으로 직접 연결하는 경사로 부위는 제외할 것
- 11층 이상의 층은 바닥면적 $200[m^2]$(스프링클러 기타 이와 유사한 자동식 소화설비를 설치한 경우에는 바닥면적 $600[m^2]$) 이내마다 구획할 것. 다만, 벽 및 반자의 실내에 접하는 부분의 마감을 불연재료로 한 경우에는 바닥면적 $500[m^2]$(스프링클러 기타 이와 유사한 자동식 소화설비를 설치한 경우에는 $1,500[m^2]$) 이내마다 구획할 것

12

다음 중 분진폭발의 위험성이 가장 낮은 것은?

① 시멘트가루
② 알루미늄분
③ 석탄분말
④ 밀가루

해설

분진폭발을 일으키지 않는 물질

시멘트와 같은 소화(칼슘이 들어 있는 무기화합물)는 분진폭발을 일으키지 않는다.
- 시멘트
- 석회석
- 탄산칼슘($CaCO_3$)
- 생석회(CaO)=산화칼슘

13

백열전구가 발열하는 원인이 되는 열은?

① 아크열
② 유도열
③ 저항열
④ 정전기열

해설

백열전구는 필라멘트의 저항에 의해 열이 발생된다.

14

동식물유류에서 '요오드값이 크다'라는 의미를 옳게 설명한 것은?

① 불포화도가 높다.
② 불건성유이다.
③ 자연발화성이 낮다.
④ 산소와의 결합이 어렵다.

해설

보기 중 '요오드값이 크다'를 옳게 설명한 것은 ①이다.

| 관련개념 | 요오드값(요오드가)

개념	기름 $100[g]$에 첨가되는 요오드의 $[g]$ 수이다.
요오드값이 클수록	- 불포화도가 높다. - 건성유이다. 즉, 공기 중에서 쉽게 건조되어 굳은 피막을 만든다. - 산소와 잘 결합한다. - 자연발화의 위험성이 크다.

정답 10 ① 11 ④ 12 ① 13 ③ 14 ①

15

단백포 소화약제의 특징이 아닌 것은?

① 내열성이 우수하다.
② 유류에 대한 유동성이 나쁘다.
③ 유류를 오염시킬 수 있다.
④ 변질의 우려가 없어 저장 유효기간의 제한이 없다.

해설

단백포 소화약제는 쉽게 변질되어 저장성이 불량하다.

| 관련개념 | 포소화약제의 장단점

구분		설명
단백포	장점	• 내열성이 우수하다. • 유면봉쇄성이 우수하다.
	단점	• 소화시간이 길다. • 유동성이 좋지 않다. • 쉽게 변질되어 저장성이 불량하다. • 유류오염의 문제가 있다.
수성막포	장점	• 석유류 표면에 신속히 피막을 형성하여 유류 증발을 억제한다. • 안정성이 좋아 장기 보관이 가능하다. • 내약품성이 좋아 타 약제와 겸용하여 사용할 수 있다. • 기름에 대한 오염이 적다.(내유염성이 우수함) • 불소계 계면활성제가 주성분이다.
	단점	• 가격이 비싸다. • 내열성이 좋지 않다. • 부식방지용 저장설비가 요구된다.
합성계면 활성제포	장점	• 유동성이 우수하다. • 저장성이 우수하다.
	단점	• 적열된 기름탱크 주위에는 효과가 적다. • 가연물에 양이온이 있을 경우 발포성능이 저하된다. • 타 약제와 겸용 시 소화효과가 좋지 않을 수 있다.

16 빈출

이산화탄소 소화약제의 주된 소화효과는?

① 제거소화
② 억제소화
③ 질식소화
④ 냉각소화

해설

이산화탄소 소화약제는 질식효과와 냉각효과를 이용하지만, 주된 소화효과는 질식효과이다.

| 관련개념 | 소화약제별 주된 소화효과

소화약제		소화효과
물	무상(크기가 작은 물방울)	질식효과
	봉상(물줄기)	냉각효과
포(거품)		질식효과
분말		
이산화탄소		
할론(할로겐화합물)		부촉매효과

17

전기불꽃, 아크 등이 발생하는 부분을 기름 속에 넣어 폭발을 방지하는 방폭구조는?

① 내압방폭구조
② 유입방폭구조
③ 안전증방폭구조
④ 특수방폭구조

해설

유입방폭구조는 유체 상부 또는 용기 외부에 존재할 수 있는 폭발성 분위기가 발화할 수 없도록 전기설비 또는 전기설비의 부품을 보호액에 함침시키는 방폭구조의 형식을 말한다.

| 관련개념 | 방폭구조의 형식

• 내압방폭구조(d): 점화원에 의해 용기 내부에서 폭발이 발생할 경우에 용기가 폭발압력에 견딜 수 있고, 화염이 용기 외부의 폭발성 분위기로 전파되지 않도록 한 방폭구조
• 유입방폭구조(o): 유체 상부 또는 용기 외부에 존재할 수 있는 폭발성 분위기가 발화할 수 없도록 전기설비 또는 전기설비의 부품을 보호액에 함침시키는 방목구조의 형식
• 안전증방폭구조(e): 전기기기의 과도한 온도 상승, 아크 또는 불꽃 발생의 위험을 방지하기 위하여 추가적인 안전조치를 통한 안전도를 증가시킨 방폭구조

정답 15 ④ 16 ③ 17 ②

18 빈출

자연발화의 방지 방법이 아닌 것은?

① 통풍이 잘되도록 한다.
② 퇴적 및 수납 시 열이 쌓이지 않게 한다.
③ 높은 습도를 유지한다.
④ 저장실의 온도를 낮게 한다.

해설

자연발화를 방지하기 위해서는 저장실의 습도를 낮게 유지해야 한다.

| 관련개념 | 자연발화 방지법
- 습도를 낮게 유지한다.
- 온도를 낮춘다.
- 통풍이 잘되게 한다.
- 퇴적 및 수납 시 열이 쌓이지 않게 한다.
- 산소와의 접촉을 차단한다.
- 열전도성을 좋게 한다.

19

소화약제의 형식 승인 및 제품검사의 기술기준상 강화액 소화약제의 응고점은 몇 $[°C]$ 이하이어야 하는가?

① 0 ② -20
③ -25 ④ -30

해설

강화액 소화약제의 응고점은 $-20[°C]$ 이하이어야 한다.

20

상온에서 무색의 기체로서 암모니아와 유사한 냄새를 가지는 물질은?

① 에틸벤젠 ② 에틸아민
③ 산화프로필렌 ④ 사이클로프로판

해설

에틸아민($C_2H_5NH_2$)은 상온에서 무색의 기체로 암모니아와 유사한 냄새를 가진다.

2과목 소방전기일반

21

그림과 같은 회로에서 단자 a, b 사이에 주파수 $f[Hz]$의 정현파 전압을 가했을 때 전류계 A_1, A_2의 값이 같았다. 이 경우 f, L, C 사이의 관계로 옳은 것은?

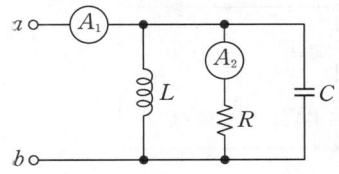

① $f = \dfrac{1}{LC}$ ② $f = \dfrac{1}{2\pi\sqrt{LC}}$

③ $f = \dfrac{1}{4\pi\sqrt{LC}}$ ④ $f = \dfrac{1}{\sqrt{2\pi^2 LC}}$

해설

전류계 A_1가 A_2의 값이 같으면 공진 조건을 만족한다는 것이다.

따라서 공진주파수 $f_0 = f = \dfrac{1}{2\pi\sqrt{LC}}[Hz]$

22 빈출

논리식 $Y = \overline{A}BC + A\overline{B}C + A\overline{B}\overline{C}$를 간단히 표현한 것은?

① $\overline{A} \cdot (B + C)$ ② $\overline{B} \cdot (A + C)$
③ $\overline{C} \cdot (A + B)$ ④ $C \cdot (A + \overline{B})$

해설

$Y = \overline{A}BC + A\overline{B}C + A\overline{B}\overline{C}$
$= \overline{A}BC + A\overline{B}(\overline{C} + C)$
$= \overline{A}BC + A\overline{B} = \overline{B}(\overline{A}C + A)$

여기서
$\overline{A}C + A = \overline{A}C + A(1 + C)$
$= \overline{A}C + A + AC = (\overline{A} + A)C + A = C + A$이므로

$\therefore Y = \overline{B} \cdot (A + C)$

정답 18 ③ 19 ② 20 ② 21 ② 22 ②

23

회로에서 전류 I는 약 몇 [A]인가?

① 0.92
② 1.125
③ 1.29
④ 1.38

해설

밀만의 정리

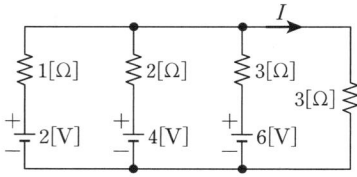

좌측부터 저항이 배열된 순서대로 R_1, R_2, R_3, R_4라 하고, 우측 $R_4(3[\Omega])$에 걸리는 전압을 V_a라 하면

$$V_a = \frac{\frac{V_1}{R_1}+\frac{V_2}{R_2}+\frac{V_3}{R_3}+\frac{V_4}{R_4}}{\frac{1}{R_1}+\frac{1}{R_2}+\frac{1}{R_3}+\frac{1}{R_4}} = \frac{\frac{2}{1}+\frac{4}{2}+\frac{6}{3}+\frac{0}{3}}{\frac{1}{1}+\frac{1}{2}+\frac{1}{3}+\frac{1}{3}}$$

$$= \frac{6}{\frac{13}{6}} = \frac{36}{13}[V]$$

따라서 $I = \frac{V_a}{R_4} = \frac{\frac{36}{13}}{3} = \frac{36}{39} = \frac{12}{13} = 0.92[A]$

24

절연저항 시험에서 "전로의 사용전압이 500[V] 이하인 경우 1.0[MΩ] 이상"이란 뜻으로 가장 알맞은 것은?

① 누설전류가 0.5[mA] 이하이다.
② 누설전류가 5[mA] 이하이다.
③ 누설전류가 15[mA] 이하이다.
④ 누설전류가 30[mA] 이하이다.

해설

누설전류

$I_g \leq \frac{\text{사용 전압}}{\text{절연저항값}} = \frac{500}{1.0 \times 10^6} = 0.5 \times 10^{-3} = 0.5[mA]$

따라서 누설전류가 0.5[mA] 이하임을 뜻한다.

25

권선수가 100회인 코일에 유도되는 기전력의 크기가 e_1이다. 이 코일의 권선수를 200회로 늘렸을 때 유도되는 기전력의 크기(e_2)는?

① $e_2 = \frac{1}{4}e_1$
② $e_2 = \frac{1}{2}e_1$
③ $e_2 = 2e_1$
④ $e_2 = 4e_1$

해설

자기 인덕턴스

• 유도 기전력
$e = -L\frac{di}{dt}[V]$

• 자기 인덕턴스
$L = \frac{N\phi}{I} = \frac{\mu A N^2}{l}[H]$

즉, 유도 기전력의 크기와 코일 간에 다음과 같은 관계가 성립된다.
$e \propto N^2$
따라서 코일이 2배 증가하면 유도 기전력은 4배로 증가한다.
$\therefore e_2 = 4e_1$

26

동일한 전류가 흐르는 두 평행 도선 사이에 작용하는 힘이 F_1이다. 두 도선 사이의 거리를 2.5배로 늘였을 때 두 도선 사이 작용하는 힘 F_2는?

① $F_2 = \frac{1}{2.5}F_1$
② $F_2 = \frac{1}{2.5^2}F_1$
③ $F_2 = 2.5F_1$
④ $F_2 = 6.25F_1$

해설

평행도선 사이에 작용하는 힘
$F = \frac{\mu_0 I_1 I_2}{2\pi r}[N] \propto \frac{1}{r}$

즉, 두 도선에 작용하는 힘은 거리에 반비례하므로 거리가 2.5배로 늘어나면 힘은 $\frac{1}{2.5}$배가 된다.

$\therefore F_2 = \frac{1}{2.5}F_1$

정답 23 ① 24 ① 25 ④ 26 ①

27

그림의 회로에서 a와 c 사이의 합성저항은?

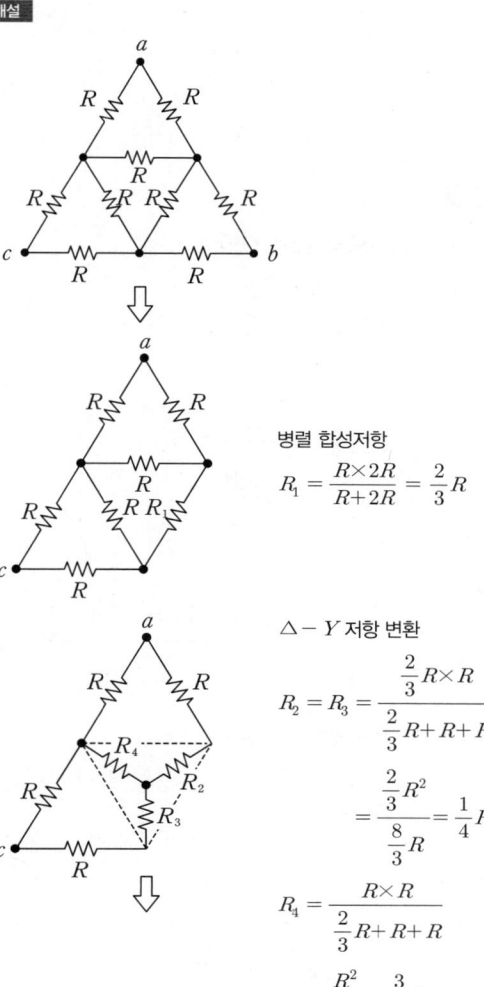

① $\dfrac{9}{10}R$ ② $\dfrac{10}{9}R$

③ $\dfrac{7}{10}R$ ④ $\dfrac{10}{7}R$

해설

병렬 합성저항

$R_1 = \dfrac{R \times 2R}{R + 2R} = \dfrac{2}{3}R$

△ − Y 저항 변환

$R_2 = R_3 = \dfrac{\dfrac{2}{3}R \times R}{\dfrac{2}{3}R + R + R}$

$= \dfrac{\dfrac{2}{3}R^2}{\dfrac{8}{3}R} = \dfrac{1}{4}R$

$R_4 = \dfrac{R \times R}{\dfrac{2}{3}R + R + R}$

$= \dfrac{R^2}{\dfrac{8}{3}R} = \dfrac{3}{8}R$

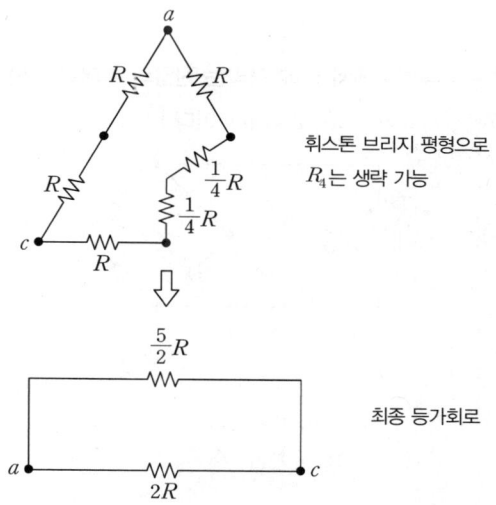

휘스톤 브리지 평형으로 R_4는 생략 가능

최종 등가회로

따라서 a와 c 사이의 합성저항 $R_{ac} = \dfrac{2R \times \dfrac{5}{2}R}{2R + \dfrac{5}{2}R} = \dfrac{5R^2}{\dfrac{9}{2}R} = \dfrac{10}{9}R$

28

잔류편차가 있는 제어 동작은?

① 비례 제어
② 적분 제어
③ 비례 적분 제어
④ 비례 적분 미분 제어

해설

잔류편차

비례 제어에서 급격한 목표값의 변화 또는 외란이 있는 경우 제어계가 정상상태로 된 후에도 제어량이 목표값과 차이가 있는 것이다.

정답 27 ② 28 ①

29
그림과 같은 정류회로에서 R에 걸리는 전압의 최대값은 몇 [V]인가?(단, $v_2(t) = 20\sqrt{2}\sin\omega t$ 이다.)

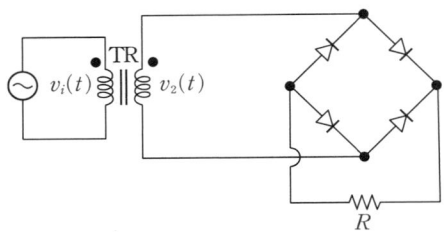

① 20
② $20\sqrt{2}$
③ 40
④ $40\sqrt{2}$

해설

브리지 정류회로에서 정류 후의 전압 최대값은 정류 전의 전압 최대값과 같다.
∴ $v_{max} = 20\sqrt{2}$ [V]

30
회로에서 저항 20[Ω]에 흐르는 전류[A]는?

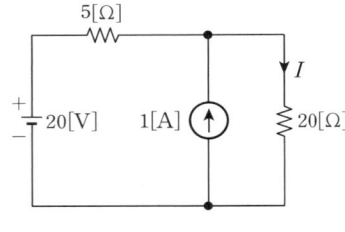

① 0.8
② 1.0
③ 1.8
④ 2.8

해설

중첩의 원리
- 20[V] 전압원만을 고려할 경우
  1[A] 전류원은 개방이므로 $I_{20} = \dfrac{1}{5+20} \times 20 = 0.8$[V]
- 1[A] 전류원만을 고려할 경우
  20[V] 전압원은 단락이므로 $I_1 = \dfrac{5}{5+20} \times 1 = 0.2$[A]
- 20[Ω]에 흐르는 전류
  ∴ $I = I_{20} + I_1 = 0.8 + 0.2 = 1$[A]

31
다음의 내용이 설명하는 것으로 가장 알맞은 것은?

> 회로망 내 임의의 폐회로(closed circuit)에서, 그 폐회로를 따라 한 방향으로 일주하면서 생기는 전압강하의 합은 그 폐회로 내에 포함되어 있는 기전력의 합과 같다.

① 노튼의 정리
② 중첩의 원리
③ 키르히호프의 전압법칙
④ 패러데이의 법칙

해설

키르히호프 제2법칙(KVL: 전압법칙)
어느 폐회로에서 기전력의 총합과 폐회로를 따라 한 방향으로 일주하면서 생기는 전압강하의 합은 같다.

32 빈출
그림과 같은 논리회로의 출력 Y는?

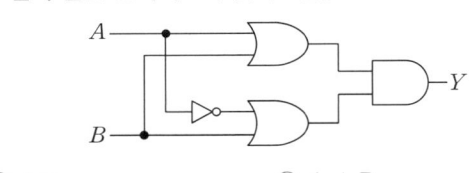

① AB
② A + B
③ A
④ B

해설

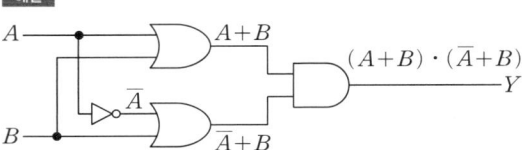

분배법칙을 이용하여 전개하면 다음과 같다.
$Y = (A+B)(\overline{A}+B)$
$= A\overline{A} + AB + \overline{A}B + BB$
$= AB + \overline{A}B + B$
$= B(A + \overline{A} + 1)$
$= B$

정답 29 ② 30 ② 31 ③ 32 ④

33

3상 농형 유도전동기를 Y−△ 기동방식으로 기동할 때 전류 $I_1[\text{A}]$과 △결선으로 직입(전전압) 기동할 때 전류 $I_2[\text{A}]$의 관계는?

① $I_1 = \dfrac{1}{\sqrt{3}} I_2$
② $I_1 = \dfrac{1}{3} I_2$
③ $I_1 = \sqrt{3} I_2$
④ $I_1 = 3 I_2$

해설

$Y-\triangle$ 기동방식

전전압을 인가하는 직입 기동방식에 비해 $Y-\triangle$ 기동방식은 기동전류를 $\dfrac{1}{3}$로 낮출 수 있다.

$\therefore I_1 = \dfrac{1}{3} I_2$

34

유도전동기의 슬립이 5.6[%]이고 회전자 속도가 1,700[rpm]일 때, 이 유도전동기의 동기속도는 약 몇 [rpm]인가?

① 1,000
② 1,200
③ 1,500
④ 1,800

해설

슬립(Slip)

$s = \dfrac{N_s - N}{N_s}$ (N_s: 동기속도, N: 회전자 속도)

N_s에 대한 식으로 정리하면 다음과 같다.

$\therefore N_s = \dfrac{N}{1-s} = \dfrac{1,700}{1-0.056} = 1,801[\text{rpm}]$

35 빈출

목표값이 다른 양과 일정한 비율 관계를 가지고 변화하는 제어방식은?

① 정치제어
② 추종제어
③ 프로그램제어
④ 비율제어

해설

비율제어

목표값이 서로 다른 어떤 양과 일정한 비율 관계를 가지는 제어방식이다.

| 관련개념 | 추치제어

목표값이 변할 때 그것에 제어량을 추종시키기 위한 제어를 말한다.

- 추종 제어: 미지의 임의 시간적 변화를 하는 목표값에 제어량을 추종시키는 것을 목적으로 하는 제어
- 프로그램 제어: 미리 정해진 규칙에 따라 변화시키는 제어
- 비율 제어: 목표값이 서로 다른 어떤 양과 일정한 비율 관계를 가지는 제어
- 시퀀스 제어: 미리 정해진 순서에 따라 각 단계가 순차적으로 진행

36 빈출

축전지의 자기 방전을 보충함과 동시에 일반 부하로 공급하는 전력은 충전기가 부담하고, 충전기가 부담하기 어려운 일시적인 대전류는 축전지가 부담하는 충전방식은?

① 급속충전
② 부동충전
③ 균등충전
④ 세류충전

해설

부동충전

전지의 자기방전을 보충함과 동시에 상용부하에 대한 전력공급은 충전기가 부담하되, 부담하기 어려운 일시적인 대전류 부하는 축전지가 부담하도록 하는 방식이다.

정답 33 ② 34 ④ 35 ④ 36 ②

37

각 상의 임피던스가 $Z = 6 + j8\,[\Omega]$인 △결선의 평형 3상 부하에 선간 전압이 $220\,[\mathrm{V}]$인 대칭 3상 전압을 가했을 때 이 부하로 흐르는 선전류의 크기는 약 몇 $[\mathrm{A}]$인가?

① 13　　② 22
③ 38　　④ 66

해설

- △결선 상전압 $V_p = V_l = 220\,[\mathrm{V}]$
- 각 상의 임피던스의 크기
  $|Z| = \sqrt{6^2 + 8^2} = 10\,[\Omega]$
- 상전류 $I_p = \dfrac{V_p}{|Z|} = \dfrac{220}{10} = 22\,[\mathrm{A}]$

△결선에서 선전류의 크기는 상전류의 $\sqrt{3}$배이므로
$I_l = \sqrt{3}\,I_p = 22\sqrt{3} = 38.11 \fallingdotseq 38\,[\mathrm{A}]$

38

전기화재의 원인 중 하나인 누설 전류를 검출하기 위해 사용되는 것은?

① 부족 전압 계전기
② 영상 변류기
③ 계기용 변압기
④ 과전류 계전기

해설

영상 변류기
누설(누전) 전류 또는 지락 전류를 검출하기 위한 변류기이다.

39 빈출

그림의 블록선도에서 $\dfrac{C(s)}{R(s)}$를 구하면?

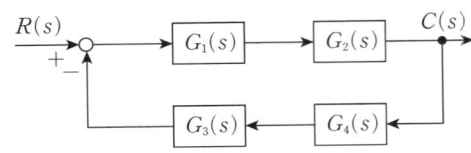

① $\dfrac{G_1(s) + G_2(s)}{1 + G_1(s)G_2(s) + G_3(s)G_4(s)}$

② $\dfrac{G_1(s)G_2(s)}{1 + G_1(s)G_2(s)G_3(s)G_4(s)}$

③ $\dfrac{G_3(s)G_4(s)}{1 + G_1(s)G_2(s)G_3(s)G_4(s)}$

④ $\dfrac{G_1(s)G_2(s)}{1 + G_1(s)G_2(s) + G_3(s)G_4(s)}$

해설

전달함수

- 개로 경로: $G_1(s)G_2(s)$
- 폐루프: $-G_1(s)G_2(s)G_3(s)G_4(s)$
- 전달함수

$\dfrac{C(s)}{R(s)} = \dfrac{G_1(s)G_2(s)}{1 - (-G_1(s)G_2(s)G_3(s)G_4(s))}$

$= \dfrac{G_1(s)G_2(s)}{1 + G_1(s)G_2(s)G_3(s)G_4(s)}$

40

한 변의 길이가 $150\,[\mathrm{mm}]$인 정방형 회로에 $1\,[\mathrm{A}]$의 전류가 흐를 때 회로 중심에서의 자계의 세기는 약 몇 $[\mathrm{AT/m}]$인가?

① 5　　② 6
③ 9　　④ 21

해설

정사각형(정방형)의 중심에서의 자계의 세기

$H = \dfrac{2\sqrt{2}}{\pi l}I = \dfrac{2\sqrt{2}}{\pi \times 150 \times 10^{-3}} \times 1 = 6\,[\mathrm{AT/m}]$

정답 37 ③　38 ②　39 ②　40 ②

3과목 소방관계법규

41 빈출

「화재예방, 소방시설 설치·유지 및 안전관리에 관한 법령」상 건축허가 등을 할 때 미리 소방본부장 또는 소방서장의 동의를 받아야 하는 건축물 등의 범위가 아닌 것은?

① 연면적 $200[m^2]$ 이상인 노유자시설 및 수련시설
② 항공기격납고, 관망탑
③ 차고·주차장으로 사용되는 바닥면적이 $100[m^2]$ 이상인 층이 있는 건축물
④ 지하층 또는 무창층이 있는 건축물로서 바닥면적이 $150[m^2]$ 이상인 층이 있는 것

해설

차고 및 주차장으로 사용하는 바닥면적이 $200[m^2]$ 이상인 층이 있는 건축물이어야 한다.

| 관련개념 | 건축허가 동의대상 특정소방대상물

• 면적기준 동의대상

면적기준 동의대상	
$400[m^2]$ 이상	건축물 연면적
$300[m^2]$ 이상	• 정신의료기관 연면적 • 장애인 의료재활시설 연면적
$200[m^2]$ 이상	• 노유자시설 및 수련시설 연면적 • 차고 및 주차장으로 사용하는 바닥면적의 층이 있는 건축물·주차시설
$150[m^2]$ 이상	지하층, 무창층의 바닥면적
$100[m^2]$ 이상	공연장 바닥면적 학교시설 연면적

• 면적기준 외 동의대상
 - 6층 이상의 건축물
 - 차고 주차장으로 기계식 주차시설·자동차 20대 이상
 - 항공기격납고, 관망탑, 항공관제탑, 방송용 송수신탑
 - 특정소방대상물 중 조산원, 산후조리원, 위험물 저장 및 처리시설, 발전시설 중 전기저장시설, 지하구
 - 노유자시설(노인 관련 시설, 아동복지시설, 장애인 거주시설, 정신 질환자 관련 시설, 노숙인자활·노숙인재활 및 노숙인 요양시설, 결핵환자나 한센인이 24시간 생활하는 노유자시설

42

「소방기본법령」상 일반음식점에서 음식조리를 위해 불을 사용하는 설비를 설치하는 경우 지켜야 하는 사항으로 틀린 것은?

① 주방시설에는 동물 또는 식물의 기름을 제거할 수 있는 필터 등을 설치할 것
② 열을 발생하는 조리기구는 반자 또는 선반으로부터 0.6미터 이상 떨어지게 할 것
③ 주방설비에 부속된 배출덕트는 0.2밀리미터 이상의 아연도금강판으로 설치할 것
④ 열을 발생하는 조리기구로부터 0.15미터 이내의 거리에 있는 가연성 주요구조부는 석면판 또는 단열성이 있는 불연재료로 덮어 씌울 것

해설

주방설비에 부속된 배출덕트는 $0.5[mm]$ 이상의 아연도금강판 또는 이와 동등 이상의 내식성 불연재료로 설치해야 한다.

| 관련개념 | 불을 사용하는 설비 등의 관리
일반음식점에서 조리를 위하여 불을 사용하는 경우
• 주방설비에 부속된 배출덕트(공기 배출통로)는 $0.5[mm]$ 이상의 아연도금강판 또는 이와 동등 이상의 내식성 불연재료로 설치
• 주방시설에는 동물 또는 식물의 기름을 제거할 수 있는 필터 설치
• 열을 발생하는 조리기구는 반자 또는 선반으로부터 $0.6[m]$ 이상 이격
• 열을 발생하는 조리기구로부터 $0.15[m]$ 이내의 거리에 있는 가연성 주요구조부는 석면판 또는 단열성이 있는 불연재료로 덮어 씌울 것

정답 41 ③ 42 ③

43

「소방시설공사업법령」상 소방시설업의 감독을 위하여 필요할 때에 소방시설업자나 관계인에게 필요한 보고나 자료 제출을 명할 수 있는 사람이 아닌 것은?

① 시·도지사
② 119안전센터장
③ 소방서장
④ 소방본부장

해설

보고나 자료제출을 명할 수 있는 자는 시·도지사, 소방본부장 또는 소방서장이다.

| 관련개념 | 감독

- 시·도지사, 소방본부장 또는 소방서장은 소방시설업의 감독을 위하여 필요할 때에는 소방시설업자나 관계인에게 필요한 보고나 자료 제출을 명할 수 있고, 관계 공무원으로 하여금 소방시설업체나 특정소방대상물에 출입하여 관계 서류와 시설 등을 검사하거나 소방시설업자 및 관계인에게 질문하게 할 수 있다.
- 소방청장은 소방청장의 업무를 위탁받은 실무교육기관 한국소방안전원, 협회, 법인 또는 단체에 필요한 보고나 자료 제출을 명할 수 있고, 관계 공무원으로 하여금 실무교육기관, 한국소방안전원, 협회, 법인 또는 단체의 사무실에 출입하여 관계 서류 등을 검사하거나 관계인에게 질문하게 할 수 있다.
- 출입·검사를 하는 관계 공무원은 그 권한을 표시하는 증표를 지니고 이를 관계인에게 보여주어야 한다.
- 출입·검사업무를 수행하는 관계 공무원은 관계인의 정당한 업무를 방해하거나 출입·검사업무를 수행하면서 알게 된 비밀을 다른 자에게 누설하여서는 아니 된다.

44

「소방기본법령」상 화재가 발생할 우려가 높거나 화재가 발생하는 경우 그로 인하여 피해가 클 것으로 예상되는 지역을 화재경계지구로 지정할 수 있는 자는?

① 한국소방안전협회장
② 소방시설관리사
③ 소방본부장
④ 시·도지사

해설

화재경계지구로 지정할 수 있는 사람은 시·도지사이다.

| 관련개념 | 화재경계지구의 지정

- 화재경계지구 지정권자: 시·도지사
- 화재경계지구 내 소방대상물의 위치·구조 및 설비에 대한 화재예방조사
- 화재예방조사 결과 화재예방과 경계에 필요 시 소방용수시설, 소화기구, 그 외 필요한 설비의 설치를 명할 수 있음
- 화재경계지구 관계인에 대한 소방훈련 및 교육을 실시할 수 있음

45

「소방시설공사업법령」상 소방시설업에 대한 행정처분기준에서 1차 행정처분 사항으로 등록취소에 해당하는 것은?

① 거짓이나 그 밖의 부정한 방법으로 등록한 경우
② 소방시설업자의 지위를 승계한 사실을 소방시설공사 등을 맡긴 특정소방대상물의 관계인에게 통지를 하지 아니한 경우
③ 화재안전기술기준 등에 적합하게 설계·시공을 하지 아니하거나, 법에 따라 적합하게 감리를 하지 아니한 경우
④ 등록을 한 후 정당한 사유 없이 1년이 지날 때까지 영업을 시작하지 아니하거나 계속하여 1년 이상 휴업한 때

해설

거짓이나 그 밖의 부정한 방법으로 등록한 경우 1차 행정처분으로 등록이 취소된다.

| 관련개념 | 소방시설업에 대한 행정처분기준

위반 사항	행정처분 기준		
	1차	2차	3차
거짓이나 그 밖의 부정한 방법으로 등록한 경우	등록취소	–	–
등록을 한 후 정당한 사유 없이 1년이 지날 때까지 영업을 시작하지 아니하거나 계속하여 1년 이상 휴업한 때	경고 (시정명령)	등록취소	–
소방시설업자의 지위를 승계한 사실을 소방시설공사 등을 맡긴 특정소방대상물의 관계인에게 통지를 하지 아니하거나 관계서류를 보관하지 아니한 경우	경고 (시정명령)	영업정지 1개월	등록취소
화재안전기술기준 등에 적합하게 설계·시공을 하지 아니하거나, 법에 따라 적합하게 감리를 하지 아니한 경우	영업정지 1개월	영업정지 3개월	등록취소

정답 43 ② 44 ④ 45 ①

46

「소방시설공사업법령」상 소방시설업자가 소방시설공사 등을 맡긴 특정소방대상물의 관계인에게 지체 없이 그 사실을 알려야 하는 경우가 아닌 것은?

① 소방시설업자의 지위를 승계한 경우
② 소방시설업의 등록취소처분 또는 영업정지처분을 받은 경우
③ 휴업하거나 폐업한 경우
④ 소방시설업의 주소지가 변경된 경우

해설

소방시설업자가 특정소방대상물의 관계인에게 지체 없이 그 사실을 알려야 하는 경우
- 소방시설업자의 지위를 승계한 경우
- 소방시설업의 등록취소 또는 영업정지처분을 받은 경우
- 휴업 또는 폐업을 한 경우

47

「화재예방, 소방시설 설치·유지 및 안전관리에 관한 법령」에 따라 2급 소방안전관리대상물의 소방안전관리자 선임 기준으로 틀린 것은?

① 전기공사산업기사 자격을 가진 사람
② 소방공무원으로 3년 이상 근무한 경력이 있는 사람
③ 의용소방대원으로 5년 이상 근무한 경력이 있는 사람
④ 위험물산업기사 자격을 가진 사람

해설

의용소방대원으로 3년 이상 근무한 경력이 있는 자로 2급 소방안전 관리대상물의 소방안전관리 시험에 합격한 자여야 한다.

48

「소방시설공사업법령」상 감리업자는 소방시설공사가 설계도서 또는 화재안전기준에 적합하지 아니한 때에는 가장 먼저 누구에게 알려야 하는가?

① 감리업체 대표자
② 시공자
③ 관계인
④ 소방서장

해설

감리업자는 감리를 할 때 소방시설공사가 설계도서나 화재안전기준에 맞지 아니할 때에는 관계인에게 알리고, 공사업자에게 그 공사의 시정 또는 보완 등을 요구하여야 한다.

| 관련개념 | 위반사항에 대한 조치

① 감리업자는 감리를 할 때 소방시설공사가 설계도서나 화재안전기준에 맞지 아니할 때에는 관계인에게 알리고, 공사업자에게 그 공사의 시정 또는 보완 등을 요구하여야 한다.
② 공사업자가 ①에 따른 요구를 받았을 때에는 그 요구에 따라야 한다.
③ 감리업자는 공사업자가 ①에 따른 요구를 이행하지 아니하고 그 공사를 계속할 때에는 행정안전부령으로 정하는 바에 따라 소방본부장이나 소방서장에게 그 사실을 보고하여야 한다.
④ 관계인은 감리업자가 ③에 따라 소방본부장이나 소방서장에게 보고한 것을 이유로 감리계약을 해지하거나 감리의 대가 지급을 거부하거나 지연시키거나 그 밖의 불이익을 주어서는 아니 된다.

정답 46 ④ 47 ③ 48 ③

49 빈출

「화재예방, 소방시설 설치·유지 및 안전관리에 관한 법령」상 특정소방대상물의 수용인원 산정방법으로 옳은 것은?

① 침대가 없는 숙박시설은 해당 특정소방대상물의 종사자의 수에 숙박시설의 바닥면적의 합계를 4.6[m²]로 나누어 얻은 수를 합한 수로 한다.
② 강의실로 쓰이는 특정소방대상물은 해당 용도로 사용하는 바닥면적의 합계를 4.6[m²]로 나누어 얻은 수로 한다.
③ 관람석이 없을 경우 강당, 문화 및 집회시설, 운동시설, 종교시설은 해당 용도로 사용하는 바닥면적의 합계를 4.6[m²]로 나누어 얻은 수로 한다.
④ 백화점은 해당 용도로 사용하는 바닥면적의 합계를 4.6[m²]로 나누어 얻은 수로 한다.

해설

관람석이 없을 경우 강당, 문화 및 집회시설, 운동시설, 종교시설은 해당 용도로 사용하는 바닥면적의 합계를 4.6[m²]로 나누어 얻은 수로 한다.

| 관련개념 | 특정소방대상물의 규모 등에 따라 고려해야 하는 수용인원

특정소방대상물	용도	수용인원의 산정
숙박시설	침대가 있는 숙박시설	종사자수+침대수(2인용은 2개)
	침대가 없는 숙박시설	종사자수+(바닥면적 합계/3[m²])
그 밖의 특정소방대상물	강의실·교무실·상담실·실습실·휴게실	바닥면적 합계/1.9[m²]
	강당, 문화 및 집회시설, 운동시설, 종교시설	바닥면적 합계/4.6[m²] • 관람석의 경우: 고정식 의자 수 • 긴의자의 경우: 의자 너비/0.45[m]
	그 밖의 특정소방대상물	바닥면적 합계/3[m²]

*계산결과 소수점 이하는 반올림

50

「위험물안전관리법령」상 제조소 등이 아닌 장소에서 지정수량 이상의 위험물 취급에 대한 설명으로 틀린 것은?

① 임시로 저장 또는 취급하는 장소에서의 저장 또는 취급의 기준은 시·도의 조례로 정한다.
② 필요한 승인을 받아 지정수량 이상의 위험물을 120일 이내의 기간 동안 임시로 저장 또는 취급하는 경우 제조소 등이 아닌 장소에서 지정수량 이상의 위험물을 취급할 수 있다.
③ 제조소 등이 아닌 장소에서 지정수량 이상의 위험물을 취급할 경우 관할소방서장의 승인을 받아야 한다.
④ 군부대가 지정수량 이상의 위험물을 군사목적으로 임시로 저장 또는 취급하는 경우 제조소 등이 아닌 장소에서 지정 수량 이상의 위험물을 취급할 수 있다.

해설

제조소 등이 아닌 장소에서 지정수량 이상의 위험물을 취급할 수 있는 경우
• 시·도조례에 따라 관할소방서장의 승인을 받아 지정수량 이상의 위험물을 90일 이내 저장 또는 취급
• 군부대가 지정수량 이상의 위험물을 군사목적으로 임시로 저장 또는 취급

51 빈출

「소방시설공사업법령」상 소방시설업 등록의 결격사유에 해당되지 않는 법인은?

① 법인의 대표자가 피성년후견인인 경우
② 법인의 임원이 피성년후견인인 경우
③ 법인의 대표자가 소방시설공사업법에 따라 소방시설업 등록이 취소된 지 2년이 지나지 아니한 자인 경우
④ 법인의 임원이 소방시설공사업법에 따라 소방시설업 등록이 취소된 지 2년이 지나지 아니한 자인 경우

정답 49 ③ 50 ② 51 ②

해설

소방시설업 등록의 결격사유

① 피성년후견인
② 「소방기본법」, 「화재예방, 소방시설 설치·유지 및 안전관리에 관한 법률」, 「소방시설공사업법」, 「위험물안전관리법」에 따른 금고 이상의 실형을 선고받고 그 집행이 끝나거나 집행이 면제된 날부터 2년이 지나지 아니한 사람
③ 「소방기본법」, 「화재예방, 소방시설 설치·유지 및 안전관리에 관한 법률」, 「소방시설공사업법」, 「위험물안전관리법」에 따른 금고 이상의 형의 집행유예를 선고받고 그 유예기간 중에 있는 사람
④ 자격이 취소(피성년후견인 결격으로 취소된 경우는 제외)된 날부터 2년이 지나지 아니한 사람
⑤ 법인의 대표자가 ①~④에 해당하는 경우 그 법인
⑥ 법인의 임원이 ②~④에 해당하는 경우 그 법인

52

「화재예방, 소방시설 설치·유지 및 안전관리에 관한 법령」상 특정소방대상물의 소방시설 설치의 면제기준에 따라 연결살수설비를 설치면제 받을 수 있는 경우는?

① 송수구를 부설한 간이스프링클러설비를 설치하였을 때
② 송수구를 부설한 옥내소화전설비를 설치하였을 때
③ 송수구를 부설한 옥외소화전설비를 설치하였을 때
④ 송수구를 부설한 연결송수관설비를 설치하였을 때

해설

특정소방대상물의 소방시설 설치의 면제기준

설치가 면제되는 유사 소방시설	설치 면제기준
연결살수설비	송수구를 부설한 스프링클러설비, 간이스프링클러설비, 물분무소화설비 또는 미분무소화설비
	가스 관계 법령에 따라 설치되는 물분무장치 등에 소방대가 사용할 수 있는 연결송수구가 설치
	가스 관계 법령에 따라 설치되는 물분무장치 등에 6시간 이상 공급할 수 있는 수원(水源)이 확보된 경우

53

「소방시설공사업법령」상 소방공사감리업을 등록한 자가 수행하여야 할 업무가 아닌 것은?

① 완공된 소방시설 등의 성능시험
② 소방시설 등 설계 변경 사항의 적합성 검토
③ 소방시설 등의 설치계획표의 적법성 검토
④ 소방용품 형식승인 및 제품검사의 기술기준에 대한 적합성 검토

해설

소방용품의 위치·규격 및 사용 자재의 적합성을 검토하여야 한다.

| 관련개념 | 감리의 업무

- 소방시설 등의 설치계획표의 적법성 검토
- 소방시설 등 설계도서의 적합성(적법성과 기술상의 합리성) 검토
- 소방시설 등 설계 변경 사항의 적합성 검토
- 소방용품의 위치·규격 및 사용 자재의 적합성 검토
- 공사업자가 한 소방시설 등의 시공이 설계도서와 화재안전기준에 맞는지에 대한 지도·감독
- 완공된 소방시설 등의 성능시험
- 공사업자가 작성한 시공 상세 도면의 적합성 검토
- 피난시설 및 방화시설의 적법성 검토
- 실내장식물의 불연화와 방염 물품의 적법성 검토

54 빈출

「소방기본법령」상 소방업무의 응원에 대한 설명 중 틀린 것은?

① 소방본부장이나 소방서장은 소방활동을 할 때에 긴급한 경우에는 이웃한 소방본부장 또는 소방서장에게 소방업무의 응원을 요청할 수 있다.
② 소방업무의 응원 요청을 받은 소방본부장 또는 소방서장은 정당한 사유 없이 그 요청을 거절하여서는 아니 된다.
③ 소방업무의 응원을 위하여 파견된 소방대원은 응원을 요청한 소방본부장 또는 소방서장의 지휘에 따라야 한다.
④ 시·도지사는 소방업무의 응원을 요청하는 경우를 대비하여 출동 대상지역 및 규모와 필요한 경비의 부담 등에 관하여 필요한 사항을 대통령령으로 정하는 바에 따라 이웃하는 시·도지사와 협의하여 미리 규약으로 정하여야 한다.

해설

대통령령이 아닌, 행정안전부령이다.

| 관련개념 | 소방업무의 응원

시·도지사는 소방업무의 응원을 요청하는 경우를 대비하여 출동 대상지역 및 규모와 필요한 경비의 부담 등에 관하여 필요한 사항을 행정안전부령으로 정하는 바에 따라 이웃하는 시·도지사와 협의하여 미리 규약으로 정하여야 한다.

정답 52 ① 53 ④ 54 ④

55

「소방기본법령」상 이웃하는 다른 시·도지사와 소방업무에 관하여 시·도지사가 체결할 상호응원협정 사항이 아닌 것은?

① 화재조사활동
② 응원출동의 요청방법
③ 소방교육 및 응원출동훈련
④ 응원출동대상지역 및 규모

해설

소방업무의 상호응원협정
- 소방활동에 관한 사항
  - 화재의 경계·진압활동
  - 구조·구급업무의 지원
  - 화재조사활동
- 응원출동대상지역 및 규모
- 다음의 소요경비의 부담에 관한 사항
  - 출동대원의 수당·식사 및 의복의 수선
  - 소방장비 및 기구의 정비와 연료의 보급
  - 그 밖의 경비
- 응원출동의 요청방법
- 응원출동훈련 및 평가

56

「위험물안전관리법령」상 옥내주유취급소에 있어서 당해 사무소 등의 출입구 및 피난구와 당해 피난구로 통하는 통로·계단 및 출입구에 설치해야 하는 피난설비는?

① 유도등
② 구조대
③ 피난사다리
④ 완강기

해설

주유취급소 중 건축물의 2층 이상의 부분을 점포·휴게음식점 또는 전시장의 용도로 사용하는 것에 있어서는 당해 건축물의 2층 이상으로부터 주유 취급소의 부지 밖으로 통하는 출입구와 당해 출입구로 통하는 통로·계단 및 출입구에 유도등을 설치하여야 한다.

| 관련개념 | 피난구조설비

- 주유취급소 중 건축물의 2층 이상의 부분을 점포·휴게음식점 또는 전시장의 용도로 사용하는 것에 있어서는 당해 건축물의 2층 이상으로부터 주유취급소의 부지 밖으로 통하는 출입구와 당해 출입구로 통하는 통로·계단 및 출입구에 유도등을 설치하여야 한다.
- 옥내주유취급소에 있어서는 당해 사무소 등의 출입구 및 피난구와 당해 피난구로 통하는 통로 계단 및 출입구에 유도등을 설치하여야 한다.
- 유도등에는 비상전원을 설치하여야 한다.

57 고난도

「위험물안전관리법령」상 위험물 및 지정수량에 대한 기준 중 다음 (　) 안에 알맞은 것은?

> 금속분이라 함은 알칼리금속·알칼리토류금속·철 및 마그네슘 외의 금속의 분말을 말하고, 구리분·니켈분 및 (㉠)마이크로미터의 체를 통과하는 것이 (㉡)중량퍼센트 미만인 것은 제외한다.

① ㉠ 150, ㉡ 50
② ㉠ 53, ㉡ 50
③ ㉠ 50, ㉡ 150
④ ㉠ 50, ㉡ 53

해설

금속분이라 함은 알칼리금속·알칼리토류금속·철 및 마그네슘 외의 금속의 분말을 말하고, 구리분·니켈분 및 150마이크로미터의 체를 통과하는 것이 50중량퍼센트 미만인 것은 제외한다.

| 관련개념 | 제2류 위험물의 품명 및 지정수량

품명	지정수량	비고	위험등급
황화린	100[kg]	–	II
적린	100[kg]	–	II
유황	100[kg]	순도 60[wt%] 이상, 불순물은 활석 등 불활성물질과 수분에 한함	II
철분	500[kg]	53[μm]의 표준체(270Mesh)를 통과하는 것이 50[wt%] 미만인 것 제외	III
금속분	500[kg]	알칼리금속·알칼리 토류금속·철 및 마그네슘 외의 금속분말을 칭함 구리분, 니켈분 및 150[μm]의 표준체(100Mesh)를 통과하는 것이 50[wt%] 미만인 것 제외	III
마그네슘	500[kg]	2[mm]의 체를 통과하지 않는 덩어리 상태의 것 직경 2[mm] 이상의 막대 모양의 것	III
• 그 밖에 행정안전부령으로 정하는 것 • 제1호부터 제7호까지 중에 어느 하나 또는 이상을 함유한 것	100[kg] 또는 500[kg]	–	II, III
인화성 고체	1,000[kg]	고형알코올 그 밖에 1기압에서 인화점이 40[°C] 미만인 고체	III

정답 55 ③　56 ①　57 ①

58

「위험물안전관리법령」상 제조소 등의 관계인은 위험물의 안전관리에 관한 직무를 수행하게 하기 위하여 제조소 등마다 위험물의 취급에 관한 자격이 있는 자를 위험물안전관리자로 선임하여야 한다. 이 경우 제조소 등의 관계인이 지켜야 할 기준으로 틀린 것은?

① 제조소 등의 관계인은 안전관리자를 해임하거나 안전관리자가 퇴직한 때에는 해임하거나 퇴직한 날부터 15일 이내에 다시 안전관리자를 선임하여야 한다.
② 제조소 등의 관계인이 안전관리자를 선임한 경우에는 선임한 날부터 14일 이내에 소방본부장 또는 소방서장에게 신고하여야 한다.
③ 제조소 등의 관계인은 안전관리자가 여행·질병 그 밖의 사유로 인하여 일시적으로 직무를 수행할 수 없는 경우에는 「국가기술자격법」에 따른 위험물의 취급에 관한 자격취득자 또는 위험물안전에 관한 기본지식과 경험이 있는 자를 대리자로 지정하여 그 직무를 대행하게 하여야 한다. 이 경우 대행하는 기간은 30일을 초과할 수 없다.
④ 안전관리자는 위험물을 취급하는 작업을 하는 때에는 작업자에게 안전관리에 관한 필요한 지시를 하는 등 위험물의 취급에 관한 안전관리와 감독을 하여야 하고, 제조소 등의 관계인은 안전관리자의 위험물 안전관리에 관한 의견을 존중하고 그 권고에 따라야 한다.

해설

안전관리자를 선임한 제조소 등의 관계인은 그 안전관리자를 해임하거나 안전관리자가 퇴직한 때에는 해임하거나 퇴직한 날부터 30일 이내에 다시 안전관리자를 선임하여야 한다.

| 관련개념 | 위험물안전관리자
- 위험물안전관리자의 선임: 30일 이내
- 선임신고: 소방본부장, 소방서장에게 선임한 날로부터 14일 이내
- 대리자의 직무대행: 30일 이내
- 역할: 위험물 취급 시 입회 및 감독

59

다음 중 「소방기본법령」상 한국소방안전원의 업무가 아닌 것은?

① 소방기술과 안전관리에 관한 교육 및 조사·연구
② 위험물탱크 성능시험
③ 소방기술과 안전관리에 관한 각종 간행물 발간
④ 화재 예방과 안전관리의식 고취를 위한 대국민 홍보

해설

안전원의 업무
- 교육 및 연구·조사
- 간행물 발간
- 화재예방 안전관리 의식고취 및 홍보
- 행정기관 위탁업무
- 국제협력

60

「화재예방, 소방시설 설치·유지 및 안전관리에 관한 법령」상 소방시설의 종류에 대한 설명으로 옳은 것은?

① 소화기구, 옥외소화전설비는 소화설비에 해당된다.
② 유도등, 비상조명등은 경보설비에 해당된다.
③ 소화수조, 저수조는 소화활동설비에 해당된다.
④ 연결송수관설비는 소화용수설비에 해당된다.

해설

- 유도등, 비상조경 등은 피난구조설비에 해당한다.
- 소화수조, 저수조는 소화용수설비에 해당한다.
- 연결송수관설비는 소화활동설비에 해당한다.

| 관련개념 | 소방시설의 종류

소방 시설	종류	소방 시설	종류
소화 설비	• 소화기구 • 자동소화장치 • 옥내소화전설비(호스릴 옥내 소화전 포함) • 스프링클러설비 등 • 물분무소화설비 등 • 옥외소화전설비	피난 구조 설비	• 피난기구 • 인명구조기구 • 유도등 • 비상조명등 및 휴대용 비상조명등
		소화 용수 설비	• 상수도소화용수설비 • 소화수조·저수조 그 밖의 소화용수설비
경보 설비	• 단독경보형감지기 • 비상경보설비(비상벨설비, 자동식사이렌설비) • 시각경보기 • 자동화재탐지설비 • 비상방송설비 • 자동화재속보설비 • 통합감시시설 • 누전경보기 • 가스누설경보기	소화 활동 설비	• 제연설비 • 연결송수관설비 • 연결살수설비 • 비상콘센트 설비 • 무선통신보조설비 • 연소방지설비

정답 58 ① 59 ② 60 ①

4과목 소방전기시설의 구조 및 원리

61 빈출

비상콘센트설비의 성능인증 및 제품검사의 기술기준에 따라 비상콘센트설비의 절연된 충전부와 외함 간의 절연내력은 정격전압 150[V] 이하의 경우 60[Hz]의 정현파에 가까운 실효전압 1,000[V] 교류전압을 가하는 시험에서 몇 분간 견디어야 하는가?

① 1
② 5
③ 10
④ 30

해설

정격전압 150[V] 이하의 경우 1,000[V]의 실효전압을 가하는 시험에서 1분 이상 견디어야 한다.

| 관련개념 | 비상콘센트 설비의 전원부와 외함 사이의 절연저항 및 절연내력

- 절연저항 전원부와 외함 사이를 500[V] 절연저항계로 측정할 때 20[MΩ] 이상일 것
- 절연내력
  - 정격전압이 150[V] 이하인 경우에는 1,000[V]의 실효전압을 가하는 시험에서 1분 이상 견딜 것
  - 정격전압이 150[V] 초과인 경우에는 그 정격전압에 2를 곱하여 1,000을 더한 실효전압을 가하는 시험에서 1분 이상 견디는 것일 것

62

누전경보기의 형식 승인 및 제품검사의 기술기준에 따라 비호환성형 수신부는 신호입력회로에 공칭작동전류치의 42[%]에 대응하는 변류기의 설계출력전압을 가하는 경우 몇 초 이내에 작동하지 아니하여야 하는가?

① 10초
② 20초
③ 30초
④ 60초

해설

비호환성형 수신부는 신호입력회로에 공칭작동전류치의 42[%]에 대응하는 변류기의 설계출력전압을 가하는 경우 30초 이내에 작동하지 아니하여야 한다.

63 빈출

자동화재탐지설비 및 시각경보장치의 화재안전기술기준(NFTC 203)에 따른 감지기의 시설기준으로 옳은 것은?

① 스포트형 감지기는 15° 이상 경사되지 아니하도록 부착할 것
② 공기관식 차동식분포형 감지기의 검출부는 45° 이상 경사되지 아니하도록 부착할 것
③ 보상식 스포트형 감지기는 정온점이 감지기 주위의 평상시 최고 온도보다 20[°C] 이상 높은 것으로 설치할 것
④ 정온식 감지기는 주방·보일러실 등으로서 다량의 화기를 취급하는 장소에 설치하되, 공칭작동온도가 최고주위온도보다 30[°C] 이상 높은 것으로 설치할 것

해설

① 15° 이상 → 45° 이상
② 45° 이상 → 5° 이상
④ 30[°C] 이상 → 20[°C] 이상

| 관련개념 | 감지기

구분	차동식	보상식/정온식 스포트형	차동식 분포형 공기관식
부착높이	8[m] 미만	8[m] 미만	15[m] 미만
공기관 노출부/회로	–	–	20[m] 이상 100[m] 이하
공기관 각변 수평길이	–	–	1.5[m] 이하
공기관 상호거리	–	–	6[m] (내화구조 9[m]) 이하
검출부의 높이	–	–	0.8[m] 이상 1.5[m] 이하
검출부의 경사	45° 미만	45° 미만	5° 미만
공기관 규격	–	–	두께: 0.3[mm] 이상 외경: 1.9[mm] 이상
공기유입구	1.5[m] 이상 이격	1.5[m] 이상 이격	–
공칭작동온도	없음	주위온도보다 20[°C] 이상 높은 온도	–

정답 61 ① 62 ③ 63 ③

64

누전경보기의 화재안전기술기준(NFTC 205)에 따라 경계전로의 누설전류를 자동적으로 검출하여 이를 누전경보기의 수신부에 송신하는 것은?

① 변류기
② 변압기
③ 음향장치
④ 과전류차단기

해설

변류기는 경계전로의 누설전류를 자동적으로 검출하여 이를 누전경보기의 수신부에 송신한다.

| 관련개념 | 누전경보기의 구성요소
- 수신부: 변류기로부터 검출된 신호를 수신하여 누전의 발생을 해당 특정소방대상물의 관계인에게 경보하여 주는 것(차단기구를 갖는 것을 포함)
- 변류기: 경계전로의 누설전류를 자동적으로 검출하여 이를 누전경보기의 수신부에 송신하는 것
- 차단장치: 누설전류를 검출하면 자동으로 누전된 회로를 차단하는 장치
- 음향장치: 누설전류가 검출되면 벨 또는 부저로 경보를 발령하는 장치

65

비상방송설비의 화재안전기술기준(NFTC 202)에 따라 전원회로의 배선으로 사용할 수 없는 것은?

① 450/750[V] 비닐절연전선
② 0.6/1[kV] EP 고무절연 클로로프렌 시스 케이블
③ 450/750[V] 저독성 난연 가교 폴리올레핀 절연전선
④ 내열성 에틸렌-비닐 아세테이트 고무 절연 케이블

해설

전원회로의 배선으로 사용할 수 없는 것은 450/750[V] 비닐절연전선이다.

| 관련개념 | 내화배선

사용전선의 종류	공사방법
• 450/750[V] 저독성 난연 가교 폴리올레핀 절연전선 • 0.6/1[kV] 가교 폴리에틸렌 절연 저독성 난연 폴리올레핀 시스 전력 케이블 • 6/10[kV] 가교 폴리에틸렌 절연 저독성 난연 폴리올레핀 시스 전력용 케이블 • 가교 폴리에틸렌 절연 비닐 시스 트레이용 난연 전력 케이블 • 0.6/1[kV] EP 고무절연 클로로프렌 시스 케이블 • 300/500[V] 내열성 실리콘 고무 절연전선(180[°C]) • 내열성 에틸렌-비닐 아세테이트 고무 절연 케이블 • 버스덕트(Bus Duct) • 기타 전기용품 및 생활용품 안전관리법 및 「전기설비기술기준」에 따라 동등 이상의 내열성능이 있다고 산업통상자원부장관이 인정하는 것	금속관·금속제 가요전선관·금속 덕트 또는 케이블(불연성덕트에 설치하는 경우에 한함) 공사방법에 따라야 한다. 다만, 다음 기준에 적합하게 설치하는 경우에는 그러하지 아니하다. • 배선을 내화성능을 갖는 배선전용실 또는 배선용 샤프트, 피트, 덕트 등에 설치하는 경우 • 배선전용실 또는 배선용 샤프트, 피트, 덕트 등에 다른 설비의 배선이 있는 경우에는 이로부터 15[cm] 이상 떨어지게 하거나 소화설비의 배선과 이웃하는 다른 설비의 배선 사이에 배선지름(배선의 지름이 다른 경우에는 지름이 가장 큰 것을 기준으로 함)의 1.5배 이상의 높이의 불연성 격벽을 설치하는 경우
내화전선	케이블공사의 방법에 따라 설치

66

층수가 5층 이상으로서 연면적 3,000[m²]를 초과하는 특정소방대상물의 2층에서 발화한 때의 경보 기준으로 옳은 것은?(단, 비상방송설비의 화재안전기술기준(NFTC 202)에 따른다.)

① 발화층에만 경보를 발할 것
② 발화층 및 그 직상층에만 경보를 발할 것
③ 발화층·그 직상층 및 지하층에 경보를 발할 것
④ 발화층·그 직상층 및 기타의 지하층에 경보를 발할 것

해설

음향장치 설치기준

층수가 5층 이상으로서 연면적이 3,000[m²]를 초과하는 특정소방대상물은 다음에 따라 경보를 발할 수 있도록 하여야 한다.
- 2층 이상의 층에서 발화한 때에는 발화층 및 그 직상층에 경보를 발할 것
- 1층에서 발화한 때에는 발화층·그 직상층 및 지하층에 경보를 발할 것
- 지하층에서 발화한 때에는 발화층·그 직상층 및 기타의 지하층에 경보를 발할 것

정답 64 ① 65 ① 66 ②

67 빈출

자동화재탐지설비 및 시각경보장치의 화재안전기술기준(NFTC 203)에 따라 감지기회로의 도통시험을 위한 종단저항의 설치기준으로 틀린 것은?

① 감지기회로의 끝부분에 설치할 것
② 점검 및 관리가 쉬운 장소에 설치할 것
③ 전용함을 설치하는 경우 그 설치 높이는 바닥으로부터 2.0[m] 이내로 할 것
④ 종단감지기에 설치할 경우에는 구별이 쉽도록 해당 감지기의 기판 등에 별도의 표시를 할 것

해설

전용함을 설치하는 경우 그 설치 높이는 바닥으로부터 1.5[m] 이내로 하여야 한다.

| 관련개념 | 자동화재탐지설비 도통시험
- 종단저항 설치목적: 회로 도통시험 시 회로의 단선, 단락, 정상상태 파악
- 종단저항 설치기준
  - 점검 및 관리가 쉬운 장소에 설치
  - 전용함에 내장하는 경우 바닥에서 1.5[m] 이내
  - 감지기 회로의 끝에 설치
- 구별이 쉽도록 감지기 기판 및 감지기 외부에 별도 표시

68

경종의 우수품질인증 기술기준에 따른 기능 시험에 대한 내용이다. 다음 ( )에 들어갈 내용으로 옳은 것은?

> 경종은 정격전압을 인가하여 경종의 중심으로부터 1[m] 떨어진 위치에서 (ⓐ)[dB] 이상이어야 하며, 최소청취거리에서 (ⓑ)[dB]을 초과하지 아니하여야 한다.

① ⓐ 90, ⓑ 110
② ⓐ 90, ⓑ 130
③ ⓐ 110, ⓑ 90
④ ⓐ 110, ⓑ 130

해설

경종은 정격전압을 인가하여 경종의 중심으로부터 1[m] 떨어진 위치에서 90[dB] 이상이어야 하며, 최소청취거리에서 110[dB]을 초과하지 아니하여야 한다.

| 관련개념 | 기능시험
경종은 정격전압을 인가하여 다음의 기능에 적합하여야 한다.
- 경종의 중심으로부터 1[m] 떨어진 위치에서 90[dB] 이상이어야 하며, 최소청취거리에서 110[dB]을 초과하지 아니하여야 한다.
- 경종의 소비전류는 50[mA] 이하이어야 한다.

69

「유통산업발전법」 제2조 제3호에 따른 대규모점포(지하상가 및 지하역사는 제외한다.)와 영화상영관에는 보행거리 몇 [m] 이내마다 휴대용비상조명등을 3개 이상 설치하여야 하는가?(단, 비상조명등의 화재안전기술기준(NFTC 304)에 따른다.)

① 50
② 60
③ 70
④ 80

해설

대규모점포(지하상가 및 지하역사는 제외)와 영화상영관에는 보행거리 50[m] 이내마다 휴대용비상조명등을 3개 이상 설치하여야 한다.

| 관련개념 | 휴대용비상조명등의 설치기준
- 숙박시설 또는 다중이용업소에는 객실 또는 영업장 안의 구획된 실마다 잘 보이는 곳(외부에 설치 시 출입문 손잡이로부터 1[m] 이내 부분)에 1개 이상 설치
- 대규모점포(지하상가 및 지하역사는 제외)와 영화상영관에는 보행거리 50[m] 이내마다 3개 이상 설치
- 지하상가 및 지하역사에는 보행거리 25[m] 이내마다 3개 이상 설치
- 설치높이는 바닥으로부터 0.8[m] 이상 1.5[m] 이하의 높이에 설치한다.
- 어둠 속에서 위치를 확인할 수 있도록 한다.
- 사용 시 자동으로 점등되는 구조일 것
- 외함은 난연성능이 있을 것
- 건전지를 사용하는 경우에는 방전방지조치를 하여야 하고, 충전식 배터리의 경우에는 상시 충전되도록 한다.
- 건전지 및 충전식 배터리의 용량은 20분 이상 유효하게 사용할 수 있을 것

정답 67 ③ 68 ① 69 ①

70

자동화재탐지설비 및 시각경보장치의 화재안전기술기준(NFTC 203)에 따라 전화기기실, 통신기기실 등과 같은 훈소화재의 우려가 있는 장소에 적응성이 없는 감지기는?

① 광전식스포트형
② 광전아날로그식분리형
③ 광전아날로그식스포트형
④ 이온아날로그식스포트형

해설

이온아날로그식스포트형 감지기는 취침시설이나 복도, 통로에 적응성이 있으며 훈소화재의 우려가 있는 장소에는 적응성이 없다.

| 관련개념 |

구분		적응성
설치 장소	환경 상태	
	적응 장소	
적응열감지기	차동식 스포트형	
	차동식 분포형	
	보상식 스포트형	
	정온식	
	열아날로그식	
적응연기감지기	이온화식 스포트형	
	광전식 스포트형	○
	이온아날로그식 스포트형	
	광전아날로그식 스포트형	○
	광전식 분리형	○
	광전아날로그식 분리형	○
불꽃감지기		

71

자동화재속보설비의 속보기의 성능인증 및 제품검사의 기술기준에 따른 속보기의 기능에 대한 내용이다. 다음 ( )에 들어갈 내용으로 옳은 것은?

> 작동신호를 수신하거나 수동으로 동작시키는 경우 (ⓐ)초 이내에 소방관서에 자동적으로 신호를 발하여 통보하되, (ⓑ)회 이상 속보할 수 있어야 한다.

① ⓐ 10, ⓑ 3
② ⓐ 10, ⓑ 5
③ ⓐ 20, ⓑ 3
④ ⓐ 20, ⓑ 5

해설

작동신호를 수신하거나 수동으로 동작시키는 경우 20초 이내에 소방관서에 자동적으로 신호를 발하여 통보하되, 3회 이상 속보할 수 있어야 한다.

| 관련개념 | 속보기의 기능

- 작동신호를 수신하거나 수동으로 동작시키는 경우 20초 이내에 소방 관서에 자동적으로 신호를 발하여 통보하되, 3회 이상 속보할 수 있어야 한다.
- 주전원이 정지한 경우에는 자동적으로 예비전원으로 전환되고, 주전원이 정상상태로 복귀한 경우에는 자동적으로 예비전원에서 주전원으로 전환되어야 한다.
- 예비전원은 자동적으로 충전되어야 하며 자동과충전방지장치가 있어야 한다.
- 화재신호를 수신하거나 속보기를 수동으로 동작시키는 경우 자동적으로 적색 화재표시등이 점등되고 음향장치로 화재를 경보하여야 하며 화재표시 및 경보는 수동으로 복구 및 정지시키지 않는 한 지속되어야 한다.
- 연동 또는 수동으로 소방관서에 화재발생 음성정보를 속보 중인 경우에도 송수화장치를 이용한 통화가 우선적으로 가능하여야 한다.
- 예비전원을 병렬로 접속하는 경우에는 역충전 방지 등의 조치를 하여야 한다.
- 예비전원은 감시상태를 60분간 지속한 후 10분 이상 동작(화재속보 후 화재표시 및 경보를 10분간 유지하는 것을 말함)이 지속될 수 있는 용량이어야 한다.
- 속보기는 연동 또는 수동 작동에 의한 다이얼링 후 소방관서와 전화접속이 이루어지지 않는 경우에는 최초 다이얼링을 포함하여 10회 이상 반복적으로 접속을 위한 다이얼링이 이루어져야 한다. 이 경우 매회 다이얼링 완료 후 호출은 30초 이상 지속되어야 한다.
- 속보기의 송수화장치가 정상위치가 아닌 경우에도 연동 또는 수동으로 속보가 가능하여야 한다.
- 음성으로 통보되는 속보내용을 통하여 당해 소방대상물의 위치, 화재 발생 및 속보기에 의한 신고임을 확인할 수 있어야 한다.
- 속보기는 음성속보방식 외에 데이터 또는 코드전송방식 등을 이용한 속보기능을 부가로 설치할 수 있다.
- 소방관서 등에 구축된 접수시스템 또는 별도의 시험용 시스템을 이용하여 시험한다.

정답 70 ④ 71 ③

72

비상콘센트설비의 화재안전기술기준(NFTC 504)에 따른 비상콘센트 설비의 전원회로(비상콘센트에 전력을 공급하는 회로를 말한다.)의 설치기준으로 틀린 것은?

① 전원회로는 주배전반에서 전용회로로 할 것
② 전원회로는 각층에 1 이상이 되도록 설치할 것
③ 콘센트마다 배선용 차단기(KS C 8321)를 설치하여야 하며, 충전부가 노출되지 아니하도록 할 것
④ 비상콘센트설비의 전원회로는 단상교류 220[V]인 것으로서, 그 공급용량은 1.5[kVA] 이상인 것으로 할 것

해설

전원회로는 각 층에 2 이상이 되도록 설치하여야 한다.

| 관련개념 | 비상콘센트설비의 전원회로 설치기준

- 전원회로는 단상교류 220[V]인 것으로서, 그 공급용량은 1.5[kVA] 이상인 것으로 할 것
- 전원회로는 각 층에 2 이상이 되도록 설치할 것(다만, 설치하여야 할 층의 비상콘센트가 1개인 때에는 하나의 회로로 할 수 있음)
- 전원회로는 주배전반에서 전용회로로 할 것
- 전원으로부터 각 층의 비상콘센트에 분기되는 경우에는 분기배선용 차단기를 보호함 안에 설치할 것
- 콘센트마다 배선용 차단기를 설치하여야 하며, 충전부가 노출되지 아니하도록 할 것
- 개폐기에는 "비상콘센트"라고 표시한 표지를 할 것
- 비상콘센트용의 풀박스 등은 방청도장을 한 것으로서, 두께 1.6[mm] 이상의 철판으로 할 것
- 하나의 전용회로에 설치하는 비상콘센트는 10개 이하로 할 것. 이 경우 전선의 용량은 각 비상콘센트(비상콘센트가 3개 이상인 경우에는 3개)의 공급용량을 합한 용량 이상의 것으로 할 것

73 빈출

무선통신보조설비의 화재안전기술기준(NFTC 505)에 따라 분배기·분파기 및 혼합기 등의 임피던스는 몇 [Ω]의 것으로 하여야 하는가?

① 10
② 20
③ 50
④ 75

해설

임피던스는 50[Ω]의 것으로 하여야 한다.

| 관련개념 | 분배기·분파기 및 혼합기 등의 설치기준

- 먼지·습기 및 부식 등에 따라 기능에 이상을 가져오지 아니하도록 할 것
- 임피던스는 50[Ω]의 것으로 할 것
- 점검에 편리하고 화재 등의 재해로 인한 피해의 우려가 없는 장소에 설치할 것

74

자동화재탐지설비 및 시각경보장치의 화재안전기술기준(NFTC 203)에 따라 광전식분리형감지기의 설치기준에 대한 설명으로 틀린 것은?

① 감지기의 수광면은 햇빛을 직접 받지 않도록 설치할 것
② 감지기의 송광부와 수광부는 설치된 뒷벽으로부터 1[m] 이내 위치에 설치할 것
③ 광축(송광면과 수광면의 중심을 연결한 선)은 나란한 벽으로부터 0.6[m] 이상 이격하여 설치할 것
④ 광축의 높이는 천장 등(천장의 실내에 면한 부분 또는 상층의 바닥하부면을 말한다.) 높이의 70[%] 이상일 것

해설

광축의 높이는 천장 등(천장의 실내에 면한 부분 또는 상층의 바닥 하부면) 높이의 80[%] 이상이어야 한다.

| 관련개념 | 광전식 분리형 감지기의 설치기준

- 감지기의 수광면은 햇빛을 직접 받지 않도록 설치할 것
- 광축(송광면과 수광면의 중심을 연결한 선)은 나란한 벽으로부터 0.6[m] 이상 이격하여 설치할 것
- 감지기의 송광부와 수광부는 설치된 뒷벽으로부터 1[m] 이내 위치에 설치할 것
- 광축의 높이는 천장등(천장의 실내에 면한 부분 또는 상층의 바닥 하부면) 높이의 80[%] 이상일 것
- 감지기의 광축의 길이는 공칭감시거리 범위 이내일 것
- 그 밖의 설치기준은 형식 승인 내용에 따르며 형식 승인 사항이 아닌 것은 제조사의 시방에 따라 설치할 것

정답 72 ② 73 ③ 74 ④

75

유도등의 형식승인 및 제품검사의 기술기준에 따라 유도등의 교류입력측과 외함 사이, 교류입력측과 충전부 사이 및 절연된 충전부와 외함 사이의 각 절연저항을 DC 500[V]의 절연저항계로 측정한 값이 몇 [MΩ] 이상이어야 하는가?

① 0.1
② 5
③ 20
④ 50

해설
- 절연저항시험: 유도등의 교류입력측과 외함 사이, 교류입력측과 충전부 사이 및 절연된 충전부와 외함 사이의 각 절연저항을 DC 500[V]의 절연저항계로 측정한 값은 5[MΩ] 이상이어야 한다.
- 절연내력시험: 유도등의 절연내력은 시험부에 60[Hz]의 정현파에 가까운 실효전압 500[V](정격전압이 60[V]를 초과하고 150[V] 이하인 것은 1[kV] 정격전압이 150[V]를 초과하는 것은 그 정격전압에 2를 곱하여 1[kV]를 더한 값)의 교류전압을 가하는 시험에서 1분간 견디는 것이어야 한다.

76

비상경보설비의 축전지의 성능인증 및 제품검사의 기술기준에 따른 축전지설비의 외함 두께는 강판인 경우 몇 [mm] 이상이어야 하는가?

① 0.7
② 1.2
③ 2.3
④ 3

해설
축전지설비 외함의 두께
- 강판 외함: 1.2[mm] 이상
- 합성수지 외함: 3[mm] 이상

77 빈출

유도등 및 유도표지의 화재안전기술기준(NFTC 303)에 따라 객석 내 통로의 직선부분 길이가 85[m]인 경우 객석유도등을 몇 개 설치하여야 하는가?

① 17개
② 19개
③ 21개
④ 22개

해설
$\dfrac{85}{4} - 1 = 20.25$이므로 객석유도등을 21개 설치하여야 한다.

| 관련개념 | 객석유도등 설치기준
- 객석의 통로, 바닥 또는 벽에 설치
- 객석 내의 통로가 경사로 또는 수평로 되어 있는 부분은 다음의 식에 따라 산출한 수(소수점 이하의 수는 1)의 유도등을 설치

$$\text{설치개수} = \dfrac{\text{객석 통로의 직선 부분의 길이}[m]}{4} - 1$$

- 객석 내의 통로가 옥외 또는 이와 유사한 부분에 있는 경우에는 해당 통로 전체에 미칠 수 있는 수의 유도등을 설치

78

비상경보설비 및 단독경보형감지기의 화재안전기술기준(NFTC 201)에 따른 용어에 대한 정의로 틀린 것은?

① 비상벨설비라 함은 화재발생 상황을 경종으로 경보하는 설비를 말한다.
② 자동식사이렌설비라 함은 화재발생 상황을 사이렌으로 경보하는 설비를 말한다.
③ 수신기라 함은 발신기에서 발하는 화재신호를 간접 수신하여 화재의 발생을 표시 및 경보하여 주는 장치를 말한다.
④ 단독경보형감지기라 함은 화재발생 상황을 단독으로 감지하여 자체에 내장된 음향장치로 경보하는 감지기를 말한다.

해설
수신기라 함은 발신기에서 발하는 화재신호를 직접 수신하여 화재의 발생을 표시 및 경보하여 주는 장치를 말한다.

| 관련개념 | 용어의 정의
- 비상벨설비란 화재발생 상황을 경종으로 경보하는 설비를 말한다.
- 자동식 사이렌설비란 화재발생 상황을 사이렌으로 경보하는 설비를 말한다.
- 단독경보형감지기란 화재발생 상황을 단독으로 감지하여 자체에 내장된 음향장치로 경보하는 감지기를 말한다.
- 발신기란 화재발생 신호를 수신기에 수동으로 발신하는 장치를 말한다.
- 수신기란 발신기에서 발하는 화재신호를 직접 수신하여 화재의 발생을 표시 및 경보하여 주는 장치를 말한다.

정답 75 ② 76 ② 77 ③ 78 ③

79 고난도

다음의 무선통신보조설비 그림에서 ⓐ에 해당하는 것은?

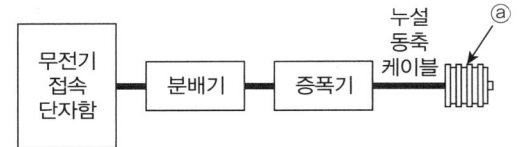

① 혼합기
② 옥외안테나
③ 무선중계기
④ 무반사 종단저항

해설

누설동축케이블의 끝부분에는 무반사 종단저항을 견고하게 설치하여야 한다.

80 빈출

축전지의 자기방전을 보충함과 동시에 상용부하에 대한 전력공급은 충전기가 부담하도록 하되 충전기가 부담하기 어려운 일시적인 대전류 부하는 축전지로 하여금 부담하게 하는 충전방식은?

① 보통충전방식
② 균등충전방식
③ 부동충전방식
④ 급속충전방식

해설

부동충전방식은 축전지의 자기방전을 보충함과 동시에 상용부하에 대한 전력공급은 충전기가 부담하도록 하되 충전기가 부담하기 어려운 일시적인 대전류 부하는 축전지로 하여금 부담하게 하는 충전방식이다.

| 관련개념 | 축전지의 충전방식

- 보통충전: 필요할 때마다 표준 시간율로 충전하는 방식
- 급속충전: 단시간에 보통 충전전류의 2~3배의 전류로 충전하는 방식
- 부동충전: 전지의 자기방전을 보충함과 동시에 상용부하에 대한 전력공급은 충전기가 부담하고 일시적인 대전류 부하는 축전지가 부담하도록 하는 방식
- 균등충전: 1~3개월마다 정전압으로 10~12시간 충전하여 전체 셀의 전압을 균등하게 하는 방식
- 세류충전: 항상 자기 방전량만큼 충전하는 방식

정답 79 ④ 80 ③

2022년 2회 기출

1과목 소방원론

01
목조건축물의 화재특성으로 틀린 것은?

① 습도가 낮을수록 연소 확대가 빠르다.
② 화재진행속도는 내화건축물보다 빠르다.
③ 화재최성기의 온도는 내화건축물보다 낮다.
④ 화재성장속도는 횡방향보다 종방향이 빠르다.

해설

목조건축물은 화재최성기의 온도가 내화건축물보다 높다.

| 관련개념 | 목조건축물의 화재특성
- 습도가 낮을수록 연소 확대가 빠르다.
- 화재진행속도는 내화건축물보다 빠르다.
- 화재최성기의 온도는 내화건축물보다 높다.
- 화재성장속도는 횡방향보다 종방향이 빠르다.

02 빈출
물이 소화약제로서 사용되는 장점이 아닌 것은?

① 가격이 저렴하다.
② 많은 양을 구할 수 있다.
③ 증발잠열이 크다.
④ 가연물과 화학반응이 일어나지 않는다.

해설

물소화약제의 특징
- 쉽게 구할 수 있고 소화 성능이 우수하다.
- 경제적이고 사용이 편리하다.
- 친환경적이다.
- 증발잠열(기화잠열)이 커서 냉각효과가 크다.
- 가연물 중 알칼리금속 등과 같은 금수성 물질과 화학반응을 통해 가연성 기체를 발생시킬 수 있다.

03
정전기로 인한 화재를 줄이고 방지하기 위한 대책 중 틀린 것은?

① 공기 중 습도를 일정 값 이상으로 유지한다.
② 기기의 전기 절연성을 높이기 위하여 부도체로 차단공사를 한다.
③ 공기 이온화 장치를 설치하여 가동시킨다.
④ 정전기 축적을 막기 위해 접지선을 이용하여 대지로 연결작업을 한다.

해설

부도체로 차단공사를 할 경우 축적된 전하를 해소시킬 수 없어 정전기로 인한 화재가 발생할 수 있다.

04
프로판가스의 최소점화에너지는 일반적으로 약 몇 [mJ] 정도 되는가?

① 0.25　② 2.5
③ 25　④ 250

해설

최소점화에너지
- 프로판: $0.25[mJ]$
- 수소: $0.01[mJ]$
- 에탄: $0.24[mJ]$

정답 01 ③　02 ④　03 ②　04 ①

05 빈출

목재화재 시 다량의 물을 뿌려 소화할 경우 기대되는 주된 소화효과는?

① 제거효과 ② 냉각효과
③ 부촉매효과 ④ 희석효과

해설

냉각소화
점화원을 냉각하여 연소가 지속되지 못하도록 하는 소화법이다. 주로 증발잠열이 큰 물을 사용하여 소화한다.

| 관련개념 | 소화원리의 종류

구분	설명
억제소화 (부촉매소화)	연소반응 시 발생하는 활성라디칼의 생성을 억제하여 소화하는 방법이다.
질식소화	공기 중의 산소농도를 낮춰서 연소에 필요한 산소를 차단하여 소화하는 방법이다.
제거소화	가연물을 제거하여 소화하는 방법이다.

06 빈출

물질의 연소 시 산소공급원이 될 수 없는 것은?

① 탄화칼슘 ② 과산화나트륨
③ 질산나트륨 ④ 압축공기

해설

탄화칼슘은 가연물에 속한다. 산소공급원이 될 수 있는 것은 제1류 위험물(산화성 고체), 제6류 위험물(산화성 액체), 조연성 기체이다. 과산화나트륨과 질산나트륨은 제1류 위험물이고, 압축공기는 조연성 기체이다.

07

다음 물질 중 공기 중에서의 연소범위가 가장 넓은 것은?

① 부탄 ② 프로판
③ 메탄 ④ 수소

해설

연소범위 = 연소상한계 − 연소하한계이다.
① 부탄: $8.4 - 1.8 = 6.6$
② 프로판: $9.5 - 2.1 = 7.4$
③ 메탄: $15 - 5 = 10$
④ 수소: $75 - 4 = 71$
따라서 보기 중 수소의 연소범위가 가장 넓다.

| 관련개념 | 가연성가스와 연소한계

가스	하한계[vol%]	상한계[vol%]
아세틸렌(C_2H_2)	2.5	81
수소(H_2)	4	75
프로판(C_3H_8)	2.1	9.5
에테르(($C_2H_5)_2O$)	1.9	48
이황화탄소(CS_2)	1.2	44
에틸렌(C_2H_4)	2.7	36
부탄(C_4H_{10})	1.8	8.4
메탄(CH_4)	5	15
에탄(C_2H_6)	3	12.4
일산화탄소(CO)	12.5	74
암모니아(NH_3)	15	28

08

이산화탄소 20[g]은 약 몇 [mol]인가?

① 0.23 ② 0.45
③ 2.2 ④ 4.4

해설

- 이산화탄소의 분자량 계산하기
  원자량: $C = 12$, $O = 16$
  이산화탄소(CO_2)의 분자량 = $12 + 2 \times 16 = 44$
- 몰수 구하기
  이산화탄소의 분자량이 44이므로 CO_2 분자 1[mol]의 질량은 44[g]이다. 따라서 비례식을 통해 이산화탄소 20[g]의 몰수를 구할 수 있다.
  $44[g] : 1[mol] = 20[g] : x$
  $44x = 20$, $x = \dfrac{20}{44} ≒ 0.45[mol]$

정답 05 ② 06 ① 07 ④ 08 ②

09

플래시오버(Flash Over)에 대한 설명으로 옳은 것은?

① 도시가스의 폭발적 연소를 말한다.
② 휘발유 등 가연성 액체가 넓게 흘러서 발화한 상태를 말한다.
③ 옥내화재가 서서히 진행하여 열 및 가연성 기체가 축적되었다가 일시에 연소하여 화염이 크게 발생하는 상태를 말한다.
④ 화재층의 불이 상부층으로 올라가는 현상을 말한다.

해설

플래시오버
실내에 화재가 발생하면 다량의 복사열이 발생한다. 복사열은 미연소된 가연물을 분해하여 가연성가스를 발생시킨다. 이렇게 발생된 가스는 바로 연소되지 않고 주로 천장에 축적되면서 한꺼번에 폭발하는데, 이러한 현상을 플래시오버라고 한다.

10

제4류 위험물의 성질로 옳은 것은?

① 가연성 고체
② 산화성 고체
③ 인화성 액체
④ 자기반응성물질

해설

위험물의 유별 및 성질
- 제1류 위험물: 산화성 고체
- 제2류 위험물: 가연성 고체
- 제3류 위험물: 자연발화성 물질 및 금수성 물질
- 제4류 위험물: 인화성 액체
- 제5류 위험물: 자기반응성 물질
- 제6류 위험물: 산화성 액체

11 빈출

할론 소화설비에서 Halon 1211 약제의 분자식은?

① CBr_2ClF
② CF_2ClBr
③ CCl_2BrF
④ BrF_2ClF

해설

할론소화약제의 약칭 및 분자식

종류	약칭	분자식
할론 1011	CB	CH_2ClBr
할론 104	CTC	CCl_4
할론 1211	BCF	CF_2ClBr
할론 1301	BTM	CF_3Br
할론 2402	FB	$C_2F_4Br_2$

따라서 Halon 1211 약제의 분자식은 CF_2ClBr이다.

| 관련개념 | 'Halon abcd'의 분자식 구하기
- a: C의 개수
- b: F의 개수
- c: Cl의 개수
- d: Br의 개수

예를 들어 할론 1211은 C 1개, F 2개, Cl 1개, Br 1개가 결합한 화합물이므로 분자식은 CF_2ClBr이다.

12

다음 중 가연물의 제거를 통한 소화 방법과 무관한 것은?

① 산불의 확산방지를 위하여 산림의 일부를 벌채한다.
② 화학반응기의 화재 시 원료 공급관의 밸브를 잠근다.
③ 전기실 화재 시 IG-541 약제를 방출한다.
④ 유류탱크 화재 시 주변에 있는 유류탱크의 유류를 다른 곳으로 이동시킨다.

해설

IG-541은 불활성기체소화약제로 산소의 공급을 차단하여 소화시키는 원리(질식소화)를 이용한다.

정답 09 ③ 10 ③ 11 ② 12 ③

13

건물화재의 표준시간-온도곡선에서 화재 발생 후 1시간이 경과할 경우 내부온도는 약 몇 [°C] 정도 되는가?

① 125
② 325
③ 640
④ 925

해설

시간 경과에 따른 화재온도

경과시간	온도
30분 후	840[°C]
1시간 후	925~950[°C]
2시간 후	1,010[°C]

따라서 화재발생 1시간 후 온도는 약 925[°C] 정도이다.

14

「위험물안전관리법령」상 위험물로 분류되는 것은?

① 과산화수소
② 압축산소
③ 프로판가스
④ 포스겐

해설

과산화수소는 제6류 위험물(산화성 액체)에 해당한다.

| 관련개념 | 위험물의 유별 및 성질

유별	성질	대표적인 품명
제1류	산화성 고체	• 아염소산염류 • 염소산염류 • 과염소산염류 • 무기과산화물 • 질산염류
제2류	가연성 고체	• 황화린 • 적린 • 유황 • 철분
제3류	자연발화성 물질 및 금수성 물질	• 칼륨 • 나트륨 • 알킬알루미늄 • 알킬리튬 • 황린
제4류	인화성 액체	• 특수인화물 • 제1석유류~제4석유류 • 알코올류 • 동식물유류
제5류	자기반응성 물질	• 유기과산화물 • 질산에스테르류 • 니트로화합물 • 니트로소화합물
제6류	산화성 액체	• 과염소산 • 과산화수소 • 질산

15

연기에 의한 감광계수가 $0.1[\text{m}^{-1}]$, 가시거리가 20~30[m]일 때의 상황으로 옳은 것은?

① 건물 내부에 익숙한 사람이 피난에 지장을 느낄 정도
② 연기감지기가 작동할 정도
③ 어두운 것을 느낄 정도
④ 앞이 거의 보이지 않을 정도

해설

감광계수가 $0.1[\text{m}^{-1}]$, 가시거리가 20~30[m]이면 연기감지기가 작동한다.

| 관련개념 | 감광계수와 가시거리의 관계

감광계수[m⁻¹]	가시거리[m]	상황
0.1	20~30	연기감지기가 작동할 때의 농도
0.3	5	건물 구조에 익숙한 사람이 피난에 지장을 받을 수 있는 정도의 농도
0.5	3	어두운 것을 느낄 정도의 농도
1	1~2	전방이 거의 보이지 않을 정도의 농도
10	0.2~0.5	화재 최성기 때의 농도
30	–	출화실에서 연기가 분출될 때의 농도

정답 13 ④ 14 ① 15 ②

16
물질의 취급 또는 위험성에 대한 설명 중 틀린 것은?

① 융해열은 점화원이다.
② 질산은 물과 반응 시 발열 반응하므로 주의를 해야 한다.
③ 네온, 이산화탄소, 질소는 불연성 물질로 취급한다.
④ 암모니아를 충전하는 공업용 용기의 색상은 백색이다.

해설

융해열은 온도가 변하지 않는 상태에서 1[g]의 고체를 융해하여 액체로 만드는 데 소요되는 열에너지이다. 따라서 융해가 일어날 때에는 열을 흡수하므로 융해열은 점화원이 될 수 없다.

| 관련개념 | 점화원이 될 수 없는 것
- 기화열(증발열)
- 융해열

17
Fourier법칙(전도)에 대한 설명으로 틀린 것은?

① 이동열량은 전열체의 단면적에 비례한다.
② 이동열량은 전열체의 두께에 비례한다.
③ 이동열량은 전열체의 열전도도에 비례한다.
④ 이동열량은 전열체 내·외부의 온도차에 비례한다.

해설

Fourier법칙

$$Q = \frac{kA(T_2 - T_1)}{l}$$

여기서, Q: 전도열[W]
k: 열전도도[W/m·k]
A: 단면적[m^2]
$T_2 - T_1$: 온도차[k]
l: 두께[m]

따라서 이동열량은 열전도도, 단면적, 온도차에 비례하고 두께에 반비례한다.

18
자연발화가 일어나기 쉬운 조건이 아닌 것은?

① 열전도율이 클 것
② 적당량의 수분이 존재할 것
③ 주위의 온도가 높을 것
④ 표면적이 넓을 것

해설

자연발화가 일어나기 쉬운 조건
- 열전도율이 작을 것
- 적당량의 수분이 존재할 것
- 주위의 온도가 높을 것
- 표면적이 넓을 것
- 발열량이 클 것

19 빈출
분말소화약제 중 탄산수소칼륨($KHCO_3$)과 요소($CO(NH_2)_2$)와의 반응물을 주성분으로 하는 소화약제는?

① 제1종 분말
② 제2종 분말
③ 제3종 분말
④ 제4종 분말

해설

제4종 분말소화약제의 주성분은 탄산수소칼륨과 요소의 반응물이다.

| 관련개념 | 분말소화약제의 종류

종별	주성분	착색	적응 화재
제1종	탄산수소나트륨($NaHCO_3$)	백색	B, C
제2종	탄산수소칼륨($KHCO_3$)	담회색	B, C
제3종	제1인산암모늄($NH_4H_2PO_4$)	담홍색 (또는 황색)	A, B, C
제4종	탄산수소칼륨+요소($KHCO_3 + CO(NH_2)_2$)	회색	B, C

정답 16 ① 17 ② 18 ① 19 ④

20
폭굉(detonation)에 관한 설명으로 틀린 것은?

① 연소 속도가 음속보다 느릴 때 나타난다.
② 온도의 상승은 충격파의 압력에 기인한다.
③ 압력 상승은 폭연의 경우보다 크다.
④ 폭굉의 유도거리는 배관의 지름과 관계가 있다.

해설
폭굉은 연소속도가 음속보다 빠를 때 발생하는 현상이다.

| 관련개념 | **폭굉과 폭연**
- 폭굉: 연소속도 > 음속일 때 발생
- 폭연: 연소속도 < 음속일 때 발생

2과목 소방전기일반

21
정전용량이 각각 $1[\mu F]$, $2[\mu F]$, $3[\mu F]$이고, 내압이 모두 동일한 3개의 커패시터가 있다. 이 커패시터들을 직렬로 연결하여 양단에 전압을 인가한 후 전압을 상승시키면 가장 먼저 절연이 파괴되는 커패시터는?(단, 커패시터의 재질이나 형태는 동일하다.)

① $1[\mu F]$ ② $2[\mu F]$
③ $3[\mu F]$ ④ 3개 모두

해설

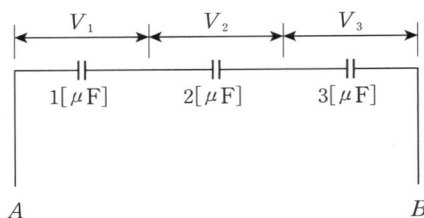

전압 $V = IX_C = I \times \dfrac{1}{\omega C}$이므로 $V \propto \dfrac{1}{C}$이다.

따라서 각 콘덴서에 걸리는 전압의 비는 다음과 같다.

$V_1 : V_2 : V_3 = 1 : \dfrac{1}{2} : \dfrac{1}{3} = 1 \times 6 : \dfrac{1}{2} \times 6 : \dfrac{1}{3} \times 6 = 6 : 3 : 2$

따라서 정전용량이 제일 적은 $1[\mu F]$에 가장 높은 전압이 인가되므로 제일 먼저 파괴된다.

22 빈출
그림과 같은 블록선도의 전달함수 $\dfrac{C(s)}{R(s)}$는?

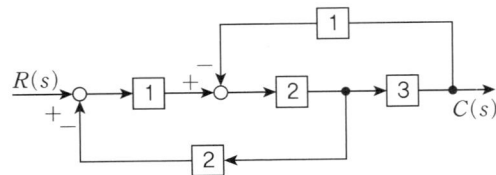

① $\dfrac{6}{23}$ ② $\dfrac{6}{17}$
③ $\dfrac{6}{15}$ ④ $\dfrac{6}{11}$

해설
전달함수
- 개로 경로: $1 \times 2 \times 3 = 6$
- 폐루프: $-1 \times 2 \times 3 = -6$, $-2 \times 1 \times 2 = -4$
- 전달함수: $\dfrac{C(s)}{R(s)} = \dfrac{1 \times 2 \times 3}{1 - (-1 \times 2 \times 3 - 2 \times 1 \times 2)} = \dfrac{6}{1 + 10} = \dfrac{6}{11}$

23
그림의 단상 반파 정류회로에서 R에 흐르는 전류의 평균값은 몇 $[A]$인가?(단, $v(t) = 220\sqrt{2} \sin\omega t [V]$, $R = 16\sqrt{2} [\Omega]$, 다이오드의 전압강하는 무시한다.)

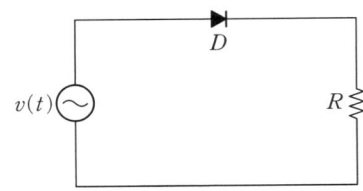

① 3.2 ② 3.8
③ 4.4 ④ 5.2

해설
- 단상 반파 전류회로의 평균전압

$E_d = 0.45E = 0.45 \times \dfrac{V_m}{\sqrt{2}} = 0.45 \times \dfrac{220\sqrt{2}}{\sqrt{2}} = 0.45 \times 220 = 99[V]$

- R에 흐르는 전류의 평균값

$I = \dfrac{E_d}{R} = \dfrac{99}{16\sqrt{2}} = 4.38 ≒ 4.4[A]$

정답 20 ① 21 ① 22 ④ 23 ③

24

3상 유도 전동기를 Y 결선으로 운전했을 때 토크가 T_Y이었다. 이 전동기를 동일한 전원에서 △결선으로 운전했을 때 토크($T_\triangle$)는?

① $T_\triangle = 3T_Y$
② $T_\triangle = \sqrt{3}\,T_Y$
③ $T_\triangle = \dfrac{1}{3}T_Y$
④ $T_\triangle = \dfrac{1}{\sqrt{3}}T_Y$

해설

Y결선으로 운전하게 되면 △결선으로 운전했을 때의 $\dfrac{1}{3}$에 해당하는 기동전류와 기동토크를 얻을 수 있다.

∴ $T_\triangle = 3T_Y$

25 빈출

제어요소가 제어 대상에 가하는 제어 신호로 제어장치의 출력인 동시에 제어 대상의 입력이 되는 것은?

① 조작량
② 제어량
③ 기준입력
④ 동작신호

해설

조작량은 제어장치의 출력인 동시에 제어대상의 입력이 된다.

| 관련개념 | 조작량

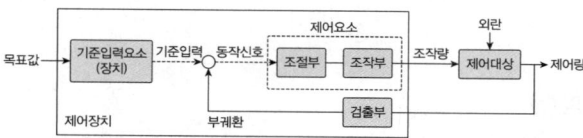

26

어떤 코일의 임피던스를 측정하고자 한다. 이 코일에 30[V]의 직류전압을 가했을 때 300[W]가 소비되었고, 100[V]의 실효치 교류전압을 가했을 때 1,200[W]가 소비되었다. 이 코일의 리액턴스[Ω]는?

① 2
② 4
③ 6
④ 8

해설

• 직류전압 인가 시

$$P = VI = \frac{V^2}{R}$$

R에 대한 식으로 정리하면

$$R = \frac{V^2}{P} = \frac{30^2}{300} = 3[\Omega]$$

• 교류전압 인가 시

$$P = I^2 R = \left(\frac{V}{Z}\right)^2 R = \left(\frac{V}{\sqrt{R^2 + X_L^2}}\right)^2 R$$

X_L에 대한 식으로 정리하면

$$X_L = \sqrt{\frac{V^2 R}{P} - R^2} = \sqrt{\frac{100^2 \times 3}{1,200} - 3^2} = 4[\Omega]$$

27 고난도

적분 시간이 3[sec]이고, 비례 감도가 5인 PI(비례적분) 제어 요소가 있다. 이 제어요소의 전달함수는?

① $\dfrac{5s+5}{3s}$
② $\dfrac{15s+5}{3s}$
③ $\dfrac{3s+3}{5s}$
④ $\dfrac{15s+3}{5s}$

해설

• 비례적분 출력신호

$$x_0(t) = K_p\left(x_i(t) + \frac{1}{T_I}\int x_i(t)dt\right)$$

(단, $x_0(t)$: 출력신호, K_p: 비례 감도, T_I: 적분시간)

• 라플라스 변환

$$X_0(s) = K_p X_i(s) + \frac{K_p}{T_I}\frac{X_i(s)}{s} = K_p X_i(s)\left(1 + \frac{1}{T_I s}\right)$$

• 전달함수

$$G(s) = \frac{X_0(s)}{X_i(s)} = K_p\left(1 + \frac{1}{T_I s}\right) = 5\left(1 + \frac{1}{3s}\right) = \frac{15s+5}{3s}$$

정답 24 ① 25 ① 26 ② 27 ②

28

$100[\mathrm{V}]$에서 $500[\mathrm{W}]$를 소비하는 전열기가 있다. 이 전열기에 $90[\mathrm{V}]$의 전압을 인가했을 때 소비되는 전력$[\mathrm{W}]$은?

① 81
② 90
③ 405
④ 450

해설

- $100[\mathrm{V}]$, $500[\mathrm{W}]$ 전열기의 저항(R)

$$R = \frac{V^2}{P} = \frac{100^2}{500} = 20[\Omega]$$

- $90[\mathrm{V}]$의 전압을 인가할 때 소비되는 전력

$$P' = \frac{(V')^2}{R} = \frac{90^2}{20} = 405[\Omega]$$

29

4극 직류 발전기의 전기자 도체 수가 500개, 각 자극의 자속이 $0.01[\mathrm{Wb}]$, 회전수가 $1,800[\mathrm{rpm}]$일 때 이 발전기의 유도 기전력 $[\mathrm{V}]$은?(단, 전기자 권선법은 파권이다.)

① 100
② 200
③ 300
④ 400

해설

직류 발전기의 유도기전력

$$E = \frac{PZ}{60a}\phi n [\mathrm{V}]$$

(단, E: 유도기전력$[\mathrm{V}]$, P: 극수, Z: 총 도체수, a: 병렬 회로 수, ϕ: 자속$[\mathrm{Wb}]$, n: 분당 회전수$[\mathrm{rpm}]$)
전기자 권선법이 파권이므로 병렬 회로 수 $a = 2$이다.

$$\therefore E = \frac{4 \times 500 \times 0.01 \times 1,800}{60 \times 2} = 300[\mathrm{V}]$$

30

진공 중에서 원점에 $10^{-8}[\mathrm{C}]$의 전하가 있을 때 점$(1, 2, 2)[\mathrm{m}]$에서의 전계의 세기는 약 몇 $[\mathrm{V/m}]$인가?

① 0.1
② 1
③ 10
④ 100

해설

전계의 세기(E)

$$E = \frac{Q}{4\pi\varepsilon_0 r^2} = \frac{10^{-8}}{4\pi \times 8.85 \times 10^{-12} \times 3^2} = 10[\mathrm{V/m}]$$

$(\because r = \sqrt{1^2 + 2^2 + 2^2} = 3[\mathrm{m}])$

31

정현파 교류전압 $e_1(t)$와 $e_2(t)$의 합$(e_1(t) + e_2(t))$은 몇 $[\mathrm{V}]$인가?

$$e_1(t) = 10\sqrt{2}\sin\left(\omega t + \frac{\pi}{3}\right)$$
$$e_2(t) = 20\sqrt{2}\cos\left(\omega t - \frac{\pi}{6}\right)$$

① $30\sqrt{2}\sin\left(\omega t + \frac{\pi}{3}\right)[\mathrm{V}]$
② $30\sqrt{2}\sin\left(\omega t - \frac{\pi}{3}\right)[\mathrm{V}]$
③ $10\sqrt{2}\sin\left(\omega t + \frac{2\pi}{3}\right)[\mathrm{V}]$
④ $10\sqrt{2}\sin\left(\omega t - \frac{2\pi}{3}\right)[\mathrm{V}]$

해설

삼각함수 기본 성질을 이용하여 cos 함수를 sin 함수로 변환한다.

$$e_2(t) = 20\sqrt{2}\cos\left(\omega t - \frac{\pi}{6}\right)$$
$$= 20\sqrt{2}\sin\left(\omega t - \frac{\pi}{6} + \frac{\pi}{2}\right)$$
$$= 20\sqrt{2}\sin\left(\omega t + \frac{\pi}{3}\right)[\mathrm{V}]$$

$$e_1(t) + e_2(t) = 10\sqrt{2}\sin\left(\omega t + \frac{\pi}{3}\right) + 20\sqrt{2}\sin\left(\omega t + \frac{\pi}{3}\right)$$
$$= 30\sqrt{2}\sin\left(\omega t + \frac{\pi}{3}\right)[\mathrm{V}]$$

정답 28 ③ 29 ③ 30 ③ 31 ①

32 빈출

$60[\text{Hz}]$의 3상 전압을 반파 정류하였을 때 리플(맥동) 주파수$[\text{Hz}]$는?

① 60
② 120
③ 180
④ 360

해설

3상 반파 정류회로의 맥동주파수는 $3f = 3 \times 60 = 180[\text{Hz}]$

| 관련개념 | 맥동주파수

구분	맥동률[%]	맥동주파수[Hz]
단상 반파	121	f
단상 전파	48	2f
3상 반파	17	3f
3상 전파	4	6f

33

테브난의 정리를 이용하여 그림 (a)의 회로를 그림 (b)와 같은 등가회로로 만들고자 할 때 $V_{th}[\text{V}]$와 $R_{th}[\Omega]$은?

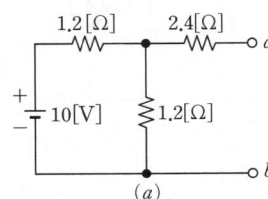
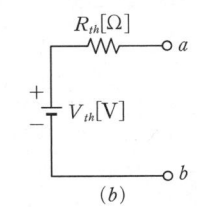

① $5[\text{V}]$, $2[\Omega]$
② $5[\text{V}]$, $3[\Omega]$
③ $6[\text{V}]$, $2[\Omega]$
④ $6[\text{V}]$, $3[\Omega]$

해설

테브난의 정리

• 전압원에서 본 테브난 전압

$$V_{th} = \frac{1.2}{1.2+1.2} \times 10 = 5[\text{V}]$$

• $a-b$ 단자에서 본 테브난 저항(전압원 단락)

$$R_{th} = \frac{1.2 \times 1.2}{1.2+1.2} + 2.4 = 3[\Omega]$$

34

어떤 전압계의 측정 범위를 12배로 하려고 할 때 배율기의 저항은 전압계 내부저항의 몇 배로 하여야 하는가?

① 9
② 10
③ 11
④ 12

해설

배율기

• 측정 전압 $V_0 = \dfrac{R_v + R_m}{R_v} \times V$

• 배율 $m = \dfrac{V_0}{V} = \dfrac{R_m + R_v}{R_v} = 1 + \dfrac{R_m}{R_v}$

(단, R_m: 배율기 저항, R_v: 측정기 내부 저항)

측정 범위(배율)를 12배로 하기 위해서는 $m = 1 + \dfrac{R_m}{R_v} = 12$를 만족해야 하므로 배율기 저항 $R_m = 11R_v$이다.

35

각 상의 임피던스가 $Z = 4 + j3[\Omega]$인 △결선의 평형 3상 부하에 선간전압이 $200[\text{V}]$인 대칭 3상 전압을 가했을 때 이 부하로 흐르는 선전류의 크기는 몇 $[\text{A}]$인가?

① $\dfrac{40}{3}$
② $\dfrac{40}{\sqrt{3}}$
③ 40
④ $40\sqrt{3}$

해설

△결선에서 상전압의 크기는 선간전압의 크기와 같으므로
$V_p = V_l = 200[\text{V}]$

각 상의 임피던스의 크기
$|Z| = \sqrt{4^2 + 3^2} = 5[\Omega]$

상전류 $I_p = \dfrac{V_p}{|Z|} = \dfrac{200}{5} = 40[\text{A}]$

△결선에서 선전류의 크기는 상전류 크기의 $\sqrt{3}$배이므로
$I_l = \sqrt{3} I_p = 40\sqrt{3}[\text{A}]$

정답 32 ③ 33 ② 34 ③ 35 ④

36 빈출

시퀀스회로를 논리식으로 표현하면?

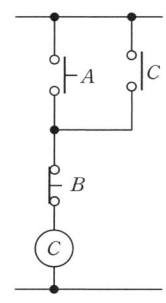

① $C = A + \overline{B} \cdot C$
② $C = A \cdot \overline{B} + C$
③ $C = A \cdot C + \overline{B}$
④ $C = (A + C) \cdot \overline{B}$

해설

A와 C는 a접점이고 B는 b접점이므로 각각 A, B, C로 표현할 수 있다.
- A, C는 병렬로 연결 ⇒ $A + C$
- $\overline{B}$는 $(A+C)$와 직렬로 연결 ⇒ $(A+C) \cdot \overline{B}$
∴ 출력 $C = (A + C) \cdot \overline{B}$

37

그림의 회로에서 a−b 간에 $V_{ab}[V]$를 인가했을 때 c−d 간의 전압이 $100[V]$이었다. 이때 a−d 간의 인가한 전압 (V_{ab})는 몇 $[V]$인가?

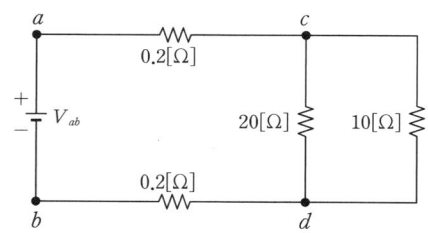

① 104
② 106
③ 108
④ 110

해설

- $20[\Omega]$에 흐르는 전류 $I_{20} = \dfrac{100}{20} = 5[A]$
- $10[\Omega]$에 흐르는 전류 $I_{10} = \dfrac{100}{10} = 10[A]$
- a−c 구간에 흐르는 전류 $I_{ac} = I_{20} + I_{10} = 15[A]$
- d−b 구간에 흐르는 전류 $I_{db} = I_{20} + I_{10} = 15A]$

∴ $V_{ab} = V_{ac} + V_{cd} + V_{db} = 0.2 \times I_{ac} + 100 + 0.2 \times I_{db}$
   $= 0.2 \times 15 + 100 + 0.2 \times 15 = 106[V]$

38

균일한 자기장 내에서 운동하는 도체에 유도된 기전력의 방향을 나타내는 법칙은?

① 플레밍의 왼손 법칙
② 플레밍의 오른손 법칙
③ 암페어의 오른나사 법칙
④ 패러데이의 전자유도 법칙

해설

플레밍의 오른손 법칙은 도체운동에 의한 유도 기전력의 방향을 결정한다.

| 관련개념 |
- 렌츠의 법칙: 자속변화에 의한 유도 기전력의 방향을 결정한다.
- 플레밍의 오른손 법칙: 도체운동에 의한 유도 기전력의 방향을 결정한다.
- 플레밍의 왼손 법칙: 전자력의 방향을 결정한다.
- 패러데이의 법칙: 유도 기전력의 크기를 결정한다.
- 암페어의 오른나사 법칙: 전류에 의해 만들어지는 자기장의 자기력선 방향을 결정한다.

39

회로에서 저항 $5[\Omega]$의 양단 전압 $V_R[V]$은?

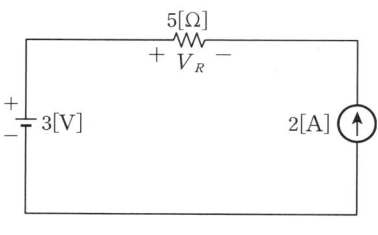

① −10
② −7
③ 7
④ 10

해설

- 전압원만을 고려할 경우
  전류원은 개방되므로 저항에 흐르는 전류는 없다.
- 전류원만을 고려할 경우
  전압원은 단락되므로 저항에 흐르는 전류는 $-2[A]$이다.
∴ 저항 양단의 전압
$V_R = (-2) \times 5 = -10[V]$

정답 36 ④ 37 ② 38 ② 39 ①

40 빈출

다음의 논리식을 간단히 표현한 것은?

$$Y = \overline{ABC} + \overline{AB}\overline{C} + \overline{A}BC$$

① $\overline{A} \cdot (B+C)$
② $\overline{B} \cdot (A+C)$
③ $\overline{C} \cdot (A+B)$
④ $C \cdot (A+\overline{B})$

해설

흡수법칙

$Y = \overline{ABC} + \overline{AB}\overline{C} + \overline{A}BC$
$= \overline{A} \cdot (\overline{B}C + \overline{B}\overline{C} + BC) = \overline{A}(\overline{B}C + B(\overline{C}+C))$
$= \overline{A}(\overline{B}C + B) = \overline{A}((\overline{B}+B)(C+B))$
$= \overline{A}(B+C)$

3과목 소방관계법규

41

다음 중 「소방기본법령」에 따라 화재예방상 필요하다고 인정되거나 화재위험 경보 시 발령하는 소방신호의 종류로 옳은 것은?

① 경계신호
② 발화신호
③ 경보신호
④ 훈련신호

해설

화재예방상 필요하다고 인정되거나 화재위험 경보 시 발령하는 소방신호는 경계신호이다.

| 관련개념 | 소방신호의 종류

- 경계신호: 화재예방상 필요하다고 인정되거나 화재위험 경보 시 발령
- 발화신호: 화재가 발생한 때 발령
- 해제신호: 소화활동이 필요가 없다고 인정되는 때 발령
- 훈련신호: 훈련상 필요하다고 인정되는 때 발령

42

「소방기본법령」상 보일러 등의 위치·구조 및 관리와 화재예방을 위하여 불의 사용에 있어서 지켜야 하는 사항 중 보일러에 경유·등유 등 액체연료를 사용하는 경우에 연료탱크는 보일러 본체로부터 수평거리 최소 몇 [m] 이상의 간격을 두어 설치해야 하는가?

① 0.5
② 0.6
③ 1
④ 2

해설

경유, 등유 등 액체연료를 사용하는 경우 연료탱크는 보일러 본체로부터 수평거리 최소 1[m] 이상 이격 설치하여야 한다.

| 관련개념 | 보일러 등의 위치·구조 및 관리와 화재예방을 위하여 불의 사용에 있어서 지켜야 하는 사항 보일러

- 가연성 벽·바닥 또는 천장과 접촉하는 증기기관 또는 연통의 부분은 규조토·석면 등 난연성 단열재로 덮어 씌워야 한다.
- 경유 등유 등 액체연료를 사용하는 경우
  - 연료탱크는 보일러 본체로부터 수평거리: 1[m] 이상 이격 설치
  - 연료 차단 개폐밸브: 연료탱크 0.5[m] 이내 설치
  - 연료탱크 또는 연료를 공급하는 배관: 여과장치 설치
  - 사용이 허용된 연료 외의 것을 사용하지 아니할 것
  - 연료탱크에는 불연재료 받침대를 설치하여 연료탱크가 넘어지지 않도록 할 것
- 기체연료를 사용하는 경우
  - 보일러를 설치하는 장소에는 환기구를 설치하는 등 가연성 가스가 머무르지 아니하도록 할 것
  - 연료 공급배관 재질: 금속관
  - 연료차단 개폐밸브: 연료용기 0.5[m] 이내 설치
  - 보일러가 설치된 장소: 가스누설경보기 설치
- 보일러와 벽, 천장 사이의 거리: 0.6[m] 이상
- 보일러 실내 설치 시 콘크리트바닥 또는 금속 외의 불연재료로 된 위에 설치

정답 40 ① 41 ① 42 ③

43

다음은 「소방기본법령」상 소방본부에 대한 설명이다. ( ) 에 알맞은 내용은?

> 소방업무를 수행하기 위하여 ( ) 직속으로 소방본부를 둔다.

① 경찰서장
② 시·도지사
③ 행정안전부장관
④ 소방청장

해설

시·도에서 소방업무를 수행하기 위해서 시·도지사 직속으로 소방 본부에 둔다.

| 관련개념 | 소방기관의 설치 등

- 시·도의 화재 예방·경계·진압 및 조사, 소방안전교육·홍보와 화재, 재난·재해, 그 밖의 위급한 상황에서의 구조·구급 등의 업무(소방업무)를 수행하는 소방기관의 설치에 필요한 사항은 대통령령으로 정한다.
- 소방업무를 수행하는 소방본부장 또는 소방서장은 그 소재지를 관할하는 시·도지사의 지휘와 감독을 받는다.
- 제2항에도 불구하고 소방청장은 화재 예방 및 대형 재난 등 필요한 경우 시·도 소방본부장 및 소방서장을 지휘·감독할 수 있다.
- 시·도에서 소방업무를 수행하기 위하여 시·도지사 직속으로 소방본부를 둔다.

44 빈출

다음 「소방기본법령」상 용어 정의에 대한 설명으로 옳은 것은?

① 소방대상물이란 건축물, 차량, 선박(항구에 매어둔 선박은 제외) 등을 말한다.
② 관계인이란 소방대상물의 점유예정자를 포함한다.
③ 소방대란 소방공무원, 의무소방원, 의용소방대원으로 구성된 조직체이다.
④ 소방대장이란 화재, 재난·재해, 그 밖의 위급한 상황이 발생한 현장에서 소방대를 지휘하는 사람(소방서장은 제외)이다.

해설

소방대란 소방공무원, 의무소방원, 의용소방대원으로 구성된 조직체이다.

오답해설

① 소방대상물이란 건축물, 차량, 선박(항구에 매어둔 것) 등을 말한다.
② 관계인이란 소유자, 관리자, 점유자를 말한다.
④ 소방대장이란 소방본부장 또는 소방서장 등 화재, 재난·재해, 그 밖의 위급한 상황이 발생한 현장에서 소방대를 지휘하는 사람을 말한다.

| 관련개념 | 용어 정의

- 소방대상물: 건축물, 차량, 선박(항구에 매어둔 선박만 해당), 선박 건조 구조물, 산림, 그 밖의 인공 구조물 또는 물건을 말한다.
- 관계지역: 소방대상물이 있는 장소 및 그 이웃 지역으로서 화재의 예방·경계·진압, 구조·구급 등의 활동에 필요한 지역을 말한다.
- 관계인: 소방대상물의 소유자 관리자 또는 점유자를 말한다.
- 소방본부장: 시·도에서 화재의 예방·경계·진압·조사 및 구조·구급 등의 업무를 담당하는 부서의 장을 말한다.
- 소방대: 화재를 진압하고 화재, 재난·재해, 그 밖의 위급한 상황에서 구조·구급 활동 등을 하기 위하여 다음 각 목의 사람으로 구성된 조직체를 말한다.
  - 소방공무원
  - 의무소방원
  - 의용소방대원
- 소방대장: 소방본부장 또는 소방서장 등 화재, 재난·재해, 그 밖의 위급한 상황이 발생한 현장에서 소방대를 지휘하는 사람을 말한다.

45 빈출

「소방기본법령」상 상업지역에 소방용수시설 설치 시 소방대상물과의 수평거리 기준은 몇 [m] 이하인가?

① 100
② 120
③ 140
④ 160

해설

상업지역에 소방용수시설 설치 시 소방대상물과의 수평거리는 100[m] 이하이어야 한다.

| 관련개념 | 소방용수시설의 설치기준

공통기준		• 주거·상업·공업지역 수평거리 100[m] 이하 • 그 외 지역 수평거리 140[m] 이하
개별 기준	소화전	• 소화전의 연결금속구의 구경은 65[mm] • 상수도와 연결한 지상식, 지하식 구조
	급수탑	• 급수배관의 구경은 100[mm] 이상 • 개폐밸브의 위치는 지상에서 1.5[m] 이상 1.7[m] 이하

	저수조	• 지면으로부터의 낙차가 4.5[m] 이하일 것
		• 흡수관의 투입구
		  – 사각형의 경우: 한 변의 길이가 60[cm] 이상
		  – 원형의 경우: 지름이 60[cm] 이상
		• 흡수에 지장이 없도록 토사 및 쓰레기 등을 제거할 수 있는 설비를 갖출 것
		• 흡수부분의 수심이 0.5[m] 이상일 것
		• 소방펌프자동차가 쉽게 접근할 수 있도록 할 것
		• 저수조에 물 공급 방법: 상수도에 연결하여 자동으로 급수되는 구조

정답 43 ② 44 ③ 45 ①

46

「소방시설공사업법령」상 일반 소방시설설계업(기계분야)의 영업범위에 대한 기준 중 (   )에 알맞은 내용은?(단, 공장의 경우는 제외한다.)

> 연면적 (   )$[m^2]$ 미만의 특정소방대상물(제연설비가 설치되는 특정소방대상물은 제외한다.)에 설치되는 기계분야 소방시설의 설계

① 10,000
② 20,000
③ 30,000
④ 50,000

해설

기계분야의 영업범위는 연면적 30,000$[m^2]$(공장의 경우에는 10,000$[m^2]$) 미만의 특정소방대상물(제연설비가 설치되는 특정소방대상물은 제외)에 설치되는 기계분야 소방시설의 설계이다.

| 관련개념 | 소방시설업의 업종별 등록기준 및 영업범위 소방시설 설계업

- 전문 소방시설 설계업

기술인력	영업범위
• 주된 기술인력: 소방기술사 1명 이상 • 보조기술인력: 1명 이상	모든 특정소방대상물에 설치되는 소방시설의 설계

- 일반 소방시설 설계업
  - 기계분야

기술인력	영업범위
• 주된 기술인력: 소방기술사 또는 기계분야 소방설비기사 1명 이상 • 보조기술인력: 1명 이상	• 아파트에 설치되는 기계분야 소방시설(제연설비는 제외한다.)의 설계 • 연면적 30,000$[m^2]$(공장의 경우에는 10,000$[m^2]$) 미만의 특정소방대상물(제연설비가 설치되는 특정소방대상물은 제외)에 설치되는 기계분야 소방시설의 설계 • 위험물 제조소 등에 설치되는 기계분야 소방시설의 설계

  - 전기분야

기술인력	영업범위
• 주된 기술인력: 소방기술사 또는 전기분야 소방설비기사 1명 이상 • 보조기술인력: 1명 이상	• 아파트에 설치되는 전기분야 소방시설의 설계 • 연면적 30,000$[m^2]$(공장의 경우에는 10,000$[m^2]$) 미만의 특정소방대상물에 설치되는 전기분야 소방시설의 설계 • 위험물 제조소 등에 설치되는 전기분야 소방시설의 설계

47

「소방시설공사업법령」상 소방시설업의 등록을 하지 아니하고 영업을 한 자에 대한 벌칙기준으로 옳은 것은?

① 1년 이하의 징역 또는 1천만 원 이하의 벌금
② 2년 이하의 징역 또는 2천만 원 이하의 벌금
③ 3년 이하의 징역 또는 3천만 원 이하의 벌금
④ 5년 이하의 징역 또는 5천만 원 이하의 벌금

해설

소방시설업 등록을 하지 아니하고 영업을 한 자는 3년 이하의 징역 또는 3천만 원 이하의 벌금에 처한다.

48 빈출

「위험물안전관리법령」에서 정하는 제3류 위험물에 해당하는 것은?

① 나트륨
② 염소산염류
③ 무기과산화물
④ 유기과산화물

해설

② 염소산염류 – 제1류 위험물
③ 무기과산화물 – 제1류 위험물
④ 유기과산화물 – 제5류 위험물

| 관련개념 | 제3류 위험물(자연발화성 물질 및 금수성 물질)

위험물 품명	지정수량
칼륨	10$[kg]$
나트륨	10$[kg]$
알킬알루미늄	10$[kg]$
알킬리튬	10$[kg]$
황린	20$[kg]$
알칼리금속(칼륨 및 나트륨을 제외) 및 알칼리토금속	50$[kg]$
유기금속화합물(알킬알루미늄 및 알킬리튬을 제외)	50$[kg]$
금속의 수소화물	300$[kg]$
금속의 인화물	300$[kg]$
칼슘 또는 알루미늄의 탄화물	300$[kg]$

정답 46 ③ 47 ③ 48 ①

49

「화재예방, 소방시설 설치·유지 및 안전관리에 관한 법령」상 자동화재탐지설비를 설치하여야 하는 특정소방대상물의 기준으로 틀린 것은?

① 공장 및 창고시설로서 「소방기본법 시행령」에서 정하는 수량의 500배 이상의 특수가연물을 저장·취급하는 것
② 지하가(터널은 제외한다.)로서 연면적 $600[m^2]$ 이상인 것
③ 숙박시설이 있는 수련시설로서 수용인원 100명 이상인 것
④ 장례시설 및 복합건축물로서 연면적 $600[m^2]$ 이상인 것

해설

지하가(터널은 제외)로서 연면적 $1,000[m^2]$ 이상인 것이어야 한다.

| 관련개념 | 자동화재탐지설비를 설치하여야 하는 특정소방대상물

① 연면적 $600[m^2]$ 이상 – 근린생활시설(목욕장은 제외), 의료시설(정신 의료기관 또는 요양병원은 제외), 숙박시설, 위락시설, 장례시설 및 복합건축물
② 연면적 $1,000[m^2]$ 이상 – 공동주택, 근린생활시설 중 목욕장, 문화 및 집회시설, 종교시설, 판매시설, 운수시설, 운동시설, 업무시설, 공장, 창고시설, 위험물 저장 및 처리 시설, 항공기 및 자동차 관련 시설, 교정 및 군사시설 중 국방·군사시설, 방송통신시설, 발전시설, 관광 휴게시설, 지하가(터널은 제외)
③ 연면적 $2,000[m^2]$ 이상 – 교육연구시설(교육시설 내에 있는 기숙사 및 합숙소 포함), 수련시설(수련시설 내에 있는 기숙사 및 합숙소 포함, 숙박시설이 있는 수련시설은 제외), 동물 및 식물 관련 시설(기둥과 지붕만으로 구성되어 외부와 기류가 통하는 장소는 제외), 분뇨 및 쓰레기 처리시설, 교정 및 군사시설(국방·군사시설은 제외) 또는 묘지 관련 시설
④ 지하구
⑤ 지하가 중 터널로서 길이가 $1,000[m]$ 이상인 것
⑥ 노유자 생활시설
⑦ ⑥에 해당하지 않는 노유자시설로서 연면적 $400[m^2]$ 이상인 노유자시설 및 숙박시설이 있는 수련시설로서 수용인원 100명 이상인 것
⑧ ②에 해당하지 않는 공장 및 창고시설로서 정해진 수량의 500배 이상의 특수가연물을 저장·취급하는 것
⑨ 의료시설 중 정신의료기관 또는 요양병원으로서 다음에 해당하는 시설
 ㉠ 요양병원(정신병원과 의료재활시설은 제외)
 ㉡ 정신의료기관 또는 의료재활시설로 사용되는 바닥면적의 합계가 $300[m^2]$ 이상인 시설
 ㉢ 정신의료기관 또는 의료재활시설로 사용되는 바닥면적의 합계가 $300[m^2]$ 미만이고, 창살이 설치된 시설
⑩ 판매시설 중 전통시장
⑪ ①에 해당하지 않는 근린생활시설 중 조산원 및 산후조리원
⑫ ②에 해당하지 않는 발전시설 중 전기저장시설

50

「화재예방, 소방시설 설치·유지 및 안전관리에 관한 법령」상 종합정밀점검 실시 대상이 되는 특정소방대상물의 기준 중 다음 (   ) 안에 알맞은 것은?

> 물분무등소화설비[호스릴(Hose Reel) 방식의 물분무등 소화설비만을 설치한 경우는 제외한다.]가 설치된 연면적 (   ) $[m^2]$ 이상인 특정소방대상물(위험물 제조소 등은 제외한다.)

① 2,000
② 3,000
③ 4,000
④ 5,000

해설

물분무등소화설비(호스릴 방식의 물분무등소화설비만을 설치한 경우 제외)가 설치된 연면적 $5,000[m^2]$ 이상인 특정소방대상물(위험물 제조소 등은 제외)은 종합정밀점검 실시 대상이다.

| 관련개념 | 종합정밀점검 대상

- 스프링클러설비가 설치된 특정소방대상물
- 물분무등소화설비(호스릴 방식의 물분무등소화설비만을 설치한 경우 제외)가 설치된 연면적 $5,000[m^2]$ 이상인 특정소방대상물(위험물 제조소 등은 제외)
- 다중이용업의 영업장이 설치된 특정소방대상물로서 연면적이 $2,000[m^2]$ 이상인 것
- 공공기관 중 연면적이 $1,000[m^2]$ 이상인 것은 옥내소화전설비 또는 자동화재탐지설비 설치(단, 소방대가 근무하는 공공기관 제외)
- 제연설비가 설치된 터널

정답 49 ② 50 ④

51 빈출

「소방기본법령」상 특수가연물의 저장 및 취급의 기준 중 ( )에 들어갈 내용으로 옳은 것은?(단, 석탄·목탄류의 경우는 제외한다.)

> 쌓는 높이는 (㉠)[m] 이하가 되도록 하고, 쌓는 부분의 바닥면적은 (㉡)[m²] 이하가 되도록 할 것

① ㉠ 15, ㉡ 200
② ㉠ 15, ㉡ 300
③ ㉠ 10, ㉡ 30
④ ㉠ 10, ㉡ 50

해설

쌓는 높이는 10[m] 이하가 되도록 하고, 쌓는 부분의 바닥면적은 50[m²] 이하가 되도록 하여야 한다.(단, 석탄·목탄류의 경우 제외)

| 관련개념 | 특수가연물의 저장 시 쌓는 기준

구분	일반	살수설비 또는 방사능력 범위 내 특수가연물이 포함되도록 대형소화기를 갖춘 경우
높이	10[m] 이하	15[m] 이하
바닥 면적	50[m²] 이하 (석탄·목탄류의 경우 200[m²] 이하)	200[m²] 이하 (석탄·목탄류의 경우 300[m²] 이하)

52

「위험물안전관리법령」상 제4류 위험물을 저장·취급하는 제조소에 "화기엄금"이란 주의사항을 표시하는 게시판을 설치할 경우 게시판의 색상은?

① 청색바탕에 백색문자
② 적색바탕에 백색문자
③ 백색바탕에 적색문자
④ 백색바탕에 흑색문자

해설

적색바탕에 백색문자를 사용한다.

| 관련개념 |
- 화기엄금: 적색바탕 백색문자
- 물기엄금: 청색바탕 백색문자
- 화기주의: 적색바탕 백색문자

53

「위험물안전관리법령」상 유별을 달리하는 위험물을 혼재하여 저장할 수 있는 것으로 짝지어진 것은?

① 제1류 – 제2류
② 제2류 – 제3류
③ 제3류 – 제4류
④ 제5류 – 제6류

해설

제3류 위험물과 제4류 위험물은 혼재 가능하다.

| 관련개념 | 혼재 가능한 위험물
- 432 → 제4류와 제3류, 제4류와 제2류는 혼재 가능
- 542 → 제5류와 제4류, 제5류와 제2류는 혼재 가능
- 61 → 제6류오· 제1류는 혼재 가능

54

「화재예방, 소방시설 설치·유지 및 안전관리에 관한 법령」상 방염성능기준 이상의 실내장식물 등을 설치하여야 하는 특정 소방대상물이 아닌 것은?

① 방송국
② 종합병원
③ 11층 이상의 아파트
④ 숙박이 가능한 수련시설

해설

층수가 11층 이상인 것 중 아파트는 제외한다.

| 관련개념 | 방염성능기준 이상의 실내장식물 등을 설치하여야 하는 특정소방 대상물
- 근린생활시설 중 의원, 조산원, 산후조리원, 체력단련장, 공연장 및 종교 집회장
- 건축물의 옥내에 있는 시설로서 다음의 시설
  - 문화 및 집회시설
  - 종교시설
  - 운동시설(수경장 제외)
- 의료시설
- 교육연구시설 중 합숙소
- 노유자시설
- 숙박이 가능한 수련시설
- 숙박시설
- 방송통신시설 중 방송국 및 촬영소
- 다중이용업소
- 층수가 11층 이상인 것(아파트는 제외)

정답 51 ④ 52 ② 53 ③ 54 ③

55

「화재예방, 소방시설 설치·유지 및 안전관리에 관한 법령」상 건축허가 등을 할 때 미리 소방본부장 또는 소방서장의 동의를 받아야 하는 건축물 등의 범위기준이 아닌 것은?

① 노유자시설 및 수련시설로서 연면적 $100[m^2]$ 이상인 건축물
② 지하층 또는 무창층이 있는 건축물로서 바닥면적이 $150[m^2]$ 이상인 층이 있는 것
③ 차고·주차장으로 사용되는 바닥면적이 $200[m^2]$ 이상인 층이 있는 건축물이나 주차시설
④ 장애인 의료재활시설로서 연면적 $300[m^2]$ 이상인 건축물

해설

노유자시설 및 수련시설로서 연면적 $200[m^2]$ 이상인 건축물이다.

| 관련개념 | 건축허가 동의대상 특정소방대상물

면적기준	동의대상
$400[m^2]$ 이상	건축물 연면적
$300[m^2]$ 이상	정신의료기관 연면적
$200[m^2]$ 이상	• 노유자시설 및 수련시설 연면적 • 차고·주차장으로 사용하는 바닥면적의 층이 있는 건축물 주차시설
$150[m^2]$ 이상	지하층, 무창층의 바닥면적
$100[m^2]$ 이상	• 학교시설 연면적 • 공연장 바닥면적

56 빈출

「위험물안전관리법령」상 관계인이 예방규정을 정하여야 하는 위험물 제조소 등에 해당하지 않는 것은?

① 지정수량 10배의 특수인화물을 취급하는 일반취급소
② 지정수량 20배의 휘발유를 고정된 탱크에 주입하는 일반취급소
③ 지정수량 40배의 제3석유류를 용기에 옮겨 담는 일반취급소
④ 지정수량 15배의 알코올을 버너에 소비하는 장치로 이루어진 일반취급소

해설

위험물을 용기에 옮겨 담거나 차량에 고정된 탱크에 주입하는 일반취급소는 제외한다.

| 관련개념 | 관계인이 예방규정을 정해야 하는 제조소 등

- 지정수량의 10배 이상의 위험물을 취급하는 제조소
- 지정수량의 100배 이상의 위험물을 저장하는 옥외저장소
- 지정수량의 150배 이상의 위험물을 저장하는 옥내저장소
- 지정수량의 200배 이상의 위험물을 저장하는 옥외탱크저장소
- 암반탱크저장소
- 이송취급소
- 지정수량의 10배 이상의 위험물을 취급하는 일반취급소
단, 제4류 위험물(특수인화물 제외)만을 지정수량의 50배 이하로 취급하는 일반취급소(제1석유류·알코올류의 취급량이 지정수량의 10배 이하인 경우에 한함)로서 다음 어느 하나에 해당하는 것을 제외한다.
  - 보일러 버너 또는 이와 비슷한 것으로서 위험물을 소비하는 장치로 이루어진 일반취급소
  - 위험물을 용기에 옮겨 담거나 차량에 고정된 탱크에 주입하는 일반취급소

57

「화재예방, 소방시설 설치·유지 및 안전관리에 관한 법령」상 제조 또는 가공 공정에서 방염처리를 한 물품 중 방염대상물품이 아닌 것은?

① 카펫
② 전시용 합판
③ 창문에 설치하는 커튼류
④ 두께가 $2[mm]$ 미만인 종이벽지

해설

두께가 $2[mm]$ 미만인 벽지류 중 종이벽지는 제외한다.

| 관련개념 | 제조 또는 가공 공정에서 방염처리를 한 물품

- 창문에 설치하는 커튼류(블라인드 포함)
- 카펫, 두께가 $2[mm]$ 미만인 벽지류(종이벽지 제외)
- 전시용 합판 또는 섬유판, 무대용 합판 또는 섬유판
- 암막·무대막
- 섬유류 또는 합성수지류 등을 원료로 하여 제작된 소파·의자

정답 55 ① 56 ③ 57 ④

58

「화재예방, 소방시설 설치·유지 및 안전관리에 관한 법령」상 무창층으로 판정하기 위한 개구부가 갖추어야 할 요건으로 틀린 것은?

① 크기는 반지름 30[cm] 이상의 원이 내접할 수 있을 것
② 해당 층의 바닥면으로부터 개구부 밑 부분까지 높이가 1.2[m] 이내일 것
③ 도로 또는 차량이 진입할 수 있는 빈터를 향할 것
④ 화재 시 건축물로부터 쉽게 피난할 수 있도록 창살이나 그 밖의 장애물이 설치되지 아니할 것

해설

크기는 지름 50[cm] 이상의 원이 내접할 수 있는 크기여야 한다.

| 관련개념 | 무창층

- 정의: 무창층이란 지상층 중 다음의 요건을 모두 갖춘 개구부(건축물에서 채광·환기·통풍 또는 출입 등을 위하여 만든 창·출입구, 그 밖에 이와 비슷한 것을 말한다.)의 면적의 합계가 해당 층의 바닥면적의 1/30 이하가 되는 층을 말한다.
- 개구부의 요건
  - 크기는 지름 50[cm] 이상의 원이 대접할 수 있는 크기일 것
  - 해당 층의 바닥면으로부터 개구부 밑부분까지의 높이가 1.2[m] 이내일 것
  - 도로 또는 차량이 진입할 수 있는 빈터를 향할 것
  - 화재 시 건축물로부터 쉽게 피난할 수 있도록 창살이나 그 밖의 장애물이 설치되지 아니할 것
  - 내부 또는 외부에서 쉽게 부수거나 열 수 있을 것

59

「화재예방, 소방시설 설치·유지 및 안전관리에 관한 법령」상 공동 소방안전관리자를 선임하여야 하는 특정소방대상물 중 고층 건축물은 지하층을 제외한 층수가 최소 몇 층 이상인 건축물만 해당되는가?

① 6층 ② 11층
③ 20층 ④ 30층

해설

공동 소방안전관리자를 선임하여야 하는 특정소방대상물 중 고층 건축물은 지하층을 제외한 총수가 11층 이상인 건축물이어야 한다.

| 관련개념 | 공동소방안전관리대상 특정소방대상물

- 고층 건축물(지하층을 제외한 층수가 11층 이상인 건축물)
- 지하가
- 그 밖에 대통령령으로 정하는 특정소방대상물
  - 복합건축물로서 연면적이 5,000[m²] 이상인 것 또는 층수가 5층 이상인 것
  - 판매시설 중 도매시장, 소매시장 및 전통시장
  - 특정소방대상물 중 소방본부장 또는 소방서장이 지정하는 것

60

「화재예방, 소방시설 설치·유지 및 안전관리에 관한 법령」상 "대통령령으로 정하는 특정소방대상물"의 관계인은 그 장소에 상시 근무하거나 거주하는 사람에게 소방훈련과 소방안전관리에 필요한 교육을 하여야 한다. 다음 "대통령령으로 정하는 특정소방대상물"에 대한 설명 중 ( )에 알맞은 내용은?

> 특정소방대상물 중 상시 근무하거나 거주하는 인원(숙박시설의 경우에는 상시 근무하는 인원)이 (　)명 이하인 특정소방대상물을 제외한 것을 말한다.

① 3 ② 5
③ 7 ④ 10

해설

근무자 및 거주자에게 소방훈련 교육을 실시하여야 하는 특정소방대상물

"대통령령으로 정하는 특정소방대상물"이란 특정소방대상물 중 상시 근무하거나 거주하는 인원(숙박시설의 경우에는 상시 근무하는 인원)이 10명 이하인 특정소방대상물을 제외한 것을 말한다.

정답 58 ① 59 ② 60 ④

4과목 소방전기시설의 구조 및 원리

61

소방시설용 비상전원수전설비의 화재안전기술기준(NFTC 602)에 따라 저압으로 수전하는 제1종 배전반 및 분전반의 외함두께와 전면판(또는 문) 두께에 대한 설치기준으로 옳은 것은?

① 외함: 1.0[mm] 이상
   전면판(또는 문): 1.2[mm] 이상
② 외함: 1.2[mm] 이상
   전면판(또는 문): 1.5[mm] 이상
③ 외함: 1.5[mm] 이상
   전면판(또는 문): 2.0[mm] 이상
④ 외함: 1.6[mm] 이상
   전면판(또는 문): 2.3[mm] 이상

해설

저압으로 수전하는 제1종 배전반 및 분전반의 외함의 두께는 1.6[mm](전면판 및 문은 2.3[mm]) 이상의 강판과 이와 동등 이상의 강도와 내화성능이 있는 것으로 제작하여야 한다.

| 관련개념 | 저압으로 수전하는 제1종 배전반 및 분전반의 설치 기준

- 외함은 두께 1.6[mm](전면판 및 문은 2.3[mm]) 이상의 강판과 이와 동등 이상의 강도와 내화성능이 있는 것으로 제작할 것
- 외함의 내부는 외부의 열에 의해 영향을 받지 않도록 내열성 및 단열성이 있는 재료를 사용하여 단열할 것. 이 경우 단열부분은 열 또는 진동에 따라 쉽게 변형되지 아니하여야 한다.
- 다음에 해당하는 것은 외함에 노출하여 설치할 수 있다.
  - 표시등(불연성 또는 난연성재료로 덮개를 설치한 것에 한함)
  - 전선의 인입구 및 입출구
- 외함은 금속관 또는 금속제 가요전선관을 쉽게 접속할 수 있도록 하고, 그 접속부분에는 단열조치를 할 것
- 공용배전판 및 공용분전판의 경우 소방회로와 일반회로에 사용하는 배선 및 배선용 기기는 불연재료로 구획되어야 할 것

62 빈출

무선통신보조설비의 화재안전기술기준(NFTC 505)에서 정하는 분배기·분파기 및 혼합기 등의 임피던스는 몇 [Ω]의 것으로 하여야 하는가?

① 10
② 30
③ 50
④ 100

해설

임피던스는 50[Ω]의 것으로 하여야 한다.

| 관련개념 | 분배기·분파기 및 혼합기 등의 설치기준

- 먼지·습기 및 부식 등에 따라 기능에 이상을 가져오지 아니하도록 할 것
- 임피던스는 50[Ω]의 것으로 할 것
- 점검에 편리하고 화재 등의 재해로 인한 피해의 우려가 없는 장소에 설치할 것

63 빈출

비상콘센트설비의 성능인증 및 제품검사의 기술기준에 따라 절연저항 시험부위의 절연내력은 정격전압 150[V] 이하의 경우 60[Hz]의 정현파에 가까운 실효전압 1,000[V] 교류전압을 가하는 시험에서 몇 분간 견디는 것이어야 하는가?

① 1
② 10
③ 30
④ 60

해설

절연저항 시험부위의 절연내력

- 정격전압이 150[V] 이하인 경우
  60[Hz]의 정현파에 가까운 실효전압 1,000[V] 교류전압을 가하는 시험에서 1분간 견디는 것
- 정격전압이 150[V]를 초과하는 경우
  그 정격전압에 2를 곱하여 1,000을 더한 값의 교류전압을 가하는 시험에서 1분간 견디는 것

정답 61 ④ 62 ③ 63 ①

64

다음은 누전경보기의 형식 승인 및 제품검사의 기술기준에 따른 표시등에 대한 내용이다. ( )에 들어갈 내용으로 옳은 것은?

> 주위의 밝기가 (ⓐ)[lx]인 장소에서 측정하여 앞면으로부터 (ⓑ)[m] 떨어진 곳에서 켜진 등이 확실히 식별되어야 한다.

① ⓐ 150, ⓑ 3
② ⓐ 300, ⓑ 3
③ ⓐ 150, ⓑ 5
④ ⓐ 300, ⓑ 5

해설

주위의 밝기가 300[lx]인 장소에서 측정하여 앞면으로부터 3[m] 떨어진 곳에서 켜진 등이 확실히 식별되어야 한다.

| 관련개념 | 누전경보기 표시등

- 전구는 사용전압의 130[%]인 교류전압을 20시간 연속하여 가하는 경우 단선, 현저한 광속변화, 흑화, 전류의 저하 등이 발생하지 아니하여야 한다.
- 소켓은 접촉이 확실하여야 하며 쉽게 전구를 교체할 수 있도록 부착하여야 한다.
- 전구는 2개 이상을 병렬로 접속하여야 한다. 다만, 방전등 또는 발광다이오드의 경우에는 그러하지 아니한다.
- 전구에는 적당한 보호 커버를 설치하여야 한다. 다만, 발광다이오드의 경우에는 그러하지 아니한다.
- 누전화재의 발생을 표시하는 표시등(누전등)이 설치된 것은 등이 켜질 때 적색으로 표시되어야 하며, 누전화재가 발생한 경계전로의 위치를 표시하는 표시등(지구등)과 기타의 표시등은 다음과 같아야 한다.
  - 지구등은 적색으로 표시되어야 한다. 이 경우 누전등이 설치된 수신부의 지구등은 적색 외의 색으로도 표시할 수 있다.
  - 기타의 표시등은 적색 외의 색으로 표시되어야 한다. 다만, 누전등 및 지구등과 쉽게 구별할 수 있도록 부착된 기타의 표시등은 적색으로도 표시할 수 있다.
- 주위의 밝기가 300[lx]인 장소에서 측정하여 앞면으로부터 3[m] 떨어진 곳에서 켜진 등이 확실히 식별되어야 한다.

65

무선통신보조설비의 화재안전기술기준(NFTC 505)에 따라 무선통신보조설비의 누설동축케이블 및 동축케이블은 화재에 따라 해당 케이블의 피복이 소실된 경우에 케이블 본체가 떨어지지 아니하도록 몇 [m] 이내마다 금속제 또는 자기제 등의 지지금구로 벽·천장·기둥 등에 견고하게 고정시켜야 하는가?(단, 불연재료로 구획된 반자 안에 설치하지 않은 경우이다.)

① 1
② 1.5
③ 2.5
④ 4

해설

누설동축케이블 및 동축케이블은 화재에 따라 해당 케이블의 피복이 소실된 경우에 케이블 본체가 떨어지지 아니하도록 4[m] 이내마다 금속제 또는 자기제 등의 지지금구로 벽·천장·기둥 등에 견고하게 고정시킬 것. 다만, 불연재료로 구획된 반자 안에 설치하는 경우에는 그러하지 아니하다.

| 관련개념 | 누설동축케이블 설치기준

- 소방전용주파수대에서 전파의 전송 또는 복사에 적합한 것으로서 소방 전용의 것으로 할 것. 다만, 소방대 상호 간의 무선연락에 지장이 없는 경우에는 다른 용도와 겸용할 수 있다.
- 누설동축케이블과 이에 접속하는 안테나 또는 동축케이블과 이에 접속하는 안테나로 구성할 것
- 누설동축케이블 및 동축케이블은 불연 또는 난연성의 것으로서 습기에 따라 전기의 특성이 변질되지 아니하는 것으로 하고, 노출하여 설치한 경우에는 피난 및 통행에 장애가 없도록 할 것
- 누설동축케이블 및 동축케이블은 화재에 따라 해당 케이블의 피복이 소실된 경우에 케이블 본체가 떨어지지 아니하도록 4[m] 이내마다 금속제 또는 자기제 등의 지지금구로 벽·천장·기둥 등에 견고하게 고정시킬 것. 다만, 불연재료로 구획된 반자 안에 설치하는 경우에는 그러하지 아니하다.
- 누설동축케이블 및 안테나는 금속판 등에 따라 전파의 복사 또는 특성이 현저하게 저하되지 아니하는 위치에 설치할 것
- 누설동축케이블 및 안테나는 고압의 전로로부터 1.5[m] 이상 떨어진 위치에 설치할 것. 다만, 해당 전로에 정전기 차폐장치를 유효하게 설치한 경우에는 그러하지 아니하다.
- 누설동축케이블의 끝부분에는 무반사 종단저항을 견고하게 설치할 것
- 누설동축케이블 또는 동축케이블의 임피던스는 50[Ω]으로 하고, 이에 접속하는 안테나·분배기 기타의 장치는 해당 임피던스에 적합한 것으로 하여야 한다.

정답 64 ② 65 ④

66 빈출

비상콘센트설비의 화재안전기술기준(NFTC 504)에 따라 비상콘센트용의 풀박스 등은 방청도장을 한 것으로서, 두께 몇 [mm] 이상의 철판으로 하여야 하는가?

① 1.0
② 1.2
③ 1.5
④ 1.6

해설

비상콘센트용의 풀박스 등은 방청도장을 한 것으로서, 두께 1.6[mm] 이상의 철판으로 하여야 한다.

| 관련개념 | 비상콘센트설비의 전원회로 설치기준
- 비상콘센트설비의 전원회로는 단상교류 220[V]인 것으로서, 그 공급 용량은 1.5[kVA] 이상인 것으로 할 것
- 전원회로는 각층에 2 이상이 되도록 설치할 것. 다만, 설치하여야 할 층의 비상콘센트가 1개인 때에는 하나의 회로로 할 수 있다.
- 전원회로는 주배전반에서 전용회로로 할 것. 다만, 다른 설비의 회로의 사고에 따른 영향을 받지 아니하도록 되어 있는 것은 그러하지 아니하다.
- 전원으로부터 각 층의 비상콘센트에 분기되는 경우에는 분기배선용 차단기를 보호함 안에 설치할 것
- 콘센트마다 배선용 차단기(KSC 8321)를 설치하여야 하며, 충전부가 노출되지 아니하도록 할 것
- 개폐기에는 "비상콘센트"라고 표시한 표지를 할 것
- 비상콘센트용의 풀박스 등은 방청도장을 한 것으로서, 두께 1.6[mm] 이상의 철판으로 할 것
- 하나의 전용회로에 설치하는 비상콘센트는 10개 이하로 할 것. 이 경우 전선의 용량은 각 비상콘센트(비상콘센트가 3개 이상인 경우에는 3개)의 공급용량을 합한 용량 이상의 것으로 하여야 한다.

67

자동화재탐지설비 및 시각경보장치의 화재안전기술기준(NFTC 203)에서 정하는 불꽃감지기의 시설기준으로 틀린 것은?

① 폭발의 우려가 있는 장소에는 방폭형으로 설치할 것
② 공칭감시거리 및 공칭시야각은 형식 승인 내용에 따를 것
③ 감지기를 천장에 설치하는 경우에는 감지기는 바닥을 향하여 설치할 것
④ 감지기는 화재감지를 유효하게 감지할 수 있는 모서리 또는 벽 등에 설치할 것

해설

수분이 많이 발생할 우려가 있는 장소에는 방수형으로 설치하여야 한다.

| 관련개념 | 불꽃감지기의 설치기준
- 공칭감시거리 및 공칭시야각은 형식 승인 내용에 따를 것
- 감지기는 공칭감시거리와 공칭시야각을 기준으로 감시구역이 모두 포용될 수 있도록 설치할 것
- 감지기는 화재감지를 유효하게 감지할 수 있는 모서리 또는 벽 등에 설치할 것
- 감지기를 천장에 설치하는 경우에는 감지기는 바닥을 향하여 설치할 것
- 수분이 많이 발생할 우려가 있는 장소에는 방수형으로 설치할 것

68

다음은 비상조명등의 우수품질인증 기술기준에서 정하는 비상조명등의 상태를 자동적으로 점검하는 기능에 대한 내용이다. ( )에 들어갈 내용으로 옳은 것은?

> 자가 점검 시간은 (ⓐ)초 이상 (ⓑ)분 이하로 (ⓒ)일마다 최소 한 번 이상 자동으로 수행하여야 한다.

① ⓐ 15, ⓑ 15, ⓒ 15
② ⓐ 15, ⓑ 20, ⓒ 30
③ ⓐ 30, ⓑ 30, ⓒ 30
④ ⓐ 30, ⓑ 45, ⓒ 60

해설

자가 점검 시간은 30초 이상 30분 이하로 30일마다 최소 한 번 이상 자동으로 수행하여야 한다.

정답 66 ④　67 ①　68 ③

69 빈출

자동화재탐지설비 및 시각경보장치의 화재안전기술기준(NFTC 203)에 따라 부착 높이가 4[m] 미만으로 연기감지기 3종을 설치할 때, 바닥면적 몇 [m²]마다 1개 이상 설치하여야 하는가?

① 50
② 75
③ 100
④ 150

해설

연기감지기 3종, 부착 높이가 4[m] 미만이므로 바닥면적 50[m²]마다 1개 이상 설치하여야 한다.

| 관련개념 | 연기감지기의 설치기준

(단위: [m²])

부착높이	감지기의 종류	
	1종 및 2종	3종
4[m] 미만	150	50
4[m] 이상 20[m] 미만	75	설치 불가

70

비상방송설비와 자동화재탐지설비의 연동 시 동작 순서로 옳은 것은?

① 기동장치 → 증폭기 → 수신기 → 조작부 → 확성기
② 기동장치 → 조작부 → 증폭기 → 수신기 → 확성기
③ 기동장치 → 수신기 → 증폭기 → 조작부 → 확성기
④ 기동장치 → 증폭기 → 조작부 → 수신기 → 확성기

해설

기동장치 → 수신기 → 증폭기 → 조작부 → 확성기 순이다.

| 관련개념 | 비상방송설비

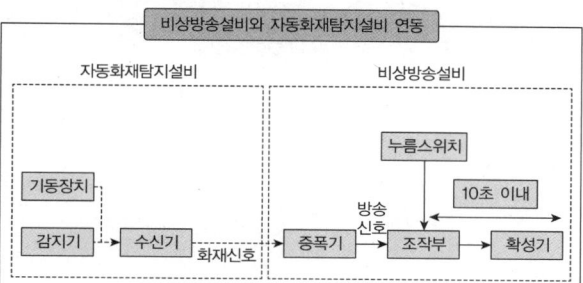

71

유도등의 우수품질인증 기술기준에서 정하는 유도등의 일반구조에 적합하지 않은 것은?

① 축전지에 배선 등은 직접 납땜하여야 한다.
② 충전부가 노출되지 아니한 것은 사용전압이 300[V]를 초과할 수 있다.
③ 외함은 기기 내의 온도 상승에 의하여 변형, 변색 또는 변질되지 아니하여야 한다.
④ 전선의 굵기는 인출선인 경우에는 단면적이 0.75[mm²] 이상, 인출선 외의 경우에는 면적이 0.5[mm²] 이상이어야 한다.

해설

축전지에 배선 등을 직접 납땜하지 아니하여야 한다.

| 관련개념 | 유도등의 일반구조

- 주전원 및 비상전원을 단락사고 등으로부터 보호할 수 있는 퓨즈 등 과전류 보호장치를 설치하여야 한다.(단, 객석유도등은 그러하지 아니한다.)
- 사용전압은 300[V] 이하이어야 한다.(다만, 충전부가 노출되지 아니한 것은 300[V]를 초과할 수 있음)
- 축전지에 배선 등을 직접 납땜하지 아니하여야 한다.
- 전선의 굵기는 인출선인 경우에는 단면적이 0.75[mm] 이상, 인출선 외의 경우에는 면적이 [0.5mm²] 이상이어야 한다.
- 인출선의 길이는 전선 인출부분으로부터 150[mm] 이상이어야 한다.(단, 인출선으로 하지 아니할 경우에는 풀어지지 아니하는 방법으로 전선을 쉽고 확실하게 부착할 수 있도록 접속단자를 설치하여야 한다.)
- 유도등에는 점멸, 음성 또는 이와 유사한 방식 등에 의한 유도장치를 설치할 수 있다.
- 기기 내의 배선은 충분한 전류용량을 갖는 것으로 하여야 하며, 배선의 접속이 정확하고 확실하여야 한다.
- 극성이 있는 경우에는 오접속을 방지하기 위해 필요한 조치를 하여야 한다.
- 예비전원을 병렬로 접속하는 경우는 역충전 방지 등의 조치를 강구하여야 한다.
- 외함은 기기 내의 온도 상승에 의하여 변형, 변색 또는 변질되지 아니하여야 한다.

정답 69 ① 70 ③ 71 ①

72 빈출

축광표지의 성능인증 및 제품검사의 기술기준에 따라 피난방향 또는 소방용품 등의 위치를 추가적으로 알려주는 보조역할을 하는 축광보조표지의 설치 위치로 틀린 것은?

① 바닥
② 천장
③ 계단
④ 벽면

해설

축광보조표지란 피난로 등의 바닥·계단·벽면 등에 설치함으로써 피난 방향 또는 소방용품 등의 위치를 추가적으로 알려주는 보조역할을 하는 표지를 말한다.

73

시각경보장치의 성능인증 및 제품검사의 기술기준에 따라 시각경보장치의 전원부 양단자 또는 양선을 단락시킨 부분과 비충전부를 $DC 500[V]$의 절연저항계로 측정하는 경우 절연저항이 몇 $[M\Omega]$ 이상이어야 하는가?

① 0.1
② 5
③ 10
④ 20

해설

시각경보장치의 전원부 양단자 또는 양선을 단락시킨 부분과 비충 전부를 DC 500[V]의 절연저항계로 측정하는 경우 절연저항이 5[M\Omega] 이상이어야 한다.

74

누전경보기의 형식 승인 및 제품검사의 기술기준에서 정하는 누전경보기의 공칭작동전류치(누전경보기를 작동시키기 위하여 필요한 누설전류의 값으로서 제조자에 의하여 표시된 값을 말한다.)는 몇 $[mA]$ 이하이어야 하는가?

① 50
② 100
③ 150
④ 200

해설

누전경보기의 공칭작동전류치는 200[mA] 이하이어야 한다.

| 관련개념 | 누전경보기

- 외함은 불연성 또는 난연성 재질로 만들 것
- 극성 있는 경우 오접속방지 조치할 것
- 정격전압 60[V]를 넘는 기구 금속제 외함에는 접지단자를 설치할 것
- 누전경보기 단자 외 부분은 견고한 상자에 넣어야 할 것
- 사용전압 80[%]인 전압에서 소리를 내어야 할 것
- 음향장치 중심으로부터 1[m] 떨어진 지점에서 70[dB] 이상일 것(단, 고장표시장치용 음압은 60[dB] 이상)
- 사용전압에서 8시간 연속 울림시험, 정격전압에서 3분 20초 울림 후 6분 40초 정지를 반복하여 통산 울림시간이 20시간일 때 구조 기능에 이상이 없을 것
- 정격 1차 전압은 300[V] 이하로 할 것
- 누전경보기 공칭작동전류치(누전경보기를 작동시키기 위하여 필요한 누설전류값)는 200[mA] 이하일 것
- 감도조정장치를 가지고 있는 누전경보기의 조정범위는 최소 200[mA]이고, 최대 1[A]일 것

정답 72 ② 73 ② 74 ④

75

다음은 자동화재속보설비의 속보기의 성능인증 및 제품검사의 기술기준에 따른 속보기에 대한 내용이다. ( )에 들어갈 내용으로 옳은 것은?

> 속보기는 연동 또는 수동 작동에 의한 다이얼링 후 소방관서와 전화접속이 이루어지지 않는 경우에는 최초 다이얼링을 포함하여 (ⓐ)회 이상 반복적으로 접속을 위한 다이얼링이 이루어져야 한다. 이 경우 매회 다이얼링 완료 후 호출은 (ⓑ)초 이상 지속되어야 한다.

① ⓐ 10, ⓑ 30
② ⓐ 15, ⓑ 30
③ ⓐ 10, ⓑ 60
④ ⓐ 15, ⓑ 60

해설

속보기는 연동 또는 수동 작동에 의한 다이얼링 후 소방관서와 전화접속이 이루어지지 않는 경우에는 최초 다이얼링을 포함하여 10회 이상 반복적으로 접속을 위한 다이얼링이 이루어져야 한다. 이 경우 매회 다이얼링 완료 후 호출은 30초 이상 지속되어야 한다.

| 관련개념 | 속보기의 기능

- 작동신호를 수신하거나 수동으로 동작시키는 경우 20초 이내에 소방관서에 자동적으로 신호를 발하여 통보하되, 3회 이상 속보할 수 있어야 한다.
- 주전원이 정지한 경우에는 자동적으로 예비전원으로 전환되고, 주전원이 정상상태로 복귀한 경우에는 자동적으로 예비전원에서 주전원으로 전환되어야 한다.
- 예비전원은 자동적으로 충전되어야 하며 자동과충전 방지장치가 있어야 한다.
- 화재신호를 수신하거나 속보기를 수동으로 동작시키는 경우 자동적으로 적색 화재표시등이 점등되고 음향장치로 화재를 경보하여야 하며 화재표시 및 경보는 수동으로 복구 및 정지시키지 않는 한 지속되어야 한다.
- 연동 또는 수동으로 소방관서에 화재발생 음성정보를 속보 중인 경우에도 송수화장치를 이용한 통화가 우선적으로 가능하여야 한다.
- 예비전원을 병렬로 접속하는 경우에는 역충전방지 등의 조치를 하여야 한다.
- 예비전원은 감시상태를 60분간 지속한 후 10분 이상 동작(화재속보 후 화재표시 및 경보를 10분간 유지하는 것을 말함)이 지속될 수 있는 용량이어야 한다.
- 속보기는 연동 또는 수동 작동에 의한 다이얼링 후 소방관서와 전화접속이 이루어지지 않는 경우에는 최초 다이얼링을 포함하여 10회 이상 반복적으로 접속을 위한 다이얼링이 이루어져야 한다. 이 경우 매회 다이얼링 완료 후 호출은 30초 이상 지속되어야 한다.
- 속보기의 송수화장치가 정상위치가 아닌 경우에도 연동 또는 수동으로 속보가 가능하여야 한다.
- 음성으로 통보되는 속보내용을 통하여 당해 소방대상물의 위치, 화재 발생 및 속보기에 의한 신고임을 확인할 수 있어야 한다.
- 속보기는 음성속보방식 외에 데이터 또는 코드전송방식 등을 이용한 속보기능을 부가로 설치할 수 있다.
- 소방관서 등에 구축된 접수시스템 또는 별도의 시험용 시스템을 이용하여 시험한다.

76

단독경보형 감지기에 대한 설명으로 틀린 것은?

① 단독경보형 감지기는 감지부, 경보장치, 전원이 개별로 구성되어있다.
② 화재경보음은 감지기로부터 1[m] 떨어진 위치에서 85[dB] 이상으로 10분 이상 계속하여 경보할 수 있어야 한다.
③ 단독경보형 감지기는 수동으로 작동시험을 하고 자동복귀형 스위치에 의하여 자동으로 정위치에 복귀하여야 한다.
④ 작동되는 감지기는 작동표시등에 의하여 화재의 발생을 표시하고, 내장된 음향장치의 명동에 의하여 화재경보음을 발하여야 한다.

해설

단독경보형 감지기의 일반기능

- 자동복귀형 스위치(자동적으로 정위치에 복귀될 수 있는 스위치)에 의하여 수동으로 작동시험을 할 수 있는 기능이 있어야 한다.
- 작동되는 경우 작동표시등에 의하여 화재의 발생을 표시하고, 내장된 음향장치의 명동에 의하여 화재경보음을 발할 수 있는 기능이 있어야 한다.
- 주기적으로 섬광하는 전원표시등에 의하여 전원의 정상 여부를 감시할 수 있는 기능이 있어야 하며, 전원의 정상상태를 표시하는 전원표시등의 섬광 주기는 1초 이내의 점등과 30초에서 60초 이내의 소등으로 이루어져야 한다.
- 화재경보음은 감지기로부터 1[m] 떨어진 위치에서 85[dB] 이상으로 10분 이상 계속하여 경보할 수 있어야 한다.
- 화재경보 정지 후 15분 이내에 화재경보 정지기능이 자동적으로 해제되어 단독경보형감지기가 정상상태로 복귀되어야 한다.

정답 75 ① 76 ①

77 빈출

비상방송설비의 음향장치는 정격전압의 몇 [%]의 전압에서 음향을 발할 수 있는 것으로 하여야 하는가?

① 80
② 90
③ 100
④ 110

해설

비상방송설비의 음향장치는 정격전압의 80[%] 전압에서 음향을 발할 수 있는 것으로 하여야 한다.

| 관련개념 | 비상방송설비 설치기준

- 확성기의 음성입력은 3[W](실내에 설치하는 것에 있어서는 1[W]) 이상
- 확성기는 각층마다 설치하되, 그 층의 각 부분으로부터 하나의 확성기까지의 수평거리가 25[m] 이하, 해당층의 각 부분에 유효하게 경보를 발할 수 있도록 설치한다.
- 음량조정기의 배선은 3선식으로 한다.
- 조작부의 조작스위치는 바닥으로부터 0.8[m] 이상 1.5[m] 이하의 높이에 설치한다.
- 조작부는 기동장치의 작동과 연동하여 해당 기동장치가 작동한 층 또는 구역을 표시할 수 있는 것으로 한다.
- 증폭기 및 조작부는 수위실 등 상시 사람이 근무하는 장소로서 점검이 편리하고 방화상 유효한 곳에 설치한다.
- 층수가 5층 이상으로서 연면적이 3,000[m²]를 초과하는 특정소방대상물은 다음에 따라 경보를 발할 수 있도록 하여야 한다.
  - 2층 이상의 층에서 발화한 때에는 발화층 및 그 직상층에 경보를 발할 것
  - 1층에서 발화한 때에는 발화층·그 직상층 및 지하층에 경보를 발할 것
  - 지하층에서 발화한 때에는 발화층·그 직상층 및 기타의 지하층에 경보를 발할 것
- 다른 방송설비와 공용하는 것에 있어서는 화재 시 비상경보 외의 방송을 차단할 수 있는 구조로 한다.
- 다른 전기회로에 따라 유도장애가 생기지 아니하도록 할 것
- 하나의 특정소방대상물에 2 이상의 조작부가 설치되어 있는 때에는 각각의 조작부가 있는 장소 상호 간에 동시 통화가 가능한 설비를 설치하고, 어느 조작부에서도 해당 특정소방대상물의 전 구역에 방송을 할 수 있도록 할 것
- 기동장치에 따른 화재신고를 수신한 후 필요한 음량으로 화재발생 상황 및 피난에 유효한 방송이 자동으로 개시될 때까지의 소요시간은 10초 이하로 한다.
- 음향장치는 다음 기준에 따른 구조 및 성능의 것으로 하여야 한다.
  - 정격전압의 80[%]의 전압에서 음향을 발할 수 있는 것을 한다.
  - 자동화재탐지설비의 작동과 연동하여 작동할 수 있는 것으로 한다.

78

소방시설용 비상전원수전설비의 화재안전기술기준(NFTC 602)에 따라 소방회로배선은 일반회로배선과 불연성 벽으로 구획하여야 하나, 소방회로배선과 일반회로배선을 몇 [cm] 이상 떨어져 설치한 경우는 그러하지 아니하는가?

① 5
② 10
③ 15
④ 20

해설

소방회로배선은 일반회로배선과 불연성 벽으로 구획하여야 한다. 다만, 소방회로배선과 일반회로배선을 15[cm] 이상 떨어져 설치한 경우는 그러하지 아니한다.

| 관련개념 | 특별고압 또는 고압으로 수전하는 경우 방화구획형

- 전용의 방화구획 내에 설치하여야 한다.
- 소방회로배선은 일반회로배선과 불연성 벽으로 구획하여야 한다. 다만 소방회로배선과 일반회로배선을 15[cm] 이상 떨어져 설치한 경우는 그러하지 아니한다.
- 일반회로에서 과부하, 지락사고 또는 단락사고가 발생한 경우에도 이에 영향을 받지 아니하고 계속하여 소방회로에 전원을 공급시켜 줄 수 있어야 한다.
- 소방회로용 개폐기 및 과전류 차단기에는 "소방시설용"이라고 표시하여야 한다.

79

경종의 우수품질인증 기술기준에 따라 경종에 정격전압을 인가한 경우 경종의 소비전류는 몇 [mA] 이하이어야 하는가?

① 10
② 30
③ 50
④ 100

해설

경종의 소비전류는 50[mA] 이하이어야 한다.

| 관련개념 | 경종에 대한 기능시험

경종은 정격전압을 인가하여 다음의 기능에 적합하여야 한다.

- 경종의 중심으로부터 1[m] 떨어진 위치에서 90[dB] 이상이어야 하며, 최소 청취거리에서 110[dB]을 초과하지 아니하여야 한다.
- 경종의 소비전류는 50[mA] 이하이어야 한다.

정답 77 ① 78 ③ 79 ③

80

자동화재탐지설비 및 시각경보장치의 화재안전기술기준(NFTC 203)에 따라 감지기 상호 간 또는 감지기로부터 수신기에 이르는 감지기회로의 배선 중 전자파 방해를 받지 아니하는 쉴드선 등을 사용하지 않아도 되는 것은?

① R형 수신기용으로 사용되는 것
② 차동식 감지기
③ 다신호식 감지기
④ 아날로그식 감지기

> 해설

아날로그식, 다신호식 감지기나 R형 수신기용으로 사용되는 것은 전자파 방해를 받지 아니하는 쉴드선 등을 사용하여야 한다.

| 관련개념 | 자동화재탐지설비의 배선

- 전원회로의 배선: 내화배선
- 전원회로 외 배선(감지기 상호 간 또는 감지기로부터 수신기에 이르는 감지기회로의 배선 제외): 내화배선 또는 내열배선
- 감지기 상호 간 또는 감지기로부터 수신기에 이르는 감지기회로의 배선의 설치 기준
  - 전자파 방해를 받지 않는 쉴드선 등을 사용: 아날로그식, 다신호식 감지기, R형 수신기용으로 사용되는 것
  - 전자파 방해를 받지 아니하고 내열성능이 있는 경우: 광케이블
  - 그 외 일반배선을 사용할 때: 내화배선 또는 내열배선
- 감지기회로의 도통시험을 위한 종단저항의 기준
  - 점검 및 관리가 쉬운 장소에 설치할 것
  - 전용함을 설치하는 경우 그 설치 높이는 바닥으로부터 $1.5[m]$ 이내로 할 것
  - 감지기 회로의 끝부분에 설치하며, 종단감지기에 설치할 경우에는 구별이 쉽도록 해당감지기의 기판 및 감지기 외부 등에 별도의 표시를 할 것
- 감지기 사이의 회로의 배선은 송배전식으로 할 것
- 감지기회로 및 부속회로의 전로와 대지 사이 및 배선 상호 간의 절연 저항은 1경계구역마다 직류 $250[V]$의 절연저항 측정기를 사용하여 측정한 절연저항이 $0.1[M\Omega]$ 이상이 되도록 할 것
- 자동화재탐지설비의 배선은 다른 전선과 별도의 관·덕트(절연효력이 있는 것으로 구획한 때에는 그 구획된 부분은 별개의 덕트로 본다)·몰드 또는 풀박스 등에 설치할 것(다만, $60[V]$ 미만의 약전류회로에 사용하는 전선으로서 각각의 전압이 같을 때에는 그러하지 아니하다.)
- 피(P)형 수신기 및 지피(G.P.)형 수신기의 감지기 회로의 배선에 있어서 하나의 공통선에 접속할 수 있는 경계구역은 7개 이하로 할 것
- 자동화재탐지설비의 감지기회로의 전로저항은 $50[\Omega]$ 이하로 할 것
- 수신기의 각 회로별 종단에 설치되는 감지기에 접속되는 배선의 전압은 감지기 정격전압의 $80[\%]$ 이상이어야 할 것

정답 80 ②

2022년 3회 CBT 기출

1과목 소방원론

01
독성이 매우 높은 가스로서 석유제품, 유지(油脂) 등이 연소할 때 생성되는 알데히드 계통의 가스는?

① 시안화수소
② 암모니아
③ 포스겐
④ 아크롤레인

해설
알데히드의 화학식은 R-CHO의 작용기를 가지고 있다. 시안화수소 HCN, 암모니아 NH_3, 포스겐 $COCl_2$, 아크롤레인 $CH_2=CHCHO$ 중에서 알데히드 계통의 가스는 아크롤레인이다.

02
탄화칼슘이 물과 반응할 때 발생되는 기체는?

① 일산화탄소
② 아세틸렌
③ 황화수소
④ 수소

해설
탄화칼슘 CaC_2, 물 H_2O
화학식: $CaC_2 + 2H_2O \rightarrow Ca(OH)_2 + C_2H_2$
아세틸렌(C_2H_2) 기체가 발생한다.

03
열분해에 의해 가연물 표면에 유리상의 메타인산 피막을 형성하여 연소에 필요한 산소의 유입을 차단하는 분말약제는?

① 요소
② 탄산수소칼륨
③ 제1인산암모늄
④ 탄산수소나트륨

해설
제1인산암모늄 $NH_4H_2PO_4$
제1인산암모늄은 열에 불안정하며 150[℃] 정도에서 열분해가 시작된다. 열분해 반응식은 다음과 같다.
190[℃]에서 $NH_4H_2PO_4 \rightarrow H_3PO_4$(오르쏘인산)$+ NH_3$
215[℃]에서 $2H_3PO_4 \rightarrow H_4P_2O_7$(피로인산)$+ H_2O$
300[℃] 이상에서 $H_4P_2O_7 \rightarrow 2HPO_3$(메타인산)$+ H_2O$

04
다음 중 기계적 열에너지원으로 옳은 것은?

① 연소열
② 분해열
③ 압축열
④ 자연발화열

해설
- 기계적 열에너지원: 마찰열, 압축열, 마찰스파크
- 화학적 열에너지원: 연소열, 자연발화열, 분해열

05 고난도
TLV(Threshold Limit Value)가 가장 높은 가스는?

① 시안화수소
② 포스겐
③ 일산화탄소
④ 이산화탄소

해설
TLV-TWA
- 시안화수소(HCN): 10[ppm]
- 포스겐($COCl_2$): 0.1[ppm]
- 일산화탄소(CO): 50[ppm]
- 이산화탄소(CO_2): 5,000[ppm]

정답 01 ④ 02 ② 03 ③ 04 ③ 05 ④

06

건축물에 설치하는 방화구획의 설치기준 중 스프링클러설비를 설치한 11층 이상의 층은 바닥면적 몇 [m²] 이내마다 방화구획을 하여야 하는가?(단, 벽 및 반자의 실내에 접하는 부분의 마감은 불연재료가 아닌 경우이다.)

① 200
② 600
③ 1,000
④ 3,000

해설

건축물에 설치하는 방화구획의 설치기준 중 스프링클러설비를 설치한 11층 이상의 층은 바닥면적 600[m²] 이내마다 방화구획을 하여야 한다.

07

공기 중에서 연소범위가 가장 넓은 물질은?

① 수소
② 이황화탄소
③ 아세틸렌
④ 에테르

해설

연소범위
- 수소(H_2): 4~75[%] (75−4=71)
- 이황화탄소(CS_2): 1.2~44[%] (44−1.2=42.8)
- 아세틸렌(C_2H_2): 2.5~81[%] (81−2.5=78.5)
- 에테르($C_2H_4OC_2H_4$): 1.9~48[%] (48−1.9=46.1)

08

프로판 50[vol%], 부탄 40[vol%], 프로필렌 10[vol%]로 구성된 혼합가스의 폭발하한계는 약 [vol%]인가?(단, 각 가스의 폭발하한계는 프로판 2.2[vol%], 부탄 1.9[vol%], 프로필렌 2.4[vol%]이다.)

① 0.83
② 2.09
③ 5.05
④ 9.44

해설

혼합 가스 폭발하한계

$$L_{혼합} = \frac{100}{\dfrac{V_1}{L_1} + \dfrac{V_2}{L_2} + \cdots \dfrac{V_N}{L_N}}$$

$$L_{혼합} = \frac{100}{\dfrac{50}{2.2} + \dfrac{40}{1.9} + \dfrac{10}{2.4}} = 2.09$$

09 빈출

위험물의 유별 성질이 자연발화성 및 금수성 물질인 것은 제 몇 류 위험물인가?

① 제1류 위험물
② 제2류 위험물
③ 제3류 위험물
④ 제4류 위험물

해설

- 제1류 위험물: 산화성 고체
- 제2류 위험물: 가연성 고체
- 제3류 위험물: 자연발화성 및 금수성 물질
- 제4류 위험물: 인화성 액체
- 제5류 위험물: 자기반응성 물질
- 제6류 위험물: 산화성 액체

정답 06 ② 07 ③ 08 ② 09 ③

10
포소화약제 중 고팽창포로 사용할 수 있는 것은?
① 단백포
② 불화단백포
③ 내알코올포
④ 합성계면활성제포

해설
- 저팽창포: 단백포, 불화단백포, 합성계면활성제포, 수성막포, 내알코올포
- 고팽창포: 합성계면활성제포

11
화재의 종류에 따른 분류가 틀린 것은?
① A급: 일반화재
② B급: 유류화재
③ C급: 가스화재
④ D급: 금속화재

해설
- A급: 일반화재
- B급: 유류화재
- C급: 전기화재
- D급: 금속화재
- K급: 주방화재

12
탄화칼슘이 물과 반응 시 발생하는 가연성 가스는?
① 메탄
② 포스핀
③ 아세틸렌
④ 수소

해설
탄화칼슘 CaC_2, 물 H_2O
화학식: $CaC_2 + 2H_2O \rightarrow Ca(OH)_2 + C_2H_2$
아세틸렌(C_2H_2) 기체가 발생한다.

13
할로겐원소의 소화효과가 큰 순서대로 배열된 것은?
① I > Br > Cl > F
② Br > I > F > Cl
③ Cl > F > I > Br
④ F > Cl > Br > I

해설
할론계 소화약제의 경우 부촉매효과를 이용한 소화방법으로 소화 원리는 자유활성기(Free Radical)의 생성을 억제하는 소화방법으로 소화효과가 큰 순서는 I > Br > Cl > F 이다.

14 빈출
건물의 주요구조부에 해당되지 않는 것은?
① 바닥
② 보
③ 차양
④ 주계단

해설
건물의 주요구조부란 내력벽, 기둥, 바닥(최하층 바닥은 제외), 보, 지붕틀 및 주계단을 말한다.

15
할론계 소화약제의 주된 소화효과 및 방법에 대한 설명으로 옳은 것은?
① 소화약제의 증발잠열에 의한 소화방법이다.
② 산소의 농도를 15[%] 이하로 낮게 하는 소화방법이다.
③ 소화약제의 열분해에 의해 발생하는 이산화탄소에 의한 소화방법이다.
④ 자유활성기(Free Radical)의 생성을 억제하는 소화방법이다.

해설
할론계 소화약제의 경우 부촉매효과를 이용한 소화방법으로 소화 원리는 자유활성기(Free Radical)의 생성을 억제하는 소화방법이다.
- 냉각소화: 소화약제의 증발잠열에 의한 소화방법이다.
- 질식소화: 산소의 농도를 15[%] 이하로 낮게 하는 소화방법이다.
- 분말소화약제: 소화약제의 열분해에 의해 발생하는 이산화탄소에 의한 소화방법이다.

정답 10 ④ 11 ③ 12 ③ 13 ① 14 ③ 15 ④

16

Fourier법칙(전도)에 대한 설명으로 틀린 것은?

① 전도열은 전열체의 내·외부의 온도차에 비례한다.
② 전도열은 전열체의 단면적에 비례한다.
③ 전도열은 전열체의 두께에 비례한다.
④ 전도열은 전열체의 열전도도에 비례한다.

해설
Fourier법칙(전도)는 열전도도, 내외부의 온도차, 단면적에 비례하고 두께에 반비례한다.

17 빈출

연소점에 관한 설명으로 옳은 것은?

① 점화원 없이 스스로 불이 붙는 최저온도
② 산화하면서 발생된 열이 축적되어 불이 붙는 최저온도
③ 점화원에 의해 불이 붙는 최저온도
④ 인화 후 일정 시간 이상 연소상태를 계속 유지할 수 있는 온도

해설
- 발화점: 점화원 없이 스스로 불이 붙는 최저온도
- 인화점: 점화원에 의해 불이 붙는 최저온도
- 연소점: 인화 후 일정 시간 이상 연소상태를 계속 유지할 수 있는 온도

18 고난도

$0[°C]$, 1기압에서 $44.8[m^3]$의 용적을 가진 이산화탄소를 액화하여 얻을 수 있는 액화탄산가스의 질량은 약 몇 $[kg]$인가?

① 88
② 44
③ 22
④ 11

해설

$$PV = nRT, \ PV = \frac{w}{M}RT, \ w = \frac{PVM}{RT}$$

분자량 $M = 44[kg/kmol]$

$R = 0.0821 \left[\dfrac{m^3 \cdot atm}{kmol \cdot K}\right]$

절대온도 $T = 0[°C] + 273 = 273[K]$

압력 $P = 1[atm]$

부피 $V = 44.8[m^3]$

$$w = \frac{1[atm] \times 44.8[m^3] \times 44[kg/kmol]}{273[K] \times 0.0821 \left[\frac{m^3 \cdot atm}{kmol \cdot K}\right]} = 88[kg]$$

19

다음 중 제1류 위험물로 알맞은 것은?

① 황린
② 염소산염류
③ 과염소산
④ 질산에스테르류

해설
- 황린: 제3류위험물
- 염소산염류: 제1류위험물
- 과염소산: 제6류위험물
- 질산에스테르류: 제5류위험물

정답 16 ③ 17 ④ 18 ① 19 ②

20

경유화재가 발생했을 때 주수소화가 오히려 위험할 수 있는 이유는?

① 경유는 물과 반응하여 유독가스를 발생하므로
② 경유의 연소열로 인하여 산소가 방출되어 연소를 돕기 때문에
③ 경유는 물보다 비중이 가벼워 화재면의 확대 우려가 있으므로
④ 경유가 연소할 때 수소가스를 발생하여 연소를 돕기 때문에

해설

경유화재의 경우 주수소화 시 소화용수가 뜨거운 경유표면에 유입되게 되면, 물이 수증기로 변화면서 급작스러운 부피 팽창으로 인해 경유가 탱크 외부로 분출하면서 화재면이 확대된다.

2과목 소방전기일반

21 (고난도)

입력 $r(t)$, 출력 $c(t)$인 제어시스템에서 전달함수 $G(s)$는?(단, 초기값은 0이다.)

$$\frac{d^2c(t)}{dt^2}+5\frac{dc(t)}{dt}+3c(t)=\frac{dr(t)}{dt}+4r(t)$$

① $\dfrac{s+4}{s^2+5s+3}$
② $\dfrac{3s+4}{s^2+5s+1}$
③ $\dfrac{s+3}{s^2+5s+4}$
④ $\dfrac{5s+3}{s^2+s+4}$

해설

$$\frac{d^2c(t)}{dt^2}+5\frac{dc(t)}{dt}+3c(t)=\frac{dr(t)}{dt}+4r(t)$$

초기값이 0이므로 $c(0)=0, c'(0)=0, r(0)=0$

$\mathcal{L}\left(\dfrac{d^2c(t)}{dt^2}\right)=s^2C(s)-sc(0)-c'(0)=s^2C(s)$

$\mathcal{L}\left(\dfrac{dc(t)}{dt}\right)=sC(s)-c(0)=sC(s)$

$\mathcal{L}\left(\dfrac{d^2c(t)}{dt^2}+5\dfrac{dc(t)}{dt}+3c(t)\right)=s^2C(s)+5sC(s)+3C(s)$

$\mathcal{L}\left(\dfrac{dr(t)}{dt}+4r(t)\right)=sR(s)+4R(s)$

$s^2C(s)+5sC(s)+3C(s)=sR(s)+4R(s)$

$\dfrac{C(s)}{R(s)}=G(s)=\dfrac{s+4}{s^2+5s+3}$

22

온도 측정을 위하여 사용하는 소자로서 온도-저항 부특성을 가지는 일반적인 소자는?

① 노즐플래퍼
② 서미스터
③ 앰플리다인
④ 트랜지스터

해설

서미스터
- 열을 전기량으로 변환하는 소자
- 온도에 의해 저항값이 변하는 반도체 소자
- 부(-)저항온도계수(NTC) 특성으로 온도 증가 시 저항 감소

정답 20 ③   21 ①   22 ②

23
A급 싱글 전력증폭기에 관한 설명으로 옳지 않은 것은?
① 바이어스점은 부하선이 거의 가운데인 중앙점에 취한다.
② 회로의 구성이 매우 복잡하다.
③ 출력용의 트랜지스터가 1개이다.
④ 찌그러짐이 적다.

해설

A급 싱글전력 증폭기
- 바이어스점은 부하선이 거의 가운데인 중앙점에 취한다.
- 회로의 구성이 간단하다.
- 출력용의 트랜지스터가 1개이다.
- 찌그러짐이 적다.

24
전원을 넣자마자 곧바로 점등되는 형광등용의 안정기는?
① 글로우 스타트식
② 필라멘트 단락식
③ 래피드 스타트식
④ 점등관식

해설

래피드 스타트식
점등과 동시에 회로의 임피던스에 의해 램프의 필라멘트에 가해지는 전압은 대폭 저하하고 램프를 안정하게 점등시킨다. 보통 램프는 1초 이내로 매우 빠르게 점등된다.

25
주파수 60[Hz], 인덕턴스 50[mH]인 코일의 유도 리액턴스는 몇 [Ω]인가?
① 14.14
② 18.85
③ 22.12
④ 26.86

해설
- X_L : 유도리액턴스[Ω]
- f : 주파수[Hz]
- L : 인덕턴스[H]
- $X_L = 2\pi f L = 2\pi \times 60 \times 50 \times 10^{-3} = 18.85[\Omega]$

26
옥내 배선의 굵기를 결정하는 요소가 아닌 것은?
① 기계적 강도
② 허용 전류
③ 전압 강하
④ 역률

해설

전선의 굵기 결정 3요소
- 기계적 강도
- 허용 전류
- 전압 강하

27
어떤 측정계기의 지시값을 M, 참값을 T라 할 때 보정률은?
① $\frac{T-M}{M} \times 100[\%]$
② $\frac{M}{M-T} \times 100[\%]$
③ $\frac{T-M}{T} \times 100[\%]$
④ $\frac{T}{M-T} \times 100[\%]$

해설
- 보정률: $\frac{T-M}{M} \times 100[\%]$
- 오차율: $\frac{M-T}{T} \times 100[\%]$

28
계측방법이 잘못된 것은?
① 후크온 메타에 의한 전류 측정
② 회로시험기에 의한 저항 측정
③ 메거에 의한 접지저항 측정
④ 전류계, 전압계, 전력계에 의한 역률 측정

해설

메거(절연저항계)에 의한 절연저항 측정이다.

정답 23 ② 24 ③ 25 ② 26 ④ 27 ① 28 ③

29

단상 변압기 권수비 $a = 8$이고, 1차 교류전압은 $110[\text{V}]$이다. 변압기 2차 전압을 단상 반파 정류회로를 이용하여 정류했을 때 발생하는 직류전압의 평균치는 약 몇 $[\text{V}]$인가?

① 6.19
② 6.29
③ 6.39
④ 6.88

해설

$a = \dfrac{V_1}{V_2} = \dfrac{110}{V_2} = 8$

$V_2 = 13.75[\text{V}]$

단상반파 정류: $E_d = 0.45 V = 0.45 \times 13.75 = 6.19[\text{V}]$

(직류전압의 평균치: E_d)

30 [빈출]

미지의 임의 시간적 변화를 하는 목표값에 제어량을 추종시키는 것을 목적으로 하는 제어는?

① 추종 제어
② 정치 제어
③ 비율 제어
④ 프로그램 제어

해설

- 추종 제어: 미지의 임의 시간적 변화를 하는 목표값에 제어량을 추종시키는 것을 목적으로 하는 제어
- 정치 제어: 목표치가 일정하고 제어량을 목표치와 같게 유지하기 위한 제어
- 비율 제어: 목표값이 서로 다른 양과 일정한 비율관계를 가지는 제어
- 프로그램 제어: 미리 정해진 시간 변화에 따라 정해진 순서대로 하는 제어

31

3상 유도전동기의 기동법이 아닌 것은?

① $Y - \triangle$ 기동법
② 기동 보상기법
③ 1차 저항 기동법
④ 전전압 기동법

해설

- 3상 권선형 유도전동기 기법
  - 2차 임피던스기동법
  - 2차 저항기동법
- 3상 농형 유도전동기의 기동방법
  - 리액터 기동법
  - 기동보상기 기동법
  - 전전압 기동법
  - $Y - \triangle$ 기동법

32

확산형 트랜지스터에 관한 설명으로 옳지 않은 것은?

① 불활성 가스 속에서 확산시킨다.
② 단일 확산형과 2중 확산형이 있다.
③ 이미터, 베이스의 순으로 확산시킨다.
④ 기체 반도체가 용해하는 것보다 낮은 온도에서 불순물을 확산시킨다.

해설

확산형 트랜지스터

- 불활성 가스 속에서 확산시킨다.
- 단일 확산형과 2중 확산형이 있다.
- 베이스 내에서만 확산시킨다.
- 기체 반도체가 용해하는 것보다 낮은 온도에서 불순물을 확산시킨다.

33

지름 $1.2[\text{m}]$, 저항 $7.6[\Omega]$의 동선에서 이 동선의 저항률을 $0.0172[\Omega \cdot \text{m}]$라고 하면 동선의 길이는 약 몇 $[\text{m}]$인가?

① 200
② 300
③ 400
④ 500

해설

$R = \rho \dfrac{l}{A}$, $l = \dfrac{RA}{\rho}$

$A = \dfrac{\pi}{4} d^2 = \dfrac{\pi}{4} \times 1.2^2 = 1.13[\text{m}^2]$

$l = \dfrac{RA}{\rho} = \dfrac{7.6 \times 1.13}{0.0172} \simeq 500[\text{m}]$

정답 29 ① 30 ① 31 ③ 32 ③ 33 ④

34 빈출

논리식 $X = AB\overline{C} + \overline{A}BC + ABC + \overline{A}\,\overline{B}C$를 가장 간소화하면?

① $AB + \overline{A}C$
② $AC + \overline{A}B$
③ AB
④ $A(B + \overline{C})$

해설

$X = AB\overline{C} + \overline{A}BC + ABC + \overline{A}\,\overline{B}C$
$\quad = AB(\overline{C} + C) + \overline{A}C(B + \overline{B})$
$\quad = AB + \overline{A}C$

35

빛이 닿으면 전류가 흐르는 다이오드로 광량의 변화를 전류값으로 대치하므로 광센서에 주로 사용하는 다이오드는?

① 제너 다이오드
② 터널 다이오드
③ 발광 다이오드
④ 포토 다이오드

해설

- 제너 다이오드: 전류가 변화되어도 전압이 일정하다는 특징을 이용하여 정전압 회로에 사용
- 터널 다이오드: 터널링 효과를 이용한 다이오드로 전압이 높아질수록 부성 저항이 나타나 전류가 감소하는 특성을 이용한 다이오드
- 발광 다이오드: 순방향으로 전압을 가했을 때 발광하는 반도체 소자로 LED(light-emitting diode)라고 명칭
- 포토 다이오드: 빛이 닿으면 전류가 흐르는 다이오드로 광량의 변화를 전류값으로 대치하므로 광센서에 주로 사용하는 다이오드

36

동기발전기의 병렬운전 조건으로 틀린 것은?

① 기전력의 크기가 같을 것
② 기전력의 위상이 같을 것
③ 기전력의 주파수가 같을 것
④ 극수가 같을 것

해설

동기발전기의 병렬운전 조건
- 기전력의 크기가 같을 것
- 기전력의 위상이 같을 것
- 기전력의 주파수가 같을 것
- 기전력의 파형이 같을 것

37

그림과 같은 RL 직렬회로에서 소비되는 전력은 몇 [W]인가?

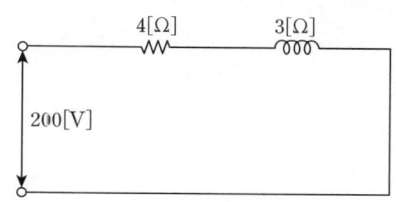

① 6,400
② 8,800
③ 10,000
④ 12,000

해설

임피던스 크기
$|Z| = |R + jX_L| = \sqrt{R^2 + X_L^2} = \sqrt{4^2 + 3^2} = 5[\Omega]$
$I = \dfrac{V}{|Z|} = \dfrac{200}{5} = 40[A]$
유효전력 $P = I^2 R = 40^2 \times 4 = 6,400[W]$

정답 34 ① 35 ④ 36 ④ 37 ①

38 빈출

그림의 논리 회로의 출력을 표시한 것으로 옳은 식은?

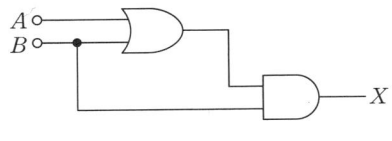

① A
② B
③ A+B
④ A·B

해설

$X = (A+B) \cdot B = B$

39

$50[Hz]$의 3상 전압을 전파 정류하였을 때 리플(맥동)주파수$[Hz]$는?

① 50
② 100
③ 150
④ 300

해설

3상 전파정류회로의 맥동주파수
3상 맥동주파수 $= 6 \times f = 6 \times 50 = 300[Hz]$

40

진공 중에 놓인 $5[C]$의 점 전하에서 $2[m]$ 되는 점에서의 전계는 몇 $[V/m]$인가?

① 11.25×10^9
② 16.25×10^9
③ 22.25×10^9
④ 28.25×10^9

해설

$E = \dfrac{1}{4\pi\varepsilon_0} \times \dfrac{Q}{r^2} = 9 \times 10^9 \times \dfrac{5}{2^2} = 1.125 \times 10^{10}[V/m]$
$\qquad = 11.25 \times 10^9[V/m]$

3과목 소방관계법규

41

「소방시설공사업법령」상 일반 공사감리 대상의 감리원의 배치기준에서 다음 ( ) 안에 알맞은 것은?(단, 아파트는 제외한다.)

> 1명의 감리원이 담당하는 소방공사감리현장은 (㉠)개 이하로서 감리현장 연면적의 총합계가 (㉡)$[m^2]$ 이하일 것

① ㉠ 5 ㉡ 7만
② ㉠ 5 ㉡ 10만
③ ㉠ 6 ㉡ 7만
④ ㉠ 6 ㉡ 10만

해설

일반 공사감리 대상에서 1명의 감리원이 담당하는 소방공사감리현장은 5개 이하로서 감리현장 연면적의 총합계가 10만$[m^2]$ 이하이어야 한다.

42

「위험물안전관리법령」상 다음 ( ) 안에 알맞은 신고 기간은?

> - 제조소 등의 설치자가 사망 시, 그 상속인은 지위승계의 신고를 (㉠)일 이내에 시·도지사에게 해야 한다.
> - 제조소의 용도를 폐지한 경우 용도를 폐지한 날로부터 (㉡)일 이내에 시·도지사에게 신고해야 한다.

① ㉠ 14 ㉡ 14
② ㉠ 14 ㉡ 30
③ ㉠ 30 ㉡ 14
④ ㉠ 30 ㉡ 30

해설

- 제조소 등의 설치자가 사망 시, 그 상속인은 지위승계의 신고를 30일 이내에 시·도지사에게 해야 한다.
- 제조소의 용도를 폐지한 경우 용도를 폐지한 날로부터 14일 이내에 시·도지사에게 신고해야 한다.

정답 38 ② 39 ④ 40 ① 41 ② 42 ③

43 빈출

「화재의 예방 및 안전관리에 관한 법령」상 소방안전관리대상물의 소방안전관리자의 업무가 아닌 것은?

① 소방시설 공사
② 소방훈련 및 교육
③ 소방계획서의 작성 및 시행
④ 자위소방대의 구성·운영·교육

해설

소방안전관리대상물의 소방안전관리자의 업무
- 피난계획에 관한 사항과 대통령령으로 정하는 사항이 포함된 소방계획서의 작성 및 시행
- 자위소방대 및 초기대응체계의 구성·운영·교육
- 피난시설, 방화구획 및 방화시설의 관리
- 소방시설이나 그 밖의 소방 관련 시설의 관리
- 소방훈련 및 교육
- 화기 취급의 감독
- 소방안전관리에 관한 업무수행에 관한 기록·유지
- 화재발생 시 초기대응
- 그 밖에 소방안전관리에 필요한 업무

44 빈출

「화재의 예방 및 안전관리에 관한 법령」상 소방안전관리자를 선임하지 아니한 자에 대한 벌칙 기준은?

① 500만 원 이하의 벌금
② 300만 원 이하의 벌금
③ 200만 원 이하의 과태료
④ 100만 원 이하의 과태료

해설

300만 원 이하의 벌금
- 화재안전조사를 정당한 사유 없이 거부·방해 또는 기피한 자
- 화재의 예방조치에 따른 명령을 정당한 사유 없이 따르지 아니하거나 방해한 자
- 소방안전관리자, 총괄소방안전관리자 또는 소방안전관리보조자를 선임하지 아니한 자
- 소방시설·피난시설·방화시설 및 방화구획 등이 법령에 위반된 것을 발견하였음에도 필요한 조치를 할 것을 요구하지 아니한 소방안전관리자
- 소방안전관리자에게 불이익한 처우를 한 관계인
- 업무를 수행하면서 알게 된 비밀을 정한 목적 외의 용도로 사용하거나 다른 사람 또는 기관에 제공하거나 누설한 자

45

「화재의 예방 및 안전관리에 관한 법령」상 1급 소방안전관리대상물의 소방안전관리자 선임 기준으로 틀린 것은?

① 소방설비산업기사 자격을 가진 자
② 소방공무원으로 3년 이상 근무한 경력이 있는 자
③ 소방설비기사 자격을 가진 자
④ 소방기술사 자격을 가진 자

해설

소방공무원으로 7년 이상 근무한 경력이 있는 자이어야 한다.

46

「위험물안전관리법령」상 관계인이 예방규정을 정하여야 하는 제조소 등의 기준이 아닌 것은?

① 지정수량의 10배 이상의 위험물을 취급하는 제조소
② 지정수량의 50배 이상의 위험물을 저장하는 옥외저장소
③ 지정수량의 150배 이상의 위험물을 저장하는 옥내저장소
④ 지정수량의 200배 이상의 위험물을 저장하는 옥외탱크저장소

해설

관계인이 예방규정을 정해야 하는 제조소 등
- 지정수량의 10배 이상의 위험물을 취급하는 제조소
- 지정수량의 100배 이상의 위험물을 저장하는 옥외저장소
- 지정수량의 150배 이상의 위험물을 저장하는 옥내저장소
- 지정수량의 200배 이상의 위험물을 저장하는 옥외탱크저장소
- 암반탱크저장소
- 이송취급소
- 지정수량의 10배 이상의 위험물을 취급하는 일반취급소

정답 43 ① 44 ② 45 ② 46 ②

47 빈출

「소방기본법령」상 화재가 발생하거나 불이 번질 우려가 있는 소방대상물 및 토지를 일시적으로 사용하거나 그 사용의 제한 또는 소방활동에 필요한 처분을 할 수 있는 자로 틀린 것은?

① 소방본부장 ② 소방서장
③ 소방대장 ④ 시 · 도지사

해설

화재가 발생하거나 불이 번질 우려가 있는 소방대상물 및 토지를 일시적으로 사용하거나 그 사용의 제한 또는 소방활동에 필요한 처분을 할 수 있는 자는 소방본부장, 소방서장, 소방대장이다.

48

「소방시설 설치 및 관리에 관한 법령」상 방염성능기준으로 옳은 것은?

① 버너의 불꽃을 제거한 때부터 불꽃을 올리며 연소하는 상태가 그칠 때까지 시간이 30초 이내
② 버너의 불꽃을 제거한 때부터 불꽃을 올리지 아니하고 연소하는 상태가 그칠 때까지 시간이 30초 이내
③ 탄화한 면적이 20[cm²] 이내
④ 탄화한 길이가 50[cm] 이내

해설

방염성능기준

구분	내용	기준
잔염시간	버너의 불꽃을 제거한 때부터 불꽃을 올리며 연소하는 상태가 그칠 때까지 시간	20초 이내
잔신시간	버너의 불꽃을 제거한 때부터 불꽃을 올리지 아니하고 연소하는 상태가 그칠 때까지 시간	30초 이내
탄화 면적	잔염, 잔신시간 내에 탄화한 면적	50[cm²] 이내
탄화 길이	잔염, 잔신시간 내에 탄화한 길이	20[cm] 이내
접염횟수	불꽃에 의하여 완전히 녹을 때까지 불꽃의 접촉 횟수	3회 이상
연기밀도	소방청장이 정하여 고시한 방법으로 발연량을 측정	400 이하

49

「화재의 예방 및 안전관리에 관한 법령」상 특수가연물의 품명별 수량 기준으로 틀린 것은?

① 합성수지류(발포시킨 것): 20[m³] 이상
② 가연성 액체류: 2[m³] 이상
③ 넝마 및 종이부스러기: 400[kg] 이상
④ 볏짚류: 1,000[kg] 이상

해설

넝마 및 종이부스러기는 1,000[kg] 이상이어야 한다.

| 관련개념 |

품명		수량
면화류		200[kg] 이상
나무껍질 및 대팻밥		400[kg] 이상
넝마 및 종이부스러기		1,000[kg] 이상
사류(絲類)		1,000[kg] 이상
볏짚류		1,000[kg] 이상
가연성 고체류		3,000[kg] 이상
석탄 · 목탄류		10,000[kg] 이상
가연성 액체류		2[m³] 이상
목재가공품 및 나무부스러기		10[m³] 이상
플라스틱류 (합성수지류 포함)	발포시킨 것	20[m³] 이상
	그 밖의 것	3,000[kg] 이상

정답 47 ④ 48 ② 49 ③

50

「소방시설 설치 및 관리에 관한 법령」상 연소 우려가 있는 건축물의 구조에 대한 기준 중 다음 ㉠, ㉡에 들어갈 수치로 알맞은 것은?

> 건축물 대장의 건축물 현황도에 표시된 대지 경계선 안에 2 이상의 건축물이 있는 경우로서 각각의 건축물이 다른 건축물의 외벽으로부터 수평거리가 1층의 경우에는 (㉠)[m] 이하, 2층 이상의 층의 경우에는 (㉡)[m] 이하이고 개구부가 다른 건축물을 향하여 설치된 구조를 말한다.

① ㉠ 5 ㉡ 10
② ㉠ 6 ㉡ 10
③ ㉠ 10 ㉡ 5
④ ㉠ 10 ㉡ 6

해설

연소 우려가 있는 건축물의 구조
- 대지경계선 안에 둘 이상의 건축물이 있는 경우
- 각각의 건축물이 다른 건축물의 외벽으로부터 수평거리가 1층의 경우에는 6[m] 이하, 2층 이상의 층의 경우에는 10[m] 이하인 경우
- 개구부가 다른 건축물을 향하여 설치된 경우

51

「소방시설 설치 및 관리에 관한 법령」상 방염성능기준 이상의 실내장식물 등을 설치해야 하는 특정소방대상물이 아닌 것은?

① 숙박이 가능한 수련시설
② 층수가 11층 이상인 아파트
③ 건축물 옥내에 있는 종교시설
④ 방송통신시설 중 방송국 및 촬영소

해설

층수가 11층 이상인 것 중 아파트는 제외한다.

| 관련개념 | 방염성능기준 이상의 실내장식물 등을 설치하여야 하는 특정 소방대상물
- 근린생활시설 중 의원, 조산원, 산후조리원, 체력단련장, 공연장 및 종교집회장
- 건축물의 옥내에 있는 시설로서 다음의 시설
  - 문화 및 집회시설
  - 종교시설
  - 운동시설(수영장 제외)
- 의료시설
- 교육연구시설 중 합숙소
- 노유자시설
- 숙박이 가능한 수련시설
- 숙박시설
- 방송통신시설 중 방송국 및 촬영소
- 다중이용업소
- 층수가 11층 이상인 것(아파트 제외)

52

「위험물안전관리법령」상 제조소 등이 아닌 장소에서 지정수량 이상의 위험물을 취급할 수 있는 기준 중 다음 ( ) 안에 알맞은 것은?

> 시·도의 조례가 정하는 바에 따라 관할 소방서장의 승인을 받아 지정수량 이상의 위험물을 ( )일 이내의 기간 동안 임시로 저장 또는 취급하는 경우

① 15
② 30
③ 60
④ 90

해설

제조소 등이 아닌 장소에서 지정수량 이상의 위험물을 취급할 수 있는 경우
- 시·도 조례에 따라 관할 소방서장의 승인을 받아 지정수량 이상의 위험물을 90일 이내 저장 또는 취급하는 경우
- 군부대가 지정수량 이상의 위험물을 군사목적으로 임시로 저장 또는 취급하는 경우

정답 50 ② 51 ② 52 ④

53 빈출

「소방기본법령」상 소방기관이 소방업무를 수행하는 데에 필요한 인력과 장비 등에 관한 기준은 무엇으로 정하는가?

① 대통령령 ② 국토교통부령
③ 행정안전부령 ④ 시·도의 조례

해설

소방기관이 소방업무를 수행하는 데에 필요한 인력과 장비 등에 관한 기준은 행정안전부령으로 정한다.

54

「소방시설공사업법령」상 일반 소방시설설계업(기계분야)의 영업범위는 공장의 경우 연면적 몇 $[m^2]$ 미만의 특정소방대상물에 설치되는 기계분야 소방시설의 설계에 한하는가? (단, 제연설비가 설치되는 특정소방대상물은 제외한다.)

① $10,000[m^2]$ ② $20,000[m^2]$
③ $30,000[m^2]$ ④ $40,000[m^2]$

해설

이 경우 연면적 $10,000[m^2]$ 미만이다.

| 관련개념 | 일반 소방시설설계업(기계분야)의 영업범위

구분		영업 범위
일반 소방시설 설계업	기계 분야	• 아파트에 설치되는 기계분야 소방시설(제연설비 제외)의 설계 • 연면적 3만$[m^2]$(공장의 경우에는 1만$[m^2]$) 미만의 특정소방대상물(제연설비가 설치되는 특정소방대상물 제외)에 설치되는 기계분야 소방시설의 설계 • 위험물 제조소 등에 설치되는 기계분야 소방시설의 설계

55 고난도

「위험물안전관리법령」상 소화난이도등급 Ⅲ인 지하탱크저장소에 설치하여야 하는 소화설비의 설치기준으로 옳은 것은?

① 능력단위 수치가 3 이상의 소형수동식소화기등 1개 이상
② 능력단위 수치가 3 이상의 소형수동식소화기등 2개 이상
③ 능력단위 수치가 2 이상의 소형수동식소화기등 1개 이상
④ 능력단위 수치가 2 이상의 소형수동식소화기등 2개 이상

해설

이 경우 소화설비의 설치기준은 능력단위 수치가 3 이상의 소형수동식소화기등 2개 이상이다.

| 관련개념 | 소화난이도등급 Ⅲ의 소화설비 설치기준

제조소 등의 구분	소화설비	설치기준	
지하탱크 저장소	소형수동식 소화기등	능력단위의 수치가 3 이상	2개 이상
이동탱크 저장소	자동차용 소화기	무상의 강화액 8$[L]$ 이상	2개 이상
		이산화탄소 3.2$[kg]$ 이상	
		일브롬화일염화이플루오르화메탄 (CF_2ClBr) 2$[L]$ 이상	
		일브롬화삼플루오르화메탄(CF_3Br) 2$[L]$ 이상	
		이브롬화사플루오르화에탄 ($C_2F_4Br_2$) 1$[L]$ 이상	
		소화분말 3.3$[kg]$ 이상	
	마른 모래 및 팽창질석 또는 팽창진주암	마른 모래 150$[L]$ 이상	
		팽창질석 또는 팽창진주암 640$[L]$ 이상	
그 밖의 제조소 등	소형수동식 소화기등	능력단위의 수치가 건축물 그 밖의 공작물 및 위험물의 소요단위의 수치에 이르도록 설치할 것. 다만, 옥내소화전설비, 옥외소화전설비, 스프링클러설비, 물분무등소화설비 또는 대형수동식 소화기를 설치한 경우에는 당해 소화설비의 방사능력범위 내의 부분에 대하여는 수동식 소화기 등을 그 능력단위의 수치가 당해 소요단위의 수치의 1/5 이상이 되도록 하는 것으로 족하다.	

정답 53 ③ 54 ① 55 ②

56
「소방기본법령」상 소방업무 상호응원협정 체결 시 포함되어야 하는 사항이 아닌 것은?

① 응원출동의 요청방법
② 응원출동훈련 및 평가
③ 응원출동대상지역 및 규모
④ 응원출동 시 현장지휘에 관한 사항

해설

소방업무의 상호응원협정
- 소방활동에 관한 사항
  - 화재의 경계·진압활동
  - 구조·구급업무의 지원
  - 화재조사활동
- 응원출동대상지역 및 규모
- 소요경비의 부담에 관한 사항
- 응원출동의 요청 방법
- 응원출동훈련 및 평가

57
「소방시설 설치 및 관리에 관한 법령」상 특정소방대상물 중 오피스텔은 어느 시설에 해당하는가?

① 숙박시설
② 일반업무시설
③ 공동주택
④ 근린생활시설

해설

오피스텔은 일반업무시설에 해당한다.

| 관련개념 | 특정소방대상물 중 업무시설

- 공공업무시설: 국가 또는 지방자치단체의 청사와 외국공관의 건축물(근린생활시설에 해당하는 것은 제외)
- 일반업무시설: 금융업소, 사무소, 신문사, 오피스텔(근린생활시설에 해당하는 것은 제외)
- 주민자치센터(동사무소), 경찰서, 지구대, 파출소, 소방서, 119안전센터, 우체국, 보건소, 공공도서관, 국민건강보험공단
- 마을회관, 마을공동작업소, 마을공동구판장
- 변전소, 양수장, 정수장, 대피소, 공중화장실

58
「소방기본법령」상 200만 원 이하의 과태료 처분이 아닌 것은?

① 소방자동차의 출동에 지장을 준 사람
② 소방활동구역을 출입한 사람
③ 정당한 사유 없이 소방대가 현장에 도착할 때까지 사람을 구출하는 조치 또는 불을 끄거나 불이 번지지 아니하도록 하는 조치를 하지 아니한 사람
④ 한국소방안전원 또는 이와 유사한 명칭을 사용한 사람

해설

정당한 사유 없이 소방대가 현장에 도착할 때까지 사람을 구출하는 조치 또는 불을 끄거나 불이 번지지 아니하도록 하는 조치를 하지 아니한 사람은 100만 원 이하의 벌금에 처한다.

59
「소방시설공사업법령」상 하자보수를 하여야 하는 소방시설 중 하자보수 보증기간이 3년이 아닌 것은?

① 자동소화장치
② 비상방송설비
③ 스프링클러설비
④ 상수도소화용수설비

해설

비상방송설비는 하자보수 보증기간이 2년이다.

| 관련개념 | 하자보수 대상시설과 하자보수 보증기간

보증기간	하자보증대상 소방시설
2년	피난기구, 유도등, 유도표지, 비상경보설비, 비상조명등, 비상방송설비 및 무선통신보조설비
3년	자동소화장치, 옥내소화전설비, 스프링클러설비, 간이스프링클러설비, 물분무등소화설비, 옥외소화전설비, 자동화재탐지설비, 상수도소화용수설비 및 소화활동설비(무선통신보조설비 제외)

정답 56 ④ 57 ② 58 ③ 59 ②

60
「화재의 예방 및 안전관리에 관한 법령」상 소방안전 특별관리시설물의 대상 기준 중 틀린 것은?

① 수련시설
② 항만시설
③ 전력용 및 통신용 지하구
④ 지정문화재인 시설(시설이 아닌 지정문화재를 보호하거나 소장하고 있는 시설 포함)

해설

특별관리시설물의 안전관리
- 관리주체: 소방청장
- 관리대상: 화재 등 재난이 발생할 경우 사회·경제적으로 피해가 큰 시설
  - 공항시설
  - 철도시설
  - 도시철도시설
  - 항만시설
  - 지정문화재인 시설(시설이 아닌 지정문화재를 보호하거나 소장하고 있는 시설 포함)
  - 산업기술단지
  - 산업단지
  - 초고층 건축물 및 지하연계 복합건축물
  - 영화상영관 중 수용인원 1,000명 이상인 영화상영관
  - 전력용 및 통신용 지하구
  - 석유비축시설
  - 천연가스 인수기지 및 공급망
  - 점포가 500개 이상인 전통시장
  - 그 밖에 대통령령으로 정하는 시설물

4과목 소방전기시설의 구조 및 원리

61
예비전원의 성능인증 및 제품검사의 기술기준에 따른 구조 및 성능에 관한 내용이다. 다음 ( )에 들어갈 내용으로 옳은 것은?

> 예비전원에 연결되는 배선의 경우 양극은 (㉠), 음극은 (㉡)으로 오접속 방지 조치를 하여야 한다.

① ㉠ 적색 ㉡ 청색 또는 흑색
② ㉠ 적색 ㉡ 청색 또는 백색
③ ㉠ 청색 ㉡ 적색 또는 흑색
④ ㉠ 청색 ㉡ 적색 또는 백색

해설

예비전원에 연결되는 배선의 경우 양극은 적색, 음극은 청색 또는 흑색으로 오접속 방지 조치를 하여야 한다.

| 관련개념 | 예비전원의 구조 및 성능
- 취급 및 보수점검이 쉽고 내구성이 있어야 한다.
- 먼지, 습기 등에 의하여 기능에 이상이 생기지 않아야 한다.
- 배선은 충분한 전류 용량을 갖는 것으로서 배선의 접속이 적합해야 한다.
- 부착 방향에 따라 누액이 없고 기능에 이상이 없어야 한다.
- 외부에서 쉽게 접촉할 우려가 있는 충전부는 충분히 보호되도록 하고 외함(축전지의 보호커버)과 단자 사이는 절연물로 보호해야 한다.
- 예비전원에 연결되는 배선의 경우 양극은 적색, 음극은 청색 또는 흑색으로 오접속 방지 조치를 해야 한다.
- 충전장치의 이상 등에 의하여 내부가스압이 이상 상승할 우려가 있는 것은 안전조치를 강구해야 한다.
- 축전지에 배선 등을 직접 납땜하지 않아야 하며 축전지 개개의 연결 부분은 스포트용접 등으로 확실하고 견고하게 접속해야 한다.
- 예비전원을 병렬로 접속하는 경우는 역충전방지 등의 조치를 강구해야 한다.
- 겉모양은 현저한 오염, 변형 등이 없어야 한다.
- 축전지를 직렬 또는 병렬로 사용하는 경우에는 용량(전압, 전류)이 균일한 축전지를 사용해야 한다.

정답 60 ① 61 ①

62

수신기의 종류가 아닌 것은?

① P형 ② GP형
③ R형 ④ M형

해설

수신기의 종류에는 P형 수신기, R형 수신기, GP형 수신기, GR형 수신기 등이 있다.

63

비상방송설비의 화재안전기준에 따라 음량조정기는 반드시 3선식 배선방식으로 적용하여야 한다. 이때 3선식 배선방식으로 옳은 것은?

① 중성선 – 접지선 – 비상선
② 중성선 – 공통선 – 접지선
③ 비상선 – 공통선 – 접지선
④ 비상선 – 공통선 – 일반선

해설

음량조정기는 반드시 3선식 배선방식(비상선 – 공통선 – 일반선)으로 적용해야 한다.

64

피(P)형 수신기 및 지피(G.P.)형 수신기의 감지기회로의 배선에 있어서 하나의 공통선에 접속할 수 있는 경계구역은 몇 개 이하로 하여야 하는가?

① 1개 ② 5개
③ 7개 ④ 10개

해설

피(P)형 수신기 및 지피(G.P.)형 수신기의 감지기회로의 배선에 있어서 하나의 공통선에 접속할 수 있는 경계구역은 7개 이하로 할 것

| 관련개념 | 자동화재탐지설비의 배선

- 전원회로의 배선: 내화배선
- 전원회로 외 배선(감지기 상호 간 또는 감지기로부터 수신기에 이르는 감지기회로의 배선 제외): 내화배선 또는 내열배선
- 감지기 상호 간 또는 감지기로부터 수신기에 이르는 감지기회로의 배선의 설치기준
  - 전자파 방해를 받지 않는 쉴드선 등을 사용: 아날로그식, 다신호식 감지기, R형 수신기용으로 사용되는 것
  - 전자파 방해를 받지 아니하고 내열성능이 있는 경우: 광케이블
  - 그 외 일반배선을 사용할 때: 내화배선 또는 내열배선
- 감지기회로의 도통시험을 위한 종단저항의 기준
  - 점검 및 관리가 쉬운 장소에 설치할 것
  - 전용함을 설치하는 경우 그 설치 높이는 바닥으로부터 1.5[m] 이내로 할 것
  - 감지기회로의 끝부분에 설치하며, 종단감지기에 설치할 경우에는 구별이 쉽도록 해당 감지기의 기판 및 감지기 외부 등에 별도의 표시를 할 것
- 감지기 사이의 회로의 배선은 송배전식으로 할 것
- 감지기회로 및 부속회로의 전로와 대지 사이 및 배선 상호 간의 절연저항은 1경계구역마다 직류 250[V]의 절연저항 측정기를 사용하여 측정한 절연저항이 0.1[MΩ] 이상이 되도록 할 것
- 자동화재탐지설비의 배선은 다른 전선과 별도의 관·덕트(절연효력이 있는 것으로 구획한 대에는 그 구획된 부분은 별개의 덕트로 본다)·몰드 또는 풀박스 등에 설치할 것(다만, 60[V] 미만의 약전류회로에 사용하는 전선으로서 각각의 전압이 같을 때에는 그렇지 않다.)
- 피(P)형 수신기 및 지피(G.P.)형 수신기의 감지기회로의 배선에 있어서 하나의 공통선에 접속할 수 있는 경계구역은 7개 이하로 할 것
- 자동화재탐지설비의 감지기회로의 전로저항은 50[Ω] 이하로 할 것
- 수신기의 각 회로별 종단에 설치되는 감지기에 접속되는 배선의 전압은 감지기 정격전압의 80[%] 이상이어야 할 것

정답 62 ④ 63 ④ 64 ③

65 빈출

소방시설용 비상전원수전설비의 화재안전성능기준(NFPC 602)에 따라 큐비클형의 경우, 외함에 수납하는 수전설비, 변전설비 그 밖의 기기 및 배선은 외함의 바닥에서 몇 [cm] 이상의 높이에 설치하여야 하는가?

① 5
② 10
③ 15
④ 20

해설

큐비클형의 경우, 외함에 수납하는 수전설비, 변전설비 그 밖의 기기 및 배선은 외함의 바닥에서 10[cm] 이상의 높이에 설치한다.

| 관련개념 | 큐비클형의 시설기준

- 전용 큐비클 또는 공용 큐비클식으로 설치할 것
- 외함은 두께 2.3[mm] 이상의 강판과 이와 동등 이상의 강도와 내화성능이 있는 것으로 제작해야 하며, 개구부에는 60분+ 방화문, 60분 방화문 또는 30분 방화문으로 설치할 것
- 외함에 노출하여 설치 가능한 다음의 것
    - 표시등(불연성 또는 난연성 재료로 덮개를 설치한 것)
    - 전선의 인입구 및 인출구
    - 환기장치
    - 전압계(퓨즈 등으로 보호한 것)
    - 전류계(변류기의 2차측에 접속된 것)
    - 계기용 전환스위치(불연성 또는 난연성 재료로 제작된 것)
- 외함은 건축물의 바닥 등에 견고하게 고정할 것
- 외함에 수납하는 수전설비, 변전설비 그 밖의 기기 및 배선은 다음에 적합하게 설치
    - 외함 또는 프레임(Frame) 등에 견고하게 고정할 것
    - 외함의 바닥에서 10[cm](시험단자, 단자대 등의 충전부는 15[cm]) 이상의 높이에 설치할 것
- 전선 인입구 및 인출구에는 금속관 또는 금속제 가요전선관을 쉽게 접속할 수 있도록 할 것
- 환기장치는 다음에 적합하게 설치할 것
    - 내부의 온도가 상승하지 않도록 환기장치를 할 것
    - 자연환기구의 개구부 면적의 합계는 외함의 한 면에 대하여 해당 면적의 3분의 1 이하로 함(이 경우 하나의 통기구의 크기는 직경 10[mm] 이상의 둥근 막대가 들어가서는 아니 됨)
    - 자연환기구에 따라 충분히 환기할 수 없는 경우에는 환기설비를 설치할 것
    - 환기구에는 금속망, 방화댐퍼 등으로 방화조치를 하고, 옥외에 설치하는 것은 빗물 등이 들어가지 않도록 할 것
- 공용 큐비클식의 소방회로와 일반회로에 사용되는 배선 및 배선용기기는 불연재료로 구획할 것

66

증폭기 및 무선중계기의 설치기준으로 옳지 않은 것은?

① 「전파법」에 따른 적합성평가를 받은 제품으로 설치하고 임의로 변경하지 않도록 할 것
② 증폭기에는 비상전원이 부착된 것으로 하고 해당 비상전원 용량은 무선통신보조설비를 유효하게 20분 이상 작동시킬 수 있는 것으로 할 것
③ 증폭기의 전면에는 주회로의 전원이 정상인지의 여부를 표시할 수 있는 표시등을 설치할 것
④ 증폭기의 전면에는 주회로의 전원이 정상인지의 여부를 표시할 수 있는 전압계를 설치할 것

해설

② 20분 이상 → 30분 이상

| 관련개념 | 증폭기 및 무선중계기의 설치기준

- 전원은 전기가 정상적으로 공급되는 축전지설비, 전기저장장치(외부전기에너지를 저장해 두었다가 필요한 때 전기를 공급하는 장치) 또는 교류전압 옥내간선으로 하고, 전원까지의 배선은 전용으로 할 것
- 증폭기의 전면에는 주회로의 전원이 정상인지의 여부를 표시할 수 있는 표시등 및 전압계를 설치할 것
- 증폭기에는 비상전원이 부착된 것으로 하고 해당 비상전원 용량은 무선통신보조설비를 유효하게 30분 이상 작동시킬 수 있는 것으로 할 것
- 증폭기 및 무선중계기를 설치하는 경우에는 「전파법」에 따른 적합성 평가를 받은 제품으로 설치하고 임의로 변경하지 않도록 할 것
- 디지털방식의 무전기를 사용하는 데에 지장이 없도록 설치할 것

정답 65 ② 66 ②

67

자동화재탐지설비 및 시각경보장치의 화재안전기술기준(NFTC 203)에 따른 중계기에 대한 시설기준으로 틀린 것은?

① 조작 및 점검에 편리하고 화재 및 침수 등의 재해로 인한 피해를 받을 우려가 없는 장소에 설치할 것
② 수신기에서 직접 감지기회로의 도통시험을 행하지 아니하는 것에 있어서는 수신기와 발신기 사이에 설치할 것
③ 수신기에 따라 감시되지 아니하는 배선을 통하여 전력을 공급받는 것에 있어서는 전원입력측의 배선에 과전류차단기를 설치할 것
④ 수신기에 따라 감시되지 아니하는 배선을 통하여 전력을 공급받는 것에 있어서는 해당 전원의 정전이 즉시 수신기에 표시되는 것으로 할 것

해설

② 수신기와 발신기 사이 → 수신기와 감지기 사이

| 관련개념 | 중계기의 설치기준

- 수신기에서 직접 감지기회로의 도통시험을 하지 않는 것에 있어서는 수신기와 감지기 사이에 설치한다.
- 조작 및 점검에 편리하고 화재 및 침수 등의 재해로 인한 피해를 받을 우려가 없는 장소에 설치한다.
- 수신기에 따라 감시되지 않는 배선을 통하여 전력을 공급받는 것에 있어서는 전원입력측의 배선에 과전류차단기를 설치하고 해당 전원의 정전이 즉시 수신기에 표시되는 것으로 하며, 상용전원 및 예비전원의 시험을 할 수 있도록 한다.

68

누전경보기의 형식 승인 및 제품검사의 기술기준에 따라 누전경보기의 경보기구에 내장하는 음향장치는 사용전압의 몇 [%]인 전압에서 소리를 내어야 하는가?

① 40
② 60
③ 80
④ 100

해설

사용전압 80[%]인 전압에서 소리를 내어야 한다.

| 관련개념 | 누전경보기의 형식 승인 및 제품검사의 기술기준

- 외함은 불연성 또는 난연성 재질로 만들 것
- 극성 있는 경우 오접속 방지조치를 한다.
- 정격전압 60[V]를 넘는 기구 금속제 외함에는 접지단자를 설치한다.
- 누전경보기의 단자 외의 부분은 견고한 상자에 넣어야 한다.
- 사용전압 80[%]인 전압에서 소리를 내어야 한다.
- 음압은 무향실내에서 정위치에 부착된 음향장치 중심으로부터 1[m] 떨어진 지점에서 70[dB] 이상일 것(단, 고장표시장치용 등의 음압은 60[dB] 이상)
- 사용전압으로 8시간 연속 울리게 하는 시험 또는 정격전압에서 3분 20초 울리고 6분 40초동안 정지하는 작동을 반복하여 통산 울림시간이 20시간이 되도록 시험하는 경우 구조·기능에 이상이 없을 것
- 정격 1차 전압은 300[V] 이하로 할 것
- 누전경보기 공칭작동전류치(누전경보기를 작동시키기 위하여 필요한 누설전류값)는 200[mA] 이하일 것
- 감도조정장치를 가지고 있는 누전경보기의 조정범위는 최소 200[mA]이고, 최대 1[A]일 것

정답 67 ② 68 ③

69

비상방송설비의 배선과 전원에 관한 설치기준 중 옳은 것은?

① 부속회로의 전로와 대지 사이 및 배선 상호 간의 절연저항은 1경계구역마다 직류 110[V]의 절연저항측정기를 사용하여 측정한 절연저항이 1[MΩ] 이상이 되도록 한다.
② 전원은 전기가 정상적으로 공급되는 축전지설비 또는 교류전압의 옥내간선으로 하고, 전원까지의 배선은 전용이 아니어도 무방하다.
③ 비상방송설비에는 그 설비에 대한 감시상태를 30분간 지속한 후 유효하게 10분 이상 경보할 수 있는 축전지설비를 설치하여야 한다.
④ 비상방송설비의 배선은 다른 전선과 별도의 관·덕트 몰드 또는 풀박스 등에 설치하되, 60[V] 미만의 약전류회로에 사용하는 전선으로서 각각의 전압이 같을 때에는 그러하지 아니하다.

해설

① 직류 110[V] → 직류 250[V], 1[MΩ] → 0.1[MΩ]
② 전용이 아니어도 무방하다. → 전용으로 해야 한다.
③ 30분간 → 60분간

| 관련개념 | 비상방송설비의 전원 및 배선

- 전원
  - 상용전원
    1) 전원은 전기가 정상적으로 공급되는 축전지설비, 전기저장장치 또는 교류전압의 옥내간선으로 하고, 전원까지의 배선은 전용으로 할 것
    2) 개폐기에는 "비상방송설비용"이라고 표시한 표지를 할 것
  - 비상방송설비에는 그 설비에 대한 감시상태를 60분간 지속한 후 유효하게 10분 이상 경보할 수 있는 축전지설비(수신기에 내장하는 경우 포함) 또는 전기저장장치를 설치할 것

- 배선

전원회로배선	내화배선
그 밖의 배선	내화배선, 내열배선
절연저항	부속회로의 전로와 대지 사이 및 배선 상호 간의 절연저항은 1경계구역마다 직류 250[V]의 절연저항 측정기를 사용하여 측정한 절연저항이 0.1[MΩ] 이상이 되도록 할 것
배선	다른 전선과 별도의 관·덕트(절연효력이 있는 것으로 구획한 때에는 그 구획된 부분은 별개의 덕트로 봄)·몰드 또는 풀박스 등에 설치할 것(단, 60[V] 미만의 약전류회로에 사용하는 전선으로서 각각의 전압이 같을 때에는 그렇지 않음)
통보	화재로 인하여 하나의 층의 확성기 또는 배선이 단락 또는 단선되어도 다른 층의 통보에 지장이 없도록 할 것

70 빈출

자동화재속보설비의 속보기의 성능인증 및 제품검사의 기술기준에 따른 자동화재속보설비의 속보기에 대한 설명이다. 다음 (   ) 안에 들어갈 내용으로 옳은 것은?

> 작동신호를 수신하거나 수동으로 동작시키는 경우 (㉠)초 이내에 소방관서에 자동적으로 신호를 발하여 통보하되, (㉡) 회 이상 속보할 수 있어야 한다.

① ㉠ 20 ㉡ 3
② ㉠ 20 ㉡ 4
③ ㉠ 30 ㉡ 3
④ ㉠ 30 ㉡ 4

해설

작동신호를 수신하거나 수동으로 동작시키는 경우 20초 이내에 소방관서에 자동적으로 신호를 발하여 통보하되, 3회 이상 속보할 수 있어야 한다.

| 관련개념 | 속보기의 기능

- 작동신호를 수신하거나 수동으로 동작시키는 경우 20초 이내에 소방관서에 자동적으로 신호를 발하여 통보하되, 3회 이상 속보할 수 있어야 한다.
- 주전원이 정지한 경우에는 자동적으로 예비전원으로 전환되고, 주전원이 정상상태로 복귀한 경우에는 자동적으로 예비전원에서 주전원으로 전환되어야 한다.
- 예비전원은 자동적으로 충전되어야 하며 자동과충전방지장치가 있어야 한다.
- 화재신호를 수신하거나 속보기를 수동으로 동작시키는 경우 자동적으로 적색 화재표시등이 점등되고 음향장치로 화재를 경보해야 하며 화재표시 및 경보는 수동으로 복구 및 정지시키지 않는 한 지속되어야 한다.
- 연동 또는 수동으로 소방관서에 화재발생 음성정보를 속보 중인 경우에도 송수화장치를 이용한 통화가 우선적으로 가능해야 한다.
- 예비전원을 병렬로 접속하는 경우에는 역충전방지 등의 조치를 해야 한다.
- 예비전원은 감시상태를 60분간 지속한 후 10분 이상 동작(화재속보 후 화재표시 및 경보를 10분간 유지하는 것을 말함)이 지속될 수 있는 용량이어야 한다.
- 속보기는 연동 또는 수동 작동에 의한 다이얼링 후 소방관서와 전화접속이 이루어지지 않는 경우에는 최초 다이얼링을 포함하여 10회 이상 반복적으로 접속을 위한 다이얼링이 이루어져야 한다. 이 경우 매회 다이얼링 완료 후 호출은 30초 이상 지속되어야 한다.
- 속보기의 송수화장치가 정상위치가 아닌 경우에도 연동 또는 수동으로 속보가 가능해야 한다.
- 음성으로 통보되는 속보내용을 통하여 당해 소방대상물의 위치, 화재발생 및 속보기에 의한 신고임을 확인할 수 있어야 한다.
- 속보기는 음성속보방식 외에 데이터 또는 코드전송방식 등을 이용한 속보기능을 부가로 설치할 수 있다.
- 소방관서 등에 구축된 접수시스템 또는 별도의 시험용 시스템을 이용하여 시험한다.

정답 69 ④ 70 ①

71

다음 비상경보설비 및 비상방송설비에 사용되는 용어 설명 중 틀린 것은?

① 비상벨설비라 함은 화재발생 상황을 경종으로 경보하는 설비를 말한다.
② 증폭기라 함은 전압전류의 주파수를 늘려 감도를 좋게 하고 소리를 크게 하는 장치를 말한다.
③ 확성기라 함은 소리를 크게 하여 멀리까지 전달될 수 있도록 하는 장치로서 일명 스피커를 말한다.
④ 음량조절기라 함은 가변저항을 이용하여 전류를 변화시켜 음량을 크게 하거나 작게 조절할 수 있는 장치를 말한다.

해설

② 전압전류의 주파수 → 전압전류의 진폭

| 관련개념 | 용어의 정의

- 비상벨설비: 화재발생 상황을 경종으로 경보하는 설비
- 증폭기: 전압전류의 진폭을 늘려 감도를 좋게 하고 미약한 음성전류를 커다란 음성전류로 변화시켜 소리를 크게 하는 장치
- 확성기: 소리를 크게 하여 멀리까지 전달될 수 있도록 하는 장치(스피커)
- 음량조절기: 가변저항을 이용하여 전류를 변화시켜 음량을 크게 하거나 작게 조절할 수 있는 장치

72 빈출

유도등 및 유도표지의 화재안전성능기준(NFPC 303)에 따라 유도표지는 각 층마다 복도 및 통로의 각 부분으로부터 하나의 유도표지까지의 보행거리가 몇 [m] 이하가 되는 곳과 구부러진 모퉁이의 벽에 설치하여야 하는가?(단, 계단에 설치하는 것은 제외한다.)

① 5
② 10
③ 15
④ 25

해설

계단에 설치하는 것을 제외하고는 각 층마다 복도 및 통로의 각 부분으로부터 하나의 유도표지까지의 보행거리가 15[m] 이하가 되는 곳과 구부러진 모퉁이의 벽에 설치한다.

| 관련개념 | 유도표지의 설치기준

- 계단에 설치하는 것을 제외하고는 각 층마다 복도 및 통로의 각 부분으로부터 하나의 유도표지까지의 보행거리가 15[m] 이하가 되는 곳과 구부러진 모퉁이의 벽에 설치
- 주위에는 이와 유사한 등화·광고물·게시물 등을 설치하지 않음
- 유도표지는 부착판 등을 사용하여 쉽게 떨어지지 않도록 설치
- 축광방식의 유도표지는 외광 또는 조명장치에 의하여 상시 조명이 제공되거나 비상조명등에 의한 조명이 제공되도록 설치

73

휴대용비상조명등의 설치기준으로 옳지 않은 것은?

① 숙박시설 또는 다중이용업소에는 객실 또는 영업장 안의 구획된 실마다 잘 보이는 곳에 1개 이상 설치
② 대규모점포에는 보행거리 30[m] 이내마다 2개 이상 설치
③ 영화상영관에는 보행거리 50[m] 이내마다 3개 이상 설치
④ 지하역사에는 보행거리 25[m] 이내마다 3개 이상 설치

해설

② 30[m] 이내마다 2개 이상 → 50[m] 이내마다 3개 이상

| 관련개념 | 휴대용비상조명등의 설치기준

- 숙박시설 또는 다중이용업소에는 객실 또는 영업장 안의 구획된 실마다 잘 보이는 곳(외부에 설치 시 출입문 손잡이로부터 1[m] 이내 부분)에 1개 이상 설치
- 대규모점포(지하상가 및 지하역사는 제외)와 영화상영관에는 보행거리 50[m] 이내마다 3개 이상 설치
- 지하상가 및 지하역사에는 보행거리 25[m] 이내마다 3개 이상 설치
- 설치높이는 바닥으로부터 0.8[m] 이상 1.5[m] 이하의 높이에 설치
- 어둠 속에서 위치를 확인할 수 있도록 한다.
- 사용 시 자동으로 점등되는 구조일 것
- 외함은 난연성능이 있을 것
- 건전지를 사용하는 경우에는 방전방지조치를 해야 하고, 충전식 배터리의 경우에는 상시 충전되도록 한다.
- 건전지 및 충전식 배터리의 용량은 20분 이상 유효하게 사용할 수 있을 것

정답 71 ② 72 ③ 73 ②

74 [고난도]

비상콘센트설비의 전원공급회로의 설치기준으로 옳지 않은 것은?

① 전원회로는 단상교류 220[V]인 것으로 한다.
② 전원회로의 공급용량은 1.5[kVA] 이상의 것으로 한다.
③ 전원회로는 주배전반에서 전용회로로 한다.
④ 하나의 전용회로에 설치하는 비상콘센트는 10개 이상으로 한다.

해설

④ 10개 이상 → 10개 이하

| 관련개념 | 비상콘센트설비의 전원회로 설치기준

- 전원회로는 단상교류 220[V]인 것으로서, 그 공급용량은 1.5[kVA] 이상인 것으로 할 것
- 전원회로는 각 층에 2 이상이 되도록 설치할 것(다만, 설치해야 할 층의 비상콘센트가 1개인 때에는 하나의 회로로 할 수 있음)
- 전원회로는 주배전반에서 전용회로로 할 것. 다만 다른 설비회로의 사고에 영향을 받지 않도록 되어 있는 것은 그렇지 않다.
- 전원으로부터 각 층의 비상콘센트에 분기되는 경우에는 분기배선용차단기를 보호함 안에 설치할 것
- 콘센트마다 배선용차단기를 설치해야 하며, 충전부가 노출되지 않도록 할 것
- 개폐기에는 "비상콘센트"라고 표시한 표지를 할 것
- 비상콘센트용의 풀박스 등은 방청도장을 한 것으로서, 두께 1.6[mm] 이상의 철판으로 할 것
- 하나의 전용회로에 설치하는 비상콘센트는 10개 이하로 함. 이 경우 전선의 용량은 각 비상콘센트(비상콘센트가 3개 이상인 경우에는 3개)의 공급용량을 합한 용량 이상의 것으로 할 것

75

무선통신보조설비의 화재안전성능기준(NFPC 505)에 따라 분배기·분파기 및 혼합기 등의 임피던스는 몇 [Ω]의 것으로 하여야 하는가?

① 10
② 20
③ 50
④ 75

해설

분배기·분파기 및 혼합기 등의 설치기준
- 먼지·습기 및 부식 등에 따라 기능에 이상을 가져오지 아니하도록 할 것
- 임피던스는 50[Ω]의 것으로 할 것
- 점검에 편리하고 화재 등의 재해로 인한 피해의 우려가 없는 장소에 설치할 것

76

비상콘센트 보호함의 설치기준으로 틀린 것은?

① 보호함 상부에 적색의 표시등을 설치하여야 한다.
② 보호함에는 쉽게 개폐할 수 있는 문을 설치하여야 한다.
③ 보호함 표면에 "비상콘센트"라고 표시한 표지를 하여야 한다.
④ 비상콘센트의 보호함을 옥내소화전함 등과 접속하여 설치하는 경우에는 옥내소화전함의 표시등과 겸용할 수 없다.

해설

④ 겸용할 수 없다. → 겸용할 수 있다.

| 관련개념 | 비상콘센트 보호함의 설치기준
- 보호함에는 쉽게 개폐할 수 있는 문을 설치할 것
- 보호함 표면에 "비상콘센트"라고 표시한 표지를 할 것
- 보호함 상부에 적색의 표시등을 설치할 것(다만, 비상콘센트의 보호함을 옥내소화전함 등과 접속하여 설치하는 경우에는 옥내소화전함 등의 표시등과 겸용 가능)

정답 74 ④ 75 ③ 76 ④

77
감지기의 설치기준 중 옳은 것은?

① 보상식 스포트형 감지기는 정온점이 감지기 주위의 평상시 최고 온도보다 20[°C] 이상 높은 것으로 설치할 것
② 정온식 감지기는 주방·보일러실 등으로서 다량의 화기를 취급하는 장소에 설치하되, 공칭작동온도가 최고주위온도 보다 30[°C] 이상 높은 것으로 설치할 것
③ 스포트형 감지기는 15° 이상 경사되지 아니하도록 부착할 것
④ 공기관식 차동식 분포형 감지기의 검출부는 45° 이상 경사되지 아니하도록 부착할 것

해설

② 30[°C] 이상 → 20[°C] 이상
③ 15° 이상 → 45° 이상
④ 45° 이상 → 5° 이상

| 관련개념 | 감지기의 설치기준

- 감지기(차동식 분포형의 것 제외)는 실내로의 공기유입구로부터 1.5[m] 이상 떨어진 위치에 설치할 것
- 감지기는 천장 또는 반자의 옥내에 면하는 부분에 설치할 것
- 보상식 스포트형 감지기는 정온점이 감지기 주위의 평상시 최고온도보다 20[°C] 이상 높은 것으로 설치할 것
- 정온식 감지기는 주방·보일러실 등 다량의 화기를 취급하는 장소에 설치하되, 공칭작동온도가 최고주위온도보다 20[°C] 이상 높은 것으로 설치할 것
- 스포트형 감지기는 45° 이상 경사되지 않도록 부착할 것
- 공기관식 차동식 분포형 감지기의 설치기준
  - 공기관의 노출 부분은 감지구역마다 20[m] 이상이 되도록 할 것
  - 공기관과 감지구역의 각 변과의 수평거리는 1.5[m] 이하가 되도록 할 것
  - 공기관 상호 간의 거리는 6[m](주요 구조부를 내화구조로 한 특정 소방대상물 또는 그 부분에 있어서는 9[m]) 이하가 되도록 할 것
  - 공기관은 도중에서 분기하지 않도록 할 것
  - 하나의 검출 부분에 접속하는 공기관의 길이는 100[m] 이하로 할 것
  - 검출부는 5° 이상 경사되지 않도록 부착할 것
  - 검출부는 바닥으로부터 0.8[m] 이상 1.5[m] 이하의 위치에 설치할 것

78
무창층의 도매시장에 설치하는 비상조명등용 비상전원은 당해 비상조명등을 몇 분 이상 유효하게 작동시킬 수 있는 용량으로 하여야 하는가?

① 10   ② 20
③ 40   ④ 60

해설

비상조명등의 설치기준

비상전원은 비상조명등을 20분 이상 유효하게 작동시킬 수 있는 용량으로 해야 한다. 다만, 다음의 특정소방대상물의 경우에는 그 부분에서 피난층에 이르는 부분의 비상조명등을 60분 이상 유효하게 작동시킬 수 있는 용량으로 해야 한다.

- 지하층을 제외한 층수가 11층 이상의 층
- 지하층 또는 무창층으로서 용도가 도매시장·소매시장·여객자동차터미널·지하역사 또는 지하상가

79
누전경보기 음향장치의 설치 위치로 옳은 것은?

① 옥내의 점검에 편리한 장소
② 옥외인입선의 제1지점의 부하 측의 점검이 쉬운 위치
③ 수위실 등 상시 사람이 근무하는 장소
④ 옥외인입선의 제2종 접지선 측의 점검이 쉬운 위치

해설

누전경보기 수신부 설치장소

음향장치는 수위실 등 상시 사람이 근무하는 장소에 설치해야 하며, 그 음량 및 음색은 다른 기기의 소음 등과 명확히 구별할 수 있는 것으로 해야 한다.

80
부착높이가 15[m] 이상 20[m] 미만에 적응성이 있는 감지기가 아닌 것은?

① 이온화식 1종 감지기   ② 연기복합형 감지기
③ 불꽃감지기   ④ 차동식 분포형 감지기

해설

부착높이별 감지기의 종류

부착높이	감지기의 종류
• 15[m] 이상 • 20[m] 미만	• 이온화식 1종 • 광전식(스포트형, 분리형, 공기흡입형) 1종 • 연기복합형 • 불꽃감지기

정답 77 ① 78 ④ 79 ③ 80 ④

초판1쇄 인쇄 2025년 9월 18일
초판1쇄 발행 2025년 9월 29일
편저 김윤석, 이홍주
기획총괄 최진호
개발/기획 황함택, 조정욱
디자인 김소진, 서제호, 서진희, 조아현
제작/영업 조재훈, 김승규, 정광표
마케팅 지다영

발행처 ㈜아이비김영
펴낸이 김석철
등록번호 제22-3190호
주소 (06729) 서울 서초구 강남대로 279, 백향빌딩 4, 5층
전화 (대표전화) 1661-7022
팩스 02)599-5611

ⓒ ㈜아이비김영
이 책은 저작권법에 따라 보호받는 저작물이므로 무단복제를 금지하며,
책 내용의 전부 또는 일부를 이용하려면 반드시 저작권자의 서면동의를 받아야 합니다.

ISBN 979-11-7349-093-4 13530
정가 29,000원

잘못된 책은 바꿔드립니다.

합격

김앤북은 합격까지 책임집니다!

수험서의 새로운 기준
김앤북
KIM & BOOK

#김영편입 #자격증 #IT

www.kimnbook.co.kr

교재 구매 시 제공되는 서비스!

❶ 핵심이론 요약집 부록   ❷ 암기용 MP3   ❸ 기출 CBT 모의고사   ❹ 2025년 기출해설 12강

2026
소방설비기사
필기 기출 마스터 | 전기분야 7개년

소방설비기사 필기 전기분야,
최단거리로 가는 합격로드

1 정확한 기출 복원, 간결한 해설!
  단기합격에 최적화된 콘텐츠 제공

2 재직자를 위한 자투리 시간 활용 콘텐츠!
  휴대용 '핵심이론 요약집 & MP3' 제공

3 핵심은 탄탄한 기출학습!
  7개년 기출 및 CBT 3회 모의고사 추가 제공

메가스터디교육그룹 아이비김영의 NEW 도서 브랜드 〈김앤북〉
여러분의 편입 & 자격증 & IT 취업 준비에
빛이 되어 드리겠습니다.
www.kimnbook.co.kr

기출 CBT 모의고사
이용 가이드

1. 엔지니어랩 사이트 접속 후 회원 가입

www.engineerlab.co.kr

QR코드 또는 PC에서 엔지니어랩 접속

2. '교재' ▶ '구매인증' 카테고리를 선택 후 구매 인증을 진행

① 구매 인증 게시글을 통해 관리자에게 승인 요청
② 관리자가 CBT 서비스를 이용할 수 있는 권한 부여

3. 기출 CBT 모의고사 서비스 페이지를 통해 학습 진행

① PC에서 '나의 강의실 - 나의 모의고사' 카테고리 선택
② 기출 CBT 모의고사 3회 학습
③ 전체 총점과 과목별 점수를 확인

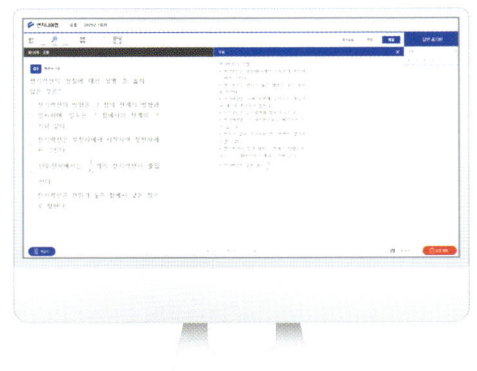

김앤북

2026

소방설비기사

필기 기출 마스터

전기분야 7개년

김윤석, 이홍주 편저

2권 | 3개년 기출 (2021~2019)

김앤북
KIM&BOOK

2권

3개년 기출
(2021~2019)

2021년 기출

1회	04
2회	30
3회	54

2020년 기출

1회	76
2회	100
3회	123

2019년 기출

1회	148
2회	172
3회	195

2021년 1회 기출

1과목 소방원론

01
건축물 화재 시 피난자들의 집중으로 패닉(Panic) 현상이 일어날 수 있는 피난 방향은?

① ② ③ ④

해설

H형은 피난자들의 집중으로 패닉(Panic) 현상이 일어날 수 있다.

| 관련개념 |

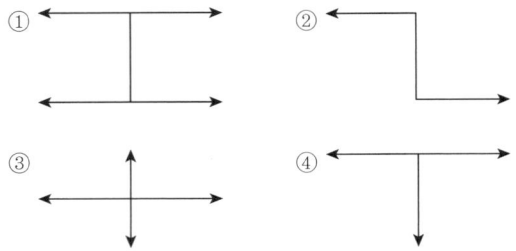

형태	피난 방향	특성
X형		
Y형		피난통로가 확실하게 보장되어 신속한 피난이 가능하다.
T형		
Z형		

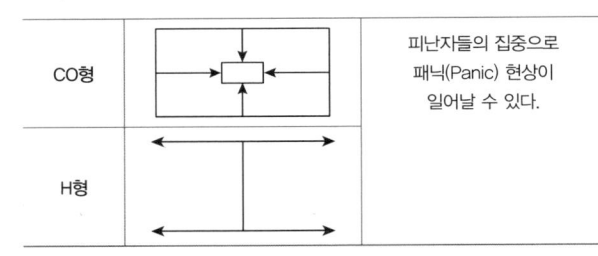

CO형		피난자들의 집중으로 패닉(Panic) 현상이 일어날 수 있다.
H형		

02 빈출

분자식이 CF_2ClBr인 할로겐화합물 소화약제는?

① Halon 1301 ② Halon 1211
③ Halon 2402 ④ Halon 2021

해설

분자식이 CF_2ClBr인 소화약제는 Halon 1211이다.

| 관련개념 | 할론소화약제의 약칭 및 분자식

종류	약칭	분자식
할론 1011	CB	CH_2ClBr
할론 104	CTC	CCl_4
할론 1211	BCF	CF_2ClBr
할론 1301	BTM	CF_3Br
할론 2402	FB	$C_2F_4Br_2$

정답 01 ① 02 ②

03

1기압 상태에서 $100[°C]$ 물 $1[g]$이 모두 기체로 변할 때 필요한 열량은 몇 $[cal]$인가?

① 429
② 499
③ 539
④ 639

해설

기화잠열은 1기압 상태에서 $100[°C]$의 물 $1[g]$이 모두 기체로 변하는 데 필요한 열량이다. 물의 기화잠열(증발잠열)은 $539[cal/g]$이다.

| 관련개념 | 물의 기화잠열과 융해잠열

기화잠열	• $100[°C]$ 물 $1[g]$이 수증기로 변하는 데 필요한 열량 • $539[cal/g]$
융해잠열	• $0[°C]$ 얼음 $1[g]$이 물로 변하는 데 필요한 열량 • $80[cal/g]$

04

조연성 가스에 해당하는 것은?

① 일산화탄소
② 산소
③ 수소
④ 부탄

해설

지연성 가스(조연성 가스)란 산소와 같이 자기 자신은 연소하지 않으면서 연소를 도와주는 가스이다. 일산화탄소, 수소, 부탄은 모두 물질 자체가 연소하는 가연성 가스이다.

| 관련개념 | 가연성 가스와 지연성 가스(조연성 가스)의 종류

가연성 가스		지연성 가스(조연성 가스)	
• 수소	• 에탄	• 산소	• 공기
• 메탄	• 암모니아	• 염소	• 오존
• 일산화탄소	• 프로판	• 불소	
• 천연가스	• 부탄		

05

스테판-볼츠만의 법칙에 의해 복사열과 절대온도와의 관계를 옳게 설명한 것은?

① 복사열은 절대온도의 제곱에 비례한다.
② 복사열은 절대온도의 4제곱에 비례한다.
③ 복사열은 절대온도의 제곱에 반비례한다.
④ 복사열은 절대온도의 4제곱에 반비례한다.

해설

복사에너지는 절대온도의 4제곱에 비례한다.

| 관련개념 | 스테판-볼츠만의 법칙(Stefan-Boltzmann's law)

흑체의 단위면적당 복사에너지는 절대온도의 4제곱에 비례한다는 이론이다.

$$Q = \sigma T^4$$

여기서, Q: 단위면적당 복사에너지$[W/m^2]$
σ: 스테판-볼츠만 상수$[W/m^2 \cdot K^4]$
T: 절대온도$[K]$

06

일반적으로 공기 중 산소농도를 몇 $[vol\%]$ 이하로 감소시키면 연소속도의 감소 및 질식소화가 가능한가?

① 15
② 21
③ 25
④ 31

해설

질식소화는 공기 중의 산소농도를 약 $15\sim16[\%]$ 이하로 낮추어 소화하는 방법이다.

정답 03 ③ 04 ② 05 ② 06 ①

07

이산화탄소의 물성으로 옳은 것은?

① 임계온도: 31.35[°C], 증기비중: 0.529
② 임계온도: 31.35[°C], 증기비중: 1.529
③ 임계온도: 0.35[°C], 증기비중: 1.529
④ 임계온도: 0.35[°C], 증기비중: 0.529

해설

이산화탄소의 물성
- 임계온도는 약 31[°C]이다.
- 저온에서 고체의 형태로 존재할 수 있다.(드라이아이스)
- 불연성이며 비중이 약 1.5로 공기보다 무겁다.
- 상온, 상압에서 기체 상태로 존재한다.

상세해설 이산화탄소의 증기비중
- 원자량: C = 12, O = 16
- 이산화탄소(CO_2)의 분자량 = $12 + 16 \times 2 = 44$
- 증기비중 = $\dfrac{분자량}{29}$

여기서, 29: 공기의 평균 분자량

증기비중 = $\dfrac{44}{29} ≒ 1.52$

| 관련개념 | 임계온도

기체가 액화할 수 있는 최대의 온도이다. 임계온도를 넘어서면 기체의 압력을 높여도 완전하게 액화되지 않는다.

08

할로겐화합물 소화약제에 관한 설명으로 옳지 않은 것은?

① 연쇄반응을 차단하여 소화한다.
② 할로겐족 원소가 사용된다.
③ 전기에 도체이므로 전기화재에 효과가 있다.
④ 소화약제의 변질분해 위험성이 낮다.

해설

할로겐화합물 소화약제의 특징
- 전기적으로 비전도성이다.
- 휘발성이 있으나 증발 후 잔여물이 없다.
- F(불소), Cl(염소), Br(브롬), I(요오드)와 같은 할로겐족 원소가 사용된다.
- 물리적 소화+부촉매 소화(연쇄반응을 차단)의 소화효과가 있다.
- 소화약제의 변질, 분해 위험성이 낮다.
- 오존층 파괴 우려가 있다.

09 빈출

다음 물질 중 연소범위를 통해 산출한 위험도 값이 가장 높은 것은?

① 수소
② 에틸렌
③ 메탄
④ 이황화탄소

해설

$H = \dfrac{U - L}{L}$

여기서, H: 위험도, U: 연소상한계, L: 연소하한계

① 수소의 위험도 = $\dfrac{75 - 4}{4} = 17.75$

② 에틸렌의 위험도 = $\dfrac{36 - 2.7}{2.7} ≒ 12.33$

③ 메탄의 위험도 = $\dfrac{15 - 5}{5} = 2$

④ 이황화탄소의 위험도 = $\dfrac{44 - 1.2}{1.2} ≒ 35.7$

따라서 보기 중 위험도가 가장 높은 것은 이황화탄소이다.

| 관련개념 | 가연성 가스의 연소한계(상온, 1[atm])

가스	하한계[vol%]	상한계[vol%]
아세틸렌	2.5	81
수소	4	75
일산화탄소	12.5	74
에테르	1.9	48
이황화탄소	1.2	44
에틸렌	2.7	36
암모니아	15	28
메탄	5	15
에탄	3	12.4
프로판	2.1	9.5
부탄	1.8	8.4

※ 연소한계는 연소범위, 가연한계, 가연범위, 폭발한계, 폭발범위 등의 용어로도 사용된다.

정답 07 ② 08 ③ 09 ④

10
블레비(BLEVE) 현상과 관계가 없는 것은?

① 핵분열
② 가연성액체
③ 화구(Fire Ball)의 형성
④ 복사열의 대량 방출

해설

핵분열은 BLEVE 현상과 관계가 없다.

| 관련개념 | **비등액 팽창증기폭발(BLEVE; 블레비)**

과열, 과압 상태의 저장탱크에 균열이 발생할 경우 내부에 있던 가연성액체 또는 액화가스가 분출하여 갑자기 기화되면서 폭발하는 현상이다. 한꺼번에 대량의 가연물이 연소하므로 화구(Fire Ball)를 형성하며 복사열을 대량 방출한다.

11
가연물질의 구비 조건으로 옳지 않은 것은?

① 화학적 활성이 클 것
② 열의 축적이 용이할 것
③ 활성화 에너지가 작을 것
④ 산소와 결합할 때 발열량이 작을 것

해설

산소와 결합할 때 발열량이 클 경우 가연물이 되기 쉽다.

| 관련개념 | **가연물이 되기 쉬운 조건**
- 활성화 에너지가 작을 것
- 발열량이 클 것
- 열전도도가 작을 것
- 산소와 친화력이 좋을 것
- 산소와 접촉할 수 있는 표면적이 넓을 것

12
다음 각 물질과 물이 반응하였을 때 발생하는 가스의 연결이 틀린 것은?

① 탄화칼슘 - 아세틸렌
② 탄화알루미늄 - 이산화황
③ 인화칼슘 - 포스핀
④ 수소화리튬 - 수소

해설

① 탄화칼슘(CaC_2)과 물이 반응하면 아세틸렌가스(C_2H_2)가 발생한다.
$$CaC_2 + 2H_2O \rightarrow Ca(OH)_2 + C_2H_2 \uparrow$$
② 탄화알루미늄(Al_4C_3)과 물이 반응하면 메탄가스(CH_4)가 발생한다.
$$Al_4C_3 + 12H_2O \rightarrow 4Al(OH)_3 + 3CH_4 \uparrow$$
③ 인화칼슘(Ca_3P_2)과 물이 반응하면 포스핀가스(PH_3)가 발생한다.
$$Ca_3P_2 + 6H_2O \rightarrow 3Ca(OH)_2 + 2PH_3 \uparrow$$
④ 수소화리튬(LiH)과 물이 반응하면 수소가스(H_2)가 발생한다.
$$LiH + H_2O \rightarrow LiOH + H_2 \uparrow$$

| 관련개념 | **주수소화(물을 이용한 소화) 시 위험한 물질**

구분	현상
무기과산화물	산소 발생
마그네슘, 알루미늄, 칼륨, 나트륨, 수소화리튬	수소 발생
유류화재	연소면(화재면) 확대

13
가연성 가스이면서도 독성가스인 것은?

① 질소　　　　　② 수소
③ 염소　　　　　④ 황화수소

해설

황화수소는 가연성이 있으며 달걀 썩는 냄새가 나는 독성가스이다.

정답 10 ①　11 ④　12 ②　13 ④

14
전기화재의 원인으로 거리가 먼 것은?

① 단락
② 과전류
③ 누전
④ 절연 과다

해설
절연성이 과다할 경우 전기화재를 방지할 수 있으며, 절연성이 저하되거나 탄화되면 화재가 발생할 수 있다.

| 관련개념 | **전기화재의 원인**
단락(합선), 과전류, 누전, 지락, 접속부 과열, 스파크, 정전기, 절연열화 또는 탄화, 낙뢰

15
물에 저장하는 것이 안전한 물질은?

① 나트륨
② 수소화칼슘
③ 이황화탄소
④ 탄화칼슘

해설
이황화탄소는 인화점이 낮고 물보다 무거우므로 물속에 보관하여 기체의 발생을 방지한다.

16
대두유가 침적된 기름걸레를 쓰레기통에 장시간 방치한 결과 자연발화에 의하여 화재가 발생한 경우 그 이유로 옳은 것은?

① 분해열 축적
② 산화열 축적
③ 흡착열 축적
④ 발효열 축적

해설
산화열은 물질이 산소와 결합하는 과정에서 발생하는 열로 자연발화의 가장 큰 원인이다.

| 관련개념 | **자연발화**

구분	설명
정의	가연물이 공기 중에서 산화되면서 산화열이 축적되어 발화하는 것이다.
일어나는 경우	기름걸레를 쓰레기통과 같이 밀폐된 공간 안에 장기간 보관하면 산화열이 축적되어 자연발화가 일어난다.
일어나지 않는 경우	기름걸레를 빨랫줄에 걸어 놓으면 산화는 되더라도 산화 열이 축적되지 않아 자연발화가 일어나지 않는다.

17
건축법령상 내력벽, 기둥, 바닥, 보, 지붕틀 및 주계단을 무엇이라 하는가?

① 내진구조부
② 건축설비부
③ 보조구조부
④ 주요구조부

해설
「건축법」에 따른 건축물의 주요구조부
- 내력벽
- 보(작은 보 제외)
- 기둥(사이기둥 제외)
- 바닥(최하층바닥 제외)
- 주계단(옥외계단 제외)
- 지붕틀(차양 제외)

정답 14 ④ 15 ③ 16 ② 17 ④

18

인화점이 낮은 것부터 높은 순서로 옳게 나열된 것은?

① 에틸알코올 < 이황화탄소 < 아세톤
② 이황화탄소 < 에틸알코올 < 아세톤
③ 에틸알코올 < 아세톤 < 이황화탄소
④ 이황화탄소 < 아세톤 < 에틸알코올

> 해설

이황화탄소($-30[°C]$) < 아세톤($-18[°C]$) < 에틸알코올($13[°C]$) 순으로 인화점이 높아진다.

| 관련개념 | 물질별 인화점과 착화점

물질	인화점[°C]	착화점[°C]
프로필렌	−107	497
에틸에테르(디에틸에테르)	−45	180
가솔린(휘발유)	−43	300
산화프로필렌	−37	465
이황화탄소	−30	100
아세틸렌	−18	335
아세톤	−18	538
벤젠	−11	562
톨루엔	4.4	480
에틸알코올	13	423
아세트산	40	−
등유	43~72	210
경유	50~70	200
적린	−	260

19 빈출

소화약제로 사용하는 물의 증발잠열로 기대할 수 있는 소화효과는?

① 냉각소화
② 질식소화
③ 제거소화
④ 촉매소화

> 해설

물의 증발잠열로 기대할 수 있는 소화효과는 냉각소화이다.

| 관련개념 | 소화원리의 종류

구분	설명
냉각소화	점화원을 냉각하여 연소가 지속되지 못하도록 하는 소화법이다. 주로 증발잠열이 큰 물을 사용하여 소화한다.
억제소화 (부촉매소화)	연소반응 시 발생하는 활성라디칼의 생성을 억제하여 소화하는 방법이다.
제거효과	가연물을 제거하여 소화하는 방법이다.
질식소화	공기 중의 산소농도를 낮춰서 연소에 필요한 산소를 차단하여 소화하는 방법이다.

20

위험물별 저장방법에 대한 설명 중 틀린 것은?

① 유황은 정전기가 축적되지 않도록 하여 저장한다.
② 적린은 화기로부터 격리하여 저장한다.
③ 마그네슘은 건조하면 부유하여 분진폭발의 위험이 있으므로 물에 적시어 보관한다.
④ 황화린은 산화제와 격리하여 저장한다.

> 해설

마그네슘은 물과 반응하여 가연성 가스인 수소를 발생시키므로 습기에 주의하여야 한다.

$Mg + 2H_2O \rightarrow Mg(OH)_2 + H_2 \uparrow$

2과목　소방전기일반

21 빈출

논리식 $(X+Y)(X+\overline{Y})$을 간단히 하면?

① 1　　② XY
③ X　　④ Y

해설

논리식을 계산하여 간단히 한다.
$(X+Y)(X+\overline{Y}) = XX + X\overline{Y} + XY + Y\overline{Y}$
$= X + X\overline{Y} + XY$
$= X(1+\overline{Y}+Y)$
$= X$

22

어떤 측정 계기의 지시값을 M, 참값을 T라 할 때 보정률[%]은?

① $\dfrac{T-M}{M} \times 100[\%]$　　② $\dfrac{M}{M-T} \times 100[\%]$

③ $\dfrac{T-M}{T} \times 100[\%]$　　④ $\dfrac{T}{M-T} \times 100[\%]$

해설

- 오차율: $\dfrac{M-T}{T} \times 100[\%]$
- 보정률: $\dfrac{T-M}{M} \times 100[\%]$

23

그림과 같이 반지름 $r[\text{m}]$인 원의 원주상 임의의 2점 a, b 사이에 전류 $I[\text{A}]$가 흐른다. 원의 중심에서의 자계의 세기는 몇 $[\text{AT/m}]$인가?

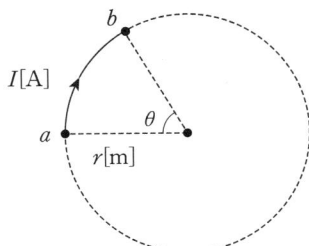

① $\dfrac{I\theta}{4\pi r}$　　② $\dfrac{I\theta}{4\pi r^2}$

③ $\dfrac{I\theta}{2\pi r}$　　④ $\dfrac{I\theta}{2\pi r^2}$

해설

- 반지름이 $r[\text{m}]$인 원주 전류에 의한 자계
  $H = \dfrac{I}{2r} [\text{AT/m}]$

- 각도 θ만큼의 원주 전류에 의한 자계
  $2\pi : H = \theta : H'$
  $H' = \dfrac{\theta}{2\pi} H$
  $\therefore H' = \dfrac{\theta}{2\pi} \times \dfrac{I}{2r} = \dfrac{I\theta}{4\pi r} [\text{AT/m}]$

정답　21 ③　22 ①　23 ①

24

회로에서 a, b 간의 합성저항[Ω]은?(단, $R_1 = 3[Ω]$, $R_2 = 9[Ω]$이다.)

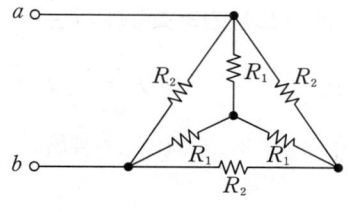

① 3
② 4
③ 5
④ 6

해설

Y 결선을 △결선으로 변환하면
$R_\Delta = 9[Ω] (\because R_\Delta = 3R_1)$

단자 ab 간의 등가회로는 다음 그림과 같다.

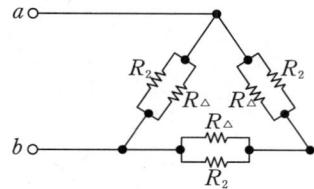

따라서 합성저항은
$R = (R_\Delta // R_2) // ((R_\Delta // R_2) + (R_\Delta // R_2))$
$= \left(\dfrac{R_\Delta \times R_2}{R_\Delta + R_2}\right) // \left(\dfrac{R_\Delta \times R_2}{R_\Delta + R_2} + \dfrac{R_\Delta \times R_2}{R_\Delta + R_2}\right)$
$= 4.5 // (4.5 + 4.5) = 4.5 // 9$
$= \dfrac{4.5 \times 9}{4.5 + 9} = 3[Ω]$

25

2차 제어시스템에서 무제동으로 무한 진동이 일어나는 감쇠율(damping ratio) δ는?

① $\delta = 0$
② $\delta > 1$
③ $\delta = 1$
④ $0 < \delta < 1$

해설

2차 제어계
- $\delta > 1$: 과제동(무진동)
- $\delta = 1$: 임계제동
- $0 < \delta < 1$: 부족제동(감쇠 진동)
- $\delta = 0$: 무제동(무한 진동)

26 빈출

블록선도의 전달함수 $\dfrac{C(s)}{R(s)}$는?

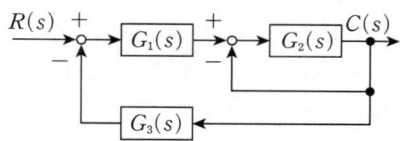

① $\dfrac{G_1(s)G_2(s)}{1 + G_1(s)G_2(s)G_3(s)}$

② $\dfrac{G_1(s)G_2(s)}{1 + G_1(s) + G_1(s)G_2(s)G_3(s)}$

③ $\dfrac{G_1(s)G_2(s)}{1 + G_2(s) + G_1(s)G_2(s)G_3(s)}$

④ $\dfrac{G_1(s)G_2(s)}{1 + G_3(s) + G_1(s)G_2(s)G_3(s)}$

해설

전달함수
- 개로 경로: $G_1(s)G_2(s)$
- 폐루프: $-G_2(s)$, $-G_1(s)G_2(s)G_3(s)$
- 전달함수

$\dfrac{C(s)}{R(s)} = \dfrac{G_1(s)G_2(s)}{1 - (-G_2(s) - G_1(s)G_2(s)G_3(s))}$

$= \dfrac{G_1(s)G_2(s)}{1 + G_2(s) + G_1(s)G_2(s)G_3(s)}$

정답 24 ① 25 ① 26 ③

27

3상 유도전동기의 특성에서 토크, 2차 입력, 동기속도의 관계로 옳은 것은?

① 토크는 2차 입력과 동기속도에 비례한다.
② 토크는 2차 입력에 비례하고 동기속도에 반비례한다.
③ 토크는 2차 입력에 반비례하고 동기속도에 비례한다.
④ 토크는 2차 입력의 제곱에 비례하고 동기속도의 제곱에 반비례한다.

해설

유도전동기의 토크 $\tau = 9.55\dfrac{P_0}{N} = 9.55\dfrac{P_2}{N_s}[\text{N}\cdot\text{m}]$

따라서 토크는 2차 입력에 비례하고 동기속도에 반비례한다.

28

어떤 회로에 $v(t) = 150\sin\omega t\,[\text{V}]$의 전압을 가하니 $i(t) = 12\sin(\omega t - 30°)[\text{A}]$의 전류가 흘렀다. 이 회로의 소비전력(유효전력)은 약 몇 [W]인가?

① 390　　② 450
③ 780　　④ 900

해설

- 전압의 실효값
  $V_{rms} = \dfrac{V_m}{\sqrt{2}} = \dfrac{150}{\sqrt{2}}[\text{V}]$
- 전류의 실효값
  $I_{rms} = \dfrac{I_m}{\sqrt{2}} = \dfrac{12}{\sqrt{2}}[\text{A}]$
- 소비전력 P
  $P = VI\cos\theta = \dfrac{150}{\sqrt{2}} \times \dfrac{12}{\sqrt{2}} \times \cos(0° - (-30°)) \fallingdotseq 780\,[\text{W}]$

29

평행한 두 도선 사이의 거리가 r이고, 각 도선에 흐르는 전류에 의해 두 도선 간의 작용력이 F_1일 때, 두 도선 사이의 거리를 $2r$로 하면 두 도선 간의 작용력 F_2는?

① $F_2 = \dfrac{1}{4}F_1$　　② $F_2 = \dfrac{1}{2}F_1$
③ $F_2 = 2F_1$　　④ $F_2 = 4F_1$

해설

평행도선 사이에 작용하는 힘

$F = \dfrac{\mu_0 I_1 I_2}{2\pi r}[\text{N}] \propto \dfrac{1}{r}$

즉, 두 도선에 작용하는 힘은 거리가 반비례하므로 거리가 2배로 늘어나면 힘은 $\dfrac{1}{2}$배가 된다.

∴ $F_2 = \dfrac{1}{2}F_1$

30

$200[\text{V}]$의 교류전압에서 $30[\text{A}]$의 전류가 흐르는 부하가 $4.8[\text{kW}]$의 유효전력을 소비하고 있을 때 이 부하의 리액턴스$[\Omega]$는?

① 6.6　　② 5.3
③ 4.0　　④ 3.3

해설

- 피상전력
  $P_a = VI = 200 \times 30 = 6,000[\text{VA}]$
- 무효전력
  $P_r = \sqrt{P_a^2 - P^2} = \sqrt{6,000^2 - 4,800^2}$
  $= 3,600[\text{Var}]$
- 리액턴스
  $P_r = I^2 X$에서
  $X = \dfrac{P_r}{I^2} = \dfrac{3,600}{30^2} = 4[\Omega]$

정답　27 ②　28 ③　29 ②　30 ③

31

정전용량이 $0.02[\mu F]$인 커패시터 2개와 정전용량이 $0.01[\mu F]$인 커패시터 1개를 모두 병렬로 접속하여 $24[V]$의 전압을 가하였다. 이 병렬 회로의 합성 정전용량$[\mu F]$과 $0.01[\mu F]$의 커패시터에 축적되는 전하량$[C]$은?

① 0.05, 0.12×10^{-6} ② 0.05, 0.24×10^{-6}
③ 0.03, 0.12×10^{-6} ④ 0.03, 0.24×10^{-6}

해설

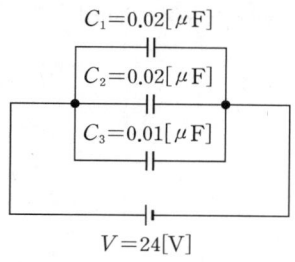

콘덴서(커패시터)의 병렬접속이므로 합성용량은 각 콘덴서의 합으로 구한다.
$C = C_1 + C_2 + C_3 = 0.02 + 0.02 + 0.01 = 0.05[\mu F]$
전하량 $Q = CV$의 공식에 대입하면
C_3의 전하량 Q_3는
$Q_3 = C_3 V = (0.01 \times 10^{-6}) \times 24 = 0.24 \times 10^{-6}[C]$

32 빈출

그림과 같은 다이오드 회로에서 출력전압 V_0는?(단, 다이오드의 전압강하는 무시한다.)

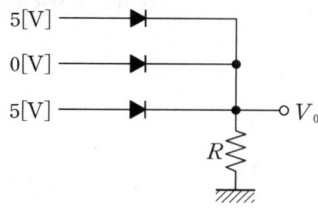

① $10[V]$ ② $5[V]$
③ $1[V]$ ④ $0[V]$

해설

OR 게이트
세 개의 입력 중 하나라도 입력값($5[V]$)이 있다면 출력에는 입력값($5[V]$)이 나타난다.
따라서 $V_0 = 5[V]$이다.

33

테브난의 정리를 이용하여 그림 (a)의 회로를 그림 (b)와 같은 등가회로로 만들고자 할 때 $V_{th}[V]$와 $R_{th}[\Omega]$은?

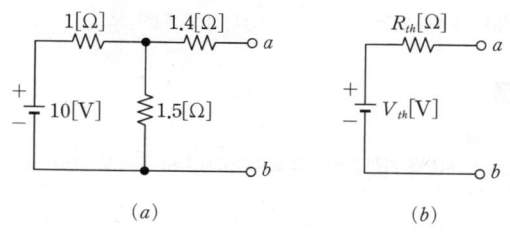

① $5[V]$, $2[\Omega]$ ② $5[V]$, $3[\Omega]$
③ $6[V]$, $2[\Omega]$ ④ $6[V]$, $3[\Omega]$

해설

테브난의 정리
- 전압원에서 본 테브난 전압
$$V_{th} = \frac{1.5}{1+1.5} \times 10 = 6[V]$$
- $a-b$ 단자에서 본 테브난 저항(전압원 단락)
$$R_{th} = \frac{1 \times 1.5}{1+1.5} + 1.4 = 2[\Omega]$$

34 고난도

LC 직렬회로에 직류전압 E를 $t = 0[s]$에 인가했을 때 흐르는 전류 $i(t)$는?

① $\dfrac{E}{\sqrt{\dfrac{L}{C}}} \cos \dfrac{1}{\sqrt{LC}} t$ ② $\dfrac{E}{\sqrt{\dfrac{L}{C}}} \sin \dfrac{1}{\sqrt{LC}} t$

③ $\dfrac{E}{\sqrt{\dfrac{C}{L}}} \cos \dfrac{1}{\sqrt{LC}} t$ ④ $\dfrac{E}{\sqrt{\dfrac{C}{L}}} \sin \dfrac{1}{\sqrt{LC}} t$

해설

$L-C$ 직렬회로 과도현상
$$i(t) = \frac{CE}{\sqrt{LC}} \sin \frac{1}{\sqrt{LC}} t = \frac{E}{\sqrt{\dfrac{L}{C}}} \sin \frac{1}{\sqrt{LC}} t [A]$$

[참고사항] 이 문제는 기사 수준을 벗어난 문제로 유도과정은 제외하고 답만 암기하시기 바랍니다.

정답 31 ② 32 ② 33 ③ 34 ②

35 빈출
다음 소자 중에서 온도 보상용으로 쓰이는 것은?

① 서미스터 ② 바리스터
③ 제너 다이오드 ④ 터널 다이오드

해설

서미스터
부(−)온도 특성을 가진 저항기의 일종으로서 주로 온도 보정용(온도 보상용)으로 쓴다.

36
변위를 압력으로 변환하는 장치로 옳은 것은?

① 다이어프램 ② 가변 저항기
③ 벨로우즈 ④ 노즐 플래퍼

해설

변위를 압력으로 변환하는 소자에는 유압분사관, 노즐 플래퍼, 스프링이 있다.

| 관련개념 | 변환요소
- 변위 → 전압: 포텐셔미터, 자속 변압기, 전위차계
- 변위 → 임피던스: 가변 저항기, 용량형 변환기
- 변위 → 압력: 유압분사관, 노즐 플래퍼
- 전압 → 변위: 전자석
- 빛 → 전압: 광전지
- 온도 → 전압: 열전대
- 온도 → 임피던스: 측온저항

37
저항 $R_1[\Omega]$, 저항 $R_2[\Omega]$, 인덕턴스 $L[H]$의 직렬회로가 있다. 이 회로의 시정수[s]는?

① $-\dfrac{R_1+R_2}{L}$ ② $\dfrac{R_1+R_2}{L}$
③ $-\dfrac{L}{R_1+R_2}$ ④ $\dfrac{L}{R_1+R_2}$

해설

$R-L$ 직렬 회로 시정수 $\tau = \dfrac{L}{R}[s]$ 이고,

직렬 연결한 두 저항의 합성 저항 $R = R_1 + R_2$ 이므로

$\therefore \tau = \dfrac{L}{R_1+R_2}[s]$

38
자기 인덕턴스 L_1, L_2가 각각 $4[mH]$, $9[mH]$인 두 코일이 이상적인 결합이 되었다면 상호 인덕턴스는 몇 $[mH]$인가?(단, 결합계수는 1이다.)

① 6 ② 12
③ 24 ④ 36

해설

상호 인덕턴스 $M = k\sqrt{L_1 L_2}[H]$ 이므로
$M = k\sqrt{L_1 L_2} = 1 \times \sqrt{4 \times 9} = \sqrt{36} = 6[mH]$

39 빈출
분류기를 사용하여 내부저항이 R_A인 전류계의 배율을 9로 하기 위한 분류기의 저항 $R_S[\Omega]$은?

① $R_S = \dfrac{1}{8}R_A$ ② $R_S = \dfrac{1}{9}R_A$
③ $R_S = 8R_A$ ④ $R_S = 9R_A$

해설

분류기 비율 m은
$m = \dfrac{I_0}{I} = \dfrac{R_A + R_S}{R_S} = 1 + \dfrac{R_A}{R_S}$

$m - 1 = \dfrac{R_A}{R_S}$

따라서 분류기 저항 R_S는

$R_S = \dfrac{R_A}{m-1} = \dfrac{R_A}{9-1} = \dfrac{1}{8}R_A$

정답 35 ① 36 ④ 37 ④ 38 ① 39 ①

40

그림의 논리회로와 등가인 논리 게이트는?

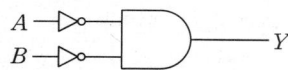

① NOR
② NAND
③ NOT
④ OR

해설

$Y = \overline{A} \cdot \overline{B} = \overline{A+B}$

A, B 입력 모두가 0인 경우 출력이 1이 되고, 그 외에는 출력이 0이 되는 논리 게이트는 NOR 게이트이다.

| 관련개념 | **NOR 게이트**

• 논리기호

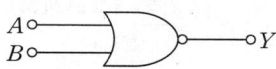

• 진리표

A	B	Y
0	0	1
0	1	0
1	0	0
1	1	0

3과목 소방관계법규

41 빈출

「소방기본법」에서 정의하는 소방대의 조직구성원이 아닌 것은?

① 의무소방원
② 소방공무원
③ 의용소방대원
④ 공항소방대원

해설

소방대

화재를 진압하고 화재, 재난·재해, 그 밖의 위험한 상황에서 구조·구급 활동 등을 하기 위하여 다음의 사람으로 구성된 조직체를 말한다.

• 소방공무원
• 의용소방대원
• 의무소방원

42

「위험물안전관리법령」상 인화성 액체위험물(이황화탄소를 제외)의 옥외탱크저장소의 탱크 주위에 설치하여야 하는 방유제의 기준 중 틀린 것은?

① 방유제의 용량은 방유제 안에 설치된 탱크가 하나인 때에는 그 탱크 용량의 110[%] 이상으로 할 것
② 방유제의 용량은 방유제 안에 설치된 탱크가 2기 이상인 때에는 그 탱크 중 용량이 최대인 것의 용량의 110[%] 이상으로 할 것
③ 방유제는 높이 1[m] 이상 2[m] 이하, 두께 0.2[m] 이상, 지하매설깊이 0.5[m] 이상으로 할 것
④ 방유제 내의 면적은 80,000[m²] 이하로 할 것

해설

방유제는 높이 0.5[m] 이상 3[m] 이하, 두께 0.2[m] 이상, 지하매설깊이 1[m] 이상으로 설치하여야 한다.

| 관련개념 | **방유제**

• 방유제의 설치기준
  – 높이: 0.5[m] 이상 3[m] 이하
  – 두께: 0.2[m] 이상
  – 지하매설깊이: 1[m] 이상
  – 높이가 1[m]를 넘는 방유제 및 간막이 둑의 안팎에는 방유제 내에 출입하기 위한 계단 또는 경사로를 약 50[m]마다 설치
  – 방유제 내의 면적: 80,000[m²] 이하
  – 탱크의 수: 10기 이하
• 방유제의 용량기준(인화성 액체–이황화탄소 제외)
  – 탱크 1기: 탱크 용량의 110[%] 이상
  – 탱크 2기 이상: 설치된 탱크 중 용량이 최대인 것의 용량의 110[%] 이상

정답 40 ① 41 ④ 42 ③

43 빈출

「소방시설공사업법령」상 공사감리자 지정대상 특정소방대상물의 범위가 아닌 것은?

① 물분무등소화설비(호스릴 방식의 소화설비는 제외)를 신설·개설하거나 방호·방수 구역을 증설할 때
② 제연설비를 신설·개설하거나 제연구역을 증설할 때
③ 연소방지설비를 신설·개설하거나 살수구역을 증설할 때
④ 캐비닛형 간이스프링클러설비를 신설·개설하거나 방호·방수 구역을 증설할 때

해설

캐비닛형 간이스프링클러설비를 제외한 스프링클러설비를 신설·개설하거나 방호·방수구역을 증설할 때 공사감리자 지정대상 특정소방대상물의 범위에 해당한다.

| 관련개념 | 공사감리자 지정대상 특정소방대상물의 범위
- 옥내소화전설비를 신설·개설 또는 증설할 때
- 스프링클러설비 등(캐비닛형 간이스프링클러설비는 제외)을 신설·개설하거나 방호·방수구역을 증설할 때
- 물분무등소화설비(호스릴 방식의 소화설비는 제외)를 신설·개설하거나 방호·방수구역을 증설할 때
- 옥외소화전설비를 신설·개설 또는 증설할 때
- 자동화재탐지설비를 신설 또는 개설할 때
- 비상방송설비를 신설 또는 개설할 때
- 통합감시시설을 신설 또는 개설할 때
- 비상조명등을 신설 또는 개설할 때
- 소화용수설비를 신설 또는 개설할 때
- 다음의 소화활동설비에 대하여 시공을 할 때
  - 제연설비를 신설 개설하거나 제연구역을 증설할 때
  - 연결송수관설비를 신설 또는 개설할 때
  - 연결살수설비를 신설·개설하거나 송수구역을 증설할 때
  - 비상콘센트설비를 신설·개설하거나 전용회로를 증설할 때
  - 무선통신보조설비를 신설 또는 개설할 때
  - 연소방지설비를 신설·개설하거나 살수구역을 증설할 때

44

「소방기본법령」상 소방신호의 방법으로 틀린 것은?

① 타종에 의한 훈련신호는 연3타 반복
② 사이렌에 의한 발화신호는 5초 간격을 두고 10초씩 3회
③ 타종에 의한 해제신호는 상당한 간격을 두고 1타씩 반복
④ 사이렌에 의한 경계신호는 5초 간격을 두고 30초씩 3회

해설

사이렌에 의한 발화신호는 5초 간격을 두고 5초씩 3회이다.

| 관련개념 | 소방신호의 방법

구분	타종신호	사이렌신호
경계신호	1타와 연2타를 반복	5초 간격을 두고 30초씩 3회
발화신호	난타	5초 간격을 두고 5초씩 3회
해제신호	상당한 간격을 두고 1타씩 반복	1분간 1회
훈련신호	연3타 반복	10초 간격을 두고 1분씩 3회

45

「화재예방, 소방시설 설치·유지 및 안전관리에 관한 법령」상 대통령령 또는 화재안전기준이 변경되어 그 기준이 강화되는 경우 기존 특정소방대상물 소방시설 중 강화된 기준을 적용하여야 하는 소방시설은?

① 비상경보설비 ② 비상방송설비
③ 비상콘센트설비 ④ 옥내소화전설비

해설

비상경보설비는 강화된 기준을 적용해야 하는 소방시설이다.

| 관련개념 | 강화된 기준을 적용해야 하는 소방시설
- 소화기구
- 비상경보설비
- 자동화재속보설비
- 피난구조설비
- 공동구 및 전력 또는 통신사업용 지하구에 설치하는 소방시설
- 노유자시설에 설치하여야 하는 소방시설
  - 간이스프링클러설비   - 자동화재탐지설비
  - 단독경보형 감지기
- 의료시설에 설치하여야 하는 소방시설
  - 스프링클러설비   - 간이스프링클러설비
  - 자동화재탐지설비   - 자동화재속보설비

정답 43 ④ 44 ② 45 ①

46 빈출

「화재예방, 소방시설 설치·유지 및 안전관리에 관한 법령」상 지하가는 연면적이 최소 몇 [m²] 이상이어야 스프링클러설비를 설치하여야 하는 특정소방대상물에 해당하는가?(단, 터널은 제외한다.)

① 100
② 200
③ 1,000
④ 2,000

해설

지하가(터널은 제외)로서 연면적 1,000[m²] 이상이어야 한다.

| 관련개념 | 스프링클러설비 설치대상 특정소방대상물

• 문화 및 집회시설 • 종교시설 • 운동시설(모든 층)		수용인원 100인 이상
	영화상영관 바닥면적	지하층·무창층 500[m²] 이상
		그 밖의 층 1,000[m²] 이상
	무대부면적	지하층·무창층, 4층 이상 층 300[m²] 이상
		그 밖의 층 500[m²] 이상
• 판매시설 • 운수시설 • 물류터미널(모든 층)		수용인원 500인 이상
		바닥면적 합계 5,000[m²] 이상
창고시설(모든 층) (물류터미널 제외)		바닥면적 합계 5,000[m²] 이상
모든 층		층수가 6층 이상인 특정소방대상물

• 조산원 및 산후조리원
• 정신의료기관
• 종합병원, 병원, 치과병원
  한방병원 및 요양병원(정
  신병원 제외)
• 노유자시설
• 숙박가능 수련시설
		바닥면적 합계 600[m²] 이상

천장·반자의 높이 10[m] 넘는 랙식 창고		바닥면적 합계 1,500[m²] 이상
지하층·무창층·층수가 4층 이상인 층		바닥면적 1,000[m²] 이상
특수가연물을 저장·취급하는 시설		규정수량 1,000배 이상
지하가(터널 제외)		연면적 1,000[m²] 이상
기숙사 복합건축물(모든 층)		연면적 5,000[m²] 이상
교정 및 군사시설		보호감호소, 교도소, 구치소, 보호관찰소, 갱생보호시설, 출입국관리 보호시설(생활 공간 한정, 임차 제외), 유치장
발전시설		전기저장시설
보일러실 또는 연결통로		전부

47

「화재예방, 소방시설 설치·유지 및 안전관리에 관한 법령」상 특정소방대상물의 관계인이 수행하여야 하는 소방안전관리 업무가 아닌 것은?

① 소방훈련의 지도·감독
② 화기(火氣) 취급의 감독
③ 피난시설, 방화구획 및 방화시설의 유지·관리
④ 소방시설이나 그 밖의 소방 관련 시설의 유지·관리

해설

소방훈련의 지도·감독은 소방본부장, 소방서장이 수행한다.

| 관련개념 | 특정소방대상물의 관계인의 업무

• 피난시설, 방화구획 및 방화시설의 유지·관리
• 소방시설이나 그 밖의 소방 관련 시설의 유지·관리
• 화기 취급의 감독
• 그 밖에 소방안전관리에 필요한 업무

정답 46 ③ 47 ①

48 빈출

「소방기본법령」상 저수조의 설치기준으로 틀린 것은?

① 지면으로부터의 낙차가 4.5[m] 이상일 것
② 흡수부분의 수심이 0.5[m] 이상일 것
③ 흡수에 지장이 없도록 토사 및 쓰레기 등을 제거할 수 있는 설비를 갖출 것
④ 흡수관의 투입구가 사각형의 경우에는 한 변의 길이가 60[cm] 이상, 원형의 경우에는 지름이 60[cm] 이상일 것

해설

지면으로부터의 낙차가 4.5[m] 이하이어야 한다.

| 관련개념 | 소방용수시설의 설치기준

공통기준		• 주거 · 상업 · 공업지역 수평거리 100[m] 이하 • 그 외 지역 수평거리 140[m] 이하
개별기준	소화전	• 소화전의 연결금속구의 구경은 65[mm] • 상수도와 연결한 지상식, 지하식 구조
	급수탑	• 급수배관의 구경은 100[mm] 이상 • 개폐밸브의 위치는 지상에서 1.5[m] 이상 1.7[m] 이하

	저수조	• 지면으로부터의 낙차가 4.5[m] 이하일 것
		• 흡수관의 투입구
		   - 사각형의 경우: 한 변의 길이가 60[cm] 이상
		   - 원형의 경우: 지름이 60[cm] 이상
		• 흡수에 지장이 없도록 토사 및 쓰레기 등을 제거할 수 있는 설비를 갖출 것
		• 흡수부분의 수심이 0.5[m] 이상일 것
		• 소방펌프자동차가 쉽게 접근할 수 있도록 할 것
		• 저수조에 물 공급 방법: 상수도에 연결하여 자동으로 급수되는 구조

49

「위험물안전관리법령」상 시 · 도지사의 허가를 받지 아니하고 당해 제조소 등을 설치할 수 있는 기준 중 다음 ( ) 안에 알맞은 것은?

> 농예용 · 축산용 또는 수산용으로 필요한 난방시설 또는 건조시설을 위한 지정수량 ( )배 이하의 저장소

① 20 ② 30
③ 40 ④ 50

해설

농예용 · 축산용 또는 수산용으로 필요한 난방시설 또는 건조시설을 위한 지정수량 20배 이하의 저장소는 시 · 도지사의 허가를 받지 아니하고 당해 제조소 등을 설치할 수 있다.

| 관련개념 | 위험물시설의 설치 및 변경

- 설치 허가권자: 시 · 도지사
- 제조소 등의 변경신고는 변경하고자 하는 날의 1일 전까지 시 · 도지사에게 해야 한다.
- 시 · 도지사의 허가를 받지 아니하고 제조소 등을 설치할 수 있는 기준
  - 주택의 난방시설(공동주택의 중앙난방시설 제외)을 위한 저장소 또는 취급소
  - 농예용 · 축산용 또는 수산용으로 필요한 난방시설 또는 건조시설을 위한 지정수량 20배 이하의 저장소

50

「소방기본법령」상 화재조사의 종류 중 화재원인조사에 해당하지 않는 것은?

① 발화원인조사 ② 인명피해조사
③ 연소상황조사 ④ 소방시설 등 조사

해설

인명피해조사는 화재피해조사이다.

| 관련개념 | 화재원인조사의 종류 및 조사범위

종류	조사범위
발화원인조사	화재가 발생한 과정, 화재가 발생한 지점 및 불이 붙기 시작한 물질
발견 · 통보 및 초기 소화상황조사	화재의 발견 · 통보 및 초기소화 등 일련의 과정
연소상황조사	화재의 연소경로 및 확대원인 등의 상황
피난상황조사	피난경로, 피난상의 장애요인 등의 상황
소방시설 등 조사	소방시설의 사용 또는 작동 등의 상황

정답 48 ① 49 ① 50 ②

51

「화재예방, 소방시설 설치·유지 및 안전관리에 관한 법령」상 특정소방대상물의 소방시설 설치의 면제기준 중 다음 ( ) 안에 알맞은 것은?

> 물분무등소화설비를 설치하여야 하는 차고·주차장에 ( )를 화재안전기준에 적합하게 설치한 경우에는 그 설비의 유효범위에서 설치가 면제된다.

① 옥내소화전설비
② 스프링클러설비
③ 간이스프링클러설비
④ 청정소화약제소화설비

해설

물분무등소화설비를 설치하여야 하는 차고 주차장에 스프링클러 설비를 화재안전기준에 적합하게 설치한 경우에는 그 설비의 유효범위에서 설치가 면제된다.

| 관련개념 | 유사한 소방시설의 설치면제기준

설치가 면제되는 소방시설	설치면제기준
스프링클러설비	물분무등소화설비
물분무등소화설비	차고·주차장 스프링클러설비
간이스프링클러설비	스프링클러설비, 물분무소화설비 또는 미분무소화설비
비상경보설비 또는 단독경보형 감지기	자동화재탐지설비
비상경보설비	단독경보형 감지기를 2개 이상의 단독경보형 감지기와 연동
비상방송설비	자동화재탐지설비 또는 비상경보설비와 같은 수준 이상의 음향을 발하는 장치를 부설한 방송설비

52 고난도

「화재예방, 소방시설 설치·유지 및 안전관리에 관한 법령」상 소방안전관리대상물의 소방계획서에 포함되어야 하는 사항이 아닌 것은?

① 소방시설·피난시설 및 방화시설의 점검·정비계획
② 「위험물안전관리법」에 따라 예방규정을 정하는 제조소 등의 위험물 저장·취급에 관한 사항
③ 특정소방대상물의 근무자 및 거주자의 자위소방대 조직과 대원의 임무에 관한 사항
④ 방화구획, 제연구획, 건축물의 내부 마감재료(불연재료·준불연재료 또는 난연재료로 사용된 것) 및 방염물품의 사용현황과 그 밖의 방화구조 및 설비의 유지·관리계획

해설

소방안전관리대상물의 소방계획서에 포함되어야 하는 사항이 아닌 것은 「위험물안전관리법」에 따라 예방규정을 정하는 제조소 등의 위험물 저장·취급에 관한 사항이다.

| 관련개념 | 소방안전관리대상물의 소방계획서의 내용
- 소방안전관리대상물의 위치·구조·연면적·용도 및 수용인원 등 일반현황
- 소방안전관리대상물에 설치한 소방시설·방화시설, 전기시설·가스시설 및 위험물시설의 현황
- 화재예방을 위한 자체점검계획 및 진압대책
- 소방시설 피난시설 및 방화시설의 점검·정비계획
- 피난층 및 피난시설의 위치와 피난경로의 설정, 장애인 및 노약자의 피난 계획 등을 포함한 피난계획
- 방화구획, 제연구획, 건축물의 내부 마감재료 및 방염물품의 사용현황과 그 밖의 방화구조 및 설비의 유지·관리계획
- 소방훈련 및 교육에 관한 계획
- 자위소방대 조직과 대원의 임무에 관한 사항
- 화기 취급 작업에 대한 사전 안전조치 및 감독 등 공사 중 소방안전관리에 관한 사항
- 공동 및 분임 소방안전관리에 관한 사항
- 소화와 연소 방지에 관한 사항
- 위험물의 저장·취급에 관한 사항(예방규정을 정하는 제조소 등은 제외)
- 그 밖에 소방안전관리를 위하여 소방본부장 또는 소방서장이 소방안전관리대상물의 위치·구조·설비 또는 관리 상황 등을 고려하여 소방안전관리에 필요하여 요청하는 사항

정답 51 ② 52 ②

53

「위험물안전관리법령」상 업무상 과실로 제조소 등에서 위험물을 유출·방출 또는 확산시켜 사람의 생명·신체 또는 재산에 대하여 위험을 발생시킨 자에 대한 벌칙 기준은?

① 5년 이하의 금고 또는 2,000만 원 이하의 벌금
② 5년 이하의 금고 또는 7,000만 원 이하의 벌금
③ 7년 이하의 금고 또는 2,000만 원 이하의 벌금
④ 7년 이하의 금고 또는 7,000만 원 이하의 벌금

해설

업무상 과실로 제조소 등에서 위험물을 유출·방출 또는 확산시켜 사람의 생명·신체 또는 재산에 대하여 위험을 발생시킨 자는 7년 이하의 금고 또는 7,000만 원 이하의 벌금에 처한다.

54

「소방시설공사업법령」상 소방시설업 등록을 하지 아니하고 영업을 한 자에 대한 벌칙은?

① 500만 원 이하의 벌금
② 1년 이하의 징역 또는 1,000만 원 이하의 벌금
③ 3년 이하의 징역 또는 3,000만 원 이하의 벌금
④ 5년 이하의 징역

해설

소방시설업 등록을 하지 아니하고 영업을 한 자는 3년 이하의 징역 또는 3천만 원 이하의 벌금에 처한다.

55

「위험물안전관리법령」상 위험물의 유별 저장·취급의 공통기준 중 다음 (   ) 안에 알맞은 것은?

> (   ) 위험물은 산화제와의 접촉·혼합이나 불티·불꽃·고온체와의 접근 또는 과열을 피하는 한편, 철분·금속분·마그네슘 및 이를 함유한 것에 있어서는 물이나 산과의 접촉을 피하고 인화성 고체에 있어서는 함부로 증기를 발생시키지 아니하여야 한다.

① 제1류
② 제2류
③ 제3류
④ 제4류

해설

위험물의 유별 저장·취급의 공통기준

- 제1류 위험물
  - 가연물과의 접촉·혼합이나 분해를 촉진하는 물품과의 접근 또는 과열·충격·마찰 등을 피하여야 한다.
  - 알칼리금속의 과산화물 및 이를 함유한 것에 있어서는 물과의 접촉을 피하여야 한다.
- 제2류 위험물
  - 산화제와의 접촉·혼합이나 불티·불꽃·고온체와의 접근 또는 과열을 피하여야 한다.
  - 철분·금속분·마그네슘 및 이를 함유한 것에 있어서는 물이나 산과의 접촉을 피하여야 한다.
  - 인화성 고체에 있어서는 함부로 증기를 발생시키지 아니하여야 한다.
- 제3류 위험물
  - 자연발화성물질에 있어서는 불티·불꽃 또는 고온체와의 접근·과열 또는 공기와의 접촉을 피하여야 한다.
  - 금수성 물질에 있어서는 물과의 접촉을 피하여야 한다.
- 제4류 위험물
  불티·불꽃·고온체와의 접근 또는 과열을 피하고, 함부로 증기를 발생시키지 아니하여야 한다.
- 제5류 위험물
  불티·불꽃·고온체와의 접근이나 과열·충격 또는 마찰을 피하여야 한다.
- 제6류 위험물
  가연물과의 접촉·혼합이나 분해를 촉진하는 물품과의 접근 또는 과열을 피하여야 한다.

56 빈출

「소방기본법령」상 소방용수시설의 설치기준 중 급수탑의 급수배관의 구경은 최소 몇 [mm] 이상이어야 하는가?

① 100
② 150
③ 200
④ 250

해설

급수탑의 급수배관의 구경은 최소 100[mm] 이상이어야 한다.

정답 53 ④ 54 ③ 55 ② 56 ①

57

「화재예방, 소방시설 설치·유지 및 안전관리에 관한 법령」상 자동화재탐지설비를 설치하여야 하는 특정소방대상물에 대한 기준 중 ( )에 알맞은 것은?

> 근린생활시설(목욕장 제외), 의료시설(정신의료기관 또는 요양병원 제외), 숙박시설, 위락시설, 장례시설 및 복합건축물로서 연면적 ( )[m²] 이상인 것

① 400
② 600
③ 1,000
④ 3,500

해설

근린생활시설(목욕장 제외), 의료시설(정신의료기관 또는 요양병원 제외), 숙박시설, 위락시설, 장례시설 및 복합건축물로서 연면적 600[m²] 이상인 것에 자동화재탐지설비를 설치하여야 한다.

| 관련개념 | 자동화재탐지설비를 설치하여야 하는 특정소방대상물

① 연면적 600[m²] 이상 근린생활시설(목욕장은 제외), 의료시설(정신 의료기관 또는 요양병원은 제외), 숙박시설, 위락시설, 장례시설 및 복합건축물
② 연면적 1,000[m²] 이상 공동주택, 근린생활시설 중 목욕장, 문화 및 집회시설, 종교시설, 판매시설, 운수시설, 운동시설, 업무시설, 공장, 창고시설, 위험물 저장 및 처리 시설, 항공기 및 자동차 관련 시설, 교정 및 군사시설 중 국방·군사시설, 방송통신시설, 발전시설, 관광 휴게시설, 지하가(터널은 제외)
③ 연면적 2,000[m²] 이상 교육연구시설(교육시설 내에 있는 기숙사 및 합숙소 포함), 수련시설(수련시설 내에 있는 기숙사 및 합숙소 포함, 숙박시설이 있는 수련시설은 제외), 동물 및 식물 관련 시설(기둥과 지붕만으로 구성되어 외부와 기류가 통하는 장소는 제외), 분뇨 및 쓰레기 처리시설, 교정 및 군사시설(국방·군사시설은 제외) 또는 묘지 관련 시설
④ 지하구
⑤ 지하가 중 터널로서 길이가 1,000[m] 이상인 것
⑥ 노유자 생활시설
⑦ ⑥에 해당하지 않는 노유자시설로서 연면적 400[m²] 이상인 노유자시설 및 숙박시설이 있는 수련시설로서 수용인원 100명 이상인 것
⑧ ②에 해당하지 않는 공장 및 창고시설로서 정해진 수량의 500배 이상의 특수가연물을 저장·취급하는 것
⑨ 의료시설 중 정신의료기관 또는 요양병원으로서 다음에 해당하는 시설
  ㉠ 요양병원(정신병원과 의료재활시설은 제외)
  ㉡ 정신의료기관 또는 의료재활시설로 사용되는 바닥면적의 합계가 300[m²] 이상인 시설
  ㉢ 정신의료기관 또는 의료재활시설로 사용되는 바닥면적의 합계가 300[m²] 미만이고, 창살이 설치된 시설
⑩ 판매시설 중 전통시장
⑪ ①에 해당하지 않는 근린생활시설 중 조산원 및 산후조리원
⑫ ②에 해당하지 않는 발전시설 중 전기저장시설

58 빈출

「소방기본법」에서 정의하는 소방대상물에 해당되지 않는 것은?

① 산림
② 차량
③ 건축물
④ 항해 중인 선박

해설

항구에 매어둔 선박만 해당한다.

| 관련개념 | 소방대상물

건축물, 차량, 선박(항구에 매어둔 선박만 해당), 선박 건조 구조물, 산림, 그 밖의 인공 구조물 또는 물건을 말한다.

59

「화재예방, 소방시설 설치·유지 및 안전관리에 관한 법령」상 건축허가 등의 동의대상물의 범위 기준 중 틀린 것은?

① 건축 등을 하려는 학교시설: 연면적 200[m²] 이상
② 노유자시설: 연면적 200[m²] 이상
③ 정신의료기관(입원실이 없는 정신건강의학과 의원은 제외): 연면적 300[m²] 이상
④ 장애인 의료재활시설: 연면적 300[m²] 이상

해설

건축 등을 하려는 학교시설은 연면적 100[m²] 이상이어야 한다.

| 관련개념 | 건축허가 동의대상 특정소방대상물

면적기준	동의대상
400[m²] 이상	건축물 연면적
300[m²] 이상	• 정신의료기관 연면적 • 장애인 의료재활시설 연면적
200[m²] 이상	• 노유자시설 및 수련시설 연면적 • 차고·주차장으로 사용하는 바닥면적의 층이 있는 건축물 주차시설
150[m²] 이상	지하층, 무창층의 바닥면적
100[m²] 이상	• 학교시설 연면적 • 공연장 바닥면적

정답 57 ② 58 ④ 59 ①

60

「화재예방, 소방시설 설치·유지 및 안전관리에 관한 법령」상 형식 승인을 받지 아니한 소방용품을 판매하거나 판매 목적으로 진열하거나 소방시설공사에 사용한 자에 대한 벌칙 기준은?

① 3년 이하의 징역 또는 3,000만 원 이하의 벌금
② 2년 이하의 징역 또는 1,500만 원 이하의 벌금
③ 1년 이하의 징역 또는 1,000만 원 이하의 벌금
④ 1년 이하의 징역 또는 500만 원 이하의 벌금

해설

3년 이하의 징역 또는 3천만 원 이하의 벌금
- 소방대상물의 개수·이전·제거, 사용의 금지 또는 제한, 사용폐쇄, 공사의 정지 또는 중지, 그 밖의 필요한 조치 명령 등을 정당한 사유 없이 위반한 자
- 관리업의 등록을 하지 아니하고 영업을 한 자
- 소방용품의 형식 승인을 받지 아니하고 소방용품을 제조하거나 수입한 자
- 소방용품 형식 승인 제품검사를 받지 아니한 자
- 소방용품의 형식 승인, 임의변경, 제품검사, 합격표시 미이행 소방용품을 판매·진열하거나 소방시설공사에 사용한 자
- 제품검사를 받지 아니하거나 합격표시를 하지 아니한 소방용품을 판매·진열하거나 소방시설공사에 사용한 자
- 거짓이나 그 밖의 부정한 방법으로 전문기관으로 지정을 받은 자

4과목 소방전기시설의 구조 및 원리

61

비상콘센트설비의 화재안전기술기준(NFTC 504)에 따라 하나의 전용회로에 단상교류 비상콘센트 6개를 연결하는 경우, 전선의 용량은 몇 $[kVA]$ 이상이어야 하는가?

① 1.5
② 3
③ 4.5
④ 9

해설

하나의 전용회로에 설치하는 비상콘센트는 10개 이하로 한다. 이 경우 전선의 용량은 각 비상콘센트(비상콘센트가 3개 이상인 경우에는 3개)의 공급용량을 합한 용량 이상의 것으로 한다. 따라서 $1.5 \times 3 = 4.5[kVA]$이므로, 전선의 용량은 $4.5[kVA]$ 이상이어야 한다.

| 관련개념 | 비상콘센트설비의 전원회로 설치기준
- 전원회로는 단상교류 $220[V]$인 것으로서, 그 공급용량은 $1.5[kVA]$ 이상인 것으로 한다.
- 전원회로는 각 층에 2 이상이 되도록 설치한다. 다만, 설치하여야 할 층의 비상콘센트가 1개인 때에는 하나의 회로로 할 수 있다.
- 전원회로는 주배전반에서 전용회로로 한다.
- 전원으로부터 각 층의 비상콘센트에 분기되는 경우에는 분기배선용 차단기를 보호함 안에 설치한다.
- 콘센트마다 배선용 차단기를 설치하여야 하며, 충전부가 노출되지 아니하도록 한다.
- 개폐기에는 "비상콘센트"라고 표시한 표지를 한다.
- 비상콘센트용의 풀박스 등은 방청도장을 한 것으로서, 두께 $1.6[mm]$ 이상의 철판으로 한다.
- 하나의 전용회로에 설치하는 비상콘센트는 10개 이하로 한다. 이 경우 전선의 용량은 각 비상콘센트(비상콘센트가 3개 이상인 경우에는 3개)의 공급용량을 합한 용량 이상의 것으로 한다.

62 빈출

무선통신보조설비의 화재안전기술기준(NFTC 505)에 따라 지표면으로부터의 깊이가 몇 $[m]$ 이하인 경우에는 해당층에 한하여 무선통신보조설비를 설치하지 아니할 수 있는가?

① 0.5
② 1
③ 1.5
④ 2

해설

무선통신보조설비 설치제외
- 지하층으로서 특정소방대상물의 바닥부분 2면 이상이 지표면과 동일한 층
- 지표면으로부터의 깊이가 $1[m]$ 이하인 경우의 해당층

정답 60 ① 61 ③ 62 ②

63

자동화재속보설비의 속보기의 성능인증 및 제품검사의 기술기준에 따른 속보기의 구조에 대한 설명으로 틀린 것은?

① 수동통화용 송수화장치를 설치하여야 한다.
② 접지전극에 직류전류를 통하는 회로방식을 사용하여야 한다.
③ 작동 시 그 작동시간과 작동횟수를 표시할 수 있는 장치를 하여야 한다.
④ 예비전원회로에는 단락사고 등을 방지하기 위한 퓨즈, 차단기 등과 같은 보호장치를 하여야 한다.

해설

속보기는 접지전극에 직류전류를 통하는 회로방식을 사용하여서는 아니 된다.

| 관련개념 | **자동화재속보설비의 속보기의 성능인증 및 제품검사기준**

- 부식에 의하여 기계적 기능에 영향을 초래할 우려가 있는 부분은 칠, 도금 등으로 기계적 내식가공을 하거나 방청가공을 하여야 하며, 전기적 기능에 영향이 있는 단자 등은 동합금이나 이와 동등 이상의 내식성능이 있는 재질을 사용한다.
- 외부에서 쉽게 사람이 접촉할 우려가 있는 충전부는 충분히 보호되어야 하며 정격전압이 60[V]를 넘고 금속제 외함을 사용하는 경우에는 외함에 접지단자를 설치한다.
- 극성이 있는 배선을 접속하는 경우에는 오접속 방지를 위한 필요한 조치를 하여야 하며, 커넥터로 접속하는 방식은 구조적으로 오접속이 되지 않는 형태일 것
- 내부에는 예비전원(알칼리계 또는 리튬계 2차축전지, 무보수밀폐형축전지)을 설치하여야 하며 예비전원의 인출선 또는 접속단자는 오접속을 방지하기 위하여 적당한 색상에 의하여 극성을 구분할 수 있도록 한다.
- 예비전원회로에는 단락사고 등을 방지하기 위한 퓨즈, 차단기 등과 같은 보호장치를 한다.
- 전면에는 주전원 및 예비전원의 상태를 표시할 수 있는 장치와 작동 시 작동 여부를 표시하는 장치를 한다.
- 화재표시 복구스위치 및 음향장치의 울림을 정지시킬 수 있는 스위치를 설치한다.
- 작동 시 그 작동시간과 작동횟수를 표시할 수 있는 장치를 한다.
- 수동통화용 송수화장치를 설치한다.
- 표시등에 전구를 사용하는 경우에는 2개를 병렬로 설치한다. 다만, 발광다이오드의 경우에는 예외
- 속보기는 다음 각 호의 회로방식의 사용을 하지 말 것
  - 접지전극에 직류전류를 통하는 회로방식
  - 수신기에 접속되는 외부배선과 다른 설비(화재신호의 전달에 영향을 미치지 아니하는 것은 제외)의 외부배선을 공용으로 하는 회로방식
- 속보기의 기능에 유해한 영향을 미치는 부속장치는 설치하지 아니한다.

64

공기관식 차동식 분포형감지기의 기능시험을 하였더니 검출기의 접점수고치가 규정 이상으로 되어 있었다. 이때 발생되는 장애로 볼 수 있는 것은?

① 작동이 늦어진다.
② 장애는 발생되지 않는다.
③ 동작이 전혀 되지 않는다.
④ 화재도 아닌데 작동하는 일이 있다.

해설

다이아프램이 둔감하게 작동하여 늦어진다.

| 관련개념 | **차동식 분포형 공기관식 감지기의 접점수고시험**

- 화재작동시험: 감지기 작동 공기압에 해당하는 공기량 주입, 작동시간의 정상 판단
- 작동경계시험: 공기관 상태 및 길이의 적정성 판단
- 접점수고시험: 접점을 형성하는 마노미터의 수위를 확인하여 그때의 마노미터 높이의 1/2을 접점수고치로 본다.
  - 기준범위 미만: 다이아프램 민감 비화재보
  - 기준범위 초과: 다이아프램 둔감 실보
- 리크저항시험: 리크공의 누설률과 기준표 대조

65

경종의 형식승인 및 제품검사의 기술기준에 따라 경종은 전원전압이 정격전압의 ±몇 [%] 범위에서 변동하는 경우 기능에 이상이 생기지 아니하여야 하는가?

① 5
② 10
③ 20
④ 30

해설

경종은 전원전압이 ±20[%] 범위 내에서 변동하는 경우 기능에 이상이 생기지 아니하여야 한다.

| 관련개념 | **경종의 형식승인 및 제품검사의 기술기준**

- 경종의 기능
  - 정격전압을 인가하는 경우 음압은 무향실 내에서 정위치에 부착된 경종의 중심으로부터 1[m] 떨어진 위치에서 90[dB] 이상이어야 한다.
  - 정격전압을 인가하는 경우 경종의 소비전류는 50[mA] 이하이어야 한다.
- 전원전압 변동 시의 시험: 경종은 전원전압이 ±20[%] 범위 내에서 변동하는 경우 기능에 이상이 생기지 아니하여야 한다.

정답 63 ② 64 ① 65 ③

66

누전경보기의 화재안전기술기준(NFTC 205)에 따라 누전경보기의 수신부를 설치할 수 있는 장소는?(단, 해당 누전경보기에 대하여 방폭·방식·방습·방온·방진 및 정전기 차폐 등의 방호조치를 하지 않은 경우이다.)

① 습도가 낮은 장소
② 온도의 변화가 급격한 장소
③ 화약류를 제조하거나 저장 또는 취급하는 장소
④ 부식성의 증기·가스 등이 다량으로 체류하는 장소

해설

습도가 높은 장소는 수신부 설치 장소에서 제외된다.

| 관련개념 | 누전경보기 수신부 설치 장소

- 수신부 설치 장소
  - 누전경보기의 수신부는 옥내의 점검에 편리한 장소에 설치하되, 가연성의 증기·먼지 등이 체류할 우려가 있는 장소의 전기회로에는 해당 부분의 전기회로를 차단할 수 있는 차단기구를 가진 수신부를 설치하여야 한다. 이 경우 차단기구의 부분은 해당 장소 외의 안전한 장소에 설치하여야 한다.
  - 음향장치는 수위실 등 상시 사람이 근무하는 장소에 설치하여야 하며, 그 음량 및 음색은 다른 기기의 소음 등과 명확히 구별할 수 있는 것으로 하여야 한다.
- 수신부 설치 제외 장소
  단, 해당 누전경보기에 대하여 방폭·방식·방습·방온·방진 및 정전기 차폐 등의 방호조치를 한 것은 그러하지 아니하다.
  - 가연성의 증기·먼지·가스 등이나 부식성의 증기·가스 등이 다량으로 체류하는 장소
  - 화약류를 제조하거나 저장 또는 취급하는 장소
  - 습도가 높은 장소
  - 온도의 변화가 급격한 장소
  - 대전류회로·고주파 발생회로 등에 따른 영향을 받을 우려가 있는 장소

67

자동화재탐지설비 및 시각경보장치의 화재안전기술기준(NFTC 203)에 따라 특정소방대상물 중 화재신호를 발신하고 그 신호를 수신 및 유효하게 제어할 수 있는 구역을 무엇이라 하는가?

① 방호구역
② 방수구역
③ 경계구역
④ 화재구역

해설

경계구역이란 화재신호를 발신하고 그 신호를 수신 및 유효하게 제어할 수 있는 구역을 말한다.

| 관련개념 |

- 수신기: 감지기나 발신기에서 발하는 화재신호를 직접 수신하거나 중계기를 통하여 수신하여 화재의 발생을 표시 및 경보하여 주는 장치
- 중계기: 감지기·발신기 또는 전기적 접점 등의 작동에 따른 신호를 받아 이를 수신기의 제어반에 전송하는 장치
- 감지기: 화재 시 발생하는 열, 연기, 불꽃 또는 연소생성물을 자동적으로 감지하여 수신기에 발신하는 장치
- 발신기: 화재발생 신호를 수신기에 수동으로 발신하는 장치
- 시각경보장치: 자동화재탐지설비에서 발하는 화재신호를 시각경보기에 전달하여 청각장애인에게 점멸형태의 시각경보를 하는 것
- 거실: 거주·집무·작업·집회·오락 그 밖에 이와 유사한 목적을 위하여 사용하는 방

68

소방시설용 비상전원수전설비의 화재안전기술기준(NFTC 602) 용어의 정의에 따라 수용장소의 조영물(토지에 정착한 시설물 중 지붕 및 기둥 또는 벽이 있는 시설물을 말함)의 옆면 등에 시설하는 전선으로서 그 수용장소의 인입구에 이르는 부분의 전선은 무엇인가?

① 인입선
② 내화배선
③ 열화배선
④ 인입구배선

해설

인입선이란 가공인입선(가공전선로의 지지물로부터 다른 지지물을 거치지 아니하고 수용장소의 붙임점에 이르는 가공전선을 말함) 및 수용장소의 조영물(토지에 정착한 시설물 중 지붕 및 기둥 또는 벽이 있는 시설물)의 옆면 등에 시설하는 전선으로서 그 수용장소의 인입구에 이르는 부분의 전선을 말한다.

정답 66 ① 67 ③ 68 ①

69

비상콘센트설비의 성능인증 및 제품검사의 기술기준에 따른 표시등의 구조 및 기능에 대한 내용이다. 다음 (   )에 들어갈 내용으로 옳은 것은?

> 적색으로 표시되어야 하며 주위의 밝기가 (㉠)[lx] 이상인 장소에서 측정하여 앞면으로부터 (㉡)[m] 떨어진 곳에서 켜진 등이 확실히 식별되어야 한다.

① ㉠ 100, ㉡ 1
② ㉠ 300, ㉡ 3
③ ㉠ 500, ㉡ 5
④ ㉠ 1,000, ㉡ 10

해설

적색으로 표시되어야 하며 주위의 밝기가 300[lx] 이상인 장소에서 측정하여 앞면으로부터 3[m] 떨어진 곳에서 켜진 등이 확실히 식별되어야 한다.

| 관련개념 | 부품의 구조 및 기능

- 배선용 차단기는 KS C 8321(배선용차단기)에 적합하여야 한다.
- 접속기는 KS C 8305(배선용 꽂음 접속기)에 적합하여야 한다.
- 표시등의 구조 및 기능은 다음과 같아야 한다.
  - 전구는 사용전압의 130[%]인 교류전압을 20시간 연속하여 가하는 경우 단선, 현저한 광속변화, 흑화, 전류의 저하 등이 발생하지 아니하여야 한다.
  - 소켓은 접속이 확실하여야 하며 쉽게 전구를 교체할 수 있도록 부착하여야 한다.
  - 전구에는 적당한 보호커버를 설치하여야 한다. 다만, 발광다이오드의 경우에는 그러하지 아니한다.
  - 적색으로 표시되어야 하며 주위의 밝기가 300[lx] 이상인 장소에서 측정하여 앞면으로부터 3[m] 떨어진 곳에서 켜진 등이 확실히 식별되어야 한다.
  - 단자는 충분한 전류용량을 갖는 것으로 하여야 하며, 단자의 접속이 정확하고 확실하여야 한다.

70

감지기의 형식승인 및 제품검사의 기술기준에 따라 단독경보형감지기의 일반기능에 대한 내용이다. 다음 (   )에 들어갈 내용으로 옳은 것은?

> 주기적으로 섬광하는 전원표시등에 의하여 전원의 정상 여부를 감시할 수 있는 기능이 있어야 하며, 전원의 정상상태를 표시하는 전원표시등의 섬광주기는 (㉠)초 이내의 점등과 (㉡)초에서 (㉢)초 이내의 소등으로 이루어져야 한다.

① ㉠ 1, ㉡ 15, ㉢ 60
② ㉠ 1, ㉡ 30, ㉢ 60
③ ㉠ 2, ㉡ 15, ㉢ 60
④ ㉠ 2, ㉡ 30, ㉢ 60

해설

주기적으로 섬광하는 전원표시등에 의하여 전원의 정상 여부를 감시할 수 있는 기능이 있어야 하며, 전원의 정상상태를 표시하는 전원표시등의 섬광주기는 1초 이내의 점등과 30초에서 60초 이내의 소등으로 이루어져야 한다.

| 관련개념 | 단독경보형감지기의 일반기능

- 자동복귀형 스위치(자동적으로 정위치에 복귀될 수 있는 스위치)에 의하여 수동으로 작동시험을 할 수 있는 기능이 있어야 한다.
- 작동되는 경우 작동표시등에 의하여 화재의 발생을 표시하고, 내장된 음향장치의 명동에 의하여 화재경보음을 발할 수 있는 기능이 있어야 한다.
- 주기적으로 섬광하는 전원표시등에 의하여 전원의 정상 여부를 감시할 수 있는 기능이 있어야 하며, 전원의 정상상태를 표시하는 전원표시등의 섬광주기는 1초 이내의 점등과 30초에서 60초 이내의 소등으로 이루어져야 한다.
- 화재경보음은 감지기로부터 1[m] 떨어진 위치에서 85[dB] 이상으로 10분 이상 계속하여 경보할 수 있어야 한다.
- 화재경보 정지 후 15분 이내에 화재경보 정지기능이 자동적으로 해제되어 단독경보형감지기가 정상상태로 복귀되어야 한다.

71

일반적인 비상방송설비의 계통도이다. 다음의 (   )에 들어갈 내용으로 옳은 것은?

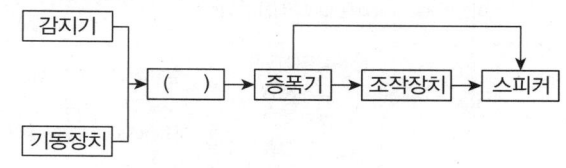

① 변류기
② 발신기
③ 수신기
④ 음향장치

해설

수신기가 들어가야 한다.

| 관련개념 | 비상방송설비

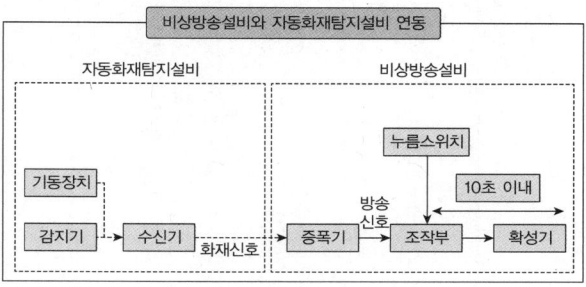

정답 69 ② 70 ② 71 ③

72

자동화재탐지설비 및 시각경보장치의 화재안전기술기준(NFTC 203)에 따라 자동화재탐지설비의 주음향장치의 설치장소로 옳은 것은?

① 발신기의 내부
② 수신기의 내부
③ 누전경보기의 내부
④ 자동화재속보설비의 내부

> **해설**

주음향장치는 수신기의 내부 또는 그 직근에 설치하여야 한다.

| 관련개념 | **음향장치 설치기준**

- 주음향장치: 수신기의 내부 또는 그 직근에 설치한다.
- 일제경보방식: 화재 시 전층에 경보하는 방식
- 우선경보방식
  - 경보대상: 층수가 5층 이상으로서 연면적이 $3,000[m^2]$를 초과하는 특정소방대상물은 다음에 따라 경보를 발한다.
  - 경보방식

발화층	30층 미만의 특정소방대상물	30층 이상 또는 높이 $120[m]$ 이상의 특정소방대상물
2층 이상의 층	발화층 및 그 직상층 경보	발화층 및 그 직상 4개 층에 경보
1층	발화층(1F) 및 그 직상층 (2F) 경보, 지하층(지하 전층)에 경보	발화층(1F) 및 그 직상 4개층(2F~5F), 지하층(지하 전층)에 경보
지하층 지하 1층	발화층(지하 1층), 그 직상층(1F), 기타의 지하층(지하 전층)에 경보	발화층(지하 1층), 그 직상층(1F), 기타의 지하층(지하 전층)에 경보
지하층 지하 2층 이하	지하 전층	지하 전층

73

비상조명등의 형식승인 및 제품검사의 기술기준에 따라 비상조명등의 일반구조로 광원과 전원부를 별도로 수납하는 구조에 대한 설명으로 틀린 것은?

① 전원함은 방폭구조로 할 것
② 배선은 충분히 견고한 것을 사용할 것
③ 광원과 전원부 사이의 배선길이는 $1[m]$ 이하로 할 것
④ 전원함은 불연재료 또는 난연재료의 재질을 사용할 것

> **해설**

전원함은 불연 또는 난연재료를 사용하여야 한다.

| 관련개념 | **비상조명등 형식승인 및 제품검사 기술기준**

- 상용전원전압: AC $220[V]$, $110[\%]$ 범위에서 이상이 없을 것
- 사용전압: $300[V]$ 이하, 충전부가 노출되지 않은 경우 $300[V]$ 초과 가능
- 전선의 굵기는 인출선인 경우에는 단면적 $0.75[mm^2]$ 이상, 인출선 외의 경우에는 면적 $0.5[mm^2]$ 이상이어야 하고, 인출선의 길이는 전선 인출 부분으로부터 $150[mm]$ 이상이어야 한다.
- 화재경보설비, 비상경보설비의 발신신호에 의해 작동하는 경우 기능 이상이 없을 것
- 내부회로에 스위치를 설치하는 경우 자동복귀형 스위치 설치
- 비상조명등에는 점검용의 자동복귀형 점멸기를 설치
- 광원과 전원부를 별도로 수납하는 구조
  - 전원함은 불연 또는 난연재료를 사용
  - 광원과 전원부의 배선의 길이는 $1[m]$ 이하
  - 배선은 충분히 견고할 것
- 비상점등회로의 보호: 점등을 위한 비상전원으로 전환하는 경우 정격전류의 1.2배가 흐르거나 램프가 없을 경우 3초 이내에 예비전원으로부터의 비상전원공급을 차단한다.

정답 72 ② 73 ①

74

누전경보기의 형식승인 및 제품검사의 기술기준에 따라 누전경보기에 사용되는 표시등의 구조 및 기능에 대한 설명으로 틀린 것은?

① 누전등이 설치된 수신부의 지구등은 적색 외의 색으로도 표시할 수 있다.
② 방전등 또는 발광다이오드의 경우 전구는 2개 이상을 병렬로 접속하여야 한다.
③ 소켓은 접촉이 확실하여야 하며 쉽게 전구를 교체할 수 있도록 부착하여야 한다.
④ 누전등 및 지구등과 쉽게 구별할 수 있도록 부착된 기타의 표시등은 적색으로도 표시할 수 있다.

해설

전구는 2개 이상을 병렬로 접속하여야 하지만 방전등 또는 발광다이오드의 경우에는 그러하지 아니한다.

| 관련개념 | 누전경보기에 사용되는 표시등

- 전구는 사용전압의 130[%]인 교류전압을 20시간 연속하여 가하는 경우 단선, 현저한 광속변화, 흑화, 전류의 저하 등이 발생하지 아니하여야 한다.
- 소켓은 접촉이 확실하여야 하며 쉽게 전구를 교체할 수 있도록 부착하여야 한다.
- 전구는 2개 이상을 병렬로 접속하여야 한다. 다만, 방전등 또는 발광다이오드의 경우에는 그러하지 아니한다.
- 전구에는 적당한 보호커버를 설치하여야 한다. 다만, 발광다이오드의 경우에는 그러하지 아니한다.
- 누전화재의 발생을 표시하는 표시등이 설치된 것은 등이 켜질 때 적색으로 표시되어야 하며, 누전화재가 발생한 경계전로의 위치를 표시하는 표시등과 기타의 표시등은 다음과 같아야 한다.
  - 지구등은 적색으로 표시되어야 한다. 이 경우 누전등이 설치된 수신부의 지구등은 적색 외의 색으로도 표시할 수 있다.
  - 기타의 표시등은 적색 외의 색으로 표시되어야 한다. 다만, 누전등 및 지구등과 쉽게 구별할 수 있도록 부착된 기타의 표시등은 적색으로 표시할 수 있다.
- 주위의 밝기가 300[lx]인 장소에서 측정하여 앞면으로부터 3[m] 떨어진 곳에서 켜진 등이 확실히 식별되어야 한다.

75 고난도

유도등의 형식승인 및 제품검사의 기술기준에 따라 영상표시소자(LED, LCD 및 PDP 등)를 이용하여 피난유도표시 형상을 영상으로 구현하는 방식은?

① 투광식　　　　② 패널식
③ 방폭형　　　　④ 방수형

해설

① 투광식: 광원이 빛을 통과하는 투과면에 피난유도표시 형상을 인쇄하는 방식
② 패널식: 영상표시소자(LED, PDP 및 LCD) 등를 이용하여 피난유도표시 형상을 영상으로 구현하는 방식

76

발신기의 형식승인 및 제품검사의 기술기준에 따라 발신기의 작동기능에 대한 내용이다. 다음 (　)에 들어갈 내용으로 옳은 것은?

> 발신기의 조작부는 작동스위치의 동작 방향으로 가하는 힘이 (㉠)[kg]을 초과하고 (㉡)[kg] 이하인 범위에서 확실하게 동작되어야 하며, (㉠)[kg]의 힘을 가하는 경우 동작되지 아니하여야 한다. 이 경우 누름판이 있는 구조로서 손끝으로 눌러 작동하는 방식의 작동스위치는 누름판을 포함한다.

① ㉠ 2, ㉡ 8　　② ㉠ 3, ㉡ 7
③ ㉠ 2, ㉡ 7　　④ ㉠ 3, ㉡ 8

해설

발신기의 작동기능

- 발신기의 조작부는 작동스위치의 동작 방향으로 가하는 힘이 2[kg]을 초과하고 8[kg] 이하인 범위에서 확실하게 동작되어야 하며, 2[kg]의 힘을 가하는 경우 동작되지 아니하여야 한다. 이 경우 누름판이 있는 구조로서 손끝으로 눌러 작동하는 방식의 작동스위치는 누름판을 포함한다.
- 발신기는 조작부의 작동스위치가 작동되는 경우 화재신호를 전송하여야 하며, 발신기는 발신기의 확인장치에 화재신호가 전송되었음을 표기하여야 한다.
- 발신기는 수신기와 통화가 가능한 장치를 설치할 수 있다. 이 경우 화재신호의 전송에 지장을 주지 아니하여야 한다.

정답 74 ② 75 ② 76 ①

77 고난도

유도등의 형식승인 및 제품검사의 기술기준에 따라 객석유도등은 바닥면 또는 디딤바닥면에서 높이 0.5[m]의 위치에 설치하고 그 유도등의 바로 밑에서 0.3[m] 떨어진 위치에서의 수평조도가 몇 [lx] 이상이어야 하는가?

① 0.1　　　　　　② 0.2
③ 0.5　　　　　　④ 1

해설

객석유도등은 바닥면 또는 디딤바닥면에서 높이 0.5[m]의 위치에 설치하고 그 유도등의 바로 밑에서 0.3[m] 떨어진 위치에서의 수평조도가 0.2[lx] 이상이어야 한다.

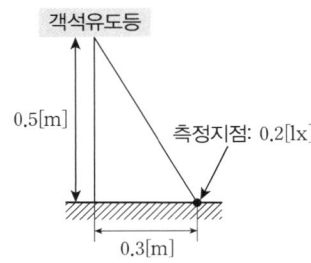

▲ 객석유도등 조도측정 방법

78

무선통신보조설비의 화재안전기술기준(NFTC 505)에 따라 무선통신보조설비의 주요 구성요소가 아닌 것은?

① 증폭기　　　　　② 분배기
③ 음향장치　　　　④ 누설동축케이블

해설

무선통신보조설비의 화재안전기술기준(NFTC 505)에 따라 무선통신보조설비의 주요 구성요소가 아닌 것은 음향장치이다.

| 관련개념 | 무선통신보조설비의 구성요소

- 누설동축케이블: 동축케이블의 외부도체에 가느다란 홈을 만들어서 전파가 외부로 새어나갈 수 있도록 한 케이블
- 분배기: 신호의 전송로가 분기되는 장소에 설치하는 것으로 임피던스 매칭과 신호 균등분배를 위해 사용하는 장치
- 분파기: 서로 다른 주파수의 합성된 신호를 분리하기 위해서 사용하는 장치
- 혼합기: 두 개 이상의 입력신호를 원하는 비율로 조합한 출력이 발생하도록 하는 장치
- 증폭기: 신호 전송 시 신호가 약해져 수신이 불가능해지는 것을 방지하기 위해서 증폭하는 장치
- 무선중계기: 안테나를 통하여 수신된 무전기 신호를 증폭한 후 음영지역에 재방사하여 무전기 상호 간 송수신이 가능하도록 하는 장치
- 옥외안테나: 감시제어반 등에 설치된 무선중계기의 입력과 출력포트에 연결되어 송수신 신호를 원활하게 방사·수신하기 위해 옥외에 설치하는 장치

79 빈출

비상방송설비의 화재안전기준에 따른 비상방송설비의 음향장치에 대한 내용이다. 다음 (　　)에 들어갈 내용으로 옳은 것은?

> 확성기는 각 층마다 설치하되, 그 층의 각 부분으로부터 하나의 확성기까지의 수평거리가 (　　)[m] 이하, 해당층의 각 부분에 유효하게 경보를 발할 수 있도록 설치할 것

① 10　　　　　　② 15
③ 20　　　　　　④ 25

해설

확성기는 각 층마다 설치하되, 그 층의 각 부분으로부터 하나의 확성기까지의 수평거리가 25[m] 이하가 되도록 하고, 해당층의 각 부분에 유효하게 경보를 발할 수 있도록 설치하여야 한다.

| 관련개념 | 음향장치 설치기준

- 확성기의 음성입력은 3[W](실내에 설치하는 것에 있어서는 1[W]) 이상일 것
- 확성기는 각층마다 설치하되, 그 층의 각 부분으로부터 하나의 확성기까지의 수평거리가 25[m] 이하가 되도록 하고, 해당층의 각 부분에 유효하게 경보를 발할 수 있도록 설치할 것
- 음량조정기를 설치하는 경우 음량조정기의 배선은 3선식으로 할 것
- 조작부의 조작스위치는 바닥으로부터 0.8[m] 이상 1.5[m] 이하의 높이에 설치할 것
- 조작부는 기동장치의 작동과 연동하여 해당 기동장치가 작동한 층 또는 구역을 표시할 수 있는 것으로 할 것
- 증폭기 및 조작부는 수위실 등 상시 사람이 근무하는 장소로서 점검이 편리하고 방화상 유효한 곳에 설치할 것
- 층수가 5층 이상으로서 연면적이 3,000[m²]를 초과하는 특정소방대상물은 다음에 따라 경보를 발할 수 있도록 하여야 한다.
  - 2층 이상의 층에서 발화한 때에는 발화층 및 그 직상층에 경보를 발할 것
  - 1층에서 발화한 때에는 발화층·그 직상층 및 지하층에 경보를 발할 것
  - 지하층에서 발화한 때에는 발화층·그 직상층 및 기타의 지하층에 경보를 발할 것
- 다른 방송설비와 공용하는 것에 있어서는 화재 시 비상경보 외의 방송을 차단할 수 있는 구조로 할 것
- 다른 전기회로에 따라 유도장애가 생기지 아니하도록 할 것
- 하나의 특정소방대상물에 2 이상의 조작부가 설치되어 있는 때에는 각각의 조작부가 있는 장소 상호 간에 동시통화가 가능한 설비를 설치하고, 어느 조작부에서도 해당 특정소방대상물의 전 구역에 방송을 할 수 있도록 할 것
- 기동장치에 따른 화재신고를 수신한 후 필요한 음량으로 화재발생 상황 및 피난에 유효한 방송이 자동으로 개시될 때까지의 소요시간은 10초 이하로 할 것
- 음향장치는 다음의 기준에 따른 구조 및 성능의 것으로 하여야 한다.
  - 정격전압의 80[%] 전압에서 음향을 발할 수 있는 것으로 할 것
  - 자동화재탐지설비의 작동과 연동하여 작동할 수 있는 것으로 할 것

정답　77 ②　78 ③　79 ④

80

소방시설용 비상전원수전설비의 화재안전기술기준(NFTC 602)에 따라 일반전기사업자로부터 특별고압 또는 고압으로 수전하는 비상전원수전설비로 큐비클형을 사용하는 경우의 시설기준으로 틀린 것은?(단, 옥내에 설치하는 경우이다.)

① 외함은 내화성능이 있는 것으로 제작할 것
② 전용큐비클 또는 공용큐비클식으로 설치할 것
③ 개구부에는 갑종방화문 또는 병종방화문을 설치할 것
④ 외함은 두께 $2.3[mm]$ 이상의 강판과 이와 동등 이상의 강도를 가질 것

해설

개구부에는 갑종방화문 또는 을종방화문을 설치하여야 한다.

| 관련개념 | 수전설비의 형식 큐비클형

- 전용큐비클 또는 공용큐비클식으로 설치한다.
- 외함은 두께 $2.3[mm]$ 이상의 강판과 이와 동등 이상의 강도와 내화성능이 있는 것으로 제작하여야 하며, 개구부에는 갑종방화문 또는 을종 방화문을 설치한다.
- 외함에 노출하여 설치가능한 다음의 것
  - 표시등(불연성 또는 난연성재료로 덮개를 설치한 것)
  - 전선의 인입구 및 인출구
  - 환기장치
  - 전압계(퓨즈 등으로 보호한 것에 한함)
  - 전류계(변류기의 2차측에 접속된 것에 한함)
  - 계기용 전환스위치(불연성 또는 난연성재료로 제작된 것에 한함)
- 외함은 건축물의 바닥 등에 견고하게 고정한다.
- 외함에 수납하는 수전설비, 변전설비 그 밖의 기기 및 배선은 다음에 적합하게 설치한다.
  - 외함 또는 프레임(Frame) 등에 견고하게 고정한다.
  - 외함의 바닥에서 $10[cm]$(시험단자, 단자대 등의 충전부는 $15[cm]$) 이상의 높이에 설치한다.
  - 전선 인입구 및 인출구에는 금속관 또는 금속제 가요전선관을 쉽게 접속할 수 있도록 한다.
- 환기장치는 다음에 적합하게 설치한다.
  - 내부의 온도가 상승하지 않도록 환기장치를 한다.
  - 자연환기구의 개부구 면적의 합계는 외함의 한 면에 대하여 해당 면적의 3분의 1 이하로 한다. 이 경우 하나의 통기구의 크기는 직경 $10[mm]$ 이상의 둥근 막대가 들어가서는 아니 된다.
  - 자연환기구에 따라 충분히 환기할 수 없는 경우에는 환기설비를 설치한다.
  - 환기구에는 금속망, 방화댐퍼 등으로 방화조치를 하고, 옥외에 설치하는 것은 빗물 등이 들어가지 않도록 한다.
- 공용큐비클식의 소방회로와 일반회로에 사용되는 배선 및 배선용기기는 불연재료로 구획한다.

정답 80 ③

2021년 2회 기출

1과목 소방원론

01
프로판 50[vol%], 부탄 40[vol%], 프로필렌 10[vol%]로 구성된 혼합가스의 폭발하한계는 약 [vol%]인가?(단, 각 가스의 폭발하한계는 프로판 2.2[vol%], 부탄 1.9[vol%], 프로필렌은 2.4[vol%]이다.)

① 0.83
② 2.09
③ 5.05
④ 9.44

해설

혼합가스의 폭발하한계

$$L = \frac{100}{\frac{V_1}{L_1} + \frac{V_2}{L_2} + \frac{V_3}{L_3}}$$

여기서, L: 혼합가스의 폭발하한계[vol%]
$L_1 \sim L_3$: 구성가스의 폭발하한계[vol%]
$V_1 \sim V_3$: 구성가스의 부피비[vol%]

문제에서 주어진 값을 공식에 대입하면 다음과 같다.

$$L = \frac{100}{\frac{50}{2.2} + \frac{40}{1.9} + \frac{10}{2.4}} \fallingdotseq 2.09[vol\%]$$

02
다음 중 증기비중이 가장 큰 것은?

① Halon 1301
② Halon 2402
③ Halon 1211
④ Halon 104

해설

증기비중은 분자량에 비례하므로 보기 중 분자량이 가장 큰 물질이 증기비중도 가장 크다.

원소	원자량
탄소(C)	12
불소(F)	19
염소(Cl)	35.5
브롬(Br)	80

① 할론 1301(CF_3Br): $12 + 3 \times 19 + 80 = 149$
② 할론 2402($C_2F_4Br_2$): $2 \times 12 + 4 \times 19 + 2 \times 80 = 260$
③ 할론 1211(CF_2ClBr): $12 + 2 \times 19 + 35.5 + 80 = 165.5$
④ 할론 104(CCl_4): $12 + 35.5 \times 4 = 154$

따라서 할론 2402 > 할론 1211 > 할론 104 > 할론 1301 순으로 증기비중이 크다.

상세해설 '할론 abcd'의 분자식 구하기
- a: C의 개수
- b: F의 개수
- c: Cl의 개수
- d: Br의 개수

예를 들어 할론 2402는 C 2개, F 4개, Cl 0개, Br 2개가 결합한 화합물이므로 분자식은 $C_2F_4Br_2$이다.

| 관련개념 | 증기비중의 계산

증기비중 = $\frac{분자량}{29}$

29: 공기의 평균분자량

정답 01 ② 02 ②

03

화재발생 시 피난기구로 직접 활용할 수 없는 것은?

① 완강기 ② 무선통신보조설비
③ 피난사다리 ④ 구조대

> 해설

피난기구
- 미끄럼대
- 피난교
- 공기안전매트
- 완강기(간이완강기)
- 승강식피난기
- 피난사다리
- 다수인피난장비
- 구조대
- 피난용트랩

04

「위험물안전관리법령」상 위험물에 대한 설명으로 옳은 것은?

① 과염소산은 위험물이 아니다.
② 황린은 제2류 위험물이다.
③ 황화린의 지정수량은 $100[kg]$이다.
④ 산화성고체는 제6류 위험물의 성질이다.

> 해설

황화린은 제2류 위험물에 해당하며, 지정수량은 $100[kg]$이다.

> 오답해설

① 과염소산은 제6류 위험물이다.
② 황린은 제3류 위험물이다.
④ 산화성고체는 제1류 위험물의 성질이다.

05 빈출

분말소화약제 중 A급, B급, C급 화재에 모두 사용할 수 있는 것은?

① 제1종 분말 ② 제2종 분말
③ 제3종 분말 ④ 제4종 분말

> 해설

A급, B급, C급 화재에 모두 사용할 수 있는 것은 제3종 분말이다.

| 관련개념 | 분말소화약제의 종류

종별	주성분	착색	적응 화재
제1종	탄산수소나트륨($NaHCO_3$)	백색	B, C
제2종	탄산수소칼륨($KHCO_3$)	담회색	B, C
제3종	제1인산암모늄($NH_4H_2PO_4$)	담홍색 (또는 황색)	A, B, C
제4종	탄산수소칼륨+요소 ($KHCO_3 + CO(NH_2)_2$)	회색	B, C

06

내화건축물과 비교한 목조건축물 화재의 일반적인 특징을 옳게 나타낸 것은?

① 고온, 단시간형 ② 저온, 단시간형
③ 고온, 장시간형 ④ 저온, 장시간형

> 해설

목조건물(목재건물)의 화재
- 화재성상: 고온단기형
- 최고온도(최성기온도): $1,300[℃]$

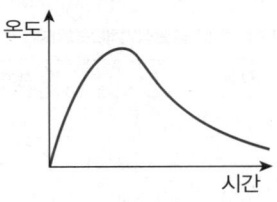

▲ 목조건물의 표준 화재온도－시간곡선

| 관련개념 | 내화건물의 화재

- 화재성상: 저온장기형
- 최고온도(최성기온도): $900 \sim 1,100[℃]$

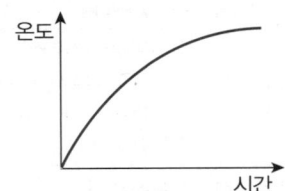

▲ 내화건물의 표준 화재온도－시간곡선

정답 03 ② 04 ③ 05 ③ 06 ①

07

이산화탄소 소화기의 일반적인 성질에서 단점이 아닌 것은?

① 밀폐된 공간에서 사용 시 질식의 위험성이 있다.
② 인체에 직접 방출 시 동상의 위험성이 있다.
③ 소화약제의 방사 시 소음이 크다.
④ 전기가 잘 통하기 때문에 전기설비에 사용할 수 없다.

해설

이산화탄소 소화약제는 비전도성으로 전기화재에 사용할 수 있다.

08

소화약제 중 HFC – 125의 화학식으로 옳은 것은?

① CHF_2CF_3
② CHF_3
③ CF_3CHFCF_3
④ CF_3I

해설

HFC – 125의 화학식은 CHF_2CF_3이다.

| 관련개념 | 할로겐화합물 및 불활성기체소화약제

계열	소화약제	분자식
FC	FC – 3 – 1 – 10	C_4F_{10}
	FK – 5 – 1 – 12	$CF_3CF_2C(O)CF(CF_3)_2$
HFC	FIC – 13I1	CF_3I
	HFC – 23	CHF_3
	HFC – 125	CHF_2CF_3
	HFC – 236fa	$CF_3CH_2CF_3$
	HFC – 227ea	CF_3CHFCF_3
HCFC	HCFC BLEND A	HCFC – 22($CHClF_2$) : 82[%] HCFC – 123($CHCl_2CF_3$) : 4.75[%] HCFC – 124($CHClFCF_3$) : 9.5[%] $C_{10}H_{16}$: 3.75[%]
	HCFC – 124	$CHClFCF_3$
IG	IG – 541	N_2 : 52[%], Ar : 40[%], CO_2 : 8[%]
	IG – 01	Ar : 100[%]
	IG – 55	N_2 : 50[%], Ar : 50[%]
	IG – 100	N_2 : 100[%]

09

분자 내부에 니트로기를 갖고 있는 TNT, 니트로셀룰로오스 등과 같은 제5류 위험물의 연소 형태는?

① 분해연소
② 자기연소
③ 증발연소
④ 표면연소

해설

제5류 위험물은 자기반응성 물질로, 물질 자체에 산소를 함유하고 있어 외부의 산소 공급 없이도 자기연소가 가능하다.

10

가연물질의 종류에 따라 화재를 분류하였을 때 섬유류 화재가 속하는 것은?

① A급 화재
② B급 화재
③ C급 화재
④ D급 화재

해설

섬유류 화재는 A급 화재에 속한다.

| 관련개념 | 화재의 종류

구분	표시색	물질
일반화재(A급)	백색	• 일반 가연물 • 종이류 • 목재 · 섬유
유류화재(B급)	황색	• 가연성 액체 • 가연성 가스 • 액화가스
전기화재(C급)	청색	전기설비
금속화재(D급)	무색	가연성 금속
주방화재(K급)	–	식용유

※ 현재 표시색의 의무규정은 없다.

정답 07 ④ 08 ① 09 ② 10 ①

11

「위험물안전관리법령」상 제6류 위험물을 수납하는 운반용기의 외부에 주의사항을 표시하여야 할 경우, 어떤 내용을 표시하여야 하는가?

① 물기엄금　　　② 화기엄금
③ 화기주의/충격주의　　　④ 가연물 접촉주의

해설

위험물을 수납하여 운반 시 운반용기의 외부에 위험물의 품명, 수량 등을 표시하고, 제6류 위험물에 있어서는 '가연물 접촉주의'를 표시하여 적재하여야 한다.

| 관련개념 | 위험물 운반용기에 표시하여야 하는 주의사항
- 제1류 위험물 중 알칼리금속의 과산화물 또는 이를 함유한 것에 있어서는 '화기·충격주의', '물기엄금' 및 '가연물 접촉주의', 그 밖의 것에 있어서는 '화기·충격주의' 및 '가연물 접촉주의'
- 제2류 위험물 중 철분·금속분·마그네슘 또는 이들 중 어느 하나 이상을 함유한 것에 있어서는 '화기주의' 및 '물기엄금', 인화성 고체에 있어서는 '화기엄금', 그 밖의 것에 있어서는 '화기주의'
- 제3류 위험물 중 자연발화성 물질에 있어서는 '화기엄금' 및 '공기접촉 엄금', 금수성 물질에 있어서는 '물기엄금'
- 제4류 위험물에 있어서는 '화기엄금'
- 제5류 위험물에 있어서는 '화기엄금' 및 '충격주의'
- 제6류 위험물에 있어서는 '가연물 접촉주의'

12

다음 연소 생성물 중 인체에 독성이 가장 높은 것은?

① 이산화탄소　　　② 일산화탄소
③ 수증기　　　④ 포스겐

해설

포스겐은 독성이 매우 강한 가스로서 사염화탄소(CCl_4)를 소화제로 사용 시 발생한다.

13

알킬알루미늄 화재에 적합한 소화약제는?

① 물　　　② 이산화탄소
③ 팽창질석　　　④ 할로겐화합물

해설

알킬알루미늄 화재 시 마른 모래, 팽창질석, 팽창진주암 등을 사용하여 소화한다.

14

열전도도(Thermal Conductivity)를 표시하는 단위에 해당하는 것은?

① $[J/m^2 \cdot h]$　　　② $[kcal/h \cdot ℃^2]$
③ $[W/m \cdot K]$　　　④ $[J \cdot K/m^3]$

해설

열전도도의 단위는 $[W/m \cdot K]$로 나타낸다.

15

정전기에 의한 발화과정으로 옳은 것은?

① 방전 → 전하의 축적 → 전하의 발생 → 발화
② 전하의 발생 → 전하의 축적 → 방전 → 발화
③ 전하의 발생 → 방전 → 전하의 축적 → 발화
④ 전하의 축적 → 방전 → 전하의 발생 → 발화

해설

정전기에 의한 발화과정
전하의 발생 → 전하의 축적 → 방전 → 발화

정답　11 ④　12 ④　13 ③　14 ③　15 ②

16
제3종 분말소화약제의 주성분은?

① 인산암모늄
② 탄산수소칼륨
③ 탄산수소나트륨
④ 탄산수소칼륨과 요소

해설

제3종 분말소화약제의 주성분은 제1인산암모늄($NH_4H_2PO_4$)이다.

| 관련개념 | 분말소화약제의 종류

종별	주성분	착색	적응 화재
제1종	탄산수소나트륨($NaHCO_3$)	백색	B, C
제2종	탄산수소칼륨($KHCO_3$)	담회색	B, C
제3종	제1인산암모늄($NH_4H_2PO_4$)	담홍색 (또는 황색)	A, B, C
제4종	탄산수소칼륨+요소 ($KHCO_3+CO(NH_2)_2$)	회색	B, C

17
물리적 소화방법이 아닌 것은?

① 산소공급원 차단
② 연쇄반응 차단
③ 온도 냉각
④ 가연물 제거

해설

연쇄반응 차단은 화학적 소화방법에 해당한다.

18
IG-541이 15[°C]에서 내용적 50[L] 압력용기에 155 [kgf/cm^2]으로 충전되어 있다. 온도가 30[°C]가 되었다면 IG-541 압력은 약 몇 [kgf/cm^2]가 되겠는가?(단, 용기의 팽창은 없다고 가정한다.)

① 78
② 155
③ 163
④ 310

해설

보일-샤를의 법칙

$$\frac{P_1 V_1}{T_1} = \frac{P_2 V_2}{T_2}$$

여기서, P: 압력, V: 부피, T: 절대온도[K]
용기의 팽창은 없다고 가정하므로 부피는 일정, $V_1 = V_2$
$T_1 : 15+273 = 288[K]$
$T_2 : 30+273 = 303[K]$
$P_2 = P_1 \cdot \frac{T_2}{T_1} = 155 \times \frac{303}{288} ≒ 163[kgf/cm^2]$

19 빈출
조연성 가스에 해당하는 것은?

① 수소
② 일산화탄소
③ 산소
④ 에탄

해설

조연성 가스란 자기자신은 연소하지 않으면서 연소를 도와주는 가스이다. 산소는 대표적인 조연성 가스이며 수소, 일산화탄소, 에탄은 모두 물질 자체가 연소하는 가연성 가스이다.

| 관련개념 | 가연성 가스와 지연성 가스(조연성 가스)의 종류

가연성 가스		지연성 가스(조연성 가스)	
• 수소	• 에탄	• 산소	• 공기
• 메탄	• 일산화탄소	• 염소	• 불소
• 천연가스	• 암모니아	• 오존	
• 프로판	• 부탄		

20
탄화칼슘이 물과 반응할 때 발생되는 기체는?

① 일산화탄소
② 아세틸렌
③ 황화수소
④ 수소

해설

탄화칼슘(CaC_2)이 물(H_2O)과 반응하면 아세틸렌가스(C_2H_2)가 발생한다.
$CaC_2 + 2H_2O \rightarrow Ca(OH)_2 + C_2H_2\uparrow$

정답 16 ① 17 ② 18 ③ 19 ③ 20 ②

2과목 소방전기일반

21 빈출
제어요소는 동작신호를 무엇으로 변환하는 요소인가?
① 제어량 ② 비교량
③ 검출량 ④ 조작량

해설
동작신호를 조작량으로 변환하는 요소이고, 조절부와 조작부로 구성되어 있다.

| 관련개념 | 피드백 제어계 구성

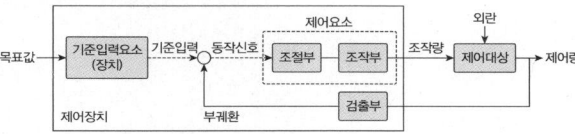

22
빛이 닿으면 전류가 흐르는 다이오드로서 들어온 빛에 대해 직선적으로 전류가 증가하는 다이오드는?
① 제너 다이오드 ② 터널 다이오드
③ 발광 다이오드 ④ 포토 다이오드

해설
포토 다이오드는 빛이 닿으면 전류가 흐르는 다이오드로 광량의 변화를 전류값으로 대치하며 광센서에 주로 사용한다.

| 관련개념 | 다이오드 종류

명칭	기호	특성
정류용 다이오드		일반적으로 다이오드라 불리는 것으로 정류 작용을 한다.
제너 다이오드 (정전압 다이오드)		주로 정전압 전원회로에 사용하며 일정한 전압을 얻기 위해 사용된다.
터널 다이오드		증폭작용·발진작용·개폐작용을 하며, 고속 스위칭회로·논리회로에 사용된다.
포토 다이오드		빛을 쬐면 광량에 비례하는 전류가 흐르므로 빛 검출용, 광센서에 사용된다.
가변용량 다이오드 (버랙터)		역전압을 크게 해서 정전용량을 조절하는 것으로 증폭기, 주파수 변환 장치 등에 사용된다.
발광 다이오드 (LED)		전기적 신호를 빛의 신호로 변환한다.

23
그림과 같이 접속된 회로에서 a, b 사이의 합성저항은 몇 $[\Omega]$인가?

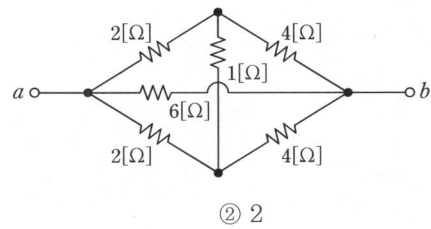

① 1 ② 2
③ 3 ④ 4

해설
그림의 회로는 브리지 평형 조건을 만족하므로 $a-b$ 사이에 있는 저항($1[\Omega]$)은 생략할 수 있고, 위쪽의 저항($2[\Omega]$, $4[\Omega]$)과 중간 저항($6[\Omega]$), 그리고 아래쪽 저항($2[\Omega]$, $4[\Omega]$)이 병렬로 된 회로로 볼 수 있다.

$$\frac{1}{R} = \frac{1}{2+4} + \frac{1}{6} + \frac{1}{2+4} = \frac{3}{6} = \frac{1}{2}$$

$\therefore R = 2[\Omega]$

정답 21 ④ 22 ④ 23 ②

24

회로에서 저항 $5[\Omega]$의 양단 전압 $V_R[V]$은?

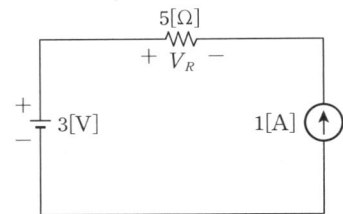

① -5
② -2
③ 3
④ 8

해설

중첩의 원리
- 전압원만을 고려할 경우
  전류원은 개방되므로 저항에 흐르는 전류는 없다.
- 전류원만을 고려할 경우
  전압원은 단락되므로 저항에 흐르는 전류는 $-1[A]$이다.

따라서 저항 양단의 전압
$V_R = (-1) \times 5 = -5[V]$

25

그림과 같은 회로에 평형 3상 전압 $200[V]$를 인가한 경우 소비된 유효전력 $[kW]$은?(단, $R=20[\Omega]$, $X=10[\Omega]$)

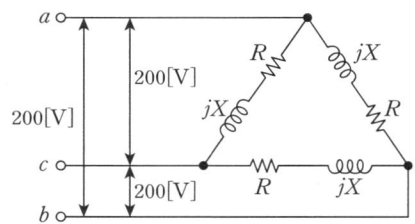

① 1.6
② 2.4
③ 2.8
④ 4.8

해설

Δ 결선의 선간 전압은 상전압과 동일하다.
상전류를 구하면
$$I_p = \frac{V_p}{|Z|} = \frac{200}{\sqrt{20^2+10^2}} = \frac{20}{\sqrt{5}}[A]$$

따라서 한 상에서 소비된 유효전력은
$$P = I_p^2 R = (\frac{20}{\sqrt{5}})^2 \times 20 = 1,600[W] = 1.6[kW]$$

3상에서 소비된 유효전력은
$P' = 3P = 3 \times 1.6 = 4.8[kW]$

26

자기용량이 $10[kVA]$인 단권변압기를 그림과 같이 접속하였을 때 역률 $80[\%]$의 부하에 몇 $[kW]$의 전력을 공급할 수 있는가?

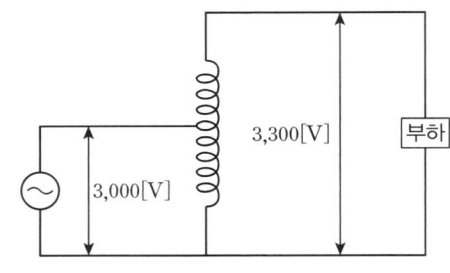

① 8
② 54
③ 80
④ 88

해설

자기용량 $P = I_2(V_2 - V_1)$
$$\rightarrow I_2 = \frac{P}{V_2 - V_1} = \frac{10 \times 10^3}{(3,300 - 3,000)} = 33.33[A]$$

부하측 소비전력
$P_L = V_2 I_2 \cos\theta = 3,300 \times 33.33 \times 0.8 = 87,991.2[W] \fallingdotseq 88[kW]$

정답 24 ① 25 ④ 26 ④

27

그림의 논리회로와 등가인 논리게이트는?

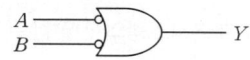

① NOR
② NAND
③ NOT
④ OR

해설

$Y = \overline{A} + \overline{B} = \overline{AB}$

A, B 입력 모두가 1인 경우 출력이 0이 되고, 그 외에는 출력이 1이 되는 논리 게이트는 NAND 게이트이다.

| 관련개념 | NAND 게이트

• 논리기호

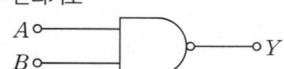

• 진리표

A	B	Y
0	0	1
0	1	1
1	0	1
1	1	0

28

정현파 교류전압의 최대값이 $V_m[\text{V}]$이고, 평균값이 $V_{av}[\text{V}]$일 때 이 전압의 실효값 $V_r[\text{V}]$는?

① $V_r = \dfrac{\pi}{\sqrt{2}} V_m$
② $V_r = \dfrac{\pi}{2\sqrt{2}} V_{av}$
③ $V_r = \dfrac{\pi}{2\sqrt{2}} V_m$
④ $V_r = \dfrac{1}{\pi} V_m$

해설

• 정현파 교류전압의 실효값 $V_{rms} = \dfrac{V_m}{\sqrt{2}}[\text{V}]$

∴ 최대값 $V_m = \sqrt{2}\, V_{rms}[\text{V}]$

• 정현파 교류전압의 평균값 $V_{av} = \dfrac{2}{\pi} V_m[\text{V}]$

∴ 최대값 $V_m = \dfrac{\pi}{2} V_{av}[\text{V}]$

따라서 실효값 $V_{rms} = \dfrac{\pi}{2\sqrt{2}} V_{av}[\text{V}]$

29 빈출

그림 (a)와 그림 (b)의 각 블록선도가 등가인 경우 전달함수 $G(s)$는?

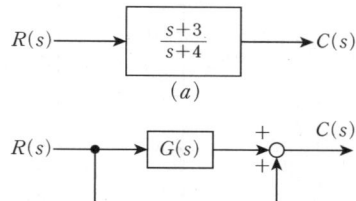

① $\dfrac{1}{s+4}$
② $\dfrac{2}{s+4}$
③ $\dfrac{-1}{s+4}$
④ $\dfrac{-2}{s+4}$

해설

• (a) 블록선도
$\dfrac{C(s)}{R(s)} = \dfrac{s+3}{s+4}$

• (b) 블록선도
$C(s) = R(s)G(s) + R(s) = R(s)(G(s)+1)$

$\dfrac{C(s)}{R(s)} = G(s) + 1$

두 블록선도가 등가이기 위해서 $G(s) + 1 = \dfrac{s+3}{s+4}$ 을 만족해야 하므로

$G(s) = \dfrac{s+3}{s+4} - 1 = \dfrac{-1}{s+4}$

정답 27 ② 28 ② 29 ③

30
회로에서 a와 b 사이에 나타나는 전압 $V_{ab}[V]$는?

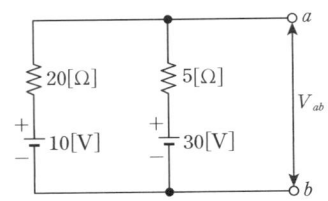

① 20
② 23
③ 26
④ 28

해설

밀만의 정리를 이용하여 계산한다.

$$V_{ab} = \frac{\frac{V_1}{R_1} + \frac{V_2}{R_2}}{\frac{1}{R_1} + \frac{1}{R_2}} = \frac{\frac{10}{20} + \frac{30}{5}}{\frac{1}{20} + \frac{1}{5}} = \frac{\frac{13}{2}}{\frac{5}{20}} = 26[V]$$

31
단방향 대전류의 전력용 스위칭 소자로서 교류의 위상 제어용으로 사용되는 정류소자는?

① 서미스터
② SCR
③ 제너 다이오드
④ UJT

해설

SCR
- PNPN접합의 4층 구조이다.
- 스위칭 반도체 소자이다.
- 단방향성 사이리스터이다.
- 직류 및 교류의 전력 제어용 또는 위상 제어용으로 사용된다.

32 고난도
입력이 $r(t)$이고, 출력이 $c(t)$인 제어시스템이 다음의 식과 같이 표현될 때 이 제어시스템의 전달함수 $G(s) = \frac{C(s)}{R(s)}$는?(단, 초기값은 0이다.)

$$2\frac{d^2 c(t)}{dt^2} + 3\frac{dc(t)}{dt} + c(t) = 3\frac{dr(t)}{dt} + r(t)$$

① $\frac{3s+1}{2s^2+3s+1}$
② $\frac{2s^2+3s+1}{s+3}$
③ $\frac{3s+1}{s^2+3s+2}$
④ $\frac{s+3}{s^2+3s+2}$

해설

주어진 식 $2\frac{d^2 c(t)}{dt^2} + 3\frac{dc(t)}{dt} + c(t) = 3\frac{dr(t)}{dt} + r$을 라플라스 변환하면 다음과 같다.

$2s^2 C(s) + 3sC(s) + C(s) = 3sR(s) + R(s)$
$C(s)(2s^2 + 3s + 1) = R(s)(3s + 1)$

∴ 전달함수 $G(s) = \frac{C(s)}{R(s)} = \frac{3s+1}{2s^2+3s+1}$

33
직류전원이 연결된 코일에 10[A]의 전류가 흐르고 있다. 이 코일에 연결된 전원을 제거하는 즉시 저항을 연결하여 폐회로를 구성하였을 때 저항에서 소비된 열량이 24[cal]이었다. 이 코일의 인덕턴스는 약 몇 [H]인가?

① 0.1
② 0.5
③ 2.0
④ 24

해설

1[J] = 0.24[cal]이고, 저항에서 소비된 일의 양은 $\frac{24}{0.24} = 100[J]$

저항에서 소비된 에너지는 코일에 축적된 에너지와 같으므로

$\frac{1}{2}LI^2 = 100[J]$

∴ $L = \frac{200}{I^2} = \frac{200}{10^2} = 2[H]$

정답 30 ③ 31 ② 32 ① 33 ③

34

60[Hz], 4극 3상 유도전동기가 정격 출력일 때 슬립이 2[%]이다. 이 전동기의 동기속도[rpm]는?

① 1,200
② 1,764
③ 1,800
④ 1,836

해설

동기속도

$N_s = \dfrac{120f}{p} = \dfrac{120 \times 60}{4} = 1,800[\text{rpm}]$

35 빈출

논리식 $A \cdot (A+B)$를 간단히 표현하면?

① A
② B
③ $A \cdot B$
④ $A+B$

해설

흡수법칙

$A \cdot (A+B) = A \cdot A + A \cdot B = A + A \cdot B = A \cdot 1 + A \cdot B$
$= A \cdot (1+B) = A \cdot 1 = A$

36 고난도

0[℃]에서 저항이 10[Ω]이고, 저항의 온도 계수가 0.0043인 전선이 있다. 30[℃]에서 이 전선의 저항은 약 몇 [Ω]인가?

① 0.013
② 0.68
③ 1.4
④ 11.3

해설

30[℃]에서 전선의 저항은

$R_{t=30} = R_{t=0}[1 + \alpha(t_2 - t_1)] = 10[1 + 0.0043(30-0)]$
$= 11.29 ≒ 11.3[\Omega]$

37

길이 1[cm]마다 감은 권선수가 50회인 무한장 솔레노이드에 500[mA]의 전류를 흘릴 때 솔레노이드 내부에서의 자계의 세기는 몇 [AT/m]인가?

① 1,250
② 2,500
③ 12,500
④ 25,000

해설

무한장 솔레노이드의 내부자계

$H = nI = 50[회/\text{cm}] \times 500[\text{mA}] = 5,000[회/\text{m}] \times 0.5[\text{A}]$
$= 2,500[\text{AT/m}]$

38

회로의 전압과 전류를 측정하기 위한 계측기의 연결 방법으로 옳은 것은?

① 전압계: 부하와 직렬, 전류계: 부하와 직렬
② 전압계: 부하와 직렬, 전류계: 부하와 병렬
③ 전압계: 부하와 병렬, 전류계: 부하와 직렬
④ 전압계: 부하와 병렬, 전류계: 부하와 병렬

해설

전압계와 전류계의 연결
- 전압계: 부하와 병렬연결
- 전류계: 부하와 직렬연결

정답 34 ③ 35 ① 36 ④ 37 ② 38 ③

39 빈출

최대 눈금이 150[V]이고, 내부저항이 30[kΩ]인 전압계가 있다. 이 전압계로 750[V]까지 측정하기 위해 필요한 배율기의 저항[kΩ]은?

① 120　　② 150
③ 300　　④ 800

해설

배율기

- 측정전압(V_0)

$$V_0 = V\left(1 + \frac{R_m}{R_v}\right)[V]$$

- 배율기의 저항(R_m)

$$R_m = \left(\frac{V_0}{V} - 1\right)R_v = \left(\frac{750}{150} - 1\right) \times 30 = 120[k\Omega]$$

40

내압이 1.0[kV]이고 정전용량이 각각 0.01[μF], 0.02[μF], 0.04[μF]인 3개의 커패시터를 직렬로 연결했을 때 전체 내압은 몇 [V]인가?

① 1,500　　② 1,750
③ 2,000　　④ 2,200

해설

전압은 정전용량에 반비례 $\left(V = \frac{Q}{C}\right)$ 한다.

각 콘덴서에 걸리는 전압비는

$$V_1 : V_2 : V_3 = \frac{1}{0.01} : \frac{1}{0.02} : \frac{1}{0.04} = 4 : 2 : 1$$

따라서 용량이 가장 적은 0.01[μF]에 가장 높은 전압이 인가되므로

$$V_1 = \frac{4}{7}V[V]$$

전체 내압 V는

$$V = \frac{7}{4} \times V_1 = \frac{7}{4} \times 1 \times 10^3 = 1,750[V]$$

3과목　소방관계법규

41

「소방시설공사업법령」에 따른 완공검사를 위한 현장확인대상 특정소방대상물의 범위 기준으로 틀린 것은?

① 연면적 1만[m²] 이상이거나 11층 이상인 특정소방대상물(아파트는 제외)
② 가연성가스를 제조·저장 또는 취급하는 시설 중 지상에 노출된 가연성 가스탱크의 저장용량 합계가 1,000[t] 이상인 시설
③ 호스릴 방식의 소화설비가 설치되는 특정소방대상물
④ 문화 및 집회시설, 종교시설, 판매시설, 노유자시설, 수련 시설, 운동시설, 숙박시설, 창고시설, 지하상가

해설

물분무등소화설비 중 호스릴 방식은 제외한다.

| 관련개념 | 완공검사를 위한 현장확인 대상 특정소방대상물의 범위

- 문화 및 집회시설, 종교시설, 판매시설, 노유자시설, 수련시설, 운동시설, 숙박시설, 창고시설, 지하상가 및 다중이용업소
- 다음 어느 하나에 해당하는 설비가 설치되는 특정소방대상물
    - 스프링클러설비 등
    - 물분무등소화설비(호스릴 방식의 소화설비 제외)
- 연면적 10,000[m²] 이상이거나 11층 이상인 특정소방대상물(아파트 제외)
- 가연성가스를 제조·저장 또는 취급하는 시설 중 지상에 노출된 가연성가스탱크의 저장용량 합계가 1,000[t] 이상인 시설

정답 39 ①　40 ②　41 ③

42

「화재예방, 소방시설 설치·유지 및 안전관리에 관한 법령」상 스프링클러설비를 설치하여야 하는 특정소방대상물(발전시설 중 전기저장시설 제외)에 다음 중 어떤 소방시설을 화재안전기준에 적합하게 설치하면 설치를 면제받을 수 있는가?

① 포소화설비
② 물분무등소화설비
③ 간이스프링클러설비
④ 이산화탄소소화설비

해설

스프링클러설비를 설치하여야 하는 특정소방대상물(발전시설 중 전기저장시설 제외)에 물분무등소화설비를 화재안전기준에 적합하게 설치하면 그 설비의 유효범위에서 설치가 면제된다.

| 관련개념 | 특정소방대상물의 소방시설 설치의 면제기준

설치가 면제되는 소방시설	설치 면제기준
스프링클러설비	물분무소화설비
물분무소화설비	차고·주차장 스프링클러설비
간이스프링클러설비	스프링클러설비, 물분무소화설비 또는 미분무소화설비
비상경보설비 또는 단독경보형 감지기	자동화재탐지설비
비상경보설비	단독경보형 감지기를 2개 이상의 단독경보형 감지기와 연동
비상방송설비	자동화재탐지설비 또는 비상경보설비와 같은 수준 이상의 음향을 발생하는 장치를 부설한 방송설비

43 빈출

「소방기본법령」에 따른 특수가연물의 기준 중 다음 (   ) 안에 알맞은 것은?

품명	수량
나무껍질 및 대팻밥	(㉠)[kg] 이상
면화류	(㉡)[kg] 이상

① ㉠ 200, ㉡ 400
② ㉠ 200, ㉡ 1,000
③ ㉠ 400, ㉡ 200
④ ㉠ 400, ㉡ 1,000

해설

나무껍질 및 대팻밥은 400[kg] 이상, 면화류는 200[kg] 이상이어야 한다.

| 관련개념 | 특수가연물의 품별 수량기준

품명		수량 기준
면화류		200[kg] 이상
나무껍질 및 대팻밥		400[kg] 이상
넝마 및 종이부스러기		1,000[kg] 이상
사류(絲類)		1,000[kg] 이상
볏짚류		1,000[kg] 이상
가연성 고체류		3,000[kg] 이상
석탄·목탄류		10,000[kg] 이상
가연성 액체류		2[m³] 이상
목재가공품 및 나무부스러기		10[m³] 이상
합성수지류	발포시킨 것	20[m³] 이상
	그 밖의 것	3,000[kg] 이상

44

「소방기본법」상 출동한 소방대원에게 폭행 또는 협박을 행사하여 화재진압·인명구조 또는 구급활동을 방해한 사람에 대한 벌칙 기준은?

① 500만 원 이하의 과태료
② 1년 이하의 징역 또는 1,000만 원 이하의 벌금
③ 3년 이하의 징역 또는 3,000만 원 이하의 벌금
④ 5년 이하의 징역 또는 5,000만 원 이하의 벌금

해설

출동한 소방대원에게 폭행 또는 협박을 행사하여 화재진압·인명구조 또는 구급활동을 방해하는 행위를 한 사람은 5년 이하의 징역 또는 5,000만 원 이하의 벌금에 처한다.

| 관련개념 | 5년 이하의 징역 또는 5천만 원 이하의 벌금

- "정당한 사유 없이 출동한 소방대의 화재진압 및 인명구조·구급 등 소방활동을 방해"에 해당하는 아래의 행위를 한 사람
  - 위력을 사용
  - 현장에 출동하거나 현장에 출입하는 것을 고의로 방해
  - 출동한 소방대원에게 폭행 또는 협박을 행사
  - 출동한 소방장비를 파손하거나 그 효용을 해침
- 소방자동차의 출동을 방해한 사람
- 사람을 구출하는 일 또는 불을 끄거나 불이 번지지 아니하도록 하는 일을 방해한 사람
- 정당한 사유 없이 소방용수시설 또는 비상소화장치를 사용하거나 소방용수시설 또는 비상소화장치의 효용을 해치거나 그 정당한 사용을 방해한 사람

정답 42 ② 43 ③ 44 ④

45

「화재예방, 소방시설 설치·유지 및 안전관리에 관한 법령」상 펄프공장의 작업장, 음료수 공장의 충전을 하는 작업장 등과 같이 화재안전기준을 적용하기 어려운 특정소방대상물에 설치하지 아니할 수 있는 소방시설의 종류가 아닌 것은?

① 상수도소화용수설비 ② 스프링클러설비
③ 연결송수관설비 ④ 연결살수설비

해설

화재안전기준을 적용하기 어려운 특정소방대상물에 설치하지 아니할 수 있는 소방시설의 종류가 아닌 것은 연결송수관설비이다.

| 관련개념 | 소방시설을 설치하지 아니할 수 있는 특정소방대상물 및 소방시설의 범위

구분	특정소방대상물	소방시설
화재 위험도가 낮은 특정소방대상물	석재, 불연성 금속, 불연성 건축재료 등의 가공장·기계조립공장·주물공장 또는 불연성 물품을 저장하는 창고	• 옥외소화전설비 • 연결살수설비
	소방대가 조직되어 24시간 근무하고 있는 청사 및 차고	• 옥내소화전설비 • 스프링클러설비 • 물분무등소화설비 • 비상방송설비 • 피난기구 • 소화용수설비 • 연결송수관설비 • 연결살수설비
화재안전기준을 적용하기 어려운 특정소방대상물	펄프공장의 작업장, 음료수 공장의 세정 또는 충전을 하는 작업장, 그 밖에 이와 비슷한 용도로 사용하는 것	• 스프링클러설비 • 상수도소화용수설비 • 연결살수설비
	정수장, 수영장, 목욕장, 농업·축산·어류육성용 시설, 그 밖에 이와 비슷한 용도로 사용하는 것	• 자동화재탐지설비 • 상수도소화용수설비 • 연결살수설비
화재안전기준을 달리 적용하여야 하는 특정한 용도 또는 구조를 가진 특정소방대상물	원자력발전소, 핵폐기물 처리시설	• 연결송수관설비 • 연결살수설비
자체소방대가 설치된 특정소방대상물	자체소방대가 설치된 위험물 제조소 등에 부속된 사무실	• 옥내소화전설비 • 소화용수설비 • 연결살수설비 • 연결송수관설비

46

「위험물안전관리법령」상 제조소 또는 일반취급소에서 취급하는 제4류 위험물의 최대 수량의 합이 지정수량의 48만 배 이상인 사업소의 자체소방대에 두는 화학소방자동차 및 인원 기준으로 다음 (   ) 안에 알맞은 것은?

화학소방자동차	자체소방대원의 수
(㉠)	(㉡)

① ㉠ 1대, ㉡ 5인   ② ㉠ 2대, ㉡ 10인
③ ㉠ 3대, ㉡ 15인   ④ ㉠ 4대, ㉡ 20인

해설

지정수량이 48만 배 이상일 경우 화학소방차 4대, 자체소방대원의 수는 20인이어야 한다.

| 관련개념 | 자체소방대에 두는 화학소방자동차 및 인원

사업소의 구분	화학소방자동차	자체소방대원의 수
제4류 위험물의 최대수량의 합이 지정수량의 3천 배 이상 12만 배 미만 (제조소 또는 일반취급소)	1대	5인
제4류 위험물의 최대수량의 합이 지정수량의 12만 배 이상 24만 배 미만 (제조소 또는 일반취급소)	2대	10인
제4류 위험물의 최대수량의 합이 지정수량의 24만 배 이상 48만 배 미만 (제조소 또는 일반취급소)	3대	15인
제4류 위험물의 최대수량의 합이 지정수량의 48만 배 이상(제조소 또는 일반취급소)	4대	20인
제4류 위험물의 최대수량이 지정수량의 50만 배 이상(옥외탱크저장소)	2대	10인

47 빈출

「소방기본법」의 정의상 소방대상물의 관계인이 아닌 자는?

① 감리자   ② 관리자
③ 점유자   ④ 소유자

해설

관계인
소방대상물의 소유자·관리자 또는 점유자를 말한다.

정답 45 ③   46 ④   47 ①

48 빈출

「위험물안전관리법령」상 위험물별 성질로서 틀린 것은?

① 제1류 위험물: 산화성 고체
② 제2류 위험물: 가연성 고체
③ 제4류 위험물: 인화성 액체
④ 제6류 위험물: 인화성 고체

해설

제6류 위험물은 산화성 액체이다.

| 관련개념 | 위험물의 유별 특성

- 제1류 위험물: 산화성 고체
- 제2류 위험물: 가연성 고체
- 제3류 위험물: 자연발화성 및 금수성 물질
- 제4류 위험물: 인화성 액체
- 제5류 위험물: 자기반응성 물질
- 제6류 위험물: 산화성 액체

49

「화재예방, 소방시설 설치·유지 및 안전관리에 관한 법령」상 시·도지사가 소방시설 등의 자체점검을 하지 아니한 관리업자에게 영업정지를 명할 수 있으나, 이로 인해 국민에게 심한 불편을 줄 때에는 영업정지 처분을 갈음하여 과징금 처분을 한다. 과징금의 기준은?

① 1,000만 원 이하
② 2,000만 원 이하
③ 3,000만 원 이하
④ 5,000만 원 이하

해설

과징금 처분, 과징금의 부과기준
- 과징금 부과: 시·도지사
- 영업정지처분 갈음 과징금: 3,000만 원 이하

50

「소방기본법령」상 소방대장은 화재, 재난·재해 그 밖의 위급한 상황이 발생한 현장에 소방활동구역을 정하여 소방활동에 필요한 자로서 대통령령으로 정하는 사람 외에는 그 구역에의 출입을 제한할 수 있다. 다음 중 소방활동구역에 출입할 수 없는 사람은?

① 소방활동구역 안에 있는 소방대상물의 소유자·관리자 또는 점유자
② 전기·가스·수도·통신·교통의 업무에 종사하는 사람으로서 원활한 소방활동을 위하여 필요한 사람
③ 시·도지사가 소방활동을 위하여 출입을 허가한 사람
④ 의사·간호사 그 밖에 구조·구급업무에 종사하는 사람

해설

소방활동구역의 출입자는 시·도지사가 아닌, 소방대장이 소방활동을 위하여 출입을 허가한 사람이 해당된다.

| 관련개념 | 소방활동구역의 출입자

- 소방활동구역 안에 있는 소방대상물의 소유자·관리자 또는 점유자
- 전기·가스·수도·통신·교통의 업무에 종사하는 사람으로서 원활한 소방활동을 위하여 필요한 사람
- 의사·간호사 그 밖의 구조·구급업무에 종사하는 사람
- 취재인력 등 보도업무에 종사하는 사람
- 수사업무에 종사하는 사람
- 그 밖에 소방대장이 소방활동을 위하여 출입을 허가한 사람

51

「위험물안전관리법령」상 제조소의 위치·구조 및 설비의 기준 중 위험물을 취급하는 건축물 그 밖의 시설의 주위에는 그 취급하는 위험물의 최대수량이 지정수량의 10배 이하인 경우 보유하여야 할 공지의 너비는 몇 [m] 이상이어야 하는가?

① 3
② 5
③ 8
④ 10

해설

위험물을 취급하는 건축물 그 밖의 시설의 주위에는 그 취급하는 위험물의 최대수량이 지정수량의 10배 이하인 경우 보유하여야 할 공지의 너비는 3[m] 이상이어야 한다.

| 관련개념 | 보유공지의 너비

취급하는 위험물의 최대수량	공지의 너비
지정수량의 10배 이하	3[m] 이상
지정수량의 10배 초과	5[m] 이상

정답 48 ④ 49 ③ 50 ③ 51 ①

52 고난도

「화재예방, 소방시설 설치·유지 및 안전관리에 관한 법령」상 소방특별조사(화재예방조사)위원회의 위원에 해당하지 아니하는 사람은?

① 소방기술사
② 소방시설관리사
③ 소방 관련 분야의 석사학위 이상을 취득한 사람
④ 소방 관련 법인 또는 단체에서 소방 관련 업무에 3년 이상 종사한 사람

해설

소방 관련 기관에서 소방 관련 업무에 5년 이상 종사한 사람이다.

| 관련개념 | 화재예방조사

구분	소방특별조사(화재예방조사)위원회
권한	소방청장, 소방본부장, 소방서장
구성	• 과장급 이상의 소방공무원 • 소방기술사 • 소방시설관리사 • 소방 분야의 석사학위 이상 • 소방 관련 기관 5년 이상 종사자
비고	위원장 포함 7인 이내 위원

53 빈출

「소방시설공사업법령」상 하자보수를 하여야 하는 소방시설 중 하자보수 보증기간이 3년이 아닌 것은?

① 자동소화장치
② 비상방송설비
③ 스프링클러설비
④ 상수도소화용수설비

해설

비상방송설비는 하자보수 보증기간이 2년이다.

| 관련개념 | 하자보수 대상시설과 하자보수 보증기간

보증기간	하자보증대상 소방시설
2년	피난기구, 유도등, 유도표지, 비상경보설비, 비상조명등, 비상방송설비 및 무선통신보조설비
3년	자동화재탐지설비, 옥내소화전설비, 스프링클러설비, 간이스프링클러설비, 물분무소화설비, 옥외소화전설비, 자동화재속보설비, 상수도소화용수설비 및 소화용수설비(무선통신보조설비 제외)

54

「화재예방, 소방시설 설치·유지 및 안전관리에 관한 법령」상 소화설비를 구성하는 제품 또는 기기에 해당하지 않는 것은?

① 가스누설경보기
② 소방호스
③ 스프링클러헤드
④ 분말자동소화장치

해설

가스누설경보기는 경보설비이다.

| 관련개념 | 소방시설의 종류

소방시설	종류	소방시설	종류
소화시설	• 소화기구 • 자동소화장치 • 옥내소화전설비(호스릴 옥내소화전 포함) • 스프링클러설비 등 • 물분무등소화설비 • 옥외소화전설비	피난구조설비	• 피난기구 • 인명구조기구 • 유도등 • 비상조명등 및 휴대용 비상조명등
		소화용수설비	• 상수도소화용수설비 • 소화수조·저수조·그 밖의 소화용수설비
경보설비	• 단독경보형 감지기 • 비상경보설비(비상벨설비, 자동식 사이렌설비) • 시각경보기 • 자동화재탐지설비 • 비상방송설비 • 자동화재속보설비 • 통합감시시설 • 누전경보기 • 가스누설경보기	소화활동설비	• 제연설비 • 연결송수관설비 • 연결살수설비 • 비상콘센트설비 • 무선통신보조설비 • 연소방지설비

정답 52 ④ 53 ② 54 ①

55

「소방기본법령」상 특수가연물의 저장 및 취급기준이 아닌 것은?(단, 석탄·목탄류를 발전용으로 저장하는 경우는 제외)

① 품명별로 구분하여 쌓는다.
② 쌓는 높이는 20[m] 이하가 되도록 한다.
③ 쌓는 부분의 바닥면적 사이는 1[m] 이상이 되도록 한다.
④ 특수가연물을 저장 또는 취급하는 장소에는 품명·최대수량 및 화기취급의 금지표지를 설치해야 한다.

해설

쌓는 높이는 10[m] 이하가 되도록 한다.

| 관련개념 | 특수가연물의 저장 및 취급의 기준
- 특수가연물을 저장 또는 취급하는 장소에는 품명·최대수량 및 화기 취급의 금지표지를 설치할 것
- 다음의 기준에 따라 쌓아 저장할 것(다만, 석탄·목탄류를 발전용으로 저장하는 경우에는 그러하지 아니하다.)
  - 품명별로 구분하여 쌓을 것
  - 쌓는 높이는 10[m] 이하가 되도록 하고, 쌓는 부분의 바닥면적은 50[m²](석탄·목탄류의 경우에는 200[m²]) 이하가 되도록 할 것. 다만, 살수설비를 설치하거나, 방사능력 범위에 해당 특수가연물이 포함되도록 대형수동식소화기를 설치하는 경우에는 쌓는 높이를 15[m] 이하, 쌓는 부분의 바닥면적을 200[m²](석탄·목탄류의 경우에는 300[m²]) 이하로 할 수 있다.
- 쌓는 부분의 바닥면적 사이는 1[m] 이상이 되도록 할 것

56

「위험물안전관리법령」상 소화난이도등급 Ⅰ의 옥내탱크저장소에서 유황만을 저장·취급할 경우 설치하여야 하는 소화설비로 옳은 것은?

① 물분무소화설비
② 스프링클러설비
③ 포소화설비
④ 옥내소화전설비

해설

옥내탱크저장소에서 유황만을 저장·취급할 경우 물분무소화설비를 설치하여야 한다.

| 관련개념 | 소화난이도등급 Ⅰ의 소화설비 설치기준

제조소 등의 구분		소화설비
옥내탱크저장소	유황만을 저장·취급하는 것	물분무소화설비
	인화점 70[℃] 이상의 제4류 위험물만을 저장·취급하는 것	물분무소화설비, 고정식 포소화설비, 이동식 이외의 불활성가스소화설비, 이동식 이외의 할로겐화합물소화설비 또는 이동식 이외의 분말소화설비
	그 밖의 것	고정식 포소화설비, 이동식 이외의 불활성가스소화설비, 이동식 이외의 할로겐화합물소화설비 또는 이동식 이외의 분말소화설비

57

「화재예방, 소방시설 설치·유지 및 안전관리에 관한 법령」상 대통령령 또는 화재안전기준이 변경되어 그 기준이 강화되는 경우 기존 특정소방대상물의 소방시설 중 강화된 기준을 설치장소와 관계없이 항상 적용하여야 하는 것은?(단, 건축물의 신축·개축·재축·이전 및 대수선 중인 특정소방대상물을 포함한다.)

① 제연설비
② 비상경보설비
③ 옥내소화전설비
④ 화재조기진압용 스프링클러설비

해설

비상경보설비는 강화된 기준을 적용해야 하는 소방시설이다.

| 관련개념 | 강화된 기준을 적용해야 하는 소방시설
- 소화기구
- 비상경보설비
- 자동화재속보설비
- 피난구조설비
- 공동구 및 전력 또는 통신사업용 지하구에 설치하는 소방시설
- 노유자시설에 설치하여야 하는 소방시설
  - 간이스프링클러설비
  - 자동화재탐지설비
  - 단독경보형 감지기
- 의료시설에 설치하여야 하는 소방시설
  - 스프링클러설비
  - 간이스프링클러설비
  - 자동화재탐지설비
  - 자동화재속보설비

정답 55 ② 56 ① 57 ②

58

「화재예방, 소방시설 설치·유지 및 안전관리에 관한 법령」상 소방시설 등의 종합정밀점검 대상 기준에 맞게 (   )에 들어갈 내용으로 옳은 것은?

> 물분무등소화설비(호스릴 방식의 물분무등소화설비만을 설치한 경우는 제외)가 설치된 연면적 (   )$[m^2]$ 이상인 특정소방대상물(위험물 제조소 등은 제외)

① 2,000   ② 3,000
③ 4,000   ④ 5,000

해설

물분무등소화설비(호스릴 방식 물분무등소화설비만을 설치한 경우 제외)가 설치된 연면적 5,000$[m^2]$ 이상인 특정소방대상물(위험물 제조소 등 제외)

| 관련개념 | 종합정밀점검 대상
- 스프링클러설비가 설치된 특정소방대상물
- 물분무등소화설비(호스릴 방식 물분무등소화설비만을 설치한 경우 제외)가 설치된 연면적 5,000$[m^2]$ 이상인 특정소방대상물(위험물 제조소 등 제외)
- 다중이용업의 영업장이 설치된 특정소방대상물로서 연면적이 2,000$[m^2]$ 이상인 것
- 공공기관 중 연면적이 1,000$[m^2]$ 이상인 것으로서 옥내소화전설비 또는 자동화재탐지설비 설치된 것(단, 소방대 근무하는 공공기관 제외)
- 제연설비가 설치된 터널

59

「화재예방, 소방시설 설치·유지 및 안전관리에 관한 법령」상 건축허가 등의 동의대상물의 범위로 틀린 것은?

① 항공기 격납고
② 방송용 송·수신탑
③ 연면적이 400$[m^2]$ 이상인 건축물
④ 지하층 또는 무창층이 있는 건축물로서 바닥면적이 50$[m^2]$ 이상인 층이 있는 것

해설

지하층 또는 무창층의 바닥면적이 150$[m^2]$ 이상인 층이 있는 것이 해당된다.

| 관련개념 | 건축허가 동의대상 특정소방대상물
- 면적기준 등의 대상

면적기준 동의대상	
400$[m^2]$ 이상	건축물 연면적
300$[m^2]$ 이상	정신의료기관 연면적, 장애인 의료재활시설 연면적
200$[m^2]$ 이상	노유자시설 및 수련시설 연면적, 차고·주차장으로 사용하는 바닥면적의 층이 있는 건축물·주차시설
150$[m^2]$ 이상	지하층, 무창층의 바닥면적
100$[m^2]$ 이상	공연장 바닥면적, 학교시설 연면적

- 면적기준 외 동의대상
  - 6층 이상의 건축물
  - 차고·주차장으로 기계식 주차시설·자동차 20대 이상
  - 항공기 격납고, 관망탑, 항공관제탑, 방송용 송·수신탑
  - 특정소방대상물 중 조산원, 산후조리원, 위험물 저장 및 처리시설, 발전시설 중 전기저장시설, 지하구
  - 노유자시설(노인 관련 시설, 아동복지시설, 장애인 거주시설, 정신질환자 관련 시설, 노숙인재활·노숙인요양시설, 결핵환자 한센인이 24시간 생활하는 노유자시설)

60

「소방기본법령」상 화재의 예방상 위험하다고 인정되는 행위를 하는 사람에게 행위의 금지 또는 제한 명령을 할 수 있는 사람은?

① 소방본부장   ② 시·도지사
③ 의용소방대원   ④ 소방대상물의 관리자

해설

화재의 예방조치 등

소방본부장이나 소방서장은 화재의 예방상 위험하다고 인정되는 행위를 하는 사람이나 소화 활동에 지장이 있다고 인정되는 물건의 소유자·관리자 또는 점유자에게 다음의 명령을 할 수 있다.
- 불장난, 모닥불, 흡연, 화기 취급, 풍등 등 소형 열기구 날리기, 그 밖에 화재예방상 위험하다고 인정되는 행위의 금지 또는 제한
- 타고 남은 불 또는 화기가 있을 우려가 있는 재의 처리
- 함부로 버려두거나 그냥 둔 위험물, 그 밖에 불에 탈 수 있는 물건을 옮기거나 치우게 하는 등의 조치

정답 58 ④   59 ④   60 ①

4과목 소방전기시설의 구조 및 원리

61

소방시설용 비상전원수전설비의 화재안전기술기준(NFTC 602)에 따라 일반전기사업자로부터 특별고압 또는 고압으로 수전하는 비상전원수전설비의 종류에 해당하지 않는 것은?

① 큐비클형
② 축전지형
③ 방화구획형
④ 옥외개방형

해설

비상전원수전설비의 형식
- 특별고압 또는 고압으로 수전하는 경우
  - 방화구획형
  - 옥외개방형
  - 큐비클형
- 저압으로 수전하는 경우
  - 1종배전반+1종분전반
  - 2종배전반+2종분전반
  - 그 밖의 2종배전반+2종분전반

62 고난도

비상콘센트설비의 성능인증 및 제품검사의 기술기준에 따른 비상콘센트설비 표시등의 구조 및 기능에 대한 설명으로 틀린 것은?

① 발광다이오드에는 적당한 보호커버를 설치하여야 한다.
② 소켓은 접속이 확실하여야 하며 쉽게 전구를 교체할 수 있도록 부착하여야 한다.
③ 적색으로 표시되어야 하며 주위의 밝기가 300[lx] 이상인 장소에서 측정하여 앞면으로부터 3[m] 떨어진 곳에서 켜진 등이 확실히 식별되어야 한다.
④ 전구는 사용전압의 130[%]인 교류전압을 20시간 연속하여 가하는 경우 단선, 현저한 광속변화, 흑화, 전류의 저하 등이 발생하지 아니하여야 한다.

해설

발광다이오드가 아닌, 전구에 적당한 보호커버를 설치하여야 한다.

63

비상방송설비의 화재안전기술기준(NFTC 202)에 따라 부속회로의 전로와 대지 사이 및 배선 상호 간의 절연저항은 1경계구역마다 직류 250[V]의 절연저항측정기를 사용하여 측정한 절연저항이 몇 [MΩ] 이상이 되도록 하여야 하는가?

① 0.1
② 0.2
③ 10
④ 20

해설

부속회로의 전로와 대지 사이 및 배선 상호 간의 절연저항은 1경계구역마다 직류 250[V]의 절연저항측정기를 사용하여 측정한 절연저항이 0.1[MΩ] 이상이 되도록 한다.

| 관련개념 | 비상방송설비의 배선

전원회로배선	내화배선
그 밖의 배선	내화배선, 내열배선
절연저항	부속회로의 전로와 대지 사이 및 배선 상호 간의 절연저항은 1경계구역마다 직류 250[V]의 절연저항측정기를 사용하여 측정한 절연저항이 0.1[MΩ] 이상이 되도록 한다.
배선	다른 전선과 별도의 관·덕트(절연효력이 있는 것으로 구획한 때에는 그 구획된 부분은 별개의 덕트로 봄)·몰드 또는 풀박스 등에 설치한다.(단, 60[V] 미만의 약전류회로에 사용하는 전선으로서 각각의 전압이 같을 때에는 제외)
통보	화재로 인하여 하나의 층의 확성기 또는 배선이 단락 또는 단선되어도 다른 층의 통보에 지장이 없도록 할 것

정답 61 ② 62 ① 63 ①

64

자동화재탐지설비 및 시각경보장치의 화재안전기술기준(NFTC 203)에 따라 환경상태가 현저하게 고온으로 되어 연기감지기를 설치할 수 없는 건조실 또는 살균실 등에 적응성 있는 열감지기가 아닌 것은?

① 정온식 1종
② 정온식 특종
③ 열아날로그식
④ 보상식 스포트형 1종

해설

현저하게 고온으로 되는 장소

- 설치장소
  - 환경 상태: 현저하게 고온으로 되는 장소
  - 적응 장소: 건조실, 살균실, 보일러실, 주조실, 영사실, 스튜디오

적응열감지기	불꽃감지기		×
	열아날로그식		○
	정온식	1종	○
		특종	○
	보상식 스포트형	2종	×
		1종	×
	차동식 분포형	2종	×
		1종	×
	차동식 스포트형	2종	×
		1종	×

65 (고난도)

자동화재속보설비의 속보기의 성능인증 및 제품검사의 기술기준에서 정하는 데이터 및 코드전송방식 신고부분 프로토콜 정의서에 대한 내용이다. 다음 (   ) 안에 들어갈 내용으로 옳은 것은?

> 119서버로부터 처리결과 메시지를 (㉠)초 이내에 수신받지 못할 경우 (㉡)회 이상 재전송할 수 있어야 한다.

① ㉠ 10, ㉡ 5
② ㉠ 10, ㉡ 10
③ ㉠ 20, ㉡ 10
④ ㉠ 20, ㉡ 20

해설

재전송규약

119서버로부터 처리결과 메시지를 20초 이내에 수신받지 못할 경우 10회 이상 재전송할 수 있어야 한다.

66 (빈출)

유도등 및 유도표지의 화재안전기술기준(NFTC 303)에 따른 객석유도등의 설치기준이다. 다음 (   )에 들어갈 내용으로 옳은 것은?

> 객석유도등은 객석의 (㉠), (㉡) 또는 (㉢)에 설치하여야 한다.

① ㉠ 통로, ㉡ 바닥, ㉢ 벽
② ㉠ 바닥, ㉡ 천장, ㉢ 벽
③ ㉠ 통로, ㉡ 바닥, ㉢ 천장
④ ㉠ 바닥, ㉡ 통로, ㉢ 출입구

해설

객석 유도등의 설치기준

- 객석의 통로, 바닥 또는 벽에 설치
- 객석 내의 통로가 경사로 또는 수평로로 되어 있는 부분은 다음의 식에 따라 산출한 수(소수점 이하의 수는 1)의 유도등을 설치

$$설치개수 = \frac{객석\ 통로의\ 직선부분의\ 길이[m]}{4} - 1$$

- 객석 내의 통로가 옥외 또는 이와 유사한 부분에 있는 경우에는 해당 통로 전체에 미칠 수 있는 수의 유도등을 설치

정답 64 ④ 65 ③ 66 ①

67

누전경보기의 형식승인 및 제품검사의 기술기준에 따라 외함은 불연성 또는 난연성 재질로 만들어져야 하며, 누전경보기의 외함의 두께는 몇 [mm] 이상이어야 하는가?(단, 직접 벽면에 접하여 벽 속에 매립되는 외함의 부분은 제외한다.)

① 1
② 1.2
③ 2.5
④ 3

해설

누전경보기의 외함은 1.0[mm] 이상이어야 한다.

| 관련개념 | 외함

외함은 불연성 또는 난연성 재질로 만들어져야 하며 다음과 같아야 한다.
- 외함은 다음에 기재된 두께 이상이어야 한다.
  - 누전경보기의 외함은 1.0[mm] 이상
  - 직접 벽면에 접하여 벽 속에 매립되는 외함의 부분은 1.6[mm] 이상
- 외함(누전화재표시창, 지구창, 조작부수납용 뚜껑, 스위치의 손잡이, 발광다이오드, 지시전기계기, 각종 표시명판 등은 제외함)에 합성수지를 사용하는 경우에는 (80±2)[°C]의 온도에서 열로 인한 변형이 생기지 아니하여야 하며 자기소화성이 있는 재료이어야 한다.

68

비상콘센트설비의 화재안전기술기준(NFTC 504)에 따라 비상콘센트설비의 전원부와 외함 사이의 절연저항은 전원부와 외함 사이를 500[V] 절연저항계로 측정할 때 몇 [MΩ] 이상이어야 하는가?

① 10
② 20
③ 30
④ 50

해설

절연저항 전원부와 외함 사이를 500[V] 절연저항계로 측정할 때, 20[MΩ] 이상이 되어야 한다.

| 관련개념 | 비상콘센트설비의 전원부와 외함 사이의 절연저항 및 절연내력

- 절연저항 전원부와 외함 사이를 500[V] 절연저항계로 측정할 때 20[MΩ]이상일 것
- 절연내력
  - 정격전압이 150[V] 이하인 경우에는 1,000[V]의 실효전압을 가하는 시험에서 1분 이상 견딜 것
  - 정격전압이 150[V] 초과인 경우에는 그 정격전압에 2를 곱하여 1,000을 더한 실효전압을 가하는 시험에서 1분 이상 견디는 것일 것

69 빈출

자동화재탐지설비 및 시각경보장치의 화재안전기술기준(NFTC 203)에 따라 자동화재탐지설비의 감지기 설치에 있어서 부착 높이가 20[m] 이상일 때 적합한 감지기 종류는?

① 불꽃감지기
② 연기복합형
③ 차동식 분포형
④ 이온화식 1종

해설

20[m] 이상일 경우 불꽃감지기, 광전식(분리형, 공기흡입형) 중 아날로그식을 사용하여야 적당하다.

| 관련개념 | 부착 높이별 감지기의 종류

부착높이	감지기의 종류
4[m] 미만	• 차동식(스포트형, 분포형) • 보상식 스포트형 • 정온식(스포트형, 감지선형) • 이온화식 또는 광전식(스포트형, 분리형, 공기흡입형) • 복합형(열, 연기, 열연기) • 불꽃감지기
4[m] 이상 8[m] 미만	• 차동식(스포트형, 분포형) • 보상식 스포트형 • 정온식(스포트형, 감지선형) 특종 또는 1종 • 이온화식 1종 또는 2종 • 광전식(스포트형, 분리형, 공기흡입형) 1종 또는 2종 • 복합형(열, 연기, 열연기) • 불꽃감지기
8[m] 이상 15[m] 미만	• 차동식 분포형 • 이온화식 1종 또는 2종 • 광전식(스포트형, 분리형, 공기흡입형) 1종 또는 2종 • 연기복합형 • 불꽃감지기
15[m] 이상 20[m] 미만	• 이온화식 1종 • 광전식(스포트형, 분리형, 공기흡입형) 1종 • 연기복합형 • 불꽃감지기
20[m] 이상	• 불꽃감지기 • 광전식(분리형, 공기흡입형) 중 아날로그식

[비고]
- 감지기별 부착 높이 등에 대하여 별도로 형식 승인 받은 경우에는 그 성능 인정범위 내에서 사용할 수 있다.
- 부착 높이 20[m] 이상에 설치되는 광전식 중 아날로그 방식의 감지기는 공칭감지농도 하한값이 감광률 5[%/m] 미만인 것을 사용한다.

정답 67 ① 68 ② 69 ①

70 빈출

비상경보설비 및 단독경보형감지기의 화재안전기술기준(NFTC 201)에 따른 비상벨설비에 대한 설명으로 옳은 것은?

① 비상벨설비는 화재발생 상황을 사이렌으로 경보하는 설비를 말한다.
② 비상벨설비는 부식성가스 또는 습기 등으로 인하여 부식의 우려가 없는 장소에 설치하여야 한다.
③ 음향장치의 음량은 부착된 음향장치의 중심으로부터 1[m] 떨어진 위치에서 60[dB] 이상이 되는 것으로 하여야 한다.
④ 특정소방대상물의 층마다 설치하되, 해당 특정소방대상물의 각 부분으로부터 하나의 발신기까지의 수평거리가 30[m] 이하가 되도록 하여야 한다.

해설

비상벨설비는 부식성가스 또는 습기 등으로 인하여 부식의 우려가 없는 장소에 설치하여야 한다.

| 관련개념 | 비상벨설비
- 비상벨설비는 화재발생 상황을 경종으로 경보하는 설비
- 특정소방대상물의 층마다 설치
- 각 부분으로부터 하나의 음향장치까지의 수평거리: 25[m] 이하
- 음향장치의 성능
  - 해당층의 각 부분에 유효하게 경보를 발할 수 있도록 설치
  - 음향장치는 정격전압의 80[%] 전압에서 음향을 발할 수 있도록 한다.
  - 음량은 부착된 음향장치의 중심으로부터 1[m] 떨어진 위치에서 90[dB] 이상

단, 비상방송설비의 화재안전기술기준(NFTC 202)에 적합한 방송설비를 비상벨설비 또는 자동식사이렌설비와 연동하여 작동하도록 설치한 경우 지구음향장치를 설치하지 아니할 수 있다.

71

비상방송설비의 화재안전기술기준(NFTC 202)에 따라 비상방송설비가 기동장치에 따른 화재신고를 수신한 후 필요한 음량으로 화재발생 상황 및 피난에 유효한 방송이 자동으로 개시될 때까지의 소요시간은 몇 초 이하로 하여야 하는가?

① 5
② 10
③ 20
④ 30

해설

음향장치 설치기준에 의해 기동장치에 따른 화재 신고를 수신한 후 필요한 음량으로 화재발생 상황 및 피난에 유효한 방송이 자동으로 개시될 때까지의 소요시간은 10초 이하로 하여야 한다.

72

누전경보기의 형식 승인 및 제품검사의 기술기준에 따라 감도조정장치를 갖는 누전경보기에 있어서 감도조정장치의 조정범위는 최대치가 몇 [A]이어야 하는가?

① 0.2
② 1.0
③ 1.5
④ 2.0

해설

누전경보기
- 외함은 불연성 또는 난연성 재질로 만들 것
- 극성 있는 경우 오접속방지 조치한다.
- 정격전압 60[V]를 넘는 기구 금속제 외함에는 접지단자를 설치한다.
- 누전경보기 단자 외 부분은 견고한 상자에 넣어야 한다.
- 사용전압 80[%]인 전압에서 소리를 내어야 한다.
- 음향장치 중심으로부터 1[m] 떨어진 지점에서 70[dB] 이상일 것(단, 고장표시 장치용 음압은 60[dB] 이상)
- 사용전압에서 8시간 연속 울림시험, 정격전압에서 3분 20초 울림 후 6분 40초 정지를 반복하여 통산 울림시간이 20시간일 때 구조 기능에 이상이 없을 것
- 정격 1차 전압은 300[V] 이하로 할 것
- 누전경보기 공칭작동전류치(누전경보기를 작동시키기 위하여 필요한 누설전류 값)는 200[mA] 이하일 것
- 감도조정장치를 가지고 있는 누전경보기의 조정 범위는 최소 200[mA]이고, 최대 1[A]일 것

73

자동화재탐지설비 및 시각경보장치의 화재안전기술기준(NFTC 203)에 따른 배선의 시설기준으로 틀린 것은?

① 감지기 사이의 회로의 배선은 송배전식으로 할 것
② 감지기회로의 도통시험을 위한 종단저항은 감지기회로의 끝부분에 설치할 것
③ 피(P)형 수신기의 감지기 회로의 배선에 있어서 하나의 공통선에 접속할 수 있는 경계구역은 5개 이하로 할 것
④ 수신기의 각 회로별 종단에 설치되는 감지기에 접속되는 배선의 전압은 감지기 정격전압의 80[%] 이상이어야 할 것

해설

피(P)형 수신기 및 지피(G.P.)형 수신기의 감지기 회로의 배선에 있어서 하나의 공통선에 접속할 수 있는 경계구역은 7개 이하로 하여야 한다.

정답 70 ② 71 ② 72 ② 73 ③

74 빈출

무선통신보조설비의 화재안전기술기준(NFTC 505)에 따른 용어의 정의로 옳은 것은?

① "혼합기"는 신호의 전송로가 분기되는 장소에 설치하는 장치를 말한다.
② "분배기"는 서로 다른 주파수의 합성된 신호를 분리하기 위해서 사용하는 장치를 말한다.
③ "증폭기"는 두 개 이상의 입력신호를 원하는 비율로 조합한 출력이 발생되도록 하는 장치를 말한다.
④ "누설동축케이블"은 동축케이블의 외부도체에 가느다란 홈을 만들어서 전파가 외부로 새어나갈 수 있도록 한 케이블을 말한다.

해설

- 누설동축케이블: 동축케이블의 외부도체에 가느다란 홈을 만들어서 전파가 외부로 새어나갈 수 있도록 한 케이블
- 분배기: 신호의 전송로가 분기되는 장소에 설치하는 것으로 임피던스 매칭과 신호 균등분배를 위해 사용하는 장치
- 분파기: 서로 다른 주파수의 합성된 신호를 분리하기 위해서 사용하는 장치
- 혼합기: 두 개 이상의 입력신호를 원하는 비율로 조합한 출력이 발생하도록 하는 장치
- 증폭기: 신호 전송 시 신호가 약해져 수신이 불가능해지는 것을 방지하기 위해서 증폭하는 장치
- 무선중계기: 안테나를 통하여 수신된 무전기 신호를 증폭한 후 음영지역에 재방사하여 무전기 상호 간 송수신이 가능하도록 하는 장치
- 옥외안테나: 감시제어반 등에 설치된 무선중계기의 입력과 출력포트에 연결되어 송수신 신호를 원활하게 방사·수신하기 위해 옥외에 설치하는 장치

오답해설

① 분배기에 관한 설명이다.
② 분파기에 관한 설명이다.
③ 혼합기에 관한 설명이다.

75

비상조명등의 화재안전기술기준(NFTC 304)에 따라 비상조명등의 조도는 비상조명등이 설치된 장소의 각 부분의 바닥에서 몇 [lx] 이상이 되도록 하여야 하는가?

① 1
② 3
③ 5
④ 10

해설

조도는 비상조명등이 설치된 장소의 각 부분의 바닥에서 1[lx] 이상이 되어야 한다.

| 관련개념 | 비상조명등

- 각 거실과 그로부터 지상에 이르는 복도·계단 및 그 밖의 통로에 설치
- 조도는 비상조명등이 설치된 장소의 각 부분의 바닥에서 1[lx] 이상
- 예비전원을 내장하는 비상조명등
  - 평상시 점등여부를 확인할 수 있는 점검스위치를 설치한다.
  - 축전지와 예비전원 충전장치를 내장한다.
- 예비전원을 내장하지 아니하는 비상조명등 비상전원: 자가발전설비, 축전지설비 또는 전기저장장치
- 비상전원 설치기준
  - 점검에 편리하고 화재 및 침수 등의 재해로 인한 피해를 받을 우려가 없는 곳에 설치한다.
  - 상용전원으로부터 전력의 공급이 중단된 때에는 자동으로 비상전원으로부터 전력을 공급받을 수 있도록 한다.
  - 비상전원의 설치장소는 다른 장소와 방화구획한다.
  - 비상전원을 실내에 설치하는 때에는 그 실내에 비상조명등을 설치한다.
  - 비상전원은 비상조명등을 20분 이상 유효하게 작동시킬 수 있는 용량으로 한다.
  - 비상전원을 60분 이상으로 하여야 하는 특정소방대상물
    1) 지하층을 제외한 층수가 11층 이상의 층
    2) 지하층 또는 무창층으로서 용도가 도매시장, 소매시장, 여객자동차터미널, 지하역사 또는 지하상가
- 비상조명등의 설치면제 요건에서 "그 유도등의 유효범위 안의 부분"이란 유도등의 조도가 바닥에서 1[lx] 이상이 되는 부분

정답 74 ④ 75 ①

76
화재안전기술기준(NFTC)에 따른 비상전원 및 건전지의 유효 사용시간에 대한 최소 기준이 가장 긴 것은?

① 휴대용비상조명등의 건전지 용량
② 무선통신보조설비 증폭기의 비상전원
③ 지하층을 제외한 층수가 11층 미만의 층인 특정소방대상물에 설치되는 유도등의 비상전원
④ 지하층을 제외한 층수가 11층 미만의 층인 특정소방대상물에 설치되는 비상조명등의 비상전원

해설

비상전원 유효요구시간
① 휴대용비상조명등의 충전식 배터리용량: 20분 이상
② 무선통신보조설비 증폭기의 비상전원: 30분 이상
③ 지하층을 제외한 11층 미만의 유도등 비상전원: 20분 이상
④ 비상조명등의 비상전원: 20분 이상

77
비상경보설비 및 단독경보형감지기의 화재안전기술기준(NFTC 201)에 따른 단독경보형감지기의 시설기준에 대한 내용이다. 다음 (   )에 들어갈 내용으로 옳은 것은?

> 단독경보형감지기는 바닥면적이 (㉠)[m²]를 초과하는 경우에는 (㉡)[m²]마다 1개 이상을 설치하여야 한다.

① ㉠ 100, ㉡ 100
② ㉠ 100, ㉡ 150
③ ㉠ 150, ㉡ 150
④ ㉠ 150, ㉡ 200

해설

단독경보형감지기는 바닥면적이 $150[m^2]$를 초과하는 경우에는 $150[m^2]$마다 1개 이상을 설치하여야 한다.

| 관련개념 | 단독경보형감지기의 설치기준
- 각 실마다 설치하되, 바닥면적이 $150[m^2]$를 초과하는 경우에는 $150[m^2]$마다 1개 이상 설치한다.(이웃하는 실내의 바닥면적이 각각 $30[m^2]$ 미만이고 벽체의 상부의 전부 또는 일부가 개방되어 이웃하는 실내와 공기가 상호유통되는 경우에는 이를 1개의 실로 봄)
- 최상층의 계단실의 천장(외기가 상통하는 계단실의 경우를 제외함)에 설치한다.
- 건전지를 주전원으로 사용하는 단독경보형감지기는 정상적인 작동상태를 유지할 수 있도록 건전지를 교환한다.
- 상용전원을 주전원으로 사용하는 단독경보형감지기의 2차 전지는 제품 검사에 합격한 것을 사용한다.

78
무선통신보조설비의 화재안전기술기준(NFTC 505)에 따라 무선통신보조설비의 누설동축케이블 및 안테나는 고압의 전로로부터 $1.5[m]$ 이상 떨어진 위치에 설치해야 하나 그렇게 하지 않아도 되는 경우는?

① 끝부분에 무반사 종단저항을 설치한 경우
② 불연재료로 구획된 반자 안에 설치한 경우
③ 해당 전로에 정전기 차폐장치를 유효하게 설치한 경우
④ 금속제 등의 지지금구로 일정한 간격으로 고정한 경우

해설

누설동축케이블 및 안테나는 고압의 전로로부터 $1.5[m]$ 이상 떨어진 위치에 설치한다. 다만, 해당 전로에 정전기 차폐장치를 유효하게 설치한 경우에는 그러하지 아니하다.

| 관련개념 | 누설동축케이블 설치기준
- 소방전용주파수대에서 전파의 전송 또는 복사에 적합한 것으로서 소방전용의 것으로 한다.
- 케이블의 구성
  - 누설동축케이블과 이에 접속하는 안테나
  - 동축케이블과 이에 접속하는 안테나
- 누설동축케이블 및 동축케이블은 불연 또는 난연성의 것으로서 습기에 따라 전기의 특성이 변질되지 아니하는 것으로 하고, 노출하여 설치한 경우에는 피난 및 통행에 장애가 없도록 한다.
- 누설동축케이블 및 동축케이블은 화재에 따라 해당 케이블의 피복이 소실된 경우에 케이블 본체가 떨어지지 아니하도록 $4[m]$ 이내마다 금속제 또는 자기제 등의 지지금구로 벽·천장·기둥 등에 견고하게 고정시킬 것. 다만, 불연재료로 구획된 반자 안에 설치하는 경우에는 그러하지 아니하다.
- 누설동축케이블 및 안테나는 금속판 등에 따라 전파의 복사 또는 특성이 현저하게 저하되지 아니하는 위치에 설치한다.
- 누설동축케이블 및 안테나는 고압의 전로로부터 $1.5[m]$ 이상 떨어진 위치에 설치한다. 다만, 해당 전로에 정전기 차폐장치를 유효하게 설치한 경우에는 그러하지 아니하다.
- 누설동축케이블의 끝부분에는 무반사 종단저항을 견고하게 설치한다.
- 누설동축케이블 또는 동축케이블의 임피던스는 $50[\Omega]$으로 하고, 이에 접속하는 안테나·분배기 기타의 장치는 해당 임피던스에 적합한 것으로 하여야 한다.

정답 76 ② 77 ③ 78 ③

79

유도등 및 유도표지의 화재안전기술기준(NFTC 303)에 따라 유도표지는 각 층마다 복도 및 통로의 각 부분으로부터 하나의 유도표지까지의 보행거리가 몇 [m] 이하가 되는 곳과 구부러진 모퉁이의 벽에 설치하여야 하는가?(단, 계단에 설치하는 것은 제외한다.)

① 5
② 10
③ 15
④ 25

해설

계단에 설치하는 것을 제외하고는 각 층마다 복도 및 통로의 각 부분으로부터 하나의 유도표지까지의 보행거리가 15[m] 이하가 되는 곳과 구부러진 모퉁이의 벽에 설치한다.

| 관련개념 | 유도표지

- 설치기준
  - 계단에 설치하는 것을 제외하고는 각 층마다 복도 및 통로의 각 부분으로부터 하나의 유도표지까지의 보행거리가 15[m] 이하가 되는 곳과 구부러진 모퉁이의 벽에 설치
  - 주위에는 이와 유사한 등화·광고물·게시물 등을 설치하지 아니한다.
  - 유도표지는 부착판 등을 사용하여 쉽게 떨어지지 아니하도록 설치
  - 축광방식의 유도표지는 외광 또는 조명장치에 의하여 상시 조명이 제공되거나 비상조명등에 의한 조명이 제공되도록 설치한다.
- 설치높이
  - 피난구유도표지는 출입구 상단에 설치
  - 통로유도표지는 바닥으로부터 높이 1[m] 이하의 위치에 설치
- 설치제외
  - 유도등이 적합하게 설치된 출입구·복도·계단 및 통로
  - 피난구유도등(바닥면적 $1,000[m^2]$ 미만인 층으로서 지상으로 통하는 출입구, 대각선 길이가 15[m] 이내인 출입구)과 통로유도등(직선 30[m] 미만 통로, 복도, 보행거리 20[m] 미만 출입구, 복도, 통로), 설치제외 장소에 해당하는 출입구·복도·계단 및 통로

80 고난도

자동화재탐지설비 및 시각경보장치의 화재안전기술기준(NFTC 203)에 따른 발신기의 시설기준에 대한 내용이다. 다음 (   )에 들어갈 내용으로 옳은 것은?

> 발신기의 위치를 표시하는 표시등은 함의 상부에 설치하되, 그 불빛은 부착면으로부터 (㉠)° 이상의 범위 안에서 부착지점으로부터 (㉡)[m] 이내의 어느 곳에서도 쉽게 식별할 수 있는 적색등으로 하여야 함

① ㉠ 10, ㉡ 10
② ㉠ 15, ㉡ 10
③ ㉠ 25, ㉡ 15
④ ㉠ 25, ㉡ 20

해설

발신기의 위치를 표시하는 표시등은 함의 상부에 설치하되, 그 불빛은 부착면으로부터 15° 이상의 범위 안에서 부착지점으로부터 10[m] 이내의 어느 곳에서도 쉽게 식별할 수 있는 적색등으로 하여야 한다.

| 관련개념 | 발신기의 설치기준

- 조작이 쉬운 장소에 설치하고, 스위치는 바닥으로부터 0.8[m] 이상 1.5[m] 이하의 높이에 설치한다.
- 특정소방대상물의 층마다 설치하되, 특정소방대상물의 각 부분으로부터 하나의 발신기까지의 수평거리가 25[m] 이하가 되도록 한다. 다만, 복도 또는 별도로 구획된 실로서 보행거리가 40[m] 이상일 경우에는 추가로 설치한다.
- 기둥 또는 벽이 설치되지 아니한 대형공간의 경우 발신기는 설치 대상 장소의 가장 가까운 장소의 벽 또는 기둥 등에 설치한다.
- 발신기의 위치를 표시하는 표시등은 함의 상부에 설치하되, 그 불빛은 부착면으로부터 15° 이상의 범위 안에서 부착지점으로부터 10[m] 이내의 어느 곳에서도 쉽게 식별할 수 있는 적색등으로 하여야 한다.

정답 79 ③ 80 ②

2021년 3회 기출

1과목 소방원론

01 빈출
조연성 가스로만 나열되어 있는 것은?

① 질소, 불소, 수증기
② 산소, 불소, 염소
③ 산소, 이산화탄소, 오존
④ 질소, 이산화탄소, 염소

해설

산소, 불소, 염소는 조연성 가스이다.

| 관련개념 | 가연성 가스와 지연성 가스(조연성 가스)의 종류

가연성 가스		지연성 가스(조연성 가스)	
• 수소	• 에탄	• 산소	• 공기
• 메탄	• 암모니아	• 염소	• 불소
• 일산화탄소	• 프로판	• 오존	
• 천연가스	• 부탄		

• 가연성 가스: 연소가 가능한 가스이다.
• 조연성 가스: 자신은 연소하지 않지만, 다른 물질의 연소를 돕는 가스이다.

02
소화약제로 사용되는 물에 관한 소화성능 및 물성에 대한 설명으로 틀린 것은?

① 비열과 증발잠열이 커서 냉각소화 효과가 우수하다.
② 물($15[°C]$)의 비열은 약 $1[cal/g \cdot °C]$이다.
③ 물($100[°C]$)의 증발잠열은 $439.6[cal/g]$이다.
④ 물의 기화에 의한 팽창된 수증기는 질식소화 작용을 할 수 있다.

해설

물의 증발잠열은 $539.6[cal/g]$으로 다른 물질에 비해 매우 큰 편이다.

03
연기감지기가 작동할 정도이고 가시거리가 $20 \sim 30[m]$에 해당하는 감광계수는 얼마인가?

① $0.1[m^{-1}]$
② $1.0[m^{-1}]$
③ $2.0[m^{-1}]$
④ $10[m^{-1}]$

해설

가시거리가 $20 \sim 30[m]$일 때 감광계수는 $0.1[m^{-1}]$이다.

| 관련개념 | 감광계수와 가시거리의 관계

감광계수$[m^{-1}]$	가시거리$[m]$	상황
0.1	20~30	연기감지기가 작동할 때의 농도
0.3	5	건물 구조에 익숙한 사람이 피난에 지장을 받을 수 있는 정도의 농도
0.5	3	어두운 것을 느낄 정도의 농도
1	1~2	전방이 거의 보이지 않을 정도의 농도
10	0.2~0.5	화재 최성기 때의 농도
30	—	출화실에서 연기가 분출될 때의 농도

정답 01 ② 02 ③ 03 ①

04

화재의 분류방법 중 유류화재를 나타낸 것은?

① A급 화재　　　　② B급 화재
③ C급 화재　　　　④ D급 화재

해설

유류화재는 B급 화재이다.

| 관련개념 | 화재의 종류

구분	표시색	물질
일반화재(A급)	백색	• 일반 가연물 • 종이류 • 목재 · 섬유
유류화재(B급)	황색	• 가연성 액체 • 가연성 가스 • 액화가스
전기화재(C급)	청색	전기설비
금속화재(D급)	무색	가연성 금속
주방화재(K급)	–	식용유

※ 현재 표시색의 의무규정은 없다.

05

소화에 필요한 CO_2의 이론소화농도가 공기 중에서 37 [vol%]일 때 한계산소농도는 약 몇 [vol%]인가?

① 13.2　　　　② 14.5
③ 15.5　　　　④ 16.5

해설

CO_2의 이론소화농도

$$CO_2 = \frac{21 - O_2}{21} \times 100$$

여기서, CO_2 : CO_2의 이론소화농도[vol%]
　　　　O_2 : O_2의 한계산소농도[vol%]

$$37 = \frac{21 - O_2}{21} \times 100$$

$$0.37 = \frac{21 - O_2}{21}$$

$0.37 \times 21 = 21 - O_2$

$O_2 = 21 - (0.37 \times 21) ≒ 13.2[vol\%]$

06

건물화재 시 패닉(Panic)의 발생 원인과 직접적인 관계가 없는 것은?

① 연기에 의한 시계 제한
② 유독가스에 의한 호흡장해
③ 외부와 단절되어 고립
④ 불연내장재의 사용

해설

불연내장재의 사용은 패닉(Panic)과 직접적인 관계가 없다.

| 관련개념 | 패닉(Panic)의 발생 원인
• 연기에 의한 시계(시야) 제한
• 유독가스에 의한 호흡장해
• 외부와 단절되어 고립

07

Halon 1211의 화학식에 해당하는 것은?

① CH_2BrCl　　　　② CF_2ClBr
③ CH_2BrF　　　　④ CF_2HBr

해설

Halon 1211의 화학식은 CF_2ClBr이다.

| 관련개념 | 할론소화약제의 약칭 및 분자식

종류	약칭	분자식
할론 1011	CB	CH_2ClBr
할론 104	CTC	CCl_4
할론 1211	BCF	CF_2ClBr
할론 1301	BTM	CF_3Br
할론 2402	FB	$C_2F_4Br_2$

상세해설 '할론 abcd'의 분자식 구하기
• a : C의 개수
• b : F의 개수
• c : Cl의 개수
• d : Br의 개수

할론 1211은 C 1개, F 2개, Cl 1개, Br 1개가 결합한 화합물이므로 분자식은 CF_2ClBr이다.

정답　04 ②　05 ①　06 ④　07 ②

08

마그네슘의 화재에 주수하였을 때 물과 마그네슘의 반응으로 인하여 생성되는 가스는?

① 산소　　　　　② 수소
③ 일산화탄소　　④ 이산화탄소

해설

마그네슘은 물과 반응하여 수소(H_2)가 발생한다.
$Mg + 2H_2O \rightarrow Mg(OH)_2 + H_2 \uparrow$

09

물과 반응하였을 때 가연성 가스를 발생하여 화재의 위험성이 증가하는 것은?

① 과산화칼슘　② 메탄올
③ 칼륨　　　　④ 포스핀

해설

칼륨은 물과 반응하여 가연성 기체인 수소가 발생한다.
$2K + 2H_2O \rightarrow 2KOH + H_2 \uparrow$

10

소화기구 및 자동소화장치의 화재안전기준에 따르면 소화기구(자동확산소화기는 제외)는 거주자 등이 손쉽게 사용할 수 있는 장소에 바닥으로부터 높이 몇 [m] 이하의 곳에 비치하여야 하는가?

① 0.5　　② 1.0
③ 1.5　　④ 2.0

해설

소화기구(자동확산소화기 제외)는 거주자 등이 손쉽게 사용할 수 있는 장소에 바닥으로부터 높이 1.5[m] 이하의 곳에 비치하여야 한다.

11

「위험물안전관리법령」상 자기반응성 물질의 품명에 해당하지 않는 것은?

① 니트로화합물　　② 할로겐간화합물
③ 질산에스테르류　④ 히드록실아민염류

해설

자기반응성 물질은 제5류 위험물이다. 할로겐간화합물은 산화성 액체로 제6류 위험물이다.

| 관련개념 | 위험물의 유별 및 성질

유별	성질	대표적인 품명
제1류	산화성 고체	• 아염소산염류 • 염소산염류 • 과염소산염류 • 무기과산화물 • 질산염류
제2류	가연성 고체	• 황화린 • 적린 • 유황 • 철분
제3류	자연발화성 물질 및 금수성 물질	• 칼륨 • 나트륨 • 알킬알루미늄 • 알킬리튬 • 황린
제4류	인화성 액체	• 특수인화물 • 제1 석유류~제4 석유류 • 알코올류 • 동식물유류
제5류	자기반응성 물질	• 유기과산화물 • 질산에스테르류 • 니트로화합물 • 니트로소화합물 • 히드록실아민염류
제6류	산화성 액체	• 과염소산 • 과산화수소 • 질산 • 할로겐간화합물

정답 08 ②　09 ③　10 ③　11 ②

12

건축물 화재에서 플래시오버(Flash Over) 현상이 일어나는 시기는?

① 초기에서 성장기로 넘어가는 시기
② 성장기에서 최성기로 넘어가는 시기
③ 최성기에서 감쇠기로 넘어가는 시기
④ 감쇠기에서 종기로 넘어가는 시기

해설

플래시오버는 화재 발생 후 실내온도가 약 800~900[℃]쯤 이르렀을 때, 즉 화재 성장기에서 최성기로 넘어가는 시기에 발생한다.

| 관련개념 | 플래시오버

실내에 화재가 발생하면 다량의 복사열이 발생한다. 복사열은 미연소된 가연물을 분해하여 가연성가스를 발생시킨다. 이렇게 발생된 가스는 바로 연소되지 않고 주로 천장에 축적되면서 한꺼번에 폭발하는데, 이러한 현상을 플래시오버라고 한다.

13

제2종 분말소화약제의 주성분으로 옳은 것은?

① NaH_2PO_4
② KH_2PO_4
③ $NaHCO_3$
④ $KHCO_3$

해설

제2종 분말소화약제의 주성분은 $KHCO_3$이다.

| 관련개념 | 분말소화약제의 종류

종별	주성분	착색	적응 화재
제1종	탄산수소나트륨($NaHCO_3$)	백색	B, C
제2종	탄산수소칼륨($KHCO_3$)	담회색	B, C
제3종	제1인산암모늄($NH_4H_2PO_4$)	담홍색 (또는 황색)	A, B, C
제4종	탄산수소칼륨+요소 ($KHCO_3+CO(NH_2)_2$)	회색	B, C

14

인화칼슘과 물이 반응할 때 생성되는 가스는?

① 아세틸렌
② 황화수소
③ 황산
④ 포스핀

해설

인화칼슘(Ca_3P_2)과 물이 반응하면 포스핀가스(PH_3)가 발생된다.
$Ca_3P_2 + 6H_2O \rightarrow 3Ca(OH)_2 + 2PH_3 \uparrow$

15

물리적 폭발에 해당하는 것은?

① 분해폭발
② 분진폭발
③ 중합폭발
④ 수증기폭발

해설

물리적 폭발에 해당하는 것은 수증기폭발이다.

| 관련개념 | 폭발의 종류

화학적 폭발	물리적 폭발
• 가스폭발, 증기운폭발	• 수증기폭발
• 분진폭발, 화약류의 폭발	• 전선폭발
• 산화폭발, 분해폭발, 중합폭발	• 상전이폭발
	• 압력방출에 의한 폭발

정답 12 ② 13 ④ 14 ④ 15 ④

16

소화약제로 사용되는 이산화탄소에 대한 설명으로 옳은 것은?

① 산소와 반응 시 흡열반응을 일으킨다.
② 산소와 반응하여 불연성 물질을 발생시킨다.
③ 산화하지 않으나 산소와는 반응한다.
④ 산소와 반응하지 않는다.

해설

이산화탄소 소화약제는 산소와 반응하지 않는다.

| 관련개념 | 이산화탄소의 물성
- 임계온도는 31[°C]이다.
- 저온에서 고체의 형태로 존재할 수 있다.(드라이아이스)
- 불연성이며 공기보다 무겁다.
- 상온, 상압에서 기체 상태로 존재한다.

17

다음 중 착화온도가 가장 낮은 것은?

① 아세톤
② 휘발유
③ 이황화탄소
④ 벤젠

해설

물질의 착화온도(착화점)는 이황화탄소 < 휘발유 < 아세톤 < 벤젠 순이다.

| 관련개념 | 물질별 인화점과 착화점

물질	인화점[°C]	착화점[°C]
프로필렌	-107	497
에틸에테르(디에틸에테르)	-45	180
가솔린(휘발유)	-43	300
산화프로필렌	-37	465
이황화탄소	-30	100
아세틸렌	-18	335
아세톤	-18	538
벤젠	-11	562
톨루엔	4.4	480
에틸알코올	13	423
아세트산	40	-
등유	43~72	210
경유	50~70	200
적린	-	260

18 빈출

다음 중 공기에서의 연소범위를 기준으로 했을 때 위험도(H) 값이 가장 큰 것은?

① 디에틸에테르
② 수소
③ 에틸렌
④ 부탄

해설

$$H = \frac{U-L}{L}$$

여기서, H: 위험도, U: 연소상한계, L: 연소하한계

① 디에틸에테르의 위험도 $= \frac{48-1.9}{1.9} ≒ 24.26$

② 수소의 위험도 $= \frac{75-4}{4} = 17.75$

③ 에틸렌의 위험도 $= \frac{36-2.7}{2.7} ≒ 12.33$

④ 부탄의 위험도 $= \frac{8.4-1.8}{1.8} ≒ 3.67$

따라서 보기 중 위험도가 가장 큰 것은 디에틸에테르이다.

| 관련개념 | 가연성 가스의 연소범위(상온, 1[atm])

가스	연소하한계[vol%]	연소상한계[vol%]
디에틸에테르	1.9	48
수소	4	75
에틸렌	2.7	36
부탄	1.8	8.4
아세틸렌	2.5	81
일산화탄소	12.5	74
이황화탄소	1.2	44
암모니아	15	28
메탄	5	15
에탄	3	12.4
프로판	2.1	9.5

※ 연소범위는 연소한계, 가연한계, 가연범위, 폭발한계, 폭발범위 등의 용어로도 사용된다.

정답 16 ④ 17 ③ 18 ①

19
다음 중 피난자의 집중으로 패닉현상이 일어날 우려가 가장 큰 형태는?

① T형
② X형
③ Z형
④ H형

해설
피난자의 집중으로 패닉현상이 일어날 우려가 가장 큰 형태는 H형이다.

| 관련개념 | 피난형태의 종류

형태	피난 방향	특성
X형		
Y형		피난통로가 확실하게 보장되어 신속한 피난이 가능하다.
T형		
Z형		
CO형		피난자들의 집중으로 패닉(Panic) 현상이 일어날 수 있다.
H형		

20
물리적 소화방법이 아닌 것은?

① 연쇄반응의 억제에 의한 방법
② 냉각에 의한 방법
③ 공기와의 접촉 차단에 의한 방법
④ 가연물 제거에 의한 방법

해설
①은 화학적 소화방법에 해당되고, ②, ③, ④는 물리적 소화방법에 해당한다.

2과목 소방전기일반

21
단상 반파 정류회로를 통해 평균 $26[\text{V}]$의 직류 전압을 출력하는 경우, 정류 다이오드에 인가되는 역방향 최대 전압은 약 몇 $[\text{V}]$인가?(단, 직류 측에 평활회로(필터)가 없는 정류회로이고, 다이오드의 순방향 전압은 무시한다.)

① 26
② 37
③ 58
④ 82

해설
- 단상 반파 정류회로의 전압 실효값
$$E = \frac{E_d}{0.45} = \frac{26}{0.45} = 57.78[\text{V}]$$
- 단상 반파 최대 역전압
$$V_m = \sqrt{2}\,E = \sqrt{2} \times 57.78 = 81.71 ≒ 82[\text{V}]$$

22 빈출
시퀀스 회로를 논리식으로 표현하면?

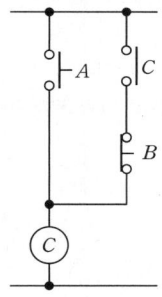

① $C = A + \overline{B} \cdot C$
② $C = A \cdot \overline{B} + C$
③ $C = A \cdot C + \overline{B}$
④ $C = A \cdot C + \overline{B} \cdot C$

해설
A와 C는 a접점이고 B는 b접점이므로 각각 A, $\overline{B}$, C로 표현할 수 있다.
- C, $\overline{B}$는 직렬로 연결 ⇒ $C \cdot \overline{B}$
- A와 ($C \cdot \overline{B}$)는 병렬로 연결 ⇒ $A + \overline{B} \cdot C$
∴ 출력 $C = A + \overline{B} \cdot C$

정답 19 ④ 20 ① 21 ④ 22 ①

23 빈출

제어량에 따른 제어 방식의 분류 중 온도, 유량, 압력 등의 공업 프로세스의 상태량을 제어량으로 하는 제어계로서 외란의 억제를 주목적으로 하는 제어 방식은?

① 서보 기구
② 자동조정
③ 추종 제어
④ 프로세스 제어

해설

제어량에 의한 분류
- 프로세스 제어(공정 제어): 압력, 온도, 유량 등 공업량 제어
- 서보 기구(추종 제어): 위치, 방위, 자세 등 기계적 변위 조정
- 자동조정 제어(정치 제어): 전압, 전류, 주파수 등 전기적량 제어

24

반도체를 이용한 화재감지기 중 서미스터(Thermistor)는 무엇을 측정하기 위한 반도체 소자인가?

① 온도
② 연기 농도
③ 가스 농도
④ 불꽃의 스펙트럼 강도

해설

서미스터
부(−)온도특성을 가진 저항기의 일종으로서 주로 온도 보정용(온도 보상용)으로 쓰인다.

25

회로에서 a와 b 사이의 합성저항$[\Omega]$은?

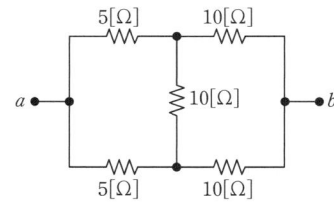

① 5
② 7.5
③ 15
④ 30

해설

그림의 회로는 브리지 회로의 평형 조건을 만족하고 있다. 따라서 브리지 중앙의 $10[\Omega]$ 저항에는 전류가 흐르지 않으므로 생략할 수 있다.

$$\therefore \text{합성저항 } R_{a-b} = \frac{(5+10) \times (5+10)}{(5+10)+(5+10)} = \frac{225}{30} = 7.5[\Omega]$$

26

1개의 용량이 $25[W]$인 객석유도등 10개가 설치되어 있다. 이 회로에 흐르는 전류는 약 몇 $[A]$인가?(단, 전원 전압은 $220[V]$이고, 기타 선로손실 등은 무시한다.)

① 0.88
② 1.14
③ 1.25
④ 1.36

해설

$P = VI[W]$

$I = \dfrac{P}{V} = \dfrac{25 \times 10}{220} = 1.1363 ≒ 1.14[A]$

27

PD(비례 미분) 제어 동작의 특징으로 옳은 것은?

① 잔류 편차 제거
② 간헐현상 제거
③ 불연속 제어
④ 속응성 개선

해설

비례 미분 제어(PD 제어)는 응답 속응성을 개선한다.

| 관련개념 | 연속 제어
- 비례 제어(P제어): 잔류 편차 발생
- 적분 제어(I제어): 잔류 편차 제거
- 미분 제어(D제어): 오차가 커지는 것을 미리 방지
- 비례 적분 제어(PI 제어): 잔류 편차 제거, 제어 결과가 진동적
- 비례 미분 제어(PD 제어): 응답 속응성 개선
- 비례 적분 미분 제어(PID 제어): 잔류 편차 제거, 응답 속응성 개선, 응답 오버슈트 감소

정답 23 ④ 24 ① 25 ② 26 ② 27 ④

28

회로에서 저항 $20[\Omega]$에 흐르는 전류$[A]$는?

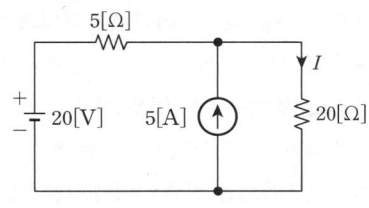

① 0.8
② 1.0
③ 1.8
④ 2.8

해설

중첩의 원리

중첩의 원리를 이용하여 $20[\Omega]$에 흐르는 전류를 구하면 다음과 같다.

- $20[V]$ 전압원만을 고려할 경우

  $5[A]$ 전류원은 개방이므로 $I_1 = \dfrac{1}{5+20} \times 20 = 0.8[A]$

- $5[A]$ 전류원만을 고려할 경우

  $20[V]$ 전압원은 단락이므로 $I_2 = \dfrac{5}{5+20} \times 5 = 1[A]$

∴ $20[\Omega]$ 저항에 흐르는 전류

  $I = I_1 + I_2 = 0.8 + 1 = 1.8[A]$

29

$1[cm]$의 간격을 둔 평행 왕복전선에 $25[A]$의 전류가 흐른다면 전선 사이에 작용하는 단위 길이당 힘$[N/m]$은?

① $2.5 \times 10^{-2}[N/m]$(반발력)
② $1.25 \times 10^{-2}[N/m]$(반발력)
③ $2.5 \times 10^{-2}[N/m]$(흡인력)
④ $1.25 \times 10^{-2}[N/m]$(흡인력)

해설

평행도선 사이에 작용하는 힘

$F = \dfrac{\mu_0 I_1 I_2}{2\pi r} = \dfrac{(4\pi \times 10^{-7}) \times 25 \times 25}{2\pi \times 0.01} = 0.0125 = 1.25 \times 10^{-2}[N/m]$

전류의 방향이 반대일 경우 반발력, 같을 경우 흡인력이 작용한다. 왕복전선은 전류가 이동하다가 돌아오므로 전류 방향이 반대이다. 따라서 반발력이 작용한다.

30

$0.5[kVA]$의 수신기용 변압기가 있다. 이 변압기의 철손은 $7.5[W]$이고, 전부하 동손은 $16[W]$이다. 화재가 발생하여 처음 2시간은 전부하로 운전되고, 다음 2시간은 $\dfrac{1}{2}$의 부하로 운전되었다고 한다. 4시간에 걸친 이 변압기의 전손실 전력량은 몇 $[Wh]$인가?

① 62
② 70
③ 78
④ 94

해설

전손실 전력량

$W = [P_i + P_c]t_1 + [P_i + (\dfrac{1}{m})^2 P_c]t_2$

$= (7.5 + 16) \times 2 + [7.5 + (\dfrac{1}{2})^2 \times 16] \times 2$

$= 70[Wh]$

31

테브난의 정리를 이용하여 그림 (a)의 회로를 그림 (b)와 같은 등가회로로 만들고자 할 때 $V_{th}[V]$와 $R_{th}[\Omega]$은?

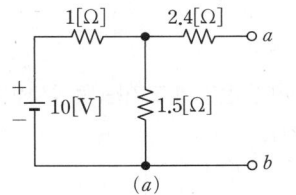

① $5[V], 2[\Omega]$
② $5[V], 3[\Omega]$
③ $6[V], 2[\Omega]$
④ $6[V], 3[\Omega]$

해설

테브난의 정리

- 전압원 단자에서 본 테브난 전압

  $V_{th} = \dfrac{1.5}{1+1.5} \times 10 = 6[V]$

- $a-b$ 단자에서 본 테브난 저항(전압원 단락)

  $R_{th} = \dfrac{1 \times 1.5}{1+1.5} + 2.4 = 3[\Omega]$

정답 28 ③ 29 ② 30 ② 31 ④

32 빈출

블록선도에서 외란 $D(s)$의 입력에 대한 출력 $C(s)$의 전달함수 $\left(\dfrac{C(s)}{D(s)}\right)$는?

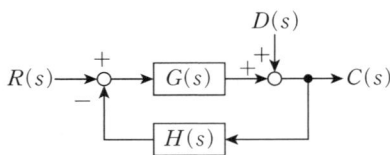

① $\dfrac{G(s)}{H(s)}$
② $\dfrac{1}{1+G(s)H(s)}$
③ $\dfrac{H(s)}{G(s)}$
④ $\dfrac{G(s)}{1+G(s)H(s)}$

해설

전달함수
- 개로 경로: $D(s) \to C(s) = 1$
- 폐루프: $-H(s)G(s)$
- 전달함수

$$\dfrac{C(s)}{D(s)} = \dfrac{\sum \text{개로 경로}}{1 - \sum \text{폐루프}} = \dfrac{1}{1-(-H(s)G(s))} = \dfrac{1}{1+G(s)H(s)}$$

33

회로에서 전압계 ⓥ가 지시하는 전압의 크기는 몇 [V]인가?

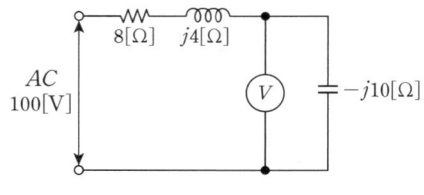

① 10
② 50
③ 80
④ 100

해설

- 합성 임피던스의 크기
  $Z = 8 + j4 - j10 = 8 - j6\,[\Omega]$
  $|Z| = \sqrt{8^2 + 6^2} = 10\,[\Omega]$
- 회로에 흐르는 전류의 크기
  $I = \dfrac{V}{|Z|} = \dfrac{100}{10} = 10\,[\text{A}]$
- 전압계가 지시하는 전압
  ⓥ $= IX_c = 10 \times 10 = 100\,[\text{V}]$

34

지시계기에 대한 동작원리가 아닌 것은?

① 열전형 계기: 대전된 도체 사이에 작용하는 정전력을 이용
② 가동 철편형 계기: 전류에 의한 자기장에서 고정 철편과 가동 철편 사이에 작용하는 힘을 이용
③ 전류력 계형 계기: 고정 코일에 흐르는 전류에 의한 자기장과 가동 코일에 흐르는 전류 사이에 작용하는 힘을 이용
④ 유도형 계기: 회전 자기장 또는 이동 자기장과 이것에 의한 유도 전류와의 상호작용을 이용

해설

대전된 도체 사이에 작용하는 정전력을 이용하는 것은 정전형 계기이다.

35

선간전압의 크기가 $100\sqrt{3}\,[\text{V}]$인 대칭 3상 전원에 각 상의 임피던스가 $Z = 30 + j40\,[\Omega]$인 Y결선의 부하가 연결되었을때 이 부하로 흐르는 선전류[A]의 크기는?

① 2
② $2\sqrt{3}$
③ 5
④ $5\sqrt{3}$

해설

- 상전압
  $V_p = \dfrac{V_l}{\sqrt{3}} = \dfrac{100\sqrt{3}}{\sqrt{3}} = 100\,[\text{V}]$
- 각 상의 임피던스의 크기
  $|Z| = \sqrt{30^2 + 40^2} = 50\,[\Omega]$
- 상전류
  $I_p = \dfrac{V_p}{|Z|} = \dfrac{100}{50} = 2\,[\text{A}]$

Y결선에서 선전류의 크기는 상전류와 같으므로 $I_l = I_p = 2\,[\text{A}]$

정답 32 ② 33 ④ 34 ① 35 ①

36 고난도

자유공간에서 무한히 넓은 평면에 면전하 밀도 $\sigma[\mathrm{C}/\mathrm{m}^2]$가 균일하게 분포되어 있는 경우 전계의 세기 E는 몇 $[\mathrm{V}/\mathrm{m}]$인가?(단, ε_0는 진공의 유전율이다.)

① $E = \dfrac{\sigma}{\varepsilon_0}$ ② $E = \dfrac{\sigma}{2\varepsilon_0}$

③ $E = \dfrac{\sigma}{2\pi\varepsilon_0}$ ④ $E = \dfrac{\sigma}{4\pi\varepsilon_0}$

해설

무한평판 전계의 세기
- 평행판이 한 개인 경우
$$E = \frac{\sigma}{2\varepsilon_0}[\mathrm{V/m}]$$

37 고난도

$50[\mathrm{Hz}]$의 주파수에서 유도성 리액턴스가 $4[\Omega]$인 인덕터와 용량성 리액턴스가 $1[\Omega]$인 커패시터와 $4[\Omega]$의 저항이 모두 직렬로 연결되어 있다. 이 회로에 $100[\mathrm{V}]$, $50[\mathrm{Hz}]$의 교류전압을 인가했을 때 무효전력$[\mathrm{Var}]$은?

① 1,000   ② 1,200
③ 1,400   ④ 1,600

해설

기본 교류회로
- 임피던스
$Z = R + jX = R + j(X_L - X_C) = 4 + j(4-1) = 4 + j3 [\Omega]$
- 무효전력
$$P_r = I^2 X = \left(\frac{V}{Z}\right)^2 X = \left(\frac{100}{\sqrt{4^2+3^2}}\right)^2 \times 3 = 1{,}200[\mathrm{Var}]$$

38

다음의 단상 유도전동기 중 기동 토크가 가장 큰 것은?

① 셰이딩 코일형   ② 콘덴서 기동형
③ 분상 기동형   ④ 반발 기동형

해설

기동토크가 큰 순서
반발 기동형 > 반발 유도형 > 콘덴서 기동형 > 분상 기동형 > 셰이딩 코일형

암기 Tip 반콘분셰

39

무한장 솔레노이드에서 자계의 세기에 대한 설명으로 틀린 것은?

① 솔레노이드 내부에서의 자계의 세기는 전류의 세기에 비례한다.
② 솔레노이드 내부에서의 자계의 세기는 코일의 권수에 비례한다.
③ 솔레노이드 내부에서의 자계의 세기는 위치에 관계없이 일정한 평등 자계이다.
④ 자계의 방향과 암페어 적분 경로가 서로 수직인 경우 자계의 세기가 최대이다.

해설

자계의 방향과 무관하다.

| 관련개념 | 무한장 솔레노이드
- 내부 자계: $H = nI$ (평등자계)
- 외부 자계: $H = 0$

정답 36 ② 37 ② 38 ④ 39 ④

40 빈출
다음의 논리식을 간소화하면?

$$Y = \overline{(\overline{A+B}) \cdot \overline{B}}$$

① $Y = A + B$
② $Y = \overline{A} + B$
③ $Y = A + \overline{B}$
④ $Y = \overline{A} + \overline{B}$

해설

$Y = (\overline{(\overline{A+B}) \cdot \overline{B}} = (\overline{\overline{A+B}}) + B)$
$= (A \cdot \overline{B}) + B = (A \cdot \overline{B}) + B(1+A)$
$= A\overline{B} + B + AB$
$= A(B + \overline{B}) + B$
$= A + B$

3과목 소방관계법규

41
다음 「위험물안전관리법령」의 자체소방대 기준에 대한 설명으로 틀린 것은?

> 다량의 위험물을 저장·취급하는 제조소 등으로서 대통령령이 정하는 제조소 등이 있는 동일한 사업소에서 대통령령이 정하는 수량 이상의 위험물을 저장 또는 취급하는 경우 당해 사업소의 관계인은 대통령령이 정하는 바에 따라 당해 사업소에 자체소방대를 설치하여야 한다.

① "대통령령이 정하는 제조소 등"은 제4류 위험물을 취급하는 제조소를 포함한다.
② "대통령령이 정하는 제조소 등"은 제4류 위험물을 취급하는 일반취급소를 포함한다.
③ "대통령령이 정하는 수량 이상의 위험물"은 제4류 위험물의 최대수량의 합이 지정수량의 3천 배 이상인 것을 포함한다.
④ "대통령령이 정하는 제조소 등"은 보일러로 위험물을 소비하는 일반취급소를 포함한다.

해설

자체소방대를 설치하여야 하는 사업소
- 제4류 위험물을 취급하는 제조소 또는 일반취급소로서 취급하는 제4류 위험물의 최대수량의 합이 지정수량의 3천 배 이상. 다만, 보일러로 위험물을 소비하는 일반취급소 등은 제외한다.
- 제4류 위험물을 저장하는 옥외탱크저장소로서 저장하는 제4류 위험물의 최대수량이 지정수량의 50만 배 이상

42
「위험물안전관리법령」상 제조소 등에 설치하여야 할 자동화재탐지설비의 설치기준 중 ( ) 안에 알맞은 내용은?(단, 광전식분리형 감지기 설치는 제외한다.)

> 하나의 경계구역의 면적은 (㉠)[m²] 이하로 하고 그 한 변의 길이는 (㉡)[m] 이하로 할 것. 다만, 당해 건축물 그 밖의 공작물의 주요한 출입구에서 그 내부의 전체를 볼 수 있는 경우에 있어서는 그 면적을 1,000[m²] 이하로 할 수 있다.

① ㉠ 300, ㉡ 20
② ㉠ 400, ㉡ 30
③ ㉠ 500, ㉡ 40
④ ㉠ 600, ㉡ 50

해설

하나의 경계구역의 면적은 600[m²] 이하로 하고 그 한 변의 길이는 50[m] 이하로 하여야 한다.

| 관련개념 | 제조소 등의 자동화재탐지설비 설치기준
- 하나의 경계구역의 면적은 600[m²] 이하로 하고 그 한 변의 길이는 50[m] (광전식 분리형 감지기를 설치할 경우에는 100[m]) 이하로 하여야 한다.
- 경계구역은 건축물 그 밖의 공작물의 2 이상의 층에 걸치지 아니하도록 하여야 한다.
- 당해 건축물 그 밖의 공작물의 주요한 출입구에서 그 내부의 전체를 볼 수 있는 경우에는 그 면적을 1,000[m²] 이하로 할 수 있다.

정답 40 ① 41 ④ 42 ④

43 고난도

「소방시설공사업법령」상 전문 소방시설공사업의 등록기준 및 영업범위의 기준에 대한 설명으로 틀린 것은?

① 법인인 경우 자본금은 최소 1억 원 이상이다.
② 개인인 경우 자산평가액은 최소 1억 원 이상이다.
③ 주된 기술인력 최소 1명 이상, 보조기술인력 최소 3명 이상을 둔다.
④ 영업범위는 특정소방대상물에 설치되는 기계분야 및 전기 분야 소방시설의 공사·개설·이전 및 정비이다.

해설
주된 기술인력 1명 이상, 보조기술인력 2명 이상이다.

| 관련개념 | 소방시설업의 업종별 등록기준 및 영업범위(소방시설공사업)

- 전문 소방시설공사업

기술인력	자본금(자산평가액)	영업범위
• 주된 기술인력: 1명 이상 • 보조기술인력: 2명 이상	• 법인: 1억 원 이상 • 개인: 자산평가액 1억 원 이상	특정소방대상물에 설치되는 기계분야 및 전기분야 소방시설의 공사·개설·이전 및 정비

- 일반 소방시설공사업

기술인력	자본금(자산평가액)	영업범위
• 주된 기술인력: 1명 이상 • 보조기술인력: 1명 이상	• 법인: 1억 원 이상 • 개인: 자산평가액 1억 원 이상	• 연면적 10,000[m²] 미만의 특정소방대상물에 설치되는 전기분야 소방시설의 공사·개설·이전·정비 • 위험물 제조소 등에 설치되는 전기분야 소방시설의 공사·개설·이전·정비

44

「화재예방, 소방시설 설치·유지 및 안전관리에 관한 법령」상 특정소방대상물의 관계인이 특정소방대상물의 규모·용도 및 수용인원 등을 고려하여 갖추어야 하는 소방시설의 종류에 대한 기준 중 다음 (   ) 안에 알맞은 것은?

> 화재안전기준에 따라 소화기구를 설치하여야 하는 특정소방대상물은 연면적 (㉠)[m²] 이상인 것. 다만, 노유자시설의 경우에는 투척용 소화용구 등을 화재안전기준에 따라 산정된 소화기 수량의 (㉡) 이상으로 설치할 수 있다.

① ㉠ 33, ㉡ $\frac{1}{2}$ ② ㉠ 33, ㉡ $\frac{1}{5}$
③ ㉠ 50, ㉡ $\frac{1}{2}$ ④ ㉠ 50, ㉡ $\frac{1}{5}$

해설
화재안전기준에 따라 소화기구를 설치하여야 하는 특정소방대상물은 연면적 33[m²] 이상인 것. 다만, 노유자시설의 경우에는 투척용 소화용구 등을 화재안전기준에 따라 산정된 소화기 수량의 $\frac{1}{2}$ 이상으로 설치할 수 있다.

| 관련개념 | 소화기구를 설치하여야 하는 특정소방대상물

- 연면적 33[m²] 이상인 것. 다만, 노유자시설의 경우에는 투척용 소화용구 등을 화재안전기준에 따라 산정된 소화기 수량의 2분의 1 이상으로 설치할 수 있다.
- 위에 해당하지 않는 시설로서 가스시설, 발전시설 중 전기저장시설 및 지정문화재
- 터널
- 지하구

45 빈출

「화재예방, 소방시설 설치·유지 및 안전관리에 관한 법령」상 천재지변 및 그 밖에 대통령령으로 정하는 사유로 소방특별조사를 받기 곤란하여 소방특별조사의 연기를 신청하려는 자는 소방특별조사(화재예방조사) 시작 최대 며칠 전까지 연기신청서 및 증명서류를 제출해야 하는가?

① 3   ② 5
③ 7   ④ 10

해설
소방특별조사(화재예방조사)의 연기를 신청하려는 자는 조사시작 3일 전까지 연기신청서 및 증명서류를 제출해야 한다.

| 관련개념 | 소방특별조사(화재예방조사)

구분	소방특별조사	훈련 및 교육	관리대장
실시자	소방본부장, 소방서장	소방본부장, 소방서장	시·도지사
실시횟수	연1회 이상	연1회 이상	매년
통보	7일 전	10일 전	–
연기신청	조사시작 3일 전	–	–

정답 43 ③ 44 ① 45 ①

46 빈출

「위험물안전관리법령」상 정기점검의 대상인 제조소 등의 기준으로 틀린 것은?

① 지하탱크저장소
② 이동탱크저장소
③ 지정수량의 10배 이상의 위험물을 취급하는 제조소
④ 지정수량의 20배 이상의 위험물을 저장하는 옥외탱크저장소

해설

지정수량의 200배 이상의 위험물을 저장하는 옥외탱크저장소이다.

| 관련개념 | 정기점검의 대상인 제조소 등
- 지정수량의 10배 이상의 위험물을 취급하는 제조소
- 지정수량의 100배 이상의 위험물을 저장하는 옥외저장소
- 지정수량의 150배 이상의 위험물을 저장하는 옥내저장소
- 지정수량의 200배 이상의 위험물을 저장하는 옥외탱크저장소
- 암반탱크저장소
- 이송취급소
- 지정수량의 10배 이상의 위험물을 취급하는 일반취급소
- 지하탱크저장소
- 이동탱크저장소
- 위험물을 취급하는 탱크로서 지하에 매설된 탱크가 있는 제조소·주유취급소 또는 일반취급소

47

「위험물안전관리법령」상 제4류 위험물 중 경유의 지정수량은 몇 [L]인가?

① 500
② 1,000
③ 1,500
④ 2,000

해설

경유는 제2석유류 비수용성 액체로 지정수량은 1,000[L]이다.

| 관련개념 | 제4류 위험물의 지정수량

품명		지정수량
특수인화물(아세트알데히드, 이황화탄소, 디메틸에테르 등)		50[L]
제1석유류(휘발유, 아세톤 등)	비수용성	200[L]
	수용성	400[L]
알코올류		400[L]
제2석유류(경유, 등유 등)	비수용성	1,000[L]
	수용성	2,000[L]
제3석유류(중유, 클레오소트유 등)	비수용성	2,000[L]
	수용성	4,000[L]
제4석유류(기어유, 실린더유 등)		6,000[L]
동식물유류(아마인유 등)		10,000[L]

48 고난도

「화재예방, 소방시설 설치·유지 및 안전관리에 관한 법령」상 1급 소방안전관리대상물의 소방안전관리자 선임대상 기준 중 ( ) 안에 알맞은 내용은?

> 산업안전기사 또는 산업안전산업기사의 자격을 취득한 후 ( ) 2급 소방안전관리대상물 또는 3급 소방안전관리대상물의 소방안전관리자로 근무한 실무경력이 있는 사람

① 1년 이상
② 2년 이상
③ 3년 이상
④ 5년 이상

해설

산업안전기사 또는 산업안전산업기사의 자격을 취득한 후 2년 이상 2급 소방안전관리대상물 또는 3급 소방안전관리대상물의 소방안전관리자로 근무한 실무경력이 있는 사람이 해당된다.

정답 46 ④ 47 ② 48 ②

49

「화재예방, 소방시설 설치·유지 및 안전관리에 관한 법령」 상 용어의 정의 중 (　) 안에 알맞은 것은?

> 특정소방대상물이란 소방시설을 설치하여야 하는 소방 대상물로서 (　)으로 정하는 것을 말한다.

① 대통령령
② 국토교통부령
③ 행정안전부령
④ 고용노동부령

해설

특정소방대상물이란 소방시설을 설치하여야 하는 소방대상물로서 대통령령으로 정하는 것을 말한다.

| 관련개념 | 정의

- 소방시설: 소화설비, 경보설비, 피난구조설비, 소화용수설비, 그 밖에 소화활동설비로서 대통령령으로 정하는 것을 말한다.
- 소방시설 등: 소방시설과 비상구, 그 밖에 소방 관련 시설로서 대통령령으로 정하는 것을 말한다.
- 특정소방대상물: 소방시설을 설치하여야 하는 소방대상물로서 대통령령으로 정하는 것을 말한다.
- 소방용품: 소방시설 등을 구성하거나 소방용으로 사용되는 제품 또는 기기로서 대통령령으로 정하는 것을 말한다.

50

「소방기본법」 제1장 총칙에서 정하는 목적의 내용으로 거리가 먼 것은?

① 구조, 구급 활동 등을 통하여 공공의 안녕 및 질서 유지
② 풍수해의 예방, 경계, 진압에 관한 계획, 예산 지원 활동
③ 구조, 구급 활동 등을 통하여 국민의 생명, 신체, 재산 보호
④ 화재, 재난, 재해 그 밖의 위급한 상황에서의 구조, 구급 활동

해설

소방기본법의 목적
- 화재를 예방·경계 또는 진압
- 화재, 재난·재해, 그 밖의 위급한 상황에서의 구조·구급 활동
- 국민 생명·신체 및 재산 보호, 공공 안녕 및 질서 유지와 복리증진에 이바지

51

「소방기본법령」상 소방본부 종합상황실의 실장이 서면·팩스 또는 컴퓨터통신 등으로 소방청 종합상황실에 보고하여야 하는 화재의 기준이 아닌 것은?

① 이재민이 100인 이상 발생한 화재
② 재산피해액이 50억 원 이상 발생한 화재
③ 사망자가 3인 이상 발생하거나 사상자가 5인 이상 발생한 화재
④ 층수가 5층 이상이거나 병상이 30개 이상인 종합병원에서 발생한 화재

해설

사망자가 5인 이상 발생하거나 사상자가 10인 이상 발생한 화재일 경우 보고하여야 한다.

| 관련개념 | 종합상황실 실장의 서면·팩스 또는 컴퓨터통신 등의 보고대상 재해 규모

- 사망자가 5인 이상 발생하거나 사상자가 10인 이상 발생한 화재
- 이재민이 100인 이상 발생한 화재
- 재산피해액이 50억 원 이상 발생한 화재
- 관공서·학교·정부미 도정공장·문화재·지하철 또는 지하구의 화재
- 관광호텔, 층수가 11층 이상인 건축물, 지하상가, 시장, 백화점, 지정수량의 3천 배 이상의 위험물의 제조소·저장소·취급소, 층수가 5층 이상이거나 객실이 30실 이상인 숙박시설, 층수가 5층 이상이거나 병상이 30개 이상인 종합병원·정신병원·한방병원 요양소, 연면적 1만 5천[m²] 이상인 공장 또는 화재경계지구에서 발생한 화재
- 철도차량, 항구에 매어둔 총 톤수가 1,000[t] 이상인 선박, 항공기, 발전소 또는 변전소에서 발생한 화재
- 가스 및 화약류의 폭발에 의한 화재
- 다중이용업소의 화재
- 통제단장의 현장지휘가 필요한 재난상황
- 언론에 보도된 재난상황
- 그 밖에 소방청장이 정하는 재난상황

정답 49 ① 50 ② 51 ③

52

「화재예방, 소방시설 설치·유지 및 안전관리에 관한 법령」상 관리업자가 소방시설 등의 점검을 마친 후 점검기록표에 기록하고 이를 해당 특정소방대상물에 부착하여야 하나 이를 위반하고 점검기록표를 거짓으로 작성하거나 해당 특정소방대상물에 부착하지 아니하였을 경우 벌칙 기준은?

① 100만 원 이하의 벌금
② 200만 원 이하의 벌금
③ 300만 원 이하의 벌금
④ 500만 원 이하의 벌금

해설

점검기록표를 거짓으로 작성하거나 해당 특정소방대상물에 부착하지 아니하였을 경우 300만 원 이하의 벌금에 처한다.

| 관련개념 | 300만 원 이하의 벌금

- 소방특별조사를 정당한 사유 없이 거부·방해 또는 기피한 자
- 방염성능검사에 합격하지 아니한 물품에 합격표시를 하거나 합격표시를 위조하거나 변조하여 사용한 자
- 거짓 시료를 제출한 자
- 소방안전관리자 또는 소방안전관리보조자를 선임하지 아니한 자
- 공동 소방안전관리자를 선임하지 아니한 자
- 소방시설·피난시설·방화시설 및 방화구획 등이 법령에 위반된 것을 발견하였음에도 필요한 조치를 할 것을 요구하지 아니한 소방안전관리자
- 소방안전관리자에게 불이익한 처우를 한 관계인
- 점검기록표를 거짓으로 작성하거나 해당 특정소방대상물에 부착하지 아니한 자
- 업무를 수행하면서 알게 된 비밀을 이 법에서 정한 목적 외의 용도로 사용하거나 다른 사람 또는 기관에 제공하거나 누설한 사람

53 고난도

「화재예방, 소방시설 설치·유지 및 안전관리에 관한 법령」상 분말형태의 소화약제를 사용하는 소화기의 내용연수로 옳은 것은?(단, 소방용품의 성능을 확인받아 그 사용 기한을 연장하는 경우는 제외한다.)

① 3년
② 5년
③ 7년
④ 10년

해설

분말형태의 소화약제를 사용하는 소화기의 내용연수는 10년이다.

54

「소방시설공사업법령」상 소방시설공사업자가 소속 소방기술자를 소방시설공사 현장에 배치하지 않았을 경우의 과태료 기준은?

① 100만 원 이하
② 200만 원 이하
③ 300만 원 이하
④ 400만 원 이하

해설

소방기술자를 공사 현장에 배치하지 아니한 경우 200만 원 이하의 과태료를 부과한다.

| 관련개념 | 200만 원 이하의 과태료

- 등록사항의 변경신고, 휴업 및 폐업 신고, 지위승계, 착공신고, 감리자 지정 신고를 위반하여 신고를 하지 아니하거나 거짓으로 신고한 자
- 관계인에게 지위승계, 행정처분 또는 휴업·폐업의 사실을 거짓으로 알린 자
- 하자보수보증기간 동안 보관의무를 위반하여 관계 서류를 보관하지 아니한 자
- 소방기술자를 공사 현장에 배치하지 아니한 자
- 완공검사를 받지 아니한 자
- 3일 이내에 하자를 보수하지 아니하거나 하자보수계획을 관계인에게 거짓으로 알린 자
- 감리 관계 서류를 인수인계하지 아니한 자
- 배치통보 및 변경통보를 하지 아니하거나 거짓으로 통보한 자
- 방염성능기준 미만으로 방염을 한 자
- 방염처리능력 평가에 관한 서류를 거짓으로 제출한 자
- 도급계약 체결 시 의무를 이행하지 아니한 자(하도급 계약의 경우에는 하도급 받은 소방시설업자는 제외)
- 하도급 등의 통지를 하지 아니한 자
- 공사대금의 지급보증, 담보의 제공 또는 보험료 등의 지급을 정당한 사유 없이 이행하지 아니한 자
- 시공능력 평가에 관한 서류를 거짓으로 제출한 자
- 사업수행능력 평가에 관한 서류를 위조하거나 변조하는 등 거짓이나 그 밖의 부정한 방법으로 입찰에 참여한 자
- 명령을 위반하여 보고 또는 자료 제출을 하지 아니하거나 거짓으로 보고 또는 자료 제출을 한 자

정답 52 ③ 53 ④ 54 ②

55 빈출

「소방기본법령」상 위험물 또는 물건의 보관기간은 소방본부 또는 소방서의 게시판에 공고하는 기간의 종료일 다음날부터 며칠로 하는가?

① 3
② 4
③ 5
④ 7

해설

공고 후 보관기간은 7일이다.

| 관련개념 |
- 게시판 공고기간: 14일
- 공고 후 보관기간: 7일
- 보관기간 종료 후: 매각 또는 폐기

56

「소방기본법령」상 소방활동장비와 설비의 구입 및 설치 시 국고보조의 대상이 아닌 것은?

① 소방자동차
② 사무용 집기
③ 소방헬리콥터 및 소방정
④ 소방전용통신설비 및 전산설비

해설

국고보조 대상사업의 범위
- 다음의 소방활동장비와 설비의 구입 및 설치
  - 소방자동차
  - 소방헬리콥터 및 소방정
  - 소방전용통신설비 및 전산설비
  - 그 밖에 방화복 등 소방활동에 필요한 소방장비
- 소방관서용 청사의 건축

57

「화재예방, 소방시설 설치·유지 및 안전관리에 관한 법령」상 특정소방대상물의 관계인은 소방안전관리자를 기준일로부터 30일 이내에 선임하여야 한다. 다음 중 기준일로 틀린 것은?

① 소방안전관리자를 해임한 경우: 소방안전관리자를 해임한 날
② 특정소방대상물을 양수하여 관계인의 권리를 취득한 경우: 해당 권리를 취득한 날
③ 신축으로 해당 특정소방대상물의 소방안전관리자를 신규로 선임하여야 하는 경우: 해당 특정소방대상물의 완공일
④ 증축으로 인하여 특정소방대상물이 소방안전관리대상물로 된 경우: 증축공사의 개시일

해설

④ 증축공사의 개시일이 아니라 증축공사의 완공일이다.

| 관련개념 | 소방안전관리자의 30일 이내 선임신고

- 신축·증축·개축·재축·대수선 또는 용도변경으로 해당 특정소방대상물의 소방안전관리자를 신규로 선임하여야 하는 경우: 해당 특정소방 대상물의 완공일
- 증축 또는 용도변경으로 인하여 특정소방대상물이 소방안전관리대상물로 된 경우: 증축공사의 완공일 또는 용도변경 사실을 건축물 관리 대장에 기재한 날
- 특정소방대상물을 양수하거나 경매, 환가, 압류재산의 매각 그 밖에 이에 준하는 절차에 의하여 관계인의 권리를 취득한 경우: 해당 권리를 취득한 날 또는 관할 소방서장으로부터 소방안전관리자 선임 안내를 받은 날. 다만, 새로 권리를 취득한 관계인이 종전의 특정소방대상물의 관계인이 선임신고한 소방안전관리자를 해임하지 아니하는 경우를 제외한다.
- 특정소방대상물의 경우: 소방본부장 또는 소방서장이 공동 소방안전 관리 대상으로 지정한 날
- 소방안전관리자를 해임한 경우: 소방안전관리자를 해임한 날
- 소방안전관리업무를 대행하는 자를 감독하는 자를 소방안전관리자로 선임한 경우로서 그 업무대행 계약이 해지 또는 종료된 경우: 소방안전관리업무 대행이 끝난 날

정답 55 ④ 56 ② 57 ④

58

「위험물안전관리법령」상 위험물을 취급함에 있어서 정전기가 발생할 우려가 있는 설비에 설치할 수 있는 정전기 제거설비 방법이 아닌 것은?

① 접지에 의한 방법
② 공기를 이온화하는 방법
③ 자동적으로 압력의 상승을 정지시키는 방법
④ 공기 중의 상대습도를 70[%] 이상으로 하는 방법

해설

정전기 제거 방법
- 접지에 의한 방법
- 공기를 이온화하는 방법
- 공기 중의 상대습도를 70[%] 이상으로 하는 방법

59 빈출

「소방기본법령」상 특수가연물의 수량기준으로 옳은 것은?

① 면화류: 200[kg] 이상
② 가연성 고체류: 500[kg] 이상
③ 나무껍질 및 대팻밥: 300[kg] 이상
④ 넝마 및 종이부스러기: 400[kg] 이상

해설

② 가연성 고체류: 3,000[kg] 이상
③ 나무껍질 및 대팻밥: 400[kg] 이상
④ 넝마 및 종이부스러기: 1,000[kg] 이상

| 관련개념 | 특수가연물의 수량기준

품명		수량 기준
면화류		200[kg] 이상
나무껍질 및 대팻밥		400[kg] 이상
넝마 및 종이부스러기		1,000[kg] 이상
사류(絲類)		1,000[kg] 이상
볏짚류		1,000[kg] 이상
가연성 고체류		3,000[kg] 이상
석탄·목탄류		10,000[kg] 이상
가연성 액체류		2[m³] 이상
목재가공품 및 나무부스러기		10[m³] 이상
합성수지류	발포시킨 것	20[m³] 이상
	그 밖의 것	3,000[kg] 이상

60 빈출

「화재예방, 소방시설 설치·유지 및 안전관리에 관한 법령」상 소방청장, 소방본부장 또는 소방서장이 소방특별조사(화재예방조사)를 하려면 관계인에게 조사대상, 조사기간 및 조사사유 등을 최대 며칠 전에 서면으로 알려야 하는가?(단, 긴급하게 조사할 필요가 있는 경우와 사전에 통지하면 조사목적을 달성할 수 없다고 인정되는 경우는 제외한다.)

① 7
② 10
③ 12
④ 14

해설

소방청장, 소방본부장 또는 소방서장은 소방특별조사(화재예방조사)를 하려면 7일 전까지 관계인에게 조사대상, 조사기간 및 조사사유 등을 서면으로 알려야 한다.

| 관련개념 | 소방특별조사(화재예방조사)

구분	소방특별조사	훈련 및 교육	관리대장
실시자	소방본부장, 소방서장	소방본부장, 소방서장	시·도지사
실시횟수	연 1회 이상	연 1회 이상	매년
통보	7일 전	10일 전	-
연기신청	조사시작 3일 전	-	-

정답 58 ③ 59 ① 60 ①

4과목 소방전기시설의 구조 및 원리

61 고난도
감지기의 형식승인 및 제품검사의 기술기준에 따라 단독경보형감지기를 스위치 조작에 의하여 화재경보를 정지시킬 경우 화재경보 정지 후 몇 분 이내에 화재경보 정지기능이 자동적으로 해제되어 정상상태로 복귀되어야 하는가?

① 3
② 5
③ 10
④ 15

해설
화재경보 정지 후 15분 이내에 화재경보 정지기능이 자동적으로 해제되어 단독경보형감지기가 정상상태로 복귀되어야 한다.

62 빈출
비상콘센트설비의 화재안전기술기준(NFTC 504)에 따라 하나의 전용회로에 설치하는 비상콘센트는 몇 개 이하로 하여야 하는가?

① 2
② 3
③ 10
④ 20

해설
하나의 전용회로에 설치하는 비상콘센트는 10개 이하로 한다.

63
자동화재속보설비의 속보기의 성능인증 및 제품검사의 기술기준에 따라 속보기는 작동신호를 수신하거나 수동으로 동작시키는 경우 20초 이내에 소방관서에 자동적으로 신호를 발하여 통보하되, 몇 회 이상 속보할 수 있어야 하는가?

① 1
② 2
③ 3
④ 4

해설
속보기는 작동신호를 수신하거나 수동으로 동작시키는 경우 20초 이내에 소방관서에 자동적으로 신호를 발하여 통보하되, 3회 이상 속보할 수 있어야 한다.

64
자동화재탐지설비 및 시각경보장치의 화재안전기술기준(NFTC 203)에 따른 감지기의 설치 제외 장소가 아닌 것은?

① 실내의 용적이 $20[m^3]$ 이하인 장소
② 부식성가스가 체류하고 있는 장소
③ 목욕실·욕조나 샤워시설이 있는 화장실·기타 이와 유사한 장소
④ 고온도 및 저온도로서 감지기의 기능이 정지되기 쉽거나 감지기의 유지관리가 어려운 장소

해설
감지기 설치 제외장소
- 천장 또는 반자의 높이가 $20[m]$ 이상인 장소
- 헛간 등 외부와 기류가 통하는 장소로서 감지기에 따라 화재발생을 유효하게 감지할 수 없는 장소
- 부식성가스가 체류하고 있는 장소
- 고온도 및 저온도로서 감지기의 기능이 정지되기 쉽거나 감지기의 유지관리가 어려운 장소
- 목욕실·욕조나 샤워시설이 있는 화장실·기타 이와 유사한 장소
- 파이프덕트 등 그 밖의 이와 비슷한 것으로서 2개 층마다 방화구획된 것이나 수평단면적이 $5[m^2]$ 이하인 것
- 먼지·가루 또는 수증기가 다량으로 체류하는 장소 또는 주방 등 평시에 연기가 발생하는 장소(연기감지기에 한함)
- 프레스공장·주조공장 등 화재발생의 위험이 적은 장소로서 감지기의 유지관리가 어려운 장소

65 빈출
비상콘센트의 배치와 설치에 대한 현장사항이 비상콘센트 설비의 화재안전기술기준(NFTC 504)에 적합하지 않은 것은?

① 전원회로의 배선은 내화배선으로 되어 있다.
② 보호함에는 쉽게 개폐할 수 있는 문을 설치하였다.
③ 보호함 표면에 "비상콘센트"라고 표시한 표지를 붙였다.
④ 3상 교류 $200[V]$ 전원회로에 대해 비접지형 3극 플러그 접속기를 사용하였다.

해설
비상콘센트의 플러그접속기는 접지형 2극 플러그접속기를 사용한다.

정답 61 ④ 62 ③ 63 ③ 64 ① 65 ④

66

자동화재탐지설비 및 시각경보장치의 화재안전기술기준(NFTC 203)에 따라 제2종 연기감지기를 부착 높이가 4[m] 미만인 장소에 설치 시 기준 바닥면적은?

① 30[m²]   ② 50[m²]
③ 75[m²]   ④ 150[m²]

해설

감지기의 부착 높이에 따라 다음 표의 바닥면적 [m²]마다 1개 이상 설치한다.

부착 높이	감지기의 종류	
	1종 및 2종	3종
4[m] 미만	150	50
4[m] 이상	75	설치 불가

67 고난도

아래 그림은 자동화재탐지설비의 배선도이다. 추가로 구획된 공간이 생겨 가, 나, 다, 라 감지기를 증설했을 경우, 자동화재탐지설비 및 시각경보장치의 화재안전기술기준(NFTC 203)에 적합하게 설치한 것은?

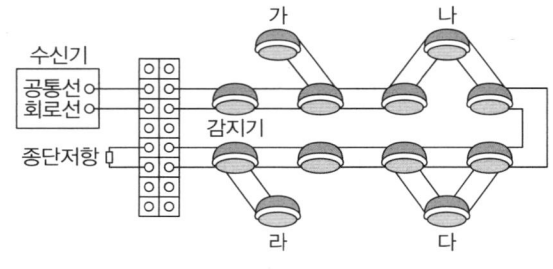

① 가   ② 나
③ 다   ④ 라

해설

한 개의 감지기에 4개의 선이 연결되어야 하므로 기준에 적합하게 설치된 것은 '나' 경보기이다.

오답해설

'가, 다, 라'와 같이 감지기를 증설했을 경우, 감지기에 6개의 선이 연결되기 때문에 오답이다.

68

비상방송설비의 화재안전기술기준(NFTC 202)에 따라 비상방송설비 음향장치의 설치기준 중 다음 (   )에 들어갈 내용으로 옳은 것은?

> 층수가 (㉠)층 이상으로서 연면적이 (㉡)[m²]를 초과하는 특정소방대상물의 1층에서 발화한 때에는 발화층·그 직상층 및 지하층에 경보를 발할 수 있도록 하여야 한다.

① ㉠ 2, ㉡ 3,500   ② ㉠ 3, ㉡ 5,000
③ ㉠ 5, ㉡ 3,000   ④ ㉠ 6, ㉡ 1,500

해설

층수가 5층 이상으로서 연면적이 3,000[m²]를 초과하는 특정소방대상물의 1층에서 발화한 때에는 발화층·그 직상층 및 지하층에 경보를 발할 수 있도록 하여야 한다.

69

유도등의 형식승인 및 제품검사의 기술기준에 따른 용어의 정의에서 "유도등에 있어서 표시면외 조명에 사용되는 면"을 말하는 것은?

① 조사면   ② 피난면
③ 조도면   ④ 광속면

해설

조사면이란 유도등에 있어서 표시면외 조명에 사용되는 면을 말한다.

정답 66 ④ 67 ② 68 ③ 69 ①

70
자동화재탐지설비 및 시각경보장치의 화재안전기술기준(NFTC 203)에 따라 부착높이 20[m] 이상에 설치되는 광전식 중 아날로그 방식의 감지기는 공칭감지농도 하한값이 감광률 몇 [%/m] 미만인 것으로 하는가?

① 3
② 5
③ 7
④ 10

해설
부착높이 20[m] 이상에 설치되는 광전식 중 아날로그 방식의 감지기는 공칭감지농도 하한값이 감광률 5[%/m] 미만인 것을 사용한다.

71
비상조명등의 우수품질인증 기술기준에 따라 인출선인 경우 전선의 굵기는 몇 [mm²] 이상이어야 하는가?

① 0.5
② 0.75
③ 1.5
④ 2.5

해설
전선의 굵기는 인출선인 경우에는 단면적이 0.75[mm²] 이상, 인출선 외의 경우에는 면적이 0.5[mm²] 이상이어야 한다.

72
누전경보기의 형식승인 및 제품 검사의 기술기준에 따른 과누전 시험에 대한 내용이다. 다음 ( )에 들어갈 내용으로 옳은 것은?

> 변류기는 1개의 전선을 변류기에 부착시킨 회로를 설치하고 출력단자에 부하저항을 접속한 상태로 당해 1개의 전선에 변류기의 정격전압의 (㉠)[%]에 해당하는 수치의 전류를 (㉡)분간 흘리는 경우 그 구조 또는 기능에 이상이 생기지 아니하여야 한다.

① ㉠ 20, ㉡ 5
② ㉠ 30, ㉡ 10
③ ㉠ 50, ㉡ 15
④ ㉠ 80, ㉡ 20

해설
변류기는 1개의 전선을 변류기에 부착시킨 회로를 설치하고 출력단자에 부하저항을 접속한 상태로 당해 1개의 전선에 변류기의 정격전압의 20[%]에 해당하는 수치의 전류를 5분간 흘리는 경우 그 구조 또는 기능에 이상이 생기지 아니하여야 한다.

73 빈출
비상방송설비의 화재안전기술기준(NFTC 202)에 따른 비상방송설비의 음향장치에 대한 설치기준으로 틀린 것은?

① 다른 전기회로에 따라 유도장애가 생기지 아니하도록 할 것
② 음향장치는 자동화재속보설비의 작동과 연동하여 작동할 수 있는 것으로 할 것
③ 다른 방송설비와 공용하는 것에 있어서는 화재 시 비상경보 외의 방송을 차단할 수 있는 구조로 할 것
④ 증폭기 및 조작부는 수위실 등 상시 사람이 근무하는 장소로서 점검이 편리하고 방화상 유효한 곳에 설치할 것

해설
음향장치는 자동화재탐지설비의 작동과 연동하여 작동할 수 있는 것으로 하여야 한다.

정답 70 ② 71 ② 72 ① 73 ②

74

무선통신보조설비의 화재안전기술기준(NFTC 505)에 따른 용어의 정의 중 감시제어반 등에 설치된 무선중계기의 입력과 출력포트에 연결되어 송수신 신호를 원활하게 방사·수신하기 위해 옥외에 설치하는 장치를 말하는 것은?

① 혼합기
② 분파기
③ 증폭기
④ 옥외안테나

해설

감시제어반 등에 설치된 무선중계기의 입력과 출력포트에 연결되어 송수신 신호를 원활하게 방사·수신하기 위해 옥외에 설치하는 장치는 옥외안테나이다.

오답해설

① 혼합기: 두 개 이상의 입력신호를 원하는 비율로 조합한 출력이 발생하도록 하는 장치
② 분파기: 서로 다른 주파수의 합성된 신호를 분리하기 위해서 사용하는 장치
③ 증폭기: 신호 전송 시 신호가 약해져 수신이 불가능해지는 것을 방지하기 위해서 증폭하는 장치

75

무선통신보조설비의 화재안전기술기준(NFTC 505)에 따라 무선통신보조설비의 누설동축케이블 또는 동축케이블의 임피던스는 몇 $[\Omega]$으로 하여야 하는가?

① 5
② 10
③ 50
④ 100

해설

누설동축케이블 또는 동축케이블의 임피던스는 $50[\Omega]$으로 하고, 이에 접속하는 안테나·분배기, 기타의 장치는 해당 임피던스에 적합한 것으로 하여야 한다.

76

비상경보설비 및 단독경보형감지기의 화재안전기술기준(NFTC 201)에 따른 단독경보형감지기에 대한 내용이다. 다음 (   )에 들어갈 내용으로 옳은 것은?

> 이웃하는 실내의 바닥면적이 각각 (   )$[m^2]$ 미만이고 벽체의 상부의 전부 또는 일부가 개방되어 이웃하는 실내와 공기가 상호유통되는 경우에는 이를 1개의 실로 본다.

① 30
② 50
③ 100
④ 150

해설

이웃하는 실내의 바닥면적이 각각 $30[m^2]$ 미만이고 벽체의 상부의 전부 또는 일부가 개방되어 이웃하는 실내와 공기가 상호유통되는 경우에는 이를 1개의 실로 본다.

77

소방시설용 비상전원수전설비의 화재안전기술기준(NFTC 602)에 따른 용어의 정의에서 소방부하에 전원을 공급하는 전기회로를 말하는 것은?

① 수전설비
② 일반회로
③ 소방회로
④ 변전설비

해설

소방회로란 소방부하에 전원을 공급하는 전기회로를 말한다.

오답해설

① 수전설비란 전력수급용 계기용변성기·주차단장치 및 그 부속기기를 말한다.
② 일반회로란 소방회로 이외의 전기회로를 말한다.
④ 변전설비란 전력용변압기 및 그 부속장치를 말한다.

정답 74 ④ 75 ③ 76 ① 77 ③

78

누전경보기의 형식 승인 및 제품 검사의 기술기준에 따라 누전경보기의 변류기는 직류 500[V]의 절연저항계로 절연된 1차 권선과 2차 권선 간의 절연저항시험을 할 때 몇 [MΩ] 이상이어야 하는가?

① 0.1　　　　　② 5
③ 10　　　　　 ④ 20

해설

절연저항시험
변류기는 직류 500[V]의 절연저항계로 다음 시험을 하는 경우 5[MΩ] 이상이어야 한다.
- 절연된 1차 권선과 2차 권선 간의 절연저항
- 절연된 1차 권선과 외부금속부 간의 절연저항
- 절연된 2차 권선과 외부금속부 간의 절연저항

79

소방시설용 비상전원수전설비의 화재안전기술기준(NFTC 602)에 따라 소방시설용 비상전원수전설비의 인입구배선은 「옥내소화전설비의 화재안전기술기준(NFTC 102)」 별표1에 따른 어떤 배선으로 하여야 하는가?

① 나전선　　　　② 내열배선
③ 내화배선　　　④ 차폐배선

해설

소방시설용 비상전원수전설비의 인입구배선은 내화배선으로 한다.

80

유도등 및 유도표지의 화재안전기술기준(NFTC 303)에 따라 설치하는 유도표지는 계단에 설치하는 것을 제외하고는 각 층마다 복도 및 통로의 각 부분으로부터 하나의 유도표지까지의 보행거리가 몇 [m] 이하가 되는 곳과 구부러진 모퉁이의 벽에 설치하여야 하는가?

① 10　　　　　② 15
③ 20　　　　　④ 25

해설

유도표지는 계단에 설치하는 것을 제외하고는 각 층마다 복도 및 통로의 각 부분으로부터 하나의 유도표지까지의 보행거리가 15[m] 이하가 되는 곳과 구부러진 모퉁이의 벽에 설치한다.

정답 78 ②　79 ③　80 ②

2020년 1회 기출

1과목 소방원론

01 빈출

다음 중 연소범위를 근거로 계산한 위험도 값이 가장 큰 물질은?

① 이황화탄소
② 메탄
③ 수소
④ 일산화탄소

해설

$$H = \frac{U-L}{L}$$

여기서, H: 위험도, U: 연소상한계, L: 연소하한계

① 이황화탄소의 위험도 $= \frac{44-1.2}{1.2} ≒ 35.67$

② 메탄의 위험도 $= \frac{15-5}{5} = 2$

③ 수소의 위험도 $= \frac{75-4}{4} = 17.75$

④ 일산화탄소의 위험도 $= \frac{74-12.5}{12.5} = 4.92$

따라서 보기 중 위험도가 가장 큰 것은 이황화탄소이다.

| 관련개념 | 가연성 가스의 연소한계(상온, 1[atm])

가스	하한계[vol%]	상한계[vol%]
아세틸렌(C_2H_2)	2.5	81
수소(H_2)	4	75
프로판(C_3H_8)	2.1	9.5
에테르(($C_2H_5)_2O$)	1.9	48
이황화탄소(CS_2)	1.2	44
에틸렌(C_2H_4)	2.7	36
부탄(C_4H_{10})	1.8	8.4
메탄(CH_4)	5	15
에탄(C_2H_6)	3	12.4
일산화탄소(CO)	12.5	74
암모니아(NH_3)	15	28

02

제거소화의 예에 해당하지 않는 것은?

① 밀폐공간에서의 화재 시 공기를 제거한다.
② 가연성 가스 화재 시 가스의 밸브를 닫는다.
③ 산림화재 시 확산을 막기 위하여 산림의 일부를 벌목한다.
④ 유류탱크 화재 시 연소되지 않은 기름을 다른 탱크로 이동시킨다.

해설

제거소화는 가연물을 제거하거나 공급을 정지시켜 소화하는 것이다. ①은 산소의 공급을 차단하여 소화하는 질식소화에 해당된다.

03

「위험물안전관리법령」상 제2석유류에 해당하는 것으로만 나열된 것은?

① 아세톤, 벤젠
② 중유, 아닐린
③ 에테르, 이황화탄소
④ 아세트산, 아크릴산

해설

제4류 위험물의 분류

품명	대표적인 위험물
특수인화물	• 이황화탄소 • 디에틸에테르 • 아세트알데히드 • 산화프로필렌
제1석유류	• 아세톤 · 휘발유 · 벤젠 • 톨루엔 · 크실렌 · 시클로헥산 • 메틸에틸케톤 · 에틸벤젠 · 피리딘

정답 01 ① 02 ① 03 ④

제2석유류	· 등유 · 경유 · 의산 · 아세트산 · 아크릴산 · 클로로벤젠 · 알릴알코올
제3석유류	· 중유 · 클레오소트유 · 에틸렌글리콜 · 글리세린 · 니트로벤젠 · 아닐린 · 담금질유
제4석유류	· 기어유 · 실린더유

※ 디에틸에테르를 에테르 또는 에틸에테르라고 부르기도 한다.

04

인화알루미늄의 화재 시 주수소화하면 발생하는 물질은?

① 수소
② 메탄
③ 포스핀
④ 아세틸렌

해설

주수소화는 물을 이용하여 소화하는 것이다.
인화알루미늄(AlP)과 물(H_2O)이 반응하면 포스핀(PH_3)이 발생한다.
포스핀(PH_3)은 인화수소라고도 하고, 가연성이 있다.
$AlP + 3H_2O \rightarrow Al(OH)_3 + PH_3 \uparrow$

05

다음 물질의 저장창고에서 화재가 발생하였을 때 주수소화를 할 수 없는 물질은?

① 부틸리튬
② 질산에틸
③ 나이트로셀룰로스
④ 적린

해설

주수소화는 물을 이용하여 소화하는 것이다.
부틸리튬(C_4H_9Li)이 물과 만나면 가연성의 부탄가스(C_4H_{10})가 발생되기 때문에 부틸리튬 저장창고에서 화재가 발생하였을 경우 주수소화를 할 수 없다.
$C_4H_9Li + H_2O \rightarrow LiOH + C_4H_{10} \uparrow$

06

이산화탄소에 대한 설명으로 틀린 것은?

① 임계온도는 97.5[℃]이다.
② 고체의 형태로 존재할 수 있다.
③ 불연성 가스로 공기보다 무겁다.
④ 드라이아이스와 분자식이 동일하다.

해설

기체가 액화할 수 있는 최고온도를 임계온도라고 하는데 이산화탄소의 임계온도는 약 31.1[℃]이다.

| 관련개념 |
- 고체화된 이산화탄소를 드라이아이스라고 한다.
- 이산화탄소의 비중은 약 1.5이므로 공기보다 무겁고 불연성이어서 소화약제로 사용된다.
- 드라이아이스는 고체 이산화탄소이다.

07

실내 화재 시 발생한 연기로 인한 감광계수[m^{-1}]와 가시거리에 대한 설명 중 틀린 것은?

① 감광계수가 0.1일 때 가시거리는 20~30[m]이다.
② 감광계수가 0.3일 때 가시거리는 15~20[m]이다.
③ 감광계수가 1.0일 때 가시거리는 1~2[m]이다.
④ 감광계수가 10일 때 가시거리는 0.2~0.5[m]이다.

해설

감광계수가 0.3일 때 가시거리는 5[m]이다.

| 관련개념 | 감광계수와 가시거리의 관계

감광계수[m^{-1}]	가시거리[m]	상황
0.1	20~30	연기감지기가 작동할 때의 농도
0.3	5	건물 구조에 익숙한 사람이 피난에 지장을 받을 수 있는 정도의 농도
0.5	3	어두운 것을 느낄 정도의 농도
1	1~2	전방이 거의 보이지 않을 정도의 농도
10	0.2~0.5	화재 최성기 때의 농도
30	–	출화실에서 연기가 분출될 때의 농도

정답 04 ③ 05 ① 06 ① 07 ②

08

물질의 화재 위험성에 대한 설명으로 틀린 것은?

① 인화점 및 착화점이 낮을수록 위험
② 착화에너지가 작을수록 위험
③ 비점 및 융점이 높을수록 위험
④ 연소 범위가 넓을수록 위험

해설

비점 및 융점이 낮을수록 위험하다.

상세해설

① 인화점이 낮을수록 낮은 온도에서도 가연성 증기가 발생하기 쉽고, 착화점이 낮을수록 낮은 온도에서도 발화하기 쉬우므로 위험하다.
② 착화에너지는 연소를 시작하기 위해 필요한 최소한의 에너지이다. 착화에너지가 작을수록 작은 에너지로도 쉽게 연소를 시작하므로 위험하다.
④ 연소 범위가 넓을수록 다양한 농도에서 연소가 가능하므로 위험하다.

09

이산화탄소의 증기비중은 약 얼마인가?(단, 공기의 평균분자량은 29이다.)

① 0.81
② 1.52
③ 2.02
④ 2.51

해설

증기비중 = $\dfrac{분자량}{29}$

여기서, 29: 공기의 평균분자량, 원자량: $C=12$, $O=16$

이산화탄소(CO_2) 분자량 $= 12+(16 \times 2) = 44$

이산화탄소의 증기비중 $= \dfrac{44}{29} ≒ 1.52$

10

다음 중 소화에 필요한 이산화탄소 소화약제의 최소설계농도값이 가장 높은 물질은?

① 메탄
② 에틸렌
③ 천연가스
④ 아세틸렌

해설

이산화탄소 소화약제의 최소설계농도값은 메탄(34%) < 천연가스(37%) < 에틸렌(49%) < 아세틸렌(66%) 순으로 높다.

| 관련개념 | 가연성 액체 또는 가연성 가스의 소화에 필요한 설계농도

설계농도는 방호대상물 또는 방호구역의 소화약제 저장량을 산출하기 위한 농도로서 소화농도에 안전율을 고려하여 설정한 농도이다.

방호대상물	설계농도[%]
수소	75
아세틸렌	66
일산화탄소	64
산화에틸렌	53
에틸렌	49
에탄	40
석탄가스, 천연가스	37
사이클로 프로판	
이소부탄	36
프로판	
부탄	34
메탄	

정답 08 ③ 09 ② 10 ④

11 고난도

$0[°C]$, 1기압에서 $44.8[m^3]$의 용적을 가진 이산화탄소를 액화하여 얻을 수 있는 액화탄산가스의 무게는 약 몇 $[kg]$인가?

① 88
② 44
③ 22
④ 11

해설

- 이산화탄소의 분자량 계산하기
  원자량: C = 12, O = 16
  이산화탄소(CO_2) 분자량: $12 + (2 \times 16) = 44$
  분자량 M = 44[kg/kmol]
- 이상기체상태방정식에 대입하여 무게 계산하기

$$PV = nRT = \frac{\omega}{M}RT$$

여기서, M: 44[kg/kmol]
T: 0[°C] = 273[K]
P: 1기압 = 1[atm]
V: 44.8[m³]
R: 기체상수 = 0.082[atm·m³/kmol·K]

$$\omega = \frac{PVM}{RT} = \frac{1 \times 44.8 \times 44}{0.082 \times 273} ≒ 88[kg]$$

12

가연물이 연소가 잘되기 위한 구비조건으로 틀린 것은?

① 열전도율이 클 것
② 산소와 화학적으로 친화력이 클 것
③ 표면적이 클 것
④ 활성화에너지가 작을 것

해설

열전도율이 크면 가연물 내부에 열이 잘 축적되지 않기 때문에 연소가 잘 안 된다.

상세해설

② 연소는 가연물이 산소와 결합하는 산화반응의 일종이므로 산소와 친화력이 클수록 연소가 잘된다.
③ 표면적이 클수록 산소와의 접촉면적이 넓어지므로 연소가 잘된다.
④ 활성화에너지가 작을수록 작은 에너지만으로도 연소가 가능하므로 연소가 잘된다.

13

밀폐된 내화건물의 실내에 화재가 발생했을 때 그 실내의 환경변화에 대한 설명 중 틀린 것은?

① 기압이 급강하한다.
② 산소가 감소한다.
③ 일산화탄소가 증가한다.
④ 이산화탄소가 증가한다.

해설

밀폐된 실내에 화재가 발생하면 높은 온도와 연소생성물로 인해 기압이 상승한다.

상세해설

② 연소 시 산소를 소모하므로 산소 농도는 감소한다.
③ 불완전연소로 인한 일산화탄소 농도가 증가한다.
④ 완전연소로 인한 이산화탄소 농도가 증가한다.

14

화재 시 나타나는 인간의 피난특성으로 볼 수 없는 것은?

① 어두운 곳으로 대피한다.
② 최초로 행동한 사람을 따른다.
③ 발화지점의 반대 방향으로 이동한다.
④ 평소에 사용하던 문, 통로를 사용한다.

해설

화재 발생 시 인간은 지광본능에 따라 밝은 쪽으로 대피하려는 특성을 보인다.

| 관련개념 | 인간의 피난특성

본능	특성
귀소본능	평상시 사용하던 친숙한 경로를 따라 대피
지광본능	주위가 어두워지면 밝은 쪽으로 피난
추종본능	대피 시에는 최초로 행동하는 사람을 추종
퇴피본능	화염, 연기에 대한 공포감으로 화재 장소의 반대 방향으로 이동
좌회본능	좌측통행 및 좌측 방향으로 회전하려는 경향

정답 11 ① 12 ① 13 ① 14 ①

15
종이, 나무, 섬유류 등에 의한 화재에 해당하는 것은?

① A급 화재　　② B급 화재
③ C급 화재　　④ D급 화재

해설

종이, 나무, 섬유류 등에 의한 화재는 A급 화재에 해당한다.

| 관련개념 | 화재의 종류

구분	표시색	물질
일반화재(A급)	백색	• 일반 가연물 • 종이류 • 목재 · 섬유
유류화재(B급)	황색	• 가연성 액체 • 가연성 가스 • 액화가스
전기화재(C급)	청색	전기설비
금속화재(D급)	무색	가연성 금속
주방화재(K급)	–	식용유

※ 현재 표시색의 의무규정은 없다.

16
$NH_4H_2PO_4$를 주성분으로 한 분말소화약제는 제 몇 종 분말소화약제인가?

① 제1종　　② 제2종
③ 제3종　　④ 제4종

해설

$NH_4H_2PO_4$는 제1인산암모늄으로 제3종 분말소화약제이다.

| 관련개념 | 분말소화약제의 종류

종별	주성분	착색	적응 화재
제1종	탄산수소나트륨($NaHCO_3$)	백색	B, C
제2종	탄산수소칼륨($KHCO_3$)	담회색	B, C
제3종	제1인산암모늄($NH_4H_2PO_4$)	담홍색 (또는 황색)	A, B, C
제4종	탄산수소칼륨+요소 ($KHCO_3+CO(NH_2)_2$)	회색	B, C

17
다음 물질 중 연소하였을 때 시안화수소를 가장 많이 발생시키는 물질은?

① Polyethylene　　② Polyurethane
③ Polyvinyl Chloride　　④ Polystyrene

해설

폴리우레탄(Polyurethane)은 수분과 산·염기에 강하고 흡착성으로 완충재나 자동차 가구, 장판 등에 사용된다. 화재 시에는 유독성의 일산화탄소(CO)와 시안화수소(HCN)가 다량으로 발생하므로 주의가 필요하다.

18
산소의 농도를 낮추어 소화하는 방법은?

① 냉각소화　　② 질식소화
③ 제거소화　　④ 억제소화

해설

공기 중의 산소 농도가 15~16[%] 이하로 낮추어지면 연소가 일어나지 않으므로 이 농도 이하로 낮추는 소화를 질식소화라고 한다.

19
다음 중 상온, 상압에서 액체인 것은?

① 탄산가스　　② 할론 1301
③ 할론 2402　　④ 할론 1211

해설

상온·상압은 평상시의 온도와 압력이다. 상온·상압에서 할론 2402는 액체 상태이고 나머지 보기는 기체 상태이다.

| 관련개념 | 상온·상압에서의 상태

상온·상압에서 기체 상태	상온·상압에서 액체 상태
• 할론 1301 • 할론 1211 • 이산화탄소(CO_2)	• 할론 1011 • 할론 104 • 할론 2402

정답　15 ①　16 ③　17 ②　18 ②　19 ③

20

유류탱크 화재 시 기름 표면에 물을 살수하면 기름이 탱크 밖으로 비산하여 화재가 확대되는 현상은?

① 슬롭오버(Slop Over)
② 플래시오버(Flash Over)
③ 프로스오버(Froth Over)
④ 블레비(BLEVE)

해설

슬롭오버(Slop Over)
소화를 위해 화재면에 물을 분사할 때 수분이 급격히 기화하여 액면이 거품을 일으키면서 기름의 일부가 불이 붙은 채 탱크벽을 넘어서는 현상이다.

| 관련개념 | 화재 시 탱크에서 발생하는 현상

현상	정의
플래시오버 (Flash Over)	실내의 온도가 급격하게 상승하여 화재가 순간적으로 실내 전체에 확산되는 현상
프로스오버 (Froth Over)	점성이 높은 기름 표면 아래에 있던 물이 끓으면서 화재를 수반하지 않고 기름이 용기 밖으로 넘치는 현상
블레비 (BLEVE)	과열, 과압 상태의 탱크 내부에 있던 가연성액체 또는 액화가스가 분출하여 갑자기 기화되면서 폭발하는 현상

2과목 소방전기일반

21

인덕턴스가 $0.5[\text{H}]$인 코일의 리액턴스가 $753.6[\Omega]$일 때 주파수는 약 몇 $[\text{Hz}]$인가?

① 120
② 240
③ 360
④ 480

해설

유도 리액턴스 $X_L = \omega L = 2\pi f L[\Omega]$이므로 주파수(f)는

$$\therefore f = \frac{X_L}{2\pi L} = \frac{753.6}{2\pi \times 0.5} \fallingdotseq 240[\text{Hz}]$$

22 빈출

최고 눈금 $50[\text{mV}]$, 내부저항이 $100[\Omega]$인 직류 전압계에 $1.2[\text{m}\Omega]$의 배율기를 접속하면 측정할 수 있는 최대 전압은 약 몇 $[\text{V}]$인가?

① 3
② 60
③ 600
④ 1,200

해설

배율기
측정 전압(V_0)

$$V_0 = V(1 + \frac{R_m}{R_v}) = (50 \times 10^{-3}) \times (1 + \frac{1.2 \times 10^6}{100}) \fallingdotseq 600[\text{V}]$$

정답 20 ① 21 ② 22 ③

23 빈출

그림과 같은 블록선도에서 출력 $C(s)$는?

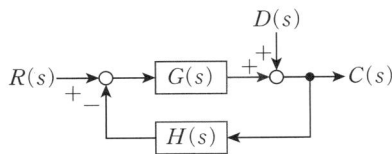

① $\dfrac{G(s)}{1+G(s)H(s)}R(s)+\dfrac{G(s)}{1+G(s)H(s)}D(s)$

② $\dfrac{1}{1+G(s)H(s)}R(s)+\dfrac{1}{1+G(s)H(s)}D(s)$

③ $\dfrac{G(s)}{1+G(s)H(s)}R(s)+\dfrac{1}{1+G(s)H(s)}D(s)$

④ $\dfrac{1}{1+G(s)H(s)}R(s)+\dfrac{G(s)}{1+G(s)H(s)}D(s)$

해설

출력 $C(s)$는 입력변수 $R(s)$에 대한 출력 $C_1(s)$와 입력변수 $D(s)$에 대한 출력 $C_2(s)$의 합으로 볼 수 있다. 먼저, $C_1(s)$를 구해보면

- 개로 경로: $R(s) \to C(s) = G(s)$
- 폐루프: $-H(s)G(s)$
- 전달함수: $\dfrac{C_1(s)}{R(s)} = \dfrac{\sum \text{개로 경로}}{1 - \sum \text{폐루프}}$

$$= \dfrac{G(s)}{1-(-H(s)G(s))} = \dfrac{G(s)}{1+G(s)H(s)}$$

즉, $C_1(s) = \dfrac{G(s)}{1+G(s)H(s)}R(s)$

그리고 $C_2(s)$를 구해보면

- 개로 경로: $D(s) \to C(s) = 1$
- 폐루프: $-H(s)G(s)$
- 전달함수: $\dfrac{C_2(s)}{D(s)} = \dfrac{\sum \text{개로 경로}}{1 - \sum \text{폐루프}}$

$$= \dfrac{1}{1-(-H(s)G(s))} = \dfrac{1}{1+G(s)H(s)}$$

즉, $C_2(s) = \dfrac{1}{1+G(s)H(s)}D(s)$

따라서 구하고자 하는 출력 $C(s)$는
$C(s) = C_1(s) + C_2(s) = \dfrac{G(s)}{1+G(s)H(s)}R(s) + \dfrac{1}{1+G(s)H(s)}D(s)$

24

변위를 전압으로 변환시키는 장치가 아닌 것은?

① 포텐셔미터 ② 차동 변압기
③ 전위차계   ④ 측온 저항체

해설

측온 저항체는 온도를 임피던스로 변환시키는 장치이다.

| 관련개념 | 변환요소

- 변위 → 전압: 포텐셔미터, 차동 변압기, 전위차계
- 변위 → 임피던스: 가변 저항기, 용량형 변환기
- 변위 → 압력: 유압분사관, 노즐 플래퍼
- 전압 → 변위: 전자석
- 빛 → 전압: 광전지
- 온도 → 전압: 열전대
- 온도 → 임피던스: 측온저항

25

단상 변압기의 권수비가 $a=8$이고, 1차 교류 전압의 실효치는 110[V]이다. 변압기 2차 전압을 단상 반파 정류회로를 이용하여 정류했을 때 발생하는 직류 전압의 평균치는 약 몇 [V]인가?

① 6.19   ② 6.29
③ 6.39   ④ 6.88

해설

권수비
$a = \dfrac{N_1}{N_2} = \dfrac{E_1}{E_2} = \dfrac{I_2}{I_1} = 8$이므로 $E_2 = \dfrac{E_1}{a} = \dfrac{110}{8} = 13.75[\text{V}]$

따라서 단상 반파 정류회로의 직류 평균 전압
$E_d = 0.45E = 0.45 \times 13.75 ≒ 6.19[\text{V}]$

정답 23 ③ 24 ④ 25 ①

26 빈출
그림과 같은 유접점 회로의 논리식은?

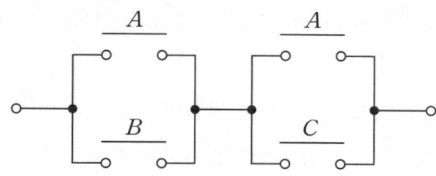

① $A + B \cdot C$
② $A \cdot B + C$
③ $B + A \cdot C$
④ $A \cdot B + B \cdot C$

해설
$(A+B) \cdot (A+C) = AA + AC + AB + BC$
$= A + AC + AB + BC$
$= A(1 + C + B) + BC$
$= A \cdot 1 + BC$
$= A + BC$

27
평형 3상 부하의 선간전압이 $200[\text{V}]$, 전류가 $10[\text{A}]$, 역률이 $70.7[\%]$일 때 무효전력은 약 몇 $[\text{Var}]$인가?

① 2,880
② 2,450
③ 2,000
④ 1,410

해설
$\cos^2\theta + \sin^2\theta = 1$ 에서
$\sin^2\theta = 1 - \cos^2\theta$
무효율 $\sin\theta = \sqrt{1 - \cos^2\theta} = \sqrt{1 - 0.707^2} \fallingdotseq 0.707$
따라서 3상 무효전력 P_r는
$P_r = \sqrt{3}\, V_l I \sin\theta = \sqrt{3} \times 200 \times 10 \times 0.707 \fallingdotseq 2,450 [\text{Var}]$

28 빈출
제어 대상에서 제어량을 측정하고 검출하여 주궤환 신호를 만드는 것은?

① 조작부
② 출력부
③ 검출부
④ 제어부

해설
제어대상에서 제어량을 측정하고 검출하여 주궤환 신호를 만드는 것은 검출부이다.

29
복소수로 표시된 전압 $10 - j[\text{V}]$를 어떤 회로에 가하는 경우 $5 + j[\text{A}]$의 전류가 흘렀다면 이 회로의 저항은 약 몇 $[\Omega]$인가?

① 1.88
② 3.6
③ 4.5
④ 5.46

해설
임피던스 $Z = \dfrac{V}{I} = \dfrac{10-j}{5+j} = \dfrac{(10-j)(5-j)}{(5+j)(5-j)}$
$= \dfrac{50 - j10 - j5 - 1}{25 - j5 + j5 + 1} = \dfrac{49 - j15}{26}$
$= \dfrac{49}{26} - j\dfrac{15}{26}$
$= 1.88 - j0.57 [\Omega] = R + jX[\Omega]$
따라서 이 회로의 저항(R)은 $1.88[\Omega]$이다.

30
다음 중 직류전동기의 제동법이 아닌 것은?

① 회생 제동
② 정상 제동
③ 발전 제동
④ 역전 제동

해설
직류전동기의 제동법
- 회생 제동: 전동기를 발전기로 운전시켜 그 유도 기전력을 전원 전압보다 크게 하여 전력을 전원에 역력시켜 제동시키는 방법
- 발전 제동: 전동기를 운전 중에 분리시켜 여기에 저항을 접속시키고 이것을 발전기로 동작시켜 부하 전류로 역토크를 얻어 제동하는 방법
- 역전 제동: 전동기를 전원을 인가한 상태에서 전기자의 접속을 바꾸어 회전방향의 반대인 토크를 발생시켜 급정지시키는 방법

정답 26 ① 27 ② 28 ③ 29 ① 30 ②

31

자동화재탐지설비의 감지기 회로의 길이가 $500[m]$이고, 종단에 $8[k\Omega]$의 저항이 연결되어 있는 회로에 $24[V]$의 전압이 가해졌을 경우 도통 시험 시 전류는 약 몇 $[mA]$인가?(단, 동선의 저항률은 $1.69 \times 10^{-8}[\Omega \cdot m]$이며, 동선의 단면적은 $2.5[mm^2]$이고, 접촉저항 등은 없다고 본다.)

① 2.4   ② 3.0
③ 4.8   ④ 6.0

해설

동선의 저항(R_1)

$$R_1 = \rho\frac{l}{A} = 1.69 \times 10^{-8} \times \frac{500}{2.5 \times 10^{-6}} = 3.38[\Omega]$$

도통시험 시 전류(I)

$$I = \frac{V}{R_1 + R_2} = \frac{24}{3.38 + (8 \times 10^3)} ≒ 3 \times 10^{-3}[A] = 3[mA]$$

32 빈출

다음 회로에서 출력전압은 몇 $[V]$인가?(단, A = $5[V]$, B = $0[V]$인 경우이다.)

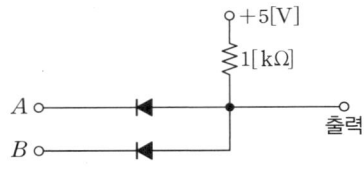

① 0   ② 5
③ 10 ④ 15

해설

AND 게이트

A, B 두 개의 입력 중 두 값이 모두 입력값($5[V]$)을 가질 때 출력에 입력값($5[V]$)이 나타난다. 문제의 조건에서 A = $5[V]$, B = $0[V]$이므로 출력값은 $0[V]$이다.

| 관련개념 | AND 게이트

33

평행한 왕복 전선에 $10[A]$의 전류가 흐를 때 전선 사이에 작용하는 전자력$[N/m]$은?(단, 전선의 간격은 $40[cm]$이다.)

① $5 \times 10^{-5}[N/m]$, 서로 반발하는 힘
② $5 \times 10^{-5}[N/m]$, 서로 흡인하는 힘
③ $7 \times 10^{-5}[N/m]$, 서로 반발하는 힘
④ $7 \times 10^{-5}[N/m]$, 서로 흡인하는 힘

해설

평행도선 사이에 작용하는 힘

$$F = \frac{\mu_0 I_1 I_2}{2\pi r} = \frac{(4\pi \times 10^{-7}) \times 10 \times 10}{2\pi \times (40 \times 10^{-2})} = 5 \times 10^{-5}[N/m]$$

전류 방향이 반대일 경우 반발력, 같을 경우 흡인력이 작용한다. 왕복 전선은 전류가 이동하다가 돌아온다. 따라서 전류 방향이 반대이므로 반발력이 작용한다.

34

수정, 전기석 등의 결정에 압력을 가하여 변형을 주면 변형에 비례하여 전압이 발생하는 현상을 무엇이라 하는가?

① 국부작용   ② 전기분해
③ 압전현상   ④ 성극작용

해설

압전현상

수정, 전기석 등의 결정에 압력을 가하여 변형을 주면 변형에 비례하여 전압이 발생하는 현상이다.

정답 31 ② 32 ① 33 ① 34 ③

35

그림과 같이 전류계 A_1, A_2를 접속할 경우 A_1은 25[A], A_2는 5[A]를 지시하였다. 전류계 A_2의 내부저항은 몇 [Ω]인가?

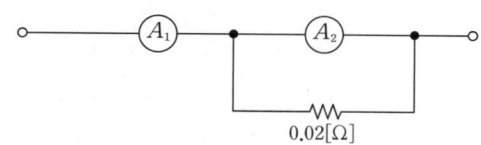

① 0.05
② 0.08
③ 0.12
④ 0.15

해설

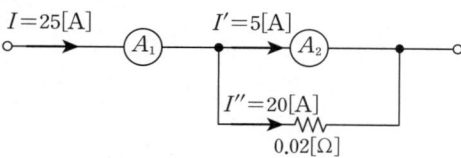

전류계 A_2와 0.02[Ω] 저항이 병렬 연결된 회로이므로 $I = I' + I''$[A]
$I'' = I - I' = 25 - 5 = 20$[A]
0.02[Ω] 저항에 가해지는 전압은 병렬회로이므로 A_2에 가해지는 전압
$V = V_{0.02}$
$V_{0.02} = I'' R_{0.02} = 20 \times 0.02 = 0.4$[V]
따라서 전류계 A_2의 내부저항은 R은
$R = \dfrac{V}{I'} = \dfrac{0.4}{5} = 0.08$[Ω]

36

반지름 20[cm], 권수 50회인 원형코일에 2[A]의 전류를 흘려주었을 때 코일 중심에서 자계(자기장)의 세기[AT/m]는?

① 70
② 100
③ 125
④ 250

해설

원형 코일 중심에서 자계의 세기
$H = \dfrac{NI}{2a} = \dfrac{50 \times 2}{2 \times (20 \times 10^{-2})} = 250$[AT/m]

37 반출

그림과 같은 무접점회로의 논리식 Y는?

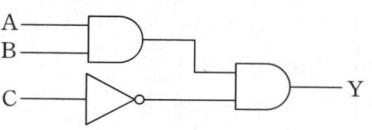

① $A \cdot B + \overline{C}$
② $A + B + \overline{C}$
③ $(A + B) \cdot \overline{C}$
④ $A \cdot B \cdot \overline{C}$

해설

무접점회로의 논리식

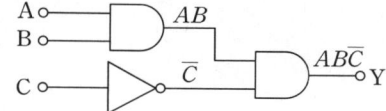

38

전원 전압을 일정하게 유지하기 위하여 사용하는 다이오드는?

① 쇼트키 다이오드
② 터널 다이오드
③ 제너 다이오드
④ 버랙터 다이오드

해설

다이오드의 종류
- 제너 다이오드: 전원 전압을 일정하게 유지하기 위하여 사용
- 쇼트키 다이오드: N형 반도체와 금속을 접합하여 만든 다이오드
- 터널 다이오드: 증폭작용을 하여 고속 스위칭회로, 논리회로에 사용
- 버랙터 다이오드: 역전압을 크게 하여 정전용량 조절

정답 35 ② 36 ④ 37 ④ 38 ③

39
동기발전기의 병렬운전 조건으로 틀린 것은?

① 기전력의 크기가 같을 것
② 기전력의 위상이 같을 것
③ 기전력의 주파수가 같을 것
④ 극수가 같을 것

해설

동기발전기의 병렬운전 조건
- 기전력의 크기가 같을 것
- 기전력의 위상이 같을 것
- 기전력의 주파수가 같을 것
- 기전력의 파형이 같을 것

40 빈출
메거(megger)는 어떤 저항을 측정하기 위한 장치인가?

① 절연저항   ② 접지저항
③ 전지의 내부저항   ④ 궤조저항

해설

계측기
- 메거: 절연저항 측정
- 어스테스터: 접지저항 측정
- 콜라우시 브리지: 전지의 내부저항 측정

3과목 소방관계법규

41
「소방시설공사업법령」상 소방공사감리를 실시함에 있어 용도와 구조에서 특별히 안전성과 보안성이 요구되는 소방대상물로서 소방시설물에 대한 감리를 감리업자가 아닌 자가 감리할 수 있는 장소는?

① 정보기관의 청사
② 교도소 등 교정관련시설
③ 국방 관계시설 설치장소
④ 「원자력안전법」상 관계시설이 설치되는 장소

해설

감리업자 지정의 예외
용도와 구조에서 특별히 안전성과 보안성이 요구되는 소방대상물로서 대통령령이 정하는 원자력 관계시설이 시공되는 장소의 소방시설물에 대한 감리는 감리업자가 아닌 자도 가능하다.

42
「소방시설공사업법령」에 따른 소방시설업 등록이 가능한 사람은?

① 피성년후견인
② 「위험물안전관리법」에 따른 금고 이상의 형의 집행유예를 선고받고 그 유예기간 중에 있는 사람
③ 등록하려는 소방시설업 등록이 취소된 날부터 3년이 지난 사람
④ 「소방기본법」에 따른 금고 이상의 실형을 선고 받고 그 집행이 면제된 날부터 1년이 지난 사람

해설

소방시설업 등록의 결격사유
① 피성년후견인
② 「소방기본법」, 「화재예방 및 소방시설 설치·유지 및 안전관리에 관한 법률」, 「소방시설공사업법」, 「위험물안전관리법」에 따른 금고 이상의 실형을 선고받고 그 집행이 끝나거나 집행이 면제된 날부터 2년이 지나지 아니한 사람
③ 「소방기본법」, 「화재예방 및 소방시설 설치·유지 및 안전관리에 관한 법률」, 「소방시설공사업법」, 「위험물안전관리법」에 따른 금고 이상의 형의 집행유예를 선고받고 그 유예기간 중에 있는 사람
④ 자격이 취소(피성년후견인 결격으로 취소된 경우는 제외)된 날부터 2년이 지나지 아니한 사람
⑤ 법인의 대표자가 ①~④에 해당하는 경우 그 법인
⑥ 법인의 임원이 ②~④에 해당하는 경우 그 법인

정답 39 ④ 40 ① 41 ④ 42 ③

43 빈출

「소방기본법령」상 소방업무 상호응원협정 체결 시 포함되어야 하는 사항이 아닌 것은?

① 응원출동의 요청방법
② 응원출동훈련 및 평가
③ 응원출동대상지역 및 규모
④ 응원출동 시 현장지휘에 관한 사항

해설

소방업무의 상호응원협정
- 다음의 소방활동에 관한 사항
  - 화재의 경계 · 진압활동
  - 구조 · 구급업무의 지원
  - 화재조사활동
- 응원출동대상지역 및 규모
- 다음의 소요경비의 부담에 관한 사항
  - 출동대원의 수당 · 식사 및 의복의 수선
  - 소방장비 및 기구의 정비와 연료의 보급
  - 그 밖의 경비
- 응원출동의 요청방법
- 응원출동훈련 및 평가

44 빈출

「소방기본법령」에 따른 소방용수시설 급수탑 개폐밸브의 설치기준으로 맞는 것은?

① 지상에서 1.0[m] 이상 1.5[m] 이하
② 지상에서 1.2[m] 이상 1.8[m] 이하
③ 지상에서 1.5[m] 이상 1.7[m] 이하
④ 지상에서 1.5[m] 이상 2.0[m] 이하

해설

개폐밸브의 위치는 지상에서 1.5[m] 이상 1.7[m] 이하이다.

| 관련개념 | 소방용수시설의 설치기준 |

소화전	• 소화전의 연결금속구의 구경은 65[mm] • 상수도와 연결한 지상식, 지하식 구조
급수탑	• 급수배관의 구경은 100[mm] 이상 • 개폐밸브의 위치는 지상에서 1.5[m] 이상 1.7[m] 이하

45

「소방기본법」에 따라 화재 등 그 밖의 위급한 상황이 발생한 현장에서 소방활동을 위하여 필요한 때에는 그 관할구역에 사는 사람 또는 그 현장에 있는 사람으로 하여금 사람을 구출하는 일 또는 불을 끄는 등의 일을 하도록 명령할 수 있는 권한이 없는 사람은?

① 소방서장
② 소방대장
③ 시 · 도지사
④ 소방본부장

해설

명령할 수 있는 권한이 있는 사람은 소방서장, 소방대장, 소방본부장으로 시 · 도지사는 해당되지 않는다.

| 관련개념 | 요청 · 명령 · 처분권자

- 소방업무의 응원 요청: 소방본부장, 소방서장이 이웃한 소방본부장, 소방서장에게
- 소방력의 동원: 소방청장이 각 시 · 도지사에게
- 소방활동: 소방청장, 소방본부장, 소방서장
- 소방활동 구역의 설정: 소방대장, 협조요청에 따른 경찰공무원
- 소방활동 종사 명령: 소방본부장, 소방서장, 소방대장
- 강제처분 등: 소방본부장, 소방서장, 소방대장
- 피난명령: 소방본부장, 소방서장, 소방대장, 협조요청에 따른 관할경찰서장, 자치경찰단장
- 위험시설에 대한 긴급조치: 소방본부장, 소방서장, 소방대장

정답 43 ④ 44 ③ 45 ③

46

「화재예방, 소방시설 설치·유지 및 안전관리에 관한 법률」상 소방용품의 형식 승인을 받지 아니하고 소방용품을 제조하거나 수입한 자에 대한 벌칙 기준은?

① 100만 원 이하의 벌금
② 300만 원 이하의 벌금
③ 1년 이하의 징역 또는 1천만 원 이하의 벌금
④ 3년 이하의 징역 또는 3천만 원 이하의 벌금

해설

소방용품의 형식 승인을 받지 아니하고 소방용품을 제조하거나 수입한 자에 대해 3년 이하의 징역 또는 3천만 원 이하의 벌금형에 처한다.

| 관련개념 | 3년 이하의 징역 또는 3천만 원 이하의 벌금

- 소방대상물의 개수·이전·제거, 사용의 금지 또는 제한, 사용폐쇄, 공사의 정지 또는 중지, 그 밖의 필요한 조치 명령 등을 정당한 사유 없이 위반한 자
- 관리업의 등록을 하지 아니하고 영업을 한 자
- 소방용품의 형식 승인을 받지 아니하고 소방용품을 제조하거나 수입한 자
- 소방용품 형식 승인 제품검사를 받지 아니한 자
- 소방용품의 형식 승인, 임의변경, 제품검사, 합격표시 미이행 소방용품을 판매·진열하거나 소방시설공사에 사용한 자
- 제품검사를 받지 아니하거나 합격표시를 하지 아니한 소방용품을 판매 진열하거나 소방시설공사에 사용한 자
- 거짓이나 그 밖의 부정한 방법으로 전문기관으로 지정을 받은 자

47 빈출

「위험물안전관리법령」에 따라 위험물안전관리자를 해임하거나 퇴직한 때에는 해임하거나 퇴직한 날부터 며칠 이내에 다시 안전관리자를 선임하여야 하는가?

① 30일
② 35일
③ 40일
④ 55일

해설

안전관리자를 선임한 제조소 등의 관계인은 그 안전관리자를 해임하거나 안전관리자가 퇴직한 때에는 해임하거나 퇴직한 날부터 30일 이내에 다시 안전관리자를 선임하여야 한다.

| 관련개념 | 위험물안전관리자

- 위험물안전관리자의 선임: 30일 이내
- 선임신고: 소방본부장, 소방서장에게 선임한 날로부터 14일 이내
- 대리자의 직무대행: 30일 이내
- 역할: 위험물 취급 시 입회 및 감독

48

「화재예방, 소방시설 설치·유지 및 안전관리에 관한 법률」상 화재위험도가 낮은 특정소방대상물 중 소방대가 조직되어 24시간 근무하고 있는 청사 및 차고에 설치하지 아니할 수 있는 소방시설이 아닌 것은?

① 피난기구
② 비상방송설비
③ 연결송수관설비
④ 자동화재탐지설비

해설

| 관련개념 | 소방시설을 설치하지 아니할 수 있는 특정소방대상물 및 소방시설의 범위

구분	특정소방대상물	소방시설
화재 위험도가 낮은 특정소방대상물	석재, 불연성 금속, 불연성 건축재료 등의 가공공장·기계조립공장·주물공장 또는 불연성 물품을 저장하는 창고	• 옥외소화전 • 연결살수설비
	소방대가 조직되어 24시간 근무하는 청사 및 차고	• 옥내소화전설비 • 스프링클러설비 • 물분무등소화설비 • 비상방송설비 • 피난기구 • 소화용수설비 • 연결송수관설비 • 연결살수설비
화재안전기준을 적용하기 어려운 특정소방대상물	• 펄프공장의 작업장 • 음료수 공장의 세정 또는 충전을 하는 작업장 • 그 밖에 이와 비슷한 용도로 사용하는 것	• 스프링클러설비 • 상수도소화용수설비 • 연결살수설비
	• 정수장, 수영장, 목욕장 • 농업·축산·어류양식용 시설, 그 밖에 이와 비슷한 용도로 사용하는 것	• 자동화재탐지설비 • 상수도소화용수설비 • 연결살수설비
화재안전기준을 달리 적용해야 하는 특수한 용도 또는 구조를 가진 특정소방대상물	원자력발전소, 핵폐기물 처리시설	• 연결송수관설비 • 연결살수설비
자체소방대가 설치된 특정소방대상물	자체소방대가 설치된 위험물 제조소 등에 부속된 사무실	• 옥내소화전설비 • 소화용수설비 • 연결살수설비 • 연결송수관설비

정답 46 ④ 47 ① 48 ④

49

「소방기본법령」상 불꽃을 사용하는 용접·용단 기구의 용접 또는 용단 작업장에서 지켜야 하는 사항 중 다음 (   ) 안에 알맞은 것은?

> 용접 또는 용단 작업자로부터 반경 (㉠)[m] 이내에 소화기를 갖추어 둘 것. 용접 또는 용단 작업장 주변 반경 (㉡)[m] 이내에는 가연물을 쌓아두거나 놓아두지 말 것. 다만, 가연물의 제거가 곤란하여 방지포 등으로 방호조치를 한 경우는 제외한다.

① ㉠ 3 ㉡ 5
② ㉠ 5 ㉡ 3
③ ㉠ 5 ㉡ 10
④ ㉠ 10 ㉡ 5

해설

용접 또는 용단 작업자로부터 반경 5[m] 이내에 소화기를 갖추어 둘 것. 용접 또는 용단 작업장 주변 반경 10[m] 이내에는 가연물을 쌓아두거나 놓아두지 말 것. 다만, 가연물의 제거가 곤란하여 방지포 등으로 방호조치를 한 경우는 제외한다.

| 관련개념 | 불꽃을 사용하는 용접·용단기구

용접 또는 용단 작업장
다만, 「산업안전보건법」 제38조의 적용을 받는 사업장의 경우에는 적용하지 아니한다.
- 용접 또는 용단 작업자로부터 반경 5[m] 이내에 소화기를 갖추어 둘 것
- 용접 또는 용단 작업장 주변 반경 10[m] 이내에는 가연물을 쌓아두거나 놓아두지 말 것. 다만, 가연물의 제거가 곤란하여 방지포 등으로 방호조치를 한 경우는 제외한다.

50

다음 소방시설 중 경보설비가 아닌 것은?

① 통합감시시설
② 가스누설경보기
③ 비상콘센트설비
④ 자동화재속보설비

해설

비상콘센트 설비는 소화활동설비이다.

| 관련개념 | 소방시설의 종류

소방 시설	종류	소방 시설	종류
소화 설비	• 소화기구 • 자동소화장치 • 옥내소화전설비(호스릴 옥내 소화전 포함) • 스프링클러설비 등 • 물분무소화설비 등 • 옥외소화전설비	피난 구조 설비	• 피난기구 • 인명구조기구 • 유도등 • 비상조명등 및 휴대용 비상조명등
		소화 용수 설비	• 상수도소화용수설비 • 소화수조·저수조 그 밖의 소화용수설비
경보 설비	• 단독경보형감지기 • 비상경보설비(비상벨설비, 자동식 사이렌설비) • 시각경보기 • 자동화재탐지설비 • 비상방송설비 • 자동화재속보설비 • 통합감시시설 • 누전경보기 • 가스누설경보기	소화 활동 설비	• 제연설비 • 연결송수관설비 • 연결살수설비 • 비상콘센트 설비 • 무선통신보조설비 • 연소방지설비

정답 49 ③　50 ③

51

「화재예방, 소방시설 설치·유지 및 안전관리에 관한 법률」상 소방안전관리대상물의 소방안전관리자의 업무가 아닌 것은?

① 소방시설 공사
② 소방훈련 및 교육
③ 소방계획서의 작성 및 시행
④ 자위소방대의 구성·운영·교육

해설

소방시설 공사는 소방시설공사업자의 업무이다.

| 관련개념 | 소방안전관리대상물의 소방안전관리자의 업무
- 피난시설, 방화구획 및 방화시설의 유지·관리
- 소방시설이나 그 밖의 소방 관련 시설의 유지·관리
- 화기 취급의 감독
- 그 밖에 소방안전관리에 필요한 업무
- 피난계획에 관한 사항과 소방계획서의 작성 및 시행
- 자위소방대 및 초기대응체계의 구성·운영·교육
- 소방훈련 및 교육

52

「소방기본법령」에 따라 주거지역·상업지역 및 공업지역에 소방용수시설을 설치하는 경우 소방대상물과의 수평거리를 몇 [m] 이하가 되도록 해야 하는가?

① 50
② 100
③ 150
④ 200

해설

| 관련개념 | 소방용수시설의 설치기준

공통기준		• 주거·상업·공업지역 수평거리 100[m] 이하 • 그 외 지역 수평거리 140[m] 이하
개별기준	소화전	• 소화전의 연결금속구의 구경은 65[mm] • 상수도와 연결한 지상식, 지하식 구조
	급수탑	• 급수배관의 구경은 100[mm] 이상 • 개폐밸브의 위치는 지상에서 1.5[m] 이상 1.7[m] 이하

	저수조	• 지면으로부터의 낙차가 4.5[m] 이하일 것
		• 흡수관의 투입구
		  - 사각형의 경우: 한 변의 길이가 60[cm] 이상
		  - 원형의 경우: 지름이 60[cm] 이상
		• 흡수에 지장이 없도록 토사 및 쓰레기 등을 제거할 수 있는 설비를 갖출 것
		• 흡수부분의 수심이 0.5[m] 이상일 것
		• 소방펌프자동차가 쉽게 접근할 수 있도록 할 것
		• 저수조에 물 공급 방법: 상수도에 연결하여 자동으로 급수되는 구조

53

「위험물안전관리법령」상 다음 규정을 위반하여 위험물의 운송에 관한 기준을 따르지 아니한 자에 대한 과태료 기준은?

> 위험물운송자는 이동탱크저장소에 의하여 위험물을 운송하는 때에는 행정안전부령으로 정하는 기준을 준수하는 등 당해 위험물의 안전확보를 위하여 세심한 주의를 기울여야 한다.

① 50만 원 이하
② 100만 원 이하
③ 500만 원 이하
④ 300만 원 이하

해설

위험물운송자는 이동탱크저장소에 의하여 위험물을 운송하는 때에는 행정안전부령으로 정하는 기준을 준수하는 등 당해 위험물의 안전확보를 위하여 세심한 주의를 기울여야 한다. 만약 이를 위반했을 경우 500만 원 이하의 과태료가 부과된다.

54

「화재예방, 소방시설 설치·유지 및 안전관리에 관한 법률」상 소방시설 등에 대한 자체점검 중 종합정밀점검 대상인 것은?

① 제연설비가 설치되지 않은 터널
② 스프링클러설비가 설치된 특정소방대상물
③ 물분무등소화설비가 설치된 연면적이 5,000[m²]인 위험물제조소
④ 호스릴 방식의 물분무등소화설비만을 설치한 연면적 3,000[m²]인 특정소방대상물

해설

종합정밀점검 대상
- 스프링클러설비가 설치된 특정소방대상물
- 물분무등소화설비(호스릴 방식 물분무등소화설비만을 설치한 경우 제외)가 설치된 연면적 5,000[m²] 이상인 특정소방대상물(위험물 제조소 등 제외)
- 다중이용업의 영업장이 설치된 특정소방대상물로서 연면적이 2,000[m²] 이상인 것
- 공공기관 중 연면적이 1,000[m²] 이상인 것으로서 옥내소화전설비 또는 자동화재탐지설비 설치된 것(단, 소방대 근무하는 공공기관 제외)
- 제연설비가 설치된 터널

정답 51 ① 52 ② 53 ③ 54 ②

55

「화재예방, 소방시설 설치·유지 및 안전관리에 관한 법률」상 건축허가 등의 동의대상물이 아닌 것은?

① 항공기 격납고
② 연면적이 $300[m^2]$인 공연장
③ 바닥면적이 $300[m^2]$인 차고
④ 연면적이 $300[m^2]$인 노유자시설

해설

공연장은 연면적이 아닌, 바닥면적이 $100[m^2]$ 이상이어야 한다.

| 관련개념 | 건축허가 동의대상 특정소방대상물

• 면적기준 동의대상

면적기준 동의대상	
$400[m^2]$ 이상	건축물 연면적
$300[m^2]$ 이상	• 정신의료기관 연면적 • 장애인 의료재활시설 연면적
$200[m^2]$ 이상	• 노유자시설 및 수련시설 연면적 • 차고·주차장으로 사용하는 바닥면적의 층이 있는 건축물 주차시설
$150[m^2]$ 이상	지하층, 무창층의 바닥면적
$100[m^2]$ 이상	• 학교시설 연면적 • 공연장 바닥면적

• 면적기준 외 동의대상
 - 6층 이상의 건축물
 - 차고·주차장으로 기계식 주차시설·자동차 20대 이상
 - 항공기격납고, 항망탑, 항공관제탑, 방송용 송수신탑
 - 특정소방대상물 중 조산원, 산후조리원, 위험물 저장 및 처리시설. 발전시설 중 전기저장시설, 지하구
 - 노유자시설(노인 관련 시설, 아동복지시설, 장애인 거주시설, 정신 질환자 관련 시설, 노숙인자활·노숙인재활 및 노숙인 요양시설, 결핵환자나 한센인이 24시간 생활하는 노유자시설)

56

「위험물안전관리법령」상 제조소 등의 경보설비 설치기준에 대한 설명으로 틀린 것은?

① 제조소 및 일반취급소의 연면적이 $500[m^2]$ 이상인 것에는 자동화재탐지설비를 설치한다.
② 자동신호장치를 갖춘 스프링클러설비 또는 물분무등소화 설비를 설치한 제조소 등에 있어서는 자동화재탐지설비를 설치한 것으로 본다.
③ 경보설비는 자동화재탐지설비·자동화재속보설비·비상경보설비(비상벨장치 또는 경종 포함)·확성장치(휴대용확성기 포함) 및 비상방송설비로 구분한다.
④ 지정수량의 10배 이상의 위험물을 저장 또는 취급하는 제조소 등(이동탱크저장소 포함)에는 화재발생 시 이를 알릴 수 있는 경보설비를 설치하여야 한다.

해설

④ 이동탱크저장소는 제외이다.

| 관련개념 | 위험물 제조소 등에 경보설비 설치대상

제조소 등의 구분	제조소 등의 규모, 저장 또는 취급하는 위험물의 종류 및 최대수량 등	경보설비
제조소 및 일반취급소	• 연면적이 $500[m^2]$ 이상인 것 • 옥내에서 지정수량의 100배 이상을 취급하는 것(고인화점 위험물만을 $100[℃]$ 미만의 온도에서 취급하는 것은 제외) • 일반취급소로 사용되는 부분 외의 부분이 있는 건축물에 설치된 일반취급소(일반취급소와 일반취급소 외의 부분이 내화구조의 바닥 또는 벽으로 개구부 없이 구획된 것은 제외)	자동화재탐지설비
그 외 제조소 (이송취급소는 제외)	지정수량의 10배 이상을 저장 또는 취급하는 것	자동화재탐지설비, 비상경보설비, 확성장치 또는 비상 방송설비 중 1종 이상

정답 55 ② 56 ④

57
「소방기본법령」상 정당한 사유 없이 화재의 예방조치에 관한 명령에 따르지 아니한 경우에 대한 벌칙은?

① 100만 원 이하의 벌금
② 200만 원 이하의 벌금
③ 300만 원 이하의 벌금
④ 500만 원 이하의 벌금

해설

화재의 예방조치에 관한 명령 위반에 대해 200만 원 이하의 벌금을 부과한다.

58 빈출
「화재예방, 소방시설 설치·유지 및 안전관리에 관한 법률」상 방염성능기준 이상의 실내장식물 등을 설치해야 하는 특정소방대상물이 아닌 것은?

① 숙박이 가능한 수련시설
② 층수가 11층 이상인 아파트
③ 건축물 옥내에 있는 종교시설
④ 방송통신시설 중 방송국 및 촬영소

해설

층수가 11층 이상인 것 중 아파트는 제외한다.

| 관련개념 | 방염성능기준 이상의 실내장식물 등을 설치하여야 하는 특정소방 대상물
- 근린생활시설 중 의원, 조산원, 산후조리원, 체력단련장, 공연장 및 종교 집회장
- 건축물의 옥내에 있는 시설로서 다음의 시설
  - 문화 및 집회시설
  - 종교시설
  - 운동시설(수영장 제외)
- 의료시설
- 교육연구시설 중 합숙소
- 노유자시설
- 숙박이 가능한 수련시설
- 숙박시설
- 방송통신시설 중 방송국 및 촬영소
- 다중이용업소
- 층수가 11층 이상인 것(아파트는 제외)

59
「소방시설공사업법령」에 따른 소방시설업의 등록권자는?

① 국무총리
② 소방서장
③ 시·도지사
④ 한국소방안전원장

해설

소방시설업의 등록권자는 시·도지사이다.

| 관련개념 | 소방시설업의 등록, 소방시설관리업의 등록
- 소방시설관리업의 등록 및 변경신고: 시·도지사
- 기술인력, 장비 등 관리업의 등록기준 및 업종별 영업범위: 대통령령
- 소방시설업 등록신청과 등록증·등록수첩의 발급·재발급 신청, 그 밖에 소방시설업 등록에 필요한 사항: 행정안전부령

60 고난도
「위험물안전관리법령」상 정기검사를 받아야 하는 특정·준특정옥외탱크저장소의 관계인은 특정·준특정옥외탱크저장소의 설치허가에 따른 완공검사필증을 발급받은 날부터 몇 년 이내에 정기검사를 받아야 하는가?

① 9년
② 10년
③ 11년
④ 12년

해설

특정·준특정옥외탱크저장소의 정기점검
- 최근의 정기검사를 받은 날부터 11년 이내
- 완공검사 합격 확인증을 발급받은 날부터 12년 이내
- 최근의 정기검사를 받은 날부터(연장 신청을 한 경우) 13년 이내

정답 57 ② 58 ② 59 ③ 60 ④

4과목 소방전기시설의 구조 및 원리

61 빈출

소방시설용 비상전원수전설비의 화재안전기술기준(NFTC 602)에 따라 소방시설용 비상전원수전설비에서 소방회로 및 일반회로 겸용의 것으로서 수전설비, 변전설비 그 밖의 기기 및 배선을 금속제 외함에 수납한 것은?

① 공용분전반 ② 전용배전반
③ 공용큐비클식 ④ 전용큐비클식

해설

공용큐비클식은 소방회로 및 일반회로 겸용의 것으로서 개폐기, 과전류차단기, 계기 그 밖의 배선용기기 및 배선을 금속제 외함에 수납한 것이다.

| 관련개념 | 비상전원수전설비

- 소방회로: 소방부하에 전원을 공급하는 전기회로
- 일반회로: 소방회로 이외의 전기회로
- 수전설비: 전력수급용 계기용변성기·주차단장치 및 그 부속기기
- 변전설비: 전력용변압기 및 그 부속장치
- 전용큐비클식: 소방회로용의 것으로 수전설비, 변전설비 그 밖의 기기 및 배선을 금속제 외함에 수납한 것
- 공용큐비클식: 소방회로 및 일반회로 겸용의 것으로서 수전설비, 변전설비 그 밖의 기기 및 배선을 금속제 외함에 수납한 것
- 전용배전반: 소방회로 전용의 것으로서 개폐기, 과전류차단기, 계기 그 밖의 배선용기기 및 배선을 금속제 외함에 수납한 것
- 공용배전반: 소방회로 및 일반회로 겸용의 것으로서 개폐기, 과전류차단기, 계기 그 밖의 배선용기기 및 배선을 금속제 외함에 수납한 것
- 전용분전반: 소방회로 전용의 것으로서 분기개폐기, 분기과전류차단기 그 밖의 배선용기기 및 배선을 금속제 외함에 수납한 것
- 공용분전반: 소방회로 및 일반회로 겸용의 것으로서 분기개폐기, 분기과전류차단기 그 밖의 배선용기기 및 배선을 금속제 외함에 수납한 것
- 인입구배선: 인입선 연결점으로부터 특정소방대상물 내에 시설하는 인입개폐기에 이르는 배선

62 빈출

자동화재탐지설비 및 시각경보장치의 화재안전기술기준(NFTC 203)에 따른 공기관식 차동식 분포형 감지기의 설치기준으로 틀린 것은?

① 검출부는 3° 이상 경사되지 아니하도록 부착할 것
② 공기관의 노출부분은 감지구역마다 20[m] 이상이 되도록 할 것
③ 하나의 검출부분에 접속하는 공기관의 길이는 100[m] 이하로 할 것
④ 공기관과 감지구역의 각 변과의 수평거리는 1.5[m] 이하가 되도록 할 것

해설

검출부는 5° 이상 경사되지 아니하도록 부착하여야 한다.

| 관련개념 | 차동식 분포형 감지기

구분	기준
부착높이	15[m] 미만
공기관 노출부/ 회로	20[m] 이상 100[m] 이하
공기관 각 변 수평길이	1.5[m] 이하
공기관 상호거리	6[m](내화구조 9[m]) 이하
검출부의 높이	0.8[m] 이상 1.5[m] 이하
검출부의 경사	5° 미만
공기관 규격	• 두께 0.3[mm] 이상 • 외경 1.9[mm] 이상

정답 61 ③ 62 ①

63

비상조명등의 화재안전기술기준(NFTC 304)에 따른 비상조명등의 시설기준에 적합하지 않은 것은?

① 조도는 비상조명등이 설치된 장소의 각 부분의 바닥에서 0.5[lx]가 되도록 하였다.
② 특정소방대상물의 각 거실과 그로부터 지상에 이르는 복도 · 계단 및 그 밖의 통로에 설치하였다.
③ 예비전원을 내장하는 비상조명등에 평상시 점등여부를 확인할 수 있는 점검스위치를 설치하였다.
④ 예비전원을 내장하는 비상조명등에 해당 조명등을 유효하게 작동시킬 수 있는 용량의 축전지와 예비전원 충전장치를 내장하도록 하였다.

해설

조도는 비상조명등이 설치된 장소의 각 부분의 바닥에서 1[lx]가 되도록 하여야 한다.

| 관련개념 | 비상조명등

- 각 거실과 그로부터 지상에 이르는 복도 · 계단 및 그 밖의 통로에 설치
- 조도는 비상조명등이 설치된 장소의 각 부분의 바닥에서 1[lx] 이상
- 예비전원을 내장하는 비상조명등
  - 평상시 점등여부를 확인할 수 있는 점검스위치를 설치
  - 축전지와 예비전원 충전장치를 내장한다.
- 예비전원을 내장하지 아니하는 비상조명등 비상전원: 자가발전설비, 축전지설비 또는 전기저장장치
- 비상전원 설치기준
  - 점검에 편리하고 화재 및 침수 등의 재해로 인한 피해를 받을 우려가 없는 곳에 설치한다.
  - 상용전원으로부터 전력의 공급이 중단된 때에는 자동으로 비상전원으로부터 전력을 공급받을 수 있도록 한다.
  - 비상전원의 설치장소는 다른 장소와 방화구획한다.
  - 비상전원을 실내에 설치하는 때에는 그 실내에 비상조명등 설치
  - 비상전원은 비상조명등을 20분 이상 유효하게 작동시킬 수 있는 용량으로 한다.
  - 비상전원을 60분 이상으로 하여야 하는 특정소방대상물
    1) 지하층을 제외한 층수가 11층 이상의 층
    2) 지하층 또는 무창층으로서 용도가 도매시장, 소매시장, 여객자동차터미널, 지하역사 또는 지하상가
- 비상조명등의 설치면제 요건에서 "그 유도등의 유효범위 안의 부분"이란 유도등의 조도가 바닥에서 1[lx] 이상이 되는 부분

64

무선통신보조설비의 화재안전기술기준(NFTC 505)에 따라 무선통신보조설비의 주회로 전원이 정상인지 여부를 확인하기 위해 증폭기의 전면에 설치하는 것은?

① 상순계
② 전류계
③ 전압계 및 전류계
④ 표시등 및 전압계

해설

증폭기 및 무선중계기의 설치기준

- 전원은 전기가 정상적으로 공급되는 축전지, 전기저장장치(외부 전기에너지를 저장해 두었다가 필요한 때 전기를 공급하는 장치) 또는 교류전압 옥내간선으로 하고, 전원까지의 배선은 전용으로 할 것
- 증폭기의 전면에는 주회로의 전원이 정상인지의 여부를 표시할 수 있는 표시등 및 전압계를 설치할 것
- 증폭기에는 비상전원이 부착된 것으로 하고 해당 비상전원 용량은 무선통신보조설비를 유효하게 30분 이상 작동시킬 수 있는 것으로 할 것
- 증폭기 및 무선중계기를 설치하는 경우에는 적합성 평가를 받은 제품으로 설치하고 임의로 변경하지 않도록 할 것
- 디지털 방식의 무전기를 사용하는 데 지장이 없도록 설치할 것

65

유도등 및 유도표지의 화재안전기술기준(NFTC 303)에 따라 지하층을 제외한 층수가 11층 이상인 특정소방대상물의 유도등의 비상전원을 축전지로 설치한다면 피난층에 이르는 부분의 유도등을 몇 분 이상 유효하게 작동시킬 수 있는 용량으로 하여야 하는가?

① 10
② 20
③ 50
④ 60

해설

유도등 및 유도표지 유도등의 전원

- 상용전원
  - 축전지
  - 전기저장장치
  - 교류전압의 옥내간선(전원까지의 배선은 전용인입 개폐기 직후에서 분기)
- 비상전원(축전지로 함)
  - 유도등을 20분 이상 작동시킬 수 있는 용량
  - 유도등을 60분 이상 작동시켜야 하는 특정소방대상물
    1) 지하층을 제외한 층수가 11층 이상의 층
    2) 지하층 또는 무창층으로서 용도가 도매시장, 소매시장, 여객자동차터미널, 지하역사 또는 지하상가

정답 63 ① 64 ④ 65 ④

66

비상경보설비 및 단독경보형감지기의 화재안전기술기준(NFTC 201)에 따라 바닥면적이 $450[m^2]$일 경우 단독경보형감지기의 최소 설치개수는?

① 1개
② 2개
③ 3개
④ 4개

해설

바닥면적이 $150[m^2]$를 초과하는 경우에는 $150[m^2]$마다 1개 이상 설치하여야 한다.

따라서 $N = \dfrac{450}{150} = 3(개)$이다.

| 관련개념 | 단독경보형감지기의 설치기준

- 각 실마다 설치하되, 바닥면적이 $150[m^2]$를 초과하는 경우에는 $150[m^2]$마다 1개 이상(이웃하는 실내의 바닥면적이 각각 $30[m^2]$ 미만이고 벽체의 상부의 전부 또는 일부가 개방되어 이웃하는 실내와 공기가 상호유통되는 경우에는 이를 1개의 실로 봄)
- 최상층의 계단실의 천장(외기가 상통하는 계단실의 경우를 제외함)에 설치한다.
- 건전지를 주전원으로 사용하는 단독경보형감지기는 정상적인 작동상태를 유지할 수 있도록 건전지를 교환한다.
- 상용전원을 주전원으로 사용하는 단독경보형감지기의 2차전지는 제품검사에 합격한 것을 사용한다.

67 고난도

비상방송설비의 배선공사 종류 중 합성수지관공사에 대한 설명으로 틀린 것은?

① 금속관 공사에 비해 중량이 가벼워 시공이 용이하다.
② 절연성이 있어 누전이나 정전기 등의 대전 시 점화원의 작동우려가 있으므로 접지공사가 필요하다.
③ 열에 약하며, 기계적 충격 및 중량물에 의한 압력 등 외력에 약하다.
④ 내식성이 있어 부식성 가스가 체류하는 화학공장 등에 적합하며, 금속관과 비교하여 가격이 비싸다.

해설

내식성이 있어 부식성 가스가 체류하는 화학공장 등에 적합하며, 금속관과 비교하여 가격이 저렴하다.

| 관련개념 | 합성수지관 공사의 장·단점

- 금속관 공사에 비해 중량이 가벼워 시공이 용이하다.
- 절연성이 있어 누전이나 정전기 등의 대전 시 점화원의 작동우려가 있으므로 접지공사가 필요하다.
- 열에 약하며, 기계적 충격 및 중량물에 의한 압력 등 외력에 약하다.
- 내식성이 있어 부식성 가스가 체류하는 화학공장 등에 적합하며, 금속관과 비교하여 가격이 저렴하다.

68

자동화재탐지설비 및 시각경보장치의 화재안전기술기준(NFTC 203)에 따라 자동화재탐지설비에서 4층 이상의 특정소방대상물에는 어떤 기기와 전화통화가 가능한 수신기를 설치하여야 하는가?

① 발신기
② 감지기
③ 중계기
④ 시각경보장치

해설

4층 이상의 특정소방대상물에는 발신기와 전화통화가 가능한 수신기를 설치하여야 한다.

| 관련개념 | 자동화재탐지설비 수신기 성능기준

- 경계구역을 각각 표시할 수 있는 회선수 이상의 수신기를 설치한다.
- 4층 이상의 특정소방대상물에는 발신기와 전화통화가 가능한 수신기를 설치한다.(P형 1급 수신기와 동등 성능 이상)
- 가스누설탐지설비가 설치된 경우에는 가스누설탐지설비로부터 가스누설신호를 수신하여 가스누설경보를 할 수 있는 수신기를 설치한다.(가스누설탐지설비의 수신부를 별도로 설치한 경우에는 제외)

정답 66 ③ 67 ④ 68 ①

69

비상경보설비 및 단독경보형감지기의 화재안전기술기준(NFTC 201)에 따라 비상경보설비의 발신기 설치 시 복도 또는 별도로 구획된 실로서 보행거리가 몇 [m] 이상일 경우에는 추가로 설치하여야 하는가?

① 25 ② 30
③ 40 ④ 50

해설

복도 또는 별도로 구획된 실로서 보행거리가 40[m] 이상일 경우에는 추가로 설치하여야 한다.

| 관련개념 | 비상경보설비 발신기 설치기준
- 조작이 쉬운 장소에 설치
- 조작스위치는 바닥으로부터 0.8[m] 이상 1.5[m] 이하의 높이에 설치
- 특정소방대상물의 층마다 설치
- 각 부분으로부터 하나의 발신기까지의 수평거리: 25[m] 이하
- 복도 또는 별도로 구획된 실로서 보행거리가 40[m] 이상일 경우에는 추가로 설치
- 발신기의 위치표시등은 함의 상부에 설치하되, 그 불빛은 부착면으로부터 15° 이상의 범위 안에서 부착지점으로부터 10[m] 이내의 어느 곳에서도 쉽게 식별할 수 있는 적색등으로 한다.

70 빈출

비상방송설비의 화재안전기술기준(NFTC 202)에 따라 비상방송설비에서 기동장치에 따른 화재신고를 수신한 후 필요한 음량으로 화재발생 상황 및 피난에 유효한 방송이 자동으로 개시될 때까지의 소요시간은 몇 초 이하로 하여야 하는가?

① 5 ② 10
③ 15 ④ 20

해설

기동장치에 따른 화재신고를 수신한 후 필요한 음량으로 화재발생 상황 및 피난에 유효한 방송이 자동으로 개시될 때까지의 소요시간은 10초 이하로 하여야 한다.

71

비상콘센트설비의 화재안전기술기준(NFTC 504)에 따른 비상콘센트의 시설기준에 적합하지 않은 것은?

① 바닥으로부터 높이 1.45[m]에 움직이지 않게 고정시켜 설치된 경우
② 바닥면적이 800[m²]인 층의 계단의 출입구로부터 4[m]에 설치된 경우
③ 바닥면적의 합계가 12,000[m²]인 지하상가의 수평거리 30[m]마다 추가 설치된 경우
④ 바닥면적의 합계가 2,500[m²]인 지하층의 수평거리 40[m]마다 추가로 설치한 경우

해설

③ 수평거리 25[m]마다 추가 설치

| 관련개념 | 비상콘센트 설치기준
- 바닥으로부터 높이 0.8[m] 이상 1.5[m] 이하의 위치에 설치한다.
- 비상콘센트의 배치

구분	비상콘센트의 배치
아파트 바닥면적 1,000[m²] 미만인 층	• 계단의 출입구 또는 부속실 5[m] 이내 • 계단이 2개 이상 시 그중 1개
바닥면적 1,000[m²] 이상인 층 (아파트를 제외)	• 각 계단의 출입구 또는 계단부속실의 출입구 5[m] 이내 • 계단이 3개 이상 시 층의 경우 그중 2개

단, 5[m]는 보행거리가 아닌 수평거리로 적용
- 비상콘센트로부터 그 층의 각 부분까지의 거리

구분	수평거리
지하상가 지하층의 바닥면적의 합계가 3,000[m²] 이상	수평거리 25[m]마다 추가 설치
그 밖의 것	수평거리 50[m]마다 추가 설치

정답 69 ③ 70 ② 71 ③

72

누전경보기의 형식 승인 및 제품검사의 기술기준에 따라 누전경보기의 수신부는 그 정격전압에서 몇 회의 누전작동시험을 실시하는가?

① 1,000회
② 5,000회
③ 10,000회
④ 20,000회

해설

누전경보기의 반복시험
수신부는 그 정격전압에서 10,000회의 누전작동시험을 실시하는 경우 그 구조 또는 기능에 이상이 생기지 아니하여야 한다.

73 빈출

무선통신보조설비의 화재안전기술기준(NFTC 505)에 따라 서로 다른 주파수의 합성된 신호를 분리하기 위하여 사용하는 장치는?

① 분배기
② 혼합기
③ 증폭기
④ 분파기

해설

분파기에 대한 설명이다.

| 관련개념 | 무선통신보조설비 구성요소

- 누설동축케이블: 동축케이블의 외부도체에 가느다란 홈을 만들어서 전파가 외부로 새어나갈 수 있도록 한 케이블
- 분배기: 신호의 전송로가 분기되는 장소에 설치하는 것으로 임피던스 매칭과 신호 균등분배를 위해 사용하는 장치
- 분파기: 서로 다른 주파수의 합성된 신호를 분리하기 위해서 사용하는 장치
- 혼합기: 두 개 이상의 입력신호를 원하는 비율로 조합한 출력이 발생하도록 하는 장치
- 증폭기: 신호 전송 시 신호가 약해져 수신이 불가능해지는 것을 방지하기 위해서 증폭하는 장치
- 무선중계기: 안테나를 통하여 수신된 무전기 신호를 증폭한 후 음영지역에 재방사하여 무전기 상호 간 송수신이 가능하도록 하는 장치
- 옥외안테나: 감시제어반 등에 설치된 무선중계기의 입력과 출력포트에 연결되어 송수신 신호를 원활하게 방사·수신하기 위해 옥외에 설치하는 장치

74

비상콘센트설비의 화재안전기술기준(NFTC 504)에 따라 비상콘센트설비의 전원부와 외함 사이의 절연저항은 전원부와 외함 사이를 $500[V]$ 절연저항계로 측정할 때 몇 $[M\Omega]$ 이상이어야 하는가?

① 20
② 30
③ 40
④ 50

해설

절연저항 전원부와 외함 사이를 $500[V]$ 절연저항계로 측정할 때, $20[M\Omega]$ 이상이 되어야 한다.

| 관련개념 | 비상콘센트설비의 전원부와 외함 사이의 절연저항 및 절연내력

- 절연저항 전원부와 외함 사이를 $500[V]$ 절연저항계로 측정할 때 $20[M\Omega]$ 이상일 것
- 절연내력
  - 정격전압이 $150[V]$ 이하인 경우에는 $1,000[V]$의 실효전압을 가하는 시험에서 1분 이상 견딜 것
  - 정격전압이 $150[V]$ 초과인 경우에는 그 정격전압에 2를 곱하여 $1,000[V]$을 더한 실효전압을 가하는 시험에서 1분 이상 견디는 것일 것

75 고난도

비상경보설비의 구성요소로 옳지 않은 것은?

① 기동장치, 경종, 화재표시등, 전원
② 전원, 경종, 기동장치, 펌프기동표시등
③ 위치표시등, 경종, 화재표시등, 전원
④ 경종, 기동장치, 화재표시등, 위치표시등

해설

펌프기동표시등은 비상경보설비의 구성요소가 아니다.

정답 72 ③ 73 ④ 74 ① 75 ②

76

수신기를 나타내는 소방시설 도식기호로 옳은 것은?

① 　②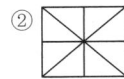

③ 　④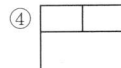

해설

소방시설 도식기호

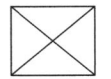 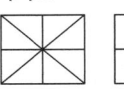
▲ 수신기　▲ 배전반　▲ 부수신기　▲ 중계기

77

비상경보설비 및 단독경보형감지기의 화재안전기술기준(NFTC 201)에 따른 비상벨설비 또는 자동식 사이렌설비에 대한 설명이다. 다음 (　) 안의 들어갈 내용으로 옳은 것은?

> 비상벨설비 또는 자동식 사이렌설비에는 그 설비에 대한 감시상태를 (㉠)분간 지속한 후 유효하게 (㉡)분 이상 경보할 수 있는 축전지설비(수신기에 내장하는 경우를 포함) 또는 전기저장장치(외부 전기에너지를 저장해 두었다가 필요한 때 전기를 공급하는 장치)를 설치하여야 한다.

① ㉠ 30 ㉡ 10　② ㉠ 60 ㉡ 10
③ ㉠ 30 ㉡ 20　④ ㉠ 60 ㉡ 20

해설

비상벨설비 또는 자동식 사이렌설비에는 그 설비에 대한 감시상태를 60분간 지속한 후 유효하게 10분 이상 경보할 수 있는 축전지설비(수신기에 내장하는 경우를 포함) 또는 전기저장장치(외부 전기에너지를 저장해 두었다가 필요한 때 전기를 공급하는 장치)를 설치하여야 한다.

| 관련개념 | 예비전원

- 예비전원: 축전지설비 또는 전기저장장치
- 성능: 감시상태를 60분간 지속한 후 유효하게 10분 이상 경보(수신기에 내장하는 경우를 포함)

단, 상용전원이 축전지설비인 경우 또는 건전지를 주전원으로 사용하는 무선식 설비인 경우에는 제외한다.

78

비상경보설비 및 단독경보형감지기의 화재안전기술기준(NFTC 201)에 따라 비상벨설비 또는 자동식 사이렌설비의 전원회로 배선 중 내열배선에 사용하는 전선의 종류가 아닌 것은?

① 버스덕트(Bus Duct)
② $600[V]$ 1종 비닐절연전선
③ $0.6/1[kV]$ EP 고무절연 클로로프렌 시스 케이블
④ $450/750[V]$ 저독성 난연 가교 폴리올레핀 절연전선

해설

비상벨설비 또는 자동식 사이렌설비의 전원회로 배선 중 내열배선에 사용하는 전선의 종류가 아닌 것은 $600[V]$ 1종 비닐절연전선이다.

| 관련개념 |

사용전선의 종류	공사방법
• $450/750[V]$ 저독성 난연 가교폴리올레핀 절연전선 • $0.6/1[kV]$ 가교 폴리에틸렌 절연 저독성 난연 폴리올레핀 시스 전력 케이블 • $6/10[kV]$ 가교 폴리에틸렌 절연 저독성 난연 폴리올레핀 시스 전력 케이블 • 가교 폴리에틸렌 절연 비닐시스 트레이용 난연 전력 케이블 • $0.6/1[kV]$ EP 고무절연 클로로프렌 시스 케이블 • $300/500[V]$ 내열성 실리콘 고무전선($180[°C]$) • 내열성 에틸렌 · 비닐 아세테이트 고무 절연 케이블 • 버스덕트(Bus Duct) • 기타 「전기용품안전관리법」 및 전기설비기술기준에 따라 동등 이상의 내열성능이 있다고 주무부장관이 인정하는 것	금속관 · 금속제 가요전선관 · 금속덕트 또는 케이블(불연성덕트에 설치하는 경우에 한함) 공사방법에 따라야 한다. 다만, 다음 각 목의 기준에 적합하게 설치하는 경우에는 그러하지 아니하다. • 배선을 내화성능을 갖는 배선전용실 또는 배선용 샤프트, 피트, 덕트 등에 설치하는 경우 • 배선전용실 또는 배선용 샤프트, 피트, 덕트 등에 다른 설비의 배선이 있는 경우에는 이로부터 $15[cm]$ 이상 떨어지게 하거나 소화설비의 배선과 이웃하는 다른 설비의 배선 사이에 배선지름(배선의 지름이 다른 경우에는 지름이 가장 큰 것을 기준으로 함)의 1.5배 이상의 높이의 불연성 격벽을 설치하는 경우
내화전선, 내열전선	케이블공사의 방법에 따라 설치하여야 한다.

정답 76 ① 77 ② 78 ②

79

자동화재탐지설비 및 시각경보장치의 화재안전기술기준(NFTC 203)에 따라 감지기 회로의 도통시험을 위한 종단저항의 설치기준으로 틀린 것은?

① 동일층 발신기함 외부에 설치할 것
② 점검 및 관리가 쉬운 장소에 설치할 것
③ 전용함을 설치하는 경우 그 설치 높이는 바닥으로부터 1.5[m] 이내로 할 것
④ 종단감지기에 설치할 경우에는 구별이 쉽도록 해당 감지기의 기판 등에 별도의 표시를 할 것

해설

자동화재탐지설비 도통시험
- 종단저항 설치목적: 회로 도통시험 시 회로의 단선, 단락, 정상상태 파악
- 종단저항 설치기준
  - 점검 및 관리가 쉬운 장소에 설치
  - 전용함에 내장하는 경우 바닥에서 1.5[m] 이내
  - 감지기 회로의 끝에 설치
  - 구별이 쉽도록 감지기 기판 및 감지기 외부에 별도 표시

80

자동화재속보설비의 속보기의 성능인증 및 제품검사의 기술기준에 따른 자동화재속보설비의 속보기에 대한 설명이다. 다음 (　) 안에 들어갈 내용으로 옳은 것은?

> 작동신호를 수신하거나 수동으로 동작시키는 경우 (㉠)초 이내에 소방관서에 자동적으로 신호를 발하여 통보하되, (㉡)회 이상 속보할 수 있어야 한다.

① ㉠ 20 ㉡ 3　　② ㉠ 20 ㉡ 4
③ ㉠ 30 ㉡ 3　　④ ㉠ 30 ㉡ 4

해설

작동신호를 수신하거나 수동으로 동작시키는 경우 20초 이내에 소방관서에 자동적으로 신호를 발하여 통보하되, 3회 이상 속보할 수 있어야 한다.

| 관련개념 | **속보기의 기능**

- 작동신호를 수신하거나 수동으로 동작시키는 경우 20초 이내에 소방관서에 자동적으로 신호를 발하여 통보하되, 3회 이상 속보할 수 있어야 한다.
- 주전원이 정지한 경우에는 자동적으로 예비전원으로 전환되고, 주전원이 정상상태로 복귀한 경우에는 자동적으로 예비전원에서 주전원으로 전환되어야 한다.
- 예비전원은 자동적으로 충전되어야 하며 자동과충전방지 장치가 있어야 한다.
- 화재신호를 수신하거나 속보기를 수동으로 동작시키는 경우 자동적으로 적색 화재표시등이 점등되고 음향장치로 화재를 경보하여야 하며 화재표시 및 경보는 수동으로 복구 및 정지시키지 않는 한 지속되어야 한다.
- 연동 또는 수동으로 소방관서에 화재발생 음성정보를 속보 중인 경우에도 송수화장치를 이용한 통화가 우선적으로 가능하여야 한다.
- 예비전원을 병렬로 접속하는 경우에는 역충전방지 등의 조치를 하여야 한다.
- 예비전원은 감시상태를 60분간 지속한 후 10분 이상 동작(화재속보 후 화재표시 및 경보를 10분간 유지하는 것을 말함)이 지속될 수 있는 용량이어야 한다.
- 속보기는 연동 또는 수동 작동에 의한 다이얼링 후 소방관서와 전화접속이 이루어지지 않는 경우에는 최초 다이얼링을 포함하여 10회 이상 반복적으로 접속을 위한 다이얼링이 이루어져야 한다. 이 경우 매회 다이얼링 완료 후 호출은 30초 이상 지속되어야 한다.
- 속보기의 송수화장치가 정상위치가 아닌 경우에도 연동 또는 수동으로 속보가 가능하여야 한다.
- 음성으로 통보되는 속보내용을 통하여 당해 소방대상물의 위치, 화재 발생 및 속보기에 의한 신고임을 확인할 수 있어야 한다.
- 속보기는 음성속보방식 외에 데이터 또는 코드전송방식 등을 이용한 속보기능을 부가로 설치할 수 있다.
- 소방관서 등에 구축된 접수시스템 또는 별도의 시험용 시스템을 이용하여 시험한다.

정답 79 ①　80 ①

2020년 2회 기출

1과목 소방원론

01 빈출
소화약제인 IG-541의 성분이 아닌 것은?
① 질소
② 아르곤
③ 헬륨
④ 이산화탄소

해설

IG는 InertGas(불활성기체)의 약자이며, IG-541은 질소, 아르곤, 이산화탄소로 구성되어 있다.

| 관련개념 | 불활성기체 소화약제의 조성

가스	구성성분	조성비[%]
IG-541	N_2(질소)	52
	Ar(아르곤)	40
	CO_2(이산화질소)	8
IG-55	N_2(질소)	50
	Ar(아르곤)	50

02
다음 중 고체 가연물이 덩어리보다 가루일 때 연소되기 쉬운 이유로 가장 적합한 것은?
① 발열량이 작아지기 때문이다.
② 공기와 접촉면이 커지기 때문이다.
③ 열전도율이 커지기 때문이다.
④ 활성에너지가 커지기 때문이다.

해설

고체 가연물이 가루가 되면 공기와의 접촉 면적이 커져서 연소가 더 잘 된다.

03
위험물과 「위험물안전관리법령」에서 정한 지정수량을 옳게 연결한 것은?
① 무기과산화물 - 300[kg]
② 황화린 - 500[kg]
③ 황린 - 20[kg]
④ 질산에스테르류 - 200[kg]

해설

③ 황린의 지정수량은 20[kg]이다.

| 관련개념 | 위험물의 유별 및 지정수량

유별	위험물	지정수량
제1류	• 아염소산염류 • 염소산염류 • 과염소산염류 • 무기과산화물	50[kg]
제2류	• 황화린 • 적린 • 유황	100[kg]
제3류	황린	20[kg]
	알루미늄의 탄화물	300[kg]
제5류	질산에스테르류	10[kg]
	• 니트로화합물 • 아조화합물	200[kg]

정답 01 ③ 02 ② 03 ③

04

다음 중 발화점이 가장 낮은 물질은?

① 휘발유 ② 이황화탄소
③ 적린   ④ 황린

해설

황린은 위험물 중에서도 발화점이 30~50[°C] 정도로 가장 낮다. 따라서 이로 인한 자연발화를 방지하기 위해 물 속에 저장한다.

| 관련개념 | 물질의 발화점

물질의 종류	발화점
황린	30~50[°C]
이황화탄소	100[°C]
적린	260[°C]
휘발유(가솔린)	300[°C]

05

Halon 1301의 분자식은?

① CH_3Cl ② CH_3Br
③ CF_3Cl ④ CF_3Br

해설

Halon 1301의 분자식은 CF_3Br이다.

| 관련개념 | 할론소화약제의 약칭 및 분자식

종류	약칭	분자식
할론 1011	CB	CH_2ClBr
할론 104	CTC	CCl_4
할론 1211	BCF	CF_2ClBr
할론 1301	BTM	CF_3Br
할론 2402	FB	$C_2F_4Br_2$

상세해설 '할론 abcd'의 분자식 구하기

- a: C의 개수
- b: F의 개수
- c: Cl의 개수
- d: Br의 개수

예를 들어 할론 1301은 C 1개, F 3개, Cl 0개, Br 1개가 결합한 화합물이므로 분자식은 CF_3Br이다.

06

다음 원소 중 전기음성도가 가장 큰 것은?

① F   ② Br
③ Cl ④ I

해설

전기음성도가 가장 큰 물질은 불소(F)이다.

| 관련개념 | 전기음성도

원자나 분자가 화학결합을 할 때 다른 전자를 끌어들이는 능력의 척도이다.
할로겐원소 중에선 F>Cl>Br>I 순으로 전기음성도가 크다.

07

탄화칼슘이 물과 반응 시 발생하는 가연성 가스는?

① 메탄   ② 포스핀
③ 아세틸렌 ④ 수소

해설

탄화칼슘(CaC_2)이 물(H_2O)과 반응하면 아세틸렌가스(C_2H_2)가 발생한다.
$CaC_2 + 2H_2O \rightarrow Ca(OH)_2 + C_2H_2 \uparrow$

08

공기의 평균분자량이 29일 때 이산화탄소 기체의 증기비중은 얼마인가?

① 1.44   ② 1.52
③ 2.88   ④ 3.24

해설

증기비중 = $\dfrac{분자량}{29}$

여기서, 29: 공기의 평균분자량
원자량: C = 12, O = 16
이산화탄소(CO_2)의 분자량 = $12 + (16 \times 2) = 44$
이산화탄소의 증기비중 = $\dfrac{44}{29} ≒ 1.52$

정답 04 ④ 05 ④ 06 ① 07 ③ 08 ②

09 빈출

밀폐된 공간에 이산화탄소를 방사하여 산소의 체적 농도를 12[%]가 되게 하려면 상대적으로 방사된 이산화탄소의 농도는 얼마가 되어야 하는가?

① 25.40[%] ② 28.70[%]
③ 38.35[%] ④ 42.86[%]

해설

CO_2의 이론소화농도

$$CO_2 = \frac{21 - O_2}{21} \times 100$$

여기서, CO_2: CO_2의 이론소화농도[%]
O_2: O_2의 한계산소농도[%]

$$CO_2 = \frac{21 - 12}{21} \times 100 ≒ 42.86[\%]$$

10

화재하중의 단위로 옳은 것은?

① kg/m^2 ② $°C/m^2$
③ $kg \cdot L/m^3$ ④ $°C \cdot L/m^3$

해설

화재하중의 단위는 $[kg/m^2]$이다.

| 관련개념 | 화재하중

가연물 등의 연소 시 건축물의 붕괴 등을 고려하여 설계하는 하중으로 화재실 또는 화재구획의 단위면적당 가연물의 양이다.

$$q = \frac{\sum G_t H_t}{HA} = \frac{\sum Q}{4,500 A}$$

여기서, q: 화재하중[kg/m²]
G_t: 가연물의 양[kg]
H_t: 가연물의 단위발열량[kcal/kg]
H: 목재의 단위발열량[kcal/kg]
A: 바닥면적[m²]
$\sum Q$: 가연물의 전체 발열량[kcal]

※ 화재하중 계산 시 목재의 단위발열량(H)은 4,500[kcal/kg]으로 가정한다.

11

인화점이 20[°C]인 액체위험물을 보관하는 창고의 인화 위험성에 대한 설명 중 옳은 것은?

① 여름철에 창고 안이 더워질수록 인화의 위험성이 커진다.
② 겨울철에 창고 안이 추워질수록 인화의 위험성이 커진다.
③ 20[°C]에서 가장 안전하고 20[°C]보다 높아지거나 낮아질수록 인화의 위험성이 커진다.
④ 인화의 위험성은 계절의 온도와는 상관없다.

해설

창고 안이 더워질수록 보관 중인 위험물의 온도가 상승하므로 인화의 위험성이 커진다.

오답해설

② 창고 안이 추워질수록 보관 중인 위험물의 온도가 낮아지므로 인화의 위험성은 작아진다.
③ 위험물의 온도가 높아질수록 인화의 위험성은 커진다.
④ 기온이 높은 여름철에는 인화의 위험성이 커진다.

12 빈출

화재의 종류에 따른 분류가 틀린 것은?

① A급: 일반화재 ② B급: 유류화재
③ C급: 가스화재 ④ D급: 금속화재

해설

가스화재는 B급 화재이다.

| 관련개념 | 화재의 종류

구분	표시색	물질
일반화재(A급)	백색	• 일반 가연물 • 종이류 • 목재 · 섬유
유류화재(B급)	황색	• 가연성 액체 • 가연성 가스 • 액화가스
전기화재(C급)	청색	전기설비
금속화재(D급)	무색	가연성 금속
주방화재(K급)	–	식용유

※ 현재 표시색의 의무규정은 없다.

정답 09 ④　10 ①　11 ①　12 ③

13

화재 시 발생하는 연소가스 중 인체에서 헤모글로빈과 결합하여 혈액의 산소운반을 저해하고 두통, 근육조절의 장애를 일으키는 것은?

① CO_2
② CO
③ HCN
④ H_2S

해설

화재 시 발생하는 CO(일산화탄소)는 헤모글로빈의 산소운반작용을 저해하여 질식으로 인한 사망에 이르게 한다.

| 관련개념 | 연소로 인해 발생하는 독성가스

구분	소화설비
일산화탄소(CO)	헤모글로빈의 산소운반작용을 저해하여 사람을 질식시켜 사망하게 한다.
이산화탄소(CO_2)	가스 그 자체의 독성은 거의 없으나 다량이 존재할 경우 질식의 위험이 있다.
암모니아(NH_3)	나무, 페놀수지, 멜라민수지 등처럼 질소를 함유한 물질이 연소할 때 발생하며 독성이 있다.
포스겐($COCl_2$)	매우 독성이 강한 가스로서 사염화탄소(CCl_4)를 소화제로 사용 시 발생한다.
황화수소(H_2S)	독성, 가연성이 있으며 달걀 썩는 냄새가 난다.

14

화재의 소화원리에 따른 소화방법의 적용으로 틀린 것은?

① 냉각소화: 스프링클러설비
② 질식소화: 이산화탄소소화설비
③ 제거소화: 포소화설비
④ 억제소화: 할로겐화합물소화설비

해설

포소화설비는 포가 연소면을 덮으면서 산소 공급이 차단되는 질식소화 원리를 이용한다.

| 관련개념 | 소화설비별 소화원리

소화원리	소화설비
냉각효과	• 스프링클러설비 • 옥내·외소화전설비
질식효과	• 이산화탄소소화설비 • 포소화설비 • 분말소화설비 • 불활성기체소화설비
억제효과 (부촉매효과)	• 할론소화설비 • 할로겐화합물소화설비

15

건축물의 내화구조에서 바닥의 경우에는 철근콘크리트의 두께가 몇 [cm] 이상이어야 하는가?

① 7
② 10
③ 12
④ 15

해설

철근·철골철근콘크리트조로서 두께가 10[cm] 이상인 것이 '건축물방화구조규칙'상 벽·바닥 내화구조의 기준이다.

16

소화효과를 고려하였을 경우 화재 시 사용할 수 있는 물질이 아닌 것은?

① 이산화탄소
② 아세틸렌
③ Halon 1211
④ Halon 1301

해설

아세틸렌(C_2H_2)은 가연성 물질로 오히려 폭발화재를 야기할 수 있다. 이산화탄소는 질식효과, 할론소화약제는 부촉매효과를 이용한 소화약제이다.

정답 13 ② 14 ③ 15 ② 16 ②

17

질식소화 시 공기 중의 산소농도는 일반적으로 약 몇 [vol%] 이하로 하여야 하는가?

① 25
② 21
③ 19
④ 15

해설

질식소화는 공기 중의 산소농도를 약 15~16[%] 이하로 낮추어 소화하는 방법이다.

18

제1종 분말소화약제의 주성분으로 옳은 것은?

① $KHCO_3$
② $NaHCO_3$
③ $NH_4H_2PO_4$
④ $Al_2(SO_4)_3$

해설

분말소화약제의 종류

종별	주성분	착색	적응 화재
제1종	탄산수소나트륨($NaHCO_3$)	백색	B, C
제2종	탄산수소칼륨($KHCO_3$)	담회색	B, C
제3종	제1인산암모늄($NH_4H_2PO_4$)	담홍색 (또는 황색)	A, B, C
제4종	탄산수소칼륨+요소 ($KHCO_3+CO(NH_2)_2$)	회색	B, C

19

이산화탄소 소화약제 저장용기의 설치 장소에 대한 설명 중 옳지 않는 것은?

① 반드시 방호구역 내의 장소에 설치한다.
② 온도의 변화가 적은 곳에 설치한다.
③ 방화문으로 구획된 실에 설치한다.
④ 해당 용기가 설치된 곳임을 표시하는 표지를 한다.

해설

이산화탄소 소화약제의 저장용기는 방호구역 외의 장소에 설치하여야 한다.

| 관련개념 | 이산화탄소 소화약제 저장용기 설치 기준

- 방호구역 외의 장소에 설치할 것
- 온도가 40[℃] 이하이고, 온도 변화가 적은 곳에 설치할 것
- 직사광선 및 빗물이 침투할 우려가 없는 곳에 설치할 것
- 방화문으로 구획된 실에 설치할 것
- 용기의 설치장소에는 해당 용기가 설치된 곳임을 표시하는 표지를 할 것
- 용기 간의 간격은 점검에 지장이 없도록 3[cm] 이상의 간격을 유지할 것
- 저장용기와 집합관을 연결하는 연결배관에는 체크밸브를 설치할 것

20

다음 중 연소와 가장 관련 있는 화학반응은?

① 중화반응
② 치환반응
③ 환원반응
④ 산화반응

해설

산화반응은 물질이 산소와 결합하는 반응이다. 연소란 가연물이 공기 중에 있는 산소와 반응하여 열과 빛을 내는 현상으로 빠른 산화반응이다.

정답 17 ④ 18 ② 19 ① 20 ④

2과목 소방전기일반

21

최대 눈금이 $200[\mathrm{mA}]$, 내부저항이 $0.8[\Omega]$인 전류계가 있다. $8[\mathrm{m}\Omega]$의 분류기를 사용하여 전류계의 측정 범위를 넓히면 몇 $[\mathrm{A}]$까지 측정할 수 있는가?

① 19.6 ② 20.2
③ 21.4 ④ 22.8

해설

분류기
측정하고자 하는 전류(I_0)

$I_0 = I(1+\dfrac{R_a}{R_m}) = (200 \times 10^{-3}) \times (1+\dfrac{0.8}{8 \times 10^{-3}}) = 20.2[\mathrm{A}]$

22

$5[\Omega]$의 저항과 $2[\Omega]$의 유도성 리액턴스를 직렬로 접속한 회로에 $5[\mathrm{A}]$의 전류를 흘렸을 때 이 회로의 복소전력$[\mathrm{VA}]$은?

① $25+j10$ ② $10+j25$
③ $125+j50$ ④ $50+j125$

해설

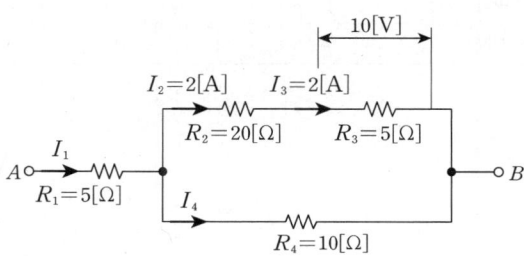

- 전압 V
  $V = IZ = I(R+jX_L) = 5 \times (5+j2) = 25+j10[\mathrm{V}]$
- 복소전력 P
  $P = V\overline{I} = (25+j10) \times 5 = 125+j50[\mathrm{VA}]$

23

그림과 같은 회로에서 전압계 ⓥ가 $10[\mathrm{V}]$일 때 단자 $A-B$ 간의 전압은 몇 $[\mathrm{V}]$인가?

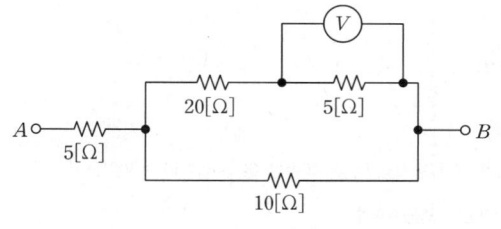

① 50 ② 85
③ 100 ④ 135

해설

R_2와 R_3는 직렬연결이므로 흐르는 전류가 같다.

$I_3 = I_2 = \dfrac{V}{R_3} = \dfrac{10}{5} = 2[\mathrm{A}]$

$V_2 = I_2 R_2 = 2 \times 20 = 40[\mathrm{V}]$

R_2, R_3와 R_4는 병렬연결이므로 전압이 같다.

$V_4 = V_2 + V_3 = 40+10 = 50[\mathrm{V}]$

$I_4 = \dfrac{V_4}{R_4} = \dfrac{50}{10} = 5[\mathrm{A}]$ 이므로

$I_1 = I_2 + I_4 = 2+5 = 7[\mathrm{A}]$

$V_1 = I_1 R_1 = 7 \times 5 = 35[\mathrm{V}]$

따라서 단자 $A-B$ 간의 전압은 $35+50 = 85[\mathrm{V}]$

정답 21 ② 22 ③ 23 ②

24 빈출

$50[\text{Hz}]$의 3상 전압을 전파 정류하였을 때 리플(맥동)주파수$[\text{Hz}]$는?

① 50
② 100
③ 150
④ 300

해설

3상 전파 정류회로의 맥동주파수는 $6f = 6 \times 50 = 300[\text{Hz}]$

| 관련개념 | 맥동주파수

구분	맥동률[%]	맥동주파수[Hz]
단상 반파	121	f
단상 전파	48	2f
3상 반파	17	3f
3상 전파	4	6f

25

개루프 제어와 비교하여 폐루프 제어에서 반드시 필요한 장치는?

① 안정도를 좋게 하는 장치
② 제어대상을 조작하는 장치
③ 동작신호를 조절하는 장치
④ 기준입력신호와 주궤환 신호를 비교하는 장치

해설

폐루프 제어
입력과 출력을 비교함으로써 정확하고 신뢰성 높은 제어가 가능하다. 기준입력신호와 주궤환 신호를 비교하는 장치가 반드시 있어야 한다.

26 빈출

그림의 시퀀스 회로와 등가인 논리 게이트는?

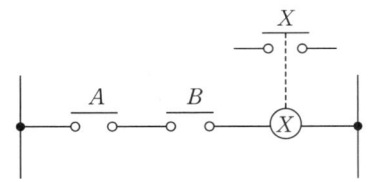

① OR 게이트
② AND 게이트
③ NOT 게이트
④ NOR 게이트

해설

그림의 시퀀스 회로와 등가인 논리 게이트는 AND 게이트이다.

| 관련개념 | 시퀀스 회로와 논리회로
AND 회로 (직렬회로)

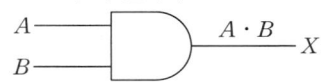

27

전압 이득이 $60[\text{dB}]$인 증폭기와 궤환율(b)이 0.01인 궤환회로를 부궤환 증폭기로 구성하였을 때 전체 이득은 약 몇 $[\text{dB}]$인가?

① 20
② 40
③ 60
④ 80

해설

전압 이득이 $60[\text{dB}]$이므로 증폭기 이득을 A라 하면
$60 = 20\log A$
$\log A = 3$
$A = 10^3 = 1,000$
부궤환 증폭기의 이득 A_f는
$A_f = \dfrac{A}{1+\beta A} = \dfrac{1,000}{1+(0.01 \times 1,000)} ≒ 91$
따라서 전체 이득 Av_f는
$Av_f = 20\log A_f = 20\log 91 ≒ 40[\text{dB}]$

정답 24 ④ 25 ④ 26 ② 27 ②

28

지하 1층, 지상 2층, 연면적이 $1,500[m^2]$인 기숙사에서 지상 2층에 설치된 차동식 스포트형 감지기가 작동하였을 때 전 층의 지구경종이 동작되었다. 각 층 지구경종의 정격전류가 $60[mA]$이고, $24[V]$가 인가되고 있을 때 모든 지구경종에서 소비되는 총 전력[W]은?

① 4.23
② 4.32
③ 5.67
④ 5.76

해설

지구경종은 지하 1층, 지상 1층, 지상 2층에 1개씩 총 3개가 설치되어 있으므로 지구경종 3개에 흐르는 전류는 다음과 같다.
$60[mA] \times 3개 = 180[mA] = 0.18[A]$
따라서 지구경종 3개에서 소비되는 전력 P는
∴ $P = VI = 24 \times 0.18 = 4.32[W]$

29

진공 중에 놓인 $5[\mu C]$의 점전하에서 $2[m]$ 되는 점에서의 전계는 몇 $[V/m]$인가?

① 11.25×10^3
② 16.25×10^3
③ 22.25×10^3
④ 28.25×10^3

해설

전계의 세기(E)
$E = \dfrac{Q}{4\pi\varepsilon_0 r^3} = \dfrac{(5 \times 10^{-6})}{4\pi \times (8.854 \times 10^{-12}) \times 2^2} ≒ 11.25 \times 10^3 [V/m]$

30

열팽창식 온도계가 아닌 것은?

① 열전대 온도계
② 유리 온도계
③ 바이메탈 온도계
④ 압력식 온도계

해설

열팽창식 온도계의 종류에는 유리 온도계, 압력식 온도계, 수은 온도계, 알코올 온도계, 바이메탈 온도계가 있다.

31

3상 유도전동기를 Y 결선으로 기동할 때 전류의 크기($|I_Y|$)와 △ 결선으로 기동할 때 전류의 크기($|I_\Delta|$)의 관계로 옳은 것은?

① $|I_Y| = \dfrac{1}{3}|I_\Delta|$
② $|I_Y| = \sqrt{3}|I_\Delta|$
③ $|I_Y| = \dfrac{1}{\sqrt{3}}|I_\Delta|$
④ $|I_Y| = \dfrac{\sqrt{3}}{2}|I_\Delta|$

해설

- Y 결선의 선전류 $I_Y = \dfrac{V_l}{\sqrt{3}Z}[A]$
- △결선의 선전류 $I_\Delta = \dfrac{\sqrt{3}V_l}{Z}[A]$

$\dfrac{I_Y}{I_\Delta} = \dfrac{\frac{V_l}{\sqrt{3}Z}}{\frac{\sqrt{3}V_l}{Z}} = \dfrac{1}{3}$

∴ $|I_Y| = \dfrac{1}{3}|I_\Delta|$

32

역률 0.8인 전동기에 $200[V]$의 교류전압을 가하였더니 $10[A]$의 전류가 흘렀다. 피상전력은 몇 $[VA]$인가?

① 1,000
② 1,200
③ 1,600
④ 2,000

해설

피상전력 P_a
$P_a = VI = 200 \times 10 = 2,000[VA]$

정답 28 ② 29 ① 30 ① 31 ① 32 ④

33 고난도
다음 중 강자성체에 속하지 않는 것은?

① 니켈
② 알루미늄
③ 코발트
④ 철

해설
자성체의 종류
- 상자성체: 백금(Pt), 알루미늄(Al), 산소(O_2)
- 반자성체: 금(Au), 은(Ag), 탄소(C), 구리(Cu), 비스무트(Bi)
- 강자성체: 철(Fe), 니켈(Ni), 코발트(Co)

34 빈출
프로세스 제어의 제어량이 아닌 것은?

① 액위
② 유량
③ 온도
④ 자세

해설
제어량에 의한 분류
- 프로세스 제어(공정 제어): 압력, 온도, 유량, 액위 등 공업량 제어
- 서보기구(추종 제어): 위치, 방위, 자세 등 기계적 변위 조정
- 자동조정 제어(정치 제어): 전압, 전류, 주파수 등 전기적량 제어

35
3상 농형 유도전동기의 기동법이 아닌 것은?

① Y – △ 기동법
② 기동 보상기법
③ 2차 저항 기동법
④ 리액터 기동법

해설
2차 저항 기동법은 권선형 유도전동기의 기동법이다.

| 관련개념 | 3상 유도전동기의 기동법
- 농형 유도전동기
  - Y – △기동법
  - 기동 보상기법
  - 리액터 기동법
  - 전전압 기동법(직입 기동법)
- 권선형 유도전동기
  - 2차 저항법
  - 게르게스법

36
$100[V]$, $500[W]$의 전열선 2개를 같은 전압에서 직렬로 접속한 경우와 병렬로 접속한 경우에 각 전열선에서 소비되는 전력은 각각 몇 $[W]$인가?

① 직렬: 250, 병렬: 500
② 직렬: 250, 병렬: 1,000
③ 직렬: 500, 병렬: 500
④ 직렬: 500, 병렬: 1,000

해설
- $100[V]$, $500[W]$의 전열선의 저항(R)
$$R = \frac{V^2}{P} = \frac{100^2}{500} = 20[\Omega]$$
- 전열선 2개를 직렬 접속한 경우 전력
$$P = \frac{V^2}{R} = \frac{V^2}{R_1 + R_2} = \frac{100^2}{20 + 20} = 250[W]$$
- 전열선 2개를 병렬 접속한 경우 전력
$$P = \frac{V^2}{R} = \frac{100^2}{\frac{R_1 R_2}{R_1 + R_2}} = \frac{100^2}{\frac{20 \times 20}{20 + 20}} = 1,000[W]$$

37 빈출
그림과 같은 논리회로의 출력 Y는?

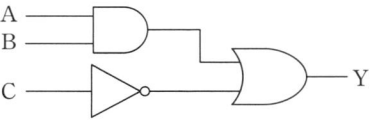

① $AB + \overline{C}$
② $A + B + \overline{C}$
③ $(A + B)\overline{C}$
④ $AB\overline{C}$

해설
무접점회로의 논리식

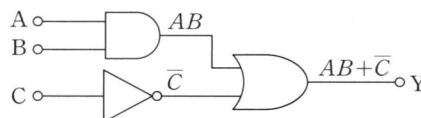

정답 33 ② 34 ④ 35 ③ 36 ② 37 ①

38

단상 변압기 3대를 △ 결선하여 부하에 전력을 공급하고 있는 중 변압기 1대가 고장 나서 V 결선으로 바꾼 경우에 고장 전과 비교하여 몇 [%] 출력을 낼 수 있는가?

① 50
② 57.7
③ 70.7
④ 86.6

해설

V 결선
△ 결선을 V 결선으로 바꾼 경우 출력비

$$\frac{P_V}{P_\Delta} = \frac{\sqrt{3}\,VI\cos\theta}{3\,VI\cos\theta} = \frac{\sqrt{3}}{3} = 0.577(57.7[\%])$$

39 고난도

대칭 n상의 환상결선에서 선전류와 상전류(환상전류) 사이의 위상차는?

① $\frac{n}{2}\left(1 - \frac{2}{\pi}\right)$
② $\frac{n}{2}\left(1 - \frac{\pi}{2}\right)$
③ $\frac{\pi}{2}\left(1 - \frac{2}{n}\right)$
④ $\frac{\pi}{2}\left(1 - \frac{n}{2}\right)$

해설

환상결선 n상의 위상차 θ

$$\theta = \frac{\pi}{2} - \frac{\pi}{n} = \frac{\pi}{2}\left(1 - \frac{2}{n}\right)$$

40

공기 중에서 50[kW] 방사 전력이 안테나에서 사방으로 균일하게 방사될 때, 안테나에서 1[km] 거리에 있는 점에서의 전계의 실효값은 약 몇 [V/m]인가?

① 0.87
② 1.22
③ 1.73
④ 3.98

해설

구의 단위면적당 전력 $W = \dfrac{E^2}{377} = \dfrac{P}{4\pi r^2}$ 에서

전계의 실효값 E에 대하여

$$\frac{E^2}{377} = \frac{P}{4\pi r^2}$$

$$E^2 = \frac{P}{4\pi r^2} \times 377$$

$$\therefore E = \sqrt{\frac{P}{4\pi r^2} \times 377} = \sqrt{\frac{50 \times 10^3}{4\pi \times (1 \times 10^3)^2} \times 377} \fallingdotseq 1.22[\text{V/m}]$$

3과목 소방관계법규

41 빈출

다음 중 「소방기본법령」상 특수가연물에 해당하는 품명별 기준수량으로 틀린 것은?

① 사류 1,000[kg] 이상
② 면화류 200[kg] 이상
③ 나무껍질 및 대팻밥 400[kg] 이상
④ 넝마 및 종이부스러기 500[kg] 이상

해설

넝마 및 종이부스러기는 1,000[kg] 이상이어야 한다.

| 관련개념 | 특수가연물의 저장 및 취급

품명	수량
면화류	200[kg] 이상
나무껍질 및 대팻밥	400[kg] 이상
넝마 및 종이부스러기	1,000[kg] 이상
사류(絲類)	1,000[kg] 이상
볏짚류	1,000[kg] 이상
가연성 고체류	3,000[kg] 이상
석탄, 목탄류	10,000[kg] 이상
가연성 액체류	2[m³] 이상
목재가공품 및 나무부스러기	10[m³] 이상
합성수지류 - 발포시킨 것	20[m³] 이상
합성수지류 - 그 밖의 것	3,000[kg] 이상

정답 38 ② 39 ③ 40 ② 41 ④

42
다음 중 「화재예방, 소방시설 설치·유지 및 안전관리에 관한 법령」상 소방시설관리업을 등록할 수 있는 자는?

① 피성년후견인
② 소방시설관리업의 등록이 취소된 날부터 2년이 경과된 자
③ 금고 이상의 형의 집행유예를 선고 받고 그 유예기간 중에 있는 자
④ 금고 이상의 실형을 선고 받고 그 집행이 면제된 날부터 2년이 지나지 아니한 자

해설

소방시설관리업의 등록이 취소된 날부터 2년이 경과된 자는 소방시설관리업을 등록할 수 있다.

| 관련개념 | 소방시설관리업 등록의 결격사유
① 피성년후견인
② 「소방기본법」, 「화재예방, 소방시설 설치·유지 및 안전관리에 관한 법률」, 「소방시설공사업법」, 「위험물안전관리법」에 따른 금고 이상의 실형을 선고 받고 그 집행이 끝나거나 집행이 면제된 날부터 2년이 지나지 아니한 사람
③ 「소방기본법」, 「화재예방, 소방시설 설치·유지 및 안전관리에 관한 법률」, 「소방시설공사업법」, 「위험물안전관리법」에 따른 금고 이상의 형의 집행유예를 선고받고 그 유예기간 중에 있는 사람
④ 자격이 취소(피성년후견인 결격으로 취소된 경우는 제외)된 날부터 2년이 지나지 아니한 사람
⑤ 임원 중에 ①~④의 어느 하나에 해당하는 사람이 있는 법인

43
「위험물안전관리법령」상 위험물취급소의 구분에 해당하지 않는 것은?

① 이송취급소
② 관리취급소
③ 판매취급소
④ 일반취급소

해설

위험물을 제조 외의 목적으로 취급하기 위한 장소에는 주유취급소, 판매취급소, 이송취급소, 일반취급소가 있다. 관리취급소는 해당하지 않는다.

44
국민의 안전의식과 화재에 대한 경각심을 높이고 안전문화를 정착시키기 위한 소방의 날은 몇 월 며칠인가?

① 1월 19일
② 10월 9일
③ 11월 9일
④ 12월 19일

해설

매년 11월 9일은 소방의 날이다.(119)

| 관련개념 | 소방의 날 제정과 운영 등
• 국민의 안전의식과 화재에 대한 경각심을 높이고 안전문화를 정착시키기 위하여 매년 11월 9일을 소방의 날로 정하여 기념행사를 한다.
• 소방의 날 행사에 관하여 필요한 사항은 소방청장 또는 시·도지사가 따로 정하여 시행할 수 있다.

45
「화재예방, 소방시설 설치·유지 및 안전관리에 관한 법령」상 소방특별조사(화재예방조사) 결과 소방대상물의 위치 상황이 화재예방을 위하여 보완될 필요가 있을 것으로 예상되는 때에 소방대상물의 개수·이전·제거, 그 밖의 필요한 조치를 관계인에게 명령할 수 있는 사람은?

① 소방서장
② 경찰청장
③ 시·도지사
④ 해당구청장

해설

조치를 명령할 수 있는 자는 소방청장, 소방본부장 또는 소방서장이다.

| 관련개념 | 소방특별조사(화재예방조사)에 따른 조치명령
• 조치명령권자: 소방청장, 소방본부장 또는 소방서장
• 소방특별조사 결과 소방대상물의 위치·구조·설비 또는 관리의 상황이 다음과 같을 때
  - 화재나 재난·재해 예방을 위하여 보완될 필요가 있을 때
  - 화재가 발생하면 인명 또는 재산의 피해가 클 것으로 예상되는 때
• 명령내용
  관계인에게 그 소방대상물의 개수(改修)·이전·제거, 사용의 금지 또는 제한, 사용폐쇄, 공사의 정지 또는 중지, 그 밖의 필요한 조치를 명할 수 있다.

정답 42 ② 43 ② 44 ③ 45 ①

46

「화재예방, 소방시설 설치·유지 및 안전관리에 관한 법령」상 지하가 중 터널로서 길이가 1,000[m]일 때 설치하지 않아도 되는 소방시설은?

① 인명구조기구
② 옥내소화전설비
③ 연결송수관설비
④ 무선통신보조설비

해설

인명구조기구는 터널에 설치하지 않는다.

| 관련개념 | 터널에 설치하여야 할 소방시설

터널길이	소방시설
500[m] 이상	제연설비, 비상콘센트설비, 비상경보설비, 무선통신 보조설비, 비상조명등
1,000[m] 이상	자동화재탐지설비, 연결송수관설비, 옥내소화전설비
모두	소화기구

47 빈출

「위험물안전관리법령」상 허가를 받지 아니하고 당해 제조소 등을 설치하거나 그 위치·구조 또는 설비를 변경할 수 있으며, 신고를 하지 아니하고 위험물의 품명·수량 또는 지정수량의 배수를 변경할 수 있는 기준으로 옳은 것은?

① 축산용으로 필요한 건조시설을 위한 지정수량 40배 이하의 저장소
② 수산용으로 필요한 건조시설을 위한 지정수량 30배 이하의 저장소
③ 농예용으로 필요한 난방시설을 위한 지정수량 40배 이하의 저장소
④ 주택의 난방시설(공동주택의 중앙난방시설 제외)을 위한 저장소

해설

농예용·축산용 또는 수산용으로 필요한 난방시설 또는 건조시설을 위한 지정수량 20배 이하의 저장소는 시·도지사의 허가를 받지 아니하고 당해 제조소 등을 설치할 수 있다.

| 관련개념 | 위험물시설의 설치 및 변경
- 설치 허가권자: 시·도지사
- 제조소 등의 변경신고는 변경하고자 하는 날의 1일 전까지 시·도지사에게 해야 한다.
- 시·도지사의 허가를 받지 아니하고 제조소 등을 설치할 수 있는 기준
  - 주택의 난방시설(공동주택의 중앙난방시설 제외)을 위한 저장소 또는 취급소
  - 농예용·축산용 또는 수산용으로 필요한 난방시설 또는 건조시설을 위한 지정수량 20배 이하의 저장소

48

「소방기본법령」상 시장지역에서 화재로 오인할 만한 우려가 있는 불을 피우거나 연막소독을 하려는 자가 신고를 하지 아니하여 소방자동차를 출동하게 한 자에 대한 과태료 부과·징수권자는?

① 국무총리
② 시·도지사
③ 행정안전부장관
④ 소방본부장 또는 소방서장

해설

과태료는 관할 소방본부장 또는 소방서장이 부과·징수한다.

| 관련개념 | 화재오인 과태료
- 다음 장소에서 화재로 오인할 만한 우려가 있는 불을 피우거나 연막소독 신고를 하지 아니하여 소방자동차를 출동하게 한 자에게는 20만 원 이하의 과태료를 부과한다.
  - 시장지역
  - 공장·창고가 밀집한 지역
  - 목조건물이 밀집한 지역
  - 위험물의 저장 및 처리시설이 밀집한 지역
  - 석유화학제품을 생산하는 공장이 있는 지역
  - 그 밖에 시·도의 조례로 정하는 지역 또는 장소
- 과태료는 관할 소방본부장 또는 소방서장이 부과·징수한다.

정답 46 ① 47 ④ 48 ④

49

「소방시설공사업법령」상 공사감리자 지정대상 특정소방대상물의 범위가 아닌 것은?

① 제연설비를 신설·개설하거나 제연구역을 증설할 때
② 연소방지설비를 신설·개설하거나 살수구역을 증설할 때
③ 캐비닛형 간이스프링클러설비를 신설·개설하거나 방호·방수 구역을 증설할 때
④ 물분무등소화설비(호스릴 방식의 소화설비 제외)를 신설·개설하거나 방호·방수 구역을 증설할 때

해설

캐비닛형 간이스프링클러설비를 제외한 스프링클러설비를 신설·개설하거나 방호 방수구역을 증설할 때 공사감리자 지정대상 특정소방대상물의 범위에 해당한다.

| 관련개념 | 공사감리자 지정대상 특정소방대상물의 범위
- 옥내소화전설비를 신설·개설 또는 증설할 때
- 스프링클러설비등(캐비닛형 간이스프링클러설비는 제외)을 신설·개설하거나 방호 방수구역을 증설할 때
- 물분무등소화설비(호스릴 방식의 소화설비는 제외)를 신설·개설하거나 방호 방수구역을 증설할 때
- 옥외소화전설비를 신설·개설 또는 증설할 때
- 자동화재탐지설비를 신설 또는 개설할 때
- 비상방송설비를 신설 또는 개설할 때
- 통합감시시설을 신설 또는 개설할 때
- 비상조명등을 신설 또는 개설할 때
- 소화용수설비를 신설 또는 개설할 때
- 다음의 소화활동설비에 대하여 시공을 할 때
  - 제연설비를 신설·개설하거나 제연구역을 증설할 때
  - 연결송수관설비를 신설 또는 개설할 때
  - 연결살수설비를 신설·개설하거나 송수구역을 증설할 때
  - 비상콘센트설비를 신설·개설하거나 전용회로를 증설할 때
  - 무선통신보조설비를 신설 또는 개설할 때
  - 연소방지설비를 신설·개설하거나 살수구역을 증설할 때

50 빈출

「소방기본법령」상 소방대장의 권한이 아닌 것은?

① 화재 현장에 대통령령으로 정하는 사람 외에는 그 구역에 출입하는 것을 제한할 수 있다.
② 화재 진압 등 소방활동을 위하여 필요할 때에는 소방용수 외에 댐·저수지 등의 물을 사용할 수 있다.
③ 국민의 안전의식을 높이기 위하여 소방박물관 및 소방체험관을 설립하여 운영할 수 있다.
④ 불이 번지는 것을 막기 위하여 필요할 때에는 불이 번질 우려가 있는 소방대상물 및 토지를 일시적으로 사용할 수 있다.

해설

소방박물관과 소방체험관의 설립·운영권자는 각각 소방청장과 시·도지사이다.

| 관련개념 | 소방대장의 권한
- 소방활동구역의 설정과 출입제한
- 소방활동 종사 명령
- 소방활동에 필요한 강제처분
- 피난명령
- 위험시설에 대한 긴급조치

51

「화재예방, 소방시설 설치·유지 및 안전관리에 관한 법령」상 스프링클러설비를 설치하여야 하는 특정소방대상물의 기준으로 틀린 것은?(단, 위험물 저장 및 처리 시설 중 가스시설 또는 지하구는 제외한다.)

① 복합건축물로서 연면적 $3,500[m^2]$ 이상인 경우에는 모든 층
② 창고시설(물류터미널은 제외)로서 바닥면적 합계가 $5,000[m^2]$ 이상인 경우에는 모든 층
③ 숙박이 가능한 수련시설 용도로 사용되는 시설의 바닥면적의 합계가 $600[m^2]$ 이상인 것은 모든 층
④ 판매시설, 운수시설 및 창고시설(물류터미널에 한정)로서 바닥면적의 합계가 $5,000[m^2]$ 이상이거나 수용인원이 500명 이상인 경우에는 모든 층

정답 49 ③ 50 ③ 51 ①

해설

복합건축물로서 연면적 5,000[m²]인 경우 모든 층이다.

| 관련개념 | 스프링클러설비 설치대상 특정소방대상물

• 문화 및 집회시설 • 종교시설 • 운동시설(모든 층)	수용인원 100인 이상	
	영화상영관 바닥면적	지하층 · 무창층 500[m²] 이상
		그 밖의 층 1,000[m²] 이상
	무대부면적	지하층 · 무창층, 4층 이상 층 300[m²] 이상
		그 밖의 층 500[m²] 이상
• 판매시설 • 운수시설 • 물류터미널(모든 층)	수용인원 500인 이상	
	바닥면적 합계 5,000[m²] 이상	
창고시설(모든 층) (물류터미널 제외)	바닥면적 합계 5,000[m²] 이상	
모든 층	층수가 6층 이상인 특정소방대상물	
• 조산원 및 산후조리원 • 정신의료기관 • 종합병원, 병원, 치과병원, 한방병원 및 요양병원(정신병원 제외) • 노유자시설 • 숙박가능 수련시설	바닥면적 합계 600[m²] 이상	
천장 · 반자의 높이 10[m] 넘는 랙식 창고	바닥면적 합계 1,500[m²] 이상	
지하층 · 무창층 · 층수가 4층 이상인 층	바닥면적 1,000[m²] 이상	
특수가연물을 저장 · 취급 하는 시설	규정수량 1,000배 이상	
지하가(터널 제외)	연면적 1,000[m²] 이상	
• 기숙사 • 복합건축물(모든 층)	연면적 5,000[m²] 이상	
교정 및 군사시설	보호감호소, 교도소, 구치소, 보호관찰소, 갱생보호시설, 출입국관리 보호시설(생활 공간 한정, 임차 제외), 유치장	
발전시설	전기저장시설	
보일러실 또는 연결통로	전부	

52

「화재예방, 소방시설 설치 · 유지 및 안전관리에 관한 법령」 상 단독경보형 감지기를 설치하여야 하는 특정소방대상물의 기준으로 틀린 것은?

① 연면적 600[m²] 미만의 기숙사
② 연면적 600[m²] 미만의 숙박시설
③ 연면적 1,000[m²] 미만의 아파트
④ 교육연구시설 또는 수련시설 내에 있는 합숙소 또는 기숙사로서 연면적 2,000[m²] 미만인 것

해설

연면적 1,000[m²] 미만의 기숙사이다.

| 관련개념 | 단독경보형 감지기를 설치하여야 하는 특정소방대상물

단독경보형 감지기의 설치대상	아파트 등	연면적 1,000[m²] 미만
	기숙사	연면적 1,000[m²] 미만
	교육연구시설 또는 수련시설 내에 있는 합숙소, 기숙사	연면적 2,000[m²] 미만
	숙박시설	연면적 600[m²] 미만
	숙박시설이 있는 수련시설	
	유치원	연면적 400[m²] 미만

정답 52 ①

53 빈출

「소방시설공사업법령」상 소방시설공사의 하자보수 보증기간이 3년이 아닌 것은?

① 자동소화장치
② 무선통신보조설비
③ 자동화재탐지설비
④ 간이스프링클러설비

해설

무선통신보조설비는 하자보수 보증기간이 2년이다.

| 관련개념 | 하자보수 대상시설과 하자보수 보증기간

보증기간	하자보증대상 소방시설
2년	피난기구, 유도등, 유도표지, 비상경보설비, 비상조명등, 비상방송설비 및 무선통신보조설비
3년	자동소화장치, 옥내소화전설비, 스프링클러설비, 간이스프링클러설비, 물분무등소화설비, 옥외소화전설비, 자동화재탐지설비, 상수도소화용수설비 및 소화활동설비(무선통신보조설비 제외)

54

「위험물안전관리법령」상 제조소의 기준에 따라 건축물의 외벽 또는 이에 상당하는 공작물의 외측으로부터 제조소의 외벽 또는 이에 상당하는 공작물의 외측까지의 안전거리 기준으로 틀린 것은?(단, 제6류 위험물을 취급하는 제조소를 제외하고, 건축물에 불연재료로 된 방화상 유효한 담 또는 벽을 설치하지 않은 경우이다.)

① 「의료법」에 의한 종합병원에 있어서는 30[m] 이상
② 「도시가스사업법」에 의한 가스공급시설에 있어서는 20[m] 이상
③ 사용전압 35,000[V]를 초과하는 특고압가공전선에 있어서는 5[m] 이상
④ 「문화재보호법」에 의한 유형문화재와 기념물 중 지정문화재에 있어서는 30[m] 이상

해설

'문화재보호법'에 의한 유형문화재와 기념물 중 지정문화재에 있어서는 50[m] 이상이다.

| 관련개념 | 제조소 등의 위치 구조 설비 기준(안전거리)

건축물 및 그 밖의 공작물	안전거리
주거용	10[m]
• 고압가스 제조 및 사용, 저장시설 • 액화산소소비시설 • 액화석유가스 제조 및 저장시설 • 도시가스공급시설	20[m]
학교, 병원, 극장	30[m]
문화재	50[m]
• 사용전압 7,000[V] 초과 35,000[V] 이하 • 특고압 가공전선	3[m]
사용전압 35,000[V] 초과 특고압 가공전선	5[m]

55

「소방기본법령」상 화재가 발생하였을 때 화재의 원인 및 피해 등에 대한 조사를 하여야 하는 자는?

① 시·도지사 또는 소방본부장
② 소방청장·소방본부장 또는 소방서장
③ 시·도지사·소방서장 또는 소방파출소장
④ 행정안전부장관·소방본부장 또는 소방파출소장

해설

화재조사란 소방청장, 소방본부장 또는 소방서장이 화재원인, 피해 상황, 대응활동 등을 파악하기 위하여 자료의 수집, 관계인 등에 대한 질문, 현장확인, 감식, 감정 및 실험 등을 하는 일련의 행위를 말한다.

정답 53 ② 54 ④ 55 ②

56

「소방기본법령」상 화재피해조사 중 재산피해조사의 조사범위에 해당하지 않는 것은?

① 소화활동 중 사용된 물로 인한 피해
② 열에 의한 탄화, 용융, 파손 등의 피해
③ 소방활동 중 발생한 사망자 및 부상자
④ 연기, 물품반출, 화재로 인한 폭발 등에 의한 피해

해설

소방활동 중 발생한 사망자 및 부상자에 대한 조사는 인명피해조사에 해당한다.

| 관련개념 | 화재조사의 종류 및 조사범위

종류	조사범위
인명피해조사	• 소방활동 중 발생한 사망자 및 부상자 • 그 밖에 화재로 인한 사망자 및 부상자
재산피해조사	• 열에 의한 탄화, 용융, 파손 등의 피해 • 소화활동 중 사용된 물로 인한 피해 • 그 밖에 연기, 물품반출, 화재로 인한 폭발 등에 의한 피해

57 빈출

「위험물안전관리법령」상 위험물시설의 설치 및 변경 등에 관한 기준 중 다음 ( ) 안에 들어갈 내용으로 옳은 것은?

제조소 등의 위치·구조 또는 설비의 변경 없이 당해 제조소 등에서 저장하거나 취급하는 위험물의 품명·수량 또는 지정수량의 배수를 변경하고자 하는 자는 변경하고자 하는 날의 (㉠)일 전까지 (㉡)이 정하는 바에 따라 (㉢)에게 신고하여야 한다.

① ㉠ 1, ㉡ 대통령령, ㉢ 소방본부장
② ㉠ 1, ㉡ 행정안전부령, ㉢ 시·도지사
③ ㉠ 14, ㉡ 대통령령, ㉢ 소방서장
④ ㉠ 14, ㉡ 행정안전부령, ㉢ 시·도지사

해설

변경하고자 하는 날의 1일 전까지 행정안전부령이 정하는 바에 따라 시·도지사에게 신고하여야 한다.

| 관련개념 | 품명 등의 변경신고

당해 제조소 등의 위치·구조 또는 설비의 변경 없이 저장하거나 취급하는 위험물의 품명 수량 또는 지정수량의 배수를 변경할 경우
• 품명 등의 변경신고권자: 시·도지사
• 신고기한: 변경하고자 하는 날의 1일 전까지 행정안전부령에 따라 신고
• 첨부서류: 제조소 등의 완공검사합격확인증

58

「화재예방, 소방시설 설치·유지 및 안전관리에 관한 법령」상 수용인원 산정 방법 중 침대가 없는 숙박시설로서 해당 특정소방대상물의 종사자의 수는 5명, 복도, 계단 및 화장실의 바닥면적을 제외한 바닥면적이 $158[m^2]$인 경우의 수용인원은 약 몇 명인가?

① 37 ② 45
③ 58 ④ 84

해설

침대가 없는 숙박시설의 수용인원
=종사자수+(바닥면적 합계/$3[m^2]$)=$5+158/3=57.66 ≒ 58$[명]

| 관련개념 | 특정소방대상물의 규모 등에 따라 고려해야 하는 수용인원

특정소방 대상물	용도	수용인원의 산정
숙박 시설	침대가 있는 숙박시설	종사자수+침대수(2인용은 2개)
	침대가 없는 숙박시설	종사자수+(바닥면적 합계/$3[m^2]$)
그외 특정소방 대상물	강의실·교무실·상담실·실습실·휴게실	바닥면적 합계/$1.9[m^2]$
	강당, 문화 및 집회시설, 운동시설, 종교시설	바닥면적 합계/$4.6[m^2]$ • 관람석의 경우: 고정식 의자수 • 긴의자의 경우: 의자 너비/$0.45[m]$
	그 밖의 특정소방대상물	바닥면적 합계/$3[m^2]$

정답 56 ③ 57 ② 58 ③

59

「화재예방, 소방시설 설치·유지 및 안전관리에 관한 법령」상 1급 소방안전관리대상물에 해당하는 건축물은?

① 지하구
② 층수가 15층인 공공업무시설
③ 연면적 $15,000[m^2]$ 이상인 동물원
④ 층수가 20층이고, 지상으로부터 높이가 $100[m]$인 아파트

해설

①, ③ 지하구와 동물원은 제외 대상이다.
④ 층수가 30층 이상이거나 지상으로부터 높이가 $120[m]$ 이상인 아파트여야 한다.

| 관련개념 | 1급 소방안전관리대상물

① 30층 이상(지하층은 제외)이거나 지상으로부터 높이가 $120[m]$ 이상인 아파트
② 연면적 1만 5천$[m^2]$ 이상인 특정소방대상물(아파트는 제외)
③ ②에 해당하지 아니하는 특정소방대상물로서 층수가 11층 이상인 특정소방대상물(아파트는 제외)
④ 가연성 가스를 $1,000[t]$ 이상 저장·취급하는 시설
⑤ 제외 대상: 동·식물원, 철강 등 불연성 물품을 저장·취급하는 창고, 위험물 저장 및 처리 시설 중 위험물 제조소 등, 지하구

60

「화재예방, 소방시설 설치·유지 및 안전관리에 관한 법령」상 1년 이하의 징역 또는 1천만 원 이하의 벌금 기준에 해당하는 경우는?

① 소방용품의 형식승인을 받지 아니하고 소방용품을 제조하거나 수입한 자
② 형식승인을 받은 소방용품에 대하여 제품검사를 받지 아니한 자
③ 거짓이나 그 밖의 부정한 방법으로 제품검사 전문기관으로 지정을 받은 자
④ 소방용품에 대하여 형상 등의 일부를 변경한 후 형식승인의 변경승인을 받지 아니한 자

해설

①, ②, ③ 3년 이하의 징역 또는 3,000만 원 이하의 벌금에 해당한다.

| 관련개념 | 1년 이하의 징역 또는 1천만 원 이하의 벌금

• 소방특별조사(화재예방조사) 또는 소방청장, 시·도지사, 소방본부장, 소방서장의 소방대상물의 감독업무 등 관계인의 정당한 업무를 방해한 자, 조사·검사 업무를 수행하면서 알게 된 비밀을 제공 또는 누설하거나 목적 외의 용도로 사용한 자
• 관리업의 등록증이나 등록수첩을 다른 자에게 빌려준 자
• 영업정지처분을 받고 그 영업정지기간 중에 관리업의 업무를 한 자
• 소방시설 등에 대한 자체점검을 하지 아니하거나 관리업자 등으로 하여금 정기적으로 점검하게 하지 아니한 자
• 소방시설관리사증을 다른 자에게 빌려주거나 동시에 둘 이상의 업체에 취업한 사람
• 제품검사에 합격하지 아니한 제품에 합격표시를 하거나 합격표시를 위조 또는 변조하여 사용한 자
• 형식승인의 변경승인을 받지 아니한 자
• 제품검사에 합격하지 아니한 소방용품에 성능인증을 받았다는 표시 또는 제품검사에 합격하였다는 표시를 하거나 성능인증을 받았다는 표시 또는 제품검사에 합격하였다는 표시를 위조 또는 변조하여 사용한 자
• 성능인증의 변경인증을 받지 아니한 자
• 우수품질인증을 받지 아니한 제품에 우수품질인증 표시를 하거나 우수품질인증 표시를 위조하거나 변조하여 사용한 자

4과목 소방전기시설의 구조 및 원리

61

자동화재속보설비의 속보기의 성능인증 및 제품검사의 기술기준에 따라 교류입력측과 외함 간의 절연저항은 직류 $500[V]$의 절연저항계로 측정한 값이 몇 $[M\Omega]$ 이상이어야 하는가?

① 5
② 10
③ 20
④ 50

해설

절연저항시험

• 절연된 충전부와 외함 간의 절연저항은 직류 $500[V]$의 절연저항계로 측정한 값이 $5[M\Omega]$(교류입력측과 외함 간에는 $20[M\Omega]$) 이상일 것
• 절연된 선로 간의 절연저항은 직류 $500[V]$의 절연저항계로 측정한 값이 $20[M\Omega]$ 이상일 것

정답 59 ② 60 ④ 61 ③

62 [빈출]

무선통신보조설비의 화재안전기술기준(NFTC 505)에 따라 금속제 지지금구를 사용하여 무선통신보조설비의 누설동축케이블을 벽에 고정시키고자 하는 경우 몇 [m] 이내마다 고정시켜야 하는가?(단, 불연재료로 구획된 반자 안에 설치하는 경우는 제외한다.)

① 2
② 3
③ 4
④ 5

해설

누설동축케이블 및 동축케이블은 화재에 따라 해당 케이블의 피복이 소실된 경우에 케이블 본체가 떨어지지 아니하도록 4[m] 이내마다 금속제 또는 자기제 등의 지지금구로 벽·천장·기둥 등에 견고하게 고정시켜야 한다. 다만, 불연재료로 구획된 반자 안에 설치하는 경우에는 그러하지 아니한다.

63 [빈출]

비상경보설비 및 단독경보형감지기의 화재안전기술기준(NFTC 201)에 따라 비상벨설비의 음향장치의 음량은 부착된 음향장치의 중심으로부터 1[m] 떨어진 위치에서 몇 [dB] 이상이 되는 것으로 하여야 하는가?

① 60
② 70
③ 80
④ 90

해설

음량은 부착된 음향장치의 중심으로부터 1[m] 떨어진 위치에서 90[dB] 이상

| 관련개념 | 지구음향장치

- 특정소방대상물의 층마다 설치
- 각 부분으로부터 하나의 음향장치까지의 수평거리: 25[m] 이하
- 음향장치의 성능
  - 해당층의 각 부분에 유효하게 경보를 발할 수 있도록 설치
  - 음향장치는 정격전압의 80[%] 전압에서 음향을 발할 수 있도록 한다.
  - 음량은 부착된 음향장치의 중심으로부터 1[m] 떨어진 위치에서 90[dB] 이상

단, 「비상방송설비의 화재안전기술기준(NFTC 202)」에 적합한 방송설비를 비상벨설비 또는 자동식사이렌설비와 연동하여 작동하도록 설치한 경우 지구음향장치를 설치하지 아니할 수 있다.

64

자동화재탐지설비 및 시각경보장치의 화재안전기술기준(NFTC 203)에 따라 외기에 면하여 상시 개방된 부분이 있는 차고·주차장·창고 등에 있어서는 외기에 면하는 각 부분으로부터 몇 [m] 미만의 범위 안에 있는 부분은 경계구역의 면적에 산입하지 아니하는가?

① 1
② 3
③ 5
④ 10

해설

기타 경계구역

- 외기에 면하여 상시 개방된 부분이 있는 차고·주차장·창고 등에 있어서는 외기에 면하는 각 부분으로부터 5[m] 미만의 범위 안에 있는 부분은 경계구역의 면적에 산입하지 아니한다.
- 스프링클러설비·물분무등소화설비 또는 제연설비의 화재감지장치로서 화재감지기를 설치한 경우의 경계구역은 해당 소화설비의 방사구역 또는 제연구역과 동일하게 설정할 수 있다.

65

누전경보기의 형식 승인 및 제품검사의 기술기준에 따른 누전경보기 수신부의 기능검사 항목이 아닌 것은?

① 충격시험
② 진공가압시험
③ 과입력전압시험
④ 전원전압변동시험

해설

누전경보기의 형식 승인 및 제품검사의 기술기준에 따른 누전경보기 수신부의 기능검사 항목이 아닌 것은 진공가압시험이다.

| 관련개념 |

누전경보기 변류기의 기능검사 항목	누전경보기 수신기의 기능검사 항목
온도특성시험	전원전압변동시험
전로개폐시험	온도특성시험
단락전류강도시험	과입력전압시험
과누전시험	개폐기조작시험
노화시험	반복시험
방수시험	진동시험
진동시험	충격시험
충격시험	방수시험
절연저항시험	절연저항시험
절연내력시험	절연내력시험
충격파내전압시험	충격파내전압시험
전압강하방지시험	전자파적합성시험

정답 62 ③ 63 ④ 64 ③ 65 ②

66 빈출

비상방송설비의 화재안전기술기준(NFTC 202)에 따른 음향장치의 구조 및 성능에 대한 기준이다. 다음 ( )에 들어갈 내용으로 옳은 것은?

> 가. 정격전압의 (㉠)[%]의 전압에서 음향을 발할 수 있는 것을 함
> 나. (㉡)의 작동과 연동하여 작동할 수 있는 것으로 함

① ㉠ 65 ㉡ 자동화재탐지설비
② ㉠ 80 ㉡ 자동화재탐지설비
③ ㉠ 65 ㉡ 단독경보형감지기
④ ㉠ 80 ㉡ 단독경보형감지기

해설
음향장치는 다음 기준에 따른 구조 및 성능의 것으로 하여야 한다.
- 정격전압의 80[%]의 전압에서 음향을 발할 수 있는 것을 한다.
- 자동화재탐지설비의 작동과 연동하여 작동할 수 있는 것으로 한다.

67

비상조명등의 화재안전기술기준(NFTC 304)에 따라 조도는 비상조명등이 설치된 장소의 각 부분의 바닥에서 몇 [lx] 이상이 되도록 하여야 하는가?

① 1
② 3
③ 5
④ 10

해설
조도는 비상조명등이 설치된 장소의 각 부분의 바닥에서 1[lx] 이상이 되도록 하여야 한다.

68

비상방송설비의 화재안전기술기준(NFTC 202)에 따른 용어의 정의에서 소리를 크게 하여 멀리까지 전달될 수 있도록 하는 장치로서 일명 "스피커"를 말하는 것은?

① 확성기
② 증폭기
③ 사이렌
④ 음량조절기

해설
비상방송설비 용어의 정의
- 확성기 : 소리를 크게 하여 멀리까지 전달될 수 있도록 하는 장치(스피커)
- 음량조절기 : 가변저항을 이용하여 전류를 변화시켜 음량을 조절할 수 있는 장치
- 증폭기 : 전압전류의 진폭을 늘려 감도를 좋게 하고 미약한 음성전류를 커다란 음성전류로 변화시켜 소리를 크게 하는 장치

69

자동화재탐지설비 및 시각경보장치의 화재안전기술기준(NFTC 203)에 따른 중계기에 대한 시설기준으로 틀린 것은?

① 조작 및 점검에 편리하고 화재 및 침수 등의 재해로 인한 피해를 받을 우려가 없는 장소에 설치할 것
② 수신기에서 직접 감지기회로의 도통시험을 행하지 아니하는 것에 있어서는 수신기와 발신기 사이에 설치할 것
③ 수신기에 따라 감시되지 아니하는 배선을 통하여 전력을 공급받는 것에 있어서는 전원입력측의 배선에 과전류 차단기를 설치할 것
④ 수신기에 따라 감시되는 아니하는 배선을 통하여 전력을 공급받는 것에 있어서는 해당 전원의 정전이 즉시 수신기에 표시되는 것으로 할 것

해설
수신기에서 직접 감지기회로의 도통시험을 행하지 아니하는 것에 있어서는 수신기와 감지기 사이에 설치한다.

|관련개념| 중계기의 설치기준
- 수신기에서 직접 감지기회로의 도통시험을 행하지 아니하는 것에 있어서는 수신기와 감지기 사이에 설치한다.
- 조작 및 점검에 편리하고 화재 및 침수 등의 재해로 인한 피해를 받을 우려가 없는 장소에 설치한다.
- 수신기에 따라 감시되지 아니하는 배선을 통하여 전력을 공급받는 것에 있어서는 전원입력측의 배선에 과전류 차단기를 설치하고 해당 전원의 정전이 즉시 수신기에 표시되는 것으로 하며, 상용전원 및 예비전원의 시험을 할 수 있도록 한다.

정답 66 ② 67 ① 68 ① 69 ②

70 빈출

비상콘센트설비의 화재안전기술기준(NFTC 504)에 따라 비상콘센트용의 풀박스 등은 방청도장을 한 것으로서, 두께 몇 [mm] 이상의 철판으로 하여야 하는가?

① 1.2
② 1.6
③ 2.0
④ 2.4

해설

비상콘센트용의 풀박스 등은 방청도장을 한 것으로서, 두께 1.6[mm] 이상의 철판으로 하여야 한다.

71

누전경보기의 형식승인 및 제품검사의 기술기준에 따라 누전경보기의 변류기는 경계전로에 정격전류를 흘리는 경우, 그 경계전로의 전압강하는 몇 [V] 이하이어야 하는가?(단, 경계전로의 전선을 그 변류기에 관통시키는 것은 제외한다.)

① 0.3
② 0.5
③ 1.0
④ 3.0

해설

전압강하방지시험

변류기(경계전로의 전선을 그 변류기에 관통시키는 것은 제외함)는 경계전로에 정격전류를 흘리는 경우, 그 경계전로의 전압강하는 0.5[V] 이하이어야 한다.

72

자동화재탐지설비 및 시각경보장치의 화재안전기술기준(NFTC 203)에 따른 배선의 시설기준으로 틀린 것은?

① 감지기 사이의 회로의 배선은 송배전식으로 할 것
② 자동화재탐지설비의 감지기 회로의 전로저항은 50[Ω] 이하가 되도록 할 것
③ 수신기의 각 회로별 종단에 설치되는 감지기에 접속되는 배선의 전압은 감지기 정격전압의 80[%] 이상이어야 할 것
④ 피(P)형 수신기 및 지피(G.P.)형 수신기의 감지기 회로의 배선에 있어서 하나의 공통선에 접속할 수 있는 경계구역은 10개 이하로 할 것

해설

피(P)형 수신기 및 지피(G.P.)형 수신기의 감지기 회로의 배선에 있어서 하나의 공통선에 접속할 수 있는 경계구역은 7개 이하로 하여야 한다.

| 관련개념 | 자동화재탐지설비의 수신기 배선

전원회로배선	내화배선
그 밖의 배선	내화배선, 내열배선
회로배선	아날로그식, 다신호식 감지기나 R형 수신기용으로 사용되는 것은 전자파 방해를 받지 아니하는 쉴드선 등을 사용
	광케이블의 경우에는 전자파 방해를 받지 아니하고 내열성능이 있는 경우 사용
일반배선	내화배선, 내열배선
도통시험용 종단저항	점검 및 관리가 쉬운 장소에 설치함
	전용함을 설치하는 경우 그 설치 높이는 바닥으로부터 1.5[m] 이내로 함
	감지기 회로의 끝부분에 설치하며, 종단감지기에 설치할 경우에는 구별이 쉽도록 해당감지기의 기판 및 감지기 외부 등에 별도의 표시를 함
감지기 간 회로배선	송배전식
절연저항	부속회로의 전로와 대지 사이 및 배선 상호 간의 절연저항은 1 경계구역마다 직류 250[V]의 절연저항 측정기를 사용하여 측정한 절연저항이 0.1[MΩ] 이상이 되도록 함
배선	다른 전선과 별도의 관·덕트(절연효력이 있는 것으로 구획한 때에는 그 구획된 부분은 별개의 덕트로 봄)·몰드 또는 풀박스 등에 설치함(단, 60[V] 미만의 약전류회로에 사용하는 전선으로서 각각의 전압이 같을 때에는 제외)
P형, GP형 수신기 감지기 회로	하나의 공통선에 접속할 수 있는 경계구역은 7개 이하
감지기 회로의 전로저항	50[Ω] 이하
수신기의 각 회로별 종단에 설치되는 감지기에 접속되는 배선의 전압	감지기 정격전압의 80[%] 이상이어야 함

정답 70 ② 71 ② 72 ④

73

비상콘센트설비의 성능인증 및 제품검사의 기술기준에 따라 비상콘센트설비에 사용되는 부품에 대한 설명으로 틀린 것은?

① 진공차단기는 KS C 8321(진공차단기)에 적합하여야 한다.
② 접속기는 KS C 8305(배선용 꽂음 접속기)에 적합하여야 한다.
③ 표시등의 소켓은 접속이 확실하여야 하며 쉽게 전구를 교체할 수 있도록 부착하여야 한다.
④ 단자는 충분한 전류용량을 갖는 것으로 하여야 하며 단자의 접속이 정확하고 확실하여야 한다.

해설

① 배선용 차단기에 대한 내용이다.

| 관련개념 | 부품의 구조 및 기능

- 배선용 차단기는 KS C 8321(배선용차단기)에 적합하여야 한다.
- 접속기는 KS C 8305(배선용 꽂음 접속기)에 적합하여야 한다.
- 표시등의 구조 및 기능은 다음과 같아야 한다.
  - 전구는 사용전압의 130[%]인 교류전압을 20시간 연속하여 가하는 경우 단선, 현저한 광속변화, 흑화, 전류의 저하 등이 발생하지 아니하여야 한다.
  - 소켓은 접속이 확실하여야 하며 쉽게 전구를 교체할 수 있도록 부착하여야 한다.
  - 전구에는 적당한 보호커버를 설치하여야 한다. 다만, 발광다이오드의 경우에는 그러하지 아니한다.
  - 적색으로 표시되어야 하며 주위의 밝기가 300[lx] 이상인 장소에서 측정하여 앞면으로부터 3[m] 떨어진 곳에서 켜진 등이 확실히 식별되어야 한다.
  - 단자는 충분한 전류용량을 갖는 것으로 하여야 하며 단자의 접속이 정확하고 확실하여야 한다.

74

비상콘센트설비의 화재안전기술기준(NFTC 504)에 따라 비상콘센트 설비의 전원부와 외함 사이의 절연저항은 전원부와 외함 사이를 $500[V]$ 절연저항계로 측정할 때 몇 $[M\Omega]$ 이상이어야 하는가?

① 20
② 30
③ 40
④ 50

해설

비상콘센트설비의 전원부와 외함 사이의 절연저항 및 절연내력

- 절연저항은 전원부와 외함 사이를 $500[V]$ 절연저항계로 측정할 때 $20[M\Omega]$ 이상일 것
- 절연내력
  - 정격전압이 $150[V]$ 이하인 경우에는 $1,000[V]$의 실효전압을 가하는 시험에서 1분 이상 견딜 것
  - 정격전압이 $150[V]$ 초과인 경우에는 그 정격전압에 2를 곱하여 $1,000[V]$을 더한 실효전압을 가하는 시험에서 1분 이상 견디는 것일 것

75 (고난도)

소방시설용 비상전원수전설비의 화재안전기술기준(NFTC 602)에 따른 제1종 배전반 및 제1종 분전반의 시설기준으로 틀린 것은?

① 전선의 인입구 및 입출구는 외함에 노출하여 설치하면 아니 된다.
② 외함의 문은 $2.3[mm]$ 이상의 강판과 이와 동등 이상의 강도와 내화성능이 있는 것으로 제작하여야 한다.
③ 공용배전판 및 공용분전판의 경우 소방회로와 일반회로에 사용하는 배선 및 배선용 기기는 불연재료로 구획되어야 한다.
④ 외함은 금속관 또는 금속제 가요전선관을 쉽게 접속할 수 있도록 하고, 당해 접속부분에는 단열조치를 하여야 한다.

해설

전선의 인입구 및 입출구는 외함에 노출하여 설치할 수 있다.

| 관련개념 | 제1종 배전반 및 제1종 분전반

- 외함은 두께 $1.6[mm]$(전면판 및 문은 $2.3[mm]$) 이상의 강판과 이와 동등 이상의 강도와 내화성능이 있는 것으로 제작한다.
- 외함의 내부는 외부의 열에 의해 영향을 받지 않도록 내열성 및 단열성이 있는 재료를 사용하여 단열한다. 이 경우 단열부분은 열 또는 진동에 따라 쉽게 변형되지 아니한다.
- 다음에 해당하는 것은 외함에 노출하여 설치할 수 있다.
  - 표시등(불연성 또는 난연성재료로 덮개를 설치한 것에 한함)
  - 전선의 인입구 및 입출구
- 외함은 금속관 또는 금속제 가요전선관을 쉽게 접속할 수 있도록 하고, 당해 접속부분에는 단열조치를 한다.
- 공용배전판 및 공용분전판의 경우 소방회로와 일반회로에 사용하는 배선 및 배선용 기기는 불연재료로 구획되어야 한다.

정답 73 ① 74 ① 75 ①

76

비상경보설비 및 단독경보형감지기의 화재안전기술기준(NFTC 201)에 따른 발신기의 시설기준으로 틀린 것은?

① 발신기의 위치표시등은 함의 하부에 설치한다.
② 조작스위치는 바닥으로부터 0.8[m] 이상 1.5[m] 이하의 높이에 설치할 것
③ 복도 또는 별도로 구획된 실로서 보행거리가 40[m] 이상일 경우에는 추가로 설치하여야 한다.
④ 특정소방대상물의 층마다 설치하되, 해당 특정소방대상물의 각 부분으로부터 하나의 발신기까지의 수평거리가 25[m] 이하가 되도록 할 것

해설

발신기의 위치표시등은 함의 상부에 설치하여야 한다.

| 관련개념 | 비상경보설비 발신기의 시설기준
- 조작이 쉬운 장소에 설치
- 조작스위치는 바닥으로부터 0.8[m] 이상 1.5[m] 이하의 높이에 설치
- 특정소방대상물의 층마다 설치
- 각 부분으로부터 하나의 발신기까지의 수평거리: 25[m] 이하
- 단, 복도 또는 별도로 구획된 실로서 보행거리가 40[m] 이상일 경우에는 추가로 설치
- 발신기의 위치표시등은 함의 상부에 설치하되, 그 불빛은 부착면으로부터 15° 이상의 범위 안에서 부착지점으로부터 10[m] 이내의 어느 곳에서도 쉽게 식별할 수 있는 적색등으로 한다.

77

유도등의 형식승인 및 제품검사의 기술기준에 따른 유도등의 일반구조에 대한 설명으로 틀린 것은?

① 축전지에 배선 등을 직접 납땜하지 아니하여야 한다.
② 충전부가 노출되지 아니한 것은 300[V]를 초과할 수 있다.
③ 예비전원을 직렬로 접속하는 경우는 역충전 방지 등의 조치를 강구하여야 한다.
④ 유도등에는 점멸, 음성 또는 이와 유사한 방식 등에 의한 유도장치를 설치할 수 있다.

해설

예비전원을 병렬로 접속하는 경우에 역충전 방지 등의 조치를 강구하여야 한다.

| 관련개념 | 일반구조
- 주전원 및 비상전원을 단락사고 등으로부터 보호할 수 있는 퓨즈 등 과전류보호장치를 설치하여야 한다.(단, 객석유도등은 그러하지 아니함)
- 사용전압은 300[V] 이하이어야 한다. 다만, 충전부가 노출되지 아니한 것은 300[V]를 초과할 수 있다.
- 축전지에 배선 등을 직접 납땜하지 아니하여야 한다.
- 전선의 굵기는 인출선인 경우에는 단면적이 0.75[mm²] 이상, 인출선 외의 경우에는 면적이 0.5[mm²] 이상이어야 한다.
- 인출선의 길이는 전선 인출부분으로부터 150[mm] 이상이어야 한다.(단, 인출선으로 하지 아니할 경우에는 풀어지지 아니하는 방법으로 전선을 쉽고 확실하게 부착할 수 있도록 접속단자를 설치하여야 함)
- 유도등에는 점멸, 음성 또는 이와 유사한 방식 등에 의한 유도장치를 설치할 수 있다.
- 기기 내의 배선은 충분한 전류용량을 갖는 것으로 하여야 하며, 배선의 접속이 정확하고 확실하여야 한다.
- 극성이 있는 경우에는 오접속을 방지하기 위해 필요한 조치를 하여야 한다.
- 예비전원을 병렬로 접속하는 경우는 역충전 방지 등의 조치를 강구하여야 한다.

78

감시제어반 등에 설치된 무선중계기의 입력과 출력포트에 연결되어 송수신 신호를 원활하게 방사 · 수신하기 위해 옥외에 설치하는 장치는 무엇인가?

① 분파기
② 무선중계기
③ 옥외안테나
④ 혼합기

해설

감시제어반 등에 설치된 무선중계기의 입력과 출력포트에 연결되어 송수신 신호를 원활하게 방사 · 수신하기 위해 옥외에 설치하는 장치는 옥외안테나이다.

정답 76 ① 77 ③ 78 ③

79
자동화재탐지설비 및 시각경보장치의 화재안전기술기준(NFTC 203)에 따라 지하층·무창층 등으로서 환기가 잘 되지 아니하거나 실내면적이 $40[m^2]$ 미만인 장소에 설치하여야 하는 적응성이 있는 감지기가 아닌 것은?

① 불꽃감지기
② 광전식분리형감지기
③ 정온식스포트형감지기
④ 아날로그방식의 감지기

해설

비화재보 우려장소에 설치할 수 있는 특수감지기

지하층·무창층 등으로서 환기가 잘 되지 아니하거나 실내면적이 $40[m^2]$ 미만인 장소에 적응성이 있는 감지기는 다음과 같다.
- 불꽃감지기
- 정온식감지선형감지기
- 분포형감지기
- 복합형감지기
- 광전식분리형감지기
- 아날로그방식의 감지기
- 다신호식방식의 감지기
- 축적방식의 감지기

80
유도등 및 유도표지의 화재안전기술기준(NFTC 303)에 따른 피난구유도등의 설치장소로 틀린 것은?

① 직통계단
② 직통계단의 계단실
③ 안전구획된 거실로 통하는 출입구
④ 옥외로부터 직접 지하로 통하는 출입구

해설

피난구유도등의 설치장소
① 옥내로부터 직접 지상으로 통하는 출입구 및 그 부속실의 출입구
② 직통계단·직통계단의 계단실 및 그 부속실의 출입구
③ ①과 ②에 따른 출입구에 이르는 복도 또는 통로로 통하는 출입구
④ 안전구획된 거실로 통하는 출입구

정답 79 ③ 80 ④

2020년 3회 기출

1과목 소방원론

01

다음 중 가연성 가스가 아닌 것은?

① 일산화탄소 ② 프로판
③ 아르곤 ④ 메탄

해설

연소가 가능한 가스를 가연성 가스라고 한다. 아르곤은 연소하지 않기 때문에 불연성 가스이다.

| 관련개념 | 가연성 가스와 지연성 가스의 종류

가연성 가스		지연성 가스(조연성 가스)	
• 수소	• 에탄	• 산소	• 공기
• 메탄	• 암모니아	• 염소	• 오존
• 일산화탄소	• 프로판	• 불소	
• 천연가스	• 부탄		

02

공기 중에서 수소의 연소범위로 옳은 것은?

① 0.4~4[vol%] ② 1~12.5[vol%]
③ 4~75[vol%] ④ 67~92[vol%]

해설

수소(H_2)의 연소범위는 4~75[vol%]이다.

| 관련개념 | 가연성 기체의 연소범위

가스	하한계[vol%]	상한계[vol%]
아세틸렌	2.5	81
수소	4	75
일산화탄소	12.5	74
암모니아	15	28
메탄	5	15
에탄	3	12.4
프로판	2.1	9.5
부탄	1.8	8.4

03

건물 내 피난동선의 조건으로 옳지 않은 것은?

① 2개 이상의 방향으로 피난할 수 있어야 한다.
② 가급적 단순한 형태로 한다.
③ 통로의 말단은 안전한 장소이어야 한다.
④ 수직동선은 금하고 수평동선만 고려한다.

해설

피난동선은 복도, 통로, 계단과 같은 피난전용의 통행구조이다. 건물 내에서 피난동선을 고려할 때에는 수직동선과 수평동선을 모두 고려해야 한다.

| 관련개념 | 피난동선 설계 시 고려사항
• 가급적 단순한 형태가 좋다.
• 수평동선과 수직동선으로 구분한다.
• 가급적 상호 반대 방향으로 다수의 출구와 연결되도록 한다.
• 어느 곳에서도 2개 이상의 방향으로 피난할 수 있으며, 그 말단은 화재로부터 안전한 장소이어야 한다.
• 수직동선과 수평동선을 모두 고려한다.

정답 01 ③ 02 ③ 03 ④

04

증발잠열을 이용하여 가연물의 온도를 떨어뜨려 화재를 진압하는 소화방법은?

① 제거소화
② 억제소화
③ 질식소화
④ 냉각소화

해설

증발잠열을 이용하여 가연물의 온도를 떨어뜨려 화재를 진압하는 방법은 냉각소화이다.

오답해설

① 제거소화: 가연물 제거
② 억제소화: 부촉매 효과
③ 질식소화: 산소 차단

05

열분해에 의해 가연물 표면에 유리상의 메타인산 피막을 형성하여 연소에 필요한 산소의 유입을 차단하는 분말약제는?

① 요소
② 탄산수소칼륨
③ 제1인산암모늄
④ 탄산수소나트륨

해설

제3종 분말(제1인산암모늄)이 열분해했을 때 생성되는 메타인산(HPO_3)은 유리상의 피막을 형성하여 산소의 유입을 차단하는 효과가 있다.

| 관련개념 | 분말소화약제의 열분해반응식

종류	열분해반응식
제1종	$2NaHCO_3 \rightarrow Na_2CO_3 + CO_2 + H_2O$
제2종	$2KHCO_3 \rightarrow K_2CO_3 + CO_2 + H_2O$
제3종	$NH_4H_2PO_4 \rightarrow HPO_3 + NH_3 + H_2O$
제4종	$2KHCO_3 + CO(NH_2)_2 \rightarrow K_2CO_3 + 2NH_3 + 2CO_2$

06

실내화재에서 화재의 최성기에 돌입하기 전에 다량의 가연성 가스가 동시에 연소되면서 급격한 온도 상승을 유발하는 현상은?

① 패닉(Panic) 현상
② 스택(Stack) 현상
③ 파이어볼(Fire Ball) 현상
④ 플래시오버(Flash Over) 현상

해설

플래시오버(Flash Over)

실내에 화재가 발생하면 다량의 복사열이 발생한다. 복사열은 미연소된 가연물을 분해하여 가연성 가스를 발생시킨다. 이렇게 발생된 가스는 바로 연소되지 않고 주로 천장에 축적되면서 동시에 연소되는 현상을 플래시오버라고 한다.

| 관련개념 |

- 패닉현상: 위험한 상황에서 나타나는 우발적이고 비이성적인 집단 행동
- 스택(굴뚝)현상: 건물 외부의 찬 공기가 하부로 유입되면서 내부의 따뜻한 공기는 위로 상승하는 현상
- 파이어볼(Fire Ball): 대규모 폭발 시 발생하는 거대한 화염덩어리

07

물과 반응하여 가연성 기체를 발생하지 않는 것은?

① 칼륨
② 인화아연
③ 산화칼슘
④ 탄화알루미늄

해설

산화칼슘(생석회)은 물과 반응하여 수산화칼슘을 생성하고, 기체를 발생시키지 않는다. 물과 반응 시 칼륨은 수소, 인화아연은 포스핀, 탄화알루미늄은 메탄 가스가 발생한다.
$CaO + H_2O \rightarrow Ca(OH)_2$

정답 04 ④ 05 ③ 06 ④ 07 ③

08

다음 물질을 저장하고 있는 장소에서 화재가 발생하였을 때 주수소화가 적합하지 않은 것은?

① 적린 ② 마그네슘 분말
③ 과염소산칼륨 ④ 유황

해설

마그네슘 분말은 물과 반응하여 수소 가스를 발생시키므로 주수소화가 적합하지 않다.
$Mg + 2H_2O \rightarrow Mg(OH)_2 + H_2 \uparrow$

09

과산화수소와 과염소산의 공통성질이 아닌 것은?

① 산화성 액체이다. ② 유기화합물이다.
③ 불연성 물질이다. ④ 비중이 1보다 크다.

해설

과산화수소(H_2O_2)와 과염소산($HClO_4$)은 무기화합물이다.

10

일반적인 플라스틱 분류상 열경화성 플라스틱에 해당하는 것은?

① 폴리에틸렌 ② 폴리염화비닐
③ 페놀수지 ④ 폴리스티렌

해설

페놀수지는 열경화성 플라스틱이다.

| 관련개념 | 열가소성수지와 열경화성수지 |

열가소성수지	• 열에 의해 변형되는 수지이다. • 폴리염화비닐(PVC)수지, 폴리에틸렌수지, 폴리스티렌수지 등이 해당된다.
열경화성수지	• 한 번 열을 가하면 다시 성형할 수 없는 수지이다. • 페놀수지, 요소수지, 멜라민수지 등이 해당된다.

11

화재 발생 시 인간의 피난 특성으로 틀린 것은?

① 본능적으로 평상시 사용하는 출입구를 사용한다.
② 최초로 행동을 개시한 사람을 따라서 움직인다.
③ 공포감으로 인해서 빛을 피하여 어두운 곳으로 몸을 숨긴다.
④ 무의식 중에 발화 장소의 반대쪽으로 이동한다.

해설

화재 발생 시 인간은 지광본능에 따라 빛을 따라서 외부로 달아나려는 경향을 보인다.

| 관련개념 | 인간의 피난 특성 |

본능	설명
귀소본능	평상시 사용하던 친숙한 경로를 따라 대피
지광본능	주위가 어두워지면 밝은 쪽으로 피난
추종본능	대피 시에는 최초로 행동하는 사람을 추종
퇴피본능	화염, 연기에 대한 공포감으로 화재 장소의 반대 방향으로 이동
좌회본능	좌측통행 및 좌측 방향으로 회전하려는 경향
직진본능	대피 시 직진하려는 경향

정답 08 ② 09 ② 10 ③ 11 ③

12
화재를 소화하는 방법 중 물리적 방법에 의한 소화가 아닌 것은?

① 억제소화 ② 제거소화
③ 질식소화 ④ 냉각소화

해설

억제소화는 화학적 방법에 의한 소화이다. 제거소화, 질식소화, 냉각소화는 모두 물리적 방법에 의한 소화이다.

| 관련개념 | 소화원리의 종류

구분	설명
냉각소화	점화원을 냉각하여 연소가 지속되지 못하도록 하는 소화법이다. 주로 증발잠열이 큰 물을 사용하여 소화한다.
질식소화	공기 중의 산소농도를 낮춰서 연소에 필요한 산소를 차단하여 소화하는 방법이다.
제거소화	가연물을 제거하여 소화하는 방법이다.
억제소화 (부촉매소화)	연소반응 시 발생하는 활성라디칼의 생성을 억제하여 소화하는 방법이다.

13
다음 원소 중 할로겐족 원소인 것은?

① Ne   ② Ar
③ Cl   ④ Xe

해설

Cl과 같이 주기율표상 17족의 원소를 할로겐족 원소라고 한다.

| 관련개념 | 할로겐족 원소
- F(불소)
- Cl(염소)
- Br(브롬)
- I(요오드)

14
자연발화 방지대책에 대한 설명 중 틀린 것은?

① 저장실의 온도를 낮게 유지한다.
② 저장실의 환기를 원활히 시킨다.
③ 촉매물질과의 접촉을 피한다.
④ 저장실의 습도를 높게 유지한다.

해설

자연발화를 방지하기 위해서는 저장실의 습도를 낮게 유지해야 한다.

| 관련개념 | 자연발화 방지법
- 습도를 낮게 유지한다.
- 온도를 낮춘다.
- 통풍이 잘되게 한다.
- 퇴적 및 수납 시 열이 쌓이지 않게 한다.
- 산소와의 접촉을 차단한다.
- 열전도성을 좋게 한다.

15
목재건축물의 화재 진행 과정을 순서대로 나열한 것은?

① 무염착화 – 발염착화 – 발화 – 최성기
② 무염착화 – 최성기 – 발염착화 – 발화
③ 발염착화 – 발화 – 최성기 – 무염착화
④ 발염착화 – 최성기 – 무염착화 – 발화

해설

무염착화 – 발염착화 – 발화 – 최성기 순이다.

| 관련개념 | 목재건축물의 화재 진행 과정

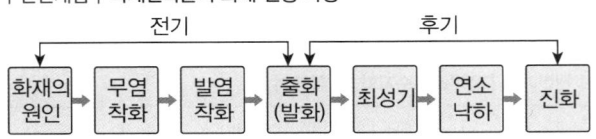

정답 12 ① 13 ③ 14 ④ 15 ①

16
탄산수소나트륨이 주성분인 분말소화약제는?

① 제1종 분말 ② 제2종 분말
③ 제3종 분말 ④ 제4종 분말

해설

탄산수소나트륨이 주성분인 분말소화약제는 제1종 분말이다.

| 관련개념 | 분말소화약제의 종류

종별	주성분	착색	적응 화재
제1종	탄산수소나트륨 ($NaHCO_3$)	백색	B, C
제2종	탄산수소칼륨 ($KHCO_3$)	담회색	B, C
제3종	제1인산암모늄 ($NH_4H_2PO_4$)	담홍색 (또는 황색)	A, B, C
제4종	탄산수소칼륨+요소 ($KHCO_3+CO(NH_2)_2$)	회색	B, C

17 고난도

공기와 할론 1301의 혼합기체에서 할론 1301에 비해 공기의 확산속도는 약 몇 배인가?(단, 공기의 평균분자량은 29, 할론 1301의 분자량은 149이다.)

① 2.27배 ② 3.85배
③ 5.17배 ④ 6.46배

해설

그레이엄의 확산속도법칙

$$\frac{V_B}{V_A} = \sqrt{\frac{M_A}{M_B}}$$

여기서, V_A, V_B: 확산속도,
M_A, M_B: 분자량

- 할론 1301의 확산속도와 분자량: V_A, M_A
- 공기의 확산속도와 분자량: V_B, M_B

문제에서 $M_A=149$, $M_B=29$로 주어졌으므로 확산속도법칙에 대입한다.

$$\frac{V_B}{V_A} = \sqrt{\frac{M_A}{M_B}} = \sqrt{\frac{149}{29}} \approx 2.27$$

따라서 공기의 확산속도(V_B)는 할론 1301의 확산속도(V_A)보다 약 2.27배 더 빠르다.

18
불연성 기체나 고체 등으로 연소물을 감싸 산소공급을 차단하는 소화방법은?

① 질식소화 ② 냉각소화
③ 연쇄반응차단소화 ④ 제거소화

해설

공기 중의 산소농도를 낮추거나 산소의 공급을 차단하여 소화하는 방법을 질식소화라고 한다.

19 빈출

공기 중의 산소의 농도는 약 몇 [vol%]인가?

① 10 ② 13
③ 17 ④ 21

해설

공기 중 산소의 농도는 21[vol%]이다.

| 관련개념 | 공기의 조성비

구성 성분	비율[vol%]
질소(N_2)	78
산소(O_2)	21
아르곤	1

정답 16 ① 17 ① 18 ① 19 ④

20

피난 시 하나의 수단이 고장 등으로 사용이 불가능하더라도 다른 수단 및 방법을 통해서 피난할 수 있도록 하는 것으로 2방향 이상의 피난통로를 확보하는 피난대책의 일반 원칙은?

① Risk-Down 원칙   ② Feed-Back 원칙
③ Fool-Proof 원칙   ④ Fail-Safe 원칙

해설

2방향 이상의 피난통로를 확보하는 피난대책의 일반 원칙이다.

| 관련개념 | Fail Safe와 Fool Proof

용어	설명
Fail Safe (페일세이프)	• 기계나 시스템이 오작동하거나 고장일 때에도 사고가 발생하지 않도록 하는 설계원리이다. • 2방향 이상의 피난동선을 항상 확보하는 것이 대표적인 예이다.
Fool Proof (풀프루프)	• 인간의 실수가 고장이나 사고로 이어지지 않도록 하는 설계원리이다. • 안전표지는 간단한 그림이나 단순한 색채를 이용하는 것이 대표적인 예이다.

2과목 소방전기일반

21

다음 중 쌍방향성 전력용 반도체 소자인 것은?

① SCR   ② IGBT
③ TRIAC   ④ DIODE

해설

- 단방향 소자(역저지): SCR, LASCR, GTO, SCS
- 양방향 소자(쌍방향): SSS, TRIAC, DIAC

22 빈출

그림의 시퀀스(계전기 접점) 회로를 논리식으로 표현하면?

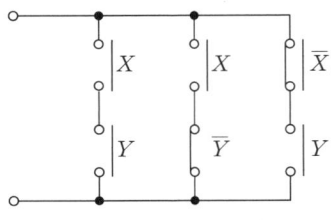

① $X+Y$
② $(XY)+(X\overline{Y})(\overline{X}Y)$
③ $(X+Y)(X+\overline{Y})(\overline{X}+Y)$
④ $(X+Y)+(X+\overline{Y})+(\overline{X}+Y)$

해설

$X \cdot Y + X \cdot \overline{Y} + \overline{X} \cdot Y$
$= X(Y+\overline{Y}) + \overline{X}Y$
$= X \cdot 1 + \overline{X}Y = X + \overline{X}Y$
$= X(1+Y) + \overline{X}Y$
$= X + XY + \overline{X}Y$
$= X + (X+\overline{X})Y = X+Y$

정답 20 ④   21 ③   22 ①

23 빈출

그림의 블록선도와 같이 표현되는 제어 시스템의 전달함수 $G(s)$는?

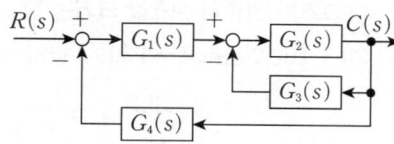

① $\dfrac{G_1(s)G_2(s)}{1+G_2(s)G_3(s)+G_1(s)G_2(s)G_4(s)}$

② $\dfrac{G_3(s)G_4(s)}{1+G_2(s)G_3(s)+G_1(s)G_2(s)G_4(s)}$

③ $\dfrac{G_1(s)G_2(s)}{1+G_1(s)G_2(s)+G_1(s)G_2(s)G_3(s)}$

④ $\dfrac{G_3(s)G_4(s)}{1+G_1(s)G_2(s)+G_1(s)G_2(s)G_3(s)}$

해설

전달함수
- 개로 경로: $G_1(s)G_2(s)$
- 폐루프: $-G_2(s)G_3(s)$, $-G_1(s)G_2(s)G_4(s)$
- 전달함수

$G(s) = \dfrac{C(s)}{R(s)} = \dfrac{G_1(s)G_2(s)}{1-(-G_2(s)G_3(s)-G_1(s)G_2(s)G_4(s))}$

$= \dfrac{G_1(s)G_2(s)}{1+G_2(s)G_3(s)+G_1(s)G_2(s)G_4(s)}$

24

조작기기는 직접 제어대상에 작용하는 장치이고 빠른 응답이 요구된다. 다음 중 전기식 조작기기가 아닌 것은?

① 서보 전동기
② 전동 밸브
③ 다이어프램 밸브
④ 전자 밸브

해설

조작기기
- 전기식 조작기기: 서보 전동기, 전동 밸브, 전자 밸브
- 기계식 조작기기: 다이어프램 밸브

25

전기자 제어 직류 서보 전동기에 대한 설명으로 옳은 것은?

① 교류 서보 전동기에 비하여 구조가 간단하여 소형이고 출력이 비교적 낮다.
② 제어 권선과 콘덴서가 부착된 여자 권선으로 구성된다.
③ 전기적 신호를 계자 권선의 입력 전압으로 한다.
④ 계자 권선의 전류가 일정하다.

해설

전기자 제어 직류 서보 전동기는 계자 권선의 전류가 일정하다. 또한 교류 서보 전동기에 비하여 구조가 간단하여 소형이고 출력이 비교적 높다.

26 빈출

절연저항을 측정할 때 사용하는 계기는?

① 전류계
② 전위차계
③ 메거
④ 휘트스톤브리지

해설

계측기
- 메거: 절연저항 측정
- 어스테스터: 접지저항 측정
- 콜라우시 브리지: 전지의 내부저항 측정

정답 23 ① 24 ③ 25 ④ 26 ③

27 고난도

$R = 10[\Omega]$, $X_L = 20[\Omega]$인 직렬회로에 $220\angle 0°[V]$의 교류전압을 가하는 경우 이 회로에 흐르는 전류는 약 몇 [A]인가?

① $24.5 \angle -26.5°$ ② $9.8 \angle -63.4°$
③ $12.2 \angle -13.2°$ ④ $73.6 \angle -79.6°$

해설

R−L 직렬회로

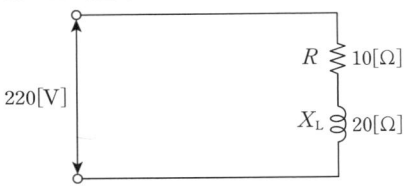

- $I = \dfrac{V}{Z} = \dfrac{V}{\sqrt{R^2 + X_L^2}} = \dfrac{V}{\sqrt{R^2 + (\omega L)^2}}$ 이므로 I는

$I = \dfrac{220}{\sqrt{10^2 + 20^2}} = 9.8[A]$

- $\tan\theta = \dfrac{X_L}{R}$ 이므로 위상각 θ는

$\theta = \tan^{-1}\dfrac{X_L}{R} = \tan^{-1}\dfrac{\omega L}{R} = \tan^{-1}\dfrac{20}{10} = 63.4$

28

다음의 논리식 중 틀린 것은?

① $(\overline{A}+B)\cdot(A+B) = B$
② $(A+B)\cdot\overline{B} = A\overline{B}$
③ $\overline{AB + AC} + \overline{A} = \overline{A} + \overline{BC}$
④ $\overline{(\overline{A}+B)+CD} = A\overline{B}(C+D)$

해설

$\overline{(\overline{A}+B)+CD} = \overline{(\overline{A}+B)}\cdot\overline{CD} = \overline{\overline{A}}\cdot\overline{B}\cdot(\overline{C}+\overline{D})$
$= A\cdot\overline{B}\cdot(\overline{C}+\overline{D})$

29

$R = 4[\Omega]$, $\dfrac{1}{\omega C} = 9[\Omega]$인 RC 직렬회로에 전압 $e(t)$를 인가할 때, 제3고조파 전류의 실효값 크기는 몇 [A]인가?
(단, $e(t) = 50 + 10\sqrt{2}\sin\omega t + 120\sqrt{2}\sin 3\omega t\,[V]$)

① 4.4 ② 12.2
③ 24   ④ 34

해설

제3고조파에 대한 임피던스값

$Z_3 = R + \dfrac{1}{j3\omega C} = 4 - j3[\Omega]$

따라서 제3고조파 전류의 실효값은 아래와 같다.

$I_3 = \dfrac{V_3}{|Z|} = \dfrac{\frac{120\sqrt{2}}{\sqrt{2}}}{\sqrt{4^2 + 3^2}} = \dfrac{120}{5} = 24[A]$

30

분류기를 사용하여 전류를 측정하는 경우에 전류계의 내부저항이 $0.28[\Omega]$이고 분류기의 저항이 $0.07[\Omega]$이라면 이 분류기의 배율은?

① 4 ② 5
③ 6 ④ 7

해설

분류기의 배율 m

$m = \dfrac{I_0}{I} = \dfrac{R_a + R_m}{R_m} = 1 + \dfrac{R_a}{R_m} = 1 + \dfrac{0.28}{0.07} = 5$

정답 27 ② 28 ④ 29 ③ 30 ②

31
옴의 법칙에 대한 설명으로 옳은 것은?

① 전압은 저항에 반비례한다.
② 전압은 전류에 비례한다.
③ 전압은 전류에 반비례한다.
④ 전압은 전류의 제곱에 비례한다.

해설

옴의 법칙
$$I = \frac{V}{R}[A]$$
따라서 전압은 전류에 비례한다.

32
3상 직권 정류자 전동기에서 고정자 권선과 회전자 권선 사이에 중간 변압기를 사용하는 주된 이유가 아닌 것은?

① 경부하 시 속도의 이상 상승 방지
② 철심을 포화시켜 회전자 상수를 감소
③ 중간 변압기의 권수비를 바꾸어서 전동기 특성을 조정
④ 전원 전압의 크기에 관계없이 정류에 알맞은 회전자 전압 선택

해설

중간 변압기의 사용 이유
- 경부하 시 속도가 상승하나 중간 변압기를 사용하여 철심을 포화시키면 속도 상승을 제한할 수 있다.
- 전원 전압의 크기에 관계없이 정류에 알맞은 회전자 전압을 선택할 수 있다.
- 중간 변압기의 권수비를 조정하여 전동기 특성을 조정 수 있다.

33
공기 중에 $10[\mu C]$과 $20[\mu C]$인 두 개의 점 전하를 $1[m]$ 간격으로 놓았을 때 발생되는 정전기력은 몇 $[N]$인가?

① 1.2
② 1.8
③ 2.4
④ 3.0

해설

쿨롱의 법칙
두 점 전하 사이에 작용하는 힘(F)
$$F = \frac{1}{4\pi\varepsilon_0} \times \frac{Q_1 Q_2}{r^2}$$
$$= \frac{(10 \times 10^{-6}) \times (20 \times 10^{-6})}{4\pi \times 8.854 \times 10^{-12} \times 1^2} \fallingdotseq 1.8[N]$$

34
교류 회로에 연결되어 있는 부하의 역률을 측정하는 경우 필요한 계측기의 구성은?

① 전압계, 전력계, 회전계
② 상순계, 전력계, 전류계
③ 전압계, 전류계, 전력계
④ 전류계, 전압계, 주파수계

해설

$P = VI\cos\theta$이므로

역률 $\cos\theta = \dfrac{P}{VI}$

위 식에서 역률을 측정할 때 필요한 계측기는 전압계, 전류계, 전력계이다.

정답 31 ② 32 ② 33 ② 34 ③

35

평형 3상 회로에서 측정된 선간전압과 전류의 실효값이 각각 $28.87[\text{V}]$, $10[\text{A}]$이고, 역률이 0.8일 때 3상 무효전력의 크기는 약 몇 $[\text{Var}]$인가?

① 400
② 300
③ 231
④ 173

해설

$\cos^2\theta + \sin^2\theta = 1$에서 $\sin^2\theta = 1 - \cos^2\theta$
무효율 $\sin\theta = \sqrt{1-\cos^2\theta} = \sqrt{1-0.8^2} = 0.6$
따라서 3상 무효전력(P_r)
$P_r = \sqrt{3}\,V_l I_l \sin\theta = \sqrt{3} \times 28.87 \times 10 \times 0.6 \fallingdotseq 300[\text{Var}]$

36

회로에서 a, b 사이의 합성저항은 몇 $[\Omega]$인가?

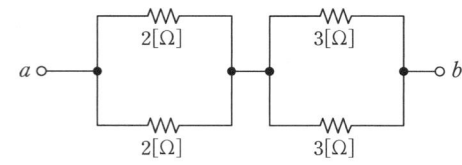

① 2.5
② 5
③ 7.5
④ 10

해설

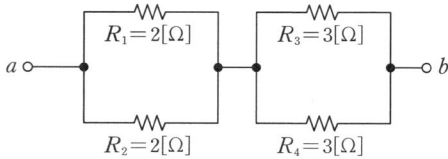

위 그림에서 합성저항 값을 구하면
$R_{ab} = R_{12} + R_{34} = \dfrac{R_1 \times R_2}{R_1 + R_2} + \dfrac{R_3 \times R_4}{R_3 + R_4}$
$= \dfrac{2 \times 2}{2+2} + \dfrac{3 \times 3}{3+3} = 2.5[\Omega]$

37 빈출

$60[\text{Hz}]$의 3상 전압을 전파 정류하였을 때 맥동주파수 $[\text{Hz}]$는?

① 120
② 180
③ 360
④ 720

해설

3상 전파 정류회로의 맥동주파수는 $6f = 6 \times 60 = 360[\text{Hz}]$

| 관련개념 | 맥동주파수

구분	맥동률[%]	맥동주파수[Hz]
단상 반파	121	f
단상 전파	48	2f
3상 반파	17	3f
3상 전파	4	6f

38 빈출

두 개의 입력신호 중 한 개의 입력만이 1일 때 출력신호가 1이 되는 논리게이트는?

① EXCLUSIVE NOR
② NAND
③ EXCLUSIVE OR
④ AND

해설

XOR 게이트
두 개의 입력신호 중 한 개의 입력만이 1일 때 출력신호가 1이 되는 논리게이트는 EXCLUSIVE OR(XOR)이다.

정답 35 ② 36 ① 37 ③ 38 ③

39 고난도

진공 중 대전된 도체의 표면에 면전하 밀도 $\sigma[\text{C/m}^2]$가 균일하게 분포되어 있을 때, 이 도체 표면에서의 전계의 세기 $E[\text{V/m}]$는?(단, ε_0는 진공의 유전율이다.)

① $E = \dfrac{\sigma}{\varepsilon_0}$ ② $E = \dfrac{\sigma}{2\varepsilon_0}$

③ $E = \dfrac{\sigma}{2\pi\varepsilon_0}$ ④ $E = \dfrac{\sigma}{4\pi\varepsilon_0}$

해설

진공 중 비유전율 $\varepsilon_s = 1$이므로 대전된 도체 표면의 전계의 세기(전장의 세기) E는

$$E = \frac{\sigma}{\varepsilon} = \frac{\sigma}{\varepsilon_0 \varepsilon_s} = \frac{\sigma}{\varepsilon_0}[\text{V/m}]$$

40

3상 유도 전동기의 출력이 $25[\text{HP}]$, 전압이 $220[\text{V}]$, 효율이 $85[\%]$, 역률이 $85[\%]$일 때, 이 전동기로 흐르는 전류는 약 몇 $[\text{A}]$인가?(단, $1[\text{HP}] = 0.746[\text{kW}]$)

① 40   ② 45
③ 68   ④ 70

해설

$1[\text{HP}] = 0.746[\text{kW}]$이므로
$25[\text{HP}] = 25 \times 0.746 = 18.65[\text{W}] = 18,650[\text{W}]$
3상 출력 $P = \sqrt{3}\,VI\cos\theta\eta$에서
전류 I

$$I = \frac{P}{\sqrt{3}\,V\cos\theta\eta} = \frac{18,650}{\sqrt{3} \times 220 \times 0.85 \times 0.85} ≒ 68[\text{A}]$$

3과목 소방관계법규

41 빈출

「화재예방, 소방시설 설치·유지 및 안전관리에 관한 법령」상 소방시설 등의 자체점검 중 종합정밀점검을 받아야 하는 특정소방대상물 대상 기준으로 틀린 것은?

① 제연설비가 설치된 터널
② 스프링클러설비가 설치된 특정소방대상물
③ 공공기관 중 연면적이 $1,000[\text{m}^2]$ 이상인 것으로서 옥내소화전설비 또는 자동화재탐지설비가 설치된 것(단, 소방대가 근무하는 공공기관은 제외한다.)
④ 호스릴 방식의 물분무등소화설비만이 설치된 연면적 $5,000[\text{m}^2]$ 이상인 특정소방대상물(단, 위험물 제조소 등은 제외한다.)

해설

물분무등소화설비(호스릴 방식 물분무등소화설비만을 설치한 경우 제외)가 설치된 연면적 $5,000[\text{m}^2]$ 이상인 특정소방대상물(위험물 제조소 등 제외)

| 관련개념 | 종합정밀점검 대상

- 스프링클러설비가 설치된 특정소방대상물
- 물분무등소화설비(호스릴 방식 물분무등소화설비만을 설치한 경우 제외)가 설치된 연면적 $5,000[\text{m}^2]$ 이상인 특정소방대상물(위험물 제조소 등 제외)
- 다중이용업의 영업장이 설치된 특정소방대상물로서 연면적이 $2,000[\text{m}^2]$ 이상인 것
- 공공기관 중 연면적이 $1,000[\text{m}^2]$ 이상인 것으로서 옥내소화전설비 또는 자동화재탐지설비 설치된 것(단, 소방대 근무하는 공공기관 제외)
- 제연설비가 설치된 터널

정답 39 ① 40 ③ 41 ④

42

「위험물안전관리법령」상 제조소 등이 아닌 장소에서 지정수량 이상의 위험물을 취급할 수 있는 경우에 대한 기준으로 맞는 것은?(단, 시·도의 조례가 정하는 바에 따른다.)

① 관할소방서장의 승인을 받아 지정수량 이상의 위험물을 60일 이내의 기간 동안 임시로 저장 또는 취급하는 경우
② 관할소방대장의 승인을 받아 지정수량 이상의 위험물을 60일 이내의 기간 동안 임시로 저장 또는 취급하는 경우
③ 관할소방서장의 승인을 받아 지정수량 이상의 위험물을 90일 이내의 기간 동안 임시로 저장 또는 취급하는 경우
④ 관할소방대장의 승인을 받아 지정수량 이상의 위험물을 90일 이내의 기간 동안 임시로 저장 또는 취급하는 경우

해설

관할소방서장의 승인을 받아 지정수량 이상의 위험물을 90일 이내의 기간 동안 임시로 저장 또는 취급하는 경우 「위험물안전관리법령」상 제조소 등이 아닌 장소에서 지정수량 이상의 위험물을 취급할 수 있다.

| 관련개념 | 제조소 등이 아닌 장소에서 지정수량 이상의 위험물을 취급할 수 있는 경우
- 시·도조례에 따라 관할소방서장의 승인을 받아 지정수량 이상의 위험물을 90일 이내 저장 또는 취급
- 군부대가 지정수량 이상의 위험물을 군사목적으로 임시로 저장 또는 취급

43

「소방기본법」상 화재경계지구의 지정권자는?

① 소방서장
② 시·도지사
③ 소방본부장
④ 행정안전부장관

해설

화재경계지구로 지정할 수 있는 사람은 시·도지사이다.

| 관련개념 | 화재경계지구의 지정
- 화재예방강화지구 지정권자: 시·도지사
- 화재예방강화지구 내 소방대상물의 위치 구조 및 설비에 대한 소방특별조사
- 소방특별조사(화재예방조사) 결과 화재예방과 경계에 필요 시 소방용수시설, 소화기구, 그 외 필요한 설비의 설치를 명할 수 있다.
- 화재예방강화지구 관계인에 대한 소방훈련 및 교육을 실시할 수 있다.

44

「위험물안전관리법령」상 위험물 중 제1석유류에 속하는 것은?

① 경유
② 등유
③ 중유
④ 아세톤

해설

경유, 등유는 제2석유류이고 중유는 제3석유류이다.

| 관련개념 | 제4류 위험물의 유별 분류 및 지정수량

품명		지정수량
특수인화물(아세트알데히드, 이황화탄소, 디메틸에테르 등)		50[L]
제1석유류(휘발유, 아세톤 등)	비수용성	200[L]
	수용성	400[L]
알코올류		400[L]
제2석유류(경유, 등유 등)	비수용성	1,000[L]
	수용성	2,000[L]
제3석유류(중유, 클레오소트유 등)	비수용성	2,000[L]
	수용성	4,000[L]
제4석유류(기어유, 실린더유 등)		6,000[L]
동식물유류(아마인유 등)		10,000[L]

정답 42 ③   43 ②   44 ④

45 빈출

「화재예방, 소방시설 설치·유지 및 안전관리에 관한 법령」상 수용인원 산정 방법 중 다음과 같은 시설의 수용인원은 몇 명인가?

> 숙박시설이 있는 특정소방대상물로서 종사자수는 5명, 숙박시설은 모두 2인용 침대이며 침대 수량은 50개이다.

① 55
② 75
③ 85
④ 105

해설

침대가 있는 숙박시설의 수용인원
종사자수＋침대수(2인용은 2개)
＝5＋50×2＝105(명)

| 관련개념 | 특정소방대상물의 규모 등에 따라 고려해야 하는 수용인원

특정소방대상물	용도	수용인원의 산정
숙박시설	침대가 있는 숙박시설	종사자수＋침대수(2인용은 2개)
	침대가 없는 숙박시설	종사자수＋(바닥면적 합계/3$[m^2]$)
그 외 특정소방대상물	강의실·교무실·상담실·실습실·휴게실	바닥면적 합계/1.9$[m^2]$
	강당, 문화 및 집회시설, 운동시설, 종교시설	바닥면적 합계/4.6$[m^2]$ • 관람석의 경우: 고정식 의자수 • 긴의자의 경우: 의자 너비/0.45$[m]$
	그 밖의 특정소방대상물	바닥면적 합계/3$[m^2]$

46 빈출

「위험물안전관리법령」상 관계인이 예방규정을 정하여야 하는 위험물을 취급하는 제조소의 지정수량 기준으로 옳은 것은?

① 지정수량의 10배 이상
② 지정수량의 100배 이상
③ 지정수량의 150배 이상
④ 지정수량의 200배 이상

해설

제조소의 경우는 지정수량의 10배 이상이다.

| 관련개념 | 관계인이 예방규정을 정하여야 하는 제조소 등
• 지정수량의 10배 이상의 위험물을 취급하는 제조소
• 지정수량의 100배 이상의 위험물을 저장하는 옥외저장소
• 지정수량의 150배 이상의 위험물을 저장하는 옥내저장소
• 지정수량의 200배 이상의 위험물을 저장하는 옥외탱크저장소
• 암반탱크저장소
• 이송취급소
• 지정수량의 10배 이상의 위험물을 취급하는 일반취급소

47

「화재예방, 소방시설 설치·유지 및 안전관리에 관한 법령」상 공동 소방안전관리자를 선임해야 하는 특정소방대상물이 아닌 것은?

① 판매시설 중 도매시장 및 소매시장
② 복합건축물로서 층수가 5층 이상인 것
③ 지하층을 제외한 층수가 7층 이상인 고층 건축물
④ 복합건축물로서 연면적이 5,000$[m^2]$ 이상인 것

해설

지하층을 제외한 층수가 11층 이상인 고층 건축물이어야 한다.

| 관련개념 | 공동소방안전관리대상 특정소방대상물
• 고층 건축물(지하층을 제외한 층수가 11층 이상인 건축물)
• 지하가
• 그 밖에 대통령령으로 정하는 특정소방대상물
  - 복합건축물로서 연면적이 5,000$[m^2]$ 이상인 것 또는 층수가 5층 이상인 것
  - 판매시설 중 도매시장, 소매시장 및 전통시장
  - 특정소방대상물 중 소방본부장 또는 소방서장이 지정하는 것

정답 45 ④　46 ①　47 ③

48

「소방기본법령」상 소방안전교육사의 배치대상별 배치기준으로 틀린 것은?

① 소방청: 2명 이상 배치
② 소방서: 1명 이상 배치
③ 소방본부: 2명 이상 배치
④ 한국소방안전원(본회): 1명 이상 배치

해설

한국소방안전원(본회)은 2명 이상 배치하여야 한다.

| 관련개념 | 소방안전교육사의 배치대상별 배치기준

배치대상	배치기준(단위: 명)
소방청	2 이상
소방본부	2 이상
소방서	1 이상
한국소방안전원	• 본회: 2 이상 • 시·도지부: 1 이상
한국소방산업기술원	2 이상

49

「소방시설공사업법령」상 정의된 업종 중 소방시설업의 종류에 해당되지 않는 것은?

① 소방시설설계업　② 소방시설공사업
③ 소방시설정비업　④ 소방공사감리업

해설

소방시설업의 등록기준 및 영업범위
- 소방시설설계업(전문설계/일반설계)
- 소방시설공사업(전문시설/일반시설)
- 소방공사감리업(전문감리/일반감리)
- 방염처리업(섬유/합성수지/합판·목재류)

50

「소방기본법」상 소방대장의 권한이 아닌 것은?

① 소방활동을 할 때에 긴급한 경우에는 이웃한 소방본부장 또는 소방서장에게 소방업무의 응원을 요청할 수 있다.
② 화재, 재난·재해, 그 밖의 위급한 상황이 발생한 현장에서 소방활동을 위하여 필요할 때에는 그 관할구역에 사는 사람 또는 그 현장에 있는 사람으로 하여금 사람을 구출하는 일 또는 불을 끄거나 불이 번지지 아니하도록 하는 일을 하게 할 수 있다.
③ 사람을 구출하거나 불이 번지는 것을 막기 위하여 필요할 때에는 화재가 발생하거나 불이 번질 우려가 있는 소방대상물 및 토지를 일시적으로 사용하거나 그 사용의 제한 또는 소방활동에 필요한 처분을 할 수 있다.
④ 소방활동을 위하여 긴급하게 출동할 때에는 소방자동차의 통행과 소방활동에 방해가 되는 주차 또는 정차된 차량 및 물건 등을 제거하거나 이동시킬 수 있다.

해설

소방업무의 응원을 요청할 수 있는 사람은 소방본부장, 소방서장이다.

| 관련개념 | 소방대장의 권한
- 소방활동구역의 설정과 출입 제한
- 소방활동 종사 명령
- 소방활동에 필요한 강제처분
- 피난명령
- 위험시설에 대한 긴급조치

정답 48 ④　49 ③　50 ①

51

「소방시설공사업법」상 도급을 받은 자가 제3자에게 소방시설공사의 시공을 하도급한 경우에 대한 벌칙 기준으로 옳은 것은?(단, 대통령령으로 정하는 경우는 제외한다.)

① 100만 원 이하의 벌금
② 300만 원 이하의 벌금
③ 1년 이하의 징역 또는 1,000만 원 이하의 벌금
④ 3년 이하의 징역 또는 1,500만 원 이하의 벌금

해설

도급을 받은 자가 제3자에게 소방시설공사의 시공을 하도급한 경우 1년 이하의 징역 또는 1천만 원 이하의 벌금에 처한다.

| 관련개념 | 1년 이하의 징역 또는 1천만 원 이하의 벌금
- 영업정지처분을 받고 그 영업정지 기간에 영업을 한 자
- 「소방시설공사업법」이나 화재안전기준을 위반하여 설계나 시공을 한 자
- 감리자의 업무범위를 위반하여 감리를 하거나 거짓으로 감리한 자
- 특정소방대상물의 관계인이 감리업자 지정의무를 위반하여 공사감리자를 지정하지 아니한 자
- 감리결과에 따른 보고를 소방본부장이나 소방서장에게 거짓으로 한 자
- 공사감리 결과의 통보 또는 공사감리 결과보고서의 제출을 거짓으로 한 자
- 소방시설업자가 아닌 자에게 소방시설공사 등을 도급한 자
- 도급 받은 소방시설의 설계, 시공, 감리를 하도급한 자
- 하도급규정을 위반하여 하도급 받은 소방시설공사를 다시 하도급 한 자
- 소방기술자가 「소방시설공사업법」 또는 이 법의 명령을 따르지 아니하고 업무를 수행한 자

52

「화재예방, 소방시설 설치·유지 및 안전관리에 관한 법령」상 주택의 소유자가 소방시설을 설치하여야 하는 대상이 아닌 것은?

① 아파트
② 연립주택
③ 다세대주택
④ 다가구주택

해설

주택의 소유자가 소방시설을 설치하여야 하는 대상은 다세대주택, 다가구주택, 연립주택으로 아파트, 기숙사는 관리주체가 소방시설을 설치하여야 한다.

| 관련개념 | 주택에 설치하는 소방시설
- 공동주택: 관리주체가 소방시설 설치
  - 아파트 등: 주택으로 쓰이는 층수가 5층 이상인 주택
  - 기숙사: 학교 또는 공장 등에서 학생이나 종업원 등을 위하여 쓰는 것으로서 공동취사 등을 할 수 있는 구조를 갖추되, 독립된 주거의 형태를 갖추지 않은 것(학생복지주택 포함)
- 주택(단독주택 및 공동주택으로 아파트, 기숙사 제외): 다세대주택, 연립주택, 다가구주택 소유자가 소방시설 설치

53 빈출

「소방기본법」상 화재예방강화지구의 지정대상이 아닌 것은? (단, 소방청장·소방본부장 또는 소방서장이 화재예방강화지구로 지정할 필요가 있다고 인정하는 지역은 제외한다.)

① 시장지역
② 농촌지역
③ 목조건물이 밀집한 지역
④ 공장·창고가 밀집한 지역

해설

화재예방강화지구의 지정대상이 아닌 것은 농촌지역이다.

| 관련개념 | 화재예방강화지구의 지정

화재예방강화지구
지정권자: 시·도지사

- 시장지역
- 공장·창고가 밀집한 지역
- 목조건물이 밀집한 지역
- 위험물의 저장 및 처리 시설이 밀집한 지역
- 석유화학제품을 생산하는 공장이 있는 지역
- 「산업입지 및 개발에 관한 법률」에 따른 산업단지
- 소방시설·소방용수시설 또는 소방출동로가 없는 지역
- 소방청장·소방본부장, 소방서장이 화재예방강화지구로 지정할 필요가 있다고 인정하는 지역

정답 51 ③ 52 ① 53 ②

54

「위험물안전관리법령」상 제4류 위험물별 지정수량 기준의 연결이 틀린 것은?

① 특수인화물 – 50[L]
② 알코올류 – 400[L]
③ 동식물유류 – 1,000[L]
④ 제4석유류 – 6,000[L]

해설

동식물유류의 지정수량은 10,000[L]이다.

55

「화재예방, 소방시설 설치·유지 및 안전관리에 관한 법령」상 소방시설 등에 대한 자체점검을 하지 아니하거나 관리업자 등으로 하여금 정기적으로 점검하게 하지 아니한 자에 대한 벌칙 기준으로 옳은 것은?

① 6개월 이하의 징역 또는 1,000만 원 이하의 벌금
② 1년 이하의 징역 또는 1,000만 원 이하의 벌금
③ 3년 이하의 징역 또는 1,500만 원 이하의 벌금
④ 3년 이하의 징역 또는 3,000만 원 이하의 벌금

해설

소방시설 등에 대한 자체점검을 하지 아니하거나 관리업자 등으로 하여금 정기적으로 점검하게 하지 아니한 자는 1년 이하의 징역 또는 1,000만 원 이하의 벌금에 처한다.

| 관련개념 | 1년 이하의 징역 또는 1천만 원 이하의 벌금

- 소방특별조사(화재예방조사) 또는 소방청장, 시·도지사, 소방본부장, 소방서장의 소방대상물의 감독업무 등 관계인의 정당한 업무를 방해한 자, 조사·검사 업무를 수행하면서 알게 된 비밀을 제공 또는 누설하거나 목적 외의 용도로 사용한 자
- 관리업의 등록증이나 등록수첩을 다른 자에게 빌려준 자
- 영업정지처분을 받고 그 영업정지기간 중에 관리업의 업무를 한 자
- 소방시설 등에 대한 자체점검을 하지 아니하거나 관리업자 등으로 하여금 정기적으로 점검하게 하지 아니한 자
- 소방시설관리사증을 다른 자에게 빌려주거나 동시에 둘 이상의 업체에 취업한 자
- 제품검사에 합격하지 아니한 제품에 합격표시를 하거나 합격표시를 위조 또는 변조하여 사용한 자
- 형식승인의 변경승인을 받지 아니한 자
- 제품검사에 합격하지 아니한 소방용품에 성능인증을 받았다는 표시 또는 제품검사에 합격하였다는 표시를 하거나 성능인증을 받았다는 표시 또는 제품검사에 합격하였다는 표시를 위조 또는 변조하여 사용한 자
- 성능인증의 변경인증을 받지 아니한 자
- 우수품질인증을 받지 아니한 제품에 우수품질인증 표시를 하거나 우수품질인증 표시를 위조하거나 변조하여 사용한 자

56 고난도

「소방기본법령」상 특수가연물의 저장 및 취급기준을 2회 위반한 경우 과태료 부과기준은?

① 50만 원   ② 100만 원
③ 150만 원   ④ 200만 원

해설

특수가연물의 저장 및 취급기준을 2회 위반한 경우 50만 원의 과태료가 부과된다.

| 관련개념 | 과태료의 부과기준

위반행위	과태료 금액(만 원)			
	1회	2회	3회	4회
특수가연물의 저장 및 취급기준 위반	20	50	100	100

정답 54 ③ 55 ② 56 ①

57 빈출

「소방기본법령」상 특수가연물의 품명과 지정수량 기준의 연결이 틀린 것은?

① 사류 – 1,000[kg] 이상
② 볏짚류 – 3,000[kg] 이상
③ 석탄·목탄류 – 10,000[kg] 이상
④ 합성수지류 중 발포시킨 것 – 20[m³] 이상

해설
볏집류는 1,000[kg] 이상이다.

| 관련개념 | 특수가연물의 저장 및 취급

품명		수량
면화류		200[kg] 이상
나무껍질 및 대팻밥		400[kg] 이상
넝마 및 종이부스러기		1,000[kg] 이상
사류(絲類)		1,000[kg] 이상
볏짚류		1,000[kg] 이상
가연성 고체류		3,000[kg] 이상
석탄·목탄류		10,000[kg] 이상
가연성 액체류		2[m³] 이상
목재가공품 및 나무부스러기		10[m³] 이상
합성수지류	발포시킨 것	20[m³] 이상
	그 밖의 것	3,000[kg] 이상

58

「화재예방, 소방시설 설치·유지 및 안전관리에 관한 법령」상 특정소방대상물로서 숙박시설에 해당되지 않는 것은?

① 오피스텔
② 일반형 숙박시설
③ 생활형 숙박시설
④ 근린생활시설에 해당하지 않는 고시원

해설
오피스텔은 업무시설이다.

| 관련개념 | 특정소방대상물 중 숙박시설
- 일반형 숙박시설
- 생활형 숙박시설
- 고시원(근린생활시설에 해당하는 것은 제외)

59

「화재예방, 소방시설 설치·유지 및 안전관리에 관한 법령」상 정당한 사유 없이 피난시설, 방화구획 및 방화시설의 유지·관리에 필요한 조치 명령을 위반한 경우 이에 대한 벌칙 기준으로 옳은 것은?

① 200만 원 이하의 벌금
② 300만 원 이하의 벌금
③ 1년 이하의 징역 또는 1,000만 원 이하의 벌금
④ 3년 이하의 징역 또는 3,000만 원 이하의 벌금

해설
3년 이하의 징역 또는 3천만 원 이하의 벌금
- 소방시설관리업의 등록을 하지 아니하고 영업을 한 자
- 형식 승인을 받지 아니하고 소방용품을 제조하거나 수입한 자
- 제품검사를 받지 아니한 자
- 부정한 방법으로 소방용품을 판매·진열하거나 소방시설공사에 사용한 자
- 피난시설, 방화구획 및 방화시설의 유지·관리에 따른 명령을 정당한 사유 없이 위반한 자
- 소방특별조사(화재예방조사) 결과에 다른 조치명령을 위반한 자

정답 57 ② 58 ① 59 ④

60

「화재예방, 소방시설 설치·유지 및 안전관리에 관한 법령」상 소방시설이 아닌 것은?

① 소화설비
② 경보설비
③ 방화설비
④ 소화활동설비

해설

소방시설에는 소화설비, 경보설비, 피난구조설비, 소용수설비, 소화활동설비가 있다. 방화설비는 소방시설이 아니다.

| 관련개념 | 소방시설의 종류

소방시설	종류
소화설비	• 소화기구 • 자동소화장치 • 옥내소화전설비(호스릴 옥내소화전 포함) • 스프링클러설비 등 • 물분무소화설비 등 • 옥외소화전설비
경보설비	• 단독경보형 감지기 • 비상경보설비(비상벨설비, 자동식 사이렌설비) • 시각경보기 • 자동화재탐지설비 • 비상방송설비 • 자동화재속보설비 • 통합감시시설 • 누전경보기 • 가스누설경보기
피난구조설비	• 피난기구 • 인명구조기구 • 유도등 • 비상조명등 및 휴대용 비상조명등
소화용수설비	• 상수도소화용수설비 • 소화수조·저수조, 그 밖의 소화용수설비
소화활동설비	• 제연설비 • 연결송수관설비 • 연결살수설비 • 비상콘센트설비 • 무선통신보조설비 • 연소방지설비

4과목 소방전기시설의 구조 및 원리

61

비상경보설비 및 단독경보형감지기의 화재안전기술기준(NFTC 201)에 따라 화재신호 및 상태신호 등을 송수신하는 방식으로 옳은 것은?

① 자동식
② 수동식
③ 반자동식
④ 유·무선식

해설

비상경보설비 신호처리방식
• 유선식: 화재신호 등을 배선으로 송·수신하는 방식의 것
• 무선식: 화재신호 등을 전파에 의해 송·수신하는 방식의 것
• 유·무선식: 유선식과 무선식을 겸용으로 사용하는 방식의 것

62

감지기의 형식 승인 및 제품검사의 기술기준에 따른 연기감지기의 종류로 옳은 것은?

① 연복합형
② 공기흡입형
③ 차동식스포트형
④ 보상식스포트형

해설

연기감지기의 종류
• 이온화식스포트형
• 광전식스포트형
• 광전식분리형
• 공기흡입형

정답 60 ③ 61 ④ 62 ②

63

비상콘센트설비의 화재안전기술기준(NFTC 504)에 따른 비상콘센트 설비의 전원회로(비상콘센트에 전력을 공급하는 회로를 말함)의 시설기준으로 옳은 것은?

① 하나의 전용회로에 설치하는 비상콘센트는 12개 이하로 할 것
② 전원회로는 단상교류 220[V]인 것으로서, 그 공급용량은 1.0[kVA] 이상인 것으로 할 것
③ 비상콘센트용의 풀박스 등은 방청도장을 한 것으로서, 두께 1.2[mm] 이상의 철판으로 할 것
④ 전원으로부터 각 층의 비상콘센트에 분기되는 경우에는 분기배선용 차단기를 보호함 안에 설치할 것

해설

전원으로부터 각 층의 비상콘센트에 분기되는 경우에는 분기배선용 차단기를 보호함 안에 설치한다.

| 관련개념 | 비상콘센트설비의 전원회로 설치기준
- 전원회로는 단상교류 220[V]인 것으로서, 그 공급용량은 1.5[kVA] 이상인 것으로 한다.
- 전원회로는 각 층에 2 이상이 되도록 설치한다.(단, 설치하여야 할 층의 비상콘센트가 1개인 때에는 하나의 회로로 할 수 있음)
- 전원회로는 주배전반에서 전용회로로 한다.
- 전원으로부터 각 층의 비상콘센트에 분기되는 경우에는 분기배선용 차단기를 보호함 안에 설치한다.
- 콘센트마다 배선용 차단기를 설치하여야 하며, 충전부가 노출되지 아니하도록 한다.
- 개폐기에는 "비상콘센트"라고 표시한 표지를 한다.
- 비상콘센트용의 풀박스 등은 방청도장을 한 것으로서, 두께 1.6[mm] 이상의 철판으로 한다.
- 하나의 전용회로에 설치하는 비상콘센트는 10개 이하로 한다. 이 경우 전선의 용량은 각 비상콘센트(비상콘센트가 3개 이상인 경우에는 3개)의 공급용량을 합한 용량 이상의 것으로 한다.

64

비상방송설비의 화재안전기술기준(NFTC 202)에 따라 기동장치에 따른 화재신고를 수신한 후 필요한 음량으로 화재발생 상황 및 피난에 유효한 방송이 자동으로 개시될 때까지의 소요시간은 몇 초 이하로 하여야 하는가?

① 3
② 5
③ 7
④ 10

해설

기동장치에 따른 화재신고를 수신한 후 필요한 음량으로 화재발생 상황 및 피난에 유효한 방송이 자동으로 개시될 때까지의 소요시간은 10초 이하로 하여야 한다.

65 빈출

비상조명등의 화재안전기술기준(NFTC 304)에 따른 휴대용 비상조명등의 설치기준이다. 다음 (   )에 들어갈 내용으로 옳은 것은?

> 지하상가 및 지하역사에는 보행거리 (㉠)[m] 이내마다 (㉡)개 이상 설치할 것

① ㉠ 25 ㉡ 1
② ㉠ 25 ㉡ 3
③ ㉠ 50 ㉡ 1
④ ㉠ 50 ㉡ 3

해설

지하상가 및 지하역사에는 보행거리 25[m] 이내마다 3개 이상 설치할 것

| 관련개념 | 휴대용비상조명등의 설치기준
- 숙박시설 또는 다중이용업소에는 객실 또는 영업장 안의 구획된 실마다 잘 보이는 곳(외부에 설치 시 출입문 손잡이로부터 1[m] 이내 부분)에 1개 이상 설치
- 대규모점포(지하상가 및 지하역사는 제외)와 영화상영관에는 보행거리 50[m] 이내마다 3개 이상 설치
- 지하상가 및 지하역사에는 보행거리 25[m] 이내마다 3개 이상 설치
- 설치높이는 바닥으로부터 0.8[m] 이상 1.5[m] 이하의 높이에 설치
- 어둠 속에서 위치를 확인할 수 있도록 한다.
- 사용 시 자동으로 점등되는 구조일 것
- 외함은 난연성능이 있을 것
- 건전지를 사용하는 경우에는 방전방지 조치를 하여야 하고, 충전식 배터리의 경우에는 상시 충전되도록 한다.
- 건전지 및 충전식 배터리의 용량은 20분 이상 유효하게 사용할 수 있을 것

정답 63 ④ 64 ④ 65 ②

66

자동화재탐지설비 및 시각경보장치의 화재안전기술기준(NFTC 203)에 따른 자동화재탐지설비의 중계기의 시설기준으로 틀린 것은?

① 조작 및 점검에 편리하고 화재 및 침수 등의 재해로 인한 피해를 받을 우려가 없는 장소에 설치할 것
② 수신기에서 직접 감지기회로의 도통시험을 행하지 아니하는 것에 있어서는 수신기와 감지기 사이에 설치할 것
③ 감지기에 따라 감시되지 아니하는 배선을 통하여 전력을 공급받는 것에 있어서는 전원입력측의 배선에 누전경보기를 설치할 것
④ 수신기에 따라 감시되지 아니하는 배선을 통하여 전력을 공급받는 것에 있어서는 해당 전원의 정전이 즉시 수신기에 표시되는 것으로 할 것

해설

수신기에 따라 감시되지 아니하는 배선을 통하여 전력을 공급받는 것에 있어서는 전원입력측의 배선에 과전류차단기를 설치한다.

| 관련개념 | 중계기의 설치기준
- 수신기에서 직접 감지기회로의 도통시험을 행하지 아니하는 것에 있어서는 수신기와 감지기 사이에 설치한다.
- 조작 및 점검에 편리하고 화재 및 침수 등의 재해로 인한 피해를 받을 우려가 없는 장소에 설치한다.
- 수신기에 따라 감시되지 아니하는 배선을 통하여 전력을 공급받는 것에 있어서는 전원입력측의 배선에 과전류 차단기를 설치하고 해당 전원의 정전이 즉시 수신기에 표시되는 것으로 하며, 상용전원 및 예비전원의 시험을 할 수 있도록 한다.

67

자동화재탐지설비 및 시각경보장치의 화재안전기술기준(NFTC 203)에 따라 부착높이 $8[m]$ 이상 $15[m]$ 미만에 설치 가능한 감지기가 아닌 것은?

① 불꽃감지기
② 보상식 분포형 감지기
③ 차동식 분포형 감지기
④ 광전식 분리형 1종 감지기

해설

부착높이 $8[m]$ 이상 $15[m]$ 미만에 설치 가능한 감지기는 차동식 분포형, 이온화식 1종 또는 2종, 광전식(스포트형, 분리형, 공기흡입형) 1종 또는 2종, 연기복합형, 불꽃감지기 등이 있다.

68 고난도

예비전원의 성능인증 및 제품검사의 기술기준에서 정의하는 "예비전원"에 해당하지 않는 것은?

① 리튬계 2차 축전지
② 알카리계 2차 축전지
③ 용융염 전해질 연료전지
④ 무보수 밀폐형 연축전지

해설

예비전원의 종류
- 알카리계 2차 축전지
- 리튬계 2차 축전지
- 무보수 밀폐형 연축전지

정답 66 ③ 67 ② 68 ③

69

누전경보기의 형식 승인 및 제품검사의 기술기준에 따라 누전경보기에서 사용되는 표시등에 대한 설명으로 틀린 것은?

① 지구등은 녹색으로 표시되어야 한다.
② 소켓은 접촉이 확실하여야 하며 쉽게 전구를 교체할 수 있도록 부착하여야 한다.
③ 주위의 밝기가 300[lx]인 장소에서 측정하여 앞면으로부터 3[m] 떨어진 곳에서 켜진 등이 확실히 식별되어야 한다.
④ 전구는 사용전압의 130[%]인 교류전압을 20시간 연속하여 가하는 경우 단선, 현저한 광속변화, 흑화, 전류의 저하 등이 발생하지 아니하여야 한다.

해설

지구등은 적색으로 표시되어야 한다. 이 경우 누전등이 설치된 수신부의 지구등은 적색 외의 색으로도 표시할 수 있다.

| 관련개념 | 표시등

- 전구는 사용전압의 130[%]인 교류전압을 20시간 연속하여 가하는 경우 단선, 현저한 광속변화, 흑화, 전류의 저하 등이 발생하지 아니하여야 한다.
- 소켓은 접촉이 확실하여야 하며 쉽게 전구를 교체할 수 있도록 부착하여야 한다.
- 전구는 2개 이상을 병렬로 접속하여야 한다. 다만, 방전등 또는 발광다이오드의 경우에는 그러하지 아니한다.
- 전구에는 적당한 보호커버를 설치하여야 한다. 다만, 발광다이오드의 경우에는 그러하지 아니한다.
- 누전화재의 발생을 표시하는 표시등이 설치된 것은 등이 켜질 때 적색으로 표시되어야 하며, 누전화재가 발생한 경계전로의 위치를 표시하는 표시등과 기타의 표시등은 다음과 같아야 한다.
- 지구등은 적색으로 표시되어야 한다. 이 경우 누전등이 설치된 수신부의 지구등은 적색 외의 색으로도 표시할 수 있다.
- 기타의 표시등은 적색 외의 색으로 표시되어야 한다. 다만, 누전등 및 지구등과 쉽게 구별할 수 있도록 부착된 기타의 표시등은 적색으로도 표시할 수 있다.
- 주위의 밝기가 300[lx]인 장소에서 측정하여 앞면으로부터 3[m] 떨어진 곳에서 켜진 등이 확실히 식별되어야 한다.

70

비상콘센트설비의 화재안전기술기준(NFTC 504)에 따라 아파트 또는 바닥면적이 $1,000[m^2]$ 미만인 층은 비상콘센트를 계단의 출입구로부터 몇 [m] 이내에 설치해야 하는가? (단, 계단의 부속실을 포함하며 계단이 2 이상 있는 경우에는 그 중 1개의 계단을 말한다.)

① 10
② 8
③ 5
④ 3

해설

5[m] 이내에 설치하여야 한다.

| 관련개념 | 비상콘센트 설치기준

- 바닥으로부터 높이 0.8[m] 이상 1.5[m] 이하의 위치에 설치한다.
- 비상콘센트의 배치

구분	비상콘센트의 배치
아파트 또는 바닥면적 $1,000[m^2]$ 미만인 층	• 계단의 출입구 또는 부속실 5[m] 이내 • 계단이 2개 이상 시 그중 1개
바닥면적 $1,000[m^2]$ 이상인 층 (아파트를 제외)	• 각 계단의 출입구 또는 계단부속실의 출입구 5[m] 이내 • 계단이 3개 이상 시 그중 2개

단, 5[m]는 보행거리가 아닌 수평거리로 적용

- 비상콘센트로부터 그 층의 각 부분까지의 거리

구분	수평거리
지하상가 지하층의 바닥면적의 합계가 $3,000[m^2]$ 이상	수평거리 25[m]마다 추가 설치
그 밖의 것	수평거리 50[m]마다 추가 설치

정답 69 ① 70 ③

71 빈출

무선통신보조설비의 화재안전기술기준(NFTC 505)에 따른 설치 제외에 대한 내용이다. 다음 (   )에 들어갈 내용으로 옳은 것은?

> (㉠)으로서 특정소방대상물의 바닥부분 2면 이상이 지표면과 동일하거나 지표면으로부터의 깊이가 (㉡)[m] 이하인 경우에는 해당층에 한하여 무선통신 보조설비를 설치하지 아니할 수 있다.

① ㉠ 지하층, ㉡ 1
② ㉠ 지하층, ㉡ 2
③ ㉠ 무창층, ㉡ 1
④ ㉠ 무창층, ㉡ 2

해설

무선통신보조설비 설치 제외
- 지하층으로서 특정소방대상물의 바닥부분 2면 이상이 지표면과 동일한 층
- 지표면으로부터의 깊이가 1[m] 이하인 경우의 해당층

72

비상방송설비의 화재안전기술기준(NFTC 202)에 따른 정의에서 가변저항을 이용하여 전류를 변화시켜 음량을 크게 하거나 작게 조절할 수 있는 장치를 말하는 것은?

① 증폭기
② 변류기
③ 중계기
④ 음량조절기

해설

- 확성기: 소리를 크게 하여 멀리까지 전달될 수 있도록 하는 장치(스피커)
- 음량조절기: 가변저항을 이용하여 전류를 변화시켜 음량을 조절할 수 있는 장치
- 증폭기: 전압전류의 진폭을 늘려 감도를 좋게 하고 미약한 음성전류를 커다란 음성전류로 변화시켜 소리를 크게 하는 장치

73

소방시설용 비상전원수전설비의 화재안전기술기준(NFTC 602)에 따라 큐비클형의 시설기준으로 틀린 것은?

① 전용큐비클 또는 공용큐비클식으로 설치할 것
② 외함은 건축물의 바닥 등에 견고하게 고정할 것
③ 자연환기구에 따라 충분히 환기할 수 없는 경우에는 환기설비를 설치할 것
④ 공용큐비클식의 소방회로와 일반회로에 사용되는 배선 및 배선용기기는 난연재료로 구획할 것

해설

공용큐비클식의 소방회로와 일반회로에 사용되는 배선 및 배선용기기는 불연재료로 구획하여야 한다.

| 관련개념 | 큐비클형의 시설기준
- 전용큐비클 또는 공용큐비클식으로 설치한다.
- 외함은 두께 2.3[mm] 이상의 강판과 이와 동등 이상의 강도와 내화성능이 있는 것으로 제작하여야 하며, 개구부에는 갑종방화문 또는 을종방화문을 설치한다.
- 외함에 노출하여 설치가능한 다음 각목의 것
  - 표시등(불연성 또는 난연성재료로 덮개를 설치한 것)
  - 전선의 인입구 및 인출구
  - 환기장치
  - 전압계(퓨즈 등으로 보호한 것에 한함)
  - 전류계(변류기의 2차측에 접속된 것에 한함)
  - 계기용 전환스위치(불연성 또는 난연성재료로 제작된 것에 한함)
- 외함은 건축물의 바닥 등에 견고하게 고정한다.
- 외함에 수납하는 수전설비, 변전설비 그 밖의 기기 및 배선은 다음 각목에 적합하게 설치한다.
  - 외함 또는 프레임(Frame) 등에 견고하게 고정한다.
  - 외함의 바닥에서 10[cm](시험단자, 단자대 등의 충전부는 15[cm]) 이상의 높이에 설치한다.
  - 전선 인입구 및 인출구에는 금속관 또는 금속제 가요전선관을 쉽게 접속할 수 있도록 한다.
- 환기장치는 다음 각 목에 적합하게 설치한다.
  - 내부의 온도가 상승하지 않도록 환기장치를 한다.
  - 자연환기구의 개부구 면적의 합계는 외함의 한 면에 대하여 해당 면적의 3분의 1 이하로 한다. 이 경우 하나의 통기구의 크기는 직경 10[mm] 이상의 둥근 막대가 들어가서는 아니 된다.
  - 자연환기구에 따라 충분히 환기할 수 없는 경우에는 환기설비를 설치한다.
  - 환기구에는 금속망, 방화댐퍼 등으로 방화조치를 하고, 옥외에 설치하는 것은 빗물 등이 들어가지 않도록 한다.
- 공용큐비클식의 소방회로와 일반회로에 사용되는 배선 및 배선용기기는 불연재료로 구획한다.

정답 71 ①　72 ④　73 ④

74 빈출

비상경보설비 및 단독경보형감지기의 화재안전기술기준(NFTC 201)에 따른 발신기의 시설기준에 대한 내용이다. 다음 ( )에 들어갈 내용으로 옳은 것은?

> 조작이 쉬운 장소에 설치하고, 조작스위치는 바닥으로부터 (㉠)[m] 이상 (㉡)[m] 이하의 높이에 설치

① ㉠ 0.6, ㉡ 1.2
② ㉠ 0.8, ㉡ 1.5
③ ㉠ 1.0, ㉡ 1.8
④ ㉠ 1.2, ㉡ 2.0

해설

조작이 쉬운 장소에 설치하고, 조작스위치는 바닥으로부터 0.8[m] 이상 1.5[m] 이하의 높이에 설치한다.

| 관련개념 | 비상경보설비 발신기의 시설기준
- 조작이 쉬운 장소에 설치
- 조작스위치는 바닥으로부터 0.8[m] 이상 1.5[m] 이하의 높이에 설치
- 특정소방대상물의 층마다 설치
- 각 부분으로부터 하나의 발신기까지의 수평거리 : 25[m] 이하
- 단, 복도 또는 별도로 구획된 실로서 보행거리가 40[m] 이상일 경우에는 추가로 설치
- 발신기의 위치표시등은 함의 상부에 설치하되, 그 불빛은 부착면으로부터 15° 이상의 범위 안에서 부착지점으로부터 10[m] 이내의 어느 곳에서도 쉽게 식별할 수 있는 적색등으로 한다.

75

누전경보기의 형식승인 및 제품검사의 기술기준에 따라 누전경보기에 차단기구를 설치하는 경우 차단기구에 대한 설명으로 틀린 것은?

① 개폐부는 정지점이 명확하여야 한다.
② 개폐부는 원활하고 확실하게 작동하여야 한다.
③ 개폐부는 KS C 8321(배선용차단기)에 적합한 것이어야 한다.
④ 개폐부는 수동으로 개폐되어야 하며 자동적으로 복귀하지 아니하여야 한다.

해설

차단기구
- 개폐부는 원활하고 확실하게 작동하여야 하며 정지점이 명확하여야 한다.
- 개폐부는 수동으로 개폐되어야 하며 자동적으로 복귀하지 아니하여야 한다.
- 개폐부는 KS C 4613(누전차단기)에 적합한 것이어야 한다.

76

감지기의 형식승인 및 제품검사의 기술기준에 따른 단독경보형감지기(주전원이 교류전원 또는 건전지인 것을 포함함)의 일반기능에 대한 설명으로 틀린 것은?

① 작동되는 경우 작동표시등에 의하여 화재의 발생을 표시할 수 있는 기능이 있어야 한다.
② 작동되는 경우 내장된 음향장치의 명동에 의하여 화재경보음을 발할 수 있는 기능이 있어야 한다.
③ 전원의 정상상태를 표시하는 전원표시등의 섬광주기는 3초 이내의 점등과 60초 이내의 소등으로 이루어져야 한다.
④ 자동복귀형 스위치(자동적으로 정위치에 복귀될 수 있는 스위치)에 의하여 수동으로 작동시험을 할 수 있는 기능이 있어야 한다.

해설

전원의 정상상태를 표시하는 전원표시등의 섬광주기는 1초 이내의 점등과 30초에서 60초 이내의 소등으로 이루어져야 한다.

| 관련개념 | 단독경보형 감지기의 일반기능
- 자동복귀형 스위치(자동적으로 정위치에 복귀될 수 있는 스위치)에 의하여 수동으로 작동시험을 할 수 있는 기능이 있어야 한다.
- 작동되는 경우 작동표시등에 의하여 화재의 발생을 표시하고, 내장된 음향장치의 명동에 의하여 화재경보음을 발할 수 있는 기능이 있어야 한다.
- 주기적으로 섬광하는 전원표시등에 의하여 전원의 정상 여부를 감시할 수 있는 기능이 있어야 하며, 전원의 정상상태를 표시하는 전원표시등의 섬광주기는 1초 이내의 점등과 30초에서 60초 이내의 소등으로 이루어져야 한다.
- 화재경보음은 감지기로부터 1[m] 떨어진 위치에서 85[dB] 이상으로 10분 이상 계속하여 경보할 수 있어야 한다.
- 화재경보 정지 후 15분 이내에 화재경보 정지기능이 자동적으로 해제되어 단독경보형감지기가 정상상태로 복귀되어야 한다.

정답 74 ② 75 ③ 76 ③

77 고난도

자동화재속보설비의 속보기의 성능인증 및 제품검사의 기술기준에 따라 자동화재속보설비의 속보기가 소방관서에 자동적으로 통신망을 통해 통보하는 신호의 내용으로 옳은 것은?

① 당해 소방대상물의 위치 및 규모
② 당해 소방대상물의 위치 및 용도
③ 당해 화재발생 및 당해 소방대상물의 위치
④ 당해 고장발생 및 당해 소방대상물의 위치

해설

자동화재속보설비
- 수동작동 및 자동화재탐지설비 수신기의 화재신호와 연동으로 작동하여 관계인에게 화재발생을 경보함과 동시에 소방관서에 자동적으로 통신망을 통한 당해 화재발생 및 당해 소방대상물의 위치 등을 음성으로 통보하여 주는 것
- 문화재용 자동화재속보설비의 속보기란 속보기에 감지기를 직접연결(자동화재탐지설비의 1개의 경계구역에 한함)하는 방식의 것

78

유도등의 우수품질인증 기술기준에 따른 유도등의 일반구조에 대한 내용이다. 다음 ( )에 들어갈 내용으로 옳은 것은?

> 전선의 굵기는 인출선인 경우에는 단면적이 (㉠)[mm²] 이상, 인출선 외의 경우에는 면적이 (㉡)[mm²] 이상이어야 한다.

① ㉠ 0.75, ㉡ 0.5
② ㉠ 0.75, ㉡ 0.75
③ ㉠ 1.5, ㉡ 0.75
④ ㉠ 2.5, ㉡ 1.5

해설

전선의 굵기는 인출선인 경우에는 단면적이 0.75[mm²] 이상, 인출선 외의 경우에는 면적이 0.5[mm²] 이상이어야 한다.

| 관련개념 | **유도등의 형식승인 및 제품검사 기술기준**

- 유도등의 표시면 색상
  - 피난구 유도등: 녹색바탕에 백색문자
  - 통로 유도등: 백색바탕에 녹색문자
- 전선의 굵기: 인출선인 경우에는 단면적 0.75[mm²] 이상, 인출선 외의 경우에는 면적 0.5[mm²] 이상
- 인출선의 길이: 전선인출부에서 150[mm] 이상
- 사용전압: 300[V] 이하, 충전부가 노출되지 않은 경우 300[V] 초과 가능
- 예비전원
  - 유도등의 주전원으로 사용하지 아니한다.
  - 인출선 사용시 적절한 색깔에 의하여 쉽게 구분할 수 있을 것
  - 먼지, 수분등으로 지장이 있을 경우 보호커버 설치
  - 예비전원: 알칼리계 2차 축전지, 리튬계 2차 축전지, 콘덴서 축전기
  - 자동충전장치와 자동과충전방지장치를 설치한다.
- 식별도 시험
- 절연저항시험

79 빈출

유도등 및 유도표지의 화재안전기술기준(NFTC 303)에 따라 객석유도등을 설치하여야 하는 장소로 틀린 것은?

① 벽
② 천장
③ 바닥
④ 통로

해설

객석 유도등은 통로, 바닥, 벽에 설치한다.

| 관련개념 | **객석 유도등 설치기준**

- 객석의 통로, 바닥 또는 벽에 설치
- 객석 내의 통로가 경사로 또는 수평로로 되어 있는 부분은 다음의 식에 따라 산출한 수(소수점 이하의 수는 1)의 유도등을 설치

$$설치개수 = \frac{객석 통로의 직선부분의 길이[m]}{4} - 1$$

- 객석 내의 통로가 옥외 또는 이와 유사한 부분에 있는 경우에는 해당 통로 전체에 미칠 수 있는 수의 유도등을 설치

정답 77 ③ 78 ① 79 ②

80

무선통신보조설비의 화재안전기술기준(NFTC 505)에 따라 누설동축케이블 또는 동축케이블의 임피던스는 몇 [Ω]인가?

① 5
② 10
③ 30
④ 50

해설

누설동축케이블 또는 동축케이블의 임피던스는 50[Ω]으로 하여야 한다.

| 관련개념 | 누설동축케이블 설치기준

- 소방전용주파수대에서 전파의 전송 또는 복사에 적합한 것으로서 소방전용의 것으로 한다.
- 케이블의 구성
  - 누설동축케이블과 이에 접속하는 안테나
  - 동축케이블과 이에 접속하는 안테나
- 누설동축케이블 및 동축케이블은 불연 또는 난연성의 것으로서 습기에 따라 전기의 특성이 변질되지 아니하는 것으로 하고, 노출하여 설치한 경우에는 피난 및 통행에 장애가 없도록 한다.
- 누설동축케이블 및 동축케이블은 화재에 따라 해당 케이블의 피복이 소실된 경우에 케이블 본체가 떨어지지 아니하도록 4[m] 이내마다 금속제 또는 자기제 등의 지지금구로 벽·천장·기둥 등에 견고하게 고정시킬 것. 다만, 불연재료로 구획된 반자 안에 설치하는 경우에는 그러하지 아니한다.
- 누설동축케이블 및 안테나는 금속판 등에 따라 전파의 복사 또는 특성이 현저하게 저하되지 아니하는 위치에 설치한다.
- 누설동축케이블 및 안테나는 고압의 전로로부터 1.5[m] 이상 떨어진 위치에 설치한다. 다만, 해당 전로에 정전기 차폐장치를 유효하게 설치한 경우에는 그러하지 아니한다.
- 누설동축케이블의 끝부분에는 무반사 종단저항을 견고하게 설치한다.
- 누설동축케이블 또는 동축케이블의 임피던스는 50[Ω]으로 하고, 이에 접속하는 안테나·분배기 기타의 장치는 해당 임피던스에 적합한 것으로 하여야 한다.

정답 80 ④

2019년 1회 기출

1과목 소방원론

01

인화점이 $40[°C]$ 이하인 위험물을 저장, 취급하는 장소에 설치하는 전기설비는 방폭구조로 설치하는데, 용기의 내부에 기체를 압입하여 압력을 유지하도록 함으로써 폭발성 가스가 침입하는 것을 방지하는 구조는?

① 압력방폭구조
② 유입방폭구조
③ 안전증방폭구조
④ 본질안전방폭구조

해설

용기의 내부에 기체를 압입하여 압력을 유지하도록 함으로써 폭발성 가스가 침입하는 것을 방지하는 구조는 압력방폭구조이다.

| 관련개념 | **방폭구조의 종류**

구분	설명	
압력 방폭구조 (p)	용기 내에 불활성 가스를 압입시켜 외부의 폭발성 가스로부터 점화원을 격리시키는 방폭구조	
유입 방폭구조 (o)	유체 상부 또는 용기 외부에 존재할 수 있는 폭발성 분위기가 발화할 수 없도록 전기설비 또는 전기설비의 부품을 보호액에 함침시키는 방폭구조의 형식을 말한다.	
안전증 방폭구조 (e)	전기기기의 과도한 온도 상승, 아크 또는 불꽃 발생의 위험을 방지하기 위하여 추가적인 안전조치를 통한 안전도를 증가시킨 방폭구조를 말한다.	
본질안전 방폭구조 (i)	정상 또는 이상 상태에서 발생되는 에너지가 최소점화 에너지 이하가 되도록 한 방폭구조를 말한다.	

02

연면적이 $1,000[m^2]$ 이상인 목조건축물은 그 외벽 및 처마 밑의 연소할 우려가 있는 부분을 방화구조로 하여야 하는데 이때 연소 우려가 있는 부분은?(단, 동일한 대지 안에 2동 이상의 건물이 있는 경우이며, 공원·광장·하천의 공지나 수면 또는 내화구조의 벽 기타 이와 유사한 것에 접하는 부분을 제외한다.)

① 상호의 외벽 간 중심선으로부터 1층은 $3[m]$ 이내의 부분
② 상호의 외벽 간 중심선으로부터 2층은 $7[m]$ 이내의 부분
③ 상호의 외벽 간 중심선으로부터 3층은 $11[m]$ 이내의 부분
④ 상호의 외벽 간 중심선으로부터 4층은 $13[m]$ 이내의 부분

해설

'건축물방화구조규칙'상 연소할 우려가 있는 부분

인접대지경계선·도로중심선 또는 동일한 대지 안에 있는 2동 이상의 건축물 상호의 외벽 간의 중심선으로부터 1층에 있어서는 $3[m]$ 이내, 2층 이상에 있어서는 $5[m]$ 이내의 거리에 있는 건축물의 각 부분을 말한다.

| 관련개념 | 「소방시설법 시행규칙」상 연소 우려가 있는 건축물의 구조

- 건축물대장의 건축물 현황도에 표시된 대지경계선 안에 둘 이상의 건축물이 있는 경우
- 각각의 건축물이 다른 건축물의 외벽으로부터 수평거리가 1층의 경우에는 $6[m]$ 이하, 2층 이상의 층의 경우에는 $10[m]$ 이하인 경우
- 개구부가 다른 건축물을 향하여 설치되어 있는 경우

정답 01 ① 02 ①

03

주요구조부가 내화구조로된 건축물에서 거실 각 부분으로부터 하나의 직통계단에 이르는 보행거리는 피난자의 안전상 몇 [m] 이하이어야 하는가?

① 50
② 60
③ 70
④ 80

해설

'건축법 시행령'상 직통계단의 설치거리
- 일반건축물: 보행거리 30[m] 이하
- 주요구조부가 내화구조 또는 불연재료로 된 건축물: 보행거리 50[m] 이하
  (16층 이상인 공동주택의 경우 16층 이상인 층에 대해서는 40[m] 이하)

04

제2류 위험물에 해당하지 않는 것은?

① 유황
② 황화린
③ 적린
④ 황린

해설

황린은 제3류 위험물이다.

| 관련개념 | '위험물안전관리법령'상 위험물의 구분

유별	성질	대표적인 품명
제1류	산화성 고체	• 아염소산염류 • 염소산염류 • 과염소산염류 • 무기과산화물
제2류	가연성 고체	• 황화린 • 적린 • 유황 • 철분
제3류	자연발화성 물질 및 금수성 물질	• 칼륨 • 나트륨 • 알킬알루미늄 • 알킬리튬 • 황린
제4류	인화성 액체	• 특수인화물 • 제1석유류~제4석유류 • 알코올류 • 동식물유류
제5류	자기반응성 물질	• 유기과산화물 • 질산에스테르류 • 니트로화합물 • 니트로소화합물
제6류	산화성 액체	• 과염소산 • 과산화수소 • 질산

05

화재에 관련된 국제적인 규정을 제정하는 단체는?

① IMO(International Maritime Organization)
② SFPE(Society of Fire Protection Engineers)
③ NFPA(National Fire Protection Association)
④ ISO(International Organization for Standardization) TC 92

해설

화재에 관련된 국제적인 규정을 제정하는 단체는 ISO TC 92이다.

| 관련개념 |

단체명	설명
IMO	• 국제해사기구이다. • 선박의 항로, 교통규칙, 항만시설 등을 국제적으로 통일하기 위하여 설치된 UN 산하의 기구이다.
SFPE	미국소방기술사회이다.
NFPA	• 미국방화협회이다. • 방화·안전설비 및 산업안전장치 등에 대한 약 270개의 규격을 제공한다.
ISO	• 국제표준화기구이다. • 과학·기술·경제 등의 다양한 활동분야에서의 상호 협력을 위해 설립된 국제기구이다.
TC 92	• ISO의 전문기술위원회(TC) 중 하나이다. • 화재로부터 인명과 환경을 보존하기 위하여 건축자재 및 구조물의 화재시험 및 시뮬레이션 개발에 필요한 세부지침을 국제규격으로 제정·개정하는 곳이다.

정답 03 ① 04 ④ 05 ④

06

이산화탄소 소화약제의 임계온도로 옳은 것은?

① 24.4[°C] ② 31.1[°C]
③ 56.4[°C] ④ 78.2[°C]

해설

이산화탄소의 물성
- 임계온도는 31[°C]이다.
- 불연성이며 공기보다 무겁다.
- 상온, 상압에서 기체 상태로 존재한다.

| 관련개념 | 임계온도
기체가 액화할 수 있는 최대의 온도이다. 임계온도를 넘어가면 기체에 큰 압력을 가해도 완전하게 액화되지 않는다.

07

「위험물안전관리법령」상 위험물의 지정수량이 틀린 것은?

① 과산화나트륨 - 50[kg]
② 적린 - 100[kg]
③ 트리니트로톨루엔 - 200[kg]
④ 탄화알루미늄 - 400[kg]

해설

탄화알루미늄은 제3류 위험물 중 칼슘 또는 알루미늄의 탄화물로 지정수량이 300[kg]이다.

| 관련개념 | 위험물의 지정수량

위험물	품명	지정수량
과산화나트륨	무기과산화물	50[kg]
적린	적린	100[kg]
트리니트로톨루엔	니트로화합물	200[kg]
탄화알루미늄	칼슘 또는 알루미늄의 탄화물	300[kg]

08

물질의 취급 또는 위험성에 대한 설명 중 틀린 것은?

① 융해열은 점화원이다.
② 질산은 물과 반응 시 발열반응하므로 주의를 해야 한다.
③ 네온, 이산화탄소, 질소는 불연성 물질로 취급한다.
④ 암모니아를 충전하는 공업용 용기의 색상은 백색이다.

해설

융해열은 온도가 변하지 않는 상태에서 1[g]의 고체를 융해하여 액체로 만드는 데 소요되는 열에너지이다. 따라서 융해가 일어날 때에는 열을 흡수하므로 융해열은 점화원이 될 수 없다.

| 관련개념 | 점화원이 될 수 없는 것
- 기화열(증발열)
- 융해열

09 빈출

공기와 접촉되었을 때 위험도(H)가 가장 큰 것은?

① 에테르 ② 수소
③ 에틸렌 ④ 부탄

해설

$$H = \frac{U-L}{L}$$

여기서, H: 위험도, U: 연소상한계, L: 연소하한계

① 에테르의 위험도 $= \frac{48-1.9}{1.9} ≒ 24.26$

② 수소의 위험도 $= \frac{75-4}{4} = 17.75$

③ 에틸렌의 위험도 $= \frac{36-2.7}{2.7} ≒ 12.33$

④ 부탄의 위험도 $= \frac{8.4-1.8}{1.8} ≒ 3.67$

따라서 위험도가 가장 큰 것은 에테르이다.

| 관련개념 | 가연성 가스의 연소범위(상온, 1[atm])

가스	연소하한계[vol%]	연소상한계[vol%]
에테르	1.9	48
수소	4	75
에틸렌	2.7	36
부탄	1.8	8.4
아세틸렌	2.5	81
일산화탄소	12.5	74
이황화탄소	1.2	44
암모니아	15	28
메탄	5	15
에탄	3	12.4
프로판	2.1	9.5

※ 연소범위는 연소한계, 가연한계, 가연범위, 폭발한계, 폭발범위 등의 용어로도 사용된다.

정답 06 ② 07 ④ 08 ① 09 ①

10 빈출

화재의 분류방법 중 유류화재를 나타낸 것은?

① A급 화재
② B급 화재
③ C급 화재
④ D급 화재

해설

유류화재는 B급 화재이다.

| 관련개념 | 화재의 종류

구분	표시색	물질
일반화재(A급)	백색	• 일반 가연물 • 종이류 • 목재 · 섬유
유류화재(B급)	황색	• 가연성 액체 • 가연성 가스 • 액화가스
전기화재(C급)	청색	전기설비
금속화재(D급)	무색	가연성 금속
주방화재(K급)	–	식용유

※ 현재 표시색의 의무규정은 없다.

11

분말소화약제 분말입도의 소화성능에 관한 설명으로 옳은 것은?

① 미세할수록 소화성능이 우수하다.
② 입도가 클수록 소화성능이 우수하다.
③ 입도와 소화성능과는 관련이 없다.
④ 입도가 너무 미세하거나 너무 커도 소화성능은 저하된다.

해설

분말소화약제의 분말입도

$20 \sim 25[\mu m]$의 입자가 골고루 섞여 있어야 하며 입자가 너무 미세하거나 너무 커도 소화성능이 저하된다.

※ μm: '미크론' 또는 '마이크로미터'라고 읽는다.

12

물의 기화열이 $539.6[cal/g]$인 것은 어떤 의미인가?

① $0[°C]$의 물 $1[g]$이 얼음으로 변화하는 데 $539.6[cal]$의 열량이 필요하다.
② $0[°C]$의 물 $1[g]$이 물로 변화하는 데 $539.6[cal]$의 열량이 필요하다.
③ $0[°C]$의 물 $1[g]$이 $100[°C]$의 물로 변화하는 데 $539.6[cal]$의 열량이 필요하다.
④ $100[°C]$의 물 $1[g]$이 수증기로 변화하는 데 $539.6[cal]$의 열량이 필요하다.

해설

기화열(증발열)
• $100[°C]$의 물 $1[g]$이 수증기로 변하는 데 필요한 열량이다.
• 물의 기화열은 $539.6[cal/g]$이므로 $100[°C]$의 물 $1[g]$이 수증기로 변하는 데 $539.6[cal]$의 열량이 필요하다.

| 관련개념 | 기화열과 융해열의 비교

기화열(증발열)	$100[°C]$의 물 $1[g]$이 수증기로 변하는 데 필요한 열량
융해열	$0[°C]$의 얼음 $1[g]$이 물로 변하는 데 필요한 열량

13

탄화칼슘의 화재 시 물을 주수하였을 때 발생하는 가스로 옳은 것은?

① C_2H_2
② H_2
③ O_2
④ C_2H_6

해설

탄화칼슘(CaC_2)과 물(H_2O)이 반응하면 아세틸렌가스(C_2H_2)가 발생한다.
$CaC_2 + 2H_2O \rightarrow Ca(OH)_2 + C_2H_2 \uparrow$

정답 10 ② 11 ④ 12 ④ 13 ①

14 빈출

불활성 가스에 해당하는 것은?

① 수증기   ② 일산화탄소
③ 아르곤   ④ 아세틸렌

해설

불활성 가스에 해당하는 것은 아르곤이다.

| 관련개념 | 가연물이 될 수 없는 물질(불연성 물질)

특징	불연성 물질
주기율표의 0족 원소 (불활성 가스)	• 헬륨(He) • 크립톤(Kr) • 네온(Ne) • 크세논(Xe) • 아르곤(Ar) • 라돈(Rn)
산소와 더 이상 반응하지 않는 물질	• 물(H_2O) • 이산화탄소(CO_2) • 오산화인(P_2O_3) • 산화알루미늄(Al_2O_3)
흡열반응 물질	• 질소(N_2)

15

이산화탄소의 질식 및 냉각효과에 대한 설명 중 틀린 것은?

① 이산화탄소의 증기비중이 산소보다 크기 때문에 가연물과 산소의 접촉을 방해한다.
② 액체 이산화탄소가 기화되는 과정에서 열을 흡수한다.
③ 이산화탄소는 불연성 가스로서 가연물의 연소반응을 방해한다.
④ 이산화탄소는 산소와 반응하여 이 과정에서 발생한 연소열을 흡수하므로 냉각효과를 나타낸다.

해설

이산화탄소(CO_2)는 산소와 더 이상 반응하지 않는다.

16

마그네슘의 화재에 주수하였을 때 물과 마그네슘의 반응으로 인하여 생성되는 가스는?

① 산소   ② 수소
③ 일산화탄소 ④ 이산화탄소

해설

마그네슘은 물과 반응하여 수소가 발생한다.
$Mg + 2H_2O \rightarrow Mg(OH)_2 + H_2 \uparrow$

17

화재하중에 대한 설명 중 틀린 것은?

① 화재하중이 크면 단위면적당의 발열량이 크다.
② 화재하중이 크다는 것은 화재구획의 공간이 넓다는 것이다.
③ 화재하중이 같더라도 물질의 상태에 따라 가혹도는 달라진다.
④ 화재하중은 화재구획실 내의 가연물 총량을 목재 중량당비로 환산하여 면적으로 나눈 수치이다.

해설

화재구획이 넓어진다고 무조건 화재하중이 커지는 것은 아니다.
① 화재하중은 가연물의 발열량과 비례하므로 화재하중이 클수록 단위면적당 발열량이 커진다.
③ 화재가혹도는 건물 및 재산에 손상을 주는 능력의 정도로 화재하중과 구분된다.
④ 화재하중은 화재구획실 내의 가연물 총량을 목재 중량당비로 환산하여 면적으로 나눈 수치이다.

| 관련개념 | 화재하중

$$q = \frac{\sum G_t H_t}{HA} = \frac{\sum Q}{4,500A}$$

여기서, q: 화재하중[kg/m^2]
G_t: 가연물의 양[kg]
H_t: 가연물의 단위발열량[kcal/kg]
H: 목재의 단위발열량[kcal/kg]
A: 바닥면적[m^2]
$\sum Q$: 가연물의 전체 발열량[kcal]

※ 화재하중 계산 시 목재의 단위발열량(H)은 4,500[kcal/kg]으로 가정한다.

정답 14 ③ 15 ④ 16 ② 17 ②

18 빈출

분말소화약제 중 A급, B급, C급 화재에 모두 사용할 수 있는 것은?

① Na_2CO_3 ② $NH_4H_2PO_4$
③ $KHCO_3$ ④ $NaHCO_3$

해설

A급, B급, C급 화재에 모두 사용할 수 있는 것은 제3종 분말소화약제이다. 제3종 분말소화약제의 주성분은 제1인산암모늄($NH_4H_2PO_4$)이다.

| 관련개념 | 분말소화약제의 종류

종별	주성분	착색	적응 화재
제1종	탄산수소나트륨 ($NaHCO_3$)	백색	B, C
제2종	탄산수소칼륨 ($KHCO_3$)	담회색	B, C
제3종	제1인산암모늄 ($NH_4H_2PO_4$)	담홍색 (또는 황색)	A, B, C
제4종	탄산수소칼륨+요소 ($KHCO_3+CO(NH_2)_2$)	회색	B, C

19

증기비중의 정의로 옳은 것은?(단, 분자, 분모의 단위는 모두 [g/mol]이다.)

① 분자량/22.4 ② 분자량/29
③ 분자량/44.8 ④ 분자량/100

해설

증기비중

해당 기체의 분자량을 공기의 평균분자량으로 나눈 값으로 단위가 없는 무차원수이다.

증기비중 = $\dfrac{\text{분자량}}{29}$

여기서, 29: 공기의 평균분자량[g/mol]

| 관련개념 | 증기밀도

해당 기체의 분자량을 기체 1몰의 부피(22.4[L])로 나눈 값으로 단위가 [g/L]이다.

증기밀도 = $\dfrac{\text{분자량}}{22.4}$

여기서, 22.4: 기체 1몰의 부피[L]

20

방화구획의 설치기준 중 스프링클러 기타 이와 유사한 자동식 소화설비를 설치한 10층 이하의 층은 몇 [m²] 이내마다 구획하여야 하는가?

① 1,000 ② 1,500
③ 2,000 ④ 3,000

해설

기타 이와 유사한 자동식 소화설비를 설치한 10층 이하의 층은 3,000[m²] 이내마다 구획해야 한다.

| 관련개념 | 방화구획의 설치기준

방화구획은 화재 발생 시 인접 구역으로의 화염 확산을 방지하기 위해 구획하는 것으로 주요구조부가 내화구조 또는 불연재료로 된 건축물로서 연면적이 1,000[m²]를 넘는 것은 국토교통부령으로 정하는 기준에 따라 방화구획을 해야 한다.

- 10층 이하의 층은 바닥면적 1,000[m²](스프링클러 기타 이와 유사한 자동식 소화설비를 설치한 경우에는 바닥면적 3,000[m²]) 이내마다 구획할 것
- 매층마다 구획할 것(지하 1층에서 지상으로 직접 연결하는 경사로 부위는 제외)
- 11층 이상의 층은 바닥면적 200[m²](스프링클러 기타 이와 유사한 자동식 소화설비를 설치한 경우에는 600[m²]) 이내마다 구획할 것. 다만, 벽 및 반자의 실내에 접하는 부분의 마감을 불연재료로 한 경우에는 바닥면적 500[m²](스프링클러 기타 이와 유사한 자동식 소화설비를 설치한 경우에는 1,500[m²]) 이내마다 구획할 것

정답 18 ② 19 ② 20 ④

2과목 소방전기일반

21

$R = 10[\Omega]$, $C = 33[\mu F]$, $L = 20[mH]$인 RLC 직렬회로의 공진주파수는 약 몇 $[Hz]$인가?

① 169
② 176
③ 196
④ 206

해설

RLC 직렬회로의 공진조건은 $\omega L = \dfrac{1}{\omega C}$이므로

$\omega = \dfrac{1}{\sqrt{LC}}$

따라서 공진주파수(f_0)는

$f_0 = \dfrac{1}{2\pi\sqrt{LC}}$
$= \dfrac{1}{2\pi\sqrt{(20 \times 10^{-3}) \times (33 \times 10^{-6})}} \fallingdotseq 196[Hz]$

22

PNPN 4층 구조로 되어 있는 소자가 아닌 것은?

① SCR
② TRIAC
③ Diode
④ GTO

해설

- PN접합(2층 구조): Diode
- PNPN(4층 구조): TRIAC, SCR, GTO

23

역률 $80[\%]$, 유효전력 $80[kW]$일 때, 무효전력 $[kVar]$은?

① 10
② 16
③ 60
④ 64

해설

- 피상전력

$P_a = \dfrac{P}{\cos\theta} = \dfrac{80}{0.8} = 100[kVA]$

- 무효전력

$P_r = P_a \sin\theta = P_a\sqrt{1-\cos^2\theta}$
$= 100 \times \sqrt{1-0.8^2} = 60[kVar]$

24 빈출

전자회로에서 온도 보상용으로 많이 사용되고 있는 소자는?

① 저항
② 리액터
③ 콘덴서
④ 서미스터

해설

서미스터
부(−)온도특성을 가진 저항기의 일종으로서 주로 온도 보정용(온도 보상용)으로 쓰인다.

25

서보 전동기는 제어기기의 어디에 속하는가?

① 검출부
② 조절부
③ 증폭부
④ 조작부

해설

서보 전동기
명령에 따라 정확한 위치와 속도를 조절할 수 있는 전동기로 제어기기의 조작부에 속한다.

정답 21 ③ 22 ③ 23 ③ 24 ④ 25 ④

26 빈출

자동제어계를 제어목적에 의해 분류한 경우 틀린 것은?

① 정치 제어: 제어량을 주어진 일정목표로 유지시키기 위한 제어
② 추종 제어: 목표치가 시간에 따라 변화하는 제어
③ 프로그램 제어: 목표치가 프로그램대로 변하는 제어
④ 서보 제어: 선박의 방향제어계인 서보 제어는 정치 제어와 같은 성질

해설

서보 제어는 목표값에 따라 추종하도록 설계된 제어로 추종 제어와 같은 성질을 가지고 있다.

27 빈출

그림의 논리기호를 표시한 것으로 옳은 식은?

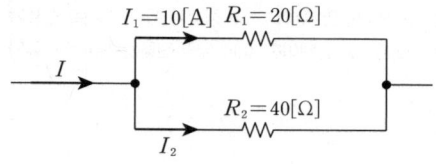

① $X = (A \cdot B \cdot C) \cdot D$
② $X = (A + B + C) \cdot D$
③ $X = (A \cdot B \cdot C) + D$
④ $X = A + B + C + D$

해설

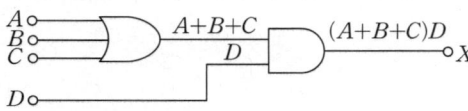

위 그림을 통해서 $(A+B+C) \cdot D$를 확인할 수 있다.

28

$20[\Omega]$과 $40[\Omega]$의 병렬 회로에서 $20[\Omega]$에 흐르는 전류가 $10[A]$라면, 이 회로에 흐르는 총 전류는 몇 $[A]$인가?

① 5
② 10
③ 15
④ 20

해설

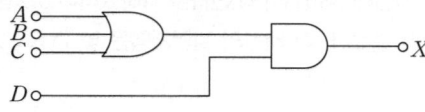

병렬 회로에서 전류 분배법칙에 의해 $20[\Omega]$에 흐르는 전류 I_1

$$I_1 = \left(\frac{R_2}{R_1 + R_2}\right)I = \left(\frac{40}{20+40}\right) \times I = 10[A]$$

따라서 회로에 흐르는 총 전류 I

$$I = 10 \times \left(\frac{20+40}{40}\right) = 15[A]$$

29

3상 유도전동기가 중부하로 운전되던 중 1선이 절단되면 어떻게 되는가?

① 전류가 감소한 상태에서 회전이 계속된다.
② 전류가 증가한 상태에서 회전이 계속된다.
③ 속도가 증가하고 부하전류가 급상승한다.
④ 속도가 감소하고 부하전류가 급상승한다.

해설

1선 절단 시의 현상
• 경부하 운전 시: 전류가 증가한 상태에서 회전이 계속된다.
• 중부하 운전 시: 속도가 감소하고 부하전류가 급상승한다.

정답 26 ④ 27 ② 28 ③ 29 ④

30

SCR의 양극 전류가 $10[A]$일 때 게이트 전류를 반으로 줄이면 양극 전류는 몇 $[A]$인가?

① 20
② 10
③ 5
④ 0.1

해설

SCR의 게이트에 전류를 인가하면 Turn-on 상태가 된다. 게이트 전류가 변해도 SCR은 계속 Turn-on 상태이며, 이때 양극 전류는 게이트 전류와 무관하게 일정하다.

31 고난도

비례+적분+미분동작(PID 동작)식을 바르게 나타낸 것은?

① $x_0 = K_p(x_i + \frac{1}{T_I}\int x_i dt + T_D\frac{dx_i}{dt})$

② $x_0 = K_p(x_i - \frac{1}{T_I}\int x_i dt - T_D\frac{dx_i}{dt})$

③ $x_0 = K_p(x_i + \frac{1}{T_I}\int x_i dt + T_D\frac{dt}{dx_i})$

④ $x_0 = K_p(x_i - \frac{1}{T_I}\int x_i dt - T_D\frac{dt}{dx_i})$

해설

동작특성
비례 적분 미분동작(PID 동작)
비례 적분(PI)동작에 미분(D) 동작을 추가한 동작으로 제어장치의 정확도 및 응답 속응성까지 개선시킨 최적 제어이다.

$x_0 = K_p(x_i + \frac{1}{T_I}\int x_i dt + T_D\frac{dx_i}{dt})$

(여기서, x_0: 출력신호, K_p: 감도, T_I: 적분시간, x_i: 제어편차, T_D: 미분시간)

32 빈출

그림과 같은 회로에서 분류기의 배율은?(단, 전류계 Ⓐ의 내부저항은 R_A이며 R_S는 분류기 저항이다.)

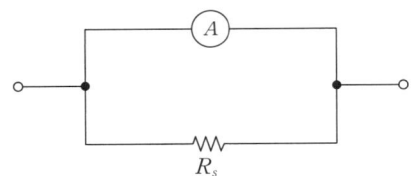

① $\frac{R_A}{R_A + R_S}$
② $\frac{R_S}{R_A + R_S}$
③ $\frac{R_A + R_S}{R_S}$
④ $\frac{R_A + R_S}{R_A}$

해설

분류기
분류기의 배율 m은

$m = \frac{I_0}{I} = 1 + \frac{전류계\ 내부저항}{분류기\ 저항}$

$= 1 + \frac{R_A}{R_S} = \frac{R_A + R_S}{R_S}$

33

어떤 옥내배선에 $380[V]$의 전압을 가하였더니 $0.2[mA]$의 누설전류가 흘렀다. 이 배선의 절연저항은 몇 $[M\Omega]$인가?

① 0.2
② 1.9
③ 3.8
④ 7.6

해설

절연저항

$R = \frac{V}{I}$

$= \frac{380}{0.2 \times 10^{-3}} = 1,900,000[\Omega] = 1.9 \times 10^6[\Omega] = 1.9[M\Omega]$

정답 30 ② 31 ① 32 ③ 33 ②

34

변류기에 결선된 전류계가 고장이 나서 교체하는 경우 옳은 방법은?

① 변류기의 2차를 개방시키고 전류계를 교체한다.
② 변류기의 2차를 단락시키고 전류계를 교체한다.
③ 변류기의 2차를 접지시키고 전류계를 교체한다.
④ 변류기에 피뢰기를 연결하고 전류계를 교체한다.

해설

변류기(CT) 2차측 단락 이유

변류기 2차측을 개방할 경우 1차측 부하전류가 모두 여자전류가 되어 2차측에 고전압이 유기되어 절연이 파괴된다. 따라서 전류계 교체 시 반드시 변류기의 2차측을 단락시켜야 한다.

35

두 콘덴서 C_1, C_2를 병렬로 접속하고 전압을 인가하였더니 전체 전하량이 $Q[C]$이었다. C_2에 충전된 전하량은?

① $\dfrac{C_1}{C_1+C_2}Q$ ② $\dfrac{C_1+C_2}{C_1}Q$

③ $\dfrac{C_1+C_2}{C_2}Q$ ④ $\dfrac{C_2}{C_1+C_2}Q$

해설

콘덴서의 병렬연결

콘덴서를 병렬연결하면 총 정전 용량 $C_0=(C_1+C_2)[F]$

병렬연결 시 전압은 $V=\dfrac{Q}{C_0}=\dfrac{Q}{C_1+C_2}[V]$이므로

콘덴서 C_2에 충전된 전하량 $Q_2=C_2V=\dfrac{C_2}{C_1+C_2}Q[C]$

36 빈출

논리식 $\overline{X}+XY$를 간략화 한 것은?

① $\overline{X}+Y$ ② $X+\overline{Y}$
③ $\overline{X}Y$ ④ $X\overline{Y}$

해설

흡수법칙

$$\overline{X}+XY = \overline{X}(1+Y)+XY$$
$$= \overline{X}+\overline{X}Y+XY$$
$$= \overline{X}+Y(\overline{X}+X)$$
$$= \overline{X}+Y$$

37

전기화재의 원인이 되는 누전 전류를 검출하기 위해 사용되는 것은?

① 접지 계전기 ② 영상 변류기
③ 계기용 변압기 ④ 과전류 계전기

해설

영상 변류기

누설(누전) 전류 또는 지락 전류를 검출하기 위한 변류기이다.

38

공기 중에 $2[m]$의 거리에 $10[\mu C]$, $20[\mu C]$의 두 점 전하가 존재할 때 이 두 전하 사이에 작용하는 정전력은 약 몇 $[N]$인가?

① 0.45 ② 0.9
③ 1.8 ④ 3.6

해설

쿨롱의 법칙

두 점 전하 사이에 작용하는 힘(F)

$$F=\dfrac{1}{4\pi\varepsilon_0}\times\dfrac{Q_1Q_2}{r^2}$$
$$=\dfrac{(10\times10^{-6})\times(20\times10^{-6})}{4\pi\times8.854\times10^{-12}\times2^2}\fallingdotseq 0.45[N]$$

정답 34 ② 35 ④ 36 ① 37 ② 38 ①

39 (고난도)

$100[V]$, $1[kW]$의 니크롬선을 $\frac{3}{4}$의 길이로 잘라서 사용할 때 소비전력은 약 몇 $[W]$인가?

① 1,000
② 1,333
③ 1,430
④ 2,000

해설

저항 $R = \rho \frac{l}{A}[\Omega]$, $R \propto l$이므로 니크롬선을 $\frac{3}{4}$ 길이로 자른 뒤의 저항은 원래 저항의 $\frac{3}{4}$배가 된다.

소비전력 $P = \frac{V^2}{R}[W]$이므로 $P \propto \frac{1}{R}$의 관계를 이용하면, 니크롬선을 자른 뒤의 소비전력은 $\frac{4}{3}$배로 증가한다.

따라서 $P' = \frac{4}{3}P = \frac{4}{3} \times 1 \times 10^3 = 1,333[W]$

40

줄의 법칙에 관한 수식으로 틀린 것은?

① $H = I^2Rt[J]$
② $H = 0.24I^2Rt[cal]$
③ $H = 0.12VIt[J]$
④ $H = \frac{1}{4.2}I^2Rt[cal]$

해설

$H = 0.24I^2Rt[cal] = \frac{1}{4.2}I^2Rt[cal]$

$1[J] = 0.24[cal]$이므로 위 식을 변형하면

$H = 0.24I^2Rt \times \frac{1}{0.24} = I^2Rt[J]$

따라서 보기 ③은 줄의 법칙과는 관련이 없다.

3과목 소방관계법규

41 (빈출)

「소방기본법령」상 소방본부장 또는 소방서장은 소방상 필요한 훈련 및 교육을 실시하고자 하는 때에는 화재예방강화지구 안의 관계인에게 훈련 또는 교육 며칠 전까지 그 사실을 통보하여야 하는가?

① 5
② 7
③ 10
④ 14

해설

훈련 또는 교육 10일 전까지 통보하여야 한다.

| 관련개념 | 화재경계지구의 관리

구분	소방특별조사 (화재예방조사)	훈련 및 교육	관리대장
실시자	소방본부장, 소방서장	소방본부장, 소방서장	시·도지사
실시횟수	연1회 이상	연1회 이상	매년
통보	7일 전	10일 전	-
연기신청	조사시작 3일 전	-	-

42 (빈출)

특정소방대상물의 관계인이 소방안전관리자를 해임한 경우 재선임을 해야 하는 기준은?(단, 해임한 날부터를 기준일로 한다.)

① 10일 이내
② 20일 이내
③ 30일 이내
④ 40일 이내

해설

소방안전관리자를 해임한 경우 해임한 날로부터 30일 이내에 재선임을 해야 한다.

정답 39 ② 40 ③ 41 ③ 42 ③

43 빈출

소방용수시설 중 소화전과 급수탑의 설치기준으로 틀린 것은?

① 급수탑 급수배관의 구경은 100[mm] 이상으로 할 것
② 소화전은 상수도와 연결하여 지하식 또는 지상식의 구조로 할 것
③ 소방용호스와 연결하는 소화전의 연결금속구의 구경은 65[mm]로 할 것
④ 급수탑의 개폐밸브는 지상에서 1.5[m] 이상 1.8[m] 이하의 위치에 설치할 것

해설

급수탑의 개폐밸브는 지상에서 1.5[m] 이상 1.7[m] 이하의 위치에 설치하여야 한다.

| 관련개념 | 소방용수시설의 설치기준

공통기준		• 주거 · 상업 · 공업지역 수평거리 100[m] 이하 • 그 외 지역 수평거리 140[m] 이하
개별 기준	소화전	• 소화전의 연결금속구의 구경은 65[mm] • 상수도와 연결한 지상식, 지하식 구조
	급수탑	• 급수배관의 구경은 100[mm] 이상 • 개폐밸브의 위치는 지상에서 1.5[m] 이상 1.7[m] 이하
	저수조	• 지면으로부터의 낙차가 4.5[m] 이하일 것 • 흡수관의 투입구 - 사각형의 경우: 한 변의 길이가 60[cm] 이상 - 원형의 경우: 지름이 60[cm] 이상 • 흡수에 지장이 없도록 토사 및 쓰레기 등을 제거할 수 있는 설비를 갖출 것 • 흡수부분의 수심이 0.5[m] 이상일 것 • 소방펌프자동차가 쉽게 접근할 수 있도록 할 것 • 저수조에 물 공급 방법: 상수도에 연결하여 자동으로 급수되는 구조

44 고난도

경유의 저장량이 2,000[L], 중유의 저장량이 4,000[L], 등유의 저장량이 2,000[L]인 저장소에 있어서 지정수량의 배수는?

① 동일 ② 6배
③ 3배 ④ 2배

해설

경유, 등유는 제2석유류 비수용성 액체로 지정수량이 1,000[L]이고, 중유는 제3석유류 비수용성 액체로 지정수량이 2,000[L]이다.
따라서 지정수량의 배수는

$$\frac{2,000}{1,000}(경유) + \frac{2,000}{1,000}(등유) + \frac{4,000}{2,000}(중유) = 6$$

| 관련개념 | 제4류 위험물의 지정수량

품명		지정수량
특수인화물 (아세트알데히드, 이황화탄소, 디메틸에테르 등)		50[L]
제1석유류 (휘발유, 아세톤 등)	비수용성	200[L]
	수용성	400[L]
알코올류		400[L]
제2석유류(경유, 등유 등)	비수용성	1,000[L]
	수용성	2,000[L]
제3석유류 (중유, 클레오소트유 등)	비수용성	2,000[L]
	수용성	4,000[L]
제4석유류(기어유, 실린더유 등)		6,000[L]
동식물유류(아마인유 등)		10,000[L]

정답 43 ④ 44 ②

45

「소방기본법」상 명령권자가 소방본부장, 소방서장 또는 소방대장에게 있는 사항은?

① 소방활동을 할 때에 긴급한 경우에는 이웃한 소방본부장 또는 소방서장에게 소방업무의 응원을 요청할 수 있다.
② 화재, 재난·재해, 그 밖의 위급한 상황이 발생한 현장에서 소방활동을 위하여 필요할 때에는 그 관할구역에 사는 사람 또는 그 현장에 있는 사람으로 하여금 사람을 구출하는 일 또는 불을 끄거나 불이 번지지 아니하도록 하는 일을 하게 할 수 있다.
③ 수사기관이 방화 또는 실화의 혐의가 있어서 이미 피의자를 체포하였거나 증거물을 압수하였을 때에 화재조사를 위하여 필요한 경우에는 수사에 지장을 주지 아니하는 범위에서 그 피의자 또는 압수된 증거물에 대한 조사를 할 수 있다.
④ 화재, 재난·재해, 그 밖의 위급한 상황이 발생하였을 때에는 소방대를 현장에 신속하게 출동시켜 화재진압과 인명구조·구급 등 소방에 필요한 활동을 하게 하여야 한다.

해설
- 소방업무의 응원 요청: 소방본부장, 소방서장
- 소방활동 종사 명령: 소방본부장, 소방서장, 소방대장
- 수사기관에 체포된 사람에 대한 조사: 소방청장, 소방본부장, 소방서장
- 소방활동: 소방청장, 소방본부장, 소방서장

46

화재가 발생하는 경우 인명 또는 재산의 피해가 클 것으로 예상되는 때 소방대상물의 개수·이전·제거, 사용금지 등의 필요한 조치를 명할 수 있는 자는?

① 시·도지사
② 의용소방대장
③ 기초자치단체장
④ 소방본부장 또는 소방서장

해설
조치를 명령할 수 있는 자는 소방청장, 소방본부장 또는 소방서장이다.

| 관련개념 | 소방특별조사(화재예방조사)에 따른 조치명령
- 조치명령권자: 소방청장, 소방본부장 또는 소방서장
- 소방특별조사 결과 소방대상물의 위치·구조·설비 또는 관리의 상황이 다음과 같을 때
  - 화재나 재난·재해 예방을 위하여 보완될 필요가 있을 때
  - 화재가 발생하면 인명 또는 재산의 피해가 클 것으로 예상되는 때
- 명령내용
  관계인에게 그 소방대상물의 개수·이전·제거, 사용의 금지 또는 제한, 사용폐쇄, 공사의 정지 또는 중지, 그 밖의 필요한 조치를 명할 수 있다.

47

「소방기본법」상 보일러, 난로, 건조설비, 가스·전기시설, 그 밖에 화재 발생 우려가 있는 설비 또는 기구 등의 위치·구조 및 관리와 화재예방을 위하여 불을 사용할 때 지켜야 하는 사항은 무엇으로 정하는가?

① 총리령
② 대통령령
③ 시·도 조례
④ 행정안전부령

해설
불을 사용하는 설비 등의 관리는 대통령령으로 정한다.

| 관련개념 | 대통령령으로 정하는 것
- 불을 사용하는 설비의 관리사항을 정하는 기준
- 소방장비 등에 대한 국고보조기준
- 특수가연물의 저장·취급
- 방염성능기준

정답 45 ② 46 ④ 47 ②

48

아파트로 층수가 20층인 특정소방대상물에서 스프링클러설비를 하여야 하는 층수는?(단, 아파트는 신축을 실시하는 경우이다.)

① 전층
② 15층 이상
③ 11층 이상
④ 6층 이상

해설

층수가 6층 이상인 특정소방대상물은 전층에 스프링클러를 설치하여야 한다.

| 관련개념 | 스프링클러설비 설치대상 특정소방대상물

• 문화 및 집회시설 • 종교시설 • 운동시설(모든 층)	수용인원 100인 이상	
	영화상영관 바닥면적	지하층·무창층 500[m²] 이상
		그 밖의 층 1,000[m²] 이상
	무대부면적	지하층 무창층, 4층 이상 층 300[m²] 이상
		그 밖의 층 500[m²] 이상
• 판매시설 • 운수시설 • 물류터미널(모든 층)	수용인원 500인 이상	
	바닥면적 합계 5,000[m²] 이상	
창고시설(모든 층) (물류터미널 제외)	바닥면적 합계 5,000[m²] 이상	
모든 층	층수가 6층 이상인 특정소방대상물	
• 조산원 및 산후조리원 • 정신의료기관 • 종합병원, 병원, 치과병원·한방병원 및 요양병원(정신병원 제외) • 노유자시설 • 숙박가능 수련시설	바닥면적 합계 600[m²] 이상	
천장·반자의 높이 10[m] 넘는 랙식 창고	바닥면적 합계 1,500[m²] 이상	
지하층·무창층 층수가 4층 이상인 층	바닥면적 1,000[m²] 이상	
특수가연물을 저장·취급하는 시설	규정수량 1,000배 이상	
지하가(터널 제외)	연면적 1,000[m²] 이상	
• 기숙사 • 복합건축물(모든 층)	연면적 5,000[m²] 이상	
교정 및 군사시설	보호감호소, 교도소, 구치소, 보호관찰소 갱생보호시설, 출입국관리 보호시설(생활 공간 한정, 임차 제외), 유치장	
발전시설	전기저장시설	
보일러실 또는 연결통로	전부	

49

「소방기본법령」상 소방본부 종합상황실 실장이 소방청의 종합상황실에 서면·팩스 또는 컴퓨터통신 등으로 보고하여야 하는 화재의 기준에 해당하지 않는 것은?

① 항구에 매어둔 총 톤수가 1,000[t] 이상인 선박에서 발생한 화재
② 연면적 15,000[m²] 이상인 공장 또는 화재경계지구에서 발생한 화재
③ 지정수량의 1,000배 이상의 위험물의 제조소·저장소·취급소에서 발생한 화재
④ 층수가 5층 이상이거나 병상이 30개 이상인 종합병원·정신병원·한방병원·요양소에서 발생한 화재

해설

지정수량의 3,000배 이상의 위험물의 제조소·저장소 취급소에서 발생한 화재일 경우 보고하여야 한다.

| 관련개념 | 종합상황실 실장의 서면·팩스 또는 컴퓨터통신 등의 보고대상 재해규모

- 사망자가 5인 이상 발생하거나 사상자가 10인 이상 발생한 화재
- 이재민이 100인 이상 발생한 화재
- 재산피해액이 50억 원 이상 발생한 화재
- 관공서·학교·정부미 도정공장·문화재·지하철 또는 지하구의 화재
- 관광호텔, 층수가 11층 이상인 건축물, 지하상가, 시장, 백화점, 지정수량의 3천 배 이상의 위험물의 제조소·저장소 취급소, 층수가 5층 이상이거나 객실이 30실 이상인 숙박시설, 층수가 5층 이상이거나 병상이 30개 이상인 종합병원·정신병원·한방병원·요양소, 연면적 1만 5천[m²] 이상인 공장 또는 화재경계지구에서 발생한 화재
- 철도차량, 항구에 매어둔 총 톤수가 1,000[t] 이상인 선박, 항공기, 발전소 또는 변전소에서 발생한 화재
- 가스 및 화약류의 폭발에 의한 화재
- 다중이용업소의 화재
- 통제단장의 현장지휘가 필요한 재난상황
- 언론에 보도된 재난상황
- 그 밖에 소방청장이 정하는 재난상황

정답 48 ① 49 ③

50

「화재예방, 소방시설 설치·유지 및 안전관리에 관한 법령」상 소방시설 등에 대한 자체점검을 하지 아니하거나 관리업자 등으로 하여금 정기적으로 점검하게 하지 아니한 자에 대한 벌칙 기준으로 옳은 것은?

① 1년 이하의 징역 또는 1,000만 원 이하의 벌금
② 3년 이하의 징역 또는 1,500만 원 이하의 벌금
③ 3년 이하의 징역 또는 3,000만 원 이하의 벌금
④ 6개월 이하의 징역 또는 1,000만 원 이하의 벌금

해설

소방시설 등에 대한 자체점검을 하지 아니하거나 관리업자 등으로 하여금 정기적으로 점검하게 하지 아니한 자는 1년 이하의 징역 또는 1,000만 원 이하의 벌금에 처한다.

| 관련개념 | 1년 이하의 징역 또는 1천만 원 이하의 벌금

- 소방특별조사(화재예방조사) 또는 소방청장, 시·도지사, 소방본부장, 소방서장의 소방대상물의 감독업무 등 관계인의 정당한 업무를 방해한 자, 조사·검사 업무를 수행하면서 알게 된 비밀을 제공 또는 누설하거나 목적 외의 용도로 사용한 자
- 관리업의 등록증이나 등록수첩을 다른 자에게 빌려준 자
- 영업정지처분을 받고 그 영업정지기간 중에 관리업의 업무를 한 자
- 소방시설 등에 대한 자체 점검을 하지 아니하거나 관리업자 등으로 하여금 정기적으로 점검하게 하지 아니한 자
- 소방시설관리사증을 다른 자에게 빌려주거나 동시에 둘 이상의 업체에 취업한 자
- 제품검사에 합격하지 아니한 제품에 합격표시를 하거나 합격표시를 위조 또는 변조하여 사용한 자
- 형식승인의 변경 승인을 받지 아니한 자
- 제품검사에 합격하지 아니한 소방용품에 성능인증을 받았다는 표시 또는 제품검사에 합격하였다는 표시를 하거나 성능인증을 받았다는 표시 또는 제품검사에 합격하였다는 표시를 위조 또는 변조하여 사용한 자
- 성능인증의 변경 인증을 받지 아니한 자
- 우수품질인증을 받지 아니한 제품에 우수품질인증 표시를 하거나 우수품질인증 표시를 위조하거나 변조하여 사용한 자

51 빈출

「소방기본법령」상 특수가연물의 저장 및 취급기준 중 석탄·목탄류를 저장하는 경우 쌓는 부분의 바닥면적은 몇 $[m^2]$ 이하인가?(단, 살수설비를 설치하거나 방사능력 범위에 해당 특수가연물이 포함되도록 대형수동식소화기를 설치하는 경우이다.)

① 200
② 250
③ 300
④ 350

해설

특수가연물의 저장 시 쌓는 기준

구분	일반	살수설비 또는 방사능력 범위 내 특수가연물이 포함되도록 대형소화기를 갖춘 경우
높이	$10[m]$ 이하	$15[m]$ 이하
바닥 면적	$50[m^2]$ 이하 (석탄·목탄류의 경우 $200[m^2]$ 이하)	$200[m^2]$ 이하 (석탄·목탄류의 경우 $300[m^2]$ 이하)

52

제3류 위험물 중 금수성 물품에 적응성이 있는 소화약제는?

① 물
② 강화액
③ 팽창질석
④ 인산염류분말

해설

금수성 물품의 소화는 건조사, 팽창질석, 팽창진주암 등으로 질식 소화하여야 한다.

| 관련개념 | 제3류 위험물

- 성질
  - 공기 중 수분과 반응하여 가연성 가스를 발생하거나 공기 중에서 발열 연소
  - 황린은 자연발화성이고 알칼리금속은 금수성이지만, 자연발화성과 금수성의 위험성을 모두 갖는 물질이 많다.
  - 칼륨, 나트륨, 알킬리튬, 알킬알루미늄은 비중이 물보다 작고, 그 외는 크다.
- 저장 및 취급방법
  - 물과 접촉을 피하고, 용기의 파손, 부식, 창고 누수 등에 주의해야 한다.
  - 황린은 공기 중 자연발화하므로 물속에 보관
  - 칼륨, 나트륨, 알칼리금속은 석유류에 보관
  - 제조소 등과 운반용기 표시
    1) 자연발화성 물질: 화기엄금, 공기접촉엄금
    2) 금수성 물질: 물기엄금
- 소화방법
  - 황린 외에는 물 소화 금지
  - 건조사, 팽창질석, 팽창진주암 등으로 질식소화
  - 이산화탄소, 사염화탄소 사용가능(칼륨, 나트륨 적용 제외)

정답 50 ① 51 ③ 52 ③

53

「화재예방, 소방시설 설치·유지 및 안전관리에 관한 법령」상 소방특별조사(화재예방조사)위원회의 위원에 해당하지 아니하는 사람은?

① 소방기술사
② 소방시설관리사
③ 소방 관련 분야의 석사학위 이상을 취득한 사람
④ 소방 관련 법인 또는 단체에서 소방 관련 업무에 3년 이상 종사한 사람

해설

소방 관련 기관에서 소방 관련 업무에 5년 이상 종사해야 한다.

| 관련개념 | 소방특별조사(화재예방조사)

구분	소방특별조사(화재예방조사)위원회
권한	소방청장, 소방본부장, 소방서장
구성	• 과장급 이상의 소방공무원 • 소방기술사 • 소방시설관리사 • 소방 분야의 석사학위 이상 • 소방 관련 기관 5년 이상 종사자
비고	위원장 포함 7인 이내 위원

54

소방특별조사(화재예방조사) 결과에 따른 조치명령으로 손실을 입어 손실을 보상하는 경우 그 손실을 입은 자는 누구와 손실보상을 협의하여야 하는가?

① 소방서장
② 시·도지사
③ 소방본부장
④ 행정안전부장관

해설

손실보상
소방청장 또는 시·도지사는 대통령령이 정하는 바에 따라 보상한다.

55

위험물운송자 자격을 취득하지 아니한 자가 위험물 이동탱크저장소 운전 시의 벌칙으로 옳은 것은?

① 100만 원 이하의 벌금
② 300만 원 이하의 벌금
③ 500만 원 이하의 벌금
④ 1,000만 원 이하의 벌금

해설

위험물운송자 자격을 취득하지 아니한 자가 위험물 이동탱크저장소 운전 시 1천만 원 이하의 벌금에 처한다.

| 관련개념 | 1천만 원 이하의 벌금
- 위험물의 취급에 관한 안전관리와 감독을 하지 아니한 자
- 안전관리자 또는 그 대리자가 참여하지 아니한 상태에서 위험물을 취급한 자
- 변경한 예방규정을 제출하지 아니한 관계인으로서 제조소 등의 설치 규정에 따른 허가를 받은 자
- 위험물의 운반에 관한 중요 기준에 따르지 아니한 자
- 자격요건을 갖추지 아니한 위험물운반자
- 감독지원과 주의의무를 위반한 위험물운송자
- 관계인의 정당한 업무를 방해하거나 출입 검사 등을 수행하면서 알게 된 비밀을 누설한 자

56

1급 소방안전관리대상물이 아닌 것은?

① 15층인 특정소방대상물(아파트는 제외)
② 가연성가스를 2,000[t] 저장·취급하는 시설
③ 21층인 아파트로서 300세대인 것
④ 연면적 20,000[m²]인 문화집회 및 운동시설

해설

1급 소방안전관리대상물에 해당되는 아파트는 30층 이상(지하층은 제외)이거나 지상으로부터 높이가 120[m] 이상인 경우이므로 21층 아파트는 2급 소방안전관리대상물이다.

| 관련개념 | 1급 소방안전관리대상물
① 30층 이상(지하층은 제외)이거나 지상으로부터 높이가 120[m] 이상인 아파트
② 연면적 1만 5천[m²] 이상인 특정소방대상물(아파트는 제외)
③ ②에 해당하지 아니하는 특정소방대상물로서 층수가 11층 이상인 특정소방대상물(아파트는 제외)
④ 가연성 가스를 1,000[t] 이상 저장·취급하는 시설
⑤ 제외대상
동·식물원, 철강 등 불연성 물품을 저장·취급하는 창고, 위험물 저장 및 처리 시설 중 위험물 제조소 등, 지하구

정답 53 ④ 54 ② 55 ④ 56 ③

57

「문화재보호법」의 규정에 의한 유형문화재와 지정문화재에 있어서는 제조소 등과의 수평거리를 몇 [m] 이상 유지하여야 하는가?

① 20
② 30
③ 50
④ 70

해설

「문화재보호법」에 의한 유형문화재와 지정문화재에 있어서 안전거리는 50[m] 이상이다.

| 관련개념 | 안전거리

건축물 및 그 밖의 공작물	안전거리
주거용	10[m]
고압가스 제조 및 사용, 저장시설, 액화산소 소비시설, 액화석유가스 제조 및 저장시설	20[m]
학교, 병원, 극장	30[m]
문화재	50[m]
사용전압 7,000[V] 초과 35,000[V] 이하 특고압 가공전선	3[m]
사용전압 35,000[V] 초과 특고압 가공전선	5[m]

58 고난도

다음 중 중급기술자의 학력·경력자에 대한 기준으로 옳은 것은?(단, "학력·경력자"란 고등학교·대학 또는 이와 같은 수준 이상의 교육기관의 소방 관련학과의 정해진 교육과정을 이수하고 졸업하거나 그 밖의 관계법령에 따라 국내 또는 외국에서 이와 같은 수준 이상의 학력이 있다고 인정되는 사람을 말한다.)

① 고등학교를 졸업 후 10년 이상 소방 관련 업무를 수행한 자
② 학사학위를 취득한 후 5년 이상 소방 관련 업무를 수행한 자
③ 석사학위를 취득한 후 3년 이상 소방 관련 업무를 수행한 자
④ 박사학위를 취득한 후 1년 이상 소방 관련 업무를 수행한 자

해설

소방기술과 관련된 자격·학력 및 경력의 인정범위(2025.1.23 개정 변경)

등급	학력·경력자
중급 기술자	• 박사학위를 취득한 사람 • 석사학위를 취득한 후 2년 이상 소방 관련 업무를 수행한 사람 • 학사학위를 취득한 후 5년 이상 소방 관련 업무를 수행한 사람 • 전문학사학위를 취득한 후 8년 이상 소방 관련 업무를 수행한 사람 • 고등학교 소방학과를 졸업한 후 10년 이상 소방 관련 업무를 수행한 사람 • 고등학교를 졸업한 후 12년 이상 소방 관련 업무를 수행한 사람

59

「소방시설공사업법령」상 상주 공사감리 대상 기준 중 다음 ㉠, ㉡, ㉢에 알맞은 것은?

- 연면적 (㉠)[m²] 이상의 특정소방대상물(아파트는 제외)에 대한 소방시설의 공사
- 지하층을 포함한 층수가 (㉡)층 이상으로서 (㉢)세대 이상인 아파트에 대한 소방시설의 공사

① ㉠ 10,000, ㉡ 11, ㉢ 600
② ㉠ 10,000, ㉡ 16, ㉢ 500
③ ㉠ 30,000, ㉡ 11, ㉢ 600
④ ㉠ 30,000, ㉡ 16, ㉢ 500

해설

상주 공사감리의 대상
- 연면적 3만[m²] 이상(아파트 제외)의 특정소방대상물
- 지하층을 포함한 층수가 16층 이상으로서 500세대 이상인 아파트

정답 57 ③ 58 ② 59 ④

60

「화재예방, 소방시설 설치·유지 및 안전관리에 관한 법령」상 소방안전관리대상물의 소방안전관리자 업무가 아닌 것은?

① 소방훈련 및 교육
② 피난시설, 방화구획 및 방화시설의 유지·관리
③ 자위소방대 및 본격대응체계의 구성·운영·교육
④ 피난계획에 관한 사항과 대통령령으로 정하는 사항이 포함된 소방계획서의 작성 및 시행

해설

본격대응체계가 아닌, 초기대응체계의 구성·운영·교육이다.

| 관련개념 | 소방안전관리대상물의 소방안전관리자의 업무
- 피난시설, 방화구획 및 방화시설의 유지 관리
- 소방시설이나 그 밖의 소방 관련 시설의 유지·관리
- 화기 취급의 감독
- 그 밖에 소방안전관리에 필요한 업무
- 피난계획에 관한 사항과 소방계획서의 작성 및 시행
- 자위소방대 및 초기대응체계의 구성·운영·교육
- 소방훈련 및 교육

4과목 소방전기시설의 구조 및 원리

61

경계전로의 누설전류를 자동적으로 검출하여 이를 누전경보기의 수신부에 송신하는 것을 무엇이라고 하는가?

① 수신부
② 확성기
③ 변류기
④ 증폭기

해설

변류기란 경계전로의 누설전류를 자동적으로 검출하여 이를 누전경보기의 수신부에 송신하는 것을 말한다.

| 관련개념 | 누전경보기 구성요소
- 수신부: 변류기로부터 검출된 신호를 수신하여 누전의 발생을 해당 특정소방대상물의 관계인에게 경보하여 주는 것(차단기구를 갖는 것을 포함)
- 변류기: 경계전로의 누설전류를 자동적으로 검출하여 이를 누전경보기의 수신부에 송신하는 것
- 차단장치: 누설전류를 검출하면 자동으로 누전된 회로를 차단하는 장치
- 음향장치: 누설전류가 검출되면 벨 또는 부저로 경보를 발령하는 장치

62

누전경보기의 5~10회로까지 사용할 수 있는 집합형 수신기 내부결선도에서 구성요소가 아닌 것은?

① 제어부
② 증폭부
③ 조작부
④ 자동입력절환부

해설

구성요소는 자동입력절환부, 증폭부, 제어부, 회로접합부, 전원부, 도통시험 및 동작시험부, 동작회로표시부 등이다.

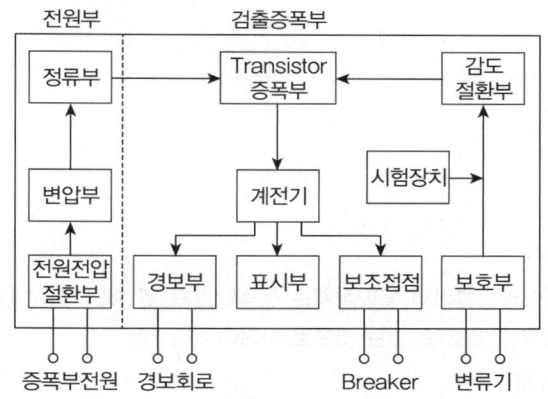

▲ 누전경보기 수신부 내부구조 블록도

정답 60 ③ 61 ③ 62 ③

63

비상콘센트설비의 화재안전기준에서 정하고 있는 저압의 정의는?

① 직류는 1,500[V] 이하, 교류는 1,000[V] 이하인 것
② 직류는 1,500[V] 이하, 교류는 750[V] 이하인 것
③ 직류는 1,500[V]를, 교류는 1,000[V]를 넘고 7,000[V] 이하인 것
④ 직류는 1,500[V]를, 교류는 750[V]를 넘고 7,000[V] 이하인 것

해설

| 관련개념 | 비상콘센트설비의 화재안전기술기준(NFTC 504)

구분	개정(2024.1.1)
저압	직류 1,500[V] 이하
	교류 1,000[V] 이하
고압	직류 1,500[V] 초과 7,000[V] 이하
	교류 1,000[V] 초과 7,000[V] 이하
특고압	7,000[V] 초과

64

비상방송설비의 음향장치는 정격전압의 몇 [%] 전압에서 음향을 발할 수 있는 것으로 하여야 하는가?

① 80
② 90
③ 100
④ 110

해설

비상방송설비의 음향장치는 정격전압의 80[%] 전압에서 음향을 발할 수 있는 것으로 하여야 한다.

65

자가발전설비, 비상전원수전설비 또는 전기저장장치(외부 전기에너지를 저장해 두었다가 필요한 때 전기를 공급하는 장치)를 비상콘센트설비의 비상전원으로 설치하여야 하는 특정소방대상물로 옳은 것은?

① 지하층을 제외한 층수가 4층 이상으로서 연면적 600[m^2] 이상인 특정소방대상물
② 지하층을 제외한 층수가 5층 이상으로서 연면적 1,000[m^2] 이상인 특정소방대상물
③ 지하층을 제외한 층수가 6층 이상으로서 연면적 1,500[m^2] 이상인 특정소방대상물
④ 지하층을 제외한 층수가 7층 이상으로서 연면적 2,000[m^2] 이상인 특정소방대상물

해설

지하층을 제외한 층수가 7층 이상으로서 연면적이 2,000[m^2] 이상인 것

| 관련개념 | 비상전원의 설치대상 및 종류

- 비상전원 설치대상
  - 지하층을 제외한 층수가 7층 이상으로서 연면적이 2,000[m^2] 이상
  - 지하층의 바닥면적의 합계가 3,000[m^2] 이상인 특정소방대상물
- 비상전원의 종류: 자가발전설비, 비상전원수전설비, 전기저장장치
- 비상전원 제외대상
  - 둘 이상의 변전소에서 전력을 동시에 공급받을 수 있는 경우
  - 하나의 변전소로부터 전력의 공급이 중단되는 때에는 자동으로 다른 변전소로부터 전력을 공급받을 수 있도록 상용전원을 설치한 경우

정답 63 ① 64 ① 65 ④

66

불꽃감지기의 설치기준으로 틀린 것은?

① 수분이 많이 발생할 우려가 있는 장소에는 방수형으로 설치할 것
② 감지기를 천장에 설치하는 경우에는 감지기는 천장을 향하여 설치할 것
③ 감지기는 화재감지를 유효하게 감지할 수 있는 모서리 또는 벽 등에 설치할 것
④ 감지기는 공칭감시거리와 공칭시야각을 기준으로 감시구역이 모두 포용될 수 있도록 설치할 것

해설

감지기를 천장에 설치하는 경우에는 감지기는 바닥을 향하여 설치하여야 한다.

| 관련개념 | 불꽃감지기 설치기준

- 공칭감시거리 및 공칭시야각은 형식 승인 내용에 따를 것
- 감지기는 공칭감시거리와 공칭시야각을 기준으로 감시구역이 모두 포용될 수 있도록 설치한다.
- 감지기는 화재감지를 유효하게 감지할 수 있는 모서리 또는 벽 등에 설치한다.
- 감지기를 천장에 설치하는 경우에는 감지기는 바닥을 향하여 설치한다.
- 수분이 많이 발생할 우려가 있는 장소에는 방수형으로 설치한다.
- 그 밖의 설치기준은 형식 승인 내용에 따르며 형식 승인 사항이 아닌 것은 제조사의 시방에 따라 설치한다.

68

정온식 감지선형 감지기에 관한 설명으로 옳은 것은?

① 일국소의 주위온도 변화에 따라서 차동 및 정온식의 성능을 갖는 것을 말한다.
② 일국소의 주위온도가 일정한 온도 이상이 되었을 때 작동하는 것으로서 외관이 전선으로 되어 있는 것을 말한다.
③ 그 주위온도가 일정한 온도상승률 이상이 되었을 때 작동하는 것을 말한다.
④ 그 주위온도가 일정한 온도상승률 이상이 되었을 때 작동하는 것으로서 광범위한 열효과의 누적에 의하여 동작하는 것을 말한다.

해설

정온식 감지선형 감지기는 일국소의 주위온도가 일정한 온도 이상이 되는 경우에 작동하는 것으로서 외관이 전선으로 되어 있는 것이다.

| 관련개념 | 열감지기

- 차동식 스포트형: 주위온도가 일정 상승률 이상이 되는 경우에 작동하는 것으로서 일국소에서의 열효과에 의하여 작동되는 것
- 차동식 분포형: 주위온도가 일정 상승률 이상이 되는 경우에 작동하는 것으로서 넓은 범위 내에서의 열효과의 누적에 의하여 작동되는 것
- 정온식 감지선형: 일국소의 주위온도가 일정한 온도 이상이 되는 경우에 작동하는 것으로서 외관이 전선으로 되어 있는 것
- 정온식 스포트형: 일국소의 주위온도가 일정한 온도 이상이 되는 경우에 작동하는 것으로서 외관이 전선으로 되어 있지 아니한 것
- 보상식 스포트형: 차동식 스포트형과 정온식 스포트형의 성능을 겸한 것으로서 두 가지의 성능 중 어느 한 기능이 작동되면 작동신호를 발하는 것

67

감시제어반 등에 설치된 무선중계기의 입력과 출력포트에 연결되어 송수신 신호를 원활하게 방사·수신하기 위해 옥외에 설치하는 장치는 무엇인가?

① 분파기
② 무선중계기
③ 옥외안테나
④ 혼합기

해설

감시제어반 등에 설치된 무선중계기의 입력과 출력포트에 연결되어 송수신 신호를 원활하게 방사·수신하기 위해 옥외에 설치하는 장치는 옥외안테나이다.

정답 66 ② 67 ③ 68 ②

69 빈출

축전지의 자기방전을 보충함과 동시에 상용부하에 대한 전력 공급은 충전기가 부담하도록 하되, 충전기가 부담하기 어려운 일시적인 대전류 부하는 축전지로 하여금 부담하게 하는 충전방식은?

① 과충전방식 ② 균등충전방식
③ 부동충전방식 ④ 세류충전방식

해설

충전방식은 전지의 자기방전을 보충함과 동시에 상용부하에 대한 전력 공급은 충전기가 부담하고 일시적인 대전류 부하는 축전지가 부담하도록 하는 방식이다.

| 관련개념 | 축전지의 충전방식

- 보통충전: 필요할 때마다 표준 시간율로 충전하는 방식
- 급속충전: 단시간에 보통 충전전류의 2~3배의 전류로 충전하는 방식
- 부동충전: 전지의 자기방전을 보충함과 동시에 상용부하에 대한 전력 공급은 충전기가 부담하고 일시적인 대전류 부하는 축전지가 부담하도록 하는 방식
- 균등충전: 1~3개월마다 정전압으로 10~12시간 충전하여 전체 셀의 전압을 균등하게 하는 방식
- 세류충전: 항상 자기 방전량만큼 충전하는 방식

70

단독경보형감지기 중 연동식 감지기의 무선 기능에 대한 설명으로 옳은 것은?

① 화재신호를 수신한 단독경보형감지기는 60초 이내에 경보를 발해야 한다.
② 무선통신 점검은 단독경보형감지기가 서로 송수신하는 방식으로 한다.
③ 작동한 단독경보형감지기는 화재경보가 정지하기 전까지 100초 이내 주기마다 화재신호를 발신해야 한다.
④ 무선통신 점검은 168시간 이내에 자동으로 실시하고 이 때 통신 이상이 발생하는 경우에는 300초 이내에 통신 이상 상태의 단독경보형감지기를 확인할 수 있도록 표시 및 경보를 해야 한다.

해설

무선통신 점검은 단독경보형감지기가 서로 송수신하는 방식으로 한다.

| 관련개념 | 연동식 감지기의 무선기능

- 화재신호
  - 작동한 단독경보형감지기는 화재경보가 정지하기 전까지 60초 이내 주기마다 화재신호를 발신하여야 한다.
  - 화재신호를 수신한 단독경보형감지기는 10초 이내에 경보를 발하여야 한다.
- 화재신호의 발신을 쉽게 확인할 수 있는 장치를 설치하여야 하고 화재 신호를 수신하면 내장된 음향장치에 의하여 화재경보를 하여야 한다.
- 통신점검기능
  - 무선통신 점검은 168시간 이내에 자동으로 실시하고 이때 통신이상이 발생하는 경우에는 200초 이내에 통신이상 상태의 단독경보형 감지기를 확인할 수 있도록 표시 및 경보를 하여야 한다.
  - 무선통신 점검은 단독경보형감지기가 서로 송수신하는 방식으로 한다.

71 빈출

정온식감지기의 설치 시 공칭작동온도가 최고주위온도보다 최소 몇 [°C] 이상 높은 것으로 설치해야 하는가?

① 10 ② 20
③ 30 ④ 40

해설

정온식감지기는 공칭작동온도가 최고주위온도보다 20[°C] 이상 높은 것으로 설치하여야 한다.

| 관련개념 | 자동화재탐지설비 감지기 공통설치기준

- 축적기능이 없는 감지기를 사용하는 경우
  - 교차회로방식에 사용되는 감지기
  - 급속한 연소 확대가 우려되는 장소에 사용되는 감지기
  - 축적기능이 있는 수신기에 연결하여 사용하는 감지기
- 감지기(차동식분포형의 것을 제외)는 실내로의 공기유입구로부터 1.5[m] 이상 떨어진 위치에 설치한다.
- 감지기는 천장 또는 반자의 옥내에 면하는 부분에 설치한다.
- 보상식스포트형감지기는 정온점이 감지기 주위의 평상시 최고온도보다 20[°C] 이상 높은 것으로 설치한다.
- 정온식감지기는 주방·보일러실 등으로서 다량의 화기를 취급하는 장소에 설치하되, 공칭작동온도가 최고주위온도보다 20[°C] 이상 높은 것으로 설치한다.

정답 69 ③ 70 ② 71 ②

72 빈출

무선통신보조설비의 누설동축케이블의 설치기준으로 틀린 것은?

① 끝부분에는 반사 종단저항을 견고하게 설치할 것
② 고압의 전로로부터 1.5[m] 이상 떨어진 위치에 설치할 것
③ 금속판 등에 따라 전파의 복사 또는 특성이 현저하게 저하되지 아니하는 위치에 설치할 것
④ 불연 또는 난연성의 것으로서 습기에 따라 전기의 특성이 변질되지 아니하는 것으로 설치할 것

해설

누설동축케이블의 끝부분에는 무반사 종단저항을 견고하게 설치하여야 한다.

| 관련개념 | 누설동축케이블 설치기준

- 소방전용주파수대에서 전파의 전송 또는 복사에 적합한 것으로서 소방전용의 것으로 한다.(다만, 소방대 상호 간의 무선연락에 지장이 없는 경우에는 다른 용도와 겸용 가능)
- 케이블의 구성
  - 누설동축케이블과 이에 접속하는 안테나
  - 동축케이블과 이에 접속하는 안테나
- 누설동축케이블 및 동축케이블은 불연 또는 난연성의 것으로서 습기에 따라 전기의 특성이 변질되지 아니하는 것으로 하고, 노출하여 설치한 경우에는 피난 및 통행에 장애가 없도록 한다.
- 누설동축케이블 및 동축케이블은 화재에 따라 해당 케이블의 피복이 소실된 경우에 케이블 본체가 떨어지지 아니하도록 4[m] 이내마다 금속제 또는 자기제 등의 지지금구로 벽·천장·기둥 등에 견고하게 고정시킬 것. 다만, 불연재료로 구획된 반자 안에 설치하는 경우에는 그러하지 아니하다.
- 누설동축케이블 및 안테나는 금속판 등에 따라 전파의 복사 또는 특성이 현저하게 저하되지 아니하는 위치에 설치한다.
- 누설동축케이블 및 안테나는 고압의 전로로부터 1.5[m] 이상 떨어진 위치에 설치한다. 다만, 해당 전로에 정전기 차폐장치를 유효하게 설치한 경우에는 그러하지 아니한다.
- 누설동축케이블의 끝부분에는 무반사 종단저항을 견고하게 설치한다.
- 누설동축케이블 또는 동축케이블의 임피던스는 50[Ω]으로 하고, 이에 접속하는 안테나·분배기 기타의 장치는 해당 임피던스에 적합한 것으로 하여야 한다.

73 고난도

소화활동 시 안내방송에 사용하는 증폭기의 종류로 옳은 것은?

① 탁상형
② 휴대형
③ Desk형
④ Rack형

해설

소화활동 시 안내방송에 사용하는 증폭기는 휴대형 증폭기이다.

74

계단통로유도등은 각 층의 경사로 참 또는 계단참마다 설치하도록 하고 있는데 1개 층에 경사로 참 또는 계단참이 2 이상 있는 경우에는 몇 개의 계단참마다 계단통로유도 등을 설치하여야 하는가?

① 2개
② 3개
③ 4개
④ 5개

해설

계단통로유도등의 설치기준
- 설치기준: 각 층의 경사로 참 또는 계단참마다(1개 층에 경사로 참 또는 계단참이 2 이상 있는 경우에는 2개의 계단참마다) 설치
- 설치높이: 바닥으로부터 높이 1.0[m] 이하의 위치에 설치

75

자동화재탐지설비의 수신기의 각 회로별 종단에 설치되는 감지기에 접속되는 배선의 전압은 감지기 정격전압의 최소 몇 [%] 이상이어야 하는가?

① 50
② 60
③ 70
④ 80

해설

자동화재탐지설비의 수신기의 각 회로별 종단에 설치되는 감지기에 접속되는 배선의 전압은 감지기 정격전압의 80[%] 이상이어야 한다.

정답 72 ① 73 ② 74 ① 75 ④

76

비상벨설비 또는 자동식 사이렌설비에는 그 설비에 대한 감시상태를 몇 시간 지속한 후 유효하게 10분 이상 경보할 수 있는 축전지 설비(수신기에 내장하는 경우를 포함)를 설치하여야 하는가?

① 1시간
② 2시간
③ 4시간
④ 6시간

해설

예비전원
- 예비전원: 축전지설비 또는 전기저장장치
- 성능: 감시상태를 60분간 지속한 후 유효하게 10분 이상 경보(수신기에 내장하는 경우를 포함)

단, 상용전원이 축전지설비인 경우 또는 건전지를 주전원으로 사용하는 무선식 설비인 경우에는 제외한다.

77

자동화재속보설비의 설치기준으로 틀린 것은?

① 조작스위치는 바닥으로부터 $1[m]$ 이상 $1.5[m]$ 이하의 높이에 설치할 것
② 속보기는 소방관서에 통신망으로 통보하도록 하며, 데이터 또는 코드전송방식을 부가적으로 설치할 수 있다.
③ 자동화재탐지설비와 연동으로 작동하여 자동적으로 화재발생 상황이 소방관서에 전달되는 것으로 할 것
④ 속보기는 소방청장이 정하여 고시한 자동화재속보설비의 속보기의 성능인증 및 제품검사의 기술기준에 적합한 것으로 설치하여야 한다.

해설

조작스위치는 바닥으로부터 $0.8[m]$ 이상 $1.5[m]$ 이하의 높이에 설치하여야 한다.

| 관련개념 | **자동화재속보설비 설치기준**
- 자동화재탐지설비와 연동으로 작동하여 자동적으로 화재발생 상황이 소방관서에 전달되고 부가적으로 특정소방대상물의 관계인에게 화재발생 상황을 전달
- 조작스위치 높이는 $0.8[m]$ 이상 $1.5[m]$ 이하
- 속보기 소방관서에 통신망으로 통보, 데이터 또는 코드전송방식을 부가적으로 설치 가능
- 문화재에 설치하는 자동화재속보설비는 속보기에 감지기를 직접 연결하는 방식(자동화재탐지설비 1개의 경계구역에 한함)으로 설치 가능
- 속보기는 소방청장이 정하여 고시한 자동화재속보설비의 속보기의 성능인증 및 제품검사의 기술기준에 적합한 것으로 설치

78 빈출

휴대용비상조명등 설치높이는?

① $0.8[m] \sim 1.0[m]$
② $0.8[m] \sim 1.5[m]$
③ $1.0[m] \sim 1.5[m]$
④ $1.0[m] \sim 1.8[m]$

해설

휴대용비상조명등의 설치기준
- 숙박시설 또는 다중이용업소에는 객실 또는 영업장 안의 구획된 실마다 잘 보이는 곳(외부에 설치 시 출입문 손잡이로부터 $1[m]$ 이내 부분)에 1개 이상 설치
- 대규모점포(지하상가 및 지하역사는 제외)와 영화상영관에는 보행거리 $50[m]$ 이내마다 3개 이상 설치
- 지하상가 및 지하역사에는 보행거리 $25[m]$ 이내마다 3개 이상 설치
- 설치높이는 바닥으로부터 $0.8[m]$ 이상 $1.5[m]$ 이하의 높이에 설치한다.
- 어둠속에서 위치를 확인할 수 있도록 한다.
- 사용 시 자동으로 점등되는 구조일 것
- 외함은 난연성능이 있을 것
- 건전지를 사용하는 경우에는 방전방지조치를 하여야 하고, 충전식 배터리의 경우에는 상시 충전되도록 한다.
- 건전지 및 충전식 배터리의 용량은 20분 이상 유효하게 사용할 수 있을 것

정답 76 ① 77 ① 78 ②

79

자동화재탐지설비의 화재안전기준에서 사용하는 용어가 아닌 것은?

① 중계기
② 경계구역
③ 시각경보장치
④ 단독경보형감지기

해설

단독경보형감지기: 화재발생상황을 단독으로 감지하여 자체에 내장된 음향장치로 경보하는 감지기

| 관련개념 | 자동화재탐지설비 용어의 정의

- 경계구역: 화재신호를 발신하고 그 신호를 수신 및 유효하게 제어할 수 있는 구역
- 수신기: 감지기나 발신기에서 발하는 화재신호를 직접 수신하거나 중계기를 통하여 수신하여 화재의 발생을 표시 및 경보하여 주는 장치
- 중계기: 감지기·발신기 또는 전기적접점 등의 작동에 따른 신호를 받아 이를 수신기의 제어반에 전송하는 장치
- 감지기: 화재 시 발생하는 열, 연기, 불꽃 또는 연소생성물을 자동적으로 감지하여 수신기에 발신하는 장치
- 발신기: 화재발생 신호를 수신기에 수동으로 발신하는 장치
- 시각경보장치: 자동화재탐지설비에서 발하는 화재신호를 시각경보기에 전달하여 청각장애인에게 점멸형태의 시각경보를 하는 것
- 거실: 거주·집무·작업·집회·오락 그 밖에 이와 유사한 목적을 위하여 사용하는 방

해설

비상경보설비 설치대상 특정소방대상물

특정소방 대상물	구분	비고
건축물	연면적이 $400[m^2]$ 이상	지하가 중 터널, 사람이 거주하지 않거나 벽이 없는 축사 등 동·식물 관련 시설은 제외
지하층·무창층	바닥면적이 $150[m^2]$ 이상 (공연장의 경우 $100[m^2]$)	
지하가중 터널	길이가 $500[m]$ 이상	
옥내작업장	50명 이상의 근로자가 작업하는 곳	

80

비상경보설비를 설치하여야 할 특정소방대상물로 옳은 것은?(단, 지하구, 모래·석재 등 불연재료 창고 및 위험물 저장·처리 시설 중 가스시설은 제외한다.)

① 지하가중 터널로서 길이가 $400[m]$ 이상인 것
② 30명 이상의 근로자가 작업하는 옥내작업장
③ 지하층 또는 무창층의 바닥면적이 $150[m^2]$(공연장의 경우 $100[m^2]$) 이상인 것
④ 연면적 $300[m^2]$(지하가 중 터널 또는 사람이 거주하지 않거나 벽이 없는 축사 등 동·식물 관련시설은 제외)이상인 것

정답 79 ④ 80 ③

2019년 2회 기출

1과목 소방원론

01

분말소화약제의 취급 시 주의사항으로 틀린 것은?

① 습도가 높은 공기 중에 노출되면 고화되므로 항상 주의를 기울인다.
② 충진 시 다른 소화약제와 혼합을 피하기 위하여 종별로 각각 다른 색으로 착색되어 있다.
③ 실내에서 다량 방사하는 경우 분말을 흡입하지 않도록 한다.
④ 분말소화약제와 수성막포를 함께 사용할 경우 포의 소포현상을 발생시키므로 병용해서는 안 된다.

해설

분말소화약제는 수성막포와 함께 사용해도 소포현상이 발생하지 않으므로 병용이 가능하다.

| 관련개념 | 수성막포소화약제
- 합성계면활성제를 주원료로 하는 포소화약제 중 기름 표면에서 수성막을 형성하는 포소화약제이다.
- Light Water 또는 AFFF(Aqueous Film-Forming Foam)라고도 한다.
- 안정성이 좋아 장기보관이 가능하다.
- 내약품성이 좋아 다 약제와 겸용이 가능하다.

02

화재의 일반적 특성으로 틀린 것은?

① 확대성　　② 정형성
③ 우발성　　④ 불안정성

해설

화재의 특성
- 우발성(화재는 돌발적으로 발생)
- 확대성
- 불안정성

03 빈출

다음 중 가연물의 제거를 통한 소화 방법과 무관한 것은?

① 산불의 확산방지를 위하여 산림의 일부를 벌채한다.
② 화학반응기의 화재 시 원료공급관의 밸브를 잠근다.
③ 전기실 화재 시 IG-541 약제를 방출한다.
④ 유류탱크 화재 시 주변에 있는 유류탱크의 유류를 다른 곳으로 이동시킨다.

해설

IG-541은 불활성기체소화약제로 산소의 공급을 차단하여 소화시키는 원리(질식소화)를 이용한다.

04

물의 소화능력에 관한 설명 중 틀린 것은?

① 다른 물질보다 비열이 크다.
② 다른 물질보다 융해잠열이 작다.
③ 다른 물질보다 증발잠열이 크다.
④ 밀폐된 장소에서 가열·증발되면 산소희석작용을 한다.

해설

융해열은 1[g]의 고체를 액체로 바꾸는 데 소요되는 열에너지이다.
물의 융해잠열은 80[cal/g]으로 다른 물질보다 큰 편이다.

오답해설

①, ③ 물은 다른 물질보다 비열과 증발잠열이 커서 냉각효과가 우수하다.
④ 수증기는 밀폐된 장소에서 산소를 희석하는 작용을 하여 질식효과도 얻을 수 있다.

정답 01 ④　02 ②　03 ③　04 ②

05

탱크화재 시 발생되는 보일오버(Boil Over)의 방지방법으로 틀린 것은?

① 탱크 내용물의 기계적 교반
② 물의 배출
③ 과열 방지
④ 위험물 탱크 내의 하부에 냉각수 저장

해설

보일오버(Boil Over)는 연소면의 열파가 탱크 저부에 고여 있는 물에 전달되어 물이 수증기로 기화하면서 연소유를 탱크 밖으로 비산시키며 연소하는 현상이다. 따라서 보일오버를 방지하기 위해서는 탱크 내의 물을 제거하여야 한다.

상세해설

① 탱크 내부에 있는 유류를 계속 섞어주면 물과 기름이 분리되지 않으므로 보일오버를 방지할 수 있다.

06 빈출

연면적이 $1,000[m^2]$ 이상인 건축물에 설치하는 방화벽이 갖추어야 할 기준으로 틀린 것은?

① 내화구조로서 설 수 있는 구조일 것
② 방화벽의 양쪽 끝과 윗쪽 끝을 건축물의 외벽면 및 지붕면으로부터 $0.1[m]$ 이상 튀어나오게 할 것
③ 방화벽에 설치하는 출입문의 너비는 $2.5[m]$ 이하로 할 것
④ 방화벽에 설치하는 출입문의 높이는 $2.5[m]$ 이하로 할 것

해설

방화벽의 양쪽 끝과 윗쪽 끝을 건축물의 외벽면 및 지붕면으로부터 $0.5[m]$ 이상 튀어나오게 할 것

| 관련개념 | '건축물방화구조규칙'상 방화벽의 구조

- 내화구조로서 홀로 설 수 있는 구조일 것
- 방화벽의 양쪽 끝과 윗쪽 끝을 건축물의 외벽면 및 지붕면으로부터 $0.5[m]$ 이상 튀어나오게 할 것
- 방화벽에 설치하는 출입문의 너비 및 높이는 각각 $2.5[m]$ 이하로 하고, 해당 출입문에는 60+ 방화문 또는 60분 방화문을 설치할 것

07 빈출

화재 시 CO_2를 방사하여 산소농도를 $11[vol\%]$로 낮추어 소화하려면 공기 중 CO_2의 농도는 약 몇 $[vol\%]$가 증가되어야 하는가?

① 47.6
② 42.9
③ 37.9
④ 34.5

해설

CO_2의 이론소화농도

$$CO_2 = \frac{21 - O_2}{21} \times 100$$

여기서, CO_2 : CO_2의 이론소화농도[vol%]
O_2 : O_2의 한계산소농도[vol%]

$$CO_2 = \frac{21 - 11}{21} \times 100 ≒ 47.6[vol\%]$$

08

건축물의 화재를 확산시키는 요인이라 볼 수 없는 것은?

① 비화
② 복사열
③ 자연발화
④ 접염

해설

자연발화는 건축물의 화재를 확산시키는 요인이 될 수 없다.

| 관련개념 | 건축물의 화재원인

종류	설명
접염 (화염의 접촉)	화염 또는 열과 직접 접촉하여 다른 대상으로 불이 옮겨 붙는 것이다.
비화	불티가 바람에 날리거나 화재현장에서 발생하는 열기류에 휩쓸려 원거리 가연물에 착화하는 현상이다.
복사열	전자기파의 일종인 복사파에 의해 전달되는 열이다.

정답 05 ④ 06 ② 07 ① 08 ③

09 고난도

다음 가연성 기체 1몰이 완전연소하는 데 필요한 이론공기량으로 틀린 것은?(단, 체적비로 계산하며 공기 중 산소의 농도를 21[vol%]로 한다.)

① 수소 - 약 2.38몰
② 메탄 - 약 9.52몰
③ 아세틸렌 - 약 16.97몰
④ 프로판 - 약 23.81몰

해설

- 물질의 완전연소반응식

    ① 수소: $2H_2 + O_2 \rightarrow 2H_2O$

    1몰 연소에 필요한 산소 몰수 = $\dfrac{산소\ 몰수}{수소\ 몰수} = \dfrac{1}{2} = 0.5[몰]$

    ② 메탄: $CH_4 + 2O_2 \rightarrow CO_2 + 2H_2O$

    1몰 연소에 필요한 산소 몰수 = $\dfrac{산소\ 몰수}{메탄\ 몰수} = \dfrac{2}{1} = 2[몰]$

    ③ 아세틸렌: $2C_2H_2 + 5O_2 \rightarrow 4CO_2 + 2H_2O$

    1몰 연소에 필요한 산소 몰수 = $\dfrac{산소\ 몰수}{아세틸렌\ 몰수} = \dfrac{5}{2} = 2.5[몰]$

    ④ 프로판: $C_3H_8 + 5O_2 \rightarrow 3CO_2 + 4H_2O$

    1몰 연소에 필요한 산소 몰수 = $\dfrac{산소\ 몰수}{프로판\ 몰수} = \dfrac{5}{1} = 5[몰]$

- 이론공기량 계산기

    이론공기량 = $\dfrac{완전연소에\ 필요한\ 산소\ 몰수}{공기\ 중\ 산소농도(0.21)}$

    ① 수소 = $\dfrac{0.5[몰]}{0.21} ≒ 2.38[몰]$

    ② 메탄 = $\dfrac{2[몰]}{0.21} ≒ 9.52[몰]$

    ③ 아세틸렌 = $\dfrac{2.5[몰]}{0.21} ≒ 11.9[몰]$

    ④ 프로판 = $\dfrac{5[몰]}{0.21} ≒ 23.81[몰]$

아세틸렌 1[몰]을 연소하기 위해서는 11.9[몰]의 공기가 필요하다.

10

다음 위험물 중 특수인화물이 아닌 것은?

① 아세톤
② 디에틸에테르
③ 산화프로필렌
④ 아세트알데히드

해설

아세톤은 제1석유류이다.

| 관련개념 | 특수인화물

개념	1기압에서 발화점이 100[°C] 이하인 것 또는 인화점이 -20[°C] 이하이고 비점이 40[°C] 이하인 것
종류	· 디에틸에테르 · 이황화탄소 · 아세트알데히드 · 산화프로필렌

11

목조건축물의 화재진행상황에 관한 설명으로 옳은 것은?

① 화원 - 발염착화 - 무염착화 - 출화 - 최성기 - 소화
② 화원 - 발염착화 - 무염착화 - 소화 - 연소낙하
③ 화원 - 무염착화 - 발염착화 - 출화 - 최성기 - 소화
④ 화원 - 무염착화 - 출화 - 발염착화 - 최성기 - 소화

해설

화원 - 무염착화 - 발염착화 - 출화 - 최성기 - 소화 순이다.

| 관련개념 | 목조건축물의 화재진행상황

화재의 원인 → 무염착화 → 발염착화 → 출화(발화) → 최성기 → 연소낙하 → 진화

(전기: 무염착화~출화 / 후기: 최성기~진화)

정답 09 ③ 10 ① 11 ③

12

방호공간 안에서 화재의 세기를 나타내고 화재가 진행되는 과정에서 온도에 따라 변하는 것으로 온도-시간곡선으로 표시할 수 있는 것은?

① 화재저항 ② 화재가혹도
③ 화재하중 ④ 화재플럼

해설

화재가혹도는 화재의 양과 질을 반영한 화재의 강도이며, 방호공간 안에서의 화재 세기를 나타낸다.

| 관련개념 | 화재와 관련된 용어

화재저항	화재 시 최고온도를 얼마만큼 견디는지 나타내는 능력
화재하중	가연물의 발열량을 목재의 단위발열량×바닥면적으로 나눈 값
화재플럼	부력에 의해 연소가스와 유입공기가 상승하면서 화염이 섞인 연기기둥형태를 나타내는 현상

13

다음 중 동일한 조건에서 증발잠열[kJ/kg]이 가장 큰 것은?

① 질소 ② 할론 1301
③ 이산화탄소 ④ 물

해설

물의 증발잠열이 가장 크다.

| 관련개념 | 소화약제의 증발잠열

약제	증발잠열
할론 1301	119[kJ/kg]
아르곤	156[kJ/kg]
질소	199[kJ/kg]
이산화탄소	574[kJ/kg]
물	2,245[kJ/kg] (539[kcal/kg])

14

화재 표면온도(절대온도)가 2배가 되면 복사에너지는 몇 배로 증가되는가?

① 2 ② 4
③ 8 ④ 16

해설

스테판 볼츠만의 법칙에 의해 단위면적당 복사에너지는 절대온도의 4제곱에 비례한다.

$Q = \sigma T^4$

여기서, Q: 단위면적당 복사에너지[W/m²]
σ: 스테판-볼츠만 상수[W/m²·K⁴]
T: 절대온도[K]

따라서 절대온도가 2배가 되면 복사에너지는 $2^4 = 16$배로 증가된다.

15

물소화약제를 어떠한 상태로 주수할 경우 전기화재의 진압에서도 소화능력을 발휘할 수 있는가?

① 물에 의한 봉상주수
② 물에 의한 적상주수
③ 물에 의한 무상주수
④ 어떤 상태의 주수에 의해서도 효과가 없다.

해설

물소화약제는 일반적으로 전기화재에 적응성이 없다. 하지만 물을 매우 미세한 물방울 형태로 분사하면(무상주수) 전기전도성이 낮아지므로 전기화재에도 적응성이 있다.

| 관련개념 | 물을 주수하는 방법

주수방법	설명
봉상주수	• 물을 물줄기 형태로 주수하는 방식으로 옥내소화전설비에 사용한다. • 화점이 멀리 있거나 고체 가연물에서 대규모 화재가 발생했을 때 사용한다.
적상주수	• 물을 작은 물방울 형태로 주수하는 방식으로 스프링클러설비에 사용한다. • 일반 고체 가연물의 화재 시 사용한다.
무상주수	• 물을 매우 미세한 물방울 형태로 분사하는 것으로 다른 방식에 비해 냉각효과가 우수하다. • 화점이 가까이 있을 때에 사용하고 질식효과, 에멀전효과가 필요할 때 사용한다.

정답 12 ② 13 ④ 14 ④ 15 ③

16

도장작업 공정에서의 위험도를 설명한 것으로 틀린 것은?

① 도장작업 그 자체 못지않게 건조공정도 위험하다.
② 도장작업에서는 인화성 용제가 쓰이지 않으므로 폭발의 위험이 없다.
③ 도장작업장은 폭발 시를 대비하여 지붕을 시공한다.
④ 도장실은 환기덕트를 주기적으로 청소하여 도료가 덕트 내에 부착되지 않게 한다.

해설

도장작업에서는 인화성이 강한 유기용제가 많이 사용되므로 폭발의 위험이 크다.

17 고난도

공기의 부피비율이 질소 $79[\%]$, 산소 $21[\%]$인 전기실에 화재가 발생하여 이산화탄소소화약제를 방출하여 소화하였다. 이때 산소의 부피농도가 $14[\%]$이었다면 이 혼합공기의 분자량은 약 얼마인가?(단, 화재 시 발생한 연소가스는 무시한다.)

① 28.9
② 30.9
③ 33.9
④ 35.9

해설

- CO_2 방출 후 이산화탄소의 농도 구하기

$$CO_2 = \frac{21 - O_2}{21} \times 100 = \frac{21 - 14}{21} \times 100 ≒ 33.3[vol\%]$$

여기서, CO_2: CO_2의 이론소화농도$[vol\%]$
O_2: O_2의 한계산소농도$[vol\%]$

- CO_2 방출 시 공기의 부피비율 변화
  산소(O_2) = $14[vol\%]$
  이산화탄소(CO_2) = $33.3[vol\%]$
  질소(N_2) = $100 - (O_2$ 농도 + CO_2 농도)
  $= 100 - (14 + 33.3) = 52.7[vol\%]$

- 혼합공기의 분자량
  원자량: $C = 12$, $N = 14$, $O = 16$
  산소(O_2): $(16 \times 2) \times 0.14 = 4.48$
  이산화탄소(CO_2): $(12 + 16 \times 2) \times 0.333 = 14.652$
  질소(N_2): $(14 \times 2) \times 0.527 = 14.756$
  혼합공기의 분자량 = $4.48 + 14.652 + 14.756 ≒ 33.9$

18

산불화재의 형태로 틀린 것은?

① 지중화형태
② 수평화형태
③ 지표화형태
④ 수관화형태

해설

수평화형태는 산불화재의 형태가 아니다.

| 관련개념 | 산불화재의 형태

구분	설명
지중화	땅속의 부식층이 타는 것이다.
지표화	지표에 있는 잡초 낙엽 등이 타는 것이다.
수간화	서 있는 나무의 줄기가 타는 것이다.
수관화	서 있는 나무의 가지와 잎이 타는 것이다.

19

석유, 고무, 동물의 털, 가죽 등과 같이 황 성분을 함유하고 있는 물질이 불완전연소될 때 발생하는 연소가스로 계란 썩는 듯한 냄새가 나는 기체는?

① 아황산가스
② 시안화수소
③ 황화수소
④ 암모니아

해설

황화수소는 가연성이 있으며 달걀 썩는 냄새가 나는 독성가스이다.

정답 16 ② 17 ③ 18 ② 19 ③

20

화재실의 연기를 옥외로 배출시키는 제연방식으로 효과가 가장 적은 것은?

① 자연제연방식
② 스모크타워제연방식
③ 기계식제연방식
④ 냉난방설비를 이용한 제연방식

해설

냉난방설비를 이용한 제연방식은 존재하지 않는 방식이다.

| 관련개념 | 제연방식의 종류

구분	설명
밀폐제연 방식	화재가 발생하였을 때 밀폐도가 큰 벽이나 문으로 밀폐하여 연기의 유출 및 공기 등의 유입을 차단시켜 제연하는 방식이다.
자연제연 방식	건물에 설치된 배기구로 제연하는 방식이다.
스모크타워 제연방식	고층 건물에 적합한 제연방식이다.
기계 제연 방식	제1종: 송풍기와 배연기를 이용한 제연방식이다. 제2종: 송풍기를 이용한 제연방식이다. 제3종: 배연기를 이용한 제연방식이다.

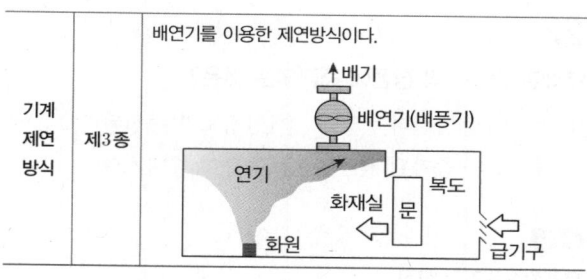

2과목 소방전기일반

21

그림과 같은 회로에서 A − B 단자에 나타나는 전압은 몇 [V]인가?

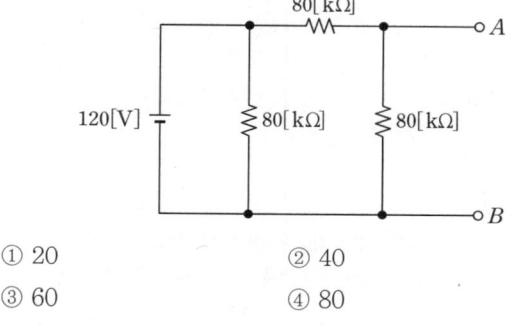

① 20
② 40
③ 60
④ 80

해설

그림의 회로는 아래와 같이 나타낼 수 있다.

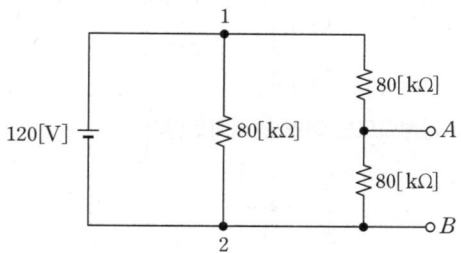

절점 1과 절점 2의 전압강하: 120[V]
따라서 A − B 단자의 전압은 전압 분배법칙을 적용하여 구하면
$120 \times \frac{80}{80+80} = 120 \times \frac{1}{2} = 60[V]$ 이다.

정답 20 ④ 21 ③

22
부궤환 증폭기의 장점에 해당되는 것은?

① 전력이 절약된다. ② 안정도가 증진된다.
③ 증폭도가 증가된다. ④ 능률이 증대된다.

해설

부궤환증폭기의 장점
- 안정도 증진
- 대역폭 확장
- 잡음 감소
- 왜곡 감소

23
전기기기에서 생기는 손실 중 권선의 저항에 의하여 생기는 손실은?

① 철손 ② 동손
③ 포유부하손 ④ 히스테리시스손

해설

손실의 종류
- 동손: 권선의 저항에 전류가 흐를때 발생하는 손실이다.
- 철손: 철심에서 발생하는 손실로 히스테리시스손과 와류손이 있다.

24
그림과 같은 무접점회로는 어떤 논리회로인가?

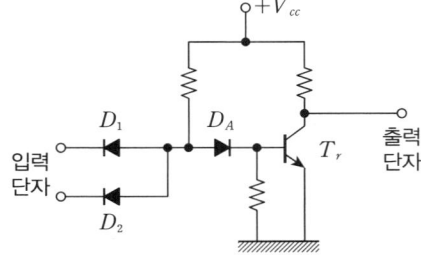

① NOR ② OR
③ NAND ④ AND

해설

문제에 주어진 회로는 입력(D_1, D_2)이 없을 경우에 출력값이 나오는 회로로 NAND 게이트에 해당한다.

| 관련개념 | NAND 게이트
- 논리기호

- 진리표

A	B	Y
0	0	1
0	1	1
1	0	1
1	1	0

25 빈출
열감지기의 온도 감지용으로 사용하는 소자는?

① 서미스터 ② 바리스터
③ 제너 다이오드 ④ 발광다이오드

해설

서미스터
부(−)온도특성을 가진 저항기의 일종으로서 주로 온도 보정용(온도 보상용)으로 쓰인다.

정답 22 ② 23 ② 24 ③ 25 ①

26

그림과 같은 회로에서 각 계기의 지시값이 Ⓥ는 $180[V]$, Ⓐ는 $5[A]$, W는 $720[W]$라면 이 회로의 무효전력$[Var]$은?

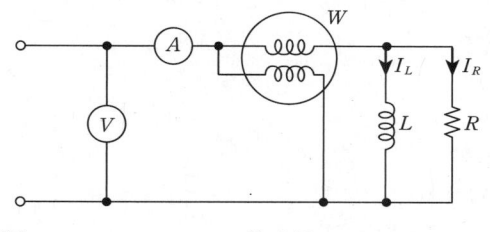

① 480
② 540
③ 960
④ 1,200

해설

- 피상전력
  $P_a = VI = 180 \times 5 = 900[VA]$
- 무효전력
  $P_r = \sqrt{P_a^2 - P^2} = \sqrt{900^2 - 720^2} = 540[Var]$

27 고난도

정현파 신호 $\sin t$의 전달함수는?

① $\dfrac{1}{s^2 + 1}$
② $\dfrac{1}{s^2 - 1}$
③ $\dfrac{s}{s^2 + 1}$
④ $\dfrac{s}{s^2 - 1}$

해설

- 시간함수를 주파수함수로 변환
  $\mathcal{L}\{\sin\omega t\} = \dfrac{\omega}{s^2 + \omega^2}$
- 주어진 조건은 $\omega = 1$이므로
  $\mathcal{L}\{\sin t\} = \dfrac{1}{s^2 + 1}$

28 빈출

제어량이 압력, 온도 및 유량 등과 같은 공업량일 경우의 제어는?

① 시퀀스 제어
② 프로세스 제어
③ 추종 제어
④ 프로그램 제어

해설

제어량에 의한 분류
- 프로세스 제어(공정 제어): 압력, 온도, 유량 등 공업량 제어
- 서보기구(추종 제어): 위치, 방위, 자세 등 기계적 변위 조정
- 자동조정 제어(정치 제어): 전압, 전류, 주파수 등 전기적량 제어

29

SCR를 턴온시킨 후 게이트 전류를 0으로 하여도 온(ON)상태를 유지하기 위한 최소의 애노드 전류를 무엇이라 하는가?

① 래칭전류
② 스텐드온전류
③ 최대전류
④ 순시전류

해설

SCR를 턴온시킨 후 게이트 전류를 0으로 하여도 온(ON)상태를 유지하기 위한 최소의 애노드 전류를 래칭전류라 한다.

정답 26 ② 27 ① 28 ② 29 ①

30

인덕턴스가 $1[\text{H}]$인 코일과 정전용량이 $0.2[\mu\text{F}]$인 콘덴서를 직렬로 접속할 때 이 회로의 공진주파수는 약 몇 $[\text{Hz}]$인가?

① 89
② 178
③ 267
④ 356

해설

공진조건 $\omega L = \dfrac{1}{\omega C}$ 이므로

$\omega = \dfrac{1}{\sqrt{LC}}$

따라서 공진주파수(f_0)는

$f_0 = \dfrac{1}{2\pi\sqrt{LC}}$

$= \dfrac{1}{2\pi\sqrt{1 \times (0.2 \times 10^{-6})}} \fallingdotseq 356[\text{Hz}]$

31

단상 반파 정류회로에서 교류 실효값 $220[\text{V}]$를 정류하면 직류 평균전압은 약 몇 $[\text{V}]$인가?(단, 정류기의 전압강하는 무시한다.)

① 58
② 73
③ 88
④ 99

해설

직류 평균전압
- 단상 반파 정류회로의 경우
  $E_d = 0.45E[\text{V}]$
- 단상 전파 정류회로의 경우
  $E_d = 0.9E$

주어진 문제는 단상 반파 정류회로이므로
$E_d = 0.45E = 0.45 \times 220 = 99[\text{V}]$

32 빈출

논리식 $X + \overline{X}Y$를 간단히 하면?

① X
② $X\overline{Y}$
③ $\overline{X}Y$
④ $X + Y$

해설

흡수법칙

$X + \overline{X}Y = X(1+Y) + \overline{X}Y$
$= X + XY + \overline{X}Y$
$= X + Y(X + \overline{X})$
$= X + Y$

33

온도 $t[°\text{C}]$에서 저항이 R_1, R_2이고 저항의 온도 계수가 각각 a_1, a_2인 두 개의 저항을 직렬로 접속했을 때 합성 저항 온도계수는?

① $\dfrac{R_1 a_2 + R_2 a_1}{R_1 + R_2}$
② $\dfrac{R_1 a_1 + R_2 a_2}{R_1 R_2}$
③ $\dfrac{R_1 a_1 + R_2 a_2}{R_1 + R_2}$
④ $\dfrac{R_1 a_2 + R_2 a_1}{R_1 R_2}$

해설

저항의 온도 계수
- 합성 저항
  $R = R_1 + R_2 [\Omega]$
- $1[°\text{C}]$가 증가한 상태의 합성 저항
  $R_a = a_1 R_1 + a_2 R_2 [\Omega]$

따라서 합성 저항 온도 계수는
$a = \dfrac{R_a}{R} = \dfrac{a_1 R_1 + a_2 R_2}{R_1 + R_2} = \dfrac{R_1 a_1 + R_2 a_2}{R_1 + R_2}$

| 관련개념 | 저항의 온도 계수
저항의 온도가 $1[°\text{C}]$ 증가할 때 원래 저항값에 대한 증가 비율

정답 30 ④ 31 ④ 32 ④ 33 ③

34

단상전력을 간접적으로 측정하기 위해 3전압계법을 사용하는 경우 단상 교류전력 P[W]는?

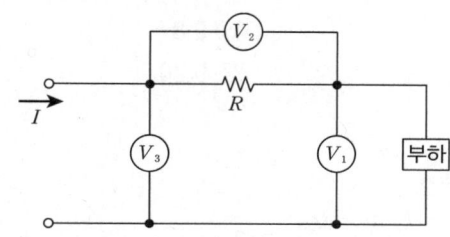

① $P = \dfrac{1}{2R}(V_3 - V_2 - V_1)^2$

② $P = \dfrac{1}{R}(V_3^2 - V_1^2 - V_2^2)$

③ $P = \dfrac{1}{2R}(V_3^2 - V_1^2 - V_2^2)$

④ $P = V_3 I \cos\theta$

해설

3전압계법
$P = \dfrac{1}{2R}(V_3^2 - V_1^2 - V_2^2)[W]$

35

그림과 같은 RL 직렬회로에서 소비되는 전력은 몇 [W]인가?

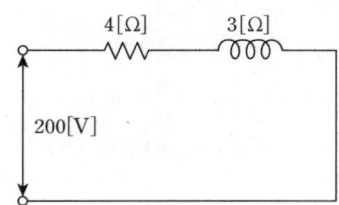

① 6,400
② 8,800
③ 10,000
④ 12,000

해설

- 임피던스 $Z = 4 + j3[\Omega]$
- 임피던스의 크기 $|Z| = \sqrt{4^2 + 3^2} = 5[\Omega]$
- 회로에 흐르는 전류 $I = \dfrac{V}{|Z|} = \dfrac{200}{5} = 40[A]$
- 소비전력(유효전력) $P = I^2 R = 40^2 \times 4 = 6,400[W]$

36

선간전압 E[V]의 3상 평형전원에 대칭 3상 저항부하 R[Ω]이 그림과 같이 접속되었을 때 a, b 두 상간에 접속된 전력계의 지시값이 W[W]라면 c상의 전류는?

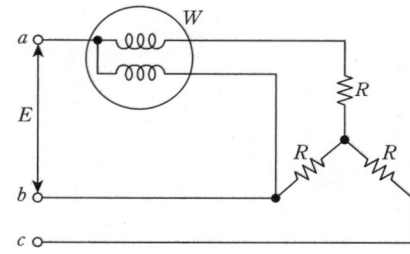

① $\dfrac{2W}{\sqrt{3}E}$

② $\dfrac{3W}{\sqrt{3}E}$

③ $\dfrac{W}{\sqrt{3}E}$

④ $\dfrac{\sqrt{3}W}{\sqrt{E}}$

해설

$W = EI\cos\theta = EI\cos 30° = \dfrac{\sqrt{3}}{2}EI[W]$

(∵ 선간전압과 상전류는 30°의 위상차가 존재한다.)

따라서 상전류 $I = \dfrac{2W}{\sqrt{3}E}[A]$

정답 34 ③ 35 ① 36 ①

37

교류 전력 변환 장치로 사용되는 인버터 회로에 대한 설명으로 옳지 않은 것은?

① 직류 전력을 교류 전력으로 변환하는 장치를 인버터라고 한다.
② 전류형 인버터와 전압형 인버터로 구분할 수 있다.
③ 전류 방식에 따라서 타려식과 자려식으로 구분할 수 있다.
④ 인버터의 부하장치에는 직류 직권전동기를 사용할 수 있다.

해설

인버터의 부하장치에는 교류 직권전동기를 사용한다.

| 관련개념 | 인버터

- 직류 전력을 교류 전력으로 변환하는 장치
- 전류형 인버터와 전압형 인버터로 구분
- 전류방식에 따라서 타려식과 자려식으로 구분
- 인버터의 부하장치에는 교류 직권전동기를 사용

38

다이오드를 사용한 정류회로에서 과전압방지를 위한 대책으로 가장 알맞은 것은?

① 다이오드를 직렬로 추가한다.
② 다이오드를 병렬로 추가한다.
③ 다이오드의 양단에 적당한 값의 저항을 추가한다.
④ 다이오드의 양단에 적당한 값의 콘덴서를 추가한다.

해설

다이오드의 접속
- 직렬 접속 과전압으로부터 보호
- 병렬 접속: 과전류로부터 보호

39

이미터 전류를 $1[\mathrm{mA}]$ 증가시켰더니 컬렉터 전류는 $0.98[\mathrm{mA}]$ 증가되었다. 이 트랜지스터의 증폭률 b는?

① 4.9
② 9.8
③ 49.0
④ 98.0

해설

전류 증폭률

$$b = \frac{I_C}{I_B} = \frac{I_C}{I_E - I_C} = \frac{0.98}{1 - 0.98} = 49$$

40

저항이 $4[\Omega]$, 인덕턴스가 $8[\mathrm{mH}]$인 코일을 직렬로 연결하고 $100[\mathrm{V}]$, $60[\mathrm{Hz}]$인 전압을 공급할 때 유효전력은 약 몇 $[\mathrm{kW}]$인가?

① 0.8
② 1.2
③ 1.6
④ 2.0

해설

- 유도 리액턴스 $X_L = 2\pi f L = 2\pi \times 60 \times (8 \times 10^{-3}) \fallingdotseq 3[\Omega]$
- 임피던스 $Z = R + jX_L = 4 + j3[\Omega]$
- 임피던스 크기 $|Z| = \sqrt{3^2 + 4^2} = 5[\Omega]$
- 회로에 흐르는 전류 $I = \dfrac{V}{|Z|} = \dfrac{100}{5} = 20[\mathrm{A}]$
- 유효전력 $P = I^2 R = 20^2 \times 4 = 1,600[\mathrm{W}] = 1.6[\mathrm{kW}]$

정답 37 ④ 38 ① 39 ③ 40 ③

3과목 소방관계법규

41
소방시설을 구분하는 경우 소화설비에 해당되지 않는 것은?

① 스프링클러설비 ② 제연설비
③ 자동확산소화기 ④ 옥외소화전설비

해설

제연설비는 소화활동설비이다.

| 관련개념 | 소방시설의 구분

소방시설	종류	소방시설	종류
소화설비	• 소화기구 • 자동소화장치 • 옥내소화전설비(호스릴 옥내소화전 포함) • 스프링클러설비 등 • 물분무소화설비 등 • 옥외소화전설비	피난구조설비	• 피난기구 • 인명구조기구 • 유도등 • 비상조명등 및 휴대용 • 비상조명등
		소화용수설비	• 상수도소화용수설비 • 소화수조·저수조, 그 밖의 소화용수설비
경보설비	• 단독경보형 감지기 • 비상경보설비(비상벨설비, 자동식사이렌설비) • 시각경보기 • 자동화재탐지설비 • 비상방송설비 • 자동화재속보설비 • 통합감시시설 • 누전경보기 • 가스누설경보기	소화활동설비	• 제연설비 • 연결송수관설비 • 연결살수설비 • 비상콘센트설비 • 무선통신보조설비 • 연소방지설비

42 빈출
소방특별조사(화재예방조사) 결과 소방대상물의 위치·구조·설비 또는 관리의 상황이 화재나 재난·재해 예방을 위하여 보완될 필요가 있거나 화재가 발생하면 인명 또는 재산의 피해가 클 것으로 예상되는 때에 관계인에게 그 소방대상물의 개수·이전·제거, 사용의 금지 또는 제한, 사용폐쇄, 공사의 정지 또는 중지, 그 밖의 필요한 조치를 명할 수 있는 자로 틀린 것은?

① 시·도지사 ② 소방서장
③ 소방청장 ④ 소방본부장

해설

조치를 명령할 수 있는 자는 소방청장, 소방본부장 또는 소방서장이다.

| 관련개념 | 소방특별조사에 따른 조치명령
• 조치명령권자: 소방청장, 소방본부장 또는 소방서장
• 소방특별조사(화재예방조사) 결과 소방대상물의 위치·구조·설비 또는 관리의 상황이 다음과 같을 때
  – 화재나 재난·재해 예방을 위하여 보완될 필요가 있을 때
  – 화재가 발생하면 인명 또는 재산의 피해가 클 것으로 예상되는 때
• 명령내용
  관계인에게 그 소방대상물의 개수·이전·제거, 사용의 금지 또는 제한, 사용폐쇄, 공사의 정지 또는 중지, 그 밖의 필요한 조치를 명할 수 있다.

43 고난도
「화재예방, 소방시설 설치·유지 및 안전관리에 관한 법령」상 둘 이상의 특정소방대상물이 내화구조로 된 연결통로가 벽이 없는 구조로서 그 길이가 몇 [m] 이하인 경우 하나의 소방대상물로 보는가?

① 6 ② 9
③ 10 ④ 12

해설

벽이 없는 구조일 경우 6[m], 벽이 있는 구조일 경우 10[m] 이하인 경우 하나의 소방대상물로 본다.

| 관련개념 | 특정소방대상물
둘 이상의 특정소방대상물이 다음 중 하나에 해당되는 구조의 복도, 통로로 연결된 경우 하나의 소방대상물로 본다.
• 내화구조로 된 연결통로가 다음 어느 하나에 해당되는 경우
  – 벽이 없는 구조로서 그 길이가 6[m] 이하인 경우
  – 벽이 있는 구조로 그 길이가 10[m] 이하인 경우(다만, 벽 높이가 바닥에서 천장까지의 높이의 1/2 미만인 경우에는 벽이 없는 구조로 본다.)
• 내화구조가 아닌 연결통로로 연결된 경우
• 컨베이어로 연결되거나 플랜트 설비의 배관 등으로 연결되어 있는 경우
• 지하보도, 지하상가, 지하가, 지하구로 연결된 경우
• 방화셔터, 갑종방화문이 설치되지 않은 피트로 연결된 경우

정답 41 ② 42 ① 43 ①

44

소방대라 함은 화재를 진압하고 화재, 재난·재해 그 밖의 위급한 상황에서 구조·구급 활동 등을 하기 위하여 구성된 조직체를 말한다. 소방대의 구성원으로 틀린 것은?

① 소방공무원
② 소방안전관리원
③ 의무소방원
④ 의용소방대원

해설

소방대

화재를 진압하고 화재, 재난·재해, 그 밖의 위급한 상황에서 구조·구급 활동들을 하기 위하여 다음의 사람으로 구성된 조직체를 말한다.
- 소방공무원
- 의무소방원
- 의용소방대원

45

제4류 위험물을 저장·취급하는 제조소에 "화기엄금"이란 주의사항을 표시하는 게시판을 설치할 경우 게시판의 색상은?

① 청색바탕에 백색문자
② 적색바탕에 백색문자
③ 백색바탕에 적색문자
④ 백색바탕에 흑색문자

해설

제2류 위험물 중 인화성 고체, 제3류 위험물 중 자연발화성 물질, 제4류 위험물, 제5류 위험물은 게시판에 '화기엄금' 주의사항을 적색바탕에 백색문자로 표기한다.

| 관련개념 | 제조소의 표지 및 게시판

위험물의 종류	주의사항	게시판
제1류 위험물 중 알칼리금속의 과산화물 제3류 위험물 중 금수성 물질	물기엄금	청색바탕 백색문자
제2류 위험물(인화성 고체는 제외)	화기주의	적색바탕 백색문자
제2류 위험물 중 인화성 고체 제3류 위험물 중 자연발화성 물질 제4류 위험물 제5류 위험물	화기엄금	적색바탕 백색문자

46

다음 중 품질이 우수하다고 인정되는 소방용품에 대하여 우수품질인증을 할 수 있는 자는?

① 산업통상자원부장관
② 시·도지사
③ 소방청장
④ 소방본부장 또는 소방서장

해설

우수품질인증의 신청을 할 수 있는 자는 소방청장이다.

47 고난도

다음 중 고급기술자에 해당하는 학력·경력 기준으로 옳은 것은?

① 박사학위를 취득한 후 2년 이상 소방 관련 업무를 수행한 사람
② 석사학위를 취득한 후 6년 이상 소방 관련 업무를 수행한 사람
③ 학사학위를 취득한 후 8년 이상 소방 관련 업무를 수행한 사람
④ 고등학교를 졸업 후 10년 이상 소방 관련 업무를 수행한 사람

해설

소방기술과 관련된 자격·학력 및 경력의 인정범위

등급	학력·경력자
고급 기술자	• 박사학위를 취득한 후 1년 이상 소방 관련 업무를 수행한 사람 • 석사학위를 취득한 후 6년 이상 소방 관련 업무를 수행한 사람 • 학사학위를 취득한 후 9년 이상 소방 관련 업무를 수행한 사람 • 전문학사학위를 취득한 후 12년 이상 소방 관련 업무를 수행한 사람 • 고등학교를 졸업한 후 15년 이상 소방 관련 업무를 수행한 사람

정답 44 ② 45 ② 46 ③ 47 ②

48

「소방기본법령」상 인접하고 있는 시·도 간 소방업무의 상호응원협정을 체결하고자 할 때, 포함되어야 하는 사항으로 틀린 것은?

① 소방교육·훈련의 종류에 관한 사항
② 화재의 경계·진압활동에 관한 사항
③ 출동대원의 수당·식사 및 의복의 수선의 소요경비의 부담에 관한 사항
④ 화재조사활동에 관한 사항

해설

소방업무의 상호응원협정
- 소방활동에 관한 사항
  - 화재의 경계·진압 활동
  - 구조·구급업무의 지원
  - 화재조사활동
- 응원출동대상지역 및 규모
- 다음의 소요경비의 부담에 관한 사항
  - 출동대원의 수당·식사 및 의복의 수선
  - 소방장비 및 기구의 정비와 연료의 보급
  - 그 밖의 경비
- 응원출동의 요청 방법
- 응원출동훈련 및 평가

49 빈출

「소방기본법령」상 위험물 또는 물건의 보관기간은 소방본부 또는 소방서의 게시판에 공고하는 기간의 종료일 다음 날부터 며칠로 하는가?

① 3일 ② 5일
③ 7일 ④ 14일

해설

공고 후 보관기간은 7일이다.

| 관련개념 |
- 게시판 공고기간: 14일
- 공고 후 보관기간: 7일
- 보관기간 종료 후: 매각 또는 폐기

50

지정수량의 최소 몇 배 이상의 위험물을 취급하는 제조소에는 피뢰침을 설치해야 하는가?(단, 제6류 위험물을 취급하는 위험물제조소는 제외하고, 제조소 주위의 상황에 따라 안전상 지장이 없는 경우도 제외한다.)

① 5배 ② 10배
③ 50배 ④ 100배

해설

피뢰침의 설치
지정수량의 10배 이상의 위험물을 취급하는 제조소(제6류 위험물을 취급하는 위험물 제조소 제외)에는 피뢰침을 설치한다.

51

산화성 고체인 제1류 위험물에 해당되는 것은?

① 질산염류 ② 특수인화물
③ 과염소산 ④ 유기과산화물

해설

② 특수인화물 - 제4류 위험물 인화성 액체
③ 과염소산 - 제6류 위험물 산화성 액체
④ 유기과산화물 - 제5류 위험물 자기반응성 물질

| 관련개념 | 제1류 위험물 산화성 고체

유별	성질	품명
제1류	산화성 고체	아염소산염류
		염소산염류
		과염소산염류
		무기과산화물
		브롬산염류
		질산염류
		요오드산염류
		과망간산염류
		중크롬산염류

정답 48 ① 49 ③ 50 ② 51 ①

52

「위험물안전관리법」상 청문을 실시하여 처분해야 하는 것은?

① 제조소 등 설치허가의 취소
② 제조소 등 영업정지 처분
③ 탱크시험자의 영업정지 처분
④ 과징금 부과 처분

해설

청문
- 청문권자: 시·도지사, 소방본부장 또는 소방서장
- 다음에 해당하는 처분을 하고자 하는 경우에는 청문을 실시
  - 제조소 등 설치허가의 취소
  - 탱크시험자의 등록 취소

53

「화재예방 소방시설 설치·유지 및 안전관리에 관한 법령」상 특정소방대상물 중 오피스텔은 어느 시설에 해당하는가?

① 숙박시설
② 일반업무시설
③ 공동주택
④ 근린생활시설

해설

오피스텔은 일반업무시설에 해당한다.

| 관련개념 | 특정소방대상물 중 업무시설
- 공공업무시설: 국가 또는 지방자치단체의 청사와 외국공관의 건축물(근린생활시설에 해당하는 것은 제외)
- 일반업무시설: 금융업소, 사무소, 신문사, 오피스텔(근린생활시설에 해당하는 것은 제외)
- 주민자치센터(동사무소), 경찰서, 지구대, 파출소, 소방서, 119안전센터, 우체국, 보건소, 공공도서관, 국민건강보험공단
- 마을회관, 마을공동작업소, 마을공동구판장
- 변전소, 양수장, 정수장, 대피소, 공중화장실

54

「화재예방, 소방시설 설치·유지 및 안전관리에 관한 법령」상, 종사자 수가 5명이고, 숙박시설이 모두 2인용 침대이며 침대 수량은 50개인 청소년 시설의 수용인원은 몇 명인가?

① 55
② 75
③ 85
④ 105

해설

침대가 있는 숙박시설의 수용인원
종사자수 + 침대수(2인용은 2개)
= 5 + 50(2인용) × 2 = 105(명)

| 관련개념 | 특정소방대상물의 규모 등에 따라 고려해야 하는 수용인원

특정소방 대상물	용도	수용인원의 설정
숙박시설	침대가 있는 숙박시설	종사자수 + 침대수(2인용은 2개)
	침대가 없는 숙박시설	종사자수 + (바닥면적 합계/3[m²])
그 외 특정소방 대상물	강의실·교무실·상담실·실습실 휴게실	바닥면적 합계/1.9[m²]
	강당, 문화 및 집회시설, 운동시설, 종교시설	바닥면적 합계/4.6[m²] • 관람석의 경우: 고정식 의자수 • 긴의자의 경우: 의자 너비/0.45[m]
	그 밖의 특정소방대상물	바닥면적 합계/3[m²]

정답 52 ① 53 ② 54 ④

55

다음 중 300만 원 이하의 벌금에 해당되지 않는 것은?

① 소방시설업의 등록수첩을 다른 자에게 빌려준 자
② 소방시설공사의 완공검사를 받지 아니한 자
③ 소방기술자가 동시에 둘 이상의 업체에 취업한 사람
④ 소방시설공사 현장에 감리원을 배치하지 아니한 자

해설

소방시설공사의 완공검사를 받지 아니한 자는 200만 원 이하의 과태료가 부과된다.

| 관련개념 | 300만 원 이하의 벌금

- 다른 자에게 자기의 성명이나 상호를 사용하여 소방시설공사 등을 수급 또는 시공하게 하거나 소방시설업의 등록증이나 등록수첩을 빌려준 자
- 소방시설공사 현장에 감리원을 배치하지 아니한 자
- 감리업자의 보완 요구에 따르지 아니한 자
- 공사감리 계약을 해지하거나 대가 지급을 거부하거나 지연시키거나 불이익을 준 자
- 소방시설공사를 다른 업종의 공사와 분리하여 도급하지 아니한 자
- 자격수첩 또는 경력수첩을 빌려 준 사람
- 동시에 둘 이상의 업체에 취업한 사람
- 관계인의 정당한 업무를 방해하거나 업무상 알게 된 비밀을 누설한 사람

56

「화재예방, 소방시설 설치·유지 및 안전관리에 관한 법령」상 건축허가 등의 동의를 요구한 기관이 그 건축허가 등을 취소하였을 때, 취소한 날로부터 최대 며칠 이내에 건축물 등의 시공지 또는 소재지를 관할하는 소방본부장 또는 소방서장에게 그 사실을 통보하여야 하는가?

① 3일 ② 4일
③ 7일 ④ 10일

해설

건축허가 등의 동의요구

건축허가 동의요구기관의 건축허가 취소 시, 취소한 날로부터 7일 이내에 관할 소방본부장, 소방서장에게 통보하여야 한다.

57 빈출

「소방기본법」상 화재 현장에서의 피난 등을 체험할 수 있는 소방체험관의 설립·운영권자는?

① 시·도지사
② 행정안전부장관
③ 소방본부장 또는 소방서장
④ 소방청장

해설

소방박물관의 설립·운영권자는 소방청장, 소방체험관의 설립·운영권자는 시·도지사이다.

| 관련개념 | 소방박물관 및 소방체험관

구분	소방박물관	소방체험관
설립·운영권자	소방청장	시·도지사
설립·운영에 필요한 사항	행정안전부령	행정안전부령에 따른 시·도조례

58

「소방기본법령」상 소방활동구역의 출입자에 해당되지 않는 자는?

① 소방활동구역 안에 있는 소방대상물의 소유자·관리자 또는 점유자
② 전기·가스·수도·통신·교통의 업무에 종사하는 사람으로서 원활한 소방활동을 위하여 필요한 자
③ 화재건물과 관련 있는 부동산업자
④ 취재인력 등 보도업무에 종사하는 자

해설

화재건물과 관련 있는 부동산업자는 소방활동구역의 출입자에 해당되지 않는다.

| 관련개념 | 소방활동구역의 출입자

- 소방활동구역 안에 있는 소방대상물의 소유자 관리자 또는 점유자
- 전기·가스·수도·통신·교통의 업무에 종사하는 사람으로서 원활한 소방 활동을 위하여 필요한 사람
- 의사·간호사 그 밖의 구조·구급업무에 종사하는 사람
- 취재인력 등 보도업무에 종사하는 사람
- 수사업무에 종사하는 사람
- 그 밖에 소방대장이 소방활동을 위하여 출입을 허가한 사람

정답 55 ② 56 ③ 57 ① 58 ③

59

소방본부장 또는 소방서장은 건축허가 등의 동의요구 서류를 접수한 날부터 최대 며칠 이내에 건축허가 등의 동의 여부를 회신하여야 하는가?(단, 허가 신청한 건축물은 지상으로부터 높이가 200[m]인 아파트이다.)

① 5일　　　　② 7일
③ 10일　　　④ 15일

해설

지상으로부터 높이가 200[m]인 아파트는 특급소방대상물로 10일 이내에 동의 여부를 회신하여야 한다.

| 관련개념 | 건축허가 등의 동의

구분	동의 여부 회신	대상물의 범위
특급소방 대상물	10일 이내	• 50층(지하층 제외), 높이 200[m] 이상 아파트 • 30층(지하층 포함), 높이 120[m] 이상의 특정소방대상물(아파트 제외) • 연면적 20만[m²] 이상 특정소방대상물(아파트 제외)
특정소방 대상물	5일 이내	건축허가동의대상 특정소방대상물

60

소방시설관리업자가 기술인력을 변경하는 경우, 시·도지사에게 제출하여야 하는 서류로 틀린 것은?

① 소방시설관리업 등록수첩
② 변경된 기술인력의 기술자격증(자격수첩)
③ 기술인력연명부
④ 사업자등록증 사본

해설

기술인력을 변경하는 경우 소방시설관리업 등록수첩, 변경된 기술인력의 기술자격증(자격수첩), 기술인력연명부가 필요하다.

| 관련개념 | 소방시설관리업 등록사항의 변경

- 등록사항 변경신고 기한: 변경일로부터 30일 이내에 시·도지사에게 제출
- 등록사항 변경신고 대상
  - 명칭·상호 또는 영업소 소재지
  - 대표자
  - 기술인력
- 등록변경 시 첨부서류
  - 명칭·상호 또는 영업소 소재지를 변경하는 경우: 소방시설관리업 등록증 및 등록수첩
  - 대표자를 변경하는 경우: 소방시설관리업 등록증 및 등록수첩
  - 기술인력을 변경하는 경우
    1) 소방시설관리업 등록수첩
    2) 변경된 기술인력의 기술자격증(자격수첩)
    3) 기술인력연명부

4과목　소방전기시설의 구조 및 원리

61

무선통신보조설비의 증폭기에는 비상전원이 부착된 것으로 하고 비상전원의 용량은 무선통신보조설비를 유효하게 몇 분 이상 작동시킬 수 있는 것이어야 하는가?

① 10분　　　　② 20분
③ 30분　　　　④ 40분

해설

증폭기에는 비상전원이 부착된 것으로 하고 해당 비상전원 용량은 무선통신보조설비를 유효하게 30분 이상 작동시킬 수 있는 것으로 할 것

| 관련개념 | 증폭기 및 무선중계기의 설치기준

- 전원은 전기가 정상적으로 공급되는 축전지, 전기저장장치(외부 전기에너지를 저장해 두었다가 필요한 때 전기를 공급하는 장치) 또는 교류전압 옥내 간선으로 하고, 전원까지의 배선은 전용으로 할 것
- 증폭기의 전면에는 주회로의 전원이 정상인지의 여부를 표시할 수 있는 표시등 및 전압계를 설치할 것
- 증폭기에는 비상전원이 부착된 것으로 하고 해당 비상전원 용량은 무선통신보조설비를 유효하게 30분 이상 작동시킬 수 있는 것으로 할 것
- 증폭기 및 무선중계기를 설치하는 경우에는 적합성평가를 받은 제품으로 설치하고 임의로 변경하지 않도록 할 것
- 디지털 방식의 무전기를 사용하는 데 지장이 없도록 설치할 것

정답　59 ③　60 ④　61 ③

62

비상방송설비의 배선에 대한 설치기준으로 틀린 것은?

① 배선은 다른 용도의 전선과 동일한 관, 덕트, 몰드 또는 풀박스 등에 설치할 것
② 전원회로의 배선은 옥내소화전설비의 화재안전기준에 따른 내화배선으로 설치할 것
③ 화재로 인하여 하나의 층의 확성기 또는 배선이 단락 또는 단선되어도 다른 층의 화재통보에 지장이 없도록 할 것
④ 부속회로의 전로와 대지 사이 및 배선 상호 간의 절연저항은 1경계구역마다 직류 250[V]의 절연저항측정기를 사용하여 측정한 절연저항이 0.1[MΩ] 이상이 되도록 할 것

해설

배선은 다른 용도의 전선과 별도의 관, 덕트, 몰드 또는 풀박스 등에 설치한다.

| 관련개념 | 비상방송설비의 배선

전원회로 배선	내화배선
그밖의 배선	내화배선, 내열배선
절연저항	부속회로의 전로와 대지 사이 및 배선 상호 간의 절연저항은 1경계구역마다 직류 250[V]의 절연저항측정기를 사용하여 측정한 절연저항이 0.1[MΩ] 이상이 되도록 함
배선	다른 전선과 별도의 관·덕트(절연효력이 있는 것으로 구획한 때에는 그 구획된 부분은 별개의 덕트로 봄)·몰드 또는 풀박스 등에 설치한다.(단, 60[V] 미만의 약전류회로에 사용하는 전선으로서 각각의 전압이 같을 때에는 제외)
통보	화재로 인하여 하나의 층의 확성기 또는 배선이 단락 또는 단선되어도 다른 층의 통보에 지장이 없도록 할 것

63 빈출

비상콘센트설비의 설치기준으로 틀린 것은?

① 개폐기에는 '비상콘센트'라고 표시한 표지를 할 것
② 하나의 전용회로에 설치하는 비상콘센트는 10개 이하로 할 것
③ 비상전원을 실내에 설치하는 때에는 그 실내에 비상조명등을 설치할 것
④ 비상전원은 비상콘센트설비를 유효하게 10분 이상 작동시킬 수 있는 용량으로 할 것

해설

비상전원은 비상콘센트설비를 유효하게 20분 이상 작동시킬 수 있는 용량으로 하여야 한다.

64 빈출

비상전원이 비상조명등을 60분 이상 유효하게 작동시킬 수 있는 용량으로 하지 않아도 되는 특정소방대상물은?

① 지하상가
② 숙박시설
③ 무창층으로서 용도가 소매시장
④ 지하층을 제외한 층수가 11층 이상의 층

해설

비상조명등을 60분 이상 유효하게 작동시킬 수 있는 용량으로 하지 않아도 되는 특정소방대상물은 숙박시설이다.

| 관련개념 | 비상전원 유효요구시간

소방시설		비상전원 용량(최소)
소화설비	전체 (간이 스프링클러 제외)	20분
	간이스프링클러	10분(단, 근린생활시설 용도는 20분)
경보설비	전체	감시 60분 후 10분 경보
피난시설	유도등설비 비상조명등설비	• 11층 이상의 층 • 지하층 또는 무창층(도매시장, 소매시장, 여객자동차 터미널, 지하역사, 지하상가 용도) — 60분
		기타 장소인 경우 — 20분
소화 활동설비	제연설비 연결송수관설비	20분
	무선통신보조설비	30분

정답 62 ① 63 ④ 64 ②

65 고난도

일국소의 주위온도가 일정한 온도 이상이 되는 경우에 작동하는 것으로서 외관이 전선으로 되어 있는 감지기는 어떤 것인가?

① 공기흡입형
② 광전식분리형
③ 차동식 스포트형
④ 정온식 감지선형

해설

정온식 감지선형은 일국소의 주위온도가 일정한 온도 이상이 되는 경우에 작동하는 것으로서 외관이 전선으로 되어 있다.

| 관련개념 | 열감지기

- 차동식 스포트형: 주위온도가 일정 상승률 이상이 되는 경우에 작동하는 것으로서 일국소에서의 열효과에 의하여 작동되는 것
- 차동식 분포형: 주위온도가 일정 상승률 이상이 되는 경우에 작동하는 것으로서 넓은 범위 내에서의 열효과의 누적에 의하여 작동되는 것
- 정온식 감지선형: 일국소의 주위온도가 일정한 온도 이상이 되는 경우에 작동하는 것으로서 외관이 전선으로 되어 있는 것
- 정온식 스포트형: 일국소의 주위온도가 일정한 온도 이상이 되는 경우에 작동하는 것으로서 외관이 전선으로 되어 있지 아니한 것
- 보상식 스포트형: 차동식 스포트형과 정온식 스포트형의 성능을 겸한 것으로서 두 가지의 성능 중 어느 한 기능이 작동되면 작동신호를 발하는 것

66

비상콘센트를 보호하기 위한 비상콘센트 보호함의 설치기준으로 틀린 것은?

① 비상콘센트 보호함에는 쉽게 개폐할 수 있는 문을 설치하여야 한다.
② 비상콘센트 보호함 상부에 적색의 표시등을 설치하여야 한다.
③ 비상콘센트 보호함에는 그 내부에 '비상콘센트'라고 표시한 표식을 하여야 한다.
④ 비상콘센트 보호함을 옥내소화전함 등과 접속하여 설치하는 경우에는 옥내소화전함 등의 표시등과 겸용할 수 있다.

해설

비상콘센트 보호함 표면에 "비상콘센트"라고 표시한 표지를 하여야 한다.

| 관련개념 | 비상콘센트 설비

- 보호함에는 쉽게 개폐할 수 있는 문을 설치한다.
- 보호함 표면에 "비상콘센트"라고 표시한 표지를 한다.
- 보호함 상부에 적색의 표시등을 설치한다. 다만, 비상콘센트의 보호함을 옥내소화전함 등과 접속하여 설치하는 경우에는 옥내소화전함 등의 표시등과 겸용한다.

67

소방회로용의 것으로 수전설비, 변전설비 그 밖의 기기 및 배선을 금속제 외함에 수납한 것으로 정의되는 것은?

① 전용분전반
② 공용분전반
③ 공용큐비클식
④ 전용큐비클식

해설

전용큐비클식은 소방회로용의 것으로 수전설비, 변전설비 그 밖의 기기 및 배선을 금속제 외함에 수납한 것이다.

| 관련개념 | 비상전원수전설비

- 소방회로: 소방부하에 전원을 공급하는 전기회로
- 일반회로: 소방회로 이외의 전기회로
- 수전설비: 전력수급용 계기용변성기·주차단장치 및 그 부속기기
- 변전설비: 전력용변압기 및 그 부속장치
- 전용큐비클식: 소방회로용의 것으로 수전설비, 변전설비 그 밖의 기기 및 배선을 금속제 외함에 수납한 것
- 공용큐비클식: 소방회로 및 일반회로 겸용의 것으로서 수전설비, 변전설비 그 밖의 기기 및 배선을 금속제 외함에 수납한 것
- 전용배전반: 소방회로 전용의 것으로서 개폐기, 과전류차단기, 계기 그 밖의 배선용기기 및 배선을 금속제 외함에 수납한 것
- 공용배전반: 소방회로 및 일반회로 겸용의 것으로서 개폐기, 과전류차단기, 계기 그 밖의 배선용기기 및 배선을 금속제 외함에 수납한 것
- 전용분전반: 소방회로 전용의 것으로서 분기개폐기, 분기과전류차단기 그 밖의 배선용기기 및 배선을 금속제 외함에 수납한 것
- 공용분전반: 소방회로 및 일반회로 겸용의 것으로서 분기개폐기, 분기과전류차단기 그 밖의 배선용기기 및 배선을 금속제 외함에 수납한 것
- 인입구배선: 인입선 연결점으로부터 특정소방대상물 내에 시설하는 인입개폐기에 이르는 배선

정답 65 ④ 66 ③ 67 ④

68 빈출

비상방송설비 음향장치에 대한 설치기준으로 옳은 것은?

① 다른 전기회로에 따라 유도장애가 생기지 않도록 한다.
② 음량조정기를 설치하는 경우 음량조정기의 배선은 2선식으로 한다.
③ 다른 방송설비와 공용하는 것에 있어서는 화재 시 비상경보 외의 방송을 차단되는 구조가 아니어야 한다.
④ 기동장치에 따른 화재신고를 수신한 후 필요한 음량으로 화재발생 상황 및 피난에 유효한 방송이 자동으로 개시될 때까지의 소요시간은 60초 이하로 한다.

해설

다른 전기회로에 따라 유도장애가 생기지 아니하도록 해야 한다.

| 관련개념 | 음향장치 설치기준

- 확성기의 음성입력은 $3[W]$(실내에 설치하는 것에 있어서는 $1[W]$) 이상일 것
- 확성기는 각 층마다 설치하되, 그 층의 각 부분으로부터 하나의 확성기까지의 수평거리가 $25[m]$ 이하가 되도록 하고, 해당층의 각 부분에 유효하게 경보를 발할 수 있도록 설치할 것
- 음량조정기를 설치하는 경우 음량조정기의 배선은 3선식으로 할 것
- 조작부의 조작스위치는 바닥으로부터 $0.8[m]$ 이상 $1.5[m]$ 이하의 높이에 설치할 것
- 조작부는 기동장치의 작동과 연동하여 해당 기동장치가 작동한 층 또는 구역을 표시할 수 있는 것으로 할 것
- 증폭기 및 조작부는 수위실 등 상시 사람이 근무하는 장소로서 점검이 편리하고 방화상 유효한 곳에 설치할 것
- 층수가 5층 이상으로서 연면적이 $3,000[m^2]$를 초과하는 특정소방대상물은 다음에 따라 경보를 발할 수 있도록 하여야 한다.
  - 2층 이상의 층에서 발화한 때에는 발화층 및 그 직상층에 경보를 발할 것
  - 1층에서 발화한 때에는 발화층 · 그 직상층 및 지하층에 경보를 발할 것
  - 지하층에서 발화한 때에는 발화층 · 그 직상층 및 기타의 지하층에 경보를 발할 것
- 다른 방송설비와 공용하는 것에 있어서는 화재 시 비상경보 외의 방송을 차단할 수 있는 구조로 할 것
- 다른 전기회로에 따라 유도장애가 생기지 아니하도록 할 것
- 하나의 특정소방대상물에 2 이상의 조작부가 설치되어 있는 때에는 각각의 조작부가 있는 장소 상호 간에 동시통화가 가능한 설비를 설치하고, 어느 조작부에서도 해당 특정소방대상물의 전 구역에 방송을 할 수 있도록 할 것
- 기동장치에 따른 화재신고를 수신한 후 필요한 음량으로 화재발생 상황 및 피난에 유효한 방송이 자동으로 개시될 때까지의 소요시간은 10초 이하로 할 것
- 음향장치는 다음 기준에 따른 구조 및 성능의 것으로 하여야 한다.
  - 정격전압의 $80[\%]$ 전압에서 음향을 발할 수 있는 것을 할 것
  - 자동화재탐지설비의 작동과 연동하여 작동할 수 있는 것으로 할 것

69

객석 내의 통로의 직선부분의 길이가 $85[m]$이다. 객석유도등을 몇 개 설치하여야 하는가?

① 17개　　② 19개
③ 21개　　④ 22개

해설

$\frac{85}{4} - 1 = 20.25$이므로 객석유도등을 21개 설치하여야 한다.

| 관련개념 | 객석 유도등 설치기준

- 객석의 통로, 바닥 또는 벽에 설치
- 객석 내의 통로가 경사로 또는 수평로로 되어 있는 부분은 다음의 식에 따라 산출한 수(소수점 이하의 수는 1)의 유도등을 설치

$$설치개수 = \frac{객석 통로의 직선부분의 길이[m]}{4} - 1$$

- 객석 내의 통로가 옥외 또는 이와 유사한 부분에 있는 경우에는 해당 통로 전체에 미칠 수 있는 수의 유도등을 설치

70

자동화재탐지설비의 감지기회로에 설치하는 종단저항의 설치기준으로 틀린 것은?

① 감지기 회로 끝부분에 설치한다.
② 점검 및 관리가 쉬운 장소에 설치하여야 한다.
③ 전용함에 설치하는 경우 그 설치높이는 바닥으로부터 $0.8[m]$ 이내에 설치하여야 한다.
④ 종단감지기에 설치할 경우에는 구별이 쉽도록 해당감지기의 기판 및 감지기 외부 등에 별도의 표시를 하여야 한다.

해설

전용함에 내장하는 경우 바닥에서 $1.5[m]$ 이내에 설치하여야 한다.

| 관련개념 | 자동화재탐지설비 도통시험

- 종단저항 설치목적: 회로도통시험 시 회로의 단선, 단락, 정상상태 파악
- 종단저항 설치기준
  - 점검 및 관리가 쉬운 장소에 설치
  - 전용함에 내장하는 경우 바닥에서 $1.5[m]$ 이내
  - 감지기 회로의 끝에 설치
  - 구별이 쉽도록 감지기 기판 및 감지기 외부에 별도표시

정답 68 ① 　69 ③ 　70 ③

71 고난도

비상경보설비의 축전지설비의 구조에 대한 설명으로 틀린 것은?

① 예비전원을 병렬로 접속하는 경우에는 역충전 방지 등의 조치를 하여야 한다.
② 내부에 주전원의 양극을 동시에 개폐할 수 있는 전원스위치를 설치하여야 한다.
③ 축전지설비는 접지전극에 교류전류를 통하는 회로방식을 사용하여서는 아니 된다.
④ 예비전원은 축전지설비용 예비전원과 외부부하 공급용 예비전원을 별도로 설치하여야 한다.

해설

축전지설비는 접지전극에 직류전류를 통하는 회로방식을 사용하여서는 아니 된다.

| 관련개념 | 축전지의 성능인증 및 제품검사의 기술기준

- 부식에 의하여 기계적 기능에 영향을 초래할 우려가 있는 부분은 칠, 도금 등으로 기계적 내식가공을 하거나 방청가공을 하여야 하며, 전기적 기능에 영향이 있는 단자, 나사 및 와셔 등은 동합금이나 이와 동등 이상의 내식성능이 있는 재질을 사용하여야 한다.
- 외부에서 쉽게 사람이 접촉할 우려가 있는 충전부는 충분히 보호되어야 하며 정격전압이 60[V]를 넘고 금속제 외함을 사용하는 경우에는 외함에 접지단자를 설치하여야 한다.
- 극성이 있는 배선을 접속하는 경우에는 오접속 방지를 위한 필요한 조치를 하여야 하며, 커넥터로 접속하는 방식은 구조적으로 오접속이 되지 않는 형태이어야 한다.
- 극성이 있는 접속단자, 인출선 등은 오접속을 방지하기 위하여 적당한 색상에 의하여 극성을 구분할 수 있도록 하여야 한다.
- 예비전원회로에는 단락사고 등을 방지하기 위한 퓨즈, 차단기 등과 같은 보호장치를 하여야 하며 퓨즈 및 차단기는 'KS' 또는 '전'자 표시 승인품이어야 한다.
- 전면에는 주전원 및 예비전원의 상태를 표시할 수 있는 장치와 작동 시 작동여부를 표시하는 장치를 하여야 한다.
- 내부에 주전원의 양극을 동시에 개폐할 수 있는 전원스위치를 설치하여야 한다.
- 복귀스위치 또는 음향장치의 울림을 정지시키는 스위치를 설치하는 경우에는 전용의 것이어야 한다.
- 자동적으로 정위치에 복귀하지 아니하는 스위치를 설치하는 경우에는 음신호장치 또는 점멸하는 주의등을 설치하여야 한다.
- 예비전원은 축전지설비용 예비전원과 외부부하 공급용 예비전원을 별도로 설치하여야 한다.
- 예비전원을 병렬로 접속하는 경우에는 역충전 방지 등의 조치를 하여야 한다.
- 축전지설비는 접지전극에 직류전류를 통하는 회로방식을 사용하여서는 아니 된다.
- 축전지설비에 사용하는 변압기, 퓨즈, 차단기, 지시전기계기는 'KS'품 또는 '전'자 표시 승인품이어야 한다.

72 빈출

신호의 전송로가 분기되는 장소에 설치하는 것으로 임피던스 매칭과 신호 균등분배를 위해 사용되는 장치는?

① 혼합기　　　② 분배기
③ 증폭기　　　④ 분파기

해설

무선통신보조설비 구성요소

- 누설동축케이블: 동축케이블의 외부도체에 가느다란 홈을 만들어서 전파가 외부로 새어나갈 수 있도록 한 케이블
- 분배기: 신호의 전송로가 분기되는 장소에 설치하는 것으로 임피던스 매칭과 신호 균등분배를 위해 사용하는 장치
- 분파기: 서로 다른 주파수의 합성된 신호를 분리하기 위해서 사용하는 장치
- 혼합기: 두 개 이상의 입력신호를 원하는 비율로 조합한 출력이 발생하도록 하는 장치
- 증폭기: 신호 전송 시 신호가 약해져 수신이 불가능해지는 것을 방지하기 위해서 증폭하는 장치
- 무선중계기: 안테나를 통하여 수신된 무전기 신호를 증폭한 후 음영지역에 재방사하여 무전기 상호 간 송수신이 가능하도록 하는 장치
- 옥외안테나: 감시제어반 등에 설치된 무선중계기의 입력과 출력포트에 연결되어 송수신 신호를 원활하게 방사·수신하기 위해 옥외에 설치하는 장치

73

부착높이 $3[m]$, 바닥면적 $50[m^2]$인 주요구조부를 내화구조로 한 소방대상물에 1종 열반도체식 차동식분포형감지기를 설치하고자 할 때 감지부의 최소 설치개수는?

① 1개　　　② 2개
③ 3개　　　④ 4개

해설

$\dfrac{50}{65} = 0.77$이므로 감지부의 최소 설치개수는 1개이다.

| 관련개념 | 열반도체식 차동식분포형감지기의 바닥면적$[m^2]$

부착높이 및 소방대상물의 구분		감지기의 종류	
		1종	2종
8[m] 미만	주요구조부가 내화구조로 된 소방대상물 또는 그 부분	65	36
	기타구조의 소방대상물 또는 그 부분	40	23
8[m] 이상 15[m] 미만	주요구조부가 내화구조로 된 소방대상물 또는 그 부분	50	36
	기타구조의 소방대상물 또는 그 부분	30	23

정답 71 ③　72 ②　73 ①

74

3선식 배선에 따라 상시 충전되는 유도등의 전기회로에 점멸기를 설치하는 경우 유도등이 점등되어야 할 경우로 관계 없는 것은?

① 제연설비가 작동한 때
② 자동소화설비가 작동한 때
③ 비상경보설비의 발신기가 작동한 때
④ 자동화재탐지설비의 감지기가 작동한 때

해설

3상유도등 점등
- 자동화재탐지설비의 감지기 또는 발신기가 작동되는 때
- 비상경보설비의 발신기가 작동되는 때
- 상용전원이 정전되거나 전원선이 단선되었을 때
- 방재업무 통제실 등에서 수동 점등하는 때
- 자동소화설비가 작동되는 때

75 빈출

누전경보기의 전원은 분전반으로부터 전용회로로 하고 각극에 개폐기와 몇 [A] 이하의 과전류차단기를 설치하여야 하는가?

① 15
② 20
③ 25
④ 30

해설

전원
- 전원은 분전반으로부터 전용회로로 한다.
- 각 극에 개폐기 및 15[A] 이하의 과전류차단기(배선용 차단기에 있어서는 20[A] 이하의 것으로 각 극을 개폐할 수 있는 것)를 설치한다.
- 전원을 분기할 때에는 다른 차단기에 따라 전원이 차단되지 아니하도록 한다.
- 전원의 개폐기에는 누전경보기용임을 표시한 표지를 한다.

76

자동화재속보설비의 설치기준으로 틀린 것은?

① 조작스위치는 바닥으로부터 0.8[m] 이상 1.5[m] 이하의 높이에 설치한다.
② 비상경보설비와 연동으로 작동하여 자동적으로 화재발생 상황을 소방관서에 전달하도록 한다.
③ 속보기는 소방관서에 통신망으로 통보하도록 하며, 데이터 또는 코드전송방식을 부가적으로 설치할 수 있다.
④ 속보기는 소방청장이 정하여 고시한 자동화재속보설비의 속보기의 성능인증 및 제품검사의 기술기준에 적합한 것으로 설치하여야 한다.

해설

자동화재탐지설비와 연동으로 작동하여 자동적으로 화재발생 상황을 소방관서에 전달한다.

| 관련개념 | 자동화재속보설비 설치기준
- 자동화재탐지설비와 연동으로 작동하여 자동적으로 화재발생 상황을 소방관서에 전달되고 부가적으로 특정소방대상물의 관계인에게 화재 발생 상황을 전달
- 조작스위치 높이는 0.8[m] 이상 1.5[m] 이하
- 속보기는 소방관서에 통신망으로 통보, 데이터 또는 코드전송방식을 부가적으로 설치 가능
- 문화재에 설치하는 자동화재속보설비는 속보기에 감지기를 직접 연결하는 방식(자동화재탐지설비 1개의 경계구역에 한함)으로 설치 가능
- 속보기는 소방청장이 정하여 고시한 자동화재속보설비의 속보기의 성능인증 및 제품검사의 기술기준에 적합한 것으로 설치

정답 74 ① 75 ① 76 ②

77

다음 비상경보설비 및 비상방송설비에 사용되는 용어 설명 중 틀린 것은?

① 비상벨설비라 함은 화재발생 상황을 경종으로 경보하는 설비를 말한다.
② 증폭기라 함은 전압전류의 주파수를 늘려 감도를 좋게 하고 소리를 크게 하는 장치를 말한다.
③ 확성기라 함은 소리를 크게 하여 멀리까지 전달될 수 있도록 하는 장치로서 일명 스피커를 말한다.
④ 음량조절기라 함은 가변저항을 이용하여 전류를 변화시켜 음량을 크게 하거나 작게 조절할 수 있는 장치를 말한다.

해설

증폭기는 전압전류의 진폭을 늘려 강도를 좋게 하고 미약한 음성전류를 커다란 음성전류로 변화시켜 소리를 크게 하는 장치이다.

| 관련개념 | 비상방송설비 용어의 정의
- 확성기: 소리를 크게 하여 멀리까지 전달될 수 있도록 하는 장치(스피커)
- 음량조절기: 가변저항을 이용하여 전류를 변화시켜 음량을 조절할 수 있는 장치
- 증폭기: 전압전류의 진폭을 늘려 감도를 좋게 하고 미약한 음성전류를 커다란 음성전류로 변화시켜 소리를 크게 하는 장치
- 비상벨설비: 화재발생 상황을 경종으로 경보하는 설비

78

다음 ( ) 안에 들어갈 내용으로 옳은 것은?

> 누전경보기란 ( ) 이하인 경계전로의 누설전류 또는 지락전류를 검출하여 당해 소방대상물의 관계인에게 경보를 발하는 설비로서 변류기와 수신부로 구성된 것을 말한다.

① 사용전압 220[V]
② 사용전압 380[V]
③ 사용전압 600[V]
④ 사용전압 750[V]

해설

누전경보기 정의
- 내화구조가 아닌 건축물로서 벽, 바닥 또는 천장의 전부나 일부를 불연재료 또는 준불연재료가 아닌 재료에 철망을 넣어 만든 건물의 전기설비로부터 누설전류를 탐지하여 경보를 발하며 변류기와 수신부로 구성된 것
- 사용전압이 600[V] 이하인 경계전로의 누설전류를 검출하여 당해 소방 대상물의 관계자에게 경보를 발하는 설비

79 빈출

부착높이가 11[m]인 장소에 적응성 있는 감지기는?

① 차동식 분포형
② 정온식 스포트형
③ 차동식 스포트형
④ 정온식 감지선형

해설

부착높이별 감지기의 종류

부착높이	감지기의 종류
8[m] 이상~ 15[m] 미만	• 차동식 분포형 • 이온화식 1종 또는 2종 • 광전식(스포트형, 분리형, 공기흡입형) 1종 또는 2종 • 연기복합형 • 불꽃감지기

80

비상콘센트설비 상용전원회로의 배선이 고압수전 또는 특고압수전인 경우의 설치기준은?

① 인입개폐기의 직전에서 분기하여 전용배선으로 할 것
② 인입개폐기의 직후에서 분기하여 전용배선으로 할 것
③ 전력용변압기 1차측의 주차단기 2차측에서 분기하여 전용배선으로 할 것
④ 전력용변압기 2차측의 주차단기 1차측 또는 2차측에서 분기하여 전용배선으로 할 것

해설

상용전원회로의 배선
- 저압수전인 경우에는 인입개폐기의 직후
- 고압수전 또는 특고압수전인 경우에는 전력용변압기 2차측의 주차단기 1차측 또는 2차측에서 분기하여 전용배선으로 한다.

정답 77 ② 78 ③ 79 ① 80 ④

2019년 3회 기출

1과목 소방원론

01
화재의 지속시간 및 온도에 따라 목재건물과 내화건물을 비교했을 때 목재건물의 화재성상으로 가장 적합한 것은?

① 저온장기형이다. ② 저온단기형이다.
③ 고온장기형이다. ④ 고온단기형이다.

해설
목재건물의 화재성상은 고온단기형이다.

| 관련개념 | 목조건물과 내화건물의 화재성상 비교

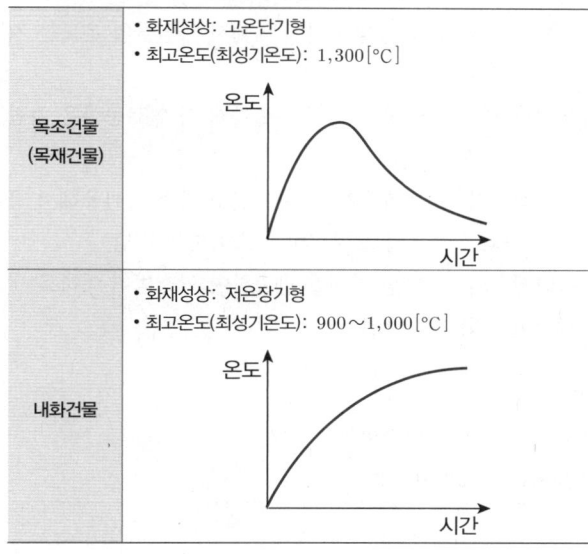

| 목조건물
(목재건물) | • 화재성상: 고온단기형
• 최고온도(최성기온도): 1,300[°C] |
| 내화건물 | • 화재성상: 저온장기형
• 최고온도(최성기온도): 900~1,000[°C] |

02
할로겐화합물 청정소화약제는 일반적으로 열을 받으면 할로겐족이 분해되어 가연물질의 연소 과정에서 발생하는 활성종과 화합하여 연소의 연쇄반응을 차단한다. 연쇄반응의 차단과 가장 거리가 먼 소화약제는?

① FC-3-1-10 ② HFC-125
③ IG-541 ④ FIC-13I1

해설
IG-541은 불활성기체소화약제로 질식소화 효과가 있다. 할로겐화합물소화약제는 부촉매효과(억제효과)를, 불활성기체소화약제는 질식효과를 이용한다.

[참고] 청정소화약제는 현재 할로겐화합물 및 불활성기체소화약제로 개정되었습니다.

03
물의 소화력을 증대시키기 위하여 첨가하는 첨가제 중 물의 유실을 방지하고 건물, 임야 등의 입체면에 오랫동안 잔류하게 하기 위한 것은?

① 증점제 ② 강화액
③ 침투제 ④ 유화제

해설
증점제는 물의 점성을 높여 소화수 유실을 최소화한다.

| 관련개념 | 첨가제의 종류

첨가제	설명
강화액	약제의 분해, 침전 등을 억제하여 소화력 향상
침투제	물의 표면장력을 감소시켜 가연물에 대한 침투성을 향상
유화제	물과 기름의 에멀전을 형성하여 가연성 혼합기체의 생성을 억제
증점제	물의 점성을 높여 소화수 유실을 최소화

정답 01 ④ 02 ③ 03 ①

04 빈출

화재 시 이산화탄소를 방출하여 산소농도를 13[vol%]로 낮추어 소화하기 위한 공기 중 이산화탄소의 농도는 약 몇 [vol%]인가?

① 9.5
② 25.8
③ 38.1
④ 61.5

해설

$$CO_2 = \frac{21 - O_2}{21} \times 100$$

여기서, CO_2: CO_2의 이론소화농도[vol%]
O_2: O_2의 한계산소농도[vol%]

$$CO_2 = \frac{21 - 13}{21} \times 100 ≒ 38.1[vol\%]$$

05

다음 중 인명구조기구에 속하지 않는 것은?

① 방열복
② 공기안전매트
③ 공기호흡기
④ 인공소생기

해설

공기안전매트는 인명구조기구가 아니라 피난기구이다.

상세해설

① 방열복: 고온의 복사열에 가까이 접근하여 소방활동을 수행할 수 있는 내열피복
③ 공기호흡기: 소화활동 시에 화재로 인하여 발생하는 각종 유독가스 중에서 일정시간 사용할 수 있도록 제조된 압축공기식 개인호흡장비
④ 인공소생기: 호흡 부전 상태인 사람에게 인공호흡을 시켜 환자를 보호하거나 구급하는 기구

06

다음 중 인화점이 가장 낮은 물질은?

① 산화프로필렌
② 이황화탄소
③ 메틸알코올
④ 등유

해설

물질의 인화점
① 산화프로필렌: $-37[°C]$
② 이황화탄소: $-30[°C]$
③ 메틸알코올: $11[°C]$
④ 등유: $43 \sim 72[°C]$

따라서 산화프로필렌의 인화점이 가장 낮다.

07 빈출

소화원리에 대한 설명으로 틀린 것은?

① 냉각소화: 물의 증발잠열에 의해서 가연물의 온도를 저하시키는 소화방법
② 제거효과: 가연성 가스의 분출화재 시 연료공급을 차단시키는 소화방법
③ 질식소화: 포소화약제 또는 불연성 가스를 이용해서 공기 중의 산소공급을 차단하여 소화하는 방법
④ 억제소화: 불활성 기체를 방출하여 연소범위 이하로 낮추어 소화하는 방법

해설

④는 희석소화에 대한 설명이다.

| 관련개념 | 소화원리의 종류

구분	설명
냉각소화	점화원을 냉각하여 연소가 지속되지 못하도록 하는 소화법이다. 주로 증발잠열이 큰 물을 사용하여 소화한다.
억제소화 (부촉매소화)	연소반응 시 발생하는 활성라디칼의 생성을 억제하여 소화하는 방법이다.
제거소화	가연물을 제거하여 소화하는 방법이다.
질식소화	공기 중의 산소농도를 낮춰서 연소에 필요한 산소를 차단하여 소화하는 방법이다.

정답 04 ③ 05 ② 06 ① 07 ④

08

방화벽의 구조 기준 중 다음 ( ) 안에 알맞은 것은?

- 방화벽의 양쪽 끝과 위쪽 끝을 건축물의 외벽면 및 지붕면으로부터 (㉠)[m] 이상 튀어 나오게 할 것
- 방화벽에 설치하는 출입문의 너비 및 높이는 각각 (㉡)[m] 이하로 하고, 해당 출입문에는 60 + 방화문 또는 60분 방화문을 설치할 것

① ㉠ 0.3 ㉡ 2.5
② ㉠ 0.3 ㉡ 3.0
③ ㉠ 0.5 ㉡ 2.5
④ ㉠ 0.5 ㉡ 3.0

해설

건축물방화구조규칙상 방화벽의 구조
- 내화구조로서 홀로 설 수 있는 구조일 것
- 방화벽의 양쪽 끝과 위쪽 끝을 건축물의 외벽면 및 지붕면으로부터 0.5m 이상 튀어나오게 할 것
- 방화벽에 설치하는 출입문의 너비 및 높이는 각각 2.5[m] 이하로 하고, 해당 출입문에는 60+방화문 또는 60분방화문을 설치할 것

09

BLEVE 현상을 설명한 것으로 가장 옳은 것은?

① 물이 뜨거운 기름 표면 아래에서 끓을 때 화재를 수반하지 않고 Over Flow되는 현상
② 물이 연소유의 뜨거운 표면에 들어갈 때 발생되는 Over Flow 현상
③ 탱크 바닥에 물과 기름의 에멀전이 섞여 있을 때 물의 비등으로 인하여 급격하게 Over Flow되는 현상
④ 탱크 주위 화재로 탱크 내 인화성 액체가 비등하고 가스 부분의 압력이 상승하여 탱크가 파괴되고 폭발을 일으키는 현상

해설

비등액 팽창증기폭발(BLEVE; 블레비)
과열, 과압 상태의 저장탱크에 균열이 발생할 경우 내부에 있던 가연성액체 또는 액화가스가 분출하여 갑자기 기화되면서 폭발하는 현상이다. 한꺼번에 대량의 가연물이 연소하므로 화구(Fire Ball)를 형성하며 복사열을 대량 방출한다.

| 관련개념 | 화재 시 탱크에서 발생하는 현상

현상	정의
보일오버 (Boil Over)	연소면의 열파가 탱크 저부에 고여 있는 물에 전달되어 물이 수증기로 기화하면서 연소유를 탱크 밖으로 비산시키며 연소하는 현상
프로스오버 (Froth Over)	점성이 높은 기름표면 아래에 있던 물이 끓으면서 화재를 수반하지 않고 기름이 용기 밖으로 넘치는 현상
슬롭오버 (Slop Over)	소화를 위해 화재면에 물을 분사할 때 수분이 급격히 기화하여 액면이 거품을 일으키면서 기름의 일부가 불이 붙은 채 탱크벽을 넘어서는 현상

10

특정소방대상물(소방안전관리대상물은 제외)의 관계인과 소방안전관리대상물의 소방안전관리자의 업무가 아닌 것은?

① 화기 취급의 감독
② 자체소방대의 운용
③ 소방 관련 시설의 유지·관리
④ 피난시설, 방화구획 및 방화시설의 유지·관리

해설

자체소방대가 아닌 자위소방대의 운용이 소방안전관리대상물의 소방안전관리자의 업무에 해당한다.

| 관련개념 | 특정소방대상물의 관계인과 소방안전관리대상물의 소방안전관리자의 업무

특정소방대상물의 관계인	• 피난시설, 방화구획 및 방화시설의 유지·관리 • 소방시설이나 그 밖의 소방 관련 시설의 유지·관리 • 화기 취급의 감독 • 그 밖에 소방안전관리에 필요한 업무
소방안전관리 대상물의 소방안전관리자	• 피난계획에 관한 사항과 대통령령으로 정하는 사항이 포함된 소방계획서의 작성 및 시행 • 자위소방대 및 초기대응체계의 구성·운영·교육 • 피난시설, 방화구획 및 방화시설의 유지·관리 • 소방훈련 및 교육 • 소방시설이나 그 밖의 소방 관련 시설의 유지·관리 • 화기 취급의 감독 • 그 밖에 소방안전관리에 필요한 업무

정답 08 ③ 09 ④ 10 ②

11
화재의 유형별 특성에 관한 설명으로 옳은 것은?

① A급 화재는 무색으로 표시하며, 감전의 위험이 있으므로 주수소화를 엄금한다.
② B급 화재는 황색으로 표시하며, 질식소화를 통해 화재를 진압한다.
③ C급 화재는 백색으로 표시하며, 가연성이 강한 금속의 화재이다.
④ D급 화재는 청색으로 표시하며, 연소 후에 재를 남긴다.

해설

① A급 화재는 백색으로 표시하며 감전의 위험이 없으므로 주수소화를 할 수 있다.
③ C급 화재는 청색으로 표시하며 전기화재이다.
④ D급 화재는 무색으로 표시하며 가연성이 강한 금속화재이다.

| 관련개념 | 화재의 종류

구분	표시색	가연물질
일반화재(A급)	백색	• 일반 가연물 • 종이류 • 목재 · 섬유
유류화재(B급)	황색	• 가연성 액체 • 가연성 가스 • 액화가스
전기화재(C급)	청색	전기설비
금속화재(D급)	무색	가연성 금속
주방화재(K급)	–	식용유

※ 현재 표시색의 의무규정은 없다.

12
독성이 매우 높은 가스로서 석유제품, 유지(油脂) 등이 연소할 때 생성되는 알데히드 계통의 가스는?

① 시안화수소 ② 암모니아
③ 포스겐   ④ 아크롤레인

해설

아크롤레인은 자극적인 냄새가 나는 무색의 액체로서 지방이 연소할 때 생성되며 독성이 매우 강하다.

13
프로판가스의 연소범위[vol%]에 가장 가까운 것은?

① 9.8~28.4   ② 2.5~81
③ 4.0~75   ④ 2.1~9.5

해설

프로판가스의 연소범위는 2.1~9.5[vol%]이다.

| 관련개념 | 가연성 가스의 연소범위

가스	하한계[vol%]	상한계[vol%]
에테르	1.9	48
수소	4	75
일산화탄소	12.5	74
암모니아	15	28
메탄	5	15
에탄	3	12.4
프로판	2.1	9.5
부탄	1.8	8.4

14
불포화섬유지나 석탄에 자연발화를 일으키는 원인은?

① 분해열 ② 산화열
③ 발효열 ④ 중합열

해설

불포화섬유지나 석탄에 자연발화를 일으키는 원인은 산화열이다.

| 관련개념 | 자연발화를 발생시키는 원인

구분	종류
분해열	• 셀룰로이드 • 니트로셀룰로오스
산화열	• 건성유(정어리유, 아마인유, 해바라기유) • 석탄, 원면 • 고무분말, 불포화섬유지
발효열	• 퇴비 • 먼지 • 곡물
흡착열	• 목탄 • 활성탄
중합열	• 염화비닐 • 시안화수소

정답 11 ② 12 ④ 13 ④ 14 ②

15 빈출

CF_3Br 소화약제의 명칭을 옳게 나타낸 것은?

① 할론 1011
② 할론 1211
③ 할론 1301
④ 할론 2402

해설

CF_3Br 소화약제의 명칭은 할론 1301이다.

| 관련개념 | 할론소화약제의 약칭 및 분자식

종류	약칭	분자식
할론 1011	CB	CH_2ClBr
할론 104	CTC	CCl_4
할론 1211	BCF	CF_2ClBr
할론 1301	BTM	CF_3Br
할론 2402	FB	$C_2F_4Br_2$

상세해설 '할론 abcd'의 분자식 구하기
- a: C의 개수
- b: F의 개수
- c: Cl의 개수
- d: Br의 개수

할론 1301은 C 1개, F 3개, Cl 0개, Br 1개가 결합한 화합물이므로 분자식은 CF_3Br이다.

16

다음 중 전산실, 통신기기실 등에서의 소화에 가장 적합한 것은?

① 스프링클러설비
② 옥내소화전설비
③ 분말소화설비
④ 할로겐화합물 및 불활성기체소화설비

해설

전산실, 통신기기실은 물에 민감한 전기기기가 많으므로 주수설비나 분말소화설비보다는 사용 후 잔여물이 없고 오손(더럽히고 손상함)이 적은 할로겐화합물 및 불활성기체소화설비가 적절하다.

17 빈출

가연물의 제거와 가장 관련이 없는 소화방법은?

① 유류화재 시 유류공급 밸브를 잠근다.
② 산불화재 시 나무를 잘라 없앤다.
③ 팽창진주암을 사용하여 진화한다.
④ 가스화재 시 중간밸브를 잠근다.

해설

제거소화는 가연물을 반응계에서 제거하거나 반응계로의 공급을 정지시켜 소화하는 방법이다. 팽창진주암은 질식소화 효과를 이용한 소화약제이다.

18

화재발생 시 인명피해 방지를 위한 건물로 적합한 것은?

① 피난설비가 없는 건물
② 특별피난계단의 구조로 된 건물
③ 피난기구가 관리되고 있지 않은 건물
④ 피난구 폐쇄 및 피난구유도등이 미비되어 있는 건물

해설

인명피해 방지에 적합한 건물
- 피난설비가 있는 건물
- 특별피난계단의 구조로 된 건물
- 피난기구가 관리되고 있는 건물
- 피난구 개방 및 피난구유도등이 잘 설치되어 있는 건물

정답 15 ③ 16 ④ 17 ③ 18 ②

19

에테르, 케톤, 에스테르, 알데히드, 카르복실산, 아민 등과 같은 가연성인 용매에 유효한 포소화약제는?

① 단백포
② 수성막포
③ 불화단백포
④ 내알코올포

해설

수용성 용매는 거품을 파괴시키는 소포성이 있으므로 일반적인 포소화약제를 사용하기 힘들다. 내알코올포는 이와 같은 단점을 보완한 약제로 수용성 물질에서도 거품이 유지된다.

| 관련개념 | 포소화약제의 특징

약제	특징
단백포	• 단백질을 가수분해한 것을 주원료로 하는 포소화약제 • 특이한 냄새가 나고 흑갈색 액체이다. • 다른 약제에 비해서 부식성이 크다.
합성계면 활성제포	• 합성계면활성제를 주원료로 하는 포소화약제 • 저발포와 고발포를 조절할 수 있다. • 카바이드, 칼륨, 나트륨, 전기설비에는 부적합하다.
수성막포	• 합성계면활성제를 주원료로 하는 포소화약제 중 기름 표면에서 수성막을 형성하는 포소화약제 • Light Water 또는 AFFF(Aqueous Film-Forming Foam)라고도 한다. • 안정성이 좋아 장기보관이 가능하다. • 내약품성이 좋아 타 약제와 겸용이 가능하다. • 표면하 포주입방식에 적합하다.
내알코올포	• 단백질 가수분해물이나 합성계면활성제 중에 지방산금 속염이나 타 계통의 합성계면활성제 또는 고분자 겔 생성물 등을 첨가한 포소화약제로서 수용성 용제의 소화에 사용하는 약제 • 알코올, 에스테르 등 수용성인 가연성 액체에 적합하다.
불화단백포	• 단백포에 불소계 계면활성제를 혼합한 포소화약제 • 소화 성능이 우수하나 가격이 비싸다. • 표면하 포주입방식에 적합하다.

20

화재강도(Fire Intensity)와 관계가 없는 것은?

① 가연물의 비표면적
② 발화원의 온도
③ 화재실의 구조
④ 가연물의 발열량

해설

화재강도와 관계가 없는 것은 발화원의 온도이다.

| 관련개념 | 화재강도

의미	• 화재로부터 발생되는 열기의 집중 및 방출량을 상대적으로 나타낸 것이다. • 화재의 온도가 높을수록 화재강도는 커진다.(발화원의 온도가 아님)
영향을 미치는 인자	• 가연물의 비표면적 • 화재실의 구조 • 가연물의 발열량

2과목 소방전기일반

21

변압기의 임피던스 전압을 구하기 위하여 행하는 시험은?

① 단락시험
② 유도저항시험
③ 무부하 통전시험
④ 무극성시험

해설

단락시험

변압기의 임피던스 전압을 측정하기 위해서 변압기의 2차측을 단락시킨 뒤 측정하는 시험을 말한다.

정답 19 ④ 20 ② 21 ①

22

$50[\text{F}]$의 콘덴서 2개를 직렬로 연결하면 합성 정전용량은 몇 $[\text{F}]$인가?

① 25
② 50
③ 100
④ 1,000

해설

콘덴서의 직렬접속 시 합성 정전용량 C

$C = \dfrac{C_1 C_2}{C_1 + C_2} = \dfrac{50 \times 50}{50 + 50} = 25[\text{F}]$

23 빈출

다음과 같은 블록선도의 전체 전달함수는?

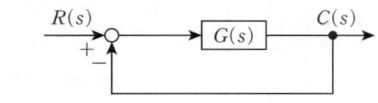

① $\dfrac{C(s)}{R(s)} = \dfrac{G(s)}{1 + G(s)}$

② $\dfrac{C(s)}{R(s)} = \dfrac{G(s)}{1 - G(s)}$

③ $\dfrac{C(s)}{R(s)} = 1 + G(s)$

④ $\dfrac{C(s)}{R(s)} = 1 - G(s)$

해설

전달함수
- 개로 경로: $G(s)$
- 폐루프: $-G(s)$
- 전달함수

$\dfrac{C(s)}{R(s)} = \dfrac{G(s)}{1 - (-G(s))} = \dfrac{G(s)}{1 + G(s)}$

24

변압기의 내부 보호에 사용되는 계전기는?

① 비율 차동 계전기
② 부족 전압 계전기
③ 역전류 계전기
④ 온도 계전기

해설

변압기의 내부 고장 보호용 계전기
- 전기적 보호: 비율 차동 계전기
- 기계적 보호: 부흐홀츠 계전기

25 빈출

제어요소의 구성으로 옳은 것은?

① 조절부와 조작부
② 비교부와 검출부
③ 설정부와 검출부
④ 설정부와 비교부

해설

제어요소
동작신호를 조작량으로 변환하는 요소이고, 조절부와 조작부로 구성되어 있다.

| 관련개념 | 피드백 제어계 구성

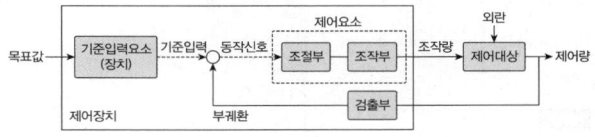

26

SCR(Silicon-controlled rectifier)에 대한 설명으로 틀린 것은?

① PNPN 소자이다.
② 스위칭 반도체 소자이다.
③ 양방향 사이리스터이다.
④ 교류의 전력제어용으로 사용된다.

해설

단방향성 사이리스터이다.

| 관련개념 | SCR
① PNPN접합의 4층 구조이다.
② 스위칭 반도체 소자이다.
③ 단방향성 사이리스터이다.
④ 직류 및 교류의 전력제어용 또는 위상제어용으로 사용된다.

27 빈출

배선의 절연저항은 어떤 측정기를 사용하여 측정하는가?

① 전압계
② 전류계
③ 메거
④ 서미스터

해설

계측기
- 메거: 절연저항 측정
- 어스테스터: 접지저항 측정
- 콜라우시 브리지: 전지의 내부저항 측정

28 빈출

다음 논리식 중 틀린 것은?

① $X + X = X$
② $X \cdot X = X$
③ $X + \overline{X} = 1$
④ $X \cdot \overline{X} = 1$

해설

$X \cdot \overline{X} = 0$ 이다.

| 관련개념 | 불대수의 특성

논리합	논리곱
$X + 0 = X$	$X \cdot 0 = 0$
$X + 1 = 1$	$X \cdot 1 = X$
$X + X = X$	$X \cdot X = X$
$X + \overline{X} = 1$	$X \cdot \overline{X} = 0$

29 빈출

논리식 $X \cdot (X + Y)$를 간략화하면?

① X
② Y
③ $X + Y$
④ $X \cdot Y$

해설

흡수법칙

$X \cdot (X + Y) = XX + XY$
$= X + XY$
$= X(1 + Y)$
$= X$

정답 26 ③   27 ③   28 ④   29 ①

30

상순이 a, b, c인 경우 Va, Vb, Vc를 3상 불평형 전압이라 하면 정상분 전압은?(단, $a = e^{j2\pi/3} = 1\angle 120°$)

① $\frac{1}{3}(V_a + V_b + V_c)$

② $\frac{1}{3}(V_a + aV_b + a^2V_c)$

③ $\frac{1}{3}(V_a + a^2V_b + aV_c)$

④ $\frac{1}{3}(V_a + aV_b + aV_c)$

해설

대칭좌표법

- 영상분 전압 $V_0 = \frac{1}{3}(V_a + V_b + V_c)[V]$
- 정상분 전압 $V_1 = \frac{1}{3}(V_a + aV_b + a^2V_c)[V]$
- 역상분 전압 $V_2 = \frac{1}{3}(V_a + a^2V_b + aV_c)[V]$

31

가동철편형 계기의 구조 형태가 아닌 것은?

① 흡인형 ② 회전자장형
③ 반발형 ④ 반발흡인형

해설

가동철편형 계기의 구조 형태
- 흡인형
- 반발형
- 반발흡인형

32

어떤 회로에 $v(t) = 150\sin\omega t\,[V]$의 전압을 가하니 $i(t) = 6\sin(\omega t - 30°)\,[A]$의 전류가 흘렀다. 이 회로의 소비전력(유효전력)은 약 몇 [W]인가?

① 390 ② 450
③ 780 ④ 900

해설

- 전압의 실효값
$$V_{rms} = \frac{V_m}{\sqrt{2}} = \frac{150}{\sqrt{2}}[V]$$

- 전류의 실효값
$$I_{rms} = \frac{I_m}{\sqrt{2}} = \frac{6}{\sqrt{2}}[A]$$

소비전력 P
$$P = VI\cos\theta = \frac{150}{\sqrt{2}} \times \frac{6}{\sqrt{2}} \times \cos(0° - (-30°)) \approx 390[W]$$

33 고난도

$1[W \cdot s]$와 같은 것은?

① $1[J]$ ② $1[kg \cdot m]$
③ $1[kWh]$ ④ $860[kcal]$

해설

단위환산
- $1[J] = 1[W \cdot s]$
- $1[J] = 1[N \cdot m]$
- $1[kg] = 9.8[N]$
- $1[Wh] = 860[cal]$
- $1[BTU] = 252[cal]$
- $1[N] = 10^5[dyne]$

정답 30 ② 31 ② 32 ① 33 ①

34

반파 정류회로를 통해 정현파를 정류하여 얻은 반파 정류파의 최대값이 1일 때 실효값과 평균값은?

① $\dfrac{1}{\sqrt{2}}$, $\dfrac{2}{\pi}$
② $\dfrac{1}{2}$, $\dfrac{\pi}{2}$
③ $\dfrac{1}{\sqrt{2}}$, $\dfrac{\pi}{2\sqrt{2}}$
④ $\dfrac{1}{2}$, $\dfrac{1}{\pi}$

해설

정현반파의 실효값과 평균값은 $\dfrac{1}{2}V_m$, $\dfrac{1}{\pi}V_m$ 이다. 최대값이 1일 때는 각각 $\dfrac{1}{2}$, $\dfrac{1}{\pi}$ 가 된다.

| 관련개념 | 교류파형

파형	최대값	실효값	평균값
정현파	V_m	$\dfrac{1}{\sqrt{2}}V_m$	$\dfrac{2}{\pi}V_m$
정현반파	V_m	$\dfrac{1}{2}V_m$	$\dfrac{1}{\pi}V_m$
구형파	V_m	V_m	V_m
구형반파	V_m	$\dfrac{1}{\sqrt{2}}V_m$	$\dfrac{1}{2}V_m$
삼각파	V_m	$\dfrac{1}{\sqrt{3}}V_m$	$\dfrac{1}{2}V_m$

35

수신기에 내장된 축전지의 용량이 6[Ah]인 경우 0.4[A]의 부하전류로는 몇 시간 동안 사용할 수 있는가?

① 2.4시간 ② 15시간
③ 24시간 ④ 30시간

해설

축전지의 용량 C[Ah] = I[A] × t[h]

$\therefore t[h] = \dfrac{C[Ah]}{I[A]} = \dfrac{6}{0.4} = 15[h]$

36

내부저항이 200[Ω]이며 직류 120[mA]인 전류계를 6[A]까지 측정할 수 있는 전류계로 사용하고자 한다. 어떻게 하면 되겠는가?

① 24[Ω]의 저항을 전류계와 직렬로 연결한다.
② 12[Ω]의 저항을 전류계와 병렬로 연결한다.
③ 약 6.24[Ω]의 저항을 전류계와 직렬로 연결한다.
④ 약 4.08[Ω]의 저항을 전류계와 병렬로 연결한다.

해설

분류기

측정전류(I_0)

$I_0 = I\left(1 + \dfrac{R_a}{R_m}\right)$

전류계의 최대 측정전류는 120[mA]이고, 6[A]까지 측정을 하기 위한 분류기의 저항은 다음과 같다.

$\therefore R_m = \dfrac{R_a}{\dfrac{I_0}{I}-1} = \dfrac{200}{\dfrac{6}{(120 \times 10^{-3})}-1} = 4.08[\Omega]$

이때 분류기는 전류계와 병렬로 연결해야 한다.

37

제연용으로 사용되는 3상 유도전동기를 $Y-\triangle$ 기동 방식으로 하는 경우 기동을 위해 제어회로에서 사용되는 것과 거리가 먼 것은?

① 타이머 ② 영상 변류기
③ 전자 접촉기 ④ 열동 계전기

해설

영상 변류기

누설(누전) 전류 또는 지락 전류를 검출하기 위한 변류기이다. 영상 변류기는 $Y-\triangle$ 기동을 위한 제어회로에 사용되는 것과는 거리가 멀다.

정답 34 ④ 35 ② 36 ④ 37 ②

38

직류회로에서 도체를 균일한 체적으로 길이를 10배 늘이면 도체의 저항은 몇 배가 되는가?

① 10
② 20
③ 100
④ 120

해설

저항 $R = \rho \dfrac{l}{A} [\Omega]$

체적을 균일하게 유지하며 길이 l을 10배로 늘리면 단면적 A는 $\dfrac{1}{10}$ 배가 된다.

따라서 바뀐 저항 $R' = \rho \dfrac{l'}{A'} = \rho \dfrac{10l}{\frac{1}{10}A} = \rho \dfrac{100l}{A} = 100R$

즉, 100배가 된다.

39

바리스터(varistor)의 용도는?

① 정전류 제어용
② 정전압 제어용
③ 과도한 전류로부터 회로보호
④ 과도한 전압으로부터 회로보호

해설

바리스터

양끝에 가해지는 전압에 따라 저항이 변하는 반도체 소자이다. 주로 서지전압(과도전압)으로부터 보호를 위해 사용되며 계전기 접점의 불꽃을 소거하기 위해서도 쓰인다.

40

교류 전압계의 지침이 지시하는 전압은 다음 중 어느 것인가?

① 실효값
② 평균값
③ 최대값
④ 순시값

해설

교류 전압계의 지침이 지시하는 전압 값은 실효값이다.

3과목 소방관계법규

41

소방안전관리자 및 소방안전관리보조자에 대한 실무교육의 교육대상, 교육일정 등 실무교육에 필요한 계획을 수립하여 매년 누구의 승인을 얻어 교육을 실시하는가?

① 한국소방안전원장
② 소방본부장
③ 소방청장
④ 시 · 도지사

해설

실무교육계획의 승인은 소방청장에게 받아야 한다.

| 관련개념 | 소방안전관리자 실무교육

- 실무교육계획의 승인: 소방청장
- 실무교육계획의 수립: 안전원장
- 실무교육의 통보: 교육실시 30일 전 교육대상자에게 통보
- 실무교육의 주기: 선임된 날로부터 6개월 이내, 교육실시 후 2년마다 실시

42 빈출

화재경계지구로 지정할 수 있는 대상이 아닌 것은?

① 시장지역
② 소방출동로가 있는 지역
③ 공장 · 창고가 밀집한 지역
④ 목조건물이 밀집한 지역

해설

화재경계지구의 지정

- 시장지역
- 공장 · 창고가 밀집한 지역
- 목조건물이 밀집한 지역
- 위험물의 저장 및 처리 시설이 밀집한 지역
- 석유화학제품을 생산하는 공장이 있는 지역
- 「산업입지 및 개발에 관한 법률」에 따른 산업단지
- 소방시설 · 소방용수시설 또는 소방출동로가 없는 지역
- 소방청장 · 소방본부장, 소방서장이 화재경계지구로 지정할 필요가 있다고 인정하는 지역

정답 38 ③ 39 ④ 40 ① 41 ③ 42 ②

43

「화재예방, 소방시설 설치 · 유지 및 안전관리에 관한 법령」상 정당한 사유 없이 소방특별조사결과에 따른 조치명령을 위반한 자에 대한 벌칙으로 옳은 것은?

① 100만 원 이하의 벌금
② 300만 원 이하의 벌금
③ 1년 이하의 징역 또는 1천만 원 이하의 벌금
④ 3년 이하의 징역 또는 3천만 원 이하의 벌금

해설

3년 이하의 징역 또는 3천만 원 이하의 벌금
- 소방시설관리업의 등록을 하지 아니하고 영업을 한 자
- 형식승인을 받지 아니하고 소방용품을 제조하거나 수입한 자
- 제품검사를 받지 아니한 자
- 부정한 방법으로 소방용품을 판매 · 진열하거나 소방시설공사에 사용한 자
- 피난시설, 방화구획 및 방화시설의 유지 · 관리에 따른 명령을 정당한 사유 없이 위반한 자
- 소방특별조사(화재예방조사) 결과에 따른 조치명령을 위반한 자

44

다음 중 한국소방안전원의 업무에 해당하지 않는 것은?

① 소방용 기계 · 기구의 형식승인
② 소방업무에 관하여 행정기관이 위탁하는 업무
③ 화재예방과 안전관리의식 고취를 위한 대국민 홍보
④ 소방기술과 안전관리에 관한 교육, 조사 · 연구 및 각종 간행물 발간

해설

소방용 기계 · 기구의 형식승인은 한국소방산업기술원의 업무이다.

| 관련개념 | 한국소방 안전원의 업무
- 교육 및 연구 · 조사
- 간행물 발간
- 화재예방 안전관리 의식고취 및 홍보
- 행정기관 위탁업무
- 국제협력

45

「화재예방, 소방시설 설치 · 유지 및 안전관리에 관한 법령」상 소방시설 등의 자체점검 시 점검인력 배치기준 중 종합정밀점검에 대한 점검인력 1단위가 하루 동안 점검할 수 있는 특정소방대상물의 연면적 기준으로 옳은 것은?(단, 보조인력을 추가하는 경우는 제외한다.)

① $3,500[m^2]$ ② $7,000[m^2]$
③ $10,000[m^2]$ ④ $12,000[m^2]$

해설

종합정밀점검 시 보조인력을 추가하지 않을 경우 점검한도 면적은 $10,000[m^2]$이다.

| 관련개념 | 점검인력단위 특정소방대상물의 연면적(점검한도 면적)

구분	종합정밀점검	작동기능점검
점검한도 면적	$10,000[m^2]$	$12,000[m^2]$ 소규모점검: $3,500[m^2]$
보조인력 추가	$+3,000[m^2]$/인	$+3,500[m^2]$/인

46 빈출

「위험물안전관리법령」상 제조소 등이 아닌 장소에서 지정수량 이상의 위험물을 취급할 수 있는 기준 중 다음 (   ) 안에 알맞은 것은?

> 시 · 도의 조례가 정하는 바에 따라 관할소방서장의 승인을 받아 지정수량 이상의 위험물을 (   )일 이내의 기간 동안 임시로 저장 또는 취급하는 경우

① 15 ② 30
③ 60 ④ 90

해설

시 · 도의 조례가 정하는 바에 따라 관할소방서장의 승인을 받아 지정수량 이상의 위험물을 90일 이내의 기간 동안 임시로 저장 또는 취급하는 경우

| 관련개념 | 제조소 등이 아닌 장소에서 지정수량 이상의 위험물을 취급할 수 있는 경우
- 시 · 도조례에 따라 관할소방서장의 승인을 받아 지정수량 이상의 위험물을 90일 이내 저장 또는 취급하는 경우
- 군부대가 지정수량 이상의 위험물을 군사목적으로 임시로 저장 또는 취급하는 경우

정답 43 ④ 44 ① 45 ③ 46 ④

47

「화재예방, 소방시설 설치 · 유지 및 안전관리에 관한 법령」상 소방대상물의 개수 · 이전 · 제거, 사용의 금지 또는 제한, 사용 폐쇄, 공사의 정지 또는 중지, 그 밖의 필요한 조치로 인하여 손실을 받은 자가 손실보상청구서에 첨부하여야 하는 서류로 틀린 것은?

① 손실보상 합의서
② 손실을 증명할 수 있는 사진
③ 손실을 증명할 수 있는 증빙자료
④ 소방대상물의 관계인임을 증명할 수 있는 서류(건축물대장은 제외)

해설

손실배상 청구자가 제출하여야 하는 서류
- 소방대상물의 관계인임을 증명할 수 있는 서류(건축물대장은 제외)
- 손실을 증명할 수 있는 사진 그 밖의 증빙자료

48

「화재예방, 소방시설 설치 · 유지 및 안전관리에 관한 법령」상 소방청장, 소방본부장 또는 소방서장은 관할구역에 있는 소방대상물에 대하여 소방특별조사(화재예방조사)를 실시할 수 있다. 소방특별조사 대상과 거리가 먼 것은?(단, 개인 주거에 대하여는 관계인의 승낙을 득한 경우이다.)

① 화재경계지구에 대한 소방특별조사(화재예방조사) 등 다른 법률에서 소방특별조사를 실시하도록 한 경우
② 관계인이 법령에 따라 실시하는 소방시설 등, 방화시설, 피난시설 등에 대한 자체점검 등이 불성실하거나 불완전하다고 인정되는 경우
③ 화재가 발생할 우려는 없으나 소방대상물의 정기점검이 필요한 경우
④ 국가적 행사 등 주요행사가 개최되는 장소에 대하여 소방안전관리 실태를 점검할 필요가 있는 경우

해설

화재가 자주 발생하였거나 발생할 우려가 뚜렷한 곳에 대한 점검이 필요한 경우이어야 한다.

관련개념

- 관계인이 이 법 또는 다른 법령에 따라 실시하는 소방시설 등, 방화시설 피난시설 등에 대한 자체점검 등이 불성실하거나 불완전하다고 인정되는 경우
- 화재경계지구에 대한 소방특별조사(화재예방조사) 등 다른 법률에서 소방특별조사를 실시하도록 한 경우
- 국가적 행사 등 주요 행사가 개최되는 장소 및 그 주변의 관계 지역에 대하여 소방안전관리 실태를 점검할 필요가 있는 경우
- 화재가 자주 발생하였거나 발생할 우려가 뚜렷한 곳에 대한 점검이 필요한 경우
- 재난예측정보, 기상예보 등을 분석한 결과 소방대상물에 화재, 재난 · 재해의 발생 위험이 높다고 판단되는 경우
- 화재, 재난 · 재해, 그 밖의 긴급한 상황이 발생할 경우 인명 또는 재산 피해의 우려가 현저하다고 판단되는 때

49 빈출

다음 조건을 참고하여 숙박시설이 있는 특정소방대상물의 수용인원 산정 수로 옳은 것은?

> 침대가 있는 숙박시설로서 1인용 침대의 수는 20개이고, 2인용 침대의 수는 10개이며, 종업원의 수는 3명이다.

① 33명　　② 40명
③ 43명　　④ 46명

해설

침대가 있는 숙박시설의 수용인원
종사자수+침대수(2인용은 2개)
= 3 + 20(1인용) + 10(2인용) × 2 = 43

관련개념 | 특정소방대상물의 규모 등에 따라 고려해야 하는 수용인원

특정소방대상물	용도	수용인원의 산정
숙박시설	침대가 있는 숙박시설	종사자수+침대수 (2인용은 2개)
	침대가 없는 숙박시설	종사자수+ (바닥면적 합계/$3[m^2]$)
그 외 특정소방대상물	강의실 · 교무실 · 상담실 · 실습실 · 휴게실	바닥면적 합계/$1.9[m^2]$
	강당, 문화 및 집회시설, 운동시설, 종교시설	바닥면적 합계/$4.6[m^2]$ • 관람석의 경우: 고정식 의자수 • 긴의자의 경우: 의자 너비 /$0.45[m]$
	그 밖의 특정소방대상물	바닥면적 합계/$3[m^2]$

정답 47 ①　48 ③　49 ③

50
다음 중 상주 공사감리를 하여야 할 대상의 기준으로 옳은 것은?

① 지하층을 포함한 층수가 16층 이상으로서 300세대 이상인 아파트에 대한 소방시설의 공사
② 지하층을 포함한 층수가 16층 이상으로서 500세대 이상인 아파트에 대한 소방시설의 공사
③ 지하층을 포함하지 않은 층수가 16층 이상으로서 300세대 이상인 아파트에 대한 소방시설의 공사
④ 지하층을 포함하지 않은 층수가 16층 이상으로서 500세대 이상인 아파트에 대한 소방시설의 공사

해설

상주 공사감리의 대상
- 연면적 3만$[m^2]$ 이상(아파트 제외)의 특정소방대상물
- 지하층을 포함한 층수가 16층 이상으로서 500세대 이상인 아파트

51
다음 중 화재원인조사의 종류에 해당하지 않는 것은?

① 발화원인조사　② 피난상황조사
③ 인명피해조사　④ 연소상황조사

해설

화재원인조사의 종류에는 발화원인조사, 발견·통보 및 초기 소화 상황조사, 연소상황조사, 피난상황조사, 소방시설 등 조사가 있다. 인명피해조사는 화재피해조사이다.

| 관련개념 | 화재조사의 종류 및 조사범위

- 화재원인조사

종류	조사범위
발화원인조사	화재가 발생한 과정, 화재가 발생한 지점 및 불이 붙기 시작한 물질
발견·통보 및 초기 소화상황조사	화재의 발견·통보 및 초기소화 등 일련의 과정
연소상황조사	화재의 연소경로 및 확대원인 등의 상황
피난상황조사	피난경로, 피난상의 장애요인 등의 상황
소방시설 등 조사	소방시설의 사용 또는 작동 등의 상황

- 화재피해조사

종류	조사범위
인명피해조사	• 소방활동 중 발생한 사망자 및 부상자 • 그 밖에 화재로 인한 사망자 및 부상자
재산피해조사	• 열에 의한 탄화, 용융, 파손 등의 피해 • 소화활동 중 사용된 물로 인한 피해 • 그 밖에 연기, 물품반출, 화재로 인한 폭발 등에 의한 피해

52
「화재예방, 소방시설 설치·유지 및 안전관리에 관한 법령」상 간이스프링클러설비를 설치하여야 하는 특정소방대상물의 기준으로 옳은 것은?

① 근린생활시설로 사용하는 부분의 바닥면적 합계가 $1,000[m^2]$ 이상인 것은 모든 층
② 교육연구시설 내에 있는 합숙소로서 연면적 $500[m^2]$ 이상인 것
③ 정신병원과 의료재활시설을 제외한 요양병원으로 사용되는 바닥면적의 합계가 $300[m^2]$ 이상 $600[m^2]$ 미만인 시설
④ 정신의료기관 또는 의료재활시설로 사용되는 바닥면적의 합계가 $600[m^2]$ 미만인 시설

해설

근린생활시설로 사용하는 부분의 바닥면적 합계가 $1,000[m^2]$ 이상인 것은 모든 층에 간이스프링클러설비를 설치한다.

오답해설

② 교육연구시설 내에 있는 합숙소로서 연면적 $100[m^2]$ 이상인 것
③ 정신병원과 의료재활시설을 제외한 요양병원으로 사용되는 바닥면적의 합계가 $600[m^2]$ 미만인 시설
④ 정신의료기관 또는 의료재활시설로 사용되는 바닥면적의 합계가 $300[m^2]$ 이상 $600[m^2]$ 미만인 시설

정답 50 ②　51 ③　52 ①

| 관련개념 | 간이스프링클러설비를 설치하여야 하는 특정소방대상물

설치대상	설치조건
근린생활시설	바닥면적의 합계가 1,000[m²] 이상인 것의 모든 층
	입원실이 있는 의원, 치과의원, 한의원 시설
	조산원 및 산후조리원으로서 연면적 600[m²] 이상인 것
교육연구시설 내 합숙소	연면적 100[m²] 이상
정신의료기관 또는 의료재활시설	• 시설 바닥면적의 합계가 300[m²] 이상 600[m²] 미만 • 시설 바닥면적의 합계가 300[m²] 미만+창살설치
노유자시설	• 건축허가 동의대상 건축물 중 노유자 생활시설 • 그 외 시설 바닥면적의 합계가 300[m²] 이상 600[m²] 미만 • 그 외 시설 바닥면적의 합계가 300[m²] 미만+창살설치
종합병원, 병원, 치과・한방・요양 병원	시설 바닥면적의 합계가 600[m²] 미만
출입국관리 보호시설	건물을 임차한 출입국관리 보호시설
생활형숙박시설	시설 바닥면적의 합계가 600[m²] 이상
복합건축물	연면적 1,000[m²] 이상인 것은 모든 층

53 빈출

「소방기본법」상 소방대의 구성원에 속하지 않는 자는?

① 「소방공무원법」에 따른 소방공무원
② 「의용소방대 설치 및 운영에 관한 법률」에 따른 의용소방대원
③ 「위험물안전관리법」에 따른 자체소방대원
④ 「의무소방대설치법」에 따라 임용된 의무소방원

해설
소방대
화재를 진압하고 화재, 재난・재해, 그 밖의 위급한 상황에서 구조・구급 활동들을 하기 위하여 다음의 사람으로 구성된 조직체를 말한다.
• 소방공무원
• 의무소방원
• 의용소방대원

54

소방본부장 또는 소방서장은 화재예방강화지구 안의 관계인에 대하여 소방상 필요한 훈련 및 교육은 연 몇 회 이상 실시할 수 있는가?

① 1
② 2
③ 3
④ 4

해설
연간 1회씩 실시할 수 있다.

| 관련개념 | 화재경계지구의 관리

구분	소방특별조사 (화재예방조사)	훈련 및 교육	관리대장
실시자	소방본부장, 소방서장	소방본부장, 소방서장	시・도지사
실시횟수	연1회 이상	연1회 이상	매년
통보	7일 전	10일 전	–
연기신청	조사시작 3일 전	–	–

55

제조소 등의 위치・구조 또는 설비의 변경 없이 당해 제조소 등에서 저장하거나 취급하는 위험물의 품명・수량 또는 지정수량의 배수를 변경하고자 할 때는 누구에게 신고해야 하는가?

① 국무총리
② 시・도지사
③ 관할소방서장
④ 행정안전부장관

해설
변경신고는 시・도지사에게 한다.

| 관련개념 | 품명 등의 변경신고
• 품명 등의 변경신고권자: 시・도지사
• 신고기한: 변경하고자 하는 날의 1일 전까지 행정안전부령에 따라 신고
• 첨부서류: 제조소 등의 완공검사합격확인증

정답 53 ③   54 ①   55 ②

56
항공기격납고는 특정소방대상물 중 어느 시설에 해당되는가?

① 위험물 저장 및 처리시설
② 항공기 및 자동차 관련시설
③ 창고시설
④ 업무시설

해설

특정소방대상물(항공기 및 자동차 관련시설)
- 항공기격납고
- 주차용 건축물·차고 및 기계장치에 의한 주차시설
- 세차장
- 폐차장
- 자동차검사장
- 자동차매매장
- 자동차정비공장
- 운전학원·정비학원
- 주차장
- 차고 및 주기장

57
「위험물안전관리법령」상 제조소 등의 관계인은 위험물의 안전관리에 관한 직무를 수행하게 하기 위하여 제조소 등마다 위험물의 취급에 관한 자격이 있는 자를 위험물안전관리자로 선임하여야 한다. 이 경우 제조소 등의 관계인이 지켜야 할 기준으로 틀린 것은?

① 제조소 등의 관계인은 안전관리자를 해임하거나 안전관리자가 퇴직한 때에는 해임하거나 퇴직한 날부터 15일 이내에 다시 안전관리자를 선임하여야 한다.
② 제조소 등의 관계인이 안전관리자를 선임한 경우에는 선임한 날부터 14일 이내에 소방본부장 또는 소방서장에게 신고하여야 한다.
③ 제조소 등의 관계인은 안전관리자가 여행·질병 그 밖의 사유로 인하여 일시적으로 직무를 수행할 수 없는 경우에는 「국가기술자격법」에 따른 위험물의 취급에 관한 자격취득자 또는 위험물안전에 관한 기본지식과 경험이 있는 자를 대리자로 지정하여 그 직무를 대행하게 하여야 한다. 이 경우 대행하는 기간은 30일을 초과할 수 없다.
④ 안전관리자는 위험물을 취급하는 작업을 하는 때에는 작업자에게 안전관리에 관한 필요한 지시를 하는 등 위험물의 취급에 관한 안전관리와 감독을 하여야 하고, 제조소 등의 관계인은 안전관리자의 위험물 안전관리에 관한 의을 존중하고 그 권고에 따라야 한다.

해설

해임하거나 퇴직한 날부터 30일 이내에 다시 안전관리자를 선임하여야 한다.

| 관련개념 | 위험물안전관리자
- 안전관리자를 선임한 제조소 등의 관계인은 그 안전관리자를 해임하거나 안전관리자가 퇴직한 때에는 해임하거나 퇴직한 날부터 30일 이내에 다시 안전관리자를 선임하여야 한다.
- 안전관리자를 선임한 경우에는 선임한 날부터 14일 이내에 소방본부장 또는 소방서장에게 신고하여야 한다.
- 제조소 등의 관계인이 안전관리자를 해임하거나 안전관리자가 퇴직한 경우 그 관계인 또는 안전관리자는 소방본부장이나 소방서장에게 그 사실을 알려 해임되거나 퇴직한 사실을 확인받을 수 있다.
- 안전관리자를 선임한 제조소 등의 관계인은 안전관리자가 여행·질병 그 밖의 사유로 인하여 일시적으로 직무를 수행할 수 없거나 안전관리자의 해임 또는 퇴직과 동시에 다른 안전관리자를 선임하지 못하는 경우에는 위험물의 취급에 관한 자격취득자 또는 위험물안전에 관한 기본지식과 경험이 있는 자를 대리자로 지정하여 그 직무를 대행하게 하여야 한다. 이 경우 대리자가 안전관리자의 직무를 대행하는 기간은 30일을 초과할 수 없다.
- 안전관리자는 위험물을 취급하는 작업을 하는 때에는 작업자에게 안전관리에 관한 필요한 지시를 하는 등 위험물의 취급에 관한 안전관리와 감독을 하여야 하고, 제조소 등의 관계인과 그 종사자는 안전관리자의 위험물 안전관리에 관한 의견을 존중하고 그 권고에 따라야 한다.
- 제조소 등에 있어서 위험물취급 자격자가 아닌 자는 안전관리자 또는 대리자가 참여한 상태에서 위험물을 취급하여야 한다.
- 다수의 제조소 등을 동일인이 설치한 경우에는 관계인은 1인의 안전관리자를 중복하여 선임할 수 있다. 이 경우 제조소 등의 관계인은 대리자의 자격이 있는 자를 각 제조소 등별로 지정하여 안전관리자를 보조하게 하여야 한다.
- 제조소 등의 종류 및 규모에 따라 선임하여야 하는 안전관리자의 자격은 대통령령으로 정한다.

정답 56 ② 57 ①

58
「소방기본법령」상 국고보조 대상사업의 범위 중 소방활동장비와 설비에 해당하지 않는 것은?

① 소방자동차
② 소방헬리콥터 및 소방정
③ 소화용수설비 및 피난구조설비
④ 방화복 등 소방활동에 필요한 소방장비

해설
국고보조 대상사업의 범위
• 다음의 소방활동장비와 설비의 구입 및 설치
  – 소방자동차
  – 소방헬리콥터 및 소방정
  – 소방전용통신설비 및 전산설비
  – 그 밖에 방화복 등 소방활동에 필요한 소방장비
• 소방관서용 청사의 건축

59
소방대상물의 방염 등과 관련하여 방염성능기준은 무엇으로 정하는가?

① 대통령령
② 행정안전부령
③ 소방청훈령
④ 소방청예규

해설
방염성능기준은 대통령령으로 정한다.
| 관련개념 | 대통령령으로 정하는 것
• 불을 사용하는 설비의 관리사항을 정하는 기준
• 소방장비 등에 대한 국고보조기준
• 특수가연물의 저장·취급
• 방염성능기준

60 빈출
제6류 위험물에 속하지 않는 것은?

① 질산
② 과산화수소
③ 과염소산
④ 과염소산염류

해설
과염소산염류는 제1류 위험물 산화성 고체이다.

4과목 소방전기시설의구조 및 원리

61
감지기의 형식승인 및 제품검사의 기술기준에 따라 단독경보형감지기를 스위치 조작에 의하여 화재경보를 정지시킬 경우 화재경보 정지 후 몇 분 이내에 화재경보 정지기능이 자동적으로 해제되어 정상상태로 복귀되어야 하는가?

① 3
② 5
③ 10
④ 15

해설
화재경보 정지 후 15분 이내에 화재경보 정지기능이 자동적으로 해제되어 단독경보형감지기가 정상상태로 복귀되어야 한다.

62
비상콘센트설비의 화재안전기술기준(NFTC 504)에 따라 하나의 전용회로에 설치하는 비상콘센트는 몇 개 이하로 하여야 하는가?

① 2
② 3
③ 10
④ 20

해설
하나의 전용회로에 설치하는 비상콘센트는 10개 이하로 한다.

정답 58 ③ 59 ① 60 ④ 61 ④ 62 ③

63

자동화재속보설비의 속보기의 성능인증 및 제품검사의 기술기준에 따라 속보기는 작동신호를 수신하거나 수동으로 동작시키는 경우 20초 이내에 소방관서에 자동적으로 신호를 발하여 통보하되, 몇 회 이상 속보할 수 있어야 하는가?

① 1
② 2
③ 3
④ 4

해설

속보기는 작동신호를 수신하거나 수동으로 동작시키는 경우 20초 이내에 소방관서에 자동적으로 신호를 발하여 통보하되, 3회 이상 속보할 수 있어야 한다.

64

자동화재탐지설비 및 시각경보장치의 화재안전기술기준(NFTC 203)에 따른 감지기의 설치 제외 장소가 아닌 것은?

① 실내의 용적이 $20[m^3]$ 이하인 장소
② 부식성가스가 체류하고 있는 장소
③ 목욕실 · 욕조나 샤워시설이 있는 화장실 · 기타 이와 유사한 장소
④ 고온도 및 저온도로서 감지기의 기능이 정지되기 쉽거나 감지기의 유지관리가 어려운 장소

해설

감지기 설치 제외 장소
- 천장 또는 반자의 높이가 $20[m]$ 이상인 장소
- 헛간 등 외부와 기류가 통하는 장소로서 감지기에 따라 화재발생을 유효하게 감지할 수 없는 장소
- 부식성가스가 체류하고 있는 장소
- 고온도 및 저온도로서 감지기의 기능이 정지되기 쉽거나 감지기의 유지관리가 어려운 장소
- 목욕실 · 욕조나 샤워시설이 있는 화장실 · 기타 이와 유사한 장소
- 파이프덕트 등 그 밖의 이와 비슷한 것으로서 2개 층마다 방화구획된 것이나 수평단면적이 $5[m^2]$ 이하인 것
- 먼지 · 가루 또는 수증기가 다량으로 체류하는 장소 또는 주방 등 평시에 연기가 발생하는 장소(연기감지기에 한함)
- 프레스공장 · 주조공장 등 화재발생의 위험이 적은 장소로서 감지기의유지관리가 어려운 장소

65 빈출

비상콘센트의 배치와 설치에 대한 현장사항이 비상콘센트 설비의 화재안전기술기준(NFTC 504)에 적합하지 않은 것은?

① 전원회로의 배선은 내화배선으로 되어 있다.
② 보호함에는 쉽게 개폐할 수 있는 문을 설치하였다.
③ 보호함 표면에 "비상콘센트"라고 표시한 표지를 붙였다.
④ 3상 교류 $200[V]$ 전원회로에 대해 비접지형 3극 플러그 접속기를 사용하였다.

해설

비상콘센트의 플러그접속기는 접지형 2극 플러그접속기를 사용한다.

66 빈출

자동화재탐지설비 및 시각경보장치의 화재안전기술기준(NFTC 203)에 따라 제2종 연기감지기를 부착높이가 $4[m]$ 미만인 장소에 설치 시 기준 바닥면적은?

① $30[m^2]$
② $50[m^2]$
③ $75[m^2]$
④ $150[m^2]$

해설

감지기의 부착높이에 따라 다음 표의 바닥면적($[m^2]$)마다 1개 이상 설치한다.

부착높이	감지기의 종류	
	1종 및 2종	3종
$4[m]$ 미만	150	50
$4[m]$ 이상	75	설치 불가

정답 63 ③ 64 ① 65 ④ 66 ④

67

아래 그림은 자동화재탐지설비의 배선도이다. 추가로 구획된 공간이 생겨 가, 나, 다, 라 감지기를 증설했을 경우, 자동화재탐지설비 및 시각경보장치의 화재안전기술기준(NFTC 203)에 적합하게 설치한 것은?

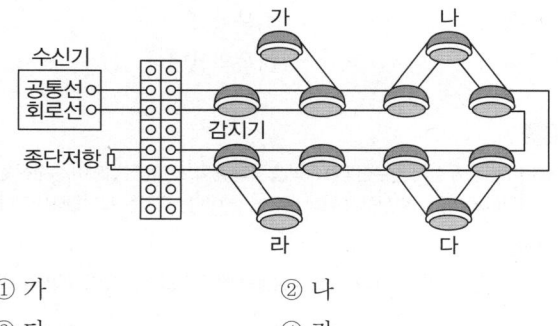

① 가 ② 나
③ 다 ④ 라

[해설]
한 개의 감지기에 4개의 선이 연결되어야 하므로 기준에 적합하게 설치된 것은 '나'경보기이다.

[오답해설]
'가, 다, 라'와 같이 감지기를 증설했을 경우, 감지기에 6개의 선이 연결되기 때문에 오답이다.

68

비상방송설비의 화재안전기술기준(NFTC 202)에 따라 비상방송설비 음향장치의 설치기준 중 다음 (　)에 들어갈 내용으로 옳은 것은?

> 층수가 (㉠)층 이상으로서 연면적이 (㉡)[m²]를 초과하는 특정소방대상물의 1층에서 발화한 때에는 발화층·그 직상층 및 지하층에 경보를 발할 수 있도록 하여야 한다.

① ㉠ 2, ㉡ 3,500   ② ㉠ 3, ㉡ 5,000
③ ㉠ 5, ㉡ 3,000   ④ ㉠ 6, ㉡ 1,500

[해설]
층수가 5층 이상으로서 연면적이 $3,000[m^2]$를 초과하는 특정소방대상물의 1층에서 발화한 때에는 발화층·그 직상층 및 지하층에 경보를 발할 수 있도록 하여야 한다.

69

유도등의 형식승인 및 제품검사의 기술기준에 따른 용어의 정의에서 "유도등에 있어서 표시면외 조명에 사용되는 면"을 말하는 것은?

① 조사면   ② 피난면
③ 조도면   ④ 광속면

[해설]
조사면이란 유도등에 있어서 표시면외 조명에 사용되는 면을 말한다.

70

자동화재탐지설비 및 시각경보장치의 화재안전기술기준(NFTC 203)에 따라 부착높이 $20[m]$ 이상에 설치되는 광전식 중 아날로그 방식의 감지기는 공칭감지농도 하한값이 감광률 몇 $[\%/m]$ 미만인 것으로 하는가?

① 3   ② 5
③ 7   ④ 10

[해설]
부착높이 $20[m]$ 이상에 설치되는 광전식 중 아날로그 방식의 감지기는 공칭감지농도 하한값이 감광률 $5[\%/m]$ 미만인 것을 사용한다.

71

비상조명등의 우수품질인증 기술기준에 따라 인출선인 경우 전선의 굵기는 몇 $[mm^2]$ 이상이어야 하는가?

① 0.5   ② 0.75
③ 1.5   ④ 2.5

[해설]
전선의 굵기는 인출선인 경우에는 단면적이 $0.75[mm^2]$ 이상, 인출선 외의 경우에는 면적이 $0.5[mm^2]$ 이상이어야 한다.

[정답] 67 ② 68 ③ 69 ① 70 ② 71 ②

72

누전경보기의 형식 승인 및 제품 검사의 기술기준에 따른 과누전 시험에 대한 내용이다. 다음 (　)에 들어갈 내용으로 옳은 것은?

> 변류기는 1개의 전선을 변류기에 부착시킨 회로를 설치하고 출력단자에 부하저항을 접속한 상태로 당해 1개의 전선에 변류기의 정격전압의 (㉠)[%]에 해당하는 수치의 전류를 (㉡)분간 흘리는 경우 그 구조 또는 기능에 이상이 생기지 아니하여야 한다.

① ㉠ 20, ㉡ 5
② ㉠ 30, ㉡ 10
③ ㉠ 50, ㉡ 15
④ ㉠ 80, ㉡ 20

해설

변류기는 1개의 전선을 변류기에 부착시킨 회로를 설치하고 출력단자에 부하저항을 접속한 상태로 당해 1개의 전선에 변류기의 정격전압의 20[%]에 해당하는 수치의 전류를 5분간 흘리는 경우 그 구조 또는 기능에 이상이 생기지 아니하여야 한다.

73 빈출

비상방송설비의 화재안전기술기준(NFTC 202)에 따른 비상방송설비의 음향장치에 대한 설치기준으로 틀린 것은?

① 다른 전기회로에 따라 유도장애가 생기지 아니하도록 할 것
② 음향장치는 자동화재속보설비의 작동과 연동하여 작동할 수 있는 것으로 할 것
③ 다른 방송설비와 공용하는 것에 있어서는 화재 시 비상경보 외의 방송을 차단할 수 있는 구조로 할 것
④ 증폭기 및 조작부는 수위실 등 상시 사람이 근무하는 장소로서 점검이 편리하고 방화상 유효한 곳에 설치할 것

해설

음향장치는 자동화재탐지설비의 작동과 연동하여 작동할 수 있는 것으로 하여야 한다.

74

무선통신보조설비의 화재안전기술기준(NFTC 505)에 따른 용어의 정의 중 감시제어반 등에 설치된 무선중계기의 입력과 출력포트에 연결되어 송수신 신호를 원활하게 방사 · 수신하기 위해 옥외에 설치하는 장치를 말하는 것은?

① 혼합기
② 분파기
③ 증폭기
④ 옥외안테나

해설

감시제어반 등에 설치된 무선중계기의 입력과 출력포트에 연결되어 송수신 신호를 원활하게 방사 · 수신하기 위해 옥외에 설치하는 장치는 옥외안테나이다.

오답해설

① 혼합기: 두 개 이상의 입력신호를 원하는 비율로 조합한 출력이 발생하도록 하는 장치
② 분파기: 서로 다른 주파수의 합성된 신호를 분리하기 위해서 사용하는 장치
③ 증폭기: 신호 전송 시 신호가 약해져 수신이 불가능해지는 것을 방지하기 위해서 증폭하는 장치

75 고난도

무선통신보조설비의 화재안전기술기준(NFTC 505)에 따라 무선통신보조설비의 누설동축케이블 또는 동축케이블의 임피던스는 몇 [Ω]으로 하여야 하는가?

① 5
② 10
③ 50
④ 100

해설

누설동축케이블 또는 동축케이블의 임피던스는 50[Ω]으로 하고, 이에 접속하는 안테나 · 분배기 기타의 장치는 해당 임피던스에 적합한 것으로 하여야 한다.

정답 72 ① 73 ② 74 ④ 75 ③

76

비상경보설비 및 단독경보형감지기의 화재안전기술기준(NFTC 201)에 따른 단독경보형감지기에 대한 내용이다. 다음 (   )에 들어갈 내용으로 옳은 것은?

> 이웃하는 실내의 바닥면적이 각각 (   )[m^2] 미만이고 벽체의 상부의 전부 또는 일부가 개방되어 이웃하는 실내와 공기가 상호유통되는 경우에는 이를 1개의 실로 본다.

① 30 ② 50
③ 100 ④ 150

해설

이웃하는 실내의 바닥면적이 각각 30[m^2] 미만이고 벽체의 상부의 전부 또는 일부가 개방되어 이웃하는 실내와 공기가 상호유통되는 경우에는 이를 1개의 실로 본다.

77

소방시설용 비상전원수전설비의 화재안전기술기준(NFTC 602)에 따른 용어의 정의에서 소방부하에 전원을 공급하는 전기회로를 말하는 것은?

① 수전설비 ② 일반회로
③ 소방회로 ④ 변전설비

해설

소방회로란 소방부하에 전원을 공급하는 전기회로를 말한다.

오답해설
① 수전설비란 전력수급용 계기용변성기·주차단장치 및 그 부속기기를 말한다.
② 일반회로란 소방회로 이외의 전기회로를 말한다.
④ 변전설비란 전력용변압기 및 그 부속장치를 말한다.

78

누전경보기의 형식 승인 및 제품 검사의 기술기준에 따라 누전경보기의 변류기는 직류 500[V]의 절연저항계로 절연된 1차 권선과 2차 권선 간의 절연저항시험을 할 때 몇 [MΩ] 이상이어야 하는가?

① 0.1 ② 5
③ 10 ④ 20

해설

절연저항시험

변류기는 직류 500[V]의 절연저항계로 다음 시험을 하는 경우 5[MΩ] 이상이어야 한다.
- 절연된 1차 권선과 2차 권선 간의 절연저항
- 절연된 1차 권선과 외부금속부 간의 절연저항
- 절연된 2차 권선과 외부금속부 간의 절연저항

79

소방시설용 비상전원수전설비의 화재안전기술기준(NFTC 602)에 따라 소방시설용 비상전원수전설비의 인입구배선은 「옥내소화전설비의 화재안전기술기준(NFTC 102)」 별표1에 따른 어떤 배선으로 하여야 하는가?

① 나전선 ② 내열배선
③ 내화배선 ④ 차폐배선

해설

소방시설용 비상전원수전설비의 인입구배선은 내화배선으로 한다.

정답 76 ① 77 ③ 78 ② 79 ③

80

유도등 및 유도표지의 화재안전기술기준(NFTC 303)에 따라 설치하는 유도표지는 계단에 설치하는 것을 제외하고는 각 층마다 복도 및 통로의 각 부분으로부터 하나의 유도표지까지의 보행거리가 몇 [m] 이하가 되는 곳과 구부러진 모퉁이의 벽에 설치하여야 하는가?

① 10
② 15
③ 20
④ 25

해설

유도표지는 계단에 설치하는 것을 제외하고는 각 층마다 복도 및 통로의 각 부분으로부터 하나의 유도표지까지의 보행거리가 15[m] 이하가 되는 곳과 구부러진 모퉁이의 벽에 설치한다.

정답 80 ②

김앤북의 완벽한
단기 합격 로드맵

핵심이론 → 최신기출 → 실전적용 → 단기합격

자격증 수험서

| 전기기능사 필기 | 지게차, 굴착기운전기능사 필기 | 위험물산업기사 필기 | 산업안전기사 필기 | 소방설비기사 필기 | 전기기사 필기 필수기출 / 전기기사 실기 봉투모의고사 | 소방설비기사 필기 필수기출 시리즈 |

컴퓨터 IT 실용서

SQL · 코딩테스트 · 파이썬 · C언어 · 플러터 · 자바 · 코틀린 · 유니티

컴퓨터 IT 수험서

컴퓨터활용능력 1급실기 · 컴퓨터활용능력 2급실기 · 데이터분석준전문가 (ADsP) · GTQ 포토샵 · GTQi 일러스트 · 리눅스마스터 2급 · SQL 개발자 (SQLD)

김앤북의 체계적인
합격 알고리즘

기초 학습 → 문제 풀이 → 실전 적용 → 합격

김영편입 영어

MVP Vocabulary 시리즈

MVP Vol.1 　　MVP Vol.1 워크북 　　MVP Vol.2 　　MVP Vol.2 워크북 　　MVP Starter

기초 이론 단계

문법 이론 　　구문독해

기초 실력 완성 단계

어휘 기출 1단계 　　문법 기출 1단계 　　독해 기출 1단계 　　논리 기출 1단계 　　문법 워크북 1단계 　　독해 워크북 1단계 　　논리 워크북 1단계

심화 학습 단계

어휘 기출 2단계 　　문법 기출 2단계 　　독해 기출 2단계 　　논리 기출 2단계 　　문법 워크북 2단계 　　독해 워크북 2단계 　　논리 워크북 2단계

소방설비기사 필기

핵심이론 요약집

01 소방원론
02 소방전기일반
03 소방관계법규
04 소방전기시설의 구조 및 원리

01 소방원론

암기용 MP3 다운로드 방법
1 QR코드를 통해서 김앤북 네이버 카페에 입장 (https://cafe.naver.com/kimnbook)
2 구매 인증하여 등업 신청
3 자료실 (구매 인증 전용) ▶ 소방설비기사 게시판에서 자료 다운로드

1 연소의 기본용어

1 인화점(Flash Point) ★★

(1) 인화점의 정의
　① 점화원을 주었을 때 연소가 시작되는 최저온도로 인화점이 낮을수록 위험하다.
　② 인화성 액체의 경우 연소하한농도에 도달하는 최저온도

(2) 물질의 인화점

물질	인화점	물질	인화점
프로필렌	$-107[°C]$	톨루엔	$4.4[°C]$
가솔린	$-43[°C]$	에틸알코올	$13[°C]$
이황화탄소	$-30[°C]$	등유	$43\sim72[°C]$
아세톤	$-18[°C]$	경유	$50\sim70[°C]$

2 연소점(Fire Point)

외부 점화원에 의해 발화한 후 연소를 지속시킬 수 있는 최저온도로 인화점보다 $5\sim10[°C]$ 높다.

3 발화점(Ignition Point)

(1) 가연성 물질이 점화원 없이 연소가 가능한 최저온도로 공기 중에서 스스로 타기 시작하는 온도

(2) 물질의 발화점

물질	발화점	물질	발화점
아세톤	$538[°C]$	가솔린	$300[°C]$
프로필렌	$497[°C]$	등유	$210[°C]$
톨루엔	$480[°C]$	경유	$200[°C]$
에틸알코올	$423[°C]$	이황화탄소	$100[°C]$

➕ 이론 더하기　**발화점이 낮아지는 조건(위험성↑)**
- 발열량이 클수록
- 분자구조가 복잡할수록
- 산소와 친화력이 클수록
- 활성화에너지가 낮을수록
- 압력이 높을수록
- 열전도율이 낮을수록

4 온도

온도	내용
섭씨온도[°C]	표준대기압에서 물의 어는점을 0[°C], 끓는점을 100[°C]로 하여 100등분한 온도 $°C = \dfrac{5}{9} \times (°F - 32)$
화씨온도[°F]	표준대기압에서 물의 어는점을 32[°F], 끓는점을 212[°F]로 하여 180등분한 온도 $°F = \dfrac{9}{5} \times °C + 32$
절대온도[K]	절대영도(약 -273[°C])를 0[K]로 설정한 온도이며 섭씨온도와 눈금의 간격이 같음 $K = °C + 273$
랭킨온도[°R]	절대영도를 0[°R]로 설정한 온도이며 화씨온도와 눈금의 간격이 같음 $°R = °F + 460$

5 열량(Quantity of Heat)

(1) 열에너지의 크기를 나타냄
(2) 열량의 단위: [J] 또는 [kcal]
   1[kcal]: 표준대기압 하에서 순수한 물 1[kg]을 1[°C] 올리는 데 필요한 열량

6 비열(Specific Heat)

(1) 어떤 물질 1[kg]을 1[°C] 올리는 데 필요한 열량
(2) 단위: [kcal/kg · °C], [J/kg · °C]

7 잠열과 현열

(1) 잠열(Latent Heat): 물질의 온도변화 없이 상태를 변화시키는 데 필요한 열량

잠열	상태변화
융해잠열	얼음 → 물(80[kcal/kg])
기화(증발)잠열	물 → 수증기(539[kcal/kg])

(2) 현열(Sensible Heat): 물질의 상태변화 없이 온도 변화에만 필요한 열량

8 증기비중

동일 부피의 공기에 대한 기체의 무게비(기체무게/공기무게)를 말한다.

$$증기비중 = \dfrac{분자량}{29}$$

(29: 공기의 평균 분자량)

2 연소의 구성요소

1 연소의 3요소

가연물, 산소공급원, 점화원

2 연소의 4요소

연소의 3요소(가연물, 산소공급원, 점화원) + 연쇄반응

> **이론 더하기** 가연물이 되기 쉬운 조건
> - 활성화에너지가 작을 것
> - 열전도도가 작을 것
> - 산소와 접촉할 수 있는 표면적이 넓을 것
> - 발열량이 클 것
> - 산소와 친화력이 좋을 것

3 가연물이 될 수 없는 물질(불연성 물질)

구분	해당 물질	이유
더 이상 산소와 반응하지 않는 물질	• 물(H_2O) • 이산화탄소(CO_2) • 산화알루미늄(Al_2O_3) • 오산화인(P_2O_5)	완전 연소 생성물(더 이상 반응 안 함)
0족의 비(불)활성 기체	• 헬륨(He), 네온(Ne) • 아르곤(Ar), 크립톤(Kr) • 크세논(Xe), 라돈(Rn)	옥텟규칙상 안정한 원소(반응 안 함)
흡열반응 물질	질소(N_2)	흡열하여 온도를 낮춤

4 소화의 원리 ★★

(1) 연소의 3요소 또는 4요소 중 어느 한 가지를 차단하여 연소가 일어날 수 없도록 하는 것

(2) 물리적 소화
  ① 가연물 차단 – 제거소화
  ② 점화원 차단 – 냉각소화
  ③ 산소 차단 – 질식소화

(3) 화학적 소화: 연쇄반응 차단 – 억제소화(부촉매효과)

5 가연성과 조연성 가스

구분	가연성 가스	조연성 가스
정의	연소하는 가스	연소를 도와주는 가스
종류	• 일산화탄소(CO) • 수소(H_2) • 메탄(CH_4) • 암모니아(NH_3) • 부탄(C_4H_{10})	• 오존(O_3) • 산소(O_2) • 염소(Cl_2) • 불소(F_2)

3 정전기

1 정전기의 정의

정전기는 전하가 이동하지 못하고 한 곳에 축적되어 있는 상태이다. 일정 한도 이상으로 정전기가 축적되면 스파크를 발생하며 발전하는데, 이는 점화원으로 작용할 수 있다.

2 발생 메커니즘

전하의 발생 → 전하의 축적 → 방전 → 발화

> **이론 더하기** 정전기 방지대책
> - 배관 내 유속을 제한한다.(1[m/s] 이하)
> - 상대습도를 70[%] 이상 유지한다.
> - 공기를 이온화한다.
> - 접지를 한다.
> - 대전방지제를 사용한다.

4 자연발화

1 자연발화의 정의

외부의 열원이 없어도 물질 자체에 열을 축적하여 공기 중에서 스스로 발화하는 현상이다.

2 자연발화의 조건 ★★

(1) 주변 온도가 높을수록
(2) 일정량의 수분은 자연발화를 촉진
(3) 발열량이 클수록
(4) 열전도도가 작을수록
(5) 공기유동이 적고 열 축적이 용이한 형태로 퇴적되어 있을수록

> **이론 더하기** 자연발화 방지법
> - 주위온도를 낮게 유지하여 열 축적을 방지한다.
> - 습도를 높지 않게 한다.
> - 열 축적이 용이하지 않도록 수납한다.
> - 공기유동이 잘 되게 한다.
> - 황린은 물에 보관하고 칼륨, 나트륨은 석유 속에 보관한다.

5 건물화재의 성상

1 플래시 오버(Flash Over) ★★

(1) 실내의 온도가 급격히 상승하여 화재가 순간적으로 실내 전체에 확산되는 현상
(2) 특징: 혼합연소, 비정상연소
(3) 발생 시기: 성장기~ 최성기
(4) 실내온도: 약 $800 \sim 900[℃]$
(5) 플래시 오버 대책
  ① 불연화, 난연화
  ② 가연물의 양 제한
  ③ 개구부 제한

2 백 드래프트(Back Draft)

(1) 공기 부족으로 훈소 상태에 있을 때 신선한 공기가 유입되어 실내에 축적된 가스가 순간적으로 연소 폭발하여 화염이 실외로 분출되는 현상
(2) 특징: 농연 분출, 파이어 볼(Fire Ball), 건물 붕괴
(3) 백 드래프트 대책
  ① 폭발력 억제: 문을 조금만 열어 다량의 공기 유입을 방지하여 폭발력 억제
  ② 환기: 출입문 개방 전에 환기구를 개방
  ③ 소화: 방수를 하여 실내 온도 저하
  ④ 격리: 실을 밀폐 상태로 두어 온도를 자연적으로 저하

6 화재

1 화재의 정의

(1) 사람의 의도에 반하거나 고의로 발생되는 연소현상으로 소화설비 등으로 소화할 필요가 있는 현상

(2) 자연 또는 인위적인 원인으로 인하여 물체가 연소되어서 인명과 재산에 손해를 주는 현상

2 화재의 특징 ★

(1) 우발성

(2) 확대성

(3) 불안정성

> **이론 더하기**
> - 연소: 물질이 빛과 열을 발생하면서 빠르게 산소와 결합하는 반응
> - 화재: 불로 인한 재난
> - 방화: 일부러 불을 지름
> - 실화: 실수하여 불을 냄

3 화재의 종류(NFPA) ★★★

구분	화재	가연물질
A급 화재	일반화재	목재, 섬유, 합성섬유
B급 화재	유류화재	인화성 액체
C급 화재	전기화재	통전 중인 전기설비, 기기화재
D급 화재	금속화재	가연성 금속
K급 화재	주방화재	식용유

7 연소 범위(폭발 범위)

1 연소 범위의 정의

(1) 점화원 존재 시 발화나 폭발이 일어날 수 있는 공기 중 가연성 가스의 농도 범위

(2) 연소하한계(LFL)와 연소상한계(UFL)의 범위

2 연소 범위의 특징

(1) 연소 범위의 상한계가 높을수록 위험성이 큼

(2) 연소 범위의 하한계가 낮을수록 위험성이 큼

(3) 연소 범위가 넓을수록 위험성이 큼

(4) 온도와 농도가 높을수록 연소 범위는 넓어짐(예외: 수소, 일산화탄소)

(5) 불활성기체를 첨가할수록 연소 범위는 좁아짐

3 주요물질의 연소 범위 ★★

가스종류	하한계(LFL)[vol%]	상한계(UFL)[vol%]
아세틸렌(C_2H_2)	2.5	81
수소(H_2)	4	75
일산화탄소(CO)	12.5	74
에틸렌(C_2H_4)	2.7	36
암모니아(NH_3)	15	28
메탄(CH_4)	5	15
에탄(C_2H_6)	3	12.4
프로판(C_3H_8)	2.1	9.5
부탄(C_4H_{10})	1.8	8.4

◆ 이론 더하기 연소범위의 크기 비교

아세틸렌 > 수소 > 일산화탄소 > 에틸렌 > 메탄 > 프로판 > 부탄

8 연기

1 감광계수

(1) 빛이 감소되는 계수를 의미하며 연기농도를 나타내는 척도

(2) 감광계수가 커지면 빛이 감소되고 시야가 좁아져 가시거리는 짧아짐

(3) 감광계수와 가시거리는 반비례

2 감광계수에 따른 가시거리 ★

감광계수[m^{-1}]	가시거리[m]	내용
0.1	20~30	연기감지기가 작동할 때의 농도
0.3	5	건물 내부에 익숙한 사람이 피난에 지장을 느낄 정도의 농도
0.5	3	어두움을 느낄 정도의 농도
1	1~2	거의 앞이 보이지 않을 정도의 농도
10	0.2~0.5	화재 최성기 때의 연기농도
30	–	출화실에서 연기가 분출될 때의 농도

3 굴뚝효과(Stack Effect) = 연돌효과 ★★

(1) 건축물 내·외부 공기의 온도 차이로 인한 압력 차에 의해 공기가 이동하는 현상

(2) 공기 이동: 건물 외부보다 내부의 온도가 높으면 공기는 위쪽으로 이동

9 소방건축

1 주요구조부

(1) 건축물의 구조 내력상 중요한 부분

(2) 종류
① 내력벽
② 보(작은 보 제외)
③ 기둥(사이 기둥 제외)
④ 바닥(최하층 바닥 제외)
⑤ 지붕틀(차양 제외)
⑥ 주계단(옥외계단 제외)

2 방화벽

(1) 화재 시 발생한 열, 연기 등의 확산을 방지하기 위하여 설치하는 벽

(2) 설치대상: 주요구조부가 내화구조 또는 불연재료가 아닌 건축물로 연면적이 $1,000[m^2]$ 이상인 건축물(각 구획된 바닥 면적의 합계는 $1,000[m^2]$ 미만일 것)

(3) 방화벽의 구조
① 내화구조로서 홀로 설 수 있는 구조일 것
② 방화벽의 양쪽 끝과 윗쪽 끝을 건축물의 외벽면 및 지붕면으로부터 $0.5[m]$ 이상 튀어나오게 할 것
③ 방화벽에 설치하는 출입문의 너비 및 높이는 각각 $2.5[m]$ 이하로 하고, 해당 출입문에는 60분+ 방화문 또는 60분방화문을 설치할 것

3 방화구획

(1) 화재 발생 시 인접 구역으로의 화염 확산을 방지하기 위해 구획하는 것

(2) 방화구획의 기준

구획의 종류	구획의 단위	구획의 구조
면적별 구획	① 10층 이하의 층은 바닥면적 $1,000[m^2]$ 이내마다 구획 ② 11층 이상의 층은 바닥면적 $200[m^2]$ 이내마다 구획 → 스프링클러 기타 이와 유사한 자동식 소화설비를 설치한 경우에는 위 면적의 3배 적용	① 내화구조로 된 바닥 및 벽 ② 60분+ 방화문, 60분 방화문 ③ 자동방화셔터
층별 구획	매층마다 구획(지하 1층에서 지상으로 직접 연결하는 경사로 부위 제외)	
용도별 구획	주요구조부를 내화구조로 해야 하는 대상 부분과 기타 부분 사이를 구획	

10 피난

1 피난 시 인간의 본능

본능	특성
귀소본능	평상시 사용하던 친숙한 경로를 따라 대피
지광본능	주위가 어두워지면 밝은 쪽으로 피난
추종본능	대피 시에는 최초로 행동하는 사람을 추종
퇴피본능	화염, 연기에 대한 공포감으로 화재 장소의 반대 방향으로 이동
좌회본능	좌측통행 및 좌측 방향으로 회전하려는 경향
직진본능	대피 시 직진하려는 경향

※ 좌회본능은 오른손잡이에 해당하는 본능으로 최근에는 "오른손잡이는 좌측, 왼손잡이는 우측으로 움직이는(회전하는) 경향"으로 개념화되고 있다.

＋ 이론 더하기 피난길로의 구성(안전구획)

안전구획: 화재와 같은 재해로부터 일정 시간 동안 인명을 안전하게 보호할 수 있도록 고층 건물, 대규모 건물 내부에 조성한 공간
- 1차 안전구획: 복도
- 2차 안전구획: 부속실
- 3차 안전구획: 계단실

2 피난의 형태 ★★

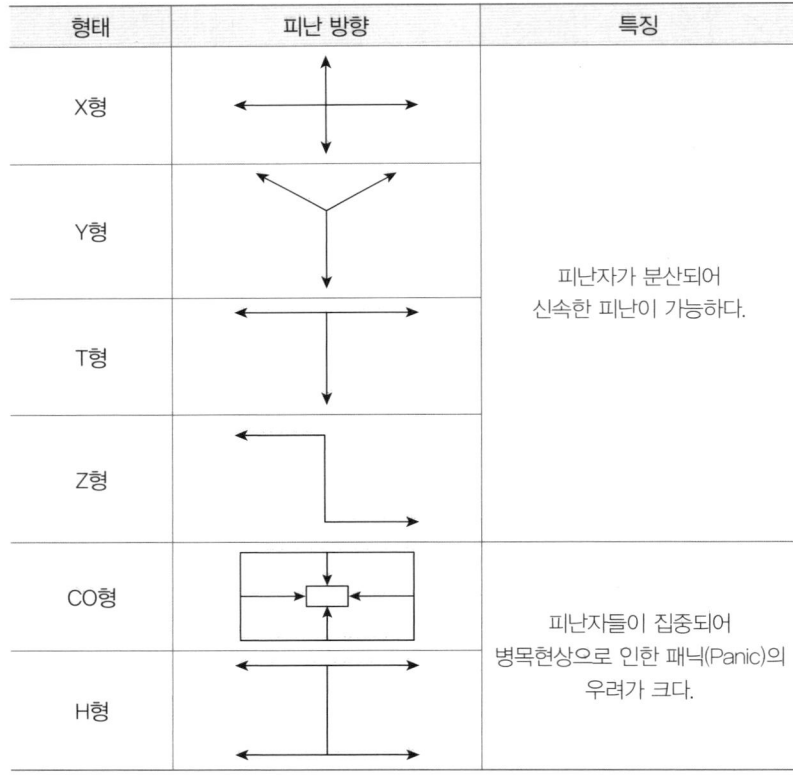

＋ 이론 더하기 패닉(Panic)현상

- 위기 상황에서 발생하는 비이성적이고 부적합한 집단행동을 패닉이라고 한다.
- 발생 원인
  - 연기에 의한 가시거리 제한
  - 유독가스에 의한 생리적인 변화
  - 외부와 단절된 심리적인 고립감 등

11 피난계획

1 피난계획의 일반원칙

(1) 2방향 이상의 피난 경로를 확보할 것
(2) 피난 수단은 원시적 방법에 의할 것
(3) 피난 경로는 간단명료할 것
(4) 피난 시설은 고정식 실비 위주로 할 것
(5) 피난 대책은 Fool Proof와 Fail Safe 원칙에 의할 것
(6) 피난 경로를 따라 일정한 구역을 형성하고 각 구역의 안정성을 높일 것

2 Fail Safe와 Fool Proof

(1) Fail Safe
① 기계 또는 시스템이 오작동을 일으켜도 사고로 이어지지 않도록 안전을 확보하는 설계원리(부분화, 다중화)
② 대표적인 예시: 피난경로를 2방향 이상으로 만드는 것

(2) Fool Proof
① 인간의 실수가 고장 또는 사고로 이어지지 않도록 하는 설계원리
② 대표적인 예시: 피난 경로는 간단하게 설계, 피난 설비는 고정식 설비로 만들 것

3 피난기구(NFTC 301)

(1) 피난사다리
(2) 구조대
(3) 완강기
(4) 미끄럼대
(5) 피난교
(6) 피난용트랩
(7) 간이완강기
(8) 공기안전매트(공동주택에 한함)
(9) 다수인 피난장비
(10) 승강식 피난기

12 위험물

1 제1류 위험물(산화성 고체)

(1) 품명 및 지정수량

품명	지정수량	품명	지정수량
아염소산염류	50[kg]	브로민산염류	300[kg]
염소산염류	50[kg]	질산염류	300[kg]
과염소산염류	50[kg]	아이오딘산염류	300[kg]
무기과산화물	50[kg]	과망가니즈산염류	1,000[kg]
-	-	다이크로뮴산염류	1,000[kg]

(2) 제1류 위험물의 특징
① 불연성이지만 산소를 함유한 강산화제
② 보관 시 가열, 충격, 마찰을 피해야 함
③ 대부분 물에 잘 녹음
④ 소화방법
  • 다량의 물을 사용하여 냉각소화
  • 무기과산화물은 마른 모래 등으로 피복소화

2 제2류 위험물(가연성 고체) ★

(1) 품명 및 지정수량

품명	지정수량	품명	지정수량
황화린	100[kg]	철분	500[kg]
적린	100[kg]	금속분	500[kg]
유황(황)	100[kg]	마그네슘	500[kg]
-	-	인화성 고체	1,000[kg]

(2) 제2류 위험물의 특징
① 산소를 함유하지 않은 강환원성 물질
② 황화린, 철분 마그네슘·금속분은 물과 반응하므로 습기에 주의하여야 함
③ 소화방법
  • 주수에 의한 냉각소화
  • 황화린, 철분, 마그네슘, 금속분은 마른 모래에 의한 피복·질식소화

3 제3류 위험물(자연발화성 물질 및 금수성 물질) ★★

(1) 품명 및 지정수량

품명	지정수량	품명	지정수량
칼륨	10[kg]	알칼리금속(Na, K 제외) 및 알칼리토금속	50[kg]
나트륨	10[kg]	유기금속화합물(알킬알루미늄 및 알킬리튬 제외)	50[kg]
알킬알루미늄	10[kg]	금속의 수소화물	300[kg]
알킬리튬	10[kg]	금속의 인화물	300[kg]
황린	20[kg]	칼슘 또는 알루미늄의 탄화물	300[kg]

(2) **자연발화성 물질**: 외부 열원이 없어도 물질 자체에 열을 축적하여 공기 중에서 스스로 발화하는 물질로 상온에서도 쉽게 발화하므로 보호액 속에 저장

(3) **금수성 물질**: 물과 접촉해 발화하거나 가연성 가스를 발생시킬 위험성이 있는 물질

(4) **제3류 위험물의 특징**
 ① 물과 반응하여 수소 등 가연성 가스를 발생시키거나 발열함
 ② 일부 물질은 물이나 공기 중에 노출되면 자연발화함
 ③ 보호액 속에 저장
 ④ 소화방법
  • 마른 모래나 금속화재용 소화약제에 의한 질식소화
  • 황린은 물을 사용하여 냉각소화

> **이론 더하기** 보호의 위험물
>
> | 위험물 | 저장장소(보호액) |
> | --- | --- |
> | 황린, 이황화탄소(CS_2) | 물 속 |
> | 니트로셀룰로오스 | 알코올 속 |
> | 칼륨(K), 나트륨(Na), 리튬(Li) | 석유류(등유) 속 |
> | 아세틸렌(C_2H_2) | 디에틸포름아미드(DMF), 아세톤 |

4 제4류 위험물(인화성 액체)

(1) 품명 및 지정수량

품명		지정수량	품명		지정수량
특수인화물		50[L]	제3석유류	비수용성	2,000[L]
제1석유류	비수용성	200[L]		수용성	4,000[L]
	수용성	400[L]	제4석유류		6,000[L]
알코올류		400[L]	동식물유류		10,000[L]
제2석유류	비수용성	1,000[L]			
	수용성	2,000[L]			

(2) **제4류 위험물의 특징**
 ① 인화점이 낮아 연소하기 쉬움
 ② 공기와 접촉 시 가연성 혼합기체를 형성함
 ③ 화기를 엄금하고 정전기 방지 조치를 취해야 함

④ 소화방법
- 포, CO_2, 할론소화약제 등으로 질식소화
- 수용성 액체는 내알코올포 등으로 질식소화

5 제5류 위험물(자기반응성 물질)

(1) 품명 및 지정수량

품명	지정수량	품명	지정수량
유기과산화물	10[kg]	나이트로화합물	100[kg]
질산에스테르류	10[kg]	나이트로소화합물	100[kg]
하이드록실아민	100[kg]	아조화합물	100[kg]
하이드록실아민염류	100[kg]	다이아조화합물	100[kg]
–	–	하이드라진유도체	100[kg]

(2) 제5류 위험물의 특징
 ① 물질 자체에 산소를 함유하고 있어 외부의 산소 공급 없이도 연소가 가능함
 ② 소화방법: 주수에 의한 냉각소화

6 제6류 위험물(산화성 액체)

(1) 품명 및 지정수량

품명	지정수량
과염소산	300[kg]
과산화수소	300[kg]
질산	300[kg]

(2) 제6류 위험물의 특징
 ① 부식성 유독성이 강한 산화성 액체
 ② 물을 피하고 피부 접촉에 주의하여야 함
 ③ 소화방법
- 마른 모래, CO_2에 의한 질식소화
- 위급 시(소량 화재 시) 다량의 물로 냉각소화(일반적으로 주수소화는 곤란함)

13 위험물 화재

1 보일오버(Boil Over) ★★

(1) 중질유의 석유탱크에서 장시간 연소하다가 탱크 내의 잔존 기름이 갑자기 분출하는 현상

(2) 유류탱크의 탱크 바닥에 물과 기름의 에멀션이 섞여있을 때 이로 인하여 화재가 확대되는 현상

(3) 연소면으로부터 $100[°C]$ 이상의 열파가 탱크 저부에 고여 있는 물을 비등하게 해서 기름을 탱크 밖으로 분출시키며 연소하는 현상

2 증기운 폭발(UVCE; Unconfined Vapor Cloud Explosion)

개방된 대기 중에서 대량의 가연성 가스나 인화성 액체가 유출되어 증기운을 형성하고 점화원에 의해 폭발하는 현상을 말한다.

3 슬롭오버(Slop Over)

소화를 위해 화재면에 물을 분사할 때 수분이 급격히 기화하여 액면이 거품을 일으키면서 기름의 일부가 불이 붙은 채 탱크벽을 넘어서는 현상을 말한다.

4 프로스오버(Froth Over)

점성이 높은 기름표면 아래에 있던 물이 끓으면서 화재를 수반하지 않고 기름이 용기 밖으로 넘치는 현상을 말한다.

14 소화

1 소화의 정의

연소의 3요소 또는 4요소 중 한 가지 이상을 제거하여 더 이상 연소가 진행되지 않도록 하는 것

2 소화의 원리(형태)에 따른 분류 ★★★

물리적 소화	냉각소화	• 점화원을 냉각하여 소화 • 물의 증발잠열(기화잠열)을 이용하여 냉각 • CO_2 소화설비: 줄-톰슨효과에 의한 냉각 • 적용: 스프링클러설비, 옥내·외 소화전, 포소화설비 등

	질식소화	• 산소농도를 15[%] 이하로 희박하게 하여 소화 • 가연물과 산소의 접촉을 방해하여 소화 • CO_2 소화설비: 공기 중 산소농도를 낮춰서 소화 • 적용: 마른 모래, 팽창질석, 팽창진주암
	제거소화	• 가연물을 이동하거나 제거하여 소화 • 적용: 산림화재 시 나무 벌목, 가스화재 시 공급밸브 차단
화학적 소화	부촉매소화	• 연쇄반응 차단에 의한 소화 • 적용: 할론소화설비, 할로겐화합물소화설비

15 물소화약제

1 물의 물리·화학적 성질

물리적 성질	• 물은 상온에서 무겁고 안정된 액체 • 융해잠열: 80[kcal/kg] • 증발잠열: 539[kcal/kg] • 비열: 1[kcal/kg·℃] • 표면장력이 큼 • 기화 시 체적이 약 1,650배 증가
화학적 성질	• 구성: 수소 2원자, 산소 1원자(H_2O) • 물은 극성 분자이므로 수소결합으로 구성됨

2 물소화약제의 장점 ★

(1) 쉽게 구할 수 있고 소화 성능이 우수

(2) 경제적이고 사용이 편리

(3) 친환경적

(4) 증발잠열(기화잠열)이 커서 냉각효과가 큼(물의 주된 소화 효과)

(5) 화학적 안정성이 높아 각종 첨가제 혼합이 가능

3 물소화약제의 주수형태 ★

주수형태	특징	종류
봉상주수	• 막대 모양의 물줄기로 주수 • 냉각효과 및 파괴효과	옥내소화전설비, 옥외소화전설비
적상주수	• 물방울 형태로 주수(직경: 0.5~0.6[mm]) • 냉각효과	스프링클러설비
무상주수	• 안개 같은 분무 형태로 주수 • 액적이 작아서 전기가 통하지 않으므로 전기화재에도 적용 가능	물분무소화설비, 미분무소화설비

16 이산화탄소 소화약제

1 이산화탄소(CO_2)의 물성

구분	물성	구분	물성
분자량	44	임계온도	31.1[°C]
비중	1.53	임계압력	75.2[kgf/cm^2]
증발열	137[cal/g]	융해열	45.2[cal/g]
삼중점	−56.6[°C]	승화점	−78.5[°C]

2 이산화탄소(CO_2)의 소화효과 ★★★

(1) **질식효과**: 산소농도를 15[%] 이하로 낮춤(가장 주된 효과)
(2) **냉각효과**: 방사 시 기화열에 의한 열 흡수
(3) **피복효과**: 공기보다 1.5배 무거우므로 연소물을 덮는다.

3 이산화탄소(CO_2) 소화약제의 특징

(1) 무색, 무취이며 전기적으로 비전도성
(2) 공기보다 1.5배 무겁다.
(3) 상온에서는 기체이지만 고압용기에 액화시켜 보관한다.
(4) 적응화재: 전기실 화재, 통신실 화재, 유류화재

17 할론소화약제

1 할로겐(Halogen) 원소 ★★

(1) 주기율표 17족 원소로 F, Cl, Br, I 등
(2) 비금속 원소이며 강한 산화작용을 한다.
(3) **전기음성도**: 원자나 분자가 화학결합을 할 때 다른 전자를 끌어들이는 능력의 척도이다.
　　F > Cl > Br > I 순으로 F(불소)가 가장 크다.
(4) **부촉매효과**: 활성화에너지를 높여 연쇄반응 차단
　　F < Cl < Br < I 순으로 I(요오드)가 가장 크다.

2 할론소화약제의 명명법 ★★

할론소화약제의 종류는 4자리(I가 포함된 경우 5자리)의 숫자로 표기하는데, 천의 자리 숫자는 C의 개수, 백의 자리 숫자는 F의 개수, 십의 자리 숫자는 Cl의 개수, 일의 자리 숫자는 Br의 개수를 나타낸다.

예) Halon 1301 = CF_3Br

3 할론소화약제의 종류 ★

종류	분자식	상온·상압에서의 상태
할론 1211	CF_2ClBr	기체
할론 1301	CF_3Br	기체
할론 2402	$C_2F_4Br_2$	액체

18 할로겐화합물 및 불활성기체소화약제

1 할로겐화합물 및 불활성기체소화약제의 종류 ★

(1) 할로겐화합물소화약제: 불소, 염소, 브롬 또는 요오드 중 하나 이상의 원소를 포함하고 있는 유기화합물을 기본성분으로 하는 소화약제

(2) 불활성기체소화약제: 헬륨, 네온, 아르곤 또는 질소가스 중 하나 이상의 원소를 기본성분으로 하는 소화약제

(3) 소화설비에 사용되는 할로겐화합물 및 불활성기체

계열	소화약제	분자식
FC	FC-3-1-10	C_4F_{10}
	FK-5-1-12	$CF_3CF_2C(O)CF(CF_3)_2$
HFC	FIC-13I1	CF_3I
	HFC-23	CHF_3
	HFC-125	CHF_2CF_3
	HFC-236fa	$CF_3CH_2CF_3$
	HFC-227ea	CF_3CHFCF_3
HCFC	HCFC-BLEND-A	HCFC-22($CHClF_2$) : 82[%] HCFC-123($CHCl_2CF_3$) : 4.75[%] HCFC-124($CHClFCF_3$) : 9.5[%] $C_{10}H_{16}$: 3.75[%]
	HCFC-124	$CHClFCF_3$

IG	IG-541	N_2: 52[%] Ar: 40[%] CO_2: 8[%]
	IG-01	Ar: 100[%]
	IG-55	N_2: 50[%] Ar: 50[%]
	IG-100	N_2: 100[%]

2 할로겐화합물 및 불활성기체소화약제의 소화효과

(1) 할로겐화합물소화약제: 부촉매소화+물리적 소화

(2) 불활성기체소화약제: 물리적 소화

19 분말소화약제

1 분말소화약제의 종류 ★★★

종별	소화약제	착색	적응화재
제1종	탄산수소나트륨($NaHCO_3$)	백색	B, C
제2종	탄산수소칼륨($KHCO_3$)	담회색	B, C
제3종	제1인산암모늄($NH_4H_2PO_4$)	담홍색(또는 황색)	A, B, C
제4종	탄산수소칼륨+요소($KHCO_3$+$CO(NH_2)_2$)	회색	B, C

2 분말소화약제의 열분해 반응식

종별	소화약제	열분해 반응식
제1종	탄산수소나트륨($NaHCO_3$)	$2NaHCO_3 \rightarrow Na_2CO_3 + CO_2 + H_2O$
제2종	탄산수소칼륨($KHCO_3$)	$2KHCO_3 \rightarrow K_2CO_3 + CO_2 + H_2O$
제3종	제1인산암모늄($NH_4H_2PO_4$)	(190[°C]) $NH_4H_2PO_4 \rightarrow H_3PO_4 + NH_3$ (215[°C]) $2H_3PO_4 \rightarrow H_4P_2O_7 + H_2O$ (360[°C] 이상) $H_4P_2O_7 \rightarrow 2HPO_3 + H_2O$ 최종분해식: $NH_4H_2PO_4 \rightarrow HPO_3 + H_2O + NH_3$
제4종	탄산수소칼륨+요소 ($KHCO_3$+$CO(NH_2)_2$)	$2KHCO_3 + CO(NH_2)_2 \rightarrow K_2CO_3 + 2NH_3 + 2CO_2$

3 분말소화약제의 소화효과

소화효과	내용
질식효과	불연성기체(CO_2, H_2O)가 발생하여 공기 중 산소 농도 저하
냉각효과	흡열반응으로 인한 연소물 냉각
부촉매효과	K, Na, NH_3 등의 라디칼이 형성되어 H, OH 라디칼과 결합하면서 활성라디칼의 수를 줄여 연쇄반응 억제
방사열차단	공기 중의 분말입자가 방사되는 열을 차단
방진효과	제3종 분말이 분해될 때 발생하는 메타인산(HPO_3)이 유리상의 피막형성
탈수효과	제3종 분말이 분해될 때 발생하는 올소인산(H_3PO_4)이 탈수를 일으켜서 연쇄반응 억제

02 소방전기일반

암기용 MP3 다운로드 방법

1 QR코드를 통해서 김앤북 네이버 카페에 입장 (https://cafe.naver.com/kimnbook)
2 구매 인증하여 등업 신청
3 자료실 (구매 인증 전용) ▶ 소방설비기사 게시판에서 자료 다운로드

1 전기회로

1 전류, 전압, 저항 ★

(1) 전류
  ① 전하의 흐름으로 단위시간 동안 이동한 전하량의 크기를 나타낸다.
  ② 전류의 기호는 I, 단위는 [A] 또는 [C/s]로 표기한다.

$$I = \frac{Q}{t} [A]$$

Q: 전하량[C], t: 시간[s]

(2) 전압
  ① 전기회로에 전류를 흐르게 하는 능력으로 도체 안에 있는 두 지점 간 전기적 위치에너지의 차이를 나타낸다.
  ② 전압의 기호는 V, 단위는 [V] 또는 [J/C]으로 표기한다.

$$V = \frac{W}{Q} [V]$$

W: 에너지[J], Q: 전하량[C]

(3) 저항
  ① 전류의 흐름을 방해하는 모든 성분을 말한다.
  ② 저항의 기호는 R, 단위는 [Ω]으로 표기한다.
  ③ 길이가 $l[m]$이고, 단면적이 $A[mm^2]$인 도선의 저항은 다음과 같다.

$$R = \rho \frac{l}{A} [\Omega]$$

ρ: 재료의 고유저항

2 옴의 법칙 ★

$$I = \frac{V}{R}[\text{A}] \quad V = IR[\text{V}] \quad R = \frac{V}{I}[\Omega]$$

3 휘스톤 브리지 평형 조건 ★★

브리지 회로가 평형을 만족할 경우 G에는 전류가 흐르지 않는다.

$R_X \times R_B = R_S \times R_A$

$\therefore R_A = \dfrac{R_X \times R_B}{R_S}[\Omega]$

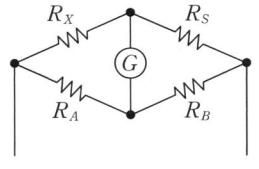

▲ 휘스톤 브리지

4 배율기와 분류기 ★★★

(1) 배율기의 배율(m)

$$m = \frac{V_0}{V} = \frac{R_m + R_v}{R_v} = 1 + \frac{R_m}{R_v}$$

R_m: 배율기 저항[Ω], R_v: 전압계 내부저항[Ω], V_0: 측정전압[V], V: 전압계 최대눈금[V]

(2) 분류기의 배율(m)

$$m = \frac{I_0}{I} = \frac{R_a + R_m}{R_m} = 1 + \frac{R_a}{R_m}$$

R_m: 분류기 저항[Ω], R_a: 전류계 내부저항[Ω], I_0: 측정전류[A], I: 전류계 최대눈금[A]

5 전력과 전력량

(1) 전력
① 단위시간당 전기에너지의 양으로 전압과 전류의 곱으로 나타낸다.
② 전력의 기호는 P, 단위는 [W]로 표기한다.

$$P = VI = I^2 R = \frac{V^2}{R} = \frac{W}{t}[\text{W}]$$

(2) 전력량
① 일정 시간동안 사용한 전력의 양을 말한다.
② 전력량의 기호는 W, 단위는 [Wh]로 표기한다.

$$W = VIt = I^2 Rt = \frac{V^2}{R}t = Pt[\text{Wh}]$$

6 전류의 발열작용

(1) 열량
① 전류에 의해서 도체 내에 발생하는 열의 양을 말한다.
② 열량의 기호는 Q, 단위는 [cal]로 표기한다. ($1[J] = 0.24[cal]$)

$$Q = 0.24VIt = 0.24I^2Rt = 0.24\frac{V^2}{R}t = 0.24Pt[cal]$$

7 고유저항과 도전율

(1) 고유저항
① 고유저항은 단위 면적당 단위 길이의 저항값이며 물질의 종류에 따라 다른 값을 가진다.
② 고유저항의 기호는 ρ, 단위는 $[\Omega \cdot m]$로 표기한다.

(2) 도전율(전도율)
① 전류가 잘 흐르는 정도를 나타내는 물리량으로 고유저항의 역수이다.
② 도전율의 기호는 σ, 단위는 $[\mho/m]$로 표기한다.

$$\sigma = \frac{1}{\rho}[\mho/m]$$

8 부동 충전방식 ★★★

(1) 전지의 자기방전을 보충함과 동시에 상용부하에 대한 전력 공급은 충전기가 부담하도록 하되, 충전기가 부담하기 어려운 일시적인 대전류 부하는 축전지로 하여금 부담하게 하는 충전방식이다.

(2) 부동 충전방식 회로계통
교류 → 변압기 → 정류회로 → 필터 → 부하보상 → 부하 → 전지
                        └→ 전지

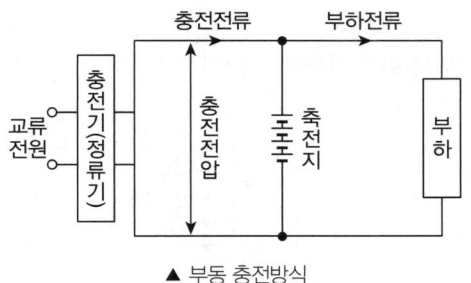

▲ 부동 충전방식

9 콘덴서와 정전용량

(1) **콘덴서**

전하를 축적하는 장치로 커패시터라고도 한다.

(2) **정전용량**

① 콘덴서가 전하를 축적할 수 있는 능력을 나타낸다.

② 정전용량은 C로 나타내고 단위는 [F]이다.

$$C = \frac{Q}{V}[\text{F}]$$

Q: 전하량[C], V: 전압[V]

10 전계(전기장)의 특징 ★

(1) **쿨롱의 법칙**

① 두 전하 사이에 작용하는 힘 F는 두 전하의 곱에 비례하고 거리의 제곱에 반비례한다는 법칙이다.

② 두 전하의 극성이 다르면 흡인력, 같으면 반발력이 작용한다.

$$F = \frac{1}{4\pi\varepsilon_0} \times \frac{Q_1 Q_2}{r^2} = 9 \times 10^9 \times \frac{Q_1 Q_2}{r^2} [\text{N}]$$

ε_0 : 공기 중의 유전율($= 8.854 \times 10^{-12}$ [F/m])

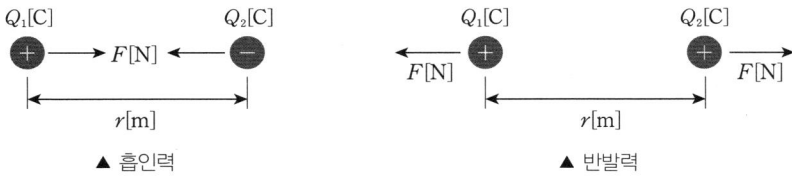

▲ 흡인력   ▲ 반발력

(2) **전계**

전기력이 미치는 공간으로 전기장이라고도 한다.

(3) **전기력선**

전하 주위의 전기상을 나타내기 위한 가상의 선을 말한다.

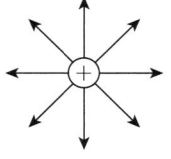 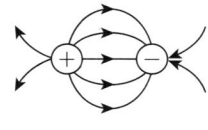 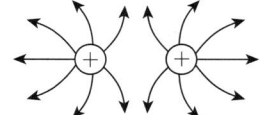

▲ 전기력선

11 전계의 세기와 전위

(1) 전계(전기장)의 세기
   ① 전기장 안에 $+1[C]$의 전하를 놓았을 때 작용하는 정전력(전기력)을 그 점의 전계의 세기라 한다.
   ② 전계의 세기는 E로 나타내고 단위는 $[V/m]$이다.

$$E = \frac{1}{4\pi\varepsilon_0} \times \frac{Q}{r^2} = 9 \times 10^9 \times \frac{Q}{r^2} [V/m]$$

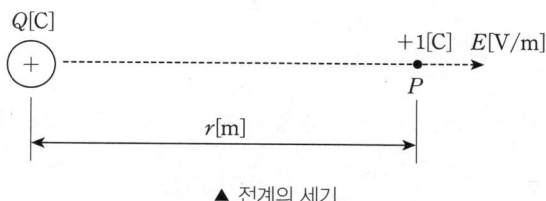

▲ 전계의 세기

(2) 전위

P점에서의 전위는 V_P로 나타내고 단위는 $[V]$이다.

$$V_P = \frac{1}{4\pi\varepsilon_0} \times \frac{Q}{r} = 9 \times 10^9 \times \frac{Q}{r} [V]$$

12 전속과 전속밀도

(1) 전속
   ① 전기력선의 묶음을 전속이라고 한다.
   ② 전속의 기호는 ψ(프사이)로 나타내고 단위는 $[C]$이다.

(2) 전속밀도
   ① 단위 면적당 전속을 말한다.
   ② 전속밀도의 기호는 D로 나타내고 단위는 $[C/m^2]$이다.
   ③ 전속밀도와 전계 세기의 관계

$$D = \frac{\psi}{A} = \varepsilon E = \varepsilon_0 \varepsilon_s E [C/m^2]$$

ε: 유전율$[F/m]$, ε_s: 비유전율

13 자계(자기장)의 세기와 자기력

(1) 자계의 세기
   ① 어떤 공간에 자하 $m[Wb]$이 있고, 그 자하에서 $r[m]$ 떨어진 거리에 정자하($+1[Wb]$)를 놓았을 때 작용하는 힘을 자계의 세기라 한다.
   ② 자계의 세기는 H로 나타내고 단위는 $[A/m]$ 또는 $[AT/m]$이다.

$$H = \frac{1}{4\pi\mu_0} \times \frac{m}{r^2} = 6.33 \times 10^4 \times \frac{m}{r^2} [\text{AT/m}]$$

μ_0 : 공기의 투자율($= 4\pi \cdot 10^{-7}$ [H/m])

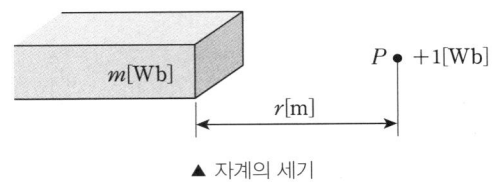

▲ 자계의 세기

(2) 자기력

균일한 세기의 자기장 안에서 m[Wb] 자극을 놓을 때 작용하는 힘 F[N]를 자기력이라고 한다.

$$F = mH [\text{N}]$$

14 자속과 자속밀도

(1) 자속
① 자기력선의 묶음을 자속이라 하고, 임의의 폐곡면을 통과하는 자속의 총량은 폐곡면 내에 존재하는 자하량 m[Wb]만큼 존재한다.
② 자속은 ϕ로 나타내고 단위는 [Wb]이다.

(2) 자속밀도
① 단위면적당 자속의 수를 말한다.
② 자속밀도는 B로 나타내고 단위는 [Wb/m^2]이다.
③ 자속밀도와 자계 세기의 관계

$$B = \frac{\phi}{A} = \mu H = \mu_0 \mu_s H [\text{Wb/m}^2]$$

μ: 투자율[H/m], μ_s: 비투자율

15 암페어의 오른나사 법칙

직선 전류에 의한 자기장의 방향을 알려면 아래 그림과 같이 전류의 방향으로 나사를 돌리면 나사의 진행 방향이 코일 속을 지나는 자기력선의 방향과 일치한다.

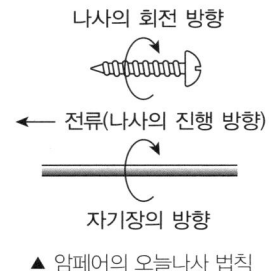

▲ 암페어의 오늘나사 법칙

16 여러 가지 도체 모양에 따른 자계 세기

구분	직선 전류	원형코일	환상 솔레노이드	무한장 솔레노이드
그림				
자계의 세기	$H=\dfrac{I}{2\pi r}$[AT/m]	$H=\dfrac{NI}{2r}$[AT/m]	내부: $H=\dfrac{NI}{2\pi r}$[AT/m] 외부: $H=0$	내부: $H=n_0 I$[AT/m] 외부: $H=0$ (n_0: 단위길이당 권선수)

17 전자유도 법칙

(1) 유도 기전력은 코일을 쇄교하는 단위 시간당 자속의 변화율과 코일의 감은 횟수에 비례한다.(페러데이의 법칙)
(2) 유도 기전력의 방향은 자속의 변화를 방해하는 방향으로 발생한다.(렌츠의 법칙)

$$e=-N\dfrac{d\phi}{dt}[\text{N}]$$

e: 유도 기전력[V], N: 코일권수, $d\phi$: 자속의 변화량[Wb], dt: 시간의 변화량[s]

18 플레밍의 법칙 ★

플레밍의 왼손 법칙	플레밍의 오른손 법칙
전류를 흘릴 때 도선에 작용하는 힘	도체 운동 시 유도 기전력 방향 결정
전동기	발전기
• 엄지: 힘 방향(F) • 검지: 자기장 방향(B) • 중지: 전류 방향(I)	• 엄지: 운동 방향(v) • 검지: 자기장 방향(B) • 중지: 유도 기전력 방향(e)

19 코일의 접속

(1) 코일의 자기 유도능력 정도를 나타내는 것을 인덕턴스 L이라 하며 단위는 [H]이다.

(2) **가동접속**: 한 코일의 자속이 다른 코일의 자속과 합해지는 방향(같은 방향)으로 접속

(3) **차동접속**: 한 코일의 자속이 다른 코일의 자속과 빼지는 방향(반대 방향)으로 접속

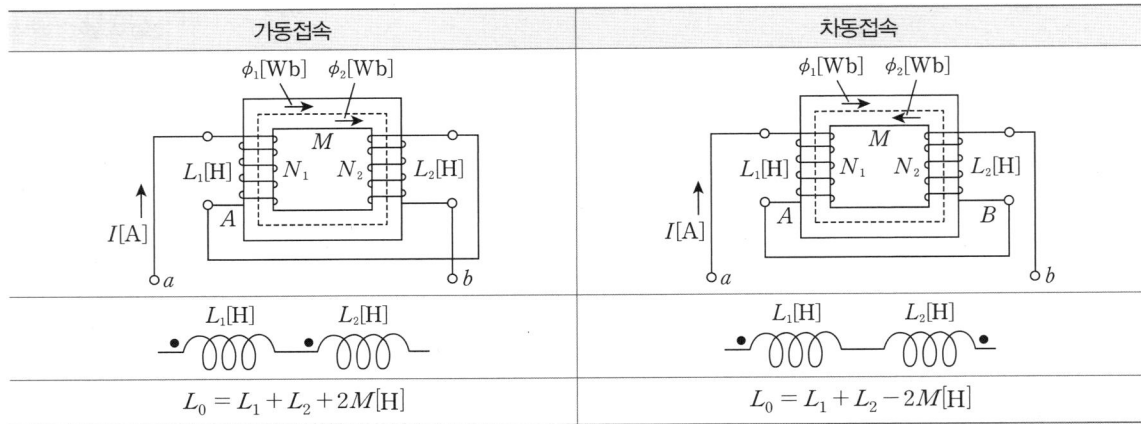

가동접속	차동접속
$L_0 = L_1 + L_2 + 2M$ [H]	$L_0 = L_1 + L_2 - 2M$ [H]

20 상호 인덕턴스와 결합계수

(1) 2개 코일 사이의 자기적 결합의 정도를 나타낸다.

① 상호 인덕턴스

$$M = k\sqrt{L_1 L_2}$$

M: 상호 인덕턴스[H], k: 결합계수

② 결합계수

$$k = \frac{M}{\sqrt{L_1 L_2}} \quad (0 \leq k \leq 1)$$

21 순시값, 실효값, 평균값 ★★

(1) **순시값**: 시간 경과에 따라 변하는 교류의 매 순간 값(정현파)

(2) **실효값**: 실제로 사용하는 교류를 표현한 값. 해당 교류가 하는 일과 동등한 일을 하는 직류 값

(3) **평균값**: 수시로 크기가 변하는 교류의 평균을 취한 값

22 임피던스와 어드미턴스

(1) 임피던스

① 저항과 인덕터, 커패시터로 구성된 회로에서 전압과 전류비를 나타낸다.

② 임피던스의 기호는 Z를 사용하고 단위는 [Ω]이다.

$$Z = R + jX[\Omega]$$
$$R: 저항[\Omega],\ X: 리액턴스[\Omega]$$

③ 각 소자별 임피던스의 표현
  ㉠ 저항 $Z = R[\Omega]$
  ㉡ 인덕턴스 $Z = jX_L = j\omega L[\Omega]$
  ㉢ 커패시턴스 $Z = -jX_C = \dfrac{1}{j\omega C}[\Omega]$

(2) 어드미턴스
  ① 임피던스의 역수이며 병렬회로의 특성을 분석하기 위해 사용한다.
  ② 어드미턴스의 기호는 Y를 사용하고 단위는 [℧]이다.

$$Y = G + jB[℧]$$
$$G: 컨덕턴스[℧],\ B: 서셉턴스[℧]$$

23 $R-L-C$ 직렬회로

구분	임피던스	위상각(θ)	역률($\cos\theta$)	위상
$R-L$	$\sqrt{R^2 + (\omega L)^2}$	$\tan^{-1}\dfrac{\omega L}{R}$	$\dfrac{R}{\sqrt{R^2 + (\omega L)^2}}$	전류가 뒤진다.
$R-C$	$\sqrt{R^2 + (\dfrac{1}{\omega C})^2}$	$\tan^{-1}\dfrac{1}{\omega CR}$	$\dfrac{R}{\sqrt{R^2 + (\dfrac{1}{\omega C})^2}}$	전류가 앞선다.
$R-L-C$	$\sqrt{R^2 + (\omega L - \dfrac{1}{\omega C})^2}$	$\tan^{-1}\left(\dfrac{\omega L - \dfrac{1}{\omega C}}{R}\right)$	$\dfrac{R}{\sqrt{R^2 + (\omega L - \dfrac{1}{\omega C})^2}}$	전류의 위상이 θ만큼 늦거나 빠를 수 있다.

24 $R-L-C$ 병렬회로

구분	임피던스	위상각(θ)	역률($\cos\theta$)	위상
$R-L$	$\sqrt{(\dfrac{1}{R})^2 + (\dfrac{1}{\omega L})^2}$	$\tan^{-1}\dfrac{R}{\omega L}$	$\dfrac{1}{\sqrt{1 + (\dfrac{R}{\omega L})^2}}$	전류가 뒤진다.
$R-C$	$\sqrt{(\dfrac{1}{R})^2 + (\omega C)^2}$	$\tan^{-1}\omega CR$	$\dfrac{1}{\sqrt{1 + (\omega CR)^2}}$	전류가 앞선다.
$R-L-C$	$\sqrt{(\dfrac{1}{R})^2 + (\omega C - \dfrac{1}{\omega L})^2}$	$\tan^{-1}\left(R(\omega C - \dfrac{1}{\omega L})\right)$	$\dfrac{1}{\sqrt{1 + (\omega CR - \dfrac{R}{\omega L})^2}}$	전류의 위상이 θ만큼 늦거나 빠를 수 있다.

25 직·병렬 공진회로 특성비교 ★

구분	직렬회로	병렬회로
Z, Y	$Z = R + j(X_L - X_C)$	$Y = \dfrac{1}{R} + j\left(\dfrac{1}{X_C} - \dfrac{1}{X_L}\right)$
공진 조건	$\omega L = \dfrac{1}{\omega C}$	$\omega C = \dfrac{1}{\omega L}$
공진 시 Z, Y	Z: 최소	Y: 최소
공진 시 전류	최대	최소
공진주파수	$f_0 = \dfrac{1}{2\pi\sqrt{LC}}$	$f_0 = \dfrac{1}{2\pi\sqrt{LC}}$
첨예도	$Q = \dfrac{1}{R}\sqrt{\dfrac{L}{C}}$	$Q = R\sqrt{\dfrac{C}{L}}$

26 단상 교류전력 ★

(1) 피상전력

① 전원에 공급되는 전력을 말한다.

② 피상전력의 기호는 P_a, 단위는 [VA]로 표기한다.

$$P_a = VI = I^2 Z = \dfrac{V^2}{Z}\,[\text{VA}]$$

$$\cdot P_a = P \pm jP_r = \sqrt{P^2 + P_r^2}\,[\text{VA}]$$

(2) 유효전력

① 부하에서 소비되는 전력을 말한다.

② 유효전력의 기호는 P, 단위는 [W]로 표기한다.

$$P = P_a \cos\theta = VI\cos\theta = I^2 R = \dfrac{V^2 R}{R^2 + X^2}\,[\text{W}]$$

(3) 무효전력

① 부하에 포함되어 있는 L과 C 성분에서 소모되는 전력을 말한다.

② 무효전력의 기호는 P_r, 단위는 [Var]로 표기한다.

$$P_r = P_a \sin\theta = VI\sin\theta = I^2 X = \dfrac{V^2 X}{R^2 + X^2}\,[\text{Var}]$$

(4) 역률

① 유효전력과 피상전력과의 비를 말한다.

② 역률의 기호는 $\cos\theta$로 표기한다.

$$\cos\theta = \frac{P}{P_a} = \frac{R}{|Z|}$$

$|Z|$: 임피던스의 크기($=\sqrt{R^2+X^2}\,[\Omega]$)

(5) 무효율

① 무효전력과 피상전력과의 비를 말한다.
② 무효율의 기호는 $\sin\theta$로 표기한다.

$$\sin\theta = \frac{P_r}{P_a} = \frac{X}{|Z|}$$

27 3상 부하 변환($Y-\triangle$)

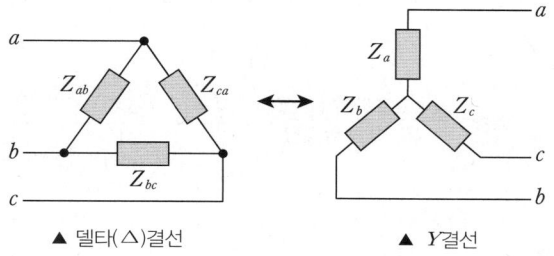

▲ 델타(△)결선   ▲ Y결선

(1) Y → 델타(△) 변환

$$Z_{ab} = \frac{Z_aZ_b + Z_bZ_c + Z_cZ_a}{Z_c}\,[\Omega]$$

$$Z_{bc} = \frac{Z_aZ_b + Z_bZ_c + Z_cZ_a}{Z_a}\,[\Omega]$$

$$Z_{ca} = \frac{Z_aZ_b + Z_bZ_c + Z_cZ_a}{Z_b}\,[\Omega]$$

(2) 델타(△) → Y변환

$$Z_a = \frac{Z_{ca} \times Z_{ab}}{Z_{ab} + Z_{bc} + Z_{ca}}\,[\Omega]$$

$$Z_b = \frac{Z_{ab} \times Z_{bc}}{Z_{ab} + Z_{bc} + Z_{ca}}\,[\Omega]$$

$$Z_c = \frac{Z_{bc} \times Z_{ca}}{Z_{ab} + Z_{bc} + Z_{ca}}\,[\Omega]$$

28 비정현파 해석

(1) 비정현파

정현파가 여러 가지 원인으로 인하여 일그러진 파형을 말한다.

$$비정현파 = 직류분 + 기본파 + 고조파$$

(2) 푸리에 급수로 비정현파의 해석

비정현파는 다수의 정현파와 여현파의 합으로, 푸리에 급수로 해석할 수 있다.

$$f(t) = a_0 + \sum_{n=1}^{\infty} a_n \cos n\omega t + \sum_{n=1}^{\infty} b_n \sin n\omega t$$

(3) 왜형률

비정현파에서 기본파에 대한 고조파 성분의 함유 정도를 나타내는 지표로 파형의 일그러진 정도를 표시하는 척도가 된다.

$$왜형률 = \frac{전\ 고조파의\ 실효값}{기본파의\ 실효값} = \frac{\sqrt{V_2^2 + V_3^2 + \cdots + V_n^2}}{V_1} \times 100\,[\%]$$

29 파고율과 파형률 ★★★

(1) 파고율

교류 파형의 최대값을 실효값으로 나눈 값을 말한다.

$$파고율 = \frac{최대값}{실효값}$$

(2) 파형률

교류 파형의 실효값을 평균값으로 나눈 값을 말한다.

$$파형률 = \frac{실효값}{평균값}$$

(3) 각 파형별 정리

파형	최대값	실효값	평균값	파형률	파고율
정현파	V_m	$\frac{1}{\sqrt{2}}V_m$	$\frac{2}{\pi}V_m$	$\frac{\pi}{2\sqrt{2}}$ (1.11)	$\sqrt{2}$ (1.41)
정현반파	V_m	$\frac{1}{2}V_m$	$\frac{1}{\pi}V_m$	$\frac{\pi}{2}$ (1.57)	2
구형파	V_m	V_m	V_m	1	1

| 구형반파 | V_m | $\frac{1}{\sqrt{2}}V_m$ | $\frac{1}{2}V_m$ | $\sqrt{2}(1.41)$ | $\sqrt{2}(1.41)$ |
| 삼각파(톱니파) | V_m | $\frac{1}{\sqrt{3}}V_m$ | $\frac{1}{2}V_m$ | $\frac{2}{\sqrt{3}}(1.15)$ | $\sqrt{3}(1.73)$ |

30 맥동률 · 정류효율 및 맥동주파수 ★★★

(1) 맥동률

직류에 얼마만큼의 교류가 있는지의 비율(교류 잔재성분의 비율)

$$\gamma = \frac{V_{AC}}{V_{DC}} \times 100[\%]$$

γ: 맥동률[%], V_{AC}: 출력전압의 실효값(교류 성분)[V], V_{DC}: 출력전압의 평균값(직류 성분)[V]

(2) 정류효율

① 입력된 교류전력이 출력의 직류 전력으로 바꿀 수 있는 비율
② 값이 클수록 입력손실이 적어진다.

$$\eta = \frac{\text{출력 직류 전력}}{\text{입력 교류 전력}} = \frac{P_{DC}}{P_{AC}} \times 100[\%]$$

(3) 각 파형별 맥동률 · 정류효율 · 맥동주파수

구분	단상 반파	단상 전파	3상 반파	3상 전파
정류효율[%]	40.6	81.2	96.7	99.8
맥동률[%]	121	48	17	4
맥동주파수[Hz]	f	$2f$	$3f$	$6f$
직류전압[V](평균값, E_d)	$0.45E$	$0.9E$	$1.17E$	$1.35E$

2 전기기기

1 직류기의 3요소

(1) **계자**: 자속을 발생시키는 부분

(2) **전기자**: 기전력이 유도되는 부분

(3) **정류자**: 교류 기전력을 직류로 바꾸어 주는 부분

2 직류 발전기의 종류

(1) 타여자 발전기: 계자 권선과 전기자 권선이 분리
(2) 자여자 발전기: 계자 권선과 전기자 권선이 하나의 회로로 접속

3 직류 발전기의 유기기전력

$$E = \frac{PZ}{60a}\phi N [\text{V}]$$

P: 극수, Z: 총 도체수, a: 병렬 회로 수, ϕ: 자속[Wb], N: 분당 회전수

4 직류 전동기의 종류

(1) 타여자 전동기: 계자 권선과 전기자 권선이 분리
(2) 자여자 전동기: 계자 권선과 전기자 권선이 하나의 회로로 접속

5 직류 전동기 속도 제어

(1) 저항 제어: 전기자 저항의 값을 제어
(2) 계자 제어: 계자에 형성된 자속의 값을 제어
(3) 전압 제어: 단자전압을 변화시켜 속도를 제어

6 직류 전동기 제어법

(1) 회생 제동
(2) 발전 제동
(3) 역전 제동

7 변압기의 유도기전력과 권수비 ★

(1) 1차 유도기전력

$E_1 = 4.44 f N_1 \phi_m [\text{V}]$

(f: 주파수[Hz], N_1: 1차측 권선수, ϕ_m: 최대 자속[Wb])

(2) 2차 유도기전력

$E_2 = 4.44 f N_2 \phi_m [\text{V}]$

(f: 주파수[Hz], N_2: 2차측 권선수, ϕ_m: 최대 자속[Wb])

(3) 권수비

$$a = \frac{N_1}{N_2} = \frac{V_1}{V_2} = \frac{E_1}{E_2} = \frac{I_2}{I_1} = \sqrt{\frac{Z_1}{Z_2}}$$

8 변압기의 일반적인 결선과 특징

(1) $\Delta - \Delta$ 결선

① 상전류가 선전류의 $\frac{1}{\sqrt{3}}$

② 1상분 고장 시 $V-V$ 결선으로 사용 가능

③ 중성점을 접지할 수 없어 지락사고 시 전류 검출이 어려움

(2) $Y-Y$ 결선

① 상전압이 선간전압의 $\frac{1}{\sqrt{3}}$

② 1, 2차 전압 간 위상차가 없음

③ 중성점 접지가 가능하여 이상 전압으로부터 변압기 보호 가능

(3) $Y-\Delta$ 또는 $\Delta-Y$ 결선

① $Y-\Delta$ 결선은 강압용으로, $\Delta-Y$ 결선은 승압용으로 사용

② 1, 2차 전압 및 전류 간 위상차가 발생

(4) $V-V$ 결선

① 출력: $P_V = \sqrt{3}\,P_1$

② 이용률: $\frac{\sqrt{3}\,P_1}{2P_1} = \frac{\sqrt{3}}{2} = 86.6[\%]$

③ 출력비: $\frac{\sqrt{3}\,P_1}{3P_1} = 57.7[\%]$

9 변압기의 특수 결선

(1) 3상에서 2상으로 변환

① 우드브리지 결선

② 메이어 결선

③ 스코트 결선(T 결선)

(2) 3상에서 6상으로 변환

① 포크 결선

② 2차 2중 Y 결선, 2차 2중 Δ 결선

③ 대각 결선

④ 환상 결선

10 변압기의 효율

(1) **실측효율**: 입력과 출력을 직접 측정하여 나타낸 효율

$$\eta = \frac{출력}{입력} \times 100[\%]$$

(2) **규약효율**: 각종 손실을 측정 또는 계산해서 구한 효율

$$\eta = \frac{출력}{출력+철손+동손} \times 100[\%]$$

(3) 전부하 효율

$$\eta = \frac{P\cos\theta}{P\cos\theta + P_i + P_c} \times 100[\%]$$

P: 변압기 용량[VA], P_i: 철손[W], P_c: 동손[W]

(4) $\frac{1}{m}$ 부하 시 효율

$$\eta_{\frac{1}{m}} = \frac{\frac{1}{m}P\cos\theta}{\frac{1}{m}P\cos\theta + P_i + (\frac{1}{m})^2 P_c} \times 100[\%]$$

$\frac{1}{m}$: 부하율, $\eta_{\frac{1}{m}}$: $\frac{1}{m}$ 부하에서의 효율[%]

(5) 전손실 전력량

$$W = [P_i + P_c]t_1 + [P_i + (\frac{1}{m})^2 P_c]t_2 [\text{Wh}]$$

t_1: 전부하 시 운전시간[h], t_2: $\frac{1}{m}$ 부하 시 운전시간[h]

11 유도전동기의 구조

농형	권선형
• 구조가 간단하고 보수가 용이하다. • 권선형에 비해 효율이 좋다. • 속도 조정이 어렵다.	• 중, 대형 기기에 사용된다. • 기동이 쉽다. • 속도 조정이 용이하다.

12 유도기의 동기속도와 슬립

(1) 동기 속도(N_s)

회전자계의 회전 속도를 말하며, 주파수 f와 극수 p에 의해 정해진다.

$$N_s = \frac{120f}{p}[\text{rpm}]$$

(2) 슬립(s)

동기 속도 N_s와 회전 속도 N의 차를 비율로 나타낸 것이다.

$$s = \frac{N_s - N}{N_s}$$

13 유도 전동기의 기동법과 속도 제어법 ★★

구조	기동법	속도 제어법
농형	• 전전압 기동법(5[kW] 이하) • $Y-\Delta$ 기동법(5~15[kW]) • 기동 보상기법(15[kW] 이상) • 리액터 기동법	• 극수 변환법 • 주파수 변환법 • 전원 전압 제어법
권선형	• 2차 저항 기동법 • 게르게스법	• 2차 저항법 • 2차 여자법

14 단상 유도 전동기의 종류(기동토크가 큰 순서)

반발 기동형 > 반발 유도형 > 콘덴서 기동형 > 분상 기동형 > 셰이딩 코일형

15 여러 가지 측정 기구

(1) 전류 측정
　① 후크온 미터: 전선의 전류를 측정
　② 검류계: 미소전류를 검출

(2) 저항측정
　① 메거: 절연 저항을 측정
　② 휘스톤브리지: 검류계의 내부 저항을 측정
　③ 어스테스터: 접지 저항을 측정
　④ 콜라우시 브리지: 축전지 내부 저항 측정

3 제어회로

1 제어계의 종류 ★★★

(1) 개회로 제어계

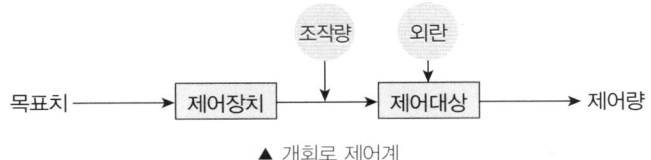

▲ 개회로 제어계

(2) 폐회로 제어계(피드백 제어계)

제어량의 값을 입력측으로 되돌려 목표값과 비교하면서 제어량이 목표값과 일치하도록 오차를 보정하는 제어계

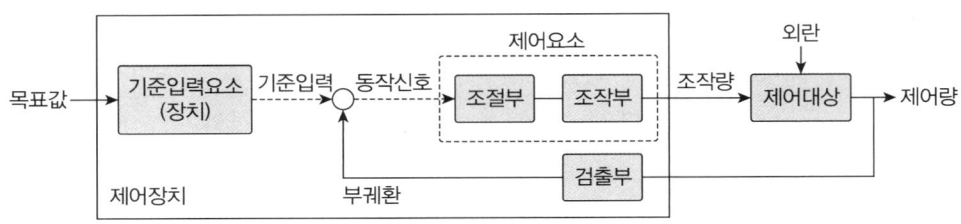

▲ 피드백 제어계 구성

(3) 피드백 제어계의 요소
① 목표값: 제어량이 어떤 값을 갖도록 목표를 설정하여 외부에서 주어지는 신호
② 동작신호: 기준입력신호의 주궤환신호의 편차신호
③ 제어요소: 조절부와 조작부로 구성되며, 동작신호를 조작량으로 변환시키는 요소
　㉠ 조절부: 제어계가 작동하는 데 필요로 하는 신호를 만들어 조작부로 보내는 부분
　㉡ 조작부: 조절부로부터 조정된 신호를 받아 조작량으로 바꾸어 제어 대상에 보내는 부분
④ 조작량: 제어요소가 제어 대상에 주는 양
⑤ 외란: 외부에서 가해지는 신호로서 제어량의 값을 변화시키는 요소
⑥ 제어량: 제어 대상에 속하는 양
⑦ 검출부: 제어 대상으로부터 제어량을 검출하고 기준입력신호와 비교하는 부분

2 자동제어계의 분류 ★

분류	종류
목표치	• 정치 제어 • 추치 제어
제어량	• 서보기구(방위, 위치) • 프로세스 제어(온도, 압력, 유량) • 자동 조정 제어(주파수, 전압, 전류)

제어동작	• 연속 제어 – 비례 제어(P): 잔류 편차 발생 – 적분 제어(I): 잔류 편차 제거 – 미분 제어(D): 오차가 커지는 것을 방지 – 비례 적분 제어(PI): 잔류 편차 제거 – 비례 미분 제어(PD): 응답 속응성 개선 – 비례 적분 미분 제어(PID): 잔류 편차 제거, 응답 속응성 개선 • 불연속 제어

3 제어기기 변환요소 ★

(1) **압력 → 변위**: 벨로우즈, 다이어프램, 스프링

(2) **변위 → 압력**: 노즐 플래퍼, 유압 분사관, 스프링

(3) **변위 → 임피던스**: 가변 저항기, 용량형 변환기

(4) **변위 → 전압**: 포텐셔미터, 자동 변압기, 전위차계

(5) **전압 → 변위**: 전자석, 전자코일

(6) **빛 → 임피던스**: 광전관, 광전도 셀, 광전 트랜지스터

(7) **빛 → 전압**: 광전지, 광전 다이오드

(8) **방사선 → 임피던스**: GM관, 전리함

(9) **온도 → 임피던스**: 측온 저항

(10) **온도 → 전압**: 열전대

4 전달함수 ★★★

모든 초기값을 0으로 하였을 때 출력 신호의 라플라스 변환과 입력 신호의 라플라스 변환의 비

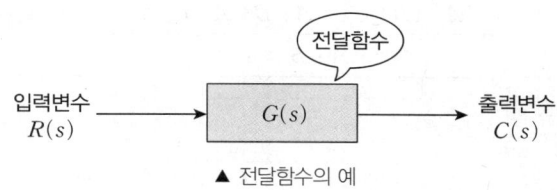

▲ 전달함수의 예

$$\text{전달함수 } G(s) = \frac{C(s)}{R(s)}$$

5 블록선도 ★★★

(1) 블록선도
자동제어계 각 요소의 신호가 어떤 모양으로 전달되고 있는지를 나타내는 선도

(2) 피드백 제어계 전달함수

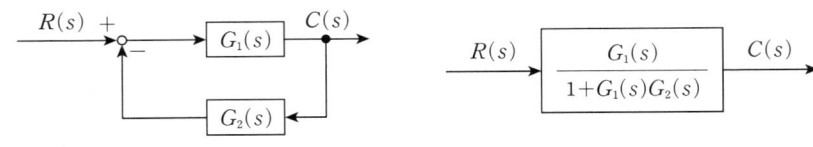

▲ 피드백 접속

$$전체\ 전달함수\ G(s) = \frac{C(s)}{R(s)} = \frac{\sum 경로}{1 - \sum 폐루프} = \frac{G_1(s)}{1 + G_1(s)G_2(s)}$$

6 불대수의 기본정리 및 응용 ★★★

(1) 불대수의 기본 정리

정리	공식	
항등 법칙	$0 + A = A$	$1 \cdot A = A$
지배 법칙	$1 + A = 1$	$0 \cdot A = 0$
동일 법칙	$A + A = A$	$A \cdot A = A$
보원 법칙	$A + \overline{A} = 1$	$A \cdot \overline{A} = 0$
복원 법칙	$\overline{\overline{A}} = A$	
교환 법칙	$A + B = B + A$	$A \cdot B = B \cdot A$
결합 법칙	$A + (B + C) = (A + B) + C$	$A \cdot (B \cdot C) = (A \cdot B) \cdot C$
분배 법칙	$A \cdot (B + C) = A \cdot B + A \cdot C$	$A + (B \cdot C) = (A + B) \cdot (A + C)$
흡수 법칙	$A + A \cdot B = A$	$A \cdot (A + B) = A$

(2) 드 모르간의 정리

$$\overline{A + B} = \overline{A} \cdot \overline{B}$$
$$\overline{A \cdot B} = \overline{A} + \overline{B}$$

7 여러 가지 논리회로 ★★★

명칭, 논리기호	유접점	무접점	진리표
AND회로 ($A \cdot B$) $A,B \rightarrow X$			A B X / 0 0 0 / 0 1 0 / 1 0 0 / 1 1 1
OR회로 ($A+B$) $A,B \rightarrow X$			A B X / 0 0 0 / 0 1 1 / 1 0 1 / 1 1 1
NOT회로 ($\overline{A}$) $A \rightarrow X$			A X / 0 1 / 1 0
NAND회로 ($\overline{A \cdot B}$) $A,B \rightarrow X$			A B X / 0 0 1 / 0 1 1 / 1 0 1 / 1 1 0
NOR회로 ($\overline{A+B}$) $A,B \rightarrow X$			A B X / 0 0 1 / 0 1 0 / 1 0 0 / 1 1 0
XOR회로 ($A \oplus B$) $A,B \rightarrow X$			A B X / 0 0 0 / 0 1 1 / 1 0 1 / 1 1 0

8 여러 가지 라플라스 변환

$f(t)$	$F(s)$
1	$\dfrac{1}{s}$
t	$\dfrac{1}{s^2}$
t^n	$\dfrac{n!}{s^{n+1}}$
e^{at}	$\dfrac{1}{s-a}$
e^{-at}	$\dfrac{1}{s+a}$
$\sin\omega t$	$\dfrac{\omega}{s^2+\omega^2}$
$\cos\omega t$	$\dfrac{s}{s^2+\omega^2}$

4 전자회로

1 반도체의 성질

(1) 반도체에 빛을 쬐면 전기저항이 감소한다.(광전효과)
(2) 금속의 접촉면이나 상이한 반도체 사이에서 정류 작용이 있다.
(3) 온도가 상승하면 저항률이 감소하는 부(−)의 온도 특성을 가진다.
(4) 불순물을 첨가하면 전기저항은 급격히 감소한다.

2 다이오드

(1) 다이오드의 성질

P형 반도체와 N형 반도체를 접합해서 만든 소자로 한쪽 방향으로만 전류를 흐르게 하는 성질을 가지고 있다.

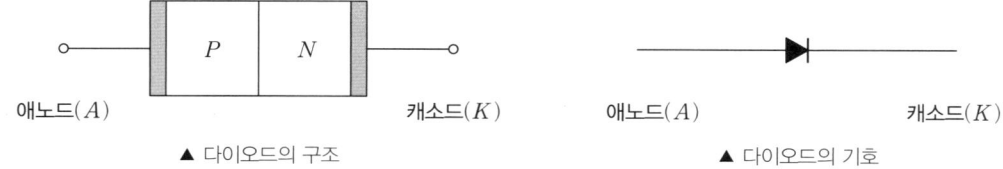

▲ 다이오드의 구조   ▲ 다이오드의 기호

(2) 다이오드 종류

명칭	기호	특성
정류용 다이오드	▶⊢	일반적으로 다이오드라 불리는 것으로 정류 작용을 한다.
제너 다이오드(정전압 다이오드)	▶⌐	주로 정전압 전원회로에 사용하며 일정한 전압을 얻기 위해 사용된다.
터널 다이오드	▶⊢	증폭작용 · 발진작용 · 개폐작용을 하며, 고속 스위칭회로 · 논리회로에 사용된다.
포토 다이오드	▶⊢	빛을 쬐면 광량에 비례하는 전류가 흐르므로 빛 검출용, 광센서에 사용된다.
가변용량 다이오드(버랙터)	▶⊢⊢	역전압을 크게 해서 정전용량을 조절하는 것으로 증폭기, 주파수 변환장치 등에 사용된다.
발광 다이오드(LED)	▶⊢	전기적 신호를 빛의 신호로 변환한다.

3 트랜지스터

(1) 트랜지스터의 특성

① 트랜지스터는 P형과 N형 반도체를 3개 층(pnp, npn)으로 접합한 것이다.
② 베이스 전류에 따라 컬렉터 전류가 흐르거나 흐르지 않기도 하는 스위칭작용을 한다.
③ 약간의 베이스 전류로 큰 컬렉터 전류를 얻을 수 있는 증폭특성을 가진다.
④ 고온에 약하다.

(2) 트랜지스터의 구성

트랜지스터의 전극은 가운데 베이스(B), 전자나 정공을 방출하는 이미터(E), 이미터에서 방출된 전자나 정공을 모으는 컬렉터(C)로 구성된다.

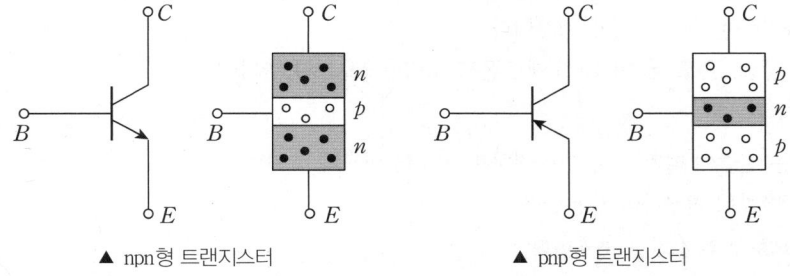

▲ npn형 트랜지스터　　　　▲ pnp형 트랜지스터

4 기타 반도체 ★

(1) SCR

① 사이리스터의 한 종류이다.
② 애노드(A), 캐소드(K), 게이트(G)로 구성된다.
③ 단방향 3단자 소자이다.
④ 래칭전류: SCR이 ON되기 위해 애노드에서 캐소드로 흘러야 할 최소전류를 말한다.
⑤ 유지전류: ON 상태를 유지하는 데 필요한 최소의 양극전류를 말한다.

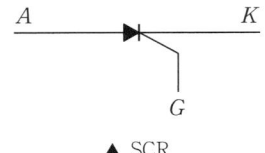

▲ SCR

(2) 트라이악(TRIAC)
① 직·교류에서 모두 사용할 수 있는 3단자 스위칭 소자이다.
② 교류전력 기기 제어용으로 사용한다.
③ 쌍방향 3단자 소자이다.

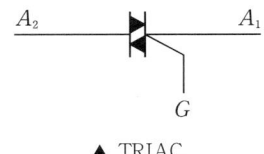

▲ TRIAC

(3) 다이악(DIAC)
① 소용량 저항 부하의 AC전력 제어용으로 사용한다.
② 쌍방향 2단자 소자이다.

▲ DIAC

(4) 서미스터
① 온도에 의해 저항값이 변하는 반도체 소자이다.
② 부($-$) 저항 온도계수(NTC)의 특성: 온도 증가 시 저항이 감소한다.
③ 열을 감지하는 감열 저항체 소자이다.
④ 온도 보상용, 온도 계측용(온도계), 온도 보정용으로 사용한다.

(5) 바리스터
① 인가되는 전압에 따라 저항값이 변하는 비선형 반도체 소자이다.
② 회로와 병렬로 연결하여 사용한다.
③ 과전압으로부터 기기를 보호한다.

(6) 집적회로(IC)
① 하나의 실리콘 칩 내부에 트랜지스터, 다이오드, 저항, 콘덴서 등 여러 가지 전자부품을 고밀도로 집적하여 패키지로 만든 것이다.
② 시스템의 소형화가 가능하다.
③ 신뢰성이 높고 부품의 교체가 쉽다.

03 소방관계법규

암기용 MP3 다운로드 방법

1 QR코드를 통해서 김앤북 네이버 카페에 입장 (https://cafe.naver.com/kimnbook)
2 구매 인증하여 등업 신청
3 자료실 (구매 인증 전용) ▶ 소방설비기사 게시판에서 자료 다운로드

1 소방기본법

1 용어의 정의 ★★★

소방대상물	관계인	소방대
• 건축물 • 차량 • 산림 • 선박(매어둔 것) • 선박건조구조물 • 인공구조물 • 물건	• 소유자 • 관리자 • 점유자	• 소방공무원 • 의무소방원 • 의용소방대원

2 종합상황실 실장의 서면·팩스 또는 컴퓨터통신 등의 보고대상 재해규모

(1) 사망자가 5인 이상, 사상자가 10인 이상 발생한 화재

(2) 이재민이 100인 이상 발생한 화재

(3) 재산피해액이 50억 원 이상 발생한 화재

(4) 관공서·학교·정부미 도정공장·문화재 지하철 또는 지하구의 화재

(5) 관광호텔, 층수가 11층 이상인 건축물, 지하상가, 시장, 백화점, 지정수량의 3,000배 이상의 위험물의 제조소·저장소·취급소, 층수가 5층 이상이거나 객실이 30실 이상인 숙박시설, 층수가 5층 이상이거나 병상이 30개 이상인 종합병원·정신병원·한방병원 요양소, 연면적 $15,000[m^2]$ 이상인 공장 또는 화재예방강화지구에서 발생한 화재

(6) 철도차량, 항구에 매어둔 총 톤수가 $1,000[t]$ 이상인 선박, 항공기, 발전소 또는 변전소에서 발생한 화재

(7) 가스 및 화약류의 폭발에 의한 화재

(8) 다중이용업소의 화재

(9) 통제단장의 현장지휘가 필요한 재난상황

(10) 언론에 보도된 재난상황

(11) 그 밖에 소방청장이 정하는 재난상황

3 소방박물관 등의 설립과 운영 ★

구분	소방박물관	소방체험관
설립·운영권자	소방청장	시·도지사
설립·운영에 필요한 사항	행정안전부령	행정안전부령에 따른 시·도조례
역할	① 국내·외의 소방의 역사 ② 자료 수집·보관 및 전시 　㉠ 소방공무원 복장 　㉡ 소방장치	① 체험교육의 제공 　재난·안전사고 유형에 따른 예방, 대처, 대응 조치 ② 체험교육 프로그램 개발 및 국민 안전 의식 향상을 위한 홍보·전시 ③ 체험교육 인력 양성 및 유관기관 협력 ④ 시·도지사가 인정하는 사업
운영위원회	7인 이내	없음

4 소방장비 등에 대한 국고보조

(1) 국가는 소방장비의 구입 등 시·도의 소방업무에 필요한 경비의 일부를 보조
　→ 국고보조 대상사업의 범위와 기준보조율: 대통령령

(2) 국고보조 대상사업의 범위
　① 소방용 장비 및 설비의 종류와 규격: 행정안전부령
　　㉠ 소방자동차
　　㉡ 소방헬리콥터 및 소방정
　　㉢ 소방전용통신설비 및 전산설비
　　㉣ 그 밖에 방화복 등 소방활동에 필요한 소방장비
　② 소방관서용 청사의 건축

(3) 국고보조 대상사업 기준보조율: 「보조금 관리에 관한 법률 시행령」에 따름

5 소방용수시설의 설치 및 관리 등 ★★★

(1) 소방용수시설의 설치 및 관리

소방용수시설의 설치 및 관리	설치·유지·관리 책임
소방활동에 필요한 소화전·급수탑·저수조 등 소방용수시설	시·도지사
「수도법」에 따른 소화전(관할 소방서장과 협의 후 설치)	일반수도사업자
소방자동차의 진입이 곤란한 지역에 화재발생 시 대응이 필요한 지역으로서 대통령령이 정하는 지역에 소방호스 또는 호스릴 등을 소방용수시설에 연결하여 화재를 진압하는 시설이나 장치(비상소화장치)	시·도지사
소방용수시설과 비상소화장치의 설치기준	행정안전부령

(2) 소방용수시설의 설치기준

공통기준		① 주거 · 상업 · 공업지역 수평거리 100[m] 이하 ② 그 외 지역 수평거리 140[m] 이하
개별기준	소화전	① 소화전의 연결금속구의 구경은 65[mm] ② 상수도와 연결한 지상식, 지하식 구조
	급수탑	① 급수배관의 구경은 100[mm] 이상 ② 개폐밸브의 위치는 지상에서 1.5[m] 이상 1.7[m] 이하

	저수조	① 지면으로부터의 낙차가 4.5[m] 이하일 것
		② 흡수관의 투입구
		   ㉠ 사각형의 경우: 한 변의 길이가 60[cm] 이상일 것
		   ㉡ 원형의 경우: 지름이 60[cm] 이상일 것
		③ 흡수에 지장이 없도록 토사 및 쓰레기 등을 제거할 수 있는 설비를 갖출 것
		④ 흡수부분의 수심이 0.5[m] 이상일 것
		⑤ 소방펌프자동차가 쉽게 접근할 수 있도록 할 것
		⑥ 저수조에 물 공급 방법: 상수도에 연결하여 자동으로 급수

6 소방업무의 응원 ★

(1) 소방본부장이나 소방서장은 소방활동을 할 때, 긴급한 경우에는 이웃한 소방본부장 또는 소방서장에게 소방업무의 응원을 요청할 수 있음

(2) 소방업무의 응원 요청을 받은 소방본부장 또는 소방서장은 정당한 사유 없이 그 요청을 거절하여서는 아니 됨

(3) 소방업무의 응원을 위하여 파견된 소방대원은 응원을 요청한 소방본부장 또는 소방서장의 지휘에 따라야 함

(4) 시 · 도지사는 소방업무의 응원을 요청하는 경우를 대비하여 출동 대상지역 및 규모와 필요한 경비의 부담 등에 관하여 필요한 사항을 행정안전부령으로 정하는 바에 따라 이웃하는 시 · 도지사와 협의하여 미리 규약으로 정하여야 함

(5) 소방업무의 상호응원협정
  ① 소방활동에 관한 사항
    ㉠ 화재의 경계 진압활동
    ㉡ 구조 · 구급업무의 지원
    ㉢ 화재조사활동
  ② 응원출동대상지역 및 규모
  ③ 소요경비의 부담에 관한 사항
    ㉠ 출동대원의 수당 · 식사 및 의복의 수선
    ㉡ 소방장비 및 기구의 정비와 연료의 보급
    ㉢ 그 밖의 경비
  ④ 응원출동의 요청방법
  ⑤ 응원출동훈련 및 평가

7 화재의 예방조치

(1) 예방조치 명령권자: 소방본부장 또는 소방서장

(2) 명령대상
   ① 화재의 예방상 위험하다고 인정되는 행위를 하는 사람
   ② 소화활동에 지장이 있다고 인정되는 물건의 소유자, 관리자 또는 점유자

(3) 예방조치명령
   ① 불장난, 모닥불, 흡연, 화기(火氣) 취급, 풍등 등 소형 열기구 날리기, 그 밖에 화재예방상 위험하다고 인정되는 행위의 금지 또는 제한
   ② 타고 남은 불 또는 화기가 있을 우려가 있는 재의 처리
   ③ 함부로 버려두거나 그냥 둔 위험물, 그 밖에 불에 탈 수 있는 물건을 옮기거나 치우게 하는 등의 조치(대통령령)
      ㉠ 위험물 또는 물건의 관계인의 정보를 알 수 없어서 필요한 명령을 할 수 없을 때에는 소속 공무원으로 하여금 그 위험물 또는 물건을 옮기거나 치우게 할 수 있음
      ㉡ 옮기거나 치운 위험물 또는 물건은 보관하여야 함
      ㉢ 위험물 또는 물건을 보관하는 경우 게시판 공고기간: 그 날로부터 14일
      ㉣ 위험물 또는 물건의 보관기간: 공고 종료일 다음 날부터 7일
      ㉤ 보관기간 종료 시 위험물 물건을 매 각 또는 폐기함

8 화재예방강화지구(구명칭: 화재경계지구) 등의 지정 ★

(1) 화재예방강화지구 지정권자: 시 · 도지사

(2) 화재예방강화지구 지정대상
   화재가 발생할 우려가 높거나 화재가 발생하는 경우 그로 인하여 피해가 클 것으로 예상되는 지역으로 다음의 지역
   ① 시장지역
   ② 공장 · 창고가 밀집한 지역
   ③ 목조건물이 밀집한 지역
   ④ 위험물의 저장 및 처리 시설이 밀집한 지역
   ⑤ 석유화학제품을 생산하는 공장이 있는 지역
   ⑥ 「산업입지 및 개발에 관한 법률」에 따른 산업단지
   ⑦ 소방시설 · 소방용수시설 또는 소방출동로가 없는 지역
   ⑧ 그 밖에 ①~⑦에 준하는 지역으로서 소방청장 · 소방본부장 또는 소방서장이 화재예방강화지구로 지정할 필요가 있다고 인정하는 지역

(3) 화재예방강화지구의 지정요청
   시 · 도지사가 화재예방강화지구로 지정할 필요가 있는 지역을 화재예방강화지구로 지정하지 아니하는 경우 소방청장은 해당 시 · 도지사에게 해당 지역의 화재예방강화지구 지정을 요청할 수 있다.

9 화재예방강화지구의 관리 ★★★

구분	화재예방조사	훈련 및 교육	관리대장
실시자	소방본부장, 소방서장	소방본부장, 소방서장	시·도지사
실시횟수	연 1회 이상	연 1회 이상	매년
통보	7일 전	10일 전	–
연기신청	조사시작 3일 전	–	–

10 특수가연물의 저장 및 취급 ★★★

(1) 대상의 지정(대통령령)

① 대상: 화재 확대가 빠른 고무류·면화류·석탄 및 목탄 등
② 특수가연물의 품명 및 수량(시행령 제6조 별표2)

품명		수량
면화류		200[kg] 이상
나무껍질 및 대팻밥		400kg 이상
넝마 및 종이부스러기		1,000[kg] 이상
사류(絲類)		1,000[kg] 이상
볏짚류		1,000[kg] 이상
가연성고체류		3,000[kg] 이상
석탄·목탄류		10,000[kg] 이상
가연성액체류		2[m^3] 이상
목재가공품 및 나무부스러기		10[m^3] 이상
합성수지류	발포시킨 것	20[m^3] 이상
	그 밖의 것	3,000[kg] 이상

(2) 저장 및 취급기준(시행령 제7조)

구분		살수설비를 설치하거나, 대형 수동식 소화기를 설치하는 경우	그 밖의 경우
높이		15[m] 이하	10[m] 이하
쌓는 부분의 바닥면적	석탄, 목탄류	300[m^2] 이하	200[m^2] 이하
	그 외 특수가연물	200[m^2] 이하	50[m^2] 이하

11 소방안전교육사의 배치대상별 배치기준

배치대상	배치기준(단위: 명)
소방청	2 이상
소방본부	2 이상
소방서	1 이상
한국소방안전원	본회: 2 이상, 시 · 도지부: 1 이상
한국소방산업기술원	2 이상

12 소방활동 종사 명령

(1) 명령권자: 소방본부장, 소방서장, 소방대장

(2) 화재, 재난 · 재해, 그 밖의 위급한 상황이 발생한 현장에서 소방활동을 위하여 필요할 때에는 그 관할구역에 사는 사람 또는 그 현장에 있는 사람으로 하여금 사람을 구출하는 일 또는 불을 끄거나 불이 번지지 아니하도록 하는 일을 하게 할 수 있음

(3) 소방활동 종사자의 활동비용 지급
　① 비용의 지급: 시 · 도지사
　② 지급 예외
　　㉠ 해당 소방대상물의 관계인
　　㉡ 고의나 과실로 화재 또는 구조 · 구급 활동이 필요한 상황을 발생시킨 사람
　　㉢ 화재 또는 구조 · 구급 현장에서 물건을 가져간 사람

13 요청 명령 · 처분권자 ★★

(1) 소방업무의 응원 요청: 소방본부장, 소방서장

(2) 소방력의 동원: 소방청장이 각 시 · 도지사에게

(3) 소방활동: 소방청장, 소방본부장, 소방서장

(4) 소방활동 구역의 설정: 소방대장, 협조요청에 따른 경찰공무원

(5) 소방활동 종사 명령: 소방본부장, 소방서장, 소방대장

(6) 강제처분 등: 소방본부장, 소방서장, 소방대장

(7) 피난명령: 소방본부장, 소방서장, 소방대장, 협조요청에 따른 관할경찰서장, 자치경찰단장

(8) 위험시설에 대한 긴급조치: 소방본부장, 소방서장, 소방대장

14 화재조사의 종류 및 조사범위 ★

(1) 화재원인조사

종류	조사범위
발화원인조사	화재가 발생한 과정, 화재가 발생한 지점 및 불이 붙기 시작한 물질
발견 · 통보 및 초기 소화상황조사	화재의 발견 · 통보 및 초기소화 등 일련의 과정
연소상황조사	화재의 연소경로 및 확대원인 등의 상황
피난상황조사	피난경로, 피난상의 장애요인 등의 상황
소방시설 등 조사	소방시설의 사용 또는 작동 등의 상황

(2) 화재피해조사

종류	조사범위
인명피해조사	① 소방활동 중 발생한 사망자 및 부상자 ② 그 밖에 화재로 인한 사망자 및 부상자
재산피해조사	① 열에 의한 탄화, 용융, 파손 등의 피해 ② 소화활동 중 사용된 물로 인한 피해 ③ 그 밖에 연기, 물품반출, 화재로 인한 폭발 등에 의한 피해

15 5년 이하의 징역 또는 5천만 원 이하의 벌금

(1) "정당한 사유 없이 출동한 소방대의 화재진압 및 인명구조 · 구급 등 소방활동을 방해"에 해당하는 아래의 행위를 한 사람
  ① 위력을 사용
  ② 현장에 출동하거나 현장에 출입하는 것을 고의로 방해
  ③ 출동한 소방대원에게 폭행 또는 협박을 행사
  ④ 출동한 소방대의 소방장비를 파손하거나 그 효용을 해침

(2) 소방자동차의 출동을 방해한 사람

(3) 사람을 구출하는 일 또는 불을 끄거나 불이 번지지 아니하도록 하는 일을 방해한 사람

(4) 정당한 사유 없이 소방용수시설 또는 비상소화장치를 사용하거나 소방용수시설 또는 비상소화장치의 효용을 해치거나 그 정당한 사용을 방해한 사람

16 20만 원 이하의 과태료

다음 지역에서 화재로 오인할 만한 우려가 있는 불을 피우거나 연막소독을 하려는 자가 소방본부장 또는 소방서장에게 신고를 하지 아니하여 소방자동차를 출동하게 한 자는 20만 원 이하의 과태료가 부과된다.

(1) 시장지역

(2) 공장 · 창고가 밀집한 지역

(3) 목조건물이 밀집한 지역

(4) 위험물의 저장 및 처리시설이 밀집한 지역

(5) 석유화학제품을 생산하는 공장이 있는 지역

(6) 그 밖에 시·도의 조례로 정하는 지역 또는 장소

2 화재예방 등에 관한 법률

1 화재예방조사 ★★★

(1) **조사명령권자**: 소방청장, 소방본부장 또는 소방서장

(2) 조사대상
  ① 관할구역 소방대상물
  ② 관계지역 또는 관계인
  ③ 주거의 경우 관계인의 승낙 또는 화재발생의 우려가 뚜렷하여 긴급필요 시로 한정

(3) 조사목적
  ① 소방시설의 적법 설치·유지·관리 확인
  ② 소방대상물의 화재, 재난·재해 발생위험 확인

(4) 화재예방조사 실시대상
  ①「소방시설 설치 및 관리에 관한 법률」제22조에 따른 자체점검이 불성실하거나 불완전하다고 인정되는 경우
  ② 화재예방강화지구 등 법령에서 화재안전조사를 하도록 규정되어 있는 경우
  ③ 화재예방안전진단이 불성실하거나 불완전하다고 인정되는 경우
  ④ 국가적 행사 등 주요 행사가 개최되는 장소 및 그 주변의 관계 지역에 대하여 소방안전관리 실태를 조사할 필요가 있는 경우
  ⑤ 화재가 자주 발생하였거나 발생할 우려가 뚜렷한 곳에 대한 조사가 필요한 경우
  ⑥ 재난예측정보, 기상예보 등을 분석한 결과 소방대상물에 화재의 발생 위험이 크다고 판단되는 경우
  ⑦ 제1호부터 제6호까지에서 규정한 경우 외에 화재, 그 밖의 긴급한 상황이 발생할 경우에 인명 또는 재산 피해의 우려가 현저하다고 판단되는 경우

(5) 화재예방조사의 세부항목
  ① 소방안전관리 업무 수행
  ② 작성한 소방계획서의 이행
  ③ 자체점검 및 정기적 점검
  ④ 화재의 예방조치
  ⑤ 불을 사용하는 설비 등의 관리와 특수가연물의 저장·취급에 관한 사항
  ⑥ 다중이용업소의 안전관리
  ⑦「위험물안전관리법」에 따른 안전관리

(6) 화재예방조사위원회
  ① **선정권자**: 소방청장, 소방본부장 또는 소방서장

② 화재예방조사위원회의 구성
  ⊙ 위원회 위원 임명권: 소방본부장(위원장)
  ⓒ 위원회 구성: 위원장 1명을 포함한 7명 이내
    과장급 직위 이상의 소방공무원, 소방기술사, 소방시설관리사, 소방 관련 분야의 석사학위 이상을 취득한 사람, 소방 관련 법인 또는 단체에서 소방 관련 업무에 5년 이상 종사한 사람, 소방공무원 교육기관, 학교 또는 연구소에서 소방과 관련한 교육 또는 연구에 5년 이상 종사한 사람
③ 운영방법: 대통령령

(7) 화재예방조사의 방법 절차 등
  ① 화재예방조사: 7일 전 관계인에게 조사대상, 조사기간, 조사사유를 서면통지
  ② 서면통지 및 일출 전 일몰 후 관계인 허가의 필요 예외
    ⊙ 화재, 재난·재해가 발생할 우려가 뚜렷하여 긴급조사가 필요한 경우
    ⓒ 사전에 통지하면 조사목적을 달성할 수 없다고 인정되는 경우
  ③ 화재예방조사의 연기요청
    ⊙ 특별조사 3일 전까지 연기신청서에 연기사유 및 기간을 기재하여 요청
    ⓒ 연기사유
      • 풍수해 발생으로 소방대상물 관리가 매우 어려운 경우
      • 관계인이 질병, 장기출장으로 화재예방조사에 참여할 수 없는 경우
      • 권한 있는 기관에 자체점검기록부, 교육 훈련일지 등 화재예방조사에 필요한 장부 서류 등이 압수되거나 영치되어 있는 경우

(8) 화재예방조사 결과에 따른 조치명령
  ① 조치명령권자: 소방청장, 소방본부장 또는 소방서장
  ② 화재예방조사 결과 소방대상물의 위치·구조·설비 또는 관리의 상황
    ⊙ 화재나 재난·재해 예방을 위하여 보완될 필요가 있을 때
    ⓒ 화재가 발생하면 인명 또는 재산의 피해가 클 것으로 예상되는 때
  ③ 명령내용: 관계인에게 그 소방대상물의 개수(改修)·이전·제거, 사용의 금지 또는 제한, 사용폐쇄, 공사의 정지 또는 중지, 그 밖의 필요한 조지

2 건축허가 동의대상 건축물 ★★

(1) 연면적이 $400[m^2]$ 이상인 건축물

(2) 학교시설: $100[m^2]$ 이상

(3) 노유자시설 및 수련시설: $200[m^2]$ 이상

(4) 정신의료기관: $300[m^2]$ 이상

(5) 장애인 의료재활시설: $300[m^2]$ 이상

(6) 6층 이상인 건축물

(7) 차고·주차장
  ① 사용 바닥면적이 $200[m^2]$ 이상인 층이 있는 건축물이나 주차시설

② 승강기 기계장치에 의한 주차시설: 자동차 20대 이상 주차시설
⑧ 항공기격납고, 관망탑, 항공관제탑, 방송용 송수신탑
⑨ 지하층 또는 무창층의 바닥면적이 $150[m^2]$(공연장의 경우에는 $100[m^2]$) 이상인 층이 있는 것
⑩ 특정소방대상물 중 조산원, 산후조리원, 숙박시설, 위험물 저장 및 처리 시설, 지하구, 발전시설 중 풍력발전소, 전기저장시설
⑪ 노유자시설 중 다음 각 목의 어느 하나에 해당하는 시설
  ① 노인 관련 시설(노인주거복지 · 노인의료복지 · 재가노인복지 시설)
  ② 학대피해노인 전용쉼터
  ③ 아동복지시설(어린이집, 유치원)
  ④ 장애인 거주시설
  ⑤ 정신질환자 관련 시설
  ⑥ 노숙인 관련 시설 중 노숙인자활시설, 노숙인재활시설 및 노숙인요양시설
  ⑦ 결핵환자나 한센인이 24시간 생활하는 노유자시설
⑫ 요양병원
⑬ 특정소방대상물 중 공장 및 창고시설로서 지정수량 750배 이상의 특수가연물을 저장 · 취급하는 곳
⑭ 가스시설로서 지상에 노출된 탱크의 저장용량 합계가 100톤 이상인 것

3 특정소방대상물의 규모 등에 따라 갖추어야 하는 소방시설 소화설비 ★★

(1) 간이스프링클러설비

특정소방대상물	구분
근린생활시설	• 바닥면적의 합계가 $1,000[m^2]$ 이상인 것은 모든 층 • 입원실이 있는 의원, 치과의원, 한의원 시설 • 조산원 및 산후조리원으로서 연면적 $600[m^2]$ 이상인 것
교육연구시설 내 합숙소	연면적 $100[m^2]$ 이상
정신의료기관 또는 의료재활시설	• 시설 바닥면적의 합계가 $300[m^2]$ 이상 $600[m^2]$ 미만 • 시설 바닥면적의 합계가 $300[m^2]$ 미만이고, 창살이 설치된 시설
노유자시설	• 건축허가 동의대상 건축물 중 노유자 생활시설 • 그 외 시설 바닥면적의 합계가 $300[m^2]$ 이상 $600[m^2]$ 미만 • 그 외 시설 바닥면적의 합계가 $300[m^2]$ 미만이고, 창살이 설치된 시설
종합병원, 병원, 치과, 한방, 요양병원	시설 바닥면적의 합계가 $600[m^2]$ 미만
출입국관리 보호시설	건물을 임차한 출입국관리 보호시설
생활형 숙박시설	시설 바닥면적의 합계가 $600[m^2]$ 이상
복합건축물	연면적 $1,000[m^2]$ 이상인 것은 모든 층

(2) 스프링클러설비

특정소방대상물	구분		
• 문화 및 집회시설 • 종교시설 • 운동시설(모든 층)	수용인원 100인 이상		
	영화상영관 바닥면적	지하층·무창층 500[m²] 이상	
		그 밖의 층 1,000[m²] 이상	
	무대부면적	지하층·무창층, 4층 이상 층 300[m²] 이상	
		그 밖의 층 500[m²] 이상	
• 판매시설 • 운수시설 • 물류터미널(모든 층)	수용인원 500인 이상		
	바닥면적 합계 5,000[m²] 이상		
창고시설(모든 층) (물류터미널 제외)	바닥면적 합계 5,000[m²] 이상		
모든 층	층수가 6층 이상인 특정소방대상물		
• 조산원 및 산후조리원 • 정신의료기관 • 종합병원, 병원, 치과병원, 한방병원 및 요양병원(정신병원 제외) • 노유자시설 • 숙박가능 수련시설	바닥면적 합계 600[m²] 이상		
천장·반자의 높이 10[m] 넘는 랙식 창고	바닥면적 합계 1,500[m²] 이상		
지하층·무창층·층수가 4층 이상인 층	바닥면적 1,000[m²] 이상		
특수가연물을 저장·취급하는 시설	규정수량 1,000배 이상		
지하가(터널 제외)	연면적 1,000[m²] 이상		
• 기숙사 • 복합건축물(모든 층)	바닥면적 5,000[m²] 이상		
교정 및 군사시설	보호감호소, 교도소, 구치소, 보호관찰소, 갱생보호시설, 출입국관리 보호시설(생활공간 한정, 임차 제외), 유치장		
발전시설	전기저장시설		
보일러실 또는 연결통로	전부		

4 특정소방대상물의 규모 등에 따라 갖추어야 하는 소방시설(경보설비) ★★

(1) 자동화재탐지설비

특정소방대상물	구분
근린생활시설(목욕장 제외), 의료시설(정신의료기관, 요양병원 제외), 숙박·위락·장례시설 및 복합건축물	연면적 600[m²] 이상
공동주택, 목욕장, 문화 및 집회·종교·판매·운수·운동·업무·공장 및 창고 위험물 저장 및 처리·방송통신·발전·관광휴게시설·지하가(터널 제외), 항공기 및 자동차 관련시설, 교정 및 군사시설 중 국방·군사시설	연면적 1,000[m²] 이상

특정소방대상물	구분
교육연구시설(기숙사, 합숙소 포함), 수련시설(수련시설 내의 기숙사 및 합숙소 포함, 숙박시설 있는 수련시설 제외), 동물 및 식물 관련 시설(지붕 및 기둥만으로 구성되어 외부와 기류가 통하는 장소 제외), 분뇨 및 쓰레기처리시설, 교정 및 군사시설(국방·군사시설 제외), 묘지 관련 시설	연면적 2,000[m²] 이상
지하	전부
지하가 중 터널	길이가 1,000[m] 이상
노유자 생활시설	전부
그 외 노유자시설	연면적 400[m²] 이상
숙박시설이 있는 수련시설	수용인원 100인 이상
그 외 공장 및 창고	지정수량 500배 이상의 특수가연물 취급·저장시설
요양병원(정신병원과 의료재활시설 제외)	전부
정신병원과 의료재활시설	바닥면적 합계가 300[m²] 이상
정신병원과 의료재활시설 + 창살 설치	바닥면적 합계가 300[m²] 미만
판매시설	전통시장
그 외 근린생활시설	조산원 및 산후조리원
발전시설	전기저장시설

(2) 단독경보형감지기

특정소방대상물	구분
아파트	연면적 1,000[m²] 미만
기숙사	연면적 1,000[m²] 미만
교육연구시설 또는 수련시설 내에 있는 합숙소, 기숙사	연면적 2,000[m²] 미만
숙박시설	연면적 600[m²] 미만
숙박시설이 있는 수련시설	수용인원 100명 미만
유치원	연면적 400[m²] 미만

(3) 자동화재속보설비

특정소방대상물	구분
업무시설, 공장, 창고시설, 교정 및 군사시설 중 국방·군사시설, 발전시설(사람이 근무하지 않는 시간에는 무인경비시스템으로 관리하는 시설만 해당)	바닥면적 1,500[m²] 이상 층 (사람 24시간 상주 설치 제외)
노유자 생활시설	전부
그 외 노유자시설	바닥면적 500[m²] 이상 층 (사람 24시간 상주 설치 제외)
숙박시설이 있는 수련시설	바닥면적 500[m²] 이상 층 (사람 24시간 상주 설치 제외)
보물 또는 국보로 지정된 목조건축물	사람 24시간 상주 설치 제외
근린생활시설	의원, 치과의원 및 한의원으로 입원실이 있는 것, 조산원 및 산후조리원
종합병원, 병원, 치과병원, 한방병원, 요양병원(정신병원과 의료재활시설 제외)	전부

정신병원과 의료재활시설	바닥면적 합계가 500[m²] 이상 층
판매시설	전통시장
발전시설	전기저장시설
그 외 특정소방대상물	30층 이상인 것

5 특정소방대상물의 규모 등에 따라 갖추어야 하는 소방시설(소화활동설비) ★★

(1) 비상콘센트설비

특정소방대상물	구분
층수가 11층 이상인 특정소방대상물	11층 이상의 층
지하층의 층수가 3층 이상이고 지하층의 바닥면적의 합계가 1,000[m²] 이상	지하층의 모든 층
지하가(터널)	길이 500[m] 이상

(2) 무선통신보조설비

특정소방대상물	구분
지하가(터널 제외)	연면적 1,000[m²] 이상
지하층	바닥면적의 합계가 3,000[m²] 이상
지하층의 층수가 3층 이상이고 지하층의 바닥면적의 합계가 1,000[m²] 이상	지하층의 모든 층
지하가(터널)	길이 500[m] 이상
공동구	바닥면적 합계가 1,000[m²] 이상 층
층수가 30층 이상	16층 이상 부분의 모든 층

6 특정소방대상물의 분류 ★

(1) 업무시설

① **공공업무시설**: 국가 또는 지방자치단체의 청사와 외국공관의 건축물(근린생활시설에 해당하는 것은 제외)

② **일반업무시설**: 금융업소, 사무소, 신문소, 오피스텔(근린생활시설에 해당하는 것은 제외)

③ 주민자치단체(동사무소), 경찰서, 지구대, 파출소, 소방서, 119안전센터, 우체국, 보건소, 공공도서관, 마을공동구판장

④ 마을회관, 마을공동작업소, 마을공동구판장

⑤ 변전소, 양수장, 정수장, 대피소, 공중화장실

(2) 숙박시설

① 일반형 숙박시설

② 생활형 숙박시설

③ 고시원(근린생활시설에 해당하는 것은 제외)

(3) 의료시설

① **병원**: 종합병원, 병원, 치과병원, 한방병원, 요양병원

③ **격리병원**: 전염병원, 마약진료소, 그 밖에 이와 비슷한 것

③ 정신의료기관
④ 장애인 의료재활시설

(4) 노유자시설
① 노인 관련 시설(노인주거복지, 노인의료복지, 재가노인복지시설)
② 아동복지시설(어린이집, 유치원)
③ 장애인 관련 시설(장애인 거주시설, 장애인 직업재활시설)
④ 정신질환자 관련 시설
⑤ 노숙인 관련 시설 중 노숙인일시보호시설, 노숙인자활시설, 노숙인재활시설, 노숙인요양시설, 쪽방상담소
⑥ 결핵환자나 한센인이 24시간 생활하는 노유자시설

7 소방시설의 종류 ★★

소방시설	종류	소방시설	종류
소화설비	• 소화기구 • 자동소화장치 • 옥내소화전설비(호스릴 옥내소화전 포함) • 스프링클러설비 등 • 물분무등소화설비 • 옥외소화전설비	피난구조설비	• 피난기구 • 인명구조기구 • 유도등 • 비상조명등 및 휴대용 비상조명등
		소화용수설비	• 상수도소화용수설비 • 소화수조 · 저수조, 그 밖의 소화용수설비
경보설비	• 단독경보형 감지기 • 비상경보설비(비상벨설비, 자동식 사이렌설비) • 시각경보기 • 자동화재탐지설비 • 비상방송설비 • 자동화재속보설비 • 통합감지시설 • 누전경보기 • 가스누설경보기	소화활동설비	• 제연설비 • 연결송수관설비 • 연결살수설비 • 비상콘센트설비 • 무선통신보조설비 • 연소방지설비

8 소방시설을 설치하지 아니할 수 있는 특정소방대상물 및 소방시설 범위 ★★

구분	특정소방대상물	소방시설
화재 위험도가 낮은 특정소방대상물	석재, 불연성금속, 불연성 건축재료 등의 가공공장 · 기계조립공장 · 주물공장 또는 불연성 물품을 저장하는 창고	옥외소화전 및 연결살수설비
	소방대가 조직되어 24시간 근무하고 있는 청사 및 차고	옥내소화전설비, 스프링클러설비, 물분무등소화설비, 비상방송설비, 피난기구, 소화용수설비, 연결송수관설비, 연결살수설비

화재안전기준을 적용하기 어려운 특정소방대상물	펄프공장의 작업장, 음료수 공장의 세정 또는 충전을 하는 작업장, 그 밖에 이와 비슷한 용도로 사용하는 것	스프링클러설비, 상수도소화용수설비 및 연결살수설비
	정수장, 수영장, 목욕장, 농예·축산 어류양식용 시설, 그 밖에 이와 비슷한 용도로 사용되는 것	자동화재탐지설비, 상수도소화용수설비 및 연결 살수설비
화재안전기준을 달리 적용하여야 하는 특수한 용도 또는 구조를 가진 특정소방대상물	원자력발전소, 핵폐기물처리시설	연결송수관설비 및 연결살수설비
「위험물안전관리법」 제19조에 따른 자체소방대가 설치된 특정소방대상물	자체소방대가 설치된 위험물 제조소 등에 부속된 사무실	옥내소화전설비, 소화용수설비, 연결살수설비 및 연결송수관설비

9 방염성능기준 이상의 실내장식물 등을 설치하여야 하는 특정소방대상물 ★

구분	방염성능기준 이상의 실내장식물 설치 대상
근린생활시설	의원, 조산원, 산후조리원, 체력단련장, 공연장 및 종교집회장
건축물의 옥내에 있는 시설	문화 및 집회시설
	종교시설
	운동시설(수영장 제외)
의료시설, 교육연구시설 중 합숙소, 노유자시설, 숙박이 가능한 수련시설, 숙박시설, 방송통신시설 중 방송국 및 촬영소, 다중이용업소	
그 외 층수가 11층 이상인 것(아파트 제외)	

10 공동소방안전관리대상 특정소방대상물 ★★★

(1) 고층 건축물(지하층을 제외한 층수가 11층 이상인 건축물)

(2) 지하가

(3) 그 밖에 대통령령으로 정하는 특정소방대상물

① 복합건축물로서 연면적이 $5,000[m^2]$ 이상인 것 또는 층수가 5층 이상인 것

② 판매시설 중 도매시장, 소매시장 및 전통시장

③ 특정소방대상물 중 소방본부장 또는 소방서장이 지정하는 것

11 1급 소방안전관리대상물 ★

(1) 30층 이상(지하층 제외)이거나 지상으로부터 높이가 $120[m]$ 이상인 아파트

(2) 연면적 1만 5천$[m^2]$ 이상인 특정소방대상물(아파트 제외)

(3) (2)에 해당하지 아니하는 특정소방대상물로서 층수가 11층 이상인 특정소방대상물(아파트 제외)

(4) 가연성 가스를 $1,000[t]$ 이상 저장·취급하는 시설

(5) 제외대상: 동·식물원, 철강 등 불연성 물품을 저장·취급하는 창고, 위험물 저장 및 처리 시설 중 위험물 제조소 등, 지하구

12 소방안전관리자의 업무

(1) 피난시설, 방화구획 및 방화시설의 유지 관리
(2) 소방시설이나 그 밖의 소방 관련 시설의 유지·관리
(3) 화기 취급의 감독
(4) 그 밖에 소방안전관리에 필요한 업무
(5) 피난계획에 관한 사항과 소방계획서의 작성 및 시행
(6) 자위소방대 및 초기대응체계의 구성·운영·교육
(7) 소방훈련 및 교육

13 강화된 기준을 적용해야 하는 소방시설 ★★

(1) 소화기구
(2) 비상경보설비
(3) 자동화재속보설비
(4) 피난구조설비
(5) 공동구 및 전력 또는 통신사업용 지하구에 설치하는 소방시설
(6) 노유자시설에 설치하는 간이스프링클러설비, 자동화재탐지설비 및 단독경보형감지기
(7) 의료시설에 설치하는 스프링클러설비, 간이스프링클러설비, 자동화재탐지설비 및 자동화재속보설비

14 종합정밀점검대상 ★★

(1) 스프링클러설비가 설치된 특정소방대상물
(2) 물분무등소화설비가 설치된 연면적 $5,000[m^2]$ 이상인 특정소방대상물(위험물 제조소 등, 호스릴 방식 물분무등소화설비만을 설치한 경우 제외)
(3) 다중이용업의 영업장이 설치된 특정소방대상물로서 연면적이 $2,000[m^2]$ 이상인 것
(4) 공공기관 중 연면적이 $1,000[m^2]$ 이상인 것(옥내소화전설비 또는 자동화재탐지설비 설치). 단, 소방대 근무하는 공공기관 제외
(5) 제연설비가 설치된 터널

15 특정소방대상물이 규모 등에 따라 고려해야 하는 수용인원 ★★★

특정소방대상물	용도	수용인원의 산정
숙박시설	침대가 있는 숙박시설	종사자수 + 침대수(2인용은 2개)
	침대가 없는 숙박시설	종사자수 + 바닥면적 합계/3$[m^2]$
그 외 특정소방대상물	강의실·교무실·상담실·실습실·휴게실	바닥면적 합계/1.9$[m^2]$
	강당, 문화 및 집회시설, 운동시설, 종교시설	바닥면적 합계/4.6$[m^2]$ • 관람석의 경우: 고정식 의자수 • 긴의자의 경우: 의자 너비/0.45$[m]$
	그 밖의 특정소방대상물	바닥면적 합계/3$[m^2]$

> **이론 더하기**
> 침대가 있는 숙박시설로서 1인용 침대의 수는 20개이고, 2인용 침대의 수는 10개이며, 종업원의 수는 3명일 경우 수용인원을 산정하는 방법은 다음과 같다.
> (침대가 있는 숙박시설의 수용인원) = (종사자수) + (침대수(2인용은 2개))
> = 3 + 20(1인용) + 10(2인용)×2 = 43

16 3년 이하의 징역 또는 3천만 원 이하의 벌금

(1) 다음의 명령을 정당한 사유 없이 위반한 자
① 특정소방대상물에 설치하는 소방시설의 유지·관리업무
② 공사현장에 설치하는 임시소방시설의 유지·관리
③ 특정소방대상물의 방염성능기준 미만
④ 공사현장에 설치하는 임시소방시설의 유지관리
⑤ 소방안전관리자의 업무 미이행
⑥ 소방용품에 대한 제조자, 수입자, 판매자, 시공자의 수거 폐기·교체의 위반
⑦ 소방용품의 회수·교환·폐기 또는 판매중지
⑧ 명령을 정당한 사유 없이 위반한 자
⑨ 특정소방대상물에 설치하는 피난시설, 방화구획 및 방화시설의 관리

(2) 관리업의 등록을 하지 아니하고 영업을 한 자

(3) 소방용품의 형식 승인을 받지 아니하고 소방용품을 제조하거나 수입한 자

(4) 소방용품의 형식 승인을 받고 제품검사를 받지 아니한 자

(5) 소방용품의 형식 승인, 임의변경, 제품검사, 합격표시 미이행 소방용품을 판매·진열하거나 소방시설공사에 사용한 자

(6) 제품검사를 받지 아니하거나 합격표시를 하지 아니한 소방용품을 판매·진열하거나 소방시설공사에 사용한 자

(7) 거짓이나 그 밖의 부정한 방법으로 전문기관으로 지정을 받은 자

17 1년 이하의 징역 또는 1천만 원 이하의 벌금

(1) 화재예방조사 또는 소방청장, 시·도지사, 소방본부장, 소방서장의 소방대상물의 감독업무 등 관계인의 정당한 업무를 방해한 자, 조사·검사 업무를 수행하면서 알게 된 비밀을 제공 또는 누설하거나 목적 외의 용도로 사용한 자

(2) 관리업의 등록증이나 등록수첩을 다른 자에게 빌려준 자

(3) 영업정지처분을 받고 그 영업정지기간 중에 관리업의 업무를 한 자

(4) 소방시설 등에 대한 자체점검을 하지 아니하거나 관리업자 등으로 하여금 정기적으로 점검하게 하지 아니한 자

(5) 소방시설관리사증을 다른 자에게 빌려주거나 동시에 둘 이상의 업체에 취업한 사람

(6) 제품검사에 합격하지 아니한 제품에 합격표시를 하거나 합격표시를 위조 또는 변조하여 사용한 자

(7) 형식 승인의 변경 승인을 받지 아니한 자

(8) 제품검사에 합격하지 아니한 소방용품에 성능인증을 받았다는 표시 또는 제품검사에 합격하였다는 표시를 하거나 성능 인증을 받았다는 표시 또는 제품검사에 합격하였다는 표시를 위조 또는 변조하여 사용한 자

(9) 성능인증의 변경인증을 받지 아니한 자

(10) 우수품질인증을 받지 아니한 제품에 우수품질인증 표시를 하거나 우수품질인증 표시를 위조하거나 변조하여 사용한 자

3 소방시설공사업법

1 소방시설업의 등록 등

(1) 허가 및 신고권자: 시·도지사

(2) 등록, 변경신고, 지위승계, 휴업·폐업

행정절차	필요 요건	절차 및 서류
등록	자본금, 기술인력	① 성명, 주민번호, 주소지 등 인적사항 ② 기술인력 증명(국가기술, 인정자격, 경력) ③ 금융, 공제조합 출자·예치·담보금액증서(소방시설공사업만 해당), 90일 이내 자산평가액, 기업진단보고서 → 접수일로부터 15일 이내에 협회경유 발급 → 등록신청 서류의 보완: 10일 이내, 협회
변경신고	행정안전부령으로 정하는 중요사항 ① 상호(명칭) 또는 영업소 소재지 ② 대표자 ③ 기술인력	변경일로부터 30일 이내 ① 상호 소재지 변경: 소방시설업 등록증, 등록수첩 ② 대표자 변경: 소방시설업 등록증, 등록수첩, 변경된 대표자의 인적사항 ③ 기술인력 변경: 소방시설업 등록수첩, 기술인력 증빙서류 → 변경신고일 5일 이내에 재발급
지위승계	• 상속, 양수, 합병일 30일 이내(단, 상속인이 결격사유에 해당하는 경우 지위승계 신고를 3개월 유예) • 경매, 환가, 압류매각일 30일 이내 • 폐업신고로 등록말소 후 6개월 이내	① 지위승계 30일 이내 협회를 통해 제출 ② 협회는 7일 이내 시·도지사에게 보고 ③ 시·도지사는 협회로부터 지위승계보고 3일 이내에 등록증 및 등록수첩 발급

		④ 첨부서류 • 소방시설업 지위승계신고서 • 소방시설업 등록증 및 등록수첩 • 계약서 사본(양도양수, 합병), 상속인 증명서류 • 기술인력 증빙서류 → 지위승계 접수일로부터 3일 이내 재발급
휴업·폐업	등록취소, 6개월 이내 영업정지 처분	휴업, 폐업, 재개업일로부터 30일 이내 단, 폐업신고 후 6개월 이내 재등록 시 지위승계로 처분하고 행정처분 효과 승계

2 소방시설업 등록의 결격사유 ★

(1) 피성년후견인

(2) 「소방기본법」, 「화재예방, 소방시설 설치·유지 및 안전관리에 관한 법률」, 「소방시설공사업법」, 「위험물안전관리법」에 따른 금고 이상의 실형을 선고 받고 그 집행이 끝나거나 집행이 면제된 날부터 2년이 지나지 아니한 사람

(3) 「소방기본법」, 「화재예방, 소방시설 설치·유지 및 안전관리에 관한 법률」, 「소방시설공사업법」, 「위험물안전관리법」에 따른 금고 이상의 형의 집행유예를 선고 받고 그 유예기간 중에 있는 사람

(4) 자격이 취소(피성년후견인 결격으로 취소된 경우는 제외)된 날부터 2년이 지나지 아니한 사람

(5) 법인의 대표자가 (1)~(4)에 해당하는 경우 그 법인

(6) 법인의 임원이 (2)~(4)에 해당하는 경우 그 법인

3 소방시설관리업 등록의 결격사유 ★

(1) 피성년후견인

(2) 「소방기본법」, 「화재예방, 소방시설 설치·유지 및 안전관리에 관한 법률」, 「소방시설공사업법」, 「위험물안전관리법」에 따른 금고 이상의 실형을 선고 받고 그 집행이 끝나거나 집행이 면제된 날부터 2년이 지나지 아니한 사람

(3) 「소방기본법」, 「화재예방, 소방시설 설치·유지 및 안전관리에 관한 법률」, 「소방시설공사업법」, 「위험물안전관리법」에 따른 금고 이상의 형의 집행유예를 선고 받고 그 유예기간 중에 있는 사람

(4) 자격이 취소(피성년후견인 결격으로 취소된 경우는 제외)된 날부터 2년이 지나지 아니한 사람

(5) 임원 중에 (2)~(4)의 어느 하나에 해당하는 사람이 있는 법인

(6) 대표자가 (1)~(4)의 어느 하나에 해당하는 사람이 있는 법인

4 공사감리자 지정대상 소방시설의 시공 ★★

(1) 옥내소화전설비 신설·개설 또는 증설

(2) 스프링클러설비 등(캐비닛형 간이스프링클러설비는 제외)을 신설·개설하거나 방호 방수 구역을 증설

(3) 물분무등소화설비(호스릴 방식의 소화설비는 제외)를 신설 개설하거나 방호·방수 구역을 증설

(4) 옥외소화전설비 신설·개설 또는 증설

⑸ 자동화재탐지설비 신설 또는 개설

⑹ 비상방송설비 신설 또는 개설

⑺ 통합감시시설 신설 또는 개설

⑻ 비상조명등 신설 또는 개설

⑼ 소화용수설비 신설 또는 개설

⑽ 제연설비 신설·개선, 제연구역 증설

⑾ 연결송수관설비 신설 또는 개설

⑿ 연결살수설비 신설·개설, 송수구역 증설

⒀ 비상콘센트설비 신설·개설, 전용회로 증설

⒁ 무선통신보조설비 신설 또는 개설

⒂ 연소방지설비 신설·개설, 살수구역 증설

5 소방시설공사의 하자보수 보증기간 ★★★

보증기간	하자보증대상 소방시설
2년	피난기구, 유도등, 유도표지, 비상경보설비, 비상조명등, 비상방송설비 및 무선통신보조설비
3년	자동소화장치, 옥내소화전설비, 스프링클러설비, 간이스프링클러설비, 물분무등소화설비, 옥외소화전설비, 자동화재탐지설비, 상수도소화용수설비 및 소화활동설비(무선통신보조설비 제외)

6 완공검사를 위한 현장확인대상 특정소방대상물의 범위 ★

(1) 문화 및 집회시설, 종교시설, 판매시설, 노유자시설, 수련시설, 운동시설, 숙박시설, 창고시설, 지하상가 및 다중이용업소

(2) 다음의 어느 하나에 해당하는 설비가 설치되는 특정소방대상물
   ① 스프링클러설비 등
   ② 물분무등소화설비(호스릴 방식의 소화설비 제외)
   ③ 연면적 1만$[m^2]$ 이상이거나 11층 이상인 특정소방대상물(아파트 제외)
   ④ 가연성가스를 제조·저장 또는 취급하는 시설 중 지상에 노출된 가연성가스탱크의 저장용량 합계가 $1,000[t]$ 이상인 시설

7 상주 공사감리의 대상

(1) 연면적 3만$[m^2]$ 이상의 특정소방대상물(아파트 제외)

(2) 지하층을 포함한 층수가 16층 이상으로서 500세대 이상인 아파트

8 성능위주설계대상 특정소방대상물의 범위

(1) 연면적 20만$[m^2]$ 이상인 특정소방대상물(단, 5층 이상인 주택(아파트 등) 제외)

(2) 다음 어느 하나에 해당하는 특정소방대상물
  ① 지하층을 제외한 층수가 50층 이상이거나 지상으로부터 높이가 200$[m]$ 이상인 아파트 등
  ② 지하층을 포함한 층수가 30층 이상이거나 지상으로부터 높이가 120$[m]$ 이상인 특정소방대상물(아파트 등 제외)

(3) 연면적 3만$[m^2]$ 이상인 특정소방대상물로서 다음 어느 하나에 해당하는 특정소방대상물
  ① 철도 및 도시철도 시설
  ② 공항시설

(4) 하나의 건축물에 영화상영관이 10개 이상인 특정소방대상물

(5) 지하연계 복합건축물에 해당하는 특정소방대상물

4 위험물안전관리법

1 위험물의 유별 분류 및 지정수량 ★★★

(1) 제1류 위험물(산화성 고체)
  ① 성질
    ㉠ 가연물과의 접촉·혼합이나 분해를 촉진하는 물품과의 접근 또는 과열·충격·마찰 등을 피하여야 한다.
    ㉡ 알칼리금속의 과산화물 및 이를 함유한 것에 있어서는 물과의 접촉을 피하여야 한다.
  ② 품명 및 지정수량

품명	지정수량	위험등급
1. 아염소산염류	50$[kg]$	I
2. 염소산염류	50$[kg]$	I
3. 과염소산염류	50$[kg]$	I
4. 무기과산화물	50$[kg]$	I
5. 브로민산염류	300$[kg]$	II
6. 질산염류	300$[kg]$	II
7. 아이오딘산염류	300$[kg]$	II
8. 과망가니즈산염류	1,000$[kg]$	III
9. 다이크로뮴산염류	1,000$[kg]$	III
10. 그 밖에 행정안전부령으로 정하는 것 11. 제1호부터 제10호까지 중에 어느 하나 이상을 함유한 것	50$[kg]$, 300$[kg]$, 또는 1,000$[kg]$	I, II, III

(2) 제2류 위험물(가연성 고체)
  ① 성질
    ㉠ 산화제와의 접촉·혼합이나 불티·불꽃·고온체와의 접근 또는 과열을 피하여야 한다.

ⓒ 철분·금속분·마그네슘 및 이를 함유한 것에 있어서는 물이나 산과의 접촉을 피하여야 한다.
ⓒ 인화성 고체에 있어서는 함부로 증기를 발생시키지 아니하여야 한다.
② 품명 및 지정수량

품명	지정수량	비고	위험등급
1. 황화린	100[kg]		II
2. 적린	100[kg]		
3. 황	100[kg]	순도 60[wt%] 이상, 불순물은 활석 등 불활성물질과 수분에 한함	
4. 철분	500[kg]	53[μm]의 표준체(270Mesh)를 통과하는 것이 50[wt%] 미만인 것 제외	III
5. 금속분	500[kg]	알칼리금속·알칼리토류금속·철 및 마그네슘 외의 금속 분말을 칭함 구리분, 니켈분 및 150[μm]의 표준체(100Mesh)를 통과하는 것이 50[wt%] 미만인 것 제외	
6. 마그네슘	500[kg]	2[mm]의 체를 통과하지 않는 덩어리 상태의 것 직경 2[mm] 이상의 막대 모양의 것	
7. 그 밖에 행정안전부령으로 정하는 것 8. 제1호부터 제7호까지 중에 어느 하나 이상을 함유한 것	100[kg] 또는 500[kg]		II, III
9. 인화성 고체	1,000[kg]	고형알코올 그 밖에 1기압에서 인화점이 40[℃] 미만인 고체	III

(3) 제3류 위험물(자연발화성 물질 및 금수성 물질)
① 성질
ⓐ 자연발화성 물질에 있어서는 불티·불꽃 또는 고온체와의 접근·과열 또는 공기와의 접촉을 피하여야 한다.
ⓑ 금수성 물질에 있어서는 물과의 접촉을 피하여야 한다.
② 품명 및 지정수량

품명	지정수량	위험등급
1. 칼륨	10[kg]	I
2. 나트륨	10[kg]	
3. 알킬알루미늄	10[kg]	
4. 알킬리튬	10[kg]	
5. 황린	20[kg]	
6. 알칼리금속(칼륨 및 나트륨 제외) 및 알칼리토금속	50[kg]	II
7. 유기금속화합물(알킬알루미늄 및 알킬리튬 제외)	50[kg]	
8. 금속의 수소화물	300[kg]	III
9. 금속의 인화물	300[kg]	
10. 칼슘 또는 알루미늄의 탄화물	300[kg]	
11. 그 밖에 행정안전부령으로 정하는 것 12. 제1호부터 제11호까지 중에 어느 하나 이상을 함유한 것	10[kg], 20[kg], 50[kg] 또는 300[kg]	I, II, III

(4) 제4류 위험물(인화성 액체)
① 성질: 불티·불꽃·고온체와의 접근 또는 과열을 피하고, 함부로 증기를 발생시키지 아니하여야 한다.
② 품명 및 지정수량

품명		지정수량	비고	위험등급
1. 특수인화물(아세트알데히드, 이황화탄소, 디메틸에테르 등)		50[L]	1기압에서 발화점 100[°C] 이하인 것 또는 인화점이 −20[C] 이하이고 끓는점이 40[°C] 이하인 것	I
2. 제1석유류(휘발유, 아세톤 등)	비수용성 액체	200[L]	인화점 21[°C] 미만	II
	수용성 액체	400[L]		
3. 알코올류		400[L]	1분자를 구성하는 탄소 원자수가 1~3개인 포화 1가 알코올(변성 알코올 포함) 제외: 탄소 원자수 3개 이하의 포화 1가 알코올 함유량이 60[wt%] 미만 또는 가연성 액체량이 60[wt%] 미만이고 인화점 및 연소점이 에틸알코올 60[wt%] 수용액의 인화점, 연소점을 초과하는 것	II
4. 제2석유류 (경유, 등유 등)	비수용성 액체	1,000[L]	인화점 21[°C] 이상 70[°C] 미만	III
	수용성 액체	2,000[L]		
5. 제3석유류(중유, 클레오소트유 등)	비수용성 액체	2,000[L]	인화점 70[°C] 이상 200[°C] 미만	III
	수용성 액체	4,000[L]		
6. 제4석유류(기어유, 실린더유 등)		6,000[L]	인화점 200[°C] 이상 250[°C] 미만	
7. 동식물유류(아마인유 등)		10,000[L]	동물의 지육, 또는 식물의 종자나 과육으로부터 추출한 것으로 1기압에서 인화점이 250[°C] 미만인 것	

(5) 제5류 위험물(자기반응성 물질)
① 성질: 불티·불꽃 고온체와의 접근이나 과열·충격 또는 마찰을 피하여야 한다.
② 품명 및 지정수량

품명	지정수량	위험등급
1. 유기과산화물	10[kg]	I
2. 질산에스테르류	10[kg]	
3. 나이트로화합물	100[kg]	II
4. 나이트로소화합물	100[kg]	
5. 아조화합물	100[kg]	
6. 디아조화합물	100[kg]	
7. 하이드라진유도체	100[kg]	
8. 하이드록실아민	100[kg]	
9. 하이드록실아민염류	100[kg]	
10. 그 밖에 행정안전부령으로 정하는 것 11. 제1호부터 제10호까지 중에 어느 하나 이상을 함유한 것	10[kg], 100[kg] 또는 200[kg]	I, II

(6) 제6류 위험물(산화성 액체)
   ① 성질: 가연물과의 접촉·혼합이나 분해를 촉진하는 물품과의 접근 또는 과열을 피하여야 한다.
   ② 품명 및 지정수량

품명	지정수량	비고	위험등급
과염소산	300[kg]	–	I
과산화수소	300[kg]	36[wt%] 이상인 것	
질산	300[kg]	비중이 1.49 이상인 것	
그 밖에 행정안전부령으로 정하는 것	300[kg]	–	
위 중에 어느 하나 이상을 함유한 것	300[kg]	–	

＋ 이론 더하기 위험물의 유별 분류

유별	제1류	제2류	제3류	제4류	제5류	제6류
성질	산화성 고체	가연성 고체	자연발화성 물질 및 금수성 물질	인화성 액체	자기반응성 물질	산화성 액체
대표적인 품명	• 아염소산염류 • 염소산염류 • 과염소산염류 • 무과산화물 • 질산염류	• 황화린 • 적린 • 황 • 철분	• 칼륨 • 나트륨 • 알킬알루미늄 • 알킬리튬 • 황린	• 특수인화물 • 제1석유류~제4석유류 • 알코올류 • 동식물유류	• 유기과산화물 • 질산에스테르류 • 나이트로화합물 • 나이트로소화합물	• 과염소산 • 과산화수소 • 질산

2 소화난이도등급의 소화설비 설치기준

제조소 등의 구분		소화설비
옥내 탱크 저장소	유황만을 저장·취급하는 것	물분무소화설비
	인화점 70[℃] 이상의 제4류 위험물만을 저장·취급하는 것	물분무소화설비, 고정식 포소화설비, 이동식 이외의 불활성가스소화설비, 이동식 이외의 할로겐화합물소화설비 또는 이동식 이외의 분말 소화설비
	그 밖의 것	고정식 포소화설비, 이동식 이외의 불활성가스소화설비, 이동식 이외의 할로겐화합물소화설비 또는 이동식 이외의 분말소화설비

3 정기점검의 대상인 제조소 등 ★★★

(1) 지정수량의 10배 이상의 위험물을 취급하는 제조소
(2) 지정수량의 100배 이상의 위험물을 저장하는 옥외저장소
(3) 지정수량의 150배 이상의 위험물을 저장하는 옥내저장소
(4) 지정수량의 200배 이상의 위험물을 저장하는 옥외탱크저장소

(5) 암반탱크저장소

(6) 이송취급소

(7) 지정수량의 10배 이상의 위험물을 취급하는 일반취급소

(8) 지하탱크저장소

(9) 이동탱크저장소

(10) 위험물을 취급하는 탱크로서 지하에 매설된 탱크가 있는 제조소 · 주유취급소 또는 일반취급소

4 위험물 제조소 등에 경보설비 설치대상 ★

제조소 등의 구분	제조소 등의 규모, 저장 또는 취급하는 위험물의 종류 및 최대수량 등	경보설비
제조소 및 일반취급소	• 연면적이 500[m²] 이상인 것 • 옥내에서 지정수량의 100배 이상을 취급하는 것(고인화점위험물만을 100[℃] 미만의 온도에서 취급하는 것은 제외) • 일반취급소로 사용되는 부분 외의 부분이 있는 건축물에 설치된 일반취급소(일반취급소와 일반취급소 외의 부분이 내화구조의 바닥 또는 벽으로 개구부 없이 구획된 것은 제외)	자동화재탐지설비
그 외 제조소 (이송취급소는 제외)	지정수량의 10배 이상을 저장 또는 취급하는 것	자동화재탐지설비, 비상경보설비, 확성장치 또는 비상방송설비 중 1종 이상

5 품명 등의 변경신고 ★★

당해 제조소 등의 위치 · 구조 또는 설비의 변경 없이 저장하거나 취급하는 위험물의 품명 · 수량 또는 지정수량의 배수를 변경할 경우

(1) 품명 등의 변경신고권자: 시 · 도지사

(2) 신고기한: 변경하고자 하는 날의 1일 전까지 행정안전부령에 따라 신고

(3) 첨부서류: 제조소 등의 완공검사합격확인증

6 제조소 등이 아닌 장소에서 지정수량 이상의 위험물을 취급할 수 있는 경우 ★★

(1) 시 · 도조례에 따라 관할소방서장의 승인을 받아 지정수량 이상의 위험물을 90일 이내 저장 또는 취급

(2) 군부대가 지정수량 이상의 위험물을 군사목적으로 임시로 저장 또는 취급

7 제조소의 표지 및 게시판 ★

(1) "위험물 제조소"라는 표시를 한 표지

① 표지는 한 변의 길이가 0.3[m] 이상, 다른 한 변의 길이가 0.6[m] 이상인 직사각형

② 표지의 바탕은 백색, 문자는 흑색

(2) 방화에 필요한 게시판
① 게시판은 한 변의 길이가 0.3[m] 이상, 다른 한 변의 길이가 0.6[m] 이상인 직사각형
② 게시판에는 저장 또는 취급하는 위험물의 유별 품명 및 저장최대수량 또는 취급최대수량, 지정수량의 배수 및 안전관리자의 성명 또는 직명 기재
③ 게시판의 바탕은 백색, 문자는 흑색
④ 저장 또는 취급하는 위험물에 따라 주의사항을 표시한 게시판을 설치할 것

위험물의 종류	주의사항	게시판
• 제1류 위험물 중 알칼리금속의 과산화물 • 제3류 위험물 중 금수성 물질	물기엄금	청색바탕 백색문자
제2류 위험물(인화성 고체는 제외)	화기주의	적색바탕 백색문자
• 제2류 위험물 중 인화성 고체 • 제3류 위험물 중 자연발화성 물질 • 제4류 위험물 • 제5류 위험물	화기엄금	적색바탕 백색문자

8 위험물 시설의 설치 및 변경 ★

(1) 설치 허가권자: 시·도지사
(2) 제조소 등의 변경신고는 변경하고자 하는 날의 1일 전까지 시·도지사에게 해야 한다.
(3) 시·도지사의 허가를 받지 아니하고 제조소 등을 설치할 수 있는 기준
① 주택의 난방시설(공동주택의 중앙난방시설 제외)을 위한 저장소 또는 취급소
② 농예용·축산용 또는 수산용으로 필요한 난방시설 또는 건조시설을 위한 지정수량 20배 이하의 저장소

9 피뢰설비 및 판매취급소 ★

(1) 피뢰설비
지정수량의 10배 이상의 위험물을 취급하는 제조소(제6류 위험물을 취급하는 위험물제조소 제외)에는 피뢰침을 설치하여야 한다. 단, 제조소의 주위의 상황에 따라 안전상 지장이 없는 경우에는 피뢰침을 설치하지 아니할 수 있다.
(2) 판매취급소
① 제1종 판매취급소: 지정수량의 20배 이하 위험물 취급
② 제2종 판매취급소: 지정수량의 40배 이하 위험물 취급

10 방유제 ★

(1) 방유제 용량 계산

구분	제조소		옥외탱크 저장소의 방유제
	옥내위험물취급 탱크의 방유턱	옥외위험물취급 탱크의 방유제 (액체위험물(이황화탄소 제외))	
탱크 1기	탱크용량의 100[%]	탱크용량의 50[%] 이상	탱크용량의 110[%] 이상
탱크 2기 이상	최대탱크용량의 100[%]	최대탱크용량의 50[%]+나머지 탱크용량의 10[%] 이상	최대탱크용량의 110[%] 이상

(2) 방유제 용량 계산

방유제의 용량기준	방유제 설치기준
• 인화성 액체(이황화탄소 제외)의 방유제 용량 　- 탱크 1기: 탱크용량의 110[%] 이상 　- 탱크 2기 이상 설치된 탱크 중 용량이 최대인 것의 용량의 　　110[%] 이상 • 인화성이 없는 액체위험물 저장: 탱크용량의 100[%] 이상 • 액체위험물을 제조하는 제조소와 인화성 액체위험물을 저장할 경우: 용량이 최대인 것의 용량의 50[%]와 나머지 탱크의 용량의 10[%]를 합한다.	• 재질: 철근콘크리트, 철골철근콘크리트, 흙담 • 높이: 0.5[m] 이상 3[m] 이하 • 두께: 0.2[m] 이상 • 깊이: 1[m] 이상 • 계단: 높이 1[m] 이상 방유제에는 50[m] 간격으로 설치 • 면적: 80,000[m²] 이하 • 탱크의 기수: 10기 이하 • 방유제와 탱크 측면과의 상호거리 　- 탱크지름 15[m] 미만: 탱크높이의 1/3 이상 　- 탱크지름 15[m] 이상: 탱크높이의 1/2 이상 　- 인화점 200[°C] 이상 탱크: 해당 없음

11 청문

(1) **청문권자**: 시·도지사, 소방본부장 또는 소방서장

(2) 다음 처분을 하고자 하는 경우에는 청문을 실시
　① 제조소 등 설치허가의 취소
　② 탱크시험자의 등록취소

04 소방전기시설의 구조 및 원리

암기용 MP3 다운로드 방법

1 QR코드를 통해서 김앤북 네이버 카페에 입장 (https://cafe.naver.com/kimnbook)
2 구매 인증하여 등업 신청
3 자료실 (구매 인증 전용) ▶ 소방설비기사 게시판에서 자료 다운로드

1 비상경보설비의 화재안전기술기준[NFTC 201]

1 경보설비

(1) 단독경보형감지기
(2) 비상경보설비
  ① 비상벨설비
  ② 자동식사이렌설비
(3) 시각경보기
(4) 자동화재탐지설비
(5) 비상방송설비
(6) 자동화재속보설비
(7) 통합감시시설
(8) 누전경보기
(9) 가스누설경보기

2 비상경보설비의 설치대상 및 설치기준 ★★★

(1) 비상경보설비 설치대상 특정소방대상물

특정소방대상물		적용기준	
공통	연면적	연면적 $400[m^2]$ 이상	지하가 중 터널, 사람이 거주하지 않거나 벽이 없는 축사 등, 동식물 관련 시설 제외 모든 층
	지하층·무창층(축사 제외) 또는 4층 이상	바닥면적이 $150[m^2]$ 이상	
용도별	지하층·무창층(축사 제외) 또는 4층 이상 공연장	바닥면적이 $100[m^2]$ 이상	
	터널	길이가 $500[m]$ 이상	-
	옥내작업장	근로자 수 50명 이상	-

(2) 비상벨설비 또는 자동식 사이렌설비 설치기준

부식성가스 또는 습기 등으로 인하여 부식의 우려가 없는 장소에 설치

① 지구음향장치
  ㉠ 특정소방대상물의 층마다 설치
  ㉡ 각 부분으로부터 하나의 음향장치까지의 수평거리: 25[m] 이하
  ㉢ 음향장치의 성능
    • 해당층의 각 부분에 유효하게 경보를 발할 수 있도록 설치
    • 음향장치는 정격전압의 80[%] 전압에서 음향을 발할 수 있도록 할 것(단, 건전지를 주전원으로 사용하는 음향장치는 그러하지 아니함)
    • 음량은 부착된 음향장치의 중심으로부터 1[m] 떨어진 위치에서 90[dB] 이상
  ㉣ 「비상방송설비의 화재안전기술기준(NFTC 202)」에 적합한 방송설비를 비상벨설비 또는 자동식 사이렌설비와 연동하여 작동하도록 설치한 경우 지구음향장치를 설치하지 아니할 수 있음

② 발신기
  ㉠ 조작이 쉬운 장소에 설치
  ㉡ 조작스위치는 바닥으로부터 0.8[m] 이상 1.5[m] 이하의 높이에 설치
  ㉢ 특정소방대상물의 층마다 설치
  ㉣ 해당 특정소방대상물의 각 부분으로부터 하나의 발신기까지의 수평거리: 25[m] 이하
    단, 복도 또는 별도로 구획된 실로서 보행거리가 40[m] 이상일 경우에는 추가 설치
  ㉤ 발신기의 위치표시등: 함의 상부에 설치하되, 그 불빛은 부착면으로부터 15° 이상의 범위 안에서 부착지점으로부터 10[m] 이내의 어느 곳에서도 쉽게 식별할 수 있는 적색등으로 할 것

③ 전원
  ㉠ 상용전원

전원	전기가 정상적으로 공급되는 축전지, 전기저장장치 또는 교류전압의 옥내간선으로 하고, 전원까지의 배선은 전용으로 할 것
개폐기	"비상벨설비 또는 자동식 사이렌설비용"이라고 표시한 표지를 할 것

  ㉡ 예비전원

예비전원	축전지설비 또는 전기저장장치
성능	감시상태를 60분간 지속한 후 유효하게 10분 이상 경보(수신기에 내장하는 경우를 포함)

  다만, 상용전원이 축전지설비인 경우 또는 건전지를 주전원으로 사용하는 무선식 설비인 경우에는 제외

3 단독경보형 설치대상 및 설치기준

(1) 단독경보형감지기 설치대상 특정소방대상물

특정소방대상물		적용기준
용도별	교육시설·수련시설 내 기숙사 또는 합숙소	연면적 2,000[m²] 이상
	숙박시설이 있는 수련시설	수용인원 100명 미만
	유치원	연면적 400[m²] 이상
	공동주택 중 연립주택 및 다세대주택	연동형으로 설치

(2) 단독경보형감지기 설치기준
   ① 각 실마다 설치하되 바닥면적이 $150[m^2]$를 초과하는 경우에는 $150[m^2]$마다 1개 이상 설치(이웃하는 실내의 바닥 면적이 각각 $30[m^2]$ 미만이고 벽체의 상부의 전부 또는 일부가 개방되어 이웃하는 실내와 공기가 상호 유통되는 경우에는 이를 1개의 실로 봄)
   ② 최상층의 계단실의 천장(외기가 상통하는 계단실의 경우 제외)에 설치할 것
   ③ 건전지를 주전원으로 사용하는 단독경보형감지기는 정상적인 작동상태를 유지할 수 있도록 건전지를 교환할 것
   ④ 상용전원을 주전원으로 사용하는 단독경보형감지기의 2차전지는 제품검사에 합격한 것을 사용할 것

2 비상방송설비의 화재안전기술기준(NFTC 202)

1 비상방송설비의 설치대상 및 설치기준 ★★★

(1) 비상방송설비 설치대상 특정소방대상물

특정소방대상물		적용기준
공통	연면적 $3,500[m^2]$ 이상	모든 층
	층수 11층 이상	
	지하층 층수 3층 이상	

(2) 비상방송설비 설치기준
   ① 음향장치 설치기준
      ㉠ 확성기의 음성입력은 $3[W]$(실내에 설치하는 것에 있어서는 $1[W]$) 이상
      ㉡ 확성기는 각층마다 설치하되, 그 층의 각 부분으로부터 하나의 확성기까지의 수평거리가 $25[m]$ 이하, 해당 층의 각 부분에 유효하게 경보를 발할 수 있도록 설치할 것
      ㉢ 음량조정기의 배선은 3선식으로 할 것
      ㉣ 조작부의 조작스위치는 바닥으로부터 $0.8[m]$ 이상 $1.5[m]$ 이하의 높이에 설치할 것
      ㉤ 조작부는 기동장치의 작동과 연동하여 해당 기동장치가 작동한 층 또는 구역을 표시할 수 있는 것으로 할 것
      ㉥ 증폭기 및 조작부는 수위실 등 상시 사람이 근무하는 장소로서 점검이 편리하고 방화상 유효한 곳에 설치할 것
      ㉦ 다른 방송설비와 공용하는 것에 있어서는 화재 시 비상경보 외의 방송을 차단할 수 있는 구조로 할 것
      ㉧ 기동장치에 따른 화재신고를 수신한 후 필요한 음량으로 화재발생 상황 및 피난에 유효한 방송이 자동으로 개시될 때까지의 소요시간은 10초 이하로 할 것
      ㉨ 음향장치는 다음 기준에 따른 구조 및 성능의 것으로 하여야 한다.
         • 정격전압의 $80[\%]$ 전압에서 음향을 발할 수 있는 것을 할 것
         • 자동화재탐지설비의 작동과 연동하여 작동할 수 있는 것으로 할 것
      ㉩ 우선경보대상: 5층 이상으로 연면적 $3,000[m^2]$ 초과 건물
   ② 우선경보
      ㉠ 경보대상: 층수가 5층 이상으로서 연면적이 $3,000[m^2]$를 초과하는 특정소방대상물은 다음에 따라 경보를 발할 것

ⓒ 경보방식

발화층	경보층
2층 이상의 층	발화층+직상 4개층
1층	1층+직상 4개층+지하층
지하층	발화층+직상층+기타 지하층

③ 전원
  ㉠ 상용전원

전원	전기가 정상적으로 공급되는 축전지, 전기저장장치 또는 교류전압의 옥내간선으로 하고, 전원까지의 배선은 전용으로 할 것
개폐기	"비상방송용설비용"이라고 표시한 표지를 할 것

  ㉡ 예비전원

전원	축전지설비 또는 전기저장장치
개폐기	감시상태를 60분간 지속한 후 유효하게 10분 이상 경보(수신기에 내장하는 경우 포함)

3 자동화재탐지설비 및 시각경보장치의 화재안전기술기준[NFTC 203]

1 자동화재탐지설비의 설치대상 및 구성 ★★★

(1) 자동화재탐지설비의 설치대상 특정소방대상물

특정소방대상물		적용기준	
공통	층수 6층 이상	모든 층	
용도별	공동주택 중 아파트 등·기숙사	모든 층	
	숙박시설	모든 층	
	① 근린생활시설(목욕장 제외), 의료시설(정신의료기관 및 요양병원 제외), 위락시설, 장례시설, 복합건축물	연면적 600[m²] 이상	모든 층
	② 근린생활시설 중 목욕장, 문화 및 집회시설, 종교시설, 판매시설, 운수시설, 운동시설, 업무시설, 공장, 창고시설, 위험물 저장 및 처리 시설, 항공기 및 자동차 관련 시설, 교정 및 군사시설 중 국방·군사시설, 방송통신시설, 발전시설, 관광 휴게시설, 지하상가	연면적 1,000[m²] 이상	
	교육연구시설(기숙사 및 합숙소 포함), 수련시설(수련시설 내 기숙사 및 합숙소 포함, 숙박시설이 있는 수련시설 제외), 동물 및 식물 관련 시설(기둥과 지붕만으로 구성되어 외부와 기류가 통하는 장소 제외), 자연순환 관련 시설, 교정 및 군사시설(국방·군사시설 제외), 묘지 관련 시설	연면적 2,000[m²] 이상	

③ 노유자 생활시설	모든 층	
③에 해당하지 않는 노유자 시설	연면적 400[m²] 이상	모든 층
수련시설(숙박시설이 있는 것)	수용인원 100명 이상	
요양병원(의료재활시설 제외)	–	
정신의료기관 또는 의료재활시설	해당 용도로 사용되는 바닥면적 합계 300[m²] 이상	
정신의료기관 또는 의료재활시설(창살이 설치된 시설) *화재 시 자동으로 열리는 구조로 되어 있는 창살 제외	해당 용도로 사용되는 바닥면적 합계 300[m²] 이상	
판매시설 중 전통시장	–	
터널	길이 1,000[m] 이상	
①에 해당하지 않는 근린생활 시설 중 조산원, 산후조리원	–	
②에 해당하지 않는 공장 및 창고시설	500배 이상의 특수가연물을 저장·취급하는 것	
②에 해당하지 않는 발전시설 중 전기저장시설	–	

(2) **자동화재탐지설비의 구성 및 용어의 정의**
  ① **경계구역**: 화재신호를 발신하고 그 신호를 수신 및 유효하게 제어할 수 있는 구역
  ② **수신기**: 감지기나 발신기에서 발하는 화재신호를 직접 수신하거나 중계기를 통하여 수신하여 화재의 발생을 표시 및 경보하여 주는 장치
  ③ **중계기**: 감지기·발신기 또는 전기적 접점 등의 작동에 따른 신호를 받아 이를 수신기의 제어반에 전송하는 장치
  ④ **감지기**: 화재 시 발생하는 열, 연기, 불꽃 또는 연소생성물을 자동적으로 감지하여 수신기에 발신하는 장치
  ⑤ **발신기**: 화재발생 신호를 수신기에 수동으로 발신하는 장치
  ⑥ **시각경보장치**: 자동화재탐지설비에서 발하는 화재신호를 시각정보기에 전달하여 청각장애인에게 점멸 형태의 시각 경보를 하는 것
  ⑦ **거실**: 거주·집무·작업·집회·오락 그 밖에 이와 유사한 목적을 위하여 사용하는 방

(3) **경계구역**
특정소방대상물 중 화재신호를 발신하고 그 신호를 수신 및 유효하게 제어할 수 있는 구역
  ① **층별, 면적별 경계구역**
    ㉠ 하나의 경계구역이 2개 이상의 건축물에 미치지 아니하도록 할 것
    ㉡ 하나의 경계구역이 2개 이상의 층에 미치지 아니하도록 할 것. 다만, 500[m²] 이하의 범위 안에서는 인접한 2개의 층을 하나의 경계구역으로 할 수 있다.
    ㉢ 하나의 경계구역의 면적은 600[m²] 이하로 하고 한 변의 길이는 50[m] 이하로 할 것(다만, 해당 특정소방대상물의 주된 출입구에서 그 내부 전체가 보이는 것에 있어서는 한 변의 길이가 50[m]의 범위 내에서 1,000[m²] 이하로 할 수 있음)
  ② **수직 경계구역**
    ㉠ 별도의 경계구역 설정: 계단 경사로 엘리베이터 승강로(권상기실이 있는 경우에는 권상기실)·린넨슈트·파이프 피트 및 덕트 기타 이와 유사한 부분
    ㉡ 하나의 경계구역은 높이 45[m] 이하(계단 및 경사로에 한함)
    ㉢ 지하층의 계단 및 경사로(지하층의 층수가 1일 경우는 제외)

③ 기타 경계구역
  ㉠ 외기에 면하여 상시 개방된 부분이 있는 차고 주차장·창고 등에 있어서는 외기에 면하는 각 부분으로부터 5[m] 미만의 범위 안에 있는 부분은 경계구역의 면적에 산입하지 아니한다.
  ㉡ 스프링클러설비·물분무등소화설비 또는 제연설비의 화재감지장치로서 화재감지기를 설치한 경우의 경계구역은 해당 소화설비의 방사구역 또는 제연구역과 동일하게 설정할 수 있다.

(4) 설치기준
 ① 수신기
  ㉠ 수위실 등 상시 사람이 근무하는 장소 또는 관계인이 쉽게 접근할 수 있고 관리가 용이한 장소에 설치할 것
  ㉡ 수신기가 설치된 장소에는 경계구역 일람도를 비치할 것
  ㉢ 수신기의 음향기구는 그 음량 및 음색이 다른 기기의 소음 등과 명확히 구별될 수 있는 것으로 할 것
  ㉣ 수신기는 감지기·중계기 또는 발신기가 작동하는 경계구역을 표시할 수 있을 것
  ㉤ 화재·가스 전기 등에 대한 종합방재반을 설치한 경우에는 해당 조작반에 수신기의 작동과 연동하여 감지기·중계기 또는 발신기가 작동하는 경계구역을 표시할 수 있는 것으로 할 것
  ㉥ 하나의 경계구역은 하나의 표시등 또는 하나의 문자로 표시되도록 할 것
  ㉦ 수신기의 조작 스위치는 바닥으로부터의 높이가 $0.8[m]$ 이상 $1.5[m]$ 이하인 장소에 설치할 것
  ㉧ 하나의 특정소방대상물에 2 이상의 수신기를 설치하는 경우에는 수신기를 상호 간 연동하여 화재발생 상황을 각 수신기마다 확인할 수 있도록 할 것
  ㉨ 화재로 인하여 하나의 층의 지구음향장치 배선이 단락되어도 다른 층의 화재통보에 지장이 없도록 각 층 배선상에 유효한 조치를 할 것

 ② 중계기
  ㉠ 수신기에서 직접 감지기회로의 도통시험을 행하지 아니하는 것에 있어서는 수신기와 감지기 사이에 설치할 것
  ㉡ 조작 및 점검에 편리하고 화재 및 침수 등의 재해로 인한 피해를 받을 우려가 없는 장소에 설치할 것
  ㉢ 수신기에 따라 감시되지 아니하는 배선을 통하여 전력을 공급받는 것에 있어서는 전원입력측의 배선에 과전류 차단기를 설치하고 해당 전원의 정전이 즉시 수신기에 표시되는 것으로 하며, 상용전원 및 예비전원의 시험을 할 수 있도록 할 것

 ③ 감지기
  ㉠ 공통 설치기준
   • 축적기능이 없는 감지기를 사용하는 경우
    - 교차회로방식에 사용되는 감지기
    - 급속한 연소 확대가 우려되는 장소에 사용되는 감지기
    - 축적기능이 있는 수신기에 연결하여 사용하는 감지기
   • 감지기(차동식 분포형의 것 제외)는 실내로의 공기유입구로부터 $1.5[m]$ 이상 떨어진 위치에 설치할 것
   • 감지기는 천장 또는 반자의 옥내에 면하는 부분에 설치할 것
   • 보상식 스포트형 감지기는 정온점이 감지기 주위의 평상시 최고온도보다 $20[°C]$ 이상 높은 것으로 설치할 것
   • 정온식 감지기는 주방 보일러실 등 다량의 화기를 취급하는 장소에 설치하되, 공칭작동온도가 최고주위온도보다 $20[°C]$ 이상 높은 것으로 설치할 것
   • 차동식 스포트형·보상식 스포트형 및 정온식 스포트형 감지기는 그 부착 높이 및 특정소방대상물에 따라 다음 표에 따른 바닥면적마다 1개 이상을 설치할 것
   • 스포트형 감지기는 45° 이상 경사되지 아니하도록 부착할 것

(단위: [m²])

부착높이 및 소방대상물의 구분		감지기의 종류						
		차동식 스포트형		보상식 스포트형		정온식 스포트형		
		1종	2종	1종	2종	특종	1종	2종
4[m] 미만	주요구조부가 내화구조로 된 소방대상물 또는 그 부분	90	70	90	70	70	60	20
	기타구조의 소방대상물 또는 그 부분	50	40	50	40	40	30	15
4[m] 이상 8[m] 미만	주요구조부가 내화구조로 된 소방대상물 또는 그 부분	45	35	45	35	35	30	–
	기타구조의 소방대상물 또는 그 부분	30	25	30	25	25	15	–

ⓒ 열감지기 설치기준

구분	보상식 스포트형	정온식 스포트형	차동식 분포형 공기관식
부착높이	8[m] 미만	8[m] 미만	15[m] 미만
공기관 노출부/회로	–	–	20[m] 이상 100[m] 이하
공기관 각 변 수평길이	–	–	1.5[m] 이하
공기관 상호거리	–	–	6[m] (내화구조 9[m]) 이하
검출부의 높이	–	–	0.8[m] 이상 1.5[m] 이하
검출부의 경사	45° 미만	45° 미만	5° 미만
공기관 규격	–	–	두께: 0.3[mm] 이상 외경: 1.9[mm] 이상
공기유입구	1.5[m] 이상 이격	1.5[m] 이상 이격	–
공칭작동온도	주위온도보다 20[°C] 이상 높은 온도	주위온도보다 20[°C] 이상 높은 온도	–

ⓒ 연기감지기 및 연기복합형 감지기의 설치기준

감지기의 부착높이에 따라 다음 표에 따른 바닥면적마다 1개 이상으로 할 것

(단위: [m²])

부착높이	감지기의 종류	
	1종 및 2종	3종
4[m] 미만	150	50
4[m] 이상 20[m] 미만	75	설치 불가

- 감지기는 복도 및 통로에 있어서는 보행거리 30[m](3종에 있어서는 20[m])마다 1개 이상으로 할 것
- 계단 및 경사로에 있어서는 수직거리 15[m](3종에 있어서는 10[m])마다 1개 이상으로 할 것
- 천장 또는 반자가 낮은 실내 또는 좁은 실내에 있어서는 출입구의 가까운 부분에 설치할 것
- 천장 또는 반자 부근에 배기구가 있는 경우에는 그 부근에 설치할 것
- 감지기는 벽 또는 보로부터 0.6[m] 이상 떨어진 곳에 설치할 것

ⓔ 광전식 분리형 감지기 설치기준
- 감지기의 수광면은 햇빛을 직접 받지 않도록 설치할 것
- 광축(송광면과 수광면의 중심을 연결한 선)은 나란한 벽으로부터 0.6[m] 이상 이격하여 설치할 것
- 감지기의 송광부와 수광부는 설치된 뒷벽으로부터 1[m] 이내 위치에 설치할 것
- 광축의 높이는 천장 등(천장의 실내에 면한 부분 또는 상층의 바닥하부면을 말함) 높이의 80[%] 이상일 것
- 감지기의 광축의 길이는 공칭감시거리 범위 이내일 것
- 그 밖의 설치기준은 형식 승인 내용에 따르며 형식 승인 사항이 아닌 것은 제조사의 시방에 따라 설치할 것

(5) 음향경보장치
① 주음향장치: 수신기의 내부 또는 그 직근에 설치할 것
② 일제경보방식: 화재 시 전층에 경보하는 방식
③ 우선경보방식
  ㉠ 경보대상: 층수가 11층(공동주택의 경우에는 16층) 이상의 특정소방대상물은 다음에 따라 경보를 발할 것
  ㉡ 경보방식

발화층	경보층
2층 이상의 층	발화층 및 그 직상 4개층에 경보
1층	발화층(1F)·그 직상 4개층(2~5F) 및 지하층에 경보
지하층	발화층·그 직상층 및 기타의 지하층에 경보

④ 지구음향장치
  ㉠ 특정소방대상물의 층마다 설치
  ㉡ 특정소방대상물의 각 부분으로부터 하나의 음향장치까지의 수평거리가 25[m] 이하
  ㉢ 해당층의 각 부분에 유효하게 경보를 발할 수 있도록 설치
  ㉣ 음향장치의 구조 및 성능
   - 정격전압의 80[%] 전압에서 음향을 발할 수 있는 것으로 할 것
   - 음량은 부착된 음향장치의 중심으로부터 1[m] 떨어진 위치에서 90[dB] 이상이 되는 것으로 할 것
   - 감지기 및 발신기의 작동과 연동하여 작동할 수 있는 것으로 할 것
  ㉤ 기둥 또는 벽이 설치되지 아니한 대형공간의 경우 지구음향장치는 설치 대상장소의 가장 가까운 장소의 벽 또는 기둥 등에 설치할 것

(6) 시각경보장치의 설치기준
① 복도·통로·청각장애인용 객실 및 공용으로 사용하는 거실에 설치할 것
② 공연장·집회장·관람장 또는 이와 유사한 장소에 설치하는 경우에는 시선이 집중되는 무대부 부분 등에 설치할 것
③ 설치높이는 바닥으로부터 2[m] 이상 2.5[m] 이하의 장소에 설치할 것(다만, 천장의 높이가 2[m] 이하인 경우에는 천장으로부터 0.15[m] 이내의 장소에 설치)

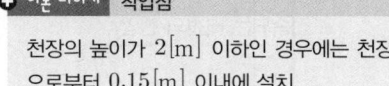
이론 더하기 작업점
천장의 높이가 2[m] 이하인 경우에는 천장으로부터 0.15[m] 이내에 설치

④ 시각경보장치의 광원은 전용의 축전지설비 또는 전기저장장치에 의하여 점등되도록 할 것(다만, 시각경보기에 작동전원을 공급할 수 있도록 형식 승인을 얻은 수신기를 설치한 경우에는 그러하지 아니함)
⑤ 시각경보기 점멸주기: 매초당 1회 이상 3회 이내

(7) 발신기

화재발생 신호를 수신기에 수동으로 발신하는 장치

① 발신기의 설치기준

㉠ 조작이 쉬운 장소에 설치하고, 스위치는 바닥으로부터 0.8[m] 이상 1.5[m] 이하의 높이에 설치할 것

㉡ 특정소방대상물의 층마다 설치할 것

㉢ 특정소방대상물의 각 부분으로부터 하나의 발신기까지의 수평거리가 25[m] 이하가 되도록 할 것(다만, 복도 또는 별도로 구획된 실로서 보행거리가 40[m] 이상일 경우에는 추가로 설치)

㉣ 기둥 또는 벽이 설치되지 아니한 대형공간의 경우 발신기는 설치 대상 장소의 가장 가까운 장소의 벽 또는 기둥 등에 설치할 것

㉤ 발신기의 위치를 표시하는 표시등은 함의 상부에 설치하되, 그 불빛은 부착면으로부터 15° 이상의 범위 안에서 부착지점으로부터 10[m] 이내의 어느 곳에서도 쉽게 식별할 수 있는 적색등으로 하여야 함

(8) 배선

전원회로배선	내화배선
그 밖의 배선	내화배선, 내열배선
회로배선	• 아날로그식, 다신호식 감지기나 R형 수신기용으로 사용되는 것은 전자파 방해를 받지 아니하는 쉴드선 등을 사용 • 광케이블의 경우에는 전자파 방해를 받지 아니하고 내열성능이 있는 경우 사용할 수 있음
일반배선	내화배선, 내열배선
도통시험용 종단저항	• 점검 및 관리가 쉬운 장소에 설치할 것 • 전용함을 설치하는 경우 그 설치 높이는 바닥으로부터 1.5[m] 이내로 할 것 • 감지기 회로의 끝부분에 설치하며, 종단감지기에 설치할 경우에는 구별이 쉽도록 해당감지기의 기판 및 감지기 외부 등에 별도의 표시를 할 것
감지기 간 회로배선	송배전식
절연저항	부속회로의 전로와 대지 사이 및 배선 상호 간의 절연저항은 1경계구역마다 직류 250[V]의 절연저항측정기를 사용하여 측정한 절연저항이 0.1[mΩ] 이상이 되도록 할 것
배선	다른 전선과 별도의 관·덕트(절연효력이 있는 것으로 구획한 때에는 그 구획된 부분은 별개의 덕트로 봄)·몰드 또는 풀박스 등에 설치할 것(단, 60[V] 미만의 약전류회로에 사용하는 전선으로서 각각의 전압이 같을 때에는 제외)
P형, GP형 수신기 감지기회로	하나의 공통선에 접속할 수 있는 경계구역은 7개 이하
감지기회로의 전로저항	50[Ω] 이하
수신기의 각 회로별 종단에 설치되는 감지기에 접속되는 배선의 전압	감지기 정격전압의 80[%] 이상이어야 할 것

🛈 이론 더하기

• 절연저항: 0.1[mΩ] 이상
• 전로저항: 50[Ω]이하

4 자동화재속보설비의 화재안전기술기준[NFTC 204]

1 자동화재속보설비의 설치대상 및 구성

구분	특정소방대상물	적용기준
용도별	노유자 생활시설	-
	노유자 시설	바닥면적 500[m²] 이상인 층이 있는 것
	수련시설(숙박시설이 있는 것)	
	보물 또는 국보로 지정된 목조건축물	-
	근린생활시설 중 의원, 치과의원, 한의원(입원실이 있는 시설), 조산원, 산후조리원	
	의료시설 중 종합병원, 병원, 치과병원, 한방병원, 요양병원(의료재활시설 제외)	-
	의료시설 중 정신병원, 의료재활시설	해당 용도로 사용되는 바닥면적 합계 500[m²] 이상인 층이 있는 것
	판매시설(전통시장)	-

2 설치기준 ★

(1) 자동화재탐지설비와 연동으로 작동하여 자동적으로 화재발생 상황을 소방관서에 전달하고 부가적으로 특정소방대상물의 관계인에게 화재발생상황을 전달

(2) 조작스위치 높이는 $0.8[m]$ 이상 $1.5[m]$ 이하

(3) 속보기 소방관서에 통신망으로 통보, 데이터 또는 코드전송방식을 부가적으로 설치 가능

(4) 문화재에 설치하는 자동화재속보설비는 속보기에 감지기를 직접 연결하는 방식(자동화재탐지설비 1개의 경계구역에 한함)으로 설치 가능

(5) 속보기는 소방청장이 정하여 고시한 자동화재속보설비의 속보기의 성능인증 및 제품검사의 기술기준에 적합한 것으로 설치

3 속보기의 기능 ★

(1) 작동신호를 수신하거나 수동으로 동작시키는 경우 20초 이내에 소방관서에 자동적으로 신호를 발하여 통보하되, 3회 이상 속보할 수 있어야 한다.

(2) 주전원이 정지한 경우에는 자동적으로 예비전원으로 전환되고, 주전원이 정상상태로 복귀한 경우에는 자동적으로 예비전원에서 주전원으로 전환되어야 한다.

(3) 예비전원은 자동적으로 충전되어야 하며 자동과충전방지장치가 있어야 한다.

⑷ 화재신호를 수신하거나 속보기를 수동으로 동작시키는 경우 자동적으로 적색 화재표시등이 점등되고 음향장치로 화재를 경보하여야 하며 화재표시 및 경보는 수동으로 복구 및 정지시키지 않는 한 지속되어야 한다.

⑸ 연동 또는 수동으로 소방관서에 화재발생 음성정보를 속보 중인 경우에도 송수화장치를 이용한 통화가 우선적으로 가능하여야 한다.

⑹ 예비전원을 병렬로 접속하는 경우에는 역충전 방지 등의 조치를 하여야 한다.

⑺ 예비전원은 감시상태를 60분간 지속한 후 10분 이상 동작(화재속보 후 화재표시 및 경보를 10분간 유지하는 것을 말함)이 지속될 수 있는 용량이어야 한다.

⑻ 속보기는 연동 또는 수동 작동에 의한 다이얼링 후 소방관서와 전화접속이 이루어지지 않는 경우에는 최초 다이얼링을 포함하여 10회 이상 반복적으로 접속을 위한 다이얼링이 이루어져야 한다. 이 경우 매회 다이얼링 완료 후 호출은 30초 이상 지속되어야 한다.

⑼ 속보기의 송수화장치가 정상위치가 아닌 경우에도 연동 또는 수동으로 속보가 가능하여야 한다.

⑽ 음성으로 통보되는 속보내용을 통하여 당해 소방대상물의 위치, 화재발생 및 속보기에 의한 신고임을 확인할 수 있어야 한다.

⑾ 속보기는 음성속보방식 외에 데이터 또는 코드전송방식 등을 이용한 속보기능을 부가로 설치할 수 있다.

⑿ 소방관서 등에 구축된 접수시스템 또는 별도의 시험용 시스템을 이용하여 시험한다.

5 누전경보기의 화재안전기술기준[NFTC 205]

1 개요

⑴ 내화구조가 아닌 건축물로서 벽, 바닥 또는 천장의 전부나 일부를 불연재료 또는 준불연재료가 아닌 재료에 철망을 넣어 만든 건물의 전기설비로부터 누설전류를 탐지하여 경보를 발하며 변류기와 수신부로 구성된 것

⑵ 사용전압이 $600[V]$ 이하인 경계전로의 누설전류를 검출하여 당해 소방 대상물의 관계자에게 경보를 발하는 설비

2 정의

⑴ 수신부
변류기로부터 검출된 신호를 수신하여 누전의 발생을 해당 특정소방대상물의 관계인에게 경보하여 주는 것(차단기구를 갖는 것을 포함)

⑵ 변류기
경계전로의 누설전류를 자동적으로 검출하여 이를 누전경보기의 수신부에 송신하는 것

⑶ 차단장치
누설전류를 검출하면 자동으로 누전된 회로를 차단하는 장치

(4) 음향장치

누설전류가 검출되면 벨 또는 부저로 경보를 발령하는 장치

3 설치방법

(1) 누전경보기
① 경제전로의 정격전류가 60[A]를 초과하는 전로에 있어서는 1급 누전경보기를 설치할 것
② 60[A] 이하의 전로에 있어서는 1급 또는 2급 누전경보기를 설치할 것. 다만, 정격전류가 60[A]를 초과하는 경계 전로가 분기되어 각 분기회로의 정격전류가 60[A] 이하로 되는 경우 당해 분기회로마다 2급 누전경보기를 설치한 때에는 각 분기회로마다 누전여부를 경보할 수 있으므로 당해 경계전로에 1급 누전경보기를 설치한 것으로 본다.(60[A] 초과 경계전로회로에 1급 누전경보기 면제)

(2) 수신부 설치장소
① 옥내의 점검에 편리한 장소에 설치
② 가연성의 증기·먼지 등이 체류할 우려가 있는 장소의 전기회로에는 해당 부분의 전기회로를 차단할 수 있는 차단 기구를 가진 수신부를 설치할 것. 이 경우 차단기구의 부분은 해당 장소 외의 안전한 장소에 설치
③ 음향장치는 수위실 등 사람이 상주하는 곳에 설치하고 다른 소음과 명확히 구별할 수 있을 것

(3) 전원
① 전원은 분전반으로부터 전용회로로 할 것
② 각 극에 개폐기 및 15[A] 이하의 과전류차단기(배선용 차단기에 있어서는 20[A] 이하의 것으로 각 극을 개폐할 수 있는 것)를 설치할 것
③ 전원을 분기할 때에는 다른 차단기에 따라 전원이 차단되지 아니하도록 할 것
④ 전원의 개폐기에는 누전경보기용임을 표시한 표지를 할 것

6 피난기구의 화재안전기술기준[NFTC 301]

1 정의

특정대상물에 화재가 발생하면 사람이 화재의 위험성에서 벗어나기 위해 지상 등 안전한 장소로 피난하기 위한 기구

(1) **피난사다리**: 화재 시 긴급대피를 위해 사용하는 사다리
(2) **완강기**: 사용자의 몸무게에 따라 자동적으로 내려올 수 있는 기구 중 사용자가 교대하여 연속적으로 사용할 수 있는 것
(3) **간이완강기**: 사용자의 몸무게에 따라 자동적으로 내려올 수 있는 기구 중 사용자가 연속적으로 사용할 수 없는 것
(4) **구조대**: 포지 등을 사용하여 자루형태로 만든 것으로서 화재 시 사용자가 그 내부에 들어가서 내려옴으로써 대피할 수 있는 것
(5) **공기안전매트**: 화재발생 시 사람이 건축물 내에서 외부로 긴급히 뛰어 내릴 때 충격을 흡수하여 안전하게 지상에 도달할 수 있도록 포지에 공기 등을 주입하는 구조로 되어 있는 것

(6) **다수인 피난장비**: 화재 시 2인 이상의 피난자가 동시에 해당 층에서 지상 또는 피난층으로 하강하는 피난기구

(7) **승강식 피난기**: 사용자의 몸무게에 의하여 자동으로 하강하고 내려서면 스스로 상승하여 연속적으로 사용할 수 있는 무동력 승강식 피난기

(8) **하향식 피난구용 내림식 사다리**: 하향식 피난구 해치에 격납하여 보관하고 사용 시에는 사다리 등이 소방대상물과 접촉되지 아니하는 내림식 사다리

2 피난기구의 설치 개수

(1) 특정소방대상물의 기준 면적별 설치 개수

특정소방대상물	기준 면적
숙박시설 · 노유자시설 및 의료시설	그 층의 바닥면적 500[m²]마다
위락시설 · 문화집회 및 운동시설 · 판매시설 · 복합용도의 층	그 층의 바닥면적 800[m²]마다
그 밖의 용도의 층	그 층의 바닥면적 1,000[m²]마다
계단실형 아파트	각 세대마다

※ 층마다 설치

(2) 추가설치
 ① 숙박시설(휴양콘도미니엄을 제외): 객실마다 완강기 또는 둘 이상의 간이완강기를 설치
 ② 공동주택: 구역마다 공기안전매트 1개 이상을 추가로 설치(단, 옥상으로 피난 또는 인접세대로 피난할 수 있는 구조인 경우는 제외)

7 인명구조기구의 화재안전기술기준[NFTC 302]

1 설치장소

특정소방대상물	인명구조기구의 종류	설치 수량
지하층을 포함한 층수가 7층 이상인 관광호텔 및 5층 이상인 병원	• 방열복 또는 방화복(헬멧, 보호장갑 및 안전화 포함) • 공기호흡기 • 인공소생기	• 각 2개 이상 • 병원의 경우 인공소생기를 설치하지 않을 수 있음
• 문화 및 집회시설 중 수용인원 100명 이상인 영화상영관 • 판매시설 중 대규모 점포 • 운수시설 중 지하역사 • 지하가 중 지하상가	공기호흡기	• 층마다 2개 이상 • 각 층마다 갖추어 두어야 공기호흡기 중 일부를 직원이 상주하는 인근 사무실에 둘 수 있음
물분무등소화설비 중 이산화탄소설비를 설치하여야 하는 특정소방대상물	공기호흡기	출입구 외부 인근에 1대 이상

2 화재 시 쉽게 반출 사용할 수 있는 장소에 비치

(1) 직원이 상시 근무하는(상주하는) 장소로 반출하는 데 장애가 없는 잘 보이는 장소
(2) 평상시 육안으로 식별이 가능하여 화재 시에도 반출이 용이한 장소
(3) 폐쇄적이거나 독립적인 공간이 아닌 개방된 장소

8 유도등 및 유도표지의 화재안전기술기준[NFTC 303]

1 정의

(1) **유도등**: 화재 시에 피난을 유도하기 위한 등으로서 정상상태에서는 상용전원에 따라 켜지고 상용전원이 정전되는 경우에는 비상전원으로 자동으로 전환되어 켜지는 등
(2) **피난구유도등**: 피난구 또는 피난경로로 사용되는 출입구를 표시하여 피난을 유도하는 등
(3) **통로유도등**: 피난통로를 안내하기 위한 유도등으로 복도통로유도등, 거실통로유도등, 계단통로유도등이 있음
(4) **복도통로유도등**: 피난통로가 되는 복도에 설치하는 통로유도등으로서 피난구의 방향을 명시하는 것
(5) **거실통로유도등**: 거주, 집무, 작업, 집회, 오락 그 밖에 이와 유사한 목적을 위하여 계속적으로 사용하는 거실, 주차장 등 개방된 통로에 설치하는 유도등으로 피난의 방향을 명시하는 것
(6) **계단통로유도등**: 피난통로가 되는 계단이나 경사로에 설치하는 통로유도등으로 바닥면 및 디딤 바닥면을 비추는 것
(7) **객석유도등**: 객석의 통로, 바닥 또는 벽에 설치하는 유도등
(8) **피난구유도표지**: 피난구 또는 피난경로로 사용되는 출입구를 표시하여 피난을 유도하는 표지
(9) **통로유도표지**: 피난통로가 되는 복도, 계단 등에 설치하는 것으로서 피난구의 방향을 표시하는 유도표지
(10) **피난유도선**: 햇빛이나 전등불에 따라 축광(축광방식)하거나 전류에 따라 빛을 발하는(광원점등방식) 유도체로서 어두운 상태에서 피난을 유도할 수 있도록 띠 형태로 설치되는 피난유도시설
(11) **입체형**: 유도등 표시면을 2면 이상으로 하고 각 면마다 피난유도표시가 있는 것

※ 유도등 및 유도표지의 분류

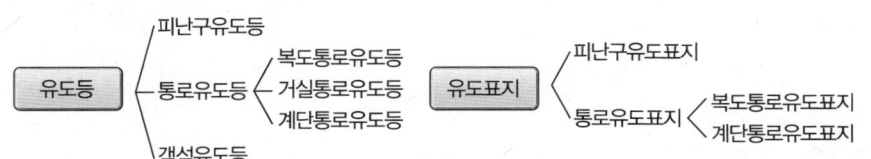

🔵 이론 더하기
- 복도통로유도등
- 거실통로유도등
- 계단통로유도등

2 설치장소

(1) 설치대상 특정소방대상물

특정소방대상물	유도등 및 유도표지의 종류
다음을 제외한 모든 특정소방대상물 • 지하가 중 터널 • 동·식물 관련 시설 중 축사로서 가축을 직접 가두어 사용하는 부분	피난구유도등, 통로유도등, 유도표지
• 유흥주점 영업시설 • 문화 및 집회시설 • 종교시설 • 운동시설	객석유도등

(2) 용도별 설치하여야 할 유도등·유도표지

설치장소	유도등 및 유도표지의 종류
1. 공연장·집회장(종교집회장 포함)·관람장·운동시설	• 대형피난구유도등 • 통로유도등 • 객석유도등
2. 유흥주점 영업시설(손님이 춤을 출 수 있는 무대가 설치된 카바레, 나이트클럽 등 영업 시설)	
3. 위락시설·판매시설·운수시설·관광숙박업·의료시설·장례식장·방송통신시설·전시장·지하상가·지하철역사	• 대형피난구유도등 • 통로유도등
4. 숙박시설(3의 관광숙박업 외의 것)·오피스텔	• 중형피난구유도등 • 통로유도등
5. 1~3 외의 건축물로서 지하층·무창층 또는 층수가 11층 이상인 특정소방대상물	
6. 1~5 외의 건축물로서 근린생활시설·노유자시설·업무시설·발전시설·종교시설(집회장 용도로 사용하는 부분 제외)·교육연구시설·수련시설·공장·창고시설·교정 및 군사시설(국방·군사시설 제외)·기숙사·자동차정비공장·운전학원 및 정비학원·다중이용업소·복합건축물·아파트	• 소형피난구유도등 • 통로유도등
7. 그 밖의 것	• 피난구유도표지 • 통로유도표지

※ 비고
- 소방서장은 특정소방대상물의 위치 구조 및 설비의 상황을 판단하여 대형피난구유도등을 설치해야 할 장소에 중형피난구유도등 또는 소형피난구유도등을, 중형피난구유도등을 설치하여야 할 장소에 소형피난구유도등을 설치하게 할 수 있다.
- 복합건축물과 아파트의 경우, 주택의 세대 내에는 유도등을 설치하지 아니할 수 있다.

3 피난구유도등

(1) 설치기준

① 옥내로부터 직접 지상으로 통하는 출입구 및 그 부속실의 출입구
② 직통계단·직통계단의 계단실 및 그 부속실의 출입구
③ ①, ②에 따른 출입구에 이르는 복도 또는 통로로 통하는 출입구
④ 안전구획된 거실로 통하는 출입구

(2) 설치높이

피난구의 바닥으로부터 높이 1.5[m] 이상, 출입구에 인접 설치

(3) 피난층으로 향하는 피난구의 위치를 안내할 수 있도록 출입구 인근 천장에 설치된 피난구유도등의 면과 수직이 되도록 피난구유도등을 추가로 설치하여야 한다. 단, 설치된 피난구유도등이 입체형인 경우에는 그러하지 아니하다.

(4) 설치제외
① 바닥면적이 1,000[m²] 미만인 층으로 옥내로부터 직접 지상으로 통하는 출입구(외부의 식별이 용이한 경우에 한함)
② 대각선 길이가 15[m] 이내인 구획된 실의 출입구
③ 거실 각 부분으로부터 하나의 출입구에 이르는 보행거리가 20[m] 이하이고, 비상조명등과 유도표지가 설치된 거실의 출입구
④ 출입구가 3 이상 있는 거실로서 그 거실 각 부분으로부터 하나의 출입구에 이르는 보행거리가 30[m] 이하인 경우에는 주된 출입구 2개소 외의 출입구(유도표지가 부착된 출입구). 다만, 공연장, 집회장, 관람장, 전시장 판매시설·운수시설 숙박시설 노유자시설 의료시설·장례식장의 경우에는 그러하지 아니하다.

4 통로유도등 ★

피난통로를 안내하기 위한 유도등으로 복도통로유도등, 거실통로유도등, 계단통로유도등이 있다.

(1) 복도통로유도등
① 설치기준
㉠ 복도에 설치(다만, 피난구유도등이 설치된 출입구의 맞은편 복도에는 입체형으로 설치하거나 바닥에 설치)
㉡ 구부러진 모퉁이 및 ㉠에 따라 설치된 통로유도등을 기점으로 보행거리 20[m]마다 설치
② 설치높이
㉠ 바닥으로부터 높이 1[m] 이하의 위치에 설치(다만, 지하층 또는 무창층의 용도가 도매시장·소매시장·여객자동차터미널·지하역사 또는 지하상가인 경우에는 복도 통로 중앙부분의 바닥에 설치)
㉡ 바닥에 설치하는 통로유도등은 하중에 따라 파괴되지 아니하는 강도의 것

(2) 거실통로유도등
① 설치기준
㉠ 거실의 통로에 설치(다만, 거실의 통로가 벽체 등으로 구획된 경우에는 복도통로유도등을 설치)
㉡ 구부러진 모퉁이 및 보행거리 20[m]마다 설치
② 설치높이: 바닥으로부터 높이 1.5[m] 이상의 위치에 설치(다만, 거실통로에 기둥이 설치된 경우에는 기능부분의 바닥으로부터 높이 1.5[m] 이하의 위치에 설치할 수 있음)

(3) 계단통로유도등
① 설치기준: 각층의 경사로 참 또는 계단참마다(1개 층에 경사로 참 또는 계단참이 2 이상 있는 경우에는 2개의 계단참마다) 설치
② 설치높이: 바닥으로부터 높이 1[m] 이하의 위치에 설치

(4) 공통사항
① 설치장소
㉠ 통행에 지장이 없도록 할 것
㉡ 주위에 유사한 등화 광고물 게시물 등을 설치하지 않을 것

② 설치제외
  ㉠ 구부러지지 아니한 복도 또는 통로로서 길이가 30[m] 미만인 복도 또는 통로
  ㉡ ㉠에 해당하지 않는 복도 또는 통로로서 보행거리가 20[m] 미만이고 그 복도 또는 통로와 연결된 출입구 또는 그 부속실의 출입구에 피난구유도등이 설치된 복도 또는 통로

5 객석유도등 ★★★

(1) 설치기준
  ① 객석의 통로, 바닥 또는 벽에 설치
  ② 객석 내의 통로가 경사로 또는 수평로로 되어 있는 부분은 다음의 식에 따라 산출한 수(소수점 이하의 수는 1)의 유도등을 설치

  $$설치개수 = \frac{객석 통로의 직선부분의 길이[m]}{4} - 1$$

  ③ 객석 내의 통로가 옥외 또는 이와 유사한 부분에 있는 경우에는 해당 통로 전체에 미칠 수 있는 수의 유도등을 설치

(2) 설치제외
  ① 주간에만 사용하는 장소로서 채광이 충분한 객석
  ② 거실 등의 각 부분으로부터 하나의 거실출입구에 이르는 보행거리가 20[m] 이하인 객석의 통로로서 그 통로에 통로유도등이 설치된 객석

> **이론 더하기**
> 객석 내 통로의 직선부분의 길이가 45[m]일 때, 객석유도등의 설치개수는 $\frac{45}{4} - 1 = 10.25$이므로 절상하여 11개이다.

6 유도표지

▲ 피난구유도표지

(1) 설치기준
  ① 계단에 설치하는 것을 제외하고는 각 층마다 복도 및 통로의 각 부분으로부터 하나의 유도표지까지의 보행거리가 15[m] 이하가 되는 곳과 구부러진 모퉁이의 벽에 설치
  ② 주위에는 이와 유사한 등화·광고물·게시물 등을 설치하지 아니할 것
  ③ 유도표지는 부착판 등을 사용하여 쉽게 떨어지지 아니하도록 설치할 것
  ④ 축광방식의 유도표지는 외광 또는 조명장치에 의하여 상시 조명이 제공되거나 비상조명등에 의한 조명이 제공되도록 설치할 것

(2) 설치높이
  ① 피난구유도표지는 출입구 상단에 설치
  ② 통로유도표지는 바닥으로부터 높이 1[m] 이하의 위치에 설치

(3) 설치제외
① 유도등이 적합하게 설치된 출입구ㆍ복도ㆍ계단 및 통로
② 피난구유도등(바닥면적이 $1,000[m^2]$ 미만인 층으로서 지상으로 통하는 출입구, 대각선 길이가 $15[m]$ 이내인 출입구)과 통로유도등(직선이 $30[m]$ 미만인 통로, 복도, 보행거리가 $20[m]$ 미만인 출입구, 복도, 통로) 설치제외 장소에 해당하는 출입구ㆍ복도ㆍ계단 및 통로

(4) 축광유도표지 및 축광위치표시의 성능시험
① 휘도시험: 축광유도표지 및 축광위치표지의 표시면을 $0[lx]$ 상태에서 1시간 이상 방치한 후 $200[lx]$ 밝기의 광원으로 20분간 조사시킨 상태에서 다시 주위조도를 $0[lx]$로 하여 휘도시험을 실시하는 경우 다음에 적합하여야 한다.
  ㉠ 5분간 발광시킨 후의 휘도는 $1[m^2]$당 $110[mcd]$ 이상
  ㉡ 10분간 발광시킨 후의 휘도는 $1[m^2]$당 $50[mcd]$ 이상
  ㉢ 20분간 발광시킨 후의 휘도는 $1[m^2]$당 $24[mcd]$ 이상
  ㉣ 60분간 발광시킨 후의 휘도는 $1[m^2]$당 $7[mcd]$ 이상
② 식별도시험
  ㉠ 축광유도표지 및 축광위치표지는 $200[lx]$ 밝기의 광원으로 20분간 조사시킨 상태에서 다시 주위조도를 $0[lx]$로 하여 60분간 발광시킨다.
  ㉡ 직선거리 $20[m]$(축광위치표지의 경우 $10[m]$) 떨어진 위치에서 유도표지 또는 위치표지의 존재가 식별된다.
  ㉢ 유도표지는 직선거리 $3[m]$의 거리에서 표시면의 표시 중 주체가 되는 문자 또는 주체가 되는 화살표 등이 쉽게 식별되어야 한다.
  ㉣ 측정자는 보통시력(시력 1.0에서 1.2의 범위)을 가진 자로서 시험실시 20분 전까지 암실에 들어가 있어야 한다.
  ㉤ 보조축광표지도 동일한 충ㆍ방전 후 직선거리 $10[m]$ 떨어진 위치에서 보조축광표지가 있다는 것이 식별되어야 한다.

7 피난유도선

(1) 축광방식의 피난유도선
① 설치기준
  ㉠ 구획된 각 실로부터 주출입구 또는 비상구까지 설치
  ㉡ 피난유도 표시부는 $50[cm]$ 이내의 간격으로 연속되도록 설치
  ㉢ 부착대에 의하여 견고하게 설치
  ㉣ 외광 또는 조명장치에 의하여 상시 조명이 제공되거나 비상조명등에 의한 조명이 제공되도록 설치
② 설치높이: 바닥으로부터 높이 $50[cm]$ 이하의 위치 또는 바닥면에 설치

(2) 광원점등방식의 피난유도선
① 설치기준
  ㉠ 구획된 각 실로부터 주출입구 또는 비상구까지 설치
  ㉡ 피난유도 표시부는 $50[cm]$ 이내의 간격으로 연속되도록 설치하되 실내장식물 등으로 설치가 곤란할 경우 $1[m]$ 이내로 설치
  ㉢ 수신기로부터의 화재신호 및 수동조작에 의하여 광원이 점등되도록 설치

ⓔ 비상전원이 상시 충전상태를 유지하도록 설치
　　　ⓜ 바닥에 설치되는 피난유도 표시부는 매립하는 방식을 사용
　② 설치높이: 피난유도 표시부는 바닥으로부터 높이 1[m] 이하의 위치 또는 바닥면에 설치

8 유도등 유도표지의 기준 ★

구분	설치위치	설치높이(바닥으로부터 높이)
피난구유도등	출입구 인접	1.5[m] 이상
복도통로유도등	복도 모퉁이 및 기점 보행거리 20[m]마다	1.0[m] 이하
거실통로유도등	거실 모퉁이 및 기점 보행거리 20[m]마다	1.5[m] 이상
계단통로유도등	각층의 계단참, 경사로참마다	1.0[m] 이하
객석유도등	객석의 통로, 바닥, 벽	–
피난구유도표지	출입구 상단	–
통로유도표지	모퉁이 벽과 기점 보행거리 15[m]마다	1.0[m] 이하
피난유도선 축광방식	각 실로부터 주출입구 또는 비상구까지 0.5[m] 이내의 간격으로 설치	0.5[m] 이하
피난유도선 광원점등방식		1.0[m] 이하

9 유도등의 전원 ★★

(1) 상용전원
　① 축전지
　② 전기저장장치(외부 전기에너지를 저장해 두었다가 필요한 때 전기를 공급하는 장치)
　③ 교류전압의 옥내간선
　④ 전원까지의 배선은 전용으로 할 것

(2) 비상전원(축전지로 할 것)
　① 유도등을 20분 이상 작동시킬 수 있는 용량
　② 유도등을 60분 이상 작동시켜야 하는 특정소방대상물
　　㉠ 지하층을 제외한 층수가 11층 이상의 층
　　㉡ 지하층 또는 무창층으로서 용도가 도매시장·소매시장·여객자동차터미널·지하역사 또는 지하상가

(3) 유도등의 배선
　① 유도등의 인입선과 옥내배선은 직접 연결할 것
　② 2선식 배선 유도등은 전기회로에 점멸기를 설치하지 아니하고 항상 점등 상태를 유지할 것
　③ 3선식 배선 적용 장소(상시 충전되는 구조인 경우는 상시점등 예외)
　　㉠ 특정소방대상물 또는 그 부분에 사람이 없는 장소
　　㉡ 외부광(光)에 따라 피난구 또는 피난 방향을 쉽게 식별할 수 있는 장소
　　㉢ 공연장, 암실(暗室) 등으로서 어두워야 할 필요가 있는 장소
　　㉣ 특정소방대상물의 관계인 또는 종사원이 주로 사용하는 장소

④ 3선식 배선으로 전기회로에 점멸기를 설치하고 점등되도록 하는 경우
  ㉠ 자동화재탐지설비의 감지기 또는 발신기가 작동되는 때
  ㉡ 비상경보설비의 발신기가 작동되는 때
  ㉢ 상용전원이 정전되거나 전원선이 단선되는 때
  ㉣ 방재업무를 통제하는 곳 또는 전기실의 배전반에서 수동으로 점등하는 때
  ㉤ 자동소화설비가 작동되는 때
⑤ 3선식 배선은 내화배선 또는 내열배선

10 유도등의 형식 승인 및 제품검사의 기술기준

(1) 유도등의 표시면 색상
  ① 피난구유도등: 녹색바탕에 백색문자
  ② 통로유도등: 백색바탕에 녹색문자

(2) 전선의 굵기
  ① 인출선의 단면적: $0.75[mm^2]$ 이상
  ② 인출선 외의 단면적: $0.5[mm^2]$ 이상

(3) 인출선의 길이: 전선인출부에서 $150[mm]$ 이상

(4) **사용전압**: $300[V]$ 이하, 충전부가 노출되지 않은 경우 $300[V]$ 초과 가능

(5) 예비전원
  ① 유도등의 주전원으로 사용하지 아니할 것
  ② 인출선 사용 시 적절한 색깔에 의하여 쉽게 구분할 수 있을 것
  ③ 먼지, 수분 등으로 지장이 있을 경우 보호커버 설치
  ④ 예비전원: 알칼리계 2차 축전지, 리튬계 2차 축전지, 콘덴서 축전기
  ⑤ 자동충전장치와 자동과충전방지장치를 설치할 것
  ⑥ 예비전원을 병렬로 접속하는 경우는 역충전 방지 등의 조치를 강구하여야 함
  ⑦ 식별도 시험
    ㉠ 피난구유도등 및 거실통로유도등
      • 상용전원 점등 시: 주위조도 $10\sim30[lx]$, 직선거리 $30[m]$ 위치에서 표시면 식별
      • 비상전원 점등 시: 주위조도 $0\sim1[lx]$, 직선거리 $20[m]$ 위치에서 표시면 식별
    ㉡ 복도통로유도등
      • 상용전원 점등 시: 주위조도 $10\sim30[lx]$, 직선거리 $20[m]$ 위치에서 표시면 식별
      • 비상전원 점등 시: 주위조도 $0\sim1[lx]$, 직선거리 $15[m]$ 위치에서 표시면 식별

(6) 절연저항시험
  ① 절연저항계 전압: $DC500[V]$
  ② 절연저항: $5[m\Omega]$ 이상

③ 측정위치
  ㉠ 유도등의 교류입력측과 외함 사이
  ㉡ 교류입력측과 충전부 사이
  ㉢ 절연된 충전부와 외함 사이

> **이론 더하기**
>
> - 인출선의 단면적: $0.75[mm^2]$ 이상
> - 인출선 외의 단면적: $0.5[mm^2]$ 이상

9 비상조명등의 화재안전기술기준[NFTC 304]

1 설치대상 ★

(1) 비상조명등 설치대상 특정소방대상물

특정소방대상물		적용기준	
비상조명등			
공통	① 지하층을 포함하는 층수가 5층 이상인 건축물	연면적 $3,000[m^2]$ 이상	모든 층
	①에 해당하지 않은 특정소방대상물	지하층 또는 무창층의 바닥면적 $450[m^2]$ 이상	해당 층
용도별	터널	길이 $500[m]$ 이상	
	다중이용업소	영업장의 구획된 실마다 유도등, 유도표지 또는 비상조명등 중 하나 이상	
	초고층 건축물 등의 피난안전구역	피난안전구역 내	

(2) 휴대용비상조명등 설치대상 특정소방대상물
  ① 숙박시설
  ② 수용인원 100명 이상의 영화상영관, 판매시설 중 대규모점포, 철도 및 도시철도 시설 중 지하역사, 지하가 중 지하상가

2 설치기준 ★★

(1) 비상조명등의 설치기준
  ① 특정소방대상물의 각 거실과 그로부터 지상에 이르는 복도 계단 및 그 밖의 통로에 설치
  ② 조도는 비상조명등이 설치된 장소의 각 부분의 바닥에서 $1[lx]$ 이상
  ③ 예비전원을 내장하는 비상조명등
    ㉠ 평상시 점등여부를 확인할 수 있는 점검스위치를 설치
    ㉡ 축전지와 예비전원 충전장치를 내장할 것
  ④ 예비전원을 내장하지 아니하는 비상조명등의 비상전원은 자가발전설비, 축전지설비 또는 전기저장장치를 설치해야 한다.
  ⑤ 비상전원 설치기준
    ㉠ 점검에 편리하고 화재 및 침수 등의 재해로 인한 피해를 받을 우려가 없는 곳에 설치할 것
    ㉡ 상용전원으로부터 전력의 공급이 중단된 때에는 자동으로 비상전원으로부터 전력을 공급받을 수 있도록 할 것
    ㉢ 비상전원의 설치장소는 다른 장소와 방화구획할 것

ⓔ 비상전원을 실내에 설치하는 때에는 그 실내에 비상조명등을 설치할 것
ⓕ 비상전원은 비상조명등을 20분 이상 유효하게 작동시킬 수 있는 용량으로 할 것
ⓖ 다음의 특정소방대상물의 경우에는 그 부분에서 피난층에 이르는 부분의 비상조명등을 60분 이상 유효하게 작동시킬 수 있는 용량으로 할 것
- 지하층을 제외한 층수가 11층 이상의 층
- 지하층 또는 무창층으로서 용도가 도매시장·소매시장·여객자동차터미널·지하역사 또는 지하상가

⑥ 비상조명등의 설치면제 요건에서 "그 유도등의 유효범위 안의 부분"이란 유도등의 조도가 바닥에서 1[lx] 이상이 되는 부분

(2) 비상조명등 설치제외
① 거실의 각 부분으로부터 하나의 출입구에 이르는 보행거리가 15[m] 이내인 부분
② 의원·경기장·공동주택·의료시설·학교의 거실

(3) 휴대용비상조명등의 설치기준
① 숙박시설 또는 다중이용업소에는 객실 또는 영업장 안의 구획된 실마다 잘 보이는 곳(외부설치 시 출입문 손잡이로부터 1[m] 이내 부분)에 1개 이상 설치
② 대규모점포(지하상가 및 지하역사 제외)와 영화상영관에는 보행거리 50[m] 이내마다 3개 이상 설치
③ 지하상가 및 지하역사에는 보행거리 25[m] 이내마다 3개 이상 설치
④ 설치높이는 바닥으로부터 0.8[m] 이상 1.5[m] 이하의 높이에 설치할 것
⑤ 어둠속에서 위치를 확인할 수 있도록 할 것
⑥ 사용 시 자동으로 점등되는 구조일 것
⑦ 외함은 난연성능이 있을 것
⑧ 건전지를 사용하는 경우에는 방전방지조치를 하여야 하고, 충전식 배터리의 경우에는 상시 충전되도록 할 것
⑨ 건전지 및 충전식 배터리의 용량은 20분 이상 유효하게 사용할 수 있을 것

(4) 휴대용비상조명등의 설치 제외
① 지상 1층 또는 피난층으로서 복도·통로 또는 창문 등의 개구부를 통하여 피난이 용이한 경우
② 숙박시설로서 복도에 비상조명등을 설치한 경우

10 비상콘센트설비의 화재안전기술기준[NFTC 504]

1 정의

(1) **저압**: 직류는 1,500[V] 이하이고 교류는 1,000[V] 이하인 것
(2) **고압**: 직류는 1,500[V] 초과, 교류는 1,000[V]를 초과하고 7[kV] 이하인 것
(3) **특고압**: 7[kV]를 초과하는 것

구분	과거	현행
저압	DC 750[V] 이하	DC 1,500[V] 이하
	AC 600[V] 이하	AC 1,000[V] 이하
고압	DC 750[V] 초과 7,000[V] 이하	DC 1,500[V] 초과 7,000[V] 이하
	AC 600[V] 초과 7,000[V] 이하	AC 1,000[V] 초과 7,000[V] 이하
특고압	7,000[V] 초과	7,000[V] 초과

(4) **변전소**: 밖으로부터 전송받은 전기를 변전소 안에 시설한 변압기 · 전동발전기 · 회전변류기 · 정류기 그 밖의 기계기구에 의하여 변성하는 곳으로서 변성한 전기를 다시 변전소 밖으로 전송하는 곳

2 비상콘센트설비 설치대상 특정소방대상물

특정소방대상물	설치대상
층수가 11층 이상인 특정소방대상물	11층 이상의 층
지하층의 층수가 3층 이상이고 지하층의 바닥면적의 합계가 1,000[m²] 이상	지하층의 모든 층
지하가 중 터널	길이 500[m] 이상

※ 위험물 저장 및 처리시설 중 가스시설 또는 지하구 제외

3 전원 및 콘센트 설치기준 ★

(1) 상용전원회로의 배선
  ① 저압수전인 경우에는 인입개폐기의 직후
  ② 고압수전 또는 특고압수전인 경우에는 전력용변압기 2차측의 주차단기 1차측 또는 2차측에서 분기하여 전용배선으로 할 것

(2) 비상전원
  ① 비상전원 설치대상
    ㉠ 지하층을 제외한 층수가 7층 이상으로서 연면적이 2,000[m²] 이상
    ㉡ 지하층의 바닥면적의 합계가 3,000[m²] 이상인 특정소방대상물
  ② 비상전원의 종류: 자가발전설비, 비상전원수전설비, 전기저장장치
  ③ 비상전원 제외대상
    ㉠ 둘 이상의 변전소에서 전력을 동시에 공급받을 수 있는 경우
    ㉡ 하나의 변전소로부터 전력의 공급이 중단되는 때에는 자동으로 다른 변전소로부터 전력을 공급받을 수 있도록 상용전원을 설치한 경우

(3) 자가발전설비 설치기준
  ① 점검에 편리하고 화재 및 침수 등의 재해로 인한 피해를 받을 우려가 없는 곳에 설치할 것
  ② 비상콘센트설비를 유효하게 20분 이상 작동시킬 수 있는 용량으로 할 것
  ③ 상용전원으로부터 전력의 공급이 중단된 때에는 자동으로 비상전원으로부터 전력을 공급받을 수 있도록 할 것

④ 비상전원의 설치장소는 다른 장소와 방화구획할 것
⑤ 비상전원을 실내에 설치하는 때에는 그 실내에 비상조명등을 설치할 것

※ 소방설비별 비상전원 유효요구시간

소방시설		비상전원용량(최소)	
소화설비	전체(간이스프링클러 제외)	20분	
	간이스프링클러	10분(단, 근린생활시설, 생활형 숙박시설, 복합건축물 용도는 20분)	
경보설비	전체	감시 60분 후 10분 경보	
피난시설	유도등설비 비상조명등설비	• 지하층을 제외한 층수가 11층 이상의 층 • 지하층 또는 무창층(도매시장, 소매시장, 여객자동차 터미널, 지하역사, 지하상가 용도)	60분
		기타 장소인 경우	20분
소화활동 설비	제연설비 연결송수관설비 비상콘센트설비	20분	
	무선통신보조설비	30분	

> **이론 더하기** 간이스프링클러설비 비상전원의 최소용량이 20분인 경우
> • 근린생활시설: 바닥면적 합계가 $1,000[m^2]$ 이상인 것
> • 생활형 숙박시설: 바닥면적 합계가 $600[m^2]$ 이상인 것
> • 복합건축물: 연면적이 $1,000[m^2]$ 이상인 것

(4) 비상콘센트설비의 전원회로 설치기준

① 전원회로는 단상 교류 220[V]인 것으로서, 그 공급용량은 1.5[kVA] 이상인 것으로 할 것
② 전원회로는 각 층에 2 이상이 되도록 설치할 것(다만, 설치하여야 할 층의 비상콘센트가 1개인 때에는 하나의 회로로 할 수 있다.)
③ 전원회로는 주배전반에서 전용회로로 할 것
④ 전원으로부터 각 층의 비상콘센트에 분기되는 경우에는 분기배선용 차단기를 보호함 안에 설치할 것
⑤ 콘센트마다 배선용 차단기를 설치하여야 하며, 충전부가 노출되지 아니하도록 할 것
⑥ 개폐기에는 비상콘센트라고 표시한 표지를 할 것
⑦ 비상콘센트용의 풀박스 등은 방청도장을 한 것으로서, 두께 1.6[mm] 이상의 철판으로 할 것
⑧ 하나의 전용회로에 설치하는 비상콘센트는 10개 이하로 할 것. 이 경우 전선의 용량은 각 비상콘센트(비상콘센트가 3개 이상인 경우에는 3개)의 공급용량을 합한 용량 이상의 것으로 할 것

(5) 비상콘센트의 플러그접속기

① 접지형 2극 플러그접속기(KS C 8305)를 사용할 것
② 플러그접속기의 칼받이의 접지극에는 접지공사를 할 것

(6) 비상콘센트 설치기준

① 바닥으로부터 높이 0.8[m] 이상 1.5[m] 이하의 위치에 설치할 것

② 비상콘센트의 배치

구분	비상콘센트의 배치
아파트 또는 바닥면적 1,000[m²] 미만인 층	계단의 출입구(부속실 포함)로부터 5[m] 이내 (단, 계단이 2개 이상일 경우 그중 1개)
바닥면적 1,000[m²] 이상인 층(아파트 제외)	계단의 출입구(부속실 포함)로부터 5[m] 이내 (단, 계단이 3개 이상일 경우 그중 2개)

※ 5[m]는 보행거리가 아닌 수평거리로 적용

③ 비상콘센트로부터 그 층의 각 부분까지의 거리

구분	수평거리
지하상가 또는 지하층의 바닥면적 합계가 3,000[m²] 이상	수평거리 25[m]마다 추가 설치
그 밖의 것	수평거리 50[m]마다 추가 설치

(7) 비상콘센트설비의 전원부와 외함 사이의 절연저항 및 절연내력
　① 절연저항 전원부와 외함 사이를 500[V] 절연저항계로 측정할 때 20[MΩ] 이상일 것
　② 절연내력
　　㉠ 정격전압이 150[V] 이하: 1,000[V]의 실효전압을 가하는 시험에서 1분 이상 견딜 것
　　㉡ 정격전압이 150[V] 초과: 그 정격전압에 2를 곱하여 1,000을 더한 실효전압을 가하는 시험에서 1분 이상 견딜 것

(8) 비상콘센트 보호함
　① 보호함에는 쉽게 개폐할 수 있는 문을 설치할 것
　② 보호함 표면에 "비상콘센트"라고 표시한 표지를 할 것
　③ 보호함 상부에 적색의 표시등을 설치할 것(다만, 비상콘센트의 보호함을 옥내소화전함 등과 접속하여 설치하는 경우에는 옥내소화전함 등의 표시등과 겸용 가능)

(9) 배선
　① 전원회로의 배선: 내화배선
　② 그 밖의 배선: 내화배선 또는 내열배선

11 무선통신보조설비의 화재안전기술기준[NFTC 505]

1 정의 ★★

(1) **누설동축케이블**: 동축케이블의 외부도체에 가느다란 홈을 만들어서 전파가 외부로 새어나갈 수 있도록 한 케이블
(2) **분배기**: 신호의 전송로가 분기되는 장소에 설치하는 것으로 임피던스 매칭(Matching)과 신호 균등분배를 위해 사용하는 장치
(3) **분파기**: 서로 다른 주파수의 합성된 신호를 분리하기 위해서 사용하는 장치
(4) **혼합기**: 두 개 이상의 입력신호를 원하는 비율로 조합한 출력이 발생하도록 하는 장치

(5) **증폭기**: 신호 전송 시 신호가 약해져 수신이 불가능해지는 것을 방지하기 위해서 증폭하는 장치

(6) **무선중계기**: 안테나를 통하여 수신된 무전기 신호를 증폭한 후 음영지역에 재방사하여 무전기 상호 간 송수신이 가능하도록 하는 장치

(7) **옥외안테나**: 감시제어반 등에 설치된 무선중계기의 입력과 출력포트에 연결되어 송수신 신호를 원활하게 방사·수신하기 위해 옥외에 설치하는 장치

> **이론 더하기** 무선통신보조설비의 구성요소
> - 누설동축케이블
> - 분배기
> - 분파기
> - 혼합기
> - 증폭기
> - 무선중계기
> - 옥외안테나

2 설치장소 ★★

특정소방대상물	설치대상
지하가(터널 제외)	연면적 1,000[m²] 이상
지하층	바닥면적의 합계 3,000[m²] 이상
지하층의 층수가 3층 이상이고 지하층의 바닥면적의 합계가 1,000[m²] 이상인 것	지하층의 모든 층
지하가 중 터널	길이 500[m] 이상인 것
지하구	공동구
층수가 30층 이상인 것	16층 이상 부분의 모든 층

3 설치제외 ★

(1) 지하층으로서 특정소방대상물의 바닥부분 2면 이상이 지표면과 동일한 층
(2) 지표면으로부터의 깊이가 1[m] 이하인 경우의 해당 층

4 누설동축케이블의 설치기준 ★★★

(1) 누설동축케이블의 설치기준
  ① 소방전용주파수대에서 전파의 전송 또는 복사에 적합한 것으로서 소방전용의 것으로 할 것(다만, 소방대 상호 간의 무선연락에 지장이 없는 경우에는 다른 용도와 겸용 가능)
  ② 케이블의 구성
    ㉠ 누설동축케이블과 이에 접속하는 안테나
    ㉡ 동축케이블과 이에 접속하는 안테나
  ③ 누설동축케이블 및 동축케이블은 불연 또는 난연성의 것으로서 습기에 따라 전기의 특성이 변질되지 아니하는 것으로 하고, 노출하여 설치한 경우에는 피난 및 통행에 장애가 없도록 할 것
  ④ 누설동축케이블 및 동축케이블은 화재에 따라 해당 케이블의 피복이 소실된 경우에 케이블 본체가 떨어지지 아니 하도록 4[m] 이내마다 금속제 또는 자기제 등의 지지금구로 벽·천장·기둥 등에 견고하게 고정시킬 것(다만, 불연재료로 구획된 반자 안에 설치하는 경우에는 그러하지 아니할 것)
  ⑤ 누설동축케이블 및 안테나는 금속판 등에 따라 전파의 복사 또는 특성이 현저하게 저하되지 아니하는 위치에 설치할 것

⑥ 누설동축케이블 및 안테나는 고압의 전로로부터 1.5[m] 이상 떨어진 위치에 설치할 것(다만, 해당 전로에 정전기 차폐장치를 유효하게 설치한 경우에는 그러하지 아니할 것)

⑦ 누설동축케이블의 끝부분에는 무반사 종단저항을 견고하게 설치할 것

⑧ 누설동축케이블 또는 동축케이블의 임피던스는 50[Ω]으로 하고, 이에 접속하는 안테나·분배기 등의 장치는 해당 임피던스에 적합한 것으로 하여야 할 것

(2) 무선통신보조설비의 설치기준

① 누설동축케이블 또는 동축케이블과 이에 접속하는 안테나가 설치된 층은 모든 부분(계단실, 승강기, 별도 구획된 실 포함)에서 유효하게 통신이 가능할 것

② 옥외안테나와 연결된 무전기와 건축물 내부에 존재하는 무전기 간의 상호통신, 건축물 내부에 존재하는 무전기 간의 상호통신, 옥외안테나와 연결된 무전기와 방재실 또는 건축물 내부에 존재하는 무전기와 방재실 간의 상호통신이 가능할 것

5 옥외안테나 설치기준

(1) 건축물, 지하가, 터널 또는 공동구의 출입구 및 출입구 인근에서 통신이 가능한 장소에 설치할 것

(2) 다른 용도로 사용되는 안테나로 인한 통신장애가 발생하지 않도록 설치할 것

(3) 옥외안테나는 견고하게 설치하며 파손의 우려가 없는 곳에 설치하고 그 가까운 곳의 보기 쉬운 곳에 "무선통신보조설비 안테나"라는 표시와 함께 통신 가능거리를 표시한 표지를 설치할 것

(4) 수신기가 설치된 장소 등 사람이 상시 근무하는 장소에는 옥외안테나의 위치가 모두 표시된 옥외안테나 위치표시도를 비치할 것

6 분배기·분파기·혼합기 등의 설치기준 ★★

(1) 먼지·습기 및 부식 등에 따라 기능에 이상을 가져오지 아니하도록 할 것

(2) 임피던스는 50[Ω]의 것으로 할 것

(3) 점검에 편리하고 화재 등의 재해로 인한 피해의 우려가 없는 장소에 설치할 것

7 증폭기 무선중계기의 설치기준 ★

(1) 전원은 전기가 정상적으로 공급되는 축전지, 전기저장장치(외부 전기에너지를 저장해 두었다가 필요한 때 전기를 공급하는 장치) 또는 교류전압 옥내간선으로 하고, 전원까지의 배선은 전용으로 할 것

(2) 증폭기의 전면에는 주 회로의 전원이 정상인지의 여부를 표시할 수 있는 표시등 및 전압계를 설치할 것

(3) 증폭기는 비상전원이 부착된 것으로 하고 해당 비상전원 용량은 무선통신보조설비를 유효하게 30분 이상 작동시킬 수 있는 것으로 할 것

(4) 증폭기 및 무선중계기를 설치하는 경우에는 적합성평가를 받은 제품으로 설치하고 임의로 변경하지 않도록 할 것

(5) 디지털 방식의 무전기를 사용하는 데에 지장이 없도록 설치할 것

12 비상전원수전설비의 화재안전기술기준[NFTC 602]

1 정의

(1) **소방회로**: 소방부하에 전원을 공급하는 전기회로

(2) **일반회로**: 소방회로 이외의 전기회로

(3) **수전설비**: 전력수급용 계기용변성기 주차단장치 및 그 부속기기

(4) **변전설비**: 전력용변압기 및 그 부속장치

(5) **전용큐비클식**: 소방회로용의 것으로 수전설비, 변전설비 그 밖의 기기 및 배선을 금속제 외함에 수납한 것

(6) **공용큐비클식**: 소방회로 및 일반회로 겸용의 것으로 수전설비, 변전설비 그 밖의 기기 및 배선을 금속제 외함에 수납한 것

(7) **전용배전반**: 소방회로 전용의 것으로 개폐기, 과전류차단기, 계기 그 밖의 배선용기기 및 배선을 금속제 외함에 수납한 것

(8) **공용배전반**: 소방회로 및 일반회로 겸용의 것으로 개폐기, 과전류차단기, 계기 그 밖의 배선용기기 및 배선을 금속재 외함에 수납한 것

(9) **전용분전반**: 소방회로 전용의 것으로 분기 개폐기, 분기과전류차단기 그 밖의 배선용기기 및 배선을 금속제 외함에 수납한 것

(10) **공용분전반**: 소방회로 및 일반회로 겸용의 것으로 분기개폐기, 분기과전류차단기 그 밖의 배선용기기 및 배선을 금속제 외함에 수납한 것

(11) **인입구배선**: 인입선 연결점으로부터 특정소방대상물 내에 시설하는 인입개폐기에 이르는 배선

2 인입선 및 인입구배선의 시설

(1) 인입선은 특정소방대상물에 화재가 발생할 경우에도 화재로 인한 손상을 받지 않도록 설치할 것

(2) 인입구배선은 「옥내소화전설비의 화재안전기술기준(NFTC 102)」별표 1에 따른 내화배선으로 할 것

3 특별고압 또는 고압으로 수전하는 경우

일반전기사업자로부터 특별고압 또는 고압으로 수전하는 비상전원 수전설비는 방화구획형, 옥외개방형 또는 큐비클(Cubicle)형으로 하여야 한다.

4 저압으로 수전하는 경우

전기사업자로부터 저압으로 수전하는 비상전원설비는 전용배전반(1·2종)·전용분전반(1·2종) 또는 공용분전반(1·2종)으로 하여야 한다.

MEMO

MEMO

MEMO

MEMO

MEMO

SUMMARY

소방설비기사 | 필기

핵심이론 요약집

메가스터디교육그룹 아이비김영의 NEW 도서 브랜드 〈김앤북〉
여러분의 편입 & 자격증 & IT 취업 준비에
빛이 되어 드리겠습니다.
www.kimnbook.co.kr

교육서비스 브랜드
3년 연속 대상

2021 대한민국 우수브랜드 대상
2024, 2023, 2022 대한민국 브랜드 어워즈 대학편입교육 대상 (한경비즈니스)

실전 단계

     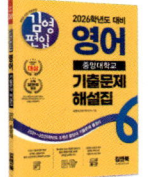  

연도별 기출문제 해설집   TOP7 대학 기출문제 해설집

김영편입 수학

편입 수학 이론 & 문제 적용 단계   편입 수학 필수 공식 한 권 정리

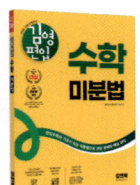       

미분법   적분법   선형대수   다변수미적분   공학수학   공식집

편입 수학 핵심 유형 정리 & 실전 연습 단계   실전 단계

미분법 워크북 적분법 워크북 선형대수 워크북 다변수미적분 워크북 공학수학 워크북   연도별 기출문제 해설집   TOP6 대학 기출문제 해설집

가장 확실한 합격 공식은
엔지니어랩

'최종 합격률'이 '선택의 기준'이 되어야 합니다.

리얼합격수기 1위
자사 및 타사 합격수기 작성 건수 비교 기준
(2024.06 한달간)

최종 합격률 92%

2023년 3회 전기기사 실기
엔지니어랩 학원 수강생 합격률 기준

한전 직원 대상
전기기사 온라인 교육서비스 이용 제공 협약 체결

커리큘럼 만족도 93%   대표교수 만족도 96%   교재 만족도 93%

엔지니어랩 인강 수강생 만족도 기준(2024.04)

학원 수업 만족도 100%

학원 질문 만족도 100%

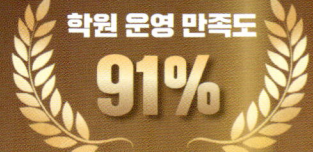

학원 운영 만족도 91%

엔지니어랩 학원 실기반 수강생 만족도 기준(2023.09~2024.04)